Trocknungstechnik

Zweiter Band

Trocknungstechnik

Zweiter Band

K. Kröll

Trockner
und
Trocknungsverfahren

Zweite, neubearbeitete Auflage

Springer-Verlag
Berlin Heidelberg New York 1978

Dr.-Ing. KARL KRÖLL, Bad Hersfeld

480 Abbildungen

ISBN-13: 978-3-642-61875-8   e-ISBN-13: 978-3-642-61874-1
DOI: 10.1007/978-3-642-61874-1

Library of Congress Cataloging in Publication Data (Revised). Krischer, Otto, Trocknungstechnik, von O. Krischer and K. Kröll. Vol. 2: 2., neubearb. Aufl. Bibliography, v. 2: p. Includes index. CONTENTS: 1. Bd. Die wissenschaftlichen Grundlagen der Trocknungstechnik, von O. Krischer. — 2. Bd. Trockner und Trocknungsverfahren (von) K. Kröll. 1. Drying. 2. Heat-Conduction. I. Kröll, Karl, 1909 — II. Title. TP 363.K 68 660.2′28426 62-16626

Vorwort zur ersten Auflage des Gesamtwerkes

Seit der letzten Auflage von M. HIRSCHS „Trocknungstechnik" im Jahre 1932 haben sich sowohl die Erkenntnis der physikalischen Vorgänge beim Trocknen als auch die schon immer große Fülle der Trocknerkonstruktionen und Trocknungsverfahren so erweitert, daß die Überarbeitung des vor 25 Jahren erschienenen Werkes nicht zweckmäßig erschien, sondern eine vollkommen neue Gestaltung des Stoffes ratsam war.

Entsprechend den verschiedenen Tätigkeitsbereichen der beiden Verfasser wurde der Stoff in zwei Teile aufgeteilt, deren erster die wissenschaftlichen Grundlagen, deren zweiter die Trockner und Trocknungsverfahren zum Gegenstand hat. Angesichts des Umfangs beider Teile und gewisser zeitlicher Unterschiede in der Fertigstellung war es zweckmäßig, eine Trennung in zwei Einzelbände vorzunehmen. In den Jahren der Entstehung des Gesamtwerks haben sich die Verfasser in dauernder Zusammenarbeit bemüht, zu einer einheitlichen Sicht der zahlreichen Probleme des Fachgebietes zu kommen, so daß die Darstellung gleicher Gegenstände in den beiden Bänden weitgehend vermieden ist.

O. Krischer   K. Kröll

Vorwort zur neuen Auflage des Gesamtwerkes

Bei der Neubearbeitung wurde der Gesamtstoff wie bisher in einen ersten Teil über „Die wissenschaftlichen Grundlagen der Trocknungstechnik" (Band I) und in einen zweiten, die Verfahren, Maschinen und Anlagen der Trocknungstechnik behandelnden Teil getrennt. Infolge des gewachsenen Umfangs des zweiten Teiles erscheint dieser jedoch in zwei Bänden, wovon der eine den Titel „Trockner und Trocknungsverfahren" (Band II) und der andere den Titel „Trocknen und Trockner in der Produktion" hat (Band III).

W. Kast   K. Kröll

Vorwort zur zweiten Auflage

Im ersten Band des Gesamtwerkes über die „Trocknungstechnik" sind die allgemeinen Grundlagen und Gesetze des Trocknens dargelegt. Mit dem vorliegenden zweiten Band soll der Leser Schritt für Schritt mit den Eigentümlichkeiten der Trockner und Trocknungsverfahren vertraut gemacht werden. Das erste Kapitel — „Lehre von der Gestalt der Trockner" — gibt einen Überblick über die Grundformen und Bauteile der Trockner und legt die allgemeinen Grundsätze dar, nach denen die Trockner geplant und bemessen werden. Das zweite Kapitel ist der „Lehre vom Geschehen in den Trocknern" gewidmet. Es beschreibt die wesentlichen Vorgänge in den Trocknern und erläutert die technische Wirkungsweise der Apparate und Maschinen. Ein weiteres Kapitel behandelt das „Verhalten der Trockner": den Hilfs-, Heizmittel- und Antriebsenergiebedarf, die Möglichkeiten der Regelung und die störenden Nebenerscheinungen. Das letzte Kapitel befaßt sich mit den „Kosten der Trocknung".

Die in mehreren Abschnitten dieses Buches notwendigen theoretischen Ausführungen sind knapp gehalten und auf die Bedürfnisse des Ingenieurs zugeschnitten, der mit Trocknungsaufgaben praktisch zu tun hat. Sie sollen in erster Linie eine Verbindung zur weiterführenden Fachliteratur herstellen und denjenigen Ingenieuren, die Trockner planen, entwerfen und überwachen, eine erste Hilfe beim Abschätzen gesuchter Größen bieten.

Gemeinhin versteht man unter Trocknen das Austreiben von Feuchte aus einem Stoff, indem Energie hinzugeführt wird, so daß die Feuchte verdampft und entweicht. In diesem Buch ist der Begriff weiter gefaßt; er soll auch alle diejenigen Arbeitsgänge einbeziehen, die das Entfernen der Feuchte so vorbereiten, begleiten und ergänzen, daß ein Produkt mit gewünschten Eigenschaften entsteht.

Welche Forderungen beim Austreiben der Feuchte zu beachten sind, hängt hauptsächlich von der Art des Trocknungsgutes und von den fabrikatorischen Gegebenheiten ab. Indem die Trocknungstechnik für die Vielzahl der Güter aus der Landwirtschaft, der Industrie, den Handwerksbetrieben und dem Haushalt diese Forderungen zu erfüllen trachtete, hat sie im Laufe der Zeit zahlreiche Trocknungsverfahren und Trockner entwickelt.

Es war unmöglich, in diesem Buch das gesamte heutige Wissen darüber in voller Breite zu schildern, vielmehr konnten nur die wichtigsten Verfahren und eine Reihe typischer Bauarten beschrieben werden. Das Einteilungs- und Ordnungssystem der Trocknergruppen, das im zweiten Kapitel angewendet ist, ermöglicht jedoch einen vollständigen Überblick über die Anlagen und Verfahren auf diesem Fachgebiet.

Könnte man die Feuchtigkeit ohne Rücksicht auf Nebenvorgänge aus dem Gut treiben, so wäre das Trocknen meistens eine verhältnismäßig leichte Aufgabe. Tatsächlich aber müssen beim Entfernen der Feuchte oft Maß- oder Formänderungen der Gutsteile, grob- oder feinstrukturelle, kolloidale, chemische Wandlungen oder auch Stoffverlagerungen in Kauf genommen werden, deren schädliche Folgen es zu verhindern oder zu mildern gilt; in manchen Gütern sind gewisse Änderungen erwünscht. Dies erfordert vielfach, die Güter nicht nur thermisch, sondern auch mechanisch oder auf andere Weise zu behandeln. Selbstverständlich müssen beim Trocknen auch wirtschaftliche Forderungen beachtet und mögliche Einflüsse der Trocknungsanlage auf die Umwelt im Auge behalten werden.

In der ersten Auflage dieses Buches waren Darlegungen über bestimmte Güter und über das Verhalten der Stoffe verflochten mit Beschreibungen von bestimmten Trocknungsverfahren und Trocknerarten, weil sich manche Eigentümlichkeiten der Trocknungstechnik so am besten verständlich machen ließen. In der zweiten Auflage mußte auf diese Verflechtung zugunsten einer klaren Gliederung verzichtet werden, denn der ohnehin umfangreiche Wissensstoff hat in den 18 Jahren seit dem Erscheinen der ersten Auflage durch zahlreiche Erkenntnisse und technische Fortschritte erheblich zugenommen. Es erwies sich als sinnvoll, die Darstellungen über die Struktur, die stofflichen Veränderungen und die zweckmäßige Behandlung bestimmter Güter ganz auszuklammern und in einem gesonderten, später erscheinenden Band über „Trocknen und Trockner in der Produktion" mit technologischen Ausführungen zu vereinen. Dies und viele Veränderungen in der Theorie und Praxis des Trocknens zwangen auch dazu, die erste Auflage neu zu bearbeiten. Dabei blieben nur wenige alte Textteile erhalten.

In dem neuen Werk werden nur die Einheiten des internationalen Einheitensystems verwendet. Auch werden, soweit möglich, die Begriffe, Bezeichnungen und Formelzeichen nach den neuen Normen benutzt.

Beim Arbeiten an diesem Buch gab mir meine Frau viel Hilfe und zeigte immer Geduld und Verständnis. Beistand erhielt ich auch von meinem Sohn Karl-Eugen, meiner Tochter Marianne, meinem Schwiegersohn Walter Drtil und von meiner Schwiegertochter Ursula Kröll. Sehr unterstützt haben mich ferner meine früheren Mitarbeiterinnen Frau Vendt, Frau Augstein und Frau Geyer. Erleichtert wurde mir die Arbeit außerdem durch die Bücherei der Babcock-BSH Aktiengesellschaft im Werk Bad Hersfeld. Zahlreiche Firmen überließen mir Zeichnungen, Werbeschriften und sonstige Unterlagen. Allen diesen Helfern sei vielmals gedankt.

Dank schulde ich auch dem Springer-Verlag für die verständnisvolle und sorgfältige Ausführung des Buches sowie für die außerordentliche Geduld, die er der oft verzögerten Fertigstellung des Manuskriptes entgegenbrachte.

Bad Hersfeld, im Oktober 1977

K. Kröll

Inhaltsverzeichnis

Inhaltsübersicht der Bände 1 und 3

Trocknungstechnik, Bd. 1:
O. Krischer, *Die wissenschaftlichen Grundlagen der Trocknungstechnik*
Dritte neubearbeitete Auflage von W. Kast

Trocknungstechnik, Bd. 3:
K. Kröll, *Trocknen und Trockner in derProduktion*

Grundbegriffe, Einheiten, Formelzeichen, Stoffwerte

Formelzeichen und Einheiten der in der Trocknungstechnik wichtigsten Größen[1]

Formel-zeichen	Bezeichnete Größe	Einheit	
		im internationalen Einheitensystem, „SI-Einheit"	im technischen Einheitensystem gewöhnlich benutzt
A	Fläche	m^2	m^2
a	Temperaturleitfähigkeit	m^2/s	m^2/s, m^2/h
b	Breite	m	m, mm
C	Strahlungsaustauschkonstante	$W/(m^2\,K^4)$	$kcal/(m^2h\,K^4)$
c	spezifische Wärmekapazität	$J/(kg\,K)$	$kcal/(kg\,grd)$
D	Diffusionskoeffizient	m^2/s	m^2/h
d	Durchmesser	m	m, mm
F	Kraft	N	kp
f	Frequenz	Hz	Hz
g	Fallbeschleunigung	m/s^2	m/s^2
g_D	Trocknungsgeschwindigkeit (flächenbezogene), Massenstromdichte der entweichenden Feuchte	$kg/(m^2s)$	$kg/(m^2h)$
g_{D*}	raumbezogene Trocknungsgeschwindigkeit	$kg/(m^3s)$	$kg/(m^3h)$
H	Enthalpie	J	$kcal$
H_u	spezifischer Heizwert (auf die Masse bezogener Heizwert bei festen und flüssigen Brennstoffen)	J/kg	$kcal/kg$
$H_{u,n}$	auf das Normvolumen bezogener Heizwert (bei gasförmigen Brennstoffen)	J/m^3	$kcal/m^3$
h	spezifische Enthalpie	J/kg	$kcal/kg$
h	Höhe	m	m, mm
k	Wärmedurchgangskoeffizient	$W/(m^2K)$	$kcal/m^2h\,grd$
l	(charakteristische) Länge	m	m, mm
M_i	molare Masse des Stoffes i	kg/mol	$kg/kmol$
M_r	relative Molekülmasse	1	1
m	Masse	kg	kg oder $kp\,s^2/m$
$\dot{m}_i$	Massenstrom, Massendurchfluß, Massendurchsatz des Stoffes i	kg/s	kg/h
n	Drehzahl	$1/s$	$1/min$
P	Leistung, Energiestrom	$J/s = W$	kW, PS
p	Druck	Pa	kp/cm^2, kp/m^2 u. a.

[1] Weitere Zeichen siehe Text.

Formel-zeichen	Bezeichnete Größe	Einheit	
		im internationalen Einheitensystem, „SI-Einheit"	im technischen Einheitensystem gewöhnlich benutzt
p_D	Partialdruck des Dampfes	$N/m^2 = Pa$	kp/m^2
p_D''	Partialdruck des Sattdampfes	Pa	kp/m^2, at
p_L	Partialdruck der Luft (oder des Gases allgemein)	Pa	kp/m^2
p_d	dynamischer Druck	Pa	kp/m^2
p_{st}	statischer Druck	Pa	kp/m^2
p_t	Totaldruck, Gesamtdruck	Pa	kp/m^2
Q	Wärme(-menge)	J	kcal
q	Wärmestromdichte	W/m^2	$kcal/(m^2\ h)$
R	molare oder universelle Gaskonstante	$J/(mol\ K)$	$m\ kp/(mol\ K)$
R_D	spezifische Gaskonstante des Dampfes	$J/(kg\ K)$	$m\ kp/(kg\ K)$
R_L	spezifische Gaskonstante der Luft (des Gases allgemein)	$J/(kg\ K)$	$m\ kp/(kg\ K)$
S	Querschnitt, Querschnittsfläche	m^2	m^2
s	Weglänge, Kurvenlänge, finite Länge (z.B. Schichthöhe, Dicke)	m	m, mm
T	thermodynamische Temperatur	K	$°K$
t	Zeit, Zeitspanne, Dauer	s	s, min, h, d
V	Volumen, Raum	m^3	m^3
$\dot{V}$	Volumenstrom, Volumendurchfluß	m^3/s	m^3/s
v	Geschwindigkeit	m/s	m/s
w	Strömungsgeschwindigkeit	m/s	m/s
W	Feuchtegehalt des Gutes	kg/kg oder %	kg/kg oder %
X	Feuchte/Grundstoff-Massenverhältnis im Gut	kg/kg oder %	kg/kg oder %
x	Dampf/Luft-Massenverhältnis in der feuchten Luft (oft auch inkonsequenterweise Feuchtegehalt genannt)	kg/kg	kg/kg
α	Wärmeübergangskoeffizient (auf eine Oberfläche bezogen)	$W/m^2\ K$	$kcal/(m^2\ h\ grd)$
α^*	raumbezogener Wärmeübergangskoeffizient	$W/m^3\ K$	$kcal/(m^3\ h\ grd)$
β	Stoffübergangskoeffizient (auf eine Oberfläche bezogen)	m/s	m/h
β^*	raumbezogener Stoffübergangskoeffizient	$1/s$	$1/h$
Δh_V	spezifische Verdampfungsenthalpie	J/kg	kcal/kg
ζ_W	Widerstandsbeiwert (eines Gegenstandes in einer Strömung)	1	1
η	dynamische Viskosität	Pa s	$kp\ s/m^2$ P (Poise), cP
ϑ	Celsius-Temperatur	$°C$	$°C$
λ	Wärmeleitfähigkeit	$W/(m\ K)$	$kcal/(m\ h\ grd)$
μ_D	Diffusionswiderstandszahl	1	1
ν	kinematische Viskosität	m^2/s	m^2/h St (Stokes)
ϱ	Dichte (Massendichte)	kg/m^3	kg/m^3 kg/dm^3

Formel-zeichen	Bezeichnete Größe	Einheit	
		im internationalen Einheitensystem, „SI-Einheit"	im technischen Einheitensystem gewöhnlich benutzt
ϱ_i	Massenkonzentration des Stoffes i (Partialdichte)	kg/m³	kg/m³
σ	Grenzflächenspannung (Oberflächenspannung)	N/m	kp/m
φ	relative Feuchte der Luft	kg/kg oder %	kg/kg oder %
Φ	Wärmestrom	W	kcal/h
ω	Kreisfrequenz	1/s	1/s

Die wichtigsten Beizeichen

Auf den Stoff bezogen

D Dampf
L Luft (oder Gas allgemein)

S Grundstoff (absolut trockene Substanz)

Auf den Ort bezogen

O Oberfläche
t in bestimmter Tiefe
∞ in hinreichend großem Abstand
  von der Grenzfläche

1 Anfang, Eingang
2 Ende, Ausgang

Werte einiger physikalischer Größen und Konstanten

Benennung	Formel-zeichen	SI-Einheiten	Techn. Einheiten
Molare Masse des Wasserdampfes	M_D	$18{,}02 \cdot 10^{-3}$ kg/mol	18,02 kg/kmol
Molare Masse der Luft	M_L	$28{,}96 \cdot 10^{-3}$ kg/kmol	28,96 kg/kmol
Molare oder universelle Gaskonstante	R	8,315 J/(mol K)	848 m kp/(kmol K)
Spezifische Gaskonstante des Wasserdampfes	R_D	461,5 J/(kg K)	47,1 m kp/(kg K)
Spezifische Gaskonstante der Luft	R_L	287,1 J/(kg K)	29,3 m kp/(kg K)
Spezifische Verdampfungsenthalpie des Wassers	Δh_V		
bei 0 °C		$2{,}500 \cdot 10^6$ J/kg	597 kcal/kg
bei 20 °C		$2{,}454 \cdot 10^6$ J/kg	586 kcal/kg
bei 100 °C		$2{,}257 \cdot 10^6$ J/kg	539 kcal/kg
Strahlzahl des schwarzen Körpers im Stefan-Boltzmannschen Gesetz	C_s	5,67 W/(m² K⁴)	4,875 kcal/(m² h K⁴)

Benennung	Formelzeichen	SI-Einheiten	Techn. Einheiten
Dichte	ϱ		
trockene Luft von 1 bar			
bei 0°C		$1{,}276 \text{ kg/m}^3$	$1{,}276 \text{ kg/m}^3$
bei 50°C		$1{,}077 \text{ kg/m}^3$	$1{,}077 \text{ kg/m}^3$
bei 100°C		$0{,}933 \text{ kg/m}^3$	$0{,}933 \text{ kg/m}^3$
Wasserdampf gesättigt			
bei 0°C		$0{,}00485 \text{ kg/m}^3$	$0{,}00485 \text{ kg/m}^3$
bei 50°C		$0{,}0830 \text{ kg/m}^3$	$0{,}0830 \text{ kg/m}^3$
bei 100°C		$0{,}5977 \text{ kg/m}^3$	$0{,}5977 \text{ kg/m}^3$
Spezifische Wärmekapazität	c_p		
trockene Luft von 1 bar			
bei 50°C		$1{,}01 \cdot 10^3 \text{ J/(kg K)}$	$0{,}241 \text{ kcal/(kg grd)}$
bei 100°C		$1{,}01 \cdot 10^3 \text{ J(kg K)}$	$0{,}242 \text{ kcal/(kg grd)}$
Wasserdampf gesättigt			
bei 50°C		$1{,}87 \cdot 10^3 \text{ J/(kg K)}$	$0{,}447 \text{ kcal/(kg grd)}$
bei 100°C		$1{,}90 \cdot 10^3 \text{ J/(kg K)}$	$0{,}454 \text{ kcal/(kg grd)}$
Wärmeleitfähigkeit	λ		
trockene Luft von 1 bar			
bei 50°C		$0{,}0278 \text{ W/(m K)}$	$0{,}0239 \text{ kcal/(m h grd)}$
bei 100°C		$0{,}0314 \text{ W/(m K)}$	$0{,}0270 \text{ kcal/(m h grd)}$
Wasserdampf gesättigt			
bei 50°C		$0{,}0198 \text{ W/(m K)}$	$0{,}0170 \text{ kcal/(m h grd)}$
bei 100°C		$0{,}0242 \text{ W/(m K)}$	$0{,}0208 \text{ kcal/(m h grd)}$
Temperaturleitfähigkeit	a		
trockene Luft von 1 bar			
bei 50°C		$25{,}6 \cdot 10^{-6} \text{ m}^2/\text{s}$	$9{,}23 \cdot 10^{-2} \text{ m}^2/\text{h}$
bei 100°C		$33{,}2 \cdot 10^{-6} \text{ m}^2/\text{s}$	$11{,}95 \cdot 10^{-2} \text{ m}^2/\text{h}$
Wasserdampf, gesättigt			
bei 50°C		$127{,}5 \cdot 10^{-6} \text{ m}^2/\text{s}$	$45{,}9 \cdot 10^{-2} \text{ m}^2/\text{h}$
bei 100°C		$21{,}3 \cdot 10^{-6} \text{ m}^2/\text{s}$	$7{,}95 \cdot 10^{-2} \text{ m}^2/\text{h}$
Dynamische Viskosität	η		
trockene Luft von 1 bar			
bei 50°C		$1{,}95 \cdot 10^{-5} \text{ Pa s}$	$5{,}55 \cdot 10^{-10} \text{ kp h/m}^2$
bei 100°C		$2{,}18 \cdot 10^{-5} \text{ Pa s}$	$6{,}18 \cdot 10^{-10} \text{ kp h/m}^2$
Wasserdampf, gesättigt			
bei 50°C		$1{,}09 \cdot 10^{-5} \text{ Pa s}$	$3{,}08 \cdot 10^{-10} \text{ kp h/m}^2$
bei 100°C		$1{,}27 \cdot 10^{-5} \text{ Pa s}$	$3{,}60 \cdot 10^{-10} \text{ kp h/m}^2$
Kinematische Viskosität	v		
trockene Luft von 1 bar			
bei 50°C		$18{,}17 \cdot 10^{-6} \text{ m}^2/\text{s}$	$6{,}54 \cdot 10^{-2} \text{ m}^2/\text{h}$
bei 100°C		$23{,}36 \cdot 10^{-6} \text{ m}^2/\text{s}$	$8{,}41 \cdot 10^{-2} \text{ m}^2/\text{h}$
Wasserdampf, gesättigt			
bei 50°C		$132 \cdot 10^{-6} \text{ m}^2/\text{s}$	$47{,}4 \cdot 10^{-2} \text{ m}^2/\text{h}$
bei 100°C		$21{,}3 \cdot 10^{-6} \text{ m}^2/\text{s}$	$7{,}67 \cdot 10^{-2} \text{ m}^2/\text{h}$
Diffusionskoeffizient	D		
Wasserdampf-Luft			
bei 1 bar Gesamtdruck			
und			
50°C		$0{,}30 \cdot 10^{-4} \text{ m}^2/\text{s}$	$0{,}108 \text{ m}^2/\text{h}$
100°C		$0{,}391 \cdot 10^{-4} \text{ m}^2/\text{s}$	$0{,}141 \text{ m}^2/\text{h}$
Grenzflächenspannung	σ		
von Wasser			
bei 50°C		$0{,}0677 \text{ N/m}$	$69{,}06 \cdot 10^{-4} \text{ kp/m}$
bei 100°C		$0{,}0589 \text{ N/m}$	$59{,}96 \cdot 10^{-4} \text{ kp/m}$

Umrechnungsfaktoren

Physikalische Größe	Umzurechnen: abgeleitete SI-Einheiten oder Vielfache und Teile davon in SI-Basiseinheiten	Umzurechnen: Einheiten des technischen Einheitensystems in SI-Einheiten oder Vielfache und Teile davon
Temperatur	$°C = K - 273,15\ K$	
Stoffmenge	$1\ kmol = 1\,000\ mol\ (= 6,024 \cdot 10^{26}\ Moleküle)$	
Kraft	$1\ N = 1\ kg\ m/s^2$	$1\ kp = 9,81\ N$
Druck	$1\ Pa = 1\ N/m^2 = 1\ kg/(m\ s^2)$ $1\ bar = 10^5\ Pa = 10^5\ kg/(m\ s^2)$	$\left.\begin{array}{l} 1\ kp/m^2 \\ 1\ mm\ WS \end{array}\right\} = 9,81\ Pa = 9,81 \cdot 10^{-5}\ bar = 0,0981\ mbar$ $\left.\begin{array}{l} 1\ at \\ 1\ kp/cm^2 \end{array}\right\} = 0,981\ bar = 0,981 \cdot 10^5\ Pa$ $\left.\begin{array}{l} 1\ mm\ Hg \\ 1\ Torr \end{array}\right\} = 133\ Pa$
Dynamische Viskosität	$1\ Pa\ s = 1\ kg/(m\ s)$	$1\ kp\ h/m^2 = 3\,600\ kp\ s/m^2 = 35\,304\ Pa\ s$ $1\ P\ (Poise) = 0,1\ Pa\ s$
Kinematische Viskosität	$1\ m^2/h = 0,000278\ m^2/s$	$1\ m^2/h = 0,000278\ m^2/s$ $1\ St\ (Stokes) = 10^{-4}\ m^2/s = 0,36\ m^2/h$
Diffusionskoeffizient	$1\ m^2/h = 0,000278\ m^2/s$	$1\ m^2/h = 0,000278\ m^2/s$
Arbeit, Energie, Wärme, Enthalpie	$1\ J = 1\ N\ m = 1\ kg\ m^2/s^2$	$1\ kcal = 4,1868\ kJ = 4186,8\ J$
Spezifische Enthalpie	$1\ J/kg = 1\ m^2/s^2;\quad 1\ kJ/kg = 1\,000\ m^2/s^2$	$1\ kcal/kg = 4,1868\ kJ/kg = 4186,8\ J/kg$
Spezifische Wärmekapazität, spezifische Gaskonstante	$1\ J/(kg\ K) = 1\ m^2/(s^2\ K)$	$1\ kcal/(kg\ grd) = 4,1868\ kJ/(kg\ K) = 4186,8\ J/(kg\ K)$
Leistung, Energiestrom, Wärmestrom	$1\ W = 1\ J/s = 1\ kg\ m^2/s^3;\quad 1\ kW = 1\,000\ W$	$1\ PS = 0,7355\ kW = 735,5\ W$ $1\ kcal/h = 1,163\ W = 0,001163\ kW$
Wärmeleitfähigkeit	$1\ W/(m\ K) = 1\ kg\ m/(s^3\ K)$	$1\ kcal/(m\ h\ grd) = 1,163\ W/(m\ K)$
Temperaturleitfähigkeit	$1\ m^2/h = 0,000278\ m^2/s$	$1\ m^2/h = 0,000278\ m^2/s$
Wärmeübergangskoeffizient, Wärmedurchgangskoeffizient	$1\ W/(m^2\ K) = 1\ kg/(s^3\ K)$	$1\ kcal/(m^2\ h\ grd) = 1,163\ W/(m^2\ K)$
Strahlungsaustauschkonstante im Gesetz von Stefan-Boltzmann	$1\ W/(m^2\ K^4) = 1\ kg/(s^3\ K^4)$	$1\ kcal/(m^2\ h\ K^4) = 1,163\ W/(m^2\ K^4)$

Häufig benutzte Grundbegriffe und Gleichungen

Trocknen

Entfernen von Feuchte aus einem Gut, indem die Feuchte in Dampf verwandelt und abgeführt wird.

Verdampfen

Verwandeln einer Flüssigkeit in Dampf.

Verdunsten

Verdampfen einer Flüssigkeit in Luft oder in ein anderes Gas hinein.

Sublimieren

Verwandeln eines festen Stoffes unmittelbar in Dampf, ohne daß der Stoff dabei flüssig wird.

Trocknungsgut (häufig einfach Gut)

Der zu trocknende, in Trocknung befindliche oder bereits getrocknete Stoff.

Naßgut

Nasses Gut vor dem Trocknen.

Feuchtgut

Feuchtes Gut vor dem Trocknen.

Trockengut

Gut nach dem Trocknen

Lufttrockenes Gut

Gut, das in atmosphärischer Luft keine merkliche Feuchteänderung erfährt.

Trockensubstanz, Grundstoff

Stoff, der nach Entfernen aller Feuchte aus dem Gut übrig bleibt.

Hygroskopisches Gut

Gut, an dessen Feuchteoberfläche der Wasserdampfdruck niedriger ist als der Sattdampfdruck über einer ebenen Oberfläche reinen Wassers, gleiche Temperatur und sonst gleiche Bedingungen unterstellt.

Feuchte des Gutes

Wasser oder eine andere bei Raumtemperatur für sich allein flüssige Substanz, die beim Trocknen ganz oder teilweise aus dem Gut entfernt werden soll.

Feuchtegehalt des Gutes (Feuchteanteil am Gut)

Quotient aus Feuchtemasse und Masse des ganzen Gutes

$$W = \frac{m_W}{m_W + m_S}, \tag{0.1}$$

m_W gesamte im Gut enthaltene Feuchtemasse,
m_S im Gut enthaltene Masse an Trockensubstanz.

Feuchte/Grundstoff-Massenverhältnis (Feuchte/Feststoff-Massenverhältnis) im Gut

Quotient aus Feuchtemasse und Grundstoffmasse des Gutes

$$X = \frac{m_W}{m_S}. \tag{0.2}$$

Oft werden W und X in % ausgedrückt. Zwischen den beiden Größen besteht die auf Bild 0.1 dargestellte Beziehung

$$W = \frac{X}{1 + X} \quad \text{oder} \quad X = \frac{W}{1 - W}.\tag{0.3}$$

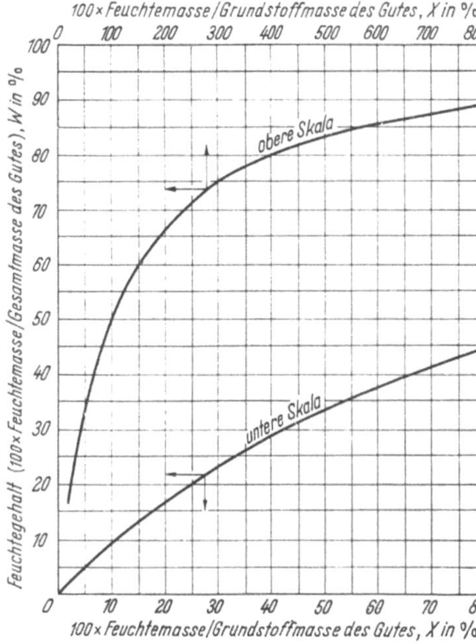

Bild 0.1. Zusammenhang zwischen dem Feuchtegehalt W und dem Feuchte/Grundstoff-Massenverhältnis X des Gutes.

Die X-Werte ein und desselben Gutes dürfen, im Gegensatz zu den W-Werten, addiert und subtrahiert werden, da ihre Bezugsgröße (die Grundstoffmasse) beim Trocknen gleich bleibt.

Gleichgewichtsfeuchtegehalt des Gutes

Feuchtegehalt des im hygroskopischen Gleichgewicht mit dem umgebenden Dampf stehenden Gutes (wobei der Dampf mit Luft oder einem anderen Gas vermengt sein kann).

Freie Feuchte des Gutes

Feuchte, deren Einzelmoleküle nur den Nahkräften von Molekülen derselben Art ausgesetzt sind, nicht aber den Nahkräften anderer Stoffe.

Physikalisch gebundene Feuchte

Feuchte, deren Moleküle verhältnismäßig locker an den Grundstoff des Gutes oder an Feuchtemoleküle (ihrer eigenen oder anderer Art) gebunden sind, und die in einem weitgehend beliebigen Massenverhältnis zum Grundstoff stehen kann.

Kristallwasser (koordinativ gebundenes Wasser)

Wasser, dessen Moleküle als Ganze in das Kristallgitter eines Gutes eingebaut sind. Das Kristallwasser steht normalerweise in einem festen Massenverhältnis zur Kristallsubstanz.

Konstitutionswasser (chemisch strukturell gebundenes Wasser)

Wasser, das sich bei chemischen Vorgängen im Gut aus den Atomen des Grundstoffes bildet.

Sattdamf

Dampf, der sich schon bei einer unendlich kleinen Temperatursenkung oder Drucksteigerung teilweise in Flüssigkeit verwandeln würde.

Überhitzter Dampf

Dampf, dessen Temperatur über der des Sattdampfes gleichen Druckes liegt.

Gesamtdruck einer ruhenden Gasmischung

Quotient aus der Kraft, die eine ruhende Gasmischung senkrecht auf eine Fläche ausübt, und dem Inhalt der Fläche.

Partialdruck (Teildruck)

Druck, den das Einzelgas einer ruhenden Gasmischung senkrecht auf eine Fläche ausüben würde, wenn es für sich allein das Gesamtvolumen der Mischung einnähme.

Adsorption

Anreicherung eines Stoffes an der Grenzfläche eines anderen (im Gut ist meistens ein Teil der Feuchte an der inneren und äußeren Oberfläche des Grundstoffes „adsorbiert").

Sorptionsisotherme

Linie, die wiedergibt, welche Endwerte der Massenanteil eines sorbierten Stoffes an einem Gut bei verschiedenen Konzentrationen des Stoffes in der Umgebung des Gutes annehmen kann, wenn sich der Stoff und das Gut jeweils nach langer gegenseitiger Berührung bei einer bestimmten Temperatur ins Austauschgleichgewicht miteinander setzen.
Statt des Zusammenhangs zwischen den Massenanteilen und den Konzentrationen kann auch der Zusammenhang zwischen anderen damit zusammenhängenden Größen dargestellt sein.

Hygroskopisches Gleichgewicht

Austauschgleichgewicht zwischen der Feuchte eines Gutes und dem Wasserdampf oder dem wasserdampfhaltigen Gas in seiner Umgebung.
Gutsfeuchte und Wasserdampf (oder wasserdampfhaltiges Gas), die allein aufeinander wirken, stehen im hygroskopischen Gleichgewicht, wenn — makroskopisch gesehen — kein Dampf mehr vom einen zum anderen übergeht und wenn die Stoffe gleiche Temperaturen haben.

Hygroskopischer Bereich

Bereich des Feuchtegehaltes eines Gutes, in dem hygroskopisches Gleichgewicht möglich ist.

Trocknungsmittel

a) Bewegtes Gas (oder anderes Fluid), das Wärme an das Gut abgibt und verdampfte Feuchte von diesem aufnimmt.
b) Fester oder flüssiger Stoff, der Dämpfe aus einem Gas aufnimmt.

Luft

In der Trocknungstechnik: reine oder mit (Wasser-) Dampf vermischte Luft (allgemeiner Begriff, der angewandt wird, wenn eine Unterscheidung zwischen reiner und dampfhaltiger Luft nicht getroffen werden soll).

Feuchtluft

Luft, die Dampf enthält (in der Trocknungstechnik: Dampf von der Art, wie er aus dem Gut ensteht).

Dampfgesättigte Luft (kurz: gesättigte Luft)

Luft, die Sattdampf enthält, (Luft, die mit der größten Menge Dampf vermischt ist, die im gemeinsamen Raum enthalten sein kann. Diese Dampfmenge hängt nach Dalton nicht davon ab, welche Reinluftmenge im gemeinsamen Raum anwesend ist).

Dampfungesättigte Luft (kurz: ungesättigte Luft)

Luft, die überhitzten Dampf enthält (Luft, die mit weniger Dampf vermischt ist, als der gemeinsame Raum enthalten könnte).

Trocknungsluft

Luft, die als Trocknungsmittel dient (s. o.).

Feuchte der Luft

Dampf (und evtl. Nebel), der sich in der Luft befindet.

Relative Feuchte der Luft (genauer: des Dampf-Luft-Gemisches)

Quotient aus der Dampfmasse, die mit der Luft vermischt ist, und der Dampfmasse, die in demselben Raum bei gleicher Temperatur im Höchstfalle mit der Luft vermischt sein könnte, nämlich wenn der Dampf gesättigt wäre.
(Die relative Feuchte der Luft ist gleich der Dichte des Dampfes in der Luft geteilt durch die Sättigungsdichte).
In dem Bereich, in dem Luft und Dampf als ideale Gase betrachtet werden können, ist die relative Feuchte φ der Luft gegeben durch

$$\varphi = \frac{p_D}{p_D''}, \tag{0.4}$$

p_D wirklicher Partialdruck des Dampfes,
p_D'' Sättigungsdruck des Dampfes bei der Lufttemperatur.

Dampf/Luft-Massenverhältnis in Feuchtluft (kurz: „Feuchteverhältnis" und inkonsequenterweise oft „Feuchtegehalt der Luft" genannt)

Quotient aus Dampfmasse (Feuchtemasse) m_D und (Rein-) Luftmasse m_L des Dampf-Luft-Gemisches

$$x = \frac{m_D}{m_L}. \tag{0.5}$$

Zwischen φ und x besteht der Zusammenhang:

$$x = \frac{R_L}{R_D}\,\frac{p_D}{p - p_D} = \frac{R_L}{R_D}\,\frac{\varphi p_D''}{p - \varphi p_D''}, \tag{0.6}$$

p Gesamtdruck des Luft-Dampf-Gemisches,
R_L spezifische Gaskonstante der Reinluft,
R_D spezifische Gaskonstante des Dampfes.

Taupunktstemperatur feuchter Luft (eines Dampf-Luft-Gemisches)

Temperatur, bei der aus dem Dampf des Dampf-Luft-Gemisches die erste Spur Flüssigkeit entsteht, wenn das Gemisch bei gleichbleibendem Dampf/Luft-Massenverhältnis abgekühlt wird (s. Bild 0.2).

Kühlgrenztemperatur der Luft

Temperatur, welche die Luft in einem wärmedichten Raum annimmt, wenn Flüssigkeit in sie hinein verdunstet, bis sie gesättigt ist, und wenn sie selbst alle dazu nötige Wärme durch Mindern ihrer Eigentemperatur liefert, vorausgesetzt, daß die Flüssigkeit von vornherein die Kühlgrenztemperatur besitzt (s. Bild 0.2).

Konvektion von Energie und Dampf

Mitführen von Energie (innerer Energie, Enthalpie) und Dampf durch ein Fluid — durch den Strom eines gasförmigen, flüssigen oder festen Stoffes.
In vielen Trocknern führen Fluidströme Energie zum Gut hin, geben sie dort als Wärme ab und führen verdampfte Feuchte weg.

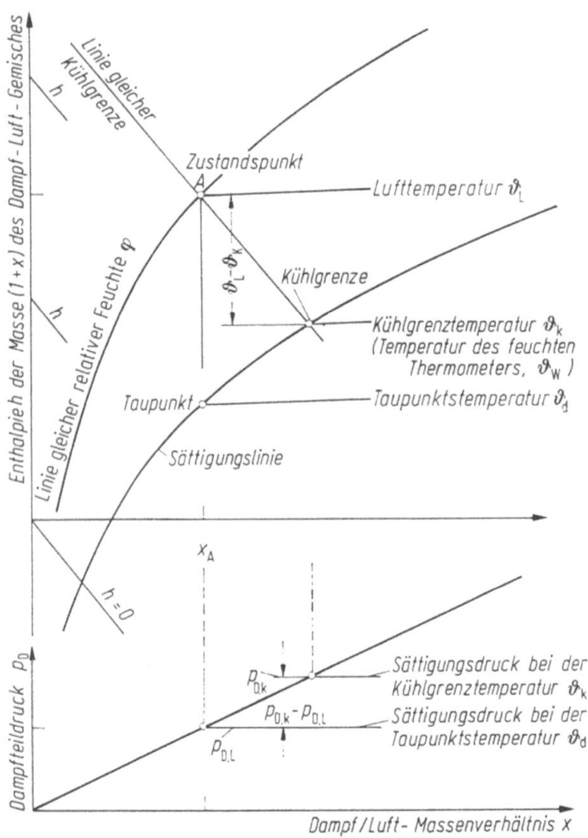

Bild 0.2. Aufsuchen der Kühlgrenze und des Taupunktes wasserdampffeuchter Luft im h, x-Diagramm nach Mollier.

Gegeben sei: Zustandspunkt A der feuchten Luft durch: Temperatur ϑ_L und Dampf/Luft-Massenverhältnis x_A (oder relative Feuchte φ der Luft, oder Partialdruck $p_{D,L}$ des Dampfes in der Luft).

Aus dem Diagramm zu entnehmen ist: Kühlgrenztemperatur ϑ_k der Luft (fast genau gleich der Temperatur des feuchten Thermometers ϑ_W), zur Kühlgrenztemperatur gehörender Sättigungsdruck $p_{D,K}$ des Wasserdampfes, Taupunktstemperatur ϑ_d der Luft.

Bei reiner Konvektionstrocknung im Abschnitt gleichbleibender Trocknungsgeschwindigkeit sind fast gleich: ϑ_k und Gutstemperatur ϑ_O, (ϑ_t), $p_{D,K}$ und Dampfdruck über der Gutsfeuchte $p''_{D,O}$, $(p_{D,t})$.

Freie oder natürliche Konvektion

Konvektion, bei der das energietragende Fluid infolge von Dichteunterschieden bewegt wird.

Erzwungene Konvektion

Konvektion, bei der das energietragende Fluid durch Förderorgane, z. B. Ventilatoren, bewegt wird.

Wärmeübergang

Übergang eines Wärmestromes von einem Fluid an die Oberfläche eines Körpers oder vom Körper in das Fluid.

Grundgleichung des Wärmeüberganges

Für den Wärmestrom Φ, den ein Fluid von der Temperatur ϑ_L an eine Oberfläche A von der Temperatur ϑ_O abgibt, gilt

$$\Phi = \alpha A \, (\vartheta_L - \vartheta_O) \tag{0.7}$$

mit α als dem Wärmeübergangskoeffizienten. Da ϑ_L an verschiedenen Stellen im Fluidstrom sehr verschieden sein kann, muß beim Nennen von α-Werten die Definition von ϑ_L mit angegeben werden.

Nußelt-Zahl Nu

Kenngröße des Wärmeübergangs, die das Verhältnis des an eine Fläche tatsächlich übergehenden Wärmestromes zu dem Wärmestrom wiedergibt, der unter sonst gleichen Bedingungen durch reine Leitung in einer Schicht des Fluids von der Dicke einer Längeneinheit wandern würde

$$Nu = \frac{\alpha l}{\lambda}, \tag{0.8}$$

worin bedeutet

l eine kennzeichnende, als Bezugsgröße dienende Abmessung (bei einem Rohr z. B. der Durchmesser),

λ die Wärmeleitfähigkeit des Fluids bei der zu nennenden Bezugstemperatur.

Prandtl-Zahl Pr

Kenngröße, definiert als das Verhältnis der kinematischen Viskosität ν zur Temperaturleitfähigkeit a eines wärmeübertragenden Fluids

$$Pr = \frac{\nu}{a}. \tag{0.9}$$

Wärmedurchgang

Wärmeübertragung von einem wärmeren zu einem kälteren Fluid durch eine Trennwand hindurch.

Grundgleichung des Wärmedurchgangs

Der Wärmestrom Φ, der durch eine Wand von der (einseitigen) Oberfläche A dringt, wenn an diese Wand an der einen Seite ein Fluid von der (zweckmäßig definierten) Temperatur ϑ_a, an der anderen ein solches von der Temperatur ϑ_b grenzt, kann mit der Gleichung berechnet werden

$$\Phi = kA \, (\vartheta_a - \vartheta_b) \tag{0.10}$$

mit k als dem Wärmedurchgangskoeffizienten.

Feuchtestrom

Quotient aus wandernder Feuchtemasse und Zeit.

Feuchtestromdichte

Quotient aus Feuchtestrom und durchströmter Fläche.

Diffusion

Wandern (Sichausbreiten) eines Stoffes in einem anderen infolge eines Gefälles der chemischen Potentiale der Stoffe.

Ursache der Diffusion ist die Molekularbewegung der Stoffe. Sie hat beispielsweise zur Folge, daß sich Wasserdampf in ruhender Luft ausbreitet.

Hat das Stoffgemisch überall (ungefähr) gleichen Gesamtdruck und gleiche Temperatur, so kann man statt des Gefälles der chemischen Potentiale das Gefälle der Massenkonzentrationen der Stoffe als die Bewegung hervorrufend ansehen. Verhalten sich die Stoffe (annähernd) wie ideale Gase, so können auch Partialdruckunterschiede als den Transport bewirkend gelten.

Molekularströmung (Knudsenströmung)

Gasströmung durch Kanäle, deren Weite kleiner ist als die mittlere freie Weglänge der Gasmoleküle.

Stoffübergang

Wandern eines Stoffes von der Oberfläche eines Körpers in ein angrenzendes Fluid oder umgekehrt.
Im folgenden wird das Wort Stoffübergang hauptsächlich auf das Hineinwandern von Dampf aus einer Gutsoberfläche in einen Luftstrom angewendet.

Grundgleichung des Stoffüberganges

Der Massenstrom $\dot{m}_D$ eines Dampfes, der aus einer halbdurchlässigen (nur in der einen, nicht aber in der anderen Richtung durchlässigen) Fläche A in einen Dampf-Luft-Strom übergeht, ist zu berechnen aus:

$$\dot{m}_D = \frac{p}{R_D T}\, \beta A \ln\left(1 + \frac{p_{D,0} - p_{D\infty}}{p - p_{D,0}}\right). \tag{0.11}$$

Darin ist

p der Gesamtdruck des Dampf-Luft-Gemisches,
R_D die spezifische Gaskonstante des Dampfes,
T die mittlere thermodynamische Temperatur der Dampf-Luft-Grenzschicht an der Fläche A,
β der Stoffübergangskoeffizient,
$p_{D,0}$ der Dampfpartialdruck an der Fläche A,
$p_{D\infty}$ der Dampfpartialdruck im Kern des Luftstromes.

Die Formel (0.11) gilt nur dann genau, wenn überall im Dampf-Luft-Gemischstrom gleicher Gesamtdruck und gleiche Temperatur herrschen. Sind die Partialdrücke $p_{D,0}$ und $p_{D\infty}$ klein gegenüber p, so kann man statt (0.11) schreiben

$$\dot{m}_D = \frac{\beta}{R_D T} A \frac{p}{p - p_{D,0}} (p_{D,0} - p_{D\infty}). \tag{0.12}$$

Diese Näherungsformel wird im folgenden meistens benutzt.

Verdunstungsgleichung

An einer ebenen, reinen Flüssigkeitsoberfläche, an der Flüssigkeit mit üblicher Geschwindigkeit verdunstet, hat der entstehende Dampf den Sattdampfdruck $p''_{D,0}$, der zur Oberflächentemperatur ϑ_O gehört. An Stelle von (0.12) gilt in diesem Fall für den Dampfstrom, der von der Flüssigkeitsoberfläche A ausgeht:

$$\dot{m}_D = \frac{\beta}{R_D T} A \frac{p}{p - p''_{D,0}} (p''_{D,0} - p_{D\infty}). \tag{0.13}$$

Sherwood-Zahl Sh

Kenngröße des Stoffübergangs, definiert durch

$$Sh = \frac{\beta l}{D}, \tag{0.14}$$

l kennzeichnende, als Bezugsgröße dienende Abmessung,
D Diffusionskoeffizient des übergehenden Stoffes im Fluid.

Schmidt-Zahl Sc

Kenngröße, definiert als das Verhältnis der kinematischen Viskosität v eines Fluids zum Diffusionskoeffizienten D eines Stoffes im Fluid

$$Sc = \frac{v}{D}. \tag{0.15}$$

Trocknungsgeschwindigkeit (flächenbezogene)

Massenstrom der Feuchte, die aus dem Gut entweicht, dividiert durch die feuchteabgebende Bezugsfläche (Massenstromdichte der entweichenden Feuchte).
Meistens ändert sich die Trocknungsgeschwindigkeit im Laufe der Trocknungszeit und ist örtlich verschieden. Dementsprechend unterscheidet man zwischen augenblicklicher, örtlicher, augenblicklich-örtlicher und durchschnittlicher Trocknungsgeschwindigkeit, wobei der Durchschnitt entweder für eine bestimmte Zeit oder für eine größere Fläche oder für beides zugleich gelten kann.
Die Bezugsfläche ist an sich willkürlich wählbar. Manchmal dient die feuchteabgebende Oberfläche des Gutes — die allerdings oft unbekannt ist —, häufiger eine Fläche, die der Trockner darbietet, als Bezugsfläche. Vergleiche sind stets bei derselben Bezugsfläche anzustellen.

Raumbezogene Trocknungsgeschwindigkeit

Massenstrom der Feuchte, die aus dem Gut entweicht, dividiert durch den Bezugsraum. Bezugsraum kann das Gutsvolumen oder ein Raum sein, den der Trockner darbietet.

Spezifische Verdampfungsleistung (spezifische Verdunstungsleistung)

Feuchtestrom, der das Gut als Dampf verläßt, dividiert durch die Bezugsfläche oder den Bezugsraum. Der Begriff wird vornehmlich in der Praxis im Hinblick auf ganze Apparate verwendet. Beim Trocknen von Gutsproben und im wissenschaftlichen Bereich ist mehr der Begriff „Trocknungsgeschwindigkeit" im Gebrauch.

Trocknungsabschnitte

Viele Güter durchlaufen, während sie Feuchte abgeben, mehrere Phasen.
Wenn ein Luftstrom allein die nötige Energie zum Gut und den entstehenden Dampf wegführt, so zeigt sich häufig ein:

erster Abschnitt, während dessen die Gutsfeuchte nur an der Gutsoberfläche verdunstet. Dieser Abschnitt hat — unter gleichbleibenden Bedingungen — oft einen ersten kurz dauernden Unterabschnitt, in dem das Gut einer Beharrungstemperatur zustrebt, und einen zweiten Unterabschnitt, in dem das Gut bei annähernd konstanter Eigentemperatur mit ungefähr gleichbleibender Geschwindigkeit trocknet. Ferner ergibt sich oft ein

zweiter Abschnitt, während dessen die Verdunstungsstellen in das Gutsinnere zurückweichen, die Trocknungsgeschwindigkeit abnimmt und die Gutstemperatur steigt, sowie ein

dritter Abschnitt, in dem sich das gesamte Gut ins hygroskopische Gleichgewicht mit der umgebenden Luft setzt. Bis zum Schluß verschwinden alle Temperatur- und Dampfpartialdruck-Unterschiede zwischen innen und außen.

Beharrungstemperatur des Gutes

Temperatur, die das Gut unter gleichbleibenden Bedingungen der Energiezufuhr und Feuchteabfuhr eine Zeitlang behält.
Die gleichbleibende Temperatur im obengenannten ersten Trocknungsabschnitt sowie die Endtemperatur des Gutes nach Erreichen des hygroskopischen Gleichgewichts sind solche Beharrungstemperaturen.
Bei Wasserdampf-Luft-Gemisch als energiebringendem Fluid stimmt die Beharrungstemperatur wasserfeuchten Gutes im ersten Abschnitt ungefähr mit der Kühlgrenztemperatur des Wasserdampf-Luft-Gemisches überein.

Feuchtthermometer-Temperatur (Feuchttemperatur) der Luft

Beharrungstemperatur, die ein mit einer wasserfeuchten Hülle überzogenes und gegen Energiezu- oder -abfuhr durch Leitung oder Strahlung geschütztes Thermometer im Strom der Luft annimmt (für Messungen gibt man dem Strom wenigstens 2 m/s Geschwindigkeit).
Auch die Feuchtthermometer-Temperatur stimmt ungefähr mit der Kühlgrenztemperatur der Feuchtluft überein (s. Bild 0.2).

Laminare Strömung

Strömung eines Fluids, in der die Stromlinien glatt nebeneinander herlaufen, in der also keine makroskopischen Mischbewegungen stattfinden.

Turbulente Strömung

Strömung eines Fluids, in der die Teilchen des Fluids außer der allgemeinen Hauptbewegung eine mehr oder weniger unregelmäßige Nebenbewegung (Mischbewegung) in alle Richtungen ausführen.

Strömungsgrenzschicht

Die an eine Oberfläche grenzende Schicht eines Fluids, die durch Reibungskräfte abgebremst wird.
In der Strömungsgrenzschicht steigt die Geschwindigkeit des Fluids vom Wert Null an der Oberfläche auf den Wert in der ungestörten Strömung an.
Je nach den Umständen bewegt sich die Strömungsgrenzschicht laminar oder turbulent.

Strömungswiderstand

Kraft, die ein Fluidstrom auf einen Kanal oder auf einen Körper in Strömungsrichtung ausübt. Sie ist gegeben durch

$$F_{\mathrm{W}} = \zeta_{\mathrm{K}} S \, p_{\mathrm{d}}, \tag{0.16}$$

worin:

ζ_{K} Widerstandsbeiwert,

S Querschnittsfläche des durchströmten Kanals oder Projektionsfläche des umströmten Körpers in Stromrichtung,

$$p_{\mathrm{d}} = \varrho \, w^2/2, \quad \text{kinetischer (dynamischer) Druck des Fluids,} \tag{0.17}$$

w Strömungsgeschwindigkeit.

Reynolds-Zahl Re

Kenngröße für Strömungen, die unter dem Einfluß von Trägheits- und Reibungskräften verlaufen. Sie ist das Verhältnis der Trägheits- zu den Reibungskräften im strömenden Mittel:

$$Re = \frac{wl}{\nu}, \tag{0.18}$$

mit

w Strömungsgeschwindigkeit,

l kennzeichnende, als Bezugsgröße dienende Abmessung des durchströmten Kanals oder des umströmten Körpers,

ν kinematische Viskosität des strömenden Mediums.

Zwei oder mehrere Strömungen der genannten Art verlaufen ähnlich, wenn bei ähnlichen Randbedingungen an ähnlich gelegenen Stellen innerhalb der betrachteten Räume das Verhältnis der Trägheits- zu den Reibungskräften das gleiche ist, d.h. wenn die Reynolds-Zahl gleich ist.

Berichtigungen

S. 88, Zeile 22, 23 von oben: statt „Nichthygroskopische Stoffe ...“ **lies** „Nichthygroskopische weitporige Stoffe ...“

S. 99, Zeile 13 von unten: statt „ ... in das Gut dringt ...“ **lies** „ ... die Teilchen umspült ...“

S. 112, Zeile 22, 23, Tab. 2.5: statt Fluidatbett-Trockner (Wirbelbett-Trockner) **lies** Fluidatschicht-Trockner (Wirbelschicht-Trockner)

Zeile 28, Tab. 2.5: statt Schwebegut-Trockner **lies** Flug-Trockner

S. 120, unter Gl. 2.14: statt Nusselt-Zahl **lies** Nußelt-Zahl

S. 124, Legende zu Bild 2.10: statt Nusselt-Zahl **lies** Nußelt-Zahl

S. 125, Zeile 11 von oben: statt zeitlang **lies** Zeitlang

S. 147, Zeile 11, 19 und 28 von oben: statt Wärmestrom **lies** Energiestrom

S. 147, Zeile 13 von unten: statt Wärmebewegung **lies** Energiebewegung

S. 223, Zeile 23 von unten: statt Teilchenblasen **lies** Luftblasen

S. 262, Gl. (2.116): statt $\Phi = \Phi_I - \Phi_L$ **lies** $\Phi = \Phi_I + \Phi_L$

S. 333, Zeile 27 von oben: statt atü **lies** bar

S. 374 Legende zu Bild 2.248, Zeile 5: statt Kondensatkühler **lies** Kondensationskühler

S. 470, Zeile 8 von oben: statt Gase **lies** Gasmoleküle

S. 497, Zeile 15 von oben: statt Kaskaden-Schwingrinnentrockner **lies** Kaskaden-Schwingfördertrockner

Einleitung

Trocknen heißt
  Entfernen von Feuchte aus einem Gut, indem die Feuchte in Dampf verwandelt und abgeführt wird.
Damit die Feuchte verdampft, muß ihr Energie zugeführt werden.

Trocknungstechnik ist das Bemühen, die Güter mit angemessenem Aufwand an Energie, Arbeitskraft und Hilfsmitteln so zu trocknen, daß unerwünschte Qualitätsänderungen unterbleiben und gewünschte stattfinden [1—9].

Die Anordnungen, die zum Trocknen dienen, heißen Trockner.

Seit alters trocknen die Landwirte das Gras und die Hausfrauen die Wäsche im Freien. Schon früh benutzten die Handwerker einfache Vorrichtungen, um Tongegenstände, Leder, Holz und Papier zu trocknen. Die heutige Industrie braucht Trockner verschiedenster Art und Leistungsfähigkeit, welche die Feuchte aus Lebensmitteln, Textilien, Chemikalien, Bergbauprodukten und vielen anderen Gütern entfernen [10]. Es gibt kaum ein Erzeugnis, das beim Herstellen oder Gewinnen nicht mindestens einmal trocknen muß; viele Stoffe durchlaufen mehrere Trocknungsvorgänge.

Der Zweck des Trocknens kann sehr verschieden sein. Durch Entzug von Feuchte werden viele Güter haltbar, verwendbar und brauchbar, bekommen ein besseres Aussehen und höheren Wert, werden leichter und dichter und sind dann vorteilhafter zu transportieren. Manche Stoffe lassen sich erst nach dem Feuchteentzug weiterverarbeiten, andere müssen getrocknet werden, damit die nachfolgenden Arbeitsgänge mit erträglichem Kostenaufwand ablaufen. Schließlich geben manche Stoffe beim Trocknen wertvolle Lösungsmittel zurück. In der Regel soll das Gut beim Trocknen seine Form, Festigkeit, Farbe und seine wertvollen Bestandteile behalten. Mancher Stoff kann bestimmte Eigenschaften nur annehmen, wenn er hoher Temperatur ausgesetzt ist; öfters noch schadet hohe Temperatur und rasche Trocknung. Meistens muß sich der Trocknungsvorgang in das gesamte Herstellungsverfahren einordnen lassen, oder er kann nur mit gewissen Heizmitteln vorgenommen werden, oder er muß in gegebenen Räumen stattfinden. Solche und ähnliche Umstände erfordern es, jede Trocknungsaufgabe individuell zu behandeln.

1. *Lehre von der Gestalt der Trockner*

1.1. Die Grundformen und wichtigsten Organe der Trockner

1.1.1. Einige Grundformen der Trockner

Der einfachste Trockner, ein freies Stück Erdboden in Sonne und Wind, wird heute noch viel benutzt für Heu und andere Erzeugnisse der Landwirtschaft. Er hat keine eigenen Organe, sondern läßt Sonnenenergie — Strahlung und Wind — auf das Gut wirken, damit die Gutsfeuchte verdampft. Der Dampf wird vom Wind mitgenommen (Bild 1.1, Skizze *1*).

Sehr einfach ist auch der vielbenutzte Trockner der Hausfrau, die Wäscheleine (Skizze *2*). Er hat nur ein Organ: den Gutsträger *b*.

Zwei Bauteile bilden den Trockner nach Skizze *3*. Das Gestell *b* trägt das Gut, das halboffene Gehäuse *i* leitet den Wind darüber, und es schützt die Gegenstände vor Regen und starkem Sonnenschein.

Der kammerartige Trockner nach Skizze *4* hat eine eigene Heizeinrichtung *f* (eine Feuerung), die fast jederzeit Energie liefern kann. Von ihr gehen Feuergase zum Gut, umströmen es, geben ihm Wärme und ziehen fort. Das Gehäuse *i* hindert die Gase und ihre Energie, ungenutzt zu entweichen, und es schützt das Gut vor Einwirkung von außen. Die feuergasdurchströmten Kanäle wirken als einfache „Vorrichtungen zum Übertragen von Energie".

Aus mehr Bauteilen besteht die Übertragungsvorrichtung des Trockners nach Bild 1.1, Skizze *5*. Durch den Heizkörper *f* strömt ein fluider Energieträger und gibt Wärme durch die Heizkörperwände hindurch an den Luftstrom ab. Dieser wird vom Ventilator *g* bewegt. Die Luft führt die Energie zum Gut, durchströmt es und versorgt es mit Wärme.

Noch verwickelter ist die Übertragungsvorrichtung im Umlufttrockner Skizze *6*. Der Ventilator *g* treibt die Luft im Kreislauf durch den Gutsraum, durch die Umführungskanäle, durch den Heizkörper und das Verteilgitter. Nur ein Teil der kreisenden Luft strömt ab und wird durch frische ersetzt.

Die Skizze *7* zeigt einen Trockner, der Einzelstrahlen des Umluftstromes senkrecht auf das Gut lenkt und dort aufprallen läßt.

Anstatt fluider Mittel übertragen in vielen Trocknern feste Wände die Energie auf das Gut. Unmittelbar auf dem Heizkörper *f* liegt das Gut im Trockner nach Skizze *8* [11].

Im Trockner gemäß Skizze *9* wird das Gut von dem heißen Körper *f* angestrahlt und empfängt dadurch die nötige Energie.

Die Energieströme sollen in den Trocknern steuerbar sein und gleichmäßig auf das Gut wirken. Als Steuerorgane dienen z. B. Ventile in den Heizmittelleitungen, wie in den Trocknern *5* bis *9*. Gleichmäßige Wirkung am Gut erzwingt der Düsenrost im Trockner *7*, der den Umluftstrom verteilt.

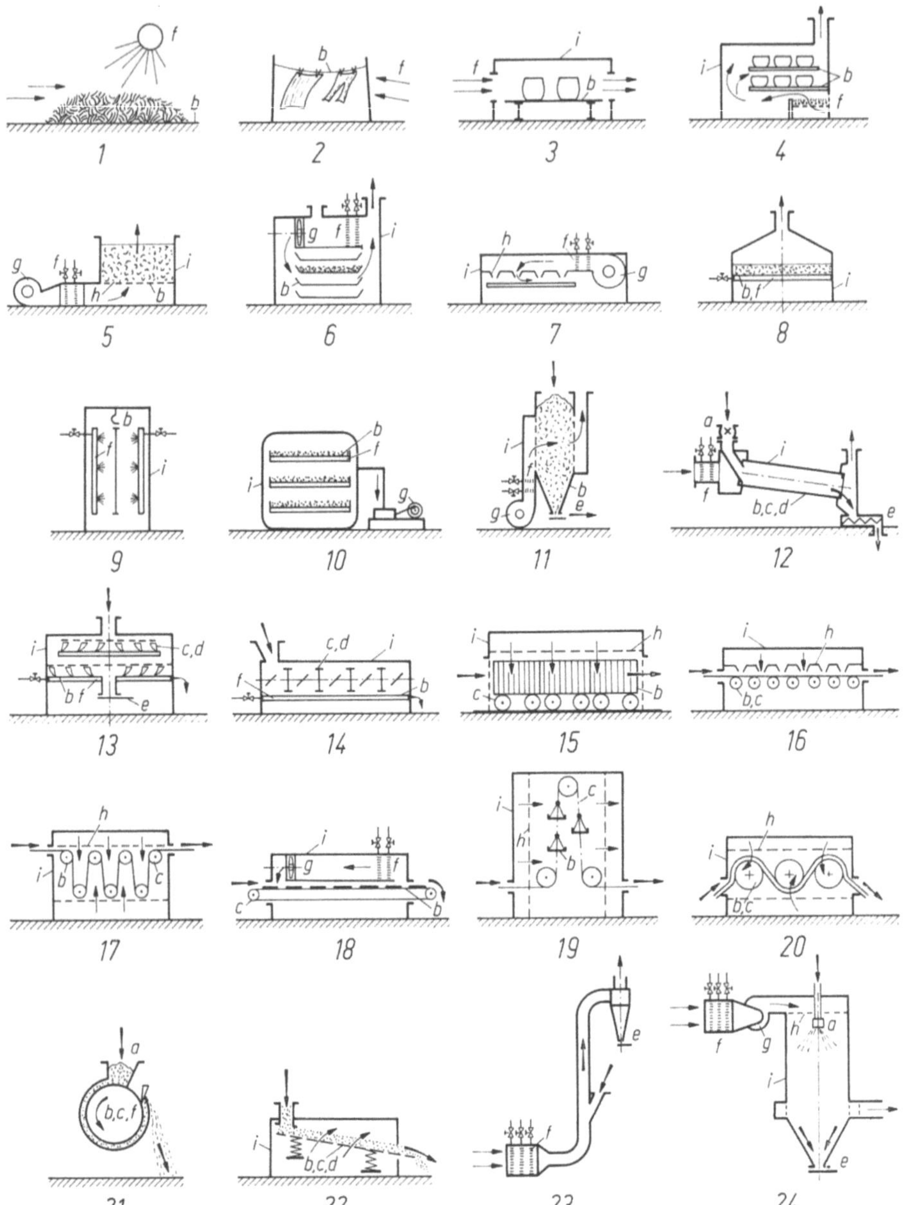

Bild 1.1. Einige Grundformen von Trocknern.
1 Mit Gut belegter Erdboden in Wind und Sonne; *2* mit Gut behängte Leine im Wind; *3* Überdachter Außenluft-Überströmtrockner; *4* Schwerkraftbelüfteter Überström-Kammertrockner; *5* Ventilatorbelüfteter Durchström-Behältertrockner; *6* Überström-Umluft-Kammertrockner; *7* Prallstrahl-Trockner; *8* Kontakt-Tellertrockner; *9* Strahlungstrockner; *10* Vakuum-Kontakt-Schranktrockner; *11* Durchström-Gleitschachttrockner; *12* Konvektions-Drehrohrtrockner; *13* Kontakt-Schaufeltellertrockner; *14* Kontakt-Schaufel-Muldentrockner; *15* Überström-Wagendurchlauftrockner; *16* Prallstrahl-Rollenbahntrockner; *17* Überström-Förderrollentrockner; *18* Überström-Förderbandtrockner; *19* Überström-Wanderschaukeltrockner; *20* Durchström-Siebtrommeltrockner; *21* Kontakt-Haftschicht-Zylindertrockner; *22* Durchström-Schwingrinnentrockner; *23* Förderstrom-Rohrtrockner; *24* Düsen-Sprühtrockner.
a Beschickungsvorrichtung; *b* Gutsträger; *c* Fördervorrichtung; *d* Mechanische Behandlungsvorrichtung; *e* Austragvorrichtung; *f* Energiespender (Heizung); *g* Ventilator oder Vakuumpumpe; *h* Luftverteiler; *i* Trocknergehäuse.

Der Dampf aus der Gutsfeuchte strömt aus manchen Trocknern unter leichtem Überdruck von selbst ab. Mischt er sich im Trockner mit Luft, so muß er in der Regel mit der Luft zusammen entfernt werden. Zugleich ist dann frische Luft einzuführen, wenn der Gesamtdruck im Trockner gleich bleiben soll. Bewegt wird die Beimischluft von den gleichen Ventilatoren, welche die Luft im Trockner umwälzen oder von besonderen Ventilatoren, die sie zublasen oder absaugen. Aus Vakuumtrocknern wird der Dampf stets abgepumpt (Skizze *10*). Manche Trockner verdichten den Dampf, bevor er austritt, zu Flüssigkeit oder Eis.

Besonders formbestimmend für einen Trockner ist, wie er das Gut im Trocknungsraum halten, bewahren oder fördern muß. Die Vorrichtungen dazu richten sich nach der Art des Gutes. In vielen Trocknern ruht das Gut, in anderen wandert es pausenlos oder schubweise. Oft sind die Förderorgane zugleich Tragorgane.

Manche Schachttrockner lassen das Gut in einem Schacht von der Gewichtskraft abwärts fördern (Bild 1.1, Skizze *11*).

In Drehrohrtrocknern rutscht das Gut, der Gewichtskraft folgend, durch das rotierende Rohr vom einen zum anderen Ende (Skizze *12*).

Umlaufende Schaufeln fördern das Gut im Tellertrockner über die flachen Gutsträger (Skizze *13*), und Schneckengänge oder Drehflügel schieben es durch die trogartigen Behälter der Schnecken- und Muldentrockner (Skizze *14*).

Die Wagendurchlauftrockner fahren das Gut auf Gestellwagen, Hängewagen oder dergleichen durch den kanalartigen Trocknungsraum (Skizze *15*).

Auf Rollen läuft das Gut in den Rollenbahn- und Förderrollentrocknern (*16* u. *17*), und auf rotierenden Zylindern wird es in den Siebtrommel- und Drehzylindertrocknern bewegt (*20* u. *21*).

Die Förderbandtrockner (*18*), Wanderschaukel- und Wandergehängetrockner (*19*) bewegen das Gut auf endlosen umlaufenden Einrichtungen, auf Förderbändern, Umlaufketten oder dergleichen.

Auch hin- und hergehende oder schwingende Förderorgane, z. B. Schüttelroste, sind in Gebrauch (Skizze *22*).

Die Förderlufttrockner nutzen den Luftstrom als Fördermittel (*23*).

Von Schleuderscheiben oder Sprühdüsen abgeschleudert wird das Gut in den Behandlungsräumen der Sprühtrockner. Es wird weiterbewegt von der Luft oder Gewichtskraft (*24*).

Außer den Organen zum Halten und Fördern haben viele Trockner noch Einrichtungen zum besonderen mechanischen Behandeln des Gutes. Die Aufgabe dieser Sonderorgane ist oft, die Trocknung zu beschleunigen. So lockert die Vorrichtung *d* im Trockner gemäß Bild 1.2 das Gut, mengt es zugleich und erleichtert dadurch die Energie- und Feuchtebewegung im Gutsinneren. In anderen Trocknern müssen die Sonderorgane das Gut mechanisch führen, schützen, in Form halten, umlagern, dehnen, drücken, zerkleinern oder sonstwie behandeln.

Manchen Trocknern wird das Gut von Hand zugeführt, viele Trockner haben mechanische Vorrichtungen, die das Gut eintragen und zugleich vorbehandeln, zumessen und ausbreiten, damit es gleichmäßig und schnell trocknen kann. Das Kapselwerk in Bild 1.2 zum Beispiel schleust das Gut in den Trocknungsraum und dosiert es zugleich.

Auch Austragvorrichtungen, wie Schnecken und Förderbänder, gehören zu vielen Trocknern.

Oft sind Sonderorgane zum Behandeln der Luft nötig. Im Trockner nach
Bild 1.2 wird die zuströmende Luft im Filter *l* entstaubt und im Adsorber *m* von
Feuchte befreit. Die Abluft bekommt im Abscheider *p* die mitgerissenen Gutteilchen, im Kühler *q* und im Kondensator *r* einen Teil ihrer Enthalpie, und im Kondensator außerdem die verdampfte Gutsfeuchte entzogen, wenn diese z.B. ein
wertvolles Lösungsmittel ist. Dient im Trockner statt Luft ein teueres Gas als
Energieträger, so bläst der Ventilator *g* es durch die Leitungen *t* zum Trocknungsraum zurück.

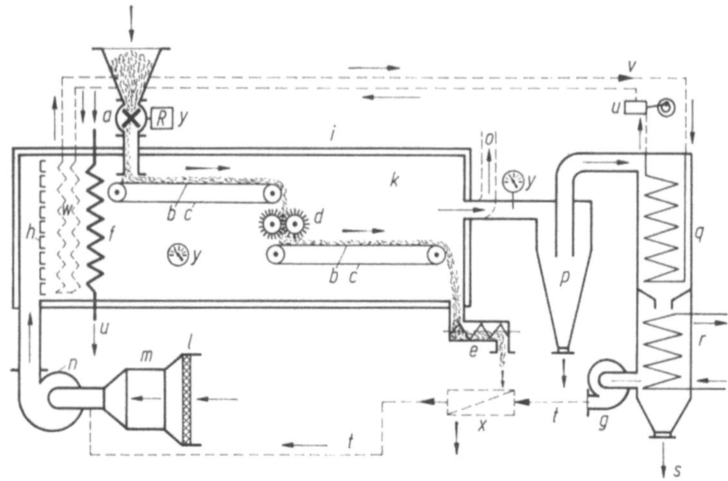

Bild 1.2. Funktionsschema einer Trocknungsanlage (Beispiel).
a Beschickungsvorrichtung; *b* Gutsträger; *c* Fördervorrichtung; *d* mechanische Behandlungsvorrichtung; *e* Austragvorrichtung; *f* Energiespender (Heizung); *g* Abluftventilator (oder
Vakuumpumpe); *h* Luftverteiler; *i* Trocknergehäuse; *k* Trocknungsraum; *l* Frischluftfilter;
m Frischluftentfeuchter; *n* Frischluftventilator; *o* Abluftrohr (wenn keine Rückgewinnungs-
einrichtungen nötig sind); *p* Staubabscheider; *q*, *r* Kühler und Kondensator für die Abluft;
s Austritt des Kondensates; *t* Rückfuhrleitungen; *u*, *v*, *w* Organe zum Nutzen der Ablufterner-
gie; *x* Gutskühler; *y* Meß- und Regelgeräte.

In manchen Anlagen lohnen sich Organe *u*, *v*, *w*, *x*, welche die Energie der
Abluft oder die des austretenden Gutes zum Aufwärmen von Frischluft oder in
anderer Weise nutzen.

Meß- und Regelgeräte *y* ergänzen viele Anlagen.

Die meisten Organe müssen der besonderen Wirkungsweise der einzelnen
Trockner und dem Verhalten der Güter angepaßt werden. Es ist nicht möglich,
hier im einzelnen darauf einzugehen. Eine Gestaltlehre der Trocknerhauptteile —
der Trag-, der Förder- und der Behandlungseinrichtungen für das Gut, der Be-
schickungs- und Entleerungsvorrichtungen, der Heizeinrichtungen und Wärmeübertrager, der wärmedämmenden Wände und mancher anderen Organe — würde
ein besonderes Buch füllen. Nur einige Organe zum Führen, Verteilen und Behandeln der Luft seien ausführlicher behandelt, soweit es für das Darzulegende nötig
ist.

1.1.2. Organe zum Fördern, Führen und Verteilen von Luftströmen

Trockner, die Luftströme zum Bewegen von Energie und Stoffen benutzen, brauchen Organe zum Fördern und Führen und oft auch zum Verteilen dieser Ströme. Im folgenden werden einige der nötigen Organe beschrieben. Die besondere aerodynamische Gestaltung einzelner Trockner behandeln andere Kapitel.

Man nutzt in Trocknern zwei Möglichkeiten, die Luft zu bewegen: die mittels Ventilatoren und Pumpen und die mittels Dichteunterschieden.

1.1.2.1. Ventilatoren

Wo es darauf ankommt, große Luftströme ungefähr bei Atmosphärendruck zu fördern, benutzt man Ventilatoren. Die Maschinen führen den Luftströmen mechanische Arbeit zu und erhöhen dadurch die potentielle und die kinetische Energie der Luft um Beträge bis ungefähr 10000 N m/m³. Man sagt, in bestimmten Ventilatoren werde der Gesamtdruck p_t der Luft um 10000 N/m² $\equiv$ 10000 Pa $= 100$ mbar erhöht, und allgemein bestehe die Druckzunahme aus einer Zunahme des statischen Druckes p_{st} und des dynamischen Druckes[1]

$$p_d = \frac{w_L^2 \varrho_L}{2}.$$ (1.1)

Es gelte also

$$\Delta p_t = \Delta p_{st} + \Delta p_d.$$ (1.2)

w_L bezeichnet die Geschwindigkeit und ϱ_L die Dichte der Luft.

Von den bekannten Ventilatorarten sind die wichtigsten

a) die Axialventilatoren, welche die Luft parallel zur Radachse ansaugen und in gleicher Richtung ausblasen (Bild 1.3); sie werden in einstufiger Ausführung meistens für Drucksteigerungen zwischen 100 und 1000 Pa (1 und 10 mbar) eingesetzt),

b) die Radialventilatoren, die axial ansaugen und die Luft im Laufrad zum Umfang hin lenken, von wo sie durch ein Spiralgehäuse strömt (Bild 1.4). Sie heben den Gesamtdruck der Luft meistens um 400 bis 10000 Pa (4 bis 100 mbar) an.

Bild 1.3. Axialventilator.

Zum Antrieb der Ventilatoren dienen elektrische oder andere Motoren, die entweder unmittelbar oder über Wellen, Riemen oder Getriebe mit ihnen verbunden sind.

---

[1] Anstatt des Begriffes „dynamischer Druck" werden oft die verwandten Begriffe „kinetischer Druck, Geschwindigkeitsdruck, Staudruck" benutzt, s. DIN 5492. Die Unterschiede zwischen diesen Begriffen sind für das Folgende belanglos.

Die Schaufeln der Ventilatorräder sitzen schräg zur Drehrichtung und schieben die Luft mit einer Kraft fort, deren Größe von der Form und der Umfangsgeschwindigkeit der Schaufeln und von dem Winkel abhängt, den die Schaufeln zur Drehrichtung haben. Sie machen dabei fortlaufend Räume frei, in die andere Luft nachströmt.

Bild 1.4. Einseitig saugender Radialventilator.

Ein Ventilator, der den Luftvolumenstrom $\dot{V}_\mathrm{L}$ fördert, dessen Gesamtdruck um Δp_t steigert und der mit dem energetischen Wirkungsgrad η_V arbeitet, braucht zum Antrieb die Leistung

$$P = \frac{\dot{V}_\mathrm{L}\,\Delta p_\mathrm{t}}{\eta_\mathrm{V}}. \tag{1.3}$$

Welche Drucksteigerung im Einzelfall nötig ist, muß man aus den Druckverlusten ermitteln, welche die Luft auf ihrem Weg durch den Trockner erleidet.

Bild 1.5 zeigt oben die verschiedenen Bauarten der Ventilatorräder im Meridianschnitt: links die Axialräder, rechts die Radialräder. Im Diagramm darunter ist der (statistisch ermittelte) Zusammenhang zwischen der optimalen Laufzahl σ_V und der Durchmesserzahl δ_V dargestellt. Außerdem sind die höchsten Wirkungsgrade η_V eingetragen, die bisher erreicht wurden [12—17].

Will man aus der Vielzahl der Bauarten und -größen denjenigen Ventilator aussuchen, der bei der (vorläufig) gewählten Drehzahl n_V und beim höchsten Wirkungsgrad η_V den Gesamtdruck des Volumenstromes $\dot{V}_\mathrm{L}$ um Δp_t erhöht, so berechnet man mittels der Formeln unter dem Bild 1.5 zunächst σ_V, greift das zugehörige δ_V heraus und bestimmt den Außendurchmesser d_2 sowie die Umfangsgeschwindigkeit $u_2 = \pi d_2 n_\mathrm{V}$ des Laufrades und die Lieferzahl $\varphi_\mathrm{V} = \dot{V}_\mathrm{L}/[(\pi/4)\,d_2^2 u_2]$.

Der Einsaugdurchmesser d_1 ist bei normalen Axialventilatoren gleich dem Raddurchmesser d_2; bei Radialventilatoren ist er aus

$$d_1 \geqq 1{,}194 d_2 \sqrt[3]{\varphi_\mathrm{V}} \tag{1.4}$$

zu ermitteln. Als günstigste Einsauggeschwindigkeit ergibt sich dann

$$w_{L1} = \dot{V}_L/(\pi\, d_1^2/4)\,. \tag{1.5}$$

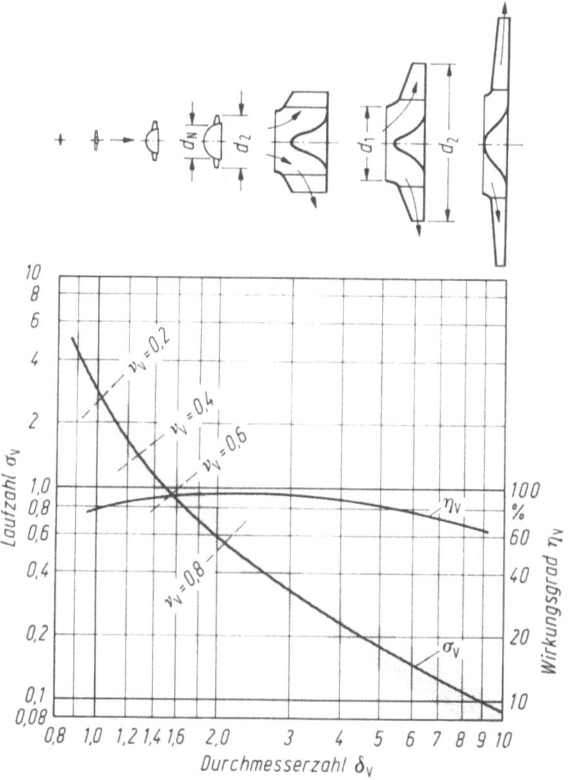

Bild 1.5. Übersicht über die Bauarten der Ventilatoren und optimalen Kennzahlen.

$$\text{Laufzahl } \sigma_V = 2\sqrt{\pi}\, n_V \sqrt[4]{\dfrac{\dot{V}_L^2}{\left(\dfrac{2\Delta p_t}{\varrho_L}\right)^3}}\,,$$

$$\text{Durchmesserzahl } \delta_V = \sqrt{\dfrac{\pi}{4}}\, d_2 \sqrt[4]{\dfrac{\left(\dfrac{2\Delta p_t}{\varrho_L}\right)}{\dot{V}_L^2}}$$

$$\text{Nabenverhältnis } \nu_V = \dfrac{d_N}{d_2}\,.$$

Die Kennzahlen σ_V und δ_V guter käuflicher Ventilatoren können um 30% und mehr von den Optimalwerten nach Bild 1.5 abweichen; die Wirkungsgrade sind meist niedriger als angegeben, vor allem wenn die Luft nicht ungehindert zu- und abströmen kann (s. w. h.).

Achten muß man auf die Umfangsgeschwindigkeit u_2 des Ventilatorlaufrades, die in einem Trockner meistens unterhalb 50 m/s und selten über 80 m/s liegt.

Welchen Wert u_2 höchstens haben darf, hängt von der Festigkeit des Rades und von der zulässigen Schallerzeugung sowie von konstruktiven Einzelheiten des Ventilators und von der Unterbringungsmöglichkeit ab. Die Radialventilatoren laufen mit geringerer Geschwindigkeit und erzeugen in der Regel weniger Schall als die vergleichbaren Axialventilatoren [16, 18].

Beim Entwurf einer Anlage kann man meistens nur ungenau ermitteln, welcher Luftstrom und welche Drucksteigerung später wirklich nötig sein werden. Der unterstellte Betriebspunkt — meistens der Punkt des besten Wirkungsgrades eines Ventilators — und der wirkliche Betriebspunkt fallen daher selten zusammen. Ob ein Ventilator dann trotzdem mit gutem Wirkungsgrad läuft, zeigt das Kennlinienfeld der Maschine. Der Ventilator mit den Kennlinien a und b (Bild 1.6) z. B. arbeitet am besten, wenn er 90 m³ Luft/min fördert und den Druck der Luft um 1 300 Pa steigert; sein Laufrad muß dann in der Minute 2 850 Umdrehungen machen.

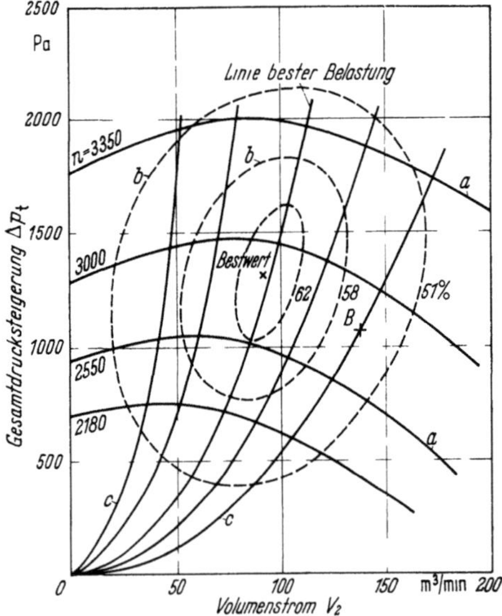

Bild 1.6. Kennlinienfeld eines Radialventilators (nach Eck), halbschematisch.
a Kennlinien gleicher Drehzahl; b Kennlinien gleichen Wirkungsgrades; c Kennlinien angeschlossener Kanalsysteme

Er könnte in diesem Betriebspunkt ein Kanalsystem mit Luft versorgen, dessen Widerstand nach der parabelartigen „Linie bester Belastung" mit dem Volumenstrom ansteigt. Hat das System aber tatsächlich die flache Widerstandslinie c und liegt der Betriebspunkt bei B, so muß der Ventilator mit $n = 2750$ 1/min und mit erheblich vermindertem Wirkungsgrad betrieben werden [19].

Das Bild 1.7 zeigt an einem Beispiel, wie ungünstig Axialventilatoren oft in Trockner eingebaut werden müssen. Die Luft strömt von der Seite her zur Einlaufdüse a und gelangt schräg sowie mit ungleicher Geschwindigkeit in das Laufrad b. Soll der Ventilator trotz dieses nachteiligen Umstandes einigermaßen günstig arbeiten, so muß die Düse genügend großen Abstand von der Wand c haben, außerdem muß sie vorne abgerundet oder wenigstens abgeschrägt und genügend lang sein [20].

Auch vor Radialventilatoren wirken sich Umlenkungen meist ungünstig aus. Verläßt der Luftstrom eine solche Maschine mit ungleicher Geschwindigkeit, so

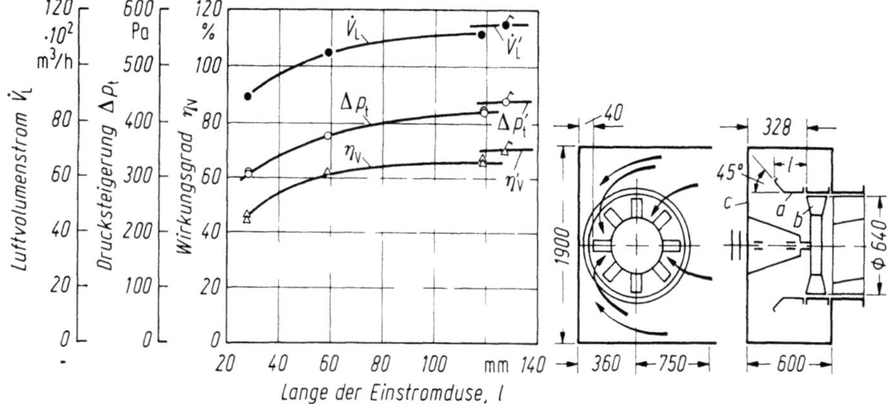

Bild 1.7. Axialventilator mit gestörtem Einlauf (nach Hilgeroth).
Abhängigkeit des Volumenstromes, der Drucksteigerung und des Wirkungsgrades von der Länge der Einlaufdüse. Einströmdüse 45° abgewinkelt: Zeichen $\dot{V}_L$, Δp_t, η_V. Einströmdüse abgerundet ($r = 40$ mm): Zeichen V_L', $\Delta p_t'$, η_V'.

kann man ihn oft ein Stück weit durch ein gerades Rohr führen, worin die Unterschiede verschwinden und ein Teil der kinetischen Energie der Luft in potentielle übergeht (Bild 1.8, Ausführung e). Schließt aber an die Ausblaseöffnung ein Krüm-

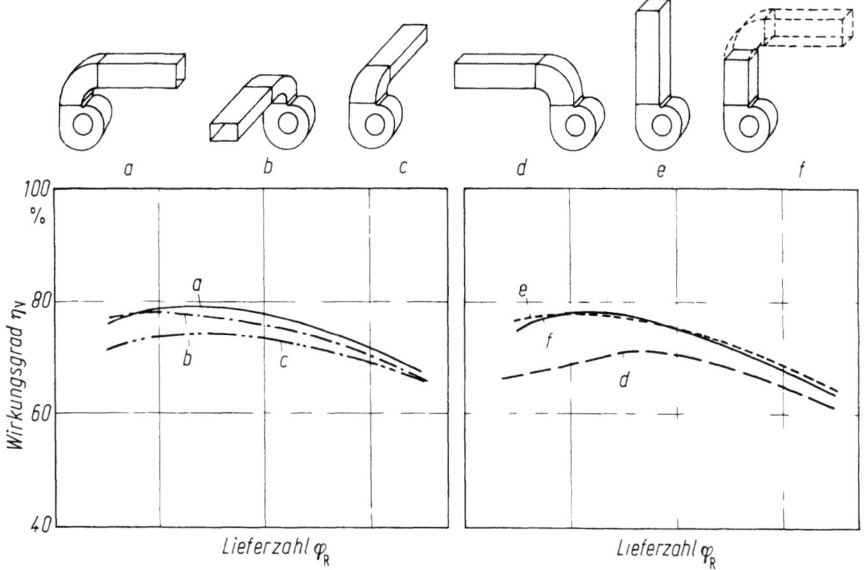

Bild 1.8. Einfluß druckseitiger Krümmer auf den Wirkungsgrad eines Radialventilators samt Krümmer. Schnellaufzahl des Ventilators $\sigma_V = 0{,}7$. (Nach Bouwman.)

mer der Art d an, der den schnellen Teil des Luftstromes scharf umlenkt, so entsteht ein Druckverlust, der ungefähr von der Größe des durchschnittlichen dynamischen Druckes der Luft ist. Besser sind Ausführungen gemäß den Figuren a und b in Bild 1.8. Hinter einem geraden Rohrstück wirken alle dargestellten Krümmer ungefähr gleich, Ausführung f [21].

1.1.2.2. Freie Luftbewegung

Als frei seien Luftbewegungen bezeichnet, die allein durch Dichteunterschiede der Luft ohne die Hilfe eines Ventilators entstehen. Solche Bewegungen kommen in vielen Kontakt- und Strahlungstrocknern vor; in modernen Konvektionstrocknern sind sie selten, jedoch gelegentlich den künstlich erzeugten Bewegungen überlagert.

Das Bild 1.9 gibt das Mollier h, x-Diagramm wieder, in das Linien gleicher Dichte ϱ_L eingetragen sind. Daraus geht hervor, daß feuchte Luft, die bei gleichbleibendem Dampf-Reinluftverhältnis x erwärmt wird — deren Zustandspunkt

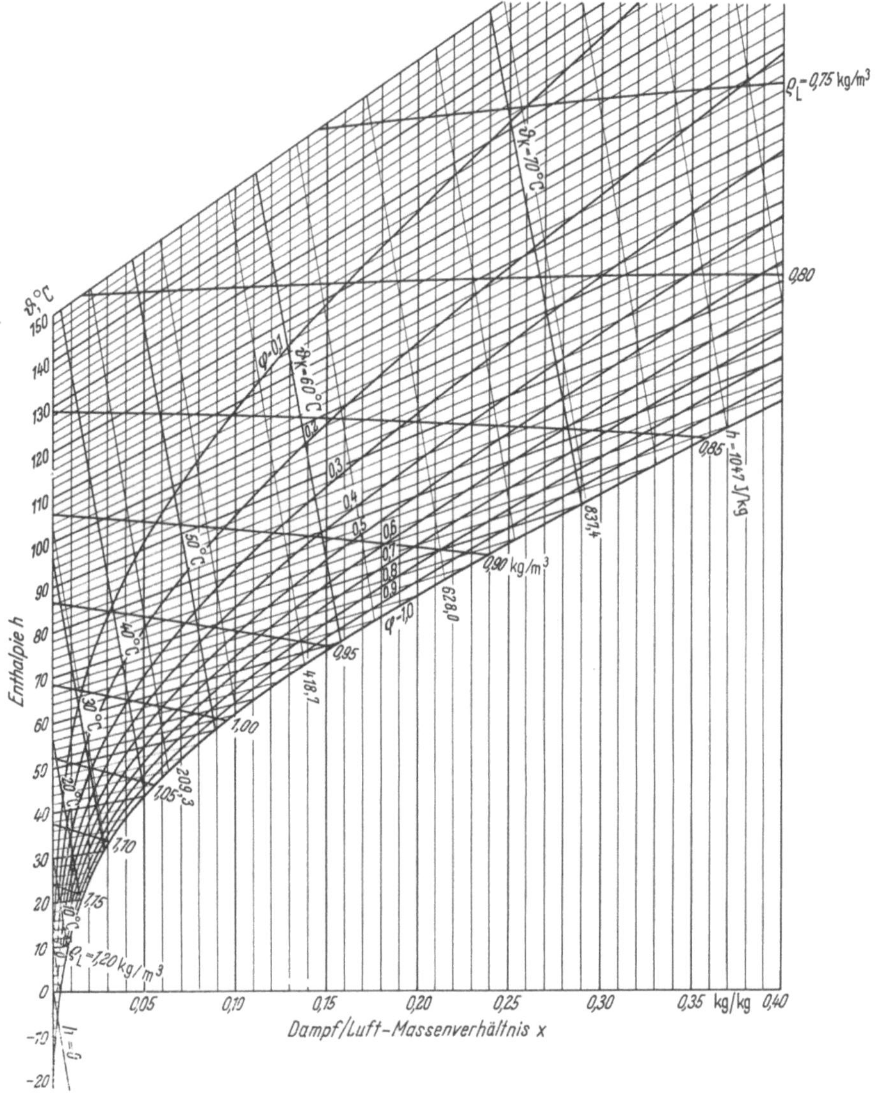

Bild 1.9. Linien gleicher Dichte ϱ_L der Luft im h, x-Bild (aus Hirsch, Die Trockentechnik, 2. Aufl.). φ rel. Feuchte, ϑ_K Kühlgrenztemperatur.

sich im h, x-Diagramm senkrecht von unten nach oben bewegt — leichter wird. Ebenso nimmt die Dichte von Luft ab, die bei gleichbleibender Temperatur Wasserdampf aufnimmt, deren Zustandspunkt also einer Linie gleicher Temperatur folgt. Dagegen wird Luft, die an feuchtem Gut vorbeistreicht, und deren Zustandspunkt annähernd auf einer Linie gleicher Kühlgrenze ϑ_K nach unten wandert, spezifisch schwerer.

In einem Kamin steigt die Luft, dem natürlichen Auftrieb folgend, nach oben, wenn sie unten erwärmt und dadurch spezifisch leichter gemacht wird als die Luft über dem Kamin. Als Ersatz für die aufsteigende Luft strömt unten fortwährend kalte Luft nach, die außerhalb des Kamins niedersinkt. Nach dem gleichen Prinzip kann man in einem Trockner einen natürlichen Luftumlauf erzeugen, wenn man, wie auf Bild 1.10 dargestellt ist, die Luft in einem Schacht erwärmt, dadurch nach oben treibt und dann am feuchten, kälteren Gut vorbei nach unten strömen läßt.

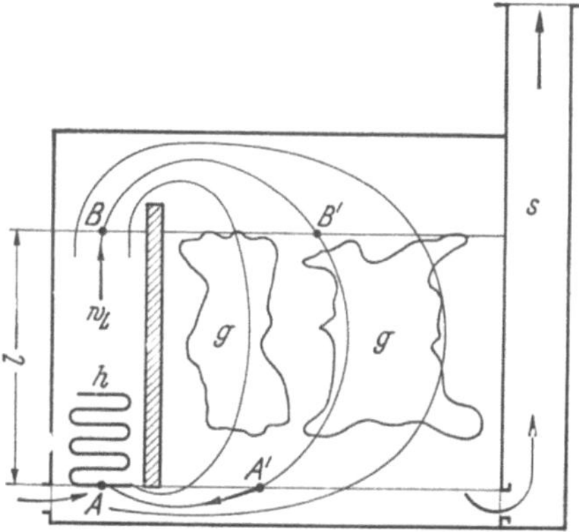

Bild 1.10. Freier Luftumlauf
in einem Trockner.
h Heizkörper;
g Trocknungsgut; s Abluftschacht.

Kalte Außenwände können diesen natürlichen Umlauf im eigentlichen Trocknungsraum verstärken, im Heizschacht mindern. Damit die nötige Frischluft in den Trockner ein- und ein entsprechender Abluftstrom austritt, muß noch ein Abluftschacht vorhanden sein, der für den nötigen „Zug" sorgt. Im Winter erscheint die Zugwirkung stets gesichert, im Sommer dagegen kann sie versagen, wenn im Trockner mäßige Temperaturen herrschen sollen und die Außenluft sehr feucht ist.

Im allgemeinen hat die Luft in Trocknern mit natürlichem Luftumlauf Geschwindigkeiten von nicht mehr als 1 m/s.. Diese geringen Geschwindigkeiten bedingen entsprechend lange Trocknungszeiten.

1.1.2.3. Druckverluste der Luftströme in Anlagen unter Normaldruck

Die Ventilatoren zum Fördern der Luft verzehren in vielen Trocknern den Hauptteil der insgesamt nötigen Antriebsleistung. Nach Formel (1.3) wächst dieser Bedarf im Verhältnis der Gesamtdrucksteigerung, welche die Ventilatoren der Luft erteilen müssen. Diese Steigerung hat alle Druckverluste — alle sogenannten Einzelwiderstände — aufzuwiegen, die der Luftstrom auf dem Weg durch die

Anlageteile erfährt. Meistens handelt es sich um

Druckverluste, verursacht vom Trocknungsgut: beim Durchströmen, Fluidi-
sieren, Fördern des Gutes (s. dazu Abschn. 2.3.1.2 bis 2.3.1.9),
Druckverluste in Leitungen: in geraden Kanälen, Ein- und Ausströmöffnungen,
in Erweiterungen, Umlenkungen, Abzweig- und Vereinigungsstücken,
Druckverluste durch Kanaleinbauten: durch Heizkörper, Strömungsdrosseln,
Gitter u. dgl.

Die Druckverluste (Widerstände) entstehen, weil Luftteilchen unterschiedlicher Geschwindigkeit aneinander reiben (Reibungsverluste), und weil solche
Teilchen aufeinanderstoßen (Stoßverluste). Aus beiden Ursachen geht potentielle
und kinetische Energie der Luft in ungeordnete Energie der Molekülbewegung
(in innere Energie) über.

Zum Berechnen aller genannten Verluste dient die Grundgleichung

$$\Delta p = \zeta \frac{w_{\mathrm{L}}^2 \varrho_{\mathrm{L}}}{2} = \zeta \cdot p_{\mathrm{d}}, \tag{1.6}$$

in der Δp den (Gesamt-)Druckverlust im betrachteten Anlageteil, ζ die Widerstandzahl des Anlageteils, w_{L} die (durchschnittliche) Luftgeschwindigkeit und
p_{d} den dynamischen Druck in einem jeweils näher zu kennzeichnenden durchströmten Querschnitt S_{b} bezeichnen.

1.1.2.3.1. Druckverluste in Leitungen

Ein *gerader Kanal* von der Länge l, dem überall gleichen hydraulischen Durchmesser d_{h} und der Rohrreibungszahl ψ_{K} hat die Widerstandszahl

$$\zeta = \psi_{\mathrm{K}} \frac{l}{d_{\mathrm{h}}}. \tag{1.7}$$

ψ_{K} richtet sich nach der relativen Rauhigkeit $k_{\mathrm{K}}/d_{\mathrm{h}}$ der Kanalwände und nach der
Reynolds-Zahl

$$Re \equiv \frac{w_{\mathrm{L}} d_{\mathrm{h}}}{\nu_{\mathrm{L}}} \tag{1.8}$$

der Strömung [22, 23]. Mit ν_{L} ist die kinematische Viskosität der Luft bezeichnet.
Für Blechrohrleitungen mit der mittleren Rauheitshöhe $k_{\mathrm{K}} = 0{,}2$ mm und mit
Durchmessern zwischen 0,1 und 2 m, durch welche Luft mit Geschwindigkeiten
zwischen 2 und 20 m/s hindurchströmt, hat ψ_{K} Werte zwischen 0,035 und 0,012.

Querschnittsänderungen in geraden Leitungen wirken sehr unterschiedlich. Nur
geringen Verlust an Gesamtdruck erzeugt ein *gerundeter Einlauf* (Bild 1.11), in
dem der Luftstrom überall den ganzen Querschnitt erfüllt. Zwar sinkt der statische
Druck in Stromrichtung, aber um den gleichen Betrag steigt der dynamische Druck.

Ein *scharfkantiger Einlauf* (Bild 1.12) schnürt den Luftstrom stärker als auf
den Rohrquerschnitt ein, so daß die Luft schneller fließt. Im Rohr werden die
schnellen Luftteilchen von den langsamen der seitlichen Wirbelgetriebe infolge
Reibung und Stoß aber wieder abgebremst, und dabei verliert der Luftstrom einen
erheblichen Teil seines Gesamtdruckes. Daher haben die scharfkantigen Einläufe
ζ-Werte bis zu 1 und mehr (Bild 1.13).

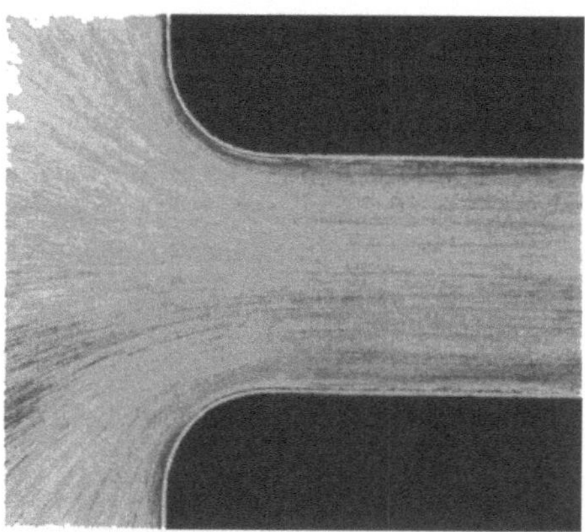

Bild 1.11. Strömung im gerundeten
Einlauf eines Kanals.

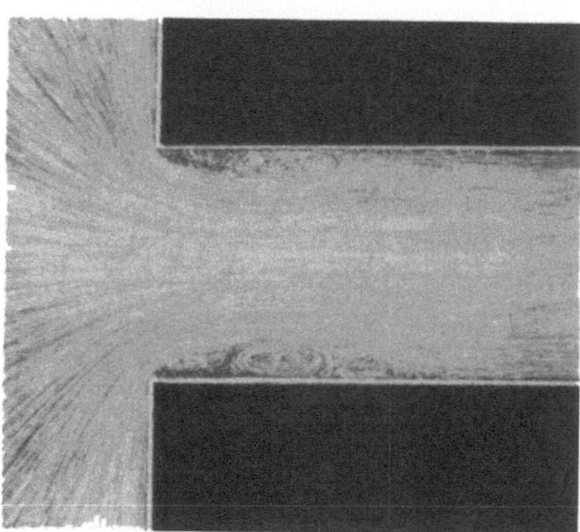

Bild 1 12. Strömung im scharfkantigen
Einlauf eines Kanals

Verluste bringt auch das Absenken der Luftgeschwindigkeit in einem divergenten Kanal. Tritt die Luft aus einem zylindrischen Rohr von der Querschnittsfläche S_1 durch eine *sprunghafte Erweiterung* in ein anderes Rohr vom Querschnitt S_2, wie nach Bild 1 14, so mischt sich der Strahl auf langem Wege mit der umgebenden Luft, und es ergibt sich aus dem Impulssatz und der Bernoulli-Gleichung die Widerstandszahl

$$\zeta = \left(1 - \frac{S_1}{S_2}\right)^2, \tag{1.9}$$

die auf den dynamischen Druck im Zuflußquerschnitt S_1 bezogen ist.

Für starke Querschnittserweiterungen wählt man vorteilhafter *Diffusoren* (Bild 1.15). Ihre Widerstandszahl ergibt sich aus

$$\zeta = \mu_{\mathrm{d}}\left(1 - \frac{S_1}{S_2}\right)^2, \tag{1.10}$$

worin der Beiwert $\mu_{\mathrm{d}} \leqq 0{,}15$ ist, sofern der halbe Spreizwinkel α weniger als $8°$ beträgt. Diffusoren mit großen Spreizwinkeln jedoch sind kaum besser als sprunghafte Erweiterungen (Bild 1.13).

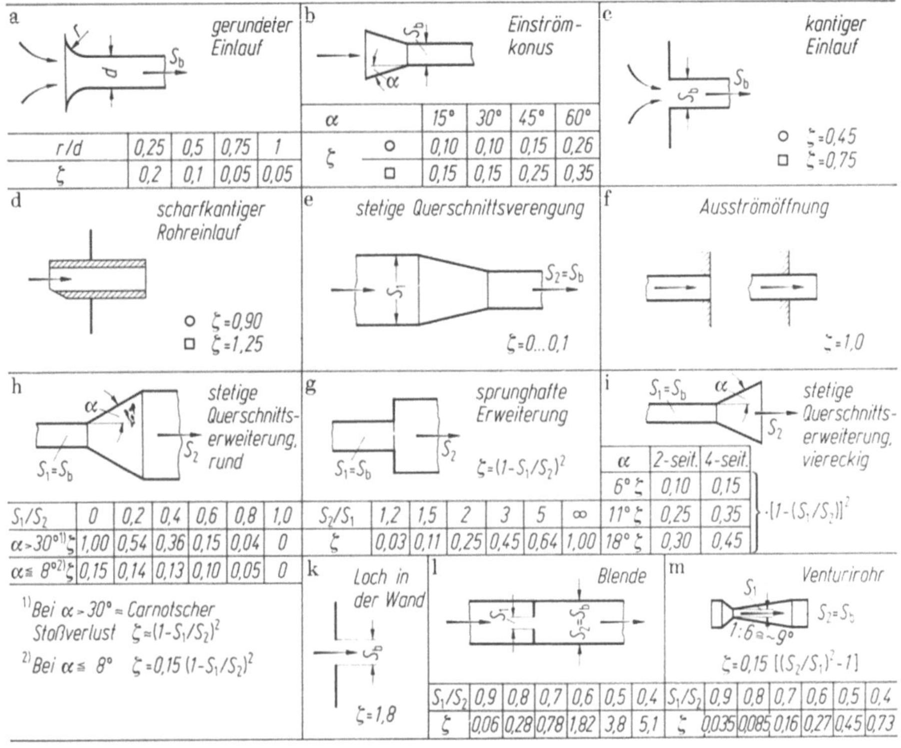

Bild 1.13. Widerstandszahlen ζ von Querschnittsänderungen (Anhaltswerte). S_1 bezeichnet die Fläche des Eintritts- und S_2 die des Austrittsquerschnitts;. S_b ist der Bezugsquerschnitt für ζ.

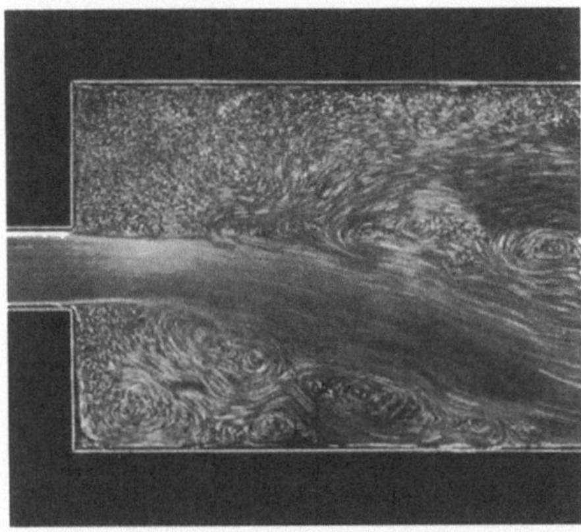

Bild 1.14. Strömung in einer sprunghaften Kanalerweiterung.

Starke Druckverluste entstehen auch in *Umlenkungen*. Im geknickten Kanal nach Bild 1.16 z. B. löst sich der Luftstrom vor dem Scheitel von der Außenwand und weiter stromabwärts von der Innenwand. Außen im Knie und vor allem hinter der Kehle entstehen dadurch Wirbelgebiete mit Stößen und Reibung. Der Luftstrom selbst wird eingeschnürt und nahe der Innenwand beschleunigt. Seine

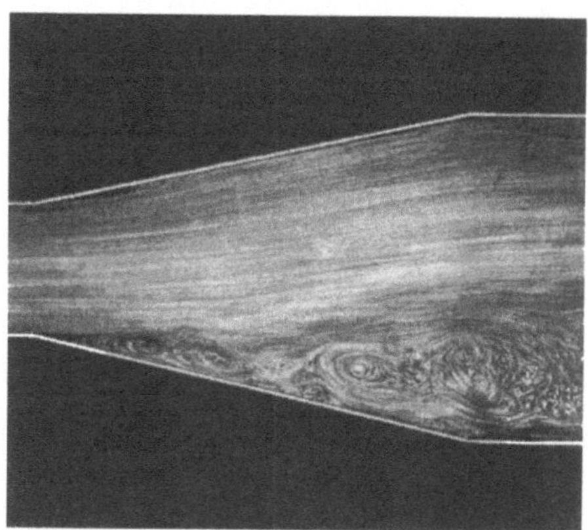

Bild 1.15. Stromung in einem sich allmahlich erweiternden Kanal (Diffusor).

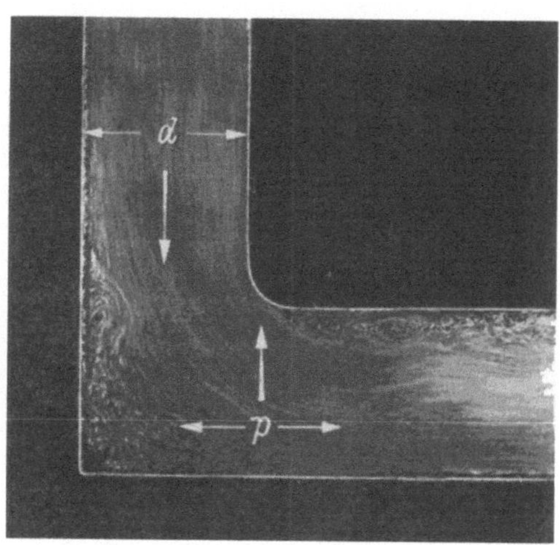

Bild 1.16. Stromung in einer 90°-Umlenkung; $Re = 8300$.

Geschwindigkeitsenergie dort wächst auf Kosten der potentiellen Energie, jedoch geht dieser Gewinn im Abflußkanal wieder verloren.

Nachteile bringen auch die Sekundärwirbel (Bild 1.17), die in Umlenkungen entstehen. Die Luft der Kernströmung wird durch die Zentrifugalkraft nach außen

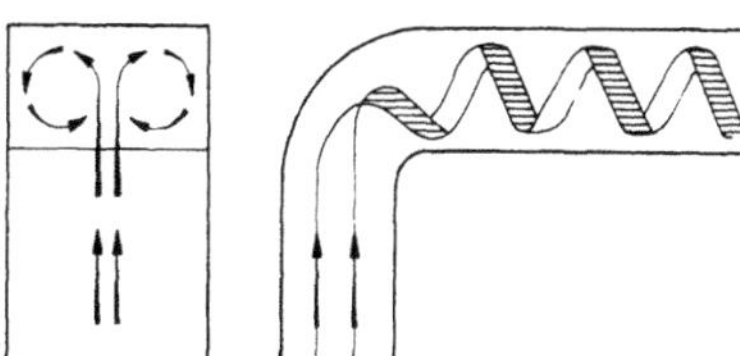

Bild 1.17. Sekundärwirbel in einer 90°-Umlenkung (schematisch).

gedrängt und erzeugt dort Überdruck. Ihre Außenteilchen bekommen deshalb Geschwindigkeitskomponenten zu den Seiten hin und fließen auf einer Schraubenbahn zur Innenwand, wo geringerer Druck herrscht.

Die Umlenkungen erzeugen um so größere Druckverluste, je kleiner die inneren Radien und je größer die Umlenkwirbel sind. Auf Bild 1.18 sind die Umlenk-Widerstandszahlen ζ_U einiger 90°-Krümmer als Abhängige der Reynolds-Zahlen

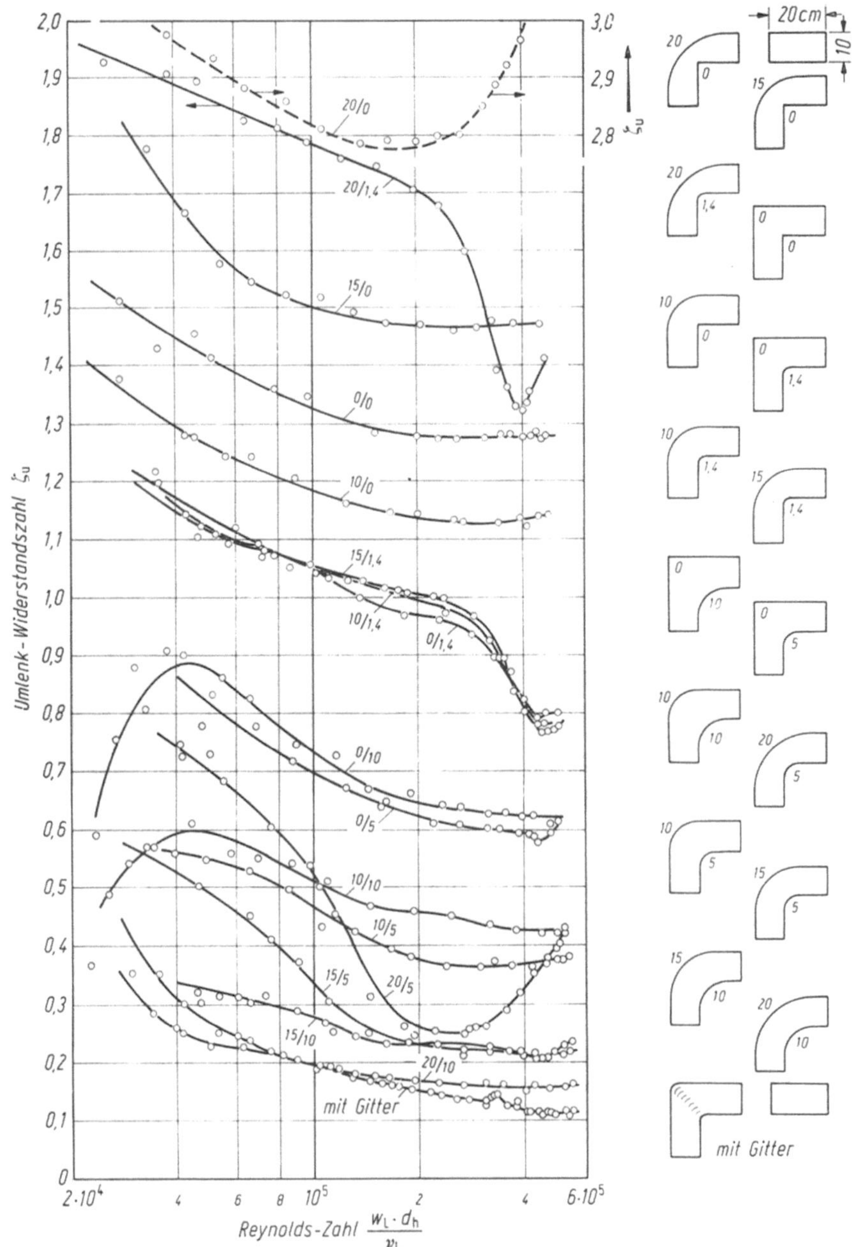

Bild 1.18. Die Umlenk-Widerstandszahlen ζ_U mehrerer 90°-Breitkantkrümmer als Abhängige der Reynolds-Zahlen (nach Sprenger).
Die Krümmer sind gekennzeichnet durch die Radien r und die Breite b. Die Höhe (senkrecht zur Bildebene) beträgt $2b$. Für den Krümmer 20/0 gilt die ζ_U-Skala rechts oben.

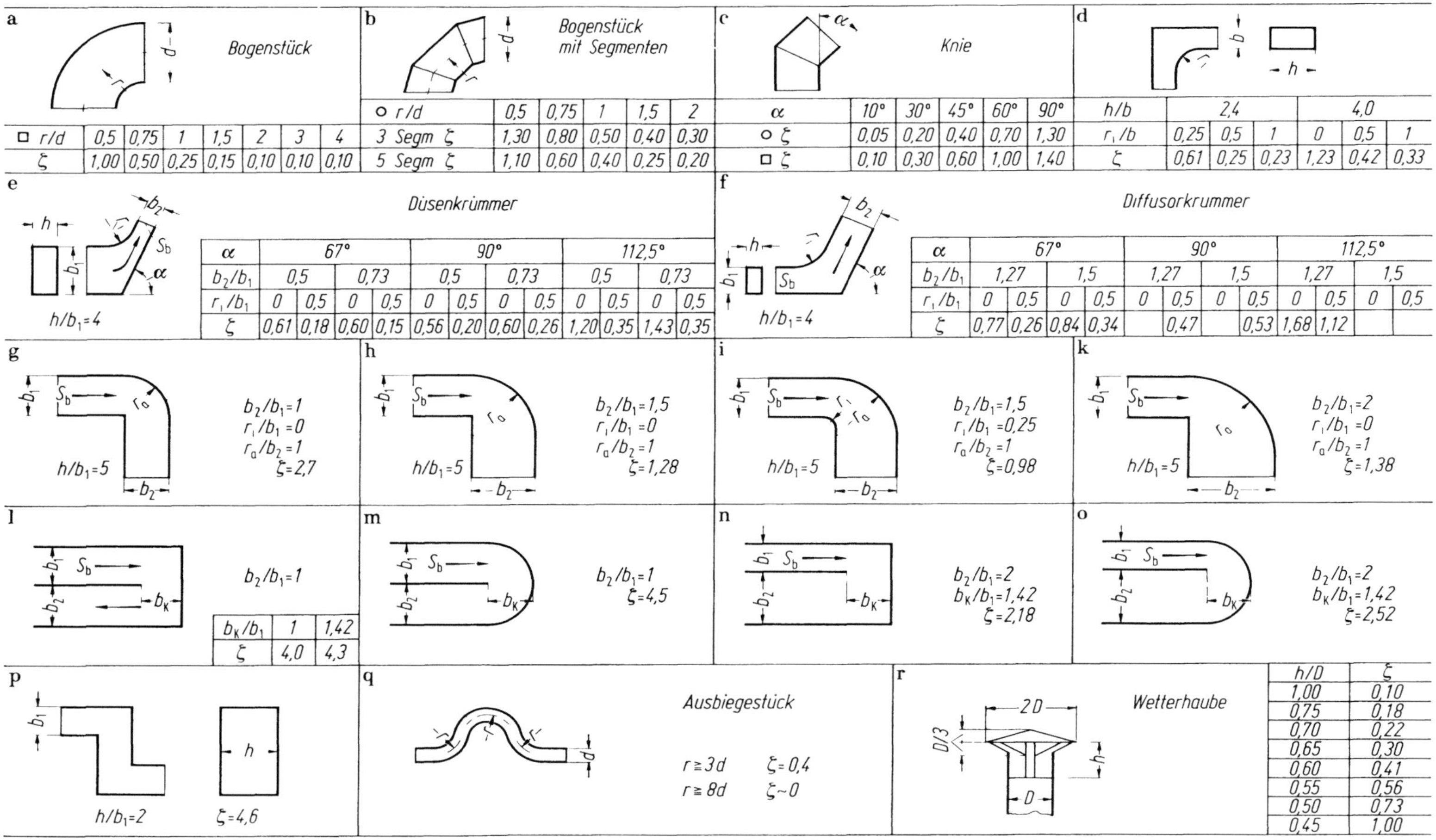

a — Bogenstück

□ r/d	0,5	0,75	1	1,5	2	3	4
ζ	1,00	0,50	0,25	0,15	0,10	0,10	0,10

b — Bogenstück mit Segmenten

o r/d	0,5	0,75	1	1,5	2
3 Segm ζ	1,30	0,80	0,50	0,40	0,30
5 Segm ζ	1,10	0,60	0,40	0,25	0,20

c — Knie

α	10°	30°	45°	60°	90°
o ζ	0,05	0,20	0,40	0,70	1,30
□ ζ	0,10	0,30	0,60	1,00	1,40

d

h/b	2,4			4,0		
r_1/b	0,25	0,5	1	0	0,5	1
ζ	0,61	0,25	0,23	1,23	0,42	0,33

e — Düsenkrümmer   ($h/b_1 = 4$)

α	67°				90°				112,5°			
b_2/b_1	0,5		0,73		0,5		0,73		0,5		0,73	
r_1/b_1	0	0,5	0	0,5	0	0,5	0	0,5	0	0,5	0	0,5
ζ	0,61	0,18	0,60	0,15	0,56	0,20	0,60	0,26	1,20	0,35	1,43	0,35

f — Diffusorkrümmer   ($h/b_1 = 4$)

α	67°				90°				112,5°			
b_2/b_1	1,27		1,5		1,27		1,5		1,27		1,5	
r_1/b_1	0	0,5	0	0,5	0	0,5	0	0,5	0	0,5	0	0,5
ζ	0,77	0,26	0,84	0,34		0,47		0,53	1,68	1,12		

g $b_2/b_1 = 1$; $r_1/b_1 = 0$; $r_a/b_2 = 1$; ζ = 2,7; $h/b_1 = 5$

h $b_2/b_1 = 1,5$; $r_1/b_1 = 0$; $r_a/b_2 = 1$; ζ = 1,28; $h/b_1 = 5$

i $b_2/b_1 = 1,5$; $r_1/b_1 = 0,25$; $r_a/b_2 = 1$; ζ = 0,98; $h/b_1 = 5$

k $b_2/b_1 = 2$; $r_1/b_1 = 0$; $r_a/b_2 = 1$; ζ = 1,38; $h/b_1 = 5$

l $b_2/b_1 = 1$

b_K/b_1	1	1,42
ζ	4,0	4,3

m $b_2/b_1 = 1$; ζ = 4,5

n $b_2/b_1 = 2$; $b_K/b_1 = 1,42$; ζ = 2,18

o $b_2/b_1 = 2$; $b_K/b_1 = 1,42$; ζ = 2,52

p $h/b_1 = 2$; ζ = 4,6

q — Ausbiegestück $r \gtrsim 3d$ ζ = 0,4 $r \gtrsim 8d$ ζ ~ 0

r — Wetterhaube

h/D	ζ
1,00	0,10
0,75	0,18
0,70	0,22
0,65	0,30
0,60	0,41
0,55	0,56
0,50	0,73
0,45	1,00

Bild 1.19. Widerstandszahlen ζ von Umlenkungen (Anhaltswerte).
S_1 Querschnittsfläche am Eintritt; S_b Fläche des Bezugsquerschnitts; S_2 Querschnittsfläche am Austritt.

dargestellt [24]; sie ergeben zusammen mit den Widerstandszahlen der geraden Leitungen „gleicher gestreckter Länge" die Gesamtwiderstandszahlen ζ. Für andere Umlenkungen nennt Bild 1.19 einige Zahlen [25, 26].

In Trocknern sind oft mehrere Krümmer und auch andere Leitungsteile unmittelbar hintereinander geschaltet. Dabei ergeben sich sogenannte *Kombinationseffekte:* Die Strömung in den einzelnen Teilen verläuft je nach der Kombination unterschiedlich, und dadurch entstehen auch unterschiedliche Widerstände. Zwei scharfkantige 90°-Krümmer mit dem hydraulischen Durchmesser d_h zum Beispiel haben, wenn sie durch eine gerade Leitung von etwa $6d_h$ Länge miteinander verbunden sind, die Umlenk-Widerstandszahl $2 \times 1,3 = 2,6$. Aber in der Z-förmigen Kombination nach Figur p von Bild 1.19 beträgt ihre Widerstandszahl 4,6, und in der U-förmigen Kombination 1,28 [24, 27].

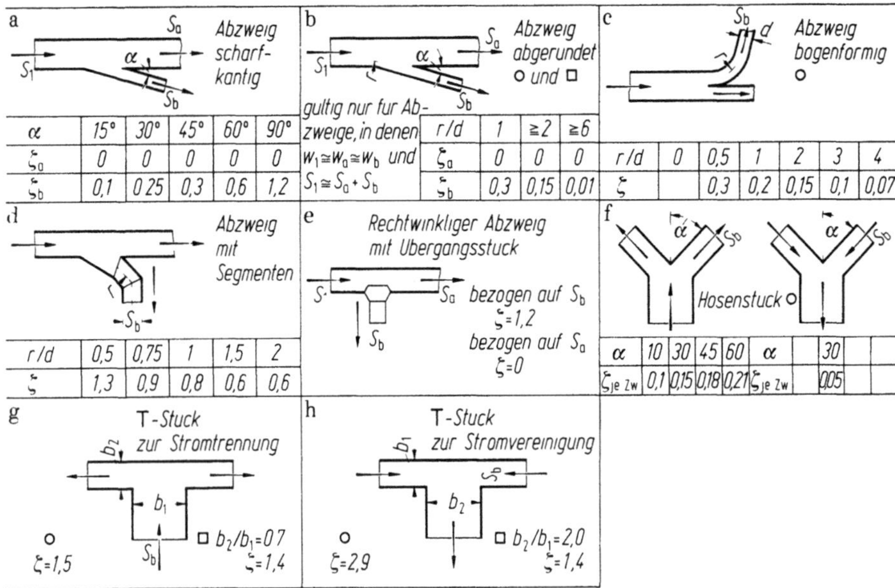

a:

α	15°	30°	45°	60°	90°
ζ_a	0	0	0	0	0
ζ_b	0,1	0,25	0,3	0,6	1,2

b:

r/d	1	≥ 2	≥ 6
ζ_a	0	0	0
ζ_b	0,3	0,15	0,01

c:

r/d	0	0,5	1	2	3	4
ζ		0,3	0,2	0,15	0,1	0,07

d:

r/d	0,5	0,75	1	1,5	2
ζ	1,3	0,9	0,8	0,6	0,6

f:

α	10	30	45	60	α	30
$\zeta_{je\ Zw}$	0,1	0,15	0,18	0,21	$\zeta_{je\ Zw}$	0,05

Bild 1.20. Widerstandszahlen ζ von Abzweig- und Vereinigungsstücken (Anhaltswerte). S_1 Querschnittsfläche am Eintritt; S_b Fläche des Bezugsquerschnitts; S_2 Querschnittsfläche am Austritt.

Über die Widerstandszahlen einiger *Abzweig- und Vereinigungsstücke* gibt Bild 1.20 Auskünfte. Maßgebend sind die Querschnitts-Flächenverhältnisse der Leitungen zueinander und die Gestaltung der Übergangsstücke; eine Rolle spielen auch die Stärkeverhältnisse der Ströme bei unsymmetrischem Zu- und Abfluß und ferner die Winkel, unter denen die Leitungen aneinander stoßen [28, 29].

1.1.2.3.2. Druckverluste durch Kanaleinbauten

Der *Einbaukörper* im turbulent durchströmten Kanal gemäß Bild 1.21 zeige, in Stromrichtung gesehen, die Umrißfläche S_k. Er teile den ankommenden Luftstrom in zwei Teile und schnüre ihn von der Querschnittsfläche S_1 auf die zweiteilige Fläche $\varepsilon_E(S_1 - S_K)$ ein. Hinter dem Körper verhalte sich die Strömung wie in

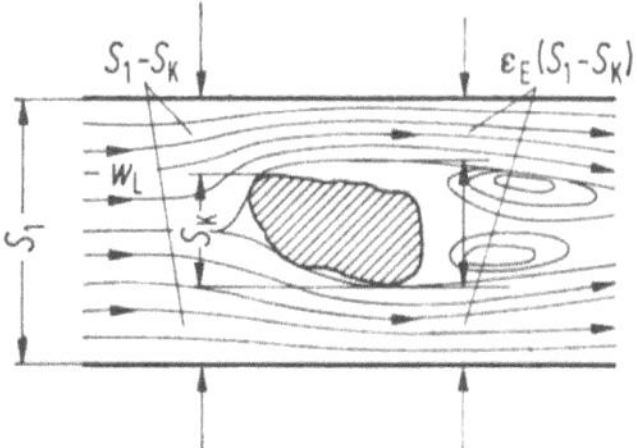

Bild 1.21. Umströmung eines Körpers in einem Kanal (schematisch).

einem Diffusor. Dann gilt für die zum dynamischen Druck der Luft in S_1 gehörende Widerstandszahl

$$\zeta = \mu_D\left(\frac{S_1}{\varepsilon_E(S_1 - S_K)} - 1\right)^2,\qquad (1.11)$$

worin der Einschnürfaktor ε_E in ungünstigen Fällen den Wert 0,6 und bei vorne einigermaßen runden Körpern Werte zwischen 0,8 und 1 hat. Der Beiwert μ_D liegt nahe bei 1, wenn der Raum hinter dem Körper als unstete Erweiterung zu betrachten ist; hat der Körper aber hinten Stromlinienform, so ist $\mu_D = 0$ bis 0,7. Für lange Körper oder für Rippenrohre, an deren Oberflächen der Luftstrom durch Reibung erheblich gebremst wird, liefert die Gl. (1.11) zu kleine Werte.

Lochböden, *Gitter*, *Drahtgewebe* und dergleichen stellen unterteilte Einbaukörper dar, für deren Widerstandszahl ζ vornehmlich das Verhältnis ν_f der freien zur gesamten Draufsichtsfläche und daneben die Reynolds-Zahl der Strömung maßgebend sind. So gilt für senkrecht durchströmte Lochböden mit scharfkantigen kreiszylindrischen Öffnungen:

$$\zeta_{Lo} = 1,75(1 - \nu_f) + 64\frac{s}{d}\,Re_{Lo},\qquad (1.12)$$

worin ζ_{Lo} zum dynamischen Druck der Luft in den Löchern gehört und die Reynolds-Zahl Re_{Lo} den Strömungszustand in den Löchern kennzeichnet; d bedeutet den Lochdurchmesser und s die Dicke des Lochbodens [30—32]. Einige Widerstandszahlen, die auf die Querschnittsfläche des Zuflußkanals bezogen sind, nennt die Tabelle 1.1.

Tabelle 1.1. Widerstandszahlen ζ von Lochböden und Runddrahtsieben (Anhaltswerte), ζ zum dynamischen Druck der Luft im Strömungskanal vor dem Gitter gehörend

Freie/gesamte Draufsichtsfläche, ν_f in %		5	10	20	30	40	50	60	70
Lochböden mit kreiszylindrischen Öffnungen in Dreiecksanordnung, auf Anströmseite scharfkantig		700	165	37	15	7,1	3,9	2,2	1,3
gerundet		600	140	32	13	6,1	3,3	1,9	1,1
Runddrahtgitter	$Re = 100$			13	7,3	4,0	2,2	1,3	0,7
(Reynolds-Zahl Re gebildet	316			12	6,0	3,2	1,7	1,0	0,5
mit dem Drahtdurchmesser)	1000			11	5,3	2,8	1,5	0,9	0,5

Kombinationseffekte zeigen sich, wenn mehrere Einbaukörper in Stromrichtung hintereinander liegen. Zum Beispiel hat die erste Rohrreihe in einem bestimmten *Röhrenbündel* aus glatten, quer umströmten und fluchtend hintereinander angeordneten Rohren die Widerstandszahl 1,7, die zweite 1,0, die dritte 0,9 und die vierte 0,88 [33, 34].

Als Einbaukörper besonderer Art dienen die *Drosselklappen, Schieber,* und *Ventile* dazu, den Luftstrom zu verändern oder abzusperren. Einige von ihnen bieten der Luft schon „ganz offen" einen beträchtlichen Widerstand dar, andere erst in teilweise geschlossenem Zustand.

Eine Prozeßstrecke bestehe aus Rohrstücken und Einbaukörpern (z. B. Heizkörpern) mit der Gesamt-Widerstandszahl ζ_R, bezogen auf die Durchlaß-Querschnittsfläche S_R, sowie aus einem Drosselgerät mit dem einstellbaren Durchlaßquerschnitt S_{Dr}, dessen Höchstwert gleich dem Anschlußquerschnitt $S_{Dr,max}$ sei. In der Rohrleitung herrsche die Luftgeschwindigkeit w_L. Bei Gültigkeit der Formel (1.11) hat dieses System den Gesamtwiderstand

$$\Delta p = \frac{\varrho}{2}\, w_L^2 \left[\zeta_R + \mu_D \left(\frac{S_R}{S_{Dr,max}} \right)^2 \left(\frac{1}{\varepsilon_E (S_{Dr}/S_{Dr,max})} - 1 \right)^2 \right]. \qquad (1.13)$$

Der zweite Summand in der eckigen Klammer ist bei den häufig benutzten Drosselklappen eine *nichtlineare Funktion des Stellwinkels* [35—37].

In vielen Systemen überwiegt der Widerstand der Rohrleitung und der Einbaukörper, der „Vordrosselstrecke", beträchtlich den Widerstand des Drosselorgans, solange dieses nicht fast geschlossen, also solange $S_{Dr}/S_{Dr,max}$ nicht klein ist. So kann es vorkommen, daß man S_{Dr} auf 20 % von $S_{Dr,max}$ oder weniger verringern muß, damit der Ventilator nur noch den halben Luftstrom fördert. Bei starker Vordrosselung (also bei großem ζ_R) bleibt dem Drosselorgan daher nur ein kleiner Bereich des Öffnungsverhältnisses, auf dem es überhaupt wirken kann, und die Einstellempfindlichkeit ist dann gering. Als Ausweg bleibt, entweder den Vordrosselwiderstand klein und S_R groß zu halten (was meist schwierig ist) oder die Leitung im Bereich der Strömungsdrossel zu verengen, also ein Organ mit relativ kleinem Anschlußquerschnitt $S_{Dr,max}$ zu benutzen.

1.1.2.3.3. Beispiel für das Berechnen des Gesamtdruckverlustes

In dem unter Atmosphärendruck arbeitenden Trockner gemäß Bild 1.22 soll zwischen den Gutsschichten die Luftgeschwindigkeit w_{LZ} herrschen. Die Querschnittsfläche aller Kanäle zwischen dem Gut sei S_Z und damit sei der Luftvolu-

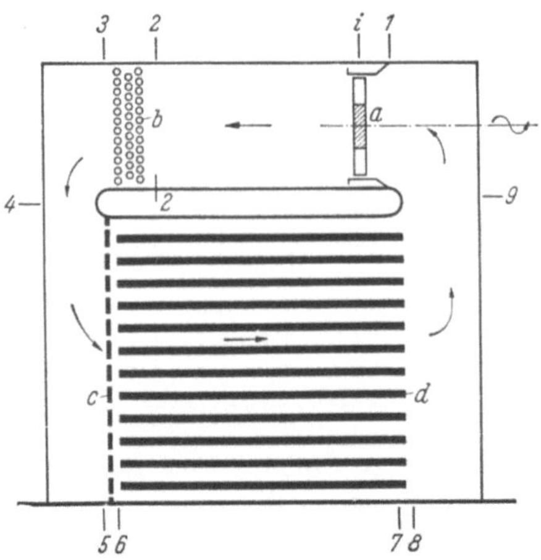

Bild 1.22. Zerlegen eines Kammertrockners in Abschnitte, deren Luftwiderstand man schätzen kann.
a Ventilator; *b* Heizkörper; *c* Luftverteilgitter; *d* Trocknungsgut.

menstrom gleich $S_Z \cdot w_{LZ}$. Aus ihm kann die Luftgeschwindigkeit in jedem beliebigen anderen Querschnitt berechnet werden, sofern — wie angenommen sei — durch alle Querschnitte der gleiche Strom fließt.

Die Luft strömt im dargestellten Trockner vom rechteckigen Querschnitt *1* des Saugraumes durch den Axialventilator *a* zum ebenfalls rechteckigen Querschnitt *2* des Druckraumes. Im Ventilator vom runden Querschnitt *i* wird der Strom auf kurzer Strecke eingeschnürt, etwa wie in einer Blende, und danach wird er in einen größeren Raum entlassen, wobei ein entsprechender Druckverlust entsteht. Nachdem die Luft durch den Heizkörper *b* gedrungen ist, gelangt sie in den sich verengenden Krümmer *3* bis *4* und danach in den Verteilraum *4* bis *5*. Hiernach strömt sie durch das Verteilgitter *5* bis *6* in die geraden Kanäle *6* bis *7* zwischen den Gutsschichten und sodann durch die Erweiterung *7* bis *8*. Durch die sich düsenartig verengende 90°-Umlenkung *8* bis *9* und den Diffusorkrümmer *9* bis *1* kehrt sie zum Ventilator zurück.

Welche Druckverluste im dargestellten Trockner auftreten, wenn Luft von 70 °C mit 2 m/s Geschwindigkeit durch die Kanäle zwischen dem Gut strömt, geht aus der Tabelle 1.2 hervor. Die Verluste sind unter der Annahme berechnet, daß keine starken Kombinationseffekte auftreten (siehe Abschn. 1.1.2.3.1). Den größten Teil des Gesamtwiderstands erzeugt der Heizkörper. Der Druckabfall in den Kanälen zwischen dem Gut ist belanglos. Insgesamt geht das 9fache des vor dem Ventilator herrschenden dynamischen Druckes verloren.

Tabelle 1.2. Druckverluste der Luft im Kammertrockner nach Bild 1.22

Wegteil zwischen	Benennung des Wegteils	Bezugsquerschnitt	Luftgeschwindigkeit	dynamischer Druck	Widerstandszahl	Druckabfall	Anteil am Gesamtdruckabfall
		m²	m/s	Pa		Pa	%
1 bis 2	Ventilator {Einschnürung auf 0,41 m² und sprungartige Erweiterung	0,85	3,1	5,1	1,8	9	4,6
2 bis 3	Heizkörper mit Rippenrohren	0,85	3,1	5,1	22	112	57,4
3 bis 4	düsenartige 90°-Umlenkung	0,38	6,8	24,5	0,3	7	3,6
4 bis 5	Verteilraum, diffusorartig	0,38	6,8	24,5	0,85	21	10,8
5 bis 6	Verteilgitter (18 % frei)	1,90	1,4	1,0	35	35	18,0
6 bis 7	Kanäle zwischen dem Gut	1,30	2,0	2,1	3	6	3,1
7 bis 8	Übergang Kanäle-Sammelraum	1,30	2,0	2,1	0,1	—	–
8 bis 9	düsenartige 90°-Umlenkung	0,50	5,2	14,2	0,15	2	1,0
9 bis 1	diffusorartige 90°-Umlenkung	0,50	5,2	14,2	0,2	3	1,5
						Summe: 195	100,0

1.1.2.4. Organe zum Führen und Verteilen der Luftströme

1.1.2.4.1. Nützlichkeit aerodynamischer Maßnahmen

Man wünscht, die Luftströme mit möglichst geringem Energieaufwand und so durch die Trockner zu fördern, daß sie am Gut, in den Heizkörpern und sonst auf ihrem Wege zweckdienlich — und wenn nötig gleichmäßig — wirken. Das erfordert, die Strömungswiderstände klein zu halten und die Luft geschickt zu führen. Im folgenden sind einige aerodynamische Maßnahmen zum Erreichen dieses Zieles dargelegt.

In einer Anlage werden zwei Gegenstände getrocknet. Am einen strömt die Luft mit 2 m/s, am anderen mit 4 m/s Geschwindigkeit vorbei. Solche Unterschiede sind keineswegs selten. Im gewählten Beispiel weichen die Einzelgeschwindigkeiten um ± 1 m/s von der Durchschnittsgeschwindigkeit 3 m/s ab. Die mittlere quadratische Relativabweichung der Einzelgeschwindigkeiten vom Durchschnittswert (der sog. Variationskoeffizient), definiert durch

$$\chi_{\mathrm{w,L}} = \frac{\sqrt{\dfrac{\Sigma(w_{\mathrm{L}} - \overline{w}_{\mathrm{L}})^2}{n_{\mathrm{g}} - 1}}}{\overline{w}_{\mathrm{L}}}\, 100 \qquad (\text{in } \%), \tag{1.14}$$

w_{L} Luftgeschwindigkeit am einzelnen Gegenstand,

$\overline{w}_{\mathrm{L}}$ durchschnittliche Luftgeschwindigkeit an den Gegenständen,

n_{g} Zahl der Gegenstände,

beträgt im gedachten Fall 47%. Bei 2 m/s Geschwindigkeit trocknet das Gut in ungünstigen Fällen um 38% länger als bei der Durchschnittsgeschwindigkeit 3 m/s (s. dazu Abschn. 2.3.1.1.2). Kann man nun, was oft vorkommt, die Gegenstände erst aus dem Trockner nehmen, wenn auch die am langsamsten trocknenden fertig sind, so muß man den Trockner 38% länger in Betrieb halten als bei gleichmäßiger Belüftung, d.h. man verliert 38% an Durchsatz. Dazu kommt oft, daß übertrocknete oder zu wenig getrocknete Ware Ausschuß sein kann, oder daß, wenn die Geschwindigkeitsunterschiede an ein und demselben Gegenstand auftreten, dieser dadurch Schaden leidet. Es ist also eine Grundforderung im Trocknerbau, für gleiche Wirkung der Luft am Gut zu sorgen.

Im angeführten Beispiel war angenommen worden, daß alle Gegenstände, wenn auch nicht gleichmäßig, so doch wenigstens überhaupt umspült werden. In manchen Fällen berührt der Luftstrom aber überhaupt nur dann alle Gegenstände, wenn er günstig geführt wird. Der Gewinn an Trocknungszeit ist dann besonders groß.

Nicht ganz so wichtig ist gleichmäßige Luftgeschwindigkeit, wenn die Qualität des Gutes trotz ungleichen Wasserentzuges erhalten bleibt. So können erhebliche Feuchtegehaltsunterschiede in Kauf genommen werden, wenn z.B. körniges Trockengut hinterher gemischt wird oder wenn es seine Feuchtegehaltsunterschiede lange genug ausgleichen kann, bevor es weiterverarbeitet wird. Auch wenn das Wasser tief aus dem Körperinneren herausgeholt werden muß, braucht die Luftgeschwindigkeit oft nicht gleichmäßig zu sein.

Ein Gut, das stetig durch einen Trockner wandert, trocknet auch ohne gute Luftverteilung in Wanderrichtung gleichmäßig, wenn die Gegenstände alle Belüftungszonen gleich lange durchlaufen. Trotzdem kann das Gut auch in diesem Fall durch ungleiche Belüftung zu langsam trocknen, z. B. wenn die niedrige Luftgeschwindigkeit am nassen, die hohe aber am fast trockenen Gut wirkt.

Recht unterschiedlich fällt der Nutzen ins Gewicht, den eine Verringerung der Strömungswiderstände im Trockner oder eine Verbesserung des Ventilatorwirkungsgrades bringen. Durch geeignete Maßnahmen kann man die Druckverluste oft um 20 bis 60 % verringern und dementsprechend den Leistungsbedarf der Ventilatoren senken. Den Wirkungsgrad eines Ventilators um einige Prozente zu verbessern ist dagegen oft schwierig. Die gesamte mechanische Leistung, die man in die Ventilatoren schickt, verwandelt sich im Trockner in innere Energie der Luft, und um den gleichen Betrag verringert sich die Leistung, die man den Heizkörpern zuführen muß. Daher darf man die Antriebsleistung für die Luftförderung nicht einfach als verloren betrachten. Ist nun der Quotient Preis/Leistung für den Antrieb und für die Heizung gleich — wie z. B. in elektrisch beheizten Trocknern — so ist durch Senken der Druckverluste oder Heben des Ventilatorwirkungsgrades kaum ein wirtschaftlicher Gewinn zu erzielen. In der Regel jedoch ist die Heizenergie viel billiger, so daß sich aerodynamische Verbesserungsmaßnahmen lohnen.

1.1.2.4.2. Belüften von Einzelkörpern

Über eine feuchte Platte mit 267 mm Breite und 194 mm Höhe (Bild 1.23), soll die Luft parallel hinwegströmen ($\varrho = 0 \sphericalangle°$). Beim Trocknen ergibt sich dabei zu beiden Plattenseiten der gleiche Stoffübergangskoeffizient, und zwar unter den in Bild 1.23 genannten Bedingungen 83 m/h (Werte der Linien a, a' auf der Ordi-

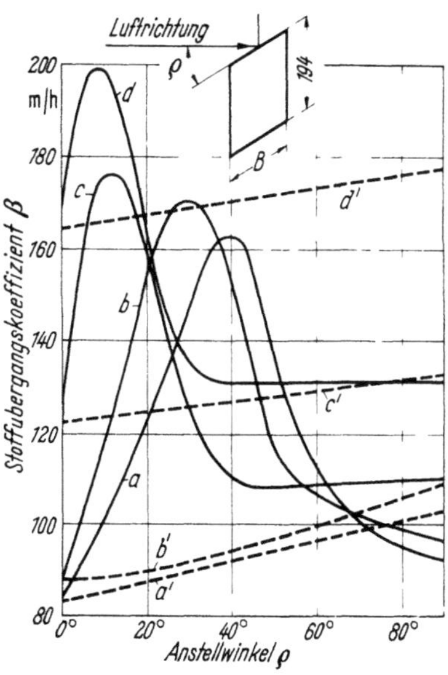

Bild 1.23. Stoffübergang an ebenen Platten. Stoffübergangskoeffizient, abhängig von der Richtung des Luftstroms und von der Plattenbreite B, aus Versuchen von Powell berechnet. Luftgeschwindigkeit 4,8 m/s, Lufttemperatur $\approx 20\,°C$.
a, a': $B = 267$ mm; b, b': $B = 194$ mm; c, c': $B = 88$ mm; d, d': $B = 39$ mm.
——— Feuchte Plattenseite stromabwärts gerichtet;
– – – feuchte Plattenseite stromaufwärts gerichtet.

natenachse). Dreht man die Platte, so daß ihre Ebene einen Winkel ϱ zur ungestörten Stromrichtung hat, dann steigt der durchschnittliche Stoffübergangskoeffizient an der gegen den Strom gekehrten Seite an und erreicht einen Höchstwert bei $\varrho = 90 \sphericalangle°$. Auf der Leeseite geht der Stoffübergang viel lebhafter vor sich, solange ϱ unter 70 $\sphericalangle^\circ$ liegt. Hier hat der Stoffübergangskoeffizient bei 40 $\sphericalangle^\circ$ seinen Gipfelwert (163 m/h), er fällt mit größer werdendem Anstellwinkel ab und sinkt schließlich unter die Werte, die man auf der Vorderseite beobachtet [38].

Soll die Platte schnell trocknen und dazu schräg gestellt werden, und soll sie ihre Feuchte trotzdem einigermaßen gleichmäßig abgeben, so muß man sie ständig drehen. Das geschieht selbsttätig in manchen Trocknern für lackierte Gegenstände, wie Kanister u. dgl., also bei Gegenständen mit Kanten und ebenen Flächen, die ähnlich wie Platten umströmt werden.

Die gleiche Maßnahme kann bei runden Gegenständen nötig sein, für die der quer angeströmte Zylinder als typisch gelten kann (Bild 1.24). In der Nähe eines solchen Zylinders wechselt der Strömungsverlauf von Stelle zu Stelle, und daraus ergeben sich unterschiedliche Bedingungen für den Wärme- und Stoffübergang an der Zylinderoberfläche (s. Abschn. 2.3.1.1.1 und Bild 2.10).

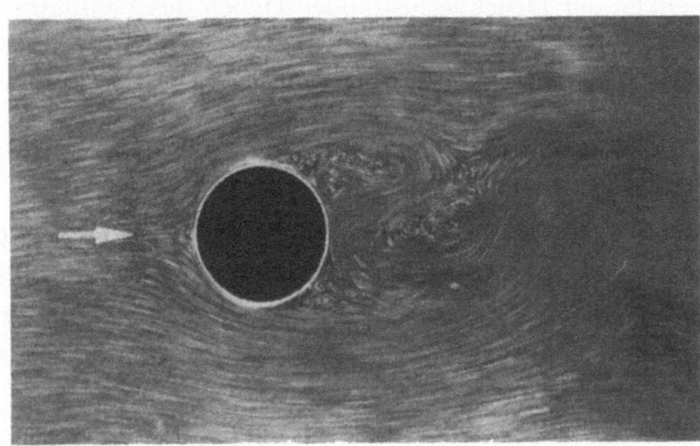

Bild 1.24. Strömung um einen Zylinder.

Wird der Zylinder regelmäßig von verschiedenen Seiten angeblasen, so trocknet er wenigstens im zeitlichen Mittel gleichmäßig. Im kreuzförmigen Prisma gemäß Bild 1.25 dagegen sind, wenn sich der Körper in einem ausgedehnten Luftstrom befindet, nahe der Mitte stets Stellen vorhanden, die langsamer trocknen als die

Bild 1.25. Strömung um ein kreuzförmiges Prisma.

anderen. Läßt man aber einen Luftstrahl gegen den Körper blasen (Bild 1.26), so werden auch die Ecken ausgespült. Gleichzeitig kann man einen breiten Strom um das Prisma fließen lassen. Auf dem Bild kommt ein Strahl von rechts und ein Strom von links. Dreht man das Prisma, so dringt der Strahl in alle 4 Ecken nacheinander und nimmt dort Feuchte mit.

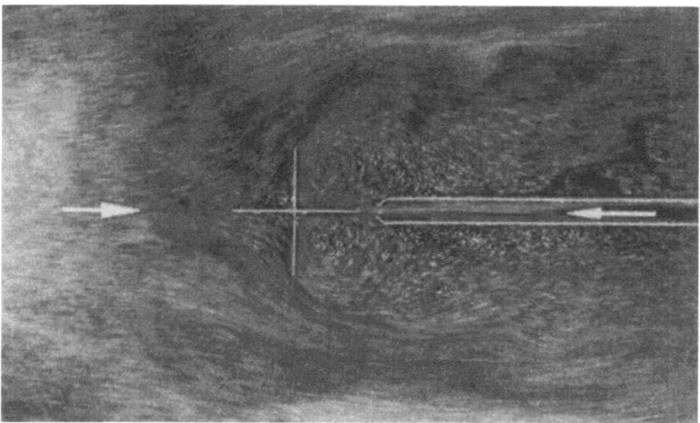

Bild 1.26. Kreuzförmiges Prisma, umströmt und ausgespült.

1.1.2.4.3. Luftführung in Querschnittsänderungen

Will man die Ventilatoren in den Trocknern optimal bemessen, so muß man ihnen verhältnismäßig kleine Ein- und Austrittsquerschnitte geben. Das Gut — und auch manche Organe der Trockner — erfüllen dagegen meistens viel größere Querschnitte. Daher muß man den Luftstrom auf dem Wege zwischen dem Ventilator und dem Gut auseinanderdrängen — den luftführenden Kanal erweitern — wenn der Ventilator in der Strömungsrichtung vor dem Gut sitzt, oder man muß ihn einengen (den Kanal verengen), wenn er dahinter sitzt; in Umlufttrocknern muß man beides tun.

Ein Strom, der durch eine sich stetig verengende Leitung fließt (Bild 1.27), erfüllt alle Querschnitte des Kanals vollständig, und seine Geschwindigkeit längs des Weges wächst in dem Maße, wie der Kanalquerschnitt abnimmt. Wirbelgebiete hinter Einbaukörpern u. dgl. werden in einem solchen Strom zusammen-

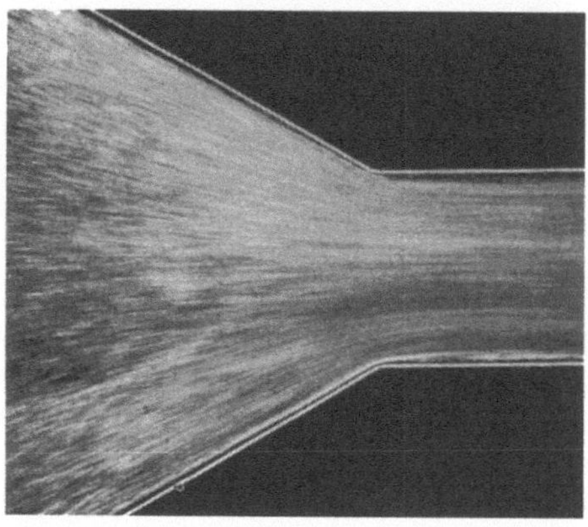

Bild 1.27. Strömung in einem sich verengenden Kanal.

gedrückt (Bild 1.28), und es bedarf meistens keiner Vorkehrungen, den Strom gleichmäßig auf den engen Querschnitt zu verteilen. Nur Drehbewegungen um Achsen parallel zur Stromrichtung, die oft hinter Ventilatoren und Krümmern vorkommen, bleiben auf langem Wege erhalten und müssen evtl. unterbunden werden.

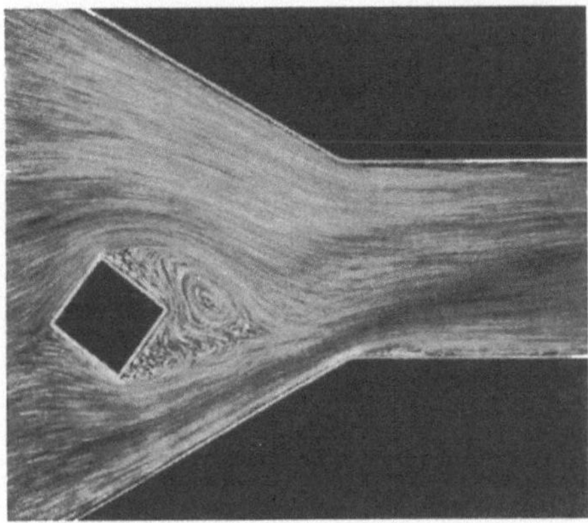

Bild 1.28. Gestorte Stromung in eirem sich verengenden Kanal.

Ein Strom hingegen, der durch einen sich stark erweiternden Kanal — einen Diffusor — tritt, dehnt sich keineswegs überall bis zu den Wänden aus. Er bleibt vielmehr beieinander und verliert nur langsam an Geschwindigkeit in dem Maße, wie ihn die turbulenten Querbewegungen der Luftteilchen in seinem Inneren breiter machen (Bild 1.15). Stets lehnt er sich an eine der Diffusorwände an, wobei es von Kleinigkeiten abhängt, ob er zur einen oder zur anderen Wand geht. Einbaukörper können ihn aufspalten (Bild 1.29).

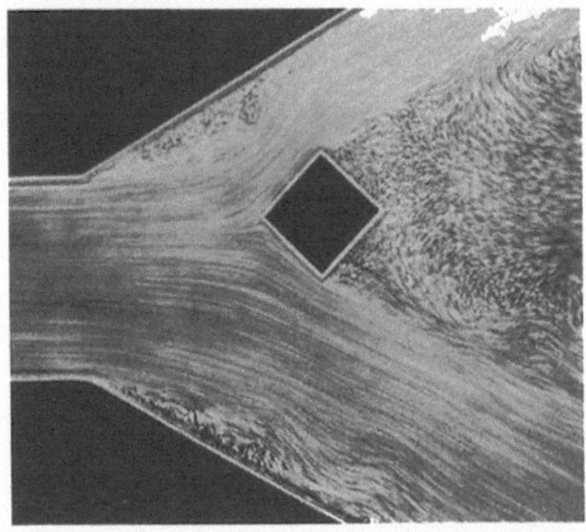

Bild 1.29. Gestorte Stromung in einem sich erweiternden Kanal.

Auf Bild 1.30 stellen die hellen Rechtecke einen Gutsstapel dar. Die Strömung kommt von rechts aus einem großen Raum und geht nach links in einen engen Kanal. In den Spalten zwischen den wandnahen Platten strömt die Luft fast ebenso schnell wie in den mittleren Spalten. Dagegen hat die Luft im Stapel gemäß Bild 1.31 viel größere Geschwindigkeitsunterschiede. Hier kommt die Strömung wieder von rechts, aber aus einem engen Kanal und geht in einen weiten Raum.

Sie erfüllt den kurzen Diffusor nur unvollkommen und geht hauptsächlich durch die mittleren Spalten des Stapels. Schwächere Teilströme, die vor den Platten vom Hauptstrom abgespalten und zur Seite gedrängt werden, fließen durch die Seitenspalte.

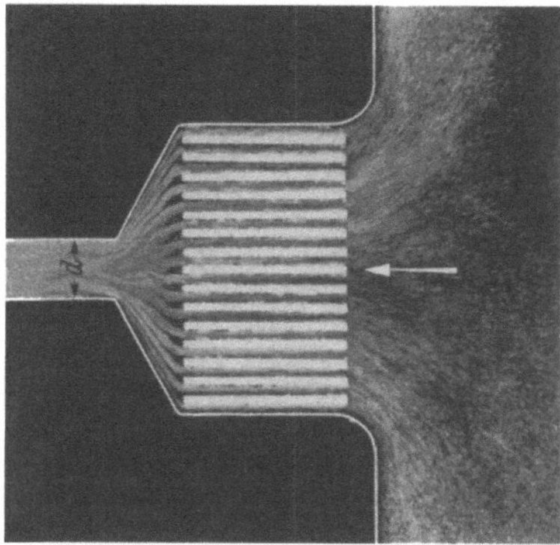

Bild 1.30. Strömung durch einen Stapel paralleler Platten hinter einem Beschleunigungseinlauf; $Re = 3335$.

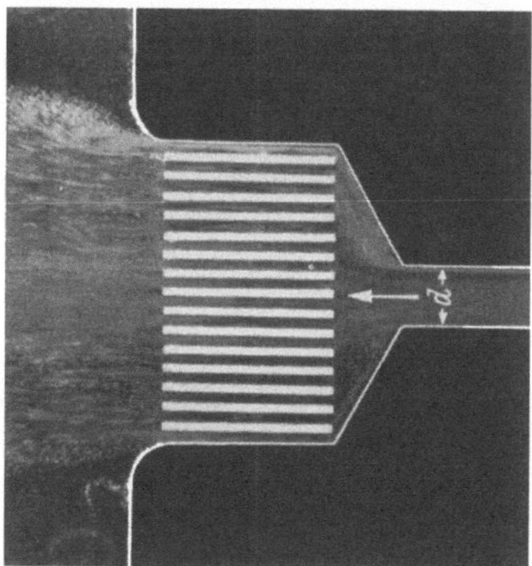

Bild 1.31. Strömung durch einen Stapel paralleler Platten hinter einem Diffusor; $Re = 3335$.

Um die Luft gleichmäßiger auf den Gutsstapel zu verteilen, kann man den Diffusor mit Zwischenwänden ausstatten [39, 40]. Der Diffusor gemäß Bild 1.32 ist etwas schlanker gehalten als der von Bild 1.31. Durch die Zwischenwände wird der Kanal in 5 Einzeldiffusoren mit geringerem Erweiterungswinkel zerlegt. Hinter den Zwischenwänden sind noch ein grobes Stabgitter und ein Drahtsieb mit freien Durchflußquerschnitten von 50 und 60% angeordnet, welche die Strömung endgültig verteilen. Ohne Einbauten hat die Kanalerweiterung die Widerstandszahl $\zeta = 0,65$, bezogen auf den dynamischen Druck im Zuflußquerschnitt (Formel 1.10). Weil der Hauptteil des Stromes beim Eintritt in die Teilkanäle scharf umgelenkt, dabei stellenweise beschleunigt und erst aus der erhöhten Geschwindigkeit heraus durch die Wirbel und Siebe im Diffusor abgebremst wird, ergibt sich für den Kanal mit Einbauten die Widerstandszahl $\xi \approx 1$. Die dargestellte Leitvorrichtung bringt also erhöhten Druckverlust, aber dieser Nachteil wird mehrfach aufgewogen durch den Vorteil, daß die Luft viel gleichmäßiger durch den Stapel strömt.

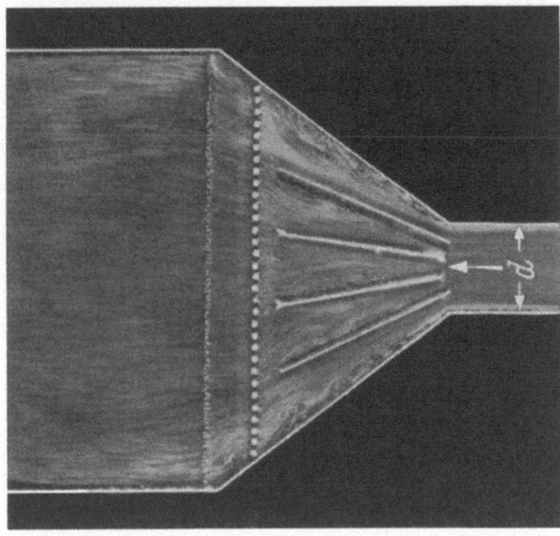

Bild 1.32. Strömung in einem Diffusor mit Leitblechen und Widerstandsgittern; $Re = 6870$.

Wenn ein Gutsstapel, Heizkörper oder dgl. der Luft einen großen Widerstand bietet, so wirkt er selbst als Verteilorgan. Allerdings sollte man die Wirkung solcher Widerstände nicht überschätzen. Bild 1.33 gibt die Strömung durch eine waagerechte Gutsschicht wieder. Der Luftstrom kommt aus einem engen Kanal von unten. Zwar verbreitert er sich innerhalb der Schicht beträchtlich, doch bleibt seine Geschwindigkeit an den Seiten viel geringer als in der Mitte. Daran ändert sich wenig, wenn man den Raum unter der Schicht vergrößert.

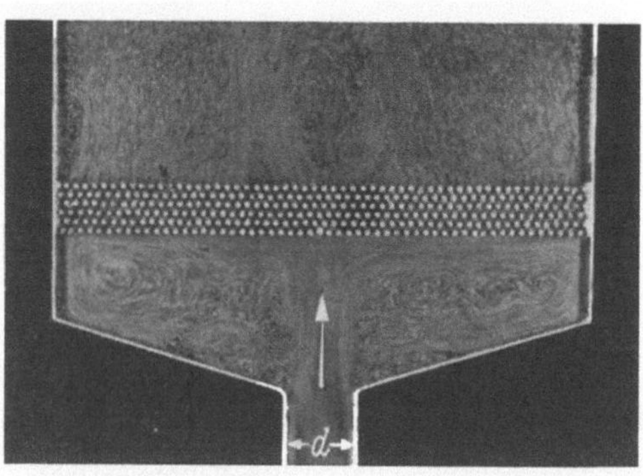

Bild 1.33. Ungleichmäßige Durchströmung einer Schicht körnigen Gutes; $Re = 1670$.

Die durchlässige Schicht gleichmäßig verteilter Körper gemäß Bild 1.34 habe die Querschnittsfläche S_2, die freie Durchlaßfläche $S_{\mathrm{fr}} = \psi S_2$ und ihre Widerstandzahl, bezogen auf die Geschwindigkeit in S_2 oder S_{fr}, sei ζ_2 bzw. ζ_{fr}. Mit S_1 sei die Querschnittsfläche des Zuflußkanals bezeichnet. Im Verteilraum vor dem Gut entstehe nur ein geringer Verlust an Gesamtdruck. Wie Versuche zeigten, strömt die Luft um so gleichmäßiger durch die Schicht, je kleiner der „Verzweigungsbeiwert"

$$v_Z = \frac{S_{fr}}{S_1} \sqrt{\frac{2}{1 + \zeta_{fr}}} \qquad (1.15)$$

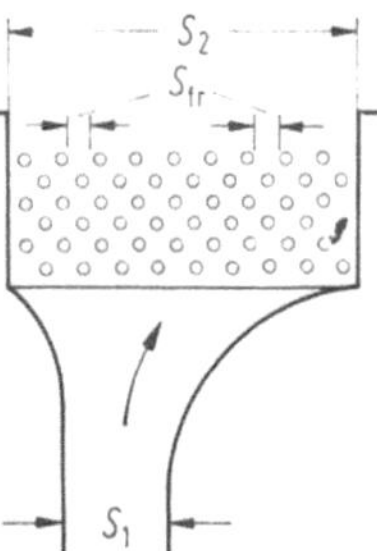

Bild 1 34. Diffusor vor einem durchlässigen Widerstandskörper.

ist. Für $v_Z = 0{,}5$ ergeben sich Geschwindigkeitsunterschiede gegenüber dem Mittelwert bis $\approx \pm 10\%$. Ein so verteilter Luftstrom sei im folgenden noch als „gleichmäßig" bezeichnet. Demnach ist Gleichmäßigkeit in der gedachten Schicht zu erwarten, wenn

$$\frac{S_1}{S_{fr}} = \frac{1}{0{,}5} \sqrt{\frac{2}{1 + \zeta_{fr}}} \,, \quad \text{oder} \quad \frac{S_1}{S_2} \approx \frac{2{,}8\psi}{\sqrt{1 + \zeta_2 \psi^2}} \qquad (1.16)$$

ist. (Zur Berechnung von ψ und ζ_2 in durchströmten Schüttgutschichten s. Abschn. 2.3.1.4.1.)

Aus Bild 1.35 ist der Einfluß von Spalten, die sich zwischen durchlässigen Schichten und benachbarten Wänden befinden, zu erkennen. Ein merklicher Teil des Luftstromes weicht dem Gut aus und nimmt den bequemeren Weg durch die Spalte. Die übrige Luft strömt langsamer durch das Gut. Man sollte Spalte der besagten Art so klein wie möglich halten oder abdecken.

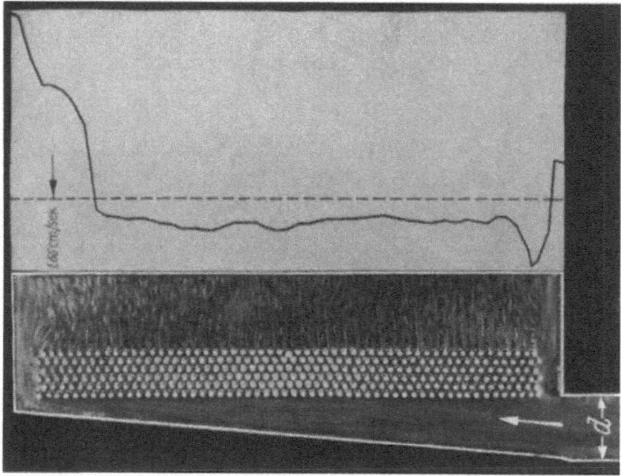

Bild 1.35. Wirkung von Spalten am Rand einer durchströmten Gutsschicht; $Re = 1\,670$

1.1.2.4.4. Luftführung in Umlenkungen

Ebenso wie Querschnittsänderungen rufen Umlenkungen erhebliche Geschwindigkeitsunterschiede in einer Strömung hervor. Die 90°-Umlenkung gemäß Bild 1.16 zwingt die gesunde Strömung hinter dem Scheitel innen zu stark erhöhter Geschwindigkeit. Ein Gut, das sich hinter dieser Umlenkung befände, würde sehr ungleichmäßig trocknen.

Man hat zahlreiche Mittel ersonnen, die Strömung günstig umzulenken [25, 26, 41, 42, 43]. In rechteckigen Krümmern z.B. entstehen erheblich kleinere Druckverluste, wenn man der inneren Wand einen großen Radius gibt. Der Radius der Außenwand muß günstig auf den Innenradius abgestimmt sein und sollte der Strömung im Scheitel einen erweiterten Raum lassen.

Bild 1.36. Strömung in einer 90°-Umlenkung mit Zwischenwänden; $Re = 7100$.

Gute Wirkung erzielt man mit Zwischenwänden, etwa solchen nach Bild 1.36, die so entworfen sind, daß die Zentrifugalkraft, die auf die Luft wirkt, in den einzelnen Kanälen dieselbe ist; es ist also das Verhältnis von Kanalbreite zum mittleren Krümmungsradius gleichgemacht. In den schmalen Teilströmen zwischen den Wänden bilden sich in einer solchen Umlenkung nur schwache Sekundärwirbel aus.

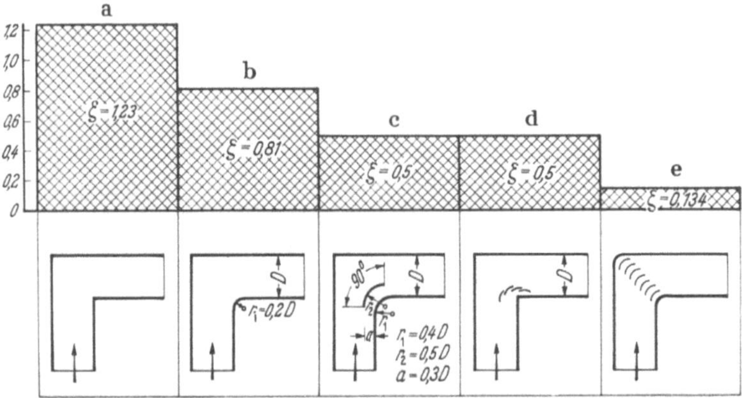

Bild 1.37. Widerstandszahlen von rechtwinkligen Umlenkungen quadratischen Querschnitts. Nach Messungen von Wille und Haase ($a - d$) sowie Kröber (e) bei $Re = 2 \cdot 10^5$.

Spaltflügelartige, unterteilte Leitschaufeln nach Flügel sowie Föttinger und Frey sind in der Umlenkung gemäß Bild 1.37d verwendet. Die Schaufeln überdecken sich nur auf einem mäßigen Bruchteil ihrer Länge und sind so angeordnet, daß Teilkanäle entstehen, die frische, vorher gestaute und dann beschleunigte Strömung jeweils so auf den Rücken der folgenden Fläche lenken, daß dort keine Wirbel entstehen [44].

Noch günstiger wirkt die auf der Eckdiagonale angeordnete Leitflächenreihe (Bild 1.37e), deren günstigste Form Kröber berechnet hat [45]. Eine gute Verteilung kann man durch ähnliche Schaufeln erhalten, deren Schnitt aus Geraden und Kreisbogen zusammengesetzt ist.

Wie man Leitflächen in Umlenkungen ausbilden und anordnen soll, kann man für einige Fälle der Literatur [44—46] entnehmen, für andere nur durch Versuche bestimmen. Falsch angeordnete Leitflächen können mehr schaden als nützen. Man sollte stets darauf achten, Leitflächen nur da beginnen zu lassen, wo die Strömung geordnet ist, also nicht in Wirbelgebieten unmittelbar hinter Heizkörpern oder hinter störenden Einbauten.

1.1.2.4.5. Luftverteilung über eine rechtwinkelige Umlenkung auf parallele Kanäle

Der Kammertrockner (Bild 1.38) hat außer den Wänden und einer Zwischendecke keine Einrichtungen zum Führen und Verteilen der Luft. Sein Ventilator l treibt die Umluft durch den Heizkörper h und nach Umlenkung um 180° über 15 Gutslagen hinweg. Wie die Kurve im Schnitt $A-B$ zeigt, verteilt sich der Strom keineswegs gleichmäßig auf die waagerechten Kanäle im Gutsstapel. Über der oberen Gutslage strömt die Luft sogar rückwärts. Die übrigen Lagen bekommen zwar

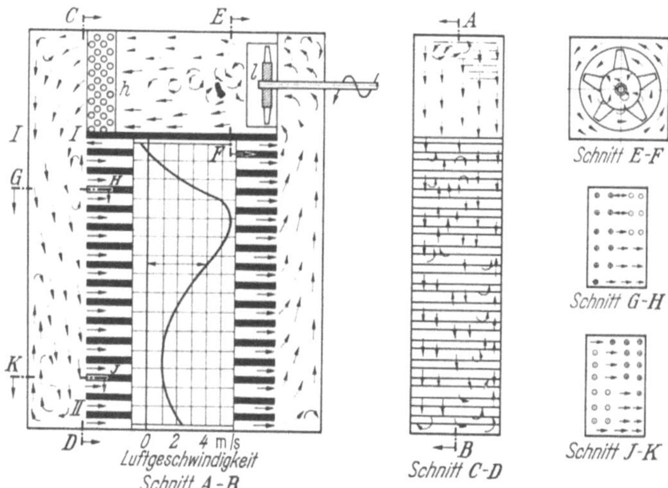

Bild 1.38. Luftstromung in einem Kammertrockner ohne irgendwelche Leitflächen. Ventilatordrehzahl 2000/min, durchschnittliche Luftgeschwindigkeit 2,52 m/s, Variationskoeffizient der Geschwindigkeit 0,67.
h Heizkörper; l Ventilator.

Luft von vorne, aber die 5. Lage erhält fast 6mal soviel wie die 12. Lage. Auch in
Tiefenrichtung sind Geschwindigkeitsunterschiede vorhanden, weil sich in der Umlenkung ein Doppelwirbel dreht und die vom Axialventilator erzeugte Drehbewegung der Luft noch hinter dem Heizkörper auswirkt. Man kann dies an den Pfeilen
in den Schnitten *CD*, *GH* und *IK* erkennen.

Ein vereinfachtes Modell soll Möglichkeiten zeigen, die Strömung zu verbessern.

Reichardt und Tollmien machten Versuche mit dem Kanalsystem nach Bild 1.39
[47]. Die Luft kam aus dem geraden Kanal *a* und floß durch ein Gitter aus ab-
gerundeten Balken in die Zweigkanäle *b* und von dort durch ein gleiches Gitter
in den Sammelkanal *c*. Sämtliche Kanäle hatten (senkrecht zur Bildebene) gleiche
Tiefe; ferner waren die Spalte zwischen den Balken alle gleich breit, und die Weite

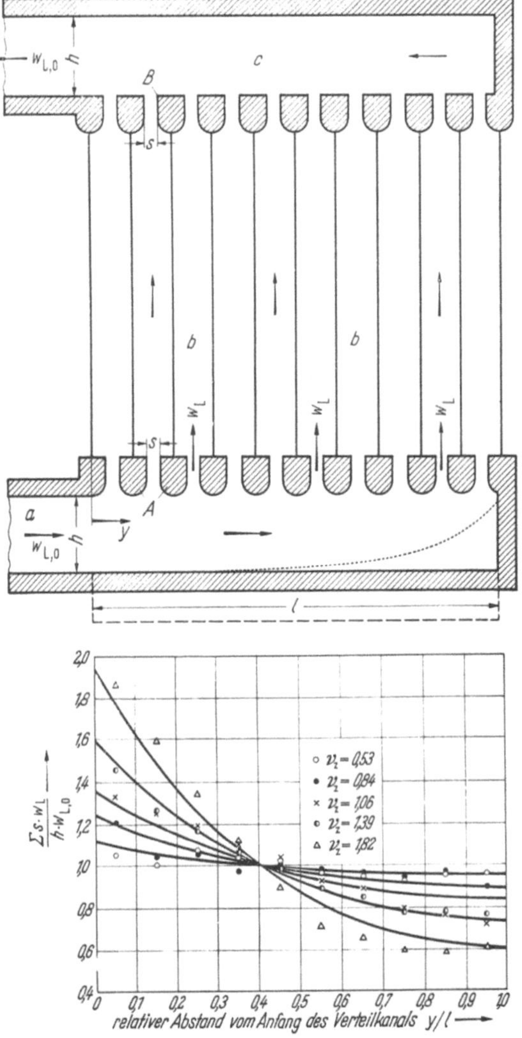

Bild 1.39. Stromverteilung
und Stromsammlung.
Oben: Form des von
Reichardt und Tollmien für
Versuche benutzten Kanal-
systems;
unten: Verteilung des Luftstromes auf die einzelnen
Zweigkanäle.
Eingetragene Punkte: Meß-
werte; Kurven: berechnet.

h des Zuflußkanals stimmte mit der des Abflußkanals überein. Es ergab sich:

1. Die Durchflußverteilung wird mit abnehmendem Verzweigungsbeiwert

$$v_\mathrm{z} = \frac{\Sigma s}{h} \sqrt{\frac{2}{1 + \zeta_\mathrm{fr}}} , \qquad (1.17)$$

   d.h. mit abnehmender Spaltweite s und mit zunehmender Widerstandszahl ζ_fr der Zweigkanäle gleichmäßiger. Dabei gilt ζ_fr für die Strecke zwischen A und B. Sind die Zweigkanäle viel weiter als s, so ist $\zeta_\mathrm{fr} \approx 1$.
2. Bei geringem Widerstand der Kanäle verteilt sich die Luft nur dann einigermaßen gleich auf die Zweigkanäle, wenn die Summe aller Spaltweiten s kleiner als die Breite h des Zuflußkanals ist[1].
3. Die größten Geschwindigkeiten in den parallelen Kanälen herrschen in der Nähe des Zu- und Abflusses (bei kleinem y/l).
4. Wenn $v_\mathrm{z} \leqq 1$ ist, übt die Form der Hinterwand des Verteilkanals nur wenig Einfluß auf die Luftverteilung aus. Es hat also wenig Sinn, den Raum vor den Spalten zu erweitern, etwa wie gestrichelt angedeutet, oder in diesem Raum Leithilfen anzuordnen, wie punktiert gezeichnet.

Offensichtlich ist die „Summe aller Spaltweiten" im Kammertrockner nach Bild 1.38 zu groß. Auch strömt die Luft ungeordnet durch den Kanal vor dem Gut, weil sie davor scharf umgelenkt wird. Rundet man die Zwischendecke jedoch ab,

Bild 1.40 Strömung im Modell eines Kammertrockners mit U-Profil-Verteilwand
a Ventilator; b Heizkörper; c Abrundung der Zwischendecke; d Leitblech; e Verteilwand; f Trocknungsgut

---

[1] Mit einstellbaren Spalten s kann man die Luft vollkommen gleichmäßig verteilen [48].

ordnet man in der Umlenkung ein Leitblech und vor dem Gut eine Verteilwand mit engen Spalten an (Bild 1.40), so verteilt sich der Luftstrom fast gleichmäßig auf alle Kanäle zwischen den Gutslagen.[1]

1.1.2.4.6. Luftverteilung durch einen Kanal mit Längsschlitz

Statt Gitteröffnungen hat der Verteilkanal gemäß Bild 1.41 einen scharfkantigen Seitenschlitz, aus dem die Luft in den Außenraum tritt. Die Querschnittsfläche des Kanals und die Schlitzhöhe sind überall dieselben. Befinden sich weder innerhalb

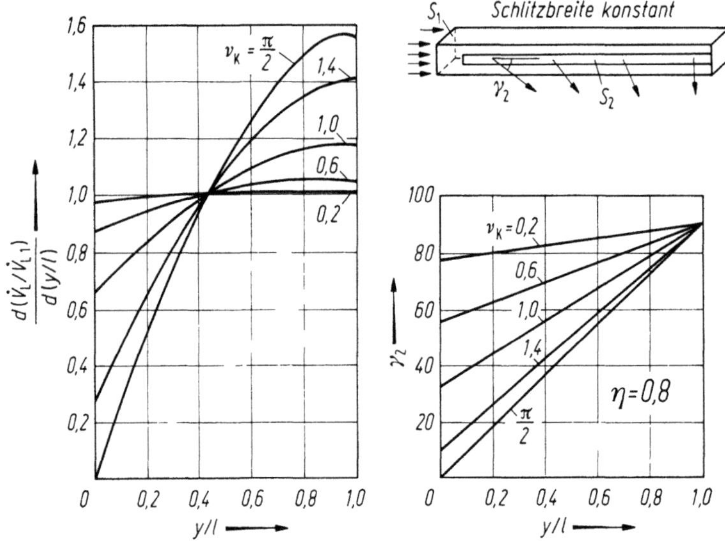

Bild 1.41. Verteilung und Richtung des Luftstromes, der durch einen Schlitz seitlich aus einem Kanal überall gleichen Querschnitts austritt (nach Regenscheit).
$\dot{V}_L$ Luftstrom im Kanal im Abstand y vom Kanalanfang; $\dot{V}_{L,1}$ Gesamtluftstrom am Anfang des l m langen Kanals.

noch außerhalb dieses Kanals irgendwelche Lenkhilfen, so tritt der Luftstrom schräg und ungleich verteilt aus dem Schlitz und nimmt dabei an den einzelnen Stellen die Stärke und die Richtung an, die das Bild 1.41 als Abhängige der Kenngröße

$$v_K = \sqrt{\eta \frac{\varepsilon_E S_2 \varepsilon_A}{S_1}} \qquad (1.18)$$

darstellt [49]. Darin ist bezeichnet mit

η der Wirkungsgrad der Druckumsetzung im Verteilkanal: 0,7 bis 0,8,

ε_E der Einschnürfaktor des Stromes: engster Querschnitt des austretenden Strahles geteilt durch die Schlitzfläche,

ε_A der Sperrfaktor des durch Leisten in regelmäßigen Abständen evtl. abgedeckten Schlitzes: Verhältnis der freien zur gesamten Schlitzfläche,

S_2 die gesamte Schlitzfläche,

S_1 die Querschnittsfläche des Kanals.

---

[1] Im wirklichen Trockner strömt die Luft, nachdem sie den Gutsstapel verlassen hat, zum Ventilator zurück. In dem abgebildeten wasserdurchströmten Modell mußte das Wasser aus versuchstechnischen Gründen nach rechts abgeleitet werden. Infolgedessen entspricht der rechte obere Teil des Modells nicht der Wirklichkeit.

Am Kanalumfang strömt Luft nur aus, wenn v_K kleiner als $\pi/2$ ist. Bei größerem v_K tritt Luft vorne durch den Schlitz ein. Ungefähr „gleichmäßige" Stromverteilung ist nur mit $v_K < 0,5$ zu erreichen und erfordert in der Regel, daß die Schlitzfläche S_2 wenigstens um 30 % kleiner als der Zuströmquerschnitt S_1 gemacht wird.

Aus dem Seitenschlitz des Kanals mit schräger Rückwand (gemäß Bild 1.42) strömt die Luft zwar fast gleichmäßig verteilt und mit gleicher Richtung, aber

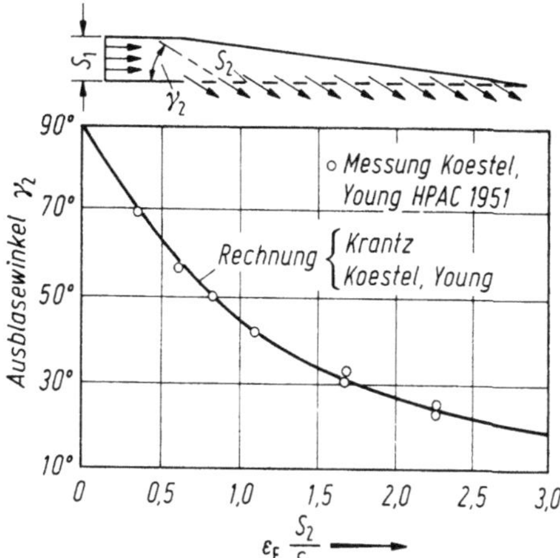

Bild 1.42. Richtung des Luftstromes, der durch einen Schlitz seitlich aus einem Kanal mit schräger Rückwand austritt (nach Regenscheit).

schräg zur Kanalachse, es sei denn, daß S_2 viel kleiner als S_1 ist. Für die Widerstandszahl dieser Vorrichtung (bezogen auf den dynamischen Druck im Zuflußquerschnitt) gilt

$$\zeta = 1 + \left(\frac{S_1}{\varepsilon_E S_2 \varepsilon_A}\right)^2. \tag{1.19}$$

Manche Verteilkanäle haben Schlitze mit trapezförmiger Ansichtsfläche oder mit geschwungenen Flanken. Mit Schlitzen günstig berechneter Form läßt sich die Luft bei geringerem Druckverlust gleichmäßiger verteilen als mit Rechteckschlitzen [49, 50].

Meistens soll die Luft senkrecht vom Kanal wegströmen. Man erreicht das z. B. mit Leitflächen, die in einer Schlitzdüse seitlich am Kanal untergebracht sind (Bild 1.43). Im übrigen wird auf Abschnitt 2.3.1.3 verwiesen.

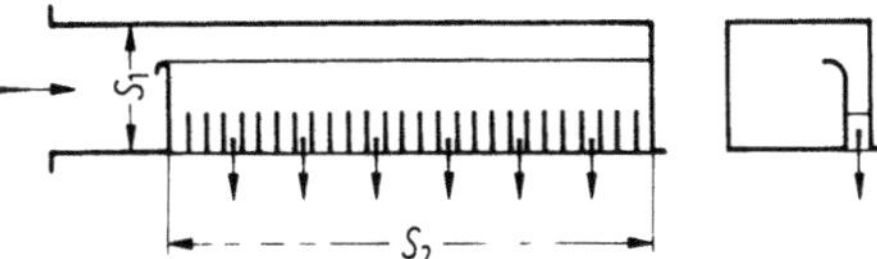

Bild 1.43. Beispiel für einen Verteilkanal mit Schlitzdüsen, der den Luftstrom annähernd senkrecht zur Kanalachse entläßt.
Fläche S_2 des Austrittsquerschnitts kleiner als Fläche S_1 des Eintrittsquerschnitts.

Durch den Schlitz des Kanals nach Bild 1.44 soll die Luft nicht austreten, sondern eingesaugt werden. Der Rechteckschlitz nimmt die meiste Luft am Absaugende auf. Ein Schlitz, der nach rechts hin verengt ist, ließe die Luft gleichmäßiger einströmen [49].

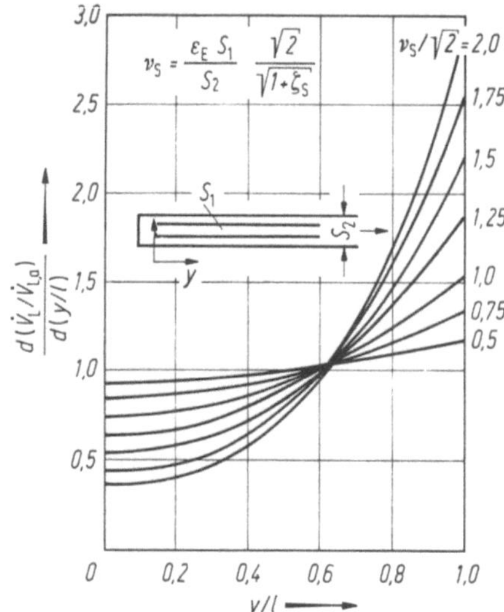

Bild 1.44. Verteilung des Luftstromes, der durch einen Schlitz seitlich in einen Sammelkanal überall gleichen Querschnitts eintritt (nach Regenscheit).

$\dot V_L$ Luftstrom im Kanal im Abstand y vom Kanalanfang; $\dot V_{L,a}$ Gesamtluftstrom am Ende des Kanals der Länge l; ζ_s Widerstandszahl des evtl. vor den Schlitz gesetzten Widerstandes; Breite des Absaugschlitzes konstant; S_1 freie Schlitzfläche; S_2 Fläche des Absaugquerschnitts.

1.1.2.4.7. Luftverteilung aus einem engen in einen rechtwinkelig angeschlossenen weiten Raum

Die Verteilvorrichtungen nach den Bildern 1.39, 1.41 und 1.42 entlassen die Luft als Einzelstrahlen oder als Kollektiv freier Strahlen aus engen Kanälen in weite Räume. Soll die Luft in einem solchen weiten Raum nach kurzem Weg als einigermaßen homogener Strom weiterfließen, so muß man die Strahlen mit besonderen Mitteln abbremsen und verbreitern. Als robuste wirksame Mittel dienen oft Lochdecken, poröse Platten, Füllkörperschichten oder dgl.

In der Umlenkung ohne Verteilorgane gemäß Bild 1.45 schießt der Strom aus dem engen Kanal bis zur unteren Wand, biegt dort ab und fließt nur im unteren Teil des breiten Kanales weiter.

Das grobe Stabgitter nach Bild 1.46 gibt dem Strom zwar größere Breite, aber nicht überall die gewünschte Richtung. Im oberen Teil des Abflußkanals bleibt ein großes Wirbelgebiet. Zwischen den Stäben bilden sich schmale Freistrahlen, von denen zahlreiche nach kurzem Wege hinter dem Gitter wieder zusammenfließen

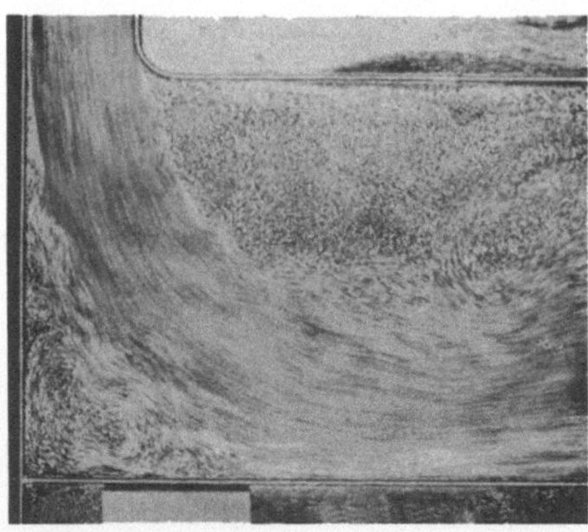

Bild 1.45. Strömung in einer 90°-Umlenkung mit Erweiterung, ohne Verteilorgane.

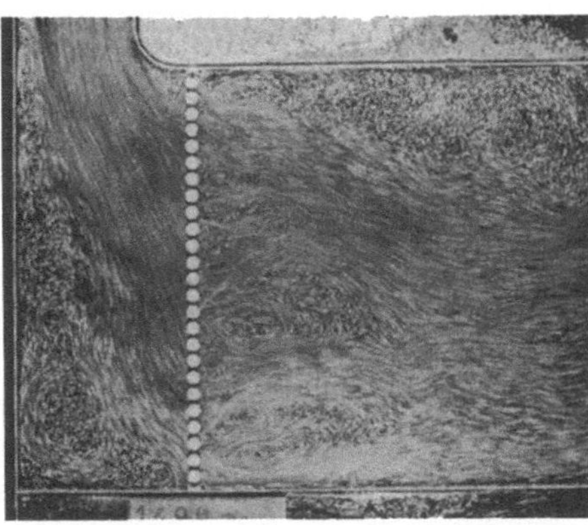

Bild 1.46. Strömung in einer 90°-Umlenkung mit Erweiterung, darin Stabgitter als Verteilhilfe.

und breite Sekundärstrahlen bilden. Sowohl zwischen den Primär- wie zwischen den Sekundärstrahlen strömt Luft zurück, wird wieder mitgerissen und bildet Wirbel.

Auf relativ kurzem Wege entsteht hinter dem Gitter nur dann ein raumausfüllender Strom, wenn das Gitter nach der Formel (1.16) für gleichmäßige Luftverteilung ausgelegt ist, wenn der Stabdurchmesser d nur 1/10 bis 1/20 des zulässigen Mischungsweges beträgt, und wenn das Verhältnis der abgedeckten zur freien Ansichtsfläche des Gitters kleiner als 0,37 bis 0,46 ist [51]. Lassen sich diese Forderungen nicht in ein- und demselben Gitter erfüllen, so muß einem ersten „Grobverteilgitter" ein „Glättungsgitter" mit dünneren Stäben, ein Lochblech oder ein Sieb nachgeschaltet werden. Dieses zweite Gitter sollte wenigstens den Abstand 1,5 bis $2d$ vom ersten haben und 30 bis 50% zusätzlichen Widerstand bieten. In der Vorrichtung nach Bild 1.47 sind Leitflächen, Balkengitter und 2 Siebe hintereinander angeordnet, um die Luft aus einem engen Rohr vom Querschnitt S_1 in einen weiten Behälter vom Querschnitt $13 \cdot S_1$ zu verteilen.

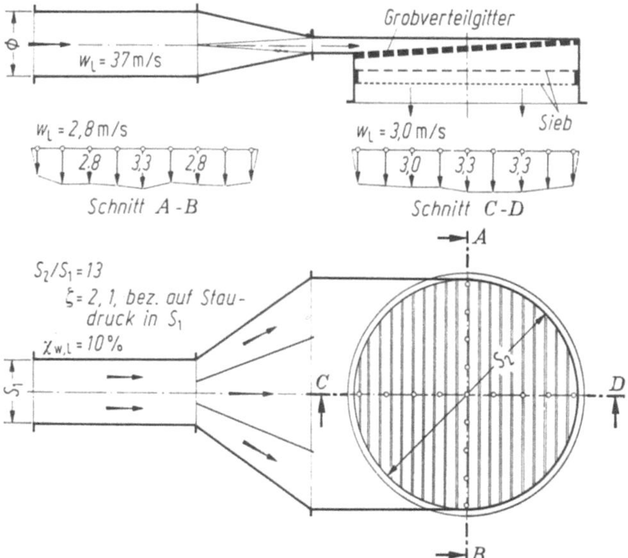

Bild 1.47. Gleichmäßige Luftführung in einen großen runden Behälter.

1.1.3. Organe zum Entfernen von Dämpfen und anderen Stoffen aus der Luft

1.1.3.1. Luftentfeuchtung

Beim Trocknen temperaturempfindlicher Güter kann es nötig sein, die Frischluft, die in die Trockner tritt, zu entfeuchten — d. h. von einem Teil des begleitenden Dampfes zu befreien — und dadurch den Dampfpartialdruck in den Trocknern niedrig zu halten, so daß die Stoffe ihre Feuchte auch bei niedriger Lufttemperatur genügend schnell und bis zum gewünschten Endgehalt abgeben. Zum Entfeuchten gibt es mehrere Verfahren, die man kombinieren kann.

1.1.3.1.1. Ausfällen des Dampfes durch Kühlen der Luft

Kühlt man feuchte Luft an einer kälteren Fläche bis auf eine Temperatur unterhalb ihres Taupunktes ab, so scheidet sich so lange Flüssigkeit aus, bis der verbleibende Dampf den Partialdruck angenommen hat, der nach der Sattdampfkurve zur Kühlflächentemperatur gehört. Als Kühlmittel kann Wasser dienen, das man entweder so versprüht, daß es die Luft unmittelbar berührt (direkte Berieselungskühlung, Naßkühlung, oft in Türmen mit Füllkörperschichten), oder das man durch Rohre schickt, an denen der Luftstrom außen vorbeistreicht (indirekte Flächenkühlung, Trockenkühlung). Bestenfalls — nämlich mit sehr viel Wasser — kann man die Luft auf die Eintrittstemperatur des Wassers bringen; in der Regel allerdings bleibt die durchschnittliche Lufttemperatur 1,5 bis 3 K darüber. Es fällt um so mehr Dampf aus, je weiter man die Luft abkühlt. Das Kondensat schlägt sich an der Kühlfläche nieder und läuft ab, oder es bildet Tropfen im Luftstrom und wird mittels Stoß- oder Fließkraftabscheidern entfernt.

Zum weitergehenden Kühlen benutzt man Kältemaschinen. Das Kältemittel strömt in geschlossenem Kreislauf (Bild 1.48) flüssig zum indirekt wirkenden Luftkühler a, nimmt darin Wärme aus der Luft und verdampft; danach geht es über den Kompressor b zum Kondensator c und kehrt zum Kühler zurück. Der Kompressor bewegt das Kältemittel durch das System. Die niedergeschlagene

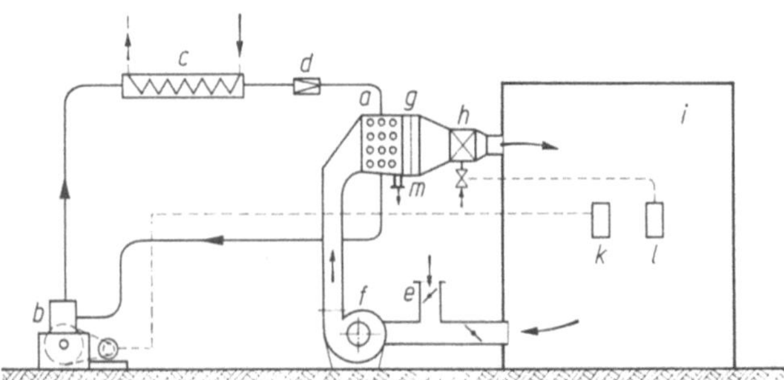

Bild 1.48. Anlage zum Entfeuchten von Luft mittels Kältemaschine (schematisch). a Luftkühler; b Kompressor; c Kondensator; d Reduzierventil; e Eintritt der Außenluft; f Ventilator; g Tropfenabscheider; h Lufterhitzer; i Trockner; k Feuchtefühler; l Temperaturfühler; m Ablauf des Kondensates.

Feuchte fließt von den Kühlflächen ab oder setzt sich (bei Temperaturen unter 0 °C) als Eisschicht darauf nieder. „Eiskondensatoren" werden in der Regel paarweise angeordnet und abwechselnd betrieben.

Über die normalerweise erreichbaren Endzustände der Luft gibt Tabelle 1.3, Auskunft. Damit die Luft trocknend wirkt, muß sie nach dem Kühlen wieder erwärmt werden. Das kann mitunter im Kondensator des Kühlsystems geschehen.

Tabelle 1.3 Die bei verschiedenen Entfeuchtungsverfahren praktisch erreichbaren Endzustände der Luft

Verfahren		Endzustand der Luft	
		Dampf/Luft-Massenverhältnis x in g/kg	Taupunkt Eispunkt ϑ_d in °C
Ausfällen des Dampfes durch Kühlen der Luft mit hindurchrieselndem Wasser von	16 °C	31,1	18
	12 °C	10,1	14
Ausfällen des Dampfes durch Kühlen der Luft an Rohren, durch die ein Kältemittel strömt (wenn Eisbildung unerwünscht)		5,1	4
Übertragen des Dampfes an absorbierende Lithiumchlorid-Lösung, gekühlt mit Wasser von	20 °C	3,0	−3
	12 °C	1,9	−8
Übertragen des Dampfes an adsorbierendes			
Silicagel einstufig		0,64	−20
zweistufig, mit Zwischenkühlung der Luft		0,025	−50
Molekularsieb 4 A		0,001	−70

1.1.3.1.2. Übertragen des Dampfes an flüssige Absorbentien

Berührt ein Luftstrom eine hygroskopische Flüssigkeit, so verliert er Feuchte, wenn sein Wasserdampf höheren Teildruck hat als an der Flüssigkeitsoberfläche herrscht. Die Flüssigkeit absorbiert die Feuchte: sie nimmt sie molekular verteilt ins Innere auf. In lufttechnischen Anlagen dienen als Absorptionsflüssigkeiten z. B. wässerige Lösungen von Lithiumchlorid und Lithiumbromid, in der Gastechnik Glykole und andere Stoffe. Die Flüssigkeiten werden in die Luft hinein versprüht und dann wieder aufgefangen, oder sie werden innerhalb von Schichten aus festen Körnern oder an porigen Körperoberflächen veranlaßt, dem Dampf große Übergangsflächen darzubieten [52].

1.1.3.1.3. Übertragen des Dampfes an adsorbierende Feststoffe

Die technisch dafür in Frage kommenden hochporösen Stoffe in Granulatform schlagen den Wasserdampf konzentriert an der großen inneren Oberfläche und in den Kapillaren ihrer Körner nieder und halten ihn dort fest (Adsorption); einige andere verbinden sich mit dem Wasser zu Hydraten oder Hydroxiden.

Tabelle 1.4. Angaben über einige Adsorptionsmittel (Anhaltswerte)
Temperatur der zuströmenden Luft angenommen 25 °C

		Aktiviertes Aluminiumoxid (Aktivtonerde)	Silicagel (engporig)	Molekularsieb Linde 4 A
	Feuchte/Feststoff-Massenverhältnis X (Beladung) beim hygroskopischen Gleichgewicht mit Luft von			
1	80 % rel. Feuchte	0,23 kg/kg	0,38 kg/kg	0,22 kg/kg
2	10 % rel. Feuchte	0,05 kg/kg	0,065 kg/kg	0,185 kg/kg
3	2 % rel. Feuchte	0,02 kg/kg	0,018 kg/kg	0,125 kg/kg
4	Schüttdichte der trockenen Schüttung, ϱ_{Sch}	810 kg/m³	700 kg/m³	690 kg/m³
	Feuchtefassungsvermögen/m³ beim hygroskopischen			
5	Gleichgewicht mit Luft von 80 % rel. Feuchte	186 kg/m³	266 kg/m³	152 kg/m³
	10 % rel. Feuchte	40,5 kg/m³	45,5 kg/m³	127,6 kg/m³
	2 % rel. Feuchte	16,2 kg/m³	12,6 kg/m³	86,2 kg/m³
8	Relativer Preis der Masseneinheit, bezogen auf den Preis von Silicagel, P_{rel}	1,6	1,0	6,0
	Feuchtefassungsvermögen, bezogen auf den Relativpreis (X/P_{rel}) beim hygroskopischen			
9	Gleichgewicht mit Luft von 80 % rel. Feuchte	0,144	0,38	0,037
10	10 % rel. Feuchte	0,031	0,065	0,031
11	2 % rel. Feuchte	0,013	0,018	0,021
12	Körnung	Granulat 2 bis 6 mm	Granulat 1 bis 8 mm	Kugeln 1,5 bis 6 mm
13	Anwendung bei Zuströmtemperaturen der Luft bis ungefähr	30 °C	40 °C	150 bis 200 °C
14	Desorptionstemperatur	120 bis 180 °C	150 bis 250 °C	200 bis 320 °C
15	Feuchte/Feststoff-Verhältnis bei der Desorptionstemperatur und bei 1 300 Pa Wasserdampfpartialdruck	0,003 bis 0 kg/kg	0,001 bis 0 kg/kg	0,039 bis 0,023 kg/kg
16	Spezifische Wärmekapazität des trockenen Adsorbens	1,0 kJ/kg K	0,92 kJ/kg K	1,04 kJ/kg K
	Integrale Bindungsenergie bei Beladung von 0 bis X			
17	$X = 0$	630 kJ/kg H_2O	1 200 kJ/kg H_2O	1 500 kJ/kg H_2O
18	0,05	515 kJ/kg H_2O	770 kJ/kg H_2O	850 kJ/kg H_2O
19	0,10	420 kJ/kg H_2O	570 kJ/kg H_2O	370 kJ/kg H_2O
20	0,20	290 kJ/kg H_2O	420 kJ/kg H_2O	200 kJ/kg H_2O
21	0,30	220 kJ/kg H_2O		160 kJ/kg H_2O
22	0,40	175 kJ/kg H_2O		

Man wünscht, daß die Stoffe rasch und kräftig wirken, daß sie viel Feuchtigkeit über einen weiten Bereich der Temperatur und der relativen Luftfeuchte aufzunehmen vermögen, daß sie beim Gebrauch ihre Festigkeit und ihr Volumen behalten, daß sie als körnige Schicht der durchströmenden Luft geringen Widerstand bieten, daß sie leicht desorbierbar sind, nicht zerfallen oder Staub bilden, und daß sie ferner chemisch widerstandsfähig, ungiftig sind und nicht korrosiv wirken. Über einige der gebräuchlichsten Adsorbentien enthält Tabelle 1.4 Angaben. Die meisten dieser Stoffe haben ein Spektrum unterschiedlich weiter Poren; in den Molekularsieben jedoch befinden sich viele innerkristalline Porenöffnungen einheitlicher Weite, die nur Moleküle unterhalb einer gewissen Größe durchtreten lassen.

Soll zum Beispiel Luft von 25 °C von 80 % auf 10 % relative Feuchte gebracht werden, wobei ihr Dampf/Luft-Massenverhältnis von $x_1 = 0,0163$ auf $x_2 = 0,00204$ kg/kg, also um $\Delta x = 0,01426$ kg/kg zurückgeht (und ihr Eispunkt auf $\vartheta_d = -7,4$ °C, $p_D'' = 327$ Pa absinkt), so kommt als Adsorbens das relativ billige Silicagel in Betracht. Es kann bei 80 % relativer Luftfeuchte je kg Feststoff 0,38 kg und bei 10 % noch 0,065 kg Wasserdampf aufnehmen (s. Tab. 1.4, Zeilen 1 und 2), vorausgesetzt, es enthält anfänglich keine Feuchte und wird bis zum hygroskopischen Gleichgewicht beladen. In Wirklichkeit allerdings ist die Aufnahmefähigkeit geringer, weil das Sorbens schon eine Anfangsbeladung von beispielsweise 0,001 kg/kg hat (s. Zeile 15 von Tab. 1.4). Während das Entfeuchtungsmittel Wasserdampf bindet, wird die Kondensationsenthalpie des Dampfes sowie die Bindungsenergie frei. Beide erhöhen die Temperatur und senken die Aufnahmefähigkeit des Adsorbens erheblich, wenn man den Stoff nicht wirksam kühlt.

Will man die relative Feuchte der Luft von 80 % auf 2 % verringern ($x_2 = 0,000408$ kg/kg, $\vartheta_d = -24,5$ °C, $p_D'' = 63,4$ Pa), so muß man den Luftstrom mit Silicagel vorentfeuchten, dann zwischenkühlen und alsdann nachentfeuchten. Man kann aber auch das Molekularsieb 4A verwenden, das bei schrittweiser Beladung (s. w. h) und bei gleichbleibender Temperatur anfänglich $0,22 - 0,039 = 0,181$ kg und am Schluß $0,125 - 0,039 = 0,086$ kg Feuchte / kg Feststoff aufzunehmen vermag (Zeilen 1, 3, 15 der Tab. 1.4). Schließlich kann man die Luft auch mit Silicagel vor- und mit Molekularsieb nachentfeuchten [53].

In jedem Fall muß die Adsorbensmenge so groß sein, daß der ausscheidende Dampf darin unterkommen kann. Beträgt die wirkliche Aufnahmefähigkeit des Adsorbens ΔX kg Dampf/kg Feststoff und soll die Luft Δx kg Dampf/kg Reinluft abgeben, so sind $\Delta x/\Delta X$ kg Adsorbens / kg Reinluft nötig.

Das schematische Bild 1.49 zeigt eine Apparatur zum adsorptiven Entfeuchten von Luft. Die Behälter e_1 und e_2 enthalten das Adsorptionsmittel, das wechselweise beladen und regeneriert wird. Dargestellt ist e_1 als Luftentfeuchter. Der Ventilator c saugt die Feuchtluft durch das Staubfilter b und drückt sie durch den Drehschieber d zum Adsorber e_1. Dort dringt die Luft durch das Adsorptionsmittel und verläßt die Anlage durch den Schieber f. Zum gleichzeitigen Regenerieren der Füllung in e_2 dient Hilfsluft, die vom Ventilator g angesaugt, im Filter h gereinigt und im Heizkörper i erhitzt wird. Danach streicht diese Luft durch das Adsorptionsmittelbett in e_2 und fließt über den Schieber f ins Freie. Eine Umgehungsleitung k mit Umschaltklappe l gestattet, kalte Luft um den Heizkörper herum zum Behälter e_2 zu führen und das regenerierte Bett zu kühlen. Fallweise erforderliche (nicht dargestellte) Kühlkörper in den Behältern gestatten, frei werdende Wärme abzuführren. Strömt die Feuchtluft schon mit erhöhter Temperatur und mit hohem Feuchtegehalt hinzu, so führt man sie vor dem Adsorber durch einen Kühler. Die Anlage wird automatisch entweder in Zeitabständen von 2 bis 8 Stunden oder besser über ein Taupunktmeßgerät gesteuert, wobei der Luftstrom auf das reaktivierte Bett umgeschaltet wird, sobald sein Taupunkt am Austritt die gewünschte Höhe überschreitet. Als Heizmittel für die Regenerierluft dienen Dampf oder elektrischer Strom.

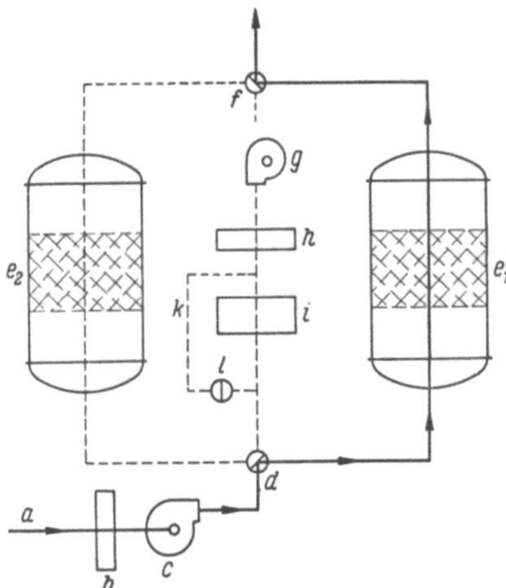

Bild 1.49. Anlage zum Entfeuchten von Luft mittels Silicagel (schematisch). a Zutritt der Feuchtluft; b Luftfilter; c Feuchtluftventilator; d Drehschieber; e_1, e_2 Adsorber; f Drehschieber; g Ventilator; h Luftfilter; i Heizkörper; k Umgehungsleitung; l Umschaltklappe.

Luftentfeuchter der dargestellten Art werden mit Luftgeschwindigkeiten im leergedachten Schacht von 0,2 bis 0,6 m/s betrieben. Zu Beginn des Prozesses verliert der Luftstrom seinen Dampf schon in der ersten Zone der Entfeuchterschicht, wobei er das Adsorbens fast auf das Feuchtegleichgewicht bringt, das dem anfänglichen Luftzustand entspricht. Das übrige Adsorbens bleibt zunächst trocken. Alsbald füllt sich aber auch eine zweite, dritte und weitere Zone mit Feuchte, d. h. die aktive Zone wandert allmählich dem Ausgang der Schicht zu. Bald nachdem ihre Spitze dort angelangt ist, steigt der Dampfgehalt der abströmenden Luft über den Sollfeuchtegehalt; die „Durchbruchsbeladung" ist dann erreicht, und der Luftstrom muß umgeschaltet werden. Weil die aktive Zone am Ende nur teils beladen werden darf, so bekommt das Adsorbens nie die volle Gleichgewichtsbeladung zugeführt, die zum Anfangszustand der Luft gehört. Auch regeneriert man die Schicht nur so weit, bis die Austrittstemperatur der Heißluft stark ansteigt. Über den Ablauf all dieser Vorgänge berichtet die Literatur [54—59] eingehender. Es sei nur noch erwähnt, daß alle Adsorptionsmittel im Laufe der Zeit innere Veränderungen erfahren, wodurch ihre Adsorptionsfähigkeit nachläßt. Sie halten in der Regel 2000 bis 4000 Zyklen aus.

1.1.3.2. Wiedergewinnen verdunsteter Lösungsmittel

Aus manchen Gütern entweichen beim Trocknen Lösungsmitteldämpfe, die man nicht, wie Wasserdampf, ins Freie entlassen darf, sondern rückgewinnen muß, da ihr hoher Preis sonst die Selbstkosten für das Endprodukt übermäßig belastet. Auch hygienische und sicherheitstechnische Erwägungen sprechen oft für das Rückgewinnen (s. Abschn. 3.6.3), denn die meisten Lösungsmittel sind giftig sowie feuergefährlich und explosibel.

Man bildet die Trockner für lösungsmittelhaltige Güter möglichst dicht aus, damit nur so viel Luft wie nötig eindringt, und damit keine Dämpfe in den freien Arbeitsraum gelangen. Mischen sich die Dämpfe mit Luft, so muß man ihre Konzentration außerhalb des Explosionsbereiches (s. Abschn. 3.6.3), also in der Regel gering halten. Das erschwert das Rückgewinnen.

In jedem Fall muß man Dampf/Gas-Gemische, die Staub enthalten, reinigen, ehe man die Lösungsmitteldämpfe ausscheidet, wenn andernfalls die Gefahr besteht, daß die Rückgewinnungsapparatur verschmutzt.

Es gibt zwei hauptsächliche Wiedergewinnungsverfahren, die oft kombiniert werden:

Das *Kondensationsverfahren*, bei dem das Lösungsmitteldampf/Gas-Gemisch mit Wasser (seltener mit verflüssigtem Lösungsmittel selbst) oder mit einem Kältemittel unter den Taupunkt gekühlt wird, so daß der Dampf kondensiert und die Flüssigkeit entfernt und gesammelt werden kann. Das Verfahren kommt in Betracht, wenn die Dampfkonzentration so hoch ist, daß sich genügend viel Dampf bei der verminderten Temperatur verflüssigen läßt (Dampfdruckkurven von Lösungsmitteln s. [4]). Der nicht kondensierende Dampfrest — in den meisten Fällen 100 bis 1 000 g/m³ — läuft mit dem Gas im Kreis zwischen dem Kühler und dem Gut im Trockner (Bild 1.50).

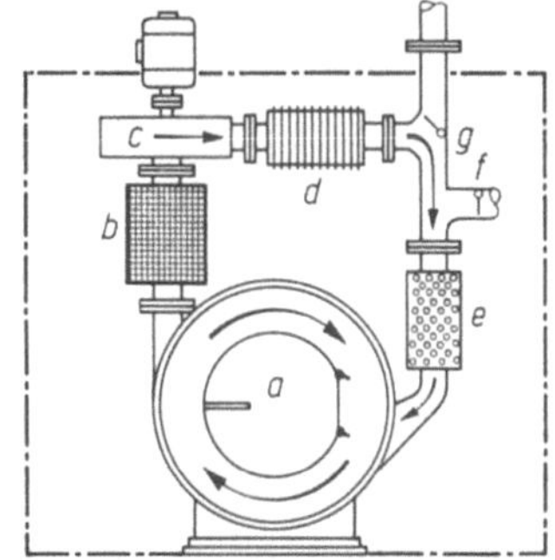

Bild 1.50. Maschine zum chemisch Reinigen und Trocknen von Textilien, ausgestattet mit einem Kondensator zum Rückgewinnen von Lösungsmitteln.
a Drehtrommel mit Reinigungsgut; *b* Filter zum Abscheiden von Flusen; *c* Ventilator; *d* Kondensator für den Lösungsmitteldampf; *e* Lufterhitzer; *f* Frischluftklappe; *g* Abluftklappe.

Meistens läßt man die Dämpfe indirekt — an wärmeübertragenden Oberflächen — kondensieren, seltener direkt, indem man Kühlwasser in die Dampf/Gas-Gemische versprüht. Durchschreiten brennbare Gemische beim Kondensieren den Explosionsbereich, so kann es nötig werden, die Anlagen mit einem Inertgas (z. B. mit Stickstoff) statt mit Luft zu betreiben.

Luft, die ins Freie strömen soll, wird vielfach in einer Absorptions- oder Adsorptionsstufe mindestens so weit von den restlichen Dämpfen befreit, wie gesetzliche Vorschriften fordern (s. w. h.).

Das Adsorptionsverfahren. Einige Adsorptionsmittel, besonders Aktivkohle, vermögen infolge ihrer großen inneren Oberfläche und anderer Eigenschaften Lösungsmitteldämpfe auch aus großer Verdünnung aufzunehmen und festzuhalten; sie können die Luft daher auch sehr weitgehend von solchen Dämpfen befreien. Beim meistens angewandten Verfahren schickt man das Dampf/Luft-Gemisch mit 0,1 bis 0,5 m/s Geschwindigkeit (bezogen auf den freien Behälter-querschnitt) durch eine Schicht Aktivkohle mit 2 bis 4 mm Korngröße, die je nach der Art des Dampfes und der Kohle 0,1 bis 0,4 kg Dampf/kg Kohle bindet. Man vertreibt das Lösungsmittel später aus der Kohle, indem man Wasserdampf in entgegengesetzter Richtung hindurchleitet. Vom Adsorber geht das Lösungsmit-tel/Wasser-Dampf-Gemisch in einen indirekt wirkenden Kühler, wo es kondensiert; und von da wandert das Flüssigkeitsgemisch zu einer Trennvorrichtung. Sind die Gemischpartner gegenseitig unlöslich, so scheiden sie sich infolge ihrer unter-schiedlichen Dichte von selbst und können danach sofort wiederverwendet wer-den. Andere Gemische sind thermisch durch Rektifizieren zu trennen.

Das Bild 1.51 zeigt eine Rückgewinnungsanlage, die mit 2 Adsorbern im Wech-selbetrieb arbeitet. Die Lösungsmitteldämpfe werden jeweils in einer kurzen Zone der Aktivkohleschicht niedergeschlagen. Diese Zone wandert allmählich von unten nach oben. Sobald die ersten Spuren Lösungsmittel oben entweichen — Ende der ersten Arbeitsphase — wird der Dampf-Luftstrom vom beladenen Adsorber weg-genommen und zum anderen Adsorber geführt.

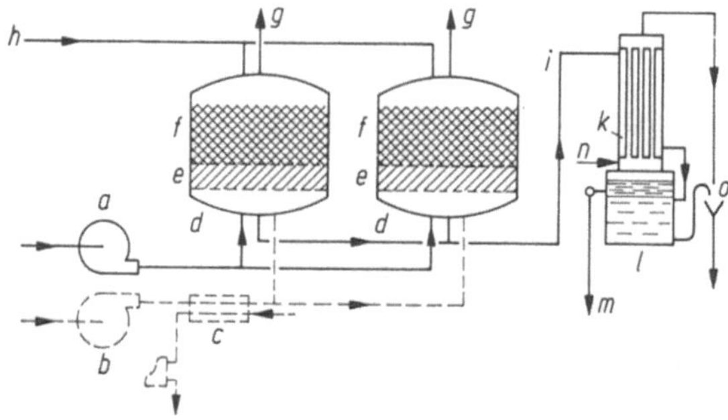

Bild 1.51. Anlage zum Rückgewinnen von Lösungsmitteln nach dem Adsorptionsverfahren (nach Streeb).
a Ansaugventilator für die lösungsmittelhaltige Luft (beim 2-Phasen-Verfahren); *b* Ansaugventi-lator für lösungsmittelhaltige Luft oder Frischluft (4-Phasen-Verfahren); *c* Lufterhitzer; *d* Adsor-ber; *e* Wärmespeicher; *f* Aktivkohlefüllung; *g* Austritt der gereinigten Luft; *h* Wasserdampf-zufuhr; *i* Destillatleitung; *k* Kondensator; *l* Abscheider; *m* Lösungsmittelaustritt; *n* Kühl-wassereintritt; *o* Kondenswasseraustritt.

In der vierphasigen Arbeitsweise wird die Aktivkohle im ersten Adsorber da-nach ausgedämpft, in besonderen Arbeitsgängen mit frischer Warmluft oder mit Abluft aus dem Beladeadsorber getrocknet und sodann mit Raumluft oder gekühl-ter Abluft gekühlt. Die zweiphasige Arbeitsweise vereinigt das Trocknen und das Kühlen mit dem Wiederbeladen. Dazu wird das Lösungsmitteldampf/Luft-Gemisch durch einen keramischen Wärmespeicher geschickt, der beim Ausdämpfen der Aktivkohle jeweils Wärme bekommt und beim Beladen der Kohle wieder abgibt. Wenn die Luft warm zum Adsorber kommt und nur wenig Lösungsmittel enthält, so ist der Wärmespeicher unnötig.

Mittlere und größere Anlagen sind mit halb- oder vollautomatischen Steuerun-gen versehen, kleinere Anlagen werden meist mit Hand betrieben. Die gesamte

Arbeitsfolge dauert 1 bis 8 Stunden. Den überhitzten Dampf zum Entladen der Aktivkohle liefert das Versorgungsnetz oder ein kleiner zur Anlage gehöriger Dampferzeuger [60].

1.1.3.3. Verfahren zum Reinigen der Abluft

Aus vielen Trocknern strömt Luft ab, die staub-, nebel- oder gasförmige Fremdstoffe enthält und die so gereinigt werden muß, daß niemand in der Umgebung Nachteile, Gefahren oder Belästigungen erleidet. Viele Länder haben Vorschriften erlassen, welche die Einrichtung und den Betrieb der Anlagen, die luftfremde Stoffe emittieren, an bestimmte Voraussetzungen knüpfen[1]. Einige der Vorschriften nennen auch die Grundsätze für die Genehmigung der Anlagen durch die zuständigen Behörden, die zugelassenen Höchstwerte für Emissionen und Immissionen, die Meßverfahren, die Mindestanforderungen usw. Verschiedene Fachverbände haben außerdem Richtlinien und Empfehlungen herausgegeben, nach denen die Maßnahmen und die Geräte zum Reinigen der Luft beurteilt werden können [65]. Als luftfremd werden — mit Ausnahme des Wasserdampfes — alle Stoffe angesehen, die in natürlicher Luft nicht enthalten sind. Über die Technik der Luftreinhaltung berichtet spezielle Literatur [66].

Die *staubförmigen Stoffe* scheidet man mittels Absetzkammern, Fliehkraftabscheidern (Zyklonen und dergleichen), Gewebe- und Schichtfiltern sowie Naß- und Elektroentstaubern von den Luftströmen. Über die Anwendungsgebiete dieser Geräte gibt das Bild 1.52 Auskunft [67, 68, 485].

In einem Beispiel sei angenommen, ein Luftstrom enthalte 15 g/m³ „normalen" Industriestaub mit 9 μm mittlerer Partikelgröße (Punkt A im Bild 1.52) und gebe diesen Staub beim Abscheideprozeß ungefähr nach der Geraden $A-F$ (die parallel zu $O-Z$ im oberen Nebenbild verlaufe) ab. Ein Zyklon würde den Staub bestenfalls zu 80% entfernen (Punkt B); andere Entstauber könnten 97% und mehr erreichen. Wegen der hohen Anfangskonzentration und der geforderten niedrigen Endkonzentration des Staubes in der Luft sei im gedachten Fall aber ein kombiniertes Abscheideverfahren gewählt. Der Luftstrom gehe zunächst durch einen Zyklon mit etwa 70% Gesamtentstaubungsgrad (Punkt C), worin die Staubkonzentration auf 15 (100 − 70)/100 = 4,5 g/m³ und die mittlere Partikelgröße auf 6 μm abnehmen (Punkt D). Danach werde der Strom durch einen dynamischen Naßabscheider mit 98% Gesamtentstaubungsgrad geleitet (Punkt E), aus dem nur noch 4,5 (100 − 98)/100 = 0,09 g Staub/m³ Luft entweichen. Der Gesamtentstaubungsgrad der Kombination beträgt dann 100 (15 − 0,09)/15 = 99,4%, und der Staub in der Fortluft hat durchschnittlich 1,6 μm Partikelgröße (Punkt F).

---

[1] In der Bundesrepublik Deutschland sind neben anderen wichtig:
Gesetz zur Änderung der Gewerbeordnung und Ergänzung des bürgerlichen Gesetzbuches [61].
Verordnung über genehmigungsbedürftige Anlagen nach § 16 der Gewerbeordnung [62].
Allgemeine Verwaltungsvorschriften über genehmigungsbedürftige Anlagen nach § 16 der Gewerbeordnung [63].
Siebente Verordnung zur Durchführung des Immissionsschutzgesetzes [64].

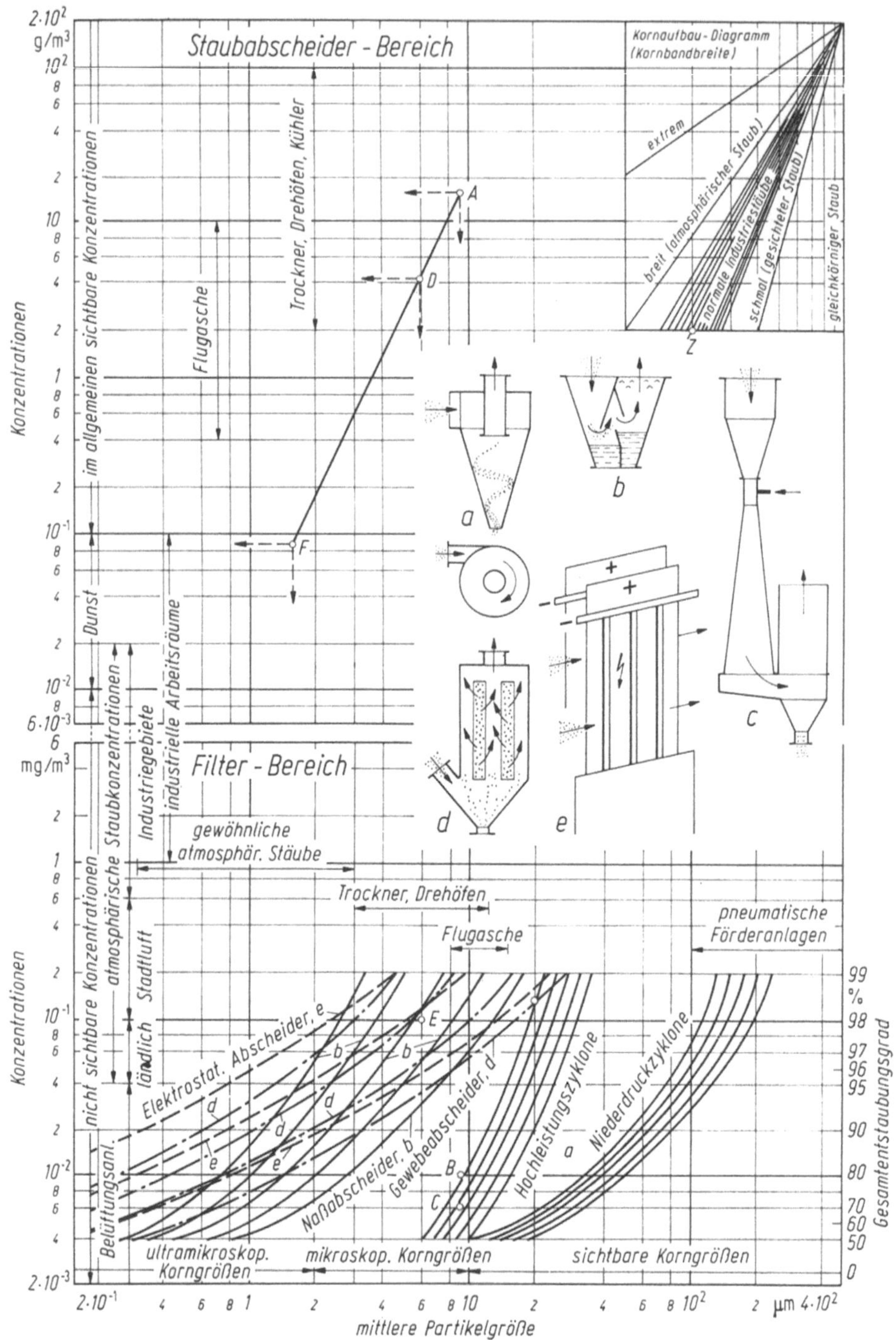

Bild 1.52. Einige Abscheidegeräte für Staub (schematisch).
Anwendungsgebiete gemäß Sylvan-Karte der American-Air-Filter-Company [68].
a Zentrifugalentstauber (Zyklon); *b* Naßentstauber (Wirbelwäscher); *c* Naßentstauber (Venturiwäscher); *d* Filtrationsentstauber (Gewebefilter, Schlauchfilter); *e* elektrischer Entstauber.

Nach der „Technischen Anleitung zur Reinhaltung der Luft" [69] soll die Staubkonzentration in Abluftströmen höchstens die Werte gemäß Bild 1.53 erreichen. Für die Abluft von Förder- und Zerkleinerungseinrichtungen (worunter auch Mahltrockner fallen) sowie von Klassier-, Abfüll- und ähnlichen Anlagen beträgt die höchstzulässige Staubkonzentration 75 mg/m$_n^3$. Die Konzentration an gesundheitsschädlichem Staub in Rauchgas-, Abgas- oder Abluftströmen ist begrenzt auf

20 mg/m$_n^3$ bei Stoffen der Klasse I (bei Arsen, Blei, Fluor, Quecksilber u. a. sowie bei deren löslichen Verbindungen),

50 mg/m$_n^3$ bei Stoffen der Klasse II (Ätzkalk, Flußspat, Quarz, Ruß, Teer, Teerpech u. a.).

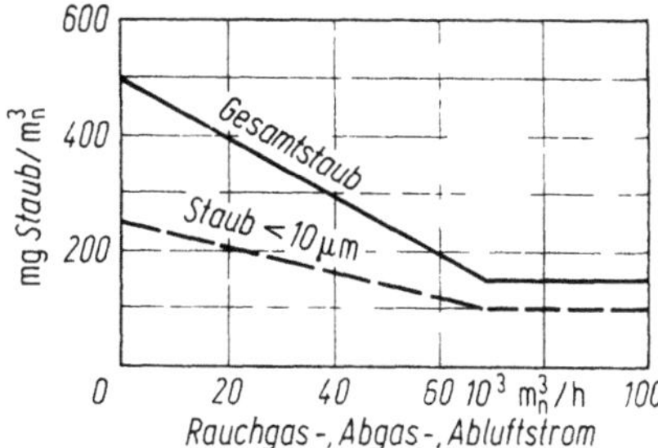

Bild 1.53. Höchstwerte der Staubkonzentration in Rauchgas-, Abgas- und Abluftströmen nach der „Technischen Anleitung" [69].

Die baulichen und die betrieblichen Eigenschaften der wichtigsten Staubabscheidegeräte in diesem Buch zu schildern ist nicht möglich. Vielmehr sei diesbezüglich auf das Literaturverzeichnis verwiesen [70—77]. Es sei nur bemerkt, daß heiße Abströmluftströme hitzebeständige Geräte erfordern können, die teuer sind.

Gas- und dampfförmige Fremdstoffe kommen in Abluftströmen fast nur in starker Verdünnung vor; oft handelt es sich um Mischungen zahlreicher Gase unterschiedlicher Konstitution und Eigenschaften. Viele der Substanzen sind brennbar, etliche gesundheitsschädlich [78]; verschiedene wirken als unangenehme Gerüche, auch wenn sie stark verdünnt sind. In nahezu allen Fällen liegt die Konzentration der organischen Substanzen unterhalb der unteren Zündgrenze; in der Abluft von Lacktrocknern z.B. übersteigt sie 1 bis 10 g/m$_n^3$ in der Regel nicht. Bekannt sind die Belästigungen der Umwelt durch ungereinigte Abluft von Chemisch-Reinigungsbetrieben, Tierverwertungsanstalten, Fischmehlfabriken, Lackiererein und anderen Betriebsstätten [79, 80]. In vielen Betrieben wechseln der Anfall an Fremdstoffen, die Zusammensetzung der Stoffe und die Stärke der Luftströme im Laufe des Tages beträchtlich.

Nur in wenigen Fällen lohnt es sich, wertvolle, aber stark verdünnte Stoffe aus der Abluft zurückzugewinnen. Kann man sie nicht durch Schornsteine in höhere Luftschichten ableiten, wo sie sich ausbreiten und weiterverdünnen, so muß man sie konzentriert an andere Stoffe binden (z.B. durch Adsorption), oder chemisch umwandeln (z. B. verbrennen).

Mit der Abluft dürfen in der Regel nur begrenzte Mengen Fremdstoffe entweichen. In Nordrhein-Westfalen z.B. sind die Abgase aus Anlagen, in denen Lacke, Farben oder Kunststoffe auf Metallen, Papier, Textilien, Holz, Glasfasern oder ähnlichen Stoffen getrocknet werden, und worin mehr als 10 kg/h Lösungsmittel verdunsten, so zu reinigen, daß der Gehalt an Kohlenstoff in den verbrennbaren organischen Stoffen des gereinigten (unverdünnten) Abgases 300 mg/m$_n^3$ Abgas nicht überschreitet [64]. Aber oft muß die Abluft noch viel stärker gereinigt werden, z. B. um lästige Gerüche zu beseitigen [81, 82]. Richtlinien und Empfehlungen zum Begrenzen des Auswurfs von Dämpfen organischer Verbindungen geben Grenzkonzentrationen an, die je nach der Stoffklasse bei 20 bis 2000 mg/m$_n^3$ liegen. Die Ausstoßgeschwindigkeit soll wenigstens 7 m/s betragen [83].

Die Geruchsschwellen einiger Substanzen liegen besonders niedrig. Man riecht z. B.

Schwefelwasserstoff (faule Eier) bei Konzentrationen über 0,2 mg/m^3,
Methylamin (Fische) bei Konzentrationen über 0,03 mg/m^3,
Buttersäure (Schweißfuß) bei Konzentrationen über 0,0001 mg/m^3.

Die Tabelle 1.5 skizziert die Einsatzbereiche der wichtigsten Abscheideverfahren.

Tabelle 1.5. Einsatzbereiche der wichtigsten Verfahren zum Entfernen von Fremdgasen aus Luft- und Gasströmen

Gehalt der zuströmenden Luft an Fremdgasen mg/m^3	Verfahren	Anwendbar	Nicht anwendbar
10 000	Kondensieren	zum Vorabscheiden, bei Fremdstoffen geringer Flüchtigkeit, wenn Kälteanlage vorhanden	
	Auswaschen Absorption	bei löslichen Fremdgasen, für die es ein wirksames und preiswertes Waschmittel gibt (benutzt wird hauptsächlich Wasser)	wenn sich der Fremdstoff vom Waschmittel nicht trennen läßt, wenn er es unzulässig verschmutzt, bei geruchsintensiven organischen Fremdstoffen niedrigen Siedepunktes, bei reaktionsträgen Fremdstoffen
1 000	Chemiesorption	in Sonderfällen	
	thermisch Verbrennen	bei allen verbrennbaren Gasen, auch Vielkomponentensystemen, deren Rückgewinnung nicht lohnt	bei allen unverbrennbaren Gasen
100	katalytisch Verbrennen	bei allen verbrennbaren Gasen, bei deren Verbrennung nur CO_2 und H_2O entsteht	bei allen unverbrennbaren Gasen und bei solchen organischen Verbindungen, die As, P, Se, Si und Schwermetalle enthalten (Katalysatorgifte) bei Gefahr, daß die Stoffe polymerisieren, verharzen und die Katalysatorporen verstopfen

Tabelle 1.5 (Fortsetzung)

Gehalt der zuströmenden Luft an Fremdgasen mg/m³	Verfahren	Anwendbar	Nicht anwendbar
100	Adsorbieren und Verbrennen	wenn die Voraussetzungen für erfolgreiches Adsorbieren (s. u.) und Verbrennen (s. o.) gegeben sind	
	biologisch Filtrieren	Entstänkern von Stalluft	
10	Ozonisieren	bei Gasen, die mit Hilfe von O_3 oxydieren	wenn mehr als 0,2 mg O_3/m^3 Luft nötig sind (MAK-Wert)
	Adsorbieren (an Aktivkohle)	für viele Fremdgase, deren Moleküle mehr als 3 Atome (H nicht mitgerechnet) enthalten	wenn die Luft verharzende und verschmutzende Fremdstoffe enthält oder Stoffe, die polymerisieren oder sich zersetzen
1		Zum Abscheiden von Lösungsmitteldämpfen und Geruchsstoffen bevorzugt. Der Adsorption wird oft eine Kondensation oder Wäsche vorgeschaltet	bei schwer trennbaren Mehrkomponentengemischen

Gerüche lassen sich durch Kondensieren, Auswaschen, elektrostatisch Abscheiden, Ozonisieren, biologisch Ausfiltern der Fremdgase, durch Überlagern der Gase mit den Dünsten ätherischer Öle oder anderer Stoffe meistens nur unvollkommen beseitigen. Durch thermisches oder katalytisches Verbrennen oder Anlagern der Fremdstoffe an Aktivkohle ist meistens viel mehr zu erreichen [82, 84, 85, 486, 487].

Das *Auswaschen* der Fremdgase mittels Flüssigkeiten, die ein gutes Lösevermögen für die Stoffe haben, gestattet in gewissen Grenzen, zugleich Staub und Nebel zu entfernen und die Luft zu kühlen. Dabei werden Dämpfe bis auf Konzentrationen unterhalb ihres Sättigungswertes von der Flüssigkeit physikalisch gebunden — absorbiert. Als Waschflüssigkeiten dienen je nach den Erfordernissen Wasser, wässerige Lösungen oder organische Flüssigkeiten, die z. B. in einem mit Füllkörpern oder Einbauten versehenen Turm oben verteilt werden und dann der aufsteigenden Luft entgegenrieseln. Auch sog. Niederdruck- sowie Hochdruckanlagen verschiedenster Art (Strahlwaschanlagen nach dem Venturiprinzip, Drucksprungabscheider u. a.) sind in Gebrauch [66]. In der Regel ist man bestrebt, die Waschflüssigkeit im Kreis zu führen und nach dem Beladen wieder aufzubereiten.

Bei der Chemosorption reagiert das luftfremde Gas mit der Waschflüssigkeit und bildet ein Salz oder Oxydationsprodukt, das man entfernt.

Die Wäscher dienen, ebenso wie die Kondensatoren, gelegentlich auch als Vorschaltgeräte, die wirksamere Abscheidegeräte entlasten. Weiterhin gibt es mehrstufige Waschverfahren. Zum Beseitigen der Geruchsstoffe von Kadavern und tierischen Abfällen z. B. kann man die Luft mittels Frischwasser zuerst von Feststoffen und kondensierbaren Gasen befreien, dann mit einer alkalischen und schließlich mit einer saueren Waschflüssigkeit behandeln. Den Flüssigkeiten können ferner Oxydationsmittel beigefügt sein, welche die Riechbarkeit der Fremdgase herabsetzen.

Als einfachstes und sicherstes Reinigungsverfahren hat sich die sog. *thermische Verbrennung* derjenigen organischen Fremdstoffe erwiesen, die im wesentlichen aus C, H und O bestehen. Die Substanzen werden dabei in harmlose Oxide, nämlich CO_2 und H_2O verwandelt und dann in die Atmosphäre entlassen. Dabei entstehen in der Regel keinerlei Folgeprobleme: es braucht kein Abwasser gereinigt und kein Adsorptionsmittel regeneriert zu werden. Bei unvollständiger Verbrennung allerdings treten als Nebenprodukte Kohlenoxid, Formaldehyd und andere Stoffe auf, die unangenehmer sein können als die Ausgangsstoffe.

Das Verfahren erfordert, allen Fremdstoffmolekülen einerseits den Reaktionspartner Sauerstoff (der Luft), andererseits die Zündenergie und die nötige Zeit zum vollständigen Verbrennen bei 700 bis 900 °C zu geben. In üblichen Brennräumen finden sich die Partner binnen 0,1 s bis 1 min zusammen und reagieren bei genügend hoher Temperatur so miteinander, daß der „Ausbrand" genügt [86 bis 88]. Weil jedoch die Abluft industrieller Trocknungsprozesse überwiegend bei Temperaturen unterhalb 250 °C anfällt und da ihr Gehalt an brennbaren Substanzen im allgemeinen nicht ausreicht, sie auf 700 bis 900 °C zu bringen, so ist zusätzlicher Brennstoff nötig. Damit die Anlagen trotzdem einigermaßen wirtschaftlich arbeiten, gibt man den nacherhitzten und gereinigten Abgas-Luftgemischen Gelegenheit, ihre Enthalpie möglichst weitgehend an die noch ungereinigte Abluft, an die Frischluft oder an die Umluft der Trockner abzugeben. Auch in Fremdprozessen, beispielsweise solchen zum Erzeugen von Dampf, läßt sich diese Energie nutzen. Das schematische Bild 1.54 zeigt eine Anlage mit Wärmeübertragern, und

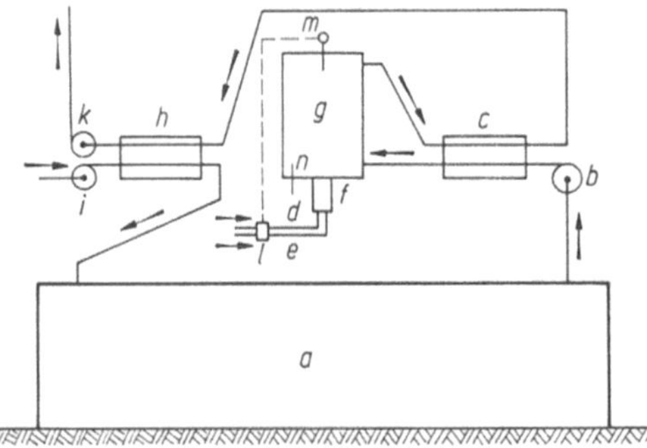

Bild 1.54. Trockner mit Anlage zum thermischen Verbrennen der Abluft-Begleitstoffe und zum Rückgewinnen von Energie (schematisch).
a Trockner; *b* Abluftventilator; *c* Reinluft-Abluft-Wärmeübertrager; *d* Brennstoffzufuhr; *e* Verbrennungsluftzufuhr; *f* Brenner; *g* Reaktionskammer; *h* Reinluft-Frischluft-Wärmeübertrager; *i* Frischluftventilator; *k* Fortluftventilator; *l* Brennstoff-Luft-Verbundregelung; *m* Temperaturregler; *n* Flammenüberwachung.

das Bild 1.55 stellt eine Brennkammer mit Lufterhitzer dar. Indem die Luft unter Drall in den Reaktionsraum eingeführt und darin zu kräftiger Rückströmung (oder zu Pulsationen) veranlaßt wird, mischt sie sich schnell und gleichmäßig mit den Flammengasen des Brenners [89, 90].

Mittels Katalysatoren kann man die organischen Fremdstoffe der Abluft hinreichend schnell bei erniedrigten Temperaturen, nämlich bei 300 bis 500 °C, oxydieren. Diese *katalytische Verbrennung* hebt die Wirtschaftlichkeit der Anlagen insbesondere bei niedrigen Konzentrationen der Fremdstoffe, und sie ermöglicht in günstigen Fällen, den Heizenergiebedarf der Trockner zu einem merklichen Teil aus der Verbrennungsenergie der Fremdstoffe zu decken. Als Katalysatoren dienen gewisse Edelmetalle oder Metalloxide, die fein verteilt auf ein körnig-schüttfähiges, wabenrohrförmiges oder anders geformtes Trägermaterial aus Metall oder aus Metalloxid aufgebracht werden und so der Luft eine große Oberfläche darbieten [86, 91].

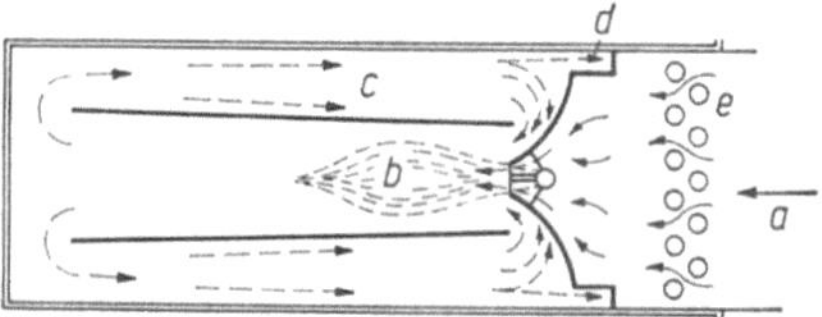

Bild 1.55. Rezirkulations-Brennkammer zum Reinigen von Abluft.
a Ablufteintritt; *b* Flamme; *c* Rückströmung; *d* Abgasaustritt; *e* Wärmeübertrager.

In der Anlage gemäß Bild 1.56 mischt sich die unreine Luft mit den Feuergasen aus einem Zusatzbrenner, geht durch die Katalysatorschicht, wo die Begleitstoffe unter Freigabe der Reaktionsenergie verbrennen, strömt durch einen Wärmeübertrager und zieht dann fort. Liegt der auf das Normvolumen bezogene „Heizwert" der unreinen Luft etwa zwischen 170 und 1 700 kJ/m^3, so kann man auf die Zusatzenergie meistens verzichten. Der Brenner ist dann nur noch zum Anfahren der Anlage nötig. Die zuströmende Luft muß allerdings weitgehend staubfrei sein und darf keine Stoffe enthalten, die den Katalysator unwirksam machen, d.h. die ihn „vergiften". Meß-, Regel- und Sicherheitsorgane sorgen für einwandfreien Betrieb trotz der Schwankungen, die in der Art und der Menge der Luftbegleitstoffe vorkommen können.

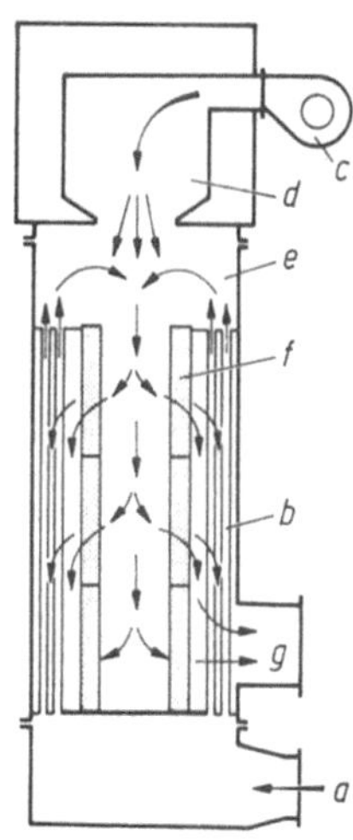

Bild 1.56. Anlage zum katalytischen Verbrennen von Fremdstoffen in Abluft (Decatox GmbH, Frankfurt).
a Ablufteintritt; *b* Wärmeübertragerrohre; *c* regelbare Zusatzheizung; *d* Brennkammer; *e* Mischkammer; *f* Katalysatorschicht; *g* Abluftaustritt.

Möglich ist, durch katalytische Verbrennung der Fremdstoffe, Restkonzentrationen an organisch gebundenem Kohlenstoff im Bereich von 10 bis 100 mg/m^3 zu erreichen, wenn die Anfangskonzentration 2000 bis 3000 mg/m^3 nicht überschreitet [86, 91, 92]. Die Lebensdauer der Katalysatoren beträgt bei sachgemäßem Betrieb 1 bis 2 Jahre; allerdings sinkt die Wirksamkeit während dieser Zeit ab.

Viele Fremdgase geringer Konzentration lassen sich vorteilhaft nach dem *Adsorptionsverfahren* mit Aktivkohle und anderen Adsorbentien aus der Luft entfernen, eine Möglichkeit, die insbesondere auch zur Geruchsminderung benutzt werden kann. Da die Aktivität und das Speichervermögen der Aktivkohle mit steigender Temperatur abnehmen, so muß man die Lufttemperatur auf etwa 40 °C begrenzen. Benutzt werden Anlagen, wie im Abschnitt 1.1.3.2 beschrieben, ferner sog. Aktivkohlefilter verschiedenster Ausführung, die mit Filterplatten oder Filterpatronen bestückt sein können [66, 84].

Beim Bekämpfen von Gerüchen, wie sie in der Lüftungstechnik vorkommen, genügt normalerweise 1 m^3 Kohle zum Reinigen eines Luftstromes von etwa 40000 m^3/h; die Menge hält 6 bis 12 Monate lang an. Haben die Geruchsstoffe erhöhte Konzentration oder sind sie schwer adsorbierbar, so ist mehr Aktivkohle nötig. In Sonderfällen benutzt man Aktivkohlen, die mit bestimmten Metallsalzen oder mit anderen Stoffen imprägniert sind [82, 93]. Die zuströmende Luft muß mit guten Vorfiltern von Staub und Schwebstoffen befreit werden. Beladene Kohle ersetzt man jeweils durch neue oder man regeneriert sie, falls es sich lohnt. Beim ADSOX-Verfahren werden die Fremdstoffe von der beladenen Kohle abgetrieben und dann katalytisch verbrannt.

1.2. Allgemeines über Planen und Bemessen der Trockner

1.2.1. Erkunden der Planungsgrundlagen

Will man einen Trockner planen, so muß man zunächst die Erfordernisse erkunden, denen die Maschine genügen soll. Selten kann der spätere Benutzer eines Trockners schon bei seinen ersten Überlegungen alle Umstände angeben, die für die Auswahl, Gestaltung und Bemessung der Maschine wichtig sind. Vielmehr muß der Planer in der Regel schriftlich oder im Gespräch mit dem Benutzer die nötigen Auskünfte zu erhalten trachten.

Art und Eigenschaften des Naßgutes. Jede Planung muß von einer möglichst umfassenden Kenntnis der Eigenschaften des zu trocknenden Gutes ausgehen.

Als erstes interessieren die genaue Bezeichnung und die äußeren Merkmale. Es kann sich um geformte Gegenstände oder um ein formloses Gut handeln (Bild 1.57). Von geformten Gegenständen müssen die Form, die Abmessungen, die Struktur und der Zusammenhalt bekannt sein. Von einem formlosen Gut muß man wissen, ob es brockig, pulverig, pastig, breiig, flüssig oder sonstwie beschaffen ist.

Weiterhin sollte man den ungefähren Handelspreis des Gutes zu erfahren suchen.

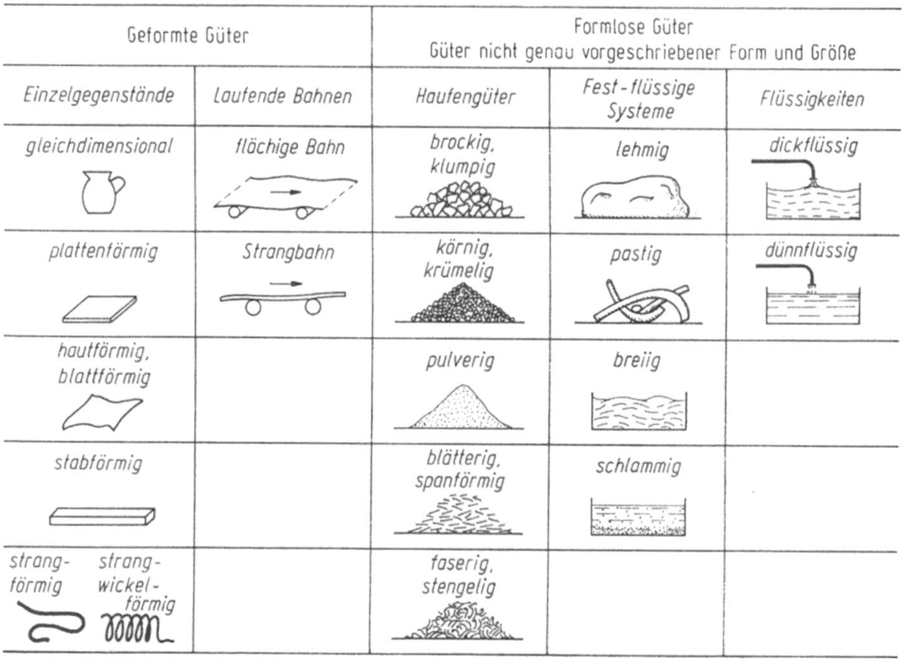

Geformte Güter		Formlose Güter Güter nicht genau vorgeschriebener Form und Größe		
Einzelgegenstände	Laufende Bahnen	Haufengüter	Fest-flüssige Systeme	Flüssigkeiten
gleichdimensional	flächige Bahn	brockig, klumpig	lehmig	dickflüssig
plattenförmig	Strangbahn	körnig, krümelig	pastig	dünnflüssig
hautförmig, blattförmig		pulverig	breiig	
stabförmig		blätterig, spanförmig	schlammig	
strang-förmig strang-wickel-förmig		faserig, stengelig		

Bild 1.57. Einteilung der Trocknungsguter nach äußeren Kennzeichen.

Auch die Art der auszutreibenden Feuchte ist zu ermitteln. Wasserdampf darf meistens mit Luft vermengt werden und ins Freie strömen. Aber Dämpfe teurer Lösungsmittel sollten nach Möglichkeit rein bleiben und zurückgewonnen werden.

Nötig sind des weiteren Angaben über die Art der Feuchtebindung an das Gut. Am raschesten läßt sich freies und äußerlich anhaftendes Wasser, z. B. von Metallgegenständen oder von grobkristallinen Gütern entfernen. Sehr hygroskopische Stoffe trocknen nur dann schnell, wenn sie feinkörnig oder dünnschichtig sind. Zum Abspalten von Kristallwasser sind meistens höhere Temperaturen nötig.

Man muß ferner den Feuchtegehalt oder das Feuchte/Grundstoff-Massenverhältnis des Naßgutes und — wenn diese Größen schwanken — auch ihre wahrscheinlichen Grenzen kennen. Der Feuchtegehalt ist nicht nur für die auszutreibende Feuchtemenge, sondern auch für die Zustandsform des Naßgutes mitbestimmend. Zum Beispiel kann ein Stoff aus feinsten Teilchen je nach dem Feuchtegehalt teigig, pastig, breiig oder flüssig erscheinen, und dementsprechend erfordert er unterschiedliche Apparaturen.

Von porösen, faserigen oder körnigen Stoffen sollte man die Rohdichte, von schüttbaren Gütern die Schüttdichte und von flächigen Gütern die flächenbezogene Masse ermitteln.

Auskunft braucht man des weiteren über die Form- und Zustandsänderungen, die das Gut beim Trocknen möglicherweise durchläuft: ob es seinen Zusammenhalt ändert, ob es breiig, flüssig wird, zusammenklumpt, Staub bildet. Ferner muß man wissen, in welcher Weise und wie stark die Gutseigenschaften schwanken, und ob der Stoff zum Ankleben an den Trocknerbauteilen neigt. Diese Umstände bestimmen, wie der Trockner das Gut mechanisch behandeln darf oder muß, und sie sind oft entscheidend für das einwandfreie und gleichmäßige Funktionieren der Maschine.

Manche Güter ändern sich beim Trocknen chemisch oder biologisch; oder ihre Festigkeit, ihr Gefüge, ihre Farbe, ihre sonst wichtigen Eigenschaften werden beeinträchtigt. Auch darüber muß man unterrichtet sein.

Ferner sollte man über die Temperatur Bescheid wissen, mit der das Gut in den Trockner gebracht wird. In manchen Fällen kommt es gefroren zum Trockner und muß zuerst aufgetaut werden; in anderen Fällen ist es warm oder heiß. Wissen muß man weiter, welche höchste Temperatur das Gut verträgt. Erze, Sand und dergl. darf man sehr hohen Temperaturen aussetzen; manche Lebensmittel und pharmazeutischen Produkte jedoch muß man in gefrorenem Zustand trocknen, damit sie ihre wertvollen Eigenschaften behalten. Oft ist es schwer, über die zulässige Temperatur zuverlässige Angaben zu bekommen, da diese Temperatur nicht allein von der Art des Gutes, sondern auch von der Dauer der Einwirkung abhängt.

Zu klären ist ferner, ob Luft, Rauchgase oder andere als Trocknungsmittel gedachte Gase sowie die vorgesehenen Baustoffe des Trockners das Gut schädigen.

Das Gut kann auf die Baustoffe des Trockners korrodierend oder verschleißend wirken; ebenso können Dämpfe, die aus dem Gut entweichen, die Baustoffe schädigen. Es ist zu klären, welche Werkstoffe sich eignen, oder wie man die gefährdeten Bauteile schützen kann.

Manche Stoffe sind feuergefährlich, explosibel oder giftig. Darauf ist selbstverständlich gleichfalls zu achten.

Gutsdurchsatz. Die Größe eines Trockners hängt von der Gutsmenge — von der Zahl der Gegenstände, von der Masse — ab, die während einer bestimmten Zeit — der Bezugszeit — zu verarbeiten ist. Bezugszeit ist in der Regel

bei Fließbetrieb: 1 Stunde,
bei Satzbetrieb: die Zeit, die das Gut zum Trocknen braucht.

Man muß also z. B. wissen, welche Naßgutmasse während der Bezugszeit dem Trockner zugeführt, welche Trockengutmasse entnommen und welche Feuchtemasse entfernt werden soll. Auch muß bekannt sein, wie lange der Trockner während des 24-Stunden-Tages arbeiten soll, und ob Satzbetrieb, stufenloser Fließbetrieb oder Taktbetrieb gewünscht ist.

Beschaffenheit des getrockneten Gutes. Zu erkunden sind der gewünschte Endfeuchtegehalt des Gutes und die Grenzen, zwischen denen dieser Feuchtegehalt streuen darf.

In der Regel soll das getrocknete Gut gewisse Qualitätswünsche erfüllen, die sich beziehen können auf: das Aussehen, die Form, die Struktur und die Festigkeit, die Dichte, die Reinheit, die Freiheit von Rissen und von inneren Spannungen sowie auf andere, für die weitere Verarbeitung oder für die Verwendung des Gutes wichtige Eigenschaften. Manchmal soll das Gut im Trockner eine gewisse Endtemperatur annehmen oder sich in bestimmter Weise chemisch, kolloidal oder biologisch verändern.

Trocknungsmittel. Die billigsten Mittel, die Wärme zum Gut tragen und die den entstehenden Dampf mitnehmen können, sind Luft und Rauchgase. In der Regel entnimmt man die Frischluft den Räumen, in denen sich die Trocknungsanlage befindet. Wenn das nicht erwünscht ist, sollte anderes verabredet werden.

Es gibt Güter, die in Luft oder in Rauchgas-Luft-Gemischen explosibel sind, verunreinigt werden oder verderben. Sie müssen mit anderen Gasen, z.B. mit Stickstoff oder Kohlendioxid oder im Vakuum getrocknet werden.

Heizmittel. Das meistverwendete Heizmittel ist der Wasserdampf. Von ihm muß man den Druck, die Temperatur und den Kondenswasseranteil an der Verwendungsstelle kennen.

Kommen Heißwasser oder andere Heizflüssigkeiten in Betracht, so sind deren Betriebseigenschaften zu erfragen. Der Zustand heißer Luft ist durch die Temperatur und das Dampf/Luft-Massenverhältnis zu kennzeichnen, derjenige von Verbrennungsgasen durch die Temperatur, die chemische Zusammensetzung und den Gehalt an Staub, Ruß und Teer.

Von festen und flüssigen Brennstoffen sind der spezifische Heizwert und die möglichen Beimengungen zu ermitteln, von gasförmigen Brennstoffen sind der auf das Normvolumen bezogene Heizwert, der Druck, die Temperatur, die Zusammensetzung und der Anteil an Verunreinigungen zu bestimmen.

Antriebsmittel und Hilfsenergie. Als Antriebsmittel dienen in der Regel Elektromotore, die an Hand von Angaben über Stromart, Spannung und Periodenzahl auszuwählen sind.

Antrieb durch Verbrennungsmotoren kommt bei fahrbaren Anlagen in Betracht. Bekannt sein muß die Art des vorgesehenen Kraftstoffes, die Leistung und die Drehzahl der Motoren.

Zum Steuern und Regeln der Anlage sind Preßluft, Drucköl oder elektrischer Strom nötig.

Personal. Zur Verfügung stehen muß Bedienungspersonal in erforderlicher Zahl und mit genügender Befähigung.

Klimatische Bedingungen. Starken Einfluß auf die Trocknung können die klimatischen Bedingungen haben. Man sollte wissen, in welcher Höhe über dem Meer der Trockner aufgestellt wird und in welchen Grenzen die Temperatur und die relative Feuchte der Außenluft während der üblichen Betriebszeiten des Trockners schwanken.

Anordnung, Unterbringung des Trockners. Die meisten Trockner arbeiten mit vor- oder nachgeschalteten Geräten zusammen. Zu klären ist, welcher Art diese Geräte sind, wie sie arbeiten, welche Anschlußmaße sie haben und wie der Transport des Gutes zwischen den Geräten und dem Trockner zu bewerkstelligen ist. Zu prüfen ist weiter, ob und wie sich der Trockner in den dafür vorgesehenen Räumen anordnen läßt, welche Belastung die Gebäudeböden vertragen, wie der Trockner oder seine Teile zur Montagestelle transportiert werden können, und welche Hilfsgeräte evtl. vorhanden sind.

Achten sollte man auch auf das Geräusch und die Schwingungen, die von manchen Trocknern ausgehen.

Staub- und Lösungsmittel-Rückgewinnung. In manchen Trocknern reißt das Trocknungsmittel feine Gutsteilchen mit und trägt sie nach außen. Handelt es sich um merkliche Staubmengen, so muß man das abziehende Trocknungsmittel reinigen (s. Abschn. 1.1.3.3).

Güter, die wertvolle Lösungsmittel enthalten, müssen in der Regel so getrocknet werden, daß sich die entstehenden Dämpfe erfassen lassen. Schon ein Verlust von wenigen Prozenten des eingebrachten Lösungsmittels kann Kosten verursachen, die alle übrigen Trocknungskosten übertreffen.

Umweltschutz. Im Hinblick auf den Umweltschutz ist zu klären, in welcher Konzentration Staubteilchen oder Gase, die sich vom Gut trennen, zu den Arbeitsplätzen in der Nähe des Trockners oder ins Freie gelangen dürfen.

1.2.2. Wahl des Trockners und des Trocknungsverfahrens für einen bestimmten Fall

1.2.2.1. Gesichtspunkte für die Wahl

Nachdem erkundet ist, welchen Erfordernissen die Trocknungsanlage genügen muß, ist als zweiter Schritt beim Planen derjenige Trockner zu suchen, der das Gut am vorteilhaftesten behandelt, in gewünschter Beschaffenheit abliefert und am wirtschaftlichsten trocknet.

Tauglichkeit. Nur wenige Trockner eignen sich für Güter der verschiedensten Form und Konsistenz, die meisten taugen nur für wenige Arten von Gütern, andere sind auf Güter ganz bestimmter Beschaffenheit spezialisiert oder können gar bestimmte Güter nur in bestimmten Stadien der Herstellung behandeln. Dieses Buch nennt für viele Güter die meistbenutzten Trockner, doch können diese Auskünfte angesichts der Vielzahl vorkommender Stoffe selbstverständlich nur unvollkommen sein. Im Einzelfall muß der bestgeeignete Trockner oft aus einer Reihe von Bauarten ausgewählt werden. In Sonderfällen sind bekannte Bauarten abzuwandeln oder zu ergänzen, oder es ist eine neue Bauart zu entwickeln. Die folgenden Hinweise sollen die Auswahl erleichtern.

Gutseigenschaften. Sehr bestimmend für die Trocknerwahl ist die äußere Erscheinungsform des Gutes. Sie legt weitgehend fest, wie die Wärme oder andere Energie dem Gut zugeführt werden kann, welche Art von Gutsträgern in Betracht kommt und wie das Gut innerhalb des Trockners zu fördern und mechanisch zu behandeln ist. Die Tabelle 1.6 ordnet die äußeren Gutsmerkmale und die wichtigsten Trocknerbauarten grob einander zu.[1]

Bedeutsam sind ferner die Form und die Größe der Gutsteile, genauer gesagt die Wege, welche die Wärme bis zu den Verdampfungsstellen im Gut und welche die Gutsfeuchte bis zu den Austrittsstellen zurücklegen müssen. Dickschichtiges Gut und starkwandige Körper, die langsam trocknen, gibt man in Langzeittrockner, z.B. in Kammer- und Kanaltrockner, worin das Gut lange bleiben kann (s. Bild 1.70).

Für faseriges und stengeliges Haufengut, das vom Trocknungsmittel durchströmt werden kann, kommen Durchströmtrockner in Betracht, für körniges Gut außerdem Wirbelschichttrockner.

---

[1] Von der Klassifizierung der Trockner handelt kurz der Abschnitt 2.1 und ausführlicher die Literatur [11]. Die Ordnungsnummern in der dritten Spalte der Tabelle 1.6 sind bei der Beschreibung der Trockner in den Abschnitten 2.3.1.2 bis 2.7 wiederholt.

Tabelle 1.6. Systematisches Verzeichnis und Anwendungsgebiete der wichtigsten Trockner

Anwendung für — **geformte Guter**: *Einzelgegenstande* (gleichdimensional, plattenformig, hautformig, blattformig, stabformig, strang u strangwickelformig), *laufende Bahnen* (flachige Bahn, Strangbahn); **formlose Guter**: *Haufenguter* (brockig klumpig, kornig krumelig, pulverig, blatterig spanformig, faserig stengelig), *festflussige Systeme* (lehmig, pastig, breiig, schlammig), *Flussigkeiten* (dickflussig, dunnflussig).

Gebrauchliche Benennung (und Markenname) des Trockners	Genauere Benennung der Trocknergruppe und des Trockners (Vorschlag)	Ordnungs-nummer	gleichdimensional	plattenformig	hautformig	blattformig	stabformig	strang u strangwickelformig	flachige Bahn	Strangbahn	brockig klumpig	kornig krumelig	pulverig	blatterig spanformig	faserig stengelig	lehmig	pastig	breiig	schlammig	dickflussig	dunnflussig
	Sonne und Wind nutzende Trockner	1																			
	Außenluft-Konvektionstrockner	1 1																			
	Außenluft-Uberstromtrockner	1 1 1																			
	Außenluftuberstromte freie Trocknungsflache	1 1 1 1 1 1 1												A	A						
Trocknungshutte	Außenluft-Uberstrom Trocknungshutte	1 1 1 1 1 1 7	K	H	L																
	Außenluft-Durchstromtrockner	1 1 3																			
Beluftungsanlage zur Unterdachtrocknung	Beluftungsanlage zur Durchstromtrocknung von Stapelgut mit Außenluft	1 1 3 1 1 4 5												A	A						
	Sonnenstrahlungstrockner	1 3 1 1 1 1												A	A						
	Normaldruck-Ubertemperaturtrockner	2																			
	Konvektionstrockner	2 1																			
	Uberstromtrockner	2 1 1																			
Bodenformtrockner	Vorrichtung zum Innenbeluften von Bodenformen	2 1 1 1 1 4 1	M																		
Spann Trocknungsschrank	Uberstrom Spannrahmen Kammertrockner	2 1 1 1 1 5 5			L																
Trocknungskammer	Uberstrom Kammertrockner mit Einschieb Wagen o dgl	2 1 1 1 1 5 7	K M V	H	L				T												
Heißdampftrockner	Dampfuberstrom Kammertrockner	2 1 1 1 1 8 7	M V	H																	
Trocknungskanal	Uberstrom Wagendurchlauftrockner	2 1 1 4 1 5 7	K M V	H	L																
Rollenbahntrockner	Uberstrom Rollenbahntrockner	2 1 1 5 1 5 7	V																		
Hotflue	Uberstrom Rollentrockner	2 1 1 5 2 5 7			P				T	T											
Turmtrockner	Uberstrom Wanderschaukel Turmtrockner	2 1 1 6 1 5 2	M																		
Bandtrockner	Uberstrom Forderbandtrockner	2 1 1 6 1 5 5	K M V	H P	H L				P T		C	C						C	C		
Schaukeltrockner	Uberstrom Wanderschaukeltrockner	2 1 1 6 1 5 5	K M V																		
Kanaltrockner	Uberstrom Wandergehangetrockner	2 1 1 6 1 5 7	M	M P	L P																
Kurzschleifentrockner	Uberstrom Wanderdrehstabtrockner	2 1 1 6 2 5 7							T												
Kanaltrockner	Uberstrom Wanderrahmentrockner	2 1 1 7 1 5 2			L																
	Prallstrahltrockner	2 1 2																			
Dusenbelufteter Trocknungsschrank	Prallstrahl Kammertrockner	2 1 2 1 1 5 5	V																		
Rollenbahntrockner mit Dusenbeluftung	Prallstrahl Rollenbahntrockner	2 1 2 5 1 5 7	H																		
Trocknungsmansarde	Prallstrahl Rollentrockner	2 1 2 5 1 5 7							T												
Schwebebahntrockner	Prallstrahl Luftkissentrockner	2 1 2 5 1 5 8							T P												
Dusenbandtrockner	Prallstrahl Forderbandtrockner einstufig	2 1 2 6 1 5 5		H P	H L				P T										C		

Bedeutung der Buchstabenzeichen

A Landwirtschaft Forstwirtschaft
C Chemische Betriebe Bergbau Industrie der Steine und Erden
H Holz verarbeitende Betriebe
K Keramische Betriebe
V Verschiedene sonstige Wirtschaftszweige (Hauswirtschaft, Nahrungsmittelverarbeitung usw)
L Leder- und Schuhindustrie
M Metallindustrie einschließlich Gießereien
P Papier und Pappenindustrie
T Textilindustrie Waschereien

Tabelle 1.6 (Fortsetzung)

Anwendung für — **geformte Güter** (Einzelgegenstände; laufende Bahnen)

Gebräuchliche Benennung (und Markenname) des Trockners	Genauere Benennung der Trocknergruppe und des Trockners (Vorschlag)	Ordnungsnummer	gleichdimensional	plattenförmig	hautförmig blattförmig	stabförmig	strang- u. strangwickelförmig	flächige Bahn	Strangbahn
Düsenbandtrockner	Prallstrahl-Förderbandtrockner mehrstufig	2 1 2 6 2 5 5		H P	H L			P T	
Spannrahmen	Prallstrahl-Spannkettentrockner	2 1 2 6 1 5 7						T	
	Durchstromtrockner	2 1 3							
Unterdach-Trockner	Durchström-Stapelraum-Trockner	2 1 3 1 1 4 1							
Behälter-Trockner	Durchström-Flachbehälter-Trockner	2 1 3 1 1 4 1							
	Durchstrom-Silo-Trockner	2 1 3 1 1 4 1							
Zentralrohrtrockner	Durchstrom-Turm-Trockner	2 1 3 1 1 4 1							
	Durchstrom-Wagen-Trockner	2 1 3 1 1 4 5							
Schnelltrockner	Durchstrom-Spulentrockner	2 1 3 1 1 4 7					T		
Trocknungsschrank	Durchstrom-Kammertrockner	2 1 3 1 1 5 5	V		V				
Rieselschachttrockner Dächertrockner	Durchstrom-Gleitschachttrockner	2 1 3 2 5 4 5							
Roto-Louvre-Trockner	Durchstrom-Jalousie-Drehrohrtrockner	2 1 3 2 5 4 6							
	Durchstrom-Schnecken-Trockner								
Siebtrommeltrockner	Durchstrom-Lochtrommel-Trockner	2 1 3 5 2 5 7					T	T	J
Bandtrockner	Durchstrom-Förderbandtrockner einstufig	2 1 3 6 1 5 5	V					T	
Bandtrockner	Durchstrom-Förderbandtrockner mehrstufig	2 1 3 6 5 5 5							
Hordentrockner (Favorit-Trockner)	Durchstrom-Wanderhorden-Schachttrockner	2 1 3 7 1 3 5							
Vibrationstrockner	Durchström-Schwingfördertrockner	2 1 3 7 5 4 5							
Wirbelschicht-Trockner	**Fluidat-Trockner**	2 1 4							
	Wirbelbett-Behältertrockner	2 1 4 1 1 4 8							
	Wirbel-Fließschichttrockner	2 1 4 2 1 4 8							
	– mit Rührwerk	2 1 4 2 5 4 8							
	– mit Prallkugeln	2 1 4 2 7 4 9							
	Wirbelschicht-Drehkammer-Trockner	2 1 4 3 1 4 8							
	Wirbelschichttrockner mit Schnecken- oder Kratzförderer	2 1 4 3 5 4 8							
	Wirbelschicht-Schwingförder-Trockner	2 1 4 7 1 4 9							
	Wirbelschicht-Förderluft-Trockner	2 1 4 8 1 4 8							
	Wirbelschicht-Trockner mit kombinierten Förderhilfen	2 1 4 9 5 4 9							
	Förderluft- und Flugtrockner	2 1 5							
Stromtrockner	Förderluft-Rohrtrockner	2 1 5 8 1 3 8							
Zyklontrockner	Förderluft-Zyklontrockner	2 1 5 8 5 4 8							
Düsenrohrtrockner	Förderluft-Drallrohrtrockner	2 1 5 9 5 5 8							
Fontänentrockner	Förderluft-Fontänentrockner	2 1 5 9 6 3 8							
Zerstäubungstrockner	Sprühtrockner	2 1 5 9 6 3 8							
	Schleuderrad-Sprühtrockner	2 1 5 9 6 3 8							
	Düsen-Sprühtrockner	2 1 5 9 6 3 8							
	Schleudertrockner	2 1 5 9 6							
Schnelltrockner	Schleuder-Pralltrockner	2 1 5 9 6 4 9							
Pralltrockner	Schleuder-Pralltrockner	2 1 5 9 6 4 9							
Mahltrockner	Schleuder-Pralltrockner	2 1 5 9 6 4 9							
Atritor	Schleuder-Pralltrockner	2 1 5 9 6 4 9							
	Konvektions-Sondertrockner	2 1 6							
Papritrockner	Prallstrahl-Durchstrom-Drehzylinder-Trockner	2 1 6 5 1 5 5						P	

Anwendung für — **formlose Güter** (Haufengüter; festflüssige Systeme; Flüssigkeiten)

Gebräuchliche Benennung	Genauere Benennung	Ordnungsnummer	brockig klumpig	körnig krümelig	pulverig	blätterig spanförmig	faserig stengelig	lehmig	pastig	breiig	schlammig	dickflüssig	dünnflüssig
Düsenbandtrockner	Prallstrahl-Förderbandtrockner mehrstufig	2 1 2 6 2 5 5											
Spannrahmen	Prallstrahl-Spannkettentrockner	2 1 2 6 1 5 7											
	Durchstromtrockner	2 1 3											
Unterdach-Trockner	Durchström-Stapelraum-Trockner	2 1 3 1 1 4 1				A	A						
Behälter-Trockner	Durchström-Flachbehälter-Trockner	2 1 3 1 1 4 1	AV	AV		AV	AV						
	Durchstrom-Silo-Trockner	2 1 3 1 1 4 1				A	A						
Zentralrohrtrockner	Durchstrom-Turm-Trockner	2 1 3 1 1 4 1				A	A						
	Durchstrom-Wagen-Trockner	2 1 3 1 1 4 5				A	A						
Schnelltrockner	Durchstrom-Spulentrockner	2 1 3 1 1 4 7											
Trocknungsschrank	Durchstrom-Kammertrockner	2 1 3 1 1 5 5	V	V		V	LV						
Rieselschachttrockner Dächertrockner	Durchstrom-Gleitschachttrockner	2 1 3 2 5 4 5		A									
Roto-Louvre-Trockner	Durchstrom-Jalousie-Drehrohrtrockner	2 1 3 2 5 4 6	C	CV									
	Durchstrom-Schnecken-Trockner			CV	CV								
Siebtrommeltrockner	Durchstrom-Lochtrommel-Trockner	2 1 3 5 2 5 7					T						
Bandtrockner	Durchstrom-Förderbandtrockner einstufig	2 1 3 6 1 5 5	C K	C K		A	A LT	C	C				
Bandtrockner	Durchstrom-Förderbandtrockner mehrstufig	2 1 3 6 5 5 5	C V	C V									
Hordentrockner (Favorit-Trockner)	Durchstrom-Wanderhorden-Schachttrockner	2 1 3 7 1 3 5	A V	A V		A V	A LV						
Vibrationstrockner	Durchström-Schwingfördertrockner	2 1 3 7 5 4 5	A C	C A									
Wirbelschicht-Trockner	**Fluidat-Trockner**	2 1 4											
	Wirbelbett-Behältertrockner	2 1 4 1 1 4 8		C									
	Wirbel-Fließschichttrockner	2 1 4 2 1 4 8		C									
	– mit Rührwerk	2 1 4 2 5 4 8		C									
	– mit Prallkugeln	2 1 4 2 7 4 9		C									
	Wirbelschicht-Drehkammer-Trockner	2 1 4 3 1 4 8		CV									
	Wirbelschichttrockner mit Schnecken- oder Kratzförderer	2 1 4 3 5 4 8		C V									
	Wirbelschicht-Schwingförder-Trockner	2 1 4 7 1 4 9		CV									
	Wirbelschicht-Förderluft-Trockner	2 1 4 8 1 4 8		CV									
	Wirbelschicht-Trockner mit kombinierten Förderhilfen	2 1 4 9 5 4 9		C V									
	Förderluft- und Flugtrockner	2 1 5											
Stromtrockner	Förderluft-Rohrtrockner	2 1 5 8 1 3 8	CV	CV		A	A	C					
Zyklontrockner	Förderluft-Zyklontrockner	2 1 5 8 5 4 8	C	C		A	A						
Düsenrohrtrockner	Förderluft-Drallrohrtrockner	2 1 5 9 5 5 8				H	H						
Fontänentrockner	Förderluft-Fontänentrockner	2 1 5 9 6 3 8	CK	CK		A	A	C					
Zerstäubungstrockner	Sprühtrockner	2 1 5 9 6 3 8											
	Schleuderrad-Sprühtrockner	2 1 5 9 6 3 8							CV	CV	CK	CV	CV
	Düsen-Sprühtrockner	2 1 5 9 6 3 8							CV	CV	CV	CV	CV
	Schleudertrockner	2 1 5 9 6											
Schnelltrockner	Schleuder-Pralltrockner	2 1 5 9 6 4 9	CK	CK									
Pralltrockner	Schleuder-Pralltrockner	2 1 5 9 6 4 9	CK	CK									
Mahltrockner	Schleuder-Pralltrockner	2 1 5 9 6 4 9	C	C									
Atritor	Schleuder-Pralltrockner	2 1 5 9 6 4 9	CV	CV									
	Konvektions-Sondertrockner	2 1 6											
Papritrockner	Prallstrahl-Durchstrom-Drehzylinder-Trockner	2 1 6 5 1 5 5											

Bedeutung der Buchstabenzeichen:

A Landwirtschaft, Forstwirtschaft
C Chemische Betriebe, Bergbau, Industrie der Steine und Erden
H Holz verarbeitende Betriebe
K Keramische Betriebe
V Verschiedene sonstige Wirtschaftszweige (Hauswirtschaft, Nahrungsmittelverarbeitung usw.)
L Leder und Schuhindustrie
M Metallindustrie einschließlich Gießereien
P Papier- und Pappenindustrie
T Textilindustrie, Wäschereien

Tabelle 1.6 (Fortsetzung)

Anwendung für: geformte Güter (Einzelgegenstände, laufende Bahnen) — formlose Güter (Haufengüter, fest-flüssige Systeme, Flüssigkeiten)

Gebräuchliche Benennung (und Markenname) des Trockners	Genauere Benennung der Trocknergruppe und des Trockners (Vorschlag)	Ordnungsnummer							Einzelgegenstände (geformte Güter)						laufende Bahnen		Haufengüter (formlose Güter)					fest-flüssige Systeme					Flüssigkeiten
									gleichdimensional	plattenförmig	hautförmig	blattförmig	stabförmig	strang- u. strangwickelförmig	flächige Bahn	Strangbahn	brockig klumpig	körnig krümelig	pulverig	blätterig spanförmig	faserig stengelig	lehmig	pastig	breiig	schlammig	dickflüssig	dünnflüssig
Sinustrockner	Prallstrahl-Durchstrom-Förderbandtrockner	2	1	6	6	1	5	5													T						
	Mahltrockner (verschiedener Art)	2	1	6	9												CKV										
	Kontakttrockner	2	2																								
	Kontakt-Festschichttrockner	2	2	2																							
Zylindertrockner	Kontakt-Drehzylindertrockner (mit einem Zylinder)	2	2	2	5	1	4	4							PT	T											
Zylindertrockner	Kontakt-Drehzylindertrockner (mit mehreren Zylindern)	2	2	2	5	2	4	4							PT	T											
	Kontakt-Haftschichttrockner	2	2	3																							
Walzentrockner	Kontakt-Haftschicht-Zylindertrockner	2	2	3	5	1	2	4															CV	CV	CV	CV	CV
	Kontakt-Mengschichttrockner	2	2	4																							
Schaufeltrockner	Kontakt-Schaufeltrogtrockner	2	2	4	1	5	4	3									CV	CV	CV								
DRUVATHERM	Kontakt-Schaufeltrogtrockner	2	2	4	1	5	4	3									CV	CV	CV								
Röhrentrockner	Kontakt-Drehrohrentrockner	2	2	4	2	5	3	3										C									
Dampfröhrentrockner	Kontakt-Abriesel-Drehröhrentrockner	2	2	4	2	9	4	4										CV	CV								
Schneckentrockner	Kontakt-Schneckentrockner	2	2	4	3	5	3	3										CV	CV			CV	CV				
Schaufeltrockner (kontinuierl.)	Kontakt-Schaufelmulden-Trockner	2	2	4	3	5	3	3									CV	CV	CV								
Horizontaltrockner	Kontakt-Dünnschicht-Rohrtrockner	2	2	4	3	5	3	3										CV	CV			CV	CV				
Tellertrockner	Kontakt-Schaufelteller-Trockner	2	2	4	3	5	4	2										C	C								
Rotadisc	Kontakt-Heizscheiben-Trockner	2	2	4	3	5	4	3									V	V									
Rotationstrockner	Kontakt-Drehrohren-Muldentrockner	2	2	4	3	5	4	9												H	H						
AP-Trockner	Kontakt-Knetwerks-Trockner	2	2	4	3	7	4	3										CV				CV	CV	CV	CV	CV	
Vibrationstrockner	Kontakt-Schwingrinnen-Trockner	2	2	4	7	5	4	2										CV	CV								
Drallrohrtrockner	Kontakt-Förderluft-Trockner	2	2	4	8	5	3	8										CV	CV								
	Temperatur-Strahlungstrockner	2	3																								
Infrarot-Bandtrockner	Hochtemperatur-Strahlungs-Förderbandtrockner	2	3	2	6	1	4	5	M	M	L						C	C	C			C	C				
Infrarot-Kanaltrockner	Mitteltemperaturstrahlungs-Wandergehängetrockner	2	3	3	6	2	4	7	M	M																	
(Dunkel)-Strahlungstrockner	Niedrigtemperaturstrahlungs-Wandergehängetrockner	2	3	4	6	2	4	7	M	M																	
	Sonderarten elektrischer Trockner	2	4																								
Hochfrequenztrockner	Dielektrischer Wechselfeld-Förderbandtrockner	2	4	3	6	1	4	5	HM								C	C	C								
	Trockner mit kombinierter Energienutzung	2	8																								
Trocknungsschrank	Kammertrockner mit vollwandigen Horden zur Aufnahme des Gutes	2	8	1	1	1	5	2	M								CV	CV	CV			CV	CV	CV	CV		
Kanaltrockner	Wagendurchlauftrockner mit vollwandigen Horden	2	8	1	4	1	5	2	M								CV	CV	CV			CV	CV	CV			
Zylindertrockner mit Hochleistungshaube	Prallstrahl-Kontakt-Drehzylindertrockner	2	8	1	5	1	5	4							PT												
Klebetrockner (Pastingtrockner)	Klebeplatten-Durchlauftrockner	2	8	1	7	1	5	2			L																

Bedeutung der Buchstabenzeichen:

A Landwirtschaft, Forstwirtschaft
C Chemische Betriebe, Bergbau, Industrie der Steine und Erden
H Holz verarbeitende Betriebe
K Keramische Betriebe
V Verschiedene sonstige Wirtschaftszweige (Hauswirtschaft, Nahrungsmittelverarbeitung usw.)
L Leder- und Schuhindustrie
M Metallindustrie einschließlich Gießereien
P Papier- und Pappenindustrie
T Textilindustrie, Wäschereien

Tabelle 1.6 (Fortsetzung)

Anwendung für — **geformte Güter:** Einzelgegenstände (gleichdimensional, plattenförmig, hautförmig, blattförmig, stabförmig, strang u.strangwickelförmig); laufende Bahnen (flächige Bahn, Strangbahn). **formlose Güter:** Haufengüter (brockig klumpig, körnig krumelig, pulverig, blätterig spanförmig, faserig stengelig); fest-flüssige Systeme (lehmig, pastig, breiig, schlammig); Flüssigkeiten (dickflüssig, dünnflüssig).

Teil 1 — geformte Güter (Einzelgegenstände und laufende Bahnen):

Gebräuchliche Benennung (und Markenname) des Trockners	Genauere Benennung der Trocknergruppe und des Trockners (Vorschlag)	Ordnungsnummer	gleichdimensional	plattenförmig	hautförmig	blattförmig	stabförmig	strang u.strangwickelförmig	flächige Bahn	Strangbahn
Etagentellertrockner	Segment-Drehtellertrockner	2 8 1 9 5 5 2								
Trommeltrockner	Riesel-Drehrohrtrockner	2 8 1 9 9 3 2								
Kombinierter Strahlungs-Wandergehängetrockner	Überstrom-Strahlungs-Wandergehängetrockner	2 8 2 6 1 5 7	M	M						
	Vakuum-Übertemperaturtrockner	4								
	Vakuum-Übertemperatur-Kontakttrockner	4 2								
Vakuum Trocknungsschrank	Vakuum-Kontakt-Schranktrockner	4 2 1 1 1 7 2	C	C						
Vakuum Plattentrockner	Vakuum-Kontakt-Heizplattentrockner	4 2 3 1 1 7 2				L				
Vakuum-Dünnschichttrockner	Vakuum-Kontakt-Dünnschichttrockner	4 2 3 2 5 7 3								
Vakuum Walzentrockner	Vakuum-Kontakt-Haftschichtzylindertrockner	4 2 3 5 1 7 4								
Vakuum Taumeltrockner	Vakuum-Kontakt Taumelbehältertrockner	4 2 4 1 5 7 3								
Vakuum Schaufeltrockner	Vakuum-Kontakt-Schaufeltrockner	4 2 4 1 5 7 9								
Vakuum Knettrockner	Vakuum Kontakt-Knettrockner	4 2 4 3 7 7 3								
Vakuum-Vibrationstrockner	Vakuum-Kontakt-Schwingfordertrockner	4 2 4 7 5 7 2								
Vakuum-Tellertrockner	Vakuum-Kontakt-Schaufeltellertrockner	4 2 4 9 5 7 2								
	Innere Energie des Gutes nutzende Vakuumtrockner	4 7								
Vakuum-Zerstäubungstrockner	Vakuum-Abkühl-Zerstäubungstrockner	4 7 0 9 1 7 8								
	Vakuum-Untertemperaturtrockner	5								
Gefrier-Trocknungsschrank	Vakuum-Untertemperatur-Schranktrockner	5 2 1 1 1 7 2	CV	CV						
Gefrier Kanaltrockner	Vakuum-Untertemperatur-Wagendurchlauftrockner	5 8 3 1 4 7 3	CV	CV						
Gefrier-Tellertrockner	Vakuum-Untertemperatur Tellertrockner	5 8 3 3 5 7 2								
	Überdruck-Trockner	6								
Drucktrockner	Überdruck-Durchstromtrockner für Wickelkörper	6 1 3 1 1 5 7						T		

Teil 2 — formlose Güter (Haufengüter, fest-flüssige Systeme und Flüssigkeiten):

Genauere Benennung der Trocknergruppe und des Trockners	Ordnungsnummer	brockig klumpig	körnig krumelig	pulverig	blätterig spanförmig	faserig stengelig	lehmig	pastig	breiig	schlammig	dickflüssig	dünnflüssig
Segment-Drehtellertrockner	2 8 1 9 5 5 2	CV	CV				CV	CV				
Riesel-Drehrohrtrockner	2 8 1 9 9 3 2	C	CV		A	A	C	C				
Überstrom-Strahlungs-Wandergehängetrockner	2 8 2 6 1 5 7											
Vakuum-Übertemperaturtrockner	4											
Vakuum-Übertemperatur-Kontakttrockner	4 2											
Vakuum-Kontakt-Schranktrockner	4 2 1 1 1 7 2	CV	CV	CV			CV	CV	CV	CV	CV	CV
Vakuum-Kontakt-Heizplattentrockner	4 2 3 1 1 7 2											
Vakuum-Kontakt-Dünnschichttrockner	4 2 3 2 5 7 3										LV	CV
Vakuum-Kontakt-Haftschichtzylindertrockner	4 2 3 5 1 7 4							CV	CV	CV	CV	CV
Vakuum-Kontakt Taumelbehältertrockner	4 2 4 1 5 7 3		CV				CV					
Vakuum-Kontakt-Schaufeltrockner	4 2 4 1 5 7 9	CV	CV				CV	CV	C	C		
Vakuum Kontakt-Knettrockner	4 2 4 3 7 7 3		CV				CV	CV	CV	CV	CV	
Vakuum-Kontakt-Schwingfordertrockner	4 2 4 7 5 7 2		CV	CV								
Vakuum-Kontakt-Schaufeltellertrockner	4 2 4 9 5 7 2		V	V								
Innere Energie des Gutes nutzende Vakuumtrockner	4 7											
Vakuum-Abkühl-Zerstäubungstrockner	4 7 0 9 1 7 8											C
Vakuum-Untertemperaturtrockner	5											
Vakuum-Untertemperatur-Schranktrockner	5 2 1 1 1 7 2						CV	CV	CV	CV	CV	CV
Vakuum-Untertemperatur-Wagendurchlauftrockner	5 8 3 1 4 7 3						CV	CV	CV	CV	CV	CV
Vakuum-Untertemperatur Tellertrockner	5 8 3 3 5 7 2						CV	CV				
Überdruck-Trockner	6											
Überdruck-Durchstromtrockner für Wickelkörper	6 1 3 1 1 5 7											

Bedeutung der Buchstabenzeichen:

- **A** Landwirtschaft, Forstwirtschaft
- **C** Chemische Betriebe, Bergbau, Industrie der Steine und Erden
- **H** Holz verarbeitende Betriebe
- **K** Keramische Betriebe
- **L** Leder- und Schuhindustrie
- **M** Metallindustrie einschließlich Gießereien
- **P** Papier- und Pappenindustrie
- **T** Textilindustrie, Wäschereien
- **V** Verschiedene sonstige Wirtschaftszweige (Hauswirtschaft, Nahrungsmittelverarbeitung usw.)

Feinkörnige Stoffe schickt man zweckmäßigerweise durch Kurzzeittrockner, die dem Gut nur kurzen Aufenthalt gewähren, z. B. durch Förderluft-Rohrtrockner. Für viele dünnschichtige Güter kommen die Prallstrahltrockner in Betracht, die gleichfalls schnelle Trocknung ermöglichen. Manche Trockner, z. B. die Mischbehälter- und Tellertrockner, lagern das Gut mit mechanischen Vorrichtungen dauernd um und setzen es so dem Wärmespender und Dampfmitnehmer günstiger aus als andere.

Wenn es die Güter zulassen, verformt oder zerteilt man sie vor dem Trocknen oder breitet sie aus, so daß sie eine möglichst große Oberfläche und geringe Dicke bekommen (Bild 1.58). Dadurch kürzt man die Wege, welche die Wärme und die

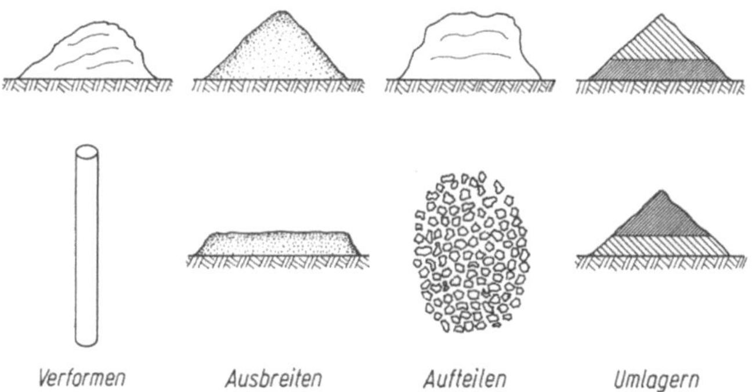

Bild 1.58. Möglichkeiten mechanischer Gutsveränderung.

Feuchte im Gut durchwandern müssen. Auch können die Energieströme dann günstiger hinzutreten. Möglich ist manchmal auch, das Gut innerlich zu lockern und der austretenden Feuchte auf diese Weise günstigere Wege zu geben. Auch dies kann die Trocknerwahl beeinflussen. Manche Güter sollen während des Trocknens zerkleinert werden; man benutzt dafür Schleuderprall- und Mahltrockner. Hingegen dürfen Güter, deren Teilchen keinen Abrieb erleiden sollen, im vorzusehenden Trockner nur geringe oder keine mechanische Behandlung erfahren.

Manche halbfeste oder halbflüssige Güter haben im Anlieferungszustand eine so ungünstige oder wechselnde Konsistenz, daß sie nur schwer durch fließend betriebene Anlagen zu bringen sind. Die Beschickungsvorrichtungen und Trockner für Fließbetrieb arbeiten meistens nur innerhalb enger Grenzen der Gutsbeschaffenheit zufriedenstellend. Bessere Konsistenz läßt sich manchmal erzielen, wenn die Stoffe vor dem Trocknen geknetet oder mit trockenem Gut oder mit Flüssigkeit vermengt werden.

Für Güter, die Lösungsmitteldämpfe freigeben, bevorzugt man Trockner, die mit wenig oder ohne Luft auskommen und daher gestatten, die Dämpfe auf wirtschaftliche Weise zurückzugewinnen. Oft wählt man geschlossene Kontakt- oder Vakuumtrockner.

Darf der Endfeuchtegehalt des Gutes verhältnismäßig hoch liegen, so kann man oft rasch wirkende Trockner verwenden. Zum Abgeben der letzten Feuchtespuren aber brauchen die meisten Güter längere Zeit, also Apparaturen, die ihnen das Verweilen gestatten. Manchmal empfiehlt es sich, zwei Trockner zu kombinieren:

für körniges Gut z. B. den schnell wirkenden Förderluft-Rohrtrockner hinter dem langsamer wirkenden Riesel-Drehrohrtrockner anzuordnen.

Sehr wichtig bei der Trocknerwahl ist die Temperaturempfindlichkeit der Stoffe. Für Güter, die hohe Temperatur vertragen, eignen sich oft Schnelltrockner, dagegen kommen für Güter, die gefroren getrocknet werden müssen, in der Regel nur Langzeittrockner in Betracht. Von allen bekannten Trocknern gestatten die Konvektionstrockner am besten eine bestimmte Gutstemperatur einzuhalten, da man den Luftzustand leicht entsprechend steuern kann. In Kontakttrocknern kann das Gut an den Auflagestellen die Temperatur der Heizflächen annehmen, weshalb solche Trockner für temperturempfindliche Stoffe nur in Betracht kommen, wenn die Trocknung schnell verläuft oder wenn ein Heizmittel niedriger Temperatur zur Verfügung steht. Ebenso eignen sich auch Strahlungstrockner wegen der Gefahr, daß die Güter stellenweise überhitzt werden, für temperaturempfindliche Stoffe im allgemeinen nicht.

Rücksicht muß man auf die Spannungsempfindlichkeit der Güter nehmen. Körper, die schwinden wollen, z. B. Holz und keramische Gegenstände, können unter so starke mechanische Spannungen geraten, daß sie ihre Form verlieren und Risse bekommen. Für solche Güter muß man schonend wirkende und leicht steuerbare Konvektionstrockner benutzen.

Soll das Gut unter Ausschluß des Luftsauerstoffes trocknen, z. B. weil es leicht brennt, so verwendet man entweder Vakuumtrockner oder atmosphärische Trockner, die mit inerten Gasen arbeiten.

Für giftige Stoffe wählt man geschlossene Trockner, für explosible Güter Apparate, die man gefahrlos heizen kann.

Manche Trockner üben starken Einfluß auf die Beschaffenheit des Fertiggutes aus. Meistens muß das Gut gewissen Qualitätsvorschriften genügen, insbesondere wenn das Trocknen der letzte Arbeitsgang vor dem Verpacken oder Versand ist. Beispielsweise müssen Textilgewebe, die nach dem Trocknen nicht mehr eingehen dürfen, spannungslos trocknen. Lebensmittel, Pharmazeutika, Farbstoffe dürfen durch verdorbene Gutsteilchen nicht verunreinigt werden, und manche Güter sollen am Schluß nur geringe Feuchtegehalts- und Qualitätsunterschiede aufweisen, weshalb man sie durch Trockner schickt, die alle Teilchen möglichst gleich behandeln. Oft hängt der Verkaufswert eines Gutes vom Aussehen oder von der Kornfeinheit des Stoffes ab. Von Kontakt-Drehzylindertrocknern z. B. fallen fließfähige Güter in Schuppenform an, von Zerstäubungstrocknern oft in Form kleiner Kugeln. Manche Erzeugnisse sollen im Hinblick auf die Verpackungs- und Versandkosten nach dem Trocknen eine bestimmte Schüttdichte aufweisen.

Satz- oder Fließbetrieb, Gutsdurchsatz. Den Trocknern für Satzbetrieb wird jeweils eine begrenzte Gutsmenge zugeführt und wieder entnommen, ehe sie neu gefüllt werden. Im Fließbetrieb arbeitende Trockner dagegen nehmen einen stetigen oder gleichmäßig unterbrochenen Gutsstrom auf und geben einen ebensolchen ab. Je nachdem, ob das Gut pausenlos oder in regelmäßigen Schüben ein- und ausläuft, unterscheidet man noch zwischen stufenlos und stufenweise betriebenen Trocknern.

In der Regel sind Trockner für Satzbetrieb einfacher und billiger als solche für Fließbetrieb. Sie lassen sich auch leichter betreiben, mit weniger Kosten unterhalten und für wechselnde Güter benutzen. Allerdings verursachen sie höheren Arbeitsaufwand und Heizmittelbedarf. Mit Vorteil wählt man Trockner mit Satzbetrieb für kleine Stoffmengen und für Güter, die nur langsam trocknen. Große Durchsätze dagegen, die schnell die Feuchte abgeben, lassen sich nur im Fließbetrieb wirtschaftlich bewältigen.

Die Wahl zwischen Satz- und Fließbetrieb hat sich auch nach der Arbeitsweise der dem Trockner vor- und nachgeschalteten Maschinen zu richten. Wenn diese Maschinen im Satz- oder Fließbetrieb arbeiten, wird man versuchen, die Betriebsweise des Trockners dem anzupassen.

Einordnungsmöglichkeit. Der Trockner muß vorteilhaft in die gesamte Produktionsanlage einzuordnen sein (s.w.h.). Deshalb hat sich die Trocknerwahl z.B. auch danach zu richten, wie stark das Gut vorentwässert wird, und wie sich die Gutsqualität kontrollieren läßt. Auch die Art der Vorentwässerung, und ob sie stetig oder kontinuierlich geschieht, hat Bedeutung.

Staub-Rückgewinnung. In Trocknern, die dem Trocknungsmittel und dem entstehenden Dampf nur wenig Gelegenheit geben, feine Teile mitzureißen, können die abgehenden Staubmengen so gering sein, daß sie nicht zurückgehalten zu werden brauchen. Zum Beispiel lassen sich Überström-Kammertrockner, Förderbandtrockner oder Kontakt-Zylindertrockner meistens ohne Staubabscheider betreiben. Aber Trockner, die feinteiliges Gut zeitweise oder dauernd in strömendem Mittel suspendiert halten, wie Rieseldrehrohr-, Fluidat- und mehrstufige Rührtellertrockner, brauchen meistens Abscheider. Schwierig und kostspielig kann es sein, die oft sehr feinen Teilchen zurückzugewinnen, die in Förderluft- und Sprühtrocknern entstehen.

Reinigungsmöglichkeit. Wechselt die Art des Gutes häufig und muß vermieden werden, daß sich die unterschiedlichen Stoffe vermischen, oder daß Material im Trockner bleibt und/oder gar festbackt, so muß man einen im Inneren einfach gestalteten, leicht zu reinigenden Apparat verwenden.

Heizmittel. Manche Trockner können nur bestimmte Heizmittel nutzen. Zum Beispiel brauchen Strahlungstrockner entweder Elektrizität oder Brennstoffe, mit denen sie die Strahler genügend hoch erhitzen können, und Vakuumtrockner lassen sich in der Regel nur mit Dampf oder Warmwasser betreiben.

Meistens soll das nötige Heizmittel billig sein; es soll sich außerdem leicht, gefahrlos und gutsschonend verwenden lassen. Besonders billig ist Abdampf. Er kann in vielen Konvektions-, Kontakt- und Vakuumtrocknern benutzt werden, sofern nur verhältnismäßig niedrige Temperaturen erforderlich oder erwünscht sind. Abgase kommen gelegentlich zum Heizen von Kammer-, Kanal-, Rieseldrehrohr- und anderen Trocknern in Betracht. Elektrizität wendet man an, wenn sie eine besonders vorteilhafte Behandlung des Gutes ermöglicht, wenn genügend viel Strom zur Verfügung steht, und wenn die Stromkosten wirtschaftlich vertretbar sind.

Personal. Manchmal spielt der Kenntnisstand des Personals, das den Trockner bedienen muß, eine Rolle. Ungeschultem und technisch unerfahrenem Personal darf man keine verwickelten und schwierig zu bedienenden Apparate anvertrauen.

Platzbedarf. Manche Trockner brauchen viel Grundfläche, andere bauen in die Höhe. Wo wenig Raum zur Verfügung steht, erhalten Anlagen gedrängter Bauart den Vorzug vor anderen.

Energiebedarf. Achten muß man ferner auf den Energiebedarf der Heizung und des Antriebs. Den niedrigsten Heizenergiebedarf haben im allgemeinen die

Kontakttrockner, sofern sie mit kondensierenden oder mit solchen Heizmitteln gespeist werden, die im Kreis zwischen dem Trockner und dem Erhitzer laufen können. Konvektionstrockner und Trockner mit verbundener Heizenergieübertragung haben um so höheren Energiebedarf, je niedriger die Lufttemperatur darin sein muß. Den höchsten Energiebedarf weisen diejenigen brennstoffbeheizten Konvektionstrockner auf, die Wärme von Feuergasen über einen Wärmeübertrager an Luftströme und von diesen zum Gut bringen müssen.

Umweltschutz und Sicherheit. Entstehen beim Trocknen des Gutes luftverunreinigende Stoffe oder Lärm, so ist eine Trocknungsanlage zu wählen, die den Forderungen des Umweltschutzes genügt.

Kein Trockner darf für die Personen, die sich in seiner Umgebung aufhalten, Gefahren bringen, die über das unvermeidliche Maß hinausgehen.

Kosten. Schließlich hängt die Entscheidung bei der Wahl des Trockners stark von den gesamten Anschaffungs-, Betriebs- und Unterhaltungskosten sowie von den Kosten ab, die beim Verwerten oder Entfernen der abfallenden Stoffe und Energien entstehen.

Für wertvolle Produkte kann man hochentwickelte Bauarten, die entsprechend teuer sind, und verfeinerte Energie, z. B. elektrischen Strom oder Heizgas, verwenden; für billige Güter muß man einfache und wohlfeile Apparate und billigste Heizmittel wählen. Wegen der höheren Anschaffungs- und Betriebskosten kommen Vakuumtrockner gegenüber sonst gleichartigen atmosphärischen Trocknern nur in Betracht, wenn sie bessere Produkte liefern oder sonstige Vorteile bieten. Die teuersten Verfahren der Trocknung sind die dielektrische und die Gefriertrocknung; beide benutzt man nur für wertvolle Stoffe, die im trockenen Zustand besondere Qualität aufweisen sollen.

1.2.2.2. Das Verfahren bei der Wahl

Sind die erwähnten Sachverhalte geklärt, so stellt man an Hand der Tabelle 1.6 und der sonstigen Darlegungen in diesem Buch eine Liste von Trocknern auf, die für das betreffende Gut geeignet erscheinen. Evtl. ergänzt man sie durch andere vielleicht bekannte Apparate. Allerdings wird man selten mehr als 4 bis 5 möglicherweise taugliche Trockner finden.

Vergleicht man die Vor- und Nachteile dieser Trockner kritisch miteinander, so kann man meistens einige Apparate von der weiteren Prüfung ausscheiden.

Der nächste Schritt besteht oft in der Vornahme von Versuchen. Dazu benutzt man Apparate, welche die Wirkungsweise der zu erstellenden Trockner möglichst genau nachahmen. Man bekommt auf diese Weise nicht nur ein Bild über die Eignung der Apparate und erkennt unvorhergesehene Betriebsschwierigkeiten, sondern gewinnt auch Unterlagen für die Größenbemessung der Anlagen und kann sich ein Urteil über die Qualität des getrockneten Gutes bilden. Die meisten größeren Herstellerfirmen besitzen Laboratorien, in denen sie Versuche für ihre Kunden durchführen. Zweckmäßigerweise nehmen an diesen Versuchen Vertreter des späteren Benutzers der Anlage teil, die über das Gut und die Einzelheiten der geplanten Fabrikation Bescheid wissen und sowohl das getrocknete Gut als auch die Versuchsergebnisse richtig beurteilen können.

Nach Auswerten der Versuche ist es möglich, die Trocknergröße und Besonderheiten der Konstruktion festzulegen, und der Hersteller kann dann Angaben über den Preis, den Heizenergiebedarf und die nötige Antriebsleistung der Anlage machen.

Zur endgültigen Wahl des Trockners stellt man einen Kostenvergleich zwischen den Bauarten an, die bei den Versuchen als brauchbar erkannt wurden (s. Kap. 4).

Wenn der Trockner auf das Arbeiten der vor- und nachgeschalteten Apparate Einfluß hat, wenn er z. B. deren Leistungsfähigkeit erhöht, so ist darauf ebenfalls zu achten. Manche Trockner ersparen besondere Apparate zum Filtern, Mahlen und Fördern des Gutes, andere liefern ein Produkt, das sich mit verringerten Kosten verpacken läßt. Bei einem gerechten Vergleich muß man insbesondere auch würdigen: die Qualität des trockenen Gutes, die möglichen Staub-, Lösungsmittel- und sonstigen Verluste, die Kosten für Zusatzgeräte, wie Fördervorrichtungen und Staubabscheider. Besonders Unterschiede in diesen letztgenannten Gegebenheiten können starke Unterschiede der Trocknungskosten zur Folge haben.

1.2.3. Möglichkeiten, hygroskopische Stoffe auf niedrige Endfeuchtegehalte zu trocknen

Als hygroskopisch gilt ein Stoff, in dessen nächster Umgebung der Wasserdampf-(partial-)druck niedriger ist als der über einer ebenen Oberfläche reinen Wassers. Es kann schwierig sein, solche Güter auf sehr niedrige Endfeuchtegehalte zu trocknen. Manchmal muß man die Stoffe dazu — wenigstens am Schluß — Bedingungen aussetzen, die nur mit besonderen technischen Mitteln erreichbar sind.

Es ist bekannt, daß Stoffe, aus denen Feuchte verdampft, so lange auf verhältnismäßig niedriger Temperatur bleiben, als sie feucht sind. Erst wenn sie keine Feuchte mehr abgeben, nehmen sie die Höchsttemperatur an, die der Energiespender und die besonderen Bedingungen der Trocknung zu erreichen gestatten. Bei der Konvektionstrocknung ist diese Höchsttemperatur gleich der Temperatur des gutsberührenden Wärmebringers. Also erst am Schluß nimmt das Gut diese Höchsttemperatur an.

Gibt das Gut nach langem Trocknen keine Feuchte mehr ab, so bedeutet das nicht, daß es keine Feuchte mehr enthält; es hat vielmehr nur das hygroskopische Gleichgewicht mit seiner Umgebung erreicht. Das Feuchte/Grundstoff-Massenverhältnis am Schluß hängt von der Art und Temperatur des Stoffes sowie vom Dampfpartialdruck in der Umgebung des Gutes ab.

Das Bild 1.59 gibt diesen Zusammenhang für ein als Beispiel genommenes Gut wieder. Auf der Abszissenachse sind die Gutstemperaturen, auf der Ordinatenachse die Dampfpartialdrücke aufgetragen. Hat das Gut 60 °C und herrscht in seiner Umgebung der Dampfpartialdruck 10 kPa, so strebt der Stoff einem Feuchte/Feststoff-Verhältnis von etwa 8 % zu. Dieses Verhältnis kann er nicht unterschreiten.

Angenommen: Dieses Gut solle auf 2 % Endverhältnis getrocknet werden, und zwar zunächst in reinem Dampf und in einem Apparat, in dem Atmosphärendruck herrscht. Der Dampfdruck in der Umgebung des Gutes ist in diesem Fall also 103,30 kPa. Aus dem Bild geht hervor, daß der Stoff die 2 % Endverhältnis nur erreicht, wenn er auf 138 °C erwärmt wird (Punkt A).

Darf das Gut nur 80 °C annehmen (Punkt *B*), so kann man es an sich auf beliebige Weise in Luft oder im Vakuum trocknen. Man muß nur dafür sorgen, daß der Dampfpartialdruck in seiner Umgebung gegen Ende des Prozesses nicht über 7,1 kPa steigt.

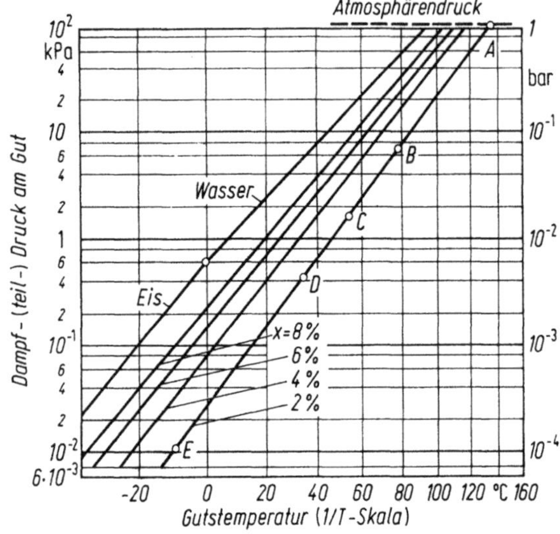

Bild 1.59. Hygroskopisches Gleichgewicht eines Gutes (schematisch).
X Feuchte/Grundstoff-Massenverhältnis im Gut.

Schwieriger ist das Gut bei 55 °C zu trocknen, weil es am Schluß dann selbst nur noch einen Dampfdruck von 1,6 kPa ausüben kann (Punkt *C*). An schwülen Sommertagen darf man dann keine Außenluft über das Gut leiten, weil der Dampfdruck in dieser Luft bereits mehr als 1,6 kPa beträgt und die Luft das Gut also befeuchten würde. Vielmehr muß man die entstehenden Dämpfe abpumpen und in Kondensatoren niederschlagen (wie in Vakuumtrocknern), oder man muß sie zusammen mit vorher entfeuchteter Luft wegführen. Zum Entfeuchten kann in diesem Fall noch Wasser dienen, mit dem man die Luft kühlt (s. Abschn. 1.1.3.1).

Soll das Gut höchstens 35 °C annehmen, so muß man den Dampfdruck in seiner Umgebung auf 0,45 kPa senken (Punkt *D*). Wenn Luft die Wärme zum Gut führt, so muß man diese Luft dann vorher mittels Silicagel, Lithiumchlorid oder dergl. entfeuchten. Man kann das Gut aber auch unter Vakuum setzen, doch muß man die abziehenden Dämpfe dann, wenn es sich um größere Mengen handelt, ausfrieren oder auch an einem Entfeuchtungsmittel niederschlagen.

Noch mehr Aufwand ist nötig, wenn das Gut bei −10 °C fertigtrocknen soll (Punkt *E*), da im Trocknungsraum dann nur ein Dampfdruck von 0,011 kPa herrschen darf. Man wendet in der Regel Vakuum an, braucht aber zum Entfernen des Dampfes große Kondensatoren und Pumpen, weil der Dampf und die nicht kondensierbaren Gase, die ihn begleiten, ein sehr großes Volumen einnehmen.

1.2.4. Einordnen der Trockner

Das Trocknen ist nie der einzige Arbeitsgang, sondern stets nur ein Schritt in einem Gesamtverfahren zur Herstellung eines Gutes. Jeder Trockner muß in den Herstellungsablauf, in die Fabrikationsräume und in die Energieversorgungsanlage eingeordnet werden, und umgekehrt müssen diese Gegebenheiten die vom Trockner gestellten Forderungen erfüllen.

1.2.4.1. Einordnen der Trockner in den Fabrikationsablauf

Viele Güter enthalten von Natur aus viel Wasser, andere bekommen beim Verarbeiten Feuchte zugeführt. Diese Feuchte muß aus den meisten Gütern wieder entfernt werden: mechanisch durch Filtern oder Schleudern, Pressen oder Saugen, thermisch durch Trocknen. Hier interessiert hauptsächlich das Trocknen.

Je nach der Art der herzustellenden Ware und dem Herstellungsverfahren nehmen Trocknungsvorgänge unterschiedliche Plätze im Fabrikationsablauf ein, wie das Bild 1.60 am Beispiel zweier Wolltuche zeigt. In manchen Fällen lassen sich

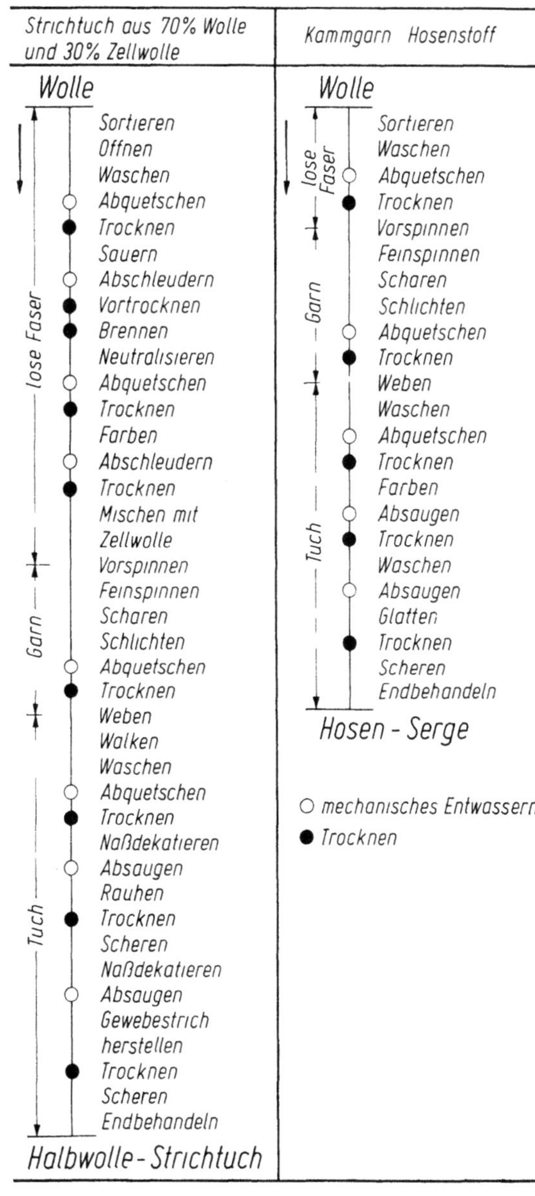

Bild 1.60. Herstellungsgang zweier Wolltuche.

durch zweckentsprechende Apparatewahl einige Verfahrensschritte sparen oder zusammenfassen:

der Durchström-Filtertrockner	filtert und trocknet,
der Förderluft-Rohrtrockner, Förderband-,	
Schnecken-, Riesel-Drehrohr-Trockner	trocknet und fördert,
der Mahltrockner	trocknet und zerkleinert,
der Sprühtrockner	zerteilt und trocknet,
der Rillen-Drehzylindertrockner	trocknet und formt,
der Behältertrockner	trocknet und speichert.

Im allgemeinen ist es billiger, die Feuchte mechanisch zu entfernen als thermisch auszutreiben, und daher schickt man viele Güter durch mechanische Entfeuchter, ehe man sie in die Trockner gibt. Aber auf mechanischem Wege läßt sich meistens nur ein Teil der Feuchte wegschaffen.

Aus dem Stoffdurchsatz, den jede Fabrikationsanlage zu bewältigen hat, ergeben sich die Größen der einzelnen Maschinen und Apparate abhängig von den Zeiten, die zum Stoff- und Energieumsatz nötig sind, sowie entsprechend dem Raumnutzungsgrad der Einrichtungen und der Aufteilung des Durchsatzes auf mehrere Fabrikationseinheiten. Das Trocknen dauert oft verhältnismäßig lange, und deshalb erfordern viele Trockner große Abmessungen. Ihr Anteil am Raumbedarf und an den Kosten der Gesamtanlage kann bedeutend sein.

Im allgemeinen zieht man für größere Durchsätze den Fließbetrieb der ganzen Anlage vor. Aber manche Apparaturen gestatten nur Satzbetrieb. Müssen Anlageteile, deren Schubintervalle unterschiedlich sind, unter sich oder mit fließend betriebenen Apparaten zusammenarbeiten, so häuft sich das Gut an bestimmten Stellen des Verarbeitungsweges an; es muß gespeichert werden, und dazu muß Platz vorhanden sein. Besondere Vorkehrungen erfordert das Stapeln größerer Mengen unhandlicher, vielleicht zerbrechlicher Einzelgegenstände, das Speichern laufender Bahnen, das Bunkern von Haufengütern und das Lagern von Flüssigkeiten. Das Gut muß nicht nur in die Speicherräume gefördert und darin vor Schaden bewahrt werden, es muß auch in stetigem Fluß oder postenweise wieder entnommen werden, und das kann beispielsweise bei klumpigen, anbackenden, zerfallenden, scheuernden oder staubbildenden Haufengütern schwierig sein. Sind nur kleine Gutsmengen zu bewältigen, so lassen sich die nötigen Arbeiten oft mit der Hand erledigen.

In der Regel werden alle Anlageteile für gleiche Arbeitszeiten je Tag, z.B. für 8 oder 16 Stunden-Betrieb, bemessen. Die Trocknungsdauer vieler Güter läßt sich aber diesem Rhythmus nicht anpassen. Vielmehr müssen manche Trockner dauernd laufen, wenn das Gut viele Stunden oder gar Tage Trocknungszeit braucht und durch Betriebsunterbrechungen Schaden leiden könnte. Aber auch andere Trockner sollten im Dauerbetrieb arbeiten, weil sie dann am besten ausgenutzt werden. Während des Stillstandes verliert der Trockner Wärme, und es dauert oft mehrere Stunden, ehe die Sollbedingungen wiederhergestellt sind.

Jeder Trockner arbeitet bei einem bestimmten Gutsdurchsatz am günstigsten. Ein schwach beschickter Trockner entzieht dem Gut möglicherweise unnötig viel Feuchte und braucht für die Mengeneinheit des Gutes zu viel Energie. Ein überlasteter Trockner kann Betriebsschwierigkeiten bereiten und das Gut zu wenig trocknen. Vorteilhaft ist, wenn der günstigste Durchsatz des Trockners mit dem übereinstimmt, den die Gesamtanlage im wirklichen Dauerbetrieb erreicht.

Kann man ein Gut vor dem Trocknen mehr oder weniger stark entwässern, so gibt man es zweckmäßig mit dem Feuchtegehalt in den Trockner, bei dem die Gesamtanlage am günstigsten arbeitet. In der Regel treibt man die Vorentwässerung so weit wie möglich, aber es kann auch zweckmäßig sein, sie ganz entfallen zu lassen, wenn die Gesamtanlage dann einfacher wird und sich Betriebsschwierigkeiten umgehen lassen. Zum Beispiel trocknet man flüssige und halbflüssige Stoffe mir Vorliebe in Sprühtrocknern und vermeidet so, das Gut vorher filtern und nachher mahlen zu müssen. Nie sollte das Gut unnötig stark ausgetrocknet werden, es könnte Schaden leiden. Da die letzten Feuchtespuren nur langsam entschwinden, bedarf es langer Trocknungszeiten und entsprechend großer Trockner, sie zu entfernen. Manche sehr trockenen Güter sind außerdem schwierig weiterzuverarbeiten und entwickeln viel Staub, andere nehmen nach dem Trocknen schnell wieder Feuchte auf.

Schon geringer Wechsel in den Herstellungsbedingungen ändert die physikalischen Eigenschaften mancher Stoffe beträchtlich. Daher kann z. B. ein chemisches Gut zeitweise als lockerer brüchiger Kuchen oder als Schmiere von einem Filter laufen und dementsprechend einwandfrei durch den Trockner gehen oder teils hängen bleiben, zusammenballen und an der Oberfläche verkrusten. Manchmal gelingt es, die Feuchtguteigenschaften durch Zugabe von Flüssigkeit oder von trockenem Gut in besonderen Einrichtungen auszugleichen.

Sind starke Schwankungen des Gutsstroms und seiner Eigenschaften unvermeidlich, so müssen die unterschiedlichen Gutsposten bis zu einem gewissen Grad individuell behandelt werden. In solchen Fällen liefern nur Trockner mit stufenweisem Fließbetrieb gute Ergebnisse und manchmal ist überhaupt nur Satzbetrieb möglich.

1.2.4.2. Einordnen der Trockner in die Fabrikationsräume

Wie die technischen Einrichtungen einer Fabrikationsanlage anzuordnen sind, richtet sich nach den zur Verfügung stehenden Räumen und nach den sonstigen Gegebenheiten. Da diese von Fall zu Fall verschieden sind, können für die räumliche Einordnung der Apparate nur allgemeine Hinweise gegeben werden.

Im Hinblick auf die Trockner sollte die Planung Rücksicht nehmen auf die Notwendigkeit,

das Gut ohne größere Schwierigkeiten an- und abtransportieren zu können,
die Energieträger und Hilfsstoffe leicht zu- und abführen zu können,
die Apparate leicht bedienen und beaufsichtigen zu können,
die Trockner samt Hilfsgeräten auf tragfähige Böden oder Decken zu stellen.

Je nachdem, welche dieser Gesichtspunkte vorrangig sind, wird die Platzwahl verschieden ausfallen.

Fast freie Platzwahl ist in Laboratorien möglich, die nur kleine, handbeschickte, elektrisch oder mit Dampf beheizte Trockner brauchen. Diese Apparate können an beliebiger Stelle stehen und müssen nur leicht zugänglich sein.

In Produktionsanlagen, die verhältnismäßig kleine Stoffmengen, wenn auch vielleicht verschiedener Art, erzeugen, kann das Gut in der Regel von Hand oder mit kleinen Wagen transportiert werden. Vornehmlich brauchen solche Anlagen satzweise arbeitende Trockner. Damit die Apparate zuverlässig beaufsichtigt und genügend ausgenutzt werden, faßt man sie oft in einer besonderen Trocknerei zusammen; auch gewerbepolizeiliche Gründe können hierfür sprechen.

Für manche Sprengstoffe und andere explosible Güter sind gesonderte Trocknungshäuser nötig, die mit Schutzwällen umgeben sind.

Trockner, die den Wind als Trocknungsmittel brauchen, müssen an Plätzen stehen, die der Außenluft den Zutritt gestatten.

In Fabrikanlagen mit Fließbetrieb werden die einzelnen Fertigungsstationen so hintereinander angeordnet, wie der durch das Verfahren gegebene Stofffluß nahelegt. Dabei können die verschiedenen Stationen in mehreren, evtl. auch übereinander befindlichen Räumen untergebracht sein. Am günstigsten ist stets, wenn zwischen den Stationen nur ganz einfache oder überhaupt keine Fördergeräte nötig sind, wenn das Gut z. B. als laufende Bahn von allein zur nächsten Station wandert oder nur von der Gewichtskraft gefördert wird.

Sorge bereiten kann der Transport und das Bunkern halbfester-halbflüssiger Stoffe und feuchter Haufengüter. In der Anlage gemäß Bild 1.61 ist beides vermieden. Das Gut wird als Flüssigkeit vom Rührbehälter zum Drehfilter gepumpt. Als

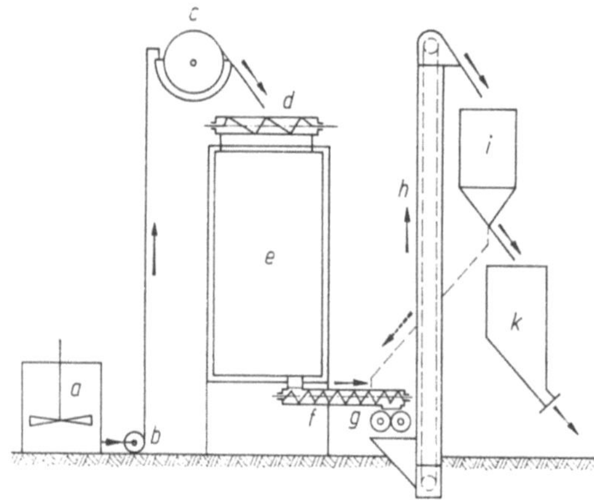

Bild 1.61. Beispiel für räumliche Einordnung des Trockners in einen Chemiebetrieb, der das Gut als halbfesten Stoff zum Trockner liefert.
a Rührbehälter; b Pumpe; c Drehfilter; d Aufteilvorrichtung; e Trockner; f Schnekkenförderer; g Walzenmühle; h Becherwerk; i Kornklassierer; k Bunker.

Paste fällt es von allein vom Filter zur Aufteilvorrichtung und in den Trockner, und erst als trockenes, rieselfähiges Haufwerk wird es von einer Schnecke zu einer Mühle und von dort mit einem Becherwerk mechanisch weiterbefördert.

Viele Trockner lassen sich ohne Schwierigkeiten in höher gelegenen Stockwerken unterbringen. Aber schwere Apparate oder solche, die Erschütterungen hervorrufen, muß man auf Fundamente im Erdgeschoß stellen. Bunker, aus denen das Gut abgesackt wird, versieht man mit Ausläufen in etwas mehr als Sackhöhe über dem Fußboden.

Der extreme Fall unbeweglichen Gutes kommt in Gießereien für schwere Gegenstände vor. Dort müssen Heißlufterzeuger zu den im Boden befindlichen Formen gebracht werden und Heißluft in die Formen blasen, damit sie trocknen.

Die Landwirtschaft gebraucht fahrbare Trockner für Getreide und Gras, die abwechselnd auf verschiedenen Feldern oder Höfen arbeiten.

1.2.4.3. Wahl des Heizmittels

Als Heizmittel sei das Medium bezeichnet, das die Energie für die thermischen Vorgänge im Trockner zur Anlage trägt. Dort wird die Energie über Energiewandler (z.B. über Feuerungen) oder über Heizkörper zum Gut geliefert, wobei oft Luft als Zwischenträger dient. Manche gasförmigen Heizmittel geben ihre Energie unmittelbar an das Gut ab.

Je nach den Bedingungen der Trocknung sind unterschiedliche Heizmittel nötig. Über die Temperaturbereiche, in denen einige Heizmittel vornehmlich benutzt werden, gibt Tabelle 1.7 Auskunft.

Von der Art und dem Preis des Heizmittels hängen stark die Kosten der Trocknung ab. In der Regel schließt man die Trockner an das Energieversorgungsnetz des eigenen Betriebes oder an dasjenige eines öffentlichen Versorgungsunternehmens an, sofern man sie nicht mit Kohle oder Öl heizt.

Tabelle 1.7. Temperaturbereiche der Heizmittel

Heizmittel	Temperatur des Heizmittels, °C
Unterdruckdampf	65 bis 95
Warmwasser	30 bis 95
Abdampf (0 bis 0,8 bar Überdruck)	100 bis 116
Heißwasser	120 bis 180 (200)
Niederdruckdampf (2 bis 6 bar Überdruck)	133 bis 164
Dampf mit 6 bis 12 (bis 20 bar Überdruck)	164 bis 191 (bis 213)
Hochsiedende organische Flüssigkeiten (Thermoöle)	−30 bis 400
Elektrisch erhitzte Körper	200 bis 750
Heißgase, mit Luft vermengt	200 bis 1 200

1.2.4.3.1. Wasserdampf als Heizmittel

Er ist der meistbenutzte Energieträger und gibt die Energie, wenn er als Sattdampf bei einem bestimmten Druck kondensiert, bei annähernd gleichbleibender Temperatur ab. Das bringt in vielen Prozessen Vorteile.

Da zum Erzeugen von Dampf hohen Druckes und hoher Arbeitsfähigkeit nur wenig mehr Energie aufzuwenden ist als für Dampf niedrigen Druckes, so läßt man den Dampf in großen Betrieben mechanische Arbeit leisten, ehe man ihn als Heizmittel nutzt. Dazu schickt man ihn meistens durch Turbinen, die elektrische Stromerzeuger antreiben, und entnimmt ihn am Turbinenende als Unterdruckdampf, Abdampf oder Gegendruckdampf oder aus Zapfstellen an der Turbine als Zwischendampf. Insbesondere Fabriken, die viel mechanische Energie brauchen, kuppeln vorteilhaft die Erzeugung mechanischer und thermischer Energie.

Sehr viele Trockner arbeiten mit Heizdampf von 0,5 bis 6 bar Überdruck. Mit Unterdruckdampf lassen sich Trockner speisen, die das Gut nur wenig zu erwärmen brauchen.

In Einzelfällen läßt sich Dampf, der aus wasserhaltigem Trocknungsgut entsteht, als Heizmittel für Trockner mit niedriger Arbeitstemperatur benutzen.

Damit der Dampf in den Leitungen bis zum Trockner nicht kondensiert, sollte er in den Erzeugern etwas überhitzt werden. Große Dampferzeuger müssen in besonderen Kesselhäusern aufgestellt werden. Für Anlagen, die nicht mehr als 500 kg Dampf/h brauchen, gibt es Schnelldampferzeuger geringen Wasserinhalts, die in Arbeitsräumen direkt neben den Trocknern stehen dürfen. Kleine Erzeuger können sogar mit den Trocknern vereinigt sein.

In den Trocknern strömt der Dampf durch Heizkörper, worin er kondensiert und Wärme abgibt. Das Kondensat fließt über Dampfsperren (Kondensatableiter), evtl. auch über weitere Heizkörper, zu Sammelbehältern und wird von dort zu den Erzeugern zurückgepumpt [94]. Gelegentlich läßt man den Dampf auch gasförmig zu weiteren Abnehmern strömen und in Sonderfällen führt man überhitzten Dampf unmittelbar über das Gut.

Von der Brennstoffenergie, die den Dampferzeugern zugeführt wird, erscheinen 70 bis 80 % im Dampf wieder: der Hauptteil als latente Energie (als Verdampfungsenthalpie), ein kleiner Teil als Überhitzungsenthalpie. Aus den Trocknern nimmt das Kondensat 15 bis 30 % der Dampfenergie mit fort.

So wünschenswert — energiewirtschaftlich gesehen — es sein kann, den Dampf bis zu sehr niedrigen Drücken mechanisch zu nutzen, so können doch heiztechnische Gründe dagegen sprechen. Mit Niederdruckdampf gespeiste Trockner brauchen größere Heizkörper und müssen manchmal größer gebaut werden, sind daher auch teurer als andere Trockner gleicher Leistungsfähigkeit. Für Unterdruck-Heizungsanlagen sind Vakuumpumpen und besondere Armaturen nötig. Solche Anlagen sind auch schwieriger als andere zu betreiben, und es gelingt kaum, Dampfdrücke unter 0,25 bar zu halten.

Man kann die Wärmeabgabe von Dampfheizkörpern einigermaßen zuverlässig einstellen, indem man den Dampfstrom mittels genügend enger Ventile mehr oder weniger drosselt, oder indem man Teile der Heizfläche zu- oder abschaltet. Dünnwandige Heizkörper aus Metall sind auch leicht zu regeln, denn sie verändern ihre Außentemperatur verhältnismäßig schnell, wenn der Dampfstrom oder der Dampfzustand geändert wird. Mit Dampf läßt sich ein sauberer Betrieb verwirklichen.

1.2.4.3.2. Heizwasser

Offene Warmwasserheizungen mit Wassertemperaturen bis ungefähr 95 °C, wie in Gebäuden, kommen in der Trocknungstechnik wenig vor. Dagegen sind Heißwasserheizungen viel in Gebrauch. Das sind Heizungen geschlossener Bauart, in denen das Wasser als Energieträger so unter Druck steht, daß es Temperaturen über der zum Atmosphärendruck gehörenden Siedetemperatur haben kann.

In einer solchen Heizung wird das Wasser dauernd zwischen dem Erhitzer und den Abnehmern umgepumpt. Eine Verteilleitung führt es zu den Abnehmern, und in einer Sammelleitung läuft es zurück. Innerhalb der Abnehmer strömt das Wasser durch die Heizkörper, die ihm Energie entnehmen.

Die Rohrführung, Bedienung und Überwachung von Heißwasserheizungen sind einfach, der Betrieb ist sauber.

Die Wärmeabgabe der Heizkörper läßt sich mit Drosselventilen in den Zuflußleitungen einstellen. Je schwächer der Wasserstrom ist, der durch einen Heizkörper fließt, desto stärker kühlt er sich ab und desto besser wird er also ausgenutzt. Infolgedessen nimmt die Wärmeabgabe des Heizkörpers nicht proportional mit dem Wasserstrom ab, sondern weniger stark; der Strom muß stark gedrosselt werden, ehe die Wärmeabgabe merklich nachläßt. Aber dabei entstehen große Temperaturunterschiede zwischen der Ein- und der Austrittsstelle und infolgedessen wird das Medium, das den Heizkörper berührt, ungleich erwärmt. Man kann dem entgegenwirken, indem man die Abnehmer mit Pumpen ausstattet, die ständig einen kräftigen Wasserstrom im Kreislauf durch die Heizkörper treiben.

Die großen Wassermassen, die sich in den Heißwasser-Heizkörpern und Leitungen befinden, können bei Regelvorgängen ihre Temperatur nur langsam ändern. Daher folgt auch die Wärmeabgabe der Heizkörper nur langsam den Änderungen des eintretenden Heißwasserstromes.

1.2.4.3.3. Thermoöle

Wasserdampf und Heißwasser gestatten, in Trocknern höchstens Temperaturen von etwa 200 °C auf wirtschaftliche Weise zu erzielen. Für Prozesse bei Temperaturen zwischen 150 und 300 °C bevorzugt man Heizanlagen, die mit umlaufenden Thermoölen bei atmosphärischem Innendruck arbeiten. Wenn sie nach DIN 4754 [95] und VDI 3033 [96] erstellt werden, benötigen diese Anlagen keine besondere Zulassung der zuständigen Behörden; sie brauchen auch kein besonderes Kesselhaus und auch keine ständige Aufsicht. Mit besonderen Thermoölen und bei erhöhtem Innendruck laufen Anlagen, die Vorlauftemperaturen bis 400 °C erreichen.

Man fordert von den Ölen zahlreiche Eigenschaften, unter anderem: hohe Siedetemperatur, niedrige Erstarrungstemperatur, thermische Beständigkeit, niedrige Viskosität und keine korrosive Wirkung auf die Apparatebaustoffe. Von den zahlreichen im Handel befindlichen Thermölen seien hier nur genannt

	Einsatzbereich
Mineralölfraktionen verschiedener Art	$+10$ bis 310 °C
Diphenyl-Diphenyloxid (Diphyl oder Dowtherm)	$+12$ bis 257 °C, unter Druck bis 400 °C
Siliconöl PD 5	-30 bis 270 °C, unter Druck bis 360 °C

1.2.4.3.4. Heizluft

Gelegentlich dient als Heizmittel Luft, die vorher in Öfen oder anderswo als Kühlmittel wirkte oder die außerhalb der Trocknungsanlage Wärme von heißen Flüssigkeiten, von Dampf oder Verbrennungsgasen aufnahm. Solche Luft sollte möglichst rein, mit annähernd gleichbleibender Temperatur und in gleichbleibendem Strom angeliefert und aus wirtschaftlichen und technischen Gründen nur über kurze Strecken geleitet werden, da sie große Leitungsquerschnitte braucht.

1.2.4.3.5. Verbrennungsgase

Als Energieträger viel benutzt werden Verbrennungsgase, entweder als unmittelbar von einer Feuerung kommende Frischgase, oder als Abgase, die einen Teil der ursprünglich mitbekommenen Energie bereits in einem Dampfkessel, einer Verbrennungskraftmaschine oder sonstwo abgegeben haben. Die Frischgase werden meistens mit kalter Luft vermengt und dadurch auf die gewünschte Temperatur gebracht, ehe sie in den Trockner treten. In zahlreichen Trocknern übertragen solche Gase Wärme direkt an das Gut, in anderen indirekt über Heizwände, einen Zwischenträger oder über beides.

Trocknen mit Frischgasen, insbesondere direktes Trocknen, kann (falls Erzeugen mechanischer Energie aus der Energie der Gase nicht interessant ist, s. o.) sehr wirtschaftlich sein, weil es die Verluste mindert, die sich auf dem Wege zwischen dem Energiewandler und dem Gut sonst unvermeidlich ergeben. Allerdings läßt sich die Energie der Gase thermisch nie voll ausnutzen, weil sie im Trockner bis zum Schluß verhältnismäßig hohe Temperatur behalten und mit dieser abströmen müssen. Es entsteht der sogenannte Abgasenergieverlust.

Ruß, Schwefeldioxid und andere Stoffe in manchen Verbrennungsgasen schädigen gewisse Güter.

1.2.4.3.6. Brennstoffe

Brennstoffe können in Feuerräumen innerhalb der Trockner wie auch außerhalb verbrannt werden. Die thermische Energie, die dabei aus der chemischen Energie der brennbaren Substanzen entsteht, geht größtenteils in die Verbrennungsgase über. Verluste entstehen, weil Wärme durch die Feuerraumwände nach außen dringt, und weil der Brennstoff evtl. nicht vollständig ausbrennt. Unverbrannte Gase, Flugkoks, Ruß und Brennstoff in den Herdrückständen und im Rostdurchfall treten dann auf. Am stärksten ins Gewicht fällt aber meistens der sog. Abgasenergieverlust [97].

Die Verbrennungsgase tragen die Energie unmittelbar zum Trocknungsgut oder geben sie an einen Zwischenträger ab.

Fast alle Brennstoffe enthalten Wasser oder Wasserstoff und liefern daher als Verbrennungserzeugnisse neben anderen Stoffen Wasserdampf. Der Dampf kann Einfluß auf die Trocknung haben.

Unerwünscht ist hoher Schwefelgehalt. Von festen Brennstoffen geht ein Teil des Schwefels in die Asche und Schlacke über, der Rest verwandelt sich mit O_2 in SO_2 oder SO_3 und wird so Bestandteil der Verbrennungsgase. Schon Spuren dieser Schwefelverbindungen, insbesondere aber SO_3, erhöhen die Taupunktstemperatur der Gase beträchtlich und wirken, wenn sie in Wasser gelöst sind, auf viele Baustoffe stark korrodierend. Sie können auch das Gut schädigen.

Feste Brennstoffe. Verwendet werden hauptsächlich Steinkohlen und daraus gewonnene Produkte, wie Koks und Briketts.

Braunkohle, Torf und Holz haben fast nur örtliche Bedeutung. Fabriken im Kohlenrevier bevorzugen heimische Brennstoffe. Werke, die brennbare Abfälle ohnehin beseitigen müssen, verfeuern gern diese.

Feste Brennstoffe sind nach dem spezifischen Heizwert, nach dem Gehalt an Wasser, Schlacke, an flüchtigen Bestandteilen und Schwefel sowie nach der Körnung, der Beschaffenheit des Koksrückstandes und den Schlackeneigenschaften zu beurteilen. Je nach diesen Gegebenheiten und nach der Kohlenmenge, die stündlich zu verbrennen ist, sind unterschiedlich gestaltete Feuerungen erforderlich.

Nahe den Feuerungen sind Brennstoffvorräte zu halten. Asche und Schlacke müssen von Hand oder automatisch entfernt werden. Eine Rostfeuerung in Gang zu bringen oder außer Betrieb zu setzen dauert jeweils geraume Zeit; auch folgen die meisten Feuerungen für feste Brennstoffe nur langsam eventuellen Änderungen des Energiebedarfs. Je nach den Umständen schwankt die Temperatur der Rauchgase beträchtlich. Aus diesen Gründen werden feste Brennstoffe in Trocknungsanlagen nur noch selten benutzt.

Flüssige Brennstoffe. Für Kleinfeuerungen kommen nur leichte Heizöle in Betracht, das sind Öle geringer Viskosität, niedrigen Stockpunktes und hoher Reinheit, die sich im Lieferungszustand leicht pumpen und zerstäuben lassen. Große Feuerungen verbrennen die billigeren und zähflüssigeren schweren Heizöle, die im allgemeinen angewärmt werden müssen, ehe sie gefördert, zerstäubt und verbrannt werden können.

Der Schwefelgehalt leichter Heizöle liegt in der Regel unter 1 %, der von schweren Ölen kann bis zu 3,5 % betragen.

Ölfeuerungen haben guten Wirkungsgrad, sind schnell ein- und auszuschalten, brauchen fast keine Bedienung und lassen sich leicht automatisch regeln. Das Öl ist leicht und sauber zu transportieren, erfordert nur verhältnismäßig geringen Lagerraum und ermöglicht reinlichen Betrieb der Anlagen.

Brennbare Gase. In Deutschland am meisten benutzt werden sogenanntes Stadtgas (aus Gaswerken), Ferngas (aus Kokereien) und Erdgas (aus Bodenvorkommen). Kleinere Marktanteile haben: Generatorgas, Propan und Butan.

Brennbare Gase sind zu beurteilen nach dem auf das Normvolumen bezogenen Heizwert, nach der Zusammensetzung, der Dichte, der Zündgeschwindigkeit, nach der Neigung, Ruß zu bilden, sowie nach dem Druck. Wichtig sind auch die Gleichmäßigkeit der Brenneigenschaften und die Reinheit.

Gase aus den öffentlichen Verteilnetzen brauchen nicht im Vorrat gehalten zu werden, lassen sich leicht auf zahlreiche Brennstellen verteilen, sind im Anlieferungszustand verbrennungsbereit und verbrennen rückstandslos. Gasfeuerungen sind ständig leistungsbereit, leicht ein- und auszuschalten, gewährleisten rauch- und rußlosen Betrieb und ermöglichen weitgehend selbsttätige Leistungsregelung.

1.2.4.3.7. Elektrischer Strom als Heizmittel

In manchen Gebieten, die weit von natürlichen Brennstoffvorkommen entfernt sind und billigen Strom aus Wasserkräften haben, kann die elektrische Energie mit der Brennstoffenergie preislich konkurrieren. Überall sonst jedoch dient elektrischer Strom als Heizmittel beim Trocknen nur, wenn die auszutreibenden Feuchtemengen verhältnismäßig klein sind, oder wenn der Nachteil des hohen Energiepreises durch herstellungstechnische Vorteile, durch geringen Raumbedarf der elektrischen Anlagen oder dadurch ausgeglichen wird, daß die elektrische Energie ein Gut von besserer Qualität und günstigerem Preis zu erzeugen gestattet.

Elektrische Energie kann besonders leicht zu den Abnehmern geleitet und auf beliebig viele und beliebig angeordnete Heizkörper verteilt werden. Sie ermöglicht oft, die Trockner sehr einfach — falls nötig auch beweglich — zu gestalten, schnell ein- und auszuschalten sowie leicht zu regeln und sauber zu halten.

1.2.4.4. Wahl des Trocknungsmittels

Die Trocknungsmittel haben die Aufgabe, Energie zum Gut zu tragen. Als Träger dienen:

    Luft,
    Verbrennungsgase, Verbrennungsgas-Luft-Gemische,
    Dampf, auch solcher aus dem Gut,

besondere Gase,
Flüssigkeiten,
körnige, mit Luft oder anderen Gasen aufgewirbelte Feststoffe.

Am Gut nimmt das Trocknungsmittel Dampf auf und mischt sich mit ihm. Den Trocknungsraum erfüllt es so, daß der Gesamtdruck der anwesenden Gase eine bestimmte Höhe, beispielsweise die der äußeren Atmosphäre, annimmt.

Der Trockner muß die verdampfte Gutsfeuchte als Gas, Flüssigkeit oder Eis abführen. Ist die Feuchte mit dem Trocknungsmittel vermengt, so muß er also auch das Trocknungsmittel entfernen, es sei denn, er trennt die Stoffe vorher und behält das Mittel zurück.

Wasserdampf und Luft oder Verbrennungsgase sind, nachdem sie den Trockner durchlaufen haben, meistens wertlos und werden gemeinsam ins Freie entlassen. Dagegen müssen von Stoffgemengen mit teueren Mischungspartnern die wertvollen von den anderen Partnern getrennt und wiedergewonnen werden, was einen gewissen Aufwand erfordert. Ist das Trocknungsmittel der wertvolle Teil, so führt man es innerhalb der Trocknungsanlage im Kreis und gibt von außen nur so viel neues Mittel hinzu, wie aus der Anlage entweicht [98].

Selbstverständlich sollten Trocknungsanlagen, die teuere Gase und Dämpfe enthalten, möglichst dicht sein. Anlagen mit billigem Gasinhalt jedoch dürfen meistens an geeigneten Stellen Öffnungen nach außen haben, sofern nicht hygienische Gründe dagegen sprechen.

Das weitaus am meisten benutzte Trocknungsmittel ist die Luft, die in beliebigen Mengen und nahezu kostenlos aus dem Freien genommen werden kann; es folgen Verbrennungsgase und überhitzter Wasserdampf. Andere Trocknungsmittel, die teurer sind, werden verwendet,

wenn das Gut mit den zuerst genannten Mitteln nicht in Berührung kommen darf, und

wenn besondere Wirkungen erzielt werden sollen.

Von gasförmigen Trocknungsmitteln besonderer Art sind hauptsächlich Stickstoff und in besonderen Fällen Lösungsmitteldämpfe in Gebrauch. Je nach der Art des Mittels und nach der verdampfenden Feuchte ergeben sich am Gut unterschiedliche Wärmeübergangs- und Stoffübergangskoeffizienten α und β und also auch unterschiedliche Verhältnisse α/β (s. Abschn. 2.3.1.1.1). Dadurch stellen sich auch andere Temperaturen und Dampfpartialdrücke an den Verdunstungsstellen ein. Aber auch die nötigen Querschnittsflächen S für die Strömung und die Antriebsleistung P zum Bewegen des Gases wechseln mit der Gasart. Aus den Gesetzen des Wärmeübergangs und der Strömungslehre ist unter der Voraussetzung, daß Feuchte nur an der Oberfläche des Gutes verdunstet, abzuleiten, daß

$$\alpha = C \frac{w^m}{l^{1-m}} \cdot Pr^n \frac{\lambda}{v^m}, \tag{1.20}$$

$$S = \frac{\Phi}{w\,\Delta\vartheta} \cdot \frac{1}{\varrho c_{\mathrm{p}}}, \tag{1.21}$$

$$P = \frac{\zeta \Phi w^2}{2\eta\,\Delta\vartheta} \cdot \frac{1}{c_{\mathrm{p}}} \tag{1.22}$$

ist.

Tabelle 1.8 gibt für einige Gase das Verhältnis dieser Größen zu den entsprechenden für Luft an, wobei der an das Gut abzugebende Energiestrom Φ, der Temperaturabfall $\Delta\vartheta$, die Geschwindigkeit w und der Strömungsweg l am Gut als gleich vorausgesetzt sind; ζ bedeutet die Widerstandszahl des durchströmten Systems und η den Wirkungsgrad des Förderorganes. Ferner bezeichnet Pr die Prandtl-Zahl, λ die Wärmeleitfähigkeit, ν die kinematische Viskosität, ϱ die Dichte und c_p die spezifische Wärmekapazität des Gases. C ist eine Konstante; für m wurde 0,5 und für n 1/3 gesetzt.

Tabelle 1.8. Verhältnis der Werte von α, S und P bei Verwendung besonderer Gase zu den Werten bei Verwendung von Luft als Trocknungsmittel (Wasserdampfhaltiges Gut, 100 °C und 1 bar vorausgesetzt)

Gasart	Relative Molekülmasse	Verhältnis der Wärmeübergangskoeffizienten α	Verhältnis der nötigen Querschnittsflächen für den Gasstrom	Verhältnis der Energiebedarfszahlen P für die Gasbewegung
Wasserstoff	2,02	2,70	0,99	0,07
Helium	4,0	1,97	1,40	0,19
Wasserdampf	18,0	0,91	0,89	0,53
Stickstoff	28,0	1,01	0,99	0,97
Luft	29,0	1	1	1
Sauerstoff	32,0	1,03	0,97	1,07
Kohlendioxid	44,0	0,98	0,70	1,07
Benzol	78,1	1,40	0,28	0,75
Hexan	86,2	1,89	0,17	0,50
Heptan	100,2	1,91	0,14	0,50

Von den auf der Zahlentafel genannten Gasen kommen als Trocknungsmittel vornehmlich Wasserdampf, Stickstoff und Luft in Betracht. Von diesen vermittelt Stickstoff den lebhaftesten und Wasserdampf den schwächsten Wärmeübergang. Luft fordert verhältnismäßig weite Strömungskanäle und damit auch große Ventilatoren, Heizkörper und Staubabscheider; Wasserdampf gestattet, engere Kanäle zu wählen. Niedriger Energiebedarf ergibt sich mit Wasserdampf, hoher Aufwand ist bei Verwendung von Luft nötig.

1.2.4.5. Energienutzung

Weitaus die meisten Trockner nutzen Energie, die aus Wasserkräften, Brenn- oder Spaltstoffen stammt; einige verwenden Sonnenstrahlung oder Energie, die sie der Außen- oder Raumluft entnehmen.

Im allgemeinen streben die Energiewirtschaftler danach, aus den Primärenergien möglichst viel „geordnete" Energie, insbesondere mechanische Arbeitsfähigkeit und elektrische Energie zu gewinnen, denn solche Energie läßt sich — wenigstens theoretisch — mit geringen Verlusten in jede andere Energieform umwandeln.

Ein Stoffstrom, der in einem offenen Prozeß seine spezifische Enthalpie um $(h_1 - h_\mathrm{u})$ und seine spezifische Entropie um $(s_1 - s_\mathrm{u})$ verringert und Wärme nur bei der thermodynamischen Umgebungstemperatur T_u abgibt, kann im günstigsten Fall, nämlich bei reversibel ablaufender Zustandsänderung, die Arbeit

$$e = (h_1 - h_u) - T_u(s_1 - s_u) \tag{1.23}$$

leisten. Die kinetische und die potentielle Energie des Stoffstromes sind dabei
außer Betracht gelassen. e heißt spezifische Exergie (der Enthalpie) des Stoffstromes; sie ist der in jede andere Energieform umwandelbare Teil der Enthalpie
des Stromes; der übliche Teil ist die Anergie. Der Fußzeiger 1 deutet auf den Aus-
gangszustand, der Zeiger U auf den Zustand bei Umgebungsbedingungen hin [99].

Die Umwandelbarkeit der Primärenergie ist bei der potentiellen Energie gespei-
cherten Wassers theoretisch zu 100 %, bei der chemischen Energie der Brennstoffe
zu 95 bis 99 % gegeben. Ruhende Umgebungsluft von der Temperatur T_u dagegen
bietet nur noch Energie der ungeordneten Bewegung der Moleküle, nur noch Anergie.

In den Trocknern wird reine Exergie — meistens aus dem elektrischen Netz —
hauptsächlich zum Antrieb von Ventilatoren, Pumpen und mechanischen Förder-
mitteln gebraucht. Die Energie zum Heizen jedoch braucht nicht ganz umwandelbar zu sein, sie darf einen hohen Anteil Anergie haben. Ein solcher Anteil ist sogar
prozeßtechnisch notwendig.

Die Trockner übertragen die Energie der Heizmittel in der Regel auf Stoffe,
die gegenüber der Umgebung verhältnismäßig geringe Temperatur-, Druck- oder
Geschwindigkeitsunterschiede haben. Wie die Thermodynamik lehrt, „entwerten"
sie dadurch die Energie, die sie aufnehmen, sie vergeuden „kostbare" Exergie und
verwandeln sie in „wertlose" Anergie.

Man könnte dies vermeiden, wenn man stark irreversible Prozesse ausschalten
würde, insbesondere: Verbrennung bei hoher Temperatur und Vermischen der
heißen Feuergase mit kalter Luft, Wärmeübertragung bei großen Temperatur-
unterschieden, Stoffübertragung bei großen Konzentrationsunterschieden, sowie
Drosselung von Dampf- und Luftströmen. Aber dieser Weg ist selten gangbar
oder führt zu hohen Investitions- oder anderen Kosten.

Oft zwingt man die Träger der Primärenergie in besonderen Anlagen zuerst so
viel Exergie abzugeben, wie gesamtwirtschaftlich sinnvoll ist, und schickt sie erst
in die Trockner, wenn sie nur noch wenig Exergie haben. Die Trockner müssen
sich dann z. B. mit Niederdruckdampf, mit Abdampf aus Dampfturbinen, oder
mit Verbrennungsgasen aus Kesselfeuerungen oder solchen aus Gasturbinen als
Heizmittel begnügen und mit entsprechend niedrigen Temperaturen arbeiten. In
manchen Fällen allerdings ist das aus technologischen Gründen nicht möglich.

Aus der Gl. (1.23) lassen sich für jeden Prozeßschritt in einer Anlage die Exergieverluste berechnen, wofür das Schrifttum Anleitung gibt.

Das Bild 1.62 zeigt den Stoff-, Energie- und Exergiefluß in einer als Beispiel
gewählten Anlage. Aus Kohle entstehen in der Feuerung heiße Verbrennungsgase,
die im Kessel Wärme an den Hochdruckdampf abgeben. Die Turbine wandelt die
Energie des Dampfes zum Teil in mechanische Energie um; den Dampf liefert sie
zum Trockner, wo er kondensiert und Wärme an die Trocknungsluft überläßt.
Der Trockner seinerseits gibt alle Energie, die er empfängt, wieder ab, einen großen Teil mit der Abluft. Er „vernichtet" also keine Energie.

Im Niederdruckdampf aus der Turbine stecken nur noch 28 % der Exergie der
Kohle (s. Exergieflußbild). Viel Exergie geht beim Verbrennungsprozeß verloren
sowie beim Wärmeübergang zwischen den Verbrennungsgasen und dem Dampf

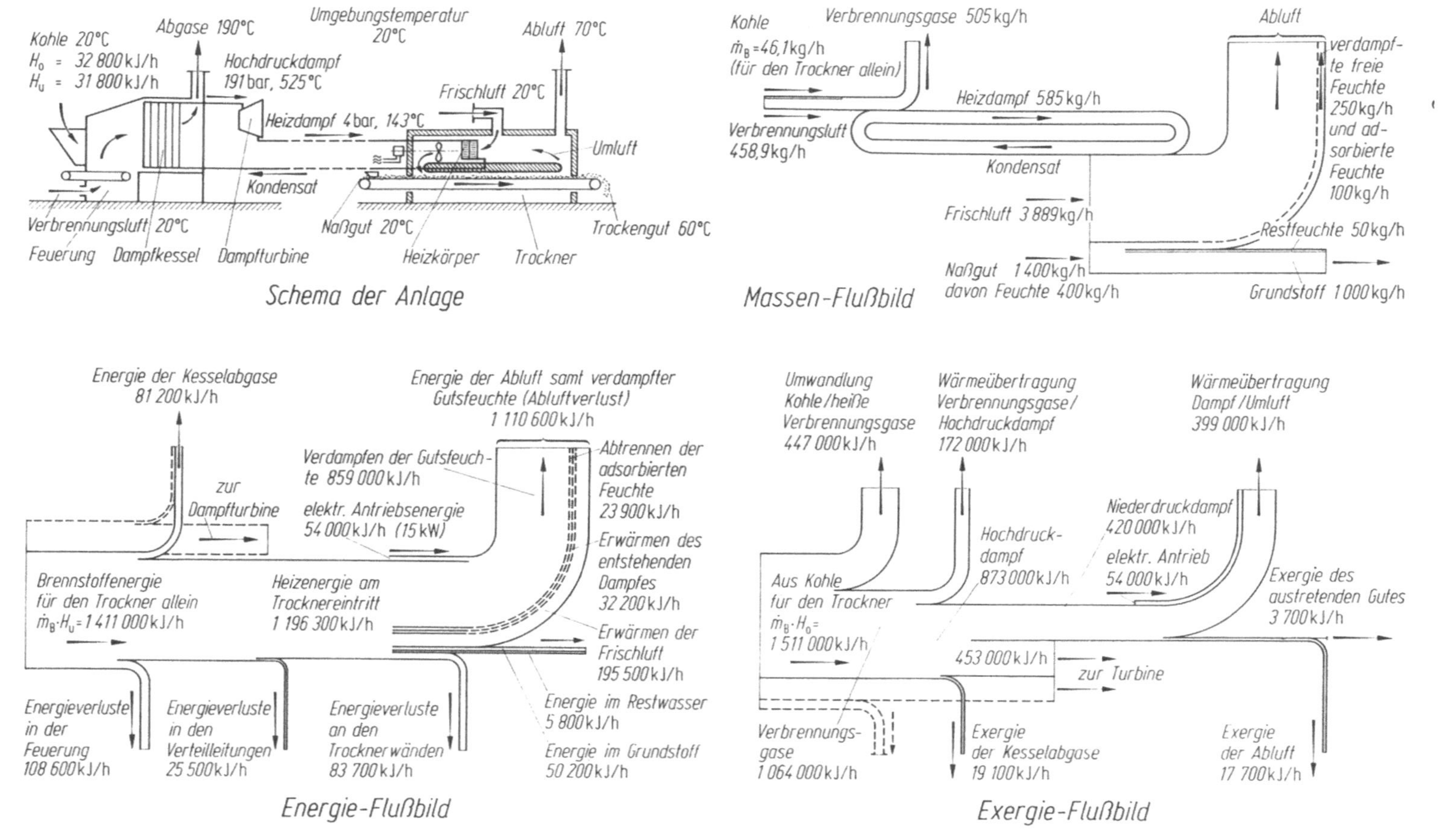

Bild 1.62. Stoff-, Energie- und Exergiefluß in einer Anlage mit Feuerung, Dampfkessel, Turbine und dampfbeheiztem Konvektionstrockner. (Die Druckverluste der Luft und Rauchgase sind außer Betracht gelassen.)

und zwischen dem Dampf und der Trocknungsluft. Diese Exergieverluste entstehen, weil die zugelieferte Energie beim Verbrennen der Kohle mit (kalter) Luft zwar in Verbrennungsprodukte relativ hoher Temperatur überführt, aber im Trockner doch nur in Stoffen niedriger Temperatur genutzt wird. Die Abluft und das Gut schleppen fast keine Exergie aus dem Trockner, sondern nur noch ungeordnete innere Energie.

Schon frühzeitig hat man versucht, abgehende Energie nutzbringend zu verwerten. Allerdings sind diesem Bestreben enge Grenzen gesetzt, weil die einzusparenden Energiekosten oft durch Mehrkosten anderer Art aufgewogen werden. Man nennt die betreffenden Verfahren etwas ungenau „Wärmerückgewinnungsverfahren" und wendet sie vornehmlich in größeren Anlagen an. Voraussetzung dazu ist, daß die Wärmeübertrager nicht verschmutzen oder sonst zu Betriebsschwierigkeiten Anlaß geben.

Prinzipiell ist es nach dem Dargelegten im Bereich niedriger Temperaturen nicht sinnvoll, Luft und andere Stoffe mit hochwertigen Energieträgern (wie Brenstoffen oder elektrischen Strömen) zu erwärmen. Dazu bieten sich vielmehr Abwärmeströme an.

Kann das austretende Gut noch viel Energie abgeben, so bringt es manchmal Gewinn, die Frischluft damit anzuwärmen. Umgekehrt kann das eintretende Gut mitunter einen Teil der Abluftenergie übernehmen.

Nahe liegt auch, die zuströmende Frischluft in einem Wärmeübertrager mit der Abluft zu erwärmen (s. Bild 1.2). Soll die verdampfte Gutsfeuchte dabei nicht aus der Abluft kondensieren, so lohnt sich das Verfahren, wenn viel Abluft mit niedrigem Dampfgehalt aus dem Trockner tritt.

Beträchtliche Ersparnis gelingt, wenn ein namhafter Teil der verdampften Gutsfeuchte gezwungen werden kann, zu kondensieren und Energie abzugeben. Leider fehlt innerhalb desselben Systems oft die Gelegenheit dazu. So könnte im Beispiel nach Bild 1.62 die Frischluft äußerstenfalls 18 % der Abluftenthalpie aufnehmen. Man kann die Abluft aber z.B. durch Röhren leiten, die Fabrikationsräume heizen, oder man kann mit ihr warmes Wasser bereiten. Auf diese Weise nutzen manche Fabriken die Abluftenthalpie von Trocknern [100].

Kein fremdes System braucht benutzt zu werden, wenn man den Trockner in mehrere Stufen zerlegt. Dann kann das Dampf-Luft-Gemisch, das aus der jeweils vorhergehenden Stufe entweicht, als Heizmittel für die nächste Stufe dienen. In der Anlage gemäß Bild 1.63 streicht die Abluft aus dem Haupttrockner a durch den Wärmeübertrager e und gibt dort Wärme an die Frischluft des Vortrockners h ab. Wenn der Vortrockner viel mehr Luft einzieht als der Haupttrockner abgibt, gelingt es, die Abluft des Haupttrockners stark zu kühlen und einen namhaften Teil ihrer Energie für den Vortrockner zu gewinnen. Ein Maß für die Energieersparnis ist der Kondensatstrom, der bei f abfließt.

Kondenswasser aus Dampfheizkörpern, das mit mehr als 100 °C an die Atmosphäre tritt, verdampft zum Teil wieder und nimmt etwa 100 °C an. Es kann, nachdem es die Dampfsperren verlassen hat, noch zum Erwärmen kälterer Stoffe, z.B. von Frischluft, dienen.

Manchmal nutzen brennstoffbeheizte Trockner einen Teil der warmen Abluft als Verbrennungsluft.

Aus vielen Lacktrocknern strömt heiße Luft mit Lösungsmitteldämpfen geringer Konzentration ab. Ein Teil dieser Dämpfe kann als zusätzliches Heizmittel dienen.

Im Gegensatz zur kostbaren Exergie aus den Versorgungsbetrieben — aus den oft weit entfernten Berg- und Kraftwerken — steht die Anergie als innere Energie der Umgebung jederzeit und überall in jeder Menge zur Verfügung. Sie ist leicht heranzuholen und kann immer wieder verwendet werden. Von dieser Möglichkeit machen Trockner Gebrauch, die mit Wärmepumpen arbeiten und nur einen kleinen Teil der nötigen Heizenergie von einer Exergiequelle beziehen.

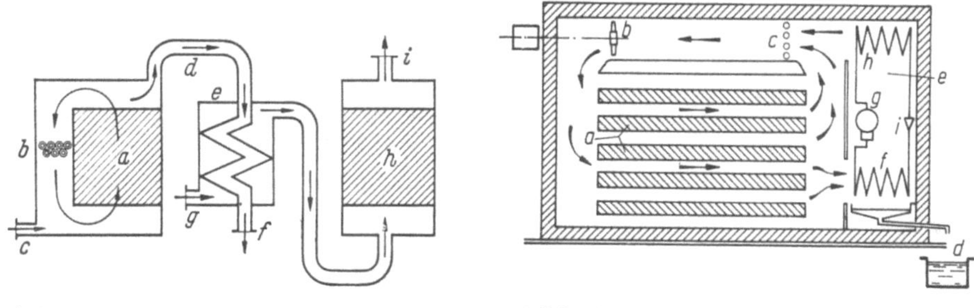

Bild 1.63   Bild 1.64

Bild 1.63. Schema eines zweistufigen Trockners, der die Abluftenergie der ersten Stufe in der zweiten Stufe nutzt.
a Haupttrockner; *b* Heizkörper; *c* Frischlufteintritt des Haupttrockners; *d* Abluftrohr des Haupttrockners; *e* Wärmeübertrager; *f* Abzug für Kondenswasser und Abluft des Haupttrockners; *g* Frischlufteintritt des Vortrockners; *h* Vortrockner; *i* Abluftrohr des Vortrockners.

Bild 1.64. Schema einer Trocknungsanlage mit Wärmepumpe.
a Trocknungsgut; *b* Umluftventilator; *c* Hilfsheizkörper zum Anwärmen der Anlage; *d* Auffanggefäß für kondensierte Feuchte; *e* Wärmepumpe, umfassend: *f* Luftkühler (Kältemittelverdampfer); *g* Kompressor; *h* Lufterhitzer (Kältemittelverflüssiger); *i* Drossel.

Die Wärmepumpen arbeiten ähnlich wie Kältemaschinen, laufen jedoch bei höheren Temperaturen. Im Trockner nach Bild 1.64 gibt ein Teilstrom der feuchten Umluft im Kühler *f* Wärme an das Kältemittel ab und verliert dabei Dampf, der als Kondensat bei *d* abfließt. Entfeuchtet geht die Luft zum Erhitzer *h*, wo sie vom Kältemittel wieder Wärme aufnimmt; danach kehrt sie erhitzt zum Trockner zurück. Die Wärmepumpe arbeitet nach dem Kältemitteldampf-Kompressionsverfahren. Das flüssige Mittel verdampft im Luftkühler *f* bei der niedrigen Temperatur T_0 und bei entsprechend niedrigem Druck. Es bekommt im Kompressor *g* mechanische Leistung zugeführt, indem es unter hohen Druck gebracht und dabei erwärmt wird. Dann strömt das Kältemittel zum Lufterhitzer *h*, wo es bei der hohen Temperatur T kondensiert. Nachdem die Flüssigkeit das Drosselventil *i* durchströmt hat, beginnt sie den Kreislauf von neuem.

Die Wärmepumpe hebt sozusagen den Wärmestrom Φ_0, den der Umluftstrom im Kühler abgibt, von der thermodynamischen Temperatur T_0 auf die Temperatur T, verzehrt dabei im Kompressor die mechanische Leistung P und gibt im Lufterhitzer den Wärmestrom $\Phi > \Phi_0$ ab. Man nennt das Verhältnis

$$\varepsilon = \frac{\Phi_0 + P}{P} \tag{1.24}$$

den Leistungsgrad; er gibt an, wieviel mal mehr Heizleistung von der Wärmepumpe geliefert als dem Kompressor an mechanischer Leistung zugeführt wird. Für den thermodynamischen Idealprozeß — den Carnot-Prozeß — ist

$$\varepsilon_{id} = \frac{T}{T - T_0}.\qquad(1.25)$$

Für $t_0 = 30\,°C$, entsprechend $T_0 = (30 + 273{,}15)$ K, und $t = 60\,°C$ zum Beispiel ergibt sich $\varepsilon_{id} = 11{,}3$. Der wirkliche Arbeitsprozeß ist allerdings mit verschiedenen Verlusten behaftet, weshalb der wirkliche Leistungsgrad ε nur das 0,35- bis 0,65-fache des idealen beträgt.

Da die Luft den Wärmestrom, den sie im Entfeuchter (Kühler) entzogen bekommt, samt zusätzlicher Energie im Erhitzer wieder zugeführt erhält, so sind das Entfeuchten und das Heizen der Luft stark miteinander gekoppelt.

Nach den Gln. (1.24) und (1.25) kann eine Anlage, die im Trocknungsraum einen bestimmten Feuchtestrom verdunsten und im Kühler niederschlagen soll, deren Wärmepumpe also der Luft einen bestimmten Wärmestrom Φ_0 entziehen muß, dies bei einem vorgeschriebenen Leistungsgrad ε — bei einer gewünschten Wirtschaftlichkeit — nur bewirken, wenn die Temperaturspanne $(T - T_0)$, innerhalb der das Kältemittel arbeiten muß, genügend klein bleibt. Andererseits muß $(T - T_0)$ aber doch größer sein als der Temperaturabfall $\Delta\vartheta_L$, den die Luft auf ihrem Wege vom Erhitzer durch den Trocknungsraum und durch den Kühler erfährt, denn zwischen dem Kältemittel und der Luft muß im Kühler und im Erhitzer ein Temperaturgefälle bestehen, wenn die Wärmeströme Φ_0 und Φ übergehen sollen. Ein kleiner Temperaturabfall der Luft ergibt sich jedoch nur, wenn der Luftstrom stark und so feucht ist, daß er nur wenig gekühlt zu werden braucht, um die Feuchte zu verlieren. Die Forderung nach hoher Luftfeuchte im Trockner widerspricht aber oft dem Wunsch, das Gut schnell und auf niedrigen Endfeuchtegehalt trocknen zu können.

In einstufigen Anlagen mit Kolbenkompressoren werden Drücke bis höchstens 25 bar angewendet; sie entsprechen Verflüssigungstemperaturen der benutzbaren Kältemittel bis zu 120 °C. An sich könnten die Trockner mit diesen Mitteln Umlufttemperaturen bis zu 100 °C erreichen. Aber die derzeit bekannten Schmiermittel halten so hohen Temperaturen im Langzeitbetrieb nicht stand.

Die Wärmepumpe kann normalerweise den Wärmebedarf des Trockners allein decken. Nur zum Aufheizen des Gutes und der Anlage wird zusätzliche Wärme über Hilfsheizkörper zugeführt.

1.2.5. Allgemeines über das Bemessen der Trockner

1.2.5.1. Die Grundlagen zum Bemessen der Trockner

Wenn man die Hauptabmessungen bestimmen will, die ein zu bauender Trockner braucht, muß man als erstes wissen, in welcher Zeit das Gut vom Anfangs- in den gewünschten Endzustand übergehen kann. Man bekommt diese Information durch Beobachtungen an ausgeführten Trocknern in Produktionsbetrieben oder durch Umrechnen von Versuchsergebnissen aus Pilotanlagen. Oft dienen als Berechnungsgrundlagen Versuchsergebnisse, die in Laboratoriumsgeräten unter zweckmäßig

Tabelle 1.9. Berechnung der beteiligten Massen

Gesucht (Fußzeiger 1 weist auf Naßgut, 2 auf Trockengut, s auf Grundstoff)		Gegeben das Feuchte/Grundstoff-Massenverhältnis X am Anfang und Ende			Gegeben der Feuchtegehalt W am Anfang und Ende		
		Naßgut-masse m_1	Trockengut-masse m_2	Grundstoff-masse m_s	Naßgut-masse m_1	Trockengut-masse m_2	Grundstoff-masse m_s
Naßgutmasse	m_1	m_1	$m_2 \dfrac{X_1 + 1}{X_2 + 1}$	$m_s(X_1 + 1)$	m_1	$m_2 \dfrac{1 - W_2}{1 - W_1}$	$m_s \dfrac{1}{1 - W_1}$
Trockengutmasse	m_2	$m_1 \dfrac{X_2 + 1}{X_1 + 1}$	m_2	$m_s(X_2 + 1)$	$m_1 \dfrac{1 - W_1}{1 - W_2}$	m_2	$m_s \dfrac{1}{1 - W_2}$
Grundstoffmasse	m_s	$m_1 \dfrac{1}{X_1 + 1}$	$m_2 \dfrac{1}{X_2 + 1}$	m_s	$m_1(1 - W_1)$	$m_2(1 - W_2)$	m_s
Feuchtemasse im Naßgut	$m_w 1$	$m_1 \dfrac{X_1}{X_1 + 1}$	$m_2 \dfrac{X_1}{X_2 + 1}$	$m_s X_1$	$m_1 W_1$	$m_2 W_1 \dfrac{1 - W_2}{1 - W_1}$	$m_s \dfrac{W_1}{1 - W_1}$
Feuchtemasse im Trockengut	$m_w 2$	$m_1 \dfrac{X_2}{X_1 + 1}$	$m_2 \dfrac{X_2}{X_2 + 1}$	$m_s X_2$	$m_1 W_2 \dfrac{1 - W_1}{1 - W_2}$	$m_2 W_2$	$m_s \dfrac{W_2}{1 - W_2}$
zu entziehende Feuchtemasse	m_D	$m_1 \dfrac{X_1 - X_2}{X_1 + 1}$	$m_2 \dfrac{X_1 - X_2}{X_2 + 1}$	$m_s(X_1 - X_2)$	$m_1 \dfrac{W_1 - W_2}{1 - W_2}$	$m_2 \dfrac{W_1 - W_2}{1 - W_1}$	$m_s \left(\dfrac{1}{1 - W_1} - \dfrac{1}{1 - W_2} \right)$

gewählten (evtl. standardisierten) Bedingungen gewonnen wurden und die den Ablauf der Trocknung erkennen lassen. Wenn nur der Feuchtegehalt des Gutes herabgesetzt, sonst aber keine Änderung bewirkt werden soll — wie im folgenden unterstellt sei — so kann man die nötige Trocknungszeit in günstigen Fällen und bei Kenntnis der wissenschaftlichen Grundlagen des Verfahrens auch rechnerisch ermitteln.

Als zweites muß man die Bahn und die Bewegungsgeschwindigkeit des Gutes im Trockner bestimmen. Viele Trockner, z. B. die Förderbandtrockner, bewegen alle Gutsteile auf genau vorgeschriebenen gleichen Wegen und gestatten, die Fördergeschwindigkeit zu variieren. Wenn die Teile gleich schnell trocknen, kann die Durchlaufzeit in diesen Fällen genau gleich der nötigen Trocknungszeit gemacht werden. In anderen Trocknern aber, z. B. in Sprühtrocknern, werden unterschiedliche Gutsteile von unterschiedlichen Kräften auf unterschiedlichen Bahnen bewegt und laufen daher auch unterschiedlich lange durch den Trocknungsraum. Nur für ganz bestimmte Teile läßt sich hier die Laufzeit der nötigen Trocknungszeit angleichen; wegen der langsamer trocknenden Teile muß der Trockner evtl. „überdimensioniert" werden. Zum Bemessen solcher Trockner braucht man Erkenntnisse über die Wege und Laufzeiten der Gutsteile und über die Streuung dieser Größen. Man gewinnt sie aus Beobachtungen an ausgeführten Trocknern oder an geeigneten Modellen oder Pilotanlagen. In einfachen Fällen kann man die Bewegungen mittels der Gesetze der Mechanik und der Aerodynamik vorausberechnen.

Selten allerdings sind alle Gesetze, Stoffwerte und Einflußgrößen, die das Geschehen im Inneren und an der Oberfläche des Gutes, im Trocknungsraum sowie in den Übertragungsorganen des Trockners bestimmen, genau bekannt. Daher kann man die „richtigen" Trocknerabmessungen meistens nur ungefähr bestimmen. Oft sind dabei nur grobe Überschlagsrechnungen an Hand einfacher Gleichungen sinnvoll.

In der Wissenschaft und in einigen Produktionszweigen wird das Massenverhältnis der Feuchte zu den übrigen Stoffen im Gut durch das „Feuchte/Grundstoff-Massenverhältnis" X, also nach Formel (0.2), gekennzeichnet; in der chemischen, Lebensmittel-, Leder- und Pappenindustrie wird es im allgemeinen durch den Feuchtegehalt W nach Formel (0.1) ausgedrückt. Die Massen, die am Trocknungsvorgang beteiligt sind, ergeben sich aus den Formeln in Tabelle 1.9.

Ein Laboratoriumsversuch unter betriebsnahen Bedingungen habe ergeben, wie der Feuchtegehalt W einer Probe des Gutes mit der Zeit abnimmt, Linie W in Bild 1.65a. Aus dem Diagramm greift man die gesuchte Trocknungszeit t als horizontalen Abstand zwischen den Punkten der Kurve ab, die dem anfänglichen Feuchtegehalt W_1 und dem gewünschten Endfeuchtegehalt W_2 (Punkt E) zugeordnet sind.

Die ebenfalls oft gesuchte durchschnittliche Trocknungsgeschwindigkeit $\bar{g}_\mathrm{D}$ findet man aus der Feuchtemasse m_D, die während der Zeit t aus dem Gut entweicht (Berechnung von m_D s. Tab. 1.9), und aus der Fläche A, welche die Feuchte abgibt (oder die als Bezugsfläche benutzt wird):

$$\bar{g}_\mathrm{D} = \frac{m_\mathrm{D}}{A\,t}. \tag{1.26}$$

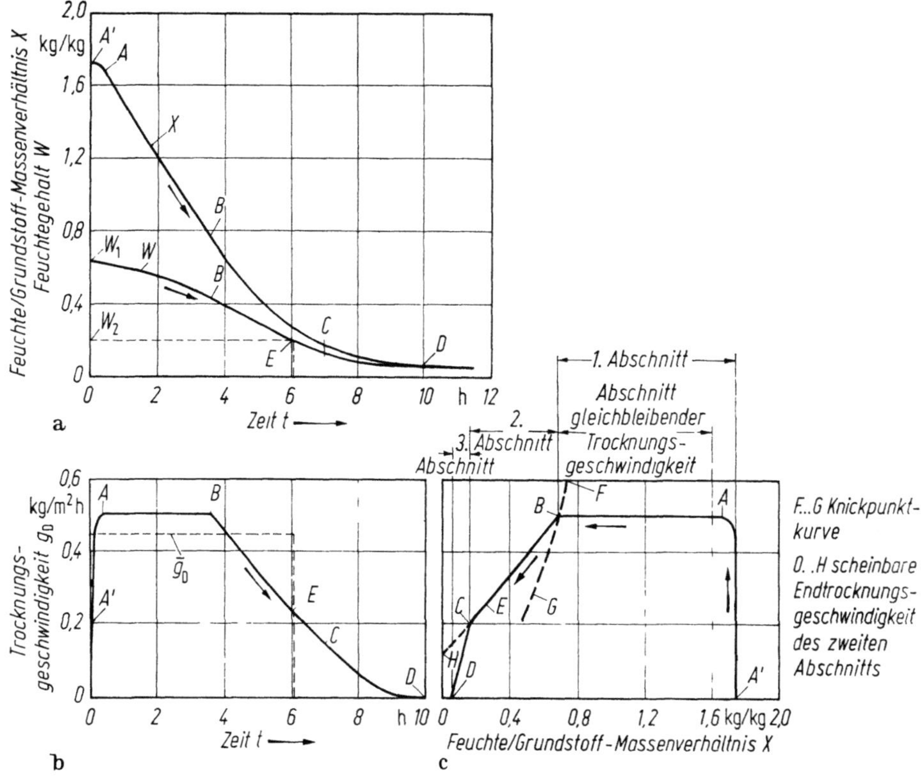

Bild 1.65. Verschiedene Darstellungen des Verlaufes der Konvektionstrocknung unter gleichbleibenden Bedingungen.

Wenn 1 kg Naßgut von $W_1 = 0{,}2$ auf $W_2 = 0{,}1$ abtrocknet, so entweichen $(W_1 - W_2)/(1 - W_2) = 0{,}112$ kg Feuchte. Beim Trocknen von 0,9 auf 0,8 dagegen verdampfen 0,5 kg, also das 4,5fache an Feuchte, obwohl beide Massen auf der W-Kurve gleich langen Ordinatenabschnitten entsprechen. Man sieht, die W-Kurve gibt ein verzerrtes Bild des wirklichen Feuchteverlustes, und zwar, weil W auf die veränderliche Größe $(m_W + m_S')$ bezogen ist. Zum Analysieren des Vorgangs ist es besser, man bezieht den Feuchteanteil am Gut auf die gleichbleibende Grundstoffmasse m_S und drückt ihn also durch Gl. (0.2) aus.

Wie das Feuchte/Grundstoff-Massenverhältnis X bei einer typischen konvektiven Trocknung unter gleichbleibenden Bedingungen verläuft, zeigt die Linie X von Bild 1.65a. Die Kurve gibt zwischen A' und A den Anlaufvorgang wieder und enthält im dargestellten Fall ein gerades Stück $A{-}B$, das einem Abschnitt gleichbleibender Trocknungsgeschwindigkeit entspricht. Aus der W-Linie ist dieses Stück nicht zu erkennen.

Durch Differenzieren der X-Linie erhält man den Quotienten aus Feuchte/Grundstoff-Massenverhältnis und Zeit, dX/dt, daraus die augenblickliche Trocknungsgeschwindigkeit

$$g_D = \frac{m_S}{A}\frac{dX}{dt} \qquad (1.27)$$

und damit Bild 1.65b. Die ausgezogene Linie dort zeigt, wie sich der austretende Feuchtestrom mit der Zeit ändert.

Im Bild 1.65c ist die Trocknungsgeschwindigkeit über dem jeweiligen Feuchte/ Grundstoff-Verhältnis X aufgetragen. In dieser Darstellung treten drei Abschnitte deutlich hervor, nämlich

der 1. Trocknungsabschnitt oder Abschnitt reiner Oberflächenverdampfung $A'-B$, von dem der Teil $A-B$ der Abschnitt gleichbleibender Trocknungsgeschwindigkeit ist (der aber nur unter gleichbleibenden Bedingungen auftritt, sofern das Gut nicht schrumpft),
der 2. Abschnitt oder Abschnitt innerer Verdampfung der freien Feuchte an einer zurückweichenden Verdampfungsfront, $B-C$,
der 3. Abschnitt des Entweichens und inneren Ausgleichs der gebundenen Feuchte, $C-D$.

(Die Darstellung im Bild 1.65c ist rein schematisch. Statt geraden folgt die Trocknung oft gekrümmten Linien.)

In den genannten Abschnitten verläuft die Trocknung nach sehr verschiedenen Gesetzen (s. [4]). Man zeichnet Diagramme gemäß Bild 1.65c, wenn man erkennen will, wie man Versuchsergebnisse auf die Bedingungen im wirklichen Trockner umrechnen kann. Im dargestellten Fall, wo der Vorgang bei E enden soll, würde der sehr langsam verlaufende dritte Trocknungsabschnitt entfallen.

Nicht jede Trocknung verläuft in drei Abschnitten. Je nach Gutsart und Trocknungsbedingungen fehlt der eine oder andere Abschnitt. Nichthygroskopische Stoffe können nur im ersten und zweiten Abschnitt trocknen, hygroskopische Stoffe unter Umständen nur im dritten.

Entweicht außer Kapillar- und adsorbiertem Wasser noch Kristall- oder Konstitutionswasser, so sind, wenn auch manchmal nur undeutlich, weitere Abschnitte zu erkennen.

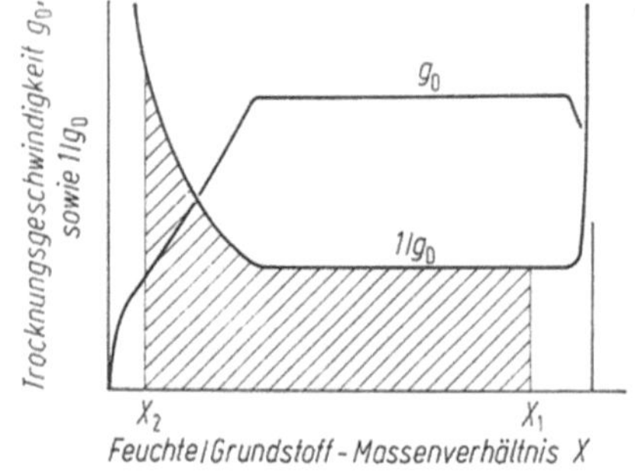

Bild 1.66. Bestimmen der Trocknungszeit t aus dem Verlauf der Trocknungsgeschwindigkeit g_D zwischen den Feuchte/Grundstoff-Massenverhältnissen X_1 und X_2.

Ein mit Hilfe theoretischer Überlegungen (s. [4]) auf wirkliche Bedingungen umgerechneter Trocknungsverlauf sei durch die g_D-Kurve in Bild 1.66 gegeben. Aus ihm und aus Gl. (1.26) ergibt sich für die Zeit zum Abtrocknen des Gutes X_1 auf X_2:

$$t = \int_{X_2}^{X_1} \frac{dm_D}{A} \frac{1}{g_D} = \frac{m_S}{A} \int_{X_2}^{X_1} \frac{1}{g_D}\, dX. \tag{1.28}$$

Man zeichnet den Kehrwert von g_D über X und integriert graphisch (schraffierte Fläche im Bild 1.66). Ist die Trocknungsgeschwindigkeit im Bereich X_1 bis X_2 konstant, so folgt unmittelbar:

$$t = \frac{m_S}{A} \frac{X_1 - X_2}{g_D}. \tag{1.29}$$

Über den Verlauf der Temperatur einer beidseitig überströmten Platte in einem unter gleichbleibenden Bedingungen arbeitenden Konvektionstrockner für ruhendes Gut gibt Bild 1.67a Auskunft. Von anfänglich ϑ_{S1} steigt die Gutstemperatur zunächst nur ungefähr bis zur Feuchtthermometertemperatur ϑ_f und bleibt auf dieser Höhe so lange, wie Feuchte nur an der Gutsoberfläche verdunstet. Erst wenn die Verdunstungsstellen in das Gutsinnere zurücktreten, nimmt die Temperatur wieder zu, an der Oberfläche schnell, im Gutsinneren langsamer. Verdunstet keine Feuchte mehr, so erreicht das Gut die Lufttemperatur ϑ_L.

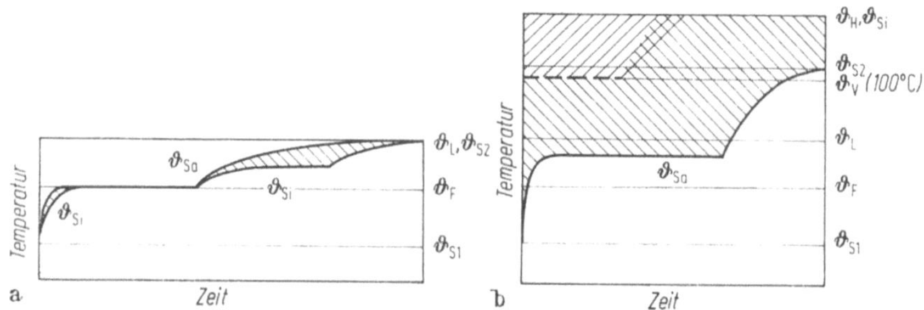

Bild 1.67. Temperaturverlauf des Gutes bei der Konvektionstrocknung (a) und Kontakttrocknung (b) unter gleichbleibenden Bedingungen (schematisch).
ϑ_{Sa} Temperatur an der freien Oberfläche, ϑ_{Si} Temperatur in der Mittelschicht bzw. nahe der Heizfläche, ϑ_{S1} Anfangstemperatur, ϑ_{S2} Endtemperatur, ϑ_H Heizflächentemperatur, ϑ_V Siedetemperatur der Gutsfeuchte, ϑ_L Lufttemperatur, ϑ_f Feuchtthermometertemperatur der Luft.

In einem mit Normaldruck arbeitenden Kontakttrockner für ruhendes poröses Gut verläuft die Temperatur gemäß Bild 1.67b, wobei unterstellt ist, daß die Heizflächentemperatur ϑ_H über der Siedetemperatur ϑ_V der Gutsfeuchte liegt, und daß im Gutsinneren keine nennenswerten Druckunterschiede entstehen können. Die an die Heizfläche grenzende Gutsfeuchte verdampft als erste und bildet eine zeitlang eine Schicht überhitzten Dampfes an der Heizfläche und im Gut (Leydenfrostsches Phänomen), wogegen die Grundstoffteilchen, die an der Heizfläche liegen, ungefähr deren Temperatur annehmen. An der freien Gutsoberfläche stellt sich die Temperatur anfänglich auf eine zwischen der Feuchtthermometertemperatur ϑ_f und der Siedetemperatur ϑ_V liegende Höhe ϑ_{Sa} ein. Aber sobald die Oberflächenschicht trocken wird, steigt ihre Temperatur auf einen zwischen der Heizflächen- und der Lufttemperatur liegenden Wert ϑ_{S2}.

1.2.5.2. Übertragen von Versuchsergebnissen

Versuche, die als Vorarbeit für Planungen dienen, kann man selten in großen Trocknern machen, meistens muß man verhältnismäßig kleine Apparate dazu verwenden. Da taucht die Frage auf, ob und wie man die Ergebnisse auf große Trockner übertragen darf.

Rein aerodynamische Fragen und solche des Wärme- und Stoffübergangs werden häufig durch Modellversuche geklärt, bei denen aus Beobachtungen am Modell auf die Vorgänge im technischen Trockner geschlossen wird. Eine der Bedingungen dafür, daß man die Ergebnisse übertragen darf, ist, daß Modell und Großausführung einander geometrisch ähnlich sind. Je nach der Art der Aufgabe kommen noch weitere Bedingungen hinzu: Zum Beispiel verlaufen Strömungsvorgänge, bei denen nur die Trägheits- und die Reibungskräfte eine Rolle spielen, bekanntlich nur dann einander ähnlich, wenn die Reynolds-Zahl die gleiche ist. Schweben feste Teilchen in einem Gasstrom, so haben ihre Beschleunigungen und Geschwindigkeiten an ähnlich gelegenen Stellen nur dann ein festes Verhältnis zu denen im Modell, wenn außer der Reynolds-Zahl noch das Verhältnis der auf sie wirkenden Trägheits- zu den Gewichtskräften, die Froude-Zahl, übereinstimmt. Nur dann beschreiben sie auch ähnliche Bahnen.

Die Bewegungsvorgänge der Wärme und Feuchte im Gut können nicht an Modellsubstanzen beobachtet werden, da es keine Substanz gibt, die der Arbeitssubstanz in jeder Hinsicht ähnlich ist: die ähnliche Kapillarräume besitzt, ähnliche Kraftwirkungen auf die Feuchte ausübt usw. Auch das Entstehen mechanischer Spannungen, Veränderungen des Gutes in den groben bis molekularen Dimensionen und andere Nebenvorgänge lassen sich nur am wirklichen Gut studieren.

Stets sollte man Versuchsergebnisse daraufhin prüfen, ob alle Gegebenheiten im Gut und ob alle Einwirkungen auf das Gut, die im geplanten Apparat auftreten werden, auch beim Versuch vorhanden waren. Von Versuchen im Kleinen darf man nur dann gültige Auskünfte über den Trocknungsverlauf im Großen erwarten,

a) wenn die Probe und das wirkliche Gut der Art und der anfänglichen inneren Feuchteverteilung nach vollkommen übereinstimmen. Hatte das Gut vor dem Versuch zu wenig Feuchte und wurde es daher angefeuchtet, so ist nicht sicher, daß die innere Struktur des Gutes unverändert blieb und daß die zugesetzte Feuchte sich richtig verteilt hat,

b) wenn die Abmessungen der Probe und des Gutes — die Teilchengrößen, die Schichtdicken usw. — dieselben sind,

c) wenn die Temperatur-, Strahlungs-, Stoffkonzentrations- und Geschwindigkeitsfelder in der Umgebung des Gutes übereinstimmen,

d) wenn das Gut während des Versuches in gleicher Weise mechanisch behandelt wurde wie im großen Trockner.

Daß die Forderungen a) und b) erfüllt sein müssen, scheint selbstverständlich zu sein, jedoch werden zu Versuchen oft Proben angeliefert, die keineswegs repräsentativ für das wirkliche Gut sind. Eine Möglichkeit zum Umrechnen ist dann nicht gegeben.

Hat die Probe anfänglich einen vom wirklichen Gut nicht allzu stark abweichenden Feuchtegehalt, so kann man mit Hilfe der Gesetze, die für die einzelnen Trocknungsabschnitte gelten, manchmal auf den wirklichen Trocknungsverlauf schließen. Nicht gerechtfertigt ist es, die Kurve des Feuchteverlaufs (Bild 1.65a) weit über das Stück hinaus zu verlängern, das durch den Versuch belegt ist, oder ein Stück aus der Kurve auszuschneiden.

An anderen Stellen gibt dieses Buch Formeln für die Trocknungsgeschwindigkeiten an, die sich unter bestimmten — meistens idealisierten — Voraussetzungen ergeben. Mit ihrer Hilfe kann man aus gemessenen Trocknungsgeschwindigkeiten auf die Geschwindigkeiten unter anderen Bedingungen schließen, wenn sicher ist, daß die den Formeln zugrunde liegenden Voraussetzungen auch unter diesen Bedingungen erfüllt sind, und wenn man die Kenngrößen und Stoffwerte kennt, die man zum Umrechnen braucht. Manchmal allerdings machen sich im Versuchsgerät oder in der Großausführung Nebeneinflüsse geltend, die sich rechnerisch kaum erfassen lassen; zum Beispiel kann schüttfähiges Gut unter geänderten Bedingungen agglomerieren, zerfallen, verkrusten. In diesen Fällen bleibt nichts übrig, als Versuche unter so verschiedenen Bedingungen zu machen, daß mit genügender Sicherheit auf den voraussichtlichen Trocknungsverlauf in der Großausführung geschlossen werden kann. Ein Beispiel soll dies erläutern:

Angenommen, wir wollen einen Überströmtrockner bemessen, in dem körniges Gut auf großen Schalen liegt, können aber mit dem vorhandenen Versuchsgut nur wenige Schalen füllen. Wie können wir auf den Trocknungsverlauf in den großen Schalen schließen?

Wir machen mehrere Versuche mit kleinen Schalen unterschiedlicher Abmessungen und tragen das Ergebnis im $g_D - X$-Diagramm auf, wie in Bild 1.68 für Bausand geschehen ist. Im ersten Trocknungsabschnitt, ungefähr zwischen 18 und 11 % Feuchte/Grundstoff-Massenverhältnis gibt der Sand in den kleinen Schalen die Feuchte viel rascher ab als in den großen, weil der Wärme- und Stoffüber-

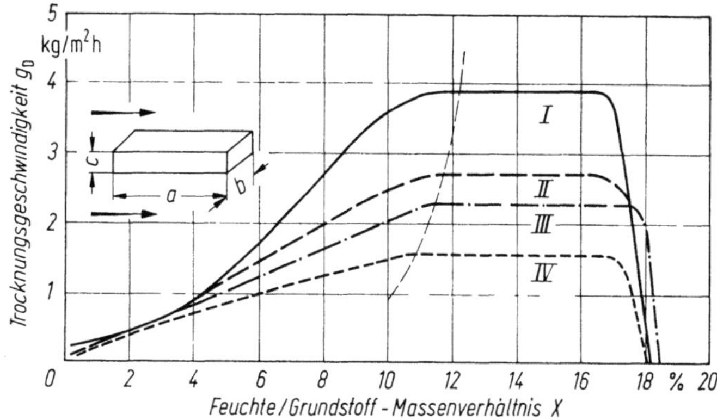

Bild 1.68. Überströmtrocknung von Bausand in Schalen verschiedener Größe in der Mitte eines rechteckigen Kanals.

Lufttemperatur 70 °C ⎫
rel. Luftfeuchte 7 %   ⎬ vor dem Gut
Luftgeschwindigkeit 2 m/s ⎭
Kanalquerschnitt 600 · 400 mm²
flächenbezogene Masse des trockenen Sandes 38 kg/m²

Schale Nr.	li. Länge a mm	li. Breite b mm	li. Höhe c mm	Schichthöhe mm
I	120	58	25	25
II	245	120	25	25
III	448	246	25 ·	25
IV	994	497	25	25

gang an der Gutsoberfläche günstiger vor sich geht (s. Abschn. 2.3.1.1.1). Auch fällt die von den Schalenrändern her durch Leitung in das Gut dringende Wärme bei den kleinen Schalen mehr ins Gewicht. Außerdem nimmt die Luft beim Überstreichen der kleinen Schalen weniger Feuchte auf, so daß der durchschnittliche Dampfpartialdruck über dem Gut geringer ist. Hat der Sand ungefähr 11 % Feuchte/ Grundstoff-Verhältnis erreicht, so beginnt seine Oberfläche trocken zu werden, zunächst vorne, später hinten, ein Vorgang, der bei den großen Versuchsschalen ziemlich lange dauert. Unterhalb 4 % Feuchte/Grundstoff-Verhältnis verläuft die Trocknung in allen Schalen fast gleich.

Diese Feststellungen ermöglichen es, in das g_D-X-Diagramm eine neue Linie einzuzeichnen, die den wahrscheinlichen Trocknungsverlauf z.B. in Schalen mit $1\,200 \times 800$ mm Nutzfläche wiedergibt.

Meistens ist es unmöglich, den ganzen Verlauf von Kurven, wie von denen in den Bildern 1.65 und 1.68, vorauszuberechnen, da die Gesetze und die Stoffwerte, die das Wandern der Feuchte und das sonstige physikalische (und oft auch chemische) Geschehen im Gutsinneren bestimmen, in der Regel nur ungenau oder gar nicht bekannt sind. Bei der Konvektionstrocknung unter vorgegebenen äußeren Bedingungen (ϑ_L, p_{DL}, w_L) zum Beispiel ist lediglich die Trocknungsgeschwindigkeit im ersten Trocknungsabschnitt leicht berechenbar (s. Abschn. 2.3.1.1.2); aber schon die Dauer dieses Abschnitts läßt sich nicht bestimmen, wenn man den Knickpunkt B der Trocknungskurve nicht kennt. Wollte man die fundamentalen Berechnungsgrundlagen für das in Frage stehende Gut jeweils experimentell erkunden, so würde ein übergroßer Aufwand bei den Planungsarbeiten entstehen.

Zweckmäßiger ist es, den Trocknungsverlauf unter mehreren Bedingungen, die im auszulegenden Apparat eingehalten werden können, an Gutsproben genügender Größe direkt experimentell zu bestimmen, und die Kurven auf andere Bedingungen umzurechnen, sofern das nötig ist. Zum Aufnehmen der Verlaufskurven gibt es günstige Meßverfahren, und als Methoden zum Umrechnen der Kurven auf andere Temperaturen, Feuchten und Geschwindigkeiten der Luft bei der Konvektionstrocknung können diejenigen nach van Meel [101] und Schlünder [102] dienen. Diesbezüglich sei auf Abschnitt 2.3.1.1.5 verwiesen.

Aus Kurven wie im Bild 1.65c werden Kurven des „relativen Trocknungsverlaufs" ermittelt (von Schlünder „normierte Kurven" genannt), indem als Abszissen statt der Feuchte/Grundstoff-Massenverhältnisse X die Verhältnisse

$$X_r = \frac{X - X_{Gl}}{X_{Kn} - X_{Gl}} \tag{1.30}$$

und als Ordinaten die relativen Trocknungsgeschwindigkeiten

$$g_{D,r} = \frac{g_D}{g_{DI}} \tag{1.31}$$

aufgetragen werden (Bild 1.69). X_{Gl} bezeichnet das Feuchte/Grundstoff-Massenverhältnis des Gutes beim hygroskopischen Gleichgewicht mit der umgebenden Luft, X_{Kn} dasjenige beim Knickpunkt. Die relative Trocknungsgeschwindigkeit hat anfänglich den Wert 1, am Schluß den Wert 0.

Bei Teilchen aus Molekularsieb 13X ist die relative Trocknungsgeschwindigkeit beinahe unabhängig von der Luftzuströmtemperatur ϑ_{L1}, wie das Bild 1.69 zeigt.

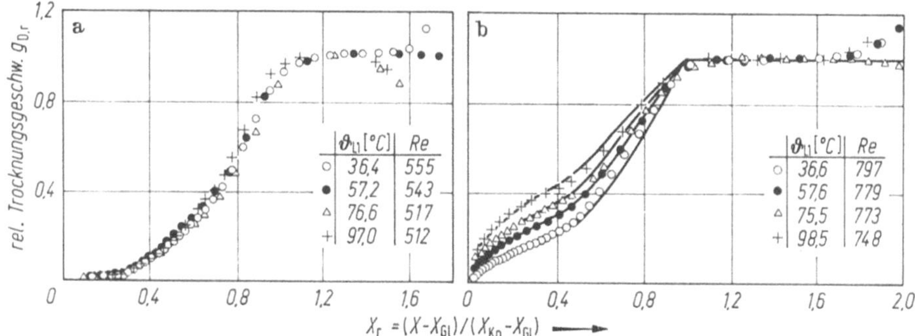

Bild 1.69. Verlauf der relativen Trocknungsgeschwindigkeit zweier Stoffe (nach Schlünder).
a) Partikel aus Molekularsieb 13X; b) Partikel aus Aluminiumsilicat M3.

Das ist nach der Trocknungstheorie für jedes stark hygroskopische Gut mit starrem innerem Gerüst zu erwarten, wenn der Stoff eine ungefähr lineare Sorptionsisotherme sowie konstante Bewegungsbeiwerte für die Feuchte hat und ungefähr so trocknet, als ob in seinem Inneren stets lokales hygroskopisches Gleichgewicht herrschte. Für diese Art von Stoffen läßt sich der Verlauf der Trocknungsgeschwindigkeit durch die Gleichung

$$g_D = g_{DI} \cdot f(X_r) \tag{1.32}$$

wiedergeben, worin der Faktor g_{DI} auf der rechten Seite nur von den äußeren und der Faktor $f(X_r)$ nur von den inneren Trocknungsbedingungen abhängt. Für Teilchen aus Molekularsieb 13X gibt die Kurve $g_{D,r}$ im Bild 1.69 den Verlauf des zweiten Faktors direkt wieder; g_{DI} ist mittels Gl. (2.17) umzurechnen.

Die Gl. (1.32) gilt nicht für Teilchen aus Aluminiumsilicat. Bei diesem Material hängt die relative Trocknungsgeschwindigkeit erheblich von der Lufttemperatur ab (Bild 1.69 rechts). Das gleiche ist bei vielen schwach hygroskopischen Stoffen mit geringer Beweglichkeit der inneren Feuchte zu beobachten. Die relative Trocknungsgeschwindigkeit ist bei niedriger Lufttemperatur stets geringer als bei hoher. Legt man einen Trockner nach einer $g_{D,r}$-Kurve aus, die bei niedrigerer Temperatur als vorgesehen bestimmt wurde, so wird er daher zu groß. Aus einer Schar von $g_{D,r}$-Kurven wie im Bild 1.69 kann man aber leicht die nötige Korrektur erkennen.

1.2.5.3. Berechnen der Trocknungsflächen und -räume

1.2.5.3.1. Trockner für flächig ausgebreitetes Gut

Wir nehmen an, das Gut werde im Trockner auf Flächen ausgebreitet und fragen: Wie groß muß die Summe A_T aller Flächen sein, die dem Gut dargeboten werden, damit der Trockner den gewünschten Gutsdurchsatz erbringt. Als zweites wollen wir wissen, welche Abmessungen der Raum haben muß, in dem die Flächen samt den sonst nötigen Organen des Trockners Platz finden.

Ein Trockner für *Satzbetrieb* solle während der Betriebsdauer t_i die Naßgutmasse m_1 trocknen.

Durch Versuch oder Rechnung sei festgestellt, daß zum Einbringen, Trocknen und Austragen einer Ladung die Zeit t' nötig ist, und daß die gedachte Anordnung des Gutes es zuläßt, auf die Flächeneinheit der Unterlage die Naßgutmasse B_1 zu laden (B_1 heißt „flächenbezogene Masse" des Naßgutes). Dann muß man jedesmal beim Füllen die Naßgutmasse $m_1 t'/t_i$ in den Trockner bringen. Dazu braucht man die Ladefläche

$$A_T = \frac{m_1}{t_i}\,\frac{t'}{B_1}. \tag{1.33}$$

m_1/t_i ist der „Naßgutdurchsatz".

In einem *fließend betriebenen Trockner* soll der Feuchtestrom $\dot{m}_D$ aus dem Gut verdampfen. Messungen mit gleichem Material in einem ähnlichen Trockner sollen ergeben haben, daß auf der Flächeneinheit des Gutsträgers in der Zeiteinheit durchschnittlich die Feuchtemasse $\bar{g}_D$ verdampfen kann. Zum Tragen des Gutes ist dann die Fläche

$$A_T = \frac{\dot{m}_D}{\bar{g}_D} \tag{1.34}$$

nötig. $\bar{g}_D$ ist die „durchschnittliche Trocknungsgeschwindigkeit des Gutes", die man auch die „durchschnittliche Massenstromdichte des entweichenden Dampfstromes" nennen kann. Sie läßt sich aus der Kurve für den Verlauf der Trocknungsgeschwindigkeit (Bild 1.65) leicht ermitteln.

Kennt man nicht $\bar{g}_D$, sondern die *Aufenthaltsdauer* t' des Gutes im Trockner, so berechnet man die nötige Trocknungsfläche A_T aus dem Gutsdurchsatz (aus der in der Zeiteinheit durchwandernden Naßgutmasse $\dot{m}_1$, Trockengutmasse $\dot{m}_2$, Grundstoffmasse $\dot{m}_S$) sowie aus der vorgesehenen flächenbezogenen Masse des Naßgutes B_1, des Trockengutes B_2, des Grundstoffes B_S:

$$A_T = \frac{\dot{m}_1}{B_1}\,t' = \frac{\dot{m}_2}{B_2}\,t' = \frac{\dot{m}_S}{B_S}\,t'. \tag{1.35}$$

Ist die Fläche A_T gleichmäßig belegt, so ist die flächenbezogene Masse des Gutes gleich dem Produkt aus Rohdichte ϱ_R (bei Schüttgütern aus Schüttdichte ϱ_{Sch}) und Schichthöhe s, und es gilt daher auch:

$$A_T = \frac{\dot{m}_1}{\varrho_{R1}\,s_1}\,t' = \frac{\dot{m}_2}{\varrho_{R2}\,s_2}\,t', \tag{1.36}$$

worin die Fußzeiger 1 und 2 auf das Naß- und Trockengut hinweisen.

Die Aufenthaltsdauer t' des Gutes im Trockner ist nicht mit der Trocknungszeit t identisch, die das Gut braucht, um den gewünschten Endfeuchtegehalt zu erreichen. Nicht selten bleibt das Gut länger im Trockner als allein zum Feuchteentzug nötig ist; es sind evtl. Nebenzeiten zum Dämpfen, Kühlen, sonstigen Behandeln des Gutes, zum Füllen, Entleeren, An- und Abstellen des Trockners nötig. Es sei

$$t = \varepsilon_Z\,t', \tag{1.37}$$

worin ε_Z den „*Zeitnutzungsfaktor*" bedeutet, den man nach Möglichkeit nahe 1 hält.

Eine Vorstellung von den Trocknungszeiten t, die sich in Konvektionstrocknern unter bestimmten Bedingungen ergeben, vermittelt das Bild 1.70. Es liege

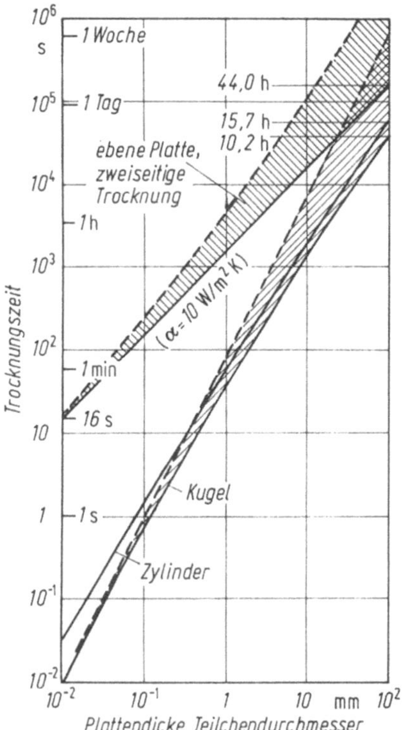

Bild 1.70. Übersicht über die Trocknungszeiten in Konvektions-Trocknern.
Berechnungsannahmen für reine Oberflächentrocknung: freies Wasser (ausgezogene Linien);
Lufttemperatur 70 °C; Dampfpartialdruck in der Luft 2,2 kPa; Relativgeschwindigkeit Gut-
Luft 2 m/s; zu entfernende Wassermenge: 500 kg/m³ Gut.

Normalerweise gewähren die Trockner den Gütern folgende
Aufenthaltszeiten:

Langzeittrockner

1. für überströmte und umströmte Güter
1.1. als Ruheschichten
    Kammertrockner, Wagendurchlauftrockner, Rollenbahntrockner,
    Förderbandtrockner, Wandergehängetrockner
1.2. als Umlagerungsschichten
    Drehtellertrockner, Riesel-Drehrohrtrockner   über 1 h

Mittelzeittrockner

2. für prallstrahlbelüftete und durchströmte Güter
2.1. als Ruheschichten
    Prallstrahl-, Durchström-Förderbandtrockner
2.2. als Umlagerungsschichten
    Roto-Louvretrockner, Lochtrommeltrockner, Schwingfördertrockner
3. für fluidisierte und aufgeschleuderte Güter
    Wirbelschichttrockner, Schleudertrockner   1 min bis 1 h

Kurzzeittrockner

4. für fliegendes Gut
    Förderluft-Rohrtrockner, Sprühtrockner   unter 1 min

ein Gut vor, das sich sowohl in Platten- als auch in Zylinder- und Kugelform bringen läßt. Nach oben ist über der Platten- oder Teilchendicke die Trocknungszeit aufgetragen. Wenn alle Feuchte an der Gutsoberfläche verdunsten kann, so trocknet eine 100 mm dicke Platte in 44 h, eine nur 1/100 mm dicke Platte in 16 s. Kommt das Gut auch in den zweiten und dritten Trocknungsabschnitt, so sind die Trocknungszeiten länger, sie dürften meistens innerhalb des oberen schraffierten Bereiches liegen. Für einzelne Kugeln sind die Trocknungszeiten kürzer, sie liegen im unteren schraffierten Bereich. Der zweite und dritte Abschnitt machen sich insbesondere bei dicken Schichten geltend, die stark austrocknen sollen.

Die gutstragende Fläche A_T ist im allgemeinen weder identisch mit der Gutsoberfläche, aus der Feuchte verdunstet, noch mit der Fläche, die das Gut wirklich als Unterlage braucht. In einem Förderbandtrockner für keramische Formlinge z. B. bedecken die Gegenstände nur einen Bruchteil der vorhandenen Bandfläche, ihre Oberfläche kann trotzdem größer sein als die Bandfläche. Bei betriebsgroßen Apparaten bezieht man den entstehenden Dampfstrom meistens auf eine Fläche, die der Trockner darbietet — auf eine im Einzelfall zu verabredende „Bezugsfläche" — und weniger oft auf eine am Gut vorhandene und oft schwer zu bestimmende Fläche. Zum Erfassen des Unterschiedes zwischen der vom Gut wirklich genutzten und der nutzbaren Bezugsfläche bedient man sich manchmal des Beladungsfaktors ε_B, der eine Erfahrungszahl ist. Er kann abhängen von der Sorgfalt, mit der das Bedienungspersonal den Trockner belegt, von der Gestalt und den Abmessungen der Gegenstände und von anderen Umständen. Die am meisten vorkommenden Beladungsfaktoren liegen zwischen

$$\varepsilon_B = 0{,}6 \text{ bis } 0{,}95.$$

Nachdem man A_T bestimmt hat, steht man noch vor der Frage, welche Form man der gutstragenden Fläche geben und wie man sie unterteilen soll. Damit legt man die Abmessungen des Trocknungsraumes fest. Manche Trockner kann man bei gegebenem A_T entweder mehr in die Länge oder mehr in die Breite oder Höhe bauen. Die Umstände, auf die man beim endgültigen Bemessen eines Trockners achten muß, sind zahlreich und je nach der Trocknerart verschieden, sie können hier nur an einem typischen Beispiel erläutert werden. Im übrigen wird auf die Darlegungen im Kapitel 2 verwiesen.

Es sei ein Förderbandtrockner zu planen (s. Abschn. 2.3.1.2.4). Ist die nötige Tragfläche A_T klein, so wird man in der Regel nur ein einzelnes Tragband vorsehen. Das Gleiche ist zweckmäßig, wenn man nur ein Band beschicken und außerdem das Gut, wie z. B. keramische Formlinge, während des Durchlaufs nicht auf ein zweites Band überführen kann. Andererseits ordnet man mehrere Bänder übereinander an und läßt das Gut vom einen zum anderen Band fallen, wenn es nützlich oder gar nötig ist, den Stoff beim Trocknen mehrmals umzulagern. Man kann die Trockner mit vielen Bändern übereinander ausstatten, jedoch gegebene Raumhöhen lassen meistens nur wenige Bänder zu.

Der Abstand der Bänder untereinander richtet sich vornehmlich nach der Art des Gutes. Hohe Gegenstände erfordern einen großen Abstand. Je nachdem, wie man die Bänder mit Rücksicht auf die Gutseigenschaften ausbilden muß, sind kleine oder große Umlenkradien an den Umkehrstationen nötig, die einen Mindestabstand der vor- und zurücklaufenden Trume vorschreiben. Weiterhin ist bei der

Wahl des Abstandes auf die Organe zum Tragen der Bänder und auf die Einrichtungen zu achten, die evtl. zwischen den Bändern Platz finden müssen. Ferner muß man die Bänder einwandfrei belüften und überwachen können.

Die Bandbreite kann durch die Art des Gutes oder durch die Aufgabemaschine vorgeschrieben sein. Im übrigen wählen die Hersteller von Bandtrocknern die Breiten, die ihren Werksnormen entsprechen.

Aus der gewählten Förderbandzahl und Breite sowie aus dem nötigen Bandabstand findet man die Abmessungen des eigentlichen Trocknungsraumes. Außer ihm sind noch Räume zum Unterbringen von Ventilatoren, Heizkörpern und Luftführungskanälen erforderlich.

1.2.5.3.2. Trockner für räumlich verteiltes Gut

Wir können den Gesamtraum V_G, den ein Trockner einnimmt, unterteilen in den eigentlichen Trocknungsraum V_T, in dem die Energie auf das Gut wirkt, und in die Nebenräume, in denen meistens Ventilatoren, Heizkörper, Luftführungskanäle und dergl. untergebracht sind (Bild 1.71). Das Gut mit dem Volumen V_S kann mehr oder weniger gleichmäßig auf den Raum V_T verteilt sein, jedoch gelten die folgenden Überlegungen unabhängig von der Art der Verteilung.

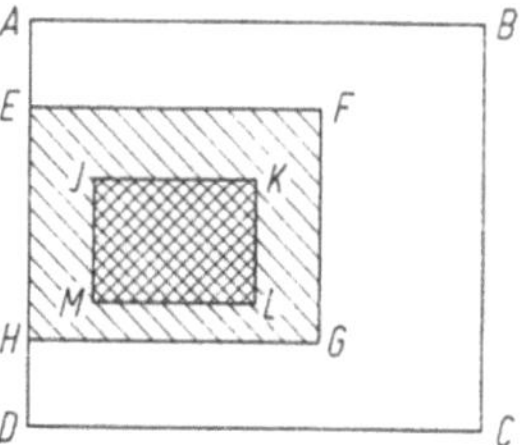

Bild 1.71. Einteilen des Gesamtraumes eines Trockners (schematisch).
ABCD Gesamtraum mit Volumen V_G;
EFGH Trocknungsraum mit Volumen V_T;
IKLM Gutsvolumen V_S.

Bezeichnet

$$\varepsilon_T = \frac{V_T}{V_G} \quad \text{den Anteil des Trocknungsraumes am Gesamtraum} \qquad (1.38)$$

und

$$\varepsilon_S = \frac{V_S}{V_T} \quad \text{den Anteil des Gutsvolumens am Trocknungsraum,} \atop \text{den „Raumnutzungsfaktor"} \qquad (1.39)$$

so können wir für den Gesamtraum schreiben:

$$V_G = \frac{V_T}{\varepsilon_T} = \frac{V_S}{\varepsilon_S \varepsilon_T}. \qquad (1.40)$$

Der Raumnutzungsfaktor ε_S ist um so größer, je näher beieinander die Einzelgegenstände oder die Teile des Gutes sein dürfen. Die Getreidekörner in einem Durchström-Behältertrockner dürfen sich unmittelbar berühren, so, daß $\varepsilon_S \approx 1$ ist, dagegen brauchen die Gutströpfchen in einem Sprühtrockner verhältnismäßig großen Abstand voneinander, damit sie nicht zusammenklumpen; sie zwingen dazu, ε_S klein zu halten (Tab. 1.10).

Das jeweils im Trockner befindliche Gutsvolumen V_S ist das Produkt aus Volumendurchsatz und Aufenthaltsdauer des Gutes. Nimmt man an, das Gut ändere sein

Tabelle 1.10. Bemessungskenngrößen einiger Trockner (grobe Anhaltswerte) — angenommen kugelförmiges Gut —

Trocknerart	Annahmen				Raumbezogene Gutsoberfläche	Wärmeübergangskoeffizient an der Teilchenoberfläche	Raumbezogener Wärmeübergangskoeffizient	Raumbezogene Trocknungsgeschwindigkeit[1]
	Teilchengröße	Lufteintrittstemperatur	Durchschnittlicher Temperaturunterschied	Raumnutzungsfaktor				
	d mm	ϑ_{L1} °C	$(\Delta\vartheta)_m$ °C	ε_S	A^* m²/m³	$\bar{\alpha}$ W/m² K	$\bar{\alpha}^*$ W/m³ K	$\bar{g}^*_{DI}$ kg/m³ h
Sprühtrockner	0,02	100	25	$0{,}6 \cdot 10^{-6}$	0,18	2800	500	19
	0,02	400	110	$3 \cdot 10^{-6}$	0,9	3500	3150	530
	0,2	100	25	$0{,}6 \cdot 10^{-6}$	0,018	500	9	0,35
	0,2	400	110	$3 \cdot 10^{-6}$	0,09	550	50	7
Förderluft-Rohrtrockner	0,2	100	32	$40 \cdot 10^{-6}$	1,2	500	600	30
	0,2	400	140	$200 \cdot 10^{-6}$	6	550	3300	710
	1	100	32	$40 \cdot 10^{-6}$	0,24	280	67	3,3
	1	400	140	$200 \cdot 10^{-6}$	1,2	280	335	72
Riesel-Drehrohrtrockner mit Kreuz- oder Quadranteneinbau	1,2	100	32	0,2	—	—	2000	100
	1,2	400	140	0,2	—	—	2000	430
Rutsch-Schacht-Trockner Schichtdicke 300 mm, Luftgeschwindigkeit 1 m/s	5	100	4	0,35	—	52	22000	135

[1] Die Werte gelten für den ersten Trocknungsabschnitt. Gelangt das Gut auch in den zweiten und dritten Abschnitt, so sind die $\bar{g}^*_D$-Werte u. U. beträchtlich kleiner.

Volumen beim Trocknen nicht, so kann man für den Volumendurchsatz $\dot{V}_S = \dot{m}_S/\varrho_S$ schreiben, mit $\dot{m}_S$ als dem Durchsatz an Grundstoffmasse und ϱ_S als der Grundstoffdichte (und zwar der Rohdichte bei getrennten Einzelgegenständen und der Schüttdichte bei Haufengütern). Für das jeweils im Trockner befindliche Gutsvolumen ergibt sich daher mit Hilfe von (1.37):

$$V_S = \frac{\dot{m}_S}{\varrho_S} \frac{t}{\varepsilon_Z}, \tag{1.41}$$

und für den nötigen Trocknungsraum:

$$V_T = \frac{\dot{m}_S}{\varrho_S} \frac{t}{\varepsilon_Z \varepsilon_S}. \tag{1.42}$$

Ist es schwierig, t und ε_S zu bestimmen, so benutzt man zum überschlägigen Ermitteln von V_T gelegentlich die „raumbezogene Trocknungsgeschwindigkeit" g_D^* als Bemessungskenngröße, die definiert ist als der: Massenstrom der Feuchte, der aus dem Gut entweicht, dividiert durch den Raum, in dem sich das Gut befindet (der Dampfmassenstrom, der in der Raumeinheit entsteht). Der zeitliche und örtliche Durchschnitt dieser Größe sei mit $\bar{g}_D^*$ bezeichnet. Dann gilt für den nötigen Trocknungsraum:

$$V_T = \frac{\dot{m}_D}{\bar{g}_D^*}, \tag{1.43}$$

worin $\bar{g}_D^*$ mit t über die Gleichung zusammenhängt:

$$\bar{g}_D^* = \varepsilon_Z \varepsilon_S (X_1 - X_2) \frac{\varrho_S}{t}. \tag{1.44}$$

Einige Zahlenwerte von $\bar{g}_D^*$ für den ersten Trocknungsabschnitt sind in Tabelle 1.10 genannt.

Beim Bemessen von Konvektionstrocknern für Güter aus kleinen Teilchen, die hauptsächlich den Abschnitt reiner Oberflächentrocknung durchlaufen, kann man auch vom durchschnittlichen *raumbezogenen Wärmeübergangskoeffizienten* $\bar{\alpha}^*$ ausgehen, der durch die Gleichung

$$\bar{\alpha}^* = \frac{\Phi}{V_T (\Delta\vartheta)_m} \tag{1.45}$$

definiert ist; Φ bezeichnet den Wärmestrom, der in das Gut dringt, und $(\Delta\vartheta)_m$ den durchschnittlichen Temperaturunterschied zwischen dem wärmegebenden Mittel und der Gutsoberfläche. Dient vom Wärmestrom der Anteil $\varkappa_\Phi \Phi$ zum Verdampfen der Feuchte, so sind $\bar{\alpha}^*$ und $\bar{g}_D^*$ durch die Gleichung miteinander verknüpft:

$$\bar{g}_D^* = \frac{\varkappa_\Phi \bar{\alpha}^* (\Delta\vartheta)_m}{\Delta h_v}. \tag{1.46}$$

Darin bedeutet Δh_v die spezifische Verdampfungsenthalpie der Gutsfeuchte. $\varkappa_\Phi$ liegt nahe bei 1, wenn, wie in der Regel, die meiste zum Gut gelangende Wärme dort zum Verdampfen von Feuchte dient.

Der raumbezogene Wärmeübergangskoeffizient $\bar{\alpha}^*$ ist das Produkt aus der raumbezogenen Gutsoberfläche A^* und aus dem flächenbezogenen Wärmeübergangskoeffizienten $\bar{\alpha}$ an dieser Fläche

$$\bar{\alpha}^* = \bar{\alpha} A^*. \tag{1.47}$$

A^* ist um so größer, je mehr das Gut in Einzelkörper unterteilt, d.h. je kleiner die kennzeichnende Abmessung d der Körper — die Dicke, der Durchmesser — ist. Da die Oberfläche A des Gutes zum Volumen V_S im Verhältnis k_F/d steht mit

$k_F = 2$ für die zweiseitig belüftete unendlich ausgedehnte Platte,
$k_F = 4$ für den unendlich langen Zylinder,
$k_F = 6$ für die Kugel,

so kann man setzen

$$A^* = \frac{A}{V_T} = \frac{A}{V_S/\varepsilon_S} = \varepsilon_S \frac{k_F}{d} \tag{1.48}$$

und erhält dann für den durchschnittlichen raumbezogenen Wärmeübergangskoeffizienten

$$\bar{\alpha}^* = \varepsilon_S k_F \frac{\bar{\alpha}}{d}. \tag{1.49}$$

Die Tabelle 1.10 nennt einige A^*- und $\bar{\alpha}^*$-Werte.

Für den nötigen Trocknungsraum folgt bei reiner Oberflächenverdampfung der Gutsfeuchte schließlich

$$V_T = \frac{\dot{m}_D}{\varkappa_\Phi\, \bar{\alpha}^*(\Delta\vartheta)_m/\Delta h_V} = \frac{1}{\varkappa_\Phi\, \varepsilon_S k_F}\, \dot{m}_S(X_1 - X_2)\frac{\Delta h_V\, d}{\bar{\alpha}(\Delta\vartheta)_m}. \tag{1.50}$$

1.2.5.3.3. Trockner für linear verteiltes Gut

Statt der Masse ist manchmal die Zahl $\dot{n}_K$ der in der Zeiteinheit zu trocknenden Körper gegeben. Läuft stückiges Gut in n_{Rn} Reihen neben oder übereinander durch die Anlage und ist der Mittenabstand der Gegenstände voneinander in Förderrichtung l_a, dann findet man die Weglänge l, die dem Gut im Trockner zur Verfügung stehen muß, aus

$$l = \frac{\dot{n}_K\, l_a}{n_{Rn}}\, t'. \tag{1.51}$$

Man kann diese Gleichung auch verwenden, wenn statt der Zahl der Gegenstände die Zahl der einlaufenden Meter gegeben ist, wie bei faden- oder bandförmigem Gut. In diesem Fall ist $l_a = 1$ m zu setzen.

2. Lehre vom Geschehen in den Trocknern

2.1. Einteilen und ordnen der Trockner

Die Gesamtheit aller Trockner läßt sich einteilen in
Gruppen ähnlicher Wirkungsweise,
Gruppen für Güter ähnlicher Beschaffenheit,
Gruppen für Güter bestimmter Produktionszweige.

Tabelle 2.1. Übersicht über die Trocknergruppen

Bereich der Ordnungsnummern	Reihe, deren Zugehörige sich unterscheiden durch das Merkmal:
1 … 8	Druck- und Temperaturbereich, in dem das Gut gehalten wird
010 … 084	Art der Energiezufuhr zum Gut (oder der Energieumwandlung im Gut)
0001 … 0009	Art der Gutsförderung im Trocknerinneren
00001 … 00009	Art der mechanischen Hilfen zum Verstärken der Trocknungswirkung
000001 … 000009	Art der Bewegung des entstehenden Dampfes und der Begleitluft
0000001 … 0000009	Beschaffenheit der Gutsträger
00000001 … 00000009	Art der Vorbereitung und Einführung des Gutes
000000001 … 000000009	Art des Heizmittels

In den nächsten Abschnitten dieses Buches wird die erste Einteilungsmöglichkeit und im Band III des Gesamtwerkes die dritte Möglichkeit benutzt [11].

Für einen Trockner besonders charakterisch ist, wie er auf das Gut wirkt, wie er mit dem Gut verfährt, welche Bedingungen er im Trocknungsraum herstellt. Tabelle 2.1 nennt die wichtigsten diesbezüglichen Merkmale der Trockner.

Aus der gedachten Gesamtheit kann man große Gruppen bilden, deren Zugehörige das Gut in bestimmten Druck- und Temperaturbereichen halten; sie sind in Tabelle 2.2 beschrieben (Gruppen erster Ordnungstufe).

Tabelle 2.2. Trocknergruppen, die sich unterscheiden durch den Druck- und Temperaturbereich, in dem das Gut gehalten wird (Gruppen erster Ordnungsstufe)

Ordnungs-nummer	Gruppe
	Mit gleichbleibendem Druck arbeitende Trockner (und Trockner, in denen sich der Druck nur langsam ändert)
1	*Mit (gleichbleibendem) Normaldruck arbeitende Trockner* *Sonne und Wind nutzende Trockner* Trockner, die das Gut der Sonne, dem Wind oder solcher Luft aussetzen, die unverändert aus dem Freien kommt
2	*Normaldruck-Übertemperatur-Trockner* Trockner, die das Gut (annähernd) atmosphärischem Druck und höherer Temperatur aussetzen als sich im nicht arbeitenden Trockner einstellen würde[1] (als erhöht gelte auch normale Raumtemperatur)
3	*Normaldruck-Untertemperatur-Trockner* Trockner, die das Gut (annähernd) atmosphärischem Druck und niedrigerer Temperatur aussetzen als sich im nicht arbeitenden Trockner einstellen würde
4	*Vakuum-Trockner* *Vakuum-Übertemperaturtrockner* Trockner, die das Gut im Vakuum höherer Temperatur aussetzen als sich im nicht arbeitenden Trockner einstellen würde[1]
5	*Vakuum-Untertemperaturtrockner* Trockner, die das Gut im Vakuum niedrigerer Temperatur aussetzen als sich im nicht arbeitenden Trockner einstellen würde
6	*Überdruck-Trockner* Trockner, die das Gut beträchtlich höherem Druck aussetzen, als sich im nicht arbeitenden Trockner einstellen würde
7	*Wechseldruck-Trockner* Trockner, die das Gut einem dauernd auf- und abgehenden Druck aussetzen
8	*Druck-Temperatur-Sondertrockner* Trockner, die das Gut zeit- oder stellenweise in einem, zeit- oder stellenweise in einem anderen Druck- und Temperaturbereich halten

[1] Genau ausgedrückt: in denen das Gut an den Verdampfungsstellen der Feuchte höhere Temperatur annimmt.

Jede dieser Gruppen kann man in kleinere Gruppen unterteilen, die Trockner mit bestimmter Art der Energiezufuhr zum Gut oder der Energieumwandlung im Gut zusammenfassen (Gruppen zweiter Ordnungsstufe gemäß Tab. 2.3).

Weiterhin kann man Untergruppen bilden, die sich unterscheiden nach der Art der Gutsförderung, nach der Art der mechanischen Behandlung der Stoffe usw. Hier sei das nicht ausführlich dargelegt, vielmehr sei auf die Literatur verwiesen [11].

Die Tabellen 2.1 bis 2.3 (sowie Übersichten weiter hinten) geben an den Seiten bestimmte Nummern an. Nach diesen Nummern sind die Trocknergruppen in diesem Buch geordnet.

Die Ordnungsnummern werden in den folgenden Trocknerbeschreibungen mitgenannt. Die erste Ziffer deutet jeweils auf die Gruppe erster Ordnungsstufe hin,

Tabelle 2.3. Trocknergruppen, die sich unterscheiden durch die Art der Energiezufuhr zum Gut (oder der Energieumwandlung im Gut)
(Gruppen zweiter Ordnungsstufe)

Ordnungs- nummer	Gruppe
	Trockner, die Energie von außen zum Gut führen
0|1|0	*Konvektionstrockner (weitere Unterteilung s. Tab. 2.5)*` Trockner, die das Gut durch ein Fluid erhöhter Temperatur mit einem Wärmestrom versorgen. (Das Fluid kann ein Gasstrom, eine bewegte Flüssigkeit oder ein dispergierter Feststoff sein. In diesem Buch ist meistens nur Luft — als Stellvertreterin dieser Fluide — genannt)
0|2|0	*Kontakttrockner (weitere Unterteilung s. Tab. 2.11)* Trockner, die das Gut durch Berührung und Leitung von Flächen höherer Temperatur aus mit Energie versorgen
0|3|0	*Temperatur-Strahlungstrockner (weitere Unterteilung s. Tab. 2.16)* Trockner, die das Gut durch Strahlung von Körpern höherer Temperatur aus mit Energie versorgen
0|4|0	*Besondere elektrische Trockner (weitere Unterteilung s. Tab. 2.17)* Trockner, die unmittelbar in das Gutsinnere geführte elektrische Energie nutzen
0|5|0	*Mechanische Energie nutzende Trockner* Trockner, die das Gut mechanisch mit Energie versorgen: durch Rühren, Kneten, Erzeugen innerer Schwingungen, Ultraschall und dergleichen
0|6|0	*Besondere Energie in das Gut führende Trockner* Trockner, die Energie besonderer Art zum Gut führen (z.B. Energie von Korpuskularstrahlen)
0|7|0	*Trockner, die innere Energie des Gutes nutzen* Trockner, die thermische, chemische, nukleare oder andere Energie des Gutes nutzen
0|8|0	*Trockner mit kombinierter Energienutzung* Trockner, die auf mehrerlei Weise in das Gut gelangende Energie und evtl. innere Energie des Gutes nutzen (weitere Unterteilung s. Tab. 2.20)

zu der ein bestimmter Trockner gehört (Tab. 2.2). Die zweite nennt die Gruppe
zweiter Ordnungsstufe (Tab. 2.3) usw. Da jede Ziffer — an einer bestimmten Stelle
innerhalb der Nummer — auf ein bestimmtes verfahrenstechnisches Merkmal des
Trockners hinweist, so geben die Ziffern zusammen eine gedrängte Schilderung
des Trockners. Zum Beispiel ist mit der (in Klammern stehenden) Nummer
(N 211.625) ein

> „mit Normaldruck und erhöhter Temperatur arbeitender Konvektions-Über-
> ström-Förderbandtrockner mit Zwischenbrecher und Ventilatorluftsystem"

gekennzeichnet. Die Ordnungsnummer soll die Trocknerbeschreibung ergänzen.

2.2. Sonne und Wind nutzende Trockner

2.2.1. Theoretisches

Viele einfache Trockner erhalten die Energie, die sie zum Verdunsten der Gutsfeuchte brauchen, allein oder vornehmlich von der Sonne zugeführt, und zwar
    unmittelbar durch Strahlung (Strahlungstrocknung),
    mittelbar durch die Luft, die sich an der bestrahlten Erdoberfläche erwärmt und
    zum Trockner gelangt (Konvektionstrocknung),
    mittelbar von bestrahlten Festkörpern, die empfangene Energie weitergeben.

2.2.1.1. Sonnenstrahlung

An der oberen Grenze der Erdatmosphäre trifft auf eine Fläche, die zur Richtung
der Sonnenstrahlen senkrecht steht, im Durchschnitt der Energiestrom

$$1{,}35 \ \text{kW/m}^2$$

(Solarkonstante). Davon wird auf dem Weg durch die Atmosphäre ein Teil von
den Gasmolekülen und Staubteilchen der Luft zerstreut und von Wasserdampf und
Kohlendioxid absorbiert [488]. Durchschnittlich gelangt in der Bundesrepublik
Deutschland auf eine horizontale Ebene am Erdboden daher nur ungefähr der in
Tabelle 2.4 genannte Energiestrom [104]. Über die globale Himmelsstrahlung
sonst auf der Erde geben Weltkarten zur Klimakunde Auskunft [105]. Am längsten
dauert die Bestrahlung am 22. Juni, am kürzesten am 22. Dezember. Ihre Stärke
nimmt jeweils nach Tagesanbruch rasch zu, erreicht beim höchsten Sonnenstand
den Größtwert und geht bis zum Einbruch der Nacht wieder zurück. Im Gesamt-
durchschnitt über Tag und Nacht und über das Jahr gelangen auf eine horizontale
Fläche ungefähr

$$0{,}17 \ \text{kW/m}^2 .$$

Schräge oder senkrechte Flächen können, je nach ihrer Orientierung im Raum,
zeitweise stärker bestrahlt werden als horizontale, doch im zeitlichen Durchschnitt erhalten sie weniger Energie.

Tabelle 2.4. Energiestromdichte der auf eine horizontale Ebene treffenden Sonnenstrahlung (für 50° geogr. Breite, nach Messungen der Strahlungsintensität für Potsdam errechnet [104])

Tag	Beim höchsten Sonnenstand W/m²	Insgesamt im Tag kJ/m² d
1. Januar	203	3 350
1. Mai	762	21 800
1. Juli	843	25 400
1. September	652	17 200

Die Sonnenstrahlung besteht aus Strahlen verschiedener Wellenlänge. Alle Strahlen lassen sich in innere Energie des Gutes umsetzen, wenn sie absorbiert werden. Aber die meisten Körper werfen einen Teil der auftreffenden Strahlen zurück (z. B. die Strahlen, die wir als Farben der Körper empfinden) und nehmen nur den Rest auf. Maßgebend für die Aufnahme an der Körperoberfläche ist der Absorptionsgrad α_A. Er beträgt

bei dunklen Flächen $\qquad\qquad\qquad\qquad\qquad\qquad$ $\alpha_A = 0,9$

bei grauen Flächen (auch rote und grüne Anstriche) $\quad$ $\alpha_A = 0,7$

bei hellen Flächen $\qquad\qquad\qquad\qquad\qquad\qquad\quad$ $\alpha_A = 0,5.$

2.2.1.2. Konvektion

Ebenso wie die wirksam werdende Strahlungsenergie ändert sich die *Temperatur der Außenluft* im Tages- und Jahreslauf periodisch. In der Bundesrepublik Deutschland beträgt die

niedrigste Außenlufttemperatur $\qquad\quad$ $\approx -28\,°\mathrm{C}$

höchste Außenlufttemperatur $\qquad\quad$ $\approx\quad 39\,°\mathrm{C}$

durchschnittliche Außenlufttemperatur $\quad$ $\approx\quad\ 9\,°\mathrm{C}.$

Der *Partialdruck des Wasserdampfes* in der Luft erreicht nur bei Regen oder Nebel — vorwiegend nur in der kälteren Jahreszeit — den Sättigungsdruck, der zur Lufttemperatur gehört [94]. Er hängt von der Wassermenge ab, die jeweils von der Erdoberfläche verdunstet, und ist daher im Sommer durchschnittlich höher als im Winter. Außerdem wechseln die Extremwerte von Ort zu Ort. Im Bild 2.1 sind die Werte für Potsdam aufgezeichnet, die annähernd auch für andere Orte Deutschlands gelten dürften. Der monatliche Durchschnittswert des Dampfdruckes in der Luft ist

am kleinsten im Januar und beträgt $\approx\quad 560\,\mathrm{Pa}$

am größten im Juli und beträgt $\quad$ $\approx 1\,450\,\mathrm{Pa}.$

Als jährlicher Durchschnittswert der *relativen Feuchte* können

$$\varphi \approx 77\,\%$$

gelten.

Auch die *Windstärke* hat einen Tages- und Jahresgang. In der Bundesrepublik bläst der Bodenwind im Sommer früh nachmittags und im Winter nachts am stärksten; auch ist er im Winter durchschnittlich stärker als im Sommer. Die jährlichen Durchschnittswerte betragen

in Hamburg in 28 m Höhe $\quad$ 5,5 m/s

in Berlin in 33 m Höhe $\qquad$ 4,5 m/s

in München in 19 m Höhe $\quad$ 1,8 m/s.

Gebäude und andere Hindernisse in der Nähe von Freilufttrocknern hindern den Wind, und im Inneren solcher Trockner bewegt sich die Luft fast immer langsamer als außen.

Von der Windgeschwindigkeit hängt der Wärmeübergangskoeffizient am Gut ab (s. dazu Abschn. 2.3.1.1.1).

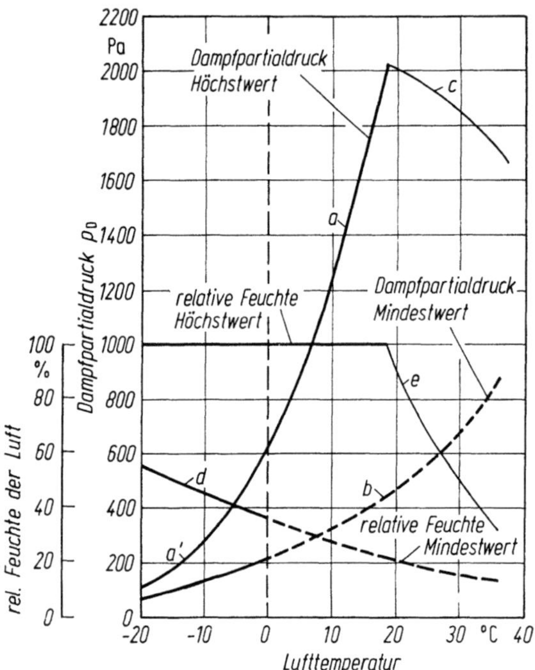

Bild 2.1. Mindest- und Höchstwerte der relativen Feuchte und des Dampfpartialdruckes in der Außenluft bei verschiedenen Lufttemperaturen (Kurven b, c, d, entnommen [94]).
a, a' Sattdampfkurven für Wasser und Eis; b, c, d, e gültig für Potsdam.

2.2.1.3. Gesamte Energieübertragung

Je nach den Umständen können die Sonnenstrahlen und der Wind einzeln oder gemeinsam wirken. An einer horizontalen Fläche mit dem Absorptionsgrad 0,7 bringen sie bei 3 m/s Windgeschwindigkeit ungefähr folgende Energiestromdichten q zustande (ϑ_L bedeutet die Temperatur, φ die relative Feuchte der Luft und $\Delta\vartheta$ den Temperaturunterschied zwischen der Luft und der Gutsoberfläche):

im Januar durchschnittlich bei $\vartheta_L = 0°C$, $\varphi = 87\%$, $\Delta\vartheta = 0,8$ K	durch Konvektion $q =$ durch Strahlung insgesamt	15 W/m² 34 W/m² 49 W/m²
im Juli durchschnittlich bei $\vartheta_L = 18°C$, $\varphi = 72\%$, $\Delta\vartheta = 3,1$ K	durch Konvektion durch Strahlung insgesamt	58 W/m² 192 W/m² 250 W/m²
im Juli bei günstigem Wetter mittags $\vartheta_L = 32°C$, $\varphi = 20\%$, $\Delta\vartheta = 15,0$ K	durch Konvektion durch Strahlung insgesamt	280 W/m² 570 W/m² 850 W/m²

Danach ist die durchschnittliche Energiestromdichte selbst im Sommer verhältnismäßig klein, obgleich die Spitzenwerte ansehnlich sind. Nur bei günstiger Witterung gehen Energieströme zum Gut, die mit denen in künstlich beheizten und belüfteten Trocknern vergleichbar sind.

Dient sämtliche Energie, die das Gut aufnimmt, zum Erwärmen und Verdampfen von Feuchte, und ändert sich die spezifische Enthalpie der Feuchte dabei um $\Delta h_\mathrm{v}'$, so entspricht die Energiestromdichte q der Trocknungsgeschwindigkeit

$$g_\mathrm{D} = \frac{q}{\Delta h_\mathrm{v}'}. \tag{2.1}$$

Unter den genannten Bedingungen beträgt die durchschnittliche Trocknungsgeschwindigkeit bei der Außenlufttrocknung selbst im Juli nur etwa $0{,}4\ \mathrm{kg/m^2h}$.

Die Trocknungsgeschwindigkeit zu einem bestimmten Zeitpunkt hängt außerordentlich stark vom Wetter ab und läßt sich so gut wie nicht steuern. Daher eignen sich Außenlufttrockner nicht für Fließanlagen. In Deutschland sind nennenswerte Trocknungsgeschwindigkeiten nur in den Monaten April bis Oktober zu erwarten. Längere Schlechtwetterperioden verringern den Jahresdurchsatz der Anlagen beträchtlich.

Man wendet die Außenlufttrocknung an:

wo wirtschaftliche Gründe es nahelegen, die kostenlos zur Verfügung stehende Energie der Sonnenstrahlen und des Windes zu nutzen,

wo hohe Trocknungsgeschwindigkeiten nicht nötig oder unerwünscht sind,

wo die starken zeitlichen Schwankungen der Energiezufuhr zum Gut nicht schaden,

wo die Trocknung in die Zeiträume starker Energiezufuhr verlegt werden kann.

Insbesondere die Landwirtschaft trocknet viele Erntegüter im Freien, — unmittelbar auf dem Felde. Aber auch manche Ziegeleien, holzverarbeitende und andere Betriebe nutzen Wind und Sonne zum Trocknen. Allerdings suchen die Betriebe das Wetterrisiko immer mehr zu mindern, indem sie die Güter nur noch zum Vortrocknen im Freien lassen. Oft ist die Außenlufttrocknung nur ein Notbehelf.

2.2.2. Bauarten der Sonne und Wind nutzenden Trockner

Die ursprüngliche und einfachste Art der Trocknung ist die auf dem Boden im Freien, die *Freiland-Bodentrocknung* (N 111.111.1)[1].

Der Landwirt breitet auf der Wiese das geschnittene Grünfutter aus. Auf dem Waldboden lagern gefällte Baumstämme. Manche Hausfrau trocknet ihre Wäsche an einem sonnigen Platz auf der Rasenfläche, und der Nordländer legt den Klippfisch auf sandfreien Steinboden oder auf Felsen, damit der kühle, trockene, bakterienarme Wind darüber streicht und die Feuchte verdunstet.

Ein wenig besser ist die *Trocknung auf künstlichen Böden,* auf gepflasterten Plätzen, Holzfußböden, Holzpritschen und dergleichen.

---

[1] Außenlufttrockner, in denen Wind und Sonne zugleich auf das Gut wirken, stellen streng genommen Konvektions-Strahlungstrockner dar und müßten daher Ordnungsnummern mit den Anfangsziffern 182 erhalten. Hier seien diese Trockner jedoch zusammen mit den reinen Freiluft-Konvektionstrocknern behandelt.

Ausgefaulter Klärschlamm wird mancherorts in *Trocknungsbeete* gebracht, deren Sole als Filterschicht mit darunter liegenden Sickerleitungen ausgebildet ist. Ein Teil des Wassers fließt nach unten, ein anderer verdunstet in die Luft. Man kann solche Beete jährlich 8- bis 10mal mit einer etwa 20 cm hohen Schlamm-schicht füllen [106].

Auf frei liegendes Gut kann Regen oder Schnee fallen, Tau kann es befeuchten und die Sonne stark erhitzen. Dächer über dem Gut halten die Feuchte — frei-lich auch milde Sonnenstrahlung — fern, sind aber nützlich, wenn Niederschläge die Trocknung übermäßig hemmen oder wenn Strahlung schädlich wirkt.

Als einfache überdachte Trockner sind die windbelüfteten *Scheunentennen* anzusehen, auf denen manche Landwirte noch heute ihr Getreide trocknen.

Schneller als auf undurchlässigen Böden trocknet das Gut, wenn es auf Gewe-ben, Rosten oder Rahmen liegt, die den Wind auch unten auf das Gut wirken lassen (N 111.111.5).

Für Klippfisch benutzen nordische Fischer große *Horden mit Drahtgeflecht-böden*, die wie Tischplatten auf Füßen stehen.

Kleine Ziegeleien in klimatisch günstigen Gegenden verwenden *Außenluft-Trocknungshütten*, in denen die Steine auf Lattenrahmen liegen, so daß die Luft nahezu die ganze Oberfläche umspült. Ältere Hütten sind in Zimmermannsbau-weise erstellt, neuere meistens gemauert. Die Formlinge sitzen auf Gerüsten, die für normale Mauerziegel 6 bis höchstens 10 Etagen haben. Wenn es geht, stellt man die Schuppen so auf, daß die Winde der am meisten vorkommenden Rich-tungen leicht zutreten können und daß von Hütte zu Hütte ein genügender Ab-stand verbleibt, durch den der Wind streichen kann. Auch bringt es Vorteile, die Schuppen hoch zu stellen. Ferner stattet man die Wände der Hütten mit Fallen aus leichten Brettern, mit Jalousien, Jutevorhängen und dergleichen aus, so daß

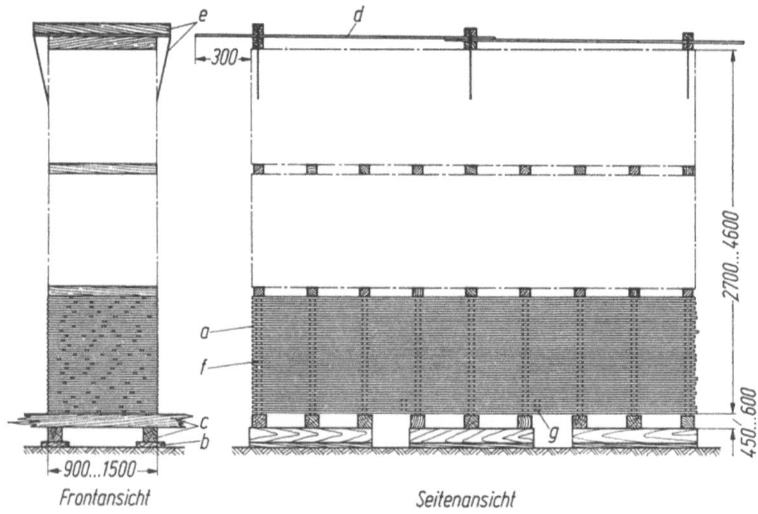

Bild 2.2. Schnittholzstapel auf einem Lagerplatz, mit sogenannten Schmutzplatten sowie längs und quer verlaufenden Lagerhölzern als Unterlagen [107].
a Zu trocknendes Holz; *b* Schmutzplatten; *c* Lagerhölzer; *d* Dach; *e* Dachbefestigungen; *f* Stapellatten; *g* Extra-Stapellatten über den Gabeln der Gabelstapler.

man die Formlinge vor Regen, direkter Sonnenstrahlung oder starkem Wind schützen kann. In manchen Anlagen bringen Schaukelkettenförderer, in anderen Etagenwagen die Steine zu den Schuppen und führen sie wieder weg. Günstig ausgebildete Außenluftanlagen kann man jährlich bis zu 7- oder 8mal mit frischen Formlingen besetzen.

Sehr geringe Auflagefläche, aber um so größere freie Oberfläche hat das Gut in den *Außenluft-Holzstapeln*, die auf den Lagerplätzen vieler Sägewerke stehen. Dort trocknet das geschnittene Holz oft mehrere Wochen, manchmal jahrelang, im Freien, bevor es versandt oder weiterverarbeitet wird (N 111.111.7).

Die Stapel können in verschiedener Form, z. B. nach Bild 2.2. errichtet sein. Zwischen den übereinander geschichteten Hölzern liegen sogenannte Stapellatten, die den Schichten schmale, Abstand sichernde Unterlagen geben und die der Luft gestatten, alle Hölzer zu umspülen.

In der Literatur [107, 108] wird eingehend dargelegt, wie und wo man die Stapelplätze und Stapel anlegen soll, damit der Wind so kräftig wie möglich durch die Stapel zieht und die Hölzer eben bleiben, ferner, wie man Sonneneinstrahlung, Regenwasser, trockenen Wind, Staub, Pilzbefall und Unkraut fernhält.

In kleinen Betrieben werden die Stapel von Hand errichtet; auf großen Lagerplätzen dienen voll- oder halbautomatische Geräte zum Bilden von Stapelpaketen. Diese werden dann mit Fördereinrichtungen (Gabelstaplern oder dergleichen) auf den vorbereiteten Trocknungsplätzen über- und nebeneinander gesetzt.

Auf geringer Fläche ruhen der Klee und die Luzerne, die vom Landwirt auf freistehende Reuter gelegt werden, damit sie schneller trocknen als am Boden — *Reutertrocknung*.

Noch günstiger wirkt die Luft auf frei hängendes Gut — *Trocknen an Hängevorrichtungen*. Die Hausfrau trocknet die Wäsche an der Leine, der Tabakerzeuger die Blätter an Schnüren. Auf Stangen im Freien hängen die Fische, aus denen in Island und Norwegen Stockfisch entsteht. Für schwere Leder und Pappen gibt es Trocknungsräume, -schuppen und mehrstöckige -häuser und für Feuerwehrschläuche Türme, in denen durchziehende Luft das an Haken, Stangen oder Seilen hängende Gut umspült (N 111.111.7).

Es hat nicht an Versuchen gefehlt, die Nachteile der Freilufttrocknung zu mildern, indem die Luft „zwangsläufig" zum Gut geführt wird, wenn der Wind zu schwach ist.

Zur „beschleunigten Freilufttrocknung" von Schnittholz werden Axialventilatoren so neben die Stapel gesetzt, daß ihre Luftstrahlen durch die Spalte zwischen den Brettern dringen (s. a. [109]). Damit ihr Energiebedarf gering bleibt, läßt man sie nur laufen, wenn die relative Feuchte der Luft unter 90% liegt (N 111.147.7).

Ziegeleien und Sägewerke benutzen ferner *Wanderventilatoren*, die an den Trocknungshütten oder Gutsstapeln entlang fahren und die Luft zum Gut fördern. Bewegen sich die Ventilatoren zwischen zwei Stapeln, so können sie Luft durch den einen Stapel saugen und durch den anderen blasen und so die Antriebsenergie besonders vorteilhaft nutzen. Für hohe Stapel werden zwei oder mehr Ventilatoren auf einem Fahrgestell übereinander angeordnet.

Im *Außenluft-Pendelschaukeltrockner* nach Grau schwingen Bretter auf einer überdachten Schaukel hin und her. Dabei entsteht eine Relativbewegung zwischen dem Gut und der Luft, die den Wind ersetzt [110].

Für die Landwirtschaft und zur Holztrocknung wurden in den USA Trockner mit Sonnenenergiesammlern verschiedener Art entwickelt. Teile der Gehäuse dienen zugleich als Sammler und Heizkörper und bestehen aus Rahmen, die auf der empfangenden Seite mit durchsichtigen Kunststoff-Folien bespannt und auf der abgebenden Seite mit dunkel beschichteten Blechen versehen sind. Die Sonnenstrahlen dringen durch die Folien bis zu den Blechen und werden dort absorbiert. Umgekehrt kann die langwellige Strahlung der Bleche nicht nach außen dringen. Von den Blechen geht der Wärmestrom, den die Strahlung erzeugt, an die Innenluft über und wird von Ventilatoren zum Gut befördert. Die Trockner eignen sich besonders für tropische Gebiete mit hoher Luftfeuchtigkeit; sie können die Temperatur der Innenluft während der Tageslichtstunden durchschnittlich um 8 bis 15 K höher halten als die der Außenluft. Damit kürzen sie die Trocknungszeit der Güter erheblich und ermöglichen, die Stoffe auf niedrigere Endfeuchtegehalte zu bringen [111] (N 111.114.7).

Mit Vorteil werden manche Güter beim Trocknen mechanisch behandelt (N 111.141.1).

Viele Landwirte wenden das geschnittene Gras, während es auf dem Felde liegt, mehrmals mit Rechen oder Gabeln, lockern es auf und streuen es auseinander. Dadurch bringen sie die unteren, noch feuchten Teile der Gutsschicht nach oben, die trockenen nach unten, lassen die zutretende Energie gleichmäßiger auf das Gut wirken und verkürzen die Trocknungszeit.

Aus ähnlichen Gründen dreht die Hausfrau die Wäsche, die an der *Trocknungsspinne* (dem mehrarmigen Wäschehalter) hängt, im Laufe des Tages so, daß Wind und Sonnenstrahlen gleichmäßig auf alle Stücke treffen (N 111.141.7).

Größere landwirtschaftliche Betriebe benutzen *Maschinen zur Heuwerbung* (mechanische Bodenschnelltrocknung) (N 111.151.1).

Die Mähmaschinen legen das Erntegut als langgezogenen Schwad auf die Wiese, — als ungleichmäßig dicke Schicht, mit den Stengelteilen unten, den Blatteilen oben. Wenn das Gut gleichmäßig und schnell trocknen soll, so muß es aber sofort nach dem Mähen locker ausgebreitet werden. Dies besorgen *Zetter*, von denen einige in einem Arbeitsgang mit der Mähmaschine arbeiten. Erwähnt sei der Zettwender, dessen umlaufende Zinkentrommel das Futter entgegen der Fahrtrichtung in die Luft wirft, und der Rüttelzetter, dessen hin und hergehende Zinken das Gut am Boden auseinanderstreuen.

Sind die oben liegenden Pflanzenteile trocken, so sollte man das Gut wenden und wieder lockern. Dazu gibt es Spezialmaschinen, die *Heuwender*, die nur diese Arbeit ausführen, sowie Universalmaschinen, die zetten, wenden, Schwaden bilden und Schwaden zerstreuen können. Weit verbreitet ist der Gabelwender, dessen schwingende Gabeln das Heu hochwerfen. Im Trommelrechwender dient eine umlaufende Zinkentrommel als Arbeitswerkzeug, der Schubrechwender hat mehrere, im Kreis auf- und abgehende Rechen und der Sternradrechwender mehrere um horizontale Achsen sich drehende, schräg zur Fahrtrichtung gestellte Stern-räder. In Gebrauch sind ferner Wurfrechwender mit umlaufenden Ketten, an denen Zinken befestigt sind, sowie Kreiselheuer mit mehreren über dem Boden kreisenden Zinkenrädern.

Während der Nacht soll das Erntegut eine möglichst kleine Oberfläche haben, damit sich nur wenig Tau darauf niederschlägt. Dazu wird das Gut abends maschinell zu Schwaden zusammengerafft und morgens wieder ausgebreitet. Das Bild 2.3 gibt über den Verlauf der Trocknung bei solchen Bemühungen Auskunft.

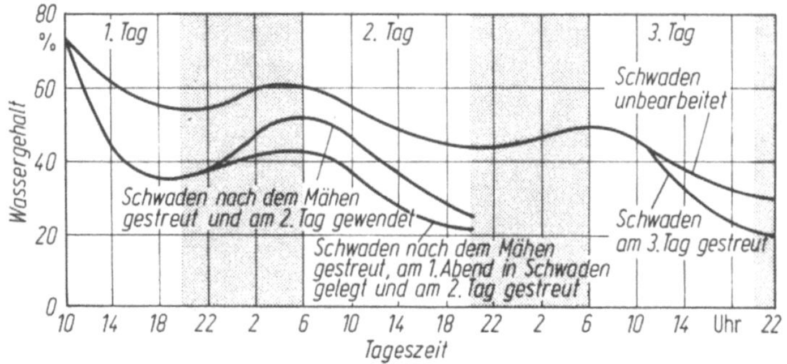

Bild 2.3. Verlauf der Heutrocknung auf dem Felde (nach W. H. Cashmore).

Als Vorbereitungsmaschinen für das Trocknen von Grüngut dienen Brecher, Quetscher sowie Feldhäcksler, die das geschnittene, oft aus groben Stengeln und feinen Blättern bestehende Material aufbrechen und zerteilen, damit die Feuchte nachher schneller und gleichmäßiger entweicht.

Außenluft-Durchströmtrockner. Zum Fertigtrocknen von Heu viel in Gebrauch sind Scheunen, Türme und Behälter, in denen Ventilatoren Außenluft durch das Gut fördern. Sie sind im Kapitel 2.3.1.4.2 in anderem Zusammenhang beschrieben (N 113.114).

2.3. Normaldruck — Übertemperaturtrockner

2.3.1. Konvektionstrockner

2.3.1.1. Theoretisches allgemeiner Art über die Konvektionstrocknung

In den Konvektionstrocknern empfängt das Gut die nötige Energie von einem strömenden Mittel — einem Fluid. Die Moleküle des Fluids, die erhöhte Schwingungs- und Translationsenergie haben, geben dabei einen Teil dieser Energie an die Gutsmoleküle ab — das Fluid überträgt Wärme an das Gut. Von der Wärme gelangt ein Teil zu den Verdampfungsstellen der Gutsfeuchte.

Das Fluid kann ein Gas, eine Flüssigkeit oder ein dispergierter Feststoff sein; es berührt das Gut unmittelbar und mischt sich meistens mit der verdampften Feuchte. Im folgenden ist in der Regel nur von Luft — als Stellvertreterin dieser Fluide — die Rede.

Tabelle 2.5 gibt einen Überblick über die Hauptgruppen der Konvektionstrockner.

Tabelle 2.5. Gruppen der Konvektionstrockner

Ordnungs-nummer	Gruppe	Skizze
0 1 0	*Konvektionstrockner* Trockner, die das Gut durch ein Fluid erhöhter Temperatur mit einem Wärmestrom versorgen. (Als Stellvertreterin der Fluide sei weiterhin nur die Luft genannt)	
0 1 1	*Überströmtrockner* Konvektionstrockner, die das Gut einem Luftstrom aussetzen, der an der Gutsoberfläche entlang streicht	
0 1 2	*Prallstrahltrockner* Konvektionstrockner, die das Gut aufprallenden Luftstrahlen aussetzen	
0 1 3	*Durchströmtrockner* Konvektionstrockner, die das Gut hindurchströmender Luft aussetzen	
0 1 4	*Fluidatbett-Trockner (Wirbelbett-Trockner) und Sprudeltrockner.* Konvektionstrockner, die das Gut hindurchströmender, es fließfähig machender oder aufsprudelnder Luft aussetzen	
0 1 5	*Schwebegut-Trockner, Förderluft-Trockner* Konvektionstrockner, die das Gut in strömender Luft verteilt halten	
0 1 6	*Konvektions-Sondertrockner* Konvektionstrockner, die das Gut in mehrerlei Weise strömender Luft aussetzen oder in anderer Weise als unter 011 bis 015 genannt (z.B. Kombinationen von Angehörigen der Gruppen 011 bis 015)	

Oft verläut die Konvektionstrocknung in den schon geschilderten drei Abschnitten. Das Bild 2.4 zeigt den typischen Verlauf der Trocknungsgeschwindigkeit bei verschiedenen Luftgeschwindigkeiten für den Fall, daß die Luft während ihrer Wirkung auf das Gut ihren Zustand behält.

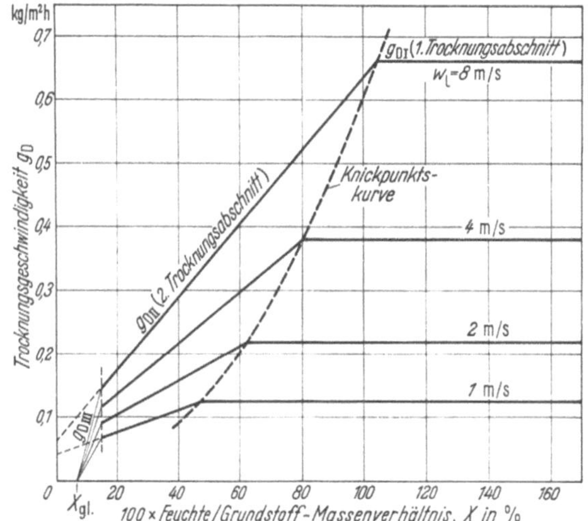

Bild 2.4. Zweiseitige Konvektionstrocknung grauer Pappe.
Die Trocknungsgeschwindigkeit (bezogen auf die doppelseitige Oberfläche), abhängig vom Feuchte/Grundstoff-Verhältnis X des Gutes und von der Luftgeschwindigkeit (etwas schematisiert). Pappendicke 4,2 mm, Lufttemperatur 37 °C, rel. Feuchte der Luft 27 %.

2.3.1.1.1. Wärme- und Stoffübertragung bei der Konvektionstrocknung

Betrachtet sei das Gutsstück a (Bild 2.5), über das Luft von der Temperatur ϑ_L ströme. An der Fläche S im Gutsinneren herrsche die Temperatur ϑ_t, die niedriger als ϑ_L sei, so daß Wärme von der Luft durch die Gutsoberfläche nach S wandert. Dort komme der Wärmestrom Φ an, der — wie vereinfachend angenommen sei — gleich dem Wärmestrom sei, den das Gutsstück von der Luft aufnimmt. Unterwegs gehe also keine Wärme verloren; es herrsche thermisch sozusagen Beharrungs-Zustand[1]. Dann kann man für die meisten Berechnungen der Praxis den Ansatz machen

$$\Phi = S\,k'\,(\vartheta_L - \vartheta_t),\qquad(2.2)$$

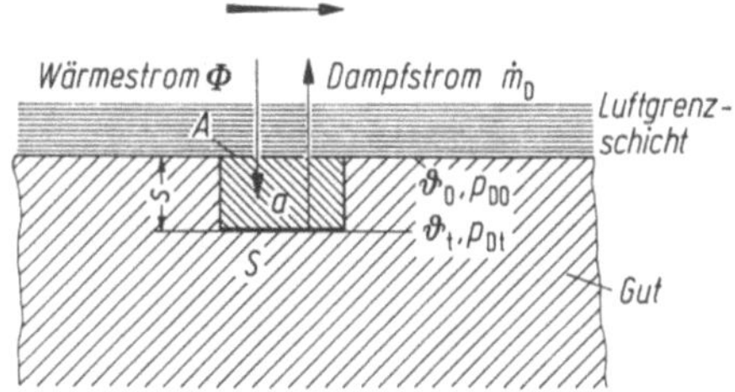

Bild 2.5. Luft-, Wärme- und Dampfstrom bei der Konvektionstrocknung.

---

[1] Dies darf unterstellt werden, wenn das Verhältnis K_ϑ von möglicher fühlbarer zu latenter Enthalpieänderung des Gutes klein ist [112]:

$$K_\vartheta = \frac{c_S\,\Delta\vartheta_S}{X_1\,\Delta h_v}.$$

In der Regel trifft das zu.

worin der weiterhin so genannte „Wärmedurchlaßkoeffizient" k' den Einfluß der Luftbewegung und der Gutsart auf den Wärmestrom berücksichtigt.

Im gedachten Fall geht die Enregieübertragung in zwei Schritten vor sich, nämlich durch „Wärmeübergang" von der Luft an die Oberfläche A und durch „Leitung" von der Fläche A zur Fläche S. Ist $S = A$ und bezeichnet

α den Wärmeübergangskoeffizienten an der Oberfläche,

s den Abstand zwischen A und S,

λ_S die Wärmeleitfähigkeit des Gutsstückes zwischen A und S,

so ist k', wie die Theorie der Wärmeleitung lehrt, gegeben durch

$$k' = \frac{1}{\dfrac{1}{\alpha} + \dfrac{s}{\lambda_S}} \cdot \tag{2.3}$$

Der Wärmestrom Φ erzeuge in der Fläche S des porös und lufthaltig gedachten Gutes Dampf vom Partialdruck p_{Dt}. Im Kern des Luftstromes herrsche dagegen der Dampfpartialdruck $p_{D\infty}$. Dann diffundiert Dampf von der Fläche S durch die Luft in den Gutsporen zur Fläche A und von dort durch die Luftgrenzschicht in den Kern des Luftstromes. Für den Dampfstrom gilt mit meistens genügender Genauigkeit[1]

$$\dot{m}_D = A\,\sigma_D \frac{1}{R_D T} \cdot \frac{p}{p - p_{Dt}} \, (p_{Dt} - p_{D\infty}). \tag{2.4}$$

Der Koeffizient σ_D in dieser Gleichung heiße „Dampfdurchlaßkoeffizient"; R_D bedeutet die individuelle Gaskonstante des Dampfes, T die (durchschnittliche) thermodynamische Temperatur des Dampfstromes und p den (als überall gleich angenommenen) Gesamtdruck des Dampf-Luft-Gemisches. Die Gl. (2.4) ist anwendbar, wenn $p_{D\infty} < p_{Dt} < 0,5p$ ist. Der Dampfdurchlaßkoffizient ist ganz analog wie der Wärmedurchlaßkoeffizient zu berechnen. Bezeichnet

β den Stoffübergangskoeffizienten an der Fläche A für den in den Luftstrom dringenden Dampf,

D den Diffusionskoeffizienten Dampf/Luft,

μ_D die Diffusionswiderstandszahl des Gutes zwischen S und A (Definition siehe [4]),

so gilt:

$$\sigma_D = \frac{1}{\dfrac{1}{\beta} + \dfrac{\mu_D\, s}{D}} \cdot \tag{2.5}$$

Zum Erzeugen einer Masseneinheit Dampf aus freier Feuchte des Gutes und zum Erwärmen des Dampfes auf die Temperatur ϑ_L ist die Energie

$$\Delta h_v' = \Delta h_v + \overline{c_{pD}}\,(\vartheta_L - \vartheta_t) \tag{2.6}$$

---

[1] Bei einer genauen Berechnung von $\dot{m}_D$ und Φ müßte man wegen der einseitigen Diffusion des Dampfes durch die Luftgrenzschicht am Gut an Stelle der direkten Partialdruckdifferenz einen logarithmisch gemittelten Wert in die Gl. (2.4) einsetzten. Ferner müßte man die Enthalpiezunahme des Dampfes in der Grenzschicht beachten, die eine Änderung des Temperaturgefälles in der Schicht zur Folge hat, und außerdem müßte man berücksichtigen, daß der aus dem Gut tretende Dampfstrom die Grenzschicht verdickt. Näheres findet man in den Veröffentlichungen von Kast [113] und Schlünder [496].

nötig; Δh_v ist die spezifische Verdampfungsenthalpie der Feuchte bei der Temperatur ϑ_t und $\overline{c_\mathrm{pD}}$ die mittlere spezifische Wärmekapazität des Dampfes zwischen den Temperaturen ϑ_t und ϑ_L.

Wenn der Wärmestrom $\varPhi$ allein zum Verdampfen der Feuchte in der Fläche S dient, wenn er also nicht zum Teil weiterwandert, so kann er den Dampfstrom

$$\dot{m}_\mathrm{D} = \frac{\varPhi}{\triangle h_\mathrm{v}'} = \frac{S\,k'(\vartheta_\mathrm{L} - \vartheta_\mathrm{t})}{\triangle h_\mathrm{v}'} \tag{2.7}$$

erzeugen. Voraussetzungsgemäß muß dieser Strom gleich dem Dampfstrom sein, der das Gut verläßt und durch die Gl. (2.4) gegeben ist.

Die Gln. (2.2) und (2.4) geben Hinweise, wie wir aus einem Gut in der Zeiteinheit viel Feuchte entfernen können. Nach Gl. (2.2) besteht eine erste Möglichkeit darin, der Luft eine hohe Temperatur zu geben. Die Gl. (2.4) legt ferner nahe, in der Umgebung des Gutes einen niedrigen Dampfpartialdruck $p_{\mathrm{D}\infty}$ einzustellen. Weiter können wir k' und σ_D erhöhen: in gewissen Grenzen, indem wir die Luft schnell über das Gut strömen lassen, manchmal auch, indem wir die Wege s des Wärme- und des Feuchtestromes kurz halten oder indem wir das Gut von vornherein porös machen und indem wir dadurch μ_D einen niedrigen Wert geben. Gelegentlich können wir die Wärme und die Feuchte „mechanisch" durch das Gut bewegen. Die drei letzten Möglichkeiten kommen insbesondere für Haufengüter in Betracht, die wir meistens nicht so hinzunehmen brauchen, wie sie angeliefert werden. Wir können diese Güter ausbreiten und aufteilen (Bild 1.58), und dadurch können wir den Weg s für den Wärme- und Dampfstrom kürzen; auch können wir manche Güter umlagern und durchmischen, wobei die Energie und Feuchte im Inneren von Stelle zu Stelle getragen wird. Von dieser letzten Möglichkeit ist im Abschnitt 2.3.1.1.10 die Rede. Zunächst sei unterstellt, die Gutsschicht sei starr.

Als „Trocknungsgeschwindigkeit" gilt die Massenstromdichte des Dampfes, der das Gut verläßt. Für sie folgt aus Vorstehendem die Doppelgleichung

$$g_\mathrm{D} = \frac{\vartheta_\mathrm{L} - \vartheta_\mathrm{t}}{\Delta h_\mathrm{v}'\left(\dfrac{1}{\alpha} + \dfrac{s}{\lambda_\mathrm{S}}\right)} = \frac{p_\mathrm{Dt} - p_{\mathrm{D}\infty}}{R_\mathrm{D}T\left(\dfrac{p - p_\mathrm{Dt}}{p}\right)\left(\dfrac{1}{\beta} + \dfrac{\mu_\mathrm{D}s}{D}\right)}, \tag{2.8}$$

oder

$$g_\mathrm{D} = \frac{\alpha}{\Delta h_\mathrm{v}'}\frac{(\vartheta_\mathrm{L} - \vartheta_\mathrm{t})}{(1 + Bi)} = \frac{\beta}{R_\mathrm{D}T}\frac{p}{p - p_\mathrm{Dt}}\frac{p_\mathrm{Dt} - p_{\mathrm{D}\infty}}{(1 + Bi')} \tag{2.8a}$$

mit

$$\frac{\alpha\,s}{\lambda_\mathrm{S}} \equiv Bi \quad \text{und} \quad \frac{\beta\,s\mu_\mathrm{D}}{D} \equiv Bi'.$$

Bi ist die Biot-Zahl der Wärmeübertragung: das Verhältnis des inneren zum äußeren Widerstand der Wärmeübertragung (Größenordnung 1); Bi' bedeutet das entsprechende Verhältnis der Stoffübertragung (Größenordnung 20).

Der Dampfdruck p_Dt an der Verdampfungsstelle (Fläche S) stimmt, wenn freie Feuchte verdampft, (fast genau) mit dem Sattdampfdruck p_Dt'' überein, der zur Feuchtetemperatur ϑ_t an dieser Stelle gehört, und ist allein durch diese Temperatur gegeben. Es besteht also die formale Beziehung

$$p_\mathrm{Dt} = p_\mathrm{Dt}'' = f(\vartheta_\mathrm{t}). \tag{2.9}$$

Tabelle 2.6.
Einige Anhaltswerte für die im zweiten Abschnitt der Konvektionstrocknung maßgebenden

Gutart A Stoffe geordnet nach $X_{Kn,1}$ B Stoffe geordnet nach μ_D C Stoffe geordnet nach λ_S	Rohdichte (trocken) ϱ_R kg/m³	Lückenraumanteil (trocken) ε m³/m³	Wärmeleitfähigkeit (trocken) λ_S W/(m K)	Diffusionswiderstandszahl des Dampfes im Gut μ_D
A				
Glaskugeln 0,5 mm ⌀	1 640	0,37		3,8
Ziegelstein	1 862	0,29	0,67	9,3
Seesand, gewaschen, 0,2 bis 0,3 mm				
Minokaolin/Kawachiquarz 2:8				
Zettlitzkaolin				
Seikireikaolin				
Minokaolin				
Sand 0,044 mm				
Kiefern-Splintholz	480	(≈0,66)	0,105	
Kiefern-Splintholz	480	(≈0,66)	0,105	
Buchenholz	660	(≈0,55)	0,135	
Buchenholz	660	(≈0,55)	0,135	
Sulfitpapierstoff				
Chromleder				
Kartoffelscheiben				
B				
Holzwolleplatten	300	0,81	0,06	2,5 bis 3,2
Glaskugeln 1,9 mm ⌀		0,365		3,1
Magermilchpulver, sprühgetrocknet	750	0,482		3,3
Mehl	450	0,69		3,7
Seesand 0,2 mm mittl. Korngr.		0,36		4,7
Schokolade-Puddingpulver	725	0,5		6,8
Mauerziegel	1 530	0,43	0,49	9,7 bis 10
Kalksand-Leichtstein	1 330	0,46		14,0 bis 17,0
C				
Steinsalz	2 150		3,74	
Feldspat	2 650		2,45	
Bauxit	2 200		1,52	
Sandstein	2 200 bis 2 500		1,3 bis 1,9	
Steinzeug	2 200 bis 2 470		1,05 bis 1,9	
Porzellan	2 200 bis 2 500		0,84 bis 1,05	
Ackererde (Sand, Lehm, Ton)	1 500 bis 2 000		0,29 bis 0,59	
Steinkohle	1 240 bis 1 350		0,21 bis 0,27	
Leder	1 000		0,16 bis 0,18	
Hartpappe	790		0,15	
Eichenholz, senkrecht zur Faser	630		0,135	
Fichtenholz, senkrecht zur Faser	430		0,095	
Kieselgur	300 bis 400		0,068 bis 0,080	
Sägemehl	190 bis 215		0,058 bis 0,07	
Wollgewebe			0,034	
Baumwollgewebe, senkrecht zur Fläche			0,033	

Stoffgrößen für gleichmäßig geschichtetes bzw. plattenförmiges Gut, nach Schrifttumsangaben

| Versuchsdaten | | | | | | | Angaben zur Knickpunktsfeuchte | | | Lit. |
| Luftstrom | | | Gut | | | | | | | |
$\vartheta_L, (\vartheta_K)$ C°	φ %	w_L m/s	s mm	g_{DI} kg/m²h	$g_{DI} \cdot s$ mkg/m²h	X_1 (X_1-X_{Gl}) kg/kg	Knickpunktsfeuchte $X_{Kn,1}$ kg/kg	$X_{Kn,1}-X_{Gl}$ kg/kg	$\dfrac{X_{Kn,1}}{X_1} \left(\dfrac{X_{Kn,1}-X_{Gl}}{X_1-X_{Gl}} \right)$	
25	24		20	1,0	0,0200	0,143	0,018		0,125	[4]
24	33		20	0,58	0,0116	0,115	0,041		0,36	[4]
54	15	3,5	25	2,05	0,051	0,14	0,053		0,38	[144]
40	40	2,14	30/2	1,21	0,0182	(0,19)		0,077	(0,405)	[145]
40	40	2,14	30/2	0,47	0,0071	(0,39)		0,115	(0,295)	[145]
40	40	2,14	30/2	0,48	0,0072	(0,38)		0,115	(0,41)	[145]
40	40	2,14	30/2	0,46	0,0069	(0,36)		0,180	(0,50)	[145]
54	17	2,0	25			0,26	0,21		0,81	[144]
112 (99)		3,0	20/2	0,78	0,0078	1,0	0,75		0,75	[146]
65	70	5,0	19/2	0,32	0,0030	1,25	0,80		0,64	[147]
112 (99)		3,0	20/2	0,99	0,0099	1,0	0,75		0,75	[146]
65	70	1,5	20/2	0,28	0,0028	1,05	0,80		0,76	[147]
40	40	2,45	20/2	0,75	0,0075	(2,40)		1,22	(0,51)	[145]
49		1,5	10/2			1,52	1,25			[144]
60 (53)			1,4	1,43	0,0200	4,25	1,87		0,44	[148]
20										[4]
										[4]
20										
20										
20										
0										
0										
0										
20										
30										
0										
0										
20										
20										
0										
0										
30										
30										

Zusammengehörige Zahlenwerte von ϑ_t und p_{Dt}'' sind den bekannten Sattdampf-tafeln oder -Kurven zu entnehmen.

Die Gln. (2.8) und (2.9) gestatten, bei gegebenem Zustand der strömenden Luft die Temperatur ϑ_t und den zugehörigen Dampfpartialdruck p_{Dt}'' an der Ver-dampfungsstelle sowie die Trocknungsgeschwindigkeit g_D zu bestimmen: entweder graphisch wie in [4] geschildert oder rechnerisch durch Probieren, indem in die Gl. (2.8) nacheinander mehrere Wertepaare von ϑ_t und p_{Dt}'' eingesetzt werden, bis das Wertepaar gefunden ist, das die Doppelgleichung erfüllt.

Zahlenrechnungen gehen in der Regel nicht von einem bekannten Dampfteil-druck p_{DL} in der Luft, sondern von einer bekannten relativen Feuchte φ oder von einem bekannten Massenverhältnis x des Dampfes zur Reinluft aus. Zwischen diesen Größen bestehen die Beziehungen:

$$p_{DL} = \varphi p_D''$$

(2.10)

und

$$p_{DL} = \frac{x}{x + \dfrac{R_L}{R_D}}\, p,$$

(2.11)

worin p_D'' den Sattdampfdruck bei der Temperatur ϑ_L des Luftstromes, p den Gesamtdruck des Dampf-Luft-Gemisches und R_L die spezifische Gaskonstante der Luft bedeuten. Für Wasserdampf-Luft-Gemische ist $R_L/R_D = 0{,}622$.

Der Dampfübergang findet bei der Konvektionstrocknung an der gleichen Oberfläche statt wie der Wärmeübergang, wobei sich der Wärme- und der Dampf-strom gegenseitig beeinflussen [113]. Für das Weitere sei aber unterstellt, der Dampfstrom sei relativ schwach und ändere das Strömungs- und Temperatur-feld der Luft in Gutsnähe, das sich ohne ihn einstelle würde, nur unerheblich. Dann folgen die beiden Vorgänge analogen Gesetzen, und das ermöglicht, die Übergangskoeffizienten auseinander zu berechnen. Es ist

$$\frac{\alpha}{\beta} = \varrho_L\, c_{pL} \left(\frac{a_L}{D}\right)^{1-n},$$

(2.12)

ϱ_L Dichte des Dampf-Luft-Gemisches,
c_{pL} spezifische Wärmekapazität des Dampf-Luft-Gemisches bei konstantem Druck,
a_L Temperaturleitfähigkeit des Dampf-Luft-Gemisches,
D Diffusionszahl Dampf/Luft.

Der Exponent n kann Werte zwischen 0 und 1 haben; in praxisnahen Fällen ist $n = 0{,}3$ bis $0{,}5$. Diffundiert Wasserdampf in Luft hinein, so liegt α/β meistens im Bereich 800 bis 1 000 kg/(m s² K).

Wenn der Partialdruck des Dampfes einen großen Anteil am Gesamtdruck im Gut hat oder wenn er ihm sogar gleich ist, wie bei der Trocknung von Stoffen in reinem Heißdampf, so gilt die Gl. (2.8) selbstverständlich nicht. Der Dampf bewegt sich dann (vornehmlich) infolge eines Gesamtdruckunterschiedes von der Ent-stehungsstelle in den Raum außerhalb des Gutes hinein und braucht also nicht durch Luft zu diffundieren. Bestehen bleiben aber die linken Teile der Gl. (2.8), aus denen sich die Trocknungsgeschwindigkeit bestimmen läßt.

Wir haben bisher angenommen, die Stelle, an der die Feuchte im Gut verdampft, sei bekannt. Kennt man die Struktur des Gutes, so kann man diese Stelle tatsächlich manchmal angeben, oder man kann in Gedanken wenigstens grob den Bezirk eingrenzen, wo sie sich bei einem bestimmten Gesamtfeuchtegehalt des Gutes befindet. Meistens rückt die Verdampfungsstelle mit abnehmender Gutsfeuchte immer weiter in das Gutsinnere hinein, und stets wird sie durch die Bewegungsmöglichkeiten einerseits der (halb-)gebundenen und flüssigen Feuchte im Gut und andererseits des Dampfes bestimmt. In manchen Gütern — z. B. in Holz — wandert die Feuchte teils als gebundene oder freie Flüssigkeit, teils als Dampf und teils in mehreren Schritten als Flüssigkeit und als Dampf bis zur Oberfläche. Die Darlegungen im Abschnitt 2.3.1 dieses Buches beziehen sich nur auf Güter nach dem einfachen, in Bild 2.5 dargestellten Modell.

Durchschnittliche Wärme- und Stoffübergangskoeffizienten

In Luft, die an einer kälteren Oberfläche vorbeistreicht, ändert sich längs des Weges sowohl das Temperatur- wie das Geschwindigkeitsfeld, und daher geht an die Teilflächen ein unterschiedlicher Wärmestrom über. Für viele Aufgaben der Trocknungstechnik genügt es, den gesamten übergehenden Wärmestrom zu bestimmen, aber in Einzelfällen sollten auch die Teilströme bekannt sein, die durch bestimmte Teilflächen dringen.

Den Unterschieden im Temperatur- und Geschwindigkeitsfeld entsprechen Unterschiede des Wärmeübergangskoeffizienten. Es empfiehlt sich oft, den „durchschnittlichen Übergangskoeffizienten" auf den Temperaturunterschied $\vartheta_{L1} - \vartheta_O$ zwischen der Luft und der Gutsoberfläche an der Stelle zu beziehen, wo die Beiden aufeinander einzuwirken beginnen, und daher für die Wärmestromdichte an der Oberfläche zu schreiben

$$q = \alpha_1(\vartheta_{L1} - \vartheta_O), \tag{2.13}$$

worin der Index 1 auf die genannte Stelle hindeutet.

Einen Überblick über die so festgelegten Wärmeübergangskoeffizienten an Flächen, die in üblicher Weise von Luft überströmt werden, gibt das Bild 2.6. Außer für kugelige, zylindrische und ebene Oberflächen gelten die α_1-Werte des Bildes 2.6 annähernd auch für andere Oberflächen, wenn die mit l' bezeichneten „Anströmlängen" übereinstimmen. Als Anströmlänge — im folgenden auch als „Überströmlänge" bezeichnet — sei die Länge des Weges bezeichnet, den die Luft entlang der wärmeaufnehmenden Oberfläche zurücklegt (s. Skizze im Bild 2.6).

Der Wärmeübergangskoeffizient wächst, wenn der Geschwindigkeitsunterschied zwischen dem Gut und der Luft zunimmt. Am kleisten ist α_1 an langen überströmten Platten und in langen durchströmten Kanälen. Je kürzer der Berührungsweg zwischen der Luft und den einzelnen Körpern ist (genauer gesagt: je kürzer die Kontaktzeit zwischen den am Gut vorbeiwandernden Volumenelementen der Luft und dem Gut ist), desto höher liegt α_1. Die größten α_1-Werte stellen sich an kleinen Teilchen ein. Wie α_1 im Einzelfall zu berechnen ist, geht aus [4] und anderem umfangreichem Schrifttum hervor [114—120].

Das Bild 2.6 gilt für eine Temperatur der Luftgrenzschicht am Gut von $\vartheta_M = 70\,°C$. Für andere Temperaturen sind die Übergangskoeffizienten an Hand der

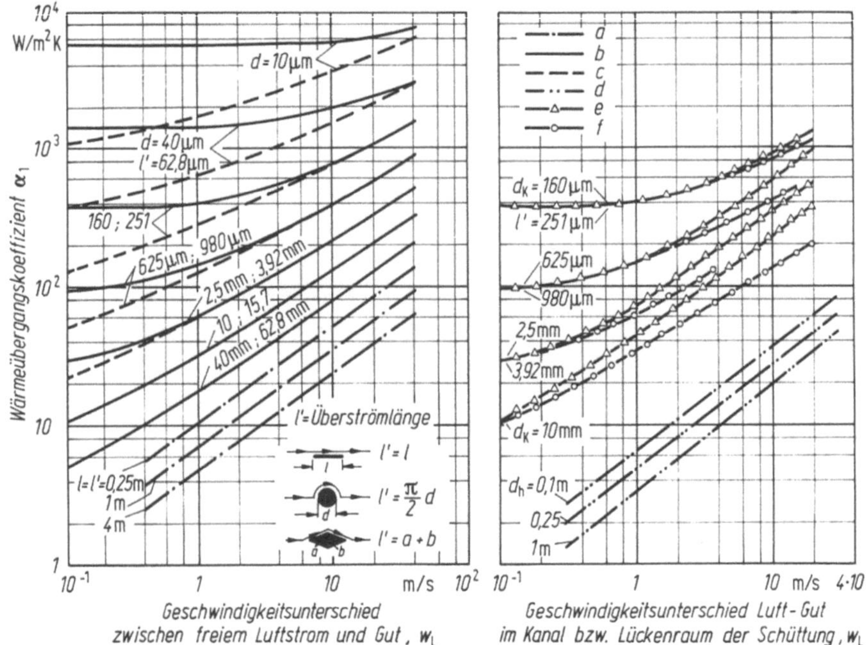

Bild 2.6. Anhaltswerte für die Wärmeübergangskoeffizienten an umströmten und durchströmten Körpern bei erzwungener Konvektion (berechnet nach [4]).
a überströmte einzelne ebene Platte; *b* umströmte einzelne Kugel; *c* umströmter einzelner langer Zylinder; *d* durchströmter glatter Kanal mit $d_h/l = 0,1$; *e* durchströmte Kugelschüttung mit $\varepsilon = 0,4$; *f* durchströmte Kugelschüttung mit $\varepsilon = 1$.
d Durchmesser; d_K Kugeldurchmesser; d_h hydraulischer Durchmesser; *l* Kanallänge; *l'* Überströmlänge; ε Lückenraumanteil der Schüttung; w_L Luftgeschwindigkeit; $\dot{V}_L$ Luftvolumenstrom; *S* Querschnittsfläche des (evtl. mit Schüttkörpern erfüllten) Kanals.
Bei ruhendem Schüttgut: $w_L = \dot{V}_L/(\varepsilon\, S)$ Temperatur für die Stoffwerte angenommen 70 °C.

Stoffwerte und der folgenden für Wasserdampf-Luft-Gemische gültigen Gleichungen zu berechnen (Schlünder [121]):

$$Nu \equiv \frac{\alpha_1 l'}{\lambda_L} = K_1 + 0,59\sqrt{Re} \cdot \sqrt[4]{1 + 1,55 \cdot 10^{-4} Re}, \qquad (2.14)$$

Nusselt-Zahl des Wärmeübergangs,

$$Sh \equiv \frac{\beta_1 l'}{D} = K_1 + 0,55\sqrt{Re} \cdot \sqrt[4]{1 + 1,43 \cdot 10^{-4} Re}, \qquad (2.15)$$

Sherwood-Zahl des Stoffübergangs,

$$Re \equiv \frac{w_L l'}{\nu_L}, \qquad \text{Reynolds-Zahl.} \qquad (2.16)$$

Darin ist zu setzen

für parallel überströmte Platte der Länge *l*: $l' = l$, $K_1 = 0$,

für quer überströmten Zylinder vom Durchmesser *d*: $l' = \frac{\pi}{2}d$, $K_1 = 0,3$,

für quer überströmte Kugel vom Durchmesser d_K: $l' = d_K$, $K_1 = 2$.

Mit λ_L ist die Wärmeleitfähigkeit und mit ν_L die kinematische Viskosität des Dampf-Luft-Gemisches in der Luftgrenzschicht bezeichnet. D steht für den Diffusionskoeffizienten Wasserdampf/Luft.

Im Temperaturbereich zwischen 40 und 100 °C, in dem die Grenzschichttemperaturen ϑ_M meistens liegen, hängt α_1 nur wenig von ϑ_M ab. Im übrigen sind die Gleichungen auch auf Verbrennungsgas-Luft-Gemische üblicher Art anzuwenden.

Manche flächige Güter haben zwar, grob gesehen, ebene Oberflächen, aber besitzen breite Stirnflächen, liegen in Horden mit überstehenden Rändern oder werden von Bauteilen des Trockners gehalten, welche die Luft stark verwirbeln. Powell und Griffiths [122] beobachteten die Trocknung von 24,3 cm langen Platten, die — ähnlich wie die zweitobere im Bild 2.7 — vorn einen erhöhten Rand hatten, und verglichen die Ergebnisse mit denjenigen, die sie an Platten mit vorgesetzten, nicht befeuchteten Gleitnasen erhielten (obere Platte im Bild 2.7). Es ergab sich, daß ein 3,7 mm hoher Rand die Trocknungsgeschwindigkeit um 14% erhöhte, ein 7,5 mm hoher Rand verbesserte sie um 30%.

Haufengüter, die auf Horden, Förderbändern o. dergl. liegen, bieten der Luft oft grobwellige, ja zerklüftete Oberflächen dar (untere Platte auf Bild 2.7). Bis-

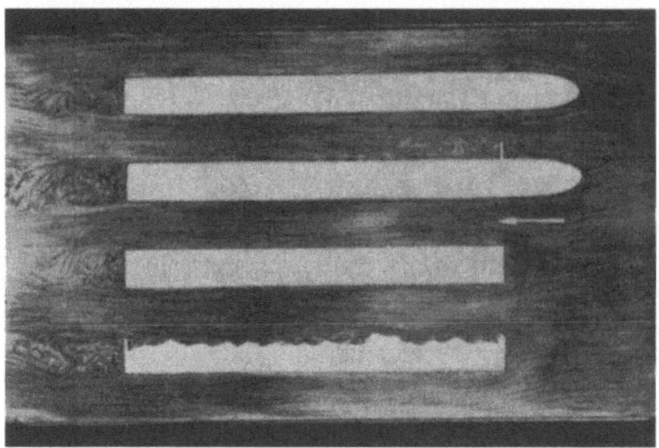

Bild 2.7. Umstromte plattenförmige Körper.

lang wurden systematische Versuche über den Wärme- und Stoffübergang an solchen Flächen anscheinend nicht gemacht, jedoch wurde der Übergang an Oberflächen mit künstlich erzeugten „Rauhigkeiten" in etlichen Fällen studiert [123 bis 127].

Eine rauhe Platte hat eine etwas größere effektive Oberfläche als eine glatte. An ihr kann die laminare Luftgrenzschicht (s. w. u.) in den Lücken zwischen den Erhebungen dahinschleichen, oder sie kann die Erhebungen ganz überfluten. Höcker, die aus ihr hervorragen, wirken als Turbulenzerzeuger; sie erzwingen, daß laminar ankommende Strömung auf kürzerem Wege turbulent wird als an einer glatten Platte. Turbulente Strömung wird noch stärker durchwirbelt als sonst. Aus all diesen Gründen haben die Übergangskoeffizienten an rauhen Platten meistens höhere Werte als an glatten.

In den Bandtrocknern dienen häufig Bänder aus Drahtgeflecht oder dergleichen als Tragorgane für das Gut; an ihnen streicht die Luft entlang. Eng geflochtene Tragbänder halten den Luftstrom in diesem Fall von der Unterseite des Gutes ab und hemmen dadurch den Wärme- und Stoffübergang. Dagegen wirken weit geflochtene Bänder vorteilhaft, da ihre querliegenden Drähte Wirbel erzeugen. Dabei entsteht in der strömenden Luft zwar ein erhöhter Druckverlust, jedoch trägt dieser zum Wärme- und Stoffübergang am Gut bei. Im Bild 2.8 ist über der Luftgeschwindigkeit als Abszisse der Stoffübergangskoeffizient β als Ordinate für 3 Fälle aufgetragen:

1. in einem Kanal wird ein Stück Pappe unbedeckt getrocknet,
2. an beiden Seiten des Stückes liegt ein Drahtgewebe,
3. an beiden Seiten des Gutes befindet sich ein Stegrost.

Der Luftstrom läuft parallel zur Pappe. In den beiden letzten Fällen liegt β bei niedrigen Luftgeschwindigkeiten erheblich höher als im ersten Fall.

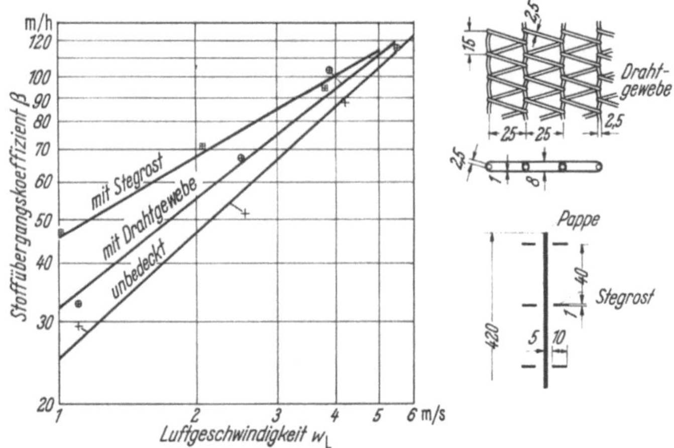

Bild 2.8. Stoffübergangskoeffizient an ebenen Pappstücken, die mit einem Drahtgewebe oder Rost bedeckt sind, abhängig von der Luftgeschwindigkeit. Lufttemperatur 37 °C, rel. Feuchte 20 %.

Auch die Turbulenz (wirbelige Bewegung) des Luftstromes hat Einfluß auf den Wärme- und Stoffübergang: je nachdem, wie groß die (mikroskopischen) Wirbel in der Luft sind, wie schnell sie die Plätze ändern und wie stark ihre Bewegungsenergie streut, ergeben sich unterschiedliche Übergangskoeffizienten [120, 128, 129]. An einer ebenen Platte mit laminarer Strömungsgrenzschicht zum Beispiel (s. w. h.) steigen die Wärme- und Stoffübergangskoeffizienten beträchtlich an, sobald der sog. Turbulenzgrad des Stromes — das Verhältnis der örtlichen Geschwindigkeitsschwankungen zur Durchschnittsgeschwindigkeit — den Wert 2,8 % überschreitet. Bei 5 % Turbulenz werden die Koeffizienten nahezu verdoppelt, bei 12 % verdreifacht [130].

Manche Konvektionstrockner zwingen dem Gut oder der Luft oszillatorische Bewegungen in Strömungsrichtung oder quer dazu auf. Auch diese wirken sich auf den Wärme- und Stoffübergang aus. Im einzelnen haben Einfluß: die Amplitude, die Frequenz (in den Bereichen der fühlbaren, der Schall- und der Ultraschallschwingungen) sowie der Verlauf der Schwingungen. Die Wirkung ist an bestimmte Bereiche und Kombinationen dieser Einflußgrößen gebunden; sie kann bei freier Konvektion größer sein als bei erzwungener Konvektion und bei kleinen Reynoldszahlen der Strömung bedeutender als bei großen [131—134].

An einer parallel angeströmten Platte z. B. bringen im Bereich voll ausgebildeter Turbulenz sinusförmige Luftschwingungen (von 0,1 bis 200 Hz und mit Amplituden von 0 bis 92 % der mittleren Freistromgeschwindigkeit) Übergangskoeffizienten, die nur 3 bis 5 % höher sind als die bei stationärer Luftbewegung [134]. Demgegenüber ergeben sich an dünnen waagerechten Drähten, die harmonisch mit 0 bis 20 Hz und mit Amplituden bis 35 mm schwingen, bis ungefähr 3mal so große Wärmeübergangskoeffizienten wie bei freier Luftkonvektion [135].

In Sonderfällen werden in der Trocknungstechnik an Stelle von Gasen Flüssigkeiten zum Übertragen von Wärme an das Gut benutzt:

Öle, Lösungsmittel, flüssige Metalle,

oder pseudoflüssige Stoffe:

Ströme wandernder Feststoffteilchen,

fluidisierte — mit Gasen aufgewirbelte — körnige Feststoffe (sog. Wirbelschichten).

Sie gestatten, intensiver auf das Gut zu wirken als mit Luftströmen möglich wäre. Vom Wärmeübergang zwischen solchen besonderen Fluiden und festen Oberflächen handelt ein umfangreiches Schrifttum, auf das hier nur verwiesen werden kann [136, 137].

Örtliche Wärme- und Stoffübergangskoeffizienten

Zahlreiche Untersuchungen wurden dem Wärme- und Stoffübergang an den einzelnen Stellen von Platten-, Zylinder- und Kugeloberflächen gewidmet [114, 120].

Streicht ein Luftstrom an einer glatten, ebenen *Platte* entlang (Bild 2.9a), so bleiben zahlreiche Luftmoleküle dort haften und der Stromfaden, der die Platte berührt, nimmt (als ganzer gesehen) die Geschwindigkeit Null an. Die haftenden Moleküle jedoch wirken infolge ihrerSchwingbewegungen auf dieNachbarfäden und setzen auch deren Geschwindigkeiten herab (Geschwindigkeitsprofile s. Bild 2.9b).

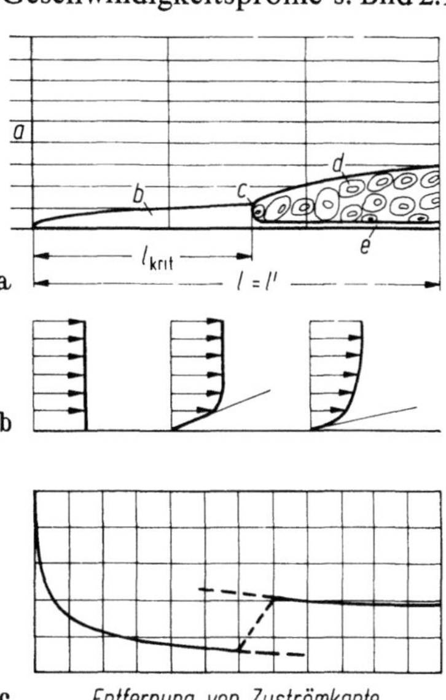

Bild 2.9. Schematische Darstellung der Grenzschicht, der Geschwindigkeitsprofile und des Verlaufs des Wärmeübergangskoeffizienten an einer parallel überströmten ebenen Platte.
a) Laminare und turbulente Grenzschicht; b) Luftgeschwindigkeit in Plattennähe; c) örtlicher Wärmeübergangskoeffizient.
a Ankommende turbulente Strömung; *b* laminar strömende Grenzschicht; *c* Umschlagstelle; *d* turbulent strömende Reibungsschicht; *e* laminar strömende Unterschicht.

Als Folge entsteht an der Wand eine Schicht verminderter Geschwindigkeit, die vorne sehr dünn ist und stromabwärts dicker wird. Diese Reibungs- oder „Strömungsgrenzschicht" b bewegt sich in der Nähe der Vorderkante einer zugeschärften Platte stets laminar, gleichgültig, ob die übrige Luft laminar oder turbulent ankommt. In einiger Entfernung von der Zuströmkante aber geht die laminare in die turbulente Bewegung über, und von da an wächst die Grenzschichtdicke stärker an als davor. An der Platte bleibt jedoch eine ganz dünne, laminar strömende Unterschicht erhalten, deren Dicke längs des Strömungsweges abnimmt [138, 139]. Die Stelle, an der die Grenzschichtströmung umschlägt, hängt vom Turbulenzgrad der ankommenden Strömung ab.

Eine laminare Reibungsschicht, der ein Temperaturgefälle quer zur Hauptströmung aufgeprägt ist, kann in dieser Richtung Wärme nur infolge der Bewegung der Moleküle — also nur durch Leitung — übertragen. In einer turbulenten Schicht dagegen fördern auch die Luftballen, die sich dauernd mischen, Wärme quer zum Luftstrom. Diese Art der Übertragung ist oft viel lebhafter als die reine Leitung.

Auch der Dampf, der sich von der Gutsoberfläche zum Kern des Luftstromes bewegt, kann laminare Schichten nur langsam — infolge Diffusion — durchdringen. In turbulenter Strömung kommt er viel rascher vorwärts [120].

Außer der Art der Bewegung hat selbstverständlich auch die Dicke der Reibungsschicht Einfluß auf den Wärme- und Stoffübergang. Da diese Dicke von Stelle zu Stelle wechselt, ändern sich auch die Übergangskoeffizienten entlang der Platte (Bild 2.9c).

An zugeschärften dünnen Platten ist die Strömungsgrenzschicht laminar bis $Re_{\mathrm{krit}} = w_{\mathrm{L}} \cdot l_{\mathrm{krit}}/\nu_{\mathrm{L}} \approx 5 \cdot 10^5$, an stumpfen Platten jedoch endet der Laminarbereich schon bei $Re_{\mathrm{krit}} \approx 5 \cdot 10^3$.

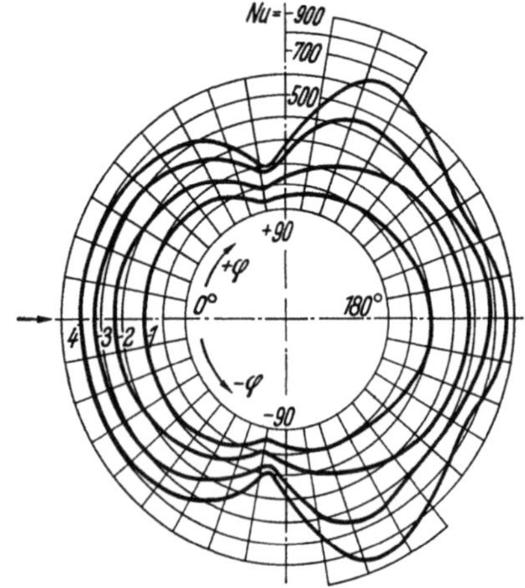

Bild 2.10. Örtliche Nusselt-Zahl am quer angeströmten Zylinder bei verschiedenen Reynolds-Zahlen Re.
Nach Messungen von E. Schmidt und K. Wenner. Kurven *1* und *2* im unterkritischen Bereich der Reynolds-Zahlen, Kurven *3* und *4* im kritischen Bereich.
1 Re = 39 800; *2 Re* = 101 300;
3 Re = 170 000; *4 Re* = 257 600.

Im Bild 2.10 ist die örtliche Nusselt-Zahl $\mathrm{Nu} = \alpha \, d/\lambda_{\mathrm{L}}$ längs des Umfanges eines quer angeströmten einzelnen Zylinders dargestellt (d bezeichnet den Zylinderdurchmesser). Die Strömung geht vorne geordnet am Zylinderumfang entlang. An einem bestimmten Punkt löst sie sich ab, so daß hinter dem Zylinder ein ausgedehntes Wirbelgebiet entsteht. In der Nähe des Ablösungspunktes hat Nu den niedrigsten Wert, in einiger Entfernung davor und dahinter Höchstwerte [140 bis 142]. Dieses Bild ändert sich allerdings erheblich, wenn nahe dem Zylinder andere Gegenstände angeordnet werden [143].

2.3.1.1.2. Der erste Abschnitt der Konvektionstrocknung

Der erste Trocknungsabschnitt bei geringer Zustandsänderung des Luftstromes

Während des ersten Abschnittes der Konvektionstrocknung verdunstet Feuchte nur an der Gutsoberfläche, und es ist in Gl. (2.8) zu setzen: $s = 0$, $\vartheta_t = \vartheta_O$ (= Oberflächentemperatur), $p_{Dt} = p_{DO} = f(\vartheta_O)$. Wenn alle in dieser Zeit zur Oberfläche gehende Wärme dort allein zum Verdunsten der Feuchte dient (was bei vielen Trocknungsprozessen nach dem Anwärmen des Gutes eine zeitlang ungefähr zutrifft), und wenn außerdem der Dampf an der Oberfläche gesättigt ist ($p_{DO} = p''_{DO}$), so folgt

$$g_{DI} = \frac{\alpha}{\Delta h'_v} (\vartheta_L - \vartheta_O) = \frac{\beta}{R_D T} \frac{p}{p - p''_{DO}} (p''_{DO} - p_{D\infty}) \qquad (2.17)$$

sowie

$$\vartheta_O = \vartheta_L - \frac{\Delta h'_v}{R_D T (\alpha/\beta)} \frac{p}{p - p''_{DO}} (p''_{DO} - p_{D\infty}), \qquad (2.18)$$

gültig für $p_{D\infty} < p''_{DO} < 0{,}5p$. (Genaue Berechnung siehe [496]).

Daraus ist abzuleiten:

a) Die Oberflächentemperatur ϑ_O des Gutes im ersten Trocknungsabschnitt hängt nur wenig und nur insofern von der Geschwindigkeit und vom Verlauf der Luftströmung ab, als das Verhältnis α/β (s. Gl. (2.12)) davon mitbestimmt wird. Nach den Darlegungen in [4] liegt die Oberflächentemperatur beim Verdunsten von Wasser in Luft nahe bei der sogenannten Kühlgrenztemperatur der Luft.

b) Wenn die das Gut überstreichende Luft ganz trocken ist ($p_{D\infty} = 0$), dann stellt sich, was selbstverständlich ist, die höchste Trocknungsgeschwindigkeit ein, die bei einer gegebenen Lufttemperatur möglich ist.

c) Während des ersten Trocknungsabschnitts trocknet ein Gut in Luft von beispielsweise 70 °C und 20 % relativer Feuchte ($p_{D\infty} = 6233$ Pa) ebenso rasch wie in Luft von 120 °C und 30 % relativer Feuchte ($p_{D\infty} = 59\,560$ Pa). Aber im ersten Fall nimmt das Gut nur die Oberflächentemperatur 41 °C an, im anderen dagegen etwa 88 °C, und das kann sich stark auf die Gutsqualität auswirken.

d) Außer der Gutstemperatur ist die Wirtschaftlichkeit in den beiden Fällen verschieden. Wir entnehmen aus Bild 3.2, daß zum Entfernen von 1 kg Wasser bei 70 °C und 20 % relativer Feuchte 4100 kJ, bei 120 °C und 30 % relativer Feuchte aber nur 2470 kJ nötig sind. Im ersten Fall wird das Gut also weniger erwärmt, im zweiten ist die Trocknung wirtschaftlicher. Welcher Gesichtspunkt den Vorrang verdient, ist im Einzelfall zu entscheiden.

Der erste Trocknungsabschnitt bei starker Zustandsänderung des Luftstromes

Streng genommen gilt Gl. (2.17) nur für einen schmalen Gutsstreifen, an dessen Oberfläche die Luft nur so viel Wärme abgibt und Dampf aufnimmt, daß sie weder im Strömungskern noch an der Gutsoberfläche ihren Zustand merklich ändert.

In wirklichen Trocknern sind die Luftwege länger. Die Luftfeuchte kann stromabwärts beträchtlich zunehmen und die Trocknungsgeschwindigkeit daher absinken.

Es sei vorausgetzt, daß die Luft längs des Weges, auf dem sie das ruhende Gut berührt, Wärme nur zum Verdampfen von Feuchte an der Gutsoberfläche abgibt, wodurch sie kühler wird. Auch habe das Gut überall schon seine Endtemperatur angenommen. Weiter sei unterstellt, daß aller entstehende Dampf in die Luft übergeht, so daß der Dampfpartialdruck längs des Luftweges dementsprechend zunimmt. Es sei, genauer gesagt, die Energie zum Verdampfen der Feuchte gleich der Wärme aus der Luft, und die Zunahme der Dampfmasse in der Luft sei gleich der Masse der verdampfenden Gutsfeuchte. Bezeichnet

$\mathrm{d}l$	die Länge des betrachteten Wegstücks in Strömungsrichtung der Luft,
b	die Breite des Wegstücks,
$\mathrm{d}A$	das betrachtete Element der Gutsoberfläche, an dem Wärme und Dampf übergeht (im gedachten Fall $\mathrm{d}A = b\,\mathrm{d}l$),
S_K	die Querschnittsfläche des Kanals, in dem die Luft am Gut vorbeistreicht,
$w_\mathrm{L},\,\varrho_\mathrm{L},\,c_\mathrm{pL}$	s. w. o.,
$\dot{m}_\mathrm{L} = S_\mathrm{K}w_\mathrm{L}\,\varrho_\mathrm{L}$	den durch die Querschnittsfläche S_K gehenden (Rein-)Luftmassestrom,
$\dot{m}_\mathrm{DL}$	den mit der Luft durch die Querschnittsfläche S_K gehenden Dampfmassestrom,
$x = \dfrac{\dot{m}_\mathrm{DL}}{\dot{m}_\mathrm{L}}$	das Dampf/Luft-Massenverhältnis im betrachteten Wegstück,
$\mathrm{d}\vartheta_\mathrm{L}$	die Temperaturänderung der Luft längs des Wegstücks,
$\mathrm{d}p_\mathrm{D\infty}$	die Partialdruckänderung des Dampfes in der Luft längs des Wegstücks,
$\mathrm{d}\varPhi$	den Wärmestrom, der von der Luft an das Flächenelement übergeht,
$\mathrm{d}\dot{m}_\mathrm{D}$	den Dampfmassestrom, der vom Flächenelement $\mathrm{d}A$ an die Luft übergeht,

so soll also gelten:

$$\mathrm{d}\varPhi = \alpha(\vartheta_\mathrm{L} - \vartheta_\mathrm{O})\,\mathrm{d}A = -\dot{m}_\mathrm{L}(1 + x)\,c_\mathrm{pL}\,\mathrm{d}\vartheta_\mathrm{L}, \tag{2.19}$$

$$\mathrm{d}\dot{m}_\mathrm{D} = \frac{\beta}{R_\mathrm{D}T}\,\frac{p}{p - p_\mathrm{DO}}(p''_\mathrm{DO} - p_\mathrm{D\infty})\,\mathrm{d}A = \dot{m}_\mathrm{L}\,\frac{\left(x + \dfrac{R_\mathrm{L}}{R_\mathrm{D}}\right)^2}{p\,\dfrac{R_\mathrm{L}}{R_\mathrm{D}}}\,\mathrm{d}p_\mathrm{D\infty} \tag{2.20}$$

und außerdem

$$\dot{m}_{\mathrm{D}} = \frac{\mathrm{d}\Phi}{\Delta h_{\mathrm{v}}'} \tag{2.21}$$

sowie

$$p_{\mathrm{DO}}'' = f(\vartheta). \tag{2.22}$$

Die rechte Seite der Gl. (2.20) ist aus Formel (2.11) abgeleitet. Über die Beziehung (2.22) geben die Sattdampftafeln Auskunft.

Mit diesen Gleichungen können wir den Verlauf von ϑ_{L}, $p_{\mathrm{D}\infty}$, ϑ_{O} und p_{DO}'' längs des Berührungswegs mit Hilfe eines Komputers bestimmen. Dabei erweist sich, wenn die Voraussetzungen zutreffen und Wasser in Luft verdunstet, daß an der Gutsoberfläche überall fast die gleiche (mit der Kühlgrenztemperatur der Luft beinahe übereinstimmende) Temperatur ϑ_{O} herrscht.

Für eine Überschlagsrechnung seien α und β sowie ϑ_{O} als wegunabhängig angesehen, und es bezeichne

A die Oberfläche des Gutes (der Gutsteile) vom Anfang des Berührungsweges bis zur betrachteten Stelle,

ϑ_{L1} die Lufttemperatur am Anfang des Berührungsweges,

g_{DI} die örtliche Trocknungsgeschwindigkeit am Flächenelement dA,

$$g_{\mathrm{DI1}} = \frac{\alpha}{\Delta h_{\mathrm{v}}'} (\vartheta_{\mathrm{L1}} - \vartheta_{\mathrm{O}}) \tag{2.23}$$

die Trocknungsgeschwindigkeit am Anfang des Berührungsweges.

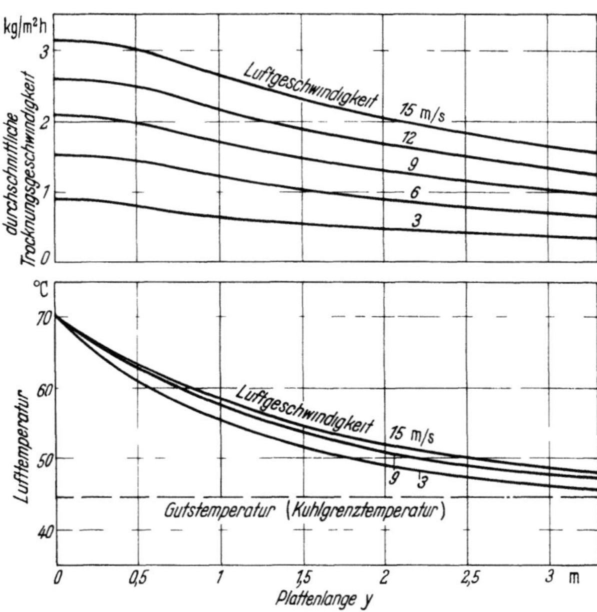

Bild 2.11. Durchschnittliche Trocknungsgeschwindigkeit ebener Platten (oben) und Verlauf der Lufttemperatur (unten) in Abhängigkeit von der Plattenlänge und der Luftgeschwindigkeit im ersten Trocknungsabschnitt.
Angenommen ist: Anfängliche Lufttemperatur $\vartheta_{\mathrm{L1}} = 70\ ^{\circ}\mathrm{C}$, anfängliche rel. Feuchte der Luft 25 %, Gesamtdruck $p = 1$ bar, Luftraum über den Platten 10 mm hoch.

Dann gilt, wie in [4] abgeleitet ist, für g_{DI}:

$$g_{DI} = g_{DI1} \cdot \exp\left(-\frac{\alpha}{w_L \varrho_L c_{pL}} \frac{A}{S_K}\right). \qquad (2.24)$$

Daraus folgt für die durchschnittliche Trocknungsgeschwindigkeit $\bar{g}_{DI}$ zwischen dem Anfang des Berührungsweges und dem Flächenelement dA:

$$\bar{g}_{DI} = \frac{\dot{m}_L c_{pL}(\vartheta_{L1} - \vartheta_O)}{\Delta h'_v A}\left(1 - \exp\left(-\frac{\alpha A}{\dot{m}_L c_{pL}}\right)\right). \qquad (2.25)$$

Im Bild 2.11 ist die so berechnete durchschnittliche Trocknungsgeschwindigkeit als Abhängige der Weglänge und der Luftgeschwindigkeit für einen typischen Fall dargestellt. Bei 3 m/s Luftgeschwindigkeit und sehr kurzem Berührungsweg hat man im gedachten Fall 0,92 kg/m²h Trocknungsgeschwindigkeit. Ist der Luftweg über dem Gut aber 3 m lang, dann ergeben sich nur noch 0,37 kg/m²h.

Ein Gut mit der Grundstoffmasse m_S, dessen Feuchte/Grundstoff-Massenverhältnis im ersten Trocknungsabschnitt von X_1 auf X_2 abnimmt, braucht dazu die Zeit

$$t = \frac{m_S(X_1 - X_2)}{A\,\bar{g}_{DI}}. \qquad (2.26)$$

Unter den vorne genannten Voraussetzungen entnimmt es dem Luftstrom dabei so viel Energie, daß dessen Temperatur von ϑ_{L1} auf

$$\vartheta_{L2} = \vartheta_{L1} - \frac{A\,\bar{g}_{DI}\,\Delta h'_v}{\dot{m}_L c_{pL}} \qquad (2.27)$$

sinkt.

2.3.1.1.3. Der zweite Abschnitt der Konvektionstrocknung bei geringer Zustandsänderung des Luftstroms

Sobald nicht mehr so viel Feuchte vom Gutsinneren zur Oberfläche wandert, daß diese wie eine freie Wasseroberfläche feucht erscheint, endet der erste Trocknungsabschnitt, und in der Kurve der Trocknungsgeschwindigkeit (Bild 1.65) erscheint ein erster Knickpunkt. Dieser liegt je nach der inneren Beschaffenheit und der Form des Gutes und je nach den äußeren Trocknungsbedingungen bei unterschiedlichem durchschnittlichem Feuchte/Grundstoff-Massenverhältnis $X = X_{Kn,1}$ [4]. Es sind zwei Grenzfälle denkbar:

a) Im ersten Falle ist die gesamte Gutsfeuchte als Flüssigkeit so beweglich, daß zwischen verschiedenen Stellen im Gutsinneren keine Unterschiede des Flüssigkeitsgehaltes entstehen können und daß die Gutsoberfläche immer gleichmäßig feucht bleibt. In diesem Falle dauert der erste Trocknungsabschnitt bis zum Ende der Trocknung, der erste Knickpunkt liegt bei $X = 0$, es tritt kein zweiter Abschnitt auf, die Trocknung verläuft stets mit der höchsten, unter den gegebenen äußeren Bedingungen möglichen und aus der Gl. (2.17) berechenbaren Geschwindigkeit.

b) Im zweiten Grenzfall ist alle Gutsfeuchte gefroren, oder alle Feuchtemoleküle befinden sich im Nahbereich von Grundstoffmolekülen, wo sie so festgehalten werden, daß sie nur Schwing- jedoch keine Translationsbewegungen ausführen und sich nur einzeln (sozusagen als Dampf) frei machen können. Da die Energie zum Lostrennen der Moleküle von außen her in das Gut dringt, so beginnt die „Verdampfung" wie im Fall a zwar ebenfalls an der Gutsoberfläche, aber keine Flüssigkeit strömt von innen her nach, vielmehr verdampft die Feuchte alsbald in einer schmalen Zone des Gutsinneren, am sogenannten Trockenspiegel, der immer weiter nach innen wandert. Dabei kann der äußere Gutsteil (theoretisch) alle Feuchte verlieren und der innere, immer kleiner werdende, seine ursprüngliche Feuchte behalten, bis er verschwindet. In einer anfänglich gleichmäßig feuchten Platte, die beim Trocknen nicht in den hygroskopischen Zustand gerät, deren Dicke s_G und deren Feuchte/Grundstoff-Massenverhältnis X_1 ist, liegt der Trockenspiegel dann später, wenn das Gut nur noch das durchschnittliche Feuchte/Feststoff-Verhältnis X hat, im Abstand

$$s = s_G \left(1 - \frac{X}{X_1}\right) \qquad (2.28)$$

von der Oberfläche, und für die Trocknungsgeschwindigkeit gilt an Stelle von Gl. (2.8):

$$g_D = \frac{p}{R_D T(p - p_{Dt})} \cdot \frac{p_{Dt} - p_{D\infty}}{\dfrac{1}{\beta} + \dfrac{\mu_D s_G}{D}\left(1 - \dfrac{X}{X_1}\right)}. \qquad (2.29)$$

Die Trocknungsgeschwindigkeit nimmt vom Beginn des Vorganges an ab, der Knickpunkt des Trocknungsverlaufs liegt bei $X = X_{Kn,1} = X_1$, und die Trocknung verläuft mit der geringsten Geschwindigkeit, die bei gegebenen äußeren Bedingungen denkbar ist.

Viele wirkliche Güter, in denen die Feuchte weder gefroren noch stark an den Grundstoff gebunden ist, zeigen ein Verhalten zwischen den beiden Grenzfällen. In ihren Kapillaren wandert die flüssige Feuchte unter der Wirkung von Kapillarkräften bis zur Gutsoberfläche, solange dieser Weg kurz ist (erster Trocknungsabschnitt). Später fließt sie in Richtung zur Oberfläche bis zu einem Verdunstungsspiegel im Gutsinneren, der näher an der Oberfläche liegt als im Grenzfall b (zweiter Trocknungsabschnitt). Für die Trocknungsgeschwindigkeit des plattenförmigen Gutes gilt dann die Gleichung

$$g_D = \frac{p}{R_D T(p - p_{Dt})} \cdot \frac{p_{Dt} - p_{D\infty}}{\dfrac{1}{\beta} + \dfrac{\mu_D s_G}{D} f\left(\dfrac{X}{X_1}, X, \varkappa, \varrho_R\right)}, \qquad (2.30)$$

in der das Schlußglied im Nenner des rechten Bruches nicht nur von X/X_1, sondern auch von X selbst, von der Flüssigkeitsleitfähigkeit $\varkappa$ des Gutes bei der jeweiligen Flüssigkeitstemperatur sowie von der Rohdichte ϱ_R des Stoffes abhängt. Das Glied in der Klammer ist gleich Null, solange die Kapillarkräfte die Gutsoberfläche mit Flüssigkeit versorgen; vom ersten Knickpunkt der g_D-Kurve an, also unterhalb X_{Kn}, ist es stets kleiner als $(1 - X/X_1)$, es hebt sich von Null ab und hat am Ende des Vorganges den Wert 1. Vom Knickpunkt an nimmt die Trocknungsgeschwindigkeit stetig ab, weil der Trockenspiegel immer mehr in das Gutsinnere zurückweicht und weil deshalb sowohl der Wärme- wie der Dampfstrom zunehmend länger werdende Wege im Gut zurücklegen müssen. Der letzte Feuchterest verdampft in einer nur von einer Seite her trocknenden Platte in der Tiefe s_G, und zwar mit endlicher Geschwindigkeit g_{D2}.

Da man die Veränderlichkeit des Faktors $f(X/X_1, X, \varkappa, \varrho_R)$ und damit der Trocknungsgeschwindigkeit g_D mit dem Feuchte/Grundstoff-Verhältnis X theoretisch nur sehr grob abschätzen, aber nicht berechnen kann, bemißt man, wie schon im Kapitel 1.2.5 dargelegt, Trockner in der Regel an Hand gemessener Trocknungsgeschwindigkeiten und -zeiten. Gleichwohl kann die Beziehung (2.30) zusammen mit einer Datenliste wie der Tabelle 2.6 nützlich sein, wenn es sich zum Beispiel darum handelt, gemessene Trocknungsgeschwindigkeiten auf andere Trocknungsbedingungen umzurechnen und dadurch den experimentellen Aufwand erträglich zu halten [4, 144—148].

Der erste Knickpunkt der Trocknungsgeschwindigkeit eines Gutes liegt bei um so höherem X, je enger die Gutskapillaren sind. Durch Erhöhen der Gutstemperatur sinkt der Knickpunkt auf ein tieferes X [4]. Von den in der Tabelle 2.6 genannten Gütern hat die Glaskugelschüttung die niedrigstliegende und die Kartoffelscheibe die höchstliegende Knickpunktsfeuchte $X_{Kn,1}$. Das Stoffgefüge bestimmt auch weitgehend die Diffusionswiderstandszahl μ_D des Dampfes in den Gutsporen sowie die Wärmeleitfähigkeit λ_S des Gutes [4].

Wie die Gl. (2.8) lehrt, sinkt der Einfluß der Wärme- und Stoffübergangskoeffizienten α und β und damit derjenige der Luftgeschwindigkeit w_L auf die Trocknung in dem Maße, wie der Abstand s zwischen dem Trockenspiegel und der Oberfläche eines Gutes wächst. Mit sinkendem X gewinnen aber die Stoffeigenschaften des Gutes — die Wärmeleitfähigkeit λ_S und die Diffusionswiderstandszahl μ_D — zunehmend an Bedeutung. Auf die Endtrocknung dicker Schichten wirkt sich eine Änderung der Luftgeschwindigkeit kaum noch aus.

Sehr poröse Güter haben in der Regel kleines λ_S und kleines μ_D, dichte Güter großes λ_S und großes μ_D. Im Laufe der Trocknung ändern sich beide Größen oft beträchtlich. Bei der Konvektionstrocknung müssen sowohl die Wärme wie der Dampf durch die bereits ausgetrockneten Schichten des Gutes wandern, und demnach sind die Werte für diese Schichten in die Rechnung einzuführen.

Anzumerken ist noch, daß sowohl das (erste) kritische Feuchte/Grundstoff-Massenverhältnis $X_{Kn,1}$ als auch die scheinbare oder wirkliche Trocknungsgeschwindigkeit g_{D2} am Ende des zweiten Trocknungsabschnitts außer von den vorne erwähnten Größen erheblich von der Form des Gutes abhängen. Das kritische Verhältnis $X_{Kn,1}$ einer unendlich ausgedehnten ebenen Platte der Dicke d verhält sich zum Verhältnis $X_{Kn,1}$ eines Zylinders vom Durchmesser d wie 4/3, und zum Verhältnis $X_{Kn,1}$ einer Kugel wie 5/3. Die Endtrocknungsgeschwindigkeit g_{D2} ebener Platten kann zwar sehr klein sein, ist aber doch endlich; zylinder- und kugelförmige Körper dagegen trocknen am Schluß stets mit der Geschwindigkeit $g_{D2} = 0$ [4].

2.3.1.1.4. Der dritte Abschnitt der Konvektionstrocknung

Viele poröse Güter enthalten in den Kapillaren neben freier Feuchte auch locker (adsorptiv) an den Grundstoff gebundene Feuchte, deren Hauptteil erst nach der freien Feuchte entweichen kann. Die gebundene Feuchte bildet Dampf geringeren Druckes und stellt deshalb ein kleineres Dampf-Partialdruckgefälle zum gutsberührenden Luftstrom her. Das wieder mindert den abgehenden Dampfstrom. Sobald dies geschieht, beginnt der dritte Trocknungsabschnitt des Gutes.

Man sagt, Stoffe mit freier und gebundener Feuchte befinden sich im hygroskopischen Zustand, wenn die freie Feuchte verschwunden ist, das heißt, wenn der Dampfpartialdruck p_D in ihrem Inneren geringer als der Sattdampfdruck p_D'' ist, den die freie Feuchte bei der gleichen Temperatur hätte. Dieser Zustand macht sich im Trocknungsverlauf jeder Einzelschicht eines Gutes bemerkbar, sobald das Feuchte/Grundstoff-Massenverhältnis X den Höchstwert $X_{\text{hyg.max}}$ unterschreitet, den es nach der Desorptionsisotherme (bei der relativen Luftfeuchte $\varphi = 1$) haben kann. Im Laufe des dritten Trocknungsabschnitts strebt das Verhältnis X aller Gutsschichten dem Wert X_{Gl} zu, bei dem alle Gutteile ins hygroskopische Gleichgewicht mit dem Luftstrom gelangen; es kann diesen Wert nicht unterschreiten. X_{Gl} wird theoretisch erst nach unendlich langer Zeit erreicht.

Die Trocknung im dritten Abschnitt verläuft langsamer als die im zweiten und hat den Charakter eines Ausgleichsvorganges, dessen Ablaufgeschwindigkeit auf den Wert Null fällt. Die gebundene Feuchte wandert nicht wie die freie zu einer schmalen Zone, in der sie verdampft, sondern sie verdampft gleichzeitig an vielen Stellen im Gutsinneren und bewegt ich als Dampf durch die lufterfüllten Poren zur Gutsoberfläche. Sie kann zwar auch an inneren Grenzflächen entlang kriechen (Oberflächendiffusion), jedoch spielt diese Fortbewegungsart selten eine Rolle.

In der g_{D},X-Linie für das ganze Gut (Bild 1.65, Linie $C-D$) zeigt sich der Übergang vom zweiten zum dritten Trocknungsabschnitt meistens nicht schon bei $X_{\text{hyg.max}}$, sondern erst ungefähr bei $\overline{X} = (X_{\text{hyg.max}} + X_{\text{Gl}})/2$ deutlich, da die Gutsschichten ihre Feuchte unterschiedlich schnell abgeben. Der Knick bei diesem $\overline{X}$-Wert — am „zweiten Knickpunkt" — ist stets unscharf.

Anders als die kapillarporösen feuchten Güter verhalten sich die nichtporigen Stoffe. Sie haben keine makroskopischen Grenzflächen im Inneren. Die Feuchte und der Grundstoff können darin zum Beispiel ähnlich vermengt sein wie das Lösungsmittel und das Gelöste in einer Lösung, und sämtliche Feuchtemoleküle können sich im Nahbereich von Grundstoffmolekülen befinden. Die Feuchte muß dann beim Trocknen durch den Grundstoff diffundieren, ein Vorgang, der oft nur sehr langsam verläuft. Bei Stoffen dieser Art tritt kein erster und zweiter Trocknungsabschnitt auf, der dritte Abschnitt beginnt schon bei der Anfangsfeuchte X_1.

Es gibt auch Güter, in denen die Feuchte sowohl durch lufterfüllte Hohlräume wie durch Feststoffbezirke diffundiert.

Rein formal kann man den Verlauf des dritten Trocknungsabschnitts in allen drei Fällen als gleichartig ansehen und mittels der partiellen Differentialgleichung des zweiten Fickschen Diffusionsgesetzes beschreiben, die für die unendlich ausgedehnte ebene Platte lautet

$$\frac{\partial X}{\partial t} = \frac{\partial}{\partial s}\left(D_{\text{G}}\frac{\partial X}{\partial s}\right). \tag{2.31}$$

Darin bezeichnet s die Ortskoordinate, t die Zeit und D_{G} einen vom örtlichen Feuchte/Grundstoff-Massenverhältnis X und von der Gutstemperatur abgängigen Diffusionskoeffizienten. Bild 2.12 zeigt die Abhängigkeit für das System Perlon/Wasser [149, 151].

Die Gl. (2.31) läßt sich in eine Differenzengleichung umwandeln und für gegebene Anfangs- und Randbedingungen numerisch lösen. Sie liefert dabei X, s-Kurven mit der Zeit als Parameter, aus denen durch Integrieren der zeitliche Verlauf der durchschnittlichen Gutsfeuchte $\overline{X}$ zu ermitteln ist. Für Kunststoffe mit niedrigen Feuchtegehalten kann der Trocknungsverlauf genügend genau auch auf analytischem Wege gefunden werden, wenn — was meist zulässig ist — die Gutstemperatur als konstant angesehen und wenn für D_G derjenige konstante Wert D_{G2} in die Rechnung eingeführt wird, der für den Endfeuchtegehalt des Gutes gilt [149—151]. Es ergibt sich dann für eine zu Beginn gleichmäßig feuchte Platte der Dicke s_G, die beidseitig trocknet, die Gleichung

$$(\overline{X} - X_{Gl})/(X_1 - X_{Gl}) = \frac{8}{\pi^2} \exp\left(-\pi^2 D_{G2}\, t/s_G^2\right), \tag{2.32}$$

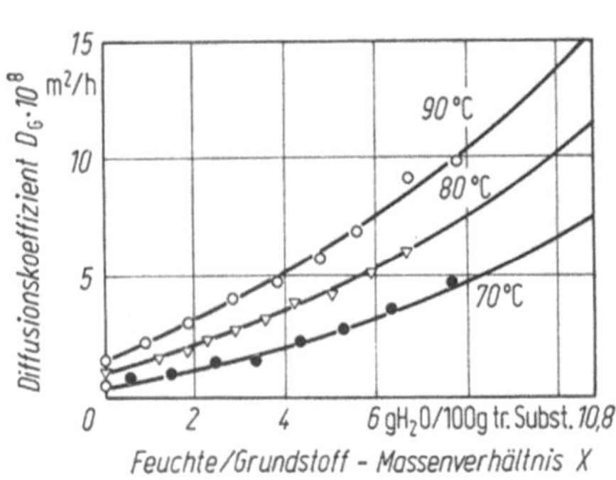

Bild 2.12. Diffusionskoeffizient D_G im System Perlon/Wasser bei verschiedenen Temperaturen (nach Meier [149]).
$X = 10,8$ g H_2O/100 g tr. Subst. ist die maximale hygroskopische Feuchte $X_{\text{hyg.max}}$.

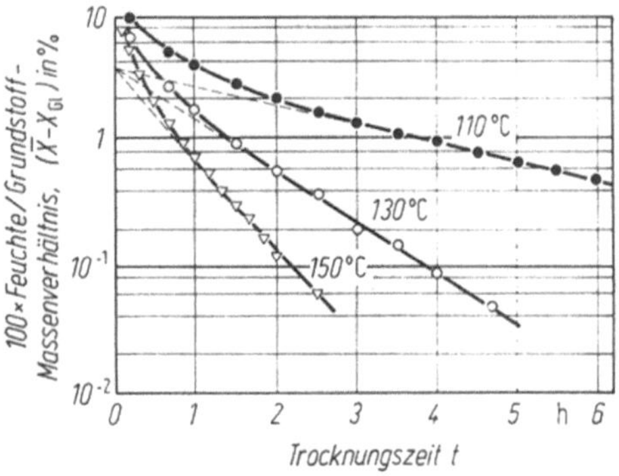

Bild 2.13. Trocknungsverlauf von Polyamid-Granulat (Nylon 6) bei verschiedenen Temperaturen in Vakuum von $1,33 \cdot 10^{-2}$ mbar (nach Stockburger u. Faulhaber [151]).
Flüchtiger Stoff: Wasser.

die im halblogarithmischen $\overline{X}$, t-Koordinatennetz dargestellt eine Gerade liefert. Nach Bild 2.13 weicht diese Gerade nur bei größeren $\overline{X}$-Werten, also nur für den Anfang der Trocknung, von der Linie des wirklichen Trocknungsverlaufs ab.

Im dritten Trocknungsabschnitt hat die Geschwindigkeit des wärmeübertragenden Luftstromes nur schwachen oder keinen Einfluß auf die Trocknungsgeschwindigkeit. Maßgebend für g_D sind der Dampfpartialdruck $p_{D\infty}$ im Luftstrom und die Gutstemperatur ϑ_S; diese nähert sich meistens schon bald nach Beginn des Abschnitts stark der Lufttemperatur; $p_{D\infty}$ und ϑ_S zusammen bestimmen die Gleichgewichtsfeuchte X_{Gl} der äußersten Gutsschicht, der das gesamte Gut zustrebt.

Weil sich im Inneren porenloser Güter keine Luft befindet, spielt der Luftdruck p bei ihrer Trocknung keine Rolle. Man kann Trocknungsverlaufskurven aus Messungen im Vakuum (Bild 2.13) auf die Konvektionstrocknung übertragen, sofern $p_{D\infty}$ und ϑ_S übereinstimmen.

2.3.1.1.5. Gesamtverlauf der Konvektionstrocknung

Verlauf bei kurzem Berührungsweg zwischen Gut und Luftstrom

Nach dem Dargelegten können für ein plattenförmiges Gut, dessen Trocknung unter gleichbleibenden Bedingungen vom Feuchte/Grundstoff-Massenverhältnis X_1 auf X_2 in den drei geschilderten Zeitabschnitten vor sich geht, folgende Größen des Ablaufs berechnet werden (Bild 1.65):

1. die Trocknungsgeschwindigkeit g_{DI} im Abschnitt reiner Oberflächenverdampfung (nach Anwärmung des Gutes) aus der Gl. (2.17), wozu allein die äußeren Trocknungsbedingungen bekannt sein müssen, nämlich die Temperatur ϑ_L des wärmeübertragenden Luftstromes, der Dampf-Partialdruck $p_{D\infty}$ in diesem Strom, sowie der Wärmeübergangskoeffizient α und der Stoffübergangskoeffizient β an der Gutsoberfläche. Solange sich die Oberflächenform oder -größe nicht ändert, bleibt g_{DI} bis zum Ende dieses ersten Abschnittes ungefähr konstant.
2. nach Gl. (2.8) die fiktive Endtrocknungsgeschwindigkeit g_{D2} im Zeitabschnitt innerer Verdampfung der freien Feuchte an einer zurückweichenden Front; g_{D2} würde sich einstellen, wenn das Gut nur freie Feuchte enthielte und diese vollständig abgäbe. Zum Berechnen von g_{D2} werden außer ϑ_L, $p_{D\infty}$, α, β noch die Wärmeleitfähigkeit λ_S und die Diffusionswiderstandszahl μ_D des trockenen Gutes gebraucht (Anhaltswerte in Tabelle 2.6).

Im allgemeinen nur experimentell bestimmt (in günstigen Fällen grob geschätzt) werden können:

3. das Feuchte/Grundstoff-Massenverhältnis $X_{Kn,1}$ beim sog. ersten Knickpunkt, wo der erste Trocknungsabschnitt endet und der zweite beginnt (Anhaltswerte in Tab. 2.6),
4. die Gutsfeuchte $X_{Kn,2}$ am Ende des zweiten und am Anfang des dritten Zeitabschnitts. Von da an entweicht gebundene Feuchte. Sofern die Desorptionsisothermen des Gutes bekannt sind und die Werte $X_{hyg,max}$ und X_{Gl} daraus entnommen werden können, läßt sich der Wert von $X_{Kn,2}$ schätzen (Sorptionsisothermen sind in großer Zahl in einem weit verstreuten Schrifttum veröffentlicht, hier sei nur auf [4] verwiesen),
5. der Verlauf der Trocknungsgeschwindigkeit im zweiten Trocknungsabschnitt zwischen $X_{Kn,1}$ und $X_{Kn,2}$ sowie im dritten Abschnitt zwischen $X_{Kn,2}$ und X_2. Er hängt von der Form und der inneren Beschaffenheit des Gutes ab. Darüber gibt die Literatur [4] einige orientierende Auskünfte.

Trocknungsverlauf bei langem Berührungsweg zwischen Gut und Luftstrom

Wenn die Trocknungsluft an ruhendem Gut Wärme abgibt und Dampf aufnimmt und daher ihren Zustand entlang ihres Weges ändert, so wirkt sie ungleichmäßig und trocknet das Gut unterschiedlich.

Solange ruhendes Gut überall den ersten Trocknungsabschnitt durchmacht, entstehen nur die lokalen Unterschiede, die im Kapitel 2.3.1.1.2 beschrieben sind. Gerät die vorderste Stelle des Gutes jedoch in den zweiten Trocknungsabschnitt, so nimmt die Luft dort weniger Feuchte auf als zuvor und strömt daher mit geringerem Dampfgehalt weiter. Infolgedessen muß die Trocknungsgeschwindigkeit g_D an den nachfolgenden Stellen vorübergehend ansteigen. Im weiteren Trocknungsverlauf schreitet die Stelle, die jeweils gerade den Knickpunkt erreicht, allmählich nach hinten, bis der Trocknungsspiegel schließlich überall von der Gutsoberfläche verschwunden ist. Für das ganze Gut gibt es demnach keinen scharf bestimmten Knickpunkt, sondern nur einen allmählichen Übergang vom ersten zum zweiten Trocknungsabschnitt; man kann den Übergang als Periode teilweise feuchter Oberfläche bezeichnen. Es leuchtet ein, daß die Stelle, an der jeweils die Knickpunktsfeuchte $X_{\mathrm{Kn,1}}$ erreicht wird, mit einer Geschwindigkeit nach hinten wandert, die durch den Trocknungsablauf vorne am Gut bestimmt wird (siehe weiter hinten).

Das schematische Bild 2.14 zeigt den Verlauf der Trocknungsgeschwindigkeit ruhenden Gutes an mehreren Stellen. Der obere Linienzug gilt für die Gutsteile, die der Luftstrom zuerst trifft, der untere für die Teile, die er zuletzt berührt. Die vorderen Teile trocknen in der bekannten Weise mit der höchsten Geschwindigkeit zu Beginn des Vorganges, die hinteren aber können die Feuchte zunächst nur langsam abgeben, sie trocknen nach einiger Zeit zwar auch schneller, aber erst in „ihrem" dritten Abschnitt ungefähr so schnell wie die anderen. Jaeschke [103] ermittelte Kurvenzüge der dargestellten Art beim Trocknen hintereinander angeordneter Gasbeton- und Ziegelproben sowie bei Zündholz- und Weizenschüttungen.

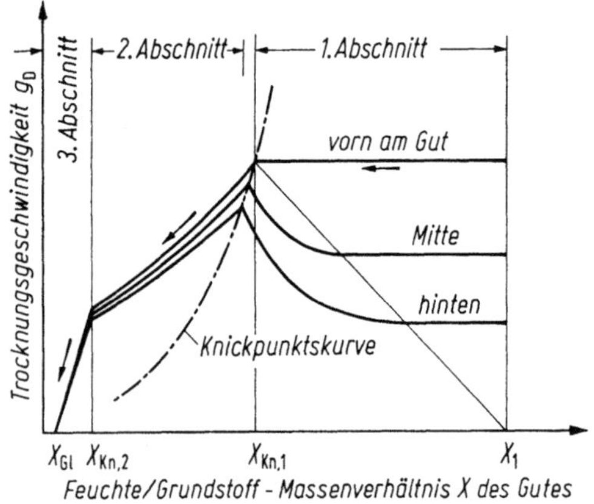

Bild 2.14. Verlauf der Trocknungsgeschwindigkeit an verschiedenen Stellen ruhenden Gutes, wenn der Luftstrom am Gut eine beträchtliche Zustandsänderung erfährt (schematisch).

Schlünder [102] — wie vor ihm Van Meel [101] — ging auf mathematischem Wege der Frage nach, wie der experimentell oder theoretisch ermittelte Trocknungsverlauf der hinteren Gutsteile aus dem Verlauf der vorderen berechnet werden kann. Er unterstellte dazu vereinfachend, daß die Knickpunktsfeuchten $X_{\mathrm{Kn,1}}$ und $X_{\mathrm{Kn,2}}$ von den äußeren Trocknungsbedingungen unabhängig sind und daß die veränderlichen Trocknungsgeschwindigkeiten der Gutsteile stets als Produkt zweier Faktoren berechnet werden können, von denen der eine Faktor nur von den äußeren Trocknungsbedingungen und der andere nur vom jeweiligen Innenzustand des Gutes abhängt. Diese Annahmen treffen beim Trocknen vieler Güter zu.

Beim Darstellen seiner Gedanken benützte Schlünder die folgenden Relativgrößen:

das relative Feuchte/Grundstoff-Massenverhältnis X_{r} nach Gl. (1.30)

das relative Feuchtepotential in der Luft $x_{\mathrm{r}} = \dfrac{x'' - x}{x'' - x_1}$

die relative Überströmlänge des ebenflächig gedachten Gutes $z_{\mathrm{r}} = \dfrac{A\beta}{\dot{V}_{\mathrm{L}}}\,\dfrac{z}{l}$

die relative Trocknungszeit $t_r = \dfrac{g_{DI} A\, t}{m_S (X_{Kn} - X_{Gl})}$

die relative Trocknungsgeschwindigkeit $g_{D,r}$ nach Gl. (1.31),

worin bezeichnen: z die Längenkoordinate, l die Länge und t die Zeit, x das Dampf/Luft-Massenverhältnis im Luftstrom an der Stelle z zur Zeit t, x_1 die Luftfeuchte am Anfang des Luftweges, x'' die Kühlgrenzfeuchte der Luft, A die luftberührte Gutsoberfläche, β den Stoffübergangskoeffizienten, $\dot{V}_L$ den Luftvolumenstrom, g_{DI} die Trocknungsgeschwindigkeit im ersten Abschnitt und m_S die Grundstoffmasse.

Stammt in einem *Trockner mit ruhendem Gut* der Dampf, der während der kurzen (relativen) Zeitspanne ∂t_r aus der Oberfläche eines kurzen Gutsstückes von der Länge ∂z_r tritt, allein aus der Feuchtemasse dieses Stückes, und nimmt das relative Feuchte/Grundstoff-Massenverhältnis des Stückes in der genannten Zeitspanne um ∂X_r ab, so gilt mit den obigen Bezeichnungen die Gleichung[1]

$$\frac{\partial X_r}{\partial t_r} + x_r g_{D,r} = 0. \tag{2.33}$$

Die verdampfende Feuchtemasse gelangt in den Luftstrom und erhöht dadurch dessen Dampf/Luft-Massenverhältnis längs ∂z_r gemäß der Gleichung

$$\frac{\partial X_r}{\partial t_r} - \frac{\partial x_r}{\partial z_r} = 0. \tag{2.34}$$

Aus den zwei Gleichungen folgt die „Grundgleichung" zum Bestimmen des Verlaufs der (relativen) Gutsfeuchte:

$$\frac{\partial^2 X_r}{\partial z_r\, \partial t_r} - \frac{1}{g_{D,r}} \frac{dg_{D,r}}{dX_r} \frac{\partial X_r}{\partial t_r} \frac{\partial X_r}{\partial z_r} + g_{D,r} \frac{\partial X_r}{\partial t_r} = 0. \tag{2.35}$$

Sie läßt sich in geschlossener Form lösen, wenn die Kurve des relativen Trocknungsverlaufs eines kurzens Gutsstückes (s. dazu Abschn. 1.2.5.2) durch eine Folge von linearen Gleichungen des Typs

$$g_{D,r} = a_j + b_j X_r \tag{2.36}$$

beschrieben werden kann. Durch Integrieren über t_r und z_r liefert die Gl. (2.35) dann für den Verlauf der Gutsfeuchte X_r relativ zu einem frei wählbaren Bezugspunkt $z_{i,r}$, bei dem die Gutsfeuchte den Wert $X_{i,r}$ hat und der mit der Zeit durch den Trockner wandert, die Beziehung

$$\frac{1}{a_j + b_j X_{(0,0),r}} \ln \frac{(X_{(0,0),r} - X_{i,r})(a_j + b_j X_r)}{(X_{(0,0),r} - X_r)(a_j + b_j X_{i,r})} = z_r - z_{i,r}. \tag{2.37}$$

$X_{(0,0),r}$ bezeichnet die anfängliche, als überall gleich angenommene (relative) Gutsfeuchte.

Im Bild 2.15 ist als Beispiel der Verlauf der relativen Trocknungsgeschwindigkeit $g_{D,r}$ einer Ziegelprobe durch vier Gerade mit Gleichungen des obengenannten

---

[1] Zur mathematischen Begründung siehe [102].

Typs nachgeahmt. Die Kurve gibt den Trocknungsverlauf der vordersten Gutsteile wieder. Zweckmäßigerweise wählt man beim sukzessiven Berechnen des Trocknungsverlaufs der anderen Gutsteile als örtliche Bezugspunkte $z_{i,r}$ diejenigen, bei denen die Gutsfeuchte die Werte $X_{i,r}$ hat, die den Schnittpunkten der Geraden im Bild 2.15 entsprechen.

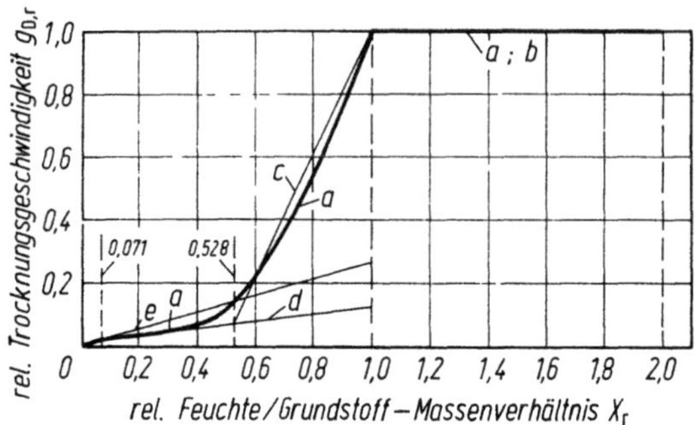

Bild 2.15. Verlauf der relativen Trocknungsgeschwindigkeit von Ziegelsteinproben. Ersatz der Verlaufskurve a durch die Geraden b, c, d, e $g_{D,r} = a_j + b_j X_r$. Gleichung der Gerade b $g_{D,r} = 1 + 0 X_r$; Gleichung der Gerade c $g_{D,r} = -0,96 + 1,96 X_r$; Gleichung der Gerade d $g_{D,r} = 0,01 + 1,12 X_r$; Gleichung der Gerade e $g_{D,r} = 0 + 0,26 X_r$.

Für die veränderliche Wandergeschwindigkeit des jeweiligen Bezugspunktes folgt aus dem zeitlichen Verlauf der Gutsfeuchte am vordersten Gutsteil

$$\frac{dz_{i,r}}{dt_r} = \frac{1}{X_{(0,0),r} - X_{(0,t),r}}, \tag{2.38}$$

worin $X_{(0,t),r}$ die momentane (relative) Feuchte des vordersten Gutsteils bedeutet. Mit dem Bezugspunkt kann man sich die gesamte, durch die Gl. (2.37) wiedergegebene Kurve der Feuchteverteilung durch den Trockner wandernd denken, wobei die Kurve zeigt, wie sich die Verteilung über die Trocknerlänge fortwährend ändert.

Über die Zeit t_r, die ein bestimmter, mit X_r gekennzeichneter Punkt der Feuchteverteilungskurve braucht, um einen bestimmten Weg längs des Gutes zurückzulegen, erhält man über die Gln. (2.38) und (2.36) Auskunft. Es ergibt sich

$$t_r - t_{i,r} = \frac{1}{b_j} \ln \frac{(a_j + b_j X_{i,r}) + (X_{(0,0),r} - X_{i,r})\, b_j \cdot \exp\,(a_j + b_j X_{(0,0),r})\, z_{i,r}}{(a_j + b_j X_{i,r}) + (X_{(0,0),r} - X_{i,r})\, b_j}. \tag{2.39}$$

$t_{i,r}$ ist jeweils die Zeit, in der die Gutsvorderkante das (relative) Feuchte/Grundstoff-Massenverhältnis $X_{i,r}$ erreicht hat.

Soll die (relative) Gutsfeuchte im Beispiel nach Bild 2.15 von $X_r = 2$ auf $X_r = 0,02$ verringert werden, so muß man die Gln. (2.38) und (2.39) schrittweise auf alle 4 Abschnitte der (Ersatz-)Verlaufskurve anwenden, die zwischen $X_r = 2$ und $X_r = 0,02$ liegen. Die Summe der sich ergebenden Zeitspannen ist gleich der insgesamt nötigen Zeit.

Die Gln. (2.38) und (2.39) enthalten nur Funktionen, die auf modernen Taschenrechnern zu finden sind.

Für *Gleich- oder Gegenstromtrockner* ist die Berechnung der nötigen Trocknungszeit etwas einfacher. Die Grundgleichung lautet hier

$$\frac{dX_r}{dt_r} + [1 - \dot{K}(X_{(0,0),r} - X_r)]\, g_{D,r} = 0 \tag{2.40}$$

mit

$$\dot{K} \equiv \frac{\pm \dot{m}_s(X_{Kn} - X_{Gl})}{\dot{m}_L(x'' - x_1)}, \tag{2.41}$$

woraus nach Integration mit $g_{D,r} = a_j + b_j X_r$ folgt:

$$t_r - t_{i,r} = \frac{1}{b_j\left[1 - \dot{K}\left(X_{(0,0)r} + \dfrac{a_j}{b_j}\right)\right]} \ln \frac{[1 - \dot{K}(X_{(0,0)r} - X_r)\,(a_j + b_j X_{i,r})]}{[1 - \dot{K}(X_{(0,0)r} - X_{i,r})\,(a_j + b_j X_r)]}. \tag{2.42}$$

Bei Gleichstrom ($\dot{K} > 0$) bezeichnet $X_{(0,0),r}$ die (relative) Anfangsfeuchte des Gutes, bei Gegenstrom ($\dot{K} < 0$) bedeutet $X_{(0,0),r}$ die Endfeuchte im jeweils betrachteten Feuchtebereich; $t_{i,r}$ ist die (relative) Verweilzeit des Gutes, nach der die (relative) Gutsfeuchte $X_{i,r}$ erreicht ist [102].

2.3.1.1.6. Die verschiedenen Belüftungsverfahren

Das einfachste Verfahren, ein Gut konvektiv zu trocknen, ist, die Luft in einem Heizkörper zu erwärmen, einmal über das Gut zu führen oder durch das Gut zu blasen und dann zu entlassen (Bild 2.16a). Diese reine *Zulufttrocknung* ist nur wirtschaftlich, wenn das Gut eine große Oberfläche darbietet, an der ein lebhafter Wärme- und Stoffübergang stattfindet; die Durchströmtrocknung (Abschn. 2.3.1.4) ist ein Beispiel dafür. Zwar kann man den Luftdurchsatz nach wirtschaftlichen Gesichtspunkten wählen, doch legt man damit bei gegebenem Durchströmquerschnitt auch die Luftgeschwindigkeit fest. Kleine Luftströme verlassen das Gut mit niedriger Temperatur und hohem Feuchtegehalt und lassen sich also weitgehend ausnutzen. Aber je stärker sie genutzt werden, desto ungleichmäßiger trocknet das Gut, denn wenn die Luft unterwegs sehr kühl und feucht wird, so ist ihre Trocknungswirkung am Ende viel geringer als am Anfang. Es besteht die Gefahr, daß die Gutsteile nahe der Zuströmstelle der Luft überhitzt und übertrocknet werden und daß die Teile nahe der Abströmstelle zu wenig trocknen.

Mit dem *Umluftverfahren* kann man diese Nachteile mildern (Bild 2.16b). Dabei kreist ein Luftstrom ständig zwischen dem Heizkörper und dem Gut, und nur ein Teil der Luft, die das Gut berührt hat, geht fort und wird durch Frischluft ersetzt. Dieses wichtige Verfahren ist im Abschnitt 2.3.1.1.8 ausführlicher behandelt.

Viele Anlagen mit stetigem Gutsdurchlauf wenden die *Gleich- oder Gegenstromtrocknung* an; ihr ist der besondere Abschnitt 2.3.1.1.7 gewidmet (Bild 2.16c, d).

Die einfache *Querstrom-Zulufttrocknung* von Gutsströmen (Bild 2.16e) hat dieselben Nachteile wie die Zulufttrocknung bei ruhendem Gut. Nach dem kombinierten *Quer-Gegenstromverfahren* (Bild 2.16f), bei dem die Luft in der einen Trocknerzone quer über das Gut hin und in der anderen zurückströmt, läßt sich das Gut schon gleichmäßiger und wirtschaftlicher trocknen.

Führt man der Luft, während sie über das Gut streicht, ein- oder mehrmals Wärme zu, wie bei der Stufentrocknung (Bild 2.16g), so kann man die Temperatur in den einzelnen Zonen fast beliebig einstellen; der Feuchteverlauf und die Geschwindigkeiten der Luft allerdings ergeben sich zwangläufig. Man benutzt dieses Verfahren, wenn man die Luft zwar nur einmal über das Gut hinführen, aber ihren Temperaturverlauf längs des Weges den Erfordernissen des Gutes anpassen will.

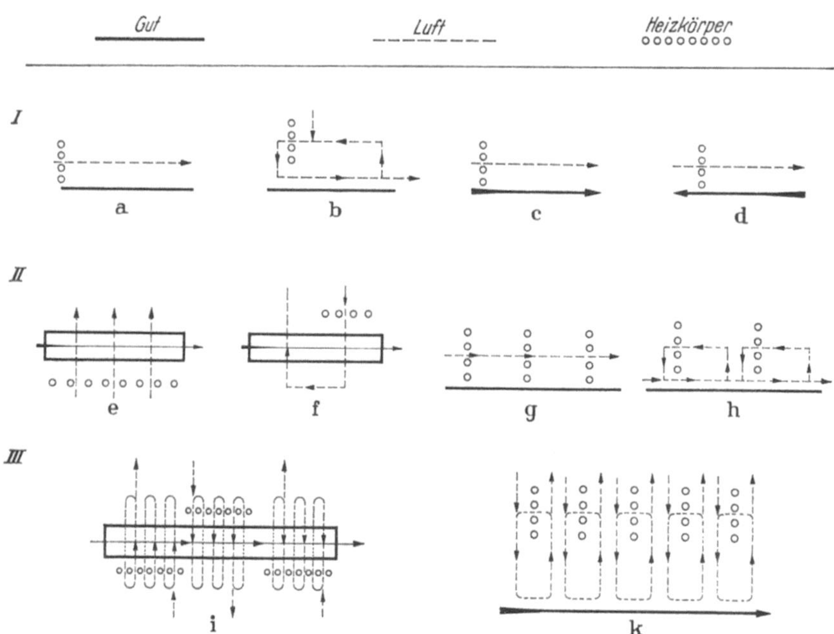

Bild 2.16. Einige Möglichkeiten der Luftführung in Konvektionstrocknern.
a) Reine Zulufttrocknung; b) Umlufttrocknung; c) Gleichstrom-Trocknung; d) Gegenstrom-Trocknung; e) Querstrom-Zuluft-Trocknung; f) Quer-Gegenstrom-Trocknung; g) Stufentrocknung; h) Stufen-Umluft-Trocknung; i) ungekoppelte Querstrom-Stufen-Umluft-Trocknung; k) ungekoppelte Stufen-Umluft-Trocknung.

Möchte man außer dem Temperaturverlauf auch die Geschwindigkeit der Luft frei wählen können, so kann man sich der *Stufen-Umlufttrocknung* bedienen (Bild 2.16h). Dabei werden in den einzelnen Zonen des Trockners verhältnismäßig große Luftströme umgewälzt. Heizkörper halten die Ströme auf den gewünschten Temperaturen; kleinere Ströme treten in die jeweils nächste Zone über und mischen sich mit der Luft, die dort umläuft. Bei diesem Verfahren ist nur noch das Dampf-Luft-Massenverhältnis in den einzelnen Zonen mit dem in den Nachbarzonen gekoppelt.

Völlig frei wählen kann man den Zustands- und Geschwindigkeitsverlauf der Luft in den einzelnen Zonen bei der *ungekoppelten Querstrom-Stufen-Umlufttrocknung* (Bild 2.16i), die man in den Kanal- und Bandtrocknern oft anwendet. Hierbei ist sozusagen jede Zone ein Trockner für sich. Ungleichmäßiger Feuchtentzug, der entsteht, wenn die Luft auf dem Weg quer über das Gut ihren Zustand erheblich ändert, läßt sich ausgleichen, wenn die Luft in der einen Zone hin-, in der nächsten hergeführt wird.

Soll die Luft senkrecht oder schräg auf die Gutsoberfläche treffen, so kann man die *ungekoppelte Stufen-Umluft-Trocknung* nach Bild 2.16k anwenden, die in Prallstrahltrocknern oft vorkommt (s. Abschn. 2.3.1.3). Sie ermöglicht, beinahe jede Stelle der wandernden Gutsoberfläche individuell zu belüften, obwohl in der Regel eine grobe Zonenabstufung genügt.

Die Freiheit im Einstellen des Zustands- und Geschwindigkeitsverlaufes der Luft, die man durch Entkoppeln der Trocknerzonen gewinnt, muß man durch erhöhten Aufwand bezahlen. Der reine Gleichstromtrockner (Bild 2.16c) braucht nur einen Heizkörper zum Erwärmen und einen Ventilator zum Fördern der Luft. Für den fünfstufigen Trockner gemäß Bild 2.16k hingegen sind 5 Heizkörper und 5 Umluftventilatoren erforderlich; auch die Zahl der nötigen Steuerorgane für den Luftzustand ist entsprechend größer.

2.3.1.1.7. Gleich- und Gegenstromtrocknung

In vielen Trocknern mit bewegtem Gut strömt die Luft in der gleichen Richtung den Weg entlang, den das Gut durchwandert, oder sie bewegt sich im Gegenstrom dazu.

Wenn sich an der Gutsoberfläche überall und während der ganzen Trocknung freie Flüssigkeit befindet, und wenn die Wärme, die von der Luft an das Gut übergeht, an dessen Oberfläche nur zum Verdunsten der Flüssigkeit dient (erster Trocknungsabschnitt), — wenn also weder der Grundstoff noch die Flüssigkeit des Gutes, noch der Trockner von der Luft aufgewärmt werden müssen —, so stellt sich in einem Kanal mit wärme- und stoffdichten Längswänden sowohl beim Gleich- wie beim Gegenstromverfahren überall im Gut nahezu die gleiche Temperatur ein, nämlich die Temperatur ϑ_O, die sich aus Gl. (2.17) und dem Anfangszustand der Luft errechnen läßt und die, wenn Wasser in Luft hinein verdunstet, nahezu gleich der Kühlgrenztemperatur der eintretenden Luft ist. Die Luft selbst strebt ebenfalls dieser Endtemperatur zu. Ein Trockner, der so arbeiten kann, ähnelt einem Wärmeübertrager, in dem das eine durchlaufende Medium unveränderliche Temperatur besitzt. Bekanntlich ändert sich die Temperatur des anderen Mediums darin bei gleichbleibendem α und β nach einer e-Funktion längs des Weges, wobei ein Unterschied zwischen Gleich- und Gegenstrom nicht besteht. In unserem idealisierten Trockner verläuft also die Lufttemperatur in beiden Fällen gleich, nur die Wegrichtung ist umgekehrt. Daher gibt die Luft auf gleich langen Wegen auch gleiche Wärmeströme ab, und folglich ist auch der Energiebedarf je kg verdunstenden Wassers bei den beiden Verfahren gleich; er ist bei gegebenem Luftstrom um so geringer, je mehr Wärme die Luft abgeben, d. h. je weiter sie sich abkühlen kann.

In Wirklichkeit muß das Gut nach dem Einbringen in den Trockner meistens erst erwärmt oder gekühlt werden. Wenn dabei nur freies Wasser von der Gutsoberfläche in die Luft hinein verdunstet, so streben der Guts- und der Luftstrom einer Temperatur zu, die über oder unter der Kühlgrenztemperatur ϑ_K der eintretenden Luft liegt, je nachdem, ob die anfängliche Gutstemperatur höher oder niedriger als ϑ_K ist. Je größer der Massenstrom der Luft im Verhältnis zum Massenstrom des Gutes ist, desto geringer bleibt allerdings der Unterschied zu ϑ_K. Beim Gegenstromprozeß hängt die Endtemperatur des Gutes recht schwach von dessen Anfangstemperatur ab und liegt stets nahe bei ϑ_K, sofern die Luft einen genügend langen Weg über dem Gut macht [152]. Selbstverständlich richtet sich der Gesamtverlauf der Luft- und der Gutstemperatur entlang dem Berührungsweg auch nach dem Verhältnis α/β sowie nach der spezifischen Wärmekapazität des Gutes und der Luft.

Wir betrachten nun die Trocknung im Gesamtverlauf. *In den Gleichstromtrocknern* trifft die eintretende trockenheiße Luft zunächst auf das frische und noch kühle Naßgut (Bild 2.17). Infolge des großen Temperaturunterschiedes

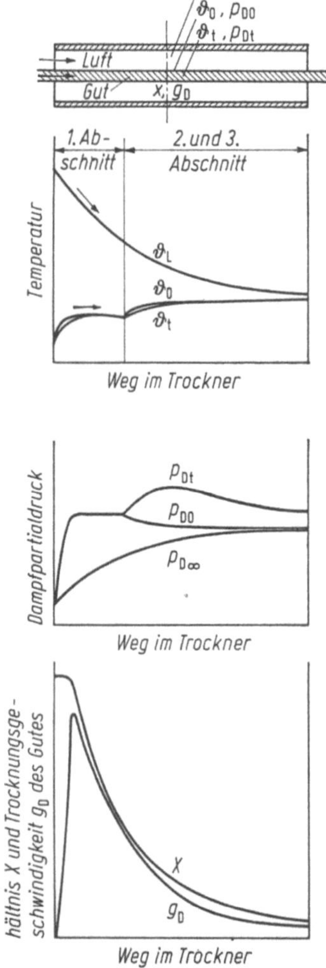

Bild 2.17. Gleichstromtrocknung. Verlauf der wichtigsten Zustandsgrößen der Luft und des Gutes (schematisch).

ϑ_L Lufttemperatur, ϑ_O Temperatur des Gutes an der Oberfläche, ϑ_t Temperatur des Gutes im Innern.

$p_{D\infty}$ Dampfpartialdruck im Luftstrom, p_{DO} Dampfpartialdruck an der Gutsoberfläche, p_{Dt} Dampfpartialdruck im Gutsinneren.

X Feuchte/Grundstoff-Massenverhältnis im Gut, g_D Trocknungsgeschwindigkeit.

($\vartheta_L - \vartheta_O$) zwischen Luft und Gutsoberfläche geht von der Luft ein kräftiger Wärmestrom an das Gut über, wobei die Oberflächentemperatur ϑ_O schnell zunimmt. Damit steigt der Dampfpartialdruck p_{DO} an der Gutsoberfläche, ein großer Partialdruckunterschied ($p_{DO} - p_{D\infty}$) zur Umgebung stellt sich alsbald ein und bewirkt hohe Trocknungsgeschwindigkeit, solange die Feuchte an der Gutsoberfläche verdunstet. Demgemäß steigt der Dampfpartialdruck $p_{D\infty}$ im Luftstrom längs des Weges steil an, und gleichzeitig fällt die Temperatur ϑ_L des Stromes wegen dessen starker Wärmeabgabe. In dem Maße aber, wie dadurch die Unterschiede ($\vartheta_L - \vartheta_O$) und ($p_{DO} - p_{D\infty}$) längs des Weges abnehmen, sinkt die Trocknungsgeschwindigkeit wieder — oft schon im ersten Trocknungsabschnitt. Während des zweiten Abschnitts fällt sie außerdem, weil die Wärme und der Dampf länger werdende Wege im Gut zurücklegen müssen. Auf der letzten Wegstrecke trocknet das Gut wegen der geringen Temperatur- und Dampfdruckunterschiede und wegen der inneren Widerstände gegen die Wärme- und Dampfbewegung nur noch langsam.

Energiewirtschaftlich günstig ist, daß die Gleichstromtrocknung hohe Lufteintrittstemperatur nutzen kann, ohne das Gut zu schädigen. So lange die Luft sehr heiß ist, hat das Gut niedrige Temperatur, doch auch später bleibt die Gutstemperatur begrenzt, weil die Luft bereits abgekühlt ist, wenn sie das beinahe trockene Gut berührt. Das Gleichstromverfahren eignet sich demnach für Güter, die sich schnell trocknen lassen, solange sie frisch sind (die dabei ihre Qualität behalten) und die keine hohe Temperatur annehmen sollen. Weil die Luft am Ende des Guts- und Luftweges am feuchtesten ist, kann sie aber manche sehr hygroskopische Stoffe nicht auf niedrige Feuchtgehalte trocknen.

In Gegenstromtrocknern verläuft die Temperatur der Stoffe je nach dem Luftdurchsatz recht unterschiedlich. Strömt bei einem bestimmten Gutsdurchsatz viel Luft durch den Trockner, so geht — wie beim Gleichstromverfahren — viel Wärme im Bereich nahe der Materialeintragstelle an das Gut über. In dieser Zone herrscht dann ein hoher Dampfdruckunterschied zwischen der Gutsoberfläche und der Luft, so daß die meiste Gutsfeuchte schon auf kurzem Wege entweicht. Am Ende nimmt die Gutstemperatur rasch zu und nähert sich der Eintrittstemperatur der Luft. Dabei trocknet das Gut sehr weit aus.

Ist andererseits der Luftstrom schwach, so trifft das eintretende Gut auf Luft, die abgekühlt und schon so feucht ist, daß sich Tau auf dem kalten Gut niederschlägt. Auf dem weiteren Weg muß diese Feuchte dann wieder verdampfen. Erst am Ende seines Weges bewegt sich das Gut an Luft hoher Temperatur und geringen Feuchtegehaltes vorbei, wobei es lebhaft trocknet. Aber der Wärmestrom, den die Luft bringt, ist zu schwach, als daß er das Gut noch weit austrocknen könnte.

Nur wenn der Guts- und der Luftdurchsatz günstig aufeinander abgestimmt sind (Bild 2.18), erreicht das Gut niedrigen Endfeuchtegehalt und wird die Energie der Luft gut genutzt. Diese Art der Gegenstromtrocknung ist vorteilhaft für Güter, die am Anfang nur mäßig schnell, am Ende aber rasch trocknen dürfen. Sie kommt weiterhin in Betracht für Stoffe, die sehr hygroskopisch sind, die weit austrocknen sollen, oder für solche, die Kristallwasser enthalten, das erst bei hoher Temperatur entweicht. Für temperaturempfindliche Güter eignet sich das Verfahren meistens nicht.

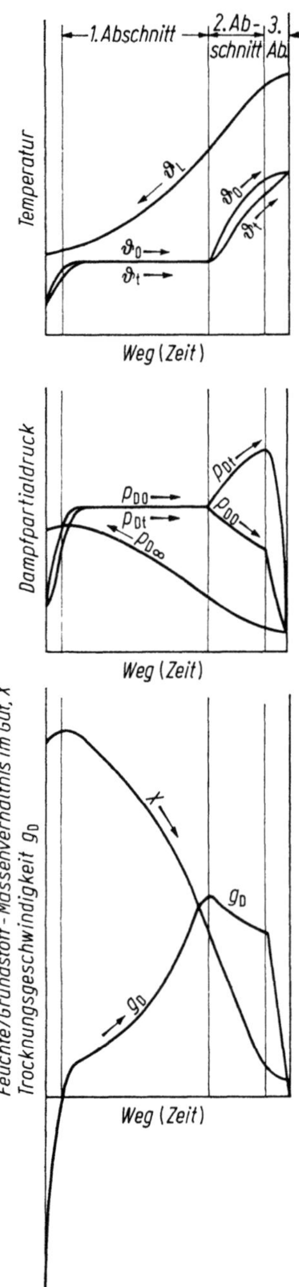

Bild 2.18. Gegenstromtrocknung. Verlauf der wichtigsten Zustandsgrößen der Luft und des Gutes (schematisch).
ϑ_L Lufttemperatur; ϑ_O Temperatur des Gutes an der Oberfläche; ϑ_t Temperatur des Gutes im Inneren; $p_{D\infty}$ Dampfpartialdruck im Luftstrom; p_{DO} Dampfpartialdruck an der Gutsoberfläche; p_{Dt} Dampfpartialdruck im Gutsinneren; X Feuchte/Grundstoff-Massenverhältnis im Gut; g_D Trocknungsgeschwindigkeit; Gutsweg →; Luftweg ←.

Das g_D,X-Diagramm im halbschematischen Bild 2.19 gibt den Trocknungsverlauf eines hygroskopischen Gutes für das Gegen- und Gleichstromverfahren bei gleichen Anfangsbedingungen wieder. In Gleichstromtrocknern (Linienzug $ABCDE$) fällt die Trocknungsgeschwindigkeit g_D, nachdem das Gut angewärmt ist, vom Höchstwert bei B ständig bis zum Wert Null bei E. In Gegenstrom-

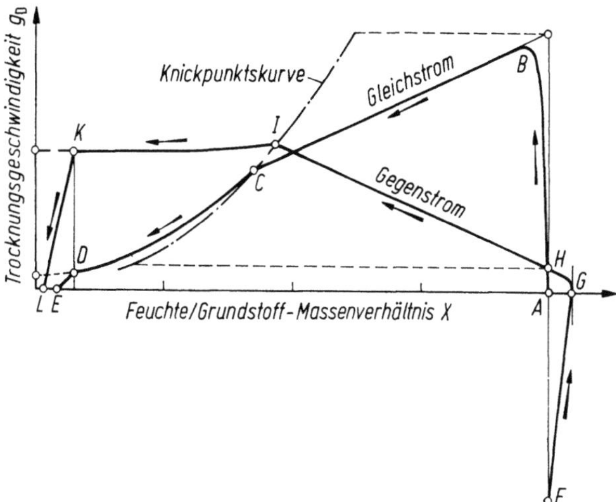

Bild 2.19. Verlauf der Trocknungsgeschwindigkeit mit dem Feuchte/Grundstoff-Massenverhältnis bei Gleich- und Gegenstromtrocknung.

trocknern dagegen (Linienzug *FGHIKL*) steigt die Trocknungsgeschwindigkeit zunächst stark an und sinkt erst, wenn die Feuchte in tieferen Gutsschichten verdampft. Der Feuchtegehalt beim Knickpunkt liegt beim Gegenstromverfahren höher, der geringste Endfeuchtegehalt, den das Gut erreichen kann, liegt tiefer als beim Gleichstromverfahren. Theoretisch-rechnerische Darlegungen im Schrifttum [4, 121, 153] und praktische Erfahrungen zeigen außerdem, daß Gegenstromtrockner bei gleicher Ausnutzung der Wärme aus der Luft oft erheblich höhere durchschnittliche Trocknungsgeschwindigkeiten erzielen lassen und daher merklich kürzer gebaut werden können als Gleichstromtrockner, insbesondere wenn das Gut auf niedrigen Endfeuchtegehalt gebracht und der Luftstrom sehr weitgehend genutzt werden soll.

2.3.1.1.8. Umlufttrocknung

Viele Konvektionstrockner führen einen kräftigen, das Gut berührenden Luftstrom dauernd im Kreis. Nur ein verhältnismäßig schwacher „Zuluftstrom" tritt ein, mischt sich mit dem „Umluftstrom" und verläßt den Trockner als „Abluftstrom", wobei er den Dampf aus dem Gut mit sich führt. Der Umluftstrom kann innerhalb gewisser Grenzen beliebig stark und schnell sein und ermöglicht damit, die Zustandsänderung, welche die Luft beim Einwirken auf das Gut erfährt, möglichen Wünschen anzupassen.

Das Bild 2.20 gibt den Zustandsverlauf der Luft in einem *Umlufttrockner* schematisch wieder. Die Zuluft vom Zustand *1* vermischt sich im oberen Raum mit Umluft vom Zustand *4* zu einem Gemisch vom Zustand *2*. Ein Ventilator treibt das Gemisch durch einen Heizkörper, der es auf den Zustand *3* erwärmt. Die gemischte Luft umspült dann das Gut, nimmt dabei Dampf auf und kühlt sich zugleich ab. Danach verläßt ein Teil im Zustand *4* den Trockner, der Rest beginnt den Rundgang von neuem. Während sich die Luft im Heizkörper erwärmt, bleibt ihr Dampf/Luft-Massenverhältnis gleich, im *h, x*-Diagramm liegt also Punkt *3* über Punkt *2*, der seinerseits wieder (Mischzustand zwischen Zuluft *1* und Umluftrest *4*) auf der Verbindungsgeraden *1—4* liegt (siehe dazu [4]). Trocknet das Gut rein konvektiv im ersten Trocknungsabschnitt und befindet es sich (annähernd) auf Kühlgrenztemperatur, so liegen außerdem die Punkte *3* und *4* auf einer Linie gleicher Kühlgrenze. Unmittelbar am Gut hat die Luft dann den Kühlgrenzzustand, den Punkt *K* kennzeichnet.

Im Bild 2.20 ist auch der Zustandsverlauf *1—3'—4'* der Luft für den Fall dargestellt, daß der Trockner im reinen Zuluftbetrieb arbeitet. Vorausgesetzt ist gleicher Zustand der Zuluft (Punkt *1*) und gleicher Quotient Energiebedarf des Trockners/Masse entweichender Feuchte wie im Umluftbetrieb; im *h, x*-Diagramm sollen demgemäß die Punkte *1—4'—4* auf einer Geraden liegen (s. [4]). Weiter ist unterstellt, daß die Temperatur der Luft vor dem Gut in beiden Fällen übereinstimmt (80 °C), und daß die Luft, während sie das Gut berührt, auch beim Zuluftbetrieb ihren Zustand längs einer Linie gleicher Kühlgrenze (*3'—4'*) ändert.

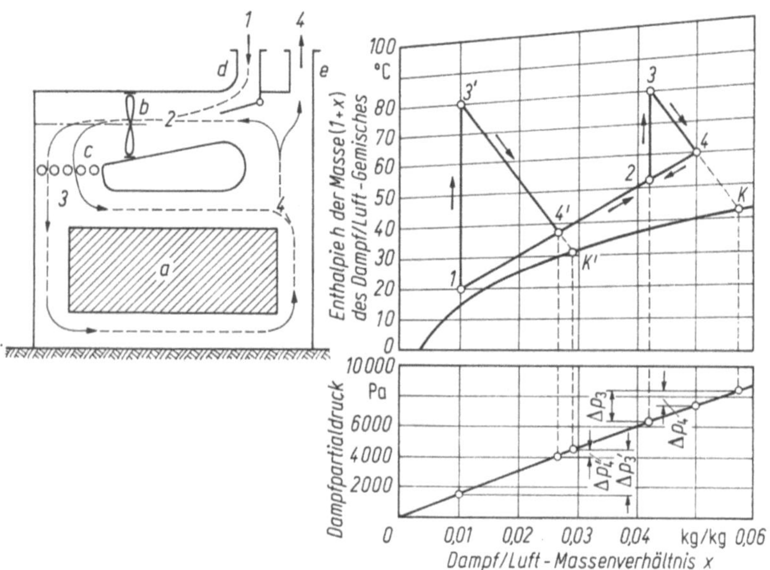

Bild 2.20. Zustandsverlauf der Luft im Zu- und Umlufttrockner.
Links: Schematischer Aufriß des Trockners mit eingezeichnetem Luftweg. *a* Trocknungsgut;
b Ventilator; *c* Heizkörper; *d* Zulufteinlaß; *e* Abluftrohr.
Rechts: Beispiel für den Zustandsverlauf der Luft, dargestellt im Mollier *h, x*-Diagramm für
Wasserdampf-Luft-Gemische, Zuluftbetrieb: *1—3'—4'*; Umluftbetrieb: *1—2—3—4*.

Im gewählten Beispiel beträgt der Partialdruckunterschied Δp des Dampfes zwischen der Gutsoberfläche und dem Luftstrom:

	am Gutsanfang	$\Delta p_{3'} = 3220\ \text{Pa}$
beim Zuluftverfahren	am Gutsende	$\Delta p_{4'} = 520\ \text{Pa}$
	im (log.) Mittel	$\Delta p_{\text{m}'} = 1480\ \text{Pa}$
	am Gutsanfang	$\Delta p_{3} = 2410\ \text{Pa}$
beim Umluftverfahren	am Gutsende	$\Delta p_{4} = 1290\ \text{Pa}$
	im (log.) Mittel	$\Delta p_{\text{m}} = 1790\ \text{Pa}.$

Weil sich Δp längs des Luftweges beim Umluftverfahren weniger ändert, trocknet das Gut dabei gleichmäßiger als beim Zuluftverfahren. Es trocknet außerdem schneller wegen des größeren mittleren Partialdruckunterschiedes. Gesteigert wird die Trocknungsgeschwindigkeit noch durch die meistens höhere Luftgeschwindigkeit.

Wenn sich der Luftstrom im gedachten Beispiel am Gut um $\Delta\vartheta_L = 20$ K abkühlen darf, wobei er je kg verdunstender Feuchte die Verdampfungsenthalpie $\Delta h = 2458$ kJ an den Stoff abgebe, so sind als Träger dieser Energie

$$m_{\text{Lu}} = \frac{\Delta h}{c_{\text{pl}}\Delta\vartheta_L} = \frac{2458}{1{,}00 \cdot 20} = 123 \text{ kg}$$

Umluft nötig. Die Reinluftmenge, die im Trockner jedem Kilogramm entstehenden Dampfes hinzugegeben werden muß, wenn die Luft beim Eintritt schon mit $x_1 = 0{,}01$ kg Dampf vermischt ist und beim Austritt mit $x_4 = 0{,}05$ kg Dampf vermengt sein darf, beträgt andererseits

$$m_L = \frac{1}{x_4 - x_1} = \frac{1}{0{,}05 - 0{,}01} = 25 \text{ kg.}$$

Dies ist nur ungefähr der fünfte Teil der Umluftmenge.

Das Zustandsbild *2, 3, 4* der Luft, die durch einen Umlufttrockner mit Einzelladungsbetrieb strömt, ändert sich während des Trocknungsvorganges. Beim Anfahren liegt es nahe der Ordinatenachse und ist flach zusammengedrückt. Es rückt alsbald nach rechts in das Gebiet höherer Dampf/Luft-Verhältnisse und verharrt dort, solange die Trocknungsgeschwindigkeit gleich bleibt. Kommt das Gut in den zweiten und dritten Trocknungsabschnitt, so wandern die Punkte *2, 3, 4* wieder langsam der Ordinatenachse zu, sofern der Zuluftstrom gleich bleibt.

2.3.1.1.9. Der Einfluß des Außenluftzustandes auf die Trocknung bei erhöhter Temperatur

Der Dampf, der aus dem Gut tritt, muß aus den meisten Trocknern fortwährend abgeführt werden, sonst würde er die Trocknung zunehmend stören und schließlich unmöglich machen. Die Abfuhr besorgt in der Regel ein Luftstrom, der aus dem Freien genommen, mit der dampfhaltigen Innenluft vermischt und als Abluft weggeschickt wird. Tritt die Frischluft unbehandelt ein, so bringt sie je nach dem Wetter mehr oder weniger viel Dampf mit. Dadurch ergibt sich ein unterschiedlicher Dampfpartialdruck im Trocknerinneren. Infolgedessen wechselt auch die Trocknungsgeschwindigkeit des Gutes mit dem Wetter, und bei hygroskopischen Stoffen ändert sich auch der erzielbare Endfeuchtegehalt.

Ein Trockner sauge Außenluft von 20 °C und 40 % relativer Feuchte ein, also Luft mit 932 Pa Dampfpartialdruck. Er wärme sie auf 40 °C auf und schicke sie unvermischt zu einem Gut, das sich im ersten Trocknungsabschnitt befinde. Dabei nehme das Gut die Kühlgrenztemperatur 19 °C an, so daß an seiner Oberfläche der Dampfpartialdruck 2200 Pa herrsche. Am Gut selbst brauche die Luft nur einen kurzen Weg zu machen, so daß überall zwischen der Oberfläche und der Luft der Partialdruckunterschied 1268 Pa bestehe. Dieser Unterschied ist im ersten Trocknungabschnitt proportional zur Trocknungsgeschwindigkeit.

Das Bild 2.21 zeigt das Ergebnis mehrerer solcher Ermittlungen auch für den
Fall, daß der Trockner im Umluftbetrieb arbeitet. Der besagte Partialdruckunterschied und die Trocknungsgeschwindigkeit nehmen ab, wenn die relative Feuchte
der eingesaugten Luft zunimmt. Beträchtlich ist der Einfluß der Außenluftfeuchte
insbesondere, wenn die Luft im Trockner nur wenig erwärmt wird; bei hoher
Innenlufttemperatur dagegen ist der Einfluß relativ schwach. Er macht sich bei
reinem Zuluftbetrieb (Linien *a*) erheblich stärker bemerkbar als bei Umluftbetrieb
(Linien *b*).

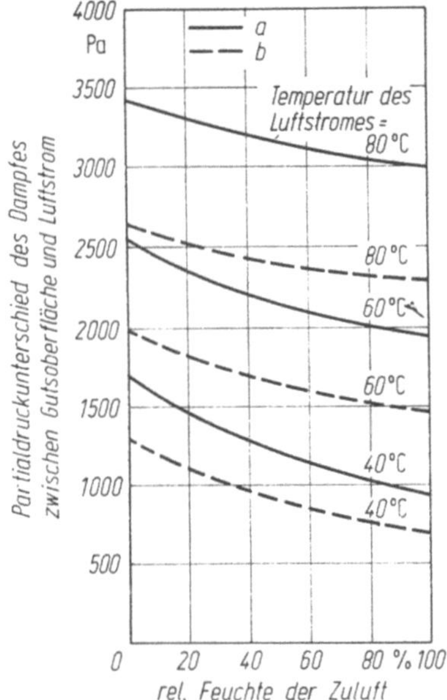

Bild 2.21. Partialdruckunterschied des Dampfes zwischen Gutsoberfläche und gutsberüh-
rendem Luftstrom in einem Konvektionstrockner, abhängig von der relativen Feuchte
der Zuluft und der Temperatur des Luftstromes, ermittelt für den Anfang des Berührungsweges.
a Reiner Zuluftbetrieb; *b* Umluftbetrieb,
Massenverhältnis Zuluft/Rückluft 1:3. Der
Zustand der Rückluft ist so gewählt, daß die
Energienutzung der Luft 3770 kJ/kg verdampfenden Wassers beträgt.
Annahmen: Temperatur der Zuluft 20 °C,
Oberflächentemperatur des Gutes gleich
Kühlgrenztemperatur.

Im Sommer hat der Dampf in der Außenluft meistens höheren und viel stärker schwankenden Partialdruck als im Winter (s. Bild 2.1). Dementsprechend bereitet das Trocknen mancher Güter insbesondere im Sommer besondere Schwierigkeiten.

2.3.1.1.10. Konvektionstrocknung, bei der das Gut innerlich bewegt wird

Manche Güter aus losen Einzelteilchen können beim Trocknen umgelagert und
durchmengt und dadurch rascher getrocknet werden als sonst.

Das Korn bei *a* (Bild 2.22) nehme an der Haufenoberfläche erhöhte Temperatur
an. Bringen wir es nach *b*, so nimmt es die empfangene Energie von außen mit in
das Gutsinnere.

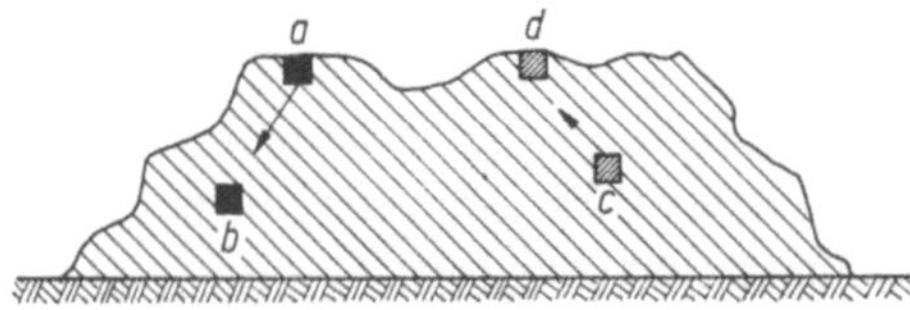

Bild 2.22. Wärme- und Feuchtetransport durch Kornverlagerung.

Das Korn bei c sei feuchter als die Haufenoberfläche. Versetzen wir es nach d, so trägt es Feuchte von innen nach außen.

Oft haben wir es in der Hand, die Geschwindigkeit dieses rein mechanischen Energie- und Feuchtetransportes so zu wählen, daß sie die Bewegungsgeschwindigkeit der Energie und der Feuchte, die durch Leitung zustande kommt, übertrifft.

Mechanisch werden Energie und Feuchte z.B. transportiert, wenn das Gut in einem Zweibandtrockner von einem zum anderen Band abgeschüttet und dabei gemischt wird. Sehr häufig umgeworfen wird das Gut in Teller-, Drehrohr- und anderen Trocknern.

Die Wirkung dieses mechanischen Transportes auf den in das Gut dringenden Wärmestrom und damit auf die Trocknungsgeschwindigkeit läßt sich abschätzen, wie im Abschnitt 2.3.2.3.1 dargelegt ist. Bestimmend sind die

Biot-Zahl $\qquad Bi = \dfrac{\alpha s}{\lambda_S} \qquad$ für die Wärmeübertragung vom Luftstrom in das Gutsinnere (s. Abschn. 2.3.1.1.1),

und die

Fourier-Zahl $\quad Fo = \dfrac{a_S t_p}{s^2} \qquad$ für die instationäre Wärmeleitung im Gut.

Mit a_S ist die Temperaturleitfähigkeit und mit t_p die Zeit zwischen zwei Umlagerungen des Gutes bezeichnet. Hier sei nur das Ergebnis einer theoretischen Überlegung wiedergegeben:

1. Der Wärmestrom, der auf mechanischem Wege in das Gut gelangt, ist um so stärker, je kleiner t_p ist.
2. Bei kleinen Biot-Zahlen kann der Wärmestrom durch häufiges Umlagern der Schicht viel weniger verstärkt werden als bei großen. Ist beispielsweise Bi = 1, so steht der kleinstmögliche zum größtmöglichen Strom ungefähr im Verhältnis 1:1,3, bei Bi = 10 ist das Verhältnis 1:4,3, und es wächst immer mehr, je weiter Bi gesteigert wird. Demgemäß wendet die Trocknungstechnik Mechanismen, die helfen sollen, den Wärmestrom zu verstärken, nur bei hohen Biot-Zahlen an. Im äußersten Fall, nämlich wenn Bi = ∞ und 1/Fo größer als ungefähr 100 ist, nimmt der eindringende Wärmestrom ungefähr mit der Quadratwurzel aus 1/Fo zu.

Wie die Wärmebewegung, so geht auch die Feuchtebewegung in Schichten, die periodisch umgelagert werden, auf zwei Arten vor sich. Beim Mischen wird die Feuchte der Gutskörner samt den Teilchen mechanisch transportiert, während der Ruhezeit jedoch folgt die Feuchte in den Teilchen und in den Kornzwischenräumen den sonst vorhandenen (normalen) Bewegungsursachen. Meistens gelangt die Flüssigkeit durch den mechanischen Transport viel schneller zu den Stellen, wo sie verdampfen kann, als durch die anderen Ursachen, und daher verdampft aus Umlagerungsschichten oft anhaltend viel Flüssigkeit, und das Gut trocknet bis auf niedrige Feuchtegehalte herab schnell. Wenn die Trocknungsgeschwindigkeit schließlich dennoch stark absinkt, so deshalb, weil ein zunehmender Teil der Kornoberflächen trocken wird, und weil der Feuchtenachschub aus dem Inneren der Einzelteilchen zur Teilchenoberfläche die Trocknungsgeschwindigkeit bestimmt. Dieser Nachschub geht nur langsam vor sich.

Während eines Versuches mit Quarzsand wurde abwechselnd die eine und die andere Flachseite der Sandschicht nach oben gekehrt und dem Luftstrom ausgesetzt. Unten war die Schicht stets wärmeisoliert. Drehte man die Schicht halbstündlich, so trocknete sie nach der Zick-Zack-Linie von Bild 2.23. Jedesmal nach dem Drehen stieg die Trocknungsgeschwindigkeit an und fiel dann wieder ab. Durch Ausgleichen der Zacken ergab sich die gestrichelte Linie. Eine Schicht, die alle 10 Minuten gedreht wurde, trocknete nach der oberen Ausgleichskurve; sie hatte einen Abschnitt quasi gleichbleibender Trocknungsgeschwindigkeit. Auch die Trocknung einer Schicht, die in Ruhe blieb, ist dargestellt. Man erkennt: Schon durch das bloße Drehen der Schicht wurde die Trocknungsgeschwindigkeit im Durchschnitt erheblich gesteigert; dabei wurde ja immer wieder — und zwar auf rein mechanischem Wege — Energie von der Gutsoberfläche nach unten und Feuchte nach oben befördert.

Bei anderen Versuchen (Bild 2.24) wurde der Behälter, in dem das Gut lag, in gleichen Zeitabständen um 360° gedreht. Dabei wurde das Gut einigermaßen,

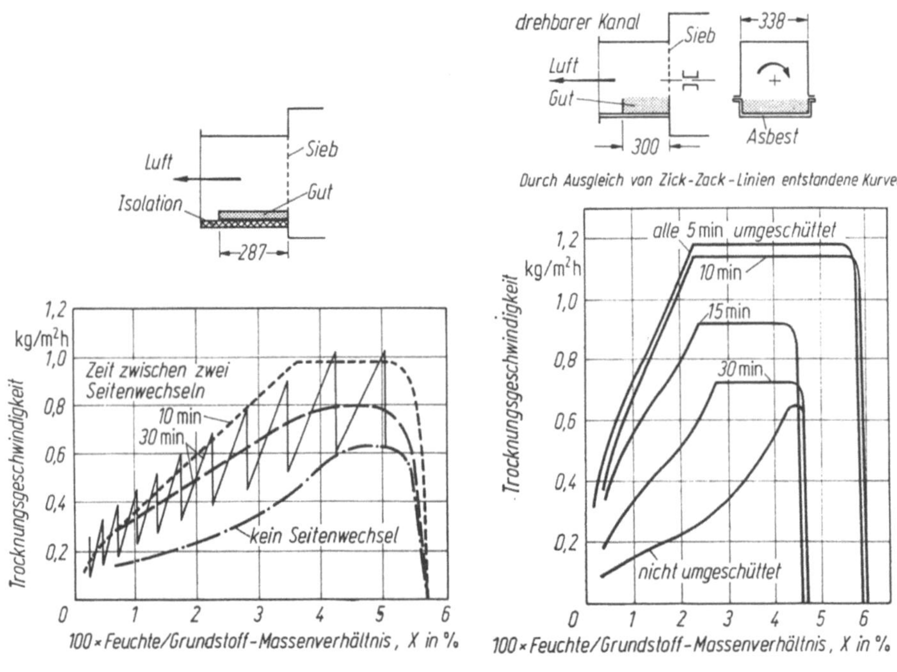

Bild 2.23.   Bild 2.24.

Bild 2.23. Trocknung von Quarzsand, Wirkung wechselseitiger Belüftung.
Trocknung in Horde 323 · 287 · 40 mm mit Boden- und Randisolierung; Flächenbezogene Masse 51,7 kg/m² abs. tr.; Schichthöhe anfangs 38 mm; Korngröße 1 bis 1,5 mm; Überströmende Luft: Geschwindigkeit 2,1 m/s, Temperatur trocken 70 °C, feucht 29 °C; Temperatur der Kanalwand 40 °C.

Bild 2.24. Trocknung von Quarzsand. Wirkung wiederholten Umschüttens.
Trocknung in Horde 338 · 300 · 37 mm mit Boden- und Randisolierung; Flächenbezogene Masse 49,1 kg/m² abs. tr.; Schichthöhe anfangs 37 mm; Korngröße 1 bis 1,5 mm; Überströmende Luft: Geschwindigkeit 2,1 m/s, Temperatur trocken 69 °C, feucht 28 °C; Temperatur der Kanalwand 39 °C; Gut jeweils nach Umschütten gewogen.

wenn auch nicht vollkommen, durchmischt. Auch hierbei trocknete das Gut um so schneller, je kürzer die Zeitabstände zwischen den Umlagerungen waren. Das Mischen brachte gegenüber dem bloßen Drehen der Schicht Vorteile, und zwar hauptsächlich bei fortgeschrittener Trocknung und wenn es oft genug geschah.

2.3.1.2. Überströmtrockner

2.3.1.2.1. Überströmtrockner, die das Gut nicht fördern

Schwerkraftbelüftete Überströmtrockner

In den schwerkraftbelüfteten Überströmtrocknern bewegt sich die Luft „frei" infolge der Dichteunterschiede, die sie bekommt, wenn sie an einzelnen Stellen erwärmt oder befeuchtet wird (s. dazu Abschn. 1.1.2.2).

Der einfachste Trockner dieser Art, der *Exsikkator* (Bild 2.25) bekommt Wärme von der Umgebungsluft zugeführt und übermittelt sie durch das Glasgehäuse und über die Innenluft an das Gut. Dampf, der dadurch im Gut entsteht, wandert zum feuchtebindenden Mittel c, das ihn aufnimmt. Er folgt dabei dem Partialdruckunterschied zwischen a und c, solange das Mittel c an seiner Oberfläche einen geringeren Dampfpartialdruck aufrecht erhält als das Gut; der Dampf diffundiert und wird zugleich von der Luft mitgenommen, die wegen des unterschiedlichen Dampfpartialdrucks an den genannten Stellen auch unterschiedliche Dichte hat und sich daher langsam im Kreis bewegt (N 211.112.1).

Exsikkatoren solcher und ähnlicher Art werden im Laboratorium häufig zum Trocknen von Gutsproben benutzt. Als feuchtebindendes Mittel dient meistens Silicagel (s. Abschn. 1.1.3.1.3).

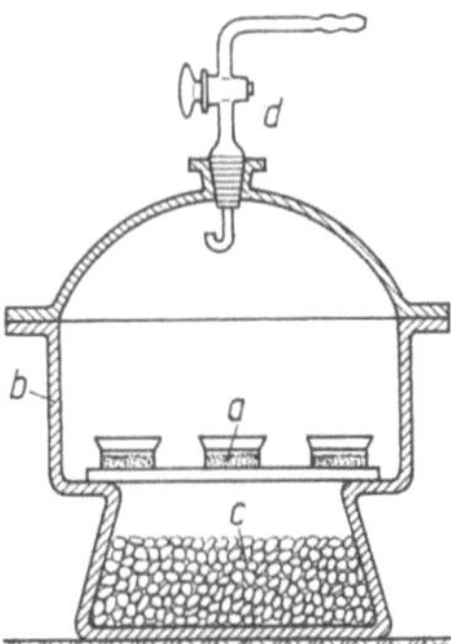

Bild 2.25. Exsikkator nach Scheibler, mit Tubusdeckel. *a* Gut; *b* Gehäuse; *c* feuchtebindendes Mittel; *d* Hahnstutzen.

An heiß eingebrachten Gutsproben erwärmt sich die Luft und dehnt sich aus. Damit sie ihren Druck behält, läßt man den Hahnstutzen am Oberteil zu Beginn der Trocknung offen. Evtl. einströmende Luft wird in einem Chlorkalziumröhrchen vorher entfeuchtet.

Manche Betriebe der keramischen Industrie trocknen einzelne Erzeugnisse noch in den Formgebungswerkstätten, in *Wärmestuben* oder in Schuppen. Sie stellen große Gegenstände mit Zwischenlagen auf den Boden, kleinere lagern sie auf Regalen. Die nötige Wärme gelangt von den Raumheizkörpern über langsam kreisende Luftströme zum Gut. Weil diese einfachen „Trockner" gestatten, Formlinge verschiedener Form und Größe schonend unter ständiger Aufsicht zu trocknen, so werden sie nur zögernd aufgegeben.

Für schwere Leder, die an Haken aufgehängt werden und für Textilgüter, die als lange Schleifen auf feste oder fahrbare Hängevorrichtungen gebracht werden, gibt es hier und da noch Räume, die in der Nähe des Bodens mit dampfbeheizten Rippenrohren und über denselben mit Lattenrosten zum Begehen der Räume ausgestattet sind. Solch ein Raum wirkt ähnlich wie ein kurzer Kamin: die Frischluft zieht unterhalb des Trocknungsgutes ein, nimmt auf dem Weg nach oben die verdunstete Feuchte mit und verläßt den Raum durch Öffnungen an der Decke (N 211.112.7).

In den genannten Trocknern strömt die Luft nur langsam und ungleichmäßig am Gut vorbei. Die Trocknung läßt sich kaum steuern, und die eingebrachte Heizenergie wird meistens schlecht genutzt.

Ventilator- oder treibstrahlbelüftete Überström-Zulufttrockner, die das Gut nicht fördern

Die meisten neuzeitlichen Überströmtrockner haben Ventilatoren zum Bewegen der Luft. Sie arbeiten mit höheren Luftgeschwindigkeiten als die Anlagen mit freier Luftbewegung, und sie führen die Luftströme besser.

Als Urform dieser Trockner können die *ventilatorbelüfteten Gebäuderäume* in manchen Betrieben des Textil-, Leder- und keramischen Gewerbes gelten, die Warmluftströme von außen zugeführt erhalten, einmal durch den Raum führen und dann durch Dach- oder Seitenöffnungen entlassen (N 211.114).

Sehr einfach ist auch der treibstrahlbelüftete Trockner gemäß Bild 2.26); sein Trocknungsraum ist vom Gut selbst umhüllt. Auf der Platte vor der Hohl-

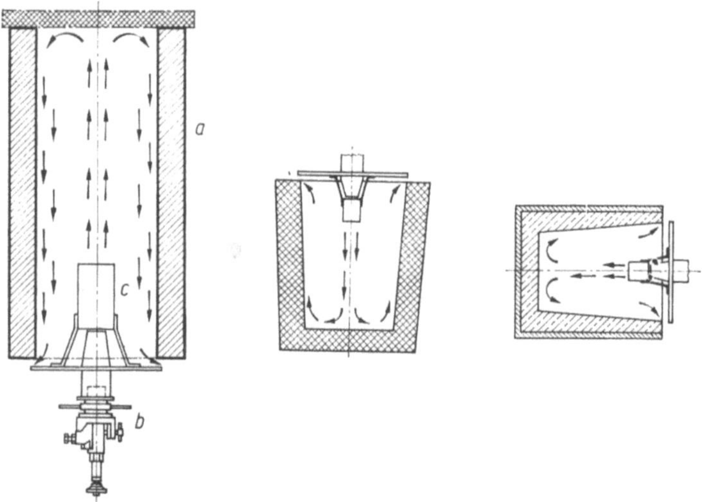

Bild 2.26. Innentrockner für Kokillen, Gießpfannen und Tigel (Küppersbusch & Söhne AG, Gelsenkirchen).
a Kokille; *b* Brenner; *c* Schutzrohr.

körperöffnung sitzt ein Gasbrenner, der Verbrennungsgase in die Mitte des Hohlraumes schickt. Am Boden des Raumes kehren die Gase um, strömen an den feuchten Wänden entlang und verlassen den Raum.

Für große Boden- und Kastenformen, die nicht befördert werden können, benutzen die Gießereien Innentrockner, die auf die Formen oder daneben gesetzt werden. Der Trockner in Bild 2.27 besteht aus einem Gasbrenner a, dem der Ventilator b die nötige Erstluft zubläst und in dessen Brennkammer c das Gas bei hoher Temperatur verbrennt. Mit den Verbrennungsgasen mischt sich Luft, die der Ventilator durch die ringförmige Vorwärmkammer d und die Mischkammer e treibt; sie senkt die Gastemperatur auf die Höhe, die den Formen zuträglich ist. Durch die untere Öffnung und ein Rohr strömt das Gemisch in die Hohlräume der Form, trocknet das Gut und entweicht durch die Steigeröffnungen. Geräte dieser Art erzeugen stündlich 500 bis 1200 m³ Rauchgas im Temperaturbereich zwischen 200 und 600 °C; sie sind jederzeit betriebsbereit.

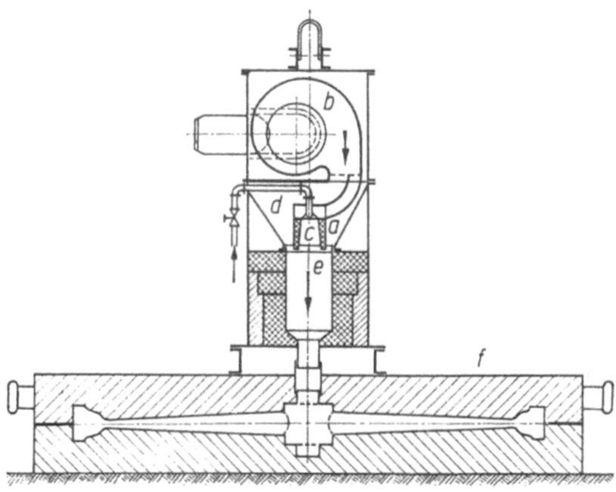

Bild 2.27. Vorrichtung zum Innentrocknen von Bodenformen, transportabel und gasbeheizt. a Gasbrenner; b Ventilator; c Brennkammer; d Vorwärmkammer; e Mischkammer; f Form.

Wo billiger elektrischer Strom zur Verfügung steht, werden elektrisch beheizte Geräte ähnlicher Art benutzt, die völlig rauchfrei arbeiten und die das Gießereipersonal nicht belästigen.

Der einfache *Überström-Kammertrockner* nach Bild 2.28, der in vielen Ziegeleien noch zu finden ist, besteht aus langen gemauerten Gängen, die mit Geleisen und an den Enden mit isolierten Stahltüren versehen sind. Die Gegenstände werden maschinell auf Rahmen und Absetzwagen geladen und in die Gänge gefahren. Kammern für normalformatige Mauerziegel haben meistens 1,4 bis 1,45 m Gangbreite, 10 Etagen und 240 oder 280 mm Etagenabstand; Kammern für Dachziegel dagegen weisen 1,65 m Breite und 16 bis 20 Etagen bei 160 bis 165 mm Höhenteilung auf. Normale Längen sind 12 bis 18 m.

Als Heizmittel derartiger Kammern dient meistens die Kühlluft aus den Ziegel-Brennöfen, die, wenn es sich um Rundöfen handelt, allerdings mit periodisch veränderlicher Temperatur anfällt. Hat diese Luft vorübergehend nur niedrige Temperatur, so wird Dampf, beim Trocknen besonders empfindlichen Tones evtl.

Warmwasser, in die bodennahen Heizkörper geschickt; sie erwärmen dort die aufsteigende Luft. Zu Beginn oder am Ende der Trocknung kann Abluft aus anderen Gängen über einen Rückführkanal eingeleitet werden.

Statt vertikal strömt die Luft in manchen Kammertrocknern für Ziegel waagerecht vom einen zum anderen Ende und von da gelegentlich noch zu weiteren Kammern. Da sie auf dem langen Weg ihren Zustand erheblich ändert, wird sie in manchen Anlagen zeitweise in der einen und zeitweise in der anderen Richtung bewegt.

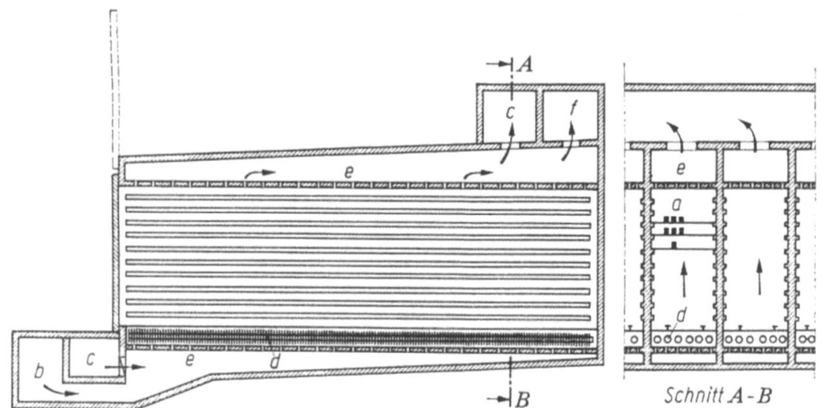

Bild 2.28. Überström-Zuluft-Kammertrockner für Ziegel.
a Formlinge; b Zuluftkanal; c Abluft-Rückführkanal; d Heizkörper; e Luftverteilgitter; f Abluftkanal.

Ventilator- oder treibstrahlbelüftete Überström-Umlufttrockner, die das Gut nicht fördern

Diese Trockner genügen erhöhten Ansprüchen in bezug auf Gleichmäßigkeit und Wirtschaftlichkeit der Trocknung.

Als einfachster seiner Art sei der *Kammertrockner für Formkästen* gemäß Bild 2.29 vorgestellt. Die Heißgasstrahlen, die aus den seitlich angeordneten, mit Injektorhauben versehenen Brennern treten, treiben den Gasinhalt des Trockners im Kreise. Am Boden verlassen die ausgenutzten Gase die Kammer (N 211.115).

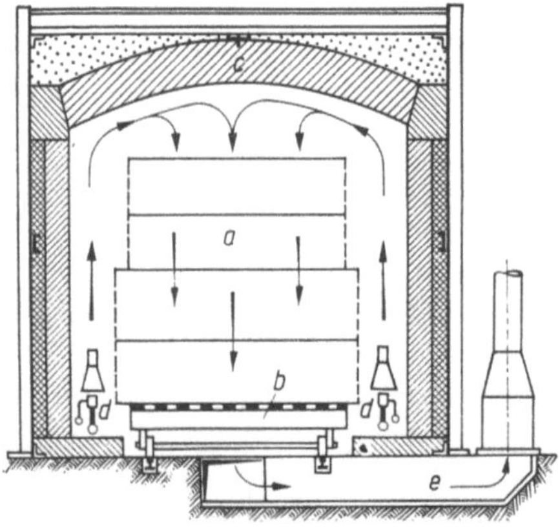

Bild 2.29. Überström-Umluft-Kammertrockner, treibstrahlbelüftet, für Formkästen (Küppersbusch & Söhne AG, Gelsenkirchen).
a Formkästen; b Wagen; c gemauertes Gehäuse; d Gasbrenner; e Abgaskanal.

Der *Überström-Umluft-Haubentrockner* nach Bild 2.30 wird für Kerne und Formen benutzt, die bis 650 °C annehmen sollen. Zum Füllen des Trockners wird die Haube mittels eines Kranes vom Unterofen abgehoben und evtl. auf einen zweiten Unterofen gesetzt, der arbeitet, während der andere außer Betrieb ist.

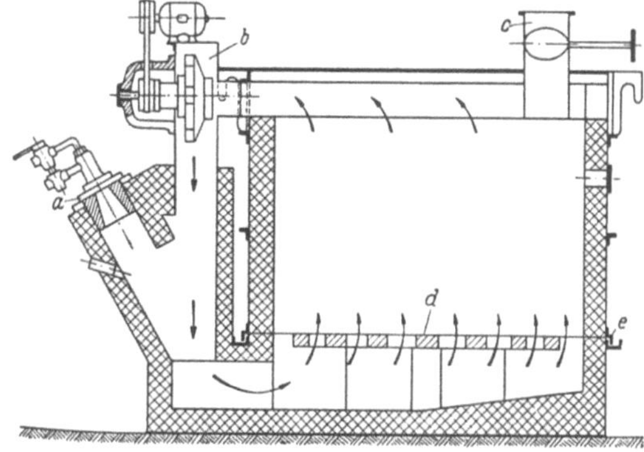

Bild 2.30. Überström-Um-
luft-Haubentrockner.
a Brenner; *b* Ventilator;
c Abgasrohr; *d* Tragrost für
das Gut; *e* Teilfuge mit
Sanddichtung.

Für Betriebe, die nur geringe Mengen kleiner und kleinster Gegenstände zu trocknen haben, eignet sich der *Überström-Umluft-Schubladentrockner* (Bild 2.31). In einem Gehäuse *a* sind übereinander mehrere Schubladen *b* angeordnet, die sich mit Hilfe eines Laufgehänges *c* einzeln herausziehen lassen und von Hand beladen werden. Jede Lade hat eine Rückwand *d*, mit der sie das Gehäuse ab-schließt, sobald sie vollständig herausgezogen ist, so daß keine Warmluft austritt. Zwischen den Roststäben der Ladenböden kann Luft nach oben strömen. Die nutzbare Ladefläche solcher Trockner beträgt bis zu 5 m².

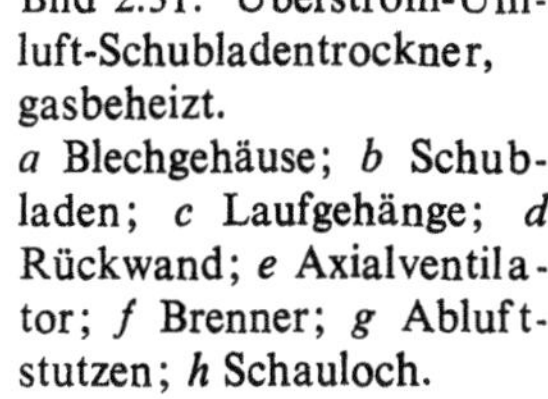

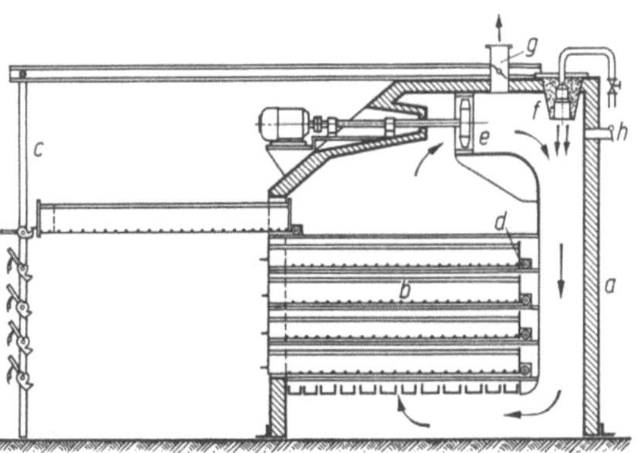

Bild 2.31. Überström-Um-
luft-Schubladentrockner,
gasbeheizt.
a Blechgehäuse; *b* Schubladen; *c* Laufgehänge; *d*
Rückwand; *e* Axialventilator; *f* Brenner; *g* Abluftstutzen; *h* Schauloch.

Als *Lackspritzkabine und Trockner für reparierte Fahrzeuge* dient die Kammer nach Bild 2.32, in der täglich 5 bis 8 Autos oder Wagenteile zunächst mit Lack bespritzt und danach getrocknet werden können. Die Luft strömt durch das Vor-filter *a* zum Ventilator *b*, von dort durch den öl- oder gasbefeuerten Lufterhitzer *c* und die Filterdecke *d* in den Lackier- und Trocknungsraum *e*. Durch den Farb-abscheider *f* und den Kanal *g* strömt sie weg. Solange das Fahrzeug mit Lack besprüht wird, tritt frische Luft bei *h* ein, nimmt im Lufterhitzer etwa 20 °C an und

verläßt die Anlage nach Gebrauch durch den Ventilator i und das Rohr k. Beim
Trocknen des Lackes jedoch sind bis zu 80 °C oder noch höhere Temperaturen
nötig, und die Luft geht teils im Kreislauf durch den Lufterhitzer. Der Abluftventilator und die Druckluftzufuhr zum Spritzgerät sind dann ausgeschaltet und die
Klappe l ist auf Umluftbetrieb gestellt. Als Nachteil der kombinierten Spritz- und
Trocknungskammern ist anzusehen, daß sie nach jedem Lackiervorgang neu an-
geheizt und nach jedem Trocknungsvorgang ausgekühlt werden müssen.

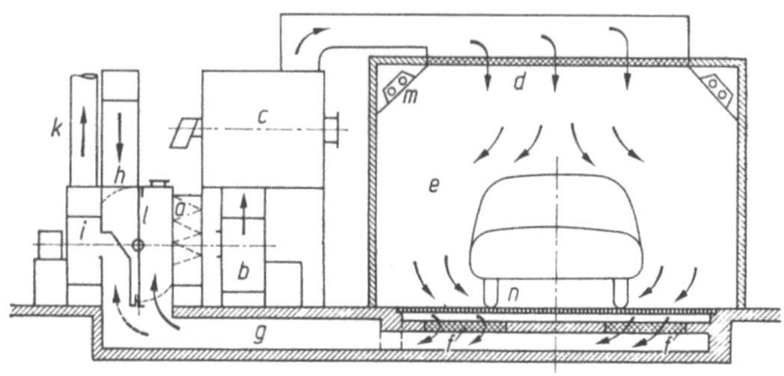

Bild 2.32. Kombinierte Fahrzeuglackier- und Trocknungsanlage (halbschematisch).
a Vorfilter,; b Ventilator; c Lufterhitzer; d Filterdecke; e Lackier- und Trocknungsraum;
f Farbabscheider; g Bodenkanal; h Frischlufteintritt; i Abluftventilator; k Abluftrohr;
l Umschaltklappe; m Beleuchtungseinrichtung; n Bodenrost.

Viel benutzt werden *Umluft-Kammertrockner* gemäß Bild 2.33 für *Schnittholz*.
Sie haben 6 bis 24 m Länge und 2 bis 4 m lichte Höhe. Ihre Gehäuse bestehen aus
Mauerwerk oder Metall. Werden die Hölzer mit Zwischenlagen einzeln oder
paketweise auf Wagen der üblichen Schmalspurgleise gestapelt und darauf in die
Kammern gefahren, so hält man die Stapel meistens 1,2 bis 1,6 m breit und 1,6 bis
1,7 m hoch. Es gibt aber auch Kammern für 2 oder mehr Stapel nebeneinander,
in denen die Luft 3 bis 4 m Weg zwischen den Hölzern zurückzulegen hat. Statt
auf Gleiswagen schiebt man langes Holz auch mittels Rollblöcken in große

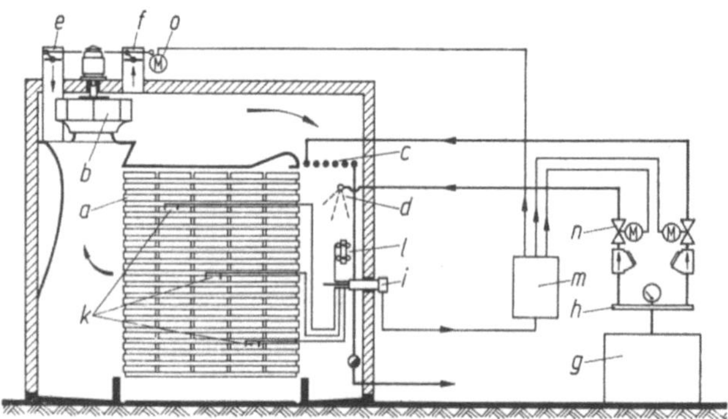

Bild 2.33. Umluft-Kammertrockner für Schnittholz (BSH AG, Bad Hersfeld. DT-AS 1779075).
a Holzstapel; b Ventilator; c Heizkörper; d Sprührohr; e Zuluftrohr; f Abluftrohr; g Dampfkessel; h Dampfverteiler; i Temperaturmeßstellen; k Holzfeuchte-Meßstellen; l Meßstelle für
die zum Kammerklima gehörende Gleichgewichtsfeuchte des Holzes; m Regler für das Kammerklima; n Motorventile; o Stellmotor für die Frisch- und Abluftklappe.

Kammern. Gleislose Trockner für kurzes Holz beschickt man mittels Hubwagen. In manchen automatisierten Betrieben fördern Rollschienen die großen Holzpakete in die Trockner.

Kammern zum „Fertigtrocknen" von Schnittholz, in denen das Klima nach bestimmten Programmen gesteuert werden muß, sind stets mit Heiz- und Befeuchtungseinrichtungen für die Umluft ausgestattet. Wichtig sind dabei dichte Wände und gut schließende Türen. Viele der Trockner stehen im Freien. In einigen Großbetrieben werden sämtliche mit dem Bewegen und Trocknen des Holzes zusammenhängenden Manipulationen von Computern gesteuert. Zum Stapeln der Hölzer, Einlegen der Stapelleisten und Entstapeln gibt es automatisierte Geräte.

Direkt beheizte Trocknungskammern, die hohe Ansprüche an gleichmäßige Umlufttemperatur erfüllen sollen, müssen den Heißgasströmen aus den Brennern durch besondere Einrichtungen und auf genügend langem Wege Gelegenheit geben, sich mit den breiten Umluftströmen gleichmäßig zu vermengen. Im Trockner nach Bild 2.34 deuten die Pfeile *l* den schmalen Gasstrom an, der vom Brenner *g* kommend, durch das Rohr *h* annähernd tangential in das weitere Rohr *c* eintritt, wo er der Zentrifugalkraft unterliegt und dadurch auf den Schraubenbahnen *m* zu einem Stromband ausgebreitet wird. Durch die Öffnungen *k* verläßt er das Rohr. In Teilströme *n* aufgelöst, dringt er in den breiten Umluftstrom *o* ein und vermischt sich mit diesem auf dem Weg bis zum Gut fast homogen.

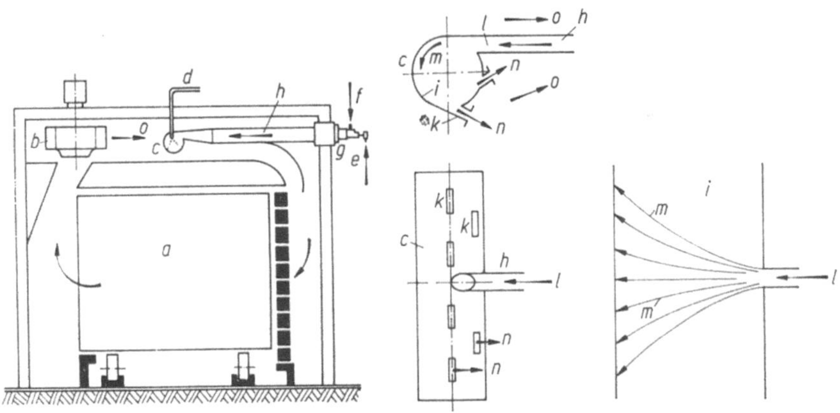

Bild 2.34. Kammertrockner mit Einrichtung zum Verteilen heißer Gase im Umluftstrom (DBP 2155188).
a Trocknungsgut; *b* Ventilator; *c* Verteilrohr für das Heißgas; *d* Sprühwasserzufuhr (falls erforderlich); *e* Heizölzufuhr; *f* Druckluftzufuhr; *g* Brenner; *h* Heißgasrohr; *i* Mantel des Mischrohres (abgewickelt); *k* Austrittsöffnungen für das Heißgas; *l* zuströmendes Heißgas; *m* Stromfaden im Verteilrohr; *n* Heißgasstrahl; *o* Umluftstrom.

In allen Kammern, in denen Lösungsmitteldämpfe, Öldünste oder dergl. entstehen, führt man die Luft nach Möglichkeit so, daß in der Nähe der Türen und Wellendurchtritte Unterdruck gegenüber dem Außenraum herrscht, so daß durch Undichtigkeiten an diesen Stellen keine Öldünste nach außen treten. Ventilatorwellen, Wagenachsen und Lager innerhalb von Trocknern für hohe Temperaturen sollten nach Möglichkeit vermieden oder davor geschützt werden, daß starke

Hitze auf sie wirkt. Dürfen sich in einem Kammertrockner weder Heizeinrichtungen noch bewegte Organe befinden, so muß die Zuluft außerhalb erwärmt und als Treibmittel für die Umluft benutzt werden. Das Bild 2.35 zeigt eine derartige *Treibluftkammer*.

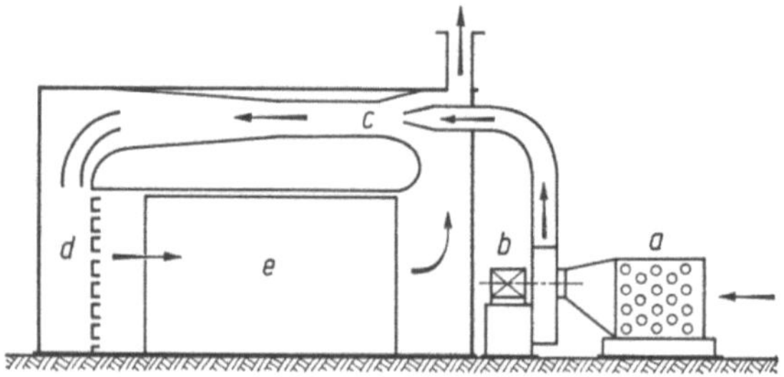

Bild 2.35. Überstrom-Umluft-Kammertrockner, in dem heiße Zuluft als Treibmittel fur die Umluft dient.
a Heizkorper; *b* Ventilator; *c* Treibduse; *d* Luftverteilorgan; *e* Gut.

Für Dachziegel und andere Gegenstände gibt es *Umluft-Trocknungsräume* gemäß Bild 2.36. Darin blasen die Ventilatoren, die auf den selbsttätig hin und her fahrenden, versetzt gegeneinander angeordneten Wagen sitzen, die Luft in wechselnder Richtung zu den Gegenständen auf den Gerüsten [154]. Der Luftstrom überstreicht die Körper nicht dauernd, sondern periodisch. Dabei trocknen die Gegenstände selbstverständlich langsamer als in einem dauernd wirkenden Strom der gleichen Geschwindigkeit. Aber wenn die Feuchte tief im Inneren der Körper verdampft, so fällt der Nachteil der periodischen Belüftung wenig ins Gewicht. Der unterbrochen wirkende Strom kann ausreichen, am Gut so viel Wärme und Feuchte zu übertragen, wie überhaupt möglich ist, ohne dem Gut zu schaden.

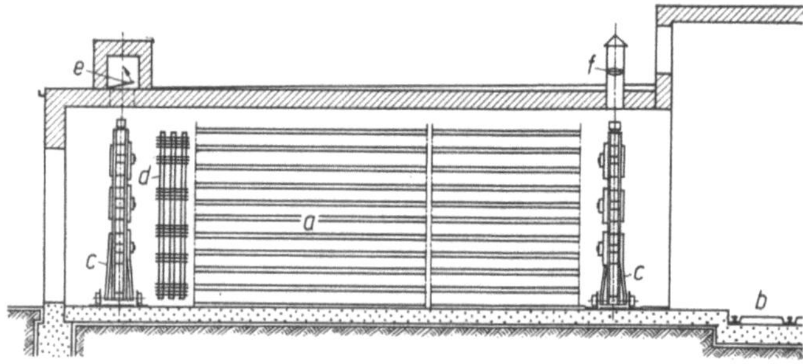

Bild 2.36. Überstrom-Umlufttrocknungsraum mit Wanderventilatoren in einem grobkeramischen Betrieb.
a Raum fur das aufgestapelte Trocknungsgut; *b* Schiebebuhne; *c* Ventilatorwagen; *d* Heizkorper; *e* Frischluftklappe; *f* Abluftrohr.

Dampf-Überströmtrockner, die das Gut nicht fördern

Anstelle von Luft oder Verbrennungsgasen übertragen in den *Dampf-Überströmtrocknern* überhitzte Dampfströme die Wärme an das Gut. Damit der Dampf nicht kondensiert, muß seine Temperatur überall oberhalb der Kondensationstemperatur bleiben, die zum jeweiligen Druck im Trockner gehört. Arbeitet ein Trockner zum Beispiel mit Wasserdampf von 1 bar Druck, so darf die Dampftemperatur nirgends unter 105 bis 108 °C absinken. Wasserhaltiges Gut nimmt dabei nach dem Anwärmen im ersten Trocknungsabschnitt etwa 100 °C an. Soll es auch einigermaßen gleichmäßig trocknen, so darf der Temperaturunterschied zwischen dem Dampf und der Gutsoberfläche an der Zuströmstelle nicht allzu stark vom entsprechenden Unterschied am Ende des Dampfweges abweichen. Das erfordert kräftige Dampfströme, deren Anfangstemperatur in der Regel über 15 °C liegen muß. Baulich ist erforderlich, dem Trockner eine dampfdichte Innenhaut und gute Wärmeisolierung zu geben (N 211.118.7). In Gebrauch sind solche Trockner z.B. für Schnittholz.

Sondermittel-Überströmtrockner, die das Gut nicht fördern

Die *Überström-Tauchbadtrockner* übertragen Wärme mittels Flüssigkeiten an das Gut (N 211.116.5).

Zum schnellen Entfernen des Wassers von gewaschenen galvanisierten Metallgegenständen, die fleckenfrei, d.h. ohne Salzrückstände bleiben sollen, dienen besondere Apparaturen (Bild 2.37), die als Trockner anzusehen sind, sofern sie

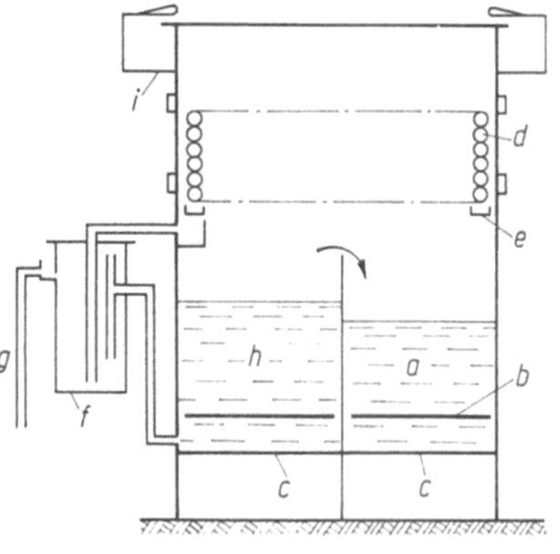

Bild 2.37. Tauchbadtrockner für galvanisierte Metallgegenstände.
a Trocknungskammer, mit Lösungsmittel gefüllt; *b* Gutsträger; *c* Heizung; *d* Kühlschlange; *e* Sammelrinne; *f* Wasserabscheider; *g* Abfluß für abgeschiedenes Wasser; *h* Spülkammer; *i* Rand-Entluftung.

das Wasser nicht nur mechanisch entfernen, sondern auch verdampfen. Die Gegenstände werden in Körbe gelegt und in heißes Trichloräthylen, Perchloräthylen oder in eine andere Flüssigkeit getaucht, die ein Netzmittel enthält. Im Bad verdrängt die Flüssigkeit das Wasser samt den darin gelösten Salzen von der Metalloberfläche; sie mischt sich mit ihm, und ein Teil des brodelnden Gemisches verdampft. Ein Apparat für das Verfahren besteht aus einem Behälter zur Aufnahme des Gutes, einer Heizschlange für die Badflüssigkeit unten in diesem Behälter, sowie aus seitlich angeordneten Kühlrohren über dem Bad, an denen die aufsteigenden Dämpfe kondensieren. Das Kondensat fließt über eine Rinne zu einem Abscheider, in dem sich die Badflüssigkeit vom Wasser infolge des Dichteunterschiedes trennt. In einem zweiten Behälter werden die Gegenstände nachgespült, in der Kühlzone nachgetrocknet.

2.3.1.2.2. Überströmtrockner, die das Gut mit Wagen fördern

Überström-Wagendurchlauftrockner, die im Zuluft-Gleichstromverfahren oder Gegenstromverfahren arbeiten, sind für langsam trocknende Gegenstände in Gebrauch. Der Trockner nach Bild 2.38 bewegt das Gut auf Gestellwagen, der Trockner nach Bild 2.39 fördert es auf mehrstöckigen Hängewagen. Statt einer Wagenreihe laufen oft mehrere Reihen nebeneinander durch den kanalförmigen Trocknungsraum (N 211.413).

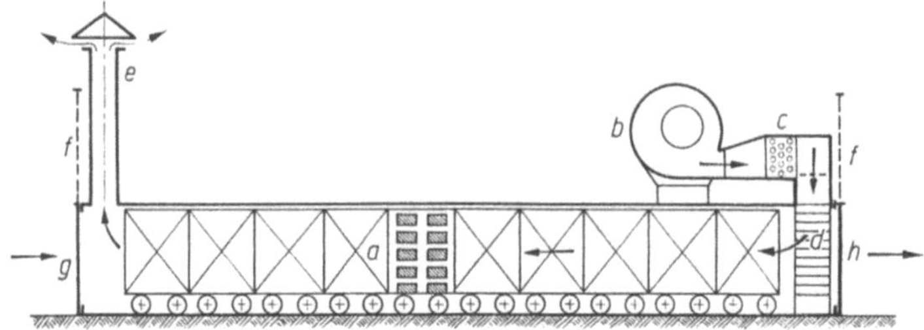

Bild 2.38. Überström-Wagendurchlauftrockner, im Zuluft-Gegenstromverfahren arbeitend.
a Gestellwagen; *b* Ventilator; *c* Heizkörper; *d* Luftverteileinrichtung; *e* Abluftrohr; *f* Hubtür; *g* Wageneinfahrt; *h* Wagenausfahrt.

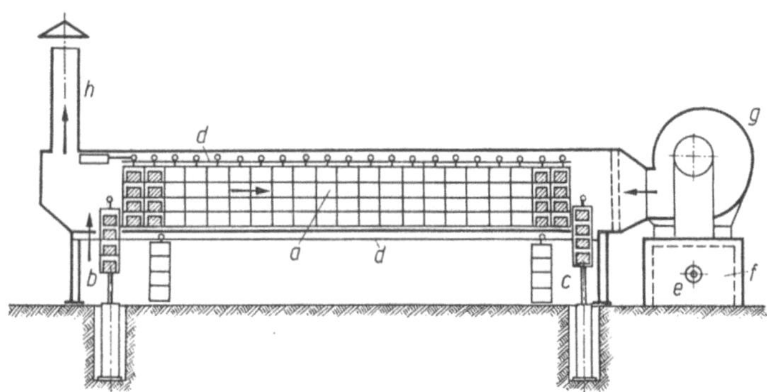

Bild 2.39. Überström-Hängewagen-Durchlauftrockner, im Zuluft-Gegenstromverfahren arbeitend.
a Transportgestell mit 4 Stockwerken; *b* Beschickungsstation der Hängebahn; *c* Entnahmestation; *d* Laufschienen; *e* Ölbrenner; *f* Brennkammer; *g* Ventilator; *h* Abluftrohr.

Quer zur Fahrtrichtung des Gutes strömt die Luft im *Überström-Wagendurchlauftrockner* nach Bild 2.40, *der im Umluftverfahren arbeitet.* Der Trockner kann in Längsrichtung Zonen haben, die unterschiedlich beheizt und mit Luft versorgt werden. In ihm läßt sich dann der Trocknungsablauf bis zu einem gewissen Grad auf die Eigenschaften des Gutes abstimmen. Es gibt derartige Kanäle mit 50 m Länge und mehr. Gegenüber dem längsbelüfteten Kanal (Bild 2.38) hat der querbelüftete viel größere Durchtrittsquerschnitte für die Luft. Dementsprechend sind die Luftströme bei gleicher Luftgeschwindigkeit größer und die Zustandsänderungen der Luft geringer. Auch die Stromrichtung kann von Zone zu Zone wechseln (N 211.415).

In Anlagen mit unterbrochenem Fließbetrieb werden die Türen in gewissen Zeitabständen geöffnet, die Fördervorrichtungen eingeschaltet und die Wagenreihen jeweils um eine Wagenlänge vorgeschoben. Zugleich fährt ein Wagen mit Naßgut ein und ein anderer mit Trockengut aus. Schaltvorrichtungen, deren Tätigkeit von Hand oder automatisch ausgelöst wird, können die Bewegungsvorrichtungen steuern.

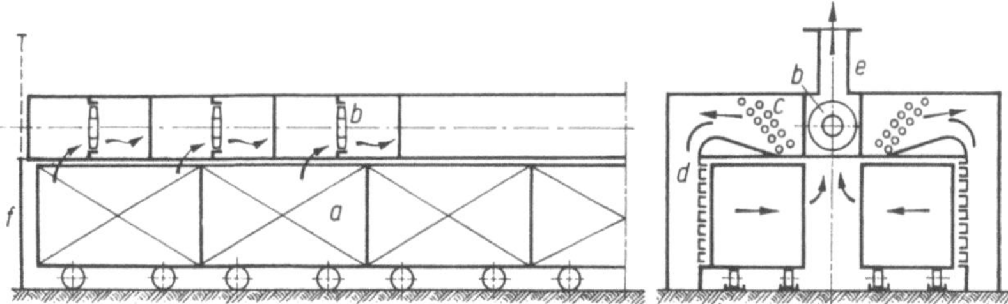

Bild 2.40. Zweireihiger Überström-Wagendurchlauftrockner, im Umluftverfahren arbeitend. *a* Gestellwagen; *b* Ventilator; *c* Heizkörper; *d* Luftverteileinrichtung; *e* Abluftrohr; *f* Hubtür.

Die Fördervorrichtungen für die Wagen werden den betrieblichen Erfordernissen angepaßt. So laufen in vielen Anlagen zum Lackieren von Gegenständen die Wagen, — von Mitnehmer tragenden Schleppketten gezogen, — nicht nur durch die Trocknungskanäle, sondern auch durch andere Behandlungsräume, meistens in geschlossenen, mit Umlenkungen bis zu 180° versehenen Bahnen. Die Ketten können auf dem Hallenboden verlegt und als Gliederketten ausgebildet sein, wenn nur Links- oder Rechtskurven vorkommen; andernfalls sind Gelenkketten erforderlich, die in Schienen mit Bogenstücken laufen. Wo der Hallenboden frei bleiben muß und keine allzu schweren Lasten zu bewegen sind, versieht man die Wagen mit senkrechten Leitstangen und läßt sie von Ketten ziehen, die genügend hoch über den Wagen laufen. Durch besondere Mechanismen lassen sich solche Wagen an beliebigen Stellen — falls erwünscht auch automatisch — aus- und einkuppeln. Viele Trockner haben pneumatische oder hydraulische Vorschubeinrichtungen, welche die Wagen mit Zylindern, Kolben und Kolbenstangen schrittweise bewegen. Sie stehen vornehmlich in Betrieben, wo die Wagen auf freier Strecke von Hand oder mit solchen Geräten bewegt werden müssen, die nicht durch die Trockner fahren können.

Vor und hinter Wagendurchlauftrocknern oft zu finden sind auch Schiebebühnen und seitlich längs der Kanäle Gleise, auf denen die Wagen zur Einfahrtöffnung zurückgefördert werden. An geeigneten Stellen unterwegs werden sie entladen und wieder beladen. In der Anlage nach Bild 2.39 hebt ein hydraulischer Zylinder die frisch beladenen Hängewagen vorne in den Kanal und ein zweiter Zylinder senkt sie am Kanalende wieder ab, so daß sie auf den unteren Laufschienen zur Beladestation zurückrollen können.

2.3.1.2.3. Überströmtrockner, die das Gut auf sich drehenden Flächen fördern

Die Überström-Drehgestelltrockner haben als Förderorgan einen Drehtisch, ein mehrstöckiges Karussell oder dergl., auf dem das Gut liegt oder hängt. Auch eine große Drehscheibe kann auf Wagen gestapeltes Gut durch den Trocknungsraum fördern. Als Beispiel sei der sog. Rundtrockner auf Bild 2.41 dargestellt, dem gutstragende, z. B. mit Garnspulen besetzte Gestelle bei *a* zugeführt und entnommen werden, und der in mehreren Räumen *d, e*, Luft unterschiedlichen Zustandes über die eingebrachten Körper führt (N 211.515).

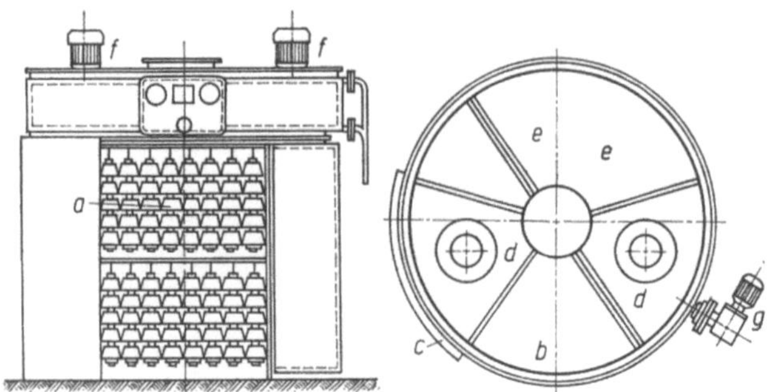

Bild 2.41. Überström-Drehgestelltrockner (sog. Wechselluft-Rundtrockner der Fa. Mohr, Maschinen- u. Apparatebau-Ges., Gerabronn/Württ.).
a Trocknungsgut; *b* Beschickungs- und Entnahmestelle; *c* Tür; *d, e* Trocknungskammern, in denen der Umluftstrom auf- und abwärts geht; *f* Ventilatorantrieb; *g* Drehgestellantrieb.

Überström-Rollenbahntrockner. Plattenförmige Güter, wie Gipsbauplatten oder Holzfaserdämmplatten, lassen sich auf Rollenbahnen bewegen — auf zahlreichen parallelen Rollen, die gemeinsam über Ketten und Kettenräder angetrieben werden. Der Einzelgegenstand liegt dabei stets auf mehreren Rollen zugleich und wird von diesen zu den nächsten Rollen weitergeschoben. In manchen Trocknern liegen 4 bis 6 Bahnen übereinander. Die Luft strömt quer zur Förderrichtung, wie im Trockner nach Bild 2.42, oder parallel dazu, wenn es nicht schadet, daß die Unterseiten der Gegenstände im Luftschatten der Rollen liegen.

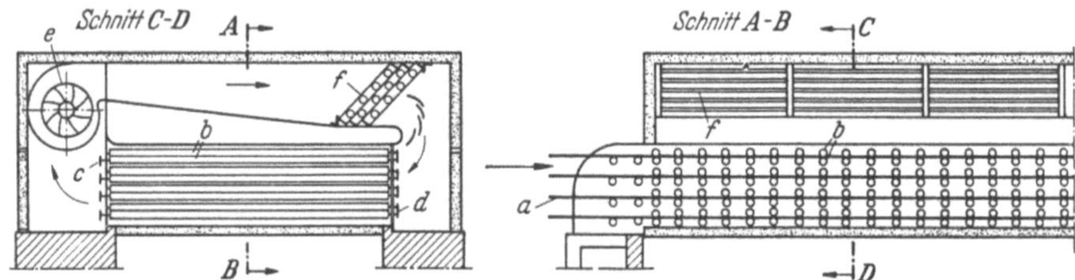

Bild 2.42. Überström-Rollenbahntrockner für plattenförmiges Gut.
a Gut; *b* Walzen; *c* Kettenräder; *d* Stirnräder; *e* Ventilator; *f* Heizkörper.

Den Erfordernissen in den Färbereien und Ausrüstungsbetrieben für Gewebe angepaßt ist der *Überström-Rollentrockner* gemäß Bild 2.43, die sog. „Hotflue". In seinem Inneren läuft die Warenbahn über die oberen und unteren Rollen auf und ab; in Trocknern mit großem Abstand zwischen den Rollenreihen gleitet sie dazwischen über sogenannte Brechwalzen, welche die Bahn ein wenig aus der Senkrechten ablenken und so verhindern, daß Längsfalten entstehen (N 211.525.7).

Die Umluft strömt von oben und unten in die Warenfalten zwischen den Rollen ein, geht seitlich (senkrecht zur Bildebene) weg und berührt dabei das Gut beidseitig.

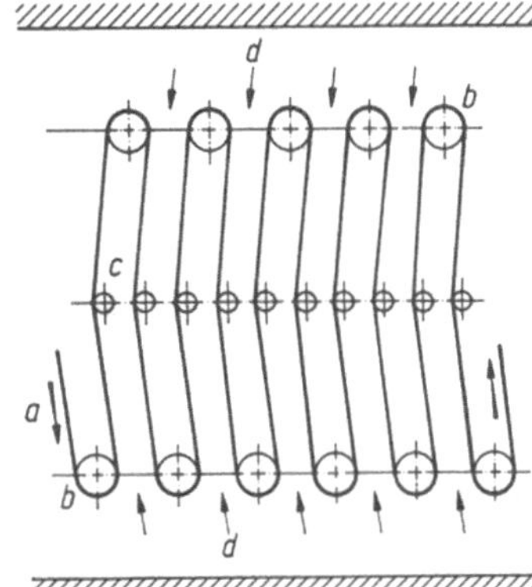

Bild 2.43. Warenlauf im Überström-Rollentrockner für Textilbahnen.
a Gutsbahn; *b* Förderrollen; *c* Brechwalzen;
d Luftstrom.

Wiederholt wurden Versuche mit *Förderrollen-Fluidat-Trocknern* für dünne
laufende Bahnen angestellt [155]. Der Trockner nach Bild 2.44 führt das Gut über
Rollen durch einen zweiteiligen Schacht, in dem Glaskügelchen, Sandkörner oder
dergl. mittels Luft fluidisiert werden (s. auch Abschn. 2.3.1.5.2). Die Luft strömt
unten zu und fördert die Teilchen an Heizkörpern entlang nach oben, wo sie um-
kehren und auf dem Rückweg Wärme an das Gut übertragen. Der intensive
Wärmeübergang ermöglicht, die dünne Gutsbahn sehr schnell zu trocknen
(N 211.513).

Berichtet wurde auch von *Förderrollen-Metallbad-Trocknern*, in denen die
Gutsbahn durch flüssiges Metall von niedrigem Schmelzpunkt wandert, oder in
denen es an der Oberfläche des heißen Bades entlangläuft [156].

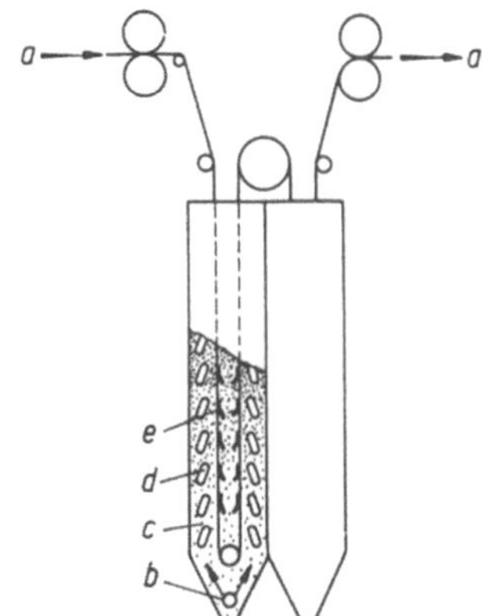

Bild 2.44.   Förderrollen-Fluidat-Trockner für
dünne laufende Bahnen.
a Gutsbahn; *b* Eintritt der fluidisierenden Luft;
c Fluidatteilchen; *d* Heizkörper; *e* Leitflächen.

2.3.1.2.4. Überströmtrockner, die das Gut mit endlosen umlaufenden Einrichtungen fördern

Als *Überström-Förderbandtrockner*, der im Umluft-Gleichstromverfahren arbeitet,
ist der Trockner nach Bild 2.45 ausgebildet. Er fördert rieselfähiges Gut auf einem
Band liegend durch den Trocknungsraum; in der gleichen Richtung strömt die
Luft (N 211.615).

Lange Trockner haben mehrere Umluftkreisläufe oder führen die Luft quer über das Gut hinweg.

In Gebrauch sind endlose Förderbänder aus Edelstahl, die auf Stützrollen laufen, sowie Bänder aus einzelnen Platten. Die Gestelle dieser Plattenbänder tragen an den Seiten Schienen, in denen Ketten mit Rollen laufen; an Bügeln zwischen den Ketten sind die gutstragenden Platten befestigt.

Manche Güter müssen auf dem gleichen Plattenband sowohl durch den Trockner wie auch durch andere Behandlungsapparate laufen. Hat der Weg Kurven, so müssen die Platten diesem Erfordernis gemäß gestaltet und die Ketten besonders verschleißfest ausgeführt sein.

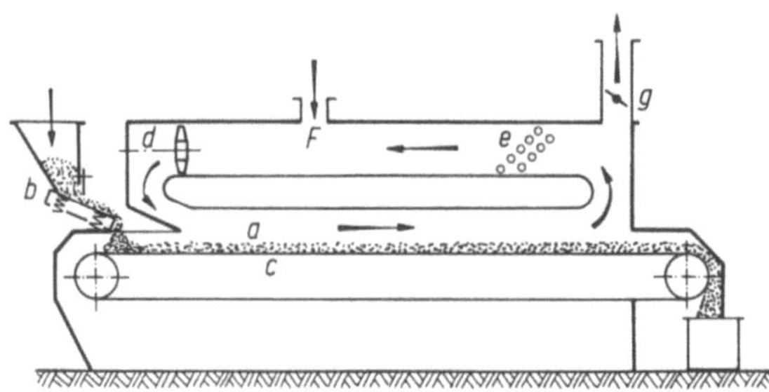

Bild 2.45. Überström-Förderbandtrockner, im Umluft-Gleichstromverfahren arbeitend.
a Gut; *b* Schwingaufgeber; *c* Förderband; *d* Ventilator; *e* Heizkörper; *f* Zuluftöffnung; *g* Abluftrohr.

Der *Überström-Wandergehängetrockner* nach Bild 2.46 fördert das Gut an Stäben hängend durch den Trocknungsraum. Je nachdem, ob sich der Fabrikraum in der Länge, Breite oder Höhe günstiger ausnutzen läßt, werden solche Kanäle als Einwegkanäle, Doppelumkehrkanäle oder Etagenumkehrkanäle ge-

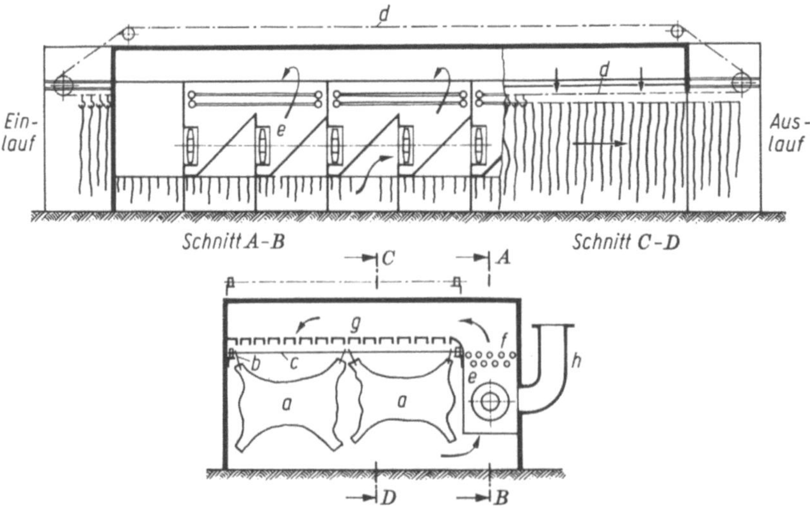

Bild 2.46. Überström-Wandergehängetrockner für Leder, im Umluftverfahren arbeitend.
a Leder; *b* Klammern; *c* Querstangen; *d* umlaufende Ketten; *e* Ventilator; *f* Heizkörper; *g* Luftverteileinrichtung; *h* Abluftrohr.

baut. Die Einwegkanäle bekommen das Gut an den entgegengesetzten Stirnseiten, die Umkehrkanäle an den gleichen Stirnseiten zugeführt und entnommen. Fast alle Umkehrkanäle bewegen das Gut automatisch von der einen Kanalhälfte in die andere. In Trocknern für bestimmte Leder werden die erwähnten Querstäbe zwischen die seitlichen Wanderketten eingebaut und mit verschiebbaren, jedoch selbstsperrenden Haken versehen, so daß Häute verschiedener Breite aufgehängt werden können. Sollen die Leder unmittelbar über den Stangen hängend trocknen, so legt man die Stäbe beiderseits auf die Ketten.

Als vorteilhaft in den Trocknern nach Bild 2.46 hat sich erwiesen, die Luft von oben nach unten am Gut vorbeizuführen. Belüften der Leder von unten wäre ungünstiger, weil die sich verwerfenden Häute dann keine gleichmäßige Luftverteilung zulassen und möglicherweise zusammenschlagen. Der Abstand zwischen den Tragstangen beträgt meistens etwa 100 mm.

Für lackierte Gegenstände werden oft A-förmig abgewinkelte Überström-Wandergehängetrockner benutzt (Bild 2.47). Ketten mit ansteigender und abfallender Ein- und Austrittsstrecke tragen das Gut durch die Anlage. An den Enden dieser „A-Kanäle" sind Abschlußvorrichtungen entbehrlich, sofern die oberen Kanten der Öffnungen tiefer liegen als der Boden des erhöhten Kanalteiles, denn die warme Luft vermag ihrer geringen Dichte wegen nicht nach unten in die kältere Umgebungsluft mit größerer Dichte zu entweichen. Unter dem Kanal befinden sich die Heizeinrichtungen und Ventilatoren, die den Trockner mit Warmluft versorgen. Aus zwei seitlichen Rohren tritt die Luft oben in den Kanal, strömt am Gut vorbei nach unten und kehrt danach zu den Umluftventilatoren zurück. Über dem vorderen, noch schrägen Teil des Trockners steht meistens ein Ventilator, der den größten Teil der aus dem Lack entweichenden Lösungsmitteldämpfe zusammen mit Luft ins Freie bläst.

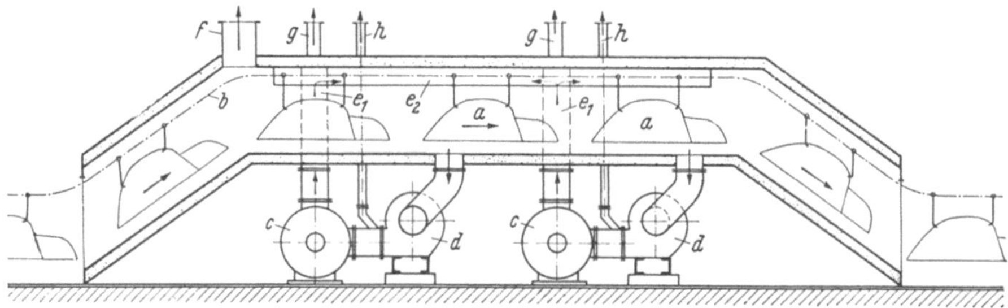

Bild 2.47. Überström-Wandergehängetrockner für lackierte Karossen.
a Karossen; *b* Forderkette; *c* gasbeheizter Lufterhitzer; *d* Ventilator; e_1, e_2 Heißluftkanäle; *f* Abdunstrohr; *g* Abgasrohr; *h* Abluftrohr.

Steife tafelförmige Gegenstände *a* laufen durch die Anlage nach Bild 2.48 mit zwei *Überström-Paternostertrocknern*. In der Druckmaschine *c* erhalten die Tafeln an der Oberseite einen feuchten Auftrag und werden dann von den Fördergurten *d* auf die Tragstäbe *e* der Förderketten *f* gelegt, die im Trockner *g* umlaufen. Während die Platten aufwärts wandern, trocknen sie so weit, daß ihre feuchte Schicht danach die Tragstäbe berühren darf. Die restliche Feuchte verdunstet im abwärts führenden Schacht des Trockners. Am Trocknerauslauf gelangen die Platten auf die Fördergurte *h*, werden danach in der Maschine *i* auf der zweiten

Seite bedruckt und dann durch den Trockner *k* bewegt. In den beiden Trocknern treiben die Ventilatoren *l* die Umluft durch die Heizkörper *m*, die Verteilgitter *n* und dann über das Gut. Durch die Zonen *o* der Trockner streicht Raumluft, die das Gut kühlt.

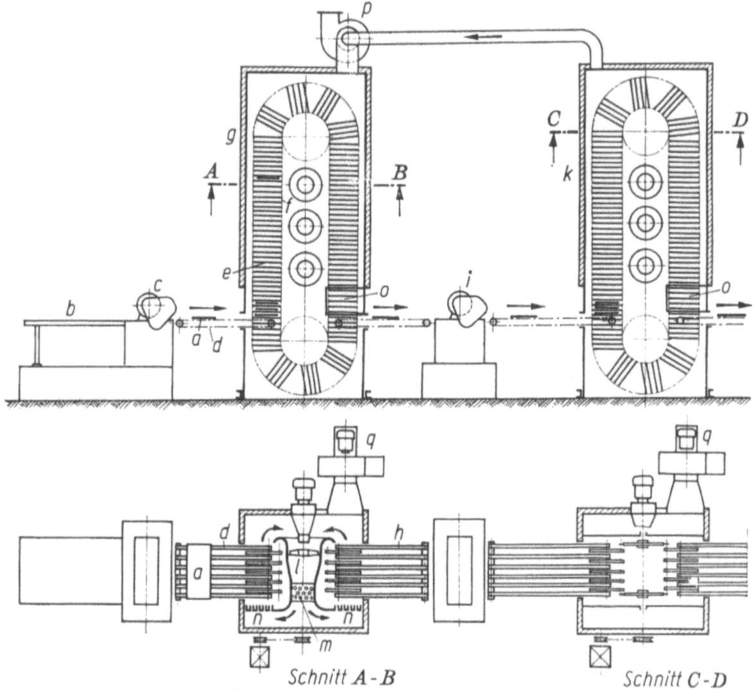

Bild 2.48. Anlage zum Trocknen tafelförmiger Gegenstände in zwei Überström-Paternostertrocknern (BSH-AG, Bad Hersfeld).
a Gut; *b* Auflegetisch; *c* Druckmaschine; *d* Fördergurte; *e* Tragstäbe; *f* Förderketten; *g* Trockner; *h* Fördergurte; *i* Druckmaschine; *k* Trockner; *l* Ventilator; *m* Heizkörper; *n* Verteilgitter; *o* Kühlzone; *p* Abluftventilator; *q* Kühlluftventilator.

Auf schaukelartigen Tragorganen, die an Förderketten hängen, bewegt der *Überström-Wanderschaukeltrockner* das Gut durch den Trocknungsraum. In der Anlage nach Bild 2.49 wandern geformte Gegenstände stetig mehrmals hin und her. Die Umluft strömt quer im Zick-Zack-Weg nach oben. Damit die Schaukeln an den Umkehrstationen nicht zusammenstoßen, müssen die Umlenkräder und der Abstand von Schaukel zu Schaukel genügend groß sein. Infolgedessen brauchen die Trockner viel Raum. Bewährt haben sich die Anlagen in der keramischen Industrie für kleine bis mittelgroße Gegenstände.

Manche Güter verlieren an Qualität, wenn sie beim Trocknen dauernd an der gleichen Stelle aufliegen. Sie müssen umgelagert werden.

Ein Beispiel ist Stranggarn. In ruhend hängenden Strängen sinkt das Wasser nach unten. Dadurch trocknet die Ware oben zu stark aus und wird „hart";

unten aber bleibt sie zu lange feucht. Vermeiden läßt sich das, wenn die Gutsträger als kleine, sich drehende Haspeln oder Stäbe ausgebildet werden, auf denen die Stränge hängend abrollen.

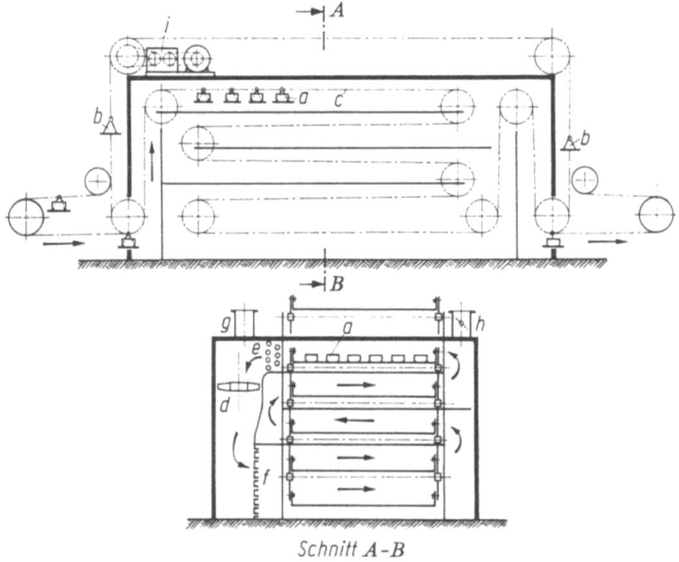

Schnitt $A-B$

Bild 2.49. Überstrom-Wanderschaukeltrockner.
a Zu trocknende Formlinge; b Schaukel; c Wanderkette; d Ventilator; e Heizkorper; f Luftverteilorgan; g Zuluftrohr; h Abluftrohr; i Kettenantrieb.

Zahlreiche beidseitig geführte Haspeln hat der „*Überström-Rollstabtrockner* gemäß Bild 2.50. Jeder Haspel dreht sich entgegengesetzt zum Nachbarn, damit die Stränge längs der Berührungswege in gleicher Richtung gehen und nicht verfilzen. Befördert werden die Haspeln von Wanderketten oder anderen Mechanismen [157, 158].

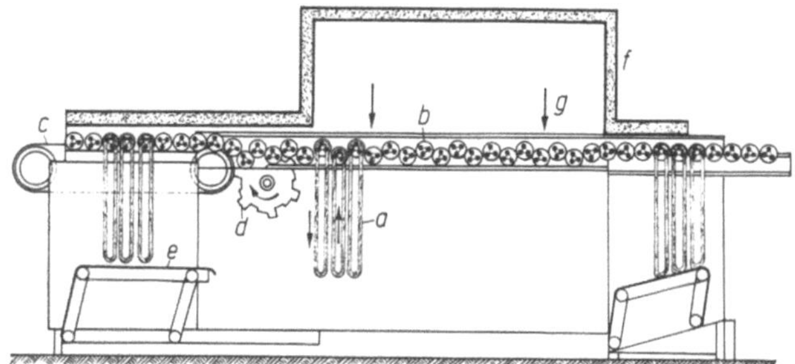

Bild 2.50. Überstrom-Rollstabtrockner fur Stranggarn.
a Garnstrange; b Haspeln; c Beschickungsband; d rotierende Übergabescheibe; e verstellbarer Abdichtboden; f Trocknergehause; g Luftrichtung.

Der dargestellte Trockner hat eine Vorkammer mit seitlichen Beschickungsbändern und verstellbarem Boden. Übergabescheiben drücken die Haspeln abwechselnd in obere und untere Führungsschienen, an denen sie weiterrollen.

Dabei treiben sich die Haspeln gegenseitig selbst an. Außen längs des Trockners laufen zwei (nicht dargestellte) Wagen, welche die entleerten Haspeln zum Einlaufende des Trockners zurückfördern (N 211.625.7).

2.3.1.3. Prallstrahltrockner (Düsentrockner)

2.3.1.3.1. Wärme- und Stoffübergang in Prallstrahltrocknern

Die Prallstrahltrockner blasen schnelle Luftstrahlen senkrecht oder schräg auf das Gut und lassen die Luft nur kurze Wege längs der Gutsoberfläche machen (Bild 2.51). Dadurch trocknen sie das Gut — bei gleichen Massenströmen der Luft — schneller und gleichmäßiger als Überströmtrockner. Man benutzt die Trockner hauptsächlich für großflächige Güter, wie Pappen, Furniere und textile Flächengebilde.

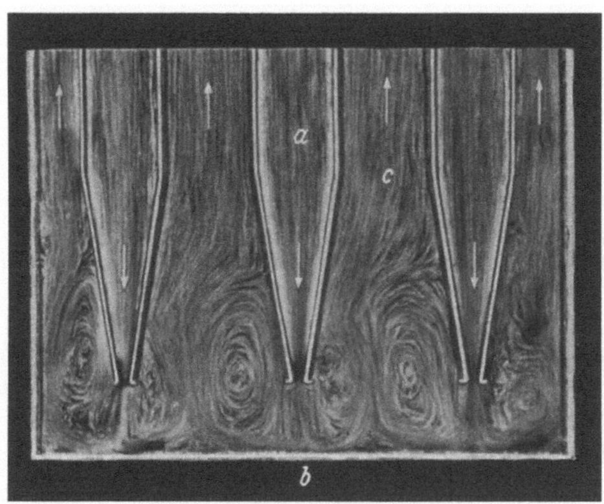

Bild 2.51. Aus Düsen kommende Strömung über einer Platte.
a Zuströmkanal; *b* Platte; *c* Abströmkanal.

Ein Luftstrahl verhält sich nahe der Öffnung, aus der er tritt, zunächst wie ein ungestörter sogenannter Freistrahl (in Bild 2.52 durch Bereich $A—A$, $C—C$ angedeutet). Er reißt aus der Umgebung Luft mit, so daß eine Mischzone entsteht, die nach außen und innen immer breiter wird. In dieser Zone strömt die Luft langsamer als im Strahlkern, wo sie ihre anfängliche Geschwindigkeit behält bis zu einer Entfernung von der Öffnung, die beim runden Strahl gleich dem 4,7fachen Öffnungsdurchmesser, beim ebenen Strahl gleich dem 4,3fachen der Öffnungsbreite ist (Bereich $A—A$, $B—B$). Erst auf dem weiteren Weg nimmt die Luftgeschwindigkeit auch in der Strahlmitte ab. Im ganzen ist die Luftbewegung meistens turbulent.

Nahe der Wand, die den Strahl umlenkt, beginnt das Gebiet der Stauströmung, das ungefähr zwischen den Ebenen $C—C$ und $D—D$ liegt. Darin verliert die längs der Mittelebene $G-G$ strömende Luft schnell an Geschwindigkeit, und im Staupunkt I (beim runden Strahl) oder in der Staulinie (beim ebenen Strahl) herrscht Ruhe.

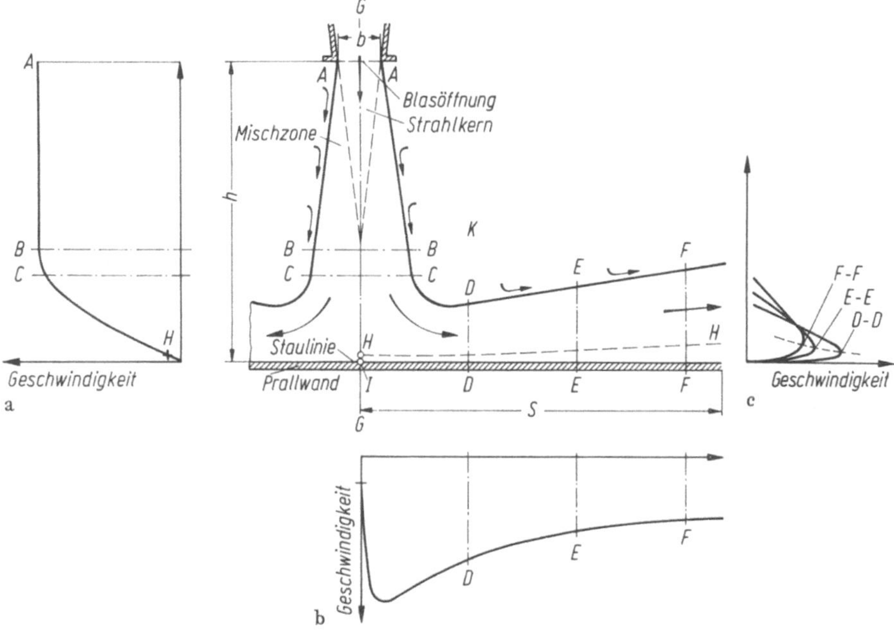

Bild 2.52. Verlauf und örtliche Geschwindigkeit eines flachen Luftstrahles, der senkrecht auf eine Wand prallt (schematisch).
a Geschwindigkeit des aufprallenden Strahles in der Mittelebene $G-G$; b Geschwindigkeit des Strahles beim Überstreichen des Gutes, Höchstgeschwindigkeit in der Fläche $H-H$; c Geschwindigkeitsprofile des abfließenden Strahles in den Ebenen $D-D$, $E-E$ und $F-F$.

Die umgelenkte Luft strömt in der Grenzschicht nahe der Prallwand nur langsam, hat aber ihre Spitzengeschwindigkeit nicht weit von der Wand (auf der Linie $H-H$). Zwischen I und D bildet sich eine laminare Grenzschicht ungefähr gleichmäßiger Dicke.

An das Staugebiet schließt der Bereich des ausgebildeten Wandstrahles mit verzögerter Grenzschichtströmung an. Der Strahl reißt am freien Rand weiterhin Luft aus der Umgebung mit und wird längs des Weges zunehmend dicker; zugleich nimmt seine Geschwindigkeit ab. Auch die Grenzschicht wächst an und wird schließlich turbulent.

In den meisten Prallstrahltrocknern treffen die umgelenkten Strahlen auf Nachbarstrahlen. Dabei entstehen Staugebiete, in denen sich die Nachbarn vereinigen und vom Gut abheben. Zwischen den Strahlen bilden sich Wirbelgebiete (s. Bild 2.51).

Für den Wärme- und Stoffübergang an einer feuchten Oberfläche, auf die Prallstrahlen treffen, sind weniger die geometrischen und die fluiddynamischen Gegebenheiten in den freien Strahlen als diejenigen im Strömungsfeld längs der Oberfläche und vornehmlich die in der gutsnahen Zone maßgebend [159, 160]. Selbstverständlich wird das Geschehen in diesem Feld weitgehend vorbestimm

von der mittleren Luftgeschwindigkeit $w_{\text{Dü}}$ im Düsenmund, von der Weite der
Blasöffnungen sowie vom Abstand zwischen den Blasöffnungen und der Gutsoberfläche. Aber auch die Strömungs- und die Mischvorgänge im Raum K sowie die
thermischen und die stofflichen Bedingungen an den Rändern des angelehnten
Strahles haben Einfluß [161].

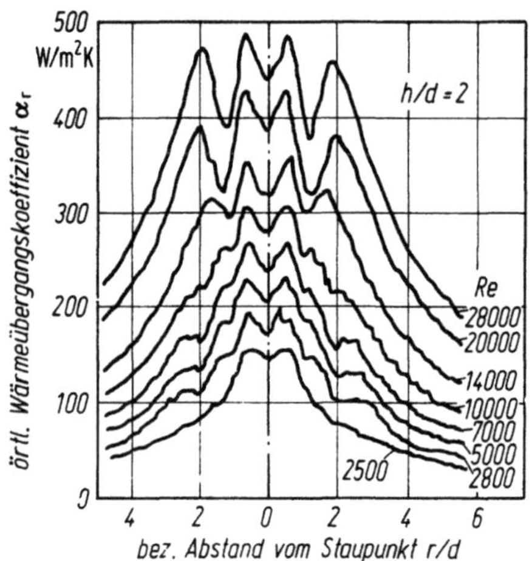

Bild 2.53. Örtlicher Wärmeübergangskoeffizient an einer ebenen Platte, auf
die ein runder Luftstrahl senkrecht
aufprallt, abhängig vom bezogenen
Abstand vom Staupunkt für mehrere
Werte der Reynolds-Zahl Re, bei
$h/d = 2$ [163].

Prallt z. B. ein Strahl, der aus einer Düse runden Querschnitts mit dem Öffnungsdurchmesser d kommt, im Abstand h senkrecht auf eine ebene Gutsoberfläche, und herrscht an den freien Rändern des Strahles die gleiche Temperatur wie
im Strahl selbst, so ergeben sich, wenn $h/d = 2$ ist, an den einzelnen Stellen der
Oberfläche im Abstand r vom Staupunkt die Wärmeübergangskoeffizienten α_r
gemäß Bild 2.53. Bei hoher Reynolds-Zahl $Re \equiv w_{\text{Dü}} d/v$, doch niedriger Turbulenz
des ankommenden Strahles, hat α_r im Staupunkt ein Minimum und in einiger
Entfernung vom Staupunkt ein Maximum. Ein zweites Minimum zeigt sich am
Ende des laminaren Bereiches der Strömungsgrenzschicht am Gut. Von einem
zweiten Maximum ab wird α_r mit wachsendem r immer kleiner [161−163].

Für die Leistungsfähigkeit eines Trockners sind nicht die örtlichen, sondern die
durchschnittlichen Wärme- und Dampfübergangskoeffizienten α und β an der
strahlberührten Oberfläche des Gutes maßgebend. Führt man die Nusselt- und
die Sherwood-Zahlen des Wärme- und Stoffüberganges in der Form ein

$$Nu \equiv \alpha \, d/\lambda, \quad Sh \equiv (\beta \, d/D)\,(1 - p_{\text{DO}}/p), \tag{2.43}$$

worin λ die Wärmeleitfähigkeit der Luft in der Grenzschicht und D den Diffusionskoeffizienten Dampf/Luft bezeichnen, so findet man die integralen Mittelwerte von α und β aus der Formel

$$\frac{Nu}{Pr^{0,42}} \equiv \frac{Sh}{Sc^{0,42}} \equiv f_1 \cdot f_2, \tag{2.44}$$

worin Pr für die Prandtl- und Sc für die Schmidt-Zahl stehen. Mit p ist der Gesamtdruck und mit p_{DO} der Dampfpartialdruck an der Gutsoberfläche bezeichnet.
Die experimentell ermittelten Funktionen f_1 und f_2 sind aus Bild 2.54 zu entnehmen. Bei $h/d = 7,5$ ist $f_2 = 1$; bei anderen h/d-Werten ist f_1 mit der Korrektur-
funktion f_2 zu multiplizieren [161].

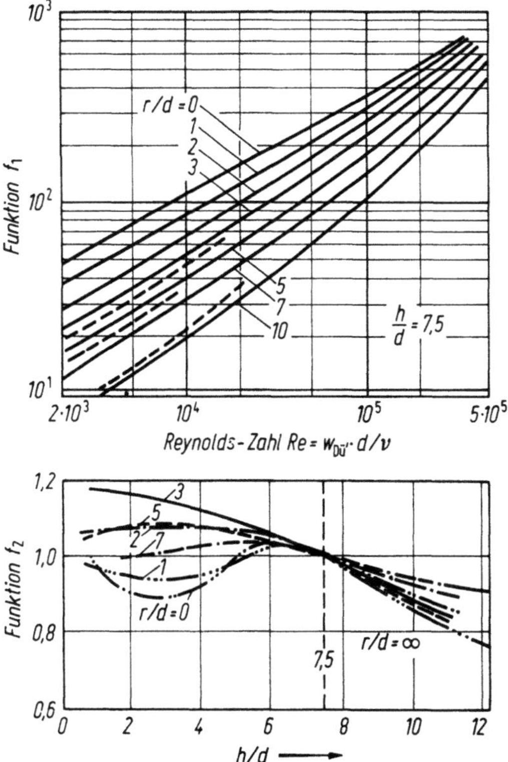

Bild 2.54. Gesetzmäßigkeiten nach Gl. (2.44) für den Stoff- und den Wärmeübergang an einer ebenen Platte, auf die ein runder Strahl trifft [161].

In Strahlfeldern mit vielen parallelen Rundstrahlen gilt das Dargelegte nur in der Nähe der Staupunkte. Außerhalb dieser Bezirke engen die Strahlen ihre Wirkungsfelder am Gut gegenseitig ein. Außerdem herrschen an den freien Strahlrändern meist andere Bedingungen als bei Einzelstrahlen. Sind die Blasdüsen gleichmäßig verteilt in den Eckpunkten gleichseitiger Dreiecke angeordnet, bezeichnet f_A die relative Düsenfläche (das Verhältnis aller Austrittsflächen der Düsen zur angeblasenen Oberfläche des Gutes; es liegt meistens zwischen 0,01 und 0,1), ist ferner $h/d > 0,6/\sqrt{f_A}$, so erhält man die Nu- und die Sh-Zahlen für die Strahlfelder, indem man die entsprechenden Zahlen für die Einzelstrahlen mit dem Korrekturfaktor

$$K_F \equiv \left(\frac{0,6\,d}{h\sqrt{f_A}}\right)^{0,3} \tag{2.45}$$

multipliziert [164].

Obige Gleichungen gelten auch für Strahlen, die nicht aus Düsen, sondern aus Blenden kommen und die auf ihrer freien Wegstrecke auf das ε-fache der Blendendurchlaßfläche eingeschnürt werden. Nur muß man überall $w_{Dü}$ durch $w_{Dü}/\varepsilon$ und d durch $d/\sqrt{\varepsilon}$ ersetzen. Die ε-Werte liegen zwischen 0,6 und 0,8.

Wenn die Luft statt aus runden Düsen aus Schlitzdüsen rechteckigen Querschnitts von der Breite b und der Länge l (vom hydraulischen Durchmesser

$d' \approx 2b$) senkrecht gegen das Gut strömt, so ergeben sich die integralen Mittelwerte von α und β aus den Formeln [165]:

$$\frac{Nu}{Pr^{0,42}} \equiv \frac{Sh}{Sc^{0,42}} = \frac{2}{3} Re^{2/3} \cdot f_{Ac}^{3/4} \left(\frac{2}{f_A/f_{Ac} + f_{Ac}/f_A} \right)^{2/3}, \qquad (2.46)$$

worin bedeutet

$$f_{Ac} \equiv [60 + 4(h/d' - 2)^2]^{-1/2}, \qquad (2.47)$$

$$Re \equiv w_{Du} \, d'/v; \quad Nu \equiv \alpha \, d'/\lambda; \quad Sh \equiv (\beta \, d'/D)(1 - p_{DO}/p). \qquad (2.48)$$

Die Formeln gelten im Bereich $1 < h/d' < 40$; $0,008 < f_A < 2f_{Ac}(h/d')$ und $1,5 \cdot 10^3 < Re < 5 \cdot 10^4$. Außerdem ist unterstellt, daß die Luft durch Kanäle abströmen kann, deren Gesamtquerschnitt größer als der Durchlaßquerschnitt der Düsen ist. Die Stoffwerte sind für die durchschnittliche Lufttemperatur zwischen den Düsen und der Gutsoberfläche zu nehmen.

Wichtig bei jeder Art von Prallstrahltrocknern ist, die Düsen so anzuordnen, daß die Strahlen in ihrer Gesamtheit gleichmäßig am Gut wirken und daß jeder Strahl abströmt, ohne die Wirkung anderer Strahlen zu stören. Ist das nicht gewährleistet, dann liegen die Wärme- und die Dampfübergangskoeffizienten niedriger als nach den obigen Gleichungen.

Will man die höchstmöglichen α- und β-Werte erreichen und sind dabei der Abstand h zwischen der Düsenmündung und dem Gut sowie der Energieaufwand zum Erzeugen der Luftströmung in einem ungestörten Strahlfeld vorgeschrieben, so muß man wählen [166, 165]:

für das Runddüsenfeld $h/d \sqrt{\varepsilon} = 5$ bis $5,6$; $\varepsilon \cdot f_A = 0,0128$ bis $0,015$,

für das Schlitzdüsenfeld $h/b \sqrt{\varepsilon} = 10$; $h/2s = 0,72$; $\varepsilon \cdot f_A \approx 0,072$.

s bezeichnet den halben Abstand der Düsen untereinander.

Manchmal ist zwischen Rund- und Flachstrahlfeldern zu entscheiden. Unterstellt man für beide den gleichen Energieaufwand zum Erzeugen der Luftströmung sowie optimal gewählte Maßverhältnisse, dann bringen die Rundstrahlen gegenüber den Flachstrahlen um 30 bis 40% höhere Wärme- und Stoffübergangskoeffizienten [167].

Für Rundstrahlen wählt man in der Regel Durchmesser d zwischen 3 und 25 mm, für Flachstrahlen Breiten b zwischen 2 und 15 mm. Die Strahlen läßt man mit Geschwindigkeiten $w_{Dü} = 10$ bis 30, auch mit solchen bis 100 m/s aus den Düsen treten. In keinem Fall darf das Gut von den Strahlen verweht, geschädigt oder zu starkem Flattern veranlaßt werden. Den Abstand h zwischen den Düsenmündungen und dem Gut hält man so klein wie möglich, eben so klein, daß wanderndes Gut nicht hängen bleiben kann, auch wenn es ungleich dick, buckelig, wellig ist, oder wenn es flattert (s. w. h.).

In manchen Fällen läßt man die Luftstrahlen zweckmäßigerweise nicht senkrecht, sondern schräg auf das Gut prallen. Die einzelnen Strahlen teilen sich dann in Gutsnähe in einen starken „vorwärts" und in einen schwächeren „rückwärts" gerichteten Zweig, und dementsprechend ergeben sich, vom Staupunkt aus gesehen, unsymmetrische Bedingungen des Wärme- und des Dampfüberganges. Auf die durchschnittlichen α- und β-Werte wirkt sich das bei einem einzelnen Flachstrahl allerdings nur schwach aus, sofern der Strahl unter einem Winkel von wenigstens 30° auf das Gut trifft [168].

2.3.1.3.2. Führen der Prallstrahlen in Gutsnähe

Damit das Gut einwandfrei trocknet und durch die Anlage läuft, muß die Luft günstig zu- und weggeführt werden. Hier sei nur auf einige Besonderheiten der Luftführung in Prallstrahltrocknern eingegangen, im übrigen aber auf Abschnitt 1.1.2.4 verwiesen.

Das Bild 2.55 zeigt die Luftströmung in einer Düse, zu der die Luft axial hinzutritt (a), sowie die Strömung in einer scharfkantigen Öffnung (Blende, b). In der Blende wird der Strahl stark eingeschnürt und so auf höhere Geschwindigkeit beschleunigt als in der Düse a gleicher Mündungsfläche. Hierzu ist mehr Energie nötig.

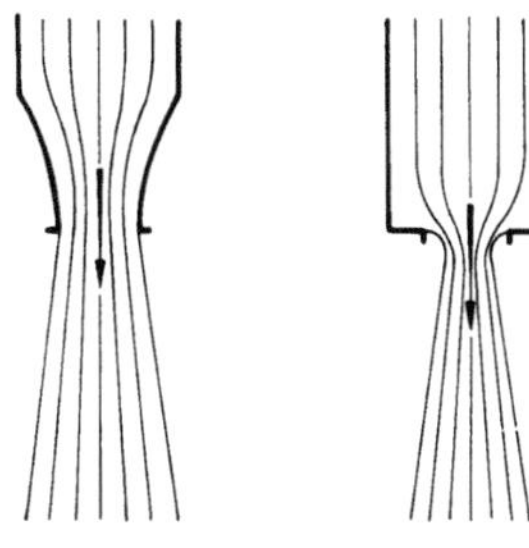

a   b

Bild 2.55. Luftströmung beim Verlassen einer Düse (a) und einer Blende (b).

Wie die Luft aus einem Verteilraum durch eine Reihe von Öffnungen oder durch Schlitze strömt, geht aus Bild 2.56 hervor. Soll sie beim Austritt überall annähernd gleiche Geschwindigkeit haben, so müssen die Ausströmquerschnitte so eng sein, daß die durchschnittliche Austrittsgeschwindigkeit höher als die Geschwindigkeit ist, mit der die Luft in den Verteilraum strömt.

In fließend arbeitenden Trocknern sind die Schlitze oder Lochreihen meistens quer zur Förderrichtung des Gutes angeordnet, damit alle durch die Prall- und die Abströmzonen der Luft wandernden Gegenstände durchschnittlich gleichen Bedingungen ausgesetzt sind.

Aus den Schlitzen der Blaskästen nach den Bildern 2.56a—c trifft die Luft einseitig schräg auf das Gut. Dabei kann sie leichte Platten oder Bänder, wenn sie nicht beschwert sind, aus der vorgeschriebenen Bahn schieben.

Auch der Blaskasten nach Skizze d') entläßt die Luft schräg, aber doch nach beiden Seiten gleichmäßig, so daß symmetrisch angeordnetes Gut auf der Bahn bleibt. Auf Gewebe und dergleichen kann die seitwärts streichende Luft glättend wirken, und nur sehr feine Textilgewebe werden evtl. unzulässig gestreckt.

Senkrecht gegen das Gut strömt die Luft aus den Blaskästen nach Bild 2.56 e und f, die mit Leitflächen in Mündungsnähe versehen sind. Insbesondere der Kasten f) läßt die Luft gleichmäßig und ohne Schubkraft auf das Gut wirken.

Durch das Lochblech in der Austrittsöffnung des Blaskastens g) tritt die Luft in Einzelstrahlen, die schräg in unterschiedlicher Richtung verlaufen.

Günstiger verteilt und gerichtet schießen die Strahlen aus dem Blaskasten nach Skizze h), der mit Düsen am Austritt versehen ist und ähnlich wie der Kasten f) wirkt.

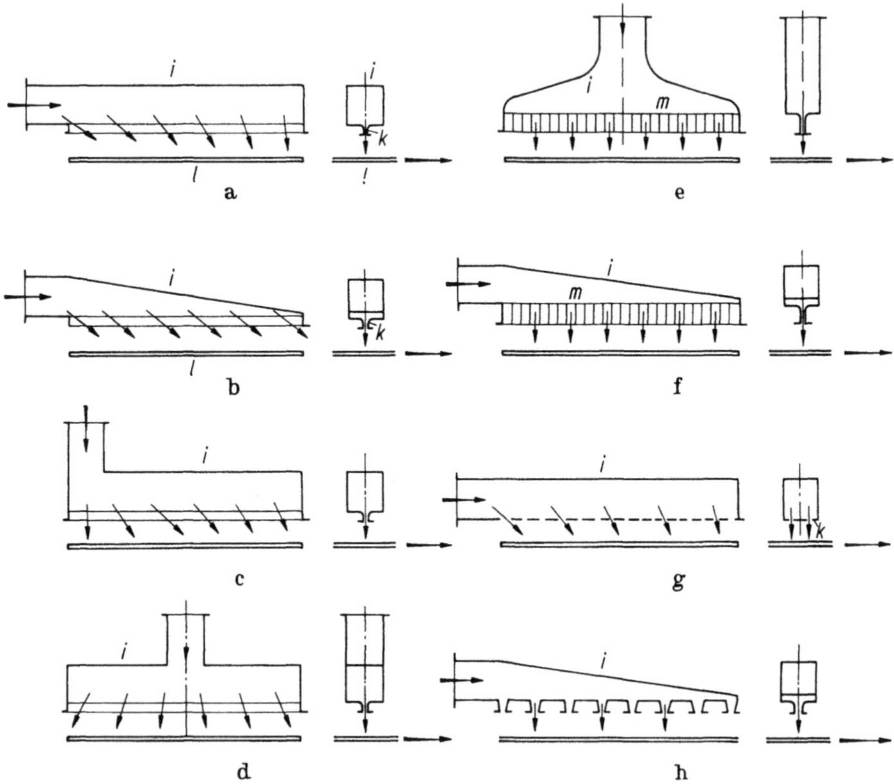

Bild 2.56. Einige Möglichkeiten, in Prallstrahltrocknern Luft zum Gut hin zu führen (schematisch).
i Blaskasten; *k* Düse oder Blende; *l* Gutsbahn; *m* Gleichrichtgitter.

Die Luft soll nicht nur günstig zum Gut hin-, sie soll auch günstig wegströmen. Kann sie zwischen flachen Strahlen nur nach der einen Seite quer zur Laufrichtung der Gutsbahn entweichen (Bild 2.57, a), so versucht sie das Gut dorthin zu schieben. Unterwegs steigt ihre Geschwindigkeit an, weil die Zahl der abfließenden Strahlen zunimmt. Das hat erhöhte Trocknungsgeschwindigkeit am Rande der Bahn zur Folge.

Besser kann die Luft durch halboffene Querkanäle entkommen, die neben den Öffnungen der Blaskästen liegen (Bild 2.57b), dies insbesondere, wenn der Weg nach beiden Seiten offen ist (nicht dargestellt). In Sonderfällen kann man der Randübertrocknung entgegenwirken, indem man die Austrittsschlitze der Blaskästen nach dem Rande hin schmaler macht [169].

Am gleichmäßigsten wirkt die Luft, wenn sie senkrecht zwischen den Blaskästen hindurch vom Gut wegströmen kann (Bild 2.57c).

Auch manche Runddüsentrockner wirken ungleichmäßig, z. B. wenn die Luft zwar aus gleichmäßig verteilten Öffnungen auf das Gut prallt, aber zwischen zahlreichen Strahlen hindurch nach den Seiten abströmen muß. Der fortgehende Strom läßt manche Strahlen überhaupt nicht auf das Gut gelangen, sondern lenkt sie vorher ab. Das hat Untertrocknung der Ränder zur Folge.

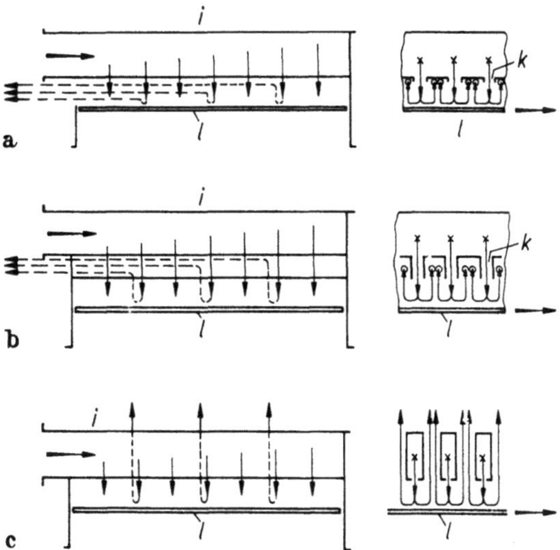

Bild 2.57. Einige Möglichkeiten, in Schlitzloch-Prallstrahltrocknern die Luft vom Gut weg-zuführen (schematisch).
i Blaskasten; *k* Düse oder Blende; *l* Gutsbahn.

Zweckmäßig ist, die Rundstrahlen aus gegeneinander versetzten Düsenreihen treten zu lassen und zwischen benachbarten Strahlreihen jeweils Räume frei zu lassen, durch welche die Luft quer zur Gutsbahn abströmt. Möglich ist auch, die Öffnungen der äußeren Düsen größer oder die Abstände zwischen den Düsen außen enger zu machen als in der Bahnmitte [170].

Für manche Güter müssen die Blaskästen und die Luftführungskanäle in besonderer Weise ausgebildet sein. Zum Beispiel sollen auf gerauhte, im Strich liegende Gewebe nur schräge Flachstrahlen auftreffen, weil die Fasern der Oberfläche sonst verwirbelt werden und eine aufgebauschte, ungleichmäßige Faserdecke entsteht. Runde Prallstrahlen können auf empfindlichen Textilgebilden Markierungen erzeugen. Mit schrägen Rundstrahlen kann man gewaschene Metallgegenstände mechanisch und thermisch vorteilhaft von Feuchte befreien.

2.3.1.3.3. In Schwebe halten der Gutsbahn

Bestimmte bahnförmige Güter, wie zweiseitig bestrichene oder imprägnierte Papiere, Folien, gefärbte Gewebe und lackierte Blechbänder, dürfen keine festen Tragorgane berühren, solange sie feucht sind. Die Bahnen sollen „schwebend", ohne zu flattern durch die Trockner laufen. Auf manche Güter dürfen außerdem nur geringe Zugkräfte wirken.

Es läge nahe, die waagerecht laufenden Bahnen von vielen aufwärts gerichteten Luftstrahlen gerade so anblasen zu lassen, daß sie schweben. Doch schon Strahlen geringer Geschwindigkeit würden leichte Bahnen fortblasen; sie würden das Gut außerdem einseitig und zu langsam trocknen. In leistungsfähigen Trocknern will man aber lebhaften Wärme- und Stoffübergang haben. Daher müssen die Strahlen hier viel stärker sein und meistens beide Gutsseiten treffen. Die Aufgabe besteht darin, verhältnismäßig starke Kräfte, die auf die Gutsbahn wirken, so miteinander ins Gleichgewicht zu bringen, daß der Trockner störungsfrei arbeitet und das Gut nicht schädigt.

Jedermann weiß, daß eine Gewebebahn, die durch Zugkräfte in der Längsrichtung gestreckt wird, in der gleichen Richtung Falten wirft. Durch die Längsdehnung erleidet die Bahn eine Querkürzung und „knickt" sozusagen in der Querrichtung zusammen. Solche Falten können auch in Trocknern entstehen. Durch ungünstige Belüftung wird die Faltenbildung dort unter Umständen verstärkt; auch kann die Bahn flattern wie eine Fahne im Wind. Hiergegen sind Maßnahmen zu treffen.

Längsfalten können nicht entstehen, wenn der Bahn Querfalten aufgezwungen werden, die sie in Querrichtung genügend versteifen. Hierzu wird die Bahn zwischen zwei Reihen von Blaskästen hindurchgeführt, die gegeneinander versetzt sind (Bild 2.58).

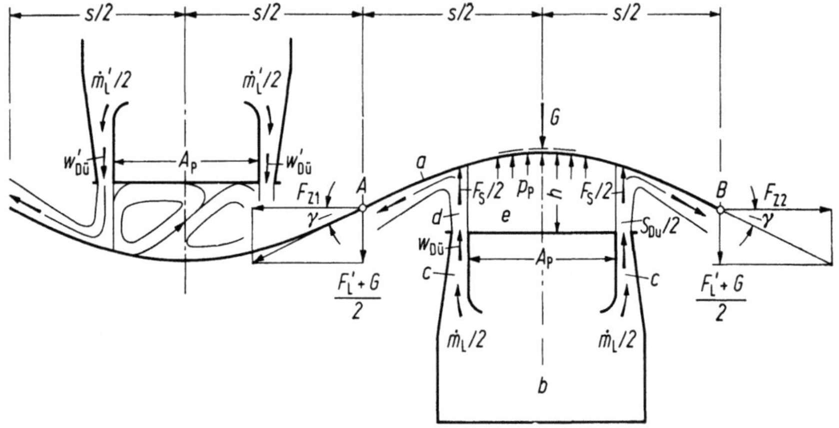

Bild 2.58. Gutsbahn, zwischen zwei gegeneinander versetzten Blaskästen schwebend. Die auf die Gutsbahn wirkenden Kräfte.
a Gutsbahn; *b* Blaskasten; *c* Düse; *d* Luftstrahl; *e* Luftpolster.

In dem Bild bedeutet $2\dot{m}_L/2$ den Gesamtluftstrom, der mit der Geschwindigkeit w_{Du} aus den beiden Düsen *c* senkrecht nach oben gegen die undurchlässige Gutsbahn *a* schießt und dort um den Winkel $(90° + \gamma)$ umgelenkt wird; $s_{Dü}$ bezeichnet die Querschnittsfläche der beiden Düsenmündungen, und *e* ist das „Luftpolster" zwischen den Strahlen *d*, das sich auf die Fläche A_P stützt und das auf die Bahn den (als gleichmäßig angenommenen) Druck p_P ausübt. Die entsprechenden Größen in den benachbarten Düsen und Luftpolstern seien $\dot{m}_L'$ und p_P'. Es bedeute weiter ϱ_L die Dichte der Luft sowie F die Gewichtskraft der Gutsbahn zwischen A und B, berechnet aus der Länge $l \approx s$, der Breite b, der flächenbezogenen Masse ϱ_B^* und der Fallbeschleunigung g zu $G = bl\varrho_B^* g$.

Wenn die Aufprallgeschwindigkeit der Luft mit der Geschwindigkeit in den Düsen annähernd übereinstimmt, so üben die beiden Luftströme $\dot{m}_L$ die Kraft

$$F_S = \dot{m}_L w_{Du}(1 + \cos\gamma) \tag{2.49}$$

auf die Gutsbahn aus. Das Luftpolster drückt mit der Kraft

$$F_\mathrm{P} = A_\mathrm{P} p_\mathrm{P} \tag{2.50}$$

nach oben. Entsprechend erzeugen die benachbarten Ströme und Polster die Kräfte F_S' und F_P'. Für $\dot{m}_\mathrm{L}$ kann man setzen

$$\dot{m}_\mathrm{L} = w_\mathrm{Dü} S_\mathrm{Dü} \varrho_\mathrm{L} \tag{2.51}$$

und für p_P:

$$p_\mathrm{P} = \varepsilon_\mathrm{P} \varrho_\mathrm{L} w_\mathrm{Dü}^2. \tag{2.52}$$

Der Faktor ε_P wird von den Impulsen bestimmt, mit denen die umgelenkten Strahlen den Bereich unterhalb AB verlassen. Er nimmt im allgemeinen mit zunehmendem Abstand h zwischen dem Düsenmund und dem Gut erheblich ab.

Das Bahnstück im Bereich der gezeichneten Blaskästen schwebt im Abstand h von den Kästen, wenn alle vertikal daran wirkenden Kräfte beim Abstand h im Gleichgewicht sind, wenn also

$$F_\mathrm{S} + F_\mathrm{P} = F_\mathrm{S}' + F_\mathrm{P}' + 2G \tag{2.53}$$

ist. Wie die Luftkräfte in einem typischen Fall mit wachsendem h abnehmen, zeigt das Bild 2.59. Durch Verändern der Geometrieparameter kann man den Kurvenverlauf erheblich verändern [489]. In vielen Trocknern ist $2G$ klein gegenüber den anderen Kräften; in Trocknern ohne Luftpolster ist $F_\mathrm{P} = F_\mathrm{P}' = 0$.

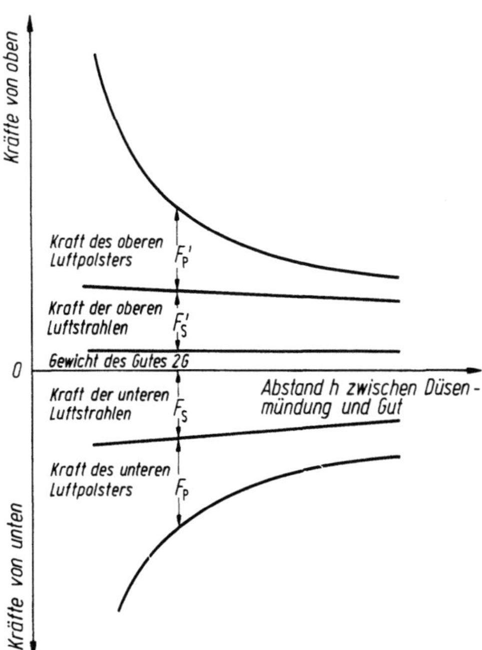

Bild 2.59. Die Kräfte, die von den Luftströmen aus zwei gegeneinander gerichteten Blaskästen auf eine waagerecht dazwischen schwebende Gutsbahn ausgeübt werden, abhängig vom Abstand zwischen Düsenmündung und Gutsbahn (schematisch).

Wenn die Gutsbahn aus irgend einem Grund aus der Gleichgewichtslage gerät und sich einem der Blaskästen nähert, dann erzeugt der Luftstrahl dort erhöhten Gegendruck, und die Bahn kehrt alsbald in die Normallage zurück. Dies geschieht umso sicherer, je stärker der Gegendruck mit abnehmendem h wächst, je steiler die gekrümmten Kurven im Bild 2.59 verlaufen.

An luftdurchlässigen Bahnen entstehen geringere Luftkräfte als an dichten. Deshalb verlaufen die Kraft-Abstandskennlinien bei dünnen Wirkwaren, Gardinen und dergleichen viel flacher als bei luftundurchlässigen Bahnen.

In horizontaler Richtung wirken auf das betrachtete Bahnstück die Längszugkräfte F_{Z1} und F_{Z2} sowie die (im Bild 2.58 nicht angedeuteten) Widerstandskräfte, die von der bewegten Luft herrühren. Im allgemeinen sind die Widerstände viel kleiner als die Zugkräfte, weshalb sie hier außer Betracht bleiben. Dann gilt $F_{Z1} = F_{Z2}$.

Die Querfalten — als stehende Wellen der laufenden Bahn — sind das Ergebnis eines Gleichgewichts aller Kräfte. Sie nehmen unterschiedliche Formen an, je nachdem, welche Stärke, Richtung und Verteilung die Luftkräfte haben, wie stark die Zugkräfte sind und wie biegesteif die Bahn ist. Zu starker Längszug hält die Wellen flach und verschuldet Längsfalten und Bahnflattern. Schwache Zugkräfte lassen hohe Querwellen entstehen, die möglicherweise Bauteile berühren. Sie mindern außerdem die Führungskräfte, welche die Bahn in der Trocknermitte halten. Dadurch können lange Bahnen schon von schwachen Querströmungen der Luft zur Seite gedrängt werden, an Bauteilen anlaufen und so Schaden erleiden [489]. Durch Einrichtungen, die dem Trockner vor- und nachgeschaltet sind, muß die Längszugkraft eingestellt werden können.

In allen Prallstrahltrocknern, die Gutsbahnen in Schwebe halten, treten Teilströme der Umluft seitlich über die Bahnränder. Es ist praktisch unmöglich, die Bahnen dicht zwischen Wänden zu führen oder die seitlichen Spalten gänzlich abzudichten. Die Seitwärtsströmungen regen die Bahnränder u. U. zum Flattern an, was sich nur verhindern läßt, wenn die Betriebsbedingungen des Trockners günstig gewählt werden.

Steigert man bei einem gegebenen Abstand h' zwischen den Blaskästen und der horizontalen Mittelebene der Gutsbahn die Luftgeschwindigkeit $w_{D\ddot{u}}$ in den Düsenschlitzen von Null an immer weiter, so bleiben die Querfalten der Bahn stets ruhig, sofern man die Längszugkraft F_Z unter einem Grenzwert hält. Spannt man die Bahn aber stärker, so flattern die Ränder in einem bestimmten Bereich der Luftgeschwindigkeit, nämlich unterhalb eines Wertes $w_{D\ddot{u},1}$ und oberhalb eines Wertes $w_{D\ddot{u},2}$. Diese Werte rücken immer weiter auseinander, je mehr F_Z erhöht wird, im übrigen hängen sie auch vom Abstand h' ab. Die Gefahr, daß die Bahnränder schwingen, wächst mit zunehmendem (nicht abnehmendem) h'.

Die Gutsbahn flattert, weil sie infolge von Wirbeln in der Luft Druckschwankungen ausgesetzt ist. Am stärksten schwingt sie, wenn die Frequenz der Schwankungen annähernd mit der Frequenz ν_B der Eigenbiegeschwingungen der Bahn übereinstimmt

$$\nu_B \sim \sqrt{\frac{EJ}{l^3 m_B}} \, . \tag{2.54}$$

Mit $m_B = \varrho_B^* \, l \, b$ ist die Masse des schwingenden Bahnteils bezeichnet; l bedeutet die Länge, b die Breite, E den Elastizitätsmodul und J das Massenmoment 2. Grades.

Die Biegeamplituden hängen von der Biegesteifigkeit $E \cdot d^3/12$ der Bahn ab (d Dicke der flachliegenden Bahn). E nimmt bei den meisten Gütern mit abnehmendem Feuchtegehalt erheblich zu, d jedoch in der Regel ab. Fast alle nassen

Bahnen sind weniger steif als trockene und flattern daher schon bei schwachen Längszugkräften. Ein feuchtes Papier von 1 m Breite z. B., das in einem bestimmten Trockner mit 15 m/s angeblasen wird, flattert bei 20 N Längszug, das gleiche Papier im trockenen Zustand aber erst bei 250 N. Beträgt die Luftgeschwindigkeit 10 m/s, so flattert das nasse Papier bei 12 N, das trockene bei 140 N.

2.3.1.3.4. Wirkungsweise einiger Prallstrahltrockner

Fast alle Prallstrahltrockner fördern das Gut stetig durch den Trocknungsraum; eine typische Ausführung zeigt das Bild 2.60. Der Ventilator b treibt die Umluft in die Blaskästen c und von da durch Öffnungen als Strahlen gegen das Gut a. Zwischen den Blaskästen und durch die anschließenden Kanäle strömt die Luft zum Heizkörper d, und dann kehrt sie zum Ventilator zurück.

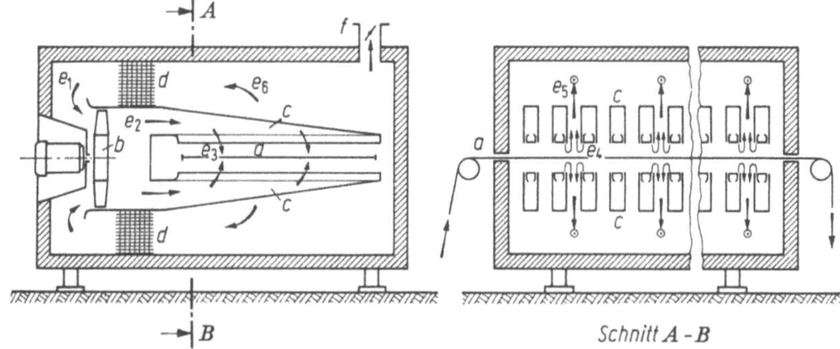

Bild 2.60. Schematischer Quer- und Längsschnitt durch einen Prallstrahltrockner für bandförmiges Gut.
a Trocknungsgut; b Axialventilator; c Blaskästen; d Heizkörper; $e_1 - e_6$ Weg der Umluft; f Abluftstutzen.

Prallstrahltrockner, die das Gut auf sich drehenden Flächen fördern

Der *Prallstrahl-Rollenbahntrockner* (Bild 2.61) fördert flächiges Gut auf zahlreichen Rollen durch den kanalförmigen Trocknungsraum (N 212.515.72).

Trockner dieser Art für Stückfurniere haben obere und untere Rollen b, c, zwischen denen das Gut a hindurchläuft (Bild 2.62). Aus den Blaskästen d zwischen den Rollen prallt die Luft in Strahlen schräg auf das Gut. Die Kastenwände führen das Gut streckenweise. Meistens haben die Trockner drei, seltener vier oder fünf Rollenbahnen übereinander, und ihre Arbeitsbreite beträgt 3 bis 4,5, manchmal 6 m. Die unteren Rollen werden gemeinsam durch Ketten und Kettenräder angetrieben und übertragen die Drehbewegung mittels Stirnrädern auf die oberen Rollen, deren seitliche Zapfen in Schlitzen des Traggestelles geführt sind. Die oberen Rollen heben und senken sich je nach der Furnierdicke und drücken auf die Furniere, damit sie eben bleiben. Die Trocknerlänge, meistens 10 bis 16, selten mehr als 36 m, ist nur dadurch begrenzt, daß man längere Trockner nicht genügend rasch beschicken kann.

Ein- und Auslauf der Furniere befinden sich an verschiedenen Enden des Rollenbahntrockners. Trockner für kleine Durchsätze (max. 1,5 bis 3,5 m³ Holz /

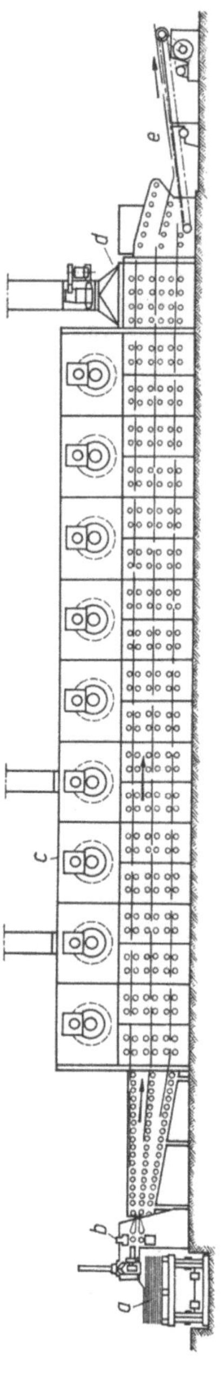

Bild 2.61. Prallstrahl-Rollenbahntrockner für Stück-Furniere (Büttner-Schilde-Haas AG, Bad Hersfeld). *a* Stapeltisch mit Hubvorrichtung für die feuchten Furniere; *b* automatische Beschickungsvorrichtung; *c* Trockner mit 3 Rollenbahnen; *d* Kühlfeld; *e* Austragvorrichtung.

Stunde, je nach Formatgröße) werden mit der Hand von Plattentischen aus beschickt. Vor größeren Maschinen befinden sich halb- oder vollautomatische Beschickungsvorrichtungen; solche Anlagen sind auch mit Austragvorrichtungen versehen, welche die Furniere selbsttätig einer Sortier- oder Stapelvorrichtung zuführen.

Gefärbte Gewebe laufen durch *Prallstrahl-Förderrollentrockner* (sog. Hotflues) mit Belüftungssystemen nach den Bildern 2.63 und 2.64. In der Hotflue gemäß Bild 2.63 treffen die Luftstrahlen fast parallel auf das Gut und gehen seitlich (senkrecht zur Bildebene) weg. Mit senkrecht aufprallenden Strahlen arbeitet der Trockner nach Bild 2.64 (N 212.515.72).

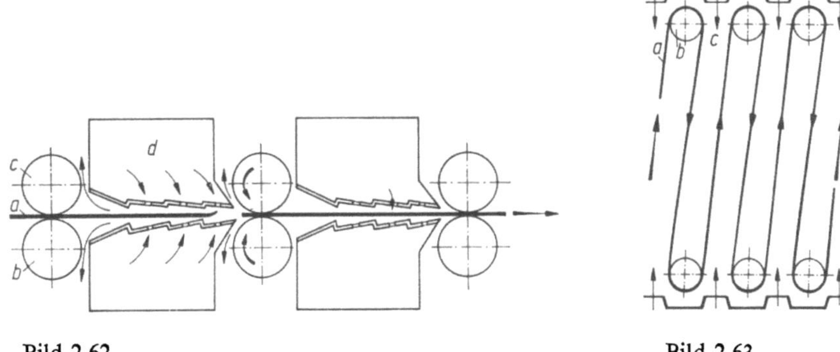

Bild 2.62.   Bild 2.63.

Bild 2.62. Luft- und Gutsführung in einem Prallstrahl-Rollenbahntrockner für Furniere, schematisch (Büttner-Schilde-Haas AG, Bad Hersfeld).
a Furnier; *b* Tragrolle; *c* Druckrolle; *d* Blaskasten.

Bild 2.63. Schrägbelüftung von Gewebe mittels Prallstrahlen in einer Hotflue.
a Gewebe; *b* Förderrollen; *c* Prallstrahlen.

Bild 2.64. Prallstrahlbelüftung von Gewebe in einem Förderrollentrockner (A. Monforts, Maschinenfabrik, Mönchengladbach).
a Gewebe; *b* Förderrollen; *c* Prallstrahlen.

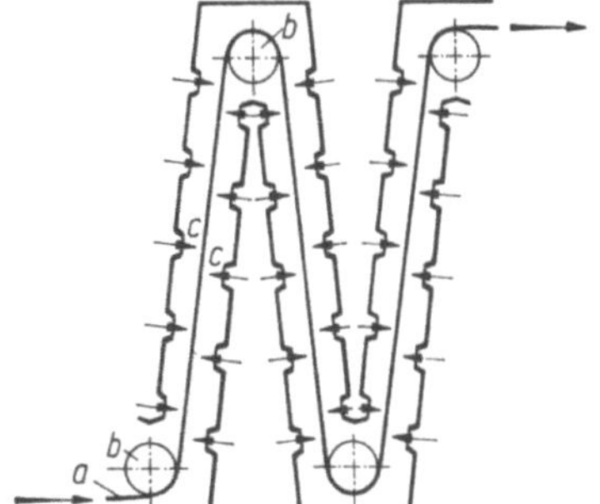

Der Trockner gemäß Bild 2.65 steht normalerweise auf einer Bühne oberhalb der Rouleaux-Druckmaschine. Der Stoff läuft vom Wickler *a* auf die Druckmaschine *b*; mit ihm wandern das Mitläufergewebe *c* und das Drucktuch *d* ein. In der Maschine übertragen Walzen feuchte Farbe auf die zu bedruckenden Stellen des Gutes. Dabei gelangt an den Geweberändern Farbe auch auf den Mitläufer; bei dünnen Geweben wird auch Farbe durchgedruckt. Daher muß außer dem Gewebe auch der Mitläufer nachher getrocknet werden. Beide wandern zweimal durch den Trockner, unter den oberen Blaskästen hin und über den unteren zurück.

Muß die Druckmaschine vorübergehend stillgelegt werden, so besteht die Gefahr, daß die Trocknerfüllung überhitzt wird und Schaden leidet. Eine selbsttätige Vorrichtung sorgt in diesem Fall dafür, daß sofort Außenluft angesaugt und auf die Ware geblasen wird.

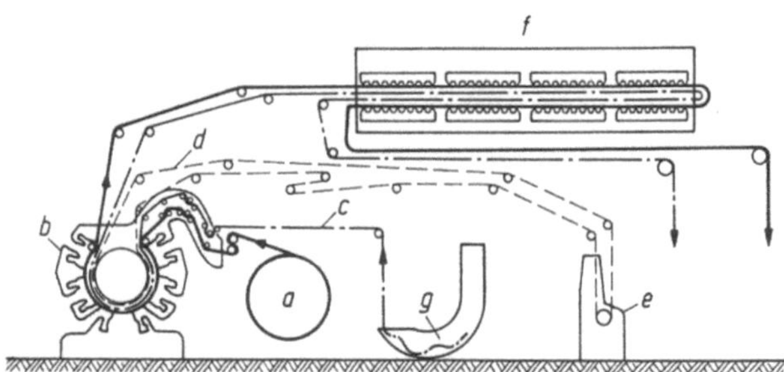

Bild 2.65. Prallstrahl-Trockner in einer Rouleaux-Druckanlage für Gewebe (A. Monforts, Maschinenfabrik, Mönchengladbach).
a Wickler; *b* Druckmaschine; *c* Mitläufergewebe; *d* Drucktuch; *e* Drucktuchwäsche; *f* Trockner (Mansarde); *g* Mitläuferreserve.

Röntgenfilme laufen durch den Vertikaltrockner nach Bild 2.66. Das Gut muß staubfrei bleiben, weshalb der Frischluftstrom durch das Filter *d* geführt wird; vor Überhitzung schützt es ein Temperatur-Meß- und Begrenzungsgerät.

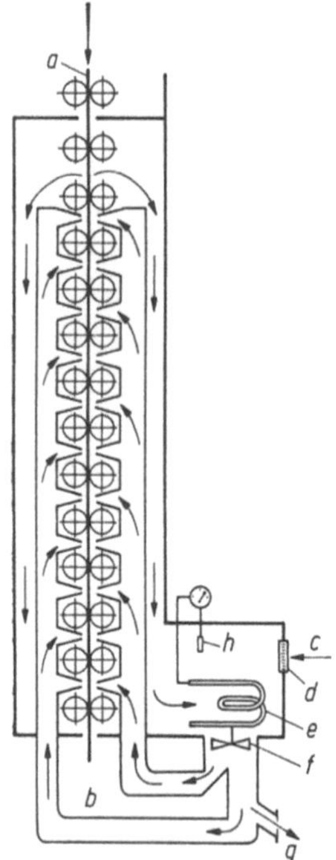

Bild 2.66. Prallstrahltrockner im Röntgenfilm-Entwicklungsgerät des Agfa-Gevaert-Camera-Werkes, München (schematisch).
a Filmeinlauf; *b* Filmauffangschacht; *c* Frischlufteintritt; *d* Luftfilter; *e* Heizkörper; *f* Ventilator; *g* Abluft; *h* Temperaturfühler.

Prallstrahltrockner, die das Gut mit endlosen umlaufenden Einrichtungen fördern

Viel benutzt werden die *Prallstrahl-Förderbandtrockner* für flächige Güter (Bild 2.67). Sie haben bis zu drei, selten mehr Förderbänder übereinander (N 212.615.52). Je nach Zweckmäßigkeit laufen alle Bänder in der gleichen Richtung, werden an der einen Stirnseite des Trockners beladen, an der anderen ent-

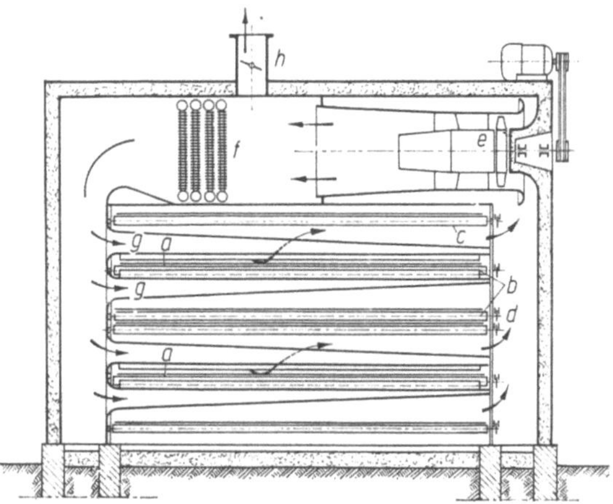

Bild 2.67. Prallstrahl-Förderbandtrockner mit 2 Förderbändern (Querschnitt).
a Gut; *b* Tragrollen für das obere Förderband; *c* Tragrollen für das obere Deckband (Rücklauf); *d* Antrieb der Tragrollen; *e* Ventilator; *f* Heizkörper; *g* Blaskästen; *h* Abluftrohr.

laden und tragen das Gut nur einmal durch den Trocknungsraum; oder die Bänder fördern das Gut hin, zurück und evtl. wieder hin (Bild 2.68).

In der Regel bestehen die Trockner aus Einlaufkopf, Auslaufteil mit Bandantrieb und aus mehreren Trocknungsabteilen dazwischen, die unter sich gleich sind.

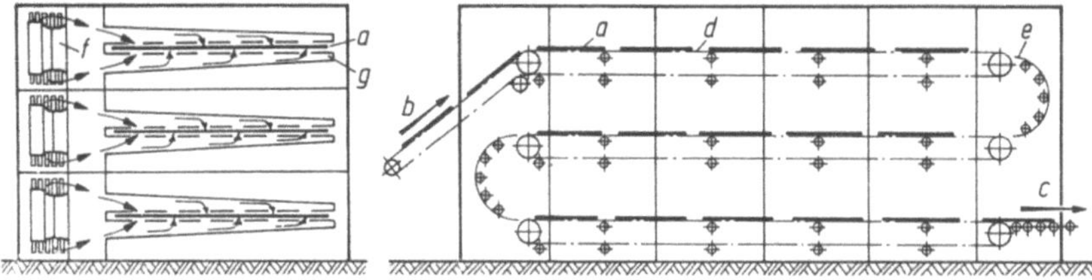

Bild 2.68. Prallstrahl-Förderbandtrockner für Pappen, als 3-Etagen-Umkehrtrockner ausgebildet (Büttner-Schilde-Haas AG, Werk Bad Hersfeld).
a Gut; *b* Gutseinlauf; *c* Gutsauslauf; *d* Förderband; *e* Umkehrstation; *f* Heiz- und Belüftungsaggregat; *g* Düsenkasten.

Die Bänder für leichte flächige Güter sind meistens aus Drahtgliedern oder Drahtspiralen gefertigt, werden von Rollen mit Kettenantrieb getragen, und besitzen besondere Führungsorgane, die verhindern, daß sie seitlich weglaufen. In manchen Trocknern rutschen die Bänder über Kunststoffplatten mit geringen Reibungskoeffizienten. Bei anderen Bauarten liegen die Bänder auf Tragstäben mit seitlichen Rollen, die auf Schienen laufen.

Damit die Aufenthaltszeit des Gutes im Trockner der verschiedenen Art, Dicke und dem unterschiedlichen Feuchtegehalt der Ware angepaßt werden kann, ist in der Regel die Geschwindigkeit jedes Bandes einstellbar. Trockner für Güter, die zum Welligwerden neigen, haben Deckbänder, die über dem Gut laufen, auf die Ware drücken und sie eben halten.

Weit verbreitet sind die Prallstrahl-Förderbandtrockner in den Furnierwerken, wo sie vornehmlich schwache Furnierblätter unter 1 mm Dicke verarbeiten. Ihre Arbeitsbreite dort beträgt 2,8 bis 5,2 m. Auch findet man die Prallstrahl-Förderbandtrockner in Pappen- und anderen Fabriken, die platten- und bandförmige Ware herstellen (Bild 2.68).

Der *Prallstrahl-Vertikalbandtrockner* (Bild 2.69) macht die Vorteile der Prallstrahlbelüftung für manche pastenartigen Stoffe und Schlämme nutzbar. Das vertikal umlaufende Wabenband *b* bekommt die feuchte Masse von den Walzen *c* und *d* in die Waben gedrückt, trägt sie an den Blaskästen *e* vorbei und gibt sie an der unteren Umlenkrolle *f* ab. Manche schrumpfende Güter fallen von allein aus den Waben, andere müssen durch Zähne der Umlenkrolle herausgedrückt werden (N 212.615.58).

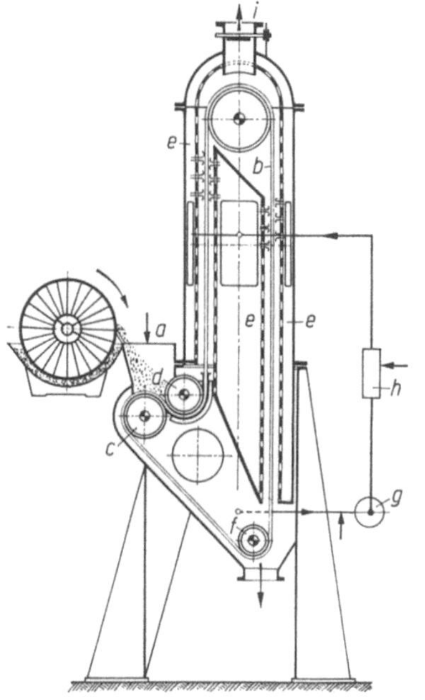

Bild 2.69.   Prallstrahl-Vertikalbandtrockner (Maschinenfabrik Buckau R. Wolf AG, Grevenbroich).
a Gutsaufgabe; *b* Wabenband; *c* Umlenkrolle an Aufgabestelle; *d* Eindrückrolle; *e* Blaskasten; *f* untere Umlenkrolle; *g* Ventilator; *h* Wärmeübertrager; *i* Abluftrohr.

Viele Web-, Wirk- und Strickwaren kommen in den letzten Stufen der Fertigung von Foulards, von Vortrocknern oder von anderen Maschinen und laufen dann durch *Prallstrahl-Spannkettentrockner* (die oft nur „Spannrahmen" genannt werden). Der Vorgänger dieser Maschinen ist der hölzerne Spannrahmen, auf dem das Gewebe früher von Hand nach der Breite gestreckt, in der Länge eingelassen und dadurch von seinem Verzuge befreit wurde. Sodann wurde es getrocknet und dadurch in den Maßen festgelegt.

In modernen Anlagen (Bild 2.70) nehmen zwei seitliche, in Führungsschienen umlaufende Ketten die Gutsbahn mit. Sie gehen auf einem Teil ihres Weges schräg auseinander und spannen die Bahn so zwischen sich aus. In der Längsrichtung kann die Ware dabei eingehen, wenn man sie vorher in Fältchen legt. Während die Bahn trocknet, schwinden auch die Fasern und Fäden und geben dem Gut seine Endmaße (N 212.615.58).

Auf den Kettengliedern der „Spannrahmen" sitzen Organe mit einer oder mit zwei Reihen von Nadeln, die den Stoff fassen und festhalten. Manche Ketten tragen Kluppen, die das Gut zwischen unteren horizontalen Platten und oberen schräg hängenden Kläppchen einklemmen und durch Reibschluß halten. Auch kombinierte Nadel-Kluppenglieder sind in Gebrauch, die gestatten, entweder Nadeln oder Kluppen zu benutzen. Mit einer besonderen Vorrichtung am Trockner können die Nadelleistenträger automatisch ab- oder aufgeklappt werden.

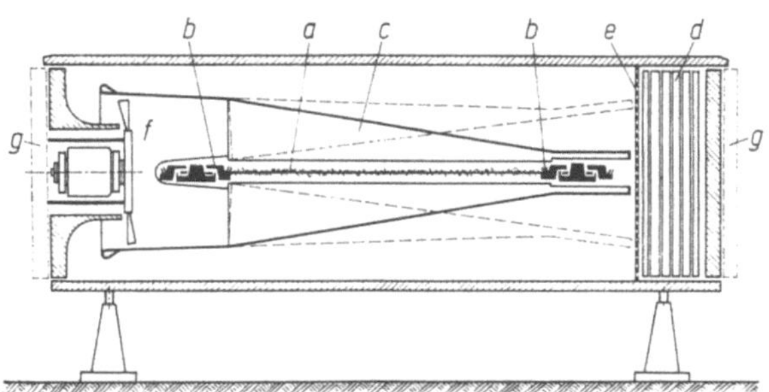

Bild 2.70. Prallstrahl-Spannkettentrockner (Artos Maschinenbau Dr.-Ing. Meier-Windhorst, Hamburg).
a Trocknungsgut; *b* Spannkette mit Nadel; *c* aufklappbarer Düsenkasten; *d* Heizregister; *e* Filtersieb; *f* Ventilator mit Antrieb; *g* Schiebetür.

2.3.1.4. Durchströmtrockner

2.3.1.4.1. Theoretisches zur Durchströmtrocknung

Strömung durch das Gut

Luftdurchlässige Gutsschichten trocknen vorteilhaft, wenn heiße Luft hindurchströmt. Dabei entweichen, bezogen auf die Grundfläche, starke Dampfströme, weil die energiebringende und feuchteaufnehmende Luft an der großen Oberfläche der vielen Einzelteilchen wirken kann, und weil die Feuchte im Gut nur kurze Wege bis zur Teilchenoberfläche durchwandern muß. Man bemüht sich daher oft, auch aus undurchlässigen Stoffen durchlässige zu bilden.

Durch Schichten aus faserigen und stengeligen Teilchen, wie Wolle und Heu, und durch körnige Stoffe wie Getreide, kann die Luft ohne weiteres hindurchstreichen. Andere Stoffe aber muß man vor dem Trocknen zerschneiden, wie einige Gemüse, oder mittels besonderer Vorrichtungen zu Flocken, Körnern, Brocken, Würstchen formen.

Luft, die durch eine Gutsschicht strömt, übt auf das Gut eine mit wachsender Geschwindigkeit zunehmende Kraft aus, so daß Teilchen evtl. mitgerissen werden. Hier seien ruhende Teilchen vorausgesetzt.

Betrachtet sei eine Schicht aus Einzelteilchen (Bild 2.71), welche die Schüttdichte ϱ_{Sch} und in Strömungsrichtung der Luft die Dicke (Höhe) *s* habe. Die Dichte der Einzelteilchen sei ϱ_{K}, und die für den Luftwiderstand im Teilchenkollektiv maßgebende „Größe" — bei Kugeln z. B. der Durchmesser, bei anders geform-

ten Teilchen ein Ersatzdurchmesser, — sei d_K. Der Lückenraumanteil der Schicht
(die Porosität) ergibt sich aus

$$\varepsilon = 1 - \frac{\varrho_{Sch}}{\varrho_K}.$$
(2.55)

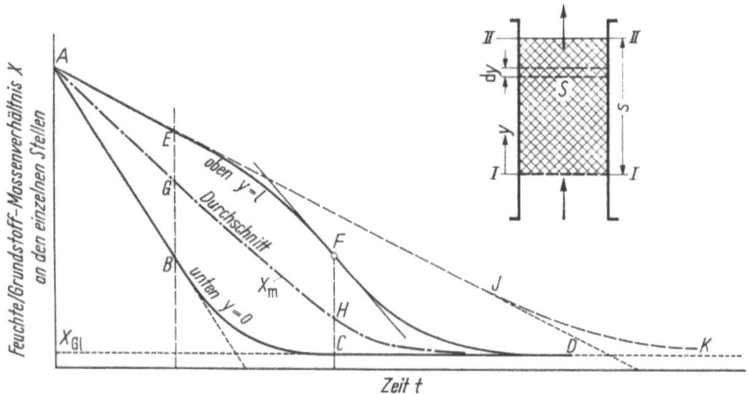

Bild 2.71. Verlauf des Feuchte/Grundstoff-Massenverhältnisses X während der Trocknungszeit t in verschiedenen Ebenen einer durchströmten Schicht (schematisch).

Mit ϱ_L sei die Dichte und mit w_L die „Leerraumgeschwindigkeit" der Luft bezeichnet, wobei unter

$$w_L = \frac{\dot{V}_L}{S}$$
(2.56)

die Geschwindigkeit zu verstehen ist, die sich aus dem Volumenstrom $\dot{V}_L$ der Luft
und aus der Querschnittsfläche S der Schicht (senkrecht zur Stromrichtung) unter
der Annahme berechnen läßt, daß der ganze Querschnitt für den Durchgang der
Luft frei ist. Der Geschwindigkeit w_L entspreche der dynamische Druck

$$p_d = \frac{w_L^2 \varrho_L}{2}$$
(2.57)

und die auf d_K bezogene Reynolds-Zahl

$$Re = \frac{w_L d_K}{\nu_L},$$
(2.58)

worin ν_L die kinematische Viskosität der Luft bezeichnet. Für den Gesamtdruck-
verlust Δp_g, den die Luft in der Schicht erleidet, kann man dann schreiben:

$$\frac{\Delta p_g}{p_d} = K_{Sch} \cdot f(Re, \varepsilon) \frac{s}{d_K} = \xi,$$
(2.59)

worin bedeuten:

ξ die Widerstandszahl der Schicht,

K_{Sch} einen Faktor, der um so größer ist, je mehr die Luft in den gewundenen — an manchen Stellen engen, an anderen weiten — Kanälen des
Gutes an Strömungsenergie verliert. Im einzelnen hängt K_{Sch} ab
von der Gestalt, von der Oberflächenbeschaffenheit und von der Größe
sowie von der Anordnung der Teilchen im gegebenen Raum,

$f(Re, \varepsilon)$ ist eine Funktion der Reynolds-Zahl und des Lückenraumanteils.

Sowohl K_{Sch} wie $f(Re, \varepsilon)$ lassen sich nur experimentell bestimmen. Von den
vielen vorliegenden Meßergebnissen seien nur einige genannt:

Für ungeordnete Schüttungen aus gleichgroßen Kugeln gilt nach Brauer [171]
im Bereich $4 \cdot 10^{-2} < Re < 8000$:

$$K_{\mathrm{Sch}} = 2; \quad f(Re, \varepsilon) = \frac{160}{Re}\,\frac{(1-\varepsilon)^2}{\varepsilon^3} + \frac{3{,}1}{Re^{0,1}}\,\frac{(1-\varepsilon)^{1,1}}{\varepsilon^3}. \tag{2.60}$$

Rumpf und Gupte [172] fanden für gleichmäßige Zufallspackungen aus Kugeln
unterschiedlicher Größe in den Bereichen $0{,}35 < \varepsilon < 0{,}7$; $Re \leq 10^2$:

K_{Sch} hängt ab von Re und vom Variationskoeffizienten des Kugeldurchmes-
sers; der größte K_{Sch}-Wert liegt etwa 60% über dem Wert für Schichten aus
gleichgroßen Kugeln; weiter ist

$f(Re, \varepsilon) = f_1(Re) \cdot \varepsilon^{-5,5}$, und es gilt bei $Re = 0{,}1$ 1   10   100

$$f_1(Re) = 56 \quad 5{,}6 \quad 0{,}7 \quad 0{,}18.$$

Aus Versuchen mit landwirtschaftlichen Halmgütern ermittelte Holze [173]:

$K_{\mathrm{Sch}} = 0{,}3$ bis 4, je nach der Art der Pflanzen und der Häcksellänge. Einfluß
hat weiter der Feuchtegehalt des Gutes; beispielsweise ist bei Wicken mit 80%
Feuchtegehalt K_{Sch} 4 bis 7mal größer als bei solchen mit 10% Feuchtegehalt.
Ferner gilt: $f(Re, \varepsilon) = f_{\mathrm{K}}(Re) \cdot \varepsilon^t$, worin der Exponent t Werte zwischen -4
und -45 haben kann und für $f_{\mathrm{K}}(Re)$ zu setzen ist: bei $Re = 1$ 10   100

$$f_{\mathrm{K}}(Re) = 45 \quad 5{,}4 \quad 1{,}4.$$

Aus allen Messungen ergab sich der außerordentlich starke Einfluß der Porosität ε
des Gutes auf den Schichtwiderstand.

Der Druckverlust Δp_{g}, den der Luftstrom in der Gutsschicht erleidet, und die
Querschnittsfläche S der Schicht bestimmen die Kraft $F = \Delta p_{\mathrm{g}} \cdot S$, welche die Luft
auf die Schicht ausübt. Dieser Kraft wirkt der Schichtwiderstand entgegen.

Meistens liegen die Luftgeschwindigkeiten w_{L} zwischen 0,1 und 2 m/s. Tabelle 2.7 nennt einige durch Messungen gewonnene Werte für den Druckverlust
in 1 m hohen Gutsschichten [174—176].

Da die Rohdichte ϱ_{Sch} und der Lückenraumanteil ε je nach der Art, wie das
Gut geschichtet wird, stark wechseln, so sind die Unterschiede erklärlich, die in
den Angaben über den Druckverlust in Schüttungen zu finden sind. Für dichteste
Kugelpackung ist $\varepsilon = 0{,}26$, für lockerste 0,48. Bei Versuchen von Matthies [174]
entstand in einer Roggenschicht, die sich beim Einfüllen der Körner in den Ver-
suchsbehälter mittels einer pneumatischen Förderanlage bildete, ein um 70%
höherer Druckverlust als in einer Schüttung des gleichen Gutes, die sich beim
Ausschütten von Säcken über dem oberen Rand des Behälters ergab. Die in der

Tabelle 2.7. Richtwerte für den Druckverlust der Luft beim Durchströmen von Schüttgütern.

Gutart	Nominale Abmessungen oder reduzierter Korndurchmesser d_K, mm	Ungefährer Zwischenraumanteil ε
Kugelschüttung, unregelmäßig	2,5	0,40
	5	0,40
	10	0,40
	20	0,40
	40	0,40
Kleesamen, gereinigt	1,2	0,396
Rapssamen, gereinigt	2,0	0,344
Hafer, gereinigt	3,2	0,444
Gerste, Sommergerste	4,2	0,404
Roggen, gereinigt	4,2	0,414
Weizen, Rimphaus Bastard, gereinigt	3,9	0,402
Mais, mit Bruchkorn	8,0	0,377
Wicken, Sommerwicken, gereinigt	4,51	0,375
Bohnen, gereinigt	8,7	0,334
Erbsen, gereinigt	6,7	0,375
Mohrrüben	39,5	0,458
Kartoffeln, feldsortiert	47,8	0,373
Zuckerrüben, Kleinwandslebener	104,5	0,393
Futterrüben, mit Erdkrusten	126,3	0,485
Roggenstroh $W = 20\%$		
Roggenstroh $W = 20\%$		
Roggenstroh $W = 20\%$		
Luzerneheu, blattarm $W = 20\%$		
Luzerneheu, blattarm $W = 20\%$		
Luzerneheu, blattarm $W = 20\%$		
Rübenblatt, locker gepackt $W = 75\%$		
Rübenblatt, locker gepackt $W = 52\%$		
Rübenblatt, gehäckselt, 35 mm, $W = 18\%$		
Rübenblatt, ungehäckselt $W = 83\%$		
Streichhölzer, unregelmäßig geschüttet	$2,3 \times 2,2 \times 45$	0,791
Holzwolle, geschüttet	$2 \times 0,3$	0,973
Holzwolle, handgepreßt	$2 \times 0,3$	0,893
Kohlengrieß	2	0,48
Anthrazit	4,5 bis 6,5	0,45
Anthrazit	14 bis 16,5	0,40
Silikagel	4 bis 6	0,483
Silikagel	6 bis 8	0,472
Raschig-Ringe, nicht berieselt	8×8	0,728
Raschig-Ringe, nicht berieselt	15×15	0,690
Raschig-Ringe, nicht berieselt	25×25	0,705

Tabelle 2.7 genannten Werte für Δp in Getreideschichten liegen ungefähr in der Mitte zwischen den Werten, die bei vorgenannten Einfüllmethoden zu beobachten waren.

Unregelmäßig geformte und insbesondere längliche, wirr durcheinander liegende Teilchen lagern sich weniger dicht als runde. In Schüttungen aus sperrigen

Schichthöhe 1 m, Lufttemperatur 20 °C, Luftdruck 1 bar

Dichte kg/m³		Druckverlust Δp, in Pa bei Luftgeschwindigkeit m/s			Gemessen von oder berechnet nach
des Einzel-korns	der Schüttung	0,25	0,5	1	
		1 260	3 660	11 700	Matthies
		460	1 460	4 900	Matthies
		180	610	2 130	Matthies
		76	270	960	Matthies
		33	120	430	Matthies
1 300	786	7 200	22 000		Matthies
1 086	712	3 700	9 500		Matthies
1 120	622	2 250	6 300		Matthies
1 196	713	1 500	4 400		Matthies
1 225	717	1 400	4 100		Matthies
1 210	724	1 200	3 400	10 500	Matthies
1 239	771	1 000	3 000	9 300	Matthies
1 359	849	770	2 400	7 400	Matthies
1 277	850	640	2 200	6 900	Matthies
1 363	852	410	1 350	4 600	Matthies
1 109	601	68	240	900	Matthies
1 096	687	50	180	700	Matthies
1 030	625	40	150	550	Matthies
1 040	537	15	57	210	Matthies
	21,6	24	82		Matthies
	57	45	150		Matthies
	124	130	430		Matthies
	66,8	95	300		Matthies
	79,6	160	500		Matthies
	102	290	900		Matthies
	466	2 150	6 400		Matthies
	326	880	2 650		Matthies
	229	450	1 380		Matthies
	278	210	750		Matthies
400	84		80	270	Doering
400	11	10	34	120	Kröll
400	43	49	160	580	Kröll
		3 800	11 600	35 500	Fehling
1 420	780	910	2 600	7 400	Ramsin
1 490	890	150	480	1 560	Ramsin
1 880	1 030	400	1 300	4 400	Kröll
1 880	1 030	320	1 000	3 400	Kröll
		120	420	1 420	Mach
		50	190	670	Mach
			90	330	Mach

und rauhen Teilchen entstehen auch leicht Brücken und größere Hohlräume. Liegen kleine Teilchen zwischen großen, wie etwa bei ungereinigtem Getreide, so verringern sie den Lückenraumanteil unter Umständen beträchtlich. Stengelige Teilchen neigen dazu, sich in Schüttungen waagerecht zu legen und so einem senkrechten Luftstrom mehr Widerstand zu bieten als senkrechte Teilchen.

In Schichten aus starren und starr gelagerten Teilchen nimmt der Druckverlust der Luft linear mit der Schichthöhe zu. Als annähernd starr darf man z. B. Getreideschichten bis zu ungefähr 1 m Höhe betrachten. Dagegen sind halm- und blattförmige Güter, Faserstoffe, Holzwolle u. a. selbst in dünnen Schichten nicht starr; ihre Teilchen verformen und verlagern sich. Je höher diese Güter geschichtet werden, desto mehr drückt sie die Eigengewichtskraft zusammen, desto mehr nimmt ε ab, und der Druckverlust der Luft wächst erheblich stärker als linear mit s an. Werden die Güter von oben nach unten belüftet, so wirkt auch die Kraft, welche die Luft auf sie ausübt, verdichtend.

Viele Güter ändern die für den Strömungswiderstand maßgebenden Eigenschaften während des Trocknens. Die Einzelteilchen können schwinden, eine andere Form und Oberflächenbeschaffenheit annehmen, und die Schichthöhe kann wechseln. In feuchtem Zustand sind die Teilchen mancher Güter, z. B. von Gras, elastisch, und das auf ihnen lastende Gewicht drückt sie zusammen, wogegen trockene Güter viel leichter und starrer sein können. Durch Schwingungen werden die Güter verdichtet, und durch Stöße sowie Schwindspannungen brechen möglicherweise Teilchen auseinander.

Güter aus Einzelteilchen lagern sich in den Randzonen von Behältern weniger dicht als weiter innen in den Räumen. Infolgedessen strömt die Luft in den Randzonen schneller. Diese sogenannte Randgängigkeit der Luft übt merklichen Einfluß auf den Schichtwiderstand aus, wenn das Verhältnis Behälterweite D zu Teilchengröße d_K kleiner als ungefähr 50 ist [177].

Trocknung durchströmter Schichten

Allgemeines über den Trocknungsverlauf. Gegeben sei eine gleichmäßig feuchte Gutsschicht aus gleichen, homogen gelagerten Teilchen, deren Feuchte sich nur innerhalb der Teilchen befinde. Durch die Schicht ströme warme Luft aufwärts, und es sei beobachtet, wie das Feuchte/Grundstoff-Massenverhältnis X der Schicht sich mit der Zeit ändert, wenn der Zustand der zuströmenden Luft gleichbleibt.

Die Linie $ABCD$ im Bild 2.71 stellt den Verlauf von X in der unteren Grenzebene $I{-}I$ der Schicht und die Linie $AEFD$ den in der Grenzebene $II{-}II$ dar. Außerdem gibt die Linie $AGHD$ den Verlauf des durchschnittlichen Feuchte/Grundstoff-Verhältnisses X_m wieder.

Die Schicht trocknet oben viel langsamer als unten, weil die Luft auf dem Weg durch das Gut feuchter und kälter wird und weil der Wärme- und Stoffübergang längs des Weges daher immer langsamer vor sich geht. Die geraden Linienstücke AB, AE und AG deuten den Abschnitt örtlich gleichbleibender Trocknungsgeschwindigkeit an; in diesem Abschnitt haben, wie im Abschnitt 2.3.1.1.2 dargelegt wurde, alle Teilchen des Gutes ungefähr gleiche Temperatur ϑ_0 — in wasserhaltigen Stoffen ungefähr die Kühlgrenztemperatur.

Sobald der Knickpunkt B im Trocknungsverlauf des untenliegenden Gutes erreicht ist, verdunstet weniger Feuchte, und mit der Luft gelangt ein verminderter Dampfstrom nach oben. Dort wird der Dampfpartialdruck infolgedessen geringer. Das Feuchte/Grundstoff-Verhältnis muß dann in den höher liegenden Ebenen vorübergehend schneller abnehmen, in der oberen Grenzebene ungefähr nach dem steiler liegenden Kurvenstück *EF*. Infolge dieser Verzögerung in der einen Zone und Beschleunigung im übrigen Gut ändert sich der Verlauf des durchschnittlichen Feuchte/Grundstoff-Verhältnisses X_m zunächst nur wenig.

Die gestrichelte Linie *AEIK* in Bild 2.71 deutet an, wie die Trocknung in der oberen Grenzebene vor sich ginge, wenn die Trocknungsbedingungen dort gleichblieben. Der wirkliche Verlauf folgt nur anfänglich dieser Linie, danach weicht er immer mehr ab.

Später, wenn X_m sehr weit gesunken ist, herrschen oben in der Schicht annähernd dieselben Bedingungen wie unten. Infolgedessen muß die Schlußtrocknung in der oberen Grenzebene fast ebenso verlaufen wie die in der unteren, sie findet nur später statt.

Der erste Trocknungsabschnitt durchströmter Schichten. Beim Bemessen der Durchströmtrockner geht man, da die wirklich feuchteabgebende Oberfläche A der Gutsteilchen meistens unbekannt ist, in der Regel von der örtlich-durchschnittlichen Trocknungsgeschwindigkeit $\overline{g_D'}$ aus, die auf eine Ersatzfläche, nämlich auf die Querschnittsfläche S der Schicht, bezogen ist; in der Schicht nach Bild 2.71 ist $\overline{g_D'}$ gleich der Massenstromdichte des entweichenden Dampfes in der Ebene *II—II*.

Die Teilchen der Gesamtschicht sollen überall an ihrer Oberfläche freie Feuchte abgeben und dabei die Beharrungstemperatur ϑ_O annehmen. Sie sollen außerdem nicht schwinden, und an ihren Oberflächen solle sich der durchschnittliche Wärmeübergangskoeffizient α einstellen. Dann gilt für die auf die Teilchenoberfläche bezogene durchschnittliche Trocknungsgeschwindigkeit $\overline{g_{DI}}$ im ersten Trocknungsabschnitt die Gl. (2.25).

Bezeichnet V_K das durchschnittliche Volumen, A_K die äußere Oberfläche, ϱ_K die Dichte, $m_K = V_K \varrho_K$ die Masse, $d_K = 6V_K/A_K = 6m_K/\varrho_K A_K$ die charakteristische Abmessung eines Einzelteilchens und hat die Gutsschicht die Gesamtmasse $S s \varrho_{Sch}$, so gilt für die Gesamtoberfläche A der Teilchen

$$A = A_K \frac{S s \varrho_{Sch}}{m_K} = 6 S \frac{\varrho_{Sch}}{\varrho_K} \frac{s}{d_K}. \tag{2.61}$$

Dies in die Gl. (2.25) eingesetzt und dort im Nenner des großen Bruches statt A nun S geschrieben, ergibt für die durchschnittliche auf S bezogene Trocknungsgeschwindigkeit:

$$\overline{g_{DI}'} = \frac{\dot{m}_L c_{pL}(\vartheta_{L1} - \vartheta_O)}{\Delta h_v' S} \left[1 - \exp\left(-\frac{\alpha}{\dot{m}_L c_{pL}} 6 S \frac{\varrho_{Sch}}{\varrho_K} \frac{s}{d_K} \right) \right]. \tag{2.62}$$

Der Ausdruck vor der eckigen Klammer ist die höchstmögliche Trocknungsgeschwindigkeit

$$\overline{g_{DI,max}'} = \frac{\dot{m}_L c_{pL}(\vartheta_{L1} - \vartheta_O)}{\Delta h_v' S}, \tag{2.63}$$

die sich einstellt, wenn der Luftstrom sämtliche Wärme auf das Gut überträgt, die er abgeben kann, wenn er sich bis zur Gutstemperatur ϑ_O abkühlt. Die maxi-

male Trocknungsgeschwindigkeit hängt weder von der Art des Gutes noch von den
Abmessungen der Teilchen noch von der Eigenart der Schüttung ab.

Für den Wärmeübergangskoeffizienten α, der in Gl. (2.62) vorkommt, gibt
das Bild 2.6 einige Anhaltswerte. α hängt vom Lückenraumanteil ε ab. Je größer
der Abstand der Teilchen untereinander ist, desto näher muß α dem Wert liegen,
der für Einzelteilchen gilt. In der ersten und letzten Teilchenlage sind die Übergangskoeffizienten kleiner als im Inneren des Haufwerkes [4]. (Siehe auch Abschnitt 2.3.1.5.1 und Bild 2.115 bezüglich des Stoffübergangs.)

Das Bild 2.72 zeigt, wie die aus Gl. (2.62) berechnete Trocknungsgeschwindig-
keit $\overline{g}_{\mathrm{DI}}'$ in einem typischen Fall mit der Schichtdicke und dem Korndurchmesser
wechselt, konstantes α vorausgesetzt. Mit zunehmender Schichtdicke strebt $\overline{g}_{\mathrm{DI}}'$
dem Grenzwert $\overline{g}_{\mathrm{DI,max}}'$ zu und erreicht diesen Wert um so eher, je kleiner die
Gutsteilchen sind, weil sowohl α als auch s/d_{K} mit abnehmender Korngröße zunehmen.

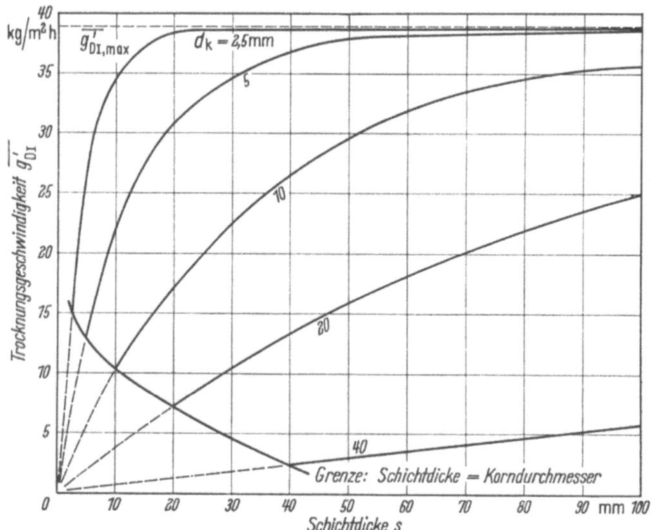

Bild 2.72. Trocknungsgeschwindigkeit $\overline{g}_{\mathrm{DI}}'$ durchströmter Kugelschüttungen im ersten Trocknungsabschnitt, abhängig von der Schichtdicke s und dem Kugeldurchmesser d_{K}, berechnet
aus der Gl. (2.62) für:
Lufttemperatur vor dem Gut $\vartheta_{\mathrm{L1}} = 70\,°\mathrm{C}$, rel. Feuchte der Luft vor dem Gut 25 %, Luft-
stromdichte $\dot{m}_{\mathrm{L}}/S = 3\,600\ \mathrm{kg/m^2h}$, Gesamtdruck $p = 1$ bar, Lückenraumanteil $\varepsilon = 0{,}55$.

Das Bild 2.73 läßt den Einfluß der Luftgeschwindigkeit w_{L} — und damit des
Luftmassenstromes $\dot{m}_{\mathrm{L}} = w_{\mathrm{L}} S \varrho_{\mathrm{L}}$ und des Wärmeübergangskoeffizienten α —
auf die Trocknungsgeschwindigkeit $\overline{g}_{\mathrm{DI}}'$ erkennen. Bei dünnen Schichten aus großen Körnern wächst $\overline{g}_{\mathrm{DI}}'$ verhältnismäßig schwach mit w_{L}; mit zunehmender
Schichtdicke und abnehmender Korngröße geht der Zusammenhang jedoch immer
mehr in den linearen über, den Gl. (2.63) angibt (obere Linie der Kurvenschar).
Unter den Voraussetzungen, die in der Bildunterschrift genannt sind, ist eine
Schicht schon dann als dick anzusehen, wenn in Stromrichtung mehr als 20 Teilchen
hintereinander liegen.

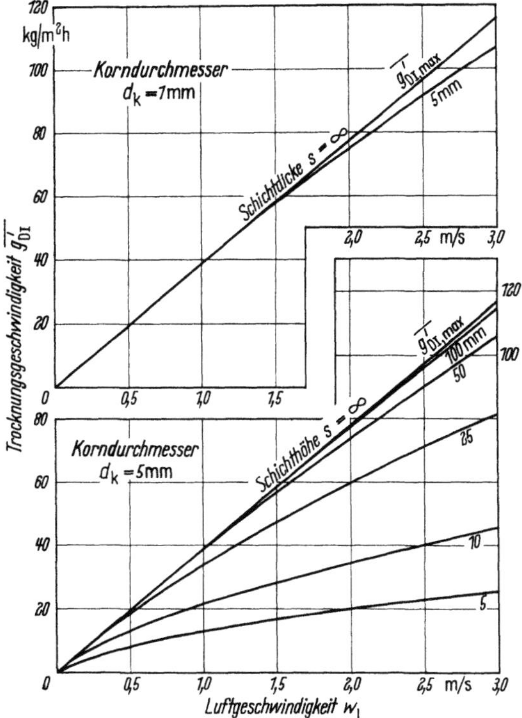

Bild 2.73. Trocknungsgeschwindigkeit durchströmter Kugelschüttungen im ersten Trocknungsabschnitt, abhängig von der Luftgeschwindigkeit und der Schichtdicke, berechnet aus Gl. (2.62) für: Lufttemperatur vor dem Gut $\vartheta_{L1} = 70\,°C$, rel. Feuchte der Luft 25 %, Gesamtdruck $p = 1$ bar, Lückenraumanteil $\varepsilon = 0{,}55$.

Ist der Ausdruck $\varrho_{Sch}\,s/(\varrho_K\,d_K)$ in Gl. (2.62) klein, d.h. ist das Gutsbett dünn, locker geschichtet oder grobkörnig, so wächst die Trocknungsgeschwindigkeit $\overline{g}'_{DI}$ mit der Schichtdicke s fast im gleichen Verhältnis. Weil aber die zu entfernende Feuchtemasse m_D ebenfalls proportional zu s ist, so nimmt die Trocknungszeit

$$t = \frac{m_D}{S\,\overline{g}'_{DI}} \tag{2.64}$$

in diesem Fall kaum mit der Schichtdicke zu. Bei großen Werten von $\varrho_{Sch}\,s/(\varrho_K\,d_K)$ jedoch hängt $\overline{g}'_{DI}$ nur wenig von s ab, und die Trocknungszeit wird annähernd proportional zur Schichtdicke länger (s. dazu Bild 2.72).

Die bisherigen Betrachtungen gingen von einem sehr einfachen Strukturmodell des Gutes aus: von der homogenen Schüttung gleicher Kugeln mit feuchten Oberflächen. Die wirklichen Schüttgüter bestehen meistens aus Teilchen sehr verschiedener Form und Größe. In den Schichten gibt es Zonen, die weniger dicht mit Gutsteilchen erfüllt sind als andere, und durch diese Zonen streicht mehr Luft als durch die Nester mit dicht liegenden Teilchen. Ferner berühren sich die Einzelkörper oft nicht punktförmig wie Kugeln, sondern flächig, und bieten daher verminderte Austauschoberflächen dar. Infolge all dieser Umstände kann die Trocknungsgeschwindigkeit $\overline{g}'_{DI}$ erheblich von derjenigen abweichen, die Gl. (2.62) liefert. Keineswegs verdunstet die Feuchte auch immer aus der Oberfläche der Gutsteilchen. In Quarzsandschüttungen und in anderen kristallinen Gütern befindet sich die Feuchte nicht in, sondern zwischen den Körnern. Die wirksame Verdunstungsoberfläche nimmt hier in dem Maße ab, wie die Zwischenräume Flüssigkeit verlieren. Dabei tritt ein Abschnitt gleichbleibender Trocknungsgeschwindigkeit, auch unter konstanten Bedingungen, zumindest in dünnen Schichten nicht auf.

Güter aus fest zusammenhängenden Naturfaserteilchen, z. B. Papiere, enthalten die Feuchte in den Räumen zwischen den Fasern, in den Hohlräumen der Fasern sowie in den Poren der Faserwände. Ein Luftstrom kann durch wassergesättigte Güter dieser Art nur hindurchdringen, wenn er die Flüssigkeit zumindest aus den weitesten durchgehenden Hohlräumen zu verdrängen vermag, nämlich durch einen einseitigen Überdruck Δp_{Schw}, der höher ist als der kapillare Unterdruck der Flüssigkeit in den genannten Räumen. Dem Überdruck Δp_{Schw} entspricht ein Schwellenwert X_{Schw} des Feuchte/Grundstoff-Massenverhältnisses X; nur bei $X < X_{\text{Schw}}$ ist Durchströmtrocknung möglich. Unterhalb X_{Schw} steigt die Luftdurchlässigkeit der Güter mit abnehmendem X zunächst steil an bis zu einem Gipfelwert und nimmt dann (leicht) ab, sobald die Innenräume durch das Sich-Zusammenziehen der Fasern, durch Verkrusten oder dergl. enger werden.

Zu Beginn der Durchströmung kann in den weiten Innenräumen der genannten Güter eine Zweiphasenströmung auftreten, die so lange anhält, als sich Flüssigkeit darin befindet, die der Luftstrom mitschleppen kann; dabei können kleine Tropfen nach außen gelangen. Später beim Trocknen entleeren sich die kleinen Räume zwischen den Fasern sowie die größeren Kapillaren innerhalb der Fasern von freier Feuchte, so daß die Luft zusätzlich in kleinere und immer kleinere Räume dringt, aus denen sie nur noch Dampf mitnimmt. Die Trocknungsgeschwindigkeit nimmt in dieser Periode stetig ab. Schließlich geben die Faseroberflächen nur noch Feuchte ab, die aus dem Faserinneren kommt; die Trocknungsgeschwindigkeit sinkt dann weiter.

Versuche zur Trocknung durchströmter Schichten. Weil die Feuchte, die aus den Teilchen der durchströmten Güter auszutreiben ist, meistens nur kurze Wege zum Luftstrom zurücklegen muß, so könnte man meinen, der Zeitabschnitt reiner Oberflächenverdampfung ende erst bei niedrigen Feuchte/Grundstoff-Massenverhältnissen der Güter. Aber die kurzen Wege sind mit hohen Wärme- und Stoffübergangskoeffizienten an den Teilchenoberflächen und dementsprechend mit hohen Trocknungsgeschwindigkeiten gepaart, weshalb doch frühzeitig ein Knickpunkt im Verlauf der Trocknungsgeschwindigkeit des einzelnen Kornes und danach ein Abschnitt fallender Trocknungsgeschwindigkeit auftritt [501].

Im zeitlichen Verlauf der Trocknungsgeschwindigkeit einer dicken Schicht allerdings zeigt sich kein Knickpunkt, weil der Knickpunkt in jeder Ebene senkrecht zur Luftrichtung zu einer anderen Zeit auftritt. In wirklichen Gütern, deren Teilchen meistens unterschiedliche Abmessungen, Strukturen und Anfangsfeuchtegehalte haben, kommt hinzu, daß die Knickpunkte — eben dieser Unterschiede wegen — sowieso gegeneinander verlagert sind.

Das Bild 2.74 ermöglicht, den Verlauf der Trocknungsgeschwindigkeit überströmter und durchströmter Gutsschichten miteinander zu vergleichen. Der grobe Sand verlor nur freies Wasser, das sich zwischen den Körnern befand, der Ton freies und adsorbiertes, das Silikagel nur adsorbiertes Wasser und das Kupfer vitriol ($CuSO_4 \cdot 5H_2O$) nur Kristallwasser.

Nur der überströmte Sand trocknete eine Zeit lang mit gleichbleibender Geschwindigkeit. Von einer ebenen Tonschicht hätte man für gewisse Zeit ein gleichbleibendes g'_{DI} erwarten dürfen, jedoch war der hier in Frage stehende Ton gewürstelt und daher an der Oberfläche stark zerklüftet. Beachtet man die unterschiedlichen Ordinatenmaßstäbe der Diagramme im Bild 2.74, so erkennt man, daß die durchströmten Schichten viel schneller trockneten als die überströmten, weil die Luft darin jedes einzelne Teilchen umspülen konnte.

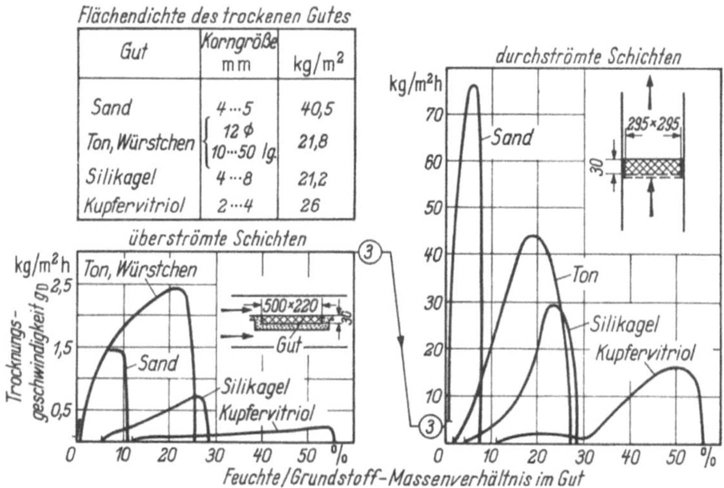

Bild 2.74. Trocknungsgeschwindigkeit einiger überströmter und durchströmter Gutsschichten. Schichtdicke etwa 30 mm; Lufttemperatur: trocken 70 °C, feucht 31 °C; Luftgeschwindigkeit 2 m/s.

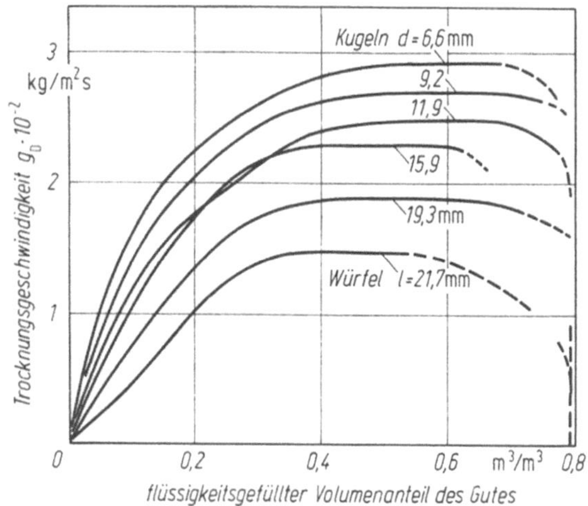

Bild 2.75. Trocknungsverlauf durchströmter Schüttungen aus porösen Teilchen unterschiedlicher Größe [178].
Schütthöhe ≈ 60 mm; Zuströmtemperatur der Luft 100 °C, Luftgeschwindigkeit 0,8 m/s; Dampf/Luft-Massenverhältnis 0,005 kg/kg.

Der Trocknungsverlauf verhältnismäßig niedriger Schüttungen aus porösen Kügelchen ist auf Bild 2.75 wiedergegeben. Er zeigt deutlich die verschiedenen Abschnitte [178, 179, 502].

Eine sehr dicke Schicht von Zündhölzern hingegen trocknete gemäß Bild 2.76 [180]. Die Hölzchen lagen wirr durcheinander. Oben ist der Feuchteverlauf des Gutes in vier übereinanderliegenden Ebenen, unten der Verlauf des Luftzustandes wiedergegeben. Die eingezeichneten Punkte stellen das durchschnittliche Feuchte/Grundstoff-Verhältnis von je vier gleichzeitig aus der Schicht entnommenen Hölzchen dar. Es fällt auf, wie stark diese Punkte streuen. Die Hölzchen hatten am Anfang offensichtlich einen recht unterschiedlichen Feuchtegehalt und trockneten mit stark verschiedenen Geschwindigkeiten.

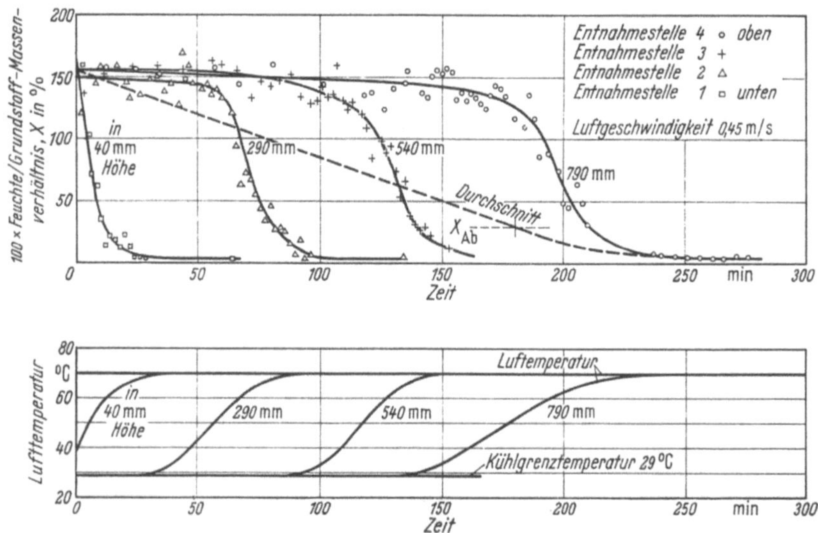

Bild 2.76. Trocknungsverlauf in verschiedenen Höhen einer 1 000 mm dicken Zündholzschicht.

In der Ebene, die 290 mm vom Tragboden entfernt war, verloren die Hölzchen während der ersten 50 Minuten fast gar keine Feuchte. Dann setzte die Feuchteabnahme ziemlich plötzlich ein, und nach 100 Minuten war sie fast beendet. Ähnlich lief die Trocknung in den anderen Ebenen ab. Im ganzen Gut trocknete offensichtlich jeweils nur eine bestimmte Zone, die durch die Schicht hindurchwanderte; die Zone davor war bereits trocken, die Zone dahinter noch feucht. Klapp [181] und Nordon [182] haben diesen Trocknungsverlauf unter vereinfachenden Annahmen mathematisch dargestellt.

Vergleicht man die Bilder 2.76 und 2.71, so findet man weitgehende Übereinstimmung. Der Trocknungsverlauf in 40 mm Höhe der Schicht entspricht ungefähr der Linie *ABCD* auf Bild 2.71, der Verlauf in den übrigen Ebenen stimmt etwa mit der Linie *AEFD* überein. Ein Unterschied besteht darin, daß die anfängliche Trocknungsgeschwindigkeit in den vom Lufteintritt weiter entfernten Ebenen nahezu Null war; die *X*-Kurven für diese Ebenen verlaufen ein Stück weit fast waagerecht.

Wie der lineare Abfall des durchschnittlichen Feuchte/Grundstoff-Verhältnisses der Hölzchen erkennen läßt, blieb die durchschnittliche Trocknungsgeschwindigkeit der ganzen Schicht 3 Stunden lang gleich, nämlich annähernd auf dem höchstmöglichen, durch Gl. (2.63) gegebenen Betrag. Das Absinken der Trocknungsgeschwindigkeit in den zuerst durchströmten Zonen der Schicht wurde offensichtlich 3 Stunden lang durch ein Ansteigen der Geschwindigkeit in den anderen Zonen ausgeglichen.

Dem Gang der Feuchteabnahme des Gutes entsprach der Temperaturverlauf der Luft. Bis zum Beginn der örtlichen Trocknung blieb die Lufttemperatur in den höher gelegenen Ebenen ungefähr auf der Kühlgrenztemperatur, die zum Eintrittszustand der Luft gehörte; dann stieg sie an und näherte sich allmählich der Temperatur, die vor dem Gut herrschte. Aus der oberen Grenzebene in 1000 mm Höhe strömte die Luft 3 Stunden lang gesättigt ab.

Als die Gutsschicht die durchströmende Luft nicht mehr mit Dampf sättigen konnte, begann die durchschnittliche Trocknungsgeschwindigkeit abzusinken und die Luftaustrittstemperatur anzusteigen. Dieser Punkt im Trocknungsverlauf zeigte sich bei vielen gleichartigen Versuchen ziemlich deutlich; im Gegensatz zum Knickpunkt bei Einzelhölzchen sollte man ihn „Durchbruchspunkt" heißen.

Ein wenig abgewandelt wird der geschilderte Trocknungsverlauf, wenn die Luft so feucht zuströmt, daß ihre Taupunktstemperatur über der Anfangstemperatur des Gutes liegt. Dann kondensiert Feuchte aus der Luft, zunächst an den vorne im Luftstrom liegenden Gutsteilchen, bis diese die Taupunktstemperatur überschritten haben, nachher an den anderen, und dabei kann eine Zeitlang ein Teil der vorne verdunstenden Feuchte hinten wieder kondensieren. Nach einiger Zeit aber ist das Gut so warm, daß der vorne entstehende Dampfstrom den hinten kondensierenden übertrifft, so daß die Schicht dann als ganze trocknet. Aber in Schichten, deren Kornoberflächen überall freies Wasser enthalten, stellt sich die höchste durchschnittliche Trocknungsgeschwindigkeit erst ein, nachdem das ganze Gut ungefähr die Kühlgrenztemperatur erreicht hat.

In einer ruhenden Schicht sind die an der Luftzuströmseite liegenden Gutsteile, die früh trocken werden, dauernd höherer Temperatur ausgesetzt als die übrigen. Die Teilchen auf der Abströmseite andererseits besitzen im zeitlichen Durchschnitt zwar niedrigere Temperatur, bleiben aber länger feucht. Das kann die Qualität des Gutes mindern. Damit die Schicht gleichmäßiger trocknet, läßt man die Luft in einigen Trocknern zeitweise von der einen, zeitweise von der anderen Seite in das Gut treten, oder man kehrt die Schicht um.

Wie die Trocknung verläuft, wenn man die übereinander angeordneten Teilschichten einer Gutssäule zyklisch vertauscht, zeigten Versuche von Schneider [183]. Die Luft strömte aufwärts durch die Säule, und jeweils nach einer bestimmten Zeitspanne wurde die bisher oberste der 5 Teilschichten nach unten gebracht, so daß jede Schicht in jedem fünften Trocknungsintervall an die gleiche Stelle zurückkehrte. Wie zu erwarten war, verloren die Teilschichten jeweils dann, wenn sie unten in der Säule der höchsten Lufttemperatur ausgesetzt waren, am meisten Feuchte (Bild 2.77). Das durchschnittliche Feuchte/Grundstoff-Verhältnis der Säule nahm nur wenig rascher ab als bei einem zum Vergleich angestellten Versuch, bei dem die Teilschichten stets dieselbe Lage behielten. Aber durch das Vertauschen der Schichten wurden die Feuchtegehaltsunterschiede im Gut stark vermindert, und die Schichten waren im zeitlichen Durchschnitt fast gleicher Temperatur ausgesetzt.

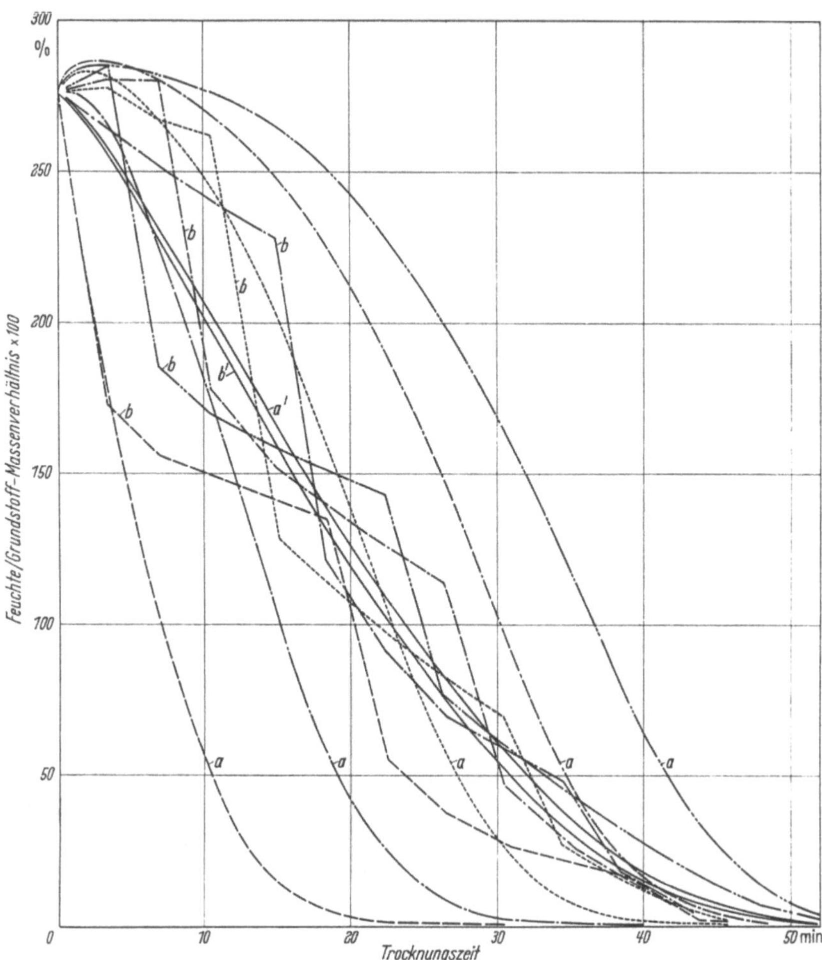

Bild 2.77. Einfluß der zyklischen Vertauschung von fünf gleichen Teilmengen einer 15 cm hohen Luzerneschicht auf den Trocknungsverlauf der Teilmengen und der Gesamtmenge. (Zum Vergleich sind die entsprechenden Kurven für die konstante Lage der Teilmengen mit dargestellt). Lufttemperatur vor dem Gut: 120 °C, rel. Feuchte der zuströmenden Luft 1,3 %, Luftgeschwindigkeit 0,6 m/s [183].

Linie	Gültig für	
a	die einzelnen Schichten	die einzelnen Schichten in ihrer Lage
a'	die gesamte Menge	zum Luftstrom unverändert
b	die einzelnen Schichten	nach jedem Intervall der Trocknungs-
b'	die gesamte Menge	zeit die jeweils oberste Schicht in die unterste Lage gebracht

Es ist oft schwierig, aus blätterigen oder faserigen Stoffen einigermaßen homogene Schichten zu bilden. Ungleich verteiltes Gut aber trocknet ungleichmäßig. Dies zu verhindern gelingt öfters in Trocknern, die das Gut ständig umlagern, mischen, rühren oder schütteln. Die Theorie lehrt, daß die Stoffe als Ganze dann zwar auch nicht viel schneller trocknen als ruhende Schichten [4]. Aber auf die Endqualität der Güter kann sich die gleichmäßigere Trocknung sehr vorteilhaft auswirken.

2.3.1.4.2. Durchströmtrockner, die das Gut nicht fördern

Trockner, die das Gut weder selbst fördern noch mechanisch behandeln

Der einfachste Durchströmtrockner hat weder Gehäuse noch Heizkörper und besteht lediglich aus einem Ventilator, der Luft durch ein Verteilrohr in einen freiliegenden Gutsstapel drückt. Der Spezialventilator nach Bild 2.78 hängt an einem Flaschenzug über einem Heustapel und wird mit dem Anwachsen des Heustockes hochgezogen (N 213.114).

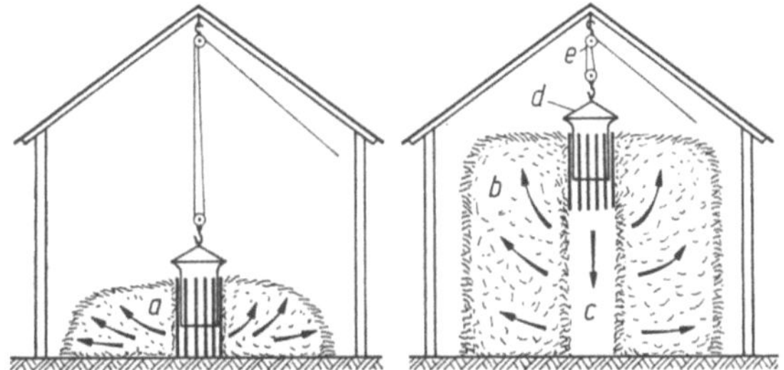

Bild 2.78. Durchströmter Heustapel (Fischachtaler Maschinenbau GmbH, Oberfischach).
a Heustapel zu Beginn der Belüftung; *b* gefüllter Heustock; *c* Belüftungsschacht im Heustapel; *d* Spezialventilator; *e* Flaschenzug.

Viel benutzt werden Anlagen zum Nachtrocknen von Heu unter Dach, die *Durchström-Stapelraumtrockner* (Bild 2.79), die in Scheunen oder über Viehställen angeordnet sind und auch als Heulagerstätten dienen. Die meisten dieser Anlagen haben 40 bis 200 m² Grundfläche (N 213.114.5).

Der Durchström-Stapelraumtrockner besteht in der Regel aus einem fahrbaren Luftheizgerät mit Ventilator und ölbeheiztem Lufterhitzer, sowie aus einer Einrichtung zum Verteilen der Luft im Heustapel. Der meistens elektrisch angetriebene Ventilator drückt die Luft in einen Hauptkanal und von da durch Seitenkanäle oder seitlich ausgelegte Roste unter den Heustapel. Mehr oder weniger gleichmäßig verteilt dringt die Luft von da nach oben durch das Heu und verläßt den Raum durch Öffnungen im Dach. Die Kanalwände bestehen aus Holz. Wenn möglich, läßt man den Stapel an zwei oder an drei Seiten an die Gebäudewände grenzen und faßt ihn an der vierten Seite mit einer abnehmbaren Wand aus Hartfaserplatten und Pfosten ein, so daß die Luft nur oben entweichen kann. Durch Anlagen mit offenen Seitenwänden würde die Luft ungleichmäßig strömen, dies insbesondere, wenn sie blattreiches Heu enthielten, das der Luft wegen seiner ausgeprägten Schichtstruktur in horizontaler Richtung viel weniger Widerstand bietet als in vertikaler.

Den Stapelraumtrocknern nahe verwandt sind die *Durchström-Flachbehältertrockner* (manchmal auch Kasten- oder Boxentrockner genannt, Bild 2.80), die zum

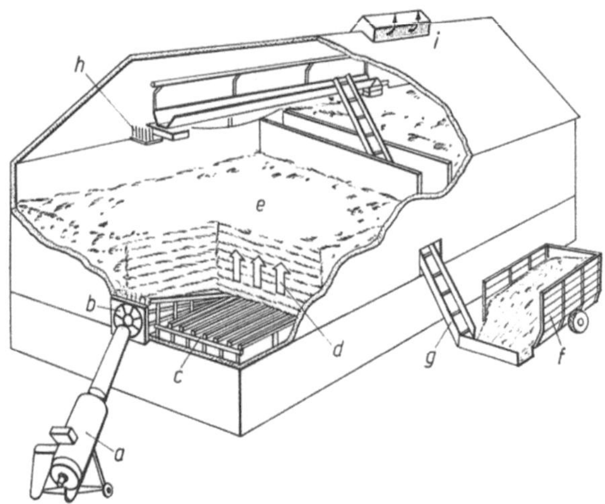

Bild 2.79. Durchström-Stapelraumtrockner für Heu (Heubelüftungsanlage).
a Luftheizgerät; *b* Ventilator; *c* Luftverteilrost; *d* Luftstrom; *e* Heustapel; *f* Ladewagen;
g Höhenförderer; *h* Verteiler; *i* Dachöffnung.

Trocknen und Aufbewahren von Getreide und anderen Erntegütern dienen. Der
Landwirt kann die Behälter selbst erstellen oder in Holz- oder Stahlausführung
(verzinkt) kaufen.

Vom Ventilator-Heizaggregat wird warme Luft durch den Seitenkanal zu
den Boxen gefördert und dort durch den Bodenrost mit aufgelegtem Lochblech
oder durch Belüftungsreiter und dann durch die Gutsschicht gedrückt. Die Behälter fassen 3 bis 15 m³ Gut. Schalthygrometer passen die Gutsbelüftung der
Wetterlage an.

Als Heizmittel dienen Öl oder Gas, seltener Elektrizität. In den indirekt beheizten Anlagen geht die Heizenergie von den Verbrennungsgasen durch Heizkörper-

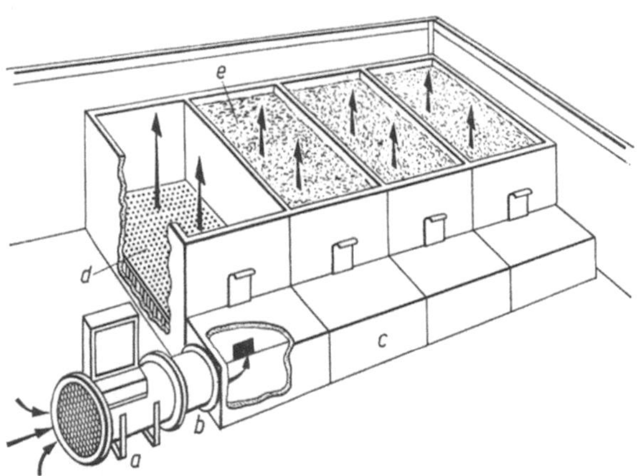

Bild 2.80. Durchström-Kastentrockner für Getreide.
a Lufterhitzer; *b* Ventilator; *c* Seitenkanal für die Luftzufuhr; *d* gelochte Bodenplatte; *e* Gutsbehälter.

wände an die kalt zuströmende Trocknungsluft über. Solche Anlagen brauchen einen Schornstein, durch den die Rauchgase fortgehen. Direkt beheizte Anlagen mischen die Verbrennungsgase mit der Trocknungsluft; sie müssen für rauch- und rußfreie Verbrennung eingerichtet sein. Die Verbrennungsgase des Propans sind unschädlich und dürfen sich mit der Luft ohne weiteres mischen. Beim Aufstellen und Betreiben der Anlagen sind die gültigen Sicherungsvorschriften zu beachten.

Zweckmäßigerweise schichtet man Getreide in den Flachbehältertrocknern 0,8 bis 1,2 m hoch. Zum Beschicken der Boxen können Gebläse, Elevatoren oder Aufzüge dienen. Entleert werden müssen die Flachbehälter von Hand oder mit Gebläsen und Schnorcheln. Manche Trockner haben schräge oder dachförmige Böden, andere kippbare Auslässe oder Spezialböden, mit denen die Trocknungsluft in die waagerechte Richtung umgelenkt und zum Räumen der Behälter benutzt werden kann. Das Gut fällt in Gossen vor den Behältern und wird von Elevatoren oder dergleichen weiterbefördert.

Durchström-Wagentrockner. Während der Erntezeit kann man die Plattformwagen und Kipper der landwirtschaftlichen Betriebe mit „Einlegeböden" versehen und so zu fahrbaren Flachbehältertrocknern mit 8 bis 10 m² Beladefläche umbauen (Bild 2.81). Die Oberseite dieser unterteilten Doppelböden besteht z. B. aus verzinktem Stahldraht- oder aus Polyäthylengewebe, die Unterseite aus einer kräftigen wetterbeständigen Platte. Bei niederschlagsfreiem Wetter arbeiten diese Geräte oft unmittelbar auf dem Felde, sonst unter Dach.

Statt Einlegeböden kann man auch Stahl-Container auf Wagen setzen und mit Warmluft versorgen. Sie fassen etwa 5 t Getreide und passen auf Fahrzeuge der üblichen Länge.

Die fahrbaren Trockner lohnen sich insbesondere als Ergänzung zu Mähdreschern, die während der Erntezeit in mehreren Betrieben eingesetzt werden.

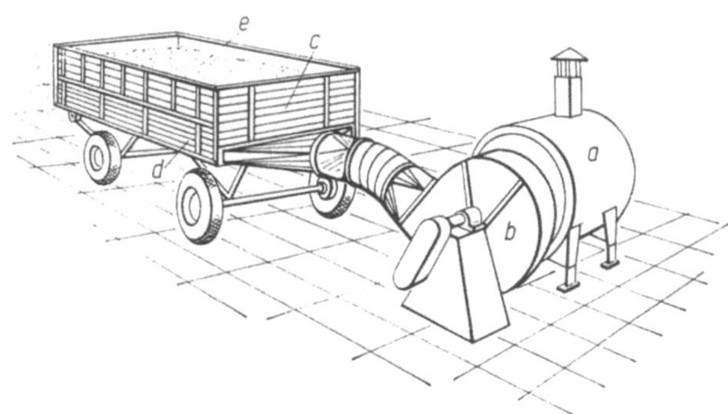

Bild 2.81. Durchström-Wagentrockner für Getreide und Mais.
a Warmlufterzeuger; *b* Ventilator; *c* Wagen mit kippbarer Plattform; *d* Luftverteilraum; *e* Getreide.

Für Heu gibt es turmförmige Trockner, die bis zu 7,5 m Durchmesser und 15 m Nutzraumhöhe haben können. Der Turm nach Bild 2.82 bekommt das gehäckselte Gut pneumatisch zugeführt. Sein Verteiler am rotierenden Zentralmast schüttet es gleichmäßig in den Trocknungsraum. Dabei steigt die Luftabschluß-glocke nach oben, läßt unter sich einen Schacht für die Luftzufuhr frei und verwehrt der Luft den Austritt nach oben. Zum Leeren des Turmes wird die Schale der Glocke abgenommen und dafür eine Abräumvorrichtung mit umlaufenden Sternrechen eingesetzt. Die Rechen fördern das Gut zum Lüftungsschacht, wo es z. B. auf ein Transportband fällt. Von da wird das Heu zum Viehstall bewegt.

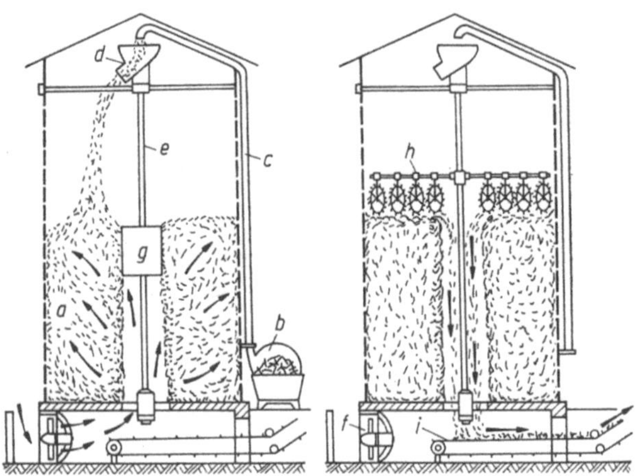

Bild 2.82. Durchström-Turmtrockner für gehäckseltes Heu beim Beschicken und Belüften (links) sowie beim Entleeren (rechts).
a Heu; *b* Häcksler; *c* Förderleitung; *d* Verteiler; *e* Zentralmast; *f* Ventilator; *g* Luftabschluß-glocke; *h* Räumgerät mit Sternrechen; *i* Förderband.

Die chemische und die pharmazeutische Industrie benutzen für kleine Chargen körniges Gutes *Durchström-Behältertrockner*, welche die Luft im Kreislauf führen. Im Trockner gemäß Bild 2.83 wird der Gutsbehälter auf dem Hubwagen von unten gegen die Dichtung einer Zwischendecke gedrückt, so daß die Luft nur durch die Gutsschicht nach oben gehen kann (N 213.115.5).

Viele Kunststoffgranulate müssen von Feuchteresten befreit werden, bevor sie in die Pressen gehen. Oft benutzt man dazu kleine Trockner, die an Stelle von

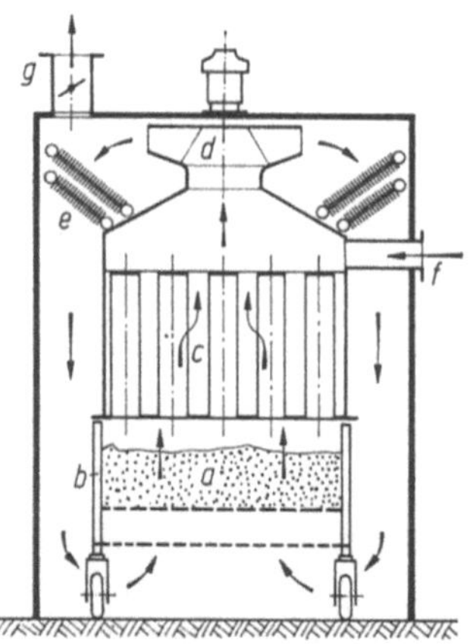

Bild 2.83. Durchström-Fahrbehälter-Trockner für Granulate.
a Trocknungsgut; *b* Fahrbehälter; *c* Luftfilter; *d* Ventilator; *e* Heizkörper; *f* Frischlufteintritt; *g* Abluftaustritt.

Einlauftrichtern unmittelbar über den Maschinen angeordnet sind. Das Gerät *c* auf Bild 2.84 filtert, erwärmt und entfeuchtet die Luft (falls nötig), drückt sie sodann durch die Trocknerfüllung und saugt sie zurück (N 213.115.6).

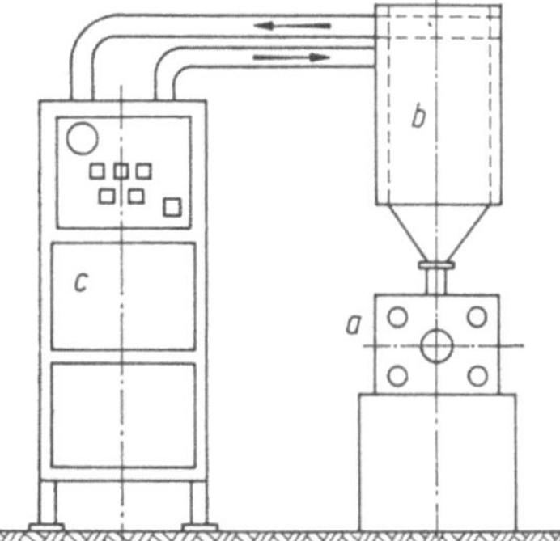

Bild 2.84. Durchströmtrockner für Kunststoffgranulat oberhalb einer Verarbeitungsmaschine (schematisch).
a Verarbeitungsmaschine; *b* Trockner;
c Luftaufbereitungsgerät.

Der Durchström-Schranktrockner nach Bild 2.85 führt die Umluft in fünf Teilströmen mit 0,3 bis 1 m/s Geschwindigkeit durch die Horden, die 20 bis 200 mm hoch mit Gut beladen sein können.

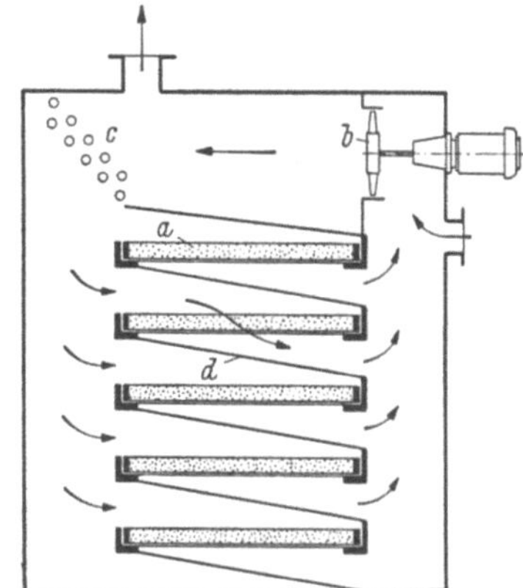

Bild 2.85. Kopfteil eines Durchström-Schranktrockners, in dem parallel laufende Teilströme der Umluft durch die gutstragenden Horden dringen.
a Trocknungsgut; *b* Ventilator; *c* Heizkörper; *d* Luftführungsblech.

Durchström-Spulentrockner. Garn, das auf gelochte Hülsen gewickelt und nicht zu fein ist, sowie Kardenband und Kammzugwickel lassen sich schnell mit Warmluft trocknen, die durch die Hülsen und Wickelkörper dringt. Dabei kann das Gut meistens auf den Trägern bleiben, auf denen es gefärbt oder gebleicht wurde, was fabrikatorische Vorteile bringt. Man benützt geschlossene Trockner, die man mit Hilfe der Spulenträger — der Färbespindeln und der Spindelträger — beschickt. Jede der hohlen Spindeln hält mehrere Spulen und verteilt die Luft auf die aufgesteckten Wickel (N 213.115.7).

In den Trockner nach Bild 2.86 werden jeweils zahlreiche mit Spulen besetzte Spindeln zugleich eingebracht; sie fassen zusammen 100 bis 200 kg Ware. Die Luft strömt über eine Umsteuervorrichtung unter Druck zunächst von außen nach innen durch die Ware, wobei sie das Gut vorentwässert, dann von innen nach außen, wobei sie die Spulen trocknet. Verläßt sie das Gut mit geringem Feuchtegehalt,

so wird sie teils zum Gebläse zurückgeführt. Dies hilft Heizenergie zu sparen
und das Gut vor starker Übertrocknung zu schützen. Man stellt die Temperatur
der zuströmenden Luft (100 bis 150 °C je nach Gutsart) und die Luftgeschwindigkeit so ein, daß sich 1,5 bis 2 Stunden Behandlungszeit ergeben, also Zeitspannen, die ungefähr mit den Färbezeiten der Spulen übereinstimmen. Die Zeiten
zum Vorentwässern lassen sich abkürzen und der Energiebedarf senken, wenn
das Gut zuerst mit Dampf und dann erst mit Luft vorentwässert wird.

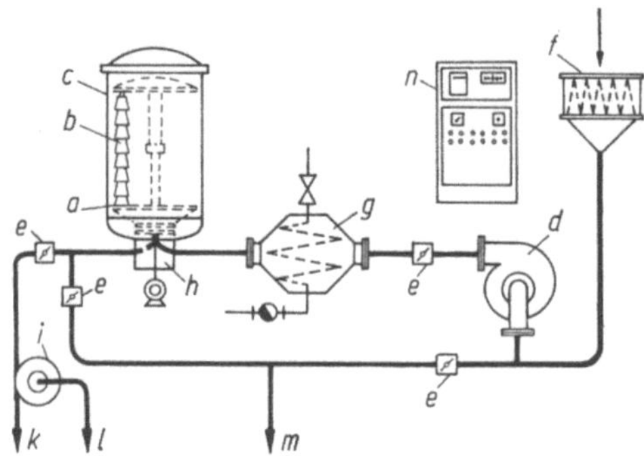

Bild 2.86. Durchström-Spulentrockner (Jagri, Gescher).
a Gutsträger; *b* Wickelkörper; *c* Behälter; *d* Ventilator; *e* Drosselorgan; *f* Luftfilter;
g Heizbatterie; *h*) Umsteuerorgan; *i* Wasserabscheider; *k* Wasserabfluß; *l* Luftabfluß beim
Entwässerungsvorgang; *m* Luftabfluß beim Trocknungsvorgang; *n* Schaltschrank.

Durchströmtrockner, die das Gut nicht selbst fördern, aber mechanisch behandeln

Als einfachste Trockner dieser Art sind die Durchström-Flachbehältertrockner zu
nennen (Bild 2.80), die das Gut zweitweise mit einem Handgerät aufgelockert und
durchmischt erhalten. Dabei werden die körnigen Teilchen durcheinander bewegt
und Kornklumpen zerstört, so daß die Trocknung gleichmäßiger vor sich geht.
Ein elektrisch betriebenes Mischgerät für Getreide ähnelt einem großen Bohrer,
der das Gut mit einer rotierenden Wendel verlagert. Das Gerät wird mit der
Hand im Behälter hin und her bewegt (N 213.144.5).

Der *Durchström-Kipphordentrockner* dient hauptsächlich zum Trocknen von
Hopfen; große Typen mit Hordenflächen von 3,5 × 3,5 m füllen ganze Gebäude
aus [184]. Die Anlage nach Bild 2.87 hat unten den ölbeheizten Lufterhitzer mit
Ventilator, darüber den Luftverteiler mit Trocknungsraum. Von den vier (in anderen Fällen 3 oder 5) übereinander befindlichen Horden, mit Böden aus gelochtem
Blech, sind die oberen drei jalousieartig ausgebildet. Ihre Bodenteile werden von
Zeit zu Zeit mittels Hebeln gekippt. Dabei fällt der Hopfen jeweils auf die nächst
untere Horde und wird gelockert und gewendet. Die untere, nicht unterteilte
Horde kann zum Entnehmen des Gutes herausgezogen und in manchen Anlagen
mit einer Hängebahn in den Lagerraum gefahren und dort durch Öffnen des Hor-
denbodens entleert werden. Manche Hopfendarren haben Auszugshorden, die in
mehrere Wagen unterteilt sind (N 213.154.51).

Eine Abart des Kipphordentrockners gestattet, den frischen Hopfen mit durchströmender Warmluft in einer sogenannten Schwelkhorde schnell vorzutrocknen
und dadurch die Gefahr einer Qualitätseinbuße zu mindern [185, 186]. Anschlie-

ßend wird die Horde in einen Nebenraum geschoben und auf die oberste von vier Kipphorden entleert, auf denen das Gut in einem anderen Warmluftstrom fertigtrocknet.

Im *Durchström-Lochtrommeltrockner* nach Bild 2.88 für Forstsamen, einer sogenannten Klenge, sollen die Zapfen von Kiefer, Lärche, Fichte und anderen Nadelbäumen so viel Feuchte abgeben, daß sie ihre Schuppen spreizen, so daß die Samen, die ganz innen an den Stielen sitzen, herausfallen können (N 213.155.91).

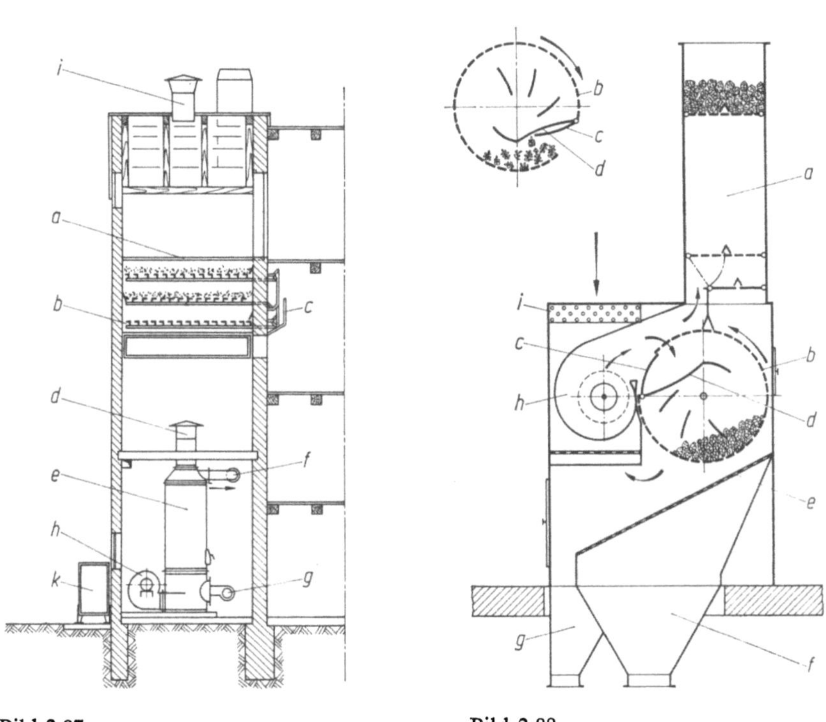

Bild 2.87.　　　　　　　　　　　　　　　　Bild 2.88.

Bild 2.87. Durchström-Kipphordentrockner für Hopfen (F. J. Sommer, Maschinenfabrik, Landshut/Bay.).
a Frischgutaufgabe; *b* Kipphorden; *c* Gestänge zum Betätigen der Horden; *d* Warmluftverteiler; *e* Lufterhitzer; *f* Abgasrohr; *g* Ölbrenner; *h* Ventilator; *i* Ablufthaube; *k* Öllagertank.

Bild 2.88. Durchström-Lochtrommeltrockner für Forstsamen, Bauart Dr. Messer/Schilde.
a Schacht zum Vortrocknen; *b* Trommel mit gelochtem Blechmantel; *c* Einfüllklappe; *d* Leitzunge; *e* Rost; *f* Sammelraum für ausgefallene Samen; *g* Ausfallstutzen für leere Zapfen; *h* Ventilator; *i* Heizkörper.

Das Gut wird im Schacht *a* vor- und in der Trommel *b* fertiggetrocknet. Der Trommelmantel besteht aus gelochtem Blech, hat eine Einfüllklappe *c* und eine Leitzunge *d*. Zum Füllen der Trommel stellt man deren Mantelöffnung unter die Auslaufschurre des Vortrockners, beim Trocknen des Gutes aber läßt man die Trommel dem Uhrzeiger entgegen sich drehen. Man füllt die Trommel nur zu etwa 1/3, weil die Zapfen ihr Volumen beim Trocknen stark vergrößern. Unter der Trommel liegt der schräge Rost *e*, durch dessen Schlitze die ausgeschiedenen

Samen in den Raum *f* fallen, wo die Heißluft nicht mehr auf sie wirkt. Am Ende des Klengvorganges läßt man die Trommel umgekehrt rotieren, so daß die nun leeren Zapfen in den Ausfallstutzen *g* stürzen.

Der Ventilator *h* saugt über den Heizkörper *i* frische Luft und aus der Trommel *b* Umluft an und drückt das Gemisch teils durch die Trommel, teils durch den Vortrockner und von da mit Dampf angereichert ins Freie.

Die Zapfen verbleiben mehrere Stunden lang in den einzelnen Vortrocknungsstufen und ebenso lange in der Trommel, bis sie rund 6% Feuchte/Grundstoff-Verhältnis angenommen haben.

2.3.1.4.3. Durchströmtrockner, die das Gut hauptsächlich mit der Gewichtskraft fördern

Im *Durchström-Gleitschachttrockner* rutscht das rieselfähige Gut, der Gewichtskraft folgend, in einem Schacht abwärts und wird dabei von Luft durchspült. Die einfachsten Trockner dieser Art bestehen aus senkrechten Schächten rechteckigen Querschnitts, die zwei einander gegenüberliegende luftdurchlässige Längswände aus Lochblechen, Jalousieteilen oder dergleichen haben (N 213.254.5).

Andere Gleitschachttrockner für Getreide und dergleichen haben dachförmige Einbauten (Bild 2.89). Unterhalb der Dächer tritt die Luft in die Gutsschicht, unterhalb benachbarter Dächer strömt sie ab. Gebaut werden auch Trockner, die das Gut in zahlreichen „Kaskaden" abwärts führen. Günstig gestaltete Einbauten geben dem Gut darin Gelegenheit, sich zu durchmengen. Die Durchlaufgeschwindigkeit des Gutes richtet sich nach dem einstellbaren Durchsatz der Austragvorrichtung.

Durchström-Gleitschachttrockner einfacher Bauart für Konsumgetreide in landwirtschaftlichen Großbetrieben und Lagerhäusern werden in der Regel für Gutsdurchsätze zwischen 500 und 5000 kg/h gebaut. Getreide mit mehr als 25% Feuchtegehalt rieselt allerdings nicht und kann daher nicht durch Trockner mit Einbauten laufen.

Außer für Weizen und Roggen eignen sich viele Rieselschachttrockner auch für Gerste, Hafer und Körnermais sowie für Hülsenfrüchte, Ölfrüchte und rieselfähige Samen.

Bis zu 100000 kg Getreide und mehr können stündlich durch Trockner gemäß Bild 2.89 laufen. Der Apparat ist schmal und hoch und paßt gut zu den im allgemeinen hohen Mühlengebäuden und Getreidesilos. In der oberen unbelüfteten Heizabteilung (Schwitzzone) gleitet das Gut an Heizkörpern vorbei, die meistens mit Warmwasser aus einem dampfbeheizten Wärmeübertrager gespeist werden und das Gut durch Kontakt erwärmen. Nahe den Heizkörpern verdampft dabei Feuchte, schlägt sich an den kälteren Körnern nieder und überträgt dadurch Energie auch auf das übrige Gut (eigentlich gehören die Trockner also zur Klasse 281). Das Schwitzenlassen des Korns verkürzt die nötige Trocknungszeit beträchtlich. Angewärmt rutscht das Gut dann in die Trocknungsabteile mit Dächereinbauten und schließlich durch die Kühlzone. Die Trocknungsluft wird in der dargestellten Anlage aus dem Freien geholt, im Erhitzer mit Warmwasser oder Dampf erwärmt, durch das Gut gesaugt und dann als Abluft von einem Ventilator über einen Zentrifugal-Staubabscheider wieder ins Freie gefördert.

Da die Luft im Gut feuchter und kälter wird, führt man sie in den verschiedenen Trocknungsabteilen abwechselnd in der einen und in der anderen Richtung durch die Getreideschicht.

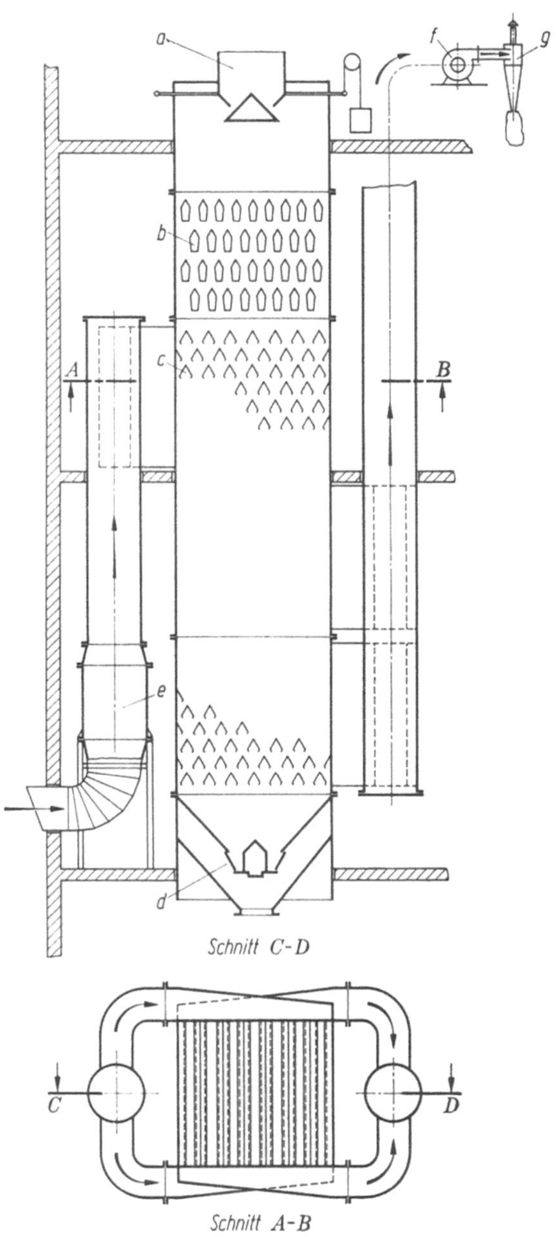

Bild 2.89. Durchström-Gleitschachttrockner (Diagonalstrom-Trockner der Miag Mühlenbau und Industrie GmbH, Braunschweig).
a Einlauf-Vorrichtung; *b* Vorwärm-Heizkörper; *c* dachförmige Einbauten; *d* Austragvorrichtung; *e* Lufterhitzer; *f* Abluftventilator; *g* Staubabscheider.

In Gebieten, in denen das Getreide sehr feucht geerntet wird, setzt man über die Heizzone der Trockner gemäß Bild 2.89 eine Vortrocknungszone mit Dächereinbauten; in einigen Ländern, in denen die Trockner im Freien oder in billigen Schuppen aufgestellt werden können, benutzt man statt Warmwasser oft Feuergas-Luftgemische oder indirekt mit Verbrennungsgasen erwärmte Luft als Trocknungsmittel.

Damit die Beschickungshöhe im Trockner gleich bleibt, sind die Ein- und die Auslaufvorrichtung miteinander gekoppelt. Der Behälter, durch den das Gut einläuft, ruht auf einer Kippachse, die bei wechselnder Schütthöhe Steuerausschläge macht und über Hilfsorgane auf die Auslaufvorrichtung wirkt [187].

Der *Durchström-Jalousie-Drehrohrtrockner* (Roto-Louvretrockner) wird in Schweden und England, wo er entwickelt wurde, sowie in den USA verwendet (Bild 2.90). Das Gut liegt im kegeligen Innenraum der sich drehenden Trommel und wandert darin langsam vom Ein- zum Ausfallende. Heiße Luft, die in Längskanälen ankommt, wird durch Jalousien verteilt und dringt dann durch die Gutsschicht. Nur jene Kanäle bekommen Luft, auf deren Jalousien gerade Gut liegt. Im Innenraum wird das Material immer wieder angehoben. Dabei rollen die oberen Schichten fortwährend über die unteren, wodurch die Einzelteilchen dauernd umgelagert und durchmischt werden. Mittels Schaufeln im Austraghals des Trockners läßt sich die durchschnittliche Schichthöhe des Gutes einstellen (N 213.254.6).

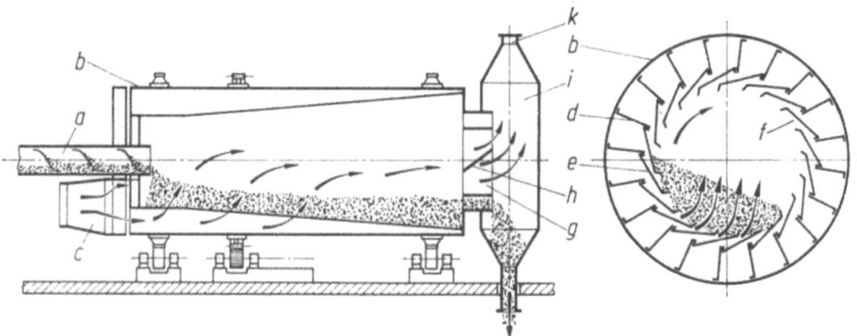

Bild 2.90. Durchström-Jalousie-Drehrohrtrockner (Roto-Louvre-Trockner).
a Beschickungsschnecke; *b* Außenmantel; *c* Lufteinlaß; *d* radiale Leitbleche; *e* tangentiale Deckbleche; *f* Tangentialschlitze für den Luftdurchtritt; *g* Auslaßöffnung; *h* Stauvorrichtung im Auslaß; *i* Ausfallgehäuse; *k* Abluftstutzen.

In der Regel ist die Materialschicht hinten höher als vorne; daher strömt vorne günstigerweise mehr Luft durch das feuchte Gut als hinten durch das trockenere Material, das evtl. Staub abgibt. Möglich ist auch, die Längskanäle zu unterteilen und den vorderen Zonen des Trockners heiße, den hinteren kältere Luft zuzuführen oder umgekehrt.

Die Roto-Louvretrockner haben Durchmesser zwischen 800 und 3500 mm und Längen zwischen 2,5 und 11 m. Sie eignen sich vornehmlich für brockiges und körniges Gut, das nicht an den Jalousieblechen anklebt [188].

2.3.1.4.4. Durchströmtrockner, die das Gut über die Auflageflächen schieben

Der *Durchström-Wanderschichttrockner* gemäß Bild 2.91 ist als mechanisierter Plattformtrockner anzusehen; er wird hauptsächlich für Getreide, Hülsenfrüchte

und dergleichen benutzt. Ein umlaufender Mitnehmer *d* fördert das Gut vom
Einschutt-Trichter *a* auf dem ersten Lochboden *b* zur Abwurfstelle *c*. Dort fällt
es in breitem Schleier auf den zweiten Lochboden, wird dabei entstaubt, durchmischt, dann zurückbefördert, wieder abgeworfen usw. Aus den Kästen *e* unter
den Lochböden dringen Luftströme durch das Gut, trocknen es auf den oberen
Plattformen, kühlen es auf dem unteren Lochboden und heben es leicht an, so
daß die Löcher der Böden nicht verstopfen. Die gewünschte Schichthöhe des
Gutes wird am Schieber *f* eingestellt. Unten im Trockner fördert die Auszieh-
schnecke *g* das Gut seitlich nach außen (N 213.354.5).

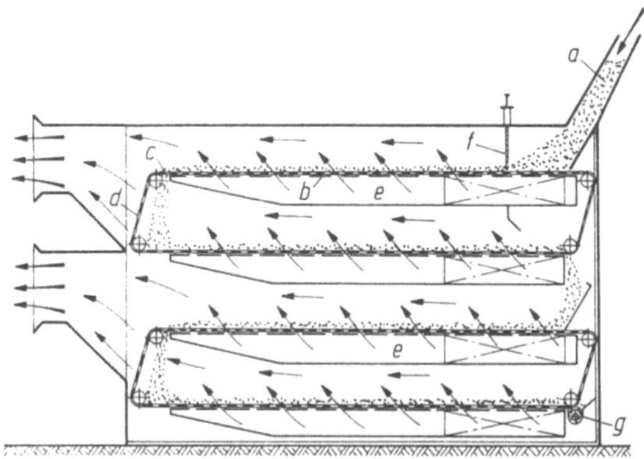

Bild 2.91. Durchstrom-Wanderschichttrockner (Allmet-Emceka-Schichtwandertrockner der
Emceka Compper KG, Heumar-Koln)
a Einschutt-Trichter; *b* Lochboden; *c* Abwurfstelle; *d* umlaufender Mitnehmer, *e* Blaskasten;
f Schieber zum Einstellen der Schichthohe; *g* Austragschnecke.

Mit einem *Schubwender* ausgestattet ist der Trockner nach Bild 2.92. Das rotierende Schaufelwerk *d* mit spiralig angeordneten Schaufeln läuft über dem Siebboden *c* hin und her, schiebt das bis zu 50 cm hoch geschichtete Gut schrittweise
vorwärts und wendet es zugleich. An den Seiten bewegt sich der Schubwender
über Zahnstangen und wird von Getriebemotoren und Ketten bewegt; den Lauf
steuert ein Zeitrelais oder ein Endfeuchteregler für das Gut. Die Maschine trocknet
hauptsächlich körnige und brockige Güter der Landwirtschaft (N 213.354.5).

Der *Zweischnecken-Durchströmtrockner* (Bild 2.93) entfernt Feuchte aus grob-
kornigen, klumpigen, grobfaserigen und flockigen Schuttgütern in der chemischen

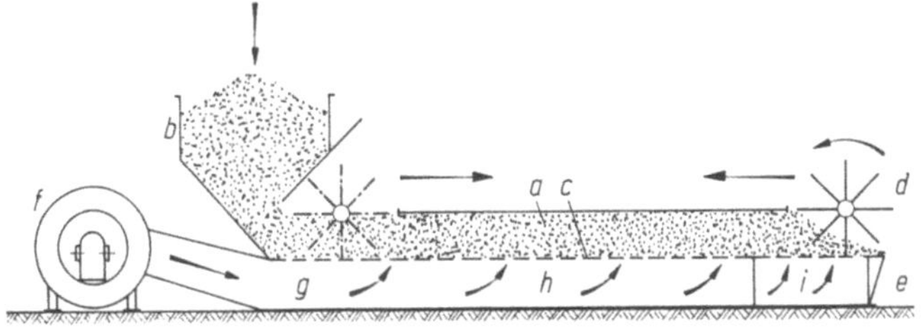

Bild 2 92. Durchstrom-Schubwendetrockner („stela"-Trockner der Firma Stefan Laxhuber
KG, Massing/Bayern).
a Trocknungsgut; *b* Einfullbehalter; *c* Siebboden; *d* Schaufelwerk, *e* Auslauf; *f* Lufterhitzer
mit Ventilator; *g* Vorwarmzone; *h* Trocknungszone; *i* Kuhlzone

Industrie und in Nahrungsmittelbetrieben. Die eng nebeneinander laufenden Förderschnecken schieben das Gut über den Lochboden und setzen es dabei den aufwärts gerichteten Luftströmen in den Trocknerzonen aus. Man gibt den Strömen erforderlichenfalls unterschiedliche Temperaturen (N 213.354.6).

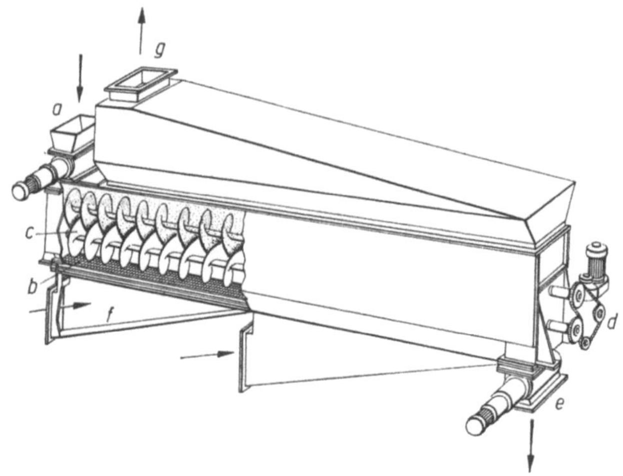

Bild 2.93. Durchström-Zweischneckentrockner (Werner Pfleiderer Maschinenfabrik, Stuttgart).
a Eintragschleuse; *b* Lochboden; *c* Förderschnecke; *d* Schneckenantrieb; *e* Austragschleuse; *f* Luftzuführkanal; *g* Abluftstutzen.

2.3.1.4.5. Durchströmtrockner, die das Gut auf sich drehenden Flächen fördern

Für luftdurchlässige Papiere und Faservliese gibt es mehrere Arten von Durchström-Drehzylindertrocknern (N 213.515.7).

Die Maschine nach Bild 2.94 führt die Gutsbahn über einen siebbezogenen, perforierten Zylinder. Aus der Verteilhaube mit Gasbrenner bläst Luft von 170 bis 450 °C auf das Gut, wird in das Zylinderinnere gesaugt und dann zurück- und teils abgeführt. Die Leistungsfähigkeit dieses Trockners hängt von der Porosität der Gutsbahn, von der zulässigen Lufttemperatur sowie von dem Unterdruck ab, der im Zylinder eingestellt wird und der den gutsdurchdringenden Luftstrom bestimmt. Man hält den Unterdruck nur so hoch, daß das Gut vom Zylinder keine unerwünschten Markierungen bekommt: je nach Gutsart auf 3 bis 300 mbar. Als durchschnittliche Trocknungsgeschwindigkeiten wurden 50 bis 200 kg/m²h gemessen; die Trocknung dauert Sekunden [189—191, 490].

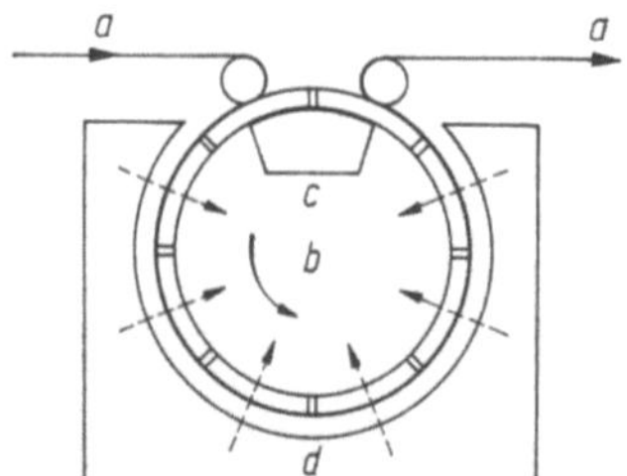

Bild 2.94. Durchström-Drehzylindertrockner für luftdurchlässige Papiere.
a Papierbahn; *b* Siebmantelzylinder; *c* Abdichtung; *d* Heißluftverteilhaube.

In einem anderen Durchströmtrockner für Papier (Bild 2.95) dringt heiße Luft aus dem Inneren eines gelochten Zylinders durch die Papierbahn sowie durch das grobmaschige Gewebe, das die Bahn auf den Zylinder drückt.

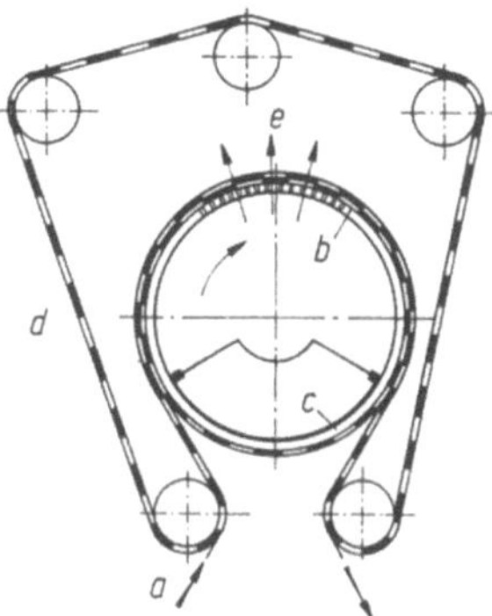

Bild 2.95. Durchström-Drehzylindertrockner mit Trockensieb, für luftdurchlässige Papiere.
a Papierbahn; *b* gelochter Drehzylinder; *c* Dichtung; *d* Trockensieb; *e* durchblasende Luft.

Viel benutzt wird der Sieb- oder Lochtrommeltrockner, genauer gesagt, der *Durchström-Lochmantel-Trommeltrockner* für faserige, strangförmige, flächige, bahnförmige Stoffe: für Güter, die sich als luftdurchlässige Schichten auf gekrümmte Flächen legen lassen. Der Trockner trägt und fördert das Gut auf einer Reihe großer Trommeln, die sich um horizontale Achsen drehen und deren Mäntel sich nahezu berühren (Bild 2.96). Dabei wird die eine Trommel oben, die nächste unten von der Gutsschicht umschlungen. Damit das Gut nicht abfällt, werden starke Warmluftströme, die es andrücken, in die Trommeln gesaugt; außerdem versperren Windschirme im Trommelinneren der Luft den Weg durch unbedeckte Stellen der Trommelmäntel. Der Sog an der einen Trommel beginnt dort, wo der Sog an der benachbarten aufhört (N 213.525.7).

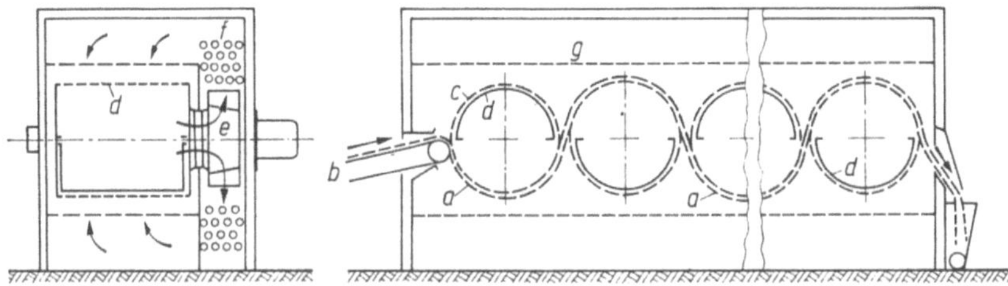

Bild 2.96. Durchström-Siebtrommeltrockner für loses Fasergut (Fleißner GmbH & Co, Egelsbach).
a Trocknungsgut; *b* Zuführband; *c* Siebtrommel; *d* Abdeckblech; *e* Ventilator; *f* Heizkörper; *g* Luftverteildecke.

In den Trocknern für loses Material liegen die Trommeln meistens in einer Reihe nebeneinander, jedoch können Trockner für zusammenhängendes Gut, wie Kabel oder Fadenscharen, zwei gegeneinander versetzte Trommelreihen übereinander haben und so weniger Platz brauchen. In Einzelfällen sind mehrere Trommeln senkrecht übereinander angeordnet.

Weil die Gutsschicht beim Übergang von Trommel zu Trommel jeweils auf die andere Seite gelegt wird, so daß die Luft in wechselnder Richtung hindurchgeht, so trocknet die Schicht im Inneren recht gleichmäßig.

Im Trockner gemäß Bild 2.96 bewegen Radialventilatoren, die neben den Trommeln angeordnet sind, die Luft im Kreis durch die Heizkörper, durch die Verteildecken, durch das Gut und dann zurück, wobei ein Teil der Luft zur einen Trommel nach oben, ein anderer zur nächsten Trommel nach unten strömt. In einer anderen Bauart dienen Axialventilatoren zum Bewegen der Umluft; sie sitzen samt den Heizkörpern auf fahrbaren Gestellen. Breite Trockner haben an beiden Seiten Ventilatoren. Möglich ist auch, die Ventilatoren über sowie unter den Trommeln anzuordnen und die Luft quer durch die Trommeln zunächst durch die bedeckte, dann durch die jeweils unbedeckte Seite zu treiben.

Ist loses Material zu trocknen, so werden auf die Trommelmäntel feinmaschige Drahtnetze gezogen, die Faserflug weitgehend verhindern. Grobmaschige Stahlgewebe zwischen den Drahtnetzen und den Siebtrommeln verbessern die Durchlüftung des Gutes.

Zum Antrieb der Trommeln dienen Schneckengetriebe außerhalb der Gehäuse. Sie erhalten ihre Drehbewegung von einem Motor über eine Längswelle und über ein drehzahlveränderliches Getriebe mitgeteilt. Trockner für loses Material haben meistens starre Längswellen; dagegen sind Trockner für schrumpfende Güter mit variablen Zwischentrieben ausgestattet, damit die Drehzahlen der Trommeln der Längenänderung des Gutes entsprechend aufeinander abgestimmt werden können. In manchen Trocknern laufen einzelne Trommeln auch lose mit. Die Trommeln selbst drehen sich um feststehende und festklemmbare Achsen, an denen die erwähnten Windschirme befestigt sind.

Tabelle 2.8. Durchschnittliche Trocknungsgeschwindigkeit einiger Güter im Durchström-Siebtrommeltrockner (Garantiewerte der Firma Fleißner, Egelsbach)

Gutsart		Luft-temperatur	Feuchte-Grundstoff-Massenverhältnis des Gutes		Durchschnittliche Trocknungs-geschwindigkeit
			Eintritt X_1 %	Austritt X_2 %	
		°C			kg/m² h
Wolle	geschleudert	80	50	20	13,0
	gequetscht	80	60	20	15,8
Baumwolle	geschleudert	90 bis 100	60	8	18,2
	gequetscht	90 bis 100	100	8	24,2
Zellwolle	geschleudert	110	90	11	21,9
	gequetscht	110	180	11	25,2
Sisal		120	80	12	25,8
Jute		110	90	15	18,5

Als übliche Maße der Trommeln sind 1400 bis 1900 mm $\varnothing$ und 800 bis 6000 mm Breite zu nennen. Die Anzahl der Trommeln kann sich je nach der Durchsatzleistung des Trockners auf 1 bis 20 und mehr belaufen. Über durchschnittliche Trocknungsgeschwindigkeiten einiger Güter in den Trocknern (Garantiewerte) gibt Tabelle 2.8 Auskunft [192]. Wichtig ist, das Gut ganz gleichmäßig auf die Trommeln zu legen, weil sonst viel Luft durch schwach bedeckte Stellen geht und Betriebsschwierigkeiten entstehen.

Manche Lochtrommeltrockner haben am Auslaufende besondere Abteile, in denen Luft aus einem Klimaapparat durch die Gutsschicht geführt wird. Das absichtlich ein wenig übertrocknete Gut wird darin gleichmäßig auf den gewünschten Endfeuchtegehalt gebracht.

Als Abart des Durchström-Lochmantel-Trommeltrockners kann der Trockner für Teppiche nach Bild 2.97 gelten. Er faßt die Gutsbahn an den Seiten mittels Nadelketten, spannt sie der Breite nach, trägt sie auf der Lochtrommel im Kreis und führt sie dann zur Kühlvorrichtung (über Spannkettentrockner s. Abschn. 2.3.1.3.4) (N 213.615.74).

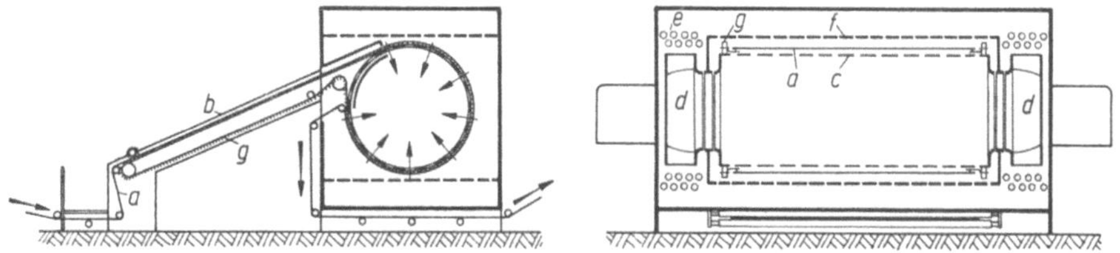

Bild 2.97. Durchström-Siebtrommeltrockner für Teppiche, als Spannkettentrockner ausgebildet (Fleißner GmbH & Co., Egelsbach).
a Teppich; *b* Einlauffeld; *c* Siebtrommel; *d* Ventilator; *e* Heizkörper; *f* Luftverteildecke; *g* Spannkette.

2.3.1.4.6. Durchströmtrockner, die das Gut mit endlosen umlaufenden Einrichtungen fördern

Der *einstufige Durchström-Förderbandtrockner* bewältigt größere kontinuierliche Gutsdurchsätze und eignet sich insbesondere für faserige, körnige und brockige Güter, ferner für pastige und ähnliche Stoffe, die man so formen kann, daß sich Luft durch die Schicht hindurchtreiben läßt. Die Stoffe müssen sich vom Förderband wieder lösen lassen. Für feinkörnige oder staubige Güter kommt der Trockner nicht in Betracht (N 213.615.5).

Das Gut wird je nach Durchsatz und Beschaffenheit von Hand oder mechanisch in einer 20 bis 200 mm dicken Schicht vorne auf das endlose luftdurchlässige Förderband geladen, läuft darauf durch den kanalartigen Trocknungsraum und tritt am Kanalende aus. Unterwegs dringt warme Luft durch das Gut, die meistens im Kreislauf geführt wird.

Der Trockner besteht aus Einlaufkopf, Auslaufteil und den dazwischen liegenden, unter sich meistens gleichen Trocknungsabteilen, deren Zahl sich nach der Gutsart und dem Durchsatz richtet.

Man hat Bandtrockner mit bis zu 4 m Nutzbreite und 50 m Länge gebaut. Im Einzelfall richten sich die Abmessungen nach den örtlichen Umständen und danach, wie man die Trockner auf der ganzen Breite beschicken kann oder muß.

Über einige Anordnungen der Bänder gibt Bild 2.98 Auskunft. Der einstufige Trockner nach Bild 2.98a kommt vornehmlich für Güter in Betracht, die während der Trocknung nicht umgelagert werden können, sei es, weil die Teilchen nicht zerbrechen oder Abrieb erleiden dürfen, sei es, weil die Form der Teilchen es gar nicht erlaubt. Beispielsweise muß man langstengelige Güter, wie Hanf, Sisal oder Ramie, büschelweise der Länge nach in Förderrichtung des Gutes legen, weil man das Förderband nur so genügend gleichmäßig bis zu den Rändern ausnutzen kann; aber selbstverständlich kann man die Büschel aus dieser Lage dann nicht von allein auf ein zweites Band fallen lassen.

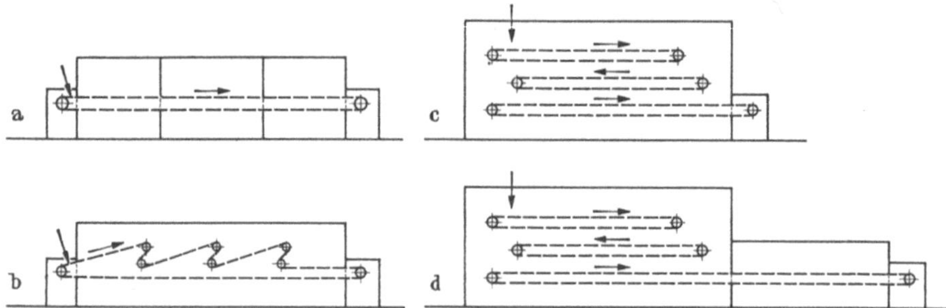

Bild 2.98. Anordnung der Bänder in Durchström-Förderbandtrocknern.
a Einbandtrockner; *b* Einbandtrockner mit mehrfacher Gutsumlagerung; *c* Dreibandtrockner;
d Dreibandtrockner mit herausgezogener Nachbehandlungszone.

Die Bänder werden der Teilchengröße, Dichte und der Klebrigkeit des Gutes
entsprechend ausgebildet. In langsamlaufenden kurzen Trocknern für leichtes Gut
genügen Bänder aus kräftigen Drahtgeweben, die über große glatte Umkehrwalzen
laufen, dazwischen von Rollen getragen und von Seitenrollen oder Steuerwalzen
auf der Bahn gehalten werden. Andere Bänder für leichtes Gut legt man auf mehrere Tragrollen, die seitlich mittels Kettenrändern und durchlaufenden Ketten angetrieben werden. Wenn die Gefahr besteht, daß sich die Bänder wegen ihrer Länge,
geringen Drahtstärke und infolge der nicht immer gleichmäßig aufliegenden Last
verziehen, bildet man die Ketten als Doppellaschenketten aus und verbindet sie
durch Querträger, die die Bänder spannungslos tragen. Ferner ordnet man dann
zwischen den nebeneinanderliegenden Laschen Rollen an, die auf geeigneten
Unterlagen laufen. Eine solche Führungs- und Tragkonstruktion ist auch nötig,
wenn die „Bänder" aus gelochten Blechen oder Rosten bestehen müssen. Schutz-
wangen und andere, besonders gestaltete Seitenabdichtungen verhindern, daß Material seitlich überfällt und von den Bandführungen verschmutzt wird, und daß
Luft seitlich an den Bändern vorbeigeht. In Trocknern für Stoffe, die auf der Unterlage ankleben oder eine Kruste bilden würden, kann man gleichwohl oft einen
ordentlichen Betrieb aufrecht erhalten, wenn man die Bänder fortwährend automatisch mit einem geeigneten Staub „pudert". Man befestigt die Gutsträger solcher
Bänder gerne mittels Schnappfedern oder dergleichen auf den Querträgern, so daß
man sie rasch abnehmen kann. Zum Reinigen der Bänder von anhaftenden Gutsteilchen dienen manchmal rotierende, in der Nähe der Abwurfstelle angebrachte
Drahtbürsten.

Bild 2.99 zeigt, wie die Umluft in einem Bandtrockner geführt werden kann.
Der Ventilator g saugt die Luft durch den Heizkörper f an, drückt sie durch den
Seitenkanal zum Verteilgitter h und danach durch die Gutsschicht a.

Güter, deren Teilchen leicht weggeblasen werden, belüftet man von oben nach
unten; dagegen führt man die Luft aufwärts in denjenigen Gütern, die locker bleiben sollen und durch den Druck der abwärts gerichteten Luft stark an Durchlässigkeit einbüßen würden, ferner in solchen, deren Teilchen durch den Druck
zusammenbacken oder zusammenklumpen könnten. Einige Trockner führen die
Luft stellenweise auf- und stellenweise abwärts und trocknen das Gut dadurch
oben und unten einigermaßen gleichmäßig. Im sogenannten Sinustrockner für

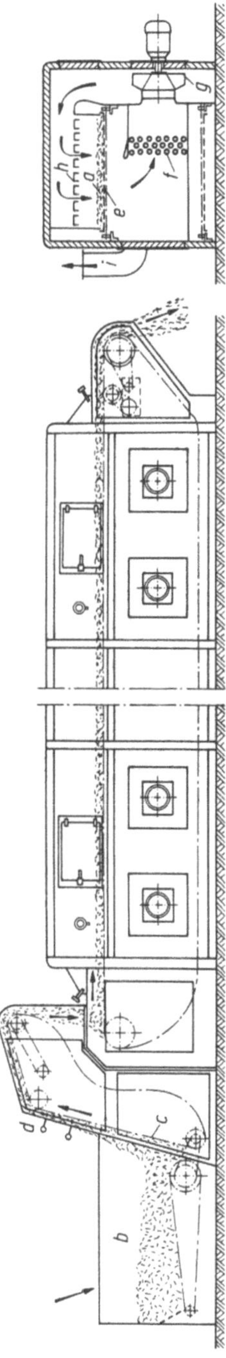

Bild 2.99 Durchstrom-Förderbandtrockner für Wolle.
a Gut, *b* Feuchtgutbehälter; *c* Steignadelband, *d* Abstreifrechen; *e* Förderband; *f* Heizkörper; *g* Ventilator; *h* Luftverteilgitter; *i* Abluftrohr.

laufende Faserbahnen (Bild 2.100) hebt der Luftstrom die Bahn in der einen Zone an und lockert sie auf, in der anderen geht er mit erhöhter Geschwindigkeit abwärts hindurch [193].

Mittels Querwänden läßt sich der Bandtrockner der Länge nach in Zonen teilen, die ausreichend voneinander getrennt sind, um den Zustand und die Geschwindigkeit der Luft längs des Bandes der fortschreitenden Trocknung ungefähr anpassen zu können. Manche Trockner führen in der Endzone die einziehende Frischluft durch das Gut, kühlen die Ware, erwärmen die Luft dabei und gewinnen so einen Teil der Energie zurück, die beim Trocknen in das Gut gelangte.

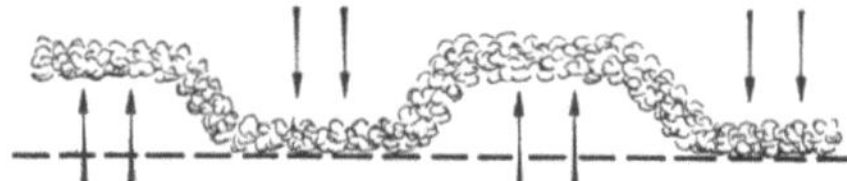

Bild 2.100. Faserbahn im zonenweise auf und ab gerichteten Luftstrom.

In vielen Trocknern schützen Filter im Umluftkreislauf die Heizkörper vor Verschmutzung. Sie können feststehend und leicht herausnehmbar oder als umlaufende Filter ausgebildet und automatisch zu reinigen sein. Mit umlaufenden Kratzern am Boden fördern manche Trockner heruntergefallene Teilchen nach außen.

Wünscht man das Gut umzulagern, während es einmal durch den Trockner wandert, so führt man das Band mehrmals über Umlenkrollen (Bild 2.98 b). Zum Beispiel würden Zündholzschuber und -hülsen, die frisch mit Papier beklebt sind, beim Trocknen aneinanderhaften, wenn man sie durch Umlagern nicht immer wieder voneinander trennen würde. Anstatt mit einem Terrassenband kann man manche Güter auch mit Stiftwalzen, die über einem ebenen Band laufen, oder in anderer Weise wenden und auflockern (N 213.655.5).

Im *mehrstufigen Bandtrockner* gemäß Bild 2.98c fällt das Gut am Ende jedes oberen Bandes auf das nächst untere, das in entgegengesetzter Richtung läuft. Die Teilchen werden dabei umgelagert, und das Gut trocknet schneller und schonender. Meistens haben diese Trockner eine ungerade Zahl von Bändern, damit das Gut nicht an der gleichen Stirnseite aufgegeben und entnommen zu werden braucht. Häufig läßt man die unteren Bänder langsamer laufen als die oberen, insbesondere bei stark schrumpfenden und am Ende langsam trocknenden Stoffen. Oft wählt man die Geschwindigkeit der Bänder sogar so, daß die Schichthöhe nach unten hin größer wird, denn dann verdunstet auf der Flächeneinheit der unteren Bänder mehr Feuchte als bei dünner Schicht. Will man das Gut nach dem eigentlichen Trocknen in Luft von bestimmtem Zustand konditionieren oder mit Frischluft kühlen, so verlängert man das untere Band in die Nachbehandlungszone hinein (Bild 2.98d), oder man trennt den eigentlichen Trockner mittels einer Zwischendecke der Höhe nach in eine Trocknungs- und in eine Nachbehandlungszone.

Die Bilder 2.101 und 2.102 stellen die Querschnitte zweier mehrstufiger Durchström-Bandtrockner dar. Die Maschine gemäß Bild 2.101 mit Luftbewegung nach unten hat grob betrachtet die Merkmale eines Gleichstromtrockners, in dem das frische Gut von heißer, das nahezu trockene Gut aber von abgekühlter und feuchter Luft durchströmt wird. Je mehr Luft im Trockner kreist, desto gleichmäßiger werden allerdings die Trocknungsbedingungen, denen das Gut auf den übereinander liegenden Bändern ausgesetzt ist. Für leicht fliegende Stoffe wirken die Gutsschichten als Filter und halten flugfähiges Feingut zurück.

Läßt man die Luft aufwärts durch die Gutsschichten dringen, so hat man den Gegenstromtrockner. Er läßt sich für leicht fliegende Stoffe allerdings nur verwenden, wenn man über den Tragbändern Deckbänder laufen läßt, die das Gut niederhalten.

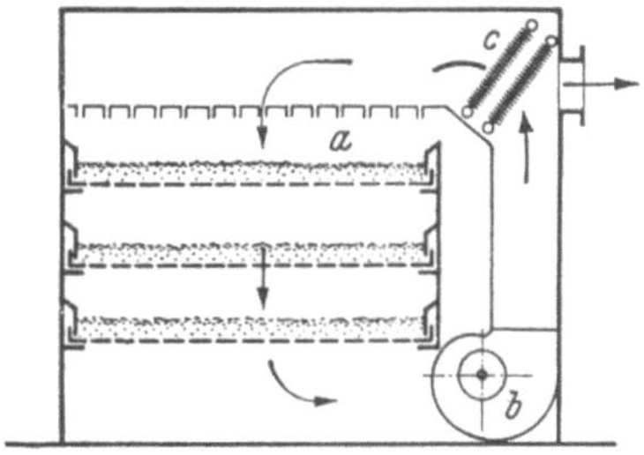

Bild 2.101. Bandtrockner, in dem der ganze Umluftstrom drei Bänder, eines nach dem anderen, von oben nach unten durchströmt.
a Trocknungsgut; *b* Ventilator; *c* Heizkörper.

In dem mit Teilstrombelüftung versehenen Trockner des Bildes 2.102, der für Luftbewegung von unten nach oben gezeichnet ist, den man aber auch für umgekehrte Luftführung bauen kann, lassen sich mit den zusätzlichen Heizkörpern *d* in den einzelnen Gutsschichten unterschiedliche Lufttemperaturen einstellen. Man verwendet diesen Trockner, wenn die Gutsschichten der Luft hohen Widerstand bieten oder wenn man viel Luft umwälzen will.

In der Regel werden alle Bänder eines Trockners von demselben Ende aus angetrieben, obwohl dann einige der tragenden Trumme nicht, wie es am besten wäre, gezogen, sondern geschoben werden. Aber mit Spannvorrichtungen kann man die daraus entstehenden Nachteile weitgehend beseitigen. Mittels verstellbarer Getriebe paßt man die Laufgeschwindigkeit der Bänder den Erfordernissen an.

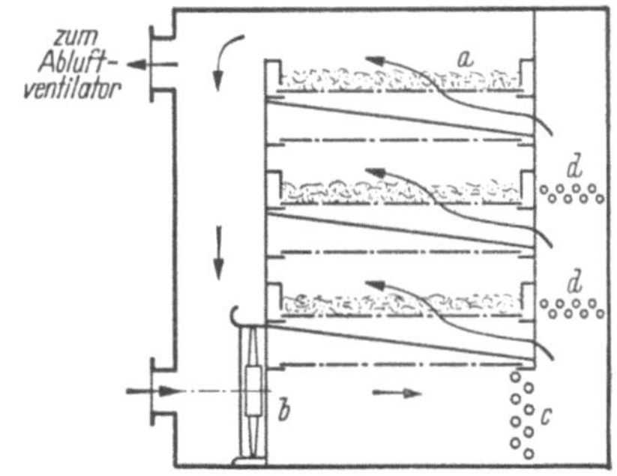

Bild 2.102. Bandtrockner, in dem parallel laufende Teilströme der Umluft durch die Bänder dringen.
a Trocknungsgut; *b* Ventilator; *c* Hauptheizkörper; *d* Zusatzheizkörper.

2.3.1.4.7. Durchströmtrockner, die das Gut mit hin- und hergehenden oder mit schwingenden Einrichtungen fördern

Halbstetig arbeitet der *Durchström-Wanderhorden-Schachttrockner* nach Bild 2.103. Er bewegt das Gut mit einem Fahrstuhl vor dem Trocknungsschacht aufwärts und im Schacht mittels Gestängen und Klinken abwärts. Diese Förderorgane sind mechanisch miteinander gekoppelt (213.714.5).

Man lädt die Ware bei *a* auf eine mit Lochblechboden versehene Horde, fährt sie mit dem elektrisch betriebenen Fahrstuhl hoch und schiebt sie in den Hordenschacht, in dem zwei Hordenstapel übereinanderliegen, der eine über, der andere unter dem Zwischenheizkörper. Vom Fahrstuhl veranlaßt, sinken gleichzeitig die beiden Hordenstapel im Schacht um je eine Hordenhöhe ab. Geht der Fahrstuhl zurück, so werden die Stapel mit Ausnahme der unteren Horden wieder ein wenig angehoben, die Horde über dem Zwischenheizkörper kann herausgezogen und unter dem Heizkörper wieder eingeschoben werden. Am Ende des Fahrstuhlweges schließlich wird die unterste Horde entnommen. In der Abbildung deuten die gestrichelten Linien den Hordenweg an. Jede Fahrstuhlbewegung wird vom Arbeitenden in passenden Zeitabständen eingeleitet; er wendet das Gut auch, wenn nötig, ehe er es unter dem Zwischenheizkörper jeweils wieder einschiebt.

Die Luft streicht durch den Heizkörper g und dringt dann durch die Hordenstapel sowie durch den Zwischenheizkörper f nach oben. Von dort bläst der Ventilator e sie ins Freie oder teilweise zum Heizkörper g zurück.

Der Trockner hat sich vielfach bewährt für Gemüse aller Art, für Kern- und Steinobst, Kräuter, Pilze, Wildfrüchte und Sämereien. Er wird in zwei Größen mit 40 oder 60 m² Nutzfläche gebaut.

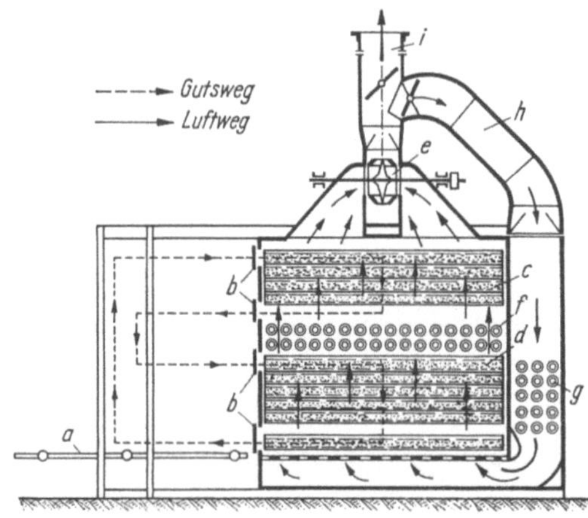

Bild 2.103. Durchstrom-Wanderhorden-Schachttrockner (Bauart „Favorit" der Buttner-Schilde-Haas AG, Werk Krefeld).
a Fahrstuhl; b Klappen; c, d Hordenstapel; e Ventilator; f, g Heizkörper; h Umluftrohr; i Abluftrohr.

Durchström-Schwingfördertrockner (N 213.754.5) bewegen schüttbare Güter mit hin- und hergehenden Schüttelrutschen oder mit Schwingrinnen als nahezu gleichmäßige Ströme durch die Trocknungsräume. In einer *Schüttelrutsche* berührt das Gut den Förderboden dauernd; es hat bei jedem Vorwärtsgang des Bodens Reibschluß mit diesem und verliert ihn beim schnellen Zurückgehen; das Gut rutscht dabei relativ zum Boden nach vorn. In einer *Schwingrinne* dagegen trennt sich das Gut (sofern es nicht anhaftet) bei den schrägen Aufwärtswürfen jeweils dann vom Boden, wenn die Rinne eine vertikale Verzögerungskomponente aufgezwungen erhält, die größer als die Fallbeschleunigung des Gutes ist. Das Gut bewegt sich in kleinen, vom Auge meist kaum wahrnehmbaren sogenannten Mikrosprüngen über den Rinnenboden. Während die Teilchen von ihren Abwurfplätzen aus Wurfparabeln beschreiben, schweben sie über dem Boden, treffen jeweils an weiter zum Rinnenende hin liegenden Punkten auf und berühren die Rinne meistens nur kurzzeitig, bis sie wieder hochgeworfen werden. Durch die Vibrationen verteilt sich das Gut als Teilchenschicht recht gleichmäßig über den Rinnenboden; es entstehen auch in dünnen Schichten kaum Löcher, doch lassen sich, je nach der Art des Gutes, auch Schichten von 20 bis 300 mm Höhe mit Schwingrinnen bewegen.

Das Verhältnis der maximalen lotrechten Beschleunigungskomponente a'_{max} zur Fallbeschleunigung g kennzeichnet das Förderverhalten der Schüttelrutschen und Schwingrinnen. Für Rutschen ist $a'_{max}/g < 1$, für Schwingrinnen $a'_{max}/g > 1$.

Schüttelrutschen verschleißen erheblich, weil die Fördergüter beim Gleiten dauernd Reibkontakt mit den Böden haben. Sie brauchen große Antriebskräfte und beanspruchen die Fundamente bei großen Schwingweiten beträchtlich. Man verwendet die Rutschen hauptsächlich für staubförmige Güter.

Schwingtechnisch gesehen sind die Schwingrinnen Feder-Masse-Systeme, die als Ein- oder Zweimassenschwinger ausgebildet sind und als Freischwinger oder geführte Schwinger betrieben werden (Bild 2.104). Als Schwingungserreger dienen rotierende unwuchtige Massen, elektromagnetisch hin- und her bewegte Massen, Schubkurbel- oder Exzenter-Getriebe sowie hydraulische Geräte. Die Einmassenschwinger mit Unwuchtantrieb arbeiten üblicherweise „überkritisch", d.h. ihre Erregerfrequenz liegt weit über der Eigenfrequenz des Schwingungssystems aus Masse und Feder. Hingegen arbeiten die Fördergeräte mit Magnetantrieb meistens unterkritisch und die Zweimassenschwinger als Resonanzschwinger, bei denen die Erregerfrequenz und die Eigenfrequenz annähernd übereinstimmen.

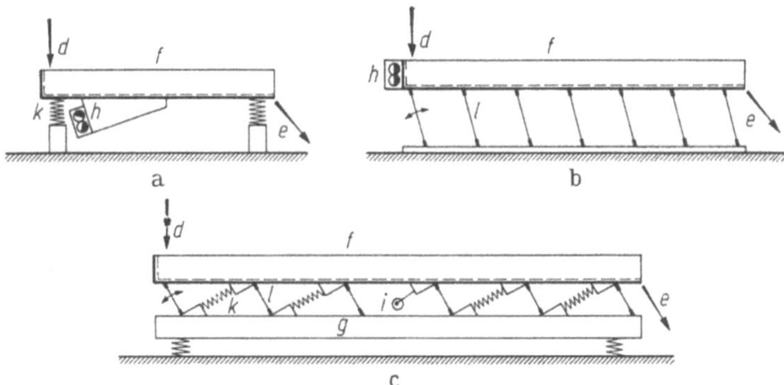

Bild 2.104. Drei Grundformen von Schwingförderrinnen.
a) Freischwingendes Einmassensystem; b) geführtes Einmassensystem; c) geführtes Zweimassensystem.
d Gutszufuhr; e Gutsabfuhr; f schwingende Rinne (Nutzmasse); g Gegenmasse; h Unwuchtmotor; i Schubkurbelgetriebe; k Federn; l (federnde) Lenker.

Die Abmessungen der Geräte werden durch die erforderliche dynamische Steifigkeit der Rinnen und durch das Angebot an Erregerkraft begrenzt. Ausgeführt wurden z.B. unwuchtgetriebene Freischwingrinnen mit Breiten bis zu 3 m und Längen bis zu 10 m. Rinnen mit Längen bis etwa 25 m erfordern lenkergeführte Schwingsysteme. Am längsten lassen sich die Resonanzrinnen bauen, die die Antriebskräfte über zahlreiche längsverteilte Federn zugeführt erhalten.

Schwingrinnen werden im allgemeinen waagerecht angeordnet, doch können sie das Gut auch auf Steigungen von $\alpha = 15°$, in günstigen Fällen bis 25°, fördern. Ihre Fördergeschwindigkeit v hängt ab von der Frequenz f, der Amplitude x, der Rinnenneigung α und der Stoßrichtung β (Winkel zwischen Schwing- und Förderrichtung, meistens 20 bis 45°); außerdem haben die Eigenschaften und die Schichthöhe des Gutes Einfluß [194—196]. Im allgemeinen gibt man der sogenannten „Wurfkennzahl"

$$\Gamma = \hat{x}\,(2\pi f)^2 \sin\beta/g \qquad (2.65)$$

Werte zwischen 1 und 3,3, für schleißende Güter solche nahe bei 3,3, für bruchempfindliche Güter solche näher bei 1. Die Beanspruchung der Schwingmaschinen wird durch das Verhältnis der maximalen Rinnenbeschleunigung zur Fallbeschleunigung, also durch $k_a = \hat{x}(2\pi f)^2/g$ erfaßt; meistens liegt k_a zwischen 3 und 10.

Betriebsdaten der Rinnen mit

Kurbelantrieben $\quad f = 5$ bis $25\,$Hz; $\quad \hat{x} = 3 \quad$ bis $15\,$mm; $\quad v = 0,3$ bis $0,7\,$m/s;
Unwuchtmotoren $\quad f = 15$ bis $50\,$Hz; $\quad \hat{x} = 0,5$ bis $5\,$mm; $\quad v = 0,05$ bis $0,4\,$m/s;
Magnetantrieben $\quad f = 50$ u. $100\,$Hz; $\quad \hat{x} = 0,05$ bis $3\,$mm; $\quad v = 0,01$ bis $0,3\,$m/s.

Innerhalb der genannten Bereiche kann die Wandergeschwindigkeit des Gutes eingestellt werden

bei Schubkurbelantrieben in der Regel nur durch Verändern der Frequenz, d.h. durch Drehzahlverstellung des Antriebs,
bei Unwuchtmotoren durch Verändern der Schwingungsamplitude, d.h. durch Verstellen der Unwuchtmassen (meistens nur während des Stillstandes),
bei elektromagnetischen Vibratoren während des Betriebes durch Variieren der Schwingungsamplitude über die Magnetspannung.

Über die „Förderwilligkeit", den Kornabrieb und das sonstige Verhalten eines bestimmten Gutes beim Schwingtransport kann nur der Versuch Auskunft geben.

Die Schwingungen der Rinnen werden durch das Gut gedämpft. Dies macht sich in überkritisch betriebenen Systemen allerdings kaum störend bemerkbar. Nur wenn der Resonanzbereich beim An- und Abstellen der Maschinen durchfahren wird, können Schwingungsausschläge entstehen, die den Unterbau der Maschinen stark beanspruchen. Die Antriebsmotore müssen deshalb gestatten, schnell über diesen Frequenzbereich hinwegzukommen. In Zweimassen-Resonanzsystemen wird starke Fundamenterregung vermieden, indem die Arbeitsfedern zwischen den gegensinnig schwingenden Massen angeordnet und die Massen und Federn so bemessen werden, daß keine nennenswerten Wechselkräfte auf den Unterbau wirken. Außerdem betreibt man diese Systeme bei Frequenzen, die 10 bis 20% unter den Resonanzfrequenzen liegen. Allerdings rufen Schwankungen der Gutszufuhr erhebliche Änderungen der Schwingungsausschläge und damit der Wandergeschwindigkeit des Gutes hervor. Aber mittels Arbeitsfedern mit sog. progressiven Kennlinien ist dieser Einfluß zu mildern. Richtig bemessene Zweimassensysteme, können obwohl sie schwerer als Einmassensysteme sind, auf Bühnen o. dgl. angeordnet werden.

Der Wärmeübergang zwischen dem Luftstrom und dem Gut richtet sich nach der Frequenz f und der Amplitude $\hat{x}$ der Schwingungen [197] und damit nach dem Verhältnis $k_a = a_{max}/g = \hat{x}(2\pi f)^2/g$. Wenn das körnige Gut nur am Trogboden entlang rutscht, so ist sein Lückenraumanteil fast derselbe wie wenn es ruht; werden die Körner aber immer wieder hochgeworfen, so entsteht ein erheblich größerer Lückenraumanteil, und das Gut verhält sich dann ähnlich wie eine Flüssigkeit. Die Widerstände gegen den durchgehenden Luftstrom in einer solchen „Schwing-Fließschicht" unterscheiden sich erheblich von denen in einer Ruheschicht, und die Bedingungen der Wärme- und Stoffübertragung kommen denjenigen in einer „pneumatisch fluidisierten" Schicht nahe (s. Abschn. 2.3.1.5). Weil der Luftstrom die Teilchen aber nicht zu tragen braucht, kann man die Stromdichte freier wählen als bei pneumatisch erzeugten Fluidatschichten.

Die Durchström-Schwingfördertrockner eignen sich vornehmlich zum Trocknen rieselfähiger, nicht agglomerierender oder backender Schüttgüter mit relativ niedrigen Feuchtegehalten. Oft dienen sie als Nachtrockner hinter anderen Trocknern, und manchmal übernehmen sie außer ihrer Trocknungsaufgabe den Transport des Gutes zwischen zwei Apparaten.

Das Bild 2.105 zeigt das Schema eines Durchström-Schwingfördertrockners. Die Rinne b mit dem durchlässigen Boden c, der Luftverteilkammer i und der Ablufthaube k wird in schräger Richtung hin- und herbewegt und fördert das Gut a in nahezu stetigem Strom durch den Trocknungsraum. Sie bildet mit dem Schwingungserreger d, den Federn e und dem schwach angekoppelten Gut zusammen ein „frei schwingendes Einmassensystem". Getrocknet wird mit der Luft, die aus dem Erhitzer h kommt, das Gut durchdringt, die verdunstete Feuchte mitnimmt und danach im Staubabscheider l gereinigt wird.

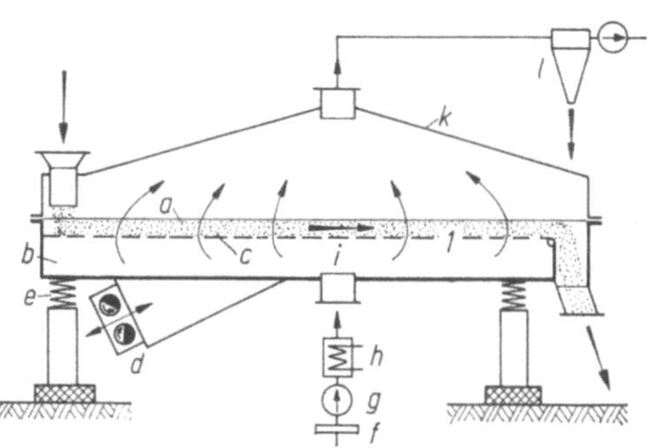

Bild 2.105. Durchstrom-Schwingfördertrockner, als Einmassenschwinger ausgebildet (schematisch) [198].
a Trocknungsgut; b Schwingrinne; c Durchstromboden; d Linear-Schwingungserreger; e Federn; f Luftfilter; g Ventilator; h Lufterhitzer; i Luftverteilkammer; k Ablufthaube; l Abluftreinigung.

Als Zweimassen-Resonanzschwinger ausgebildet ist die Trocknungsrinne nach Bild 2.106. Das Gut läuft über dachziegelartig angeordnete Platten und wird von Heißluft durchströmt, die durch die Spalte zwischen den Platten hinzutritt.

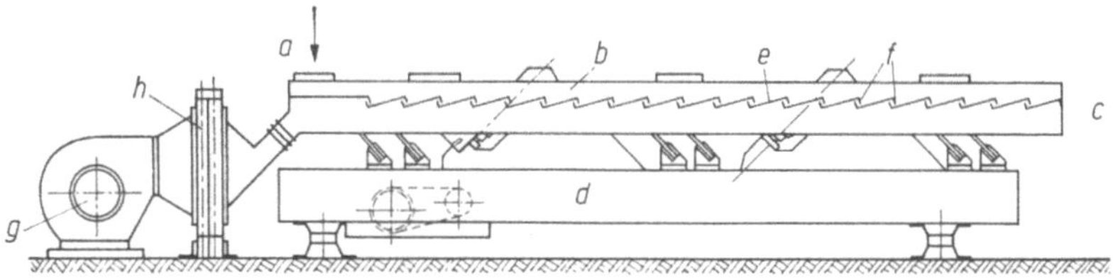

Bild 2.106. Durchström-Schwingfördertrockner, als Resonanzschwinger ausgebildet (W. Flämrich, Recklinghausen).
a Gutseintrag; b Schwingforderrinne; c Gutsaustrag; d Gegenmasse; e Gutsträger; f Luftspalte; g Ventilator; h Lufterhitzer.

Auf einer wendelförmigen Bahn von oben nach unten wandert das Gut im Trockner nach Bild 2.107. Die Maschine hat zwei übereinander liegende Kammern und entfernt die Restfeuchte aus pulverigen Stoffen [198]. Ihr gutstragender Teil macht oszillierende Drehbewegungen um die vertikale Achse und wird über einen Drehschwingungserreger von einem Asynchronmotor aus angetrieben. Andere *Schwingwendeltrockner* fördern das Gut von unten nach oben. Als größtmögliche Rinnenbreite derartiger Trockner gelten 200 bis 300 mm, als maximale Förderhöhe 10 m, als mögliche Durchsätze 200 bis 2000 kg/h.

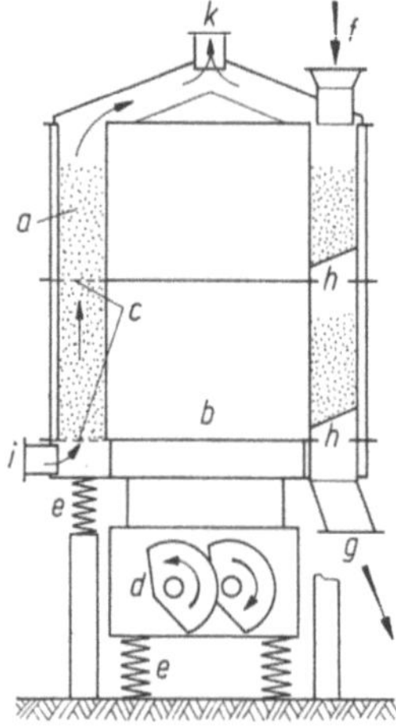

Bild 2.107. Durchström-Schwingwendeltrockner [198].
a Trocknungsgut; *b* schwingender Tragzylinder;
c Durchströmboden; *d* Drehschwingungserreger;
e Federn; *f* Gutseinlauf; *g* Gutsauslauf; *h* Schleuse;
i Lufteintritt; *k* Luftaustritt.

2.3.1.4.8. Durchströmtrockner, die das Gut mit kombinierten Mitteln fördern

Ein Drahtgeflechtband, das quer zur Achse des kanalartigen Trocknungsraumes umläuft, trägt das Gut im *Durchström-Trogbandtrockner* (Bild 2.108). Es bildet auf einem Teil des Umlaufweges eine Art Trog mit schrägem, auf einem Luftver-

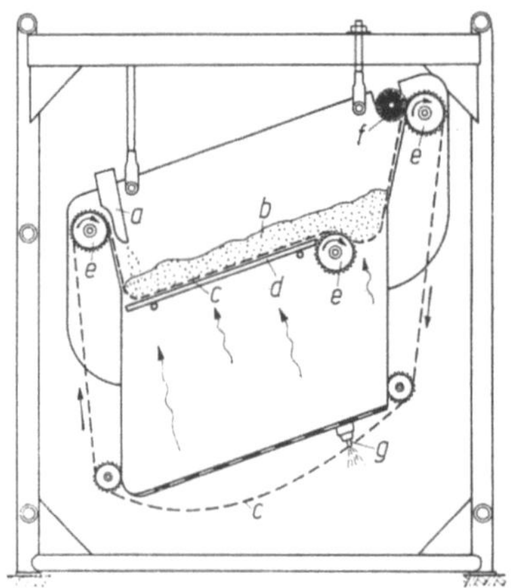

Bild 2.108. Durchström-Trogbandtrokkner, Querschnitt (nach [199]).
a Aufgabeschurre; *b* Gutsschicht; *c* umlaufendes Drahtgeflechtband; *d* Luftverteilrost; *e* Tragrollen des Bandes; *f* Bürstenwalze; *g* Wassersprüher.

teilrost schleifendem Boden. Die Gutssteilchen wandern zur höher liegenden Trogseite, bis sie die höchste Stelle erreicht haben und zurückfallen; sie rutschen zur anderen Trogseite, klimmen erneut empor usw. Da die Achsen der Tragrollen des Bandes zur Horizontalen geneigt liegen und dem ganzen Band eine leichte Schräglage in Kanal-Längsrichtung (senkrecht zur Bildebene) geben, so folgen die rutschenden Teilchen der Gewichtskraft in Quer- und Längsrichtung und wandern dadurch allmählich durch den Trockner. Erleichtert wird diese Bewegung durch den aufwärts dringenden schnellen Luftstrom, der die Teilchenschicht zwar nicht fluidisiert, aber doch erheblich mitträgt. Auf ihrem Weg mischen sich die Teilchen und trocknen recht gleichmäßig. Mit Bürstenwalzen und Wassersprühern wird das Trogband ständig gereinigt (N 213.955.6).

Der Trockner wurde in den USA für Erbsen und brockiges, nicht zusammenklumpendes Gemüse entwickelt [199].

2.3.1.5. Fluidat-Trockner (Wirbelschicht- und Sprudeltrockner)

2.3.1.5.1. Theoretische und experimentelle Grundlagen der Fluidat-Trocknung

Dynamisches Verhalten fluidisierten Gutes

Viele Haufwerke aus körnigen Teilchen können mit durchströmender Luft locker und „fließfähig" gemacht werden. Das wird in zahlreichen Trocknern mit Vorteil genutzt (Tabelle 2.9).

Die Wirbelschichttrockner verwandeln das Gut in ein „Fluidat" indem sie Luft mit solcher Geschwindigkeit hindurchblasen, daß die Teilchen zwar voneinander getrennt werden und eigene Bewegbarkeit bekommen, aber nicht insgesamt fortfliegen. Das Gut-Luft-Gemisch gleicht einer Flüssigkeit, in der sich die Teilchen ständig bewegen und mischen.

Die Sprudel-, Fontänen- und einige andere Trockner treiben die Luft durch begrenzte Bereiche angehäuften Gutes und sprudeln dadurch Teilchen hoch.

In einem Zylinder (Bild 2.109) liege eine homogene Schicht gleicher Kügelchen auf einem durchlässigen Boden und werde von Luft aufwärts durchströmt. Es werde beobachtet, wie sich der Druckabfall Δp der Luft in der Schicht (der Schichtwiderstand) ändert, wenn die Luftgeschwindigkeit w_L allmählich ansteigt. Solange der Luftdurchsatz verhältnismäßig gering ist, wächst der Schichtwiderstand gemäß dem Linienstück OA im Bild 2.109a, ohne daß auch die Schichthöhe zunimmt. Beim Punkt A, dem sog. Wirbelpunkt, lockert sich die Schicht und wird fließfähig. Der Schichtwiderstand bleibt nun annähernd gleich (Bild 2.109b), aber die Schicht dehnt sich nach oben aus, und ihr Lückenraumanteil nimmt zu. Im-

Tabelle 2.9. Gruppen der Fluidat-Trockner

Fluidat-Trockner			
Wirbelschicht-Trockner		Strahlschicht-, Sprudel-, Fontänentrockner u. dgl.	
Die Luft tritt als breiter Strom in das Fluidat ein, das Fluidat hat meistens hohe Teilchenkonzentrationen		Die Luft tritt als Strahl in das Fluidat ein, das Fluidat hat bei der Aufwärtsbewegung geringe, beim Zurücksinken höhere Teilchenkonzentration	
Wirbel*bett*-Trockner	Wirbel-*Fließschicht*-Trockner Wirbel-*Wanderschicht*-Trockner	Sprudel*bett*-Trockner (spouted-bed)	Wander-*Strahlschicht*trockner
mit stationärer Fluidatschicht, ähnlich dem (gegebenenfalls aufgerührten) Wasser im Kochtopf	mit fließendem oder wanderndem Fluidat, mit freifließender Schicht, ohne Behandlungshilfen, mit Behandlungshilfen, mit mechanisch bewegter Schicht, mit pneumatisch bewegter Schicht	mit stationärem Teilchenstrahl	mit wanderndem Fluidat, mit zirkulierendem Fluidat

mer stärker tanzen die Kugeln, springen hoch und fallen zurück. Steigt die Luftgeschwindigkeit schließlich über die sog. Sinkgeschwindigkeit der Kugeln (siehe Abschn. 2.3.1.6), so trägt der Luftstrom die Partikel fort (Bild 2.109c).

Der Augenschein lehrt, daß, so wie die Ruheschüttungen, auch die Wirbelschichten in Wirklichkeit selten homogen sind. Außerdem wirken oft molekulare Haftkräfte zwischen den Partikeln, und die Teilchen können verzahnt sein. Beides hat erheblichen Einfluß auf den Druckverlust der durchströmenden Luft. Das Bild 2.110 zeigt einige Druckverlustkurven im doppeltlogarithmischen Koordina-

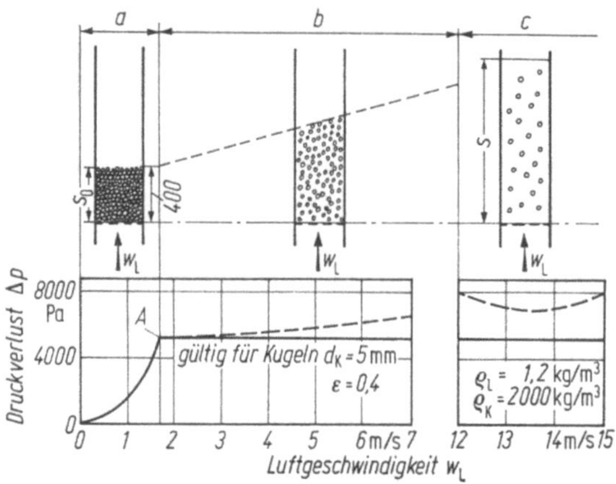

Bild 2.109. Aufwärtsströmung von Luft durch körniges Gut. Verlauf des Druckverlustes abhängig von der Luftgeschwindigkeit.
a) Ruhendes Schüttgutbett; b) Wirbelbett; c) Teilchen schwebend.

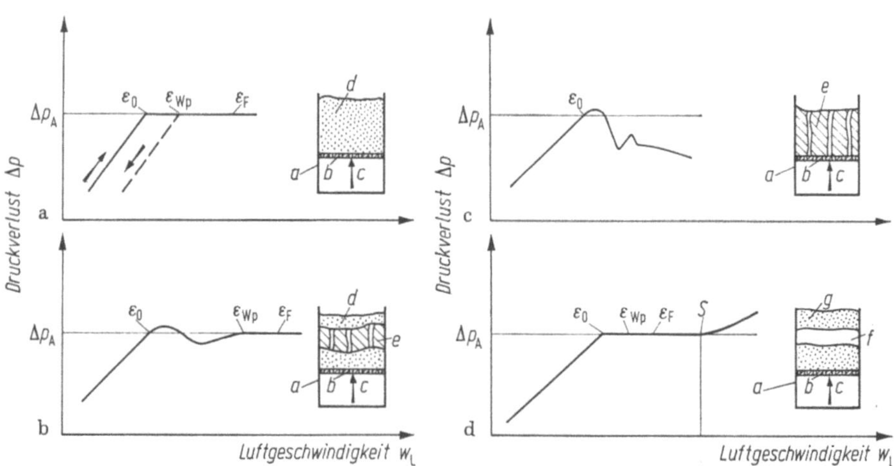

Bild 2.110. Druckverlust Δp der Luft in einer aufwärts durchströmten zylindrischen Gutsschicht, abhängig von der Luftgeschwindigkeit, dargestellt im doppeltlogarithmischen Koordinatennetz (schematisch, [208]).
a Behälter; b Luftverteilboden; c Luftrichtung; d fluidisierte Teilchen; e nichtfluidisierte Teilchen mit Kanälen; f Gasblasen; g fluidisierte Teilschicht; S Stoßpunkt.
a) Ideale Fluidisierung; b) schwache Kanalbildung; c) ausgeprägte Kanalbildung; d) stoßende Teilchenschichten.

tennetz. Bei idealer Fluidisierung ungleicher Teilchen (Bild 2.110a) behält die Ruheschicht den ursprünglichen Lückenraumanteil ε_0, bis mit steigender Luftgeschwindigkeit der sog. Ausdehnungspunkt und der Druckverlust Δp_A erreicht sind. Von da an lockert sich die Schicht und dehnt sich aus, bis sie den Lückenraumanteil ε_{Wp} beim Wirbelpunkt (unteren Fluidisierungspunkt) hat; ε_{Wp} entspricht der lockersten stabilen Anordnung der Teilchen in der Ruheschicht. Am oberen Fluidisierungspunkt schließlich, beim Lückenraumanteil ε_F, ist das ganze Bett samt den groben Teilchen fließfähig.

Durch viele Wirbelschichten bricht die Luft in aufsteigenden lufterfüllten Teilchenblasen. Dabei können die kornfreien Räume unregelmäßig hin und her wandern, und die Blasen können sich vereinigen, wobei im zeitlichen Durchschnitt überall fast die gleiche Wirkung auftritt (quasi-homogene Schicht). Es gibt jedoch auch Schichten, in denen durch die Kohäsion feiner Teilchen bleibende Kanäle entstehen, durch die ein Teil der Luft ungenutzt streicht. Solche inhomogene Schichten bilden sich stets bei Gütern mit weniger als ungefähr 10 µm Teilchendurchmesser.

Aus Bild 2.110b geht der Verlauf des Druckverlustes in einer durchbrochenen Schicht hervor. Wegen der Kräfte zwischen den Teilchen lockert sich das Bett bei einem höheren Δp als theoretisch zu erwarten ist. Aber nachdem sich die Teilchen losgerissen haben wächst der Lückenraumanteil ε, und Δp geht mit steigender Luftgeschwindigkeit asymptotisch auf den Wert Δp_A zurück.

Entstehen große Kanäle, so bleibt Δp vom Ausdehnungspunkt an fast bei allen Geschwindigkeiten kleiner als Δp_A (Bild 2.110c). Der Unterschied ($\Delta p_A - \Delta p$) ist ein Maß für die Kanalbildung.

In engen Behältern können sich aus kleinen Teilchenblasen, die am Zuströmboden entstehen, große Blasen bilden, die den ganzen Behälterquerschnitt ausfüllen. Sie trennen dann Teilchenschichten ab und werfen sie stoßweise hoch (Bild 2.110d).

Nach der sog. Zweiphasentheorie der Wirbelschichten dringt ungefähr so viel Luft, wie den Mindestbedarf zum Erzeugen des Fluidats übersteigt, innerhalb der Blasen und Kanäle durch das Gut [200—202].

Aggregative Fluidisation, wie die nach den Skizzen b und c im Bild 2.110, tritt sowohl in engen wie in weiten Behältern auf. Selten gleicht das Fluidat in einem Trockner der ruhenden Flüssigkeit in einem Becken, oft vielmehr der wallenden oder siedenden Flüssigkeit in einem Kochtopf oder es ähnelt einem Sprudel. In weiten Behältern machen die Gutsteilchen Kreisläufe; sie folgen aufwärtsgerichteten Blasenbahnen zur Oberfläche und machen dadurch in den Zonen zwischen den Blasen Räume frei, durch die andere Körner als Teilchenstrom — dem Luftstrom entgegen — absinken und durch die sie selbst auch zurückgelangen (siehe Bild 2.111). Einfluß auf die Bewegungen haben unter anderem die örtliche Verteilung und die Richtung sowie die zeitlichen Geschwindigkeitsschwankungen der zuströmenden Luft [203, 204]. Durch Wirbelschichten in weiten Räumen steigen die Blasen schneller auf als durch solche in engen [205]. Wandeinflüsse machen sich in senkrecht durchströmten Schichten erst in Behältern mit mehr als 300 bis 500 mm Weite nicht mehr bemerkbar.

Da in einer Wirbelschicht allein die Luft das Gut trägt, ohne es als Ganzes zu beschleunigen, so müssen die aufwärts gerichteten, von der Luftströmung herrührenden Kräfte und die statischen Auftriebskräfte, die auf die Teilchen wirken, zusammen gleich der Gewichtskraft des Gutes sein. Andererseits ist der Druckunterschied der Luft zwischen der untersten und der obersten Stelle der Schicht

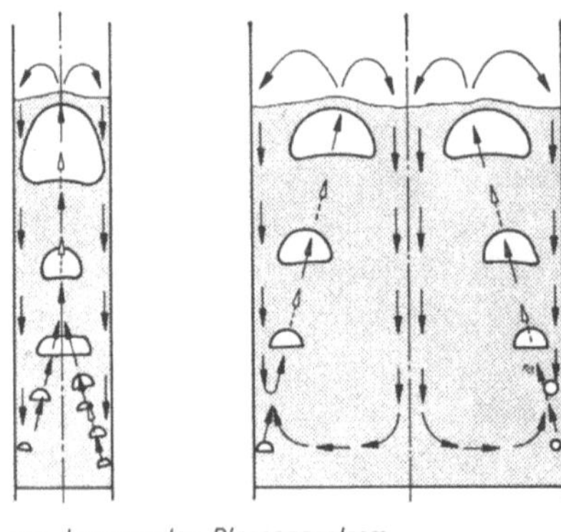

Bild 2.111. Blasen und Feststoffbewegung in Wirbelschichten verschiedenen Durchmessers (nach Werther).

gleich der flächenbezogenen Gewichtskraft des Gutes plus der flächenbezogenen Gewichtskraft der Luftsäule zwischen den beiden Stellen (beide Kräfte auf die horizontale Querschnittsfläche der Schicht bezogen). In Wirbelschichten, die mit Luft erzeugt werden, sind die Auftriebs- und die Gewichtskräfte der Luftsäulen gegenüber den anderen Kräften allerdings gering, so daß der Druckverlust der Luft zwischen unten und oben, also der sog. Schichtwiderstand, gleich der flächenbezogenen Gewichtskraft des Gutes gesetzt werden kann.

Die Mindestgeschwindigkeit w_{Wp} der Luft (bezogen auf die leergedachte Querschnittsfläche der Schicht), bei der ein gleichkörniges Gut fluide wird, heißt Lockerungsgeschwindigkeit. Sie läßt sich aus der Formel (2.59) für den Schichtwiderstand, aus der flächenbezogenen Gewichtskraft der Schicht

$$p_{\mathrm{Sch}} = (1 - \varepsilon_{\mathrm{O}})\, \varrho_{\mathrm{K}} s_{\mathrm{O}}\, g \tag{2.66}$$

und aus der Formel (2.57) berechnen; $\varepsilon_{\mathrm{O}} = 1 - \varrho_{\mathrm{Sch}}/\varrho_{\mathrm{K}}$ bezeichnet den Lückenraumanteil, ϱ_{Sch} die Schüttdichte und s_{O} die Höhe der Ruheschicht, außerdem ϱ_{K} die Dichte der Einzelteilchen und g die Fallbeschleunigung. Im Bild 2.112 sind so ermittelte Lockerungsgeschwindigkeiten angegeben.

Wird die Gutsschicht nicht mit der Geschwindigkeit w_{Wp}, sondern mit der größeren Geschwindigkeit w_{L} angeströmt, so bekommt sie ungefähr den Lückenraumanteil [206]:

$$\varepsilon = \left(\frac{18Re + 0{,}36Re^2}{Ar} \right)^{0{,}21} \tag{2.67}$$

und ihre Höhe wächst entsprechend auf

$$s = s_{\mathrm{O}} \frac{1 - \varepsilon_{\mathrm{O}}}{1 - \varepsilon}. \tag{2.68}$$

Hier bezeichnet

$$Re \equiv \frac{w_{\mathrm{L}}\, d_{\mathrm{K}}}{\nu} \quad \text{die Reynolds-Zahl} \tag{2.69}$$

und

$$Ar \equiv \frac{g\,d_{\mathrm{K}}^3}{v_{\mathrm{L}}^2}\,\frac{\varrho_{\mathrm{K}} - \varrho_{\mathrm{L}}}{\varrho_{\mathrm{L}}} \quad \text{die Archimedes-Zahl.} \tag{2.70}$$

Industrielle Anlagen trocknen im allgemeinen Güter mit Teilchen zwischen 0,1 und 5 mm Größe, deren Lockerungsgeschwindigkeiten ungefähr zwischen 0,01 und 2 m/s liegen. Betrieben werden die Trockner allerdings mit höheren Luftgeschwindigkeiten. Schlecht fluidisieren lassen sich Güter mit engem Korngrößenbereich und mit Teilchen von einigen Millimetern bis zu wenigen Zentimetern Durchmesser.

Die Bewegungsvorgänge der Gutsteilchen in den Fluidaten werden von den wirkenden Kräften und den geometrischen Gegebenheiten bestimmt, denen sie unterworfen sind. Unterstellt man, in einer Wirbelschicht seien zwischen den Guts-

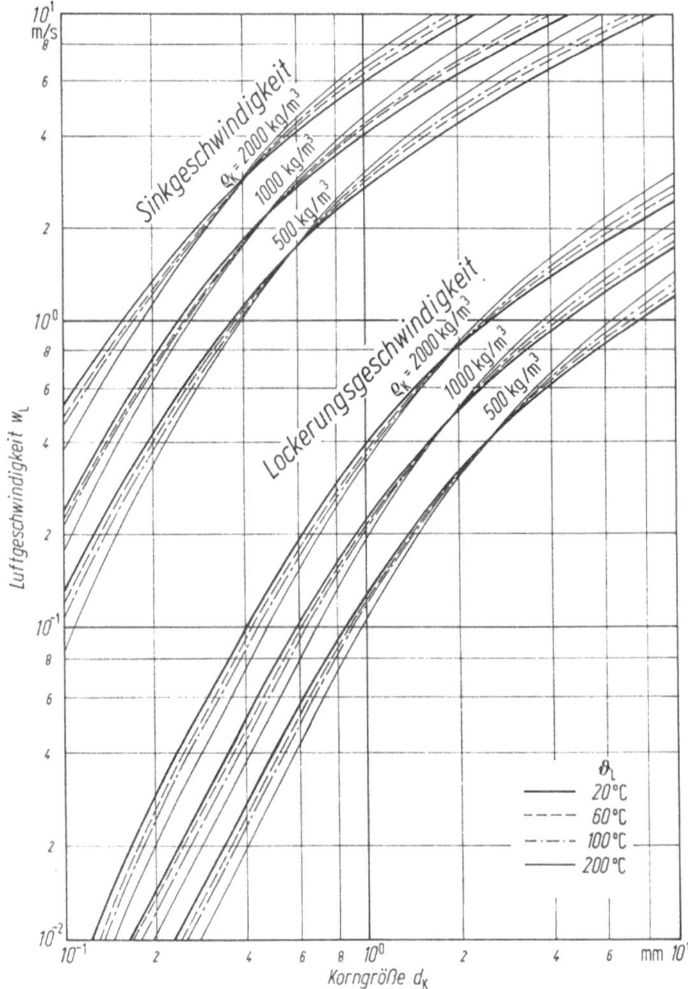

Bild 2.112. Lockerungsgeschwindigkeit einer Schicht aus kugeligen Teilchen und Sinkgeschwindigkeit der Einzelteilchen, abhängig von der Teilchengröße, bei verschiedenen Lufttemperaturen ϑ_{L} und Korndichten ϱ_{K} (errechnet nach Pawlow).

teilchen sowie zwischen den Teilchen und den Wänden weder Reibungskräfte noch
Stoß- und Haftkräfte wirksam, so beherrschen die Gewichtskraft, die Massen-
trägheitskräfte und die aerodynamisch bedingten Schleppkräfte der Luft das Geschehen in der Schicht. Als geometrische Gegebenheiten sind die Abmessungen
der Gutsteilchen und der Schichtumrandungen anzusehen. In solchen Wirbelschichten verlaufen die Bewegungen dann ähnlich, wenn die geometrischen Abmessungen untereinander im gleichen Verhältnis stehen und wenn

$$\text{die Reynolds-Zahl } Re = \frac{\text{Trägheitskräfte}}{\text{Viskositätskräfte}} \qquad \text{(s. Gl. (2.69)),}$$

$$\text{die Froude-Zahl } Fr = \frac{\text{Trägheitskräfte}}{\text{Gewichtskräfte}} = \frac{w_L^2}{g\,d_K}, \qquad (2.71)$$

$$\text{das Dichteverhältnis } \frac{\text{Dichte der Luft}}{\text{Dichte der Gutsteilchen}} = \frac{\varrho_L}{\varrho_K} \qquad (2.72)$$

in beiden gleich sind. Der Zusammenhang zwischen diesen Größen für *ideale
Wirbelschichten* aus kugeligen Teilchen in zylindrischen Behältern ist in Bild 2.113
dargestellt [207]. Als „ideal" sollen dabei Schichten gelten, in denen alle Teilchen
so umströmt werden, wie wenn sie alleine wären. Jede der gekrümmten Linien im
Bild 2.113 gilt für einen bestimmten Lückenraumanteil ε der Schicht und für ein
bestimmtes „Lastvielfaches" n_v, das durch

$$n_v = \frac{\Delta p}{s\,\varrho_K(1-\varepsilon)\,g} \qquad (2.73)$$

festgelegt ist. Dieses Vielfache ist das Verhältnis der vom Luftstrom auf die s m
hohe Schicht ausgeübten Kraft zur Gewichtskraft der Schicht. Der Lückenraumanteil des geschütteten noch nicht fluidisierten Gutes ist zu 0,4 angenommen.

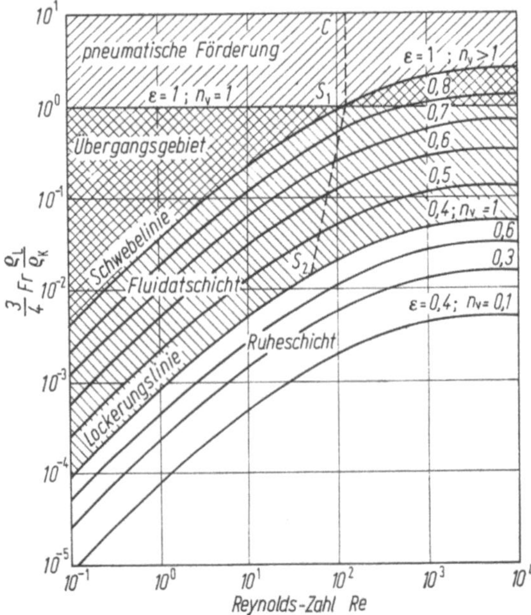

Bild 2.113. Diagramm für Strömungsvorgänge in Wirbelschichten aus kugeligen Teilchen in
zylindrischen Behältern (nach Reh).

Das Diagramm in Bild 2.113 grenzt verschiedene Bereiche ab. Zwischen der Lockerungslinie und der Schwebelinie liegt der Bereich der Wirbelschichten, in dem das Lastvielfache gleich 1 ist. Den durchströmten Schüttgütern kommt der Bereich unterhalb der Lockerungslinie ($n_v < 1$) zu, und zu den Körnerwolken, die pneumatisch nach oben geblasen werden, gehört der oberste Bereich des Bildes.

Nicht ideale Wirbelschichten, in denen sich viele Partikel im Windschatten anderer Partikel bewegen, zeigen, wenn sie dem Bereich links der Linie S_1S_2 zugehören, Inhomogenitäten in Form von Blasen oder Kanälen. Das Gebiet rechts der genannten Linie ist das der stoßenden Wirbelschichten, die aus kolbenartig zusammengeballten Teilchen und Leerräumen dazwischen bestehen. Auch in den doppelt schraffierten Gebieten oberhalb der Schwebelinie existieren inhomogene Fluidate. Im linken dieser Gebiete würde bei idealer Umströmung der Einzelteilchen bereits pneumatische Förderung einsetzen, tatsächlich aber schwebt das Gut in senkrechten lamellenartigen Aggregaten vereinigt zwischen Luftströmen, die an ihm vorbei nach oben schießen.

Die wirklichen Güter sind Gemische aus Teilchen oft sehr unterschiedlicher Größe, und ihre Teilchen sind selten kugelförmig. Ferner wirken in den wirklichen Wirbelschichten außer den Gewichts- und den Schleppkräften je nach dem Einzelfall auch noch Kapillarkräfte adsorbierter Wasserschichten sowie Van-der-Waals- und elektrostatische Kräfte auf die Partikel ein. Sie können erheblich stärker als die Gewichtskraft sein, vor allem wenn es sich um feinkörniges Gut handelt, und sie beeinträchtigen die Fluidisierbarkeit des Gutes oft erheblich. Schwierig oder unmöglich kann es sein, Fluidate aus faserigen, stengeligen, blättrigen oder klumpigen Teilchen zu erzeugen, oder aus Stoffen, deren Teilchen klebrig oder ineinander verhakt sind.

Manchen Gütern, die mit Luft allein nicht fließfähig zu machen sind, kann man eine gewisse Fließfähigkeit geben, indem man sie rührt, rüttelt oder sonst in geeigneter Weise behandelt (s. w. h.).

Statt in zylindrischen werden manche grobkörnigen Stoffe besser in trichterförmigen Räumen fluidisiert oder aufgesprudelt. Je nach den Gegebenheiten bewegt sich das Gut dabei sehr unterschiedlich.

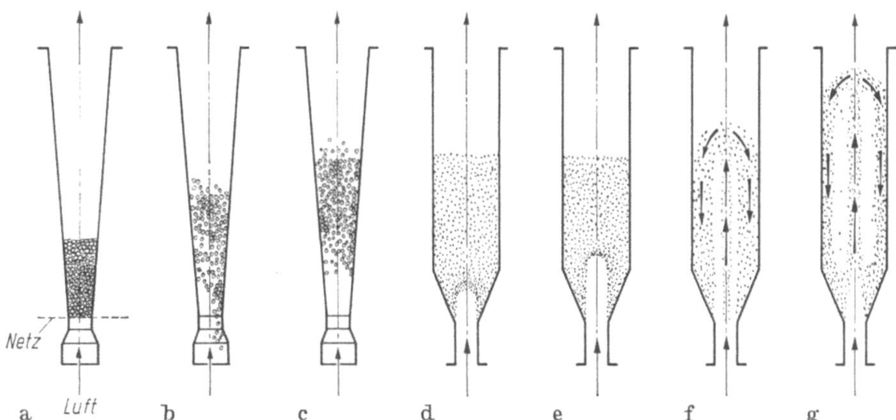

Bild 2.114. Ruhendes und fluidisiertes Gut in trichterförmigen Raumen (schematisch).

Steigt in dem schlanken, Körnergut enthaltenden Trichter nach Bild 2.114a die Geschwindigkeit des aufwärts gerichteten Luftstromes allmählich an, so wächst der Druckverlust des Stromes bis zu einem Höchstwert, bei dem das Gut als Ganzes rhythmisch hoch und zurück springt. Bei höheren Geschwindigkeiten wird die Trichterfüllung fluidisiert, doch fallen einzelne Körner durch den Trichterhals, wenn kein Fangnetz vorhanden ist (Bild 2.114b). Erst bei noch höheren Geschwindigkeiten bleiben sämtliche Körner über dem Netz; der Schwarm dehnt sich immer mehr aus und wandert im Trichter nach oben (Bild 2.114c); zugleich sinkt sein Widerstand. Weicht der Luftstrom zur Seite, was meistens geschieht, so schleudert er die Körner schräg hoch. Die Teilchen fallen auf der anderen Seite zurück, gelangen in ein Gebiet hoher Luftgeschwindigkeit und werden vom Strom wieder erfaßt. Bei sehr hoher Geschwindigkeit entweicht sämtliches Gut mit dem Luftstrom nach oben [207, 483].

Zum Teil anders verlaufen die Vorgänge im flacheren Trichter mit aufgesetztem Zylinder nach Bild 2.114d. Ein schwacher Luftstrom bohrt sich nur ein Loch in die Kornschüttung. Dieses, wird mit zunehmender Strahlgeschwindigkeit größer und zugleich steigt der Druckverlust der Luft (Bild 2.114e). Schließlich bricht der Strahl oben durch die Schüttung, der Druckverlust nimmt wieder ab. Mit dem Strahl fliegen dann Körner hoch, fallen in den Seitenraum zurück, wandern allmählich abwärts und rutschen wieder in den Strahl. So machen sie einen Kreislauf (Bild 2.114f). Je höher die Strahlgeschwindigkeit ist, desto höher reicht der Körnersprudel (Bild 2.114g), doch entsteht ein Sprudel nur in Schüttungen unterhalb einer bestimmten Höhe. (Näheres über Strahlschichten ist der zusammenfassenden Darstellung von Brauer [202] und der dort zitierten Literatur zu entnehmen).

Fließeigenschaften fluidisierten Gutes

Fluidisiertes Gut, das in stetigem Strom durch eine ebene, mit Anströmboden versehene Rinne wandert, verhält sich dabei ähnlich wie eine viskose Flüssigkeit: es fließt in der Mitte am schnellsten, an den Seiten langsamer. Ist der Teilchenstrom nur leicht aufgewirbelt und schwach, so beträgt die Höchstgeschwindigkeit das 1,55 bis 1,73fache der Durchschnittsgeschwindigkeit [200]. Die freie Gutsoberfläche behält eine schwache Längsneigung zur Horizontalen und legt sich mit wachsendem Gutsdurchsatz etwas schräger.

In einer Rinne, in der zwischen zwei nahe hintereinander liegenden Stellen der Gutsoberfläche ein Höhenunterschied und am Boden daher auch ein Druckunterschied bestehe, setze sich der Unterschied an potentieller Energie der Teilchen gänzlich in Bewegungsenergie um und diene zum Überwinden der Strömungswiderstände. Die Geschwindigkeit w, die der Teilchenstrom dabei annimmt, kann formal mittels des gleichen Ansatzes berechnet werden wie die Geschwindigkeit einer echten Flüssigkeit, nämlich mit der Gleichung:

$$w = \sqrt{\tan\gamma_R \frac{2g}{\zeta_K} \frac{4S}{U}} \tag{2.74}$$

γ_R Neigungswinkel der Gutsoberfläche,
S Querschnittsfläche der Rinne,
U Querschnittsumfang der Rinne,
ζ_K Widerstandszahl, die abhängt von der Art des Gutes, vom relativen

Zwischenraumvolumen des Fluidats und von der Reynolds-Zahl der Strömung (gebildet aus dem hydraulischen Durchmesser des durchströmten Querschnitt, der Strömungsgeschwindigkeit und der „Viskosität" des Fluidats). Bei einem gegebenen Gut ist die Viskosität beim Wirbelpunkt am größten und fällt mit weiter steigender Luftgeschwindigkeit stark ab [200, 208].

Ähnlich wie eine Flüssigkeit verhält sich ein Fluidat auch, wenn es aus einer Boden- oder Seitenöffnung eines Behälters tritt. Es entsteht ein Strahl, dessen Gechwindigkeit vom Druckunterschied zwischen innen und außen abhängt. Die Gutsteilchen unterliegen vor dem Austritt anderen Kräften als in der ungestörten Wirbelschicht. Das Gut und die Luft entmischen sich dabei teils, und der austretende Strahl enthält weniger Teilchen als die Schicht.

Ist der hydraulische Durchmesser D_h der Öffnung größer als $40 d_K$ und hat die Fluidatschicht über der Öffnung beim Wirbelpunkt die Höhe h_{Fl}, so gilt nach Massimilla (in [200]) für den Massenstrom des austretenden Gutes ungefähr:

$$\dot{m}_G = 0{,}5 \frac{\pi D_h^2}{4} \varrho_K \sqrt{2 g h_{Fl}}, \tag{2.75}$$

und für den Massenstrom der austretenden Luft, wenn w_{Wp} die Lockerungsgeschwindigkeit des Gutes ist:

$$\dot{m}_L = \frac{\pi D_h^2}{4} \varrho_L \sqrt{2 g h_{Fl}} \left(0{,}33 + 0{,}77 \frac{w_{Wp}}{D_h/2} \sqrt{\frac{h_{Fl}}{g}} \right). \tag{2.75a}$$

Die Gln. (2.75) und (2.75a) gelten annähernd auch, wenn das Fluidat durch Öffnungen untergetauchter Auslaßrohre entweicht.

Misch- und Sortiervorgänge in Fluidaten

In einer Wirbelschicht schweben die Gutsteilchen auf und ab, hin und her, und wandern in einem der Diffusion ähnlichen Prozeß durcheinander. Steigen lufterfüllte Teilchenblasen auf, so dringen viele Teilchen in deren Nachlaufgebiete ein, werden mitgeschleppt, samt den Teilchen der Blasenschalen oben in der Schicht ausgebreitet, zum Absinken veranlaßt und so im Kreislauf bewegt, wie schon vorne dargelegt wurde. Durch die unterschiedlichen Wege, welche die Teilchen dabei zurücklegen, gelangen sie zu den verschiedensten Stellen in der Schicht und mischen sich lebhaft. Man spricht von quasi-diffuser Vermischung in Richtung des Luftstromes sowie quer dazu und von konvektiver Vermischung durch die Bewegung der Gasblasen und durch die Kornkreisläufe (oder auch von axialer, von radialer Vermischung und von Rückmischung) [200]. Einfluß auf die Bewegung der Einzelteilchen sowie auf die Kornströme und damit auf die Gutsvermischung haben:

die Ausführung des Anströmbodens, welche die Verteilung des Luftstromes und die Blasenbildung mitbestimmt,
die Gestalt und die Abmessungen des Trocknungsraumes,
die Anströmgeschwindigkeit der Luft (mit steigender Luftgeschwindigkeit wächst die Mischgeschwindigkeit),
die Art und die Teilchengröße des Gutes und die Körnungscharakteristik.

(Feinkörniges Gut vermischt sich langsamer als grobes),
die Haft- und die Reibungskräfte, die zwischen den Teilchen wirken,
die Höhe der Wirbelschicht. (Die Intensität der Mischung ist in verschiedenen
Abständen vom Anströmboden unterschiedlich und bei niedrigen Wirbelschichten geringer als bei hohen. In Wanderschichten spielt außerdem der Fest-
stoffdurchsatz eine Rolle).

Teilchen, die einer Wirbelschicht beigemengt werden, brauchen in der Regel nur
wenige Sekunden, um sich gleichmäßig zu verteilen.

Vorteilhaft kann die hohe Mischgeschwindigkeit in Trocknern sein, in denen
das Gut als Lösung oder als Suspension in ein Fluidat aus trockenen Teilchen und
heißer Luft hineingesprüht und darin zur Feuchteabgabe gezwungen wird
(s.w.h.). Die Teilchen können dabei entweder aus dem gleichen Stoff oder aus
einem Hilfsstoff bestehen. Sie tragen das Gut schnell von der Eintrags- in andere
Zonen, wo es in der Umgebung trockener Partikel seine Feuchte abgibt, ohne zu
klumpen.

Nachteilig wirkt sich die hohe Mischgeschwindigkeit in jenen Wirbel-Fließ-
schichttrocknern aus, die das Gut mehr oder weniger ungehindert „wie Wasser"
durchfließen lassen. Die Hälfte der Partikel verweilt in solchen Anlagen kürzer als
der durchschnittlichen Aufenthaltsdauer aller Teilchen entspricht, und das hat
selbstverständlich ungleichmäßige Trocknung zur Folge.

Nicht nur das Gut, auch die Luft strömt meistens ungleichmäßig durch die
Wirbelschichten. Ein Teilstrom zwängt sich zwischen vielen Körnern hindurch,
ein anderer wandert in Blasen aufwärts und ein dritter schießt evtl. durch Kanäle
nach oben. So ergeben sich auch hier unterschiedliche Geschwindigkeiten und Verweilzeiten. Das hat zwar meistens weniger Einfluß auf die Gleichmäßigkeit der
Trocknung, beeinträchtigt aber doch die Nutzung der Luft.

In einer Wirbelschicht, die Körner unterschiedlicher Größe oder Dichte enthält, kann die Luft sichtend wirken, wenn sie das Gut nur leicht aufwirbelt, ohne
Blasen zu bilden. Die größeren oder schwereren Teilchen kommen dann unten in
der Schicht zusammen, die kleineren und leichteren aber, die ein größeres Zwischenraumvolumen bilden, sammeln sich oben. Aus diesem Grund sinkt feucht zu-
laufendes Grobkorn in Fließbetten unter, wogegen trockenes Feinkorn und Abrieb
aufschwimmen.

Unerwünscht ist oft der Teilchenverlust, den Stoffe mit weitem Kornspektrum
in solchen Wirbelschichten erleiden, die mit hoher Luftgeschwindigkeit arbeiten
müssen, damit die groben Teilchen nicht liegen bleiben. Von den Teilchen, deren
Sinkgeschwindigkeit kleiner als die Luftgeschwindigkeit ist, werden die meisten
fortgetragen. Aber auch größere Teilchen, die durch zerplatzende Luftblasen aus
der Schichtoberfläche oder aus Kanälen hochgeschleudert werden, gelangen mit
schnellen Luftsträhnen weit in den Raum über der Schicht. Sie fallen nur zurück,
wenn der Luftstrom in dem Raum eine gleichmäßig niedrige Geschwindigkeit
annimmt [209, 210].

Wärme- und Stoffübergang in Fluidaten

Wärme kann in Fluidaten auf zwei Wegen zum Gut gelangen:
     vom Luftstrom zu den Gutsteilchen,

von Heizkörpern oder von Wänden direkt sowie über die Luft indirekt zu den Teilchen.

Die meisten Fluidattrockner nutzen allein die Möglichkeit der *Wärmeübertragung von der Luft an die Teilchenoberflächen.*

Eine homogene Partikelschicht bestehe aus Teilchen vom Durchmesser d_K, habe den Lückenraumanteil ε und werde vom wärmeübertragenden Luftstrom $\dot{V}_L$, mit der Geschwindigkeit $w'_L = \dot{V}_L/S$ aufwärts durchströmt. Unter S sei der waagerechte Gesamtquerschnitt der Schicht und unter w'_L die sog. Leerraumgeschwindigkeit der Luft verstanden. Steigert man w'_L, so steigt die effektive (Relativ-)Geschwindigkeit $w'_L = \dot{V}_L/(S\,\varepsilon)$ der Luft in den Kornzwischenräumen proportional mit w'_L, solange die Teilchen in Ruhe bleiben und ε konstant ist (Ruheschicht). Dabei wächst der auf die Teilchenoberfläche bezogene Wärmeübergangskoeffizient α_1 ungefähr so an wie im Bild 2.6 rechts oben dargestellt ist. Sobald w'_L aber den Betrag der Lockerungsgeschwindigkeit übersteigt und eine Wirbelschicht entsteht, dehnt sich das Fluidat aus. Dann wird ε größer und die Relativgeschwindigkeit w_L nimmt weniger zu als die Leerraumgeschwindigkeit w'_L; damit steigt aber auch α_1 schwächer an, und zwar ungefähr proportional zu $w_L^{0,2}$. In einer noch mehr expandierenden Schicht nähert sich der Wärmeübergangskoeffizient α_1 schließlich demjenigen an umströmten Einzelkörpern (Bild 2.6 links), und im Grenzfall, nämlich wenn die Teilchen ohne Beschleunigung wegfliegen, nimmt α_1 den Wert an, der zur Sinkgeschwindigkeit der Einzelteilchen gehört.

Durch nicht homogene Wirbelschichten strömt ein Teil der Luft in Form von Blasen oder Strahlen hindurch, und nur der Rest dringt mit geringerer Geschwin-

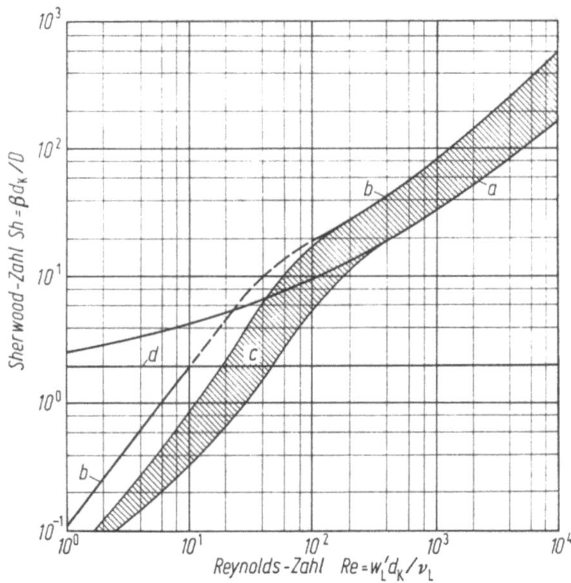

Bild 2.115. Stoffübergang zwischen Teilchenoberflächen und strömendem Gas (bei Schmidt-Zahl $\nu_L/D = 1$). Übersichtsdiagramm nach Kunii und Levenspiel [201].
a Übergang an Einzelteilchen; *b* Übergang an Teilchen einer ruhenden Schüttschicht; *c* Übergang an Teilchen einer Wirbelschicht (durch Messungen belegter Bereich schraffiert); *d* Übergang an Einzelkugel bei $w'_L = 0$.

digkeit durch Gebiete hoher Teilchenkonzentration. Bei Reynolds-Zahlen $Re = w'_L\, d_K/\nu$ kleiner als etwa 80 ordnen sich die Teilchen oft auch in Form von Strähnen, die der Luft den Zugang erschweren. All dies hat geringere α_1-Werte als an gleichmäßig verteilten Partikeln zur Folge [205].

Selbstverständlich macht sich das aggregative Verhalten der Teilchen auch beim *Stoffübergang* geltend (Bild 2.115) [201]. Nur bei Reynolds-Zahlen über ungefähr 100 haben die Sherwood-Zahlen Beträge, die zwischen denen für Einzelteilchen und denen für ruhende Kornschüttungen liegen. Je weiter Re unter ≈ 50 sinkt, desto stärker unterschreitet Sh sogar den Wert 2, der für Einzelkugeln in ruhender Luft gilt.

Infolge der großen Oberfläche der vielen Teilchen, die meistens zwischen $A^* = 3000$ und $50\,000\ \text{m}^2/\text{m}^3$ Schichtvolumen beträgt, ist der „raumbezogene" Wärmeübergangskoeffizient $(\alpha^* = \alpha_1 A^*)$ in Wirbelschichten trotz des Vorerwähnten groß. Aus diesem Grund gibt die Luft, die durch das Fluidat strömt, schon auf wenigen Millimetern ihres Weges viel Wärme ab und verliert beträchtlich an Temperatur. Auf dem restlichen Weg ändert sie ihre Temperatur kaum noch, sie paßt sie noch derjenigen des Gutes an. Im ganzen ergibt sich meistens ein durchschnittlicher Temperaturunterschied zwischen der Luft und dem Gut, der nur einen kleinen Bruchteil des anfänglichen ausmacht.

Weil die Gutsteilchen in den Fluidaten dauernd kräftig gemischt werden, nimmt das Gut überall annähernd gleiche „Durchschnittstemperatur" an, und nur in der Nähe der Einlauföffnungen und an Heiz- oder Kühlkörpern hat es abweichende Temperatur. Einzelne Teilchen allerdings können vorübergehend durchaus wärmer oder kälter sein.

In manchen Trocknern spielt der *Wärmeübergang zwischen heißen Wänden und dem fließfähigen Gut* eine Rolle. Einige Trockner benutzen einen fließfähig gemachten körnigen Hilfsstoff, mit dem sie Energie an ein eingetauchtes Gut übertragen.

Zwischen einer Heizfläche und einer angrenzenden Ruheschüttung geht Wärme nur langsam über (10 bis 50 W/m² K). Wird die Schüttung aber fluidisiert, so wächst der übergehende Wärmestrom mit zunehmender Luftgeschwindigkeit um ein Mehrfaches bis zu einem Höchstwert (200 bis 400 W/m² K) und wird dann wieder schwächer. Neben der turbulenten Bewegung der Einzelteilchen tritt ein Teilchenstrom auf, der an der Übergangsfläche entlanggleitet. Die Energie dringt zunächst durch die Luftgrenzschicht zwischen ihm und der Fläche, dann in den Teilchenstrom, und wandert dann mit dem Strom in das Wirbelschichtinnere. Dabei stellt sich nahe der Übergangsfläche ein starkes Temperaturgefälle ein, wogegen sonst im Bett überall fast gleiche Temperatur herrscht. Die Stärke des Teilchenstromes wechselt mit der Luftgeschwindigkeit und außerdem mit den geometrischen Gegebenheiten, insbesondere auch mit der Anordnung der Übergangsfläche in der Wirbelschicht. Über Einzelheiten berichtet das Schrifttum ausführlich [200, 205].

Verlauf und Anwendung der Fluidattrocknung

Ob und wie sich ein Gut fluidisieren und trocknen läßt, muß meistens der Versuch lehren.

Infolge des lebhaften Wärme- und Stoffüberganges in Fluidaten trocknen die

Teilchen in Sekunden bis zu etlichen Minuten; nur wenige Güter brauchen Stunden. Entweicht dabei innere Feuchte, so verläuft die Trocknungsgeschwindigkeit in den bekannten drei Abschnitten [211]. In Fließschichten allerdings sind die Abschnitte schwer zu erkennen, weil sich feuchte und trockene Teilchen dauernd vermischen.

Typische Schwierigkeiten beim Fluidisieren feuchten Gutes zeigt ein Versuch mit feuchtem Quarzsand (Bild 2.116). Anfänglich bleiben alle Teilchen in Ruhe. Aber nach einer Viertelminute hat das Gutsbett ein Loch, aus dem eine Kornfontäne hochschießt. Nach einer halben Minute sind zwei Krater vorhanden. Erst nach $1^1/_2$ Minuten brodelt der Sand stellenweise und ist fließfähig. Nach 3 Minuten ist das ganze Gut trocken.

Viele feuchte Güter lassen sich besser fluidisieren, wenn man sie zuvor mit trockenem Gut vermengt. Das kann oft innerhalb der Wirbelschicht selbst geschehen. In sogenannten Sprüh-Wirbelschichttrocknern gelingt es sogar, mittels fluidisierter Hilfsstoffe — es kann sich dabei um bereits getrocknetes Gut handeln — auch manche Lösungen und Suspensionen zu trocknen.

Am meisten angewandt werden Fluidattrockner für gut rieselfähige, körniggrießige, nicht sehr feuchte Güter, wie

Feinkohle, Sand, Kalkstein, Phosphat, Feinerze,

Düngemittel, Salze, Kunststoffe, Farben,

Pharmazeutika, einige Nahrungsmittel,

deren Korngrößenspektren nicht allzu breit sind ($d_{K,max}/d_{K,min} \leqq$ etwa 8) und die sich binnen etwa 1/2 bis 100 min trocknen lassen.

Viele Wirbelschichttrockner arbeiten als Nachtrockner, denen das Gut aus anderen Trocknern zuläuft.

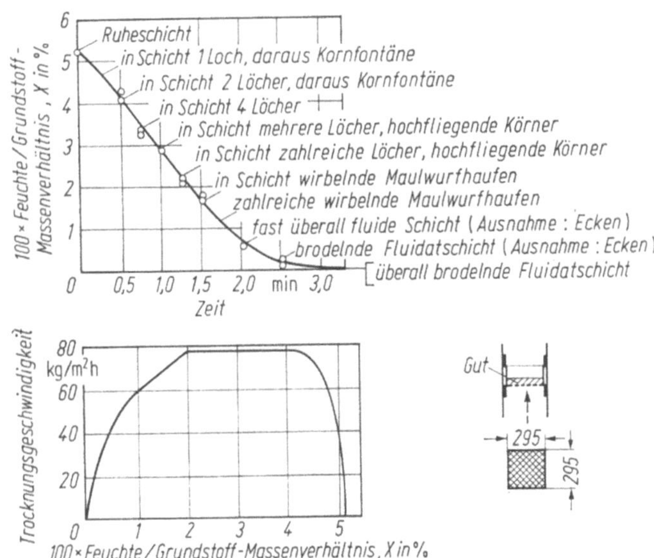

Bild 2.116. Trocknung von Quarzsand (anfänglich ruhendes, später fluides Gutsbett). in Horde 295 × 295 × 200 mm; flächenbezogene Masse 48,7 kg/m² abs. trockenen Sandes; Schichthöhe anfangs 37 mm; Korngröße 1 bis 1,5 mm; Lufttemperatur vor dem Gut trocken 70 °C, feucht 28 °C; Luftgeschwindigkeit im leer gedachten Hordenquerschnitt 1,3 m/s

Als wichtigste Vorteile der Fluidatbett-Trockner gelten:

Die Möglichkeit, gewünschte Temperaturen in den Betten genau einzuhalten, die bauliche Einfachheit, die Abwesenheit bewegter Bauteile bei vielen Bauarten, die gute Energienutzung, der geringe Platzbedarf, die geringe Abnutzung und die Möglichkeit, die Anlagen leicht zu reinigen.

Die Trockner können mit Luft, Verbrennungs- und Inertgasen als Trocknungs- und Fluidisierungsmittel betrieben werden. Die Gaseintrittstemperaturen liegen zwischen 50 und 500 bis 700 °C. Kleine Trockner haben 10 bis 100 kg/h Gutsdurchsatz, große bis zu 400 t/h. Manche Anlagen sind für Umluftbetrieb eingerichtet.

Bemessen der Wirbel-Fließschichttrockner (s. Bild 2.123)

Auszugehen ist von den Forderungen, die der wärmeübertragende Luftmassestrom $\dot{m}_L$ erfüllen muß:

1. Der Luftstrom soll das Gut fließfähig machen. Dazu braucht er eine Geschwindigkeit w_L, die größer als die Lockerungsgeschwindigkeit der gröbsten Teilchen (s. Bild 2.112) und kleiner als die Geschwindigkeit sein muß, bei der schon allzuviele Feinteile entweichen oder bei der das Gut allzu stark durchwirbelt wird und Abrieb erfährt. Für das feuchte Gut ist die Geschwindigkeit oft anders zu wählen als für das fast trockene, da es andere Eigenschaften hat. In der Regel muß der Bereich der verfahrensgünstigen w_L-Werte durch den Versuch ermittelt und w_L innerhalb dieses Bereiches schließlich nach wirtschaftlichen Gesichtspunkten gewählt werden. Die Luftgeschwindigkeit bestimmt weitgehend den Druckverlust der Luft im Trockner und den Energiebedarf der Anlage (s. auch Abschn. 2.3.1.4.1). Meistens liegt die optimale Geschwindigkeit über dem 1,5- bis 2fachen der Lockerungsgeschwindigkeit, bei klumpenden Feuchtgütern manchmal beim 5- bis 10fachen.

2. Sind, wie zunächst unterstellt sei, in der Wirbelschicht keine Heizkörper untergebracht, so muß der Luftstrom das Gut allein mit der nötigen Wärme versorgen und sich dazu von der Zuströmtemperatur ϑ_{L1} auf die Abströmtemperatur ϑ_{L2}, also um $\Delta\vartheta_L = \vartheta_{L1} - \vartheta_{L2}$ abkühlen. Dabei darf seine Abströmtemperatur meistens in die Nähe der durchschnittlichen Gutstemperatur gelangen, die zulässig oder zweckmäßig ist. Solange sich alle Gutsteilchen im Abschnitt reiner Oberflächenverdunstung befinden, steigt diese Temperatur nicht über die Kühlgrenztemperatur der zuströmenden Luft.

3. Der Luftstrom muß den Dampfstrom $\dot{m}_D$, der aus dem Gut entweicht, mit fortnehmen. Er kann das nur, wenn seine Temperatur auch in den Abluftleitungen über der Taupunktstemperatur bleibt, die zum Dampf/Luft-Massenverhältnis $x = (\dot{m}_D + \dot{m}_{D1})/\dot{m}_L$ gehört; $\dot{m}_{D1}$ ist der Dampfstrom, der mit der Frischluft in den Trockner gelangt.

Damit das Gut den Dampfstrom $\dot{m}_D$ abgibt, muß es den Enthalpiestrom $\Phi_{1\,bis\,7}$ zugeführt erhalten (Posten 1 bis 7 der Wärmebedarfsrechnung im Abschn. 3.2.1). Es bekommt ihn im gedachten Fall allein von der Luft, deren Massenstrom nach der Formel

$$\dot{m}_L = \frac{\Phi_{1\,bis\,7}}{\bar{c}_{pL}\,\Delta\vartheta_L} \tag{2.76}$$

zu bemessen ist; darin bezeichnet $\bar{c}_{pL}$ die mittlere spezifische Wärmekapazität der Luft. Aus dem Strom $\dot{m}_L$, der Dichte ϱ_L und der als zweckmäßig erachteten Geschwindigkeit w_L der Luft in der Wirbelschicht ergibt sich dann die horizontale *Querschnittsfläche S*, die der Gutsraum haben muß:

$$S = \frac{\dot{m}_L}{\varrho_L w_L}. \tag{2.77}$$

Feinkörnige Güter — gemeint sind hier solche mit Teilchendurchmessern unter etwa 1 mm — vertragen nur kleine Luftgeschwindigkeiten. Will man ihnen allein mittels Luft die nötige Wärme zuführen, so muß man Fluidisierungsräume großen Querschnitts wählen und entsprechend teuere Trockner erstellen. Mit kleineren Luftströmen und kleineren Trocknern ist auszukommen, wenn die Gutsteilchen heiße Flächen berühren dürfen. Man baut dann in die Wirbelschichträume Kontaktflächenpakete ein, die einen Teil der nötigen Wärme sowohl direkt wie indirekt über die Luft an das Gut übertragen. Die Maßnahme bringt den weiteren Vorteil, daß die Trockner weniger Energie, kleinere Luftentstauber und, falls sie Lösungsmittel austreiben müssen, auch kleinere Rückgewinnungsanlagen für die Dämpfe brauchen. Fluidattrockner mit Kontaktheizflächen sind allerdings nicht als reine Konvektionstrockner anzusehen und werden deshalb hier nicht weiterbehandelt (über Konvektions-Kontakt-Trockner s. Abschn. 2.3.6.2).

Über die *Form der Querschnittsfläche S*, ob sie kreisrund, rechteckig oder sonstwie beschaffen sein soll, entscheiden konstruktive, betriebliche und andere Wünsche. Bei langgestreckten Gutsbehältern (Bild 2.123) gilt das Verhältnis Breite zu Länge wie 1:4 bis 1:6 als angemessen. Güter, die lange Trocknungsdauer brauchen, führt man in Behältern mit senkrechten Zwischenwänden im einen Teilraum hin, im anderen zurück usw.

Soll der Trockner den Feuchtgutmassestrom $\dot{m}_1$ durchsetzen und brauchen die Teilchen unter den vorgesehenen Bedingungen durchschnittlich die Trocknungszeit t, so muß die Wirbelschicht — als Ruheschicht wie vor Beginn der Trocknung gedacht — die *Höhe*

$$s_O = \frac{\dot{m}_1}{\varrho_{Sch} S} t \tag{2.78}$$

erhalten. Das aufgewirbelte Gut allerdings bekommt die Höhe s, die aus Formel (2.68) zu berechnen ist. Die meist vorkommenden Schichthöhen s_0 betragen 200 bis 1000 mm. Aus energetischen und anderen Gründen bevorzugt man die geringeren Schichthöhen.

Stark ausgedehnte Wirbelschichten stellen sich insbesondere bei Gütern mit großen Körnungsunterschieden ein. Stoffe, die als zusammenhaftende Teilchenklumpen in die Trockner eingeführt werden, brauchen innerhalb der Wirbelschichten genügende Fallhöhen, damit sich die Klumpen auf dem Weg bis zum Boden auflösen. Zweckmäßig ist es oft, diese Güter in einer Vorzone mit Heißluft so hoher Geschwindigkeit zu behandeln, daß sie aufsprudeln.

Schwierig kann es sein, die Trocknungszeit t des Gutes einigermaßen sicher zu ermitteln, wenn keine Meßergebnisse aus einem vergleichbaren Wirbel-Fließschichttrockner vorliegen. Man kann, vom Trocknungsverlauf eines Teilchens unter gleichbleibenden Bedingungen ausgehend, die Trocknungszeit der Wirbelschicht auf ähnliche Weise zu berechnen suchen, wie im Abschnitt 2.3.1.1.5 für ein ruhendes Gut dargelegt ist. Für einen chargenweise arbeitenden, ideal mischenden Trockner gibt die schon erwähnte Veröffentlichung Schlünders Berechnungshilfe [102].

In der Regel allerdings ist der Trocknungsverlauf einzelner Gutsteilchen unbekannt. Man muß oft Meß- und Beobachtungsergebnisse benutzen, die mit einer „ruhenden" (gemeint ist mit einer nicht weiterfließenden) Wirbelschicht in einem Laboratoriumstrockner oder mit einer relativ kleinen Fließschichtapparatur gewonnen werden[1].

In einem Wirbelbett-Trockner werden alle Teilchen gleich lange belassen. Dagegen halten sich in einem Wirbel-Fließschichttrockner ohne Zwangsförderung manche Teile wegen der geschilderten Quer- und Rückvermischung relativ lange, andere nur kurz auf. Es hängt von der Art des Gutes, von der Wirbelschichthöhe und Blasenbildung im Gut sowie von den geometrischen Gegebenheiten im Trocknungsraum ab, wie sich ein Frischgutstrom mit dem wirbelnden und kreisenden Gut im Trockner mischt und welchen Wärmestrom die Trocknerfüllung dabei von der Luft aufnehmen kann. Meistens ist der Wärmeübergang in großen Fließbett-Trocknern merklich schlechter als in kleinen Versuchstrocknern. Das erfordert, daß zur experimentell ermittelten Trocknungszeit t' ein Zuschlag gemacht wird, der den schlechteren Wärmeübergang berücksichtigt.

Das aus dem Fließschicht-Trockner laufende Gut ist eine Mischung aus Teilchen, die nur ein Stückchen der Trocknungskurve durchlaufen haben, aus anderen, die erheblich, und aus solchen, die stark getrocknet wurden. Welchen Anteil die einzelnen Klassen haben, hängt vom Mischungsverhalten der Wirbelschicht, anders gesagt vom Verweilzeitspektrum der Teilchen ab. Wenige feucht bleibende Körner machen es nötig, viele andere Teilchen zu übertrocknen, wenn der Gutsstrom auf einen niedrigen Durchschnittsfeuchtegehalt kommen soll und wenn die Teilchen am Schluß nur langsam trocknen. Aus diesem Grund muß oft noch ein weiterer Zuschlag zu t' gemacht werden, ein um so größerer, je weiter das Gut insgesamt austrocknen soll [212, 213]. Man erkennt auch, daß sehr niedrige durchschnittliche Endfeuchtegehalte in einstufigen Fließschicht-Trocknern kaum zu erreichen sind.

Ein engeres Verweilzeitspektrum kann man durch folgende Maßnahmen erzielen: Man gibt dem Wirbelschichtraum ein größeres Verhältnis von Länge zu Breite; man ordnet den Anströmboden dieses Raumes schräg steigend an; man baut in die Gutsrinne Zwischenwehre ein; man zwingt die Rinne zu Schwingungen oder den Luftstrom zu Pulsationen [214].

Ein gleichmäßigeres Produkt liefern auch die mehrstufigen Anlagen. Bei Versuchen, über die Brauer berichtete [202], zeigten sich in einer Anlage mit Rieselböden (s. Bild 2.122) folgende Standardabweichungen σ der Korndurchlaufzeit vom Mittelwert:

$$\text{bei 1-stufiger Arbeitsweise } \sigma = 1,22$$
$$\text{bei 2-stufiger Arbeitsweise } \sigma = 0,86$$
$$\text{bei 3-stufiger Arbeitsweise } \sigma = 0,70$$
$$\text{bei 4-stufiger Arbeitsweise } \sigma = 0,61.$$

---

[1] Nach einem von Schlünder angegebenen Meßverfahren wird die Feuchteabgabe auch sehr schnell trocknender Wirbelbetten aus der Schwächung ermittelt, die infrarote Strahlen durch den Dampf in der abströmenden Luft erfahren [102].

Sie lassen die erhebliche Abnahme der Verweilzeitunterschiede mit zunehmender Stufenzahl erkennen.

Die Luftblasen und -strahlen, die durch die Fließschicht brechen, schleudern Gutsteilchen in den Raum darüber. Sollen die Partikel zurückfallen, so muß der Raum genügend hoch und weit sein und der abziehenden Luft die Möglichkeit bieten, mit niedriger und gleichmäßiger Geschwindigkeit fortzuströmen. Fortgetragen werden dann nur die Teilchen, deren Sinkgeschwindigkeit kleiner als die Luftgeschwindigkeit ist. Als Höhe des *Ausgleichsraumes* werden oft 1,5 m für ausreichend gehalten. Die wirklich nötige Höhe hängt jedoch ab von dem Teilchenstrom, den die Luft mitnehmen darf, ferner von der Korngrößenverteilung und der Sinkgeschwindigkeit der Teilchen, außerdem vom Durchmesser, vom Luftinhalt, von der Geschwindigkeit und von der Häufigkeit der Luftblasen, die an der Oberfläche der expandierten Schicht platzen, und schließlich von der Geschwindigkeit, der Temperatur und der Führung der Luft im Ausgleichsraum. Man kann die Höhe unter vereinfachenden Annahmen berechnen [210].

Zu diskutieren ist noch die *Ausführung des Anströmbodens*. Der Boden soll das Gut tragen, solange keine Luft strömt, und er soll die Luft günstig zum trocknenden Gut führen. Von seiner Beschaffenheit hängen merklich die Arbeitsweise der Wirbelschicht, der Wärme- und Stoffübergang im Gut sowie die Fortbewegung der Teilchen ab.

Die gleichmäßigste Fluidisierung ergäbe sich:
1. wenn alle Teilflächen des Anströmbodens, auch die kleinsten, in gleicher Weise luftdurchlässig wären,
2. wenn die Luft gleichmäßig verteilt zum Boden hinkäme,
3. wenn die Luft beim Verlassen der Bodenlöcher keine Strahlen bilden würde, zwischen denen „Toträume" verbleiben,
4. wenn der Luftstrom gleichmäßig in das Fluidat übertreten könnte.

Diese Idealbedingungen lassen sich nicht herstellen. Soll die Luft wenigstens einigermaßen gleichmäßig, wenn auch in feinen Strahlen, in das Gut schießen, und soll sie nicht durch jede zufällig vorhandene Lockerstelle des Fluidats brechen, so müssen die Teilchengröße des Gutes, die Weite und der gegenseitige Abstand der Löcher im Boden und außerdem die Widerstände, welche die Luft im Boden und in der Wirbelschicht findet, günstig aufeinander abgestimmt sein. Die Empfehlungen dafür gehen weit auseinander. Wie Luft aus einem engen Zuströmkanal in einen weiten Raum verteilt werden kann, ist im Abschnitt 1.1.2.4.7 dargelegt. In einem Wirbelschichttrockner kann der Widerstand, den die einzelnen, aus den Bodenlöchern tretenden Luftstrahlen in dem weiten Wirbelschichtraum finden, beträchtlich schwanken, weil sich die Konfiguration der Teilchen in der Schicht dauernd ändert. Durch Löcher, über denen geringer Druck herrscht, geht mehr Luft als durch andere. Es leuchtet ein, daß deshalb eine örtlich und zeitlich ungefähr gleichmäßige Gesamtströmung nur zustande kommt, wenn der Boden einen Widerstand bietet, der mit der Höhe der genannten Druckschwankungen vergleichbar ist. Nach den Untersuchungen Hibys brauchen Wirbelschichten, die wenig oberhalb der Lockerungsgeschwindigkeit betrieben werden, Anströmböden, deren Widerstand gleich dem durchschnittlichen Widerstand der Schicht ist [215]. Strömt die Luft mit der Geschwindigkeit $w_L \geq 1,5 w_{Wp}$ durch Schichten von mehr als 100 mm Höhe, so genügen kleinere Bodenwiderstände.

Als Anströmböden am meisten in Gebrauch sind gelochte Blechplatten von mehreren Millimetern Dicke, die 0,5 bis 5 mm Lochdurchmesser haben und der Luft 2 bis 10% freien Durchlaßquerschnitt bieten. Als Plattenträger dienen oft grobe Roste; auf den Böden können Gewebe aus Draht oder aus synthetischen Fasern liegen, die Feinteilchen hindern, durchzufallen. Auch poröse Platten aus Kunststoff, Sintermetallen und anderen Materialien sind in Gebrauch. Die Platten müssen steif und so beschaffen sein, daß sie weder von Feinteilchen des Gutes noch von Staubteilchen der Luft verstopft werden können, und sie sollen auch leicht zu reinigen sein. Meistens gibt man den Böden Neigungen von 1:100 bis 5:100. Dies erleichtert das Leerfahren der Anlagen. Es gibt auch Spezialböden, die der Luft eine Geschwindigkeitskomponente in Richtung des Gutsauslasses geben. Große Trockner stattet man öfters mit leicht gewölbten Böden aus, die sich unter thermischer Belastung günstiger als ebene verhalten.

2.3.1.5.2. Bauarten der Fluidat-Trockner

Wo kleine Posten rieselfähigen Gutes zu trocknen sind, wird mit Vorteil der Wirbelbett-Behältertrockner benutzt (Bild 2.117). Sein Gutsbehälter faßt 30 bis 80 l und ruht auf einem Fahrgestell. Warme Luft strömt vom Lochboden *b* durch das Gutsbett *a* zum Filter *g*, wo sie von Staub befreit wird, geht dann durch den Ventilator *d* und danach ins Freie. Durch das Filter *e* und den Heizkörper *f* strömt frische Luft zum Gut nach (N 214.114.8).

Zum Herstellen von Granulaten in der Wirbelschicht dient der Apparat nach Bild 2.118 Darin werden die pulverigen Ausgangsstoffe zunächst gemischt, dann befeuchtet und agglomeriert und danach getrocknet. Die Flüssigkeit, die die Pulverteilchen zu Granulatkörnern verbindet, wird über die Sprühdüse *g* zugeführt. Der Apparat ist nach sicherheitstechnischen Gesichtspunkten so gestaltet, daß auch Stoffe, die brennbare Stäube und Lösungsmitteldämpfe frei geben, in ihm verarbeitet werden können (siehe dazu auch Abschn. 3.6.3.2.1); hauptsächlich angewendet wird er in der pharmazeutischen Industrie.

Gebaut werden auch kontinuierlich arbeitende Trockner zur Sprühgranulation; über sie gibt die Literatur [491, 492, 497, 498] einige Auskunft.

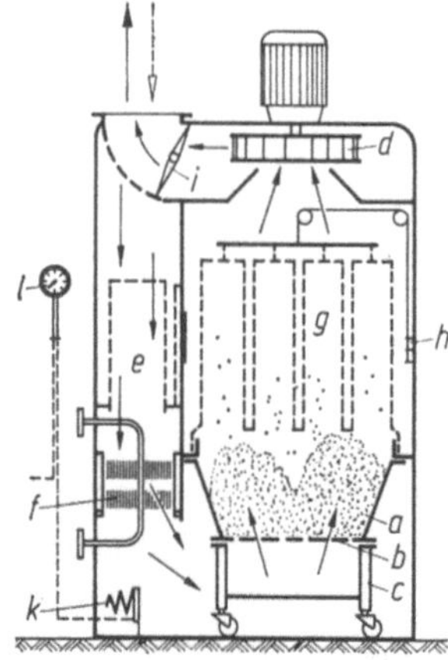

Bild '2.117. Wirbelbett-Behältertrockner für Granulate, halbschematisch (Bauart W. Glatt, Haltingen).
a Gutsbehälter; *b* Lochboden; *c* Fahrgestell; *d* Ventilator; *e* Vorfilter; *f* Heizkörper; *g* Umluftfilter; *h* Rüttelvorrichtung; *i* Abluftklappe; *k* Temperaturfühler; *l* Thermostat.

Größere Gutsdurchsätze bewältigt der Trockner nach Bild 2.119, der im unterbrochenen Fließbetrieb Kunststoffe trocknet, deren Teilchen in Rücksicht auf die Endqualität alle die gleiche Aufenthaltsdauer brauchen. Das Gut rieselt, von einem Zeitgeber veranlaßt, aus dem Behälter *a* in den Trocknungsraum *c*, wird dort eine bestimmte Zeit lang aufgewirbelt und dann in den Behälter *d* entlassen. Der Raum *h* über der Wirbelschicht hat erweiterten Querschnitt und gibt dem Umluftstrom dadurch Gelegenheit, mitgerissene Teilchen zurückfallen zu lassen. Der Zyklon *i* entfernt den Staub aus der Abluft (N 214.215.8) [216].

Kontinuierlich arbeitet der einstufige Wirbel-Fließschichttrockner (Bild 2.120); er eignet sich für Sand, Erze und andere Stoffe, deren Teilchen nicht unbedingt gleichmäßig zu trocknen brauchen. Das Gut fällt bei *a* in den zylindrischen Trocknungsraum *b*, wird durch ein Feuergas-Luft-Gemisch fluidisiert und verläßt den Trockner über die Auslaßvorrichtung *c*. Derartige Trockner können Durchmesser bis zu 5 m haben, bei Temperaturen bis zu 700 °C arbeiten und stündlich bis zu 400 t Feuchtgut durchsetzen (N 214.214.8).

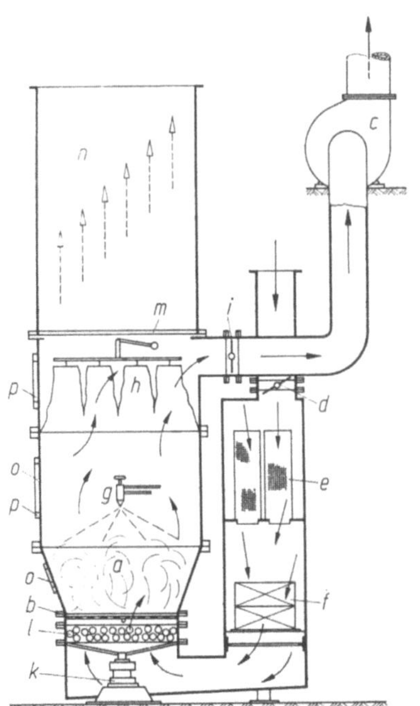

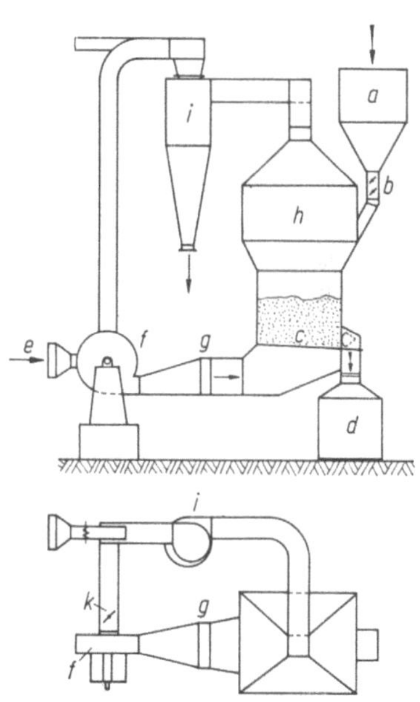

Bild 2.118. Wirbelbett-Sprüh-Granulier-Trockner für Satzbetrieb, in druckstoßfester Ausführung, halbschematisch (Bauart W. Glatt, Haltingen).
a Gutsbehälter; *b* Siebboden; *c* Ventilator; *d* Zuluftklappe; *e* Zuluftfilter; *f* Heizkörper; *g* Sprühdüse; *h* Abluftfilter; *i* Abluftklappe; *k* hydraulisches Anpreßsystem; *l* Flammensperre; *m* Explosionsklappen; *n* Entlastungskanal; *o* Sicherheitsglasscheibe; *p* verstärkte Bedienungstüren.

Bild 2.119. Wirbelbett-Trockner, im unterbrochenen Fließbetrieb arbeitend [216].
a Aufgabebehälter; *b* Doppelklappenschleuse; *c* Wirbelschicht; *d* Trockengutbehälter; *e* Gerät zum Aufbereiten der Frischluft; *f* Ventilator; *g* Lufterhitzer; *h* erweiterter Luftabströmraum; *i* Staubabscheider; *k* Drosselklappe.

Der zweistufige Wirbel-Fließschichttrockner gemäß Bild 2.121 trocknet das Gut im oberen Raum mit Warmluft, läßt es durch das Überlaufrohr fallen und kühlt es im unteren Raum mit Kaltluft.

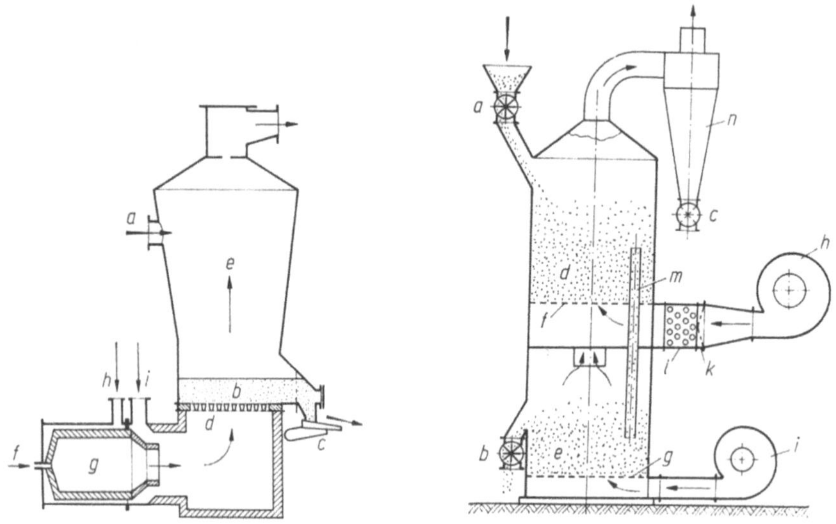

Bild 2.120.   Bild 2 121.

Bild 2.120. Einstufiger Wirbel-Fließschichttrockner (nach Calus)
a Gutsaufgabe; b Wirbelbett; c Gutsabfuhr; d Anstromboden, e erweiterter Luftabfuhrschacht, f Brenner; g Brennkammer; h Verbrennungslufteintritt; i Zumischlufteintritt.

Bild 2.121. Zweistufiger Wirbel-Fließschicht-Trockner [217].
a, b, c Zellenradschleusen; d trocknende Fluidatschicht; e abkühlende Fluidatschicht; f, g Luftverteilboden; h, i Ventilatoren; k Luftfilter; l Lufterhitzer, m Überlaufrohr, n Luftentstauber.

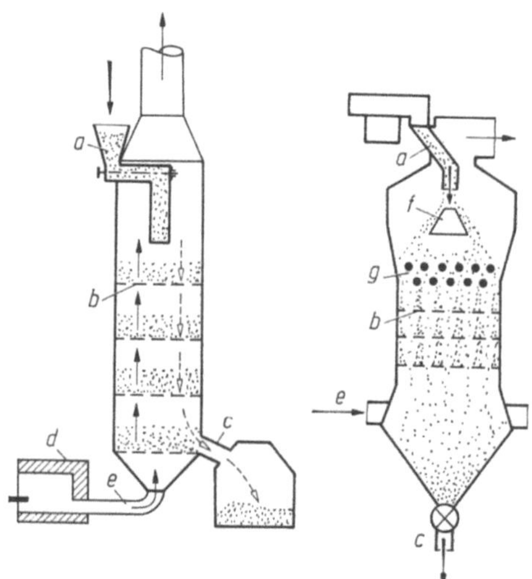

Bild 2.122. Zwei mehrstufige Wirbel-Fließschicht-Trockner mit Rieselboden.
a Gutseinlauf; b Rieselboden, c Gutsauslauf; d Brennkammer; e Lufteinlaß; f Verteiler; g Rohrbatterie.

In Japan wurden mehrstufige Wirbel-Fließschichttrockner mit sogenannten Rieselböden entwickelt, durch deren verhältnismäßig weite Löcher das Gut abwärts rieselt und die Luft aufwärts strömt (Bild 2.122). Sie geben den Gutsteilchen ein günstiges Verweilzeitspektrum und arbeiten wärmewirtschaftlich vorteilhaft [201, 202].

Kanalförmig ist der Trocknungsraum des mehrzonigen Wirbel-Fließschichttrockners und -kühlers nach Bild 2.123. Die Zwischenwände hemmen die Längsvermischung der Gutsteilchen, und das Stauwehr hält die Wirbelschichtoberfläche auf der gewünschten Höhe. Trockner dieser Art verarbeiten vornehmlich körnige Güter, die in ruhiger, von Blasen wenig durchsetzter Wirbelschicht behandelt werden sollen (N 214.214.8).

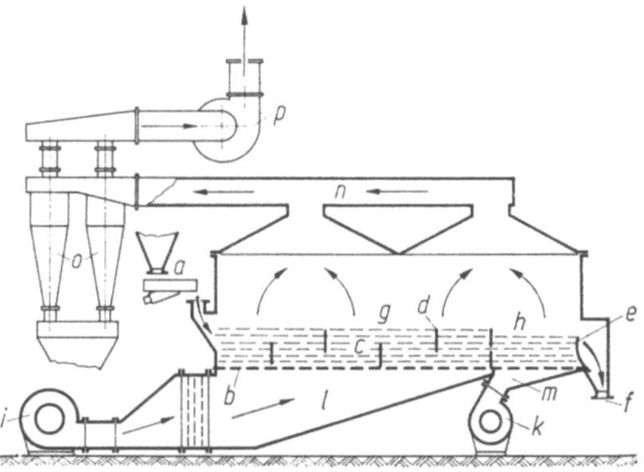

Bild 2.123. Mehrzoniger Wirbel-Fließschichttrockner.
a Speisevorrichtung; *b* Anströmboden; *c* Wirbelschicht; *d* Zwischenwände; *e* Stauwehr; *f* Gutsauslauf; *g* Trocknungszone; *h* Kühlzone; *i, k* Ventilatoren; *l, m* Luftverteilraume; *n* Abluftleitung; *o* Staubabscheider; *p* Abluftventilator.

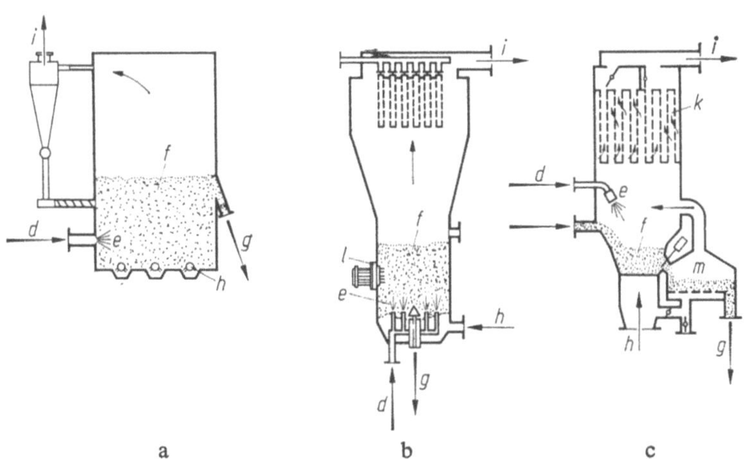

Bild 2.124. Drei Ausführungsformen von Sprüh-Wirbelschichttrocknern für Fließbetrieb [218].
a) Englische Entwicklung; b) holländische Entwicklung; c) schweizer Entwicklung.
d Eintritt des flüssigen Feuchtgutes; *e* Zweistoff-Sprühdüse; *f* Wirbelschicht aus körnigen Gutsteilchen; *g* Gutsaustritt; *h* Heißgaseintritt; *i* Abgasaustritt; *k* Filter; *l* Schlagkreuz; *m* Wirbelschicht-Sichter.

Für Lösungen und Suspensionen wurden kontinuierlich arbeitende Sprüh-Wirbelschichttrockner entwickelt (Bild 2.124). Sie sprühen die Flüssigkeiten in Schichten aus bereits getrocknetem Gut und überziehen die Teilchen dadurch mit dünnen Flüssigkeitsfilmen, die sehr schnell — und meistens nur im Abschnitt reiner Oberflächenverdunstung — trocknen. Zugleich agglomerieren viele Teilchen. Damit ein solcher Trockner kontinuierlich unter gleichbleibenden Bedingungen arbeitet, muß er, außer mit der Flüssigkeit, laufend mit trockenem Material gleichbleibender Körnung versorgt werden. Dies geschieht, indem ein Teil des Produktes zerkleinert, klassiert und, soweit er im Trockner brauchbar ist, dorthin zurückgeführt wird. Wenn die Granalien nicht allzu fest sind, kann sie der Trockner selbst zerkleinern. Man stattet ihn dazu mit einem geeigneten, relativ grob gelochten Anströmboden aus und betreibt ihn mit solcher Luftgeschwindigkeit und Schichthöhe, daß die Teilchen sich gegenseitig abreiben. Feste Teilchen dagegen müssen mit einem rotierenden Schlagkreuz innerhalb des Trockners oder mit einer externen Mühle zerkleinert werden. Aus vielen Flüssigkeiten lassen sich in den Sprüh-Wirbelschichttrocknern Produkte mit 0,5 bis 5 mm Korngröße erzeugen; die Korngröße kann weitgehend den Wünschen angepaßt werden [218].

Pasten und Schlämme können in Wirbelschichten nur getrocknet werden, wenn sie vorher trockenes Gut oder kleine Fremdstoffkörper zugemischt bekommen. Der Trockner nach Bild 2.125 pumpt das Gut in eine luftdurchströmte Rührzone mit Kugelfüllung, trocknet es dort vor und zerteilt es mittels der bewegten Kugeln. Dann leitet er es durch die Wirbelschichtzone und gibt es schließlich als körniges Produkt und Staub wieder ab (N 214.274.9).

Güter mit hoher Schüttdichte, verklumpten Teilchen oder mit weitem Kornspektrum, die schwierig aufzuwirbeln sind, brauchen Transporthilfen. Das Bild 2.126 zeigt einen Trockner, der das Gut mit einem mechanischen Ausräumer vom Einlauf zum Auslaufende fördert und es unterwegs teils in liegender, teils in aufgewirbelter Schicht trocknet (N 214.314.9).

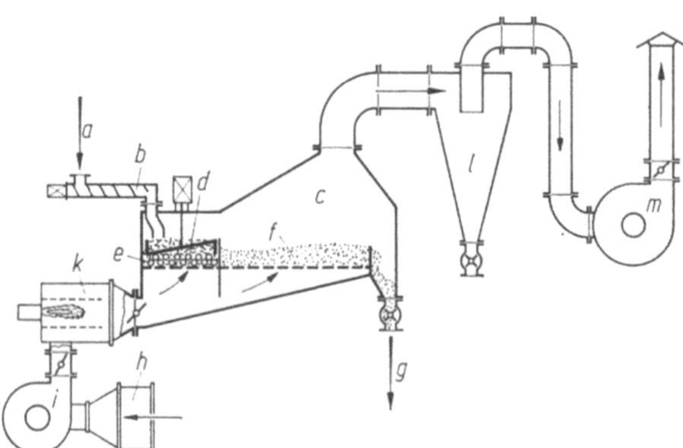

Bild 2.125. Wirbel-Fließschichttrockner für Pasten und Schlämme, mit Kugelfüllung in der Rührzone (H. Orth GmbH, Verfahrenstechnik — Maschinenfabrik, Ludwigshafen-Oggersheim).
a Gutseinlauf; *b* Schlammpumpe; *c* Trocknergehäuse; *d* Rührer; *e* Kugelfüllung; *f* Wirbelschicht; *g* Gutsaustrag; *h* Frischluftfilter; *i* Ventilator; *k* Heißlufterzeuger; *l* Zyklon-Staubabscheider; *m* Abgasventilator.

Wie der vorbeschriebene Trockner, so gewährt auch der Trockner gemäß Bild 2.127 dem Gut eine vorausbestimmte Trocknungszeit; er trocknet es sozusagen als eine Reihe von Einzelladungen. Die Kammern im zylindrischen Gehäuse durchlaufen bei jeder Umdrehung die Füllzone, die Trocknungs- und die Entleerzone und lassen das Gut insgesamt so lange im Heißluftstrom, wie der einstellbaren Umdrehungszeit entspricht. Die Zonen können mit Luftströmen unterschiedlicher Temperatur versorgt werden (214.314.8).

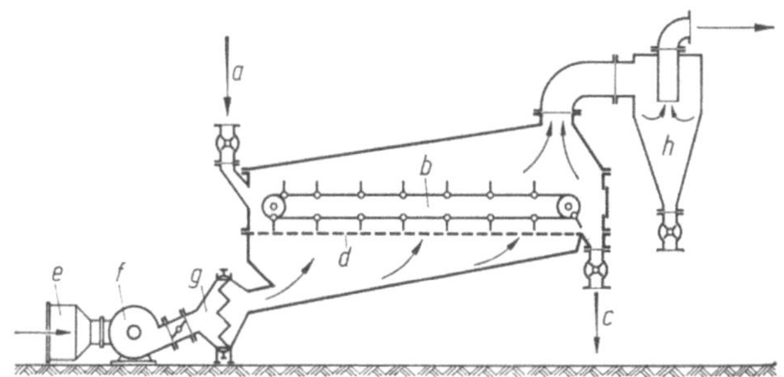

Bild 2.126. Wirbel-Fließschichttrockner mit Ausräumer (H. Orth GmbH, Verfahrenstechnik — Maschinenfabrik, Ludwigshafen-Oggersheim)).
a Gutsaufgabe; *b* Ausräumer; *c* Gutsaustritt; *d* Anströmboden; *e* Luftfilter; *f* Ventilator; *g* Lufterhitzer; *h* Zyklon-Staubabscheider.

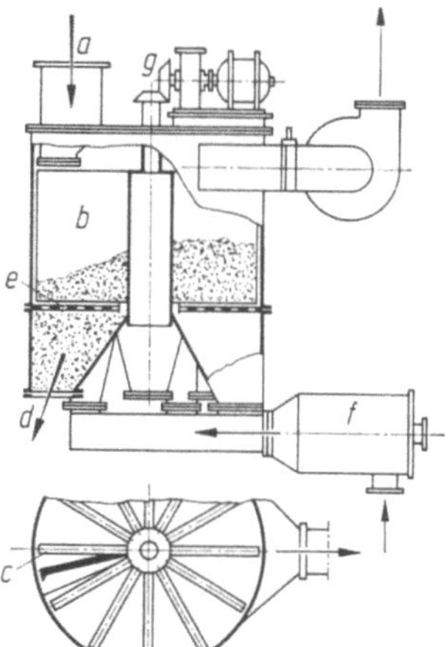

Bild 2.127. Wirbelschicht-Drehkammertrockner (Institut für Wärme- und Stoffübertragung der Wissenschaftlichen Akademie Byel, SSR) [200].
a Gutseinlauf; *b* Gutsbehälter; *c* rotierende Kammerwände; *d* Gutsauslauf; *e* Lochboden; *f* Lufterhitzer; *g* Wellenantrieb.

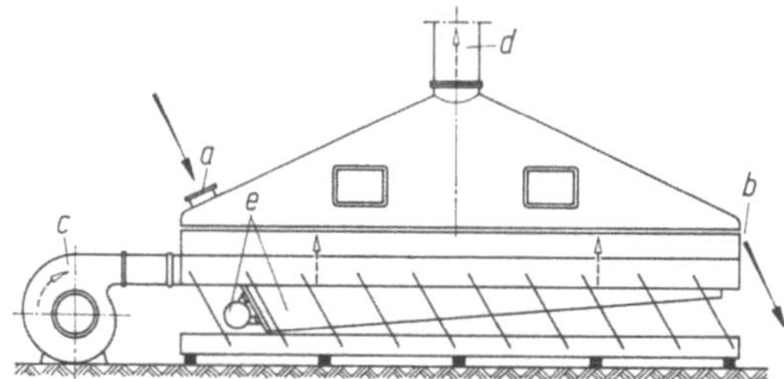

Bild 2.128. Wirbelschicht-Schwingfördertrockner (Escher-Wyss GmbH, Ravensburg).
a Beschickungsöffnung; *b* Ablauföffnung; *c* Ventilator; *d* Abluftrohr; *e* Vibriereinrichtung.

Manche Trockner sind mit Schwingungserregern als Fluidisierungshilfen ausgestattet (siehe dazu Abschn. 2.3.1.4.7). Im Trockner nach Bild 2.128 vibriert die Rinne, in der die Fluidatschicht wandert, wodurch alle Gutsteilchen kräftig bewegt, Kanäle und lockere Klumpen zerstört und Anbackungen verhindert werden (N 214.714.9).

In den bisher beschriebenen Anlagen sollen die Luftströme das Gut nur aufwirbeln und trocknen, in der Regel aber nicht forttragen. Die Aufgabe, auch zu fördern, haben sie jedoch in manchen Sonderanlagen. Im Luftkissenförderer (Jetstream) gemäß Bild 2.129 zum Beispiel strömt die Warmluft, die der Ventilator g in den Raum h drückt, mit hoher Geschwindigkeit durch die Schlitzdüsen c in den Förder- und Trocknungskanal. Sie hebt und fördert das (nicht dargestellte) Gut dabei und reißt es mit sich; zugleich trocknet sie die schwebenden Teilchen (N 214.815.5).

Als eine besondere Trocknerart sei der Zentrifugal-Wirbelschichttrockner gezeigt (Bild 2.130). Die Luft strömt darin quer durch den schlanken, perforierten und sich schnell drehenden Zylinder, durch den das Teilchengut wandert (senkrecht zur Bildebene). In der seitlichen Zone, zu der die Heißluft hinströmt, entsteht eine fluidisierte Teilchenschicht, in der gegenüberliegenden Zone bildet sich eine angedrückte durchströmte Gutsschicht. Man wählt die Zylinderdrehzahl so, daß die Zentrifugalkraft, die auf die Teilchen wirkt, weit größer ist als die Fallbeschleunigung. Dann kann man eine höhere Luftgeschwindigkeit als in normalen Wirbelschichten anwenden, die Lockerungsgeschwindigkeit des Gutes ist höher, und die feinen Teilchen fliegen erst bei höherer Luftgeschwindigkeit fort. Der Trockner wird z. B. für geschnittenes Gemüse benützt [493].

Im Bereich zwischen der klassischen Wirbelschicht und der pneumatischen Förderung — auf Bild 2.113 im doppelt schraffierten Bereich links oben — arbeitet

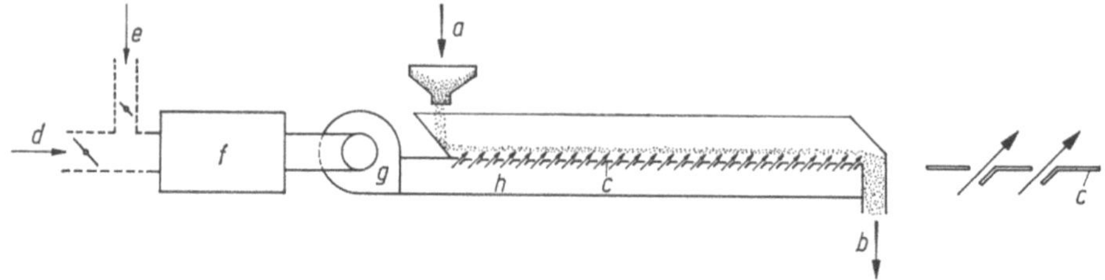

Bild 2.129. Jetstream-Trockner (Buderus Industrietechnik, Wetzlar) [219]. a Gutseintrag; b Gutsauslauf; c Anstromboden mit Schlitzdüsen; d Frischlufteintritt; e Umluftrückführung; f Lufterhitzer; g Ventilator; h Druckkanal.

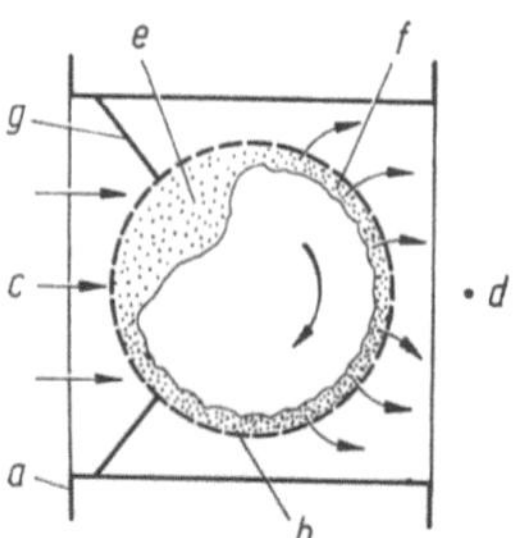

Bild 2.130. Querschnitt durch einen Zentrifugal-Wirbelschichttrockner [491]. a Gehäuse; b perforierter Drehzylinder; c Heißluftzufuhr; d Luftabfuhr; e fluidisierter Bereich; f angedrückte Teilchenschicht; g Dichtung.

die auf Bild 2.131 dargestellte Anlage zum Entfernen von Konstitutionswasser aus Aluminiumhydroxid. Von dem Gut, das im Schacht aufgewirbelt wird, reißt der Heißgasstrom laufend einen Teil nach oben mit und trägt ihn zum Zyklon; dort werden die Teilchen abgeschieden und über einen syphonartigen Schacht in den Wirbelraum zurückgeführt. Als Fluidisierungsmittel dient vorgewärmte Primärluft, die durch die Spalte des Ofenrostes einströmt. Von der Seite her treten Öl und Sekundärluft hinzu, und aus den Verbrennungsgasen und der Überschußluft entsteht ein Gas von etwa 1 100 °C, das die gewünschte chemische Reaktion bewirkt [205] (N 214.814.8).

Ein Trockner für Schlämme und Pasten (Bild 2.132) benutzt ein Wirbelbett aus kleinen Kunststoffkörpern (Hohlzylinder aus Silicongummi, Kugeln aus Polypropylen oder dgl.) als Fluidisierungshilfe. Das Gut wird in den Trockner gepumpt, vom Anströmboden aus in das Wirbelbett gesprüht und als Überzug der Körperchen getrocknet. Oben im Trocknerschacht prallen die Körperchen auf feste Einbauten, geben dabei ihren Überzug ab und fallen zurück. Die abgeplatzten Gutsteilchen — hauptsächlich als feine Plättchen, — gehen mit dem Luftstrom zu einem Zyklonabscheider [220] (N 214.874.8).

Ein zweistufiger Trockner (Bild 2.133) entfernt die Oberflächenfeuchte des Gutes in einer hohen trichterförmigen Sprudelkammer, in der hohe Temperatur und Strahlgeschwindigkeit herrschen. Eine zweite Kammer größeren Durchmes-

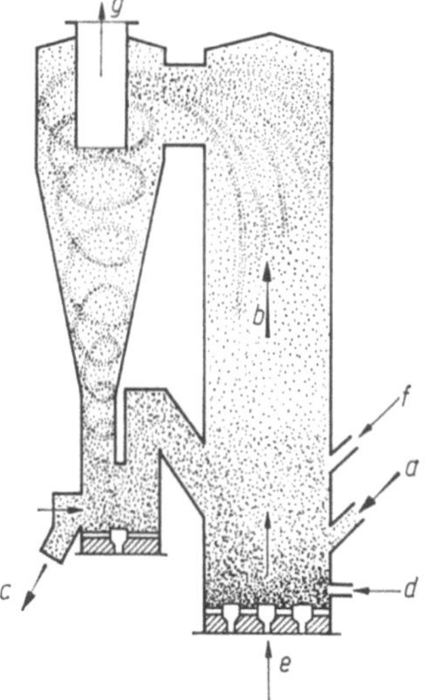

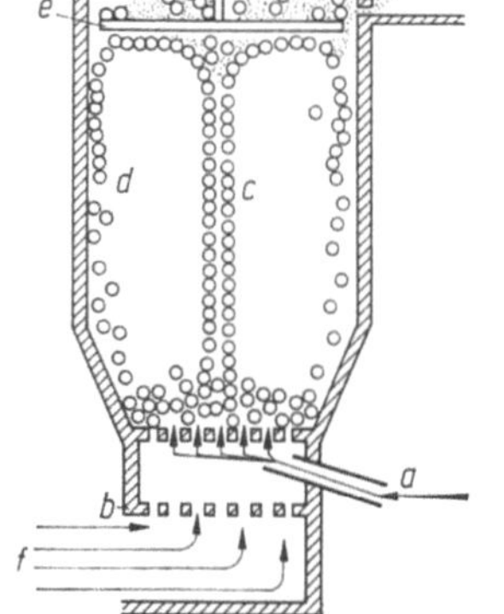

Bild 2 131.   Bild 2.132.

Bild 2.131. Anlage mit zirkulierender Wirbelschicht zum Entfernen von Konstitutionswasser aus Aluminiumhydroxid (nach Schmidt).
a Feststoffeintrag; *b* zirkulierende Wirbelschicht; *c* Feststoffaustrag; *d* Brennölzufuhr; *e* Primärluftzufuhr; *f* Sekundärluftzufuhr; *g* Gasaustritt.

Bild 2.132. Wirbel-Flugschichttrockner für Schlamme und Pasten, mit Prallkörpern arbeitend [220].
a Gutszufuhr; *b* Anstromboden; *c* mit Feuchtgut beladene Kunststoffkörper; *d* zurückfallende Kunststoffkorper; *e* Pralleinbauten; *f* Heißlufteintritt; *g* Luft- und Gutsaustritt.

sers arbeitet im Umluftbetrieb mit milderen Bedingungen und gewährt den Teilchen die Aufenthaltszeit, die sie zum Abgeben der inneren Feuchte brauchen [221] (N 214.374.8).

Für körnige Güter, aber auch für Späne, Flocken und Schnitzel eignet sich der Fluidattrockner mit Rührwerk gemäß Bild 2.134. Im stehenden Zylindergehäuse mit zentralem Einfallrohr und Siebboden strömt die Luft so schnell aufwärts, daß sie kleine Teile austrägt und mittelgroße so lange herumwirbelt, bis sie trocken und leicht sind und ebenfalls mitfliegen. Ein Rührer lockert und verteilt eventuell vorhandene Klumpen und schiebt den groben Gutsrest über den Siebboden zur Ausfallöffnung am Rande (N 214.954.9).

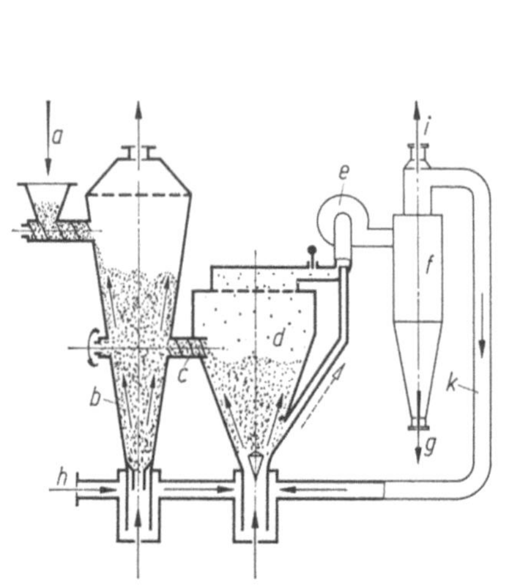

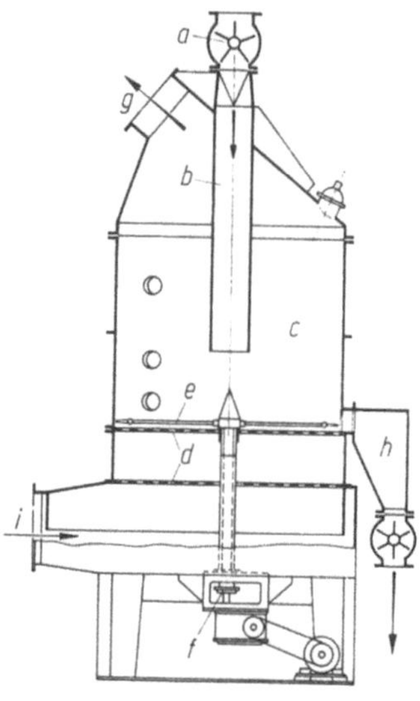

Bild 2.133.   Bild 2.134.

Bild 2.133. Zweistufiger Sprudeltrockner [221].
a Feuchtgutaufgabe; *b* Vortrocknungskammer; *c* Förderschnecke; *d* Haupttrocknungskammer; *e* Ventilator; *f* Materialabscheider (Zyklon); *g* Gutsaustritt; *h* Heißlufteintritt; *i* Abluftaustritt; *k* Umluftleitung.

Bild 2.134. Fluidat-Trockner mit Rührwerk (Schwebetrockner der Firma Keller-Peukert GmbH, Leverkusen).
a Beschickungsvorrichtung; *b* Feuchtguteinlaufrohr; *c* Schwebekammer; *d* Siebböden; *e* Rührarme; *f* Rührwerksantrieb; *g* Feingutaustrag; *h* Grobgutaustrag; *f* Heißlufteintritt.

2.3.1.6. Förderluft-Trockner

In vielen Trocknern werden Güter aus Einzelteilchen im Fluge getrocknet. Strömende Warmluft oder heiße Gase halten die Teilchen (die Körner, Stengel, Blättchen oder Tropfen) dabei verteilt, übertragen Wärme auf die Partikel und führen den entstehenden Dampf weg.

Die Gutsteilchen können in Stromrichtung der Luft fliegen oder schräg dazu, oder sie können auch gegen den Strom treiben, je nachdem, welche Richtung die Kräfte haben, denen sie ausgesetzt sind. Auch können die Teilchen vereinzelt oder zu Schwärmen vereinigt sein.

Eine erste Untergruppe der Flugtrockner — die Förderlufttrockner — benützt die kinetische Energie von Luftströmen zum Fördern des Gutes; eine zweite Untergruppe läßt aufgeteiltes Gut der Gewichts- oder Fliehkraft folgend durch die Luft gleiten, und eine dritte fördert das Gut teils mit der Luft, teils durch die Gewichts- oder Fliehkraft.

2.3.1.6.1. Wirkungsweise, Anwendungsgebiete der Förderlufttrockner

Das Bild 2.135 zeigt einen Förderlufttrockner einfachster Art. Die Förderluft wird vom Erhitzer a erwärmt und vom Ventilator b bewegt. Sie bekommt das Gut von der Beschickungsvorrichtung c zugeführt, trägt es im Rohr d aufwärts, trocknet die Gutsteilchen unterwegs, trennt sich von ihnen im Abscheider f wieder und entweicht durch das Abflußrohr g ins Freie. Das getrocknete Gut verläßt den Abscheider durch die Schleuse h.

Förderlufttrockner entfernen Feuchte aus chemischen Erzeugnissen, Mineralien, landwirtschaftlichen Erzeugnissen und anderen Gütern. Sie lassen sich für große Durchsätze bauen; die meisten sind einfach, brauchen wenig Grundfläche, und manche können als Transportvorrichtungen größere Entfernungen überbrücken.

In Trocknern, die nach dem Gleichstromverfahren arbeiten, wie der nach Bild 2.135, kommt das Gut bei einmaligem Durchgang nur anfänglich mit heißer Luft in Berührung, nimmt aber selbst keine hohe Temperatur an, solange überall an seiner Oberfläche Feuchte verdunstet. Später schwebt es in erheblich abgekühlter Luft. Deshalb und weil die Teilchen meistens nur wenige Sekunden in der Luft bleiben, sind die Trockner für viele temperaturempfindliche Stoffe brauchbar. Es ist möglich, selbst entzündliche Güter mit Luft von 500 bis 800 °C Eintrittstemperatur zu trocknen, wenn dafür gesorgt wird, daß sich nirgends trockenes Gut ablagern kann und wenn auch einige weitere Sicherheitsvorkehrungen getroffen sind.

Reichen wenige Sekunden zum Trocknen der Gutsteilchen nicht aus, weil die Körner zu grob sind oder nur niedrige Temperatur vertragen, so können alle

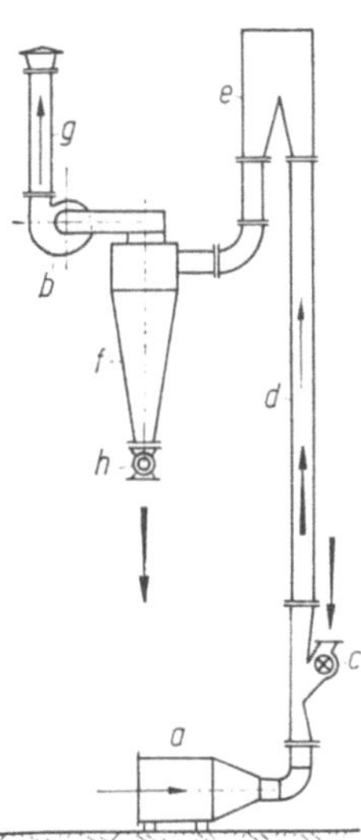

Bild 2.135. Förderluft-Rohrtrockner (schematisch).
a Lufterhitzer; b Ventilator; c Beschickungsvorrichtung; d Steigrohr; e Umlenkkopf; f Fliehkraft-Gutsabscheider; g Abluftrohr; h Austragvorrichtung.

Teilchen — oder nur die groben Körner — in besonderen Trocknern zu längerem Fluge veranlaßt werden. Sie werden dann mehrmals durch den Trocknungsraum geführt oder auf Kreis- oder Wendelbahnen bewegt.

Man kann die Förderlufttrockner mit Mühlen und Sichtern verbinden und den Stoffen in solchen Anlagen in einem Arbeitsgang die gewünschte Feinheit und den geforderten Endfeuchtegehalt geben.

Während sich das Gut durch die Trockner bewegt, berührt es unvermeidlich die Trocknerwände. Dabei können die Teilchen abgerieben, zerkleinert werden, haften bleiben oder verschleißend wirken. In Fällen wo das unstatthaft ist, kommen Förderlufttrockner nicht in Betracht.

2.3.1.6.2. Theoretisches über Förderlufttrockner

Verhalten von Teilchenschwärmen in geraden Leitungen

Im senkrechten zylindrischen Rohr nach Bild 2.136 ströme Luft aufwärts. Wenn das Rohr von Gutsteilchen frei ist, so entsteht dabei zwischen den Meßstellen P_1 und P_2 der bezogene Druckunterschied, der gemäß Linie AB mit der Luftgeschwindigkeit zusammenhängt. Körniges Gut aus gleichen Einzelteilchen, das ruhend im Rohr liegt, erzeugt den Druckverlust nach Linie CD. Steigt die Luftgeschwindigkeit über die Lockerungsgeschwindigkeit W_{Wp}, so folgt der bezogene Druckverlust der Linie DE, sofern die Gutssäule durch ein Sieb gehindert wird, sich auszudehnen. Ohne Sieb entsteht ein Fluidatbett, in dem die Teilchenkonzentration mit steigender Luftgeschwindigkeit abnimmt, so daß der Druckverlust in der Meßstrecke nach Linie DF fällt. Können im schnell durchströmten Bett Luftblasen entstehen, die den ganzen Rohrquerschnitt einnehmen, so werden Pfropfen des Gutes hochgeschleudert und der Druck an den Meßstellen wechselt stark (instabiles Gebiet). Bei noch höherer Luftgeschwindigkeit entweicht der Kornschwarm, wenn die Luftgeschwindigkeit gerade ein wenig über der sogenannten Schwebe- oder Sinkgeschwindigkeit gehalten wird (s. w. h.).

Auch frisches Gut, das laufend dem unteren Rohrende zufließt, fliegt bei genügend hoher Luftgeschwindigkeit aufwärts. Je nachdem, welchen Betrag dabei das Massenstromverhältnis

$$\varkappa = \frac{\text{Massendurchsatz des Gutes}}{\text{Massendurchsatz der Luft}} = \frac{\dot{m}_{\mathrm{G}}}{\dot{m}_{\mathrm{L}}} \tag{2.79}$$

hat, ändert sich der Druckverlust mit wachsender Luftgeschwindigkeit nach Linie HIK oder nach einer ähnlich verlaufenden Linie. Bei Geschwindigkeiten zwischen H und I befördert die Luft das Gut nur langsam weg; es entsteht eine verhältnismäßig dichte Kornwolke und ein entsprechend hoher Druckverlust. Die meisten Förderluft-Rohrtrockner arbeiten jedoch im Gebiet rechts von Punkt I, in dem der Druckverlust mit zunehmender Luftgeschwindigkeit wächst.

Man spricht von *Flugförderung*, wenn die Gutsteilchen einzeln oder in Wolken von der Luft gefördert schnell durch die Leitungen fliegen (Dünnstrom). In Trocknern hat das Massenstromverhältnis $\varkappa$ dabei meistens Werte zwischen 0 und 1. *Pneumatische Schubförderung* sowie *Pfropfen- und Ballenförderung* dagegen findet statt, wenn das Gut unter Druck als dichte Suspension langsam durch die Leitungen wandert (Dichtstrom). Das Massenstromverhältnis ist dabei viel höher als bei der Flugförderung, und es entsteht auch ein höherer Druckverlust, der z. B. für $\varkappa = 200$ nach Linie DG verläuft. In Trocknern kommt Schubförderung selten vor.

Streut man körniges Gut laufend in einen langsam aufwärts gehenden Luftstrom, so entsteht eine Rieselwolke. Das absinkende Gut bietet der Luft bei $\varkappa = 1$ den bezogenen Widerstand, der durch Linie LM dargestellt ist.

In der Regel vermeidet man, Anlagen im Gebiet ungefähr zwischen M und H zu betreiben, weil die Luft dort hohen Widerstand erfährt. Es kann aber vor-

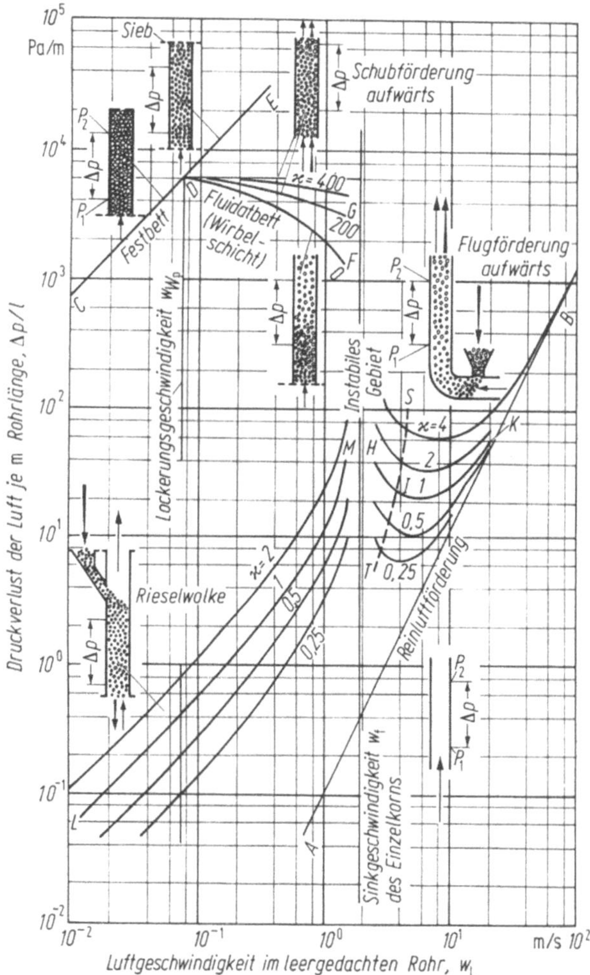

Bild 2.136. Druckverlust der Luft im zylindrischen Rohr, abhängig von der Luftgeschwindigkeit, bei der stationären pneumatischen Aufwärtsförderung sowie bei der Rieselwolke, im Festbett und im Fluidatbett.

Berechnet für verschiedene Verhältnisse $\varkappa$ = Massendurchsatz des Gutes/Massendurchsatz der Förderluft. Rechnungsannahmen: Kugelige Teilchen vom Durchmesser d_K = 0,5 mm, Lufttemperatur ϑ_{L1} = 100 °C, Rohrdurchmesser D = 150 mm, Rohrreibungszahl λ_{RL} = 0,033, Dichte der Teilchen ϱ_K = 1 000 kg/m³, Leerraumanteil des Festbettes ε = 0,4, Endgeschwindigkeit der Teilchen bereits erreicht.

kommen, daß eine Anlage, die normalerweise in einem günstigen Betriebspunkt arbeitet, vorübergehend einen ungünstigen Guts- und Luftdurchsatz hat. Wenn die Druck-Volumenstrom-Kennlinie der Luftfördervorrichtung dann nicht gestattet, den verlegten Betriebspunkt zu erreichen, so kann die Anlage nicht fördern. Man sagt, die Stopfgrenze ist erreicht[1].

Ähnliche Diagramme wie das Bild 2.136 können für Güter anderer Beschaffenheit und für horizontale oder schräge Förderung gezeichnet werden.

Fast alle flugfähigen Schüttgüter setzen sich aus feinen und gröberen Teilchen zusammen, sie haben ein mehr oder weniger breites Kornspektrum. Der Luftstrom verwandelt solche Güter nicht bei einer bestimmten Geschwindigkeit, sondern in gewissen Geschwindigkeitsbereichen in fluide Schichten und in fliegende Teilchenschwärme.

In waagerechten oder schrägen Leitungen hält die Gewichtskraft die Gutsteilchen ungleich im Leitungsquerschnitt verteilt. Dabei sind drei Förderzustände zu unterscheiden. Bei kleinem Gutsdurchsatz mit schnell bewegter Luft fliegt das Gut freischwebend im Luftstrom mit. Wird der Durchsatz bei gleichbleibender Luftgeschwindigkeit erhöht, so bleibt nur ein Teil des Gutes in der Luft, der Rest gleitet als Strähne mit viel kleinerer Geschwindigkeit — meistens nur mit 10 bis 30% der Luftgeschwindigkeit — am Rohrboden dahin. Beim dritten Förderzustand bleiben viele Gutsteilchen unbewegt am Boden liegen. In waagerechten oder geneigten Leitungen wird die kinetische Energie der Luft daher manchmal unbefriedigend zum Vortrieb der Gutsteilchen ausgenützt, und für einen gewünschten Gutsdurchsatz muß die Luft durch waagerechte Leitungen schneller strömen als durch lotrechte. Das größtmögliche Massenstromverhältnis in waagerechten Leitungen hängt von der Luftgeschwindigkeit, der Sinkgeschwindigkeit der Teilchen, dem Rohrdurchmesser und dem Reibungsbeiwert zwischen dem Gut und der Rohrwand ab [222—225].

Bei den bisherigen Betrachtungen war vorausgesetzt, daß die Gutsteilchen während des Fluges weder beschleunigt noch gebremst werden. In fast allen Förderlufttrocknern aber bekommen die Teilchen zumindest am Anfang ihres Flugweges eine wachsende Geschwindigkeit aufgezwungen, was erhöhten Druckverlust zur Folge hat; in manchen Trocknern werden die Teilchen mehrmals beschleunigt und verzögert. Die Wege für die Geschwindigkeitsänderungen können mehrere Meter lang sein.

Bewegung einzelner Teilchen im lotrechten Luftstrom

Die Gutsteilchen nehmen in den meisten Förderlufttrocknern nur 0,001 bis 1% des Gesamtraumes ein. Daher darf für grobe Überschlagsrechnungen angenommen werden, daß die Teilchen ihre Bahnen gegenseitig nicht stören [222].

In einem senkrechten zylindrischen Rohr d (Bild 2.135) bewege sich ein kugeliges Teilchen mit dem Luftstrom nach oben. Wir betrachten die Kräfte, die auf es wirken. Bezeichnet sei: mit d_K der Durchmesser des Kornes, mit ϱ_K seine Dichte

---

[1] Nicht zu verwechseln mit den hier erwähnten Verstopfungen sind die manchmal das Rohr verschließenden Ablagerungen feuchten und klebrigen Gutes, die schon bei geringen Materialbeladungen des Luftstromes auftreten. Sie entstehen, wenn Gutsteilchen gegen die Rohrwand oder gegen andere Teilchen prallen und sich nicht mehr allein ablösen können.

und mit w_K seine Geschwindigkeit; ζ_K sei ein Widerstandsbeiwert, g die Fall-beschleunigung, ϱ_L die Dichte der Luft, w_L die Luftgeschwindigkeit und S_K die größte Projektionsfläche des Teilchens, senkrecht zur Luftrichtung.

Nach unten zieht die

$$\text{Gewichtskraft } G_K = \frac{\pi}{6} d_K^3 \varrho_K g. \tag{2.80}$$

Ihr wirken der statische Auftrieb entgegen (der außer Betracht bleiben kann) und die Schleppkraft F_S der Luft, die entsteht, wenn die Luft eine andere Geschwindigkeit hat als das Gut. Nach dem Widerstandsgesetz von Newton ist

$$F_S = 1/2\,\zeta_K \varrho_L (w_L - w_K)^2 S_K. \tag{2.81}$$

Darin hängt der Widerstandsbeiwert ζ_K von der mit dem Geschwindigkeitsunterschied $(w_L - w_K)$ gebildeten Reynolds-Zahl Re_K ab (Bild 2.137) [484].

Heben sich die genannten Kräfte gerade auf, so fliegt das Teilchen mit der Geschwindigkeit durch das Rohr, die um den Betrag der sogenannten Sink- oder

$$\text{Schwebegeschwindigkeit } w_f = \sqrt{\frac{4}{3} d_K \frac{g}{\zeta_K} \frac{\varrho_K}{\varrho_L}} \tag{2.82}$$

kleiner ist als die Luftgeschwindigkeit w_L. Dieses w_f ist gleich der Endfallgeschwindigkeit, die ein Teilchen bekommt, wenn es in ruhender Luft senkrecht

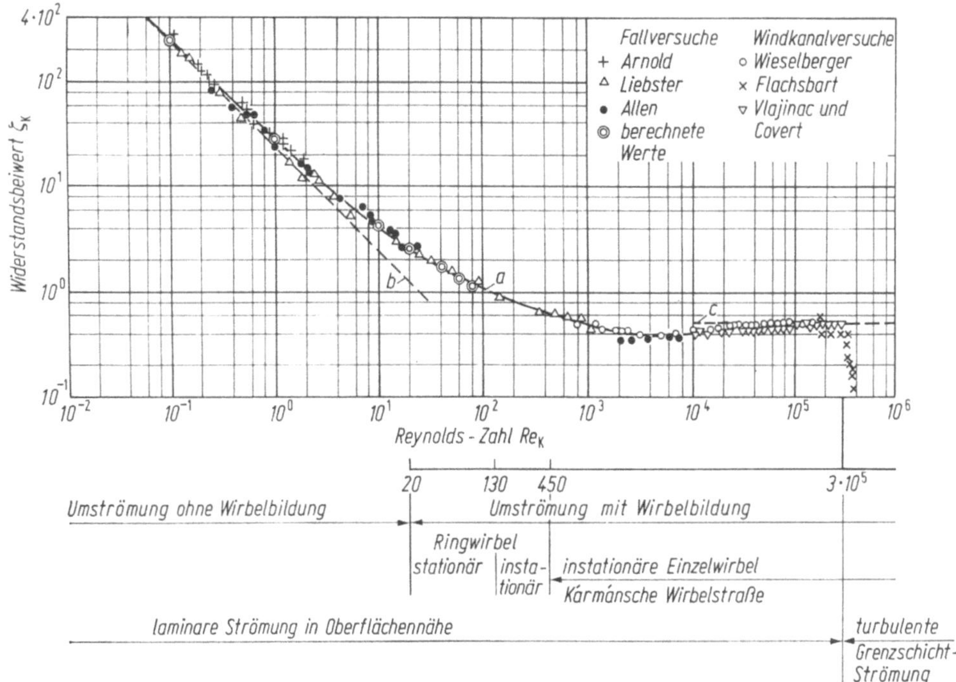

Bild 2.137. Widerstandsbeiwert ζ_K starrer Kugeln in schwach turbulenter Strömung (nach Brauer [283]).
a Ausgleichskurve durch gemessene und berechnete Werte; *b* Grenzgesetz von Stokes; *c* Grenzgesetz von Newton.

fällt. Im Gültigkeitsbereich des Stokesschen Widerstandsgesetzes ($Re_K < 1$) kann für Kugeln

$$\zeta_K = \frac{24}{Re_K},\qquad(2.83)$$

im Newtonschen Bereich ($10 < Re_K < 2 \cdot 10^5$)

$$\zeta_K = 0,4 \qquad(2.84)$$

und im Übergangsbereich

$$\zeta_K = 0,4 + 4/Re_K^{0,5} + 24/Re_K \qquad(2.85)$$

gesetzt werden. Über die Sinkgeschwindigkeiten kugeliger Teilchen unterschiedlicher Dichte in den beiden Bereichen sowie im Zwischenbereich gibt das Bild 2.138 Auskunft [226] (siehe auch Abschn. 2.3.1.5.1). Die Sinkgeschwindigkeit der Körner bis ungefähr 1 mm Durchmesser ändert sich nur wenig mit der Temperatur des Gases, in dem das Gut schwebt, und auch die Art des Gases ist wenig von Belang, sofern man nur Gase betrachtet, die in Förderlufttrocknern vorkommen, nämlich Luft und Rauchgase.

Mit Hilfe der Sinkgeschwindigkeit kann man die Bewegung eines Körpers im senkrechten Luftstrom leicht beschreiben. Ist der Geschwindigkeitsunterschied

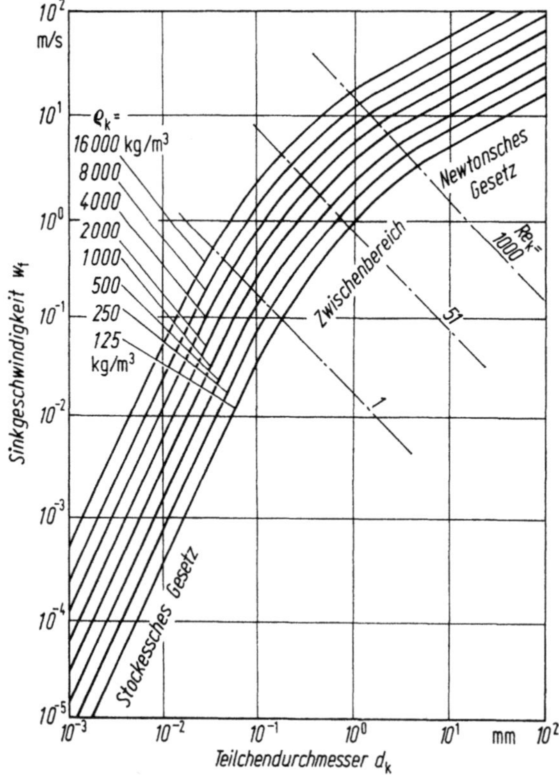

Bild 2.138. Sinkgeschwindigkeit kugeliger Teilchen in Luft (nach Bohnet [226]). Dichte der Luft $\varrho_L = 1{,}2$ kg/m³; Barometerstand 1 bar; Lufttemperatur 20 °C; ϱ_K Dichte der Teilchen; Re_K Reynolds-Zahl.

$(w_L - w_K)$ am Anfang größer als die Sinkgeschwindigkeit, z.B. dann, wenn das Teilchen am Anfang der Förderstrecke noch ruht, so nimmt die Relativgeschwindigkeit von anfänglich w_L bis zur Sinkgeschwindigkeit w_f ab, während die Körpergeschwindigkeit w_K von Null bis zum Endwert $(w_L - w_f)$ ansteigt. Soll der Körper nach oben fliegen, so muß an allen Stellen im Rohr die Luftgeschwindigkeit mindestens gleich der Sinkgeschwindigkeit sein. Alle Teilchen, für die w_L kleiner als w_f ist, sinken nach unten.

Während die Gutsteilchen durch den Trockner fliegen, ändern sich im allgemeinen: Die Masse und der Durchmesser der Körner, der Widerstandsbeiwert ζ_K, sowie die Geschwindigkeit und die Dichte der sie schleppenden Luft. Kennt man die Änderungsgesetze sowie die Anfangsgeschwindigkeit der Teilchen, so kann man aus den Kräften, die auf die Körner wirken, mit Hilfe eines Computers den zeitlichen und den örtlichen Verlauf der Korngeschwindigkeit einigermaßen genau ermitteln. Für anfänglich ruhende Einzelteilchen, die ihre Masse nur wenig ändern, gilt im Gültigkeitsbereich des Stokesschen Widerstandsgesetzes ungefähr

$$w_K = (w_L - w_f)\left[1 - \exp\left(-\frac{g\,t}{w_f}\right)\right]. \qquad (2.86)$$

Mit t ist die Zeit vom Beginn des Fluges an bezeichnet.

Sehr kleine Körner mit entsprechend kleinem w_f haben schon nach kurzem Flug beinahe die Luftgeschwindigkeit.

Die durchschnittliche Korngeschwindigkeit $\overline{w}_K$ steht bei Gültigkeit der Gl. (2.86) zur möglichen Höchstgeschwindigkeit $(w_L - w_f)$ im Verhältnis

$$\varkappa_w = \frac{\overline{w}_K}{w_L - w_f} = 1 - \frac{w_f}{g\,t}\left[1 - \exp\left(-\frac{g\,t}{w_f}\right)\right]. \qquad (2.87)$$

Braucht ein Gut lange Aufenthaltszeit im Trockner, so ist der Verhältniswert $\varkappa_w \approx 1$; sonst aber kann $\varkappa_w$ viel kleiner sein.

In Kornschwärmen kann die Relativgeschwindigkeit $(w_L - w_K)$ auch am Ende der Beschleunigungsstrecke noch ein Vielfaches der idealen Sinkgeschwindigkeit w_f des Einzelkornes betragen; sie hängt vom Rohr- und Korndurchmesser und in dichten Schwärmen auch von der Volumenkonzentration der Partikel ab [227, 228].

Der Schlupf $(w_L - w_K)$ zwischen festen Teilchen und Luft, der bei feinen Stäuben gering ist, wächst mit dem Korndurchmesser. Bei gegebener Luftgeschwindigkeit ist dies in Steigrohren recht vorteilhaft: grobe Körner, die langsamer trocknen, erhalten günstigere Bedingungen für den Wärme- und Stoffübergang an ihrer Oberfläche und längere Flugzeiten als feine Körner, die schneller trocknen.

Anders ist es in Fallrohren. Manchmal kann man den Flugweg, der zum Trocknen nötig ist, in einem Steigrohr allein nicht unterbringen. Man verbindet dann auf- und abwärts führende Rohre miteinander. Setzen wir voraus, ein Korn habe am oberen Ende eines Fallrohres die Geschwindigkeit Null, so wird es von der Luft zunächst beschleunigt, nachher verzögert, weil es von einem bestimmten Punkt an schneller fällt als die Luft. Schließlich ist die Relativgeschwindigkeit zwischen Korn und Luft wieder gleich der Sinkgeschwindigkeit, die Eigengeschwindigkeit des Körpers aber ist gleich der Summe aus der Sinkgeschwindigkeit und der Luftgeschwindigkeit. Folglich ist die Aufenthaltszeit großer Körner im Fallrohr kürzer als die von kleinen (also anders als erwünscht).

Die Trockner bekommen das Gut oft ungleich verteilt zugeführt, und die Luft kann innerhalb einzelner Rohrquerschnitte unterschiedliche Geschwindigkeit haben. Dies zwingt dazu, als durchschnittliche Luftgeschwindigkeit w_L in Steigrohren ein Vielfaches der Sinkgeschwindigkeit w_f der Teilchen des mittleren Durchmessers zu wählen, damit die Luft überall alle Teilchen mitschleppt.

In der Regel läßt man die Luft mit $w_L = 5$ bis 30 m/s Geschwindigkeit aufwärts strömen, jedenfalls aber um 2 bis 3 m/s schneller als der Sinkgeschwindigkeit der gröbsten Teilchen (oder der größten Teilchenagglomerate) entspricht. Bei der Wahl von w_L ist jedoch nicht nur auf fördertechnische Belange zu achten. Die Luft muß auch genügend viel Wärme abgeben können und soll auf ihrem Weg möglichst wenig Strömungsenergie verlieren (s. w. h.).

Selbstverständlich steht die Annahme, alle Gutsteilchen könnten ungestört fliegen, nicht ganz mit der Wirklichkeit in Einklang (s. w. h.). Die Teilchen fliegen mit dem Luftstrom und zugleich quer dazu und machen längere Wege als der Rohrlänge entspricht. Dabei prallen sie gelegentlich an die Wand und gegeneinander. Je nach den Umständen entstehen hierdurch, selbst in senkrechten Leitungen und bei anfänglich gleicher Kornverteilung, in der Rohrmitte oder in Wandnähe Zonen erhöhter Teilchenkonzentration [229—232]. In ungünstigen Fällen rutschen Teilchen sogar zurück.

Druckverlust der Luft und Leistungsbedarf bei der Flugförderung

Die Teilchenschwärme folgen den Kräften, die auf sie wirken.

In waagerechten und steigenden Leitungen übt nur der Luftstrom eine treibende Kraft aus. Ihm wirken die Gewichtskraft der Teilchen und die Trägheitskräfte der zu beschleunigenden Körner entgegen. Beschleunigt werden müssen:

beim Eintritt alle Körner mit geringer Anfangsgeschwindigkeit,

unterwegs immer wieder alle Körner, die an die Rohrwand prallen oder die mit anderen Teilchen zusammenstoßen und dabei vorübergehend an Geschwindigkeit verlieren.

Zu überwinden ist außerdem die Wandreibung des Luftstromes selbst. Die treibende Kraft, geteilt durch die Querschnittsfläche des zylindrisch gedachten Rohres, ist bei stetigem Guts- und Luftdurchsatz gleich dem Druckunterschied der Luft zwischen dem Anfang und dem Ende der Leitung, d. h. gleich dem Druckverlust Δp der Luft. Man schreibt meistens

$$\Delta p = \Delta p_{RL} + \Delta p_Z \tag{2.88}$$

und sieht also Δp_{RL}, den Druckverlust des unbeladenen Luftstromes, und Δp_Z, den zusätzlichen Verlust durch die Beladung, als additive Größe an.

1. Reine Luft von der Dichte ϱ_L, die mit der Geschwindigkeit w_L strömt, erleidet in einem geraden Rohr von der Länge l, dem Durchmesser D und der Rohrreibungszahl λ_{RL} den Druckverlust

$$\Delta p_{RL} = \lambda_{RL} \frac{l}{D} \frac{w_L^2 \varrho_L}{2}. \tag{2.89}$$

Das entspricht der Leistungsabgabe

$$P_{RL} = \frac{\dot{m}_L}{\varrho_L} \Delta p_{RL}. \tag{2.90}$$

Der zusätzliche Druckverlust Δp_Z wächst mit der Zahl n_T der Gutsteilchen, die im Rohr schweben. Wir berechnen n_T.

Die Teilchen seien kugelig und jedes Korn habe den Durchmesser d_K und Dichte ϱ_K. Die Gesamtheit habe also die Masse

$$m_K = n_T \frac{\pi\, d_K^3}{6} \varrho_K. \tag{2.91}$$

Der gesamte Gutsmassenstrom sei $\dot{m}_G$ und die Fluggeschwindigkeit der Körner sei w_K. Dann fliegt jedes Teilchen binnen der Zeit

$$t = n_T \frac{\pi\, d_K^3}{6} \varrho_K / \dot{m}_G = \frac{l}{w_K} \tag{2.92}$$

durch die Leitung.

Der Luftmassenstrom in dem Rohr mit der frei gedachten Kreisquerschnittsfläche $S = \pi D^2/4$ ist

$$\dot{m}_L = S w_L \varrho_L. \tag{2.93}$$

Faßt man nun (2.93) mit (2.79) und (2.92) zusammen und eliminiert $\dot{m}_G$ und $\dot{m}_L$, so findet man für die Zahl der Teilchen im Rohr

$$n_T = \varkappa \frac{w_L}{w_K} \frac{\varrho_L}{\varrho_K} \frac{6}{\pi\, d_K^3} S\, l. \tag{2.94}$$

Da jedes Teilchen das Volumen $\pi d_K^3/6$ hat, ergibt sich weiter für den Leerraumanteil ε des Rohres:

$$\varepsilon = 1 - \varkappa \frac{w_L}{w_K} \frac{\varrho_L}{\varrho_K}. \tag{2.95}$$

Das im Einzelfall zweckmäßige Massenstromverhältnis $\varkappa$ ist durch die Energiebedarfsrechnung zu ermitteln (s. w. h.).

Der zusätzliche Druckverlust Δp_Z der Luft läßt sich mit Hilfe der vorhandenen wissenschaftlichen Unterlagen grob schätzen. Er hat vier Ursachen:

2. Die Luft muß den eintretenden Gutsmassenstrom $\dot{m}_G$ von der anfänglichen Geschwindigkeit w_{K1} (oft ungefähr Null) auf die durchschnittliche Endgeschwindigkeit w_{K3} beschleunigen. Sie gibt dabei die Leistung

$$P_B = \frac{1}{2} \dot{m}_G \left(w_{K3}^2 - w_{K1}^2\right) \tag{2.96}$$

ab und verringert ihren Druck um

$$\Delta p_B = P_B \frac{\varrho_L}{\dot{m}_L}. \tag{2.97}$$

3. Die Luft muß den Gutsmassenstrom $\dot{m}_G$ von der Eintritts- zur Austrittsstelle um die Strecke h heben. Sie überträgt dabei die Leistung

$$P_H = \dot{m}_G\, g\, h \tag{2.98}$$

und erleidet den Druckverlust

$$\Delta p_H = P_H \frac{\varrho_L}{\dot{m}_L}. \tag{2.99}$$

4. Die Luft muß den Gutsmassenstrom $\dot{m}_G$, wenn er in Umlenkungen durch Stoß und Wandreibung auf die Geschwindigkeit w_{K2} abgebremst wird, hinter den

Umlenkungen wieder auf die Geschwindigkeit w_{K3} beschleunigen. Dazu muß sie die Leistung

$$P_U = \frac{1}{2} \dot{m}_G \left(w_{K3}^2 - w_{K2}^2 \right) \tag{2.100}$$

aufbringen, wodurch ihr Druck um

$$\Delta p_U = P_U \frac{\varrho_L}{\dot{m}_L} \tag{2.101}$$

sinkt. Wie stark die Gutsgeschwindigkeit in Krümmern abnimmt, geht aus mehreren Arbeiten hervor [223, 233].

5. Ein Teil der Druck- und Geschwindigkeitsenergie der Luft wird irreversibel in thermische Energie verwandelt beim

5a. Strömen der Luft durch den mitgeschleppten (und langsamer fliegenden) Kornschwarm.

Zum Bestimmen des entsprechenden Druckverlustes betrachten wir den Schwarm als gleichmäßig den Raum erfüllendes starres Teilchengitter, das die Luft mit der Relativgeschwindigkeit $(w_L - w_K)$ durchdringt. Für die Kraft, welche die Luft auf das einzelne Teilchen ausübt, gilt dann Gl. (2.81), woraus sich der Druckverlust des Luftstromes im Teilchengitter mit Hilfe von (2.82) ergibt zu

$$\Delta p_{Sch} = \varkappa \varrho_L g \, l \frac{w_L}{\overline{w}_K} \frac{(w_L - \overline{w}_K)^2}{w_f^2}. \tag{2.102}$$

Mit $\overline{w}_K$ ist hier ein Mittelwert der Teilchengeschwindigkeit bezeichnet.

Wenn die Luft senkrecht aufwärts strömt und nur auf Teilchen stößt, die nicht mehr beschleunigt zu werden brauchen, so ist im Idealfall $(w_L - \overline{w}_K) = w_f$ (siehe weiter vorne) und es folgt

$$\Delta p_{Sch} = \varkappa \varrho_L g \, l \frac{w_L}{w_L - w_f}. \tag{2.103}$$

Diesem Druckverlust Δp_{Sch} der Luft entspricht die Leistungsabgabe

$$P_{Sch} = \frac{\dot{m}_L}{\varrho_L} \Delta p_{Sch}. \tag{2.104}$$

Einige Angaben über wirkliche Korngeschwindigkeiten sind beispielsweise zu finden in [223, 227, 228, 229].

In horizontalen Leitungen hängt die Korngeschwindigkeit w_K stark davon ab, welche Bewegungen die Teilchen beim Zusammenprall mit der Wand und mit anderen Teilchen machen können und wie sie die Rohrleitung infolge der Bewegungen erfüllen. Anhaltswerte für w_L/w_K bei Horizontalförderungen gibt gleichfalls das Schrifttum [222, 223, 234, 235].

5b. Prall der Gutsteilchen gegen die Rohrwand.

Die Körner bewegen sich vorwärts und wirr durcheinander; viele treffen schräg auf die Rohrwand und prallen zurück. Bei jedem Stoß verlieren sie an Geschwindigkeit, und dabei geht kinetische Energie in thermische Energie oder in Zerkleinerungsenergie über. Der Verlust muß von der Transportströmung ausgeglichen werden, er entspricht der Druckminderung

$$\Delta p_{KR} = \frac{1}{2} \lambda_Z^* \frac{\dot{m}_G}{S} w_{K3} \frac{l}{D} \tag{2.105}$$

und der Leistungsabgabe

$$P_{KR} = \frac{\dot{m}_L}{\varrho_L} \Delta p_{KR}.$$ (2.106)

Je nach der Härte, Festigkeit, Elastizität und Rauhigkeit der Teilchen und der Wand hat die Widerstandszahl λ_Z^* in der Formel (2.105) Werte zwischen 0,0007 und 0,03 [223, 224, 228].

5c. Zusammenstoß von Teilchen.

Während sich die Gutsteilchen wirr bewegen, treffen immer wieder Körner aufeinander und werden abgelenkt. Zusammenstöße ereignen sich auch, wenn Schwärme aus kleinen, schnell fliegenden Teilchen durch Schwärme großer, langsam bewegter Teilchen hindurchschießen.

Prallen unelastische Teilchen aufeinander, so verlieren sie zusammengenommen an Energie. Für die Höhe dieses Verlustes maßgebend sind die Art und die Geschwindigkeit der Teilchen sowie die stündliche Zahl der Stöße. Die Transportströmung muß auch diesen Verlust ausgleichen.

Die n_T Gutsteilchen im Rohr (Gl. (2.94)) haben zusammengenommen die Ansichtsfläche $A_{\Sigma T} = n_T \pi\, d_K^2/4$, das Rohr hat innen die Wandfläche $A_W = \pi Dl$. Also ist

$$\frac{A_{\Sigma T}}{A_W} = \frac{6}{16}\, \varkappa\, \frac{w_L}{w_K}\, \frac{\varrho_L}{\varrho_K}\, \frac{D}{d_K}.$$ (2.107)

Dieses Verhältnis ist bei den Werten von $\varkappa$, ϱ_K, D und d_K, die in Förderluft-Rohrtrocknern vorkommen, meistens sehr klein. Die Körner stoßen daher viel seltener aufeinander als gegen die Wand, und daher bringen die Kornzusammenstöße in der Regel auch weniger Verlust an Strömungsenergie als die Wandstöße. Der entsprechende Leistungsbedarf P_Z ist meistens gering.

Die Leistung ($P_{RL} + P_B + P_H + P_U + P_{Sch} + P_{KR} + P_Z$), welche die Luft an das Gut abgibt, muß ihr vom Förderorgan erteilt werden. Das Organ muß die Luft außerdem von der ursprünglichen Geschwindigkeit w_{L1} (meistens angenommen zu 0 m/s) auf die Endgeschwindigkeit w_{L3} beschleunigen und auf die Höhe h heben und dazu die Leistung

$$P_L = \dot{m}_L \left[gh + \frac{1}{2}\, (w_{L3}^2 - w_{L1}^2) \right]$$ (2.108)

aufbringen. Weil sein Wirkungsgrad kleiner als 1 ist, verliert es außerdem an Leistung.

Wie aus obigem hervorgeht, hängt der gesamte Leistungsbedarf stark von der angewandten Luftgeschwindigkeit und vom Massenstromverhältnis $\varkappa$ ab und ist bei gegebenem Trocknerquerschnitt am kleinsten bei jener Geschwindigkeit w_L, für die das Produkt $\Delta p_L \cdot w_L$ ein Minimum hat. Meistens liegt dieses Minimum bei verhältnismäßig niedriger Geschwindigkeit. Die Linie ST im Bild 2.136 verbindet die Maxima, die sich unter den dort genannten Annahmen ergeben, für verschiedene $\varkappa$-Werte.

Berechnungsbeispiel für den Leistungsbedarf

Es sei:

d_K	$= 0,5$ mm	w_L	$= 20$ m/s
$h = l = 10$	m	w_f	$= 1,9$ m/s

$$D = 150\,\text{mm} \qquad\qquad w_{K1} = 0\,\text{m/s}$$
$$S = 0{,}0177\,\text{m}^2 \qquad\qquad w_{K2} = 9\,\text{m/s}$$
$$\dot{m}_G = 250\,\text{kg/h} \qquad\qquad w_{K3} = 18{,}1\,\text{m/s}$$
$$\dot{m}_L = 1195\,\text{kg/h} \qquad\qquad \lambda_{RL} = 0{,}033$$
$$\varkappa = 0{,}209 \qquad\qquad \lambda_z^* = 0{,}0015$$
$$\varrho_K = 1000\,\text{kg/m}^3$$
$$\varrho_L = 0{,}94\,\text{kg/m}^3$$

dann beträgt der Leistungsbedarf zum

Beschleunigen und Heben der Luft	99 W
Überwinden der Rohrreibung des unbeladenen Luftstromes	145 W
Beschleunigen des eintretenden Gutsmassenstromes	11 W
Heben des Gutsmassenstromes	7 W
Wiederbeschleunigen des Gutsmassenstromes hinter einer Umlenkung	9 W
Decken der Verluste an Strömungsenergie beim	
Strömen der Luft durch den Kornschwarm	7 W
durch Prall der Gutsteilchen gegen die Rohrwand	1 W
durch Zusammenstoß der Gutsteilchen	− W
	279 W

Wärmeübergang in Förderluft-Rohrtrocknern

Die fliegenden Gutsteilchen nehmen die Wärme, die sie zum Trocknen brauchen, aus der Enthalpie der Förderluft. Die Luft ihrerseits bringt die Enthalpie von außen in den Trocknungsraum, oder sie nimmt sie — was seltener ist — im Raum von den Wänden auf [236].

Leider liegen nur spärliche Meßergebnisse über den Wärmeübergang von Luft an fliegende Teilchenschwärme vor. Weil die Gutsteilchen in den Förderluft-trocknern meistens nur einen kleinen Teil des Trocknungsraumes erfüllen, so sei für Überschlagsrechnungen unterstellt, daß der Wärmeübergang an die Teilchen-oberflächen so wie an einzeln umströmte Körper vor sich geht (siehe auch Bild 2.115). Sind die Teilchen kugelig, so gilt dann für den Wärmeübergangsko-effizienten α an den Oberflächen näherungsweise z. B. die Gleichung von Froess-ling [237−241]

$$\alpha = \frac{\lambda_L}{d_K}\left[2 + 0{,}552\,Pr^{1/3}\sqrt{\frac{(w_L - w_K)\,d_K}{\nu_L}}\,\right], \qquad\qquad (2.109)$$

in der bezeichnet

λ_L die Wärmeleitfähigkeit der Luft,
d_K den Teilchendurchmesser,
Pr   die Prandtl-Zahl (für Luft ist $Pr^{1/3} \approx 0{,}89$),
w_L die Luftgeschwindigkeit,
w_K die Teilchengeschwindigkeit,
ν_L die kinematische Viskosität der Luft.

Oben wurde dargelegt, daß der Geschwindigkeitsunterschied $(w_L - w_K)$ längs des Gutsweges meistens beträchtlich wechselt, weshalb sich α ebenfalls ändert. Bei Ver-suchen von Rühle im zylindrischen Steigrohr eines Förderlufttrockners z. B. verlief der Wärmeübergangskoeffizient nach den Kurven im Bild 2.139 [242].

Man ist bestrebt, an allen Stellen der Trockner, wo es sinnvoll ist, die Relativgeschwindigkeit $(w_L - w_K)$ und damit α so hoch wie möglich zu machen. Nahe
der Gutsaufgabe z.B., wo die meiste Feuchte verdampft, gibt man dem Stromrohr
daher oft einen verengten Querschnitt. Erst ein anschließendes trichterförmiges
Rohrstück, das manchmal sehr schlank ausgeführt wird, vermittelt dann den
Übergang zum zylindrischen Rohr. Der Zylinder ist in diesem Fall entsprechend
kurz, manchmal entfällt er ganz.

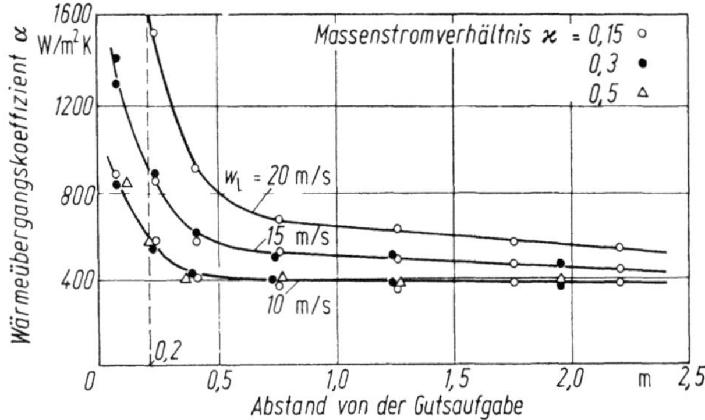

Bild 2.139. Verlauf des örtlichen Wärmeübergangskoeffizienten an Körnern, die von einem
Luftstrom aufwärts durch ein Rohr gefördert werden, längs des Flugweges (nach Rühle
[242]).
Gut: Kalziumkarbonat $\varrho_K = 2\,500$ kg/m³; mittlerer Kugeldurchmesser 580 µm; Lufttemperatur 80–90 °C.

Ein zylindrischer Trocknungsraum, der gleichmäßig vom Guts- und Luftstrom
durchzogen wird, enthält die durch Gl. (2.94) gegebene Anzahl von Teilchen. Jedes
Teilchen hat die Oberfläche πd_K^2. Damit ergibt sich für den „raumbezogenen
Wärmeübergangskoeffizienten":

$$\alpha^* = 6\,\frac{\alpha}{d_K}\,\varkappa\,\frac{w_L}{w_K}\,\frac{\varrho_L}{\varrho_K}. \tag{2.110}$$

Über den Verlauf experimentell ermittelter Werte von α^* gibt das Bild 2.140 Auskunft [243].

Bild 2.140. Raumbezogener Wärmeübergangskoeffizient α^* an verschiedenen Stellen eines Förderluft-Rohrtrockners beim
Trocknen von CaCO und PVC (nach
Kamei u. Toei [243]).

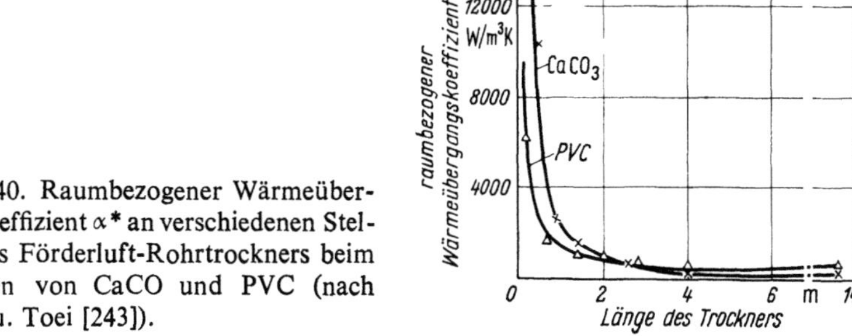

Bemessen der Förderluft-Rohrtrockner

Der Förderluftstrom verliert Enthalpie, sobald er in den Trocknungsraum tritt, weil er Wärme teils an das Gut, teils an die Trocknerwände abgibt; gleichzeitig reichert er sich mit Dampf aus dem Gut an (Bild 2.141).

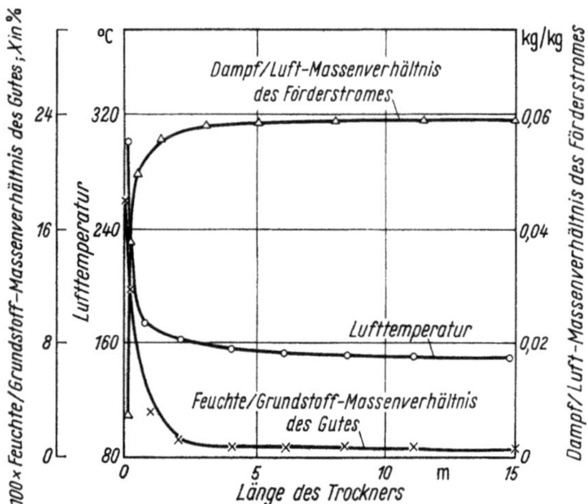

Bild 2.141. Versuche mit $CaCO_3$ in einem Förderluft-Rohrtrockner (nach Kamei u. Toei [243]).

Daher ändern sich ständig die Unterschiede der Temperatur und des Dampfpartialdrucks zwischen der Luft und der Gutsoberfläche. Aber auch die Körneroberfläche variiert oft. Die Gutsteilchen können durch Schrumpfen an Oberfläche verlieren; sie können beim Zusammenstoß untereinander oder mit der Rohrwand zerspringen; ferner können sie zerfallen, wenn die Feuchte der äußeren Kornschichten schnell verdampft, und wenn dadurch starke Schrumpfspannungen entstehen. Aus den weiter vorne geschilderten Gründen und weil die Größe und das Gewicht der Teilchen abnehmen, wechselt überdies fortwährend die Relativgeschwindigkeit zwischen der Luft und den Körnern, und infolgedessen sowie infolge der Formänderung an sich, wechselt auch der Wärmeübergangskoeffizient an der Kornoberfläche. Engporige Güter zwingen die Feuchte, im Korninneren zu verdampfen und nur langsam zur Oberfläche zu wandern; viele Stoffe sind hygroskopisch und können die Feuchte nur mit erniedrigtem Dampfteildruck abgeben. Dies alles macht es meistens unmöglich die Trockner allein durch theoretische Überlegungen — und sei es schrittweise mit Hilfe von Computern — zu bemessen. Unter vereinfachenden Annahmen kann man allerdings Anhaltswerte berechnen [211, 244, 245].

Zum Beispiel kann man sich für eine solche Berechnung den Trockner in mehrere kurze Zonen und das Gut in Korngrößenfraktionen mit bestimmten mittleren Teilchendurchmessern zerlegt denken. Aus den Gegebenheiten am Anfang einer Zone und aus denjenigen für die Wärme- und Stoffübertragung innerhalb der Zone, die für jede Fraktion in der Zone konstant seien, kann man jeweils die Temperatur- und Feuchtegehaltsänderungen der Gutsteilchen und der Luft berechnen. Vorausgesetzt ist, daß man über den Trocknungsverlauf der

Teilchen unter gleichbleibenden Bedingungen Bescheid weiß (s. Abschn. 1.2.5.2 und 2.3.1.1.5). Eine Energie- und Stoffbilanz für die Luft und für jede Gutsfraktion in der betrachteten Zone gestattet dann, aus dem Anfangszustand der Stoffe den Endzustand zu ermitteln. Alsdann kann man für die Lufttemperatur und für das Dampf/Luft-Massenverhältnis durchschnittliche Endwerte bestimmen. Diese betrachtet man als die Eingangswerte der nächsten Zone, für die man wieder die Endwerte berechnet usw. Man bricht die Berechnung ab, wenn man erkennt, daß der durchschnittliche Feuchtegehalt des Gutes mit dem gewünschten Wert übereinstimmt [494].

Versuche in Laborgeräten und in halbtechnischen Apparaten, die der Dimensionierung eines Förderlufttrockners vorangehen sollten, müssen Auskünfte über die Korneigenschaften sowie über das Verhalten des Gutes bei der pneumatischen Förderung, bei der thermischen Beanspruchung und bei der Feuchteabgabe unter betriebsnahen Bedingungen liefern. Oft sind Versuche in betriebsgroßen Trocknern (die kostspielig sein können) nicht zu vermeiden. Auf jeden Fall ist zu klären:

1. wie der Gutsstrom gleichmäßig in den Trockner gebracht werden kann;
2. welche Geschwindigkeit der Luftstrom haben muß, damit die Gutsteilchen in gewünschter Weise durch den Trockner fliegen;
3. welche höchste Temperatur der Luftstrom haben darf, während er das Gut berührt (die kleinsten Teilchen, die schnell trocknen, nehmen schnell die Lufttemperatur an);
4. wie stark der Luftstrom bei einer gewählten Zuströmtemperatur mit Gut beladen werden darf, wenn die Gutsteilchen den gewünschten Endfeuchtegehalt erreichen sollen;
5. ob das Gut zum Anhaften an den Trocknerwänden oder zu unerwünschten Veränderungen neigt.

Aus den Versuchen ergeben sich Werte für den möglichen Massenstrom des Gutes und für die durchschnittliche raumbezogene Trocknungsgeschwindigkeit unter bestimmten Bedingungen, die erforderlichenfalls auf die Gegebenheiten des geplanten Trockners umzurechnen sind.

Zu bemessen sei z. B. ein Förderlufttrockner mit senkrechtem kreiszylindrischem Steigrohr für kugelige Teilchen. Darin nehme das Gut Wärme allein vom tragenden Luftstrom auf, wobei sich die Luft abkühlt. Unterstellt sei auch, daß die meiste zum Gut gehende Wärme zum Verdampfen freier Feuchte dient, und daß die Energieverluste an den Trocknerwänden gering seien. Wenn der Luftstrom im Trocknungsraum den Wärmestrom Φ_I abgibt, von dem der Teilstrom Φ_V zum Verdampfen der Feuchte dient, so sei also

$$\Phi_I = i_V \Phi_V, \tag{2.111}$$

worin der Faktor $i_V > 1$ (in vielen praktischen Fällen 1,05 bis 1,3) ist. Bezeichnet sei ferner mit

$\dot{m}_G$　　　　　der Massestrom des Gutes beim Feuchte/Grundstoff-Massenverhältnis X,

$\dot{m}_S = \dot{m}_G/(1 + X)$　　der Massestrom des Grundstoffes,

X_1, X_2　　　　das Feuchte/Grundstoff-Verhältnis des Gutes am Ein- und Austritt,

Δh_{V}	die spezifische Verdampfungsenthalpie der Gutsfeuchte,
$\dot{m}_{\mathrm{L}}$	der Massestrom der Luft,
ϱ_{L}	die Dichte der Luft,
c_{pL}	die spezifische Wärmekapazität der Luft,
ϑ_{LO}	die Temperatur der Luft, die frisch in den Trockner strömt,
ϑ_{L1}	die Temperatur der Förderluft beim Eintritt in den Trocknungsraum,
ϑ_{L2}	die Temperatur der Förderluft beim Austritt aus dem Trocknungsraum.

Dann kann man die Energiebilanz des Trocknungsvorganges ausdrücken durch

$$\Phi_{\mathrm{I}} = i_{\mathrm{V}} \dot{m}_{\mathrm{S}}(X_1 - X_2)\, \Delta h_{\mathrm{V}} = \dot{m}_{\mathrm{L}} c_{\mathrm{pL}}(\vartheta_{\mathrm{L1}} - \vartheta_{\mathrm{L2}}), \qquad (2.112)$$

woraus sich der nötige Luftstrom

$$\dot{m}_{\mathrm{L}} = \frac{i_{\mathrm{V}}\, \dot{m}_{\mathrm{S}}(X_1 - X_2)\, \Delta h_{\mathrm{V}}}{c_{\mathrm{pL}}(\vartheta_{\mathrm{L1}} - \vartheta_{\mathrm{L2}})} \qquad (2.113)$$

berechnen und das entsprechende Massenstromverhältnis

$$\varkappa = \frac{\dot{m}_{\mathrm{G}}}{\dot{m}_{\mathrm{L}}} = \frac{c_{\mathrm{pL}}(\vartheta_{\mathrm{L1}} - \vartheta_{\mathrm{L2}})}{i_{\mathrm{V}}\, \Delta h_{\mathrm{V}}} \frac{(1 + X)}{(X_1 - X_2)} \qquad (2.114)$$

bestimmen läßt. Man wählt die Lufteintrittstemperatur ϑ_{L1} so hoch wie die Umstände zulassen, damit $\dot{m}_{\mathrm{L}}$ klein wird und die Luft nur einen schwachen Enthalpiestrom

$$\Phi_{\mathrm{L}} = \dot{m}_{\mathrm{L}} c_{\mathrm{pL}}(\vartheta_{\mathrm{L2}} - \vartheta_{\mathrm{L0}}) \qquad (2.115)$$

aus dem Trocknungsraum trägt. Insgesamt muß in den Trocknungsraum also der Enthalpiestrom

$$\Phi = \Phi_{\mathrm{I}} - \Phi_{\mathrm{L}} \qquad (2.116)$$

geschickt werden. Der Luftstrom $\dot{m}_{\mathrm{L}}$ darf allerdings nicht so klein sein, daß sich in den Abluftleitungen Tau niederschlägt.

Haben die Versuche ergeben, daß der Luftstrom die Geschwindigkeit w_{L} haben sollte, um das Gut wunschgemäß zu fördern, so muß der Trockner die Querschnittsfläche

$$S = \frac{\dot{m}_{\mathrm{L}}}{\varrho_{\mathrm{L}} w_{\mathrm{L}}} \qquad (2.117)$$

und den Durchmesser

$$D = \sqrt{\frac{4 \dot{m}_{\mathrm{L}}}{\pi \varrho_{\mathrm{L}} w_{\mathrm{L}}}} \qquad (2.118)$$

bekommen. Aus der ebenfalls experimentell ermittelten durchschnittlichen raumbezogenen Trocknungsgeschwindigkeit $\bar{g}_{\mathrm{D}}^*$ folgt dann für die nötige Länge des Trocknerrohres

$$l = \frac{\dot{m}_{\mathrm{S}}(X_1 - X_2)}{\bar{g}_{\mathrm{D}}^* \, S}. \qquad (2.119)$$

In manchen Fällen läßt sich $\bar{g}_{\mathrm{D}}^*$ grob abschätzen. Es sei z. B. die Annahme begründet, daß die Gutsfeuchte so schnell aus dem Korninnern nachwandert, daß sie stets an der Kornoberfläche verdampft. Wenn das Gut voraussetzungsgemäß nur mit der Förderluft in Wärme- und Stoffaustausch steht, so nimmt es dann an der Oberfläche im allgemeinen sehr schnell ungefähr die Kühlgrenztemperatur ϑ_O an und behält sie (s. Abschn. 2.3.1.1.2). Der räumlich-durchschnittliche Temperaturunterschied zwischen der Luft und der Gutsoberfläche beträgt dann

$$(\Delta\vartheta)_m = a_m \, \frac{\vartheta_{L1} - \vartheta_{L2}}{\ln \dfrac{\vartheta_{L1} - \vartheta_O}{\vartheta_{L2} - \vartheta_O}}, \qquad (2.120)$$

worin der Faktor a_m dem Umstand Rechnung trägt, daß die Körner nicht schon vom Beginn an die Kühlgrenztemperatur haben, und daß der logarithmisch über die Trocknerlänge gemittelte Temperaturunterschied [in Gl. (2.120) der Bruch hinter a_m] vom wahren Mittelwert $(\Delta\vartheta)_m$ abweicht, weil er gleichbleibende Gutsteilchenoberfläche und konstanten Wärmeübergangskoeffizienten längs des Gutsweges voraussetzt (obgleich diese Größen in Wirklichkeit veränderlich sind). In hergestellten Trocknern liegt die Austrittstemperatur ϑ_{L2} der Luft meistens 10 bis 30 K über der Austrittstemperatur des Gutes.

Im gedachten Fall sei weiter unterstellt, daß die Körner nicht schrumpfen und daß der durchschnittliche Wärmeübergangskoeffizient an ihrer Oberfläche $\bar{\alpha}$ sei (zu schätzen mittels Gl. (2.109)). Dann kann mit Hilfe von Gl. (2.110) für die durchschnittliche raumbezogene Trocknungsgeschwindigkeit die Gleichung

$$\bar{g}_D^* = \frac{\bar{\alpha}^*(\Delta\vartheta)_m}{i_V \, \Delta h_V} = 6 \, \frac{\bar{\alpha}}{d_K} \, \varkappa \, \frac{w_L}{w_K} \, \frac{\varrho_L}{\varrho_K} \, \frac{(\Delta\vartheta)_m}{i_V \Delta h_V} \qquad (2.121)$$

abgeleitet werden, die z.B. erkennen läßt, wie sich $\bar{g}_D^*$ mit der Luftgeschwindigkeit oder mit dem Durchsatzverhältnis ändert.

Das Einzelkorn des gedachten oberflächenfeuchten Gutes mit der kugeligen Oberfläche $\pi \, d_K^2$, dem Volumen $\pi \, d_K^3/6$ und der Grundstoffdichte ϱ_S nimmt aus der Luft den Wärmestrom $\Phi_{1K} = \pi \, d_K^2 \bar{\alpha}(\Delta\vartheta)_m$ auf und gibt insgesamt die Feuchtemasse $m_{1K} = \pi \, d_K^3 \varrho_S(X_1 - X_2)/6$ ab. Es braucht zum Trocknen daher die Zeit

$$t_I = \frac{m_{1K} \, i_V \, \Delta h_V}{\Phi_{1K}} = \frac{(X_1 - X_2)}{6} \, \frac{\varrho_S \, d_K i_V \, \Delta h_V}{\bar{\alpha}(\Delta\vartheta)_m}. \qquad (2.122)$$

und einen Flugweg von der Länge

$$l_1 = \bar{w}_K t_I = \varkappa_w(w_L - w_f) \, t_I, \qquad (2.123)$$

worin $\bar{w}_K$ durch Gl. (2.87) gegeben ist. Der Faktor $\varkappa_w$ nähert sich immer mehr dem Wert 1, je länger l gemacht wird.

Für Güter, deren Feuchte nach Erreichen des sogenannten kritischen Feuchte/Grundstoff-Massenverhältnisses X_{Kn} im Korninneren verdampft, gilt die Gl. (2.121) nur bis $X = X_{Kn}$. Ist der Verlauf der relativen Trocknungsgeschwindigkeit des Gutes unter konstanten Bedingungen bekannt (s. Abschn. 1.2.5.2 und 2.3.1.1.5), so kann nach einer von Schlünder und Kerker [211] angegebenen Gleichung die nötige Trocknerlänge näherungsweise aber auch für den Fall berechnet werden, daß X_2 kleiner als X_{Kn} sein muß. Unterstellt ist dabei, daß der Dampfpartialdruck in der Luft nicht zu hoch ist und daß die relative Trocknungsgeschwindigkeit $g_{D,r}$ im Bereich der relativen Gutsfeuchte $X_r < 1$ linear mit X_r

abnimmt (siehe dazu Bild 2.15, Gerade c). X_r und $g_{D,r}$ sind durch die Gln. (1.30) und (1.31) definiert. Es gilt für die Länge des Gleichstromtrockners:

$$l_{I,II} = z_r^* \left(1 - \frac{w_{K,1}}{w_{L,1}}\right) \frac{\varrho_K' \, d_K w_{L,1}(X_{Kn} - X_{Gl})}{g_{DI}} \tag{2.124}$$

mit

$$z_r^* = \left\{ -\frac{1}{\dot{K}} \ln[1 - \dot{K}(X_{r,1} - 1)] + \frac{1}{1 + \dot{K}X_{r,1}} \ln \frac{1 - \dot{K}(X_{r,1} - X_{r,2})}{X_{r,2}[1 - \dot{K}(X_{r,1} - 1)]} \right\}. \tag{2.125}$$

Darin bezeichnet: $X_{r,1}$ die relative Gutsfeuchte am Anfang und $X_{r,2}$ die am Ende des Gutswegs, $w_{K,1}$ die anfängliche Gutsgeschwindigkeit und $w_{L,1}$ die anfängliche Luftgeschwindigkeit, $\dot{K}$ die Kenngröße nach Gl. (2.38), $\varrho_K' = \varrho_{K1}/(1 + X_1)$ die Dichte der trockenen Körner und g_{DI} die Trocknungsgeschwindigkeit der Teilchen im ersten Trocknungsabschnitt unter den Anfangsbedingungen $\vartheta_{L,1}$, $p_{D,1}$, $w_{L,1}$. Die Gl. (2.125) liefert Größtwerte für $l_{I,II}$; in Wirklichkeit dürfen die Trockner etwas kürzer gebaut werden.

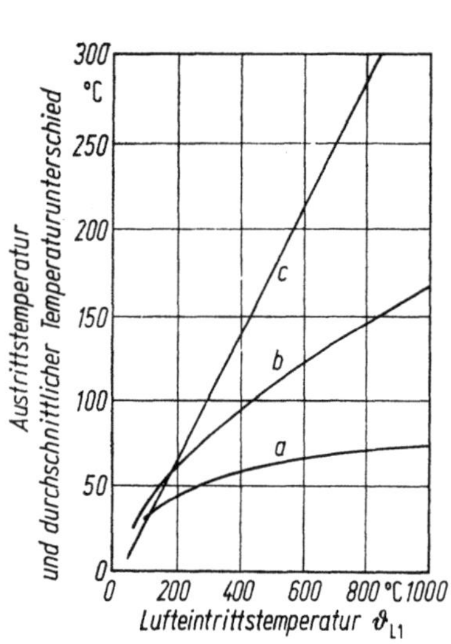

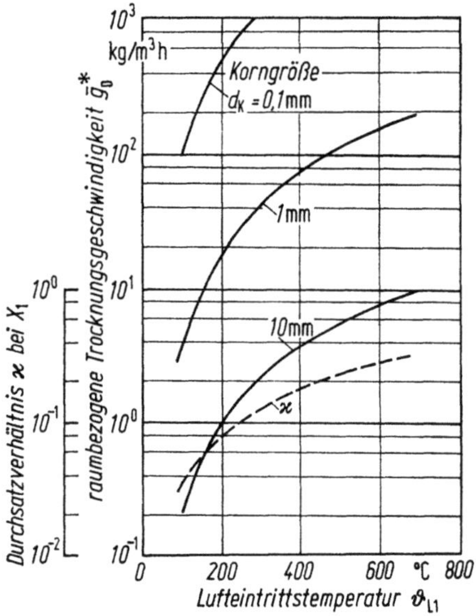

Bild 2.142.   Bild 2.143.

Bild 2.142. Temperaturen in einem Förderluft-Rohrtrockner in Abhängigkeit von der Eintrittstemperatur der Luft.
Angenommen ist, daß die Luft anfänglich keine Feuchte enthält, und daß der Temperaturunterschied zwischen Luft und Gut am Schluß 10% des anfänglichen Unterschieds beträgt. Die Anwärmung des Gutes ist außer acht gelassen.
a Endtemperatur des Gutes (Kühlgrenztemperatur); b Austrittstemperatur ϑ_{L2} der Luft; c durchschnittlicher Temperaturunterschied $(\Delta\vartheta)_m$ zwischen Luft und Gut, wenn die Oberfläche des Gutes dauernd feucht ist.

Bild 2.143. Raumbezogene Trocknungsgeschwindigkeit in einem Förderluft-Rohrtrockner, abhängig von der Lufteintrittstemperatur, berechnet nach Gl. (2.121). Angenommen ist, daß die Voraussetzungen von Bild 2.142 erfüllt sind und $w_L/w_f = 2$; $\varkappa = 1$; $\varrho_K = 1300$ kg/m³; $X_1 = 275\%$; $X_2 = 11\%$ sind.

Bild 2.142 veranschaulicht den Zusammenhang zwischen den maßgebenden Temperaturen in Förderluft-Trocknern für den Fall, daß der Temperaturunterschied zwischen der Luft und dem Gut am Ende noch 10% des anfänglichen Unterschiedes beträgt, und daß die Feuchte stets an der Gutsoberfläche verdunstet. Man sieht, die Gutstemperatur bleibt auch bei hohen Lufteintrittstemperaturen niedrig.

Wie die raumbezogene Trocknungsgeschwindigkeit $\bar{g}_D^*$ in einem besonderen Fall mit der Lufteintrittstemperatur ϑ_{L1} ansteigt, läßt das Bild 2.143 erkennen. Die Gl. (2.114) fordert, daß sich das Massenstromverhältnis $\varkappa$ mit ϑ_{L1} nach der gestrichelten Linie ändert. Grobkörniges Gut hat niedrige Trocknungsgeschwindigkeit, feinkörniges sehr hohe.

Für typische Bedingungen zeigt Bild 2.144, welche Trocknungszeiten und Längen von Flugwegen unter den geschilderten Voraussetzungen für Güter verschiedener Körnungen nötig sind. Die Trocknungszeit wächst außerordentlich stark mit dem Korndurchmesser, noch mehr aber die Trocknerlänge. Körner von 0,2 mm Durchmesser brauchen nur einen 0,4 m langen Weg im heißen Gasstrom, um trocken zu werden. Körner von 1 mm Durchmesser aber müssen 26 m weit fliegen. Man erkennt, daß einfache Durchlauftrockner wie der nach Bild 2.135 nur für feinkörnige oder nicht sehr feuchte Güter geeignet sind. Für Trockner mit groben Körnern müssen meistens Flugtrockner benutzt werden, in denen das Gut mehrmals denselben Weg macht und nötigenfalls zwischen den Umläufen zerkleinert wird.

Fast alle wirklichen Güter bestehen aus Teilchengemischen mit Teilchen unterschiedlicher Größe. Im Beispiel nach Bild 2.145 braucht ein Korn von 0,1 mm Durchmesser nur 0,4 Sekunden zum Trocknen, es hält sich aber 1,4 Sekunden lang im angenommenen Rohr auf. Das Korn mit 1 mm Durchmesser hat 12 Se-

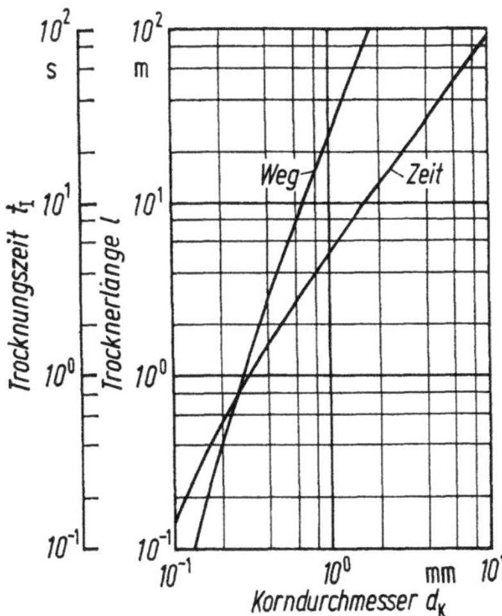

Bild 2.144. Nötige Trocknungszeit und Länge des Flugweges in einem Förderluft-Rohrtrockner in Abhängigkeit vom Korndurchmesser.
Der Berechnung dieser Werte nach Gl. (2.122) und (2.123) liegen die in Bild 2.142 dargestellten Bedingungen und folgende Werte zugrunde: $\vartheta_{L1} = 700\,^\circ\mathrm{C}$; $\vartheta_{L2} = 133\,^\circ\mathrm{C}$; $w_L/w_f = 2$; $X_1 = 275\%$; $X_2 = 11\%$; $\varrho_K = 1\,300\ \mathrm{kg/m^3}$; $\varkappa = 0{,}33$ bei X_1.

kunden Trocknungszeit nötig, bleibt aber nur 2,5 Sekunden lang im Rohr. Wegen dieser Unterschiede werden die feinen Körner übertrocknet und die groben zu wenig getrocknet; auch nehmen die feinen Teilchen nach Verlust der oberflächennahen Feuchte erhöhte Temperaturen an. Erst nachdem das Gut entlassen ist, können sich die Unterschiede ausgleichen. Für temperaturempfindliches Gut muß man die Lufttemperatur so wählen, daß auch die Feinteilchen und die äußeren Schichten der Grobteilchen keinen ernsten Schaden leiden.

Verdampft die Gutsfeuchte entgegen den bisherigen Annahmen im Korninneren, so entweicht sie langsamer, und das Gut nimmt erhöhte Temperatur an. Die nötigen Trocknungszeiten dürften dann meistens innerhalb des schraffierten Bereiches im Bild 2.145 liegen.

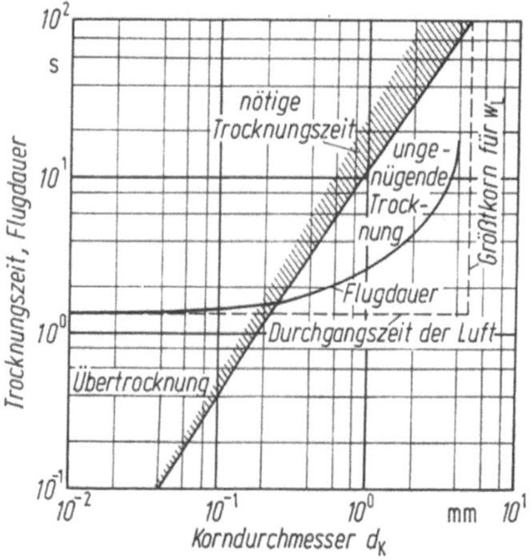

Bild 2.145. Nötige Trocknungszeiten und Flugdauern von Körpern verschiedenen Durchmessers in einem Förderluft-Rohrtrockner von 20 m Höhe, berechnet nach den Gln. (2.87), (2.122), (2.123).
Berechnungsannahmen:
Eintrittstemperatur der Luft $\vartheta_{L1} = 400\,°C$; Austrittstemperatur der Luft $\vartheta_{L2} = 95\,°C$; Gutstemperatur $\vartheta_O = 60\,°C$; Feuchte/Grundstoff-Massenverhältnis des Gutes am Eintritt $X_1 = 120\%$; am Austritt $X_2 = 10\%$; Dichte des Grundstoffes $\varrho_S = 1\,000\,kg/m^3$; Luftgeschwindigkeit $w_L = 20\,m/s$; Faktoren: $i_V = 1{,}05$; $a_m = 1$.

2.3.1.6.3. Bauarten der Förderlufttrockner

Die Urform eines Förderlufttrockners (Stromtrockners) ist schematisch in Bild 2.146 dargestellt [246]. Die Luft strömt vom Ventilator a zum Erhitzer b, nimmt bei c das Gut auf und trägt es durch das gekrümmte Rohr d, wo die Teilchen trocknen. Am Ende trennt sich das grobkörnige Gut vom Luftstrom und fällt auf den Haufen e (N 215.813.8).

Zum Beschicken der Förderlufttrockner mit körnigen, lockeren Stoffen dienen Tellerspeiser, Schnecken, Kapselwerke und dergl., die das Gut in den Luftstrom hineinfallen lassen. Klumpige, pastige und andere Naßgüter, die einen gewissen inneren Zusammenhalt haben, müssen über zerteilend wirkende Vorrichtungen in die Förderrohre gehen. Wichtig ist, das Gut als gleichmäßigen Strom und gleich zerteilt in die Trockner zu führen.

Zum Trennen des Gutes vom Luftstrom brauchen die meisten Anlagen Zentrifugalabscheider (sogenannte Zyklone), denen je nach Bedarf Feinabscheider nachgeschaltet sind.

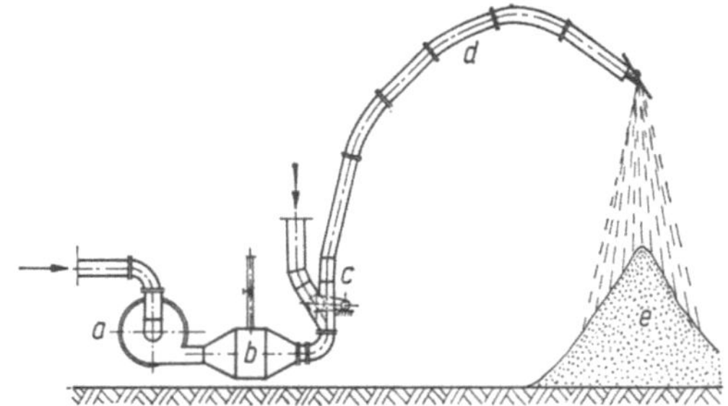

Bild 2.146. Förderluft-Rohrtrockner einfachster Art für Kaliumsulfat [246].
a Ventilator; *b* Lufterhitzer; *c* Beschickungsvorrichtung; *d* Trocknungsrohr; *e* getrocknetes Gut.

Förderlufttrockner, die das Gut während der Haupttrocknungszeit im Gewichtskraftfeld bewegen

Der Stromtrockner gemäß Bild 2.147 zerteilt feuchtes Kunststoffpulver, das kontinuierlich von einer Zentrifuge kommt, in einer ventilatorartigen, mit einem rotierenden Stiftkorb versehenen Schleuder und wirft das Gut aufgelockert in das För-

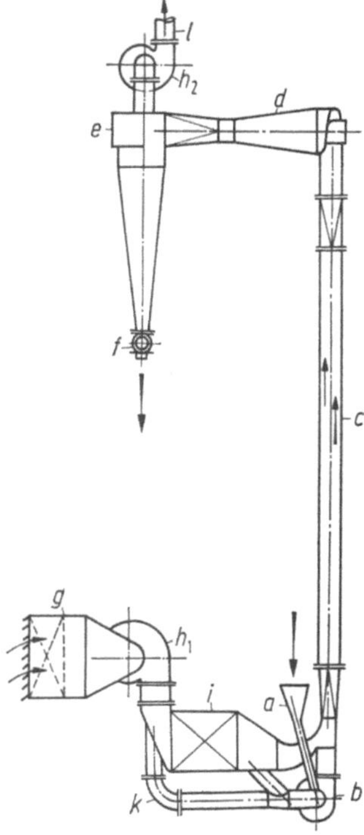

Bild 2.147. Einstufiger Förderluft-Rohrtrockner mit Aufgabeschleuder.
a Feuchtguteinlauf; *b* Aufgabeschleuder; *c* Steigrohr; *d* Tangential-Umlenkkopf; *e* Fliehkraft-Gutsabscheider; *f* Austrag-Kapselwerk; *g* Frischluftfilter; h_1, h_2 Ventilatoren; *i* Lufterhitzer; *k* Umgehungsleitung; *l* Abluftrohr.

derrohr, wo es aufwärts fliegt. In zwei Tangential-Umlenkköpfen wird es nachgetrocknet und in zwei Fliehkraftabscheidern vom Luftstrom getrennt. Die frische
Förderluft gelangt über ein Filter teils zu einem Lufterhitzer und dann zum Steigrohr, teils als Frisch- und Heißluftgemisch in die Schleuder. Solche Trockner
wurden mit Steigrohren bis 1250 mm Durchmesser und 25 m Länge gebaut
(N 215.813.8).

An Bauhöhe spart der Stromtrockner nach Bild 2.148, der sogenannte Doppelrohrtrockner. Im inneren Steigrohr wird das Gut vorgetrocknet; es gelangt durch
ein Fallrohr zu einem zweiten Steigrohr und trocknet darin fertig. Das letzte Rohr
umgibt das erste, hat wendelförmige Einbauten und zwingt die Luft samt dem
Gut, verlängerte Wege zu machen [247].

Fein- bis grobkörnige Stoffe, welche die Feuchte nur langsam abgeben, trocknet man in mehrstufigen Stromtrocknern. In der Anlage nach Bild 2.149 gelangt
das Gut mehrmals in Zonen höherer Temperatur und sechsmal in Zonen erhöhter
Relativgeschwindigkeit: in den Aufgabemaschinen und am Anfang der Steigrohre,
in den Umlenkköpfen und in den Zyklonen. Aus dem Zyklon der ersten Stufe geht
das Gut in die Aufgabemaschine der zweiten Stufe und verläßt die Anlage über
die Endschleuse. Temperaturempfindliches Gut setzt man in der zweiten Stufe
einem Luftstrom entsprechend niedriger Temperatur aus; höhere Temperatur
dagegen muß man oft für Güter wählen, die letzte Feuchtereste oder Kristallwasser
abgeben sollen. Wird der Luftstrom in der zweiten Stufe thermisch nur ungenügend genützt, so führt man ihn vom zweiten Zyklon zum Eingang der ersten Stufe
und mischt ihn der frischen Heißluft bei. Der Gemischstrom verläßt die Anlage
durch den ersten Zyklon.

Fliegt ein Gut aus unterschiedlich großen Körnern nur einmal durch den
Trockner, so können, wie schon dargelegt, die feinen Teilchen zu stark, die groben
aber trotz längerer Flugdauer zu wenig trocknen. Wenn das grobe Gut dagegen — wie im Stromtrockner mit Gutsrückführung gemäß Bild 2.150 — am Ende
des Flugweges zum Teil ausgesichtet und zur Aufgabevorrichtung zurückgeleitet
wird, so entsteht ein Gut mit durchschnittlich kleineren Feuchtegehaltsunterschieden.

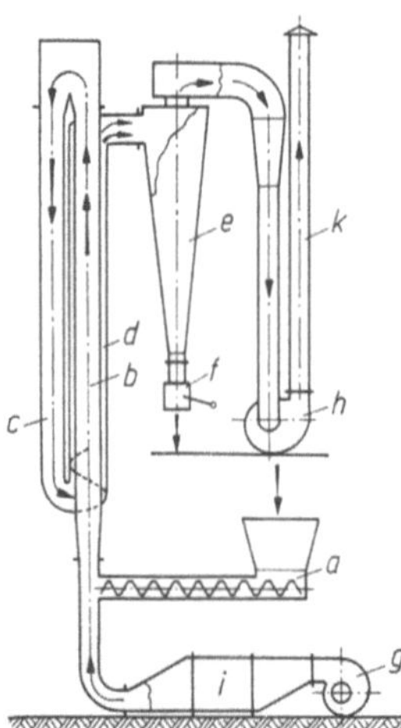

Bild 2.148. Förderluft-Trockner, als Doppelrohrtrockner
ausgebildet (Karl Fischer, Berlin) [247].
a Aufgabeschnecke; *b* inneres Steigrohr; *c* Fallrohr;
d äußeres Steigrohr; *e* Fliehkraftabscheider; *f* Austrag-
klappe; *g, h* Ventilatoren; *i* Lufterhitzer; *k* Brüdenrohr.

Manche Schlämme und Filterkuchen würden die Beschickungsorgane und den Trockner verstopfen, wenn man sie naß aufgeben würde. Man vermengt solche Güter mit rückgeführtem Trockengut und stellt so eine krümelige, lockere Mischung her, die ohne Schwierigkeiten durch die Anlage läuft. Mit einer Doppel-Flügelmischschnecke ist z. B. die Anlage nach Bild 2.151 ausgestattet. Es gibt Fälle, in denen der rücklaufende Gutsstrom ein Mehrfaches des Frischgutstromes sein muß; zweckmäßig hält man das Verhältnis der Ströme aber so knapp wie möglich, damit die Organe der Anlage nicht unnötig belastet und abgenützt werden (N 215.853.8).

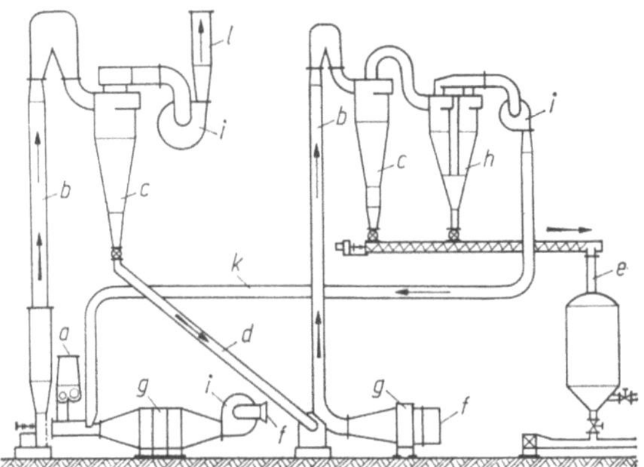

Bild 2.149. Zweistufiger Förderluft-Rohrtrockner (Büttner-Schilde-Haas AG, Krefeld).
a Naßgutaufgabe; *b* Trocknerrohre; *c* Gutsabscheider (Zyklone); *d* Gutsausfall des Vortrockners; *e* Fertiggutausfall; *f* Frischlufteintritt; *g* Lufterhitzer; *h* Entstauber; *i* Ventilatoren; *k* Brüdenrückleitung; *l* Abgaskamin.

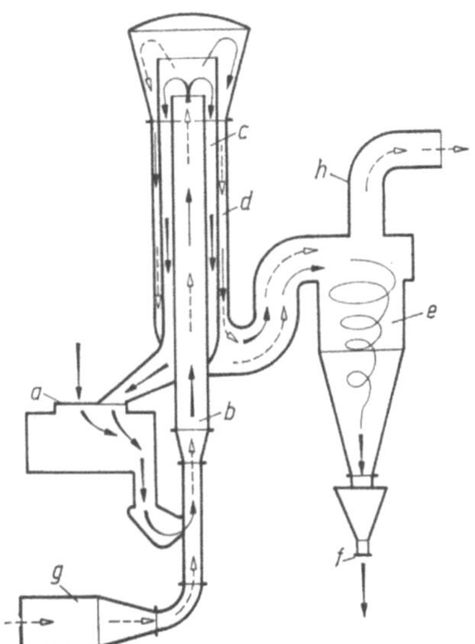

Bild 2.150. Förderlufttrockner, als Doppelrohrtrockner ausgebildet, schematisch (Selektiv-Trockner der HAZEMAG mbH, Münster/Westf.).
a Aufgabevorrichtung für das Gut; *b* inneres Steigrohr; *c* Fallraum für ungenügend getrocknetes Gut; *d* Fallraum für genügend getrocknetes Gut; *e* Fliehkraftabscheider; *f* Gutsaustritt; *g* Brennkammer; *h* Brüdenrohr.

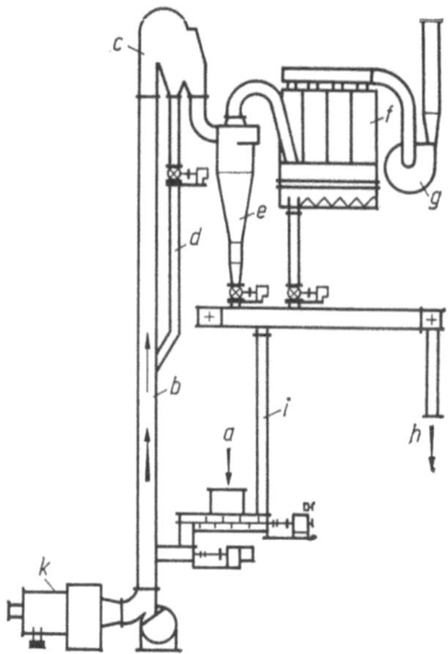

Bild 2.151. Einstufiger Förderluft-Trockner für pastöse Güter und Filterkuchen (Büttner-Schilde-Haas AG, Krefeld).
a Naßgutaufgabe; b Trocknerrohr; c Sichter; d Rückführleitung; e Gutsabscheider (Zyklon); f Gewebe-Entstauber; g Ventilator; h Trockengutausfall; i Rückführung von Gut; k Feuerung.

Viele schlammige Güter zerfallen in den Trocknern zu feinen Teilchen, die sich nur mit Schwierigkeiten aus der Abluft entfernen lassen. Werden höchste Ansprüche an die Reinheit der Abluft gestellt, so können bis zu dreistufige Abscheideanlagen nötig sein, die bedeutende Anlagekosten verursachen.

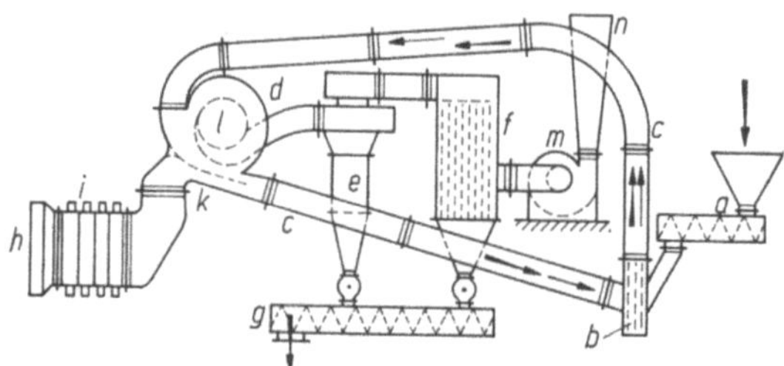

Bild 2.152. Förderluft-Ringrohrtrockner mit Mühle.
a Aufgabeschnecke; b Mühle; c Ringrohr; d Sichter; e Stoffabscheider (Zyklon); f Taschenfilter; g Abführschnecke; h Frischluftfilter; i Lufterhitzer; k Injektor; l Luftauslaß; m Ventilator; n Schlot.

Im Förderluft-Ringrohrtrockner (Bild 2.152) macht sowohl ein Teil des Gutes wie der Luft einen Kreislauf. Der mehrmalige Durchgang der Stoffe bei zweckentsprechend gewählten hohen Geschwindigkeiten erlaubt, auf ein langes Steigrohr zu verzichten und doch mit annehmbaren Rohrlängen auszukommen. Durch das Filter h und den Lufterhitzer i strömt frische Luft in die Anlage und vereinigt sich im Ringrohr c mit kreisender Luft. Gleichzeitig entweicht über die Stoffabscheider e und f, den Absaugeventilator m und den Schlot n ebensoviel Luft wie zuströmt.

In der Anlage kreisen die Teilchen so lange und werden dabei leichter, bis der Sichter d sie zum Abscheider e weiterziehen läßt. Über die Schnecke g tritt das Gut aus der Anlage (N 215.875.8) [248].

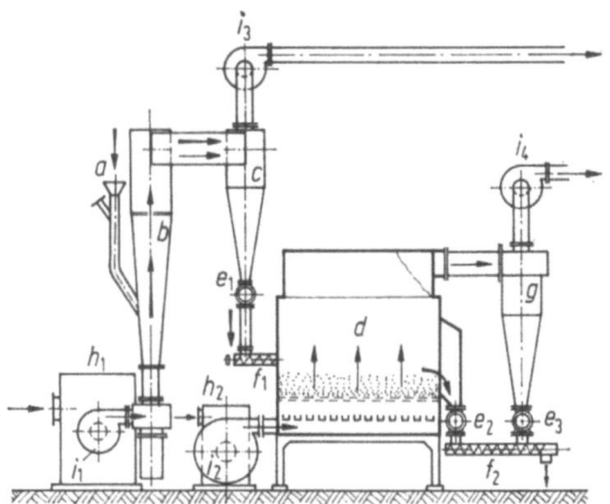

Bild 2.153. Förderluft-Sprudelzyklontrockner mit dahinter geschaltetem Wirbelschicht-Trockner.
a Gutseinlauf; b Sprudelzyklontrockner; c Gutsabscheider; d Wirbelschicht-Trockner; $e_1 - e_3$ Kapselwerke; f_1, f_2 Austragschnecken; g Staubabscheider; h_1, h_1 Heizungen; $i_1 - i_4$ Ventilatoren.

Aus der Erkenntnis, daß den groben Teilchen der Güter besonders lange Flugzeiten gewährt werden müssen, wurde der Förderluft-Sprudelzyklontrockner entwickelt (Bild 2.153 links), der sich für fein- bis grobkörniges Gut eignet [249]. Als Trocknungsraum dient ein Trichter mit zylindrischem Aufsatz, dem das Gut pneumatisch durch ein schräg-tangentiales Rohr zugeführt wird. Im Inneren rutscht das Gut auf einer Spiralbahn abwärts zum Trichterhals, wo es als rotierender Ring vorübergehend aufgestaut und dann vom Heißluftstrom in den Zylinderraum geschleudert wird. Die meisten Feinteilchen fliegen mit der Luft auf kurzem Wege zu einem tangentialen Auslaß und dann zu einem Fliehkraftabscheider weiter. Viele Grobteilchen jedoch werden zur Seite gesprudelt und kehren zum Trichterhals zurück. Sie beginnen dort den Flugweg von neuem, kehren wieder um usw., bis auch sie entweichen. Allzu dicke Gutsbrocken fallen durch den Trichterhals in einen Fangraum, können gemahlen und dem Feuchtgut wieder beigegeben werden. Für Güter, die bei erhöhter Temperatur im Trichter anhaften könnten, werden die Wände gekühlt. Vorteilhaft ist, daß der Sprudelvorgang leicht überwacht, die Sauberkeit der Wände kontrolliert und der Trockner schnell gereinigt werden kann.

Für manche Güter, deren Teilchen nicht binnen Sekunden, sondern vieler Minuten trocknen, weil sie letzte Reste innerer Feuchte oder Kristallwasser abgeben sollen, kommen kombinierte Anlagen, wie die nach Bild 2.153, in Betracht. Der Sprudelzyklontrockner treibt die oberflächennahe Feuchte aus den Teilchen und nimmt den Körnern die Fähigkeit, zusammenzuhaften. Er gibt das vorgetrocknete, nun fließfähig gewordene Gut über einen Zyklon in den Wirbelschicht-Trockner, der es von der inneren Feuchte befreit. Möglich ist, die beiden Trockner mit unterschiedlichen Temperaturen zu betreiben und damit die Trocknung auch thermisch so zu führen, wie die Gutseigenschaften erfordern.

Förderlufttrockner, die das Gut während der Haupttrocknungszeit
im Zentrifugalkraftfeld bewegen

Zu dieser Gattung gehören die Trockner, die den Förderluftstrom zu kreisender Bewegung zwingen, so daß die Gutsteilchen erheblichen Zentrifugalkräften ausgesetzt sind.

Betrachtet sei der zylindrische Raum a eines Trockners mit vertikaler Achse (Bild 2.154). Der Förderluftstrom trete durch die Öffnung b ein, durch g aus und bewege das kugelige Korn c, das die Masse m_K habe, mit der Geschwindigkeit $w_{K,t}$ auf der Bahn d mit dem örtlichen Radius R_K. Dabei unterliegt das Korn in Normalrichtung zur Bahn der Zentrifugalkraft

$$F_Z = m_K \frac{w_{K,t}^2}{R_K} \tag{2.126}$$

und flieht, wenn es nicht daran gehindert wird, zur Wand e, an der es entlanggleitet, bis es den Raum nach unten oder oben (senkrecht zur Bildebene) verlassen kann.

Manche Trockner zwingen der Förderluft eine spiralig einwärts gerichtete Bahn f auf. In diesem Falle wirkt der Zentrifugalkraft die Schleppkraft F_S entgegen, die aus

$$F_S = 1/2 \varrho_L \xi_K (w_{L,r} - w_{K,r})^2 \, S_K \tag{2.127}$$

zu bestimmen ist. Mit $w_{L,r}$ und $w_{K,r}$ sind die radialen Geschwindigkeitskomponenten des Gutes bzw. der Luft bezeichnet.

Ist die Schleppkraft größer als die Zentrifugalkraft, so bewegt sich das Korn auf einer krummlinigen Bahn nach innen, andernfalls nach außen. Nur wenn $F_Z = F_S$ ist, verbleibt das Teilchen auf der Kreisbahn mit dem Radius R_K. In diesem Fall ist $w_{K,r} = 0$, und für die radiale Geschwindigkeitskomponente der Luft muß dann gelten:

$$w'_{L,r} = w_{K,t} \sqrt{\frac{2 m_K}{R_K S_K \zeta_K \varrho_L}}. \tag{2.128}$$

Für den Durchmesser des Korns folgt bei Gültigkeit der Stokesschen Gl. (2.83):

$$d'_K = \sqrt{\frac{18 w_{L,r} \varrho_L R_K \nu_L}{w_{K,t}^2 \varrho_K}} \quad \text{(Trennkorndurchmesser)}, \tag{2.129}$$

worin $w_{K,t}$ gleich der Tangentialgeschwindigkeit $w_{L,t}$ der Luft gesetzt werden kann, sofern keine anderen als die genannten Kräfte wirken.

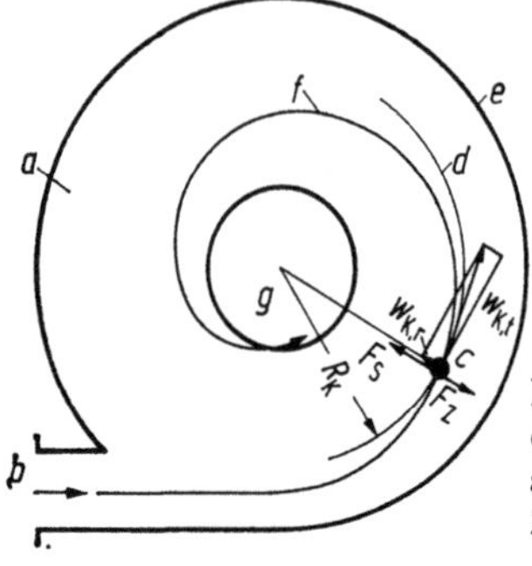

Bild 2.154. Gutskorn in einer Senkströmung, in der es der Zentrifugalkraft und der Schleppkraft der Strömung ausgesetzt ist.
Zeichenerklärung siehe Text.

Aus dem Dargelegten ist zu folgern, daß Kornschwärme in Strömungen der gedachten Art entmischt werden. Die Körner mit großer Masse (mit großem Durchmesser) wandern „nach außen", die kleinen werden nach innen geschleppt, und nur Körner mit ganz bestimmter Masse bleiben auf Kreisbahnen. Für diese Körner hat die Geschwindigkeit $w'_{L,r}$ ähnliche Bedeutung wie die Sinkgeschwindigkeit für Körner im Gewichtskraftfeld.

Im allgemeinen betreibt man die Förderluft-Zentrifugaltrockner mit solchen Geschwindigkeiten $w_{L,t}$ und $w_{L,r}$, daß nur die allerfeinsten Teilchen im Luftstrom bleiben. Die gröberen Teilchen, die zur Wand fliegen, bilden dort mit der Luft eine wirbelnde Schicht und werden zugleich von der Luft umspült. Ihre wirren Bewegungen nahe der Strömungsgrenze kommen durch Stöße, Wandreibung und Eigenrotation zustande. Auch turbulente Strömung der Luft, Geschwindigkeitsunterschiede in der Grenzschicht und Querkräfte an den Teilchen, die dadurch entstehen, wirken mit, und selbstverständlich sind auch die Zentrifugal- und die Gewichtskraft an dem Geschehen beteiligt.

Der Förderluft-Düsentrockner für Holzspäne und andere leichte Güter (Bild 2.155) arbeitet ohne radiale Schleppkraft der Luft. Er führt heiße Gase aus der Feuerung f durch die langgestreckte Düse h tangential in das liegende zylindrische Gehäuse b. Durch das Kapselwerk a tritt das Gut ein, wird vom Gasstrom erfaßt und auf schraubenförmiger Bahn durch den Trocknungsraum befördert. Mit den Gasen zieht das Gut zum Ventilator c und zum Fliehkraftabscheider d und tritt bei e aus. Ein Teilstrom der Gase kehrt zur Feuerung zurück. Im Trockner läuft ein Rechen um, der die Gehäusewand von möglicherweise sich ansetzendem Gut freihält (N 215.855.8).

Im Förderlufttrockner gemäß Bild 2.156 versetzen die Luftströme, die tangential in die beiden konischen Kammern eintreten, die aufwärts fliegende Körner

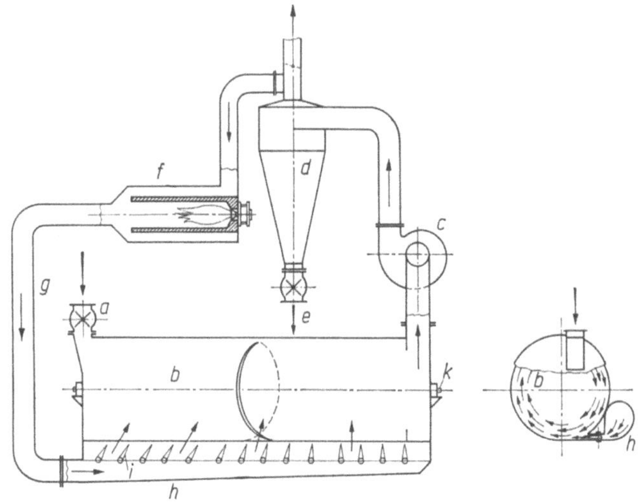

Bild 2.155. Förderluft-Düsenrohrtrockner, schematisch (Büttner-Schilde-Haas AG, Krefeld) [250].
a Feuchtgutaufgabe; b Trocknungsraum; c Ventilator; d Gutsabscheider; e Trockengutausfall; f Brennkammer; g Heißgasleitung; h Düse; i verstellbare Luftleitbleche; k Welle für rotierenden Rechen.

wolke in Rotation. Dadurch zwingen sie die groben Teilchen, sich auf schraubenförmigen Bahnen mit geringer Steigung zu bewegen und sich erheblich länger
im Trockner aufzuhalten als die feinen Partikel, die steilere Wege machen
(N 215.855.8).

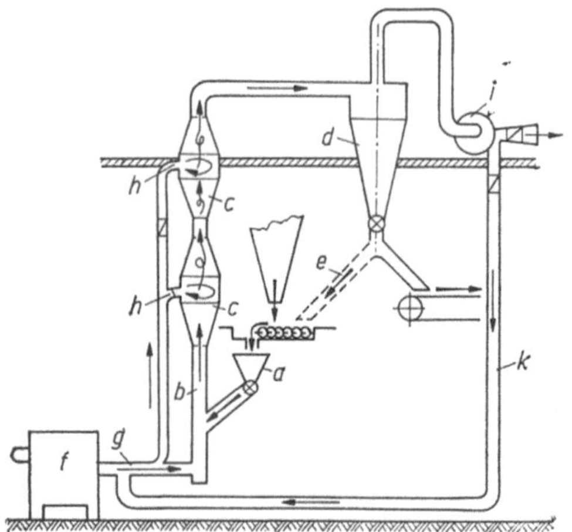

Bild 2.156. Förderluft-Trockner mit Rohrerweiterungen (Proctor Dalgish, Glasgow) [248].
a Feuchtgutzufuhr; b Steigrohr; c konische Kammer; d Gutsabscheider; e Gutsrückführung;
f Feuerung; g Heißgasrohr; h tangentiale Anschlußrohre für die Kammern; i Ventilator; k Ab-
gas-Rückführung.

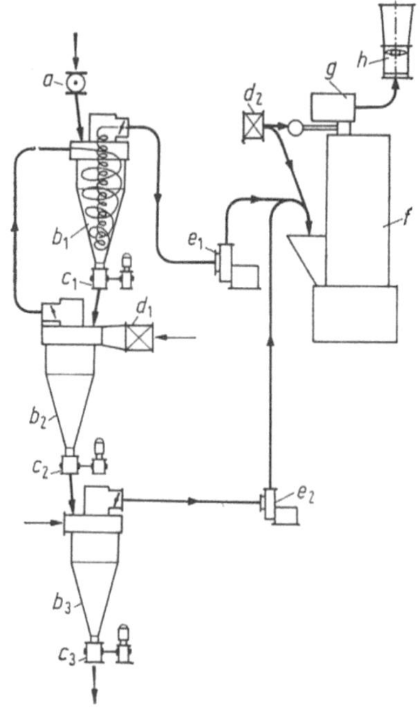

Bild 2.157. Förderluft-Zyklontrockner, schematisch [251].
a Beschickungsvorrichtung; b_1, b_2, b_3 Zyklone nach Art von Fliehkraftabscheidern; c_1, c_2, c_3
Zellenradschleusen; d_1, d_2 Lufterhitzer; e_1, e_2 Ventilatoren; f Saugschlauchfilter; g Spülkanal;
h Abluftventilator.

Mehrere Zyklone nach Art von Zentrifugalabscheidern sind im Förderluft-Zyklontrockner nach Bild 2.157 vereinigt. Das Gut wird über eine Zellenradschleuse in den Einlaufstutzen des oberen Zyklons gegeben, dort von der Warmluft mitgerissen und auf einer Spiralbahn zur Auslauföffnung bewegt. Von da geht es über eine Zellenradschleuse zum zweiten Zyklon, dann in den dritten, der als Kühler wirkt. Auf dem wendelförmigen Weg in jedem Zyklon trennt sich die Luft wieder vom Gut und strömt durch das zentrale Tauchrohr nach oben. Ein Schlauchfilter nimmt die feinsten Teilchen aus der Abluft. Benutzt werden solche Trockner z. B. für Mehl.

Der Zentrifugal-Förderlufttrockner nach Bild 2.158 hat die Form eines abgeschnittenen Zyklons. Er trennt alle Teilchen, deren Durchmesser über dem des Trennkorns liegen, vorübergehend vom tangential zuströmenden Luft-Naßgut-Gemisch ab und drängt sie in die Nähe der Zyklonwand, wo sie einen rotierenden Ring bilden. In ihm halten sich die groben Teilchen eine Zeitlang auf, bis sie von den neu hinzukommenden Teilchen verdrängt, vom Luftstrom wieder aufgenommen und dann fortgetragen werden [252]. In der Regel werden zwei oder mehr solcher Trockner hintereinander geschaltet.

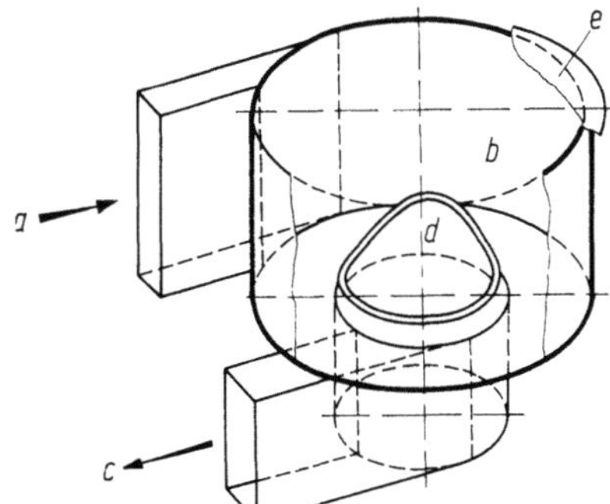

Bild 2.158. Zentrifugal-Förderlufttrockner (Convex-Trockner der Buss AG, Basel). *a* Guts- und Lufteintritt; *b* Zentrifugalkammer; *c* Guts- und Luftaustritt; *d* Inneneinbau; *e* Deckel.

2.3.1.7. Konvektions-Sprühtrockner

2.3.1.7.1. Allgemeines über Wirkungsweise und Anwendung der Sprühtrockner

Die Konvektions-Sprühtrockner, auch Zerstäubungstrockner genannt, verwandeln Flüssigkeiten, Schlämme, Breie und Pasten, die sich pumpen und versprühen lassen, in pulverige Stoffe. Sie arbeiten im Fließbetrieb, zerteilen das Gut in kleine Partikel von 2 bis 400 µm, in Sonderfällen bis 2000 µm Durchmesser, verbreiten die Teilchen in einem Luftstrom, trocknen den schwebenden Teilchenschwarm mit Wärme aus der Luft und trennen ihn wieder ab. Der Luftstrom kann Temperaturen bis 800 °C, in Einzelfällen aber auch nur ungefähr Raumtemperatur haben (Sprüh-Kühl-Trocknung); in einem Sonderverfahren friert der Luftstrom die Teilchen sogar nur ein und bereitet sie so für eine Sublimationstrocknung vor (Sprüh-Gefriertrocknung).

Ein Liter Flüssigkeit mit ursprünglich 0,06 m² Oberfläche liefert, wenn er gleichmäßig in kugelige Teilchen zersprüht wird

bei $d_K = 2000$ µm Durchmesser $2{,}4 \cdot 10^5$ Tropfen mit 3 m² Oberfläche,

bei $d_K = 200$ µm Durchmesser $2{,}4 \cdot 10^8$ Tropfen mit 30 m² Oberfläche,

bei $d_K = 20$ µm Durchmesser $2{,}4 \cdot 10^{11}$ Tropfen mit 300 m² Oberfläche.

Durch das Zersprühen wird also die Gutsoberfläche stark vergrößert. Infolgedessen verdunstet die Gutsfeuchte in Sprühtrocknern sehr schnell.

Die meisten Sprühtrockner haben die Form stehender Zylinder, in denen die Sprühvorrichtungen angeordnet sind. Unten sind die Trocknungsräume durch Auslauftrichter (Bild 2.159) oder durch ebene Böden abgeschlossen. Feuerungen oder Wärmetauscher versorgen die Trockner mit Heißgasen oder Warmluft. Die trockenen Teilchen fallen zu Boden oder ziehen mit der Luft zu Abscheidevorrichtungen weiter.

Obwohl feine Gutsteilchen in Bruchteilen von Sekunden trocknen, müssen doch die gröberen Teilchen eines Schwarmes 10 bis 15 Sekunden lang im Trockner schweben. Die Anlagen eignen sich für zahlreiche und insbesondere auch für temperaturempfindliche Stoffe, und sie gestatten, solche Güter bei höheren Lufttemperaturen zu trocknen als in Langzeittrocknern möglich wäre. In den Gleichstromtrocknern nehmen die Teilchen auch in Luft hoher Eintrittstemperatur selten mehr als ungefähr die Kühlgrenztemperatur der Luft an.

Aus vielen Gütern entstehen in den Sprühtrocknern kugelige oder hohlkugelige Teilchen, die dem Gut günstige Fließeigenschaften und die Fähigkeit verleihen, sich schnell zu lösen. Besondere Methoden ermöglichen es, auch Stoffe zu versprühen, die auf den ersten Blick kaum versprühbar erscheinen.

Da die Sprühtrockner immer nur wenig Material enthalten, lassen sie sich in kurzer Zeit an- und abstellen. Auch lassen sich die Anlagen leicht so regeln, daß die Eigenschaften des Trockengutes in engen Grenzen bleiben. Die Anlagen enthalten nur wenige bewegte Teile und fordern verhältnismäßig geringen Unterhaltungsaufwand. Ein einzelner Mann kann selbst große Trockner bedienen.

Mit Sprühtrocknern kann man öfters mehrere Arbeitsgänge einsparen, die sonst nötig wären, z. B. Kristallisieren oder Filtern von nassem Gut, oder Mahlen, Sieben oder Sichten von getrocknetem Gut. Auch kann man den Teilchen andere

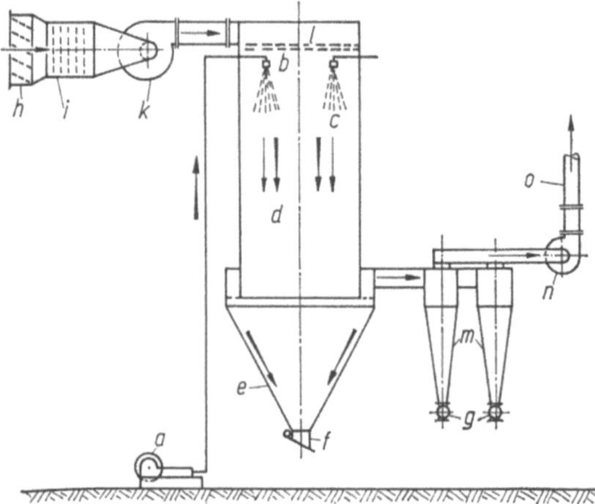

Bild 2.159. Gleichstrom-Sprühtrockner mit Dralldruckdüsen und annähernd geradliniger Luft- und Gutsbewegung.
a Pumpe für das Gut; *b* Drall-Druckdüse zum Versprühen des Gutes; *c* Teilchenschwarm; *d* Trocknungsraum; *e* Auffangtrichter für das Gut; *f*, *g* Austragvorrichtungen für das Gut; *h* Frischluftfilter; *i* Lufterhitzer; *k* Heißluftventilator; *l* Luftverteilgitter; *m* Staubabscheider; *n* Abluftventilator; *o* Abluftrohr.

zufügen, so daß kleine Agglomerate entstehen; ferner kann man fremde Stoffe einführen, z. B. Puder, die dem Fertiggut gewünschte Fließeigenschaften verleihen.

Alle diese Möglichkeiten haben den Sprühtrocknern ein weites Anwendungsfeld gesichert.

Als Nachteile der Sprühtrockner sind zu nennen, daß bei gegebenem Trockengutdurchsatz oft mehr Feuchte verdunstet werden muß als sonst, wenn sich das Naßgut nur mit hohem Feuchtegehalt pumpen und versprühen läßt, und daß der Heizenergiebedarf daher manchmal höher liegt als bei anderen Verfahren. Man kann auch einen Trockner, der für Feinzerstäubung gebaut ist, nicht für grobes Gut verwenden. Die Sprühtrockner eignen sich außerdem nicht für klebriges Gut und für solches, das sehr langsam trocknet.

Ausgeführte Anlagen treiben stündlich 5 bis 30000 kg Wasser aus dem Gut und haben Durchmesser von 0,5 bis 12 m.

Viel benützt werden Sprühtrockner in der Lebens- und Futtermittelindustrie, in der chemischen, pharmazeutischen und keramischen Industrie, stellenweise auch in der Montan- und Zementindustrie sowie in Schlachtereien und bei der Fischverarbeitung. Angaben zur Sprühtrocknung einiger Güter enthält Tabelle 2.10 [253].

2.3.1.7.2. Das Versprühen des Gutes

Der Sprühvorgang

Die Sprüheinrichtung ist das Herz jedes Sprühtrockners. Sie zwingt den Flüssigkeitsstrom, der zutritt, die Form eines Strahles von solcher Geschwindigkeit anzunehmen, daß er zerfällt und als Tropfenschwarm wegfliegt. Vom Wirken dieser Einrichtung hängen weitgehend die Geschwindigkeit der Trocknung und die Eigenschaften des Fertiggutes ab.

Der Zerfall des Stromes wird herbeigeführt durch Druck, durch Zentrifugaloder durch andere Kräfte, die auf die unzerteilte Flüssigkeit wirken. Dabei sind die folgenden Kräfte mit im Spiel: (a) die Kraft, die den Zusammenhalt zwischen den Flüssigkeitsmolekülen bewirkt, und die versucht, der Flüssigkeit die kleinstmögliche Oberfläche zu geben, (b) die Trägheitskräfte, die in der Flüssigkeit und in der sie berührenden Luft auftreten, wenn diese schnell aneinander vorbeiströmenden Medien beschleunigt, abgebremst oder abgelenkt werden; diese Kräfte machen sich im jeweils anderen Medium als Druck- oder als Schiebekräfte bemerkbar, (c) die Viskositätskräfte, die hemmend wirken, wenn benachbarte Flüssigkeits- und Luftschichten beim Versprühen gegeneinander verschoben werden. Folgende Größen beeinflussen also den Zerteilvorgang:

σ_{Fl} die Grenzflächenspannung der Flüssigkeit,
ϱ_{Fl} die Dichte der Flüssigkeit,
ϱ_L die Dichte der Luft,
η_{Fl} die dynamische Viskosität der Flüssigkeit,
η_L die dynamische Viskosität der Luft,
d die Dicke der zu versprühenden Flüssigkeitsschicht,
w_r die Relativgeschwindigkeit von Flüssigkeit und Luft beim Zusammentreffen.

Diese Größen bestimmen auch den Energiebedarf des Vorganges.

Tabelle 2 10. Angaben zur Sprühtrocknung einiger Güter

Art des Gutes	Feuchtegehalt W des Gutes		Sprühorgan	Bewegung des Gutes und Luftstromes	Temperatur der Luft beim		Besondere Erfordernisse
	Eintritt %	Austritt %			Eintritt °C	Austritt °C	
Magermilch, normal, $\bar{d}_K \approx 60\ \mu m$	48 bis 55 / 50 bis 60	4 / 4	Sprührad, Druckdüse 170 bis 200 bar	Gleichstrom	<250	95 bis 100	In den Trocknern mit Kühlluftschleiern Lufteintrittstemperatur < 400 °C
Vollmilch	50 bis 60	2,5	Sprührad, Druckdüse 100 bis 140 bar	Gleichstrom	170 bis 200		
Voll-Ei	74 bis 76	2 bis 4	Sprührad, Druckdüse	Gleichstrom	140 bis 200	50 bis 80	
Eigelb	50 bis 55	2 bis 4	Sprührad, Druckdüse	Gleichstrom	140 bis 200	50 bis 80	
Eiweiß (Albumin)	87 bis 90	7 bis 9	Sprührad, Druckdüse	Gleichstrom	140 bis 200	50 bis 80	
Kaffee (Instant), $\bar{d}_K \approx 300\ \mu m$	75 bis 85	3 bis 3,5	Druckdüse	Gleichstrom	270	110	
Tee (Instant)	60	≈2	Druckdüse 27 bar	Gleichstrom	190 bis 250		
Tomaten	65 bis 75	3 bis 3,5	Sprührad	Gleichstrom	140 bis 150		luftdurchströmter Kühlmantel
Futterhefe	76 bis 78	8	Sprührad	Gleichstrom	300 bis 350	100	
Tannin	50 bis 55	4	Sprührad	Gleichstrom	250	90	
Emulsions-PVC Teilchen zu 90% > 80 μm / Teilchen zu 90% < 60 μm	40 bis 70	0,01 bis 0,1	Druckdüse, rotier. Schüssel Sprührad pneumat. Düse	Gleichstrom	165 bis 300		
Melamin/Urethan-Form-aldehyd-Harz	30 bis 50	≈0	Sprührad 140 bis 160 m/s	Gleichstrom	200 bis 275	65 bis 75	rotierende Luft-bürsten

Tabelle 2.10 (Fortsetzung)

Art des Gutes	Feuchtegehalt W des Gutes		Sprühorgan	Bewegung des Gutes und Luftstromes	Temperatur der Luft beim		Besondere Erfordernisse
	Eintritt %	Austritt %			Eintritt °C	Austritt °C	
Keramischer Schlicker für Wand- und Boden-fliesen	30 bis 40	≈ 6	Sprührad 90 m/s Druckdüse 10 bis 20 bar	Gleichstrom	600		
Aluminiumoxid Teilchen zu 70 bis 80 % > 60 μm 12 bis 20 % > 125 μm	30	0,1 bis 0,25	Sprührad 90 bis 100 m/s			110 bis 115	
Hochleistungs-Detergentien Teilchen zu 95 bis 100 % > 60 μm 2 bis 3 % > 1 500 μm	35 bis 50	8 bis 13	Druckdüse 30 bis 60 bar	Gegenstrom	350 bis 400	90 bis 110	
Unkrautvertilgungsmittel	50		Sprührad 150 m/s	Gleichstrom	260		
Titandioxid	bis 60	0,5	Sprührad, Druckdüse	Gleichstrom Gemischtstrom	600	120	
Kaolin	35 bis 40	1	Sprührad	Gleichstrom	600	120	
Ammonium-Phosphat	60	3 bis 5	Druckdüse 15 bar	Gleichstrom	400	110 bis 195	
Superphosphat			Sprührad	Gleichstrom	500 bis 600		

Als kinetische Ursache des Zerfalles sind die Schwing- und die Flatterbewegungen der Flüssigkeitsstrahlen anzusehen, die aus den Sprühorganen treten. In Strahlen hoher Geschwindigkeit spielt ferner die innere Turbulenz eine wichtige Rolle. Stets zerfallen die Strahlen sehr schnell. Der Vorgang wird von dem ungeordneten, nach statistischen Gesetzen vor sich gehenden Energieaustausch im Zerfallsraum beherrscht.

Zum Zerteilen der Flüssigkeit gibt es mehrere Arten von Sprühern: Die Drall-Druckdüse benutzt die Druckenergie der zuströmenden Flüssigkeit zum Zersprühen; mit kinetischer Energie der Luft arbeitet die pneumatische Düse; mechanische Energie wirkt im rotierenden Versprüher. Weitere Zerteiler nutzen innere Gutsenergie, Ultraschall und andere Energie. Kein technischer Versprüher liefert Tropfen gleicher Größe; bei jedem hängt das „Größenspektrum" der Tropfen von der Dicke des Flüssigkeitsstrahles oder -filmes ab, der zerrissen werden soll, sowie vom Zerfallsmechanismus [253, 254].

Zum Versprühen von 1 000 l Wasser brauchen an Energie:

die Drall-Druckdüse   0,3 bis 0,5 kWh,
die pneumatische Düse   > 1 kWh,
der Zentrifugal-Versprüher   0,8 bis 1 kWh.

Das Bild 2.160 zeigt eine Tropfenzahl-Verteilungskurve [255]. Am häufigsten kommen im dargestellten Fall die Tropfen mit dem Durchmesser $d_{K,h}$ gleich einem Zehntel des Maximaldurchmessers $d_{K,max}$ vor. Als „mittlerer" Durchmesser aller Individuen eines Tropfenkollektivs gilt in der Versprühtechnik oft der Durchmesser $d_{K,m}$, über dem (oder unter dem) der Anzahl nach 50 % aller Tropfen liegen. Oft genannt wird aber auch der Mitteldurchmesser $\bar{d}_K$ nach Sauter: der Durchmesser desjenigen Tropfens, der dasselbe Verhältnis von Oberfläche zu Volumen hat wie das ganze Kollektiv. In welchem Verhältnis die kennzeichnenden Durchmesser zueinander stehen, hängt von der Zusammensetzung des Kollektivs ab. Normalerweise ist

$$d_{K,max} > \bar{d}_K > d_{K,m} > d_{K,h} > d_{K,min} \tag{2.130}$$

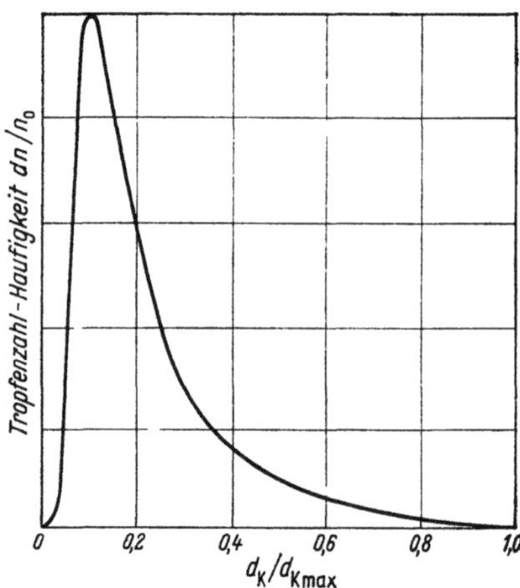

Bild 2.160. Tropfenzahl-Verteilungskurve für einen bestimmten Fall (nach Troesch).

und häufig

$$d_{K,max} = (2 \text{ bis } 3)\, \bar{d}_K. \tag{2.131}$$

Das Größenspektrum der Tropfen aus rotierenden Versprühern läßt sich in mathematischer Form durch die sogenannte logarithmische Normalverteilung wiedergeben. Auf die Tropfenkollektive aus Drall-Druckdüsen dagegen ist besser die Quadratwurzel-Normalverteilung und auf diejenige aus pneumatischen Düsen die Verteilung nach Nukiyama und Tanasawa anzuwenden. Näheres darüber ist der Literatur zu entnehmen [253].

Die unterschiedlichen Verteilungsgesetze liefern in den Extrembereichen der Kornspektren stark unterschiedliche Ergebnisse, zeigen aber auch, daß man bei kleinen bis mittleren Flüssigkeitsdurchsätzen viele Güter mit ungefähr gleichem Ergebnis sowohl mit Düsen als auch mit rotierenden Versprühern zerteilen kann.

Die drei Hauptarten der Versprüher erzeugen in der Regel Tropfen innerhalb folgender Größenbereiche:

Drall-Druckdüsen	8 bis	800 μm
pneumatische Düsen	3 bis	250 μm
Zentrifugalversprüher mit schüssel- oder		
tassenförmigen Schleuderorganen	25 bis	950 μm
mit flügel- oder düsenbesetzten Rädern	2 bis	550 μm

Trockene Sprühpulver können Teilchen folgender Größen enthalten:

Magermilch	20 bis	250 μm
Kaffee	50 bis	600 μm
Vollei	5 bis	500 μm
Eiweiß	1 bis	40 μm
Farbpigmente	1 bis	50 μm
Detergentien	30 bis	2000 μm
keramische Stoffe	15 bis	500 μm

Die Drall-Druckdüse (Einstoff-Düse)

In diesem Versprüher gelangt die Flüssigkeit unter dem Druck einer Pumpe in eine zylindrische oder konische Kammer, die entweder mit tangentialen Zuflußkanälen versehen oder mit einem schraubenförmig genuteten, mit einem schräg kannelierten oder mit einem sonstwie Drall erzeugenden Einsatzstück ausgestattet ist. Dort gerät sie in schnelle Drehung und spritzt dann aus einer feinen Öffnung aus (Bild 2.161).

Erst bei ziemlich hohem Druck zerstäubt die Flüssigkeit ordentlich, je nach ihren Eigenschaften sind vor der Düse 20 bis 60 bar oder noch viel höhere Drücke nötig. Die Flüssigkeit bildet beim Verlassen der meistbenützten Düsen einen hohlen Kreiskegel, dessen Flüssigkeitshaut einige Mikrometer dick ist und auf dem Weg in der Luft zu Tropfen zerreißt, sobald die Haut zu turbulenten Querausschlägen etwa von der Dicke der Haut veranlaßt wird. In Gegenstromtrocknern werden allerdings auch Düsen benützt, die volle Sprühkegel erzeugen.

Mit Drall-Druckdüsen lassen sich viele Flüssigkeiten einigermaßen gleichmäßig in grobe, mittlere oder feine Tröpfchen zersprühen. Von der Druckenergie in der zuströmenden Flüssigkeit wirkt weniger als 1 % oberflächenvergrößernd, 3 bis 4 % gehen durch Reibung verloren, der Rest verwandelt sich in kinetische Energie der Tropfen, die mit 10 bis 150 m/s Geschwindigkeit wegfliegen.

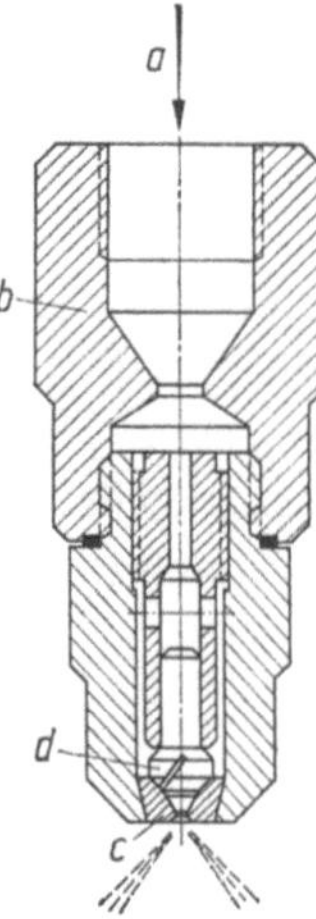

Bild 2.161. Drall-Druckdüse mit schräg kanneliertem Einsatzstück
a Flüssigkeitseinlauf; *b* Düsenkörper; *c* Mundstück; *d* Einsatzstück.

Eine Reihe von Arbeiten klärte die Zusammenhänge, die zwischen der Bauart, den Abmessungen, den Betriebsdaten der Düsen sowie den Gutseigenschaften einerseits sowie der Tropfengröße, dem Größenspektrum, dem Sprühwinkel sowie der Berieselungscharakteristik andererseits bestehen [253, 256, 259]. Beeinflussen kann man die Eigenschaften des Tropfenschwarmes hauptsächlich durch den Druck, den man der zuströmenden Flüssigkeit gibt, durch den Drall, den die Flüssigkeit in der Düse durch geeignete Wahl der Einsätze erteilt bekommt, sowie durch den Mündungsdurchmesser des Sprühers. Die tangentiale Geschwindigkeitskomponente der austretenden Flüssigkeit bringt nicht nur Instabilität in die Flüssigkeitshaut, sie entfernt auch die Flüssigkeitsteilchen voneinander. Die Untersuchungen haben ergeben:

a) Eine Düse mit dem Mündungsdurchmesser $d_{\text{Dü}}$, die Flüssigkeit von der Dichte ϱ_{Fl} unter dem (Über-)Druck Δp zugeführt erhält, versprüht den Flüssigkeitsvolumenstrom

$$\dot{V}_{\text{Fl}} = \frac{\dot{m}_{\text{Fl}}}{\varrho_{\text{Fl}}} = \frac{\pi\, d_{\text{Dü}}^2}{4}\, w_{\text{Dü}}, \qquad (2.132)$$

worin

$$w_{\text{Dü}} = \sqrt{\frac{1}{\zeta_{\text{Dü}}}\frac{2\Delta p}{\varrho_{\text{Fl}}}} \qquad (2.133)$$

ist. Die Widerstandszahl $\zeta_{\text{Dü}}$ der Düse und mit ihr die (nominelle axiale Komponente der) Austrittsgeschwindigkeit $w_{\text{Dü}}$ hängen stark von der Form und der Weite der inneren Kanäle sowie von der Reynolds-Zahl der Strömung ab; meistens liegt $\zeta_{\text{Dü}}$ zwischen 5 und 50. Der Flüssigkeitsstrom erfüllt den Mündungsquerschnitt je nach dem Drall, den die Flüssigkeit in der Düse erhält, in Öffnungen mit mehr als 1,5 mm Weite nur zu 40 bis 50 %, in engeren Öffnungen bis zu 70 %, weshalb die wirkliche axiale Austrittsgeschwindigkeit der Flüssigkeit erheblich größer als $w_{\text{Dü}}$ sein kann.

b) Die Drall-Druckdüsen erzeugen Sprühkegel mit Öffnungswinkeln Ω zwischen 30° und 140°, je nachdem, welche Tangentialgeschwindigkeit im Verhältnis zur Axialgeschwindigkeit die Flüssigkeit in der Düse aufgezwungen erhält. Bei einer gegebenen Düsenbauart und einem gegebenen Flüssigkeitsdurchsatz $\dot{V}_{Fl}$ wird der Öffnungswinkel mit dem Mündungsdurchmesser $d_{Dü}$ der Düse weiter. Verkleinernd auf Ω wirkt eine Zunahme der Grenzflächenspannung σ_{Fl} und der Viskosität η_{Fl} der Flüssigkeit. Weil der Sprühstrahl innen und außen Luft mitreißt, ändern die Tropfen mit wachsender Entfernung von der Düse immer mehr ihre Flugrichtung, und aus dem Sprühkegel wird eine Sprühglocke.

c) Auch der mittlere Durchmesser $\bar{d}_K$ der entstehenden Tropfen wird außer von der Düsenbauart durch die vorgenannten Größen bestimmt. Für eine Düse mit axialem Flüssigkeitszulauf und schraubenförmig genutetem Einsatzstück fanden Turner und Moulton [257] empirisch den Zusammenhang

$$\bar{d}_K = 20{,}7 \cdot d_{Dü}^{1,52} \cdot \sigma_{Fl}^{0,713} \cdot \eta_{Fl}^{0,159} \cdot \dot{V}_{Fl}^{-0,444},$$

$$\bar{d}_K, \; d_{Dü} \text{ in m}; \quad \sigma_{Fl} \text{ in N/m};$$

$$\eta_{Fl} \text{ in Pa s}; \quad \dot{V}_{Fl} \text{ in m}^3/\text{s}$$

(2.134)

und für eine Düse mit tangentialem Zulauf zu einer konischen Drallkammer nennen sie die Zahlenwertgleichung

$$\bar{d}_K = 33{,}6 \, d_{Dü}^{1,589} \cdot \sigma_{Fl}^{0,594} \cdot \eta_{Fl}^{0,22} \cdot \dot{V}_{Fl}^{-0,537}. \tag{2.135}$$

Verglichen mit den Angaben anderer Autoren scheint in diesen Gleichungen der Einfluß von σ_{Fl} zu stark und der von η_{Fl} zu schwach wiedergegeben zu sein.

d) Die Streuung der Tropfendurchmesser hängt wenig von der Axialkomponente der Austrittsgeschwindigkeit der Flüssigkeit ab, sinkt aber mit wachsender Tangentialkomponente und steigt mit zunehmendem Düsendurchmesser und mit wachsender Viskosität der Flüssigkeit.

e) Die meistens benutzten Drall-Druckdüsen erzeugen hohle Sprühkegel, deren Tropfen auf Flächen senkrecht zur Kegelachse kreisringförmige „Trefferbilder" zeichnen. Nur wenige Tropfen fliegen durch die Kegelhohlräume, um so weniger, je niedriger die Viskosität der Flüssigkeit ist. Sogenannte Vollkegeldüsen dagegen schleudern Tropfen auch durch die Kegelinnenräume und bringen kreisförmige Trefferbilder hervor mit vielen, meistens von den großen Tropfen herrührenden Treffern nahe dem Kreismittelpunkt.

Drall-Druckdüsen sind einfach in Bauart und Betriebsweise; sie lassen sich genau fertigen und leicht auswechseln. Innenteile, die sich abnutzen, sind in den zerlegbaren Sprühorganen schnell zu ersetzen. Die Düsen haben Mündungsdurchmesser zwischen 0,5 und 4 mm und zerstäuben bis 5000 l Wasser/Stunde. Hergestellt werden auch Bündeldüsen für noch größere Durchsätze. Nicht geeignet sind die Einstoffdüsen für sehr viskose und für größere Feststoffteilchen enthaltende Flüssigkeiten. Nachteilig ist, daß sich bei wechselndem Flüssigkeitsdruck nicht nur der Durchsatz sondern auch die Zerstäubungsfeinheit ändern. Will man einen Trockner wechselnden Betriebsbedingungen anpassen, so muß man die ganzen Düsen oder wenigstens die Einsatzstücke auswechseln. Die Flüssigkeiten sind mit (teueren) Hochdruckpumpen durch die Düsen zu fördern und vorher zu filtern, damit die Sprühöffnungen nicht verstopfen.

Erfordert das Zerteilen einer Flüssigkeit mehr als etwa 15 bar Druck, oder enthält der Stoff feste Teilchen, so kann der Düsenmund unter Erosion leiden. Enge Düsenöffnungen werden nicht selten binnen einem Tag unrund, und dann sprühen sie die Flüssigkeit ungleichmäßig in den Raum und erzeugen Tröpfchen mit starken Größenunterschieden. Um die Erosion zu mindern, fertigt man die Mundstücke und evtl. auch andere Innenteile der Düsen aus gehärtetem Stahl, aus Wolfram- oder Siliciumkarbid oder aus synthetischem Edelstein. Korrosivem Angriff widerstehen Chromkarbid und Aluminiumoxid. Nötig ist, die Düsen in den Trocknern sichtbar und leicht zugänglich anzuordnen.

Die pneumatische Sprühdüse (Zweistoffdüse)

Die pneumatischen Düsen führen schnelle Gasströme zu den Gutsströmen und lassen sie (meist außerhalb der Düsenkörper) darauf wirken (Bild 2.162). Die Flüssigkeit tritt als Zylinder- oder Kegelstrahl aus einer solchen Düse und wird

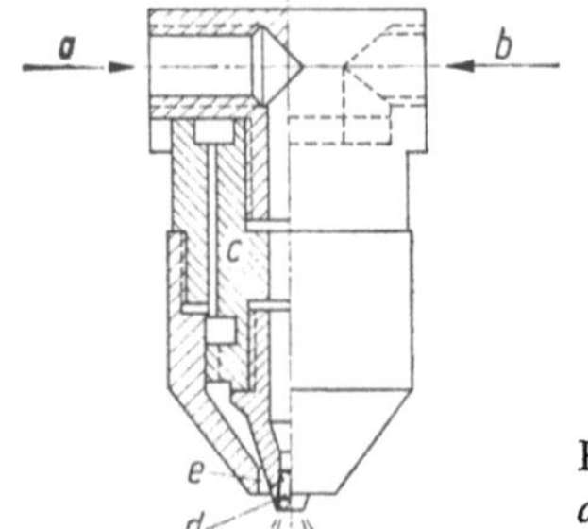

Bild 2.162. Pneumatische Sprühdüse [253].
a Flüssigkeitseinlauf; *b* Lufteintritt; *c* genutetes, der Luft einen Drall erteilendes Einsatzstück; *d* Flüssigkeitsaustritt; *e* Luftaustritt.

von einem konzentrischen Gasstrom zerteilt, oder sie wird — in Düsen für größere Durchsätze — von einem schraubenlinig bewegten Gasstrahl oder von Düseneinbauten so in Drall versetzt, daß sie eine dünne Haut bildet, die vom Gasstrom zerrissen wird. Trifft das Gas mit Relativgeschwindigkeiten von 100 bis 300 m/s auf das Gut, so entstehen normalerweise Tropfen mit $\bar{d}_K = 15$ bis 100 μm mittlerem Durchmesser und mit einem verhältnismäßig breiten Größenspektrum. Es bildet sich ein Sprühkegel mit maximal 70 bis 80° Öffnungswinkel, in dem die mittelgroßen Tropfen nahe dem Rand, die größten aber weiter innen fliegen. Düsen, die ohne Drall arbeiten, erzeugen engere Sprühkegel mit Tropfen geringerer Größenstreuung.

Als Sprühgas benutzt man Luft, sofern nicht die Gefahr besteht, wie beim Zerteilen zäher Flüssigkeiten, daß lufterfüllte Tropfen entstehen, oder man verwendet Dampf (insbesondere auch in größeren Anlagen) oder ein inertes Gas. Beim Austritt aus den Kanälen entspannt sich das Gas und kühlt sich ab.

Meistens arbeiten die Düsen mit Überdrücken des Zerstäubungsgases gegenüber der Atmosphäre von bis 5, höchstens 7 bar. Die Flüssigkeit strömt mit leichtem Unterdruck oder mit Überdruck bis zu einigen bar hinzu. Mit den größten Düsen lassen sich Flüssigkeitsströme bis 1000 (bis 5000) l/h versprühen. Je nach der Art des Gutes sind 0,5 bis 4 kg Sprühgas/kg Flüssigkeit nötig, d.h. das

Massenstromverhältnis der Stoffe muß

$$\frac{\dot{m}_G}{\dot{m}_{LZ}} = \frac{1}{0,5} \text{ bis } \frac{1}{4}$$

betragen.

Wie für Dralldüsen, so sind auch für pneumatische Versprüher mehrere Untersuchungen angestellt und Gleichungen zum Berechnen der Tropfengröße aufgestellt worden [260—263]. Nach Kim und Marshall [264] gilt für sogenannte Außensprühdüsen, die Newtonsche Flüssigkeiten versprühen:

$$\bar{d}_K = 10^{-6} \left[\frac{4425 \, \sigma_{Fl}^{0,41} \cdot \eta_{Fl}^{0,32}}{(w_r^2 \cdot \varrho_{LZ})^{0,57} \cdot S_{Dü}^{0,36} \cdot \varrho_{Fl}^{0,16}} + 881 \left(\frac{\eta_{Fl}}{\sigma_{Fl} \cdot \varrho_{Fl}} \right)^{0,17} \left(\frac{1}{w_r^{0,54}} \right) \left(\frac{\dot{m}_G}{\dot{m}_{LZ}} \right)^n \right],$$

$$(2.136)$$

worin

$$n = 1 \quad \text{bei} \quad \dot{m}_G/\dot{m}_{LZ} > 1/3,$$

$$n = 0,5 \quad \text{bei} \quad \dot{m}_G/\dot{m}_{LZ} < 1/3,$$

und $\bar{d}_K$ sich in m ergibt, wenn σ_{Fl} in N/m, η_{Fl} in $Pa\,s$, w_r in m/s, ϱ_{LZ} und ϱ_{Fl} in kg/m^3 und die Querschnittsfläche $S_{Dü}$ der Luftauslaßöffnung in m^2 eingesetzt wird.

Die pneumatischen Düsen gestatten, Flüssigkeiten fein zu versprühen und durch entsprechende Einstellung des Gasdruckes die Tropfengröße bei unterschiedlichen Flüssigkeitsdurchsätzen den Erfordernissen anzupassen. Gegenüber Dralldruckdüsen haben sie allerdings erhöhten Energiebedarf. Die Kosten für das Versprühgas sind erheblich. Gegen die unterschiedliche Beschaffenheit der durchfließenden Stoffe sind die pneumatischen Sprühdüsen unempfindlich, und die verhältnismäßig weiten Kanäle verstopfen nicht, auch wenn Stoffe mit kleinen Körnern oder Fasern hindurchfließen. Man benützt die pneumatischen Versprüher vornehmlich in kleinen und mittelgroßen Anlagen.

Der rotierende Versprüher

Der einfachste rotierende Versprüher hat die Form einer ebenen runden Scheibe, die um die vertikale Achse rotiert. Die Flüssigkeit läuft der Gewichtskraft oder dem Druck einer Pumpe folgend in der Mitte zu und breitet sich unter der Wirkung der Zentrifugalkraft nach allen Seiten zu einem Film aus, der die Scheibe überzieht und sich bis zum Scheibenrand ausdehnt. Von dort wird die Flüssigkeit mit einer Geschwindigkeit in die umgebende Luft geschleudert, die der geometrischen Summe aus ihrer radialen und tangentialen Endgeschwindigkeit entspricht. Allerdings erreicht die Flüssigkeit auf der Scheibe nicht die volle Umfangsgeschwindigkeit des Scheibenrandes, weil sie auf der Scheibe rutscht, und dementsprechend ist die Zentrifugalkraft gemindert.

Beschickt man die Scheibe mit einem Flüssigkeitsstrom zunehmender Stärke, hält aber die Drehzahl konstant und nicht zu hoch, so kann man am Scheibenrand zunächst große Einzeltropfen mit anhängenden Fäden beobachten, danach sieht man, wie aus einem Flüssigkeitswulst dickere Einzelfäden und daraus Tropfen relativ einheitlichen Durchmessers entstehen, und schließlich erkennt man, wie geschlossene Lamellen über den Scheibenrand treten, die, während sie weiterfliegen, in Tropfen mit breitem Durchmesserspektrum zerfallen. Anders bei hoher Scheibendrehzahl: Da zersprüht die Flüssigkeit unmittelbar am Scheibenrand — unabhängig vom zufließenden Strom — und es entstehen viele kleine Tropfen mit verhältnismäßig engem Durchmesserspektrum [222, 253, 265—268].

Ebene Scheiben gestatten nur verhältnismäßig kleine Flüsssigkeitsströme — und auch nur bei optimalen Bedingungen — in Tropfen engen Durchmesserbereiches aufzulösen. Die industriellen Anlagen arbeiten mit anders geformten Versprühern; mit schüssel- oder tassenförmigen Schleuderorganen (Bild 2.163), mit Rädern, die radiale oder gekrümmte Kanäle zwischen schaufelartigen Gebilden besitzen (Bild 2.164), mit flachen Hohlzylindern, in die radial Löcher gebohrt oder Düsen eingesetzt sind (Bild 2.165). In den rotierenden Schüsseln drückt die Zentrifugalkraft die Flüssigkeit gegen die schrägen oder senkrechten Wände und erzeugt dadurch gleichmäßige Filme, die an den Schüsselrändern als verhältnismäßig große Tropfen absprühen. Die Räder mit Kanälen zwingen die Flüssigkeit, die volle Umfangsgeschwindigkeit der Rotoren anzunehmen und gestatten, große Flüssigkeitsströme zu versprühen. Räder mit Bohrungen und Düsen „schlucken" zwar nur kleinere Ströme, geben aber — was oft erwünscht ist — der Luft kaum Gelegenheit, sich mit dem Gut zu mischen. Stets versprüht die Flüssigkeit an den äußeren Rotorrändern, weniger weil die Zentrifugalkraft auf sie wirkt, als weil sie dort hohe Geschwindigkeitsunterschiede zur Luft hat.

Die rotierenden Versprüher haben Außendurchmesser zwischen 50 mm in Laboratoriumstrocknern und 300 bis 900 mm in betriebsgroßen Anlagen. Je nach der Art des Gutes, dem Durchsatz und dem Grad der gewünschten Versprühung betragen die Umfangsgeschwindigkeiten zwischen 80 und 350 m/s und die Drehzahlen $n_{rot} = 5000$ bis 25000 1/min. Durchgesetzt werden bis zu 200000 kg Flüssigkeit/Stunde.

Durch Versuche und theoretische Überlegungen ermittelten mehrere Autoren [268—272] den Zusammenhang zwischen den Eigenschaften der zuströmenden Flüssigkeit, den Abmessungen und den Betriebsvariablen der Versprüher einerseits und der Größe der entstehenden Tropfen andererseits. Als Beispiel sei eine

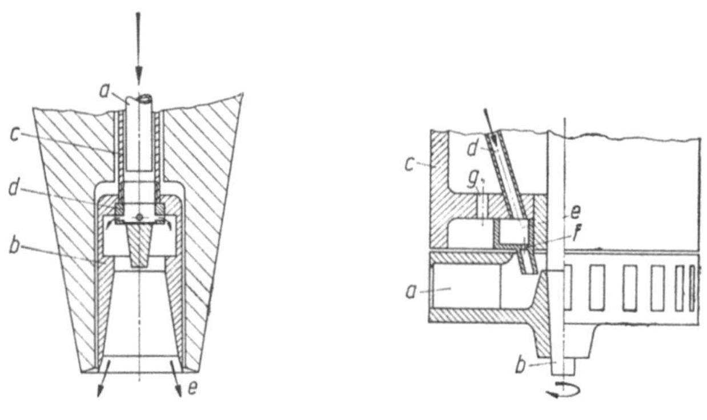

Bild 2.163.   Bild 2.164.

Bild 2.163. Rotierender becherförmiger Versprüher (Niro Atomizer, Kopenhagen) [253]. a Zuflußrohr; b rotierender Becher; c Hohlwelle; d Flüssigkeitsverteiler; e Sprühstrahl.

Bild 2.164. Rotierender Flügelrad-Versprüher. a Flügelrad; b Welle; c Antriebsgehäuse; d Flüssigkeitszulaufrohr; e Verteilkammer; f Verteillöcher; g Spülluftdurchlaß.

der Gleichungen für den mittleren Durchmesser $\bar{d}_K$ der Tropfen aus einem beschaufelten Rad mitgeteilt [273]

$$\bar{d}_K = K' \frac{D_{rot}}{2} \left(\frac{\dot{m}_{Fl}}{\varrho_{Fl} \cdot n_{rot} \cdot l \cdot (D_{rot}/2)^2} \right)^{0,6} \left(\frac{\eta_{Fl} l_S}{\dot{m}_{Fl}} \right)^{0,2} \left(\frac{\sigma_{Fl} \varrho_{Fl} i_S h_S l_S^2}{\dot{m}_{Fl}^2} \right)^{0,1}, \quad (2.137)$$

in der die Ausdrücke in den großen runden Klammern die Dimension einer Zahl haben. Im übrigen bedeuten D_{rot} den Außendurchmesser des Rades, $\dot{m}_{Fl}$ den Massenstrom der Flüssigkeit, i_S die Anzahl, h_S die Höhe und l_S die Länge der Radschaufeln. Die Konstante K' hat je nach den Versprühbedingungen Werte zwischen 0,37 und 0,4.

Für den Leistungsbedarf gilt [274]:

$$P = 11,22 \varrho_{Fl} n_{rot}^3 D_{rot}^5 \left(\frac{\dot{m}_{Fl}}{\varrho_{Fl} n_{rot} D_{rot}^3} \right)^{0,77} \left(\frac{\varrho_{Fl} n_{rot} D_{rot}^2}{\eta_{Fl}} \right)^{-0,4}. \quad (2.138)$$

Ein rotierender Versprüher besteht hauptsächlich aus dem Antriebsaggregat, aus dem Flüssigkeitszulaufrohr und -verteiler sowie aus dem Schleuderrad (Bild 2.166). In Anlagen mit höchstens etwa 4000 kg/h Gutsdurchsatz und 50 kW Antriebsbedarf geben meistens Elektromotoren die Energie über Riemen- und Räderantriebe zur Welle des Versprühers. Für Antriebsleistungen bis etwa 100 kW sind hoch-

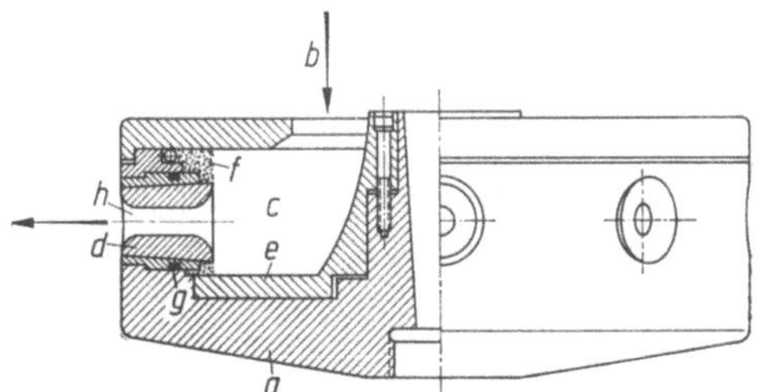

Bild 2.165. Rotierender Lochrad-Versprüher für abrasive Stoffe
(Niro Atomizer, Kopenhagen) [3].
a Radkörper; b Gutszufluß; c Innenkammer; d abnützfeste Buchse; e abnützfeste Platte;
f verkrustetes Gut als Schutzschicht; g Ringdichtung; h Sprühöffnung.

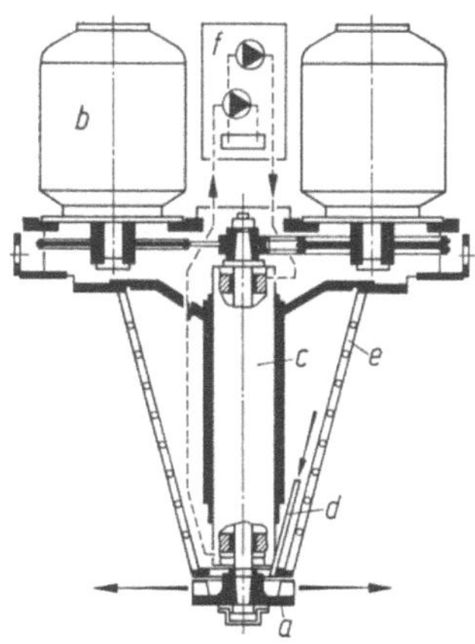

Bild 2.166. Sprühradantrieb (Kraus Maffei AG, München-Obermenzing) [3].
a Sprührad; b Antriebsmotor; c Gleitlager-Spindel; d Flüssigkeitszulaufrohr; e Kühlmantel;
f Ölaggregat.

tourige Spezialmotoren in Gebrauch, die direkt mit der Sprühradwelle gekuppelt sind und den elektrischen Strom von einem Frequenzumformer erhalten; ihre Drehzahl wird über die Stromfrequenz verändert. Wo Synchronantriebsmotore verwendet werden, geht die Energie oft über eine hydraulische Kupplung und einen Rädertrieb zum Sprührad, das mit 10000 bis 20000 Umdrehungen in der Minute läuft. Gutsdurchsätze bis 200000 kg/h (bis etwa 450 kW Antriebsbedarf) lassen sich mit Planetengetrieben bewältigen. Statt elektrischer Motore arbeiten in kleineren Anlagen auch Luftturbinen mit Drehzahlen bis 50000 1/min.

Das Bild 2.164 zeigt einen Flüssigkeitsverteiler über einem Sprührad. Der Gutsstrom läuft durch das weite Rohr *d* in die Verteilkammer *e* und von da durch die engen Löcher *f* nahe der Welle in das Schleuderrad. Durch die Bohrung *g* strömt ein Kaltluftstrom in den Raum zwischen dem Rädergehäuse und dem Sprüher und verhindert, daß Heißluft und Gutsteilchen vom Trocknungsraum her eindringen.

Die rotierenden Zerstäuber eignen sich für fließfähige Stoffe bis zu leidlich hoher Viskosität und insbesondere auch für Flüssigkeiten, die feste Teilchen enthalten, für Schlämme und Breie. Sie haben gegenüber den Druckdüsen, die von Pumpen gespeist werden, öfters den Nachteil größeren technischen Aufwandes für Antrieb und Lagerung. Jedoch sind sie vielseitiger anwendbar und können über einen weiten Durchsatzbereich arbeiten. Vor allem aber ändern sie die Tropfengröße nur wenig mit dem Durchsatz, und sie verstopfen selten. Teile, die korrodieren oder verschleißen, lassen sich aus widerstandsfähigem Material fertigen (Bild 2.165).

Besondere Versprüher

Schlämme, Pasten und Filterkuchen brauchen besondere Verprüher, wenn sie nicht pumpbar sind. In der Vorrichtung nach Bild 2.167 drückt das Rühr- und Preßwerk *d* den feuchten Stoff zum ringförmigen Schlitz *e*. Durch das Rohr *g* strömt

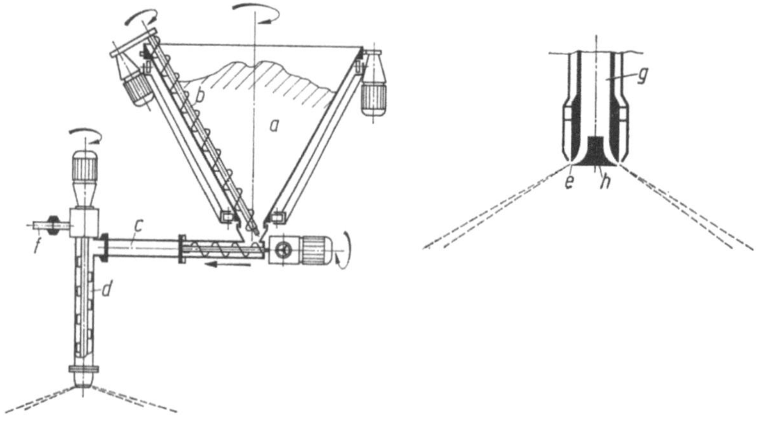

Bild 2.167. Versprühvorrichtung für Pasten
(Kraus-Maffei-Imperial GmbH, München-Obermenzing).
a Drehbunker; *b* Räumschnecke; *c* Pastenpumpe; *d* Rühr- und Preßwerk; *e* Austrittsschlitz für das Gut; *f* Druckluft-Leitung; *g* Innenrohr für die Druckluft; *h* Leitkörper.

das Sprühgas hinzu und trifft bei *e* mit so hoher Geschwindigkeit auf den hohlen Gutsstrang, daß er zerreißt. Mittels des einstellbaren Leitkörpers *h* kann der Gasstrom verändert werden [275]. Thixotrope Stoffe können durch schnelles Rühren flüssig gehalten und dann mit einer Mohno-Pumpe zum Versprüher gefördert werden.

Für Flüssigkeiten, die sehr fein versprüht, und für hochviskose Stoffe, die nur grob zerteilt werden sollen, gibt es pneumatische Rotationsversprüher. Das Gut wird einem Rotor, der als umgestülpte Tasse ausgebildet ist, durch ein zentrales Rohr von oben zugeführt, an der Tassenwand von der Zentrifugalkraft zu einem dünnen, abwärtsfließenden Film auseinandergezogen und am Tassenrand von einem gleichfalls rotierenden Luftstrom, der aus einem Ringspalt tritt, in Tropfen zerrissen [253].

Manche Stoffe lassen sich vorteilhaft versprühen, indem man sie erhitzt und unter Druck durch Düsen schickt. Aus einem Teil der Gutsfeuchte entsteht dabei Dampf, der den Gutsstrom infolge seines Überdrucks gegenüber der Atmosphäre zerreißt, sobald er aus der Düse tritt. Allerdings kann man dieses Verfahren, bei dem neben groben viele kleine Teilchen entstehen, nicht bei temperaturempfindlichen Stoffen anwenden.

Noch wenig industriell genutzt wird die Ultraschallversprühung. Dabei treten Flüssigkeitsstrahlen unter geringem Vordruck durch Öffnungen und bekommen hochfrequente Schwingungen aufgezwungen, unter deren Einfluß sie zerfallen.

2.3.1.7.3. Die Luft- und die Gutsbewegung im Sprühtrockner

Einige Führungsmöglichkeiten für die Luft und das Gut

Nachdem das Gut versprüht ist, gibt ihm der luftdurchströmte Trocknungsraum Gelegenheit, Wärme aufzunehmen und Feuchte abzugeben.

Der ideale *Gleichstrom-Sprühtrockner* bestände aus einem senkrecht stehenden Zylinder, in dem die Luft und die Flüssigkeit — diese in gleichmäßig großen Tröpfchen — gleichmäßig verteilt auf parallelen Bahnen von der Decke zum Boden sinken. In einem solchen Trockner würden alle Tröpfchen gleiche Wege machen und gleichmäßig trocknen, so daß ein gleichmäßiges Produkt anfiele. In Wirklichkeit lassen sich weder gleichmäßige Größe, Verteilung, Geschwindigkeit und Richtung der Tropfen, noch gleichmäßige Luftströmung erzwingen und aufrechterhalten. Vielmehr entstehen ungleiche Tropfen und Geschwindigkeiten und oft Querbewegungen und Wirbel der Luft, die zu ungleicher Trocknung und Energienutzung führen. Schweben die Gutsteilchen ohnehin nur kurz im Luftstrom ohne Schaden zu nehmen, so kann man dies bis zu einem gewissen Grad in Kauf nehmen. Der Zwang, aus dem Sprühgut in beschränktem Raum ein Pulver einwandfreier Qualität zu erzeugen, legt aber im allgemeinen nahe, durch besondere Maßnahmen für günstige Bewegungen zu sorgen. Dabei nutzt man den Umstand, daß die Luftströmung weitgehend die Teilchenbahnen bestimmt.

Das reine Gleichstromverfahren mit geradliniger Luft und fast geradliniger Gutsbewegung ist im Trockner mit Sprühdüse gemäß Bild 2.159 verwirklicht. Abweichungen vom idealen Trockner sind dadurch bedingt, daß die wenigen Düsen keine gleichmäßige Anfangsverteilung der Tröpfchen zustande bringen,

und daß große Tropfen unerwünschterweise schneller nach unten sinken als kleine
(N 215.963.89).

Die Heißluft strömt in solchen Trocknern in der Regel mit 0,1 bis 0,5 m/s
Geschwindigkeit abwärts. Für ungefähr gleichmäßige Bewegung sorgen das ein
fache oder doppelte Verteilgitter an der Decke und die Absaugung rings am unteren
Zylinderrand. Der Hauptteil der Feuchte verdampft meistens schon im oberen
Turmviertel. Unten fällt das Gut in den Auffangtrichter, wo es merklicher Tem-
peratureinwirkung entzogen ist. Nur kleine Gutsteilchen trennen sich in der scharfen Luftumlenkung über dem Trichter nicht vom Luftstrom und müssen im Staubabscheider wiedergewonnen werden.

Der Trockner ist einfach, muß aber hoch gebaut werden, wenn er zum Herstellen grober Pulver dienen soll.

Selten erstellt werden Gleichstromtrockner, die das Gut und die Luft aufwärts
bewegen. Sollen keine groben Teilchen zurückfallen, so braucht der Luftstrom
darin eine entsprechend hohe Geschwindigkeit, und das erfordert enge und hohe
Gehäuse.

Gebaut werden aber Gleichstrom-Sprühtrockner mit horizontalen Achsen.

Der Gleichstromtrockner nach Bild 2.168 zwingt der Luft und dem Gut sowohl senkrechte wie tangentiale Geschwindigkeitskomponenten und dadurch trotz
bescheidener Bauhöhe lange Wege auf, so daß beide Medien sich ziemlich lange
im Trockner aufhalten und gut vermischen können.

Der Luftstrom tritt aus der oberen Kammer durch einen Ringspalt in den
Trocknungsraum. Ein Teil des Stromes wird durch einstellbare Leitschaufeln in
Drehung versetzt, ein anderer ungefähr vertikal gegen den Sprühstrahl gerichtet.
Insgesamt geht die Luft auf schraubenliniger Bahn nach unten und nimmt die
Gutsteilchen mit. Weil die Gutstropfen, die zunächst horizontal oder schräg fliegen,
vom zweiten Teilluftstrom alsbald nach unten gelenkt werden, so kann der Trock-
ner mit verhältnismäßig kleinem Durchmesser gebaut werden. Die Luft und das

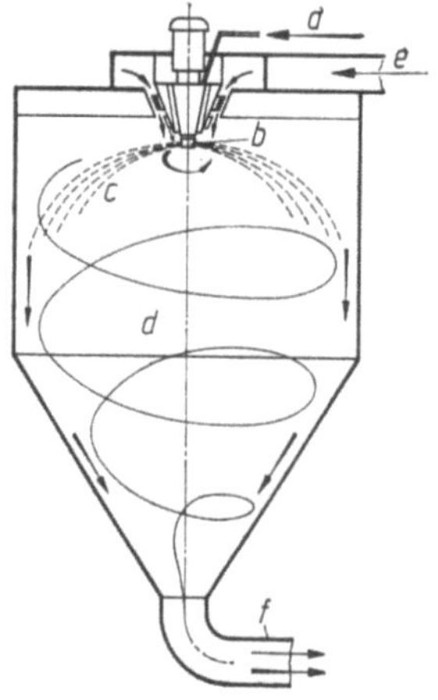

Bild 2.168. Gleichstrom-Sprühtrockner mit rotierendem Versprüher, schraubenliniger Luftbewegung und gemeinsamer Guts- und Luftabfuhr.
a Gutszufuhr; *b* rotierender Versprüher; *c* Tropfenschwarm; *d* Trocknungsraum; *e* Heißluftzufuhr; *f* Abführrohr für Luft und Gut.

Gut verlassen ihn unten am Trichter, so daß die Bewegung der Stoffe oben im Zylinder ungestört bleibt.

Trockner dieser oder ähnlicher Art können mit Rotationsversprühern oder mit zentral unter der Decke angeordneten Sprühdüsen ausgestattet sein.

Statt von oben bekommen manche Gleichstromtrockner die Luft tangential vom Gehäuseumfang her zugeführt (Bild 2.169). Wieder andere Trockner lassen die Luft von oben und tangential von der Seite her eintreten. Der zweite Strom streicht an der Wand entlang auf einer Schraubenbahn abwärts und nimmt den inneren Strom mit. Beim Trocknen temperaturempfindlichen Gutes gibt man dem äußeren Strom niedrigere Temperatur als dem inneren.

Im Gleichstrom arbeitet auch der Trockner nach Bild 2.170, der die Heißluft durch ein zentrales Rohr unter den rotierenden Versprüher bläst und im Trichter wieder absaugt. Auf dem Rohr sitzt ein Verteiler mit Leitschaufeln, von dem die Luft ungefähr tangential abströmt. Der Tropfenschwarm breitet sich sehr flach aus, weshalb der Trocknungsraum großen Durchmesser haben muß, dafür aber niedrig sein kann. Da der Heißluftstrom unterhalb des Zerstäubers bleibt, so braucht der Trockner nur eine einfach gebaute Decke und kann doch mit Luft von 800 °C und noch höherer Temperatur betrieben werden. Auch der Zerstäuberantrieb läßt sich leicht kühl halten.

In *Gegenstromtrocknern* befinden sich die Versprüher und die Luftverteiler an entgegengesetzten Enden der relativ schmalen und hohen Trocknungsräume. Als Versprüher dienen fast nur Düsen. Die Luft strömt auf ungefähr geraden oder auf schraubenlinigen Wegen aufwärts.

Aus einer Ringkammer tritt die Luft in den Trockner nach Bild 2.171 ein. Dem Luftstrom entgegen schweben die groben Gutsteilchen abwärts, die feinen dagegen ziehen, nachdem sie den Einschußweg durchlaufen haben, mit der Abluft

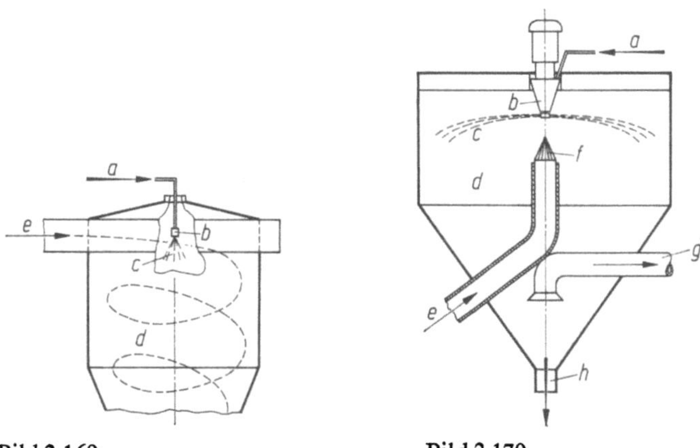

Bild 2.169.   Bild 2.170.

Bild 2.169. Gleichstrom-Sprühtrockner mit Düsen-Versprüher und tangentialem Lufteinlaß. *a* Gutszufuhr; *b* Sprühdüse; *c* Sprühkegel; *d* Trocknungsraum; *e* Heißluftzufuhr.

Bild 2.170. Gleichstrom-Sprühtrockner mit rotierendem Versprüher, zentralem Lufteinlaß und schraubenliniger Luftbewegung.
a Gutszufuhr; *b* rotierender Versprüher; *c* Tropfenschwarm; *d* Trocknungsraum; *e* Heißluftzufuhr; *f* Luftverteiler mit Leitschaufeln; *g* Abführrohr für Luft und Feinteilchen; *h* Abführorgane für Grobteilchen.

fort. Man nützt diese Sichtwirkung des Luftstromes bewußt aus, wenn man ein grobes Produkt (z. B. von 200 bis 400 µm Teilchengröße) erzeugen will. Weil dessen Teilchen in der aufsteigenden Luft nur langsam fallen, bleiben sie verhältnismäßig lange im Trockner. Die Temperatur und die Geschwindigkeit der eintretenden Luft müssen niedrig gehalten werden, wenn das Gut thermisch keinen Schaden leiden soll. Vornehmlich benützt man deshalb Gegenstromtrockner für temperaturunempfindliche Güter.

Mit einstellbaren Leitschaufeln in der Luftverteilkammer ausgestattet sind die Gegenstromtrockner, die der Luft einen Drall geben. Aber auch tangentiale Lufteinführung in den Trocknungsraum ist möglich (Bild 2.172).

Eine dritte Gruppe von Sprühtrocknern arbeitet im *Gleich-Gegenstrom-Verfahren* (N 915.964.89).

Aufwärts schießt der Tropfenschwarm z. B. im „Fontänensprühtrockner" (Bild 2.173) bis zu der Höhe, wo er infolge verminderter Geschwindigkeit umkehrt und dann absinkt. In der Mitte des Trockners strömen das Gut und die mitgerissene Luft dem von oben kommenden Luftstrom entgegen. In den äußeren Zonen haben die Medien ungefähr gleiche Richtung und gehen abwärts. Der lange Flugweg des Gutes ermöglicht es bei guter Raumausnutzung, auch grobe Teilchen zufriedenstellend zu trocknen.

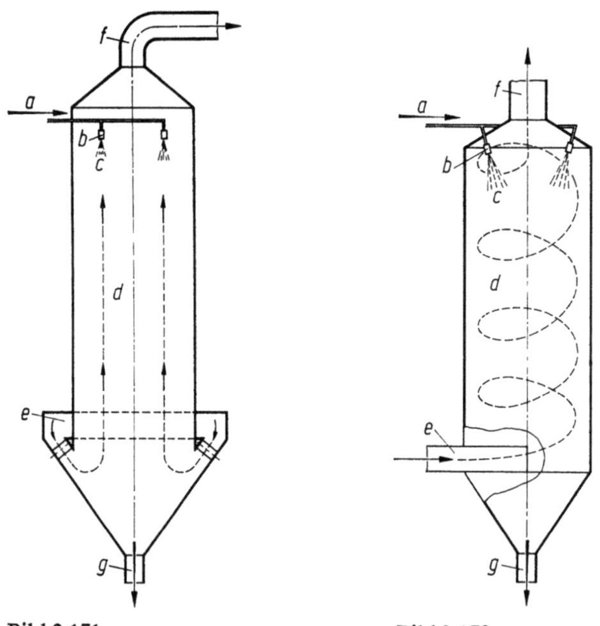

<table>
<tr><td>Bild 2.171.</td><td>Bild 2.172.</td></tr>
</table>

Bild 2.171. Gegenstrom-Sprühtrockner mit Düsen-Versprüher und annähernd geradliniger Luftbewegung.
a Gutszufuhr; *b* Sprühdüse; *c* Sprühkegel; *d* Trocknungsraum; *e* Heißluftverteiler; *f* Abführrohr für Luft und Staub; *g* Abführorgan für das Gut.

Bild 2.172. Gegenstrom-Sprühtrockner mit Düsenversprüher und schraubenliniger Luftbewegung.
a Gutszufuhr; *b* Sprühdüse; *c* Sprühkegel; *d* Trocknungsraum; *e* tangentiale Heißluftzufuhr; *f* Abführrohr für Luft und Staub; *g* Abführorgan für das Gut.

Im zyklonförmigen Trockner (Bild 2.174) fliegen die Tröpfchen zunächst nach unten, entgegen der Abluft, die in der Trocknermitte nach oben strömt. Dabei bilden sie einen Sprühkegel, aus dem die Feinteilchen nach kurzem Flugweg aufwärts mitgerissen werden und die Grobteilchen in den Heißluftstrom gelangen, der sie auf schraubenliniger Bahn abwärts führt. Das Gut verläßt den Trockner an der Zyklonspitze. Der schnelle Luftstrom fegt zwar die Trocknerwände weitgehend von den Teilchen frei, die ausgeschleudert werden, doch braucht der Trockner trotzdem meistens einen automatischen Wandfeger (s. w. h.).

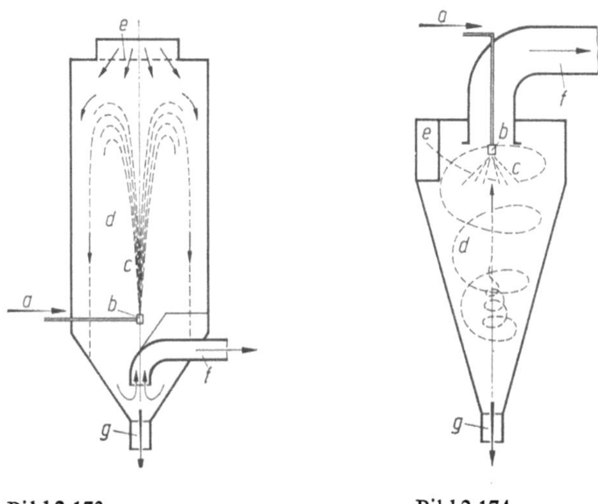

Bild 2.173.   Bild 2.174.

Bild 2.173. Fontänen-Sprühtrockner mit Düsenversprüher.
a Gutszufuhr; *b* Sprühdüse; *c* Sprühkegel; *d* Trocknungsraum; *e* Heißluftverteiler; *f* Abluftrohr; *g* Abführorgan für das Gut.

Bild 2.174. Zyklonförmiger Sprühtrockner mit Düsenversprüher.
a Gutszufuhr; *b* Sprühdüse; *c* Sprühkegel; *d* Trocknungsraum; *e* tangentiale Heißluftzufuhr; *f* Abluftrohr; *g* Abführorgan für das Gut.

Außer den dargelegten Möglichkeiten der Luft- und der Gutsführung gibt es noch etliche andere, über die das Schrifttum Auskunft gibt [253].

Die meisten Sprühtrockner führen den wärmeabgebenden Luftstrom nur einmal durch den Trocknungsraum. Sie schicken ihn dann zu Guts- oder Staubabscheidern, von wo er in die Atmosphäre entweicht. Aber manche lösungsmittelhaltige, oxydierende oder explosible Güter müssen mit inerten Gasen anstatt mit Luft getrocknet werden. Aus Kostengründen führt man diese Gase, nachdem sie von Gut, Staub und Lösungsmitteln befreit sind, aufgeheizt zum Trockner zurück.

In Trocknern mit engen Gehäusen besteht bei ungünstigen Betriebsbedingungen die Gefahr, daß übergroße Tropfen von den Sprühorganen gegen die Trocknerwände geschleudert werden und halbfeucht dort hängen bleiben. Wenn sie verderben und abfallen, können sie das übrige Gut schädigen. Abzuhelfen ist durch andere Anordnung und Einstellung der Versprüher.

Auch in großen Trocknern können halbfeuchte Gutsteilchen (z. B. infolge ungünstiger Axial- und Drehgeschwindigkeit der Luftströme) zu den Wänden gelangen. Dann sind die Leit- und Drosselorgane der Ströme anders einzustellen.

Die Sprühräder und Sprühstrahlen reißen Luft aus der Umgebung mit sich und zwingen dadurch andere Luft, nachzuströmen. Sie erzeugen so Rückströmungen und Wirbel, die halbfeuchte Teilchen zur Trocknerdecke, zu den Wänden und zu den Sprühorganen tragen können. Erforderlich kann dann sein, genügend viel reine Luft in die Nähe der Räder und Sprühstrahlen zu führen.

Manche thermoplastischen Stoffe und zuckerhaltigen Lebensmittel bleiben gegen Trocknungsende noch bei mäßig hohen Temperaturen weich und klebrig. Die Wände der Trockner für solche Güter versieht man mit luftdurchströmten Mänteln, oder man läßt innen Blasräumer umlaufen, die das Pulver mit Kaltluft abblasen. Auch kann man einen kühlen und entfeuchteten Luftstrom so in den Trockner führen, daß er innen an den Wänden entlang streicht (Bild 2.175).

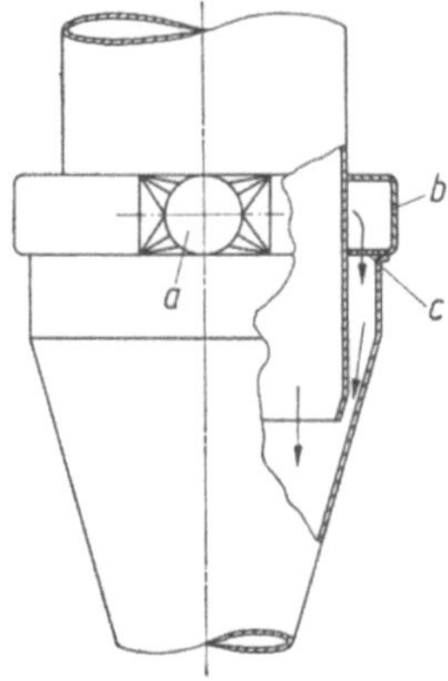

Bild 2.175. Vorrichtung zum Erzeugen eines abwärts gerichteten Kaltluftschleiers in einem Sprühtrockner (nach Patsavas).
a Lufteintritt; *b* Ringkammer; *c* Luftverteilplatte.

Bahnen und Flugzeiten der Teilchen

Der von Düsen absprühende Tropfenschwarm hat, wie schon erwähnt, die Form eines Kegels mit großem Öffnungswinkel bei Druckdüsen (in der Regel), mit kleinerem Winkel bei pneumatischen Düsen. Dagegen bildet der von rotierenden Versprühern wegfliegende Schwarm einen flachen Schirm, der mehrere Meter Durchmesser haben kann. Sollen die Teilchen nicht ungetrocknet auf die Trocknerwand treffen, so muß man Trockner mit Düsen daher meistens schlank und hoch, Trockner mit Sprührädern aber breiträumig und niedrig bauen.

Mehrere Autoren versuchten, die Bewegungen der Luft und der Gutsteilchen in den Sprühtrocknern mathematisch zu erfassen und Gleichungen für die Geschwindigkeit, die Bahn und die Flugdauer der Teilchen zu gewinnen [253, 276—279]. Dabei gingen die meisten von einfachen Annahmen über die Anfangs- und die Randbedingungen der Vorgänge aus, z. B., daß der Luftstrom weder durch den Teilchenstrom noch durch die Wandreibung beeinflußt werde. Auch nahmen sie an, daß sich die Teilchen einzeln und unabhängig voneinander in der Luft bewegen (Einteilchenmodell). Für Überschlagsrechnungen unterstellten sie ferner, daß alle Gutsteilchen gleich groß und kugelförmig seien, daß die Teilchen ihre Größe, Form und Masse behalten, daß sie nicht agglomerieren, und daß die Luft ihre Stoffeigenschaften auf dem Weg durch den Trockner nicht ändere.

Einige der Annahmen liegen weit ab von der Wirklichkeit. Will man die Teilchenbewegung einigermaßen zuverlässig aus den wirkenden Kräften ermitteln, so muß man die Beschleunigungen, die Geschwindigkeits- und die Ortsveränderungen im örtlich unterschiedlichen Geschwindigkeits- und Temperaturfeld der Luft während aufeinanderfolgender kurzer Zeitabschnitte bestimmen und die Endwerte der in den Abschnitten variablen Größen jeweils als Eingangsdaten der nächsten Abschnitte benützen. Bei einer solch stufenweisen Berechnung mit Hilfe eines Computers kann man die Kornmasse und -größe, die Stoffwerte der Luft und den Widerstandsbeiwert der Teilchen innerhalb der Zeitabschnitte als konstant ansehen, jedoch ihre wirkliche Änderung von Schritt zu Schritt berücksichtigen.

Auf ein Gutsteilchen wirken die Gewichtskraft, die es nach unten zieht (Gl. (2.80)), die Schleppkraft der Luft, die es in Luftrichtung mitzunehmen sucht (Gl. (2.81)), sowie der Auftrieb und die Druckunterschiede innerhalb des Luftstromes, die in Trocknern wenig Bedeutung haben. Nach dem Grundgesetz der Dynamik steht die Resultierende all dieser Kräfte im Gleichgewicht mit der Trägheitskraft (einschl. Zentrifugalkraft) des Teilchens und bestimmt in bekannter Weise dessen Beschleunigung.

Die Bewegung eines Teilchens in der rotationssymmetrischen Strömung eines Sprühtrockners mit senkrechter Achse ist vorteilhaft mit Hilfe von Zylinderkoordinaten zu beschreiben [280]. Am Ausgangspunkt des Fluges, zur Zeit t_0, habe das Teilchen die Koordinaten r_0, φ_0, z_0 und die Geschwindigkeitskomponenten $v_{r,0}$, $v_{\varphi,0}$, $v_{z,0}$ (Bild 2.176). Zur Zeit t befinde es sich an der Stelle r, φ, z und fliege mit der Geschwindigkeit v, deren Komponenten v_r, v_φ, v_z seien. Die Luft ströme am Anfang der Partikelbahn mit der Geschwindigkeit $w_{r,0}$, $w_{\varphi,0}$, $w_{z,0}$ und bewege sich am Punkt r, φ, z mit der Geschwindigkeit w_r, w_φ, w_z. Im übrigen sollen die genannten Geschwindigkeitskomponenten der Luft durch folgende Beziehungen

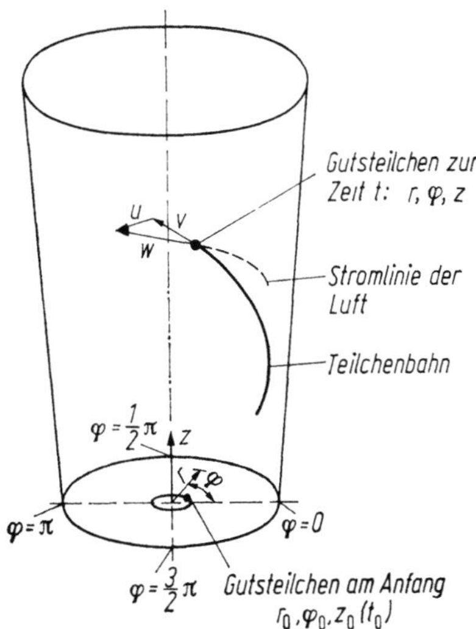

Bild 2.176. Koordinatensystem in einem Sprühtrockner.

miteinander verbunden sein:

$$\text{Radialkomponente:} \quad w_r = w_{r,0}\left(\frac{r_0}{r}\right)^n, \tag{2.139}$$

$$\text{Tangentialkomponente:} \quad w_\varphi = w_{\varphi,0}\left(\frac{r_0}{r}\right)^m, \tag{2.140}$$

$$\text{Axialkomponente:} \quad w_z = w_{z,0}. \tag{2.141}$$

Bei idealer Senkströmung hat der Exponent n den Wert 1, in anderen Fällen ist er kleiner. Für den Exponenten m ist bei reibungsfreier Drehströmung $+1$ zu setzen (Potentialwirbel), bei reibungsbehafteter Strömung 0,5 bis 0,85.

An Stelle der absoluten Größen r, φ, z, w und t seien in der weiteren Betrachtung die folgenden Relativgrößen benutzt

$$r^* \equiv r/r_0; \quad \varphi^* \equiv \varphi; \quad z^* \equiv z/r_0; \tag{2.142}$$

$$w_r^* \equiv w_r\, d_K/v_L; \quad w_\varphi^* \equiv w_\varphi\, d_K/v_L; \quad w_z^* \equiv w_z\, d_K/v_L \tag{2.143}$$

und ferner sei gesetzt:

$$t^* \equiv \frac{v\,t}{r_0\,d_K} \qquad \text{Zeitkenngröße,} \tag{2.144}$$

$$B \equiv \frac{2r_0/d_K}{\varrho_K/\varrho_L} \qquad \text{Bahnkennzahl,} \tag{2.145}$$

$$Ar \equiv \frac{d_K^3\,g}{v_L^2}\left(\frac{\varrho_K}{\varrho_L} - 1\right) \qquad \text{Archimedes-Zahl,} \tag{2.146}$$

$$Re_K \equiv \frac{u\,d_K}{v_L} \qquad \text{Reynolds-Zahl,} \tag{2.147}$$

worin d_K den Durchmesser des (kugelig gedachten) Teilchens, u den Geschwindigkeitsunterschied zwischen der Luft und dem Teilchen

$$u = [(w_r - \dot r)^2 + (w_\varphi - r\cdot\dot\varphi)^2 + (w_z - \dot z)^2]^{0,5} \tag{2.148}$$

(mit $\dot r$, $\dot\varphi$, $\dot z$ als den ersten Ableitungen von r, φ, z nach der Zeit) und v_L die kinematische Viskosität der Luft bedeuten. Für die Bewegung des Gutsteilchens kann man dann die folgenden Gleichungen aufstellen [280]:

$$\ddot r^* - r^*\dot\varphi^{*2} = \frac{3}{8}\zeta_K B\,Re_K\,(w_r^* - \dot r^*) - \frac{1}{\varrho_K/\varrho_L}\left(\frac{w_\varphi^{*2}}{r^*} + n\frac{w_r^{*2}}{r^*}\right), \tag{2.149}$$

$$r^*\ddot\varphi^* + 2\dot r^{*2}\dot\varphi^* = \frac{3}{8}\zeta_K B\,Re_K\,(w_\varphi^* - r^*\dot\varphi^*), \tag{2.150}$$

$$\ddot z^* = \frac{3}{8}\zeta_K B\,Re_K\,(w_z^* - \dot z^*) - 0,5B\,Ar, \tag{2.151}$$

in denen die durch Punkte gekennzeichneten Größen Ableitungen nach der Zeitkenngröße t^* sind. Der Polwinkel φ ist im Bogenmaß einzusetzen, und der Widerstandsbeiwert ζ_K ist aus dem jeweils gültigen Widerstandsgesetz zu ermitteln [281—283].

Durchströmt die Luft den Trockner rein axial, und werden die Gutsteilchen axial in diesen Strom eingeschossen — z. B. aus pneumatischen Düsen mit spitzem Sprühwinkel —, so durchlaufen die Teilchen „eindimensionale Bahnen". Dann hat nur die Gl. (2.151) Bedeutung; sie läßt sich bei Gültigkeit des Stokesschen Widerstandsgesetzes geschlossen lösen.

Auf „zweidimensionalen Bahnen" bewegen sich die Gutsteilchen, wenn sie mit weitem Sprühwinkel zentral von der Decke oder vom Boden des Trockners aus in einen drallfreien und axialgerichteten Luftstrom eindringen. In diesem Fall sind alle Glieder mit φ, $\dot{\varphi}$ und $\ddot{\varphi}$ aus den Gleichungen zu streichen. Ist der Trockner zylindrisch gebaut und gibt er dem Luftstrom nirgends eine radiale Geschwindigkeitskomponente, so entfallen auch die Glieder mit w_r^*.

Ein Trockner, der den Luftstrom auf eine schraubenlinige Bahn drängt und der das Gut mit einer radialen Geschwindigkeitskomponente versprüht, zwingt den Gutsteilchen „dreidimensionale Bahnen" auf. Zu beachten sind dann alle drei Gln. (2.149) bis (2.151).

Die Integration der drei durch die Beziehung (2.148) miteinander gekoppelten Bewegungsgleichungen liefert die Geschwindigkeit und den Weg und damit auch die Aufenthaltszeit des Teilchens in der Luft. Da ϱ_K/ϱ_L sehr groß ist, kann meistens das letzte Glied auf der rechten Seite der Gl. (2.149) außer Betracht bleiben.

Alle industriellen Sprühtrockner schießen die Gutstropfen mit Geschwindigkeiten von $v_0 = 10$ bis 200 m/s in Luftströme mit Anfangsgeschwindigkeiten w_0 von 0,05 bis 1 m/s, höchstens aber von 5 m/s ein. Aber der Luftwiderstand bremst die Teilchen meistens in kleinen Bruchteilen von Sekunden und auf Flugwegen von einigen Dezimetern bis zu wenigen Metern Länge auf Geschwindigkeiten ab, die mit denen der Luftströme vergleichbar sind, genauer gesagt: er bringt sie auf die Relativgeschwindigkeiten zur Luft, die durch die Gewichts- und die Zentrifugalkraft bestimmt werden. Mit diesen Relativgeschwindigkeiten durchfliegen sie meistens den größten Teil ihres Gesamtweges. Kleine Teilchen nehmen fast die Luftgeschwindigkeit an.

Das Bild 2.177 zeigt das Ergebnis einer Berechnung, bei der konstante Masse der Teilchen angenommen ist. Gezeichnet sind die Bahnen von Tropfen, die von der ebenen Sprühscheibe eines zylindrischen Trockners horizontal abfliegen [280]. Strömt die Luft ohne Dreh- und Radialkomponente senkrecht abwärts, so bewegen sich die Tropfen auf der ebenen Bahn a. Ein Drall der Luft im Drehsinn der Sprühscheibe bringt die Teilchen auf die Bahn b, eine gegensinnige Drehung lenkt sie auf die Bahn c. Bis zum Erreichen des bezogenen Polradius 6 sinken die Tropfen im ersten Fall um den bezogenen Weg $z^* = 3,8$, im zweiten um $z^* = 1,3$ und im dritten um $z^* = 4,2$ nach unten. Die zugehörigen bezogenen Flugzeiten sind 0,1; 0,045 und 0,1. Bei Archimedes-Zahlen $\leq 10^3$ hat die Gewichtskraft fast keinen Einfluß auf die Teilchenbahnen. Außerdem bleiben die Bahnkurven bei bezogenen axialen Luftgeschwindigkeiten $w_Z^* \leq 50$ unverändert.

Über den Zusammenhang zwischen der Flugzeit und dem Weg der Gutsteilchen in einem Trockner mit zweidimensionaler Gutsbewegung gibt das Bild 2.178 Auskunft. Man sieht: die Abspritzgeschwindigkeit und der Abspritzwinkel beeinflussen die nötige Turmhöhe nur schwach, aber den Trocknerdurchmesser beträchtlich. Große Tropfen machen große Turmabmessungen nötig [279].

2.3.1.7.4. Bemessen der Sprühtrockner

Vorbemerkungen

Von vielen Gütern läßt sich nicht voraussagen, wie sie am besten versprüht, thermisch behandelt und im Luftstrom bewegt werden können. Die Teilchen durchlaufen beim Trocknen meistens den Abschnitt reiner Oberflächenverdunstung und

den der inneren Dampfbildung, und viele ändern dabei ihre Größe, ihre Gestalt
und ihre inneren Eigenschaften in einer nicht voraussehbaren Weise. All dies
macht es schwierig, den Ablauf der Vorgänge sicher zu berechnen, und so ist es

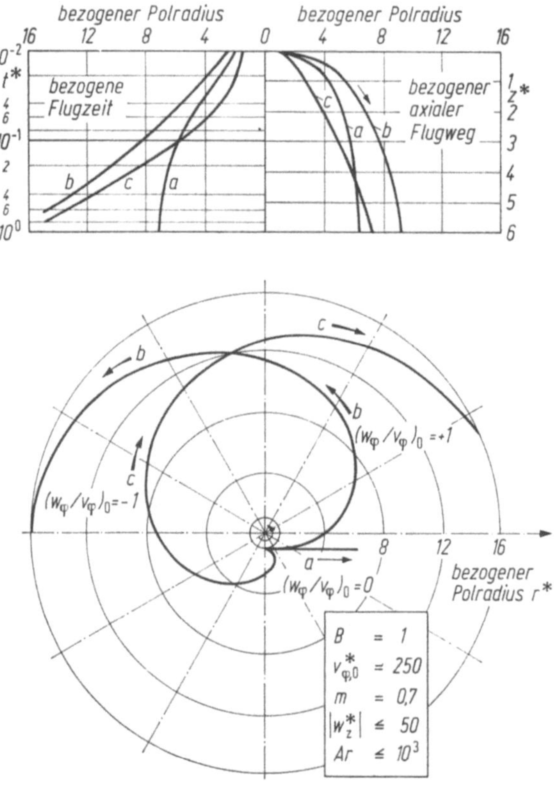

Bild 2.177. Bahnen und Flugzeiten der Tropfen in einem Sprühtrockner mit Schleuderscheibe.
a reine Axialströmung der Luft; *b* Drehrichtung der Schleuderscheibe und der Luft gleich-
sinnig; *c* Drehrichtung der Schleuderscheibe und der Luft gegensinnig (nach Mühle [280]).

üblich, Sprühtrockner hauptsächlich an Hand von Erfahrungen mit den in Frage
stehenden oder mit ähnlichen Gütern zu bemessen. Versuche in kleinen Sprüh-
räumen, in denen nur fein versprühte Güter getrocknet werden können, liefern
nur begrenzte Aufschlüsse über das Verhalten der Stoffe, und Versuche in großen
Trocknern sind — wenn überhaupt möglich — zeitraubend und kostspielig. Am
besten dem Zweck angepaßt erscheint ein teils empirisches, teils theoretisch-
mathematisches Vorgehen beim Bemessen [254].

Liegen mit einem bestimmten Produkt noch keine Erfahrungen vor, so sind
experimentell zu ermitteln: die zweckmäßige Sprühvorrichtung und Absprüh-
geschwindigkeit, der Sprühwinkel, das Größenspektrum der Tropfen sowie das der
trockenen Teilchen. Ferner sind zu bestimmen: die zulässige Eintrittstemperatur der
Luft und die Veränderungen des Gutes. Nach betrieblichen und energiewirtschaft-
lichen Erfordernissen hat sich die Wahl der Luftaustrittstemperatur zu richten.
Aus der Wärmebedarfsrechnung ergibt sich der nötige Luftmassenstrom. Mit

diesen Daten, nach einigen plausiblen Annahmen über die Luftbewegung und über den Ablauf der Trocknung können dann mittels vorbereiteter Rechenprogramme sowohl die Teilchenbahnen wie die erforderlichen Trocknungszeiten festgelegt werden. Die Trocknermaße sind so zu wählen, daß keine ungenügend getrockneten Teilchen zur Wand gelangen und dort haften bleiben.

Grob kann man das Geschehen beim Trocknen in zwei Perioden teilen. Während der „Einstellperiode", die nur Bruchteile von Sekunden dauert, bilden sich die Einzeltropfen und weitgehend auch der Sprühkegel aus. Dabei werden Tropfen aus Dralldruckdüsen und rotierenden Versprühern von der anfänglichen auf eine viel geringere Geschwindigkeit abgebremst; obgleich die Luft sie noch unvollkommen umspült, nehmen sie doch schon eine fast gleichbleibende, nahe der Kühlgrenze liegende Temperatur an. Der zugehörige Flugweg beträgt nur einige Prozent des Gesamtweges. Die Tropfen aus pneumatischen Düsen allerdings bleiben zunächst im Treibluftstrahl eingehüllt und fliegen erheblich weiter.

In der „Hauptperiode" werden die Teilchen weitgehend vom Luftstrom gelenkt und haben durchschnittlich großen Abstand voneinander; die meisten bewegen sich gegenüber der Luft ungefähr mit der „Sinkgeschwindigkeit", die von der Gewichts- und der Zentrifugalkraft erzwungen wird; die Flüssigkeit verdampft an der Oberfläche oder im Inneren.

Für Überschlagsrechnungen kann man unterstellen, daß alle auszutreibende Feuchte nur im „Haupttrocknungsraum" verdampft; der Raumbedarf für die Einstellperiode wird durch einen Zuschlag zum Bedarf des Hauptraumes berücksichtigt.

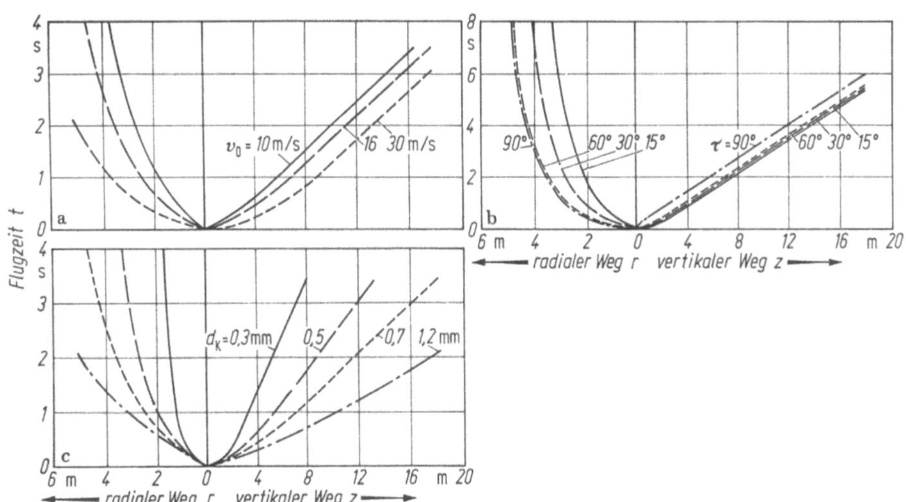

Bild 2.178. Zusammenhang zwischen Flugzeit und Weg von Teilchen in einem vertikalen Sprühtrockner mit zweidimensionaler Gutsbewegung bei geringer Axialgeschwindigkeit der Luft (nach Hortig [279]).
d_K Teilchendurchmesser; v_0 Abspritzgeschwindigkeit; τ halber Öffnungswinkel des Sprühkegels.
a) Einfluß der Abspritzgeschwindigkeit bei d_K = 0,7 mm; ϱ_K = 2000 kg/m³; τ = 15°;
b) Einfluß des Absprühwinkels bei d_K = 0,5 mm; ϱ_K = 2000 kg/m³; v_0 = 10 m/s;
c) Einfluß des Korndurchmessers bei ϱ_K = 2000 kg/m³; v_0 = 16 m/s; τ = 15°.

Weil die kleinen Tropfen des versprühten Gutes ihre Feuchte sehr schnell abgeben und dazu viel Wärme brauchen, sinkt die Temperatur des wärmeliefernden Luftstromes schon auf kurzer Strecke entlang dem Gutsweg beträchtlich, aber auf dem weiteren Wege weniger stark (Bild 2.179). Der durchschnittliche Temperaturunterschied $(\Delta\vartheta)_m$ zwischen der Luft und dem Gut ist erheblich kleiner als der logarithmische mittlere Unterschied (s. dazu auch Abschn. 2.3.1.6.2). Auch der Partialdruckunterschied Δp_D des Dampfes zwischen den Gutsteilchen und dem Luftstrom geht schon am Anfang des Kontaktweges stark zurück.

Die Sprühteilchen vieler Güter verlieren durch die Feuchteabgabe erheblich an Größe. Solange sie flüssig sind, nimmt ihr Volumen während jeder Zeitspanne um das Volumen der verdampfenden Feuchte ab. Dieses „ideale" Schrumpfverhalten endet, sobald die Teilchen überall eine feste Schale haben. Dann schrumpfen die Teilchen weniger oder gar nicht oder sie expandieren sogar.

Sehr unterschiedlich ändern sich auch die Gestalt und das Gefüge der Teilchen. Kugelige Tropfen behalten während des Fluges ihre Form, wenn die Reynolds-Zahl unterhalb 10^3 liegt [281]. Auch feste Körper, die aus den Tropfen entstehen, bleiben ungefähr kugelig, sofern sie dampfdurchlässig sind. Starre und wenig poröse Körper dagegen können rissig werden und zerbrechen, und plastische Teilchen können die verschiedensten Formen annehmen und Runzeln bekommen.

Solange Kapillarkräfte die Feuchte in den Teilchen nach außen saugen, oder wenn beim Abkühlen der Partikel im Inneren Dampf kondensiert, so kann dort Unterdruck entstehen. Dadurch dringt Luft ein, oder aber die Teilchen implodieren und bekommen Löcher mit eingerundeten Kanten.

Anders ist es, wenn die entstehenden Schalen der Teilchen den Dampfdurchgang stark hemmen. Dann steigen die Temperatur und der Dampfdruck im Inneren bei hoher Lufttemperatur schnell an, und es entsteht ein innerer Überdruck. Elastische Häute geben diesem Druck nach, wobei die Teilchen aufgebläht werden. Platzen die Häute, so entstehen löcherige oder aufgerissene Schalen und Staub.

Zwangsläufig haben die inneren Änderungen auch Dichteänderungen der Teilchen zur Folge, und selbstverständlich beeinflussen die Form- und Strukturänderungen auch die Wärmeaufnahme und die Feuchteabgabe des Gutes.

Im Tropfenschwarm nahe dem Sprühorgan nehmen die Tropfen auf dem Umweg über den Impuls-, den Wärme- und den Stoffaustausch mit der Luft aufeinander Einfluß. Das Wechselspiel ist kompliziert und kaum berechenbar. Im Haupttrocknungsraum dagegen verhalten sich die Gutsteilchen wie Einzelkörper; sie haben Durchmesser (d_K) und Relativgeschwindigkeiten zur Luft (u), die Reynolds-Zahlen von $Re_K \equiv u\,d_K/\nu_L = 10^{-3}$ bis 10^2 entsprechen. Für den Wärmeübergangskoeffizienten an ihrer Oberfläche kann gesetzt werden

$$\alpha = \frac{\lambda_L}{d_K}\left(2 + 0{,}552\,Pr^{0,33}\,Re_K^{0,5}\right), \qquad (2.152)$$

worin ν_L die kinematische Viskosität, λ_L die Wärmeleitfähigkeit der Luft und Pr die Prandtl-Zahl bezeichnen (siehe auch Abschn. 2.3.1.5.1 und 2.3.1.6.2).

Die folgende Betrachtung geht vom „Modell des kugeligen Einzelteilchens" aus. Das Teilchen trockne in zwei Abschnitten: zunächst verdampfe die Feuchte nur an der Oberfläche, und das Teilchen schrumpfe ideal, bis es den (experimentell bestimmbaren) Durchmesser d_z und das Feuchte/Grundstoff-Massenverhältnis X_z habe. Danach behalte es den Durchmesser d_z, doch verdampfe die Feuchte nun auf einer zur Außenfläche konzentrischen Fläche vom Durchmesser d_i, die immer weiter nach innen wandere und kleiner werde. Alle Poren des Teilchens im Raum innerhalb der Fläche seien mit Flüssigkeit der Dichte ϱ_W gefüllt, alle äußeren Poren seien leer. Das gänzlich entleerte Teilchen habe die Dichte ϱ_S und überall die Porosität ε. Weiter werde unterstellt, daß der Wärme- und der Stoffübergang stets an der gesamten Teilchenoberfläche stattfindet, daß alle übergehende Wärme allein zum Verdampfen von Gutsfeuchte dient, und daß der Dampf in der wärmegebenden Luft im Vergleich zum Gesamtdruck nur niedrigen Partialdruck habe. Das Teilchen habe zum Zeitpunkt t während der Feuchteabgabe das Feuchte/Grundstoff-Massenverhältnis X, die Oberflächentemperatur ϑ_O und schwebe in Luft von der Temperatur ϑ_L. Die spezifische Verdampfungsenthalpie der Flüssigkeit sei Δh_V. Wie sich leicht zeigen läßt, hat das Teilchen, solange es schrumpft, beim Feuchte/Grundstoff-Massenverhältnis X den Durchmesser

$$d_K = d_z (1 - \varepsilon + X \varrho_S/\varrho_W)^{1/3}, \quad X \geq X_z \tag{2.153}$$

und die Dichte ϱ_K (Quotient aus Gesamtmasse und Gesamtvolumen):

$$\varrho_K = \varrho_S (1 + X)/(1 - \varepsilon + X \varrho_S/\varrho_W), \quad X \geq X_z. \tag{2.154}$$

Schrumpft es nicht mehr, so besteht zwischen X und d_i die Beziehung

$$X = \varepsilon \frac{\varrho_W}{\varrho_S} \frac{d_i^3}{d_z^3}, \quad X \leq X_z, \tag{2.155}$$

die für $d_i = d_z$ übergeht in

$$X_z = \varepsilon \frac{\varrho_W}{\varrho_S}, \quad X = X_z. \tag{2.156}$$

Die Trocknungszeit im Abschnitt reiner Oberflächenverdunstung
bei idealer Schrumpfung der Teilchen

Während das Feuchte/Grundstoff-Massenverhältnis des betrachteten Gutsteilchens vom anfänglichen Wert X_1 auf den Wert X_z am Ende des Abschnitts sinkt, nimmt das Teilchen, nachdem es auf die annähernd gleichbleibende Temperatur ϑ_O (ungefähr Kühlgrenztemperatur) aufgewärmt ist, während der kurzen Zeit dt an seiner Oberfläche $A_K = \pi d_K^2$ aus der Luft die Wärme

$$dQ = \alpha A_K(\vartheta_L - \vartheta_O) \, dt \tag{2.157}$$

auf. Zugleich sinkt sein Feuchte/Grundstoff-Massenverhältnis um den Betrag dX, seine Masse nimmt um die Masse $V_z \varrho_S \, dX$ der verdampfenden Feuchte ab ($V_z = \pi d_z^3/6$ ist das Volumen des trockenen Teilchens), und da zum Verdampfen voraussetzungsgemäß die Wärme dQ dient, so gilt:

$$-\pi d_z^3 \varrho_S \, dX/6 = \alpha A_K(\vartheta_L - \vartheta_O) \, dt/\Delta h_V, \tag{2.158}$$

woraus mit Hilfe der Gln. (2.152) bis (2.154) folgt:

$$dt = - \frac{d_z^2 \varrho_S \Delta h_V}{6 \lambda_L (\vartheta_L - \vartheta_O)} f(X, u) \, dX \tag{2.159}$$

mit

$$f(X, u) = \cfrac{1}{(1 - \varepsilon + X \varrho_\text{S}/\varrho_\text{w})^{1/3}\,[2 + 0{,}552\,Pr^{1/3}\,(u\,d_\text{z}/\nu_\text{L})^{1/2} \cdot (1 - \varepsilon + X \varrho_\text{S}/\varrho_\text{w})^{1/6}]}$$

bei $X \gtreqless X_\text{z}$. $\hspace{6cm}$ (2.160)

Der Temperaturunterschied $(\vartheta_\text{L} - \vartheta_\text{O})$ hat bei unterschiedlichem X des Einzelkorns unterschiedliche Werte. Es besteht kein eindeutiger Zusammenhang zwischen diesen Größen, da der Verlauf der Lufttemperatur ϑ_L längs des Teilchenweges nicht nur von der Wärmeabgabe der Luft an das betrachtete Korn, sondern viel stärker von der Abgabe an alle übrigen Körner mit sehr unterschiedlicher Größe abhängt. Zum Berechnen der Trocknungszeit t sei daher statt $(\vartheta_\text{L} - \vartheta_\text{O})$ der durchschnittliche Temperaturunterschied $(\Delta\vartheta_\text{I})_\text{m}$ in die Rechnung eingeführt. Er ist im vorliegenden Fall aus der anfänglichen Temperatur ϑ_L1, aus der Temperatur ϑ_Lz der Luft beim Ende des Schrumpfvorgangs des Teilchens und aus der Temperatur ϑ_O abzuschätzen (siehe Bild 2.179)[1].

Auch die Relativgeschwindigkeit u des Teilchens ändert sich mit X. Sie ist, wenn das Teilchen nur der Gewichtskraft und der Schleppkraft der Luft unterliegt, gleich der Sinkgeschwindigkeit und gehorcht dann der Gl. (2.82) in Verbindung mit der Gl. (2.154).

Aus (2.159) folgt also für die Trocknungszeit

$$t_\text{I} = -\,\frac{d_\text{z}^2\,\varrho_\text{S}\,\Delta h_\text{V}}{6\lambda_\text{L}(\Delta\vartheta_\text{I})_\text{m}} \int\limits_{X_1}^{X_\text{z}} f(X, u)\,\mathrm{d}X. \hspace{3cm} (2.161)$$

Das Integral ist unter vereinfachenden Annahmen analytisch in geschlossener Form darstellbar.

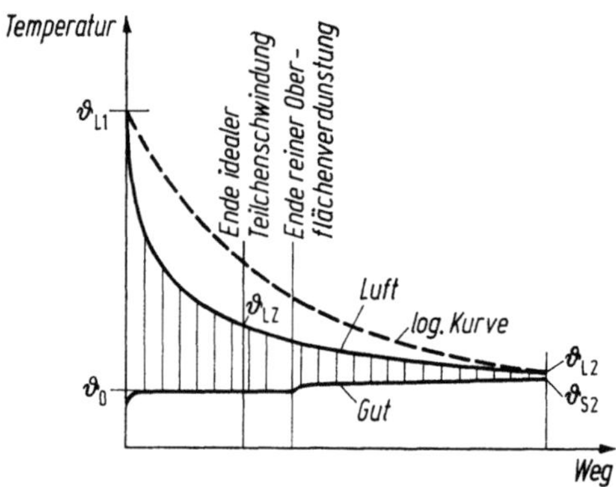

Bild 2.179. Temperaturverlauf des Gutes und der Luft in einem Gleichstrom-Sprühtrockner (schematisch).

---

[1] Genauer könnte $(\Delta\vartheta)_\text{m}$ ermittelt werden, indem die Feuchteabgabe einer Anzahl von Teilchen unterschiedlicher Anfangsgröße zunächst unter grober Annahme des Verlaufs von ϑ_L und ϑ_O schrittweise verfolgt, dann die Feuchteabgabe des Teilchenkollektivs jeweils durch Summation berechnet, daraus die Temperaturänderung der Luft beim einzelnen Schritt bestimmt, danach der Gesamtverlauf gezeichnet und mit diesem Verlauf als neuer Annahme die Rechnung wiederholt wird. Für fallende Sprühnebel hat Schlünder eine verwandte Aufgabe analytisch behandelt [284].

Statt der veränderlichen Größen α und u seien für eine überschlägige Ermittlung deren geschätzte Mittelwerte $\bar{\alpha}$ und $\bar{u}$ als konstante Größen in die Rechnung eingeführt. Dann kann statt der Gl. (2.158) geschrieben werden:

$$-\mathrm{d}\left(\frac{\pi\,d_{\mathrm{K}}^{3}}{6}\right)\varrho_{\mathrm{W}} = \bar{\alpha}\pi\,d_{\mathrm{K}}^{2}\frac{(\Delta\vartheta_{\mathrm{I}})_{\mathrm{m}}}{\Delta h_{\mathrm{V}}}\,\mathrm{d}t \tag{2.162}$$

oder, unter Berücksichtigung der Gl. (2.152) nach kurzer Zwischenrechnung

$$t = \int\limits_{d_{\mathrm{K},1}}^{d_{\mathrm{z}}} \frac{\varrho_{\mathrm{W}}\,\Delta h_{\mathrm{V}}}{2(\Delta\vartheta_{\mathrm{I}})_{\mathrm{m}}\,\lambda_{\mathrm{L}}(2 + 0{,}552\,Pr^{1/3}\,\overline{Re}_{\mathrm{K}}^{1/2})}\,d_{\mathrm{K}}\cdot\mathrm{d}(d_{\mathrm{K}}) \tag{2.163}$$

mit $d_{\mathrm{K},1}$ als der anfänglichen Teilchengröße und $\overline{Re} = \bar{u}_{\mathrm{K}}\,\bar{d}_{\mathrm{K}}/\nu_{\mathrm{L}}$ als der mittleren Reynolds-Zahl. Es folgt mit Hilfe der Gl. (2.153) für die Trocknungszeit des Teilchens während der Schrumpfperiode

$$t_{\mathrm{I}} = \frac{\varrho_{\mathrm{W}}\,\Delta h_{\mathrm{V}}\,d_{\mathrm{z}}^{2}}{(\Delta\vartheta_{\mathrm{I}})_{\mathrm{m}}}\,\frac{[(1 - \varepsilon + X_{1}\varrho_{\mathrm{S}}/\varrho_{\mathrm{W}})^{2/3} - 1]}{4\,\lambda_{\mathrm{L}}\,(2 + 0{,}552\,Pr^{1/3}\,\overline{Re}_{\mathrm{K}}^{1/2})}. \tag{2.164}$$

Die Trocknungszeit im Abschnitt innerer Feuchteverdampfung

Sobald im Inneren eines trocknenden Teilchens lufterfüllte Hohlräume entstehen, endet das ideale Schrumpfen. Die Oberfläche kann aber weiterhin feucht und alleinige Verdunstungsstelle bleiben. Erst wenn die Kapillarkräfte die Flüssigkeit nicht mehr zur Oberfläche ziehen, beginnt der Abschnitt innerer Verdampfung. Im gedachten Modellteilchen solle die kapillare Feuchteförderung gering sein und also die Oberflächenverdunstung enden, wenn auch die Schrumpfung endet.

Tritt der Verdunstungsspiegel unter die Oberfläche zurück, so muß alle Wärme, die der Luftstrom an das Teilchen überträgt, voraussetzungsgemäß durch die trockene Außenschicht zum Spiegel wandern, und der entstehende Dampf muß durch die lufterfüllten Poren der gleichen Schicht zum Luftstrom diffundieren. Dann gilt für die Trocknungsgeschwindigkeit g_{D} zum Zeitpunkt t, wenn an der Verdampfungsfläche die Temperatur ϑ_{i} und der zugehörige (Sattdampf-)Partialdruck p_{Di} herrsche, die Doppelgleichung

$$g_{\mathrm{D}} = \frac{\vartheta_{\mathrm{L}} - \vartheta_{\mathrm{i}}}{\Delta h_{\mathrm{V}}\left[\dfrac{1}{\alpha} + \dfrac{1}{\lambda_{\mathrm{S}}}\dfrac{d_{\mathrm{z}}^{2}}{2}\left(\dfrac{1}{d_{\mathrm{i}}} - \dfrac{1}{d_{\mathrm{z}}}\right)\right]}$$

$$= \frac{p_{\mathrm{Di}} - p_{\mathrm{D}\infty}}{R_{\mathrm{D}}T\dfrac{p - p_{\mathrm{Di}}}{p}\left[\dfrac{1}{\beta} + \dfrac{\mu_{\mathrm{D}}}{D}\dfrac{d_{\mathrm{z}}^{2}}{2}\left(\dfrac{1}{d_{\mathrm{i}}} - \dfrac{1}{d_{\mathrm{z}}}\right)\right]}, \tag{2.165}$$

worin bezeichnet: λ_{S} die Wärmeleitfähigkeit der trockenen Außenschicht des Teilchens, $p_{\mathrm{D}\infty}$ den Partialdruck des Dampfes im wärmeabgebenden Luftstrom, p den Gesamtdruck der Luft, R_{D} die spezifische Gaskonstante des Dampfes, T die thermodynamische Temperatur der Luftgrenzschicht, β den Stoffübergangskoeffizienten an der Teilchenoberfläche, D den Diffusionskoeffizienten des Dampfes in der Luft und μ_{D} den Diffusionswiderstandsfaktor der trockenen Teilchenschicht. Sofern der Zusammenhang zwischen ϑ_{i} und p_{Di} bekannt ist, wie beim Verdunsten reinen Wassers, lassen sich daraus g_{D} und ϑ_{i} für jeden Spiegeldurchmesser d_{i} bestimmen.

Während der kurzen Zeit $\mathrm{d}t$ entweicht aus der Schicht von der kugeligen Oberfläche $\pi\, d_i^2$ und der Dicke $\mathrm{d}d_i/2$ unterhalb des Verdunstungsspiegels die Feuchtemasse $\varepsilon\,\varrho_W(\pi\, d_i^2)\,\mathrm{d}d_i/2 = \varrho_S X_z(\pi\, d_i^2)\,\mathrm{d}d_i/2$ und geht von der Teilchenoberfläche $\pi\, d_z^2$ in den Luftstrom über. Es gilt also

$$\pi\, d_z^2 g_D\, \mathrm{d}t = -\, \varrho_S X_z \pi\, d_i^2\, \mathrm{d}d_i/2 \tag{2.166}$$

und folglich mit Hilfe von Gl. (2.165):

$$\mathrm{d}t = -\,\frac{\varrho_S X_z \Delta h_v}{2\, d_z^2(\vartheta_L - \vartheta_i)}\left[\frac{1}{\alpha} + \frac{1}{\lambda_S}\frac{d_z^2}{2}\left(\frac{1}{d_i} - \frac{1}{d_z}\right)\right] d_i^2 \cdot \mathrm{d}d_i, \tag{2.167}$$

woraus sich, wenn ungefähr gleichbleibende Temperatur am Verdunstungsspiegel unterstellt werden darf, durch Integration in den Grenzen 0 und d_z die Zeit t_{II} zum Entfernen aller Porenfeuchte ergibt,

$$t_{II} = \frac{d_z^2 \varrho_S X_z \Delta h_V}{12(\Delta\vartheta_{II})_m}\left(\frac{2}{\alpha\, d_z} + \frac{1}{2\lambda_S}\right). \tag{2.168}$$

Mit $(\Delta\vartheta_{II})_m$ ist darin der durchschnittliche Temperaturunterschied zwischen der Luft und dem Gut im Abschnitt innerer Verdampfung bezeichnet. Für ein bestimmtes Gut ist die Trocknungszeit t_{II} als Abhängige des Teilchendurchmessers d_z auf Bild 2.180 dargestellt [285].

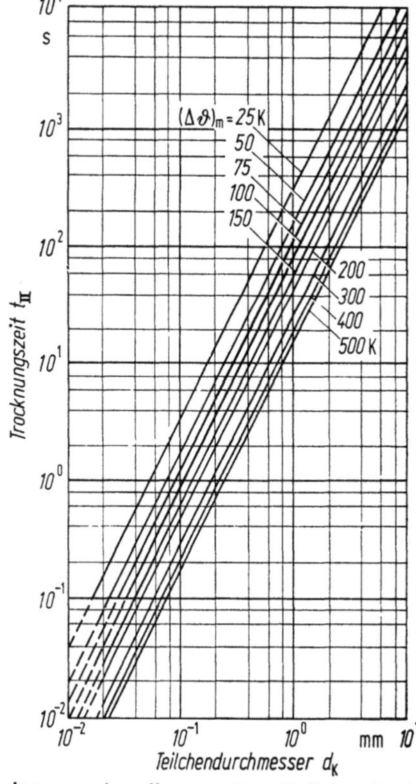

Bild 2.180. Trocknungszeit t_{II} von kugeligen porösen Teilchen im Abschnitt innerer Feuchteverdampfung als Funktion des Teilchendurchmessers d_z für verschiedene mittlere Temperaturunterschiede $(\Delta\vartheta_{II})_m$ zwischen der Luft und den Verdampfungsstellen in den Teilchen (nach Kessler [285]).
Annahmen zur Berechnung: verdampfende Feuchtigkeit, Wasser mit $\Delta h_V = 2400\,\mathrm{kJ/kg}$; $\varepsilon\varrho_W = 250\,\mathrm{kg/m^3}$; $\mu_D = 12$; $p = 1\,\mathrm{bar}$.

Die Gesamttrocknungszeit und die Trocknerabmessungen

Die Gln. (2.164) und (2.168) zusammen liefern die Gesamttrocknungszeit

$$t = t_{\mathrm{I}} + t_{\mathrm{II}} \qquad (2.169)$$

des Modellteilchens. Für die Trocknerabmessungen bestimmend ist allerdings nur die Trocknungszeit des größten Teilchens; sie legt den Punkt auf der Flugbahn des Teilchens fest (siehe Bild 2.177), bis zu dem das Teilchen freie Bahn haben muß. Liegt dieser Punkt zum Beispiel im Trockner nach Bild 2.168 auf dem Radius r_{T} und im senkrechten Abstand z_{T} vom Sprührogan, so muß der Haupttrocknungsraum mindestens den Durchmesser $2r_{\mathrm{T}}$ und die Höhe z_{T} bekommen. Zum Unterbringen des Sprührogans und der Abführrogane für das Gut und die Luft sind zusätzliche Räume nötig.

Experimentelle Beobachtungen über den Trocknungsverlauf von Tropfen

Mehrere Autoren berichteten über die Trocknung von Tropfen in Luft konstanter Temperatur.

Wahl [286] ließ reine Wassertropfen durch ein senkrechtes Rohr fallen, durch das Luft von 250 °C langsam abwärtsströmte, und beobachtete, wie die Tropfen längs des Weges kleiner wurden und verschwanden. Seine Meßergebnisse (Bild 2.181) stimmten gut mit Rechenergebnissen überein, wenn für den veränderlichen Widerstandsbeiwert der Tropfen ζ-Werte etwa nach Bild 2.137 und für den Wärmeübergangskoeffizienten α-Werte nach Gl. (2.152) — jedoch mit dem Faktor 0,6 statt 0,552 im letzten Glied — in die Berechnung eingeführt wurden.

Der gleiche Beobachter verfolgte auch die Trocknung einer wässerigen Natriumdodecylsulfat-Lösung (Bild 2.182). Hierbei zeigte sich eine ungefähr lineare Abnahme des Feuchte/Grundstoff-Massenverhältnisses X der Tropfen längs des Fallweges.

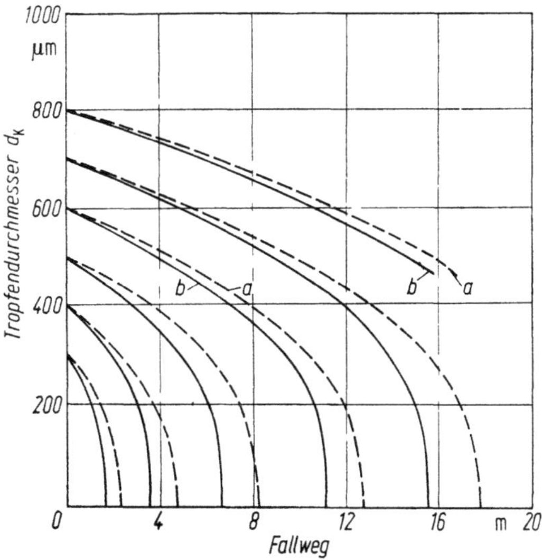

Bild 2.181. Größenabnahme fallender Wassertropfen längs des Weges in abwärtsströmender Luft (nach Wahl [286]).
Lufttemperatur 235 °C; Luftgeschwindigkeit: *a* 0,3 m/s, *b* 0,03 m/s.

Ähnliches ergab sich beim Trocknen von Tropfen einer Kochsalzlösung. Erst bei $X = 1{,}35$ begann die Feststoffbildung, sie setzte nicht schon bei der Sättigungsbeladung $X^* = 2{,}7$ ein. Die Lösung wurde also stark übersättigt. Dies verlängerte den Zeitabschnitt reiner Oberflächenverdunstung und bewirkte, daß nach Beginn der Feststoffbildung rasch eine geschlossene Oberfläche entstand. Die Teilchen hatten am Ende noch 2/3 des anfänglichen Durchmessers.

Über die Trocknung einer wässerigen Sandsuspension unterrichten Versuche von Schlünder [284]. Die Tropfen waren an einem Thermoelement aufgehängt, aus dessen Durchbiegung auf das jeweilige Tropfengewicht geschlossen werden konnte. Im Bild 2.183 ist der relative Trocknungsverlauf der Tropfen dargestellt

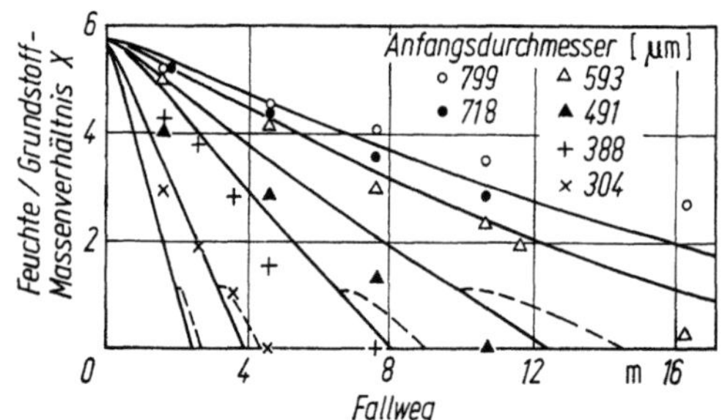

Bild 2.182. Trocknung fallender Tropfen einer wässerigen Lösung von Natriumdodecylsulfat ($C_{12}H_{25}NaSO_4$).
Berechneter und gemessener Verlauf des Feuchte/Grundstoff-Massenverhältnisses X längs des Fallweges (nach Wahl [286]).
Lufttemperatur 200 °C. ——— Oberflächenverdunstung; — — — Erwärmung auf Siedetemperatur und Verdampfung des Wassers.

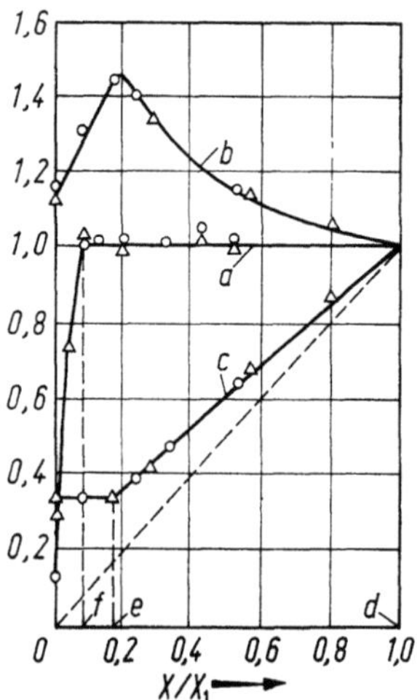

Bild 2.183. Trocknung eines aufgehängten Tropfens einer wässerigen Sandsuspension (nach Schlünder [284]).
Relativer Trocknungsverlauf bei 118 und 160 °C.
a Relative Trocknungsgeschwindigkeit $g_D d_{K}/g_{DI} d_{K,1}$; b relative Tropfendichte $\varrho_K/\varrho_{K,1}$; c relatives Tropfenvolumen; X/X_1 relatives Feuchte/Grundstoff-Massenverhältnis: d am Anfang; e bei Schrumpfende (X^*/X_1); f beim Knickpunkt (X_{Kn}/X_1).

(siehe dazu Kap. 1.2.5.2). Solange die Räume zwischen den Sandpartikeln nur Wasser enthielten, nahm das Tropfenvolumen mit X stetig ab und die Dichte ϱ_K der Tropfen stieg an. Erst bei X^* entstand ein festes Korn. Darin förderten die Kapillarkräfte zunächst noch so viele Feuchte zur Oberfläche, daß die Trocknung ungefähr mit der ursprünglichen Geschwindigkeit g_{DI} weiterlief, — genauer gesagt, daß das Produkt $g_D d_K$ gleichblieb. Erst bei dem niedrigen Feuchte/Grundstoff-Massenverhältnis X_{Kn} knickte die Kurve der Trocknungsgeschwindigkeit nach unten ab; die Feuchte verdampfte dann im Teilcheninneren.

2.3.1.7.5. Trennen des trockenen Gutes von der Luft

Nachdem das Gut den Trockner durchflogen hat, muß es von der Luft getrennt werden. Dies muß weitgehend und bei temperaturempfindlichem Gut schnellstens geschehen, damit keine Substanz- und Qualitätsverluste entstehen; auch muß Wirtschaftlichkeit gewährleistet sein. Ferner darf die Abluft höchstens so viel Staub ins Freie tragen, wie die behördlichen Vorschriften erlauben.

Zum Abscheiden des Gutes gibt es drei Methoden: bei der ersten befördert die Abluft das gesamte trockene Material zu einer Abscheideanlage. Man wählt diese nur für Gleichstromtrockner in Betracht kommende Methode vornehmlich für feinkörnige Güter, die nicht zum Kleben neigen und während des Transportes nicht an Qualität verlieren (Bild 2.168). Das Gut läuft im Trockner von allein zur Austrittsöffnung der Luft, oder es wird, wenn der Trockner einen flachen Boden hat, mittels Saugräumer entfernt (Bild 2.184).

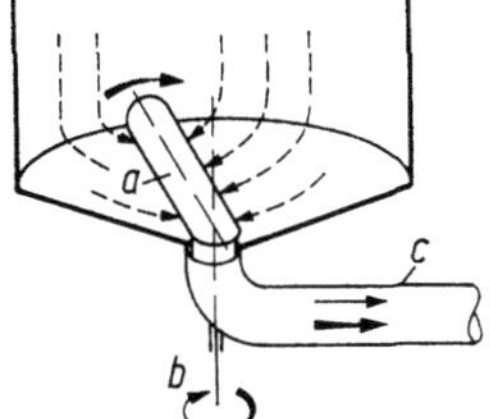

Bild 2.184. Rotierender Saugräumer in einem Sprühtrockner mit flachem Boden (schematisch).
a Räumer; b Räumerantrieb; c Absaugrohr für das Gut.

Bei der zweiten Methode führt man die Luft innerhalb des Trockners so, daß sich der Hauptteil des Gutes auf dem Boden absetzt. Man benutzt sie, wenn man ein grobes Pulver mit wenigen Bruchkörnern gewinnen will. Freilich trennen sich das Gut und die Luft dabei nur unvollkommen, weshalb die feinen Teilchen in besonderen Abscheidern wiedergewonnen werden müssen. Das Feine wird dann oft zurückgeführt und dem Naßgut beigemischt oder so in den Trockner zurückgeleitet, daß es mit dem versprühten Gut agglomeriert.

Die dritte Methode nutzt den Trockner zugleich als Klassierer. Sie gestattet, die feinen Teilchen, die mit der Abluft fortziehen, getrennt von den groben zu behandeln, die sich am Trocknerboden absetzen. Die getrennte Behandlung des Groben kann z. B. in einer weiteren „Entstaubung", Kühlung, Nachtrocknung oder Wiederbefeuchtung zum Agglomerieren in einer Fluidatschicht bestehen. Instant-Magermilchpulver z. B. wird auf diese Weise erzeugt.

In den Trocknern gemäß den Bildern 2.159, 2.170 und 2.173 dienen scharfe Umlenkungen des Luftstromes zum Ausschleudern und Trichter zum Auffangen des Gutes. Man nützt diese Möglichkeit der (Vor-)Abscheidung, wenn ein genügend hoher Raum zum Unterbringen des Trockners vorhanden ist. Besteht das Gut aus groben Teilchen und schwebt es in einem axialen Luftstrom abwärts, so lenkt man die Luft oft oberhalb des Trichters zu einem Ringkanal (Bild 2.159), wobei sie den Hauptteil des Gutes abgibt. In größeren Anlagen sind rings um diesen Kanal mehrere Zyklone angeordnet, die das Feine aus der Luft scheiden. Aus einem Trockner, in dem das absinkende Gut der Zentrifugalkraft ausgesetzt ist, entnimmt man die Luft besser über einen zentralen Schnorchel (Bild 2.170), dessen Ränder weit genug von der Trichterwand entfernt sein müssen, damit der Luftstrom die schon fast ausgeschiedenen Teilchen nicht wieder mitreißt. Im Trichter läuft das Gut zur Entnahmeöffnung; Blasräumer oder Vibratoren verhindern erforderlichenfalls, daß es an den Wänden hängen bleibt.

Muß man dem Trockner einen stumpfkegeligen oder ebenen Boden geben, damit er sich niedrig bauen läßt, so benützt man einen rotierenden Räumer, der das Gut zu einer Austragschnecke fördert (Bild 2.185). Allerdings schadet die mechanische Behandlung empfindlichen Körnern, und klumpig werdende Stoffe sind schwierig zu fördern.

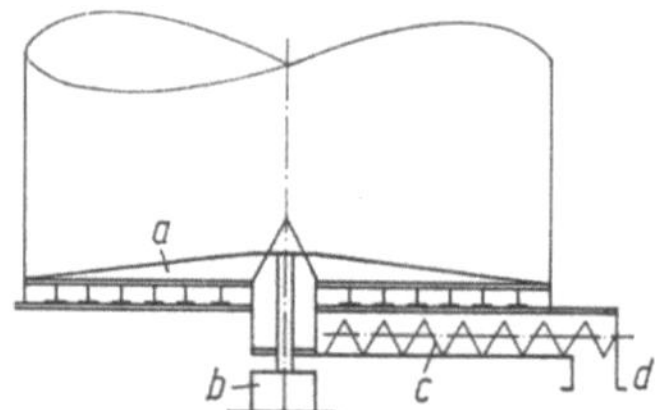

Bild 2.185. Rotierender mechanischer Räumer in einem Sprühtrockner mit ebenem Boden (schematisch).
a Räumer; *b* Räumerantrieb; *c* Förderschnecke; *d* Trockengutentnahme.

Wenn möglich steuert man die Frisch- und die Abluftventilatoren der Anlagen so, daß der Luftdruck in den Ausfallöffnungen der Trockner gleich dem Außendruck ist, damit das Trockengut frei herausrieseln kann. Lassen sich Zellenrad-, Pendelklappenschleusen oder dgl. nicht vermeiden, so ist die mögliche Verstopfungsgefahr durch konstruktive und betriebliche Maßnahmen zu mildern.

Die Gutsabscheider außerhalb der eigentlichen Trockner können je nach den Erfordernissen als Zyklone, Naßabscheider, Schlauch- oder Elektrofilter ausgebildet sein (siehe dazu Abschn. 1.1.3.3). Oft anzutreffen sind auch Kombinationen von Abscheidern, z.B. Zyklone mit Naßabscheidern oder mit Filtern. Die Kosten für die Abscheider können einen beträchtlichen Teil der Beschaffungskosten einer Anlage ausmachen.

Von den Ausfallöffnungen einer Anlage ist das Gut zur nächsten Station des Produktionsganges zu fördern. Bevorzugt wird der pneumatische Transport (Bild 2.186), insbesondere wenn vorbehandelte Förderluft das Gut nebenher kühlen, erhitzen, nachtrocknen oder leicht wiederbefeuchten soll. Der Staub aus der Fördereinrichtung wird im dargestellten Fall zum Hauptabscheider zurückgeführt. Pulveragglomerate und spröde Pulverteilchen können allerdings zerfallen und fette Produkte können die Anlagen verschmieren. Sie müssen schonend mechanisch bewegt werden, z.B. mit Förderbändern oder mit Schwingrinnen.

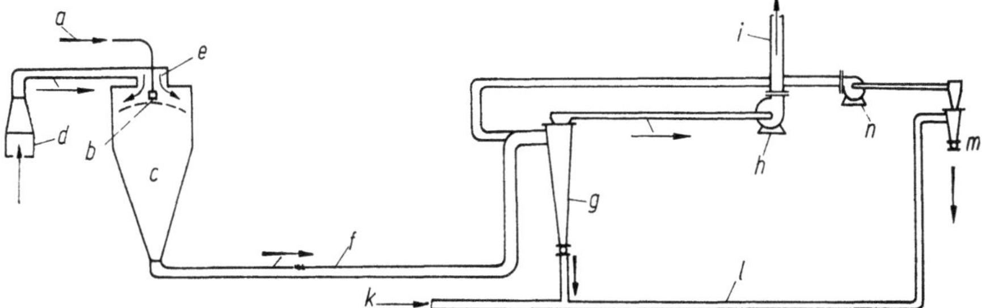

Bild 2.186. Sprühtrockner mit pneumatischer Förder- und Konditioniervorrichtung für das Trockengut.
a Gutszufuhr; *b* Versprüher; *c* Trocknungsraum; *d* Lufterhitzer; *e* Warmlufteinlaß; *f* Leitung für den pneumatischen Trockenguttransport; *g* Fliehkraft-Gutsabscheider; *h* Hauptventilator; *i* Abluftrohr; *k* Einlaß für Raumluft oder konditionierte Luft; *l* Leitung zum Fördern und Konditionieren des Gutes; *m* Gutsauslaß; *n* Förderluftventilator.

2.3.1.7.6. Gesichtspunkte für den Betrieb der Sprühtrockner

Die Beschaffenheit und der Wert eines getrockneten Gutes sowie die Kosten der Trocknung und der Weiterverarbeitung hängen stark von den Einflüssen ab, denen das Gut beim Trocknen ausgesetzt ist.

Vorbehandlung des Gutes

Im Hinblick auf die Wirtschaftlichkeit der Trocknung sollte das Frischgut mit möglichst niedrigem Feuchtegehalt in den Trockner gebracht werden. Erforderlichenfalls ist es zu filtern oder voreinzudampfen.

Nötig kann ferner sein, die Viskosität des Aufgabegutes zu vermindern, um die Stoffe pumpen und günstig versprühen zu können. Damit sie „flüssiger" werden, müssen manche Stoffe angewärmt und gewisse Suspensionen mit Elektrolyten versehen werden; thixotrope Stoffe muß man kneten und mischen. Dispergieren, homogenisieren, entlüften kann dem Trocknen ebenfalls vorangehen müssen. Manchen Aufgabegütern sind Stoffe beizufügen, die ihnen die Klebrigkeit oder die hohe Temperaturempfindlichkeit nehmen, oder die den getrockneten Gütern bessere Verarbeitbarkeit, Haltbarkeit oder andere gewünschte Eigenschaften verleihen.

Fördern des Aufgabegutes

Zum Einspeisen von Flüssigkeiten und Schlämmen unter hohen oder mittleren Drücken in Trockner mit Dralldruckdüsen dienen Kolbenpumpen mit (zwei oder) drei Zylindern, die einen (fast) gleichbleibenden Förderstrom erzeugen. Der Gutsdurchsatz wird durch Verändern der Hubzahl/Sekunde oder der Hublänge eingestellt. Membranpumpen eignen sich insbesondere für Stoffe mit unregelmäßig vorkommenden Grobteilchen.

Sprührädern kann man Flüssigkeiten aus hochgestellten Behältern einfach durch Rohrleitungen zufließen lassen. Im übrigen kommen für Lösungen und Schlämme, die mit pneumatischen Düsen oder mit Rädern versprüht werden, Kreisel- und Schneckenpumpen in Betracht. Pasten lassen sich mit rotierenden Verdrängerpumpen fördern. Der Massenfluß durch all diese Pumpen wird durch Drosseln oder Drehzahländerung eingestellt.

Alle Pumpen werden flüssigkeitsseitig aus korrosionsbeständigen Werkstoffen gefertigt.

Wahl der Trocknungsbedingungen

Das Sprühgut soll beim Trocknen nicht nur einen bestimmten Endfeuchtegehalt, sondern meistens auch eine gewünschte Körnung und andere Eigenschaften annehmen. Durch die Gestalt und die Größe der Teilchen werden die Schüttdichte, die Lösegeschwindigkeit, die Rieselfähigkeit, die Streubarkeit, der Staubanteil und die Farbe des Trockengutes bestimmt. Von der Schüttdichte hängen die Verpackungskosten ab, die sich im Preis des Produktes stark auswirken können. Die Schüttdichte sprühgetrockneten, insbesondere hohlkugeligen Materials ist meistens geringer als die anders getrockneten Gutes. Oft wünscht man Pulver mit möglichst einheitlicher Partikelgröße und in der Regel keine zu feinen Pulver zu erhalten. Grobe Pulver neigen beim späteren Auflösen in Flüssigkeit weniger zur Klumpenbildung und lösen sich daher schneller als feine; wenn es sich um Lebensmittel handelt, verderben sie auch weniger rasch. Sind farbige Teilchen grob und dicht, so sehen sie als Gesamtheit oft dunkler und lebhafter aus als kleine Teilchen gleicher Art. Waschmittel, die viel Staub enthalten, erzeugen einen Reiz zum Nießen.

Die Schüttdichte eines Gutes ist um so geringer, je mehr Anteil die Hohlräume in und zwischen den Teilchen am Gesamtvolumen des Haufwerkes haben. Sie hängt von der Dichte und Form der Teilchen und vom Kornspektrum ab. Im allgemeinen — aber nicht immer — entstehen aus wässerigen kolloidalen Lösungen (z.B. von Seifen, Gelatine und polymeren Kunststoffen) kleine Hohlkugeln, wogegen echte Lösungen und Schlämme mehr vollkugelige Teilchen bilden. Bei Stoffen, die Häute bekommen (z.B. Kaffee-Extrakt) kann man die Schüttdichte durch geeignete Wahl der Trocknungsbedingungen beträchtlich variieren, bei löslichen kristallisierenden Stoffen ist sie viel weniger zu verändern.

Folgende äußere Faktoren beeinflussen die Eigenschaften des Trockengutes:

Die Luft und Gutsführung. Für die meisten Sprühgüter hat sich die Gleichstromtrocknung bewährt, insbesondere auch für temperaturempfindliche Stoffe. Sie gestattet allerdings nicht, hygroskopische Güter weit abzutrocknen. Stoffe, die niedrigen Endfeuchtegehalt erreichen sollen, sowie grob versprühte Güter müssen nötigenfalls in Wirbelschicht-, Förderluft- oder Rieseldrehrohrtrocknern fertiggetrocknet werden. Möglich ist aber auch, sehr temperaturempfindliche hygroskopische Stoffe mit kaum erwärmter, aber entfeuchteter Luft im Gegenstromverfahren zu trocknen [287].

Die Gegenstromtrocknung bei erhöhter Lufttemperatur kommt in Betracht, wenn die Gutsteilchen gegen Ende der Feuchteabgabe erhöhte Eigentemperatur annehmen dürfen und wenn die groben Partikel verhältnismäßig lange im Trocknungsraum bleiben sollen. Während des Fluges können sich Teilchen zusammenballen, weil die feinen, länger in der Schwebe bleibenden Partikel mit den groben, länger oberflächenfeuchten Teilchen zusammenprallen. Viele Feinteilchen werden nach kurzem Aufenthalt aus dem Trockner getragen.

Die Eintrittstemperatur der Luft. Welche Temperatur der wärmeliefernde Luftstrom haben darf, wird von der Temperaturempfindlichkeit und der Teilchengröße des Gutes bestimmt. Lebensmitteltrockner versorgt man in der Regel mit Luft von

höchstens 250 °C — es gibt Anlagen, die sogar nur mit 30 °C arbeiten —; Trockner
für weniger temperaturempfindliche Güter bekommen Luft bis 400 °C oder meistens Feuergas-Luft-Gemische mit Temperaturen bis 800 °C zugeführt. Als Ener-
gielieferer dienen oft Gas- oder Ölfeuerungen. Wenn es erforderlich ist, werden
Lufterhitzer zwischen sie und den Trockner geschaltet.

Je höher die Lufteintrittstemperatur ist, desto rascher bildet sich in Gleichstromtrocknern an den Teilchen mancher Güter eine äußere Haut, die von der
eingeschlossenen und nachher verdampfenden Feuchte unter Spannung gehalten
wird, so daß die Teilchen weniger schrumpfen oder weiter aufgebläht werden als
bei niedriger Temperatur. Das hat größere Teilchen und kleinere Schüttdichte des
Gutes zur Folge (Bild 2.187). Platzen und zerfallen die Teilchen aber, so entsteht
ein Produkt mit höherer Schüttdichte.

In Gegenstromtrocknern durchfliegen die Teilchen anfänglich Zonen mit feuchter und nicht so heißer Luft. Sie bekommen langsamer eine dichte Haut und haben
weniger Neigung, sich zu blähen als in Gleichstromtrocknern.

Die Versprühbedingungen. Durch Vergrößern des Gutsstromes, der (unter sonst
gleichen Bedingungen) durch den Versprüher geht, entstehen größere Tropfen und
daraus größere Trockengutteilchen.

Eine Flüssigkeit, die beim Versprühen in Tröpfchen gleicher Größe übergeht,
liefert ein Pulver mit geringerer Schüttdichte als ein ungleich zerteiltes Gut, dessen

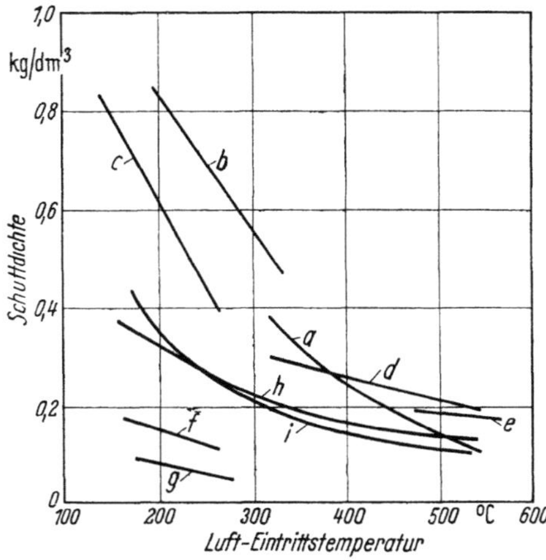

Bild 2.187. Einfluß der Luft-Eintrittstemperatur auf die Schüttdichte von in Gleichstrom-
Sprühtrocknern gewonnenem Gut (nach Duffie und Marshall).

Nr.	Gut	Beobachter
a	Na_2SiO_3 (25%; 60 °C am Eintritt)	Duffie, Marshall
b	Na_2SiO_3 (25%; 20 °C am Eintritt)	Wallman, Blyth
c	Na_2SiO_3	Lamont
d	Farbstoff (19,5%; 95 °C am Eintritt)	Duffie, Marshall
e	Marasperse (36%; 80 °C am Eintritt)	Duffie, Marshall
f	Seife	Lamont
g	Gelatine	Lamont
h, i	Santomerse (20%)	Chu, Stout, Busche

kleine Trockenteilchen zwischen den großen Platz finden. Stofflich verändern sich ungleich große Teilchen — falls überhaupt — unterschiedlich stark.

Der Feuchtegehalt des Frischgutes. Setzt man den Anfangsfeuchtegehalt des Gutes herab, so entstehen — gleichbleibenden Gutsstrom vorausgesetzt — beim Versprühen meistens größere Tropfen, die beim Trocknen in der Regel mehr Feuchte zurückbehalten als anfänglich feuchtere Tropfen. Die Schüttdichte des Trockengutes ändert sich je nach der Art des Stoffes, z. B. nimmt die von Gelatine ab, die von Seife und Kaffee zu.

Die Temperatur des Aufgabegutes. Mit steigender Temperatur sinkt die Viskosität der flüssigen Güter, und die Stoffe lassen sich leichter pumpen und versprühen. Auch die Schüttdichte des Trockengutes nimmt meistens ab, wenn auch wenig.

Der Gasgehalt des Aufgabegutes. Luft und andere Gase, die in das Frischgut gelangen, erniedrigen die Schüttdichte des Trockengutes, wenn sie in die Teilchen eingeschlossen werden. Manche Güter begast man absichtlich, damit das Pulver eine gewünschte Schüttdichte bekommt. Luft erniedrigt in vielen Lebensmitteln die Haltbarkeit des Pulvers, und in Gelatine ergibt sie trübe Lösungen. Zweckmäßigerweise entlüftet man solche Güter vor dem Trocknen und versprüht sie bei möglichst hohem Grundstoffgehalt in Luft niedriger Temperatur.

Umweltschutz

Dürfen weder Staubteilchen noch gasförmige Fremdstoffe aus der Anlage gelangen, so ist ein sog. halboffenes System zu wählen. Die Luft aus dem Trockner wird in einem Naßwäscher weitgehend von Staub und kondensierbaren Dämpfen befreit, dann einem indirekten Lufterhitzer mit Brennkammer zugeführt und wieder auf die Eintrittstemperatur am Trockner gebracht. Ein Teilluftstrom geht in die Brennkammer, in der die Geruchs- und die anderen Fremdstoffe verbrennen.

Regeleinrichtungen

Viele Sprühtrockner haben Regelsysteme, die den Endfeuchtegehalt des Gutes annähernd konstant halten. Sie messen diesen Gehalt allerdings nur selten direkt, sondern benützen die Luftaustrittstemperatur als stellvertretende Größe, die sich erfahrungsgemäß bei Störungen, die den Endfeuchtegehalt betreffen, schnell ändert. Der Temperaturfühler sitzt im Luftabführrohr und wirkt in Anlagen mit rotierenden Versprühern über Regel- und Stellorgane auf den Naßgutstrom. Ein zweites Regelsystem mit einem Temperaturfühler im Heißluftverteiler beeinflußt den Heizmittelstrom und hält die Lufteintrittstemperatur konstant. In Anlagen mit Dralldruckdüsen, die bekanntlich mit konstantem Naßgutstrom betrieben werden müssen, wenn die Tropfengröße gleich bleiben soll, führt ein Regelkreis vom Temperaturfühler im Luftabführrohr zum Stellorgan für den Heizmittelstrom und sichert damit gleichbleibende Gutsfeuchte. Zugleich wird die Lufteintrittstemperatur geregelt (siehe auch Abschn. 3.5.2.1).

Sicherheitsvorkehrungen

Weil die Güter in den Sprühtrocknern Pulver- und Staubform annehmen, besteht eine erhöhte Oxydations- und Explosionsgefahr, wenn sauerstoffempfindliche Stoffe zu trocken sind. Ebenso bringen lösungsmittelhaltige Güter Gefahr. Trockner hierfür muß man von vornherein gefahr- und schadensverhütend ausbilden und ausstatten, und man muß sie vorbeugend betreiben und überwachen (siehe Abschn. 3.6.3.2).

Für lösungsmittelfeuchte Güter sind aus Sicherheitsgründen geschlossene Anlagen einzusetzen. Sie benützen zweckmäßigerweise Stickstoff an Stelle von Luft, werden indirekt beheizt und gestatten, die Lösungsmittel zurückzugewinnen.

Staubexplosionen sind evtl. durch sog. Selbstinertisierung des Trocknungsgases auszuschalten. Der staubhaltige Abgasstrom wird zunächst vom Dampf befreit und dann in eine Brennkammer geleitet, wo der Brennstoff und der Staub gemeinsam so verbrennen, daß im Rauchgas nicht mehr als etwa $10\% O_2$ verbleiben. Dieses „inertisierte" Gas geht zum Trockner zurück; sein O_2-Gehalt wird automatisch geregelt.

2.3.1.8. Konvektions-Schleudertrockner

Wie der Name andeutet, schleudern diese Trockner das Gut durch den Trocknungsraum. Der Wirkung nach sind sie den Sprühtrocknern verwandt, jedoch verarbeiten sie keine Flüssigkeiten, sondern feuchte Brocken- und Kornhaufwerke, in einigen Ausführungen auch Suspensionen und Pasten. Die Trockner bewegen die Gutsteile auf wirren Bahnen zwischen den schleudernden und den feststehenden Maschinenteilen. Dabei prallen die Gutsteile immer wieder auf und zerfallen eventuell. Die Wurforgane verteilen das Gut, heiße Luftströme trocknen es und fördern und sichten es erforderlichenfalls.

Als Kräfte, die den Flugweg der Teilchen innerhalb der Umgrenzungen bestimmen, sind dauernd oder zeitweise im Spiel: Die Kräfte, die von den Schleuder- und den Prallorganen ausgehen, die Schleppkraft der Luft, die Gewichtskraft sowie die Trägheitskräfte.

An den stark dispergierten Teilchen, die stellenweise hohe Relativgeschwindigkeiten zur Luft haben, geht der Wärme- und Stoffübergang sehr lebhaft vor sich; es stellen sich daher hohe raumbezogene Trocknungsgeschwindigkeiten ein.

Maschinen, die das Gut mahlen und zugleich trocknen, nennt man „Mahltrockner". Sie entwickelten sich aus Mühlen für trockene Haufengüter. Ihre Hauptaufgabe war, zu mahlen, das Trocknen sollte diesen Vorgang nur erleichtern. In den Maschinen angewandt wurden — und werden auch heute noch — fast alle bekannten Mahlprinzipien. Einige neuere Mahltrockner jedoch sind Maschinen, in denen das Mahlen nur ein Hilfsvorgang ist. Die Maschinen zerteilen das Gut, erzeugen dadurch größere Verdunstungsoberflächen und verkürzen die Wege der Innenfeuchte zu den Oberflächen, so daß die Feuchte schneller entweichen kann. Poröse Teilchen trocknen dadurch bis auf relativ niedrige Feuchtegehalte in der Periode reiner Oberflächenverdunstung.

Die Mahltrockner gestatten oft, den Herstellgang eines Produktes gegenüber dem sonst nötigen zu vereinfachen und den Gesamtenergiebedarf zu senken.

Fast der gesamte, oft hohe Aufwand an mechanischer Energie, der zum Zerkleinern des Gutes nötig ist, geht in thermische Energie über und kommt der Trocknung zugute. Er genügt aber selten, die Feuchte zu verdampfen; den Hauptteil der nötigen Energie müssen in der Regel heiße Gase bringen.

Der *Schleuderpralltrockner* nach Bild 2.188, als Schleudertrockner und Prallbrecher wirkend, nimmt Gutsbrocken bis 400 mm Größe mit Feuchtegehalten

bis 30% auf, zerkleinert sie grob, gibt sie als Körner wieder ab und vermindert ihre
Feuchte um 1 bis 15%. Im Inneren läuft die Walze *b* um, deren Schlagleisten *c*
das Gut mit großer Wucht gegen die Prallplatten *d* schleudern. Hierdurch, und
weil die Brocken untereinander zusammenstoßen, wird das Gut sehr wirksam zerkleinert. Wenn das Einzelkorn eine bestimmte Große unterschritten hat, verläßt
es den Zerkleinerungsraum durch den einstellbaren Spalt *e* und fällt in den Auslauftrichter *f.* Wärme empfängt das Gut von den heißen Gasen, die bei *g* zustro-

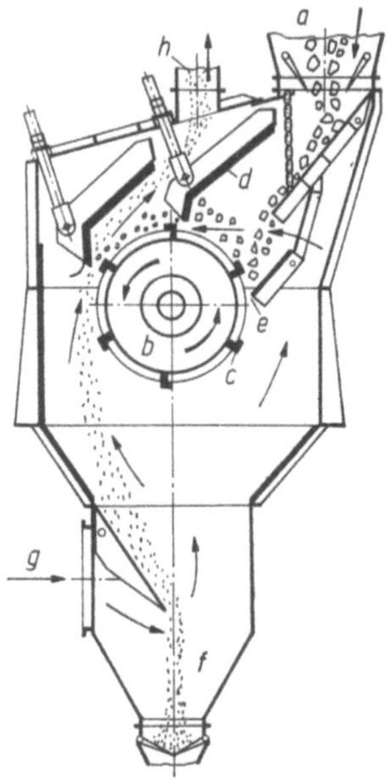

Bild 2 188 Schleuderpralltrockner (HAZEMAG mbH, Munster/Westf)
a Feuchtgutzufuhr, *b* Schlagrotor, *c* Schlagleisten, *d* Prallplatten, *e* einstellbarer Spalt, *f* Aus-
falltrichter; *g* Heißgaseintritt, *h* Abgasaustritt

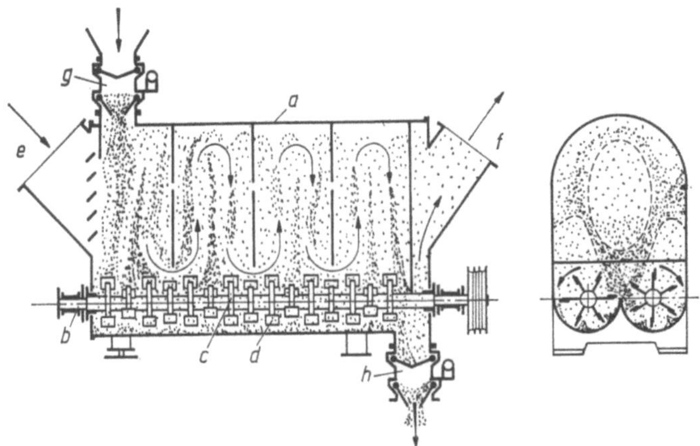

Bild 2 189 Schleuderpralltrockner (Schnelltrockner der HAZEMAG mbH, Munster)
a Gehause, *b* Schleuderwellen, *c* Wurfarme, *d* Wurfschaufeln, *e* Heißgaseintritt, *f* Austritt des
Abgases und Feinstaubes; *g* Eintrittsschleuse fur das Gut; *h* Austrittsschleuse.

men und bei *h* zu einem Staubabscheider weiterziehen. Der Trockner wird vornehmlich in der Zementindustrie für Kalkstein, Ton und Gips, ferner in der Kreide- und Dolomitindustrie benutzt und mit Feuergas-Luftgemischen bis 900 °C oder mit Abgasen beheizt (N 215.963.9).

Im Schleuderpralltrockner mit liegendem Gehäuse nach Bild 2.189 laufen eine oder zwei Wellen mit Wurfarmen um. Die Arme tragen leicht auswechselbare, verschleißfeste Wurfschaufeln, die das Gut immer von neuem in den Gasstrom schleudern, der durch den Trockner zieht. Da die Schaufeln schräg sitzen, werfen sie das Gut dabei schrittweise vorwärts. An den Ein- und Austrittsöffnungen für das Gut sitzen gesteuerte Schleusen mit Doppelklappen, die den Materialdurchfluß einzustellen gestatten, und die verhindern, daß Falschluft einströmt (N 215.964.9).

Viel benutzt wird der Trockner für Flußspat, Ton und Elektrodenkoks, aber auch für viele andere grobkörnige bis grießige Stoffe, die zerkleinert werden dürfen. Normalerweise arbeitet er mit 500 bis 1000 °C Gaseintritts- und mit 100 bis 140 °C Austrittstemperatur und gewährt den Gutsteilchen 20 bis 60 s Aufenthaltsdauer. Die Gutsdurchsätze betragen bis zu 250 t/h.

In der Anlage gemäß Bild 2.190 zerkleinert eine *Hammermühle* Gutsbrocken von 0 bis 100 mm Kantenlänge auf 0 bis 100 µm Endfeinheit und trocknet sie von etwa 25 % auf 4 % Feuchtegehalt. Als Mahl- und Schleuderorgane wirken zwei Scheibenrotoren mit Schlag- oder Schneidhämmern. Die wärmeübertragenden Gase strömen aus der Brennkammer mit 650 °C zum Mahltrockner und ziehen mit etwa 90 °C zu den Staubabscheidern. Benutzt werden Anlagen solcher und ähnlicher

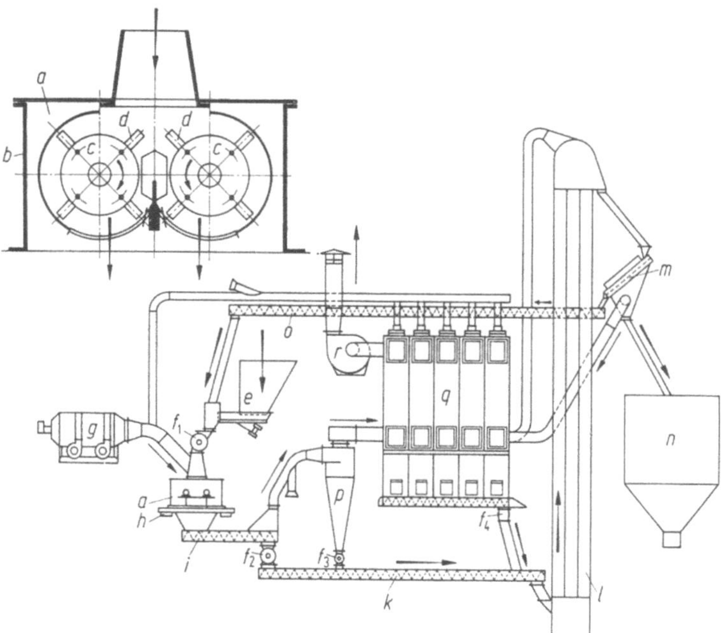

Bild 2.190. Mahltrocknungsanlage mit Hammermühle [288].
a Hammermühle; *b* Mühlengehäuse; *c* Mühlenrotore; *d* Hämmer; *e* Gutsaufgabegerät; f_1, f_2, f_3, f_4 Zellenradschleusen; *g* Brennkammer; *h* schwingisolierter Fundamentrahmen; *i* Gutsaustragvorrichtung; *k* Fördergerät; *l* Becherwerk; *m* Sieb; *n* Bunker; *o* Grobkornrückführung; *p* Zyklon; *q* Staubfilter; *r* Ventilator.

Art für Zementrohstoffe, Marmor, Baryt, Schiefer, Phosphate, Speckstein, Salze und andere Produkte (N 215.964.9) [288].

Viele Kohlenkraftwerke arbeiten mit Einrichtungen, die den Brennstoff zugleich mahlen, trocknen und zu Brennern fördern. Als Beispiel zeigt das Bild 2.191 eine *Schlagradmühle* von ventilatorähnlicher Form mit gepanzertem Gehäuse, die den grobkörnigen Brennstoff in Staub verwandelt und deren Rad zugleich die Rauchgase zum Trocknen der Kohle ansaugt. Das Staub-Gas-Gemisch geht über einen Sichter, der Grobteilchen ausscheidet, zur Kesselfeuerung (N 215.964.9) [289].

Nach Untersuchungen von Neuroth [290] an Schlagradmühlen für rheinische Braunkohle haben die Gase, die durch die Mühlen ziehen, nicht nur starken Einfluß auf den Trocknungs- sondern auch auf den Mahlvorgang. In der Braunkohle sitzt die Feuchte zwischen den Kolloidteilchen. Bei intensivem Wärme- und Stoffübergang an der Oberfläche gibt das Gut Feuchte zunächst nur aus den äußeren Kornschichten ab, die schrumpfen wollen, aber nicht können, solange das Korninnere seine Feuchte und sein Volumen behält. Dadurch entstehen Spannungen, welche die Festigkeit der Körner herabsetzen und so das Mahlen erleichtern.

Die Schlagradmühlen dispergieren das Gut sehr weitgehend in verhältnismäßig kleinen Trocknungsräumen, setzen es Gastemperaturen bis 1000 °C und Relativgeschwindigkeiten bis zu 60 m/s aus. Dabei ergeben sich raumbezogene Trocknungsgeschwindigkeiten über 500 bis zu mehreren Tausend kg/m³h.

Eine rotierende Mahlscheibe mit vertikaler Welle arbeitet im Trockner nach Bild 2.192. Das Feuchtgut tritt oberhalb der Scheibe, das Heißgas unterhalb derselben in den Raum, in dem das Gut zerschlagen und getrocknet wird. Vom aufsteigenden Gasstrom getragen und weiterhin trocknend, fliegen die Teilchen zu einem Sichter, der die groben und deshalb feucht gebliebenen Teilchen ausscheidet und in den Trocknungsraum zurückgibt (N 215.964.9) [218].

Ein anderer Trockner (Bild 2.193) arbeitet mit einer Art Stiftmühle. Er bekommt das Gut oben zugeführt und mahlt es mit einer rotierenden Zerteilscheibe sowie einem Stiftrad. Im Mahlraum werden die Heißgase, die gleichfalls oben ein-

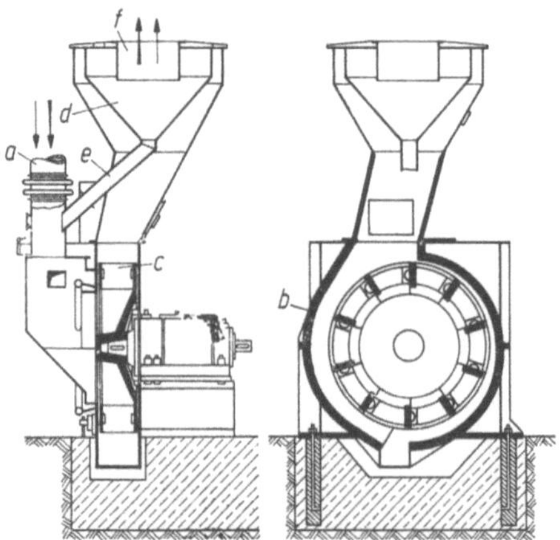

Bild 2.191. Schlagradmühle für die Mahltrocknung von Kohle [289].
a Gutseinlauf und Heißgaszufuhr; *b* gepanzertes Mühlengehäuse; *c* Schlagrad; *d* Sichter; *e* Grießrücklauf; *f* Austrittsrohr für das Staub-Gas-Gemisch.

treten, sowie das Gut schnell durcheinanderbewegt und die Gutsteilchen zur Feuchteabgabe gezwungen. Das Gas-Feststoff-Gemisch strömt unterhalb des Rades zu einem zentralen Durchlaß, bevor es austritt. Dabei können nur feine Partikel gegen die Zentrifugalkraft mitfliegen, die groben Teilchen bleiben im Mahlraum, bis sie ebenfalls zerteilt sind (N 215.964.9) [218].

Die „Atritor"-Trocken- und Mahlmaschine erzeugt Pulver aus körnigen, knetbaren und halbflüssigen Stoffen, die bis zu 80% Feuchte und 50 mm Stückgröße haben können. In der Ausführung nach Bild 2.194 rutscht das feuchte Material zur Vorderseite der schnell rotierenden, mit Schlagleisten besetzten Mahlscheibe, wird im Mahlraum b vorzerkleinert und von heißen Gasen über den Umfang des Rotors hinweg zum Mahlraum c getragen, wo es zwischen umlaufenden und feststehenden Stiften weiter in Teilchen zerschlagen und zerrieben wird. Die heißen

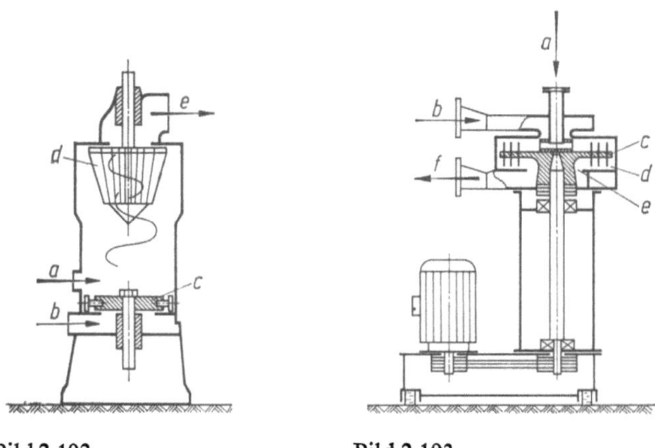

Bild 2.192.   Bild 2.193.

Bild 2.192. Mahltrockner mit rotierender Mahlscheibe und Sichter (entnommen [218]).
a Eintritt des Feuchtgutes; b Heißgaseintritt; c Mahlscheibe; d Sichter; e Austritt des Abgases und Trockengutes.

Bild 2.193. Mahltrockner mit eingebauter Stiftmühle (entnommen [218]).
a Eintritt des Feuchtgutes; b Heißgaseintritt; c rotierendes Stiftrad; d Mahlraum; e zentraler Durchlaß; f Austritt des Abgases und Trockengutes.

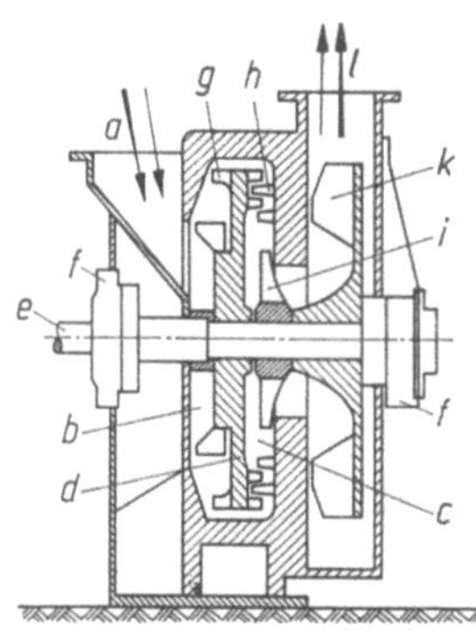

Bild 2.194. Atritor-Mahltrockner (Herbert, Coventry) (entnommen [3]).
a Gutseinlauf und Heißgaseintritt; b, c Mahlräume; d Rotor; e Welle; f Lager; g Schlagleisten; h feststehende Stifte; i Abweiser; k Ventilator; l Gas- und Gutsaustritt.

Gase fördern die feinen Teilchen alsdann zur Einsaugöffnung des eingebauten Ventilators und tragen sie dann zum (nicht dargestellten) Gutsabscheider. Die groben Teilchen werden von den rotierenden Abweisern so lange in der Mahlzone zurückgehalten, bis sie ebenfalls fein genug sind. Benutzt werden die Maschinen für Kalkstein, Kaolin, Tonerde, Chemikalien, Fisch- und Fleischpreßkuchen und viele andere Stoffe. In großen Maschinen können mit Gasen von etwa 500 °C stündlich 3000 bis 4000 kg Wasser ausgetrieben werden.

2.3.1.9. Konvektions-Sondertrockner

Hierunter seien Konvektionstrockner verstanden, die das Gut in mehrerlei Weise (z.B. als überströmte und durchströmte Schicht, als Fluidat und Körnerwolke) oder in bisher nichtbehandelter Weise strömender Luft aussetzen.

Als erster Vertreter dieser Gattung sei der Prallstrahl-Durchströmtrockner für luftdurchlässige Güter genannt (Gewebe, Gewirke, Haufwerke). Darin prallen Luftstrahlen auf das Gut, überstreichen es teils und dringen teils hindurch (Bild 2.195). Der durchgehende Anteil hängt von der Staudruckverteilung über dem Gut und von der Durchlässigkeit des Gutes ab; er kann bei sehr feuchten Gütern gering, bei fast trockenen erheblich sein.

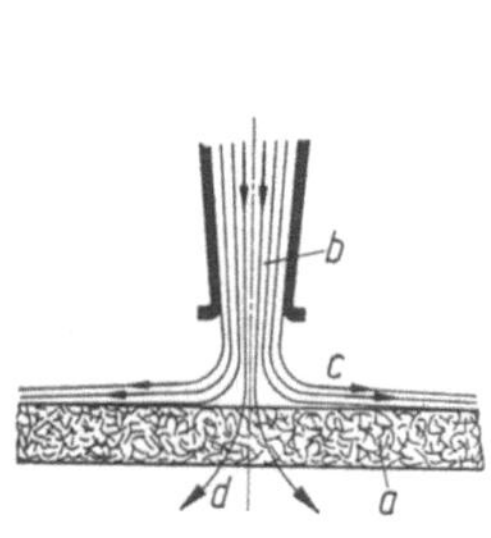
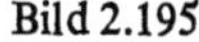
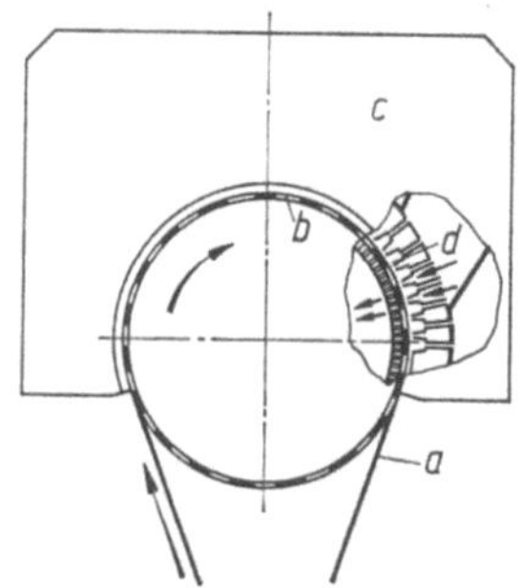

Bild 2.195.   Bild 2.196.

Bild 2.195. Auf durchlässiges Gut treffender Luftstrahl.
a Gut; *b* Luftstrahl; *c* überströmender Teilstrahl; *d* durchströmender Teilstrahl.

Bild 2.196. Prallstrahl-Durchström-Zylindertrockner, für luftdurchlässige Papiere (Papri-Trockner).
a Papierbahn; *b* gelochter Drehzylinder; *c* Blashaube; *d* Düsen.

Der *Prallstrahl-Durchström-Zylindertrockner* nach Bild 2.196 ist für luftdurchlässige Papiere bestimmt. Ein Teil des Luftstromes, der in Strahlen aus der Blashaube tritt und auf das Gut prallt, wird durch die Gutsbahn hindurch in das Innere des gelochten Drehzylinders gesaugt, ein anderer Teil überstreicht das Gut auf kurzem Wege (N 216.515.7) [191].

Der *Spinflash-Trockner* (Bild 2.197) bietet eine Möglichkeit zum Trocknen von sandartigen Stoffen, von Pasten und hochviskosen Produkten. Er bekommt die Stoffe, je nach ihrer Beschaffenheit, von einer Schnecke oder einer Pumpe zugeführt. Im konischen Teil laufen ein mehrarmiger Rührer und eine Scheibe um. Unten tritt Heißluft tangential ein und strömt durch den einstellbaren Spalt zwischen der Scheibe und der Trocknerwand nach oben. Der Rührer schert vom ein-

tretenden Gut Teilmengen ab und wirft sie in den Luftstrom. Dadurch entsteht
im Bereich der Scheibe eine Art Wirbelschicht, aus der fortwährend Teilchen vom
Luftstrom nach oben mitgerissen, getrocknet und zum Gutsabscheider geschleppt

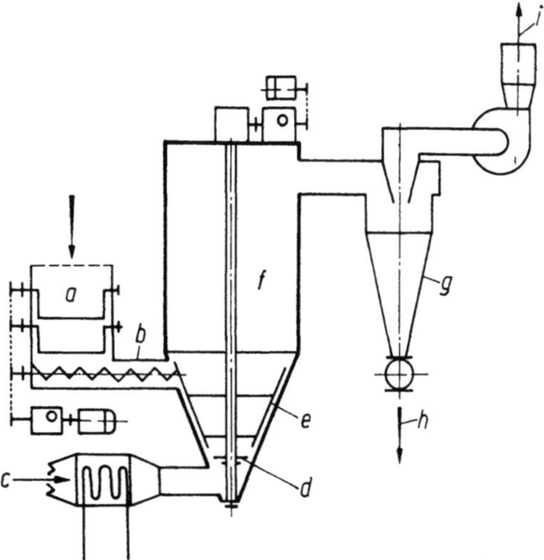

Bild 2.197. Spinflash-Trockner (Anhydro AS, Søborg — Kopenhagen).
a Feuchtgutbunker; *b* Dosierschnecke; *c* Lufteintritt; *d* rotierende Scheibe; *e* Rührer;
f Haupttrocknungsraum; *g* Gutsabscheider; *h* Trockengutaustrag; *i* Abluftaustritt.

werden. Grobe Teilchen fallen zurück und werden vom Rührer zerschlagen. Beim
Trocknen niedrig viskoser Stoffe dienen Mahlkörper (Korundkörper, Teflon-
kugeln oder dgl.) als „Fluidisierungshilfsmittel"; auch kann ein gerührtes Festbett Zerkleinerungsarbeit übernehmen (N 216.874.9).

Viele Fabriken, die feuchte Steine, Erden, Kohlen und Erze aus den Gruben-
betrieben aufbereiten, zerkleinern das Gut in *Kugelmühlen*: in umlaufenden zylindrischen Trommeln, die bis zu 3,8 m Durchmesser haben können, innen gepanzert
und teilweise mit Kugeln aus Mahlkörpern gefüllt sind. Das Gut tritt durch einen
Hohlzapfen an der Stirnseite ein, wird durch die Mahlkörper, die immer wieder
auf das Gut fallen, zertrümmert und verläßt die Trommel an der zweiten Stirnseite
oder durch Löcher am Mantelumfang (N 216.973.3).

Enthält das Gut weniger als 3% Feuchte, so genügt zum Trocknen z. B. auf
0,2 bis 0,5% Endfeuchtegehalt ein relativ schwacher Luftstrom, der durch den
Zapfen am einen Trommelende zu und am anderen Ende abgeführt werden kann.
Mühlen für Güter mit mehr als etwa 3% Feuchte haben Vorkammern, ähnlich
kurzen Rieseldrehrohrtrocknern. Größere und insbesondere abgasbeheizte Mühlen brauchen große Gasströme, die von beiden Enden her eintreten und durch
Mantelöffnungen in der Trommelmitte austreten müssen. Für Güter mit mehr als
12% Feuchte eignen sich Rohrmühlen nicht.

Für größere Durchsätze an Aufbereitungsgütern — bis etwa 100 t/h — sind
sogenannte *Becherwerksmühlen* in Gebrauch (Bild 2.198). Darin laufen die Gutsteilchen über das Becherwerk so lange zwischen der Kugelmühle und dem abgas-
durchströmten, als Nachtrockner wirkenden Sichter um, bis sie genügend zerkleinert sind und im Abgas zu Abscheidern fliegen können [291].

Erze und Mineralien mit weniger als 23 % Feuchte können in *Aerofall-Mühlen* zerkleinert und dabei auf weniger als 1 % Feuchtegehalt getrocknet werden (Bild 2.199).

Die Mühlen für Gutsdurchsätze bis etwa 400 t/h arbeiten ohne oder mit wenigen Mahlkugeln und bestehen aus großen, waagerecht gelagerten rotierenden Zylin-

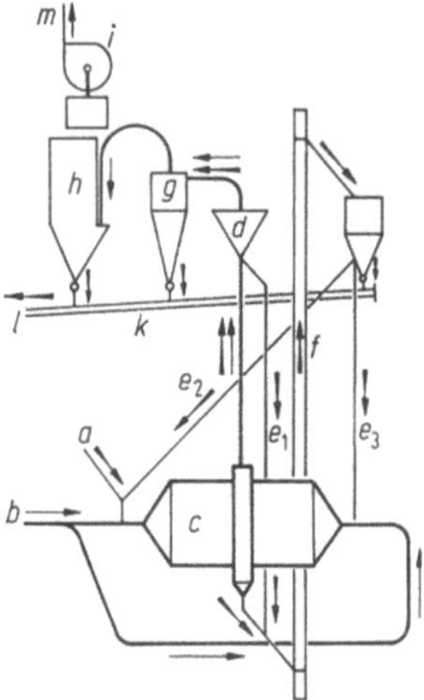

Bild 2.198. Mahltrocknungsanlage mit Becherwerks-Umlaufmuhle [291].
a Gutsaufgabe; *b* Heißgaseintritt; *c* Rohrmühle; *d* Sichter; e_1, e_2, e_3 Grobkornrücklauf; *f* Becherwerk; *g* Gutsabscheider (Zyklon); *h* Staubfilter; *i* Ventilator; *k* Fordergerät; *l* Fertiggutaustritt; *m* Abluftaustritt.

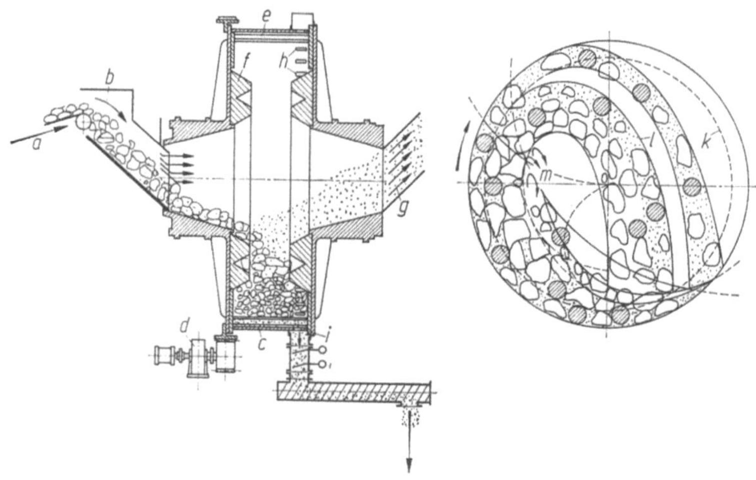

Bild 2.199. Aerofallmühle als Mahltrockner [292].
a Gutsaufgabe; *b* Heißgaszufuhr; *c* Mühlenmantel; *d* Antrieb; *e* Hub- und Brechleisten; *f* seitliche Panzerung; *g* Rauchgas- und Feingutabfuhr; *h* Mantelöffnungen für den Gutsaustrag; *i* Auslauf der Grieße; *k* Bahn der Hubleisten; *l* normale Bahn der Gutsteilchen; *m* Bahn der Teilchen an der freien Mahlgutoberfläche.

dern (bis etwa 10 m Durchmesser und 2,5 m Länge), deren Mäntel innen Hub- und
Brechleisten tragen. Das Gut wird seitlich in die Zylinder gegeben, von den Hubschaufeln hochgehoben und fällt wieder ab. Weil die Gutsteile dabei heftig zusammenstoßen und gegen die Mühlenwände prallen, zerfallen sie. Rauchgase
trocknen sie und tragen die Teilchen mit Durchmessern bis etwa 5 mm seitlich
aus. Für gröber zu mahlendes Gut gibt es Mühlen mit peripheren Austragrosten
(N 216.995.3) [292].

2.3.2. Kontakttrockner

2.3.2.1. Allgemeines und Einteilung

In den Kontakttrocknern berührt das Gut die Oberflächen heißer Körper und
empfängt dabei Wärme durch Leitung. Die schwingenden Moleküle der Körper
geben Bewegungsenergie an die Gutsmoleküle ab, die dadurch stärker schwingen,
so daß sich Feuchtemoleküle abtrennen. Als Dampf geht die Feuchte dann in
das angrenzende Gas über (meistens in Luft oder in inertes Gas) und strömt mit
ihm fort.

Tabelle 2.11 gibt einen Überblick über die Hauptgruppen der Kontakttrockner. Manche dieser Trockner lassen das Gut auf den Heizflächen vollkommen
in Ruhe — sie sind in der Tabelle „Kontakt-Ruhigschichttrockner" genannt —,
andere halten es innerlich in Bewegung, sie sind als „Kontakt-Mengschichttrockner" bezeichnet. In einer dritten Gruppe stehen die Trockner, die das Gut in noch
anderer Weise behandeln: die „Kontakt-Sondertrockner". Die zuerst genannte
Gruppe läßt sich weiter unterteilen in Trockner für lockere Ruhigschichten, in
solche für feste Ruhigschichten und in Trockner, die das Gut an der Heizfläche anhaften lassen, damit sie es tragen und fördern können.

Um reine Kontakttrockner handelt es sich, wenn weder die Luft noch die
umgebenden Wände, sondern nur die Heizflächen Energie an das Gut übertragen.
In ausgeführten Trocknern ist dieser Fall selten; meistens empfängt oder verliert
das Gut Energie auch durch Konvektion oder durch Strahlung (Trockner mit
kombinierter Energienutzung (s. Abschn. 2.3.6).

Viele Kontakttrockner erhalten die Heizenergie mit einem fluiden Heizmittel
zugeführt und geben sie als Wärme indirekt durch metallische Wände hindurch
an das Gut ab; sie heißen in den angelsächsischen Ländern daher oft auch „In-
direkt-Trockner". Wenn das Gut schnell trocknen soll, muß dabei für guten Wärmeübergang vom Heizmittel an die Heizwände und von diesen Wänden an das
Gut und auch für guten Dampfübergang vom Gut an die Luft gesorgt werden.

2.3.2.1.1. Sichern eines guten Wärmeüberganges vom Heizmittel an die Heizwände

Der Wärmestrom, der bei einem gegebenen Temperaturunterschied von einem
fluiden Heizmittel an eine Heizwand übergeht, hängt von der Art, der Temperatur,
der Geschwindigkeit, dem Druck des Heizmittels sowie von der Form und der
Lage der Wand ab. Mit den gebräuchlichen Heizmitteln sind folgende Wärme-

übergangskoeffizienten zu erzielen:

Rauchgase, Luft	6 bis	120 W/m²K
fließendes Wasser	350 bis	3500 W/m²K
kondensierender reiner Wasserdampf	2000 bis	15000 W/m²K

Am schwächsten ist der Wärmeübergang bei gasförmigen Mitteln. Sie geben kräftige Wärmeströme nur ab, wenn die angrenzenden Wände durch Rippen oder dgl. vergrößert sind, oder wenn der Gasstrom rasch fließt.

Ebenso überträgt nur strömendes, nicht ruhendes Wasser größere Wärmeströme.

Tabelle 2.11. Gruppen der Kontakttrockner

Ordnungs-nummer	Gruppe	Skizze
0 2 0	*Kontakttrockner* Trockner, die das Gut durch Berührung und Leitung von Flächen höherer Temperatur aus mit Wärme versorgen *Kontakt-Ruhigschichttrockner* Kontakttrockner, die alle Teilchen des Gutes relativ zueinander (und zu den Heizflächen) in Ruhe halten	
0 2 1	*Kontakttrockner für lockere Ruhigschichten* Kontakttrockner für Ruhigschichten aus wenig zusammenhängenden, nicht an den Heizflächen haftenden Teilchen	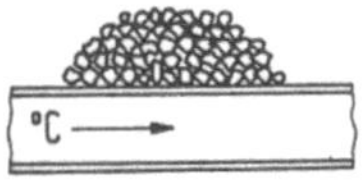
0 2 2	*Kontakttrockner für feste Ruhigschichten* Kontakttrockner für Ruhigschichten aus fest zusammenhängenden, nicht an den Heizflächen haftenden Teilchen	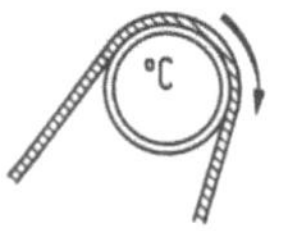
0 2 3	*Kontakt-Haftschichttrockner* Kontakt-Ruhigschichttrockner, in denen das Gut an den Heizflächen haftet	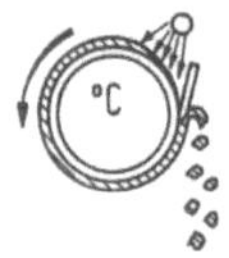
0 2 4	*Kontakt-Mengschichttrockner* Kontakttrockner, die die Gutsteilchen immer wieder gegeneinander (und relativ zu den Heizflächen) verlagern	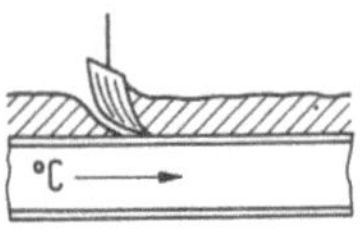
0 2 5	*Kontakt-Sondertrockner* Kontakttrockner, die das Gut anders als erwähnt behandeln, oder die Kombinationen der unter 021 bis 024 genannten Trockner darstellen	

Dient Dampf als Heizmittel, so sind Maßnahmen zum Verbessern des Wärmeüberganges nur dann gelegentlich nötig, wenn das Gut, etwa weil es sehr dünnschichtig ist, hohe Trocknungsgeschwindigkeit zuläßt. Meistens bildet dann die Kondensatschicht, die an der Heizwand entsteht und nur abwärts laufen kann, den Hauptwiderstand gegen den Energiefluß zur Wand. Der Widerstand wächst mit der Schichtdicke. Dicke Kondensatschichten bilden sich:

a) wenn der Weg, den das Kondensat beim Ablaufen entlang der Heizfläche nehmen muß, sehr lang ist,

b) wenn die Kondensatbahn nur wenig oder gar nicht zur Horizontalen geneigt ist,

c) wenn der Dampf „naß" ist, so daß sich zusätzliches Wasser absetzen muß.

Kann man dies nicht vermeiden, so sollte man dafür sorgen, daß der Dampf in Richtung des Kondensatflusses genügend schnell strömt. Auf alle Fälle sollte man das Entstehen von Kondensatsümpfen an den Heizwänden verhindern.

Wichtig ist auch, aus den dampfbeheizten Trocknern alle nicht kondensierbaren Begleiter des Heizdampfes — hauptsächlich Luft — mittels selbsttätiger Entlüftungsventile oder dgl. laufend zu entfernen. Diese Begleiter senken den Dampfpartialdruck im Heizraum und damit die Temperaturen, die sich an der freien Kondensatoberfläche und an der Heizfläche einstellen, und sie hemmen die Dampfbewegung zur Kondensatoberfläche.

Auch Öl oder Rost sollten sich an den Heizflächen nicht ansammeln, weil sie den Wärmeübergang erheblich behindern. Die Heizflächen sollten ferner leicht zu reinigen sein.

2.3.2.1.2. Belüften der Kontakttrockner

Der Dampf aus der Gutsfeuchte vermischt sich in den meisten Kontakttrocknern mit Luft, die durch besondere Öffnungen (manchmal auch unkontrolliert) eingesaugt oder mittels Belüftungseinrichtungen zugeführt wird. Aufgabe dieser Einrichtungen ist es, den Luftstrom, bevor er zum Gut kommt, auf den gewünschten Zustand zu bringen — ihn erforderlichenfalls zu erwärmen, damit er klein gehalten werden kann — und ihn so zu führen, daß er mit dem entstehenden Dampf schnell vermengt wird. Gegenüber schlecht belüfteten Anlagen ergeben sich dabei ein größeres durchschnittliches Partialdruckgefälle des Dampfes zwischen der Gutsoberfläche und dem Luftstrom, damit lebhafterer Dampfübergang und erhöhte Trocknungsgeschwindigkeit sowie niedrigere Gutstemperatur. Die Luft soll außerdem verhindern, daß Dampf im Trocknungsraum kondensiert. All das schließt ein, daß die Luft zweckmäßig verteilt wird.

Offene Anlagen — Bauarten, die gerade bei Kontakttrocknern noch vorkommen — muß man bei Lufttemperaturen betreiben, die dem Bedienungspersonal zumutbar sind.

In manchen Kontakttrocknern können die entstehenden Brüden — dem thermischen Auftrieb folgend — ohne jegliche Fördervorrichtung abziehen; in vielen Anlagen jedoch sorgen Ventilatoren für die Luftbewegung.

Bild 2.200 zeigt an einem Beispiel, wie wenig die Luftströmung eine ebene Platte berührt, wenn die Luft durch eine schräge Haube abgezogen wird. Viel günstiger läuft die Strömung unter einer flach ausgebildeten Haube (Bild 2.201).

Damit die Luft zu allen Verdunstungsstellen gelangt, müssen manche Trockner vollkommen eingekleidet werden.

Welchen Einfluß die Luftgeschwindigkeit auf die Oberflächentemperatur ϑ_O des Gutes und auf die Trocknungsgeschwindigkeit im ersten Trocknungsabschnitt ausübt, geht aus dem Bild 2.202 für den Fall hervor, daß die Heizmitteltemperatur 90 °C und die Lufttemperatur 30 °C betragen. Auf der Abszissenachse ist der mit der Luftgeschwindigkeit ansteigende (im übrigen aber auch von ϑ_O abhängige) Stoffübergangskoeffizient β aufgetragen. Bei den Kontakt-Drehzylindertrocknern, die mit Wärmedurchlaßkoeffizienten k' zwischen dem Heizmittel und dem Gut von rund 300 bis 1200 W/m²K arbeiten, sinkt ϑ_O allmählich ab, wenn β zunimmt; die Trocknungsgeschwindigkeit hingegen steigt an. Ist k' jedoch klein, wie bei vielen Kontakt-Mengschichttrocknern, wo der Wert meistens zwischen 25 und 250 W/m²K liegt, so sinkt ϑ_O beträchtlich mit wachsendem β, die Trocknungsgeschwindigkeit hingegen wächst dann nur im Bereich niedriger β merklich an.

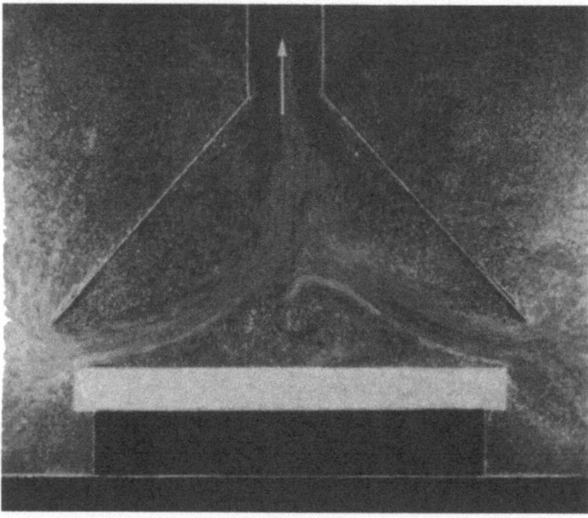

Bild 2.200. Luftströmung über einer ebenen Platte mit schräger Haube.

Bild 2.201. Luftströmung über einer ebenen Platte mit flacher Haube.

Während die Luft durch den Trockner streicht, kann sie Nebel erzeugen, wenn sie an einer Stelle zu kalt wird. Kurz bevor sie das Gut berührt, habe sie 15 °C und das Dampf/Luft-Massenverhältnis $x_e = 0,006$ kg/kg (Punkt A im h, x-Diagramm Bild 2.203). Die Gutsoberfläche sei naß und habe 80 °C. Dementsprechend herrsche an ihrer Oberfläche der Sattdampf-Partialdruck $p''_{DO} = 473,6$ mbar. Dann geht von dieser Fläche Dampf aus, der je kg $h_D = 2642$ kJ mitbringt und den Luftstrom befeuchtet. Dabei ändert der Luftstrom seinen Zustand nach der Geraden AB mit der Neigung $dh/dx = h_D$, sofern die Luft Energie allein aus dem Dampf aufnimmt. Bei B habe die Luft den Zustand, mit dem sie abströmt. Der begleitende Dampf besitzt dann, dem zu B gehörenden x entsprechend, den Partialdruck $p_{D\infty} = 32,3$ mbar. Man kann AB mit Hilfe des Randmaßstabes des Diagramms leicht einzeichnen; die Gerade schneidet die Sättigungslinie bei S. Sobald die Luft einen Zustand annimmt, der einem Punkt unterhalb der Sättigungslinie entspricht, bildet sich aber Nebel. Die Gutsoberfläche kann dann zwar immer noch Dampf abgeben, denn zunächst ist weiterhin $(p''_{DO} - p_{D\infty}) > 0$, aber die

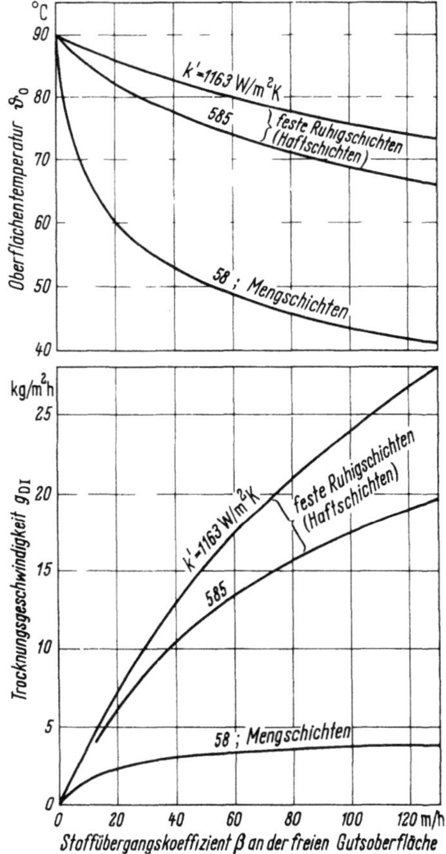

Bild 2.202. Berechnete Oberflächentemperatur des Gutes und Trocknungsgeschwindigkeit in Kontakttrocknern im ersten Trocknungsabschnitt, abhängig vom Stoffübergangskoeffizienten β an der freien Gutsoberfläche und vom Wärmedurchlaßkoeffizienten k' (zwischen Heizmittel und Gutsoberfläche).
Der Berechnung nach Gl. (2.170) liegen folgende Annahmen zugrunde:
$\vartheta_H = 90$ °C; $\vartheta_L = 30$ °C; $p_{D\infty} = 39,2$ mbar; $p = 1$ bar.

Luft wird zunehmend übersättigt. Auf kälteren Nachbarflächen schlägt sich Tau nieder.

Man kann diese unangenehmen Erscheinungen vermeiden, wenn man so viel Luft am Gut vorbeiführt, daß der Punkt B im h,x-Diagramm genügend weit links von der Sättigungslinie bleibt. Aber dazu ist ein sehr starker Luftstrom nötig.

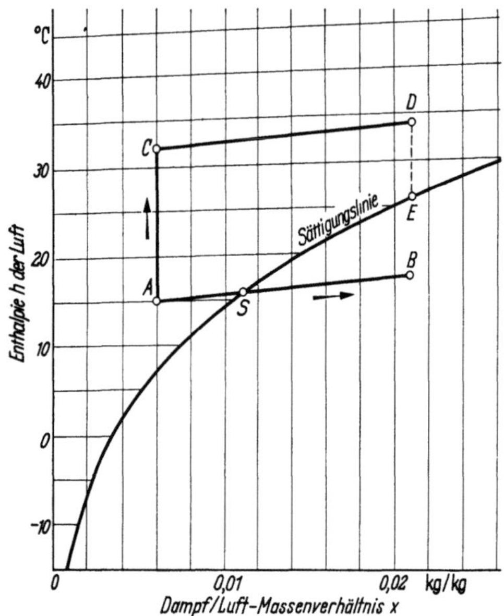

Bild 2.203. Zustandsverlauf der Luft in Kontakttrocknern, dargestellt im h, x-Diagramm.
a) Ohne Luftvorwärmung, Linie ASB, ab Punkt S Nebelbildung; b) mit Lufterwärmung, Linienzug ACD, keine Nebelbildung.

Vorteilhafter ist es, wenn man die Luft hinreichend erwärmt. Manchmal streicht die Luft, ehe sie auf das Gut trifft, ohnehin an heißen Flächen vorbei und nimmt dabei Wärme auf. In anderen Fällen muß sie durch Heizkörper gehen. Der Luftzustand folgt dann im h, x-Diagramm beispielsweise dem Linienzug ACD, der nirgends die Sättigungslinie schneidet. Das Stück $A-C$ gibt die Zustandsänderung im Heizkörper wieder, das Stück $C-D$ die Änderung über dem Gut. Zwischen der Luft- und der Taupunktstemperatur (Punkt E) verbleibt ein Unterschied von etwa 8 K, der Kondensation von Dampf an den Kanalwänden ausschließt, solange diese Wände nicht weniger als 26 °C annehmen. Zur Sicherheit hält man den „Taupunktsabstand" DE in vielen Anlagen über 12 bis 15 K.

2.3.2.2. Kontakt-Ruhigschichttrockner

2.3.2.2.1. Abschätzen der Trocknungsgeschwindigkeit bei reiner Oberflächenverdunstung aus ruhenden Schichten

Die Trocknung eines porösen Gutes, das auf einer Heizfläche liegt, verläuft in der Regel ebenso wie die Konvektionstrocknung in mehreren Abschnitten.

Empfängt das Gut nur von der Heizfläche her Wärme, so wandert die Gutsfeuchte schrittweise zur kalten Seite des Gutes, genauer gesagt: Die Feuchte verdampft zunächst nahe der Heizfläche, diffundiert in den luftgefüllten Poren ein

Wegstück nach außen, kondensiert und verdampft immer wieder, bis sie an der kalten freien Oberfläche endgültig verdunstet. Zugleich fördern die Kapillarkräfte laufend Flüssigkeit zur Heizfläche zurück.

Der erste Knickpunkt in der Trocknungsgeschwindigkeit tritt auf, wenn die Kapillarkräfte im Gut nicht mehr so viel Flüssigkeit zur Heizfläche zurücksaugen können, wie Dampf in der Gegenrichtung diffundiert.

Im nun beginnenden zweiten Trocknungsabschnitt trocknet die an der Heizfläche liegende Gutzone aus, leitet die Wärme immer schlechter und gerät in den hygroskopischen Bereich. Die Zone wird zunehmend breiter, und die Gutsteilchen nahe der Heizfläche nehmen allmählich die Heizflächentemperatur an. In der feuchten, noch gut leitenden Zone, die an die freie Oberfläche grenzt, bewegt sich die Feuchte weiterhin wie im ersten Trocknungsabschnitt. Insgesamt allerdings verdampft nun doch weniger Feuchte an der freien Oberfläche.

Im dritten Trocknungsabschnitt wandert keine Flüssigkeit mehr durch grobe Kapillaren. Vielmehr verschwinden die bis dahin entstandenen Unterschiede des Feuchtegehaltes — sei es durch Dampfdiffusion, sei es durch andere Ausgleichsvorgänge.

Es leuchtet ein, daß das kritische Feuchte/Grundstoff-Massenverhältnis X_{Kn} des ganzen Gutes, bei dem die Kapillarkräfte aufhören, Wasser bis zur Heizfläche zu fördern, um so tiefer liegt, je leichter das Wasser bis zur Heizfläche gelangt. Dünne Gutsschichten hoher Temperatur haben daher auch niedrige X_{Kn}-Werte.

Eine Schicht feuchten Gutes liege auf einer heißen Platte (Bild 2.204). Zu ihrer freien Oberfläche wandere so viel Feuchte, daß sie den Dampf dort wie aus einer Wasseroberfläche abgeben kann, und daß der Dampf den Sattdampfdruck $p''_{D,O}$ habe, der zur Oberflächentemperatur ϑ_O gehört. An der Unterseite der Platte streiche ein fluides Heizmittel von der Temperatur ϑ_H vorbei, und über die Guts-

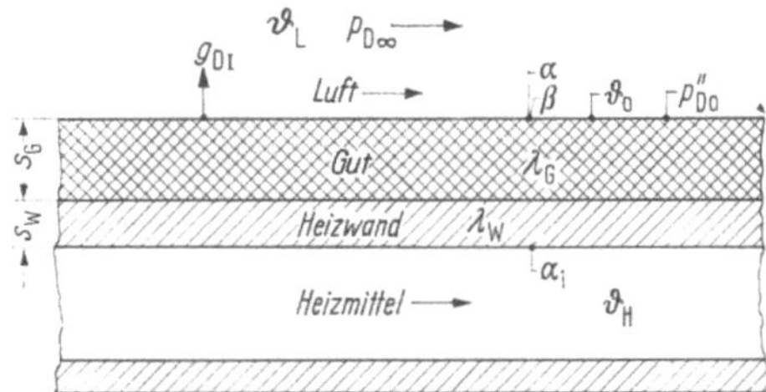

Bild 2.204. Trocknungsgut auf einer beheizten Wand.

oberfläche ströme Luft von der Temperatur ϑ_L, die Wasserdampf vom Partialdruck $p_{D\infty}$ mit sich führe. Sobald sich, wie im weiteren vorausgesetzt sei, das Temperaturfeld in dieser Schicht nicht mehr ändert, dient sämtliche Wärme, die vom Heizmittel durch die Platte in das Gut wandert, allein zum Verdampfen von Feuchte und zum Erwärmen der vorbeiziehenden Luft, falls $\vartheta_L < \vartheta_O$ ist.

Wenn k' den Wärmedurchlaßkoeffizienten bezeichnet, gerechnet vom Kern des fluiden Heizmittels bis zur Verdunstungsoberfläche des Gutes, so ist die Dichte des Wärmestromes, der zur Oberfläche wandert, durch $k'(\vartheta_H - \vartheta_O)$ gegeben. Davon geht der Betrag $\alpha(\vartheta_O - \vartheta_L)$ an die Luft verloren (α ist der Wärmeübergangskoeffizient an der Gutsoberfläche), und der Rest dient zum Verdunsten der

Feuchte. Bezeichnet Δh_V deren spezifische Verdampfungsenthalpie, so verwandelt dieser Rest die Flüssigkeitsmasse $[k'(\vartheta_H - \vartheta_O) - \alpha(\vartheta_O - \vartheta_L)]/\Delta h_V$ in Dampf. Der Dampfstrom ist andererseits durch die (leicht umgeformte) Verdunstungsgleichung (0.13) gegeben, so daß man für die Trocknungsgeschwindigkeit $g_{D,I}$ *im ersten Trocknungsabschnitt* die Doppelgleichung anschreiben kann:

$$g_{D,I} = \frac{\beta}{R_D T} \frac{p}{p - p''_{DO}} (p''_{DO} - p_{D\infty}) = \frac{k'(\vartheta_H - \vartheta_O) - \alpha(\vartheta_O - \vartheta_L)}{\Delta h_V},$$

(2.170)

worin bedeutet:

β den Stoffübergangskoeffizienten an der dampfabgebenden Oberfläche,
R_D die individuelle Gaskonstante des Dampfes,
T die thermodynamische Temperatur in der Luftgrenzschicht über dem Gut,
p den herrschenden Gesamtdruck (Atmosphärendruck).

Die Größen ϑ_O und p''_{DO} sind durch die Dampfdruckkurve miteinander verbunden.

Auf dem Weg vom Heizmittelstrom bis zur Gutsoberfläche, wo die Feuchte endgültig verdampft, dringt der Wärmestrom durch folgende Schichten:

Heizmittelgrenzschicht (Wärmeübergangskoeffizient α_i),
Kondensatschicht, wenn das Heizmittel kondensiert (Dicke s_K, Wärmeleitfähigkeit λ_K, abhängig vom Turbulenzgrad der Schicht),
Kesselstein-, Öl-, Rostschicht, die sich an der Heizwand bildet (Dicke s_R, Wärmeleitfähigkeit λ_R),
Heizwand (Dicke s_W, Wärmeleitfähigkeit λ_W),
Zwischenschicht aus Dampf und Luft, die zwischen der Heizfläche und dem Gut entstehen kann und bei flüssigem Gut Ursache für das Leidenfrostsche Phänomen ist (Dicke s_z der Schicht, abhängig von der auf das Gut wirkenden Anpreßkraft, Wärmeleitfähigkeit λ_z),
Gutsschicht (manchmal siedend und schaumbildend), Dicke s_G, Wärmeleitfähigkeit λ_G.

Der Wärmedurchlaßkoeffizient k' ist in diesem Fall gegeben durch

$$k' = \frac{1}{\dfrac{1}{\alpha_i} + \dfrac{s_K}{\lambda_K} + \dfrac{s_R}{\lambda_R} + \dfrac{s_W}{\lambda_W} + \dfrac{s_z}{\lambda_z} + \dfrac{s_G}{\lambda_G}},$$

(2.171)

worin die Summanden im Nenner die Widerstände gegen den Wärmefluß darstellen.

In einem Papiertrockner mit dampfbeheizten Zylindern z.B. können diese Widerstände die Werte haben:

$$\frac{1}{\alpha_i} = 0,000043 \text{ K m}^2/\text{W} \qquad \frac{s_W}{\lambda_W} = 0,0006 \text{ K m}^2/\text{W}$$

$$\frac{s_K}{\lambda_K} = 0,00013 \text{ K m}^2/\text{W} \qquad \frac{s_z}{\lambda_z} = 0,00243 \text{ K m}^2/\text{W}$$

$$\frac{s_R}{\lambda_R} = 0,00034 \text{ K m}^2/\text{W} \qquad \frac{s_G}{\lambda_G} = 0,00034 \text{ K m}^2/\text{W},$$

woraus sich für den Wärmedurchlaßkoeffizienten $k' = 280\ \mathrm{W/m^2K}$ ergibt. Der Wert von k' wird in diesem Fall hauptsächlich von der genannten Dampf-Luft-Zwischenschicht bestimmt und fast gar nicht von der Kondensat- oder Gutsschicht. Auch der Widerstand der Heizwand spielt fast keine Rolle [293]. In der Regel allerdings lassen sich die Widerstände der Zwischenschicht, der Kesselsteinschicht usw. nur ungenau schätzen.

Aus der Doppelgleichung (2.170) kann man, solange die Feuchte endgültig an der freien Oberfläche verdunstet und das Gut nicht hygroskopisch ist, ϑ_O und p''_{DO} berechnen und danach die Trocknungsgeschwindigkeit g_{DI} im ersten Trocknungsabschnitt bestimmen. Das Ergebnis einer solchen Rechnung ist im Bild 2.205 dargestellt.

Die Oberflächentemperatur des Gutes nähert sich mit zunehmender Heizmitteltemperatur immer mehr der Siedetemperatur (bei Wasser unter Atmosphären-

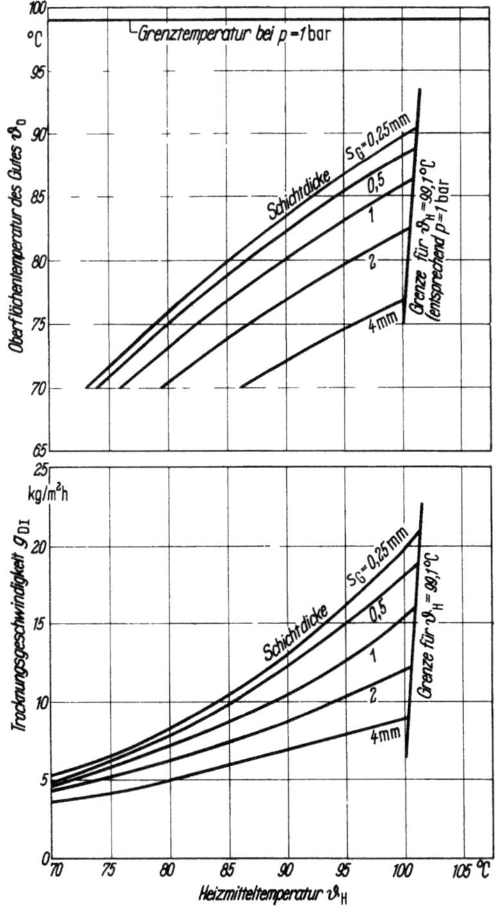

Bild 2.205. Berechnete Oberflächentemperatur des Gutes und Trocknungsgeschwindigkeit für den ersten Trocknungsabschnitt in Kontakttrocknern, abhängig von der Heizmitteltemperatur und der Schichtdicke des Gutes.
Der Berechnung nach Gl. (2.170) liegen folgende Annahmen zugrunde:
$\alpha = 8{,}2\ \mathrm{W/m^2K}$; $\alpha_i = 23\,000\ \mathrm{W/m^2K}$; $s_W = 10\ \mathrm{mm}$; $\lambda_G = 1{,}16\ \mathrm{W/m\,K}$; $\lambda_W = 58\ \mathrm{W/m\,K}$;
$\vartheta_O = \vartheta_L$; $p_{D\infty} = 39{,}2\ \mathrm{mbar}$; $p = 1\ \mathrm{bar}$.

druck der Grenze 100 °C), um so mehr, je dünner die Gutsschicht ist. Bei den üblichen Schichtdicken und Heizmitteltemperaturen liegt ϑ_O stets bemerkenswert hoch. Mit der Oberflächentemperatur steigt die Trocknungsgeschwindigkeit an, bei dünnen Schichten steil, bei dicken flach.

Solange nur freies Wasser verdampft und nirgends im Gut ein höherer als der Atmosphärendruck auftritt, kann die Gutstemperatur an der Heizfläche 100 °C nicht überschreiten.

Weil sich die Wärmeleitfähigkeit λ_G mit dem Feuchtegehalt des Gutes stark ändert, darf man in der Regel einen Abschnitt genau gleichbleibender Trocknungsgeschwindigkeit nicht erwarten.

Auch *im zweiten Trocknungsabschnitt* verdunstet die Gutsfeuchte — sofern die Temperatur ϑ_L der Luft unter der Oberflächentemperatur ϑ_O der Schicht liegt — endgültig stets an der Schichtoberfläche. Daher folgt die Trocknungsgeschwindigkeit auch für diesen Abschnitt aus den Gln. (2.170) und (2.171). Zu beachten ist nur, daß die Gutsschicht nun zwei Zonen sehr unterschiedlicher Wärmeleitfähigkeit λ_G hat, eine fast trockene mit geringer Leitfähigkeit und eine feuchte mit hoher Leitfähigkeit.

Von vielen Gütern ist λ_G nur ungenau bekannt. Mit diesen Stoffen muß man Versuche machen, um die Trocknungsgeschwindigkeit zu bestimmen, was allerdings sowieso nicht zu umgehen ist, wenn man die Eigenarten des Gutes kennen lernen will. Trotzdem können die Gln. (2.170) und (2.171) behilflich sein, wenn über den Einfluß irgendwelcher Änderungen maßgebender Größen Klarheit zu schaffen ist.

Die an der Heizfläche anliegenden Gutsteile sind manchmal in Gefahr, überhitzt zu werden, wenn die Heizmitteltemperatur hoch ist. Insbesondere können dicke, schlecht leitende Schichten, die eine lange Trocknungszeit brauchen, an der Kontaktseite unter zu hoher Temperatur leiden. Man benutzt daher Kontakttrockner, in denen das Gut fest auf der Heizfläche liegt, fast nur für dünnschichtige oder für solche Güter, die man in dünne Schichten ausbreiten kann.

2.3.2.2.2. Kontakttrockner für lockere Ruhigschichten

Kontakttrockner, in denen Schichten aus lose beieinander liegenden Teilchen während der ganzen Behandlungsdauer ruhend auf einer heißen Fläche liegen, werden in neuzeitlichen Produktionsbetrieben kaum noch benutzt. In Laboratorien und Handwerksbetrieben dagegen dienen Heizplatten, Heizpfannen und dgl. noch hier und da als Trocknungsgeräte (N 221).

2.3.2.2.3. Kontakttrockner für feste Ruhigschichten

Diese Trockner entfernen Feuchte aus Schichten zusammenhängenden, insbesondere flächigen und bandförmigen Gutes, das heiße Flächen berührt (N 222).

Kontakt-Klebetrockner für Leder. Kleinere Gerbereien benutzen sogenannte *Secotherm-Trockner*: aufrecht im Raume stehende, doppelwandige, schmale Behälter aus emailliertem oder nichtrostendem Stahl, auf deren Flachseiten die Leder geklebt werden (Bild 2.206). Die Behälter sind mit Wasser gefüllt, das mit Dampf warmgehalten wird. Außen an den Behältern zieht Raumluft vorbei, welche die verdunstende Feuchte nach oben mitnimmt und durch eine Absaugehaube ins Freie führt. Sobald die Leder einen bestimmten Feuchtegehalt erreicht haben, lösen sie sich selbst von den Platten (N 222.112.2).

Kontakt-Muldentrockner für Wäsche. Zum Plätten von Wäsche dienen sog. *Muldenmangeln,* die das Gut zugleich trocknen (N 222.524.3). Ihre Heizflächen haben die Form von Mulden, die innen geschliffen und poliert sind und für Heizung mit Dampf, Heißwasser, elektrischem Strom oder Gas eingerichtet sein können. Gebaut werden Maschinen mit einer und mit mehreren Mulden. Die Doppelmuldenmangel Bild 2.207 erwärmt das Gut zunächst auf der einen, dann auf der anderen Seite. In den beiden Mulden drehen sich hohle Plättwalzen, welche die Wäsche gegen die Mulden drücken und mitnehmen. Damit die Walzen auf alle Stellen auch ungleich dicker Wäschestücke genügenden Druck ausüben können,

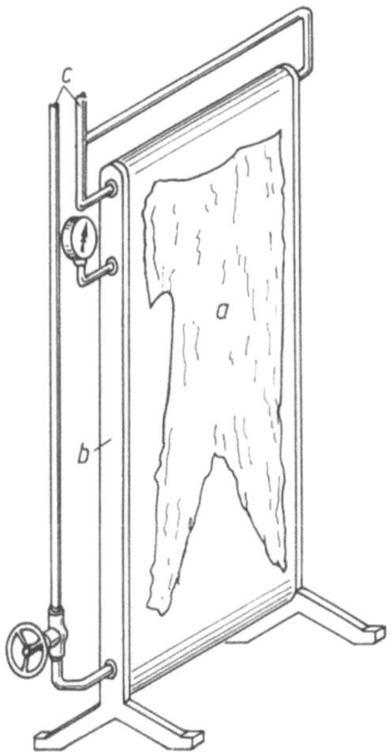

Bild 2.206. Kontakt-Plattentrockner für Leder (Secotherm-Trockner).
a Aufgeklebtes Leder; *b* Heizplatte, mit Wasser gefüllt; *c* Heizdampfleitung.

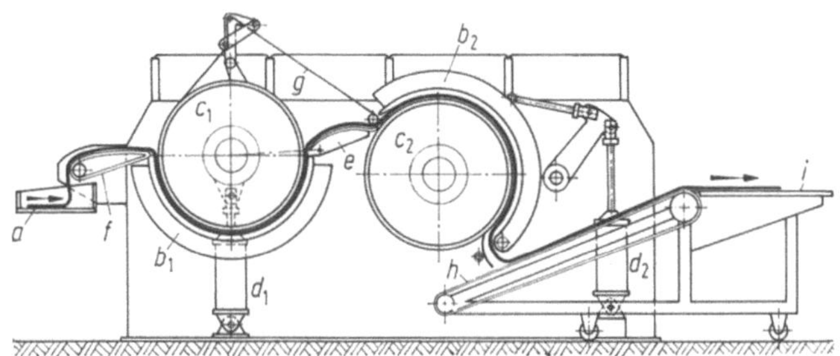

Bild 2.207. Kontakt-Muldentrockner für Wäsche (Doppelmuldenmangel „Super-Hill" der W. Hagspiel KG, Ludwigsburg).
a Einlaufende Wäsche; b_1, b_2 beheizte Mulden; c_1, c_2 Plättwalzen mit Bewicklung; d_1, d_2 Druckluftzylinder; *e* beheizte Brücke; *f* Einführgurte; *g* Führungsbänder; *h* Austragbänder; *i* Abnahmetisch.

sind sie mit elastischem Material umwickelt. Mittels pneumatisch betätigter Zylinderpaare mit Druckausgleich (System Knorr-Bremse) lassen sich die obere Walze und die Mulde heben und senken und der Plättdruck regulieren.

Mangeln für größere Durchsätze haben Walzen mit gelochten Mänteln und sind mit Ventilatoren ausgestattet, welche die entstehenden Dämpfe durch die Löcher, durch den Walzeninnenraum und durch Hohlzapfen hindurch absaugen.

Die dargestellte Maschine fördert die Wäschestücke mittels nebeneinander laufender Gurte zur ersten Mulde, mit Führungsbändern über eine beheizte Brücke hinweg zur zweiten Mulde und mittels Tragbändern zum Abnahmetisch.

Muldenmangeln haben Walzen mit 300 bis 1 000 mm Durchmesser und 1 700 bis 3 500 mm Arbeitsbreite.

Kontakt-Festschicht-Drehzylindertrockner

Viele Betriebe, die Bahnen von Papier, Textilien und anderen Gütern erzeugen, benutzen *Kontakt-Festschicht-Drehzylindertrockner*. Die waagerecht liegenden, meistens langgestreckten rotierenden Zylinder dieser Maschinen erwärmen das Gut durch Kontakt, tragen und fördern es zugleich. In den Maschinen mit mehreren Zylindern umspannt das Gut zunächst den einen, dann den nächsten Zylinder usw. (N 222.514.4 und N 222.524.4).

Als Heizmittel dienen: meistens Sattdampf, seltener Warmwasser oder Wärmeübertragungsöl, bei Einzylindertrocknern gelegentlich Gas oder Öl, die im Zylinder verbrennen, in manchen Fällen Elektrizität.

Der Dampf strömt über einen der hohlen Tragzapfen an den seitlichen Deckeln in das Zylinderinnere, und das Kondensat tritt meistens durch den gleichen Zapfen aus. Aus breiten Zylindern allerdings wird das Kondensat auch an der anderen Seite entnommen, damit sich überall an der Zylinderoberfläche möglichst gleiche Temperatur einstellt (Bild 2.208).

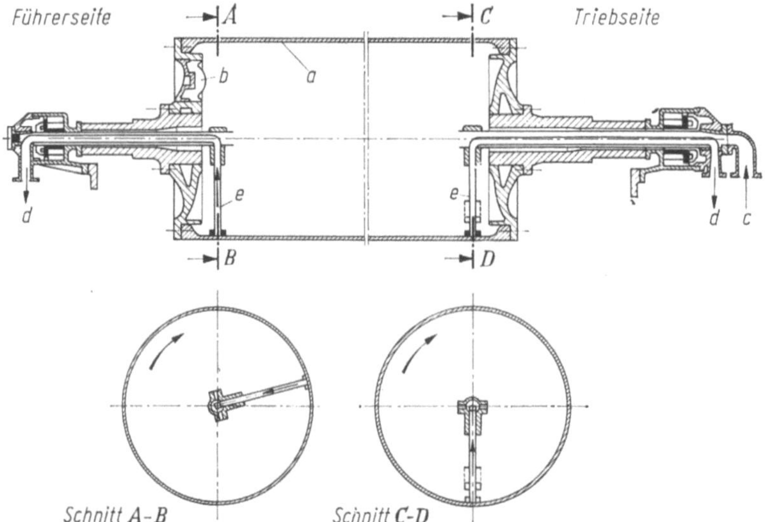

Bild 2.208. Schnitt durch einen dampfbeheizten Zylinder mit einseitiger Dampfzufuhr und beidseitiger Kondensatabfuhr.
a Zylindermantel; *b* Zylinderdeckel; *c* Heizdampfeintritt; *d* Kondensataustritt; *e* Syphonrohr.

Langsamlaufende dampfbeheizte Zylinder — mit Umfangsgeschwindigkeiten bis etwa 200 m/min — haben innen mitrotierende Organe, die den Kondensatsumpf nahe den tiefsten Stellen im Rhythmus der Zylinderdrehung ausschöpfen und das Wasser zu den hohlen Tragzapfen der Zylinder leiten. Aus rascher laufenden Zylindern, — mit Umfangsgeschwindigkeiten über 400 bis 500 m/min — in denen das Kondensat infolge der Zentrifugalkraft an den Wänden mitrotierende Ringe bildet, muß das Wasser mit feststehenden oder mitrotierenden, evtl. auch mit mehreren in die Kondensatschicht tauchenden Syphonrohren entfernt werden. Die Rohre reichen an den eingetauchten Enden nahe bis zu den Zylinderwänden und sind mit einer Art Bechern oder Schuhen versehen, die das Kondensat so erfassen und ableiten, daß nur dünne Kondensatfilme in den Zylindern verbleiben [294, 295, 296].

Hemmt der Kondensatfilm den Wärmedurchgang beträchtlich, so ist es nützlich, in die Zylinder Längsrippen einzubauen, die das Wasser in Turbulenz versetzen.

Kontakt-Drehzylindertrockner für Papier und Zellstoff

Die *Einzylindermaschine* (auch Yankee-Maschine genannt) entwässert und trocknet dünne Papiere mit 7 bis 60 g Masse/m², z.B. Verpackungspapiere sowie gekreppte hygienische „Tissue-Papiere" (Bild 2.209). Sie hat nur einen großen dampfbeheizten Trocknungszylinder mit hochglanzpoliertem Mantel von 3 bis 6 m Durchmesser und bis zu 6 m Breite, auf dem das Papier einseitige Glätte annimmt (daher auch der Name „Glättzylinder"). Von Saugwalzen kommend läuft das Papier über den Zylinder zum Aufroller. Unter dem Zylinder befindet sich ein Schaber mit Stahlklinge, der die Oberfläche rein hält und der hängenbleibendes Papier ablöst. Für Krepp-Papiere sitzt vor ihm der sog. Kreppschaber, der das Kreppen bewirkt. Tissue-Papiere können mit Geschwindigkeiten bis zu 1 500 m/min, Zellstoffwatten mit max. 650 m/min laufen.

Hoch beanspruchte Zylinder für Heizdampfdrücke bis 10 atü werden aus besonderem Gußeisen mit Wandstärken bis höchstens 50 mm gefertigt. Sie haben nach innen gewölbte Deckel und durchgehende Hohlwellen. In schnellaufenden Maschinen verbessern eingedrehte Innenrippen am Mantel den Wärmedurchgang.

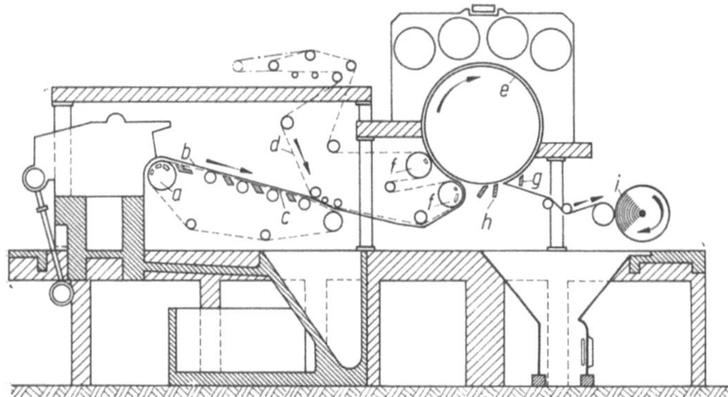

Bild 2.209. Maschine zum Herstellen von Tissue-Papieren, als Ein-Filz-Papiermaschine konzipiert (J. M. Voith GmbH, Heidenheim/Brenz).
a Saugbrustwalze; *b* nasse Papierbahn; *c* Sieb; *d* Filz; *e* Kontakt-Drehzylinder; *f* Sauganpreßwalzen; *g* Kreppschaber; *h* Schaber; *i* Aufroller.

Viele Einzylindermaschinen sind mit sog. Trockenhauben ausgestattet, aus denen heiße Luftstrahlen mit Temperaturen bis zu 500 °C und mit Geschwindigkeiten bis zu 120 m/s gegen das Gut blasen (s. Abschn. 2.3.6.2.4) [297].

Bisweilen sind dem großen Heizzylinder eine Saugpresse vor- und ein kleiner Heizzylinder sowie ein Glättwerk nachgeschaltet. Solche Anlagen verarbeiten z. B. dünne, einseitig glatte Packpapiere, Kaschierseiden und Kopierpapiere mit 20 bis 80 g Masse/m² [298].

Sind wegen des geforderten Durchsatzes hohe Bahngeschwindigkeiten nötig, oder wünscht man dickeres Papier zu trocknen, oder soll das Papier beiderseits eine glatte Oberfläche bekommen, so muß man *Mehrzylindermaschinen* verwenden (Bild 2.210). Die dampfbeheizten Zylinder dieser Trockner, für Drücke bis 10 bar, haben 1 500 oder 1 800 mm Durchmesser; ihre Breite wählt man 100 bis 150 mm größer als die der nassen Papierbahn. Für hochwertiges Banknotenpapier z. B. gibt es Maschinen mit nur 1,5 bis 2 m Breite und 80 m/min Höchstgeschwindigkeit, für Zeitungsdruckpapier Anlagen mit etwa 10 m Arbeitsbreite, 50 bis 120 Zylindern, 100 m Länge und mehr und bis 1 000 m/min Geschwindigkeit.

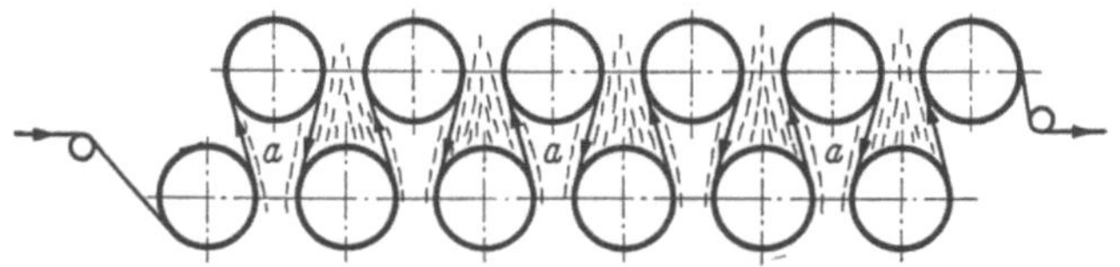

Bild 2.210. Papiertrockner mit zwei waagerechten Zylinderreihen (schematisch).
a Räume erschwerter Feuchteabfuhr.

Die feinpolierten Zylinder mit Wandstärken bis ≈ 30 mm — oft im Gewichtsbereich von 10 t — bestehen meistens aus GG 25. Sie sind wellenlos, mit Zapfen in seitlichen Stühlen gelagert und erhalten den Dampf über Dampfköpfe von der Triebseite her zugeführt (Bild 2.208).

Am häufigsten ist die Anordnung der Zylinder in waagerechten Reihen. Bei der normalen, der zweistöckigen Bauart (Bild 2.210) liegen die Zylinder eng in zwei Reihen mit versetzten Achsen übereinander. Die Gutsbahn läuft abwechselnd über einen unteren und einen oberen Zylinder und berührt mit beiden Seiten die Heizfläche (Umlegeschicht). Die dreistöckige Bauart wird für Pappen und Zellstoff gewählt, wenn die zweistöckige Anordnung zu viel Platz braucht.

In der ersten Zylindergruppe und auch an den Trennstellen der Gruppen sitzen unter den Zylindern oszillierende Schaber, die die Zylinderoberflächen von Ansätzen freihalten.

Zwischen den größten Mehrzylindertrocknern und den Einzylindermaschinen gibt es, je nach der herzustellenden Gutsart und dem Durchsatz, zahlreiche Ausführungen mit verschiedenen Zylinderzahlen, Arbeitsbreiten und Zusammenstellungen der Zylinder [299].

Die Mehrzylindermaschinen nutzen die vorhandene Heizfläche zu 60 bis 70 % und im allgemeinen schlechter aus als die Einzylindertrockner. Von der ganzen im Trockner befindlichen Bahn liegen 50 bis 70 % der Länge auf der Heizfläche. Auf der restlichen Fläche nimmt die Bahn meistens keine Wärme auf, vielmehr verliert sie dort Wärme an die Luft [300].

Die Tabelle 2.12 gibt Auskunft über die mögliche Trocknungsgeschwindigkeit einiger Papiere in Mehrzylindermaschinen [299]. Zum Einführen der Papierbahn in die Trockner und zum Überführen von einem Zylinder zum anderen haben rasch laufende Maschinen besondere Führorgane, z. B. zwei nebeneinander laufende, in seitlichen Rillen der Trocknunszylinder geführte Seile, zwischen die ein schmaler Randstreifen der Bahn geklemmt wird. Auch pneumatische Führungen sind in Gebrauch. In manchen Fällen muß man die Führungen dauernd in Betrieb halten, in anderen kann man sie nach dem Anlaufen der Maschinen abschalten.

Tabelle 2.12. Trocknungsgeschwindigkeit und Dampfverbrauch in Mehrzylindertrocknern für Papier (Anhaltswerte nach Meinecke [299])

	flächen-bezogene Masse g/m^2	durchschnitt-liche Trocknungs-geschwindig-keit[1] $\text{kg/m}^2\text{h}$	Dampfverbrauch $\dfrac{\text{kg Dampf}}{\text{kg trockenes Papier}}$	Anzahl der Heiz-gruppen	Zahl der Zylinder je An-triebs-gruppe
Kondensator-papier	8 bis 12	3 bis 5	5 bis 7	Einzel-heizung	Einzel-antrieb
Pergament-Zeichenpapier	40 bis 60	5 bis 7	4 bis 6	Einzel-heizung	4 bis 6
Schreib- und Druckpapier	50 bis 70	16 bis 24 (28)	1,9 bis 2,5	3	8 bis 10
Zeitungs-Druckpapier	50 bis 52	20 bis 23	1,8 bis 2,2	3	8 bis 14 (16)
Packpapier	60 bis 120	20 bis 24	2 bis 3	3	8 bis 10
Karton	250 bis 700	14 bis 18 (20)	2,2 bis 3	3[2]	6 bis 8

[1] Bezogen auf die papierbedeckte Fläche (etwa 60 % der gesamten Fläche).
[2] Obere und untere Zylinder getrennt.

Dicke, genügend feste Bahnen (Packpapier, Karton, Zellstoff) führt man mit der Eigenspannung über die Zylinder. In schnell laufenden Maschinen wirken dabei Preßwalzen der Gefahr entgegen, daß Luft zwischen die Bahn und die Zylinder kommt.

Hinter den eigentlichen Mehrzylindertrocknern laufen meistens einer oder zwei wassergekühlte Zylinder, und daran schließen sich 2 bis 10 Glättwalzen (die Trockenglätte) und die Aufrollmaschine an.

Leitfilze und -siebe und zugehörige Hilfstrockner
Läßt man nasses Papier nur lose auf einem Zylinder trocknen, so bildet sich eine Dampf-Luft-Schicht zwischen ihm und dem Zylinder, die den Wärmedurchgang beträchtlich hemmt. Damit diese Schicht dünn bleibt, läßt man das Papier, solange es nur schwachen Zug aushält, durch die mitlaufende „Bespannung" — durch gewebte Filze, genadelte Filze oder durch sogenannte Trockensiebe — fest und gleichmäßig auf die Zylinder drücken (Bild 2.211). Diese Führungsbänder sollen außerdem verhindern, daß die Papierbahn Beulen und aufgekräuselte Kanten bekommt und übermäßig schrumpft. Allerdings kann die meiste Feuchte in solchen Maschinen nicht direkt entweichen, sie muß durch die Bänder hindurchgehen.

Dichtgewebte Filze nehmen vom Gut bis zu 80 % und mehr des entweichenden Feuchtestromes auf, und zwar hauptsächlich als Dampf. Ein Teil dieser Feuchte wandert noch auf den Zylindern als Dampf durch die Filze, ein anderer bewegt sich schrittweise kondensierend und verdampfend zur kühleren Außenseite der Filze und ein weiterer geht beim Lauf der Filze durch die freien Luftstrecken von der Innenseite an die Luft über. Alle dabei nicht entweichende Feuchte muß durch die sogenannten Filztrockner entfernt werden, wozu 15 bis 20% des insgesamt nötigen Heizdampfes gebraucht werden.

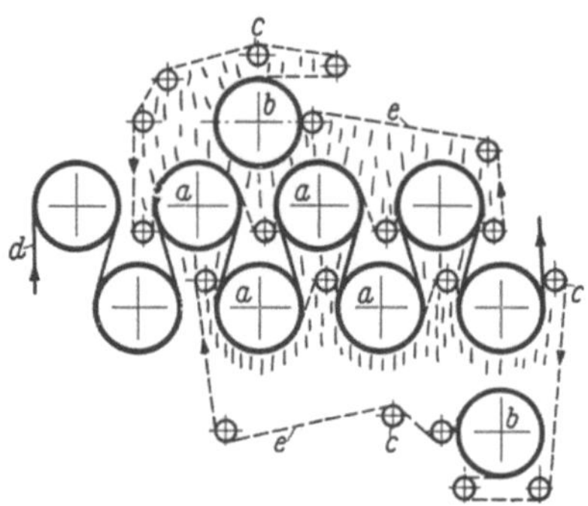

Bild 2.211. Schema eines Mehrzylindertrockners mit Bandführung.
a Trocknungszylinder für das Gut; b Trocknungszylinder für das Führungsband; c Leitwalze; d Gut; e Führungsband.

Man verwendet Filze heute hauptsächlich in den ersten Zylindergruppen und da, wo das Papier weich ist und Markierungen bekommen könnte.

Die übrigen Zylindergruppen stattet man mit sog. Trockensieben aus, mit ziemlich grobmaschigen Geweben, und zwar setzt man vorne in den Maschinen dichtere, weiter hinten offenere Gewebe ein. Die Siebe sind viel durchlässiger als Filze und lassen den Dampf leichter in die Luft entweichen; auch gestatten sie der Luft, durch die Maschen hindurch zum Gut zu treten. Dadurch stellt sich an der siebberührten Seite des Papiers eine niedrigere Temperatur, innerhalb des Papiers ein größeres Temperaturgefälle und ein stärkerer Wärmestrom, und insgesamt eine höhere Trocknungsgeschwindigkeit als sonst ein. In schnellaufenden Maschinen reißen die Siebe Luftströme mit sich, lassen sie, wenn auf der einen Seite Über- und auf der anderen Seite Unterdruck herrscht, gleichmäßig über die Siebbreite verteilt durch ihre Löcher in die Taschen zwischen den Zylindern treten und treiben sie aus diesen Räumen wieder heraus. Dabei nehmen die Luftströme, deren Geschwindigkeit mit der Laufgeschwindigkeit der Maschinen zunimmt, den entstehenden Dampf mit und wirken gleichmäßig trocknend. Im Gegensatz zu den Filzen gestatten die offenen Siebe mittels Blaskästen, die mit Schlitzen oder Düsen versehen sind, zusätzliche Luft durch die Siebe in die Taschen zu bringen und dabei die Siebe auch selbst zu trocknen. Für weniger offene Siebe benutzt man Blaswalzen zum Trocknen [301].

Zum Trocknen der Filze dienen meistens dampfbeheizte Zylinder, die über und unter den Hauptzylindern liegen. Ihre Heizfläche kann zu derjenigen der Hauptzylinder im Verhältnis 1:6 bis 1:4 stehen. Die hinteren Zylindergruppen brauchen meistens keine Filztrockner. Häufig laufen die Filze infolge Reibung mit der Papierbahn und werden durch Leitwalzen von 450 bis 600 mm Durchmesser geführt. Größere Filztrockner haben eigene Antriebe. Nötig ist, die Filze mit einstellbaren Vorrichtungen zu spannen.

Andere Anlagen trocknen die Filze mit hindurchströmender Heißluft. Dazu läßt man die Filze oft über gelochte Zylinder (z. B. System Madeleine) laufen, die in periodisch durchströmte Längskammern unterteilt sein können und aus denen Heißluft tritt (Bild 2.212). Diese Blaswalzen nehmen die Stelle der sonst gebräuchlichen Filzleitwalzen zwischen den Zylindern ein. Sie trocknen das Führungsband jeweils sofort nach dem Verlassen der Zylinder.

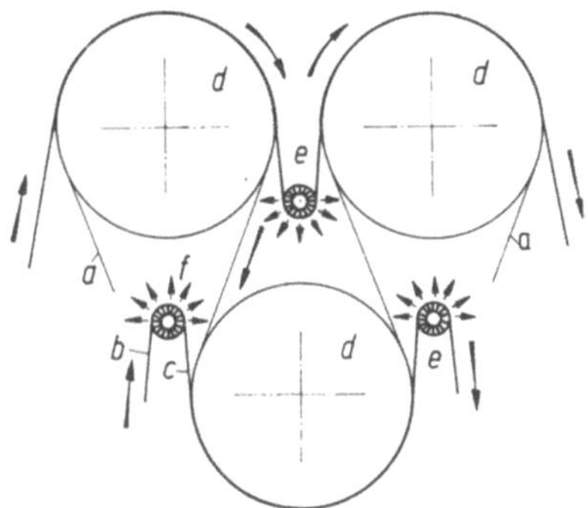

Bild 2.212. Heißluftblaswalzen zum Trocknen der Filze in einem Papiertrockner (Ets. Madeleine, Ing. Const. Estaires).
a Papierbahn; *b* nasser Filz; *c* trockener Filz; *d* Trocknungszylinder für das Papier; *e* Heißluftblaswalzen; *f* wegströmende Luft.

Antrieb der Zylinder

In vielen Maschinen mit Papiergeschwindigkeiten bis zu 400 m/min treibt ein großer Motor alle Zylinder an. Schneller laufende Maschinen dagegen haben meistens Gruppenantriebe mit mehreren Motoren, und manche Spezialtrockner sind mit Einzelantrieben für die Zylinder ausgestattet.

Von den Motoren kann die Antriebsenergie auf verschiedene Weise zu den Zylindern gelangen. Häufig anzutreffen sind Längswellen, welche die Zylinder über Kunststoffriemen mit Reibbelag, Kegel- und Stirnräder antreiben.

Ein anderes Beispiel zeigt das schematische Bild 2.213. In vielen Maschinen sitzt vor jedem Zylinder ein geschlossenes Getriebe, das mit den anderen Getrieben seiner Zylindergruppe durch Zwischenwellen und Kupplungen zu einer Antriebsgruppe vereinigt ist [302].

Stets liegen sämtliche Antriebe der Zylinder auf einer Seite der Maschine. Sie sind meistens in der Zylinderstuhlung oder in besonderen Kästen verkapselt und müssen sich leicht schmieren lassen. Schnellaufende Maschinen brauchen Zwangsdurchlaufschmierung.

Während des Laufes durch die Maschine versucht das Papier zu schwinden, und zwar zieht es sich in der Querrichtung vornehmlich beim Übergang vom einen zum anderen Zylinder zusammen; in der Längsrichtung kann es nur eingehen, wenn die Umfangsgeschwindigkeit der hinteren Zylinder geringer ist als die der vorderen, genauer gesagt, wenn die Geschwindigkeiten der Zylinder so aufeinander abgestimmt sind, daß keine Längszugkräfte entstehen. Man läßt im wirklichen Betrieb zwar nur begrenzte Kräfte zu, man kann aber ohne einen gewissen „Zug" in der Bahn nicht auskommen.

Wollte man den Zug überall gleich halten, so müßten alle Zylinder unterschiedlich schnell laufen. Tatsächlich unterscheiden sich jedoch, wie schon angedeutet, in vielen Maschinen nur gewisse Zylindergruppen durch die Geschwindigkeit voneinander. Man nimmt hierbei die Zugkräfte, die innerhalb der Gruppen entstehen, in Kauf.

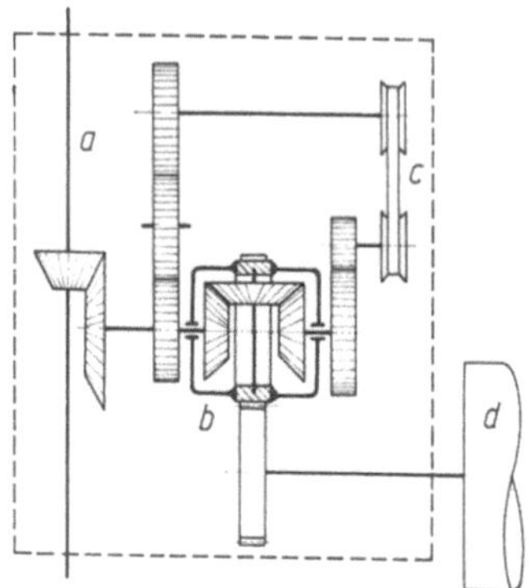

Bild 2.213. Antrieb der Zylinder *d* eines Papiertrockners: im Beispiel über Längswelle *a,* Differentialgetriebe *b* und Getriebe *c* mit einstellbarer Übersetzung [302].

Heizen der Zylinder

Man kann die Mehrzylindermaschinen in verschiedener Weise mit Dampf speisen. Bei Parallelschaltung der Zylinder wird der Dampf in jedem Zylinder vollständig kondensiert. Dabei kann in jedem Zylinder die Höchsttemperatur eingestellt werden, die der Druck des ankommenden Dampfes zu erreichen gestattet; aber

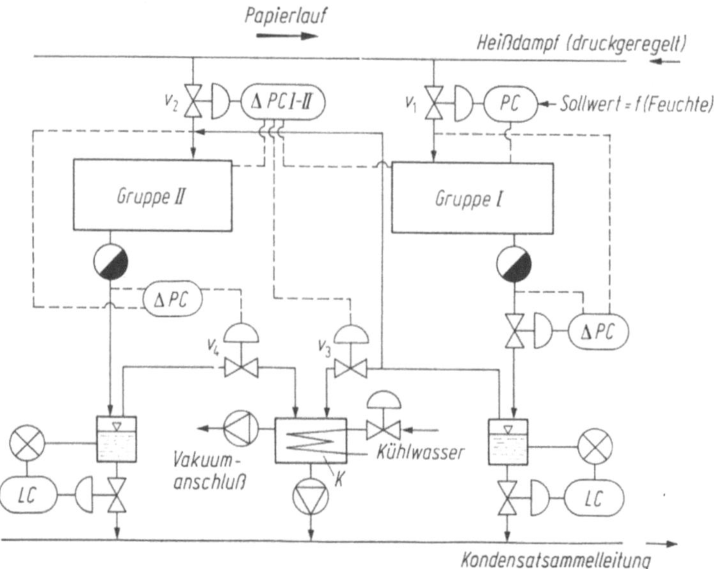

Bild 2.214. Grundschema der Regelung des Dampf- und Kondensatsystems eines Drehzylindertrockners für Papier.
v_1-v_4 Ventile; *PC, ΔPC, ΔPCI–II, LC* Regler; *K* Kondensator.

auch jede andere Temperatur ist erreichbar bis zu der niedrigsten, die der zum einwandfreien Entwässern der Zylinder nötige Druck vorschreibt. So kann auch der Temperaturverlauf längs des Trockners und die Trocknungsgeschwindigkeit auf jede durch die Maschine gehende Papiersorte abgestimmt werden.

Wechselt die Papiersorte aber wenig, so bevorzugt man heute Durchgangs-Stufenschaltungen. Man leitet den Dampf, der in einer ersten Zylindergruppe (Bild 2.214) nicht ausgenutzt wird, zu einer zweiten Gruppe und so weiter. Dabei wird er nötigenfalls mit Frischdampf vermischt. Diese Schaltungen gewährleisten verbesserten Wärmeübergang in den Zylindern und sie gestatten, die Entspannungsenthalpie des Dampfes weitgehend auszunutzen, wenn die Druckstufen zwischen den Zylindern günstig gewählt werden [303].

Luftzufuhr und -abfuhr

Einen wichtigen Bestandteil der Papiertrockner stellen die Be- und Entlüftungsanlagen für die Räume zwischen den Zylindern und um die Maschinen herum dar. Zweckmäßigerweise wird die Luft, die den Dampf aus dem Gut aufnimmt, vorgewärmt und etwa mit der mittleren Stoffbahntemperatur zum Gut geführt. Das läßt sich jedoch nur bei Maschinen mit geschlossenen Hauben verwirklichen; bei offenen Anlagen darf die Temperatur der Zuluft nicht über die Grenze steigen, die dem Personal zuträglich ist.

Die der haubenlosen Einzylindermaschine nach Bild 2.215 zuströmende Luft erwärmt sich am Zylinder, verliert an Wichte und steigt in der kälteren Umgebungsluft hoch. Der so entstehende Auftrieb befähigt sie, die verdunstete Feuchte nach oben mitzunehmen und durch einen Abluftschacht wegzuführen.

Bild 2.215. Einzylindertrockner mit freier Belüftung (schematisch).

In solchen älteren Anlagen läßt sich die Luftströmung, etwa durch Verändern des freien Durchlaßquerschnitts im Schacht, kaum beherrschen. Auch kann sich über dem Zylinder Nebel bilden.

Im filzlosen Mehrzylindertrockner mit freier Luftbewegung nach Bild 2.210 strömt frische Luft nur über einen Teil der Verdunstungsoberfläche. Unterhalb der oberen Zylinder liegen Räume mit fast ruhender Feuchtluft. Die fortgehende Luft wird zwar ständig durch Raumluft ersetzt. Aber der Luftwechsel ist am Rande der Zylinder lebhafter als in der Mitte, um so mehr, je breiter die Maschine ist. Folglich trocknet die Bahn unten sowie in der Mitte mit geringerer Geschwindigkeit.

Noch ungünstiger ist der Luftwechsel bei der filzbespannten Mehrzylindermaschine nach Bild 2.211. Die Zylinder, die Filzschleifen und die freilaufende Bahn bilden Taschen, die nur nach der Seite offen sind. An ihnen streicht der Hauptteil der zuströmenden Luft außen vorbei.

Gleichmäßiger trocknet das Gut, wenn die Luft gezwungen wird, sich in den Taschen, am Gut und an den Filzen lebhaft zu bewegen. Die Maschine nach Bild 2.216 trägt eine offene Haube, durch welche Ventilatoren die Feuchtluft absaugen. Sie gestattet, die Temperatur und die relative Feuchte der Abluft höher zu treiben als sonst, weil die feuchte Luft nicht in den umgebenden Raum und an die Wände gelangt und weil sie die Bedienungsleute nicht belästigt. Man spart auf diese Weise bis zu 30% Frischluft und beträchtlich an Heizdampf.

Noch günstiger arbeiten die Trockner, die vollständig und auch im Keller eingekleidet sind (Bild 2.217). Damit das Bedienungspersonal eingreifen kann, wenn das Papier reißt, müssen die Hauben solcher Maschinen Schiebetore, Hubtore

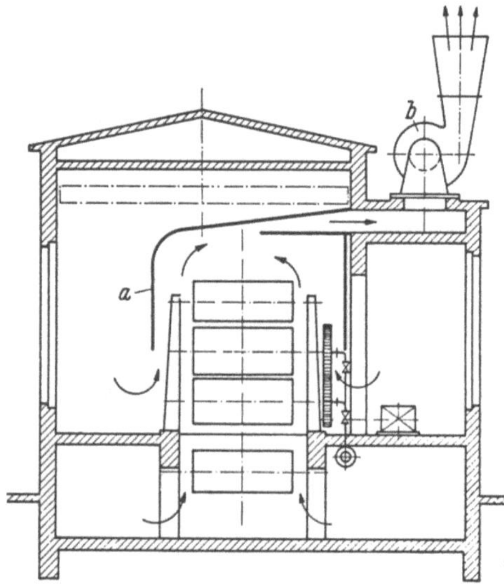

Bild 2.216. Zylindertrockner für Papier, mit Absaughaube (schematisch [318]). *a* Absaughaube; *b* Abluftventilator.

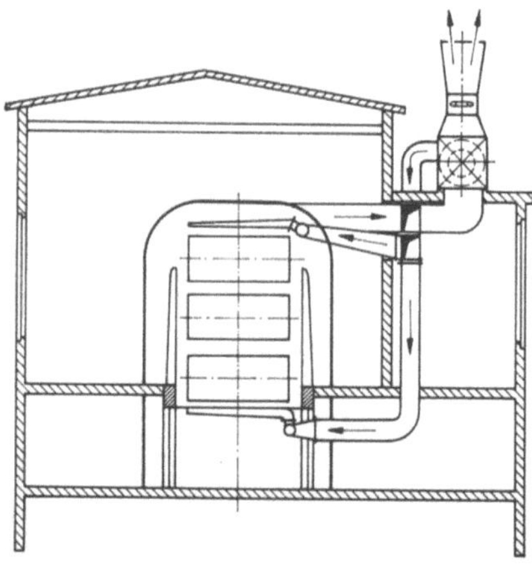

Bild 2.217. Zylindertrockner für Papier, mit geschlossener Haube (schematisch [318]).

o. dgl. haben, die leicht zu öffnen sind oder sich selbsttätig öffnen. Die Hauben sind mit einer Wärmedämmschicht versehen, die Kondensatniederschlag an den Innenseiten verhindern. Solche geschlossenen Anlagen führen die Luft mit 60 bis 80 °C zur Maschine und brauchen nur etwa 30 % der Luft, die offene Anlagen nötig haben [304].

Breite Trockner für große Produktionen haben Einrichtungen, die bis zu 60 % der nötigen Warmluft von den Seiten her auf die ganze Breite der Papierbahn und der Filze leiten. Sie geben der Luft zugleich die nötige, jedoch so begrenzte Geschwindigkeit, daß die Bahn nicht flattert [299, 304].

Der Dampfverbrauch großer Papiertrockner ist beträchtlich, obwohl neuzeitliche Anlagen nur etwa 3 000 kJ/kg verdampften Wassers brauchen. Oft lohnen sich Energierückgewinnungsanlagen. Darin strömt die dampfhaltige Abluft durch Wärmeübertrager (Bild 2.218) und gibt darin einen Teil ihrer Enthalpie an Frisch-

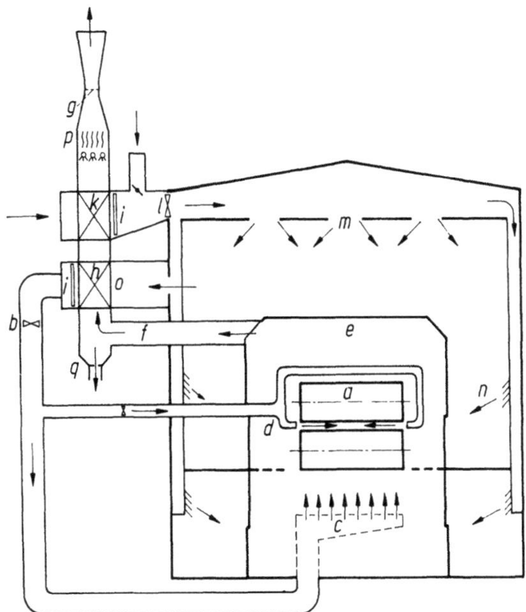

Bild 2.218. Lüftungsanlage für einen Papiertrockner mit Enthalpie-Rückgewinnungsanlage, schematisch (J. M. Voith GmbH, Heidenheim).
a Kontakt-Drehzylinder; *b* Zuluftventilator; *c* Unterwindverteiler; *d* Zuluftrohre für die Zylinder; *e* Ablufthaube; *f* Abluftrohr; *g* Abluftventilator; *h* Wärmeübertrager (Kondensator); *i* Lufterhitzer; *k* Frischluftvorwärmer; *l* Zuluftventilator für den Maschinenraum; *m* Luftverteiler an der Raumdecke; *n* Luftaustrittsgitter; *o* Abluftrohr für die Raumluft; *p* Warmwasserbereiter; *q* Warmwasserabfluß.

luft oder Raumluft ab. Die zuströmende Luft erwärmt sich dabei und kann danach unten oder seitlich in die Trockner geführt werden oder zum Belüften des Raumes über dem Naßteil der Maschine dienen. Mit dem Hauptteil der Abluftenthalpie wird zirkulierendes Wasser erwärmt, das seinerseits z. B. die Hallenzuluft erwärmen kann. Die Wirtschaftlichkeit der Rückgewinnungsanlagen hängt erheblich von den Kosten ab, die zum Antrieb der Ventilatoren aufgewendet werden müssen. In einfacheren Anlagen erwärmt die Abluft zunächst Wasser, das zu Frischluftheizkörpern geht, und danach Wasser für den Fabrikationsbetrieb.

Kontakt-Drehzylindertrockner für Textilbahnen und Kettgarn

Die Zylindertrockner für Textilbahnen — insbesondere für Gewebe aus Zellulose-fasern — werden als Ein- oder als Mehrständermaschinen gebaut und haben 4 bis 24 beheizte Zylinder in lotrecht angeordneten Reihen. Es gibt aber auch Maschinen in liegender Bauweise mit 2 bis 4 gegeneinander versetzten Zylinderreihen über-einander und mit bis zu 60 Zylindern. Man unterscheidet Maschinen für beider-seitige Trocknung der Gutsbahnen ohne Leitwalzen und solche für ein- und zwei-seitige Trocknung mit losen Leitwalzen zwischen den Zylindern.

Die Einständermaschine gemäß Bild 2.219 hat Zylinder mit etwa 600 mm Durchmesser und 2,5 mm Wandstärke und ist für 3 bar Überdruck des Heiz-dampfes gegenüber dem Atmosphärendruck ausgelegt. Meistens haben die Zylin-der Mäntel aus Edelstahl. Sollen die Maschinen Gewebe mit klebenden Appretur-mitteln trocknen, so werden ihre ersten Zylinder mit Teflon beschichtet. Die Bahn-geschwindigkeiten betragen bis zu 300 m/min. Je nachdem, mit welchem Längszug die Ware über die Zylinder läuft, verdampfen auf einem Zylinder stündlich 10 bis 30 kg Wasser je Meter Zylinderbreite. Ventilatorbelüftete Maschinen können bis zu 45 kg Wasser/m h entfernen.

Bild 2.219. Kontakt-Drehzylinder-Trockner für Textilbahnen (Zylinder-Trockenmaschine Sintensa/S der A. Monforts Maschinenfabrik, Mönchengladbach).

Die Zylinder der Maschinen haben stufenlos einstellbare und regelbare An-triebe. Damit empfindliche Gewebe annähernd spannungslos trocknen können, sind die Maschinen entweder mit Tänzerwalzen zwischen bestimmten Zylinder-gruppen versehen (s. dazu Kap. 3.5.2.2), oder sie gestatten, die Mitnahmekraft nachgiebiger Elemente im Antrieb der einzelnen Zylinder vorzuwählen und die Längsspannung in der Ware weitgehend auszugleichen.

Die Zylindertrockner haben geringen Platzbedarf, niedrige Anschaffungs-kosten und sind einfach zu bedienen. Man verwendet sie, wo es auf weichen Griff der Ware nicht besonders ankommt.

Zum Schlichten von Kettgarn gibt es Trockner wie den nach Bild 2.220. Das Gut läuft als endlose Fadenschar vom Zettelbaumgestell durch einen oder meh-rere Tröge, in denen es die Schlichteflüssigkeit aufnimmt, zu den dampfbeheizten rotierenden Trocknungszylindern und von dort zur Aufbäummaschine. Meistens haben die Zylinder Durchmesser von etwa 800 mm und Breiten bis 3300 mm; sie werden mit Dampf von max. 4 bar Überdruck beheizt. Die Zylindermäntel bestehen aus nichtrostendem Stahl und haben geschliffene Oberflächen. Damit die Schlichte nicht anklebt, versieht man die vorderen Zylinder mit Teflonbezug.

Bild 2.220. Schlichtanlage für Stapelfasergarne mit Kontakt-Drehzylindertrockner (Gebr. Sucker, Mönchengladbach).
Im Hintergrund Zettelbaumgestell; in der Mitte hochgestellter Trockner; darunter Schlichtetröge; im Vordergrund Aufbaummaschine.

Für empfindliche Garne muß die Temperatur jedes Zylinders individuell einstellbar und regelbar sein. Auch müssen automatische Schnellschlußventile die Dampfzufuhr unterbrechen, sobald die Anlage stehen bleibt.

Üblicherweise wird die ganze Schlichtanlage von einer Längswelle aus angetrieben. Winkelgetriebe sowie Ketten und Kettenräder oder Zahnräder übertragen die Energie auf die Zylinder.

Hin und wieder muß man gerissene oder fehlende Fäden nachnehmen. Dazu ist die Schlichtanlage, deren rotierende Teile sehr unterschiedliche Massen haben, so ausgestattet, daß man sie gleichmäßig abbremsen und anfahren und mit verminderter Geschwindigkeit betreiben kann.

2.3.2.2.4. Kontakt-Haftschichttrockner

Arbeitsweise, Anwendung der Kontakt-Haftschicht-Zylindertrockner

Als zweite Gruppe der Kontakttrockner, die das Gut relativ zur Heizfläche in Ruhe halten, seien die Kontakt-Haftschichttrockner behandelt. Die meisten dieser Trockner haben innenbeheizte sich drehende Zylinder, auf deren äußeren Mantelflächen das flüssige, breiige oder pastige Gut als dünne Schicht so aufgebracht wird, daß es anhaftet und sodann trocknet. Es wird danach abgeschabt (Bild 2.221). Oft nennt man diese Trockner „Walzentrockner"; genauer ist „Kontakt-Haftschicht-Zylindertrockner". Diese Maschinen arbeiten weitgehend selbsttätig und

kontinuierlich und gestatten, falls das Gut nicht besonders weit abtrocknen soll,
sehr kurze Trocknungszeiten zu erzielen. Man benutzt sie für Stoffe, die kurzzeitig
erhöhte Temperatur vertragen, ohne Schaden zu erleiden. Ein Schabmesser
o. dgl. löst das getrocknete Gut ab, nachdem es mit dem Zylinder eine Teilumdrehung gemacht hat. Dabei fällt es als verhältnismäßig kompaktes Produkt an,
je nach seiner Art als Film oder in Flocken- oder Pulverform.

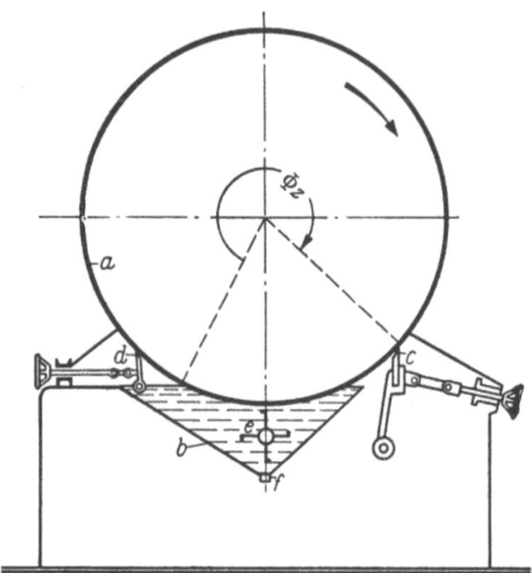

Bild 2.221. Haftschicht-Zylindertrockner mit Tauchtrog.
a Beheizter Zylinder; *b* Tauchtrog; *c* Schaber; *d* Ausbreitleiste; *e* Rührer; *f* Trogentleerung.

Es gibt Trockner mit nur einem und solche mit zwei und mehr Zylindern. Die
Wahl mehrerer Zylinder kann durch verfahrenstechnische Erfordernisse oder durch
die Notwendigkeit bedingt sein, eine genügend große Heizfläche bereitzustellen.
Ein kräftiges Gestell mit Rundstuhl für jeden Zylinder und für die zugehörige
Aufgabe- und Abnahmevorrichtung trägt die Lager, in denen sich die seitlichen
Zylinderzapfen drehen. Zum Antrieb der Zylinder dienen Zahnrad- oder Schneckengetriebe mit drehzahlverstellbaren Vorschalttrieben. Die Schabemesser sitzen auf
kräftigen Balken und werden pneumatisch oder mit Hilfe federnd angeordneter
Spindeln gegen die Zylinder gedrückt. Von dort fällt das Gut in Auffangbehälter,
aus denen es stetig mittels Schnecken o. dgl. entnommen wird [305].

An den heißen Zylindern steigt Luft empor, umstreicht das Gut und zieht dann
mit den entstehenden Dämpfen beladen — dem eigenen Auftrieb folgend oder
von einem Ventilator abgesaugt — durch eine über den Zylindern befindliche
Haube ab. Manche Trockner, z. B. die für giftige Stoffe, haben staubdichte Gehäuse, in welche die Luft unten eintritt. Auch sind manche Trockner mit Blaskästen ausgestattet, aus denen Luft gegen die freie Gutsoberfläche strömt.

Welche Trocknerbauart im Einzelfall zu wählen ist, hängt von der Viskosität,
von der Haftfähigkeit und von anderen Eigenschaften des Gutes ab. Insbesondere hat sich die Art des Aufgabeapparates nach diesen Eigenschaften zu richten;
dabei ist die Aufgabevorrichtung ein bestimmender Teil des Trockners.

Manche Güter lassen sich nur schwer wieder von den Zylindern entfernen.
Je nach Erfordernis benutzt man zum Abschaben ungeteilte Messer mit Feinein-

stellung, geteilte, auf der ganzen Breite sicher aufliegende Messer, sich hin- und herbewegende Messer sowie Messer mit während des Betriebes nachstellbaren Anstellwinkeln. Weil die Messer sich abnutzen, müssen sie leicht auswechselbar sein.

Temperaturempfindliche Stoffe, die weitgehend trocknen sollen, nimmt man von den Zylindern,. bevor sie den gewünschten Endfeuchtegehalt erreichen. Man trocknet sie schonend in anderen Apparaten fertig.

Manchmal ist es vorteilhaft, das Gut vor oder während der Abnahme zu kühlen. Dazu führt man einen Kaltluftstrom über die Schicht oder man legt das Gut überhaupt auf ein endloses, laufendes Band, das den Heiz- und einen Kühlzylinder umschlingt.

Als Heizmittel für die Trockner dient in der Regel Wasserdampf, der in das Zylinderinnere geleitet wird. Dann und wann benutzt werden: Heißwasser, wenn das Gut nur niedrige Temperatur annehmen soll, gelegentlich umlaufendes Öl oder Gas, wenn hohe Temperaturen erwünscht sind, manchmal Elektrizität.

Der Heizdampf strömt in die Zylinder durch einen der seitlichen Zapfen ein. Durch den gleichen oder den gegenüberliegenden Zapfen verläßt das Kondensat den Zylinder. Der Dampf drückt es über ein bis zum tiefsten Punkt des Zylinders reichendes Syphonrohr nach außen. Benutzt wird in der Regel Dampf von 3 bis 6 bar, in Sonderfällen bis 12 bar.

Als Werkstoff für die Zylinder wählt man entweder Stahl, Edelstahl, Spezial-Grauguß, oder chromlegierten Guß, Silumin, Bronze. Man bemißt die Wandstärke der Zylinder reichlich, damit man die Zylinder mehrmals abdrehen und nachschleifen kann. Gleichmäßige Trocknung setzt gleichmäßige Filmdicke des Gutes voraus. Eine solche ist nur möglich, wenn die Zylinder vollkommen glatt und in Breitenrichtung eben sind. Unterliegen die Schaber starkem Verschleiß, so ordnet man an den Zylindern je zwei an, von denen der eine nachgeschliffen wird, während der andere arbeitet.

Die Haftschicht-Zylindertrockner lassen sich leicht reinigen und verursachen wenig Unterhaltskosten.

Leistungsfähigkeit, Energiebedarf der Kontakt-Haftschicht-Zylindertrockner

Die Leistungsfähigkeit eines Trockners hängt von der Größe der Mantelheizfläche sowie von der Dicke und den stofflichen Eigenschaften der aufzutragenden Gutsschicht ab.

Wenn n die Drehzahl eines Zylinders und Φ_Z der Zentriwinkel zwischen der Aufgabe- und der Abgabestelle des Gutes ist, so beträgt die Verweilzeit t des Stoffes auf dem Zylinder

$$t = \frac{\Phi_Z}{360\,n}. \tag{2.172}$$

In der Regel wählt man n zwischen 2 und 30 1/min; die Verweilzeiten der Stoffe betragen 2 bis 30 s.

Man sucht den Zylinderumfang möglichst weitgehend auszunutzen und dementsprechend Φ_Z groß zu machen, denn nur auf der wirklichen vom Gut bedeckten Zylinderoberfläche

$$A = \frac{\pi\,d_Z\,l_Z\,\Phi_Z}{360} \tag{2.173}$$

kann Gut trocknen (d_Z Zylinderdurchmesser, l_Z nutzbare Zylinderbreite). An den nackten Teilen der Zylinder dagegen entstehen merkliche Energieverluste.

Die Dicke der Gutsschicht auf den Zylindern läßt sich bei den Sumpftrocknern und bei den Trocknern mit Ausbreit- und Glättwalzen (s. w. h.) innerhalb gewisser Grenzen beliebig wählen. In den Trocknern mit Tauchtrog aber hängt die Schichtdicke weitgehend vom Haftvermögen des Gutes und von der Drehgeschwindigkeit der Zylinder ab; in den sonstigen Trocknern richtet sie sich außerdem nach der Art der Auftragung. Die Stoffe verhalten sich so verschieden, daß es schwierig ist, Voraussagen über die mögliche oder gar über die günstigste Schichtdicke zu machen. Auf verchromten oder hochglanzpolierten Chromoberflächen z. B. haften viele Güter schlecht. Im allgemeinen wechselt die Dicke der haftenbleibenden Schicht mit der Benetzbarkeit der Zylinderoberfläche, mit der Grenzflächenspannung und auch etwas mit der Viskosität der Stoffe, und diese Größen hängen ihrerseits erheblich vom Feuchtegehalt der Stoffe ab. Viele Güter haften besser, wenn sie vor dem Trocknen eingedickt werden. Andererseits können beigefügte Benetzungsmittel das Trocknen erschweren.

Eine statistische Auswertung zahlreicher Versuchsdaten, die an Trocknern mit Tauchtrog bei 150 bis 160 °C Oberflächentemperatur gewonnen wurden, ergab für die Dicke s_{Fl} der Gutsschicht die Größenwertgleichung [305]:

$$s_{Fl} = k_Z \frac{(\sigma_{Fl} \cos \varphi_B)^{3/2}}{\varrho_{Fl}\, u_Z^{1/3}} \qquad (2.174)$$

(k_Z Konstante, σ_{Fl} Grenzflächenspannung der Flüssigkeit, ϱ_{Fl} Dichte, φ_B Randwinkel der Benetzung, u_Z Umfangsgeschwindigkeit des Zylinders).

Bei den Dünnschichttrocknern für Flüssigkeiten kann die Schichtdicke 10 µm und weniger betragen, bei Tauchtrogtrocknern beträgt sie meistens zwischen 25 und 120 µm und bei den Zylindertrocknern für Breie und Pasten bis 1 mm und mehr.

Stoffe, die ursprünglich flüssig sind, ändern auf den Zylindern mit fortschreitender Trocknung ihren Zustand. Im ersten Stadium bleibt das Gut flüssig und seine Oberflächentemperatur strebt der Grenze gemäß Gl. (2.170) zu. Bei echten Lösungen, die erniedrigten Dampfdruck haben, liegt diese Temperatur höher als bei Suspensionen und steigt mit zunehmender Konzentration der Lösungen an. Im zweiten Stadium geht der Stoff allmählich in den festen Zustand über und behält seine Temperatur, solange sich das Gelöste ausscheidet. Im dritten Stadium hat der Stoff feste Form und durchläuft, je nach seiner Beschaffenheit und dem Endfeuchtegehalt, sämtliche drei Trocknungsabschnitte oder nur einen oder zwei. Die Schichtdicke kann sich hierbei beträchtlich ändern.

Soll ein Zylinder stündlich die Naßgutmasse $\dot{m}_1 = m_S(X_1 + 1)$ vom Feuchte/Grundstoff-Massenverhältnis X_1 auf das Verhältnis X_2 trocknen, so braucht er die nutzbare Oberfläche

$$A = \frac{\dot{m}_1}{\varrho_{Fl}\, s_{Fl}}\, t' = \frac{\dot{m}_S(X_1 - X_2)}{\bar{g}_D}. \qquad (2.175)$$

Mit $\dot{m}_S$ ist der Grundstoff-Massendurchsatz, mit t' die nötige Trocknungszeit bezeichnet, die mit t (nach Formel (2.172)) übereinstimmen muß; $\bar{g}_D$ bedeutet die durchschnittliche Trocknungsgeschwindigkeit, die sich unter den früher genannten Voraussetzungen aus den Gln. (2.170) und (2.171) ermitteln läßt. Das Glied s_Z/λ_Z

im Nenner auf der rechten Seite der Gl. (2.171) ist bei Haftschicht-Zylindertrocknern bedeutungslos.

Meistens gibt man den Zylindern Durchmesser zwischen 500 und 1500 mm und Breiten zwischen 500 und 3500 mm. Zylinder mit Heizflächen über 12 m² werden selten gebaut.

Über die Leistungsfähigkeit einiger Haftschicht-Zylindertrockner gibt die Tabelle 2.13 Auskunft. Weil das Gut nach dem Aufbringen auf den Zylinder in der Regel zuerst aufgewärmt werden muß, und weil die Dicke und die Wärmeleitfähigkeit der Gutsschicht sowie der Wärmeübergangskoeffizient zwischen Heizmittel und Mantel entlang dem Zylinderumfang stark wechseln, so nimmt der Zylinder an den einzelnen Stellen unterschiedliche Temperatur und die Trocknungsgeschwindigkeit unterschiedliche Beträge an. Die Tabelle enthält Durchschnittswerte.

Steigert man den Heizdampfdruck in einem gegebenen Trockner und damit die Oberflächentemperatur des Zylinders, so kann die Schichtdicke des Gutes davon unberührt bleiben oder beeinflußt werden, je nachdem, in welcher Weise das Gut auf den Zylinder gelangt. Das Gut kann schäumen und sich stellenweise von der Heizfläche abheben. Mit der Schichtdicke ändert sich der Stoffdurchsatz des Trockners und der Wärmefluß zu den Verdampfungsstellen. Insgesamt beobachtet man meistens eine erhebliche Steigerung der Trocknungsgeschwindigkeit und eine Abnahme des Gutsendfeuchtegehalts mit steigender Zylindertemperatur.

Anders wirkt sich eine Steigerung der Zylinderdrehzahl aus. Bleibt die Schichtdicke im betrachteten Trockner bei zunehmender Drehzahl gleich, so wächst der Stoffdurchsatz proportional zur Drehzahl, aber auch der Endfeuchtegehalt nimmt zu. Sinkt die Schichtdicke andererseits mit steigender Drehzahl, wie nach Gl. (2.174), so gelangt zwar ein stärkerer Wärmestrom zu den Verdampfungsstellen und die Trocknungsgeschwindigkeit steigt dementsprechend an, aber zugleich trocknet das Gut wegen seiner kürzeren Verweildauer auf dem Zylinder meistens (jedoch nicht immer) weniger weit ab.

Die Haftschicht-Zylindertrockner arbeiten energiewirtschaftlich günstig. An Heizenergie brauchen sie 2900 bis 4000 kJ/kg verdampfenden Wassers, entsprechend 1,4 bis 1,9 kg. Dampf/kg Wasser. Ihr Bedarf an Antriebsleistung hängt selbstverständlich von der Trocknergröße, von der Zylinderdrehzahl und von der Art des zu verarbeitenden Gutes ab. Zum Antrieb kleiner Zylinder sind ungefähr 0,5 kW/(m²/min) und zum Antrieb großer Zylinder etwa 0,1 kW je m² Heizfläche und je Umdr./min nötig.

Haftschicht-Zylindertrockner mit Tauchtrog

Die einfachste Vorrichtung, mit der eine haftfähige Flüssigkeit auf einen Zylinder gebracht werden kann, ist der sogenannte Tauchtrog (Bild 2.221). Auf dem umlaufenden Zylinder, der in die Flüssigkeitsfüllung des Troges taucht, schlägt sich der Gutsfilm nieder, wird rundgetragen und dann abgeschabt. Dabei wird die Dicke des Films von der Beschaffenheit des Gutes, von der Drehgeschwindigkeit und der Oberflächentemperatur des Zylinders sowie von der Eintauchtiefe (meistens einige Zentimeter) bestimmt. Flüssigkeiten mit Viskositäten $\eta < 50$ mPa s lassen sich ohne weiteres in genügend dünner Schicht auf den Zylinder bringen. Damit sich an den Stirnseiten des Zylinders und an den Enden kein Gut festsetzt,

Tabelle 2.13. Leistungsfähigkeit von Kontakt-Haftschicht-Zylindertrocknern

Art des Trockners — Art des Gutes	Feuchtegehalt W des Gutes		Dampf-druck abs.	Zylinder-Drehzahl	Flächenbezogener Fertiggutdurchsatz	Trocknungs-geschwindigkeit
	Eintritt %	Austritt %	bar	1/min	kg/m²h	kg/m²h
Einzylindertrockner mit Tauchtrog						
Alkalikarbonat	50	8 bis 12	3,5	4,4	20	17,8
Doppelzylindertrockner mit Tauchtrog						
organisches Salz, Lösung	73	2,8	5,5	5	6,8	18,6
organische Verbindung, dünner Schlamm	70	1,2	5,5	5	8,6	19,6
organische Verbindung, Lösung	75	0,5	5,0	5	1,1	1,9
Einzylindertrockner mit Auftragwalzen (Bild 2.223)						
Magermilch-Konzentrat	50	4	3,8	24	15,8	14,2
Molken-Konzentrat	45	4,3	5,0	16	10 bis 11,8	7,4 bis 8,8
Kupferoxidul	58	0,5	5,2	10	11,0	14,3
Einzylindertrockner mit Schleuderauftragung						
Magnesiumhydroxid, dicker Schlamm	65	0,5	3,0	1	6,8	5,4
Doppelzylindertrockner mit Schleuderauftragung						
Eisenhydroxid, dünner Schlamm	78	3,0	3,0	3	15,4	4,7
organisches Salz, dünner Schlamm	80	1,7 bis 3,1	5,0	3 bis 5	3,6 bis 6,8	13,3 bis 26,2
Natriumazetat	50	4,0	6,0	5	10,0	9,3
Natriumsulfat	70	2,3	7,8	5	18,0	40,4
Zweizylinder-Sumpftrockner						
Bierhefe	80	8,0	6,0	5	10,0	36,2
Magermilch, frisch	91,2	4,0	6,4	12	6,2	61,5
organisches Salz, Lösung	89	—	6,0	5,5	4	32,3
organisches Salz, Lösung	60	3	5 bis 6	6,5	12,2	17,7
organische Verbindung, dünner Schlamm	75	1	3,5	4,5	1,4 bis 6,8	12,6 bis 18
Doppelzylindertrockner mit Walzenauftragung						
Kartoffelbrei	76,2	11,4	8	5	22,5	61,1

sind an den seitlichen Trogwänden Dichtungen angebracht. Diese sind z. B. als Schleifringdichtungen ausgebildet, deren Ringe in Nuten liegen und den Zylinder federnd umspannen.

Weil der Zylinder auch die Flüssigkeit im Trog erwärmt, wodurch sie teils verdunstet, so ändert sich die Gutskonzentration fortwährend und deshalb auch die Filmdicke. Auch kann die Flüssigkeit im Trog zu lange erhöhter Temperatur ausgesetzt sein, und der Feststoff kann zum Teil ausfallen, wenn er beschränkt löslich ist.

Statt eines großen Troges kann eine kleine Wanne benutzt werden, die unmittelbar unter dem Zylinder sitzt und das Gut aus einem großen Behälter zugepumpt erhält. Diese Pumpe fördert ein wenig mehr Gut als am Zylinder haften kann, und veranlaßt, daß der Überschuß fortwährend in den großen Behälter zurücktropft, wo er kühl bleibt (N 223.512.4).

Haftschicht-Zylindertrockner mit Auftragwalzen

Soll das Gut im Aufgabetrog gleiche Feststoffkonzentration und Temperatur behalten, so hält man den Flüssigkeitsspiegel dort (z. B. mittels eines Überlauf- und Kreislaufsystems) stets auf gleicher Höhe und läßt die Flüssigkeit mit einer kleinen, evtl. gekühlten Hilfswalze von unten her auf den Zylinder übertragen (Bild 2.222). Dabei richtet sich die Schichtdicke auf dem Zylinder innerhalb gewisser Grenzen nach der Drehzahl der Auftragwalze. Beschickung von oben kommt für temperaturunempfindliche Stoffe in Betracht, die sich schnell entmischen könnten (N 223.512.4).

Im „Dünnschicht"-Trockner nach Bild 2.223 für sehr temperaturempfindliche Güter nimmt die untere der beiden schräg übereinanderliegenden Walzen das flüssige Gut aus der Wanne und gibt es an die zweite, gegenläufige Walze ab, die es auf den großen Zylinder überträgt. Die Walzen haben wärmeisolierenden Überzug. Sie laufen mit erhöhter Umfangsgeschwindigkeit, damit die Heizfläche zwar nur mit einer dünnen Schicht, aber doch genügend beladen wird.

Manche Güter überziehen die Aufgabewalzen mit Krusten, die zwischen dem Zylinder und den Walzen hindurchgezwängt werden müssen. Daher sind die Walzen federnd zu lagern.

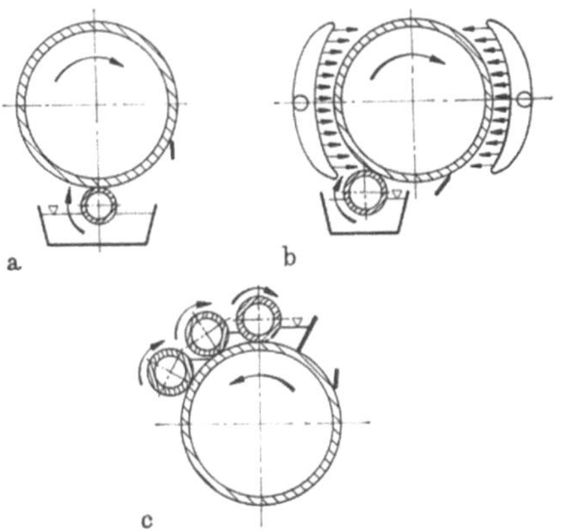

Bild 2.222. Einige Formen von Haftschicht-Zylindertrocknern mit Auftragwalzen (schematisch). a) Trockner mit unten angeordneter Walze; b) Trockner mit unten angeordneter Walze und Gutsbelüftung aus Blaskästen; c) Trockner mit oben angeordneten Walzen.

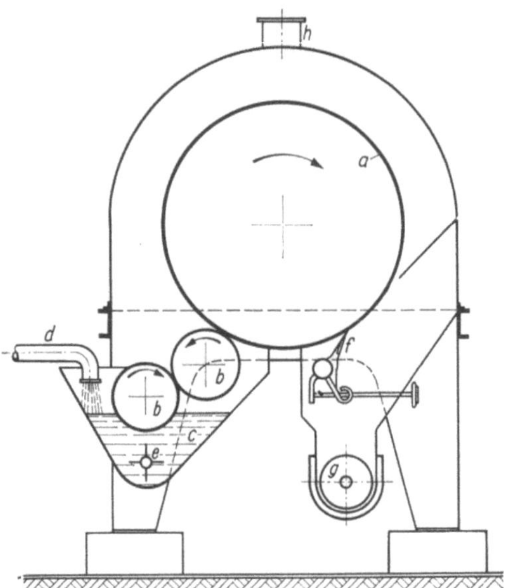

Bild 2.223. Haftschicht-Zylindertrockner mit zwei Auftragwalzen (Feinschicht-Walzentrockner der Büttner-Schilde-Haas AG, Werk Krefeld).
a Beheizte Walze; *b* Auftragwalzen; *c* Flüssigkeitsbehälter; *d* Zuflußrohr; *e* Rührer; *f* Schaber; *g* Entnahmeschnecke; *h* Abluftstutzen.

Haftschicht-Zylindertrockner mit Schleuder- und Sprühauftragung

Stoffe mit geringer Haftfähigkeit müssen oft mit rotierenden Stachelwalzen, Bürsten-, Scheibenwalzen o. dgl. von den Aufgabetrögen auf die Heizflächen geschleudert werden (Bild 2.224). Dabei läßt sich das Gut relativ dick und gleichmäßig auf die Zylinder bringen, wenn sein Feuchtegehalt über etwa 60 % liegt und wenn die Drehzahl und die Eintauchtiefe der Schleuderorgane entsprechend gewählt werden. Überschüssiges Gut tropft in die Aufgabemulde zurück. Dort wirken die Schleudern wie Rührwerke. Der dargestellte Trockner eignet sich nicht für stark schäumende Flüssigkeiten und für Schlämme. Er erzeugt ein lockeres, pulveriges Produkt aus der Flüssigkeit.

Im Zweizylinder-Sprühtrockner nach Bild 2.225 heben kleine rotierende Scheiben die Flüssigkeit aus der Verteilrinne, und feine Luftstrahlen sprühen sie gegen die Heizfläche. Man verwendet diesen „Dünnschicht"Trockner vornehmlich für temperaturempfindliche Lösungen, Emulsionen und Suspensionen, und zwar sowohl für schwach wie für hochkonzentrierte Flüssigkeiten.

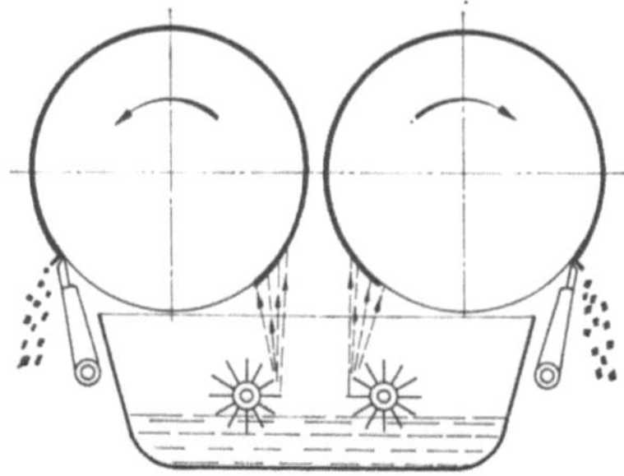

Bild 2.224. Haftschicht-Zylindertrockner mit Schleuderauftragung.

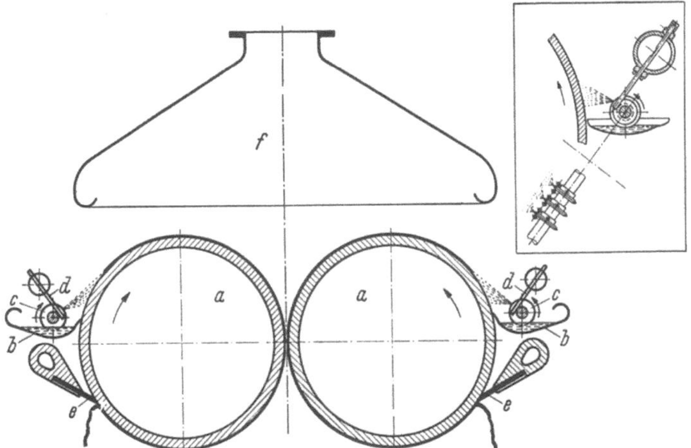

Bild 2.225. Haftschicht-Zylindertrockner mit Sprühauftrag (Bauart: Escher Wyss GmbH, Ravensburg).
a beheizte Walze; *b* Verteilrinne; *c* Sprühscheibe; *d* Sprühdüsen; *e* Schaber; *f* Ablufthaube.

Haftschicht-Zweizylinder-Sumpftrockner

Dieser weitverbreitete Trockner zeichnet sich durch die einfache Aufgabevorrichtung aus (Bild 2.226). Man gibt das Naßgut in den sog. Sumpf der Maschine, in den Raum oberhalb der engsten Stelle zwischen den gegenläufigen Zylindern. An den Stirnseiten ist der trogartige Raum nach außen durch federnd an die Walzen gelegte Schilder oder durch Wände, die auf die Zylinderoberfläche aufgeschliffen sind, abgedichtet. Die Wände und Schilder müssen gegen mechanische Abnutzung, Hitze und gegen Korrosion beständig sein. Stets ist der eine Zylinder fest gelagert, der andere horizontal ein wenig verschiebbar und so gehalten, daß

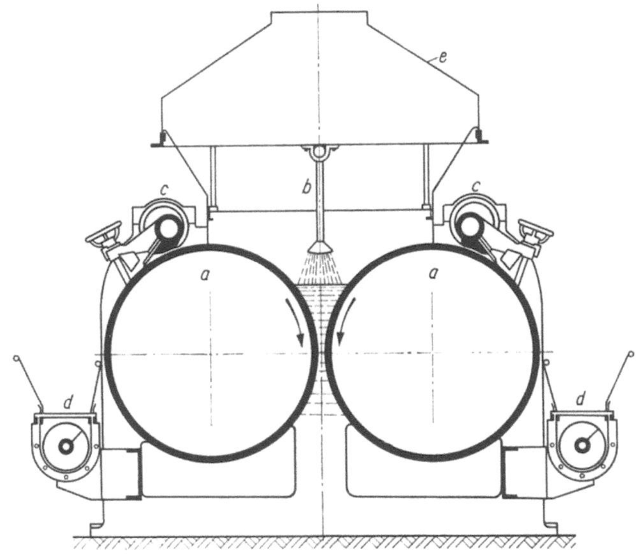

Bild 2.226. Haftschicht-Zweizylinder-Sumpftrockner.
a Beheizte Walzen; *b* Gutsaufgabe; *c* Schabmesser; *d* Förderschnecke; *e* Ablufthaube.

er seitlich ausweichen kann, wenn Fremdkörper zwischen die Zylinder gelangen (N 223.512.4).

Die Zylinder drehen sich im Sumpf abwärts. Da der anhaftende Flüssigkeitsfilm durch den engen Spalt zwischen ihnen hindurchwandern muß, so hat er stets die gleiche Dicke. Üblich sind 100 bis 150 μm. Möglich ist auch, das Gut mehrschichtig aufzutragen, indem man oberhalb des Sumpfes Walzen anordnet und einen Teil des Gutes vor diesen zugibt. Das Naßgut wird von einer Pumpe zugeführt und fließt über eine Brause, einen Trog mit gezackten Rändern oder über ein hin- und herschwingendes Rohr, oder es wird von einer Schnecke o. dgl. herangebracht und gleichmäßig über die Zylinderbreite verteilt.

Die Flüssigkeit wird oft schon im Sumpf bis zum Siedepunkt erhitzt und dadurch voreingedickt. Das erhöht den Gutsdurchsatz der Anlage. Andererseits kann es schädlich sein, empfindliche Stoffe voreinzudicken. Flüssigkeiten, die Stoffe verschiedener Löslichkeitsgrenzen enthalten, können sich entmischen.

Vorteilhaft ist, daß im Sumpf kein Rückstand verbleibt, den man entfernen müßte, nachdem der Trockner stillgesetzt ist.

Der Zweizylinder-Sumpftrockner eignet sich für flüssige bis breiartige, nicht besonders temperaturempfindliche Stoffe, für konzentrierte Lösungen dann, wenn der Stoff hohe Löslichkeit hat. Nicht in Betracht kommt er für Lösungen, aus denen ein schmirgelndes Produkt entsteht, ebenso nicht für Schlämme, die zum Absetzen neigen und einen unzulässigen Druck zwischen den Zylindern herbeiführen.

Haftschicht-Rillenzylinder-Trockner

Für pastenartige Stoffe, die nur vorgetrocknet und zugleich vorgeformt werden sollen, gibt es den Haftschicht-Rillenzylinder-Trockner (Bild 2.227). Die Preßwalze drückt das Gut in die trapezförmigen Rillen des Hauptzylinders, und die Glättwalze streicht es glatt. In den Rillen wird das Gut von 3 Seiten her erwärmt. Der Zylinder trägt es im Kreis und bringt es zu einem Kamm, der das erhärtete Gut

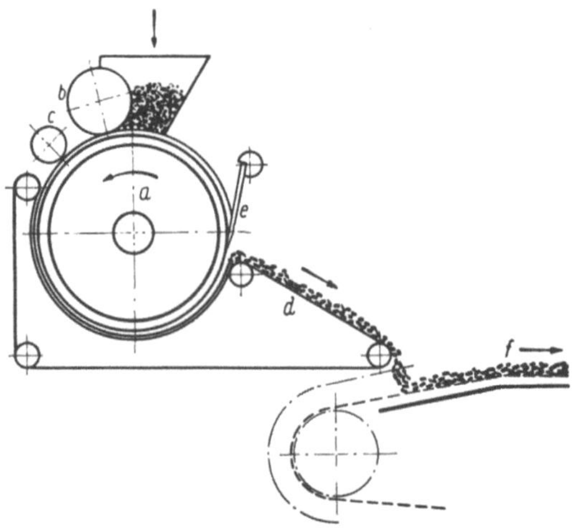

Bild 2.227. Haftschicht-Rillenzylinder-Trockner.
a Beheizter Rillenzylinder; *b* Preßwalze; *c* Glättwalze; *d* Führungsband; *e* Kamm; *f* Förderband des Haupttrockners.

aus den Rillen streift und dabei zu Stäbchen bricht. Außer dem Zylinder müssen auch oft die Walzen beheizt werden. Für Stoffe, die sich beim Trocknen von den Rillen ablösen, muß man ein umlaufendes Führungsband anordnen, das verhindert, daß die Gutsstücke vorzeitig herausfallen. Fertiggetrocknet wird das Gut meistens auf einem Durchström-Förderbandtrockner (s. Abschn. 2.3.1.4.6) (N 223.512.4).

2.3.2.3. Kontakt-Mengschichttrockner

Die Kontakt-Mengschichttrockner entfernen Feuchte aus schaufelbaren Stoffen. Sie lagern das Gut mit mechanischen Mitteln periodisch um und durchmengen es. Dadurch trocknet es meistens viel schneller als sonst. Falls die Gutteilchen locker aneinander hängen oder an den Heizflächen haften, muß man sie evtl. mittels Zerkleinerungs- und Schabvorrichtungen freimachen.

Angenehm bei den meisten Kontakt-Mengschichttrocknern ist, daß der entstehende Dampf und die wenige Luft, die ihn meistens begleitet, mit geringer Geschwindigkeit über das Gut geführt werden können, so daß sie nur wenig Staub mitreißen. Für die Brüdenströme sind daher auch nur verhältnismäßig kleine, manchmal auch gar keine Entstaubungsvorrichtungen nötig.

2.3.2.3.1. Abschätzen der Trocknungsgeschwindigkeit von Mengschichten

Ein typischer Vertreter der Kontakt-Mengschichttrockner ist der Tellertrockner gemäß Bild 2.228. Seine kreisenden Schaufeln schütten das auf dem heißen Teller liegende Gut in kurzen, gleichen Zeitabständen um. Teile, die zu irgendeinem Zeitpunkt den Teller berührten, kommen ins Schichtinnere und zur freien Oberfläche, und andere, die anfänglich oben lagen, gelangen nach unten. So tauschen Teile der verschiedenen Zonen ständig Energie und Feuchte untereinander.

Gesucht sei der Wärmestrom, der unter diesen Umständen von der Heizfläche in das Gut strömt. Die Aufgabe ähnelt derjenigen, die an Hand des „Paketmodells" im Abschn. 2.3.1.1.10 geschildert wurde; im Kontakttrockner überträgt jedoch nicht die Luft, sondern die Heizfläche Wärme in das Gut.

Schlünder und Wunschmann [306] untersuchten den Wärmeübergang von Tellerflächen an trockene Schüttungen aus kleinen Bleiglas-, Polystyrol-, Zinn-

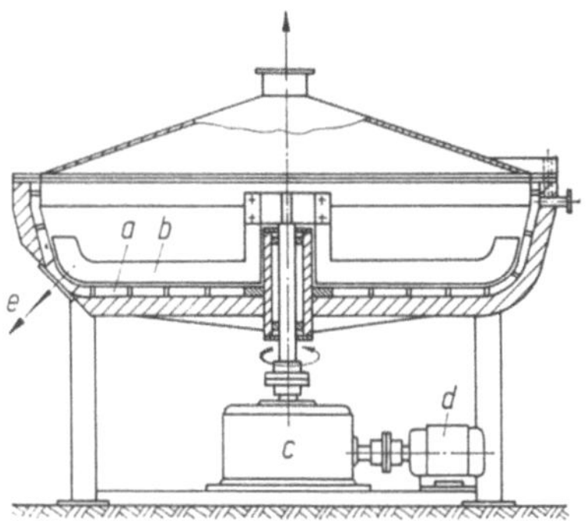

Bild 2.228. Einstufiger Kontakt-Schaufeltellertrockner.
a Teller; *b* Dreharm; *c* Getriebe; *d* Antriebsmotor; *e* Entnahmeöffnung.

bronze- und Kupferkugeln. Die Schichthöhe betrug zumeist 50 mm; die Kugeln hatten 0,25 bis 3,1 mm Durchmesser. Als momentanen Wärmeübergangskoeffizienten α_t zur Zeit t, vom Beginn der Wärmeübertragung an gerechnet, definierten sie

$$\alpha_t = q_t/(\vartheta_{HW} - \vartheta_{s,m}), \tag{2.176}$$

q_t Dichte des momentan übergehenden Wärmestromes,
ϑ_{HW} Temperatur der Heizfläche,
$\vartheta_{s,m}$ Durchschnittstemperatur aller Partikel zur Zeit t.

In einer ungerührten Schüttung, der ein konstanter Wärmestrom zugeführt wurde, folgte der Übergangskoeffizient dem Linienzug $ABCD$ auf dem schematischen Bild 2.229. Er hatte zuerst den gleichbleibenden, auf die gutsbedeckte Heizfläche bezogenen Wert α_{max} entsprechend Linie AB:

$$\alpha_{max} = (1 - \varepsilon) \left\{ \frac{2\lambda_L}{r} \left[\left(\frac{\sigma}{r} + 1 \right) \cdot \ln \left(\frac{r}{\sigma} + 1 \right) - 1 \right] + 0,04\, C_{12} \left(\frac{T_m}{100} \right)^3 \right\}, \tag{2.177}$$

λ_L Wärmeleitfähigkeit der Luft,
r Radius der Kugeln,
ε Lückenraumanteil des Haufwerks,
$\sigma = 2\Lambda(2 - \gamma_A)/\gamma_A$,
Λ freie Weglänge der Luftmoleküle beim Luftdruck innerhalb des Gutes,
γ_A Akkomodationskoeffizient, der die Unvollkommenheit des Energieaustauschs bei den Stößen der Luftmoleküle gegen die umgebenden Körper berücksichtigt (Größenordnung 0,9),
C_{12} Strahlungsaustauschkonstante,
T_m arithmetisches Mittel der Heizflächen- und der Kugeltemperatur.

Später sank der Koeffizient entlang der Linie BC entsprechend der Gleichung

$$\alpha_t = \frac{2}{\sqrt{\pi}} \frac{\sqrt{\lambda_S c_S \varrho_S}}{\sqrt{t}}, \tag{2.178}$$

λ_S Wärmeleitfähigkeit des Haufwerks,
c_S spezifische Wärmekapazität des Haufwerks,
ϱ_S Schüttdichte des Haufwerks

und strebte dann zum konstanten Wert gemäß Linie CD:

$$\alpha_e = \frac{3\lambda_S}{s}, \tag{2.179}$$

s Höhe der Schüttung.

Wurde das Gut periodisch in gleichen Zeitabständen t_p durchmischt und dabei aufgeheizt, so durchlief der Wärmeübergangskoeffizient die Kurven t_{p1}, t_{p2} usw. (Bild 2.229), die um so höher lagen, je kürzer die Perioden dauerten. Nach einiger Zeit stellten sich jeweils die konstanten Koeffizienten $\alpha_{\infty,1}$, $\alpha_{\infty,2}$, ... ein, für die Schlünder die Gleichung angab:

$$\frac{\alpha_\infty}{\alpha_{max}} = \frac{2}{\sqrt{\pi\tau}} \left[1 + \frac{1}{\sqrt{\pi\tau}} \ln \frac{1}{1 + \sqrt{\pi\tau}} \right] \tag{2.180}$$

mit

$$\tau = \frac{\alpha_{max}^2 t_p}{\varepsilon_m \lambda_S c_S \varrho_S}. \tag{2.181}$$

Vorausgesetzt ist hier, daß die Schüttung als halbunendlich ausgedehnter Körper angesehen werden kann, dessen Temperatur sich an den Stellen, die weit von der Heizfläche entfernt sind, während der Zeit t_p nicht ändert. Mit ε_m ist ein (von Schlünder nicht eingeführter) Minderungsfaktor bezeichnet (s. w. h.).

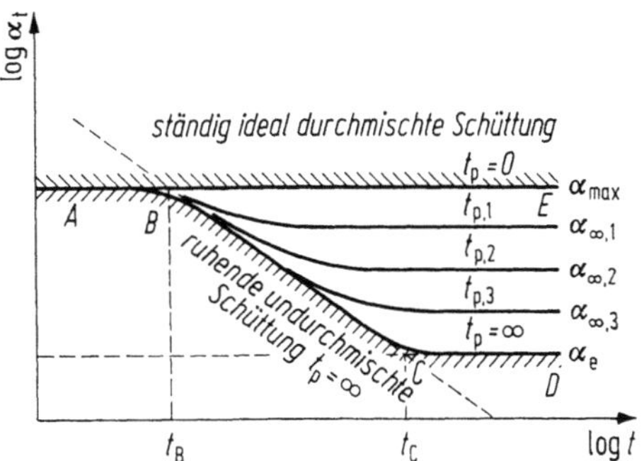

Bild 2.229. Wärmeübergang von einer heißen Fläche an eine Kugelschüttung. α_t Wärmeübergangskoeffizient; t Dauer der Berührung zwischen Gut und Heizfläche; t_p Zeit zwischen zwei Umlagerungen des Gutes.

Der Maximalwert α_{max} des Wärmeübergangskoeffizienten nach Gl. (2.177) wird, sofern im Trockner normaler Luftdruck herrscht, nur bei sehr kurzer Periodendauer (in Millisekunden) erreicht; er liegt bei Kugeln von 0,2 bis 2 mm Durchmesser zwischen 3000 und 400 W/m² K. Bestimmt wird α_{max} vom Energietransport in den Raumzwickeln nahe den Auflagepunkten der wandberührenden Kugeln, der bei großen Partikeln relativ gering ist und absinkt, wenn der Luftdruck zwischen den Partikeln stark verringert wird. Die stoffliche Beschaffenheit der Teilchen hat normalerweise keinen Einfluß auf α_{max}.

Dagegen hängt der Übergangskoeffizient (fast) nur von den Stoffeigenschaften der Schüttung — von λ_S, ϱ_S, c_S — ab, wenn in der Schüttung normaler Luftdruck herrscht und wenn $t_p \geqq 1$ s ist. Der Teilchendurchmesser spielt dann keine Rolle (Gl. (2.178) und (2.179)), und auch die Höhe der Schüttung beeinflußt den Koeffizienten bei großem t_p nicht. Einige Werte von α_∞ nennt die Tabelle 2.14.

Die Zeit t_p zwischen zwei Umlagerungen ergibt sich aus der Arbeitsgeschwindigkeit der Mischorgane. Kreisen im betrachteten Trockner i gleichartige Mischer mit der Drehzahl n in gleichen und so großen Abständen hintereinander, daß sich ihre Wirkungen nirgends überlappen, und führt die Gutschicht selbst keine Drehbewegung aus, so gilt die einfache Beziehung

$$t_p = \frac{1}{i\,n}.\tag{2.182}$$

In andersartigen Trocknern kann der Zusammenhang zwischen t_p und der Mischergeschwindigkeit sehr verwickelt sein. In manchen Fällen läßt sich nur eine fiktive Periodendauer angeben.

Da die Mengschichttrockner je nach ihrer Wirkungsweise das Gut fast ideal bis fast gar nicht durchmischen, so liegen alle wirklichen Wärmeübergangskoeffizienten α_t in dem Bereich, der im Bild 2.229 durch die Schraffur begrenzt ist.

Die Güte der Durchmischung richtet sich hauptsächlich nach der Wirkungsweise, den Abmessungen und dem Einflußbereich der Mischorgane im Trock-

Tabelle 2.14. Wärmeübergangskoeffizient α_∞ an einer Heizplatte, die mit einer Mengschicht aus Glaskugeln bedeckt ist (nach Wunschmann und Schlünder [306])
Kugeldurchmesser 2,1 mm; Schichthöhe 50 mm; Plattendurchmesser 240 mm; sechs kreisende Rührarme aus schräg abgewinkelten Blechstreifen; Abstand zwischen den Unterkanten der Rührer und der Heizplatte 5,2 mm

Drehzahl des Rührers 1/min	Wärmeübergangskoeffizient, W/m² K				
	Luftdruck in der Mengschicht				
	1 bar 1000 mbar	13,3 mbar	1,33 mbar	0,133 mbar	0,0133 mbar
12,8	44	41	30	13,7	6,3
25,6	59	51	36	14,9	6,3
50,9	80	63	42	15,9	6,3
76,3	95	71	46	16,3	6,3
102,2	110	78	50	17,0	6,3

nungsraum, ferner nach der Größe und der Form der Gutsteilchen. Wichtig sind außerdem die Haftkräfte zwischen den Partikeln und ebenso die Druck-, die Trägheits- und die anderen Kräfte, die auf die gesamte Mischung oder auf ihre Teile wirken. Schlechte Durchmischung mindert sozusagen die Möglichkeit für die Wärme, schnell in das Gut zu gelangen und ist in der Formel (2.181) durch den Faktor ε_m berücksichtigt; ε_m liegt um so näher bei 1, je besser das Gut durchmischt wird. Bei den Versuchen von Wunschmann ergaben sich mit dem günstigsten Rührer 2,5mal so große Wärmeübergangskoeffizienten α_∞ als mit dem ungünstigsten. Beläßt der Rührer stagnierende Gutsschichten auf der Heizfläche, so ergeben sich relativ niedrige α_∞-Werte.

Wenn der in die Gutsschüttung dringende Wärmestrom nur Feuchte verdampft, so folgt für die Trocknungsgeschwindigkeit der Mengschicht bei normalem Luftdruck und bei konstanter Heizflächentemperatur die Näherungsgleichung

$$g_\mathrm{D} = \varepsilon_\mathrm{m} \frac{2}{\sqrt{\pi}} \sqrt{\frac{\lambda_\mathrm{S}\, c_\mathrm{S}\, \varrho_\mathrm{S}}{t_\mathrm{p}} \frac{(\vartheta_\mathrm{HW} - \vartheta_\mathrm{s,m})}{\Delta h_\mathrm{V}'}}. \qquad (2.183)$$

Mit $\Delta h_\mathrm{V}'$ ist die spezifische Verdampfungsenthalpie der Gutsfeuchte (Gl. (2.6)) bezeichnet.

Hiernach kann die Trocknungsgeschwindigkeit durch Verkürzen von t_p, also durch Vermehren der Umlagerungen/Zeit gesteigert werden. Da die Stoffwerte λ_S, $c_\mathrm{S}, \varrho_\mathrm{S}$ mit dem Feuchtegehalt des Gutes abnehmen, sinkt g_D im Laufe der Trocknung oft beträchtlich.

Sobald die Verdunstungsstellen von der Oberfläche der Teilchen in das Innere zurücktreten, sinkt die Trocknungsgeschwindigkeit oft steil ab, beginnend bei einem um so höheren Feuchtegehalt, je größer die Einzelteilchen und je enger die Poren der Teilchen sind. Von da an bestimmt die Geschwindigkeit, mit welcher der Dampf zur Teilchen- und von da zur Schüttungsoberfläche gelangen kann, die Trocknungsgeschwindigkeit immer mehr.

Manche Güter verändern beim Trocknen die Form ihrer Teilchen und den Zusammenhalt. Eine Mischung aus feinem Sand und Wasser kann auf einer heißen Platte zunächst wie Wasser kochen, danach schlammig, breiig, steifpastig, schließlich schollig und körnig werden. Selbstverständlich läßt sich die plastische Mischung nur schlecht, der körnige Sand aber leicht umlagern und mischen. Auch das kann sich stark auf die Trocknungsgeschwindigkeit auswirken.

2.3.2.3.2. Kontakt-Mengschichttrockner, die das Gut nicht fördern

Einstufiger Kontakt-Schaufeltellertrockner (N 224.154.2)

Der einstufige Tellertrockner gemäß Bild 2.228, der für Einzelladungsbetrieb eingerichtet ist und meistens von Hand gefüllt wird, hat nur einen kreisrunden, doppelwandigen Teller von 1 bis 3,5 m Durchmesser, auf dem das Gut 50 bis 300 mm hoch liegt. Durch den Innenraum des Tellers strömt Dampf oder ein anderes Heizmittel, das Wärme durch die Tellerwand an das Gut abgibt. Auch die Seitenwände des Trockners können beheizt sein. Über dem Teller kreisen schräg gestellte Rührer oder Arme, die mit Wendeschaufeln, Seitenschabern, Rechen und dgl. besetzt sind und das Gut ständig umlagern. Die Schaufeln sind meistens gelenkig mit den Dreharmen verbunden und greifen infolge ihres Eigengewichtes wie Pflugscharen in das Gut. Manchmal laufen auch Walzen zum Zerkleinern des Gutes mit. Die Arme werden von einem Motor über ein Getriebe und eine zentrale Welle mit 5 bis 20 Umdr./min angetrieben. In der geschlossenen Haube über dem Teller ist ein Mannloch und ein Beobachtungsfenster vorgesehen, und in der Seitenwand des Trockners in Höhe des Tellers oder im Teller selbst befindet sich eine verschließbare Öffnung, durch die das Gut entnommen wird.

Man verwendet die Trockner für mehlige, körnige, manchmal auch für pastige und schlammige Güter, die in kleinen Mengen anfallen, und beim Trocknen ständig bewegt werden sollen, damit die Teilchen nicht zusammenkleben. Die Apparate lassen sich leicht reinigen, für wechselnde Güter benutzen und unter verschiedenen Bedingungen betreiben. Geschlossene Trockner erleichtern es, verdunstete Lösungsmittel zurückzugewinnen.

Heizt man die Trockner mit Dampf von 4 bis 5 bar, so erreicht man durchschnittliche Trocknungsgeschwindigkeiten $\bar{g}_D$ von 5 bis 10 kg/m²h. Großen Einfluß auf $\bar{g}_D$ hat der Anfangswassergehalt des Gutes [305, 307, 308].

Zum Antrieb braucht ein Trockner vom inneren Durchmesser d, dessen Arme n Umdrehungen/Zeit machen, die Leistung

$$P = \varkappa_T\, d^2 n, \tag{2.184}$$

worin k_T von der Art und dem (in vielen Fällen stark veränderlichen) Zustand des Gutes sowie von der Art der Wendeschaufeln usw. abhängt. Dabei ist angenommen, daß die Dreharme an den Seitenwänden nur wenig Widerstand finden. Für Überschlagsrechnungen kann man

$$\varkappa_T = 0{,}12 \text{ bis } 0{,}4\ \frac{\text{kW}}{\text{m}^2/\text{min}}$$

setzen.

Kontakt-Schaufeltrogtrockner

Als zweiter Mengschicht-Trockner, der im Chargenbetrieb arbeitet, sei der Schaufeltrog-Trockner gemäß Bild 2.230 vorgestellt. In seinem doppelwandigen, zylindrischen Gehäuse mit horizontaler Achse kreisen mehrere Arme mit Schaufeln,

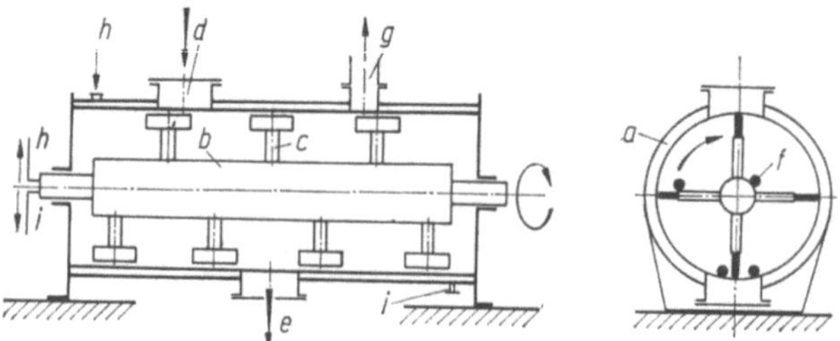

Bild 2.230. Kontakt-Schaufeltrog-Trockner (schematisch).
a Doppelwandiges, beheiztes Gehäuse; *b* Schaufelwelle; *c* Schaufelarme; *d* Guts-Einfüll-
öffnung; *e* Guts-Entnahmeöffnung; *f* Schlagrohr; *g* Abluftstutzen; *h* Heizdampfzufuhr;
i Kondensatabfuhr.

heben das Gut immer wieder an und lassen es über die Schaufelhohlwelle abrieseln. Das Gut empfängt die Wärme vom beheizten Gehäusemantel und der Hohlwelle sowie von den oft ebenfalls beheizten Rührarmen (N 224.154.3).

Üblicherweise wird der Trocknungsraum zu 30 bis 40% mit Gut gefüllt. Die
Rührarme machen 2 bis 8 Umdr./min; dabei berührt das Gut den oberen Teil der
zylindrischen Heizfläche nicht. Durchläuft das Gut eine Phase, in der es zusammen-
ballt oder anhaftet, so stattet man den Apparat mit Schlagstangen aus, die an
den Rührarmen entlangrutschen und die Agglomerate zerschlagen.

In vielen Trocknern sind die ebenen Schaufeln genau in Achsrichtung an den
Dreharmen befestigt und fördern das Gut daher nicht. Auf den Rückseiten haben
sie dagegen Schrägflächen und bewegen das Gut nach Umkehr der Drehrichtung
zu den Entleerungsstellen. In anderen Apparaten dreht sich das Schaufelwerk, während das Gut trocknet, alternierend im und gegen den Uhrzeigersinn. An Stelle
von Paddeln können auch schrägstehende Schaufeln, die gegeneinander arbeiten,
Kratzer und andere Mischorgane eingebaut sein.

Man beschickt die Trockner zweckmäßigerweise aus Trichtern, die über ihnen
angeordnet und auf die Größe der Trocknerfüllung abgestimmt sind. Unten an
den Gehäusen haben die Trockner Öffnungen mit dicht schließenden Klappen,
durch die das Gut meistens in staubdicht angeschlossene Behälter fällt.

In manchen Fällen ist es zweckmäßig, die Trockner mit Warmluft zu versorgen,
die zusätzlich Wärme einträgt und die Gutsfeuchte abführt. Ferner ist Inertgas-,
Innendruck- oder auch Vakuumbetrieb (s. Abschn. 2.5.3) möglich.

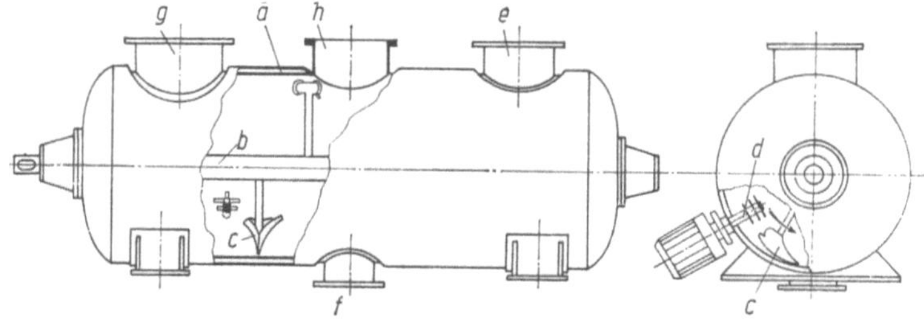

Bild 2.231. Kontakt-Schaufeltrog-Trockner DRUVATHERM (Gebrüder Lödige, Maschinen-
bau-Gesellschaft mbH, Paderborn).
a Doppelwandiges Gehäuse; *b* Schaufelwelle; *c* Schaufel; *d* Messerkopf; *e* Beschickungs-
stutzen; *f* Entleerungsstutzen; *g* Brüdenstutzen; *h* Mannloch.

Zum Mischen verschiedener Stoffe (z.B. der Fasern, Füllstoffe und Bindemittel von Preßmassen) und zum anschließenden Trocknen des Gemisches, ferner zum Behandeln von Farbstoff-Zwischenprodukten und Pigmenten dient der sog. „Druvatherm" (Bild 2.231), in dem die pflugscharähnlichen Schaufeln c das Gut schleudern und wirbeln, dadurch intensiv durchmischen und über die ganze Heizfläche verteilen. Zwischen den Pflugscharen, in der Nähe der Behälterwand, arbeiten die Messerköpfe d, die Agglomerate zerstören und so insbesondere die Endtrocknung des Gutes beschleunigen. Vornehmlich Stoffe, die eine Zähphase durchlaufen und zur Knollenbildung neigen, trocknen dadurch in kürzerer Zeit [309, 503]. (Siehe auch Vakuumtrockner Abschn. 2.5.3.)

2.3.2.3.3. Kontakt-Mengschichttrockner, die das Gut hauptsächlich mit der Gewichtskraft fördern

Kontakt-Drehrohrtrockner (N 224.253.3)

Der einfachste Trockner dieser Art besteht aus einem rotierenden, schwach zur Horizontalen geneigten Innenzylinder, der das Gut am einen Ende von einer Aufgabevorrichtung empfängt und durch den Innenraum allmählich zum Ausfallende fördert (Bild 2.232). Innen am Zylinder können Hubleisten befestigt sein, die das Gut ständig wenden und mischen. Durch den Ringraum zwischen dem Zylinder und dem Mantel strömen Verbrennungsgase aus einer Feuerung und geben Wärme durch die Zylinderwand hindurch an das Gut ab. Kräftige Laufringe, die sich auf Laufrollen stützen, umgeben den Mantel. Angetrieben wird der Trockner von einem Zahnkranz mit Ritzel und einem vorgelegten Getriebe.

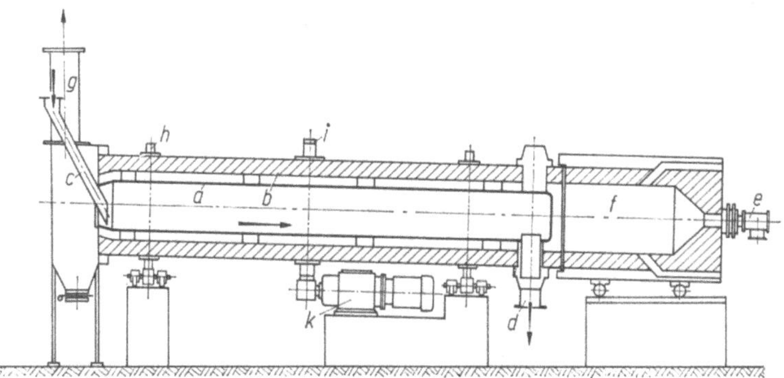

Bild 2.232. Kontakt-Drehrohrtrockner.
a Innenzylinder; b Mantelrohr; c Einfallschurre; d Ausfallstutzen; e Brenner; f Brennkammer; g Abgasrohr; h Laufkranz; i Zahnkranz; k Antrieb.

Bei der Bauart gemäß Bild 2.233 strömen Verbrennungsgase aus der Feuerung d durch das zentrale Heizrohr e längs der Trocknerachse hin und in den Kanälen f am Mantelrohr zurück. Das über die Beschickungsschurre g kontinuierlich einlaufende Gut wird von den Wänden der Kanäle f immer wieder angehoben, rieselt auf das Heizrohr e und dessen Mitnehmerbleche h sowie darüber hinweg und wandert dabei allmählich zu den Ausfallöffnungen i am Mantelrohr.

Die Trockner eignen sich für rieselfähige, insbesondere für staubförmige Güter, die zwar hohe Temperaturen vertragen, aber nicht mit Verbrennungsgasen in

Berührung kommen sollen. Sie taugen nicht für Stoffe, die an den Innenflächen haften. Zweckmäßig ist, die Trockner so zu betreiben, daß ein möglichst großer Teil der Heizfläche vom Gut bedeckt wird.

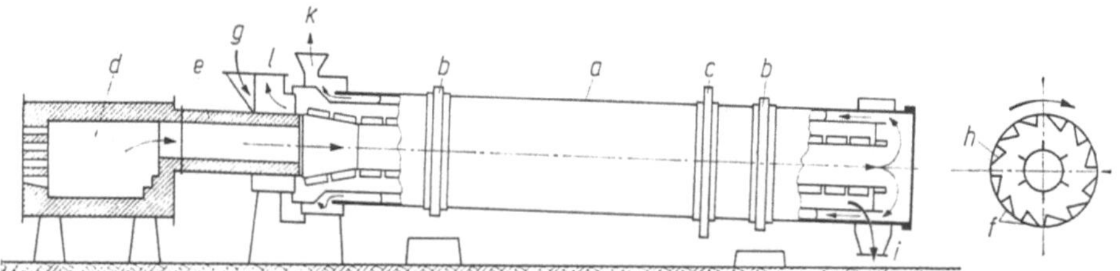

Bild 2.233. Kontakt-Drehrohrtrockner mit Innenrohr und Einbauten (Hardinge & Co., York, Pennsylvania).
a Mantelrohr; *b* Laufkränze; *c* Zahnkranz; *d* Feuerung; *e* Heizrohr; *f* Heizkanäle; *g* Gutszufuhr; *h* Mitnehmerbleche; *i* Gutsausfall; *k* Abgasaustritt; *l* Brüdenaustritt.

Kontakt-Drehröhrentrockner (N 224.253.3)

Dieser Trockner (Bild 2.234) vereinigt eine große Zahl gemeinsam sich drehender Rohre und wird vornehmlich in der Braunkohlenaufbereitung angewendet. Innerhalb des schräg liegenden, um die Längsachse sich drehenden Zylinders *a* mit angeschweißten, ebenen Stirnwänden sind die Röhren *b* angeordnet, die das Gut aufnehmen, fortbewegen und mit Wärme versorgen. Sie sind in die Stirnwände dampfdicht eingewalzt und so angeordnet, daß die Querschnittsmittelpunkte benachbarter Röhren die Ecken gleichseitiger Dreiecke bilden. Der Raum zwischen den Röhren ist mit Heizdampf erfüllt.

Als tragendes Element befindet sich in der Mitte des Trockners meistens das sog. Standrohr *c*, das mit den Stirnwänden und den außenliegenden hohlen Trag-

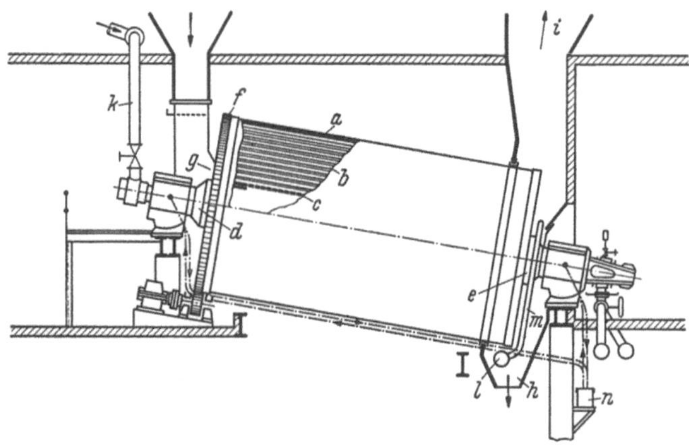

Bild 2.234. Schematischer Querschnitt durch einen Kontakt-Drehröhrentrockner.
a Zylinder; *b* Röhren; *c* Standrohr; *d, e* hohler Tragzapfen; *f* Zahnkranz; *g* Gutszufuhr; *h* Ausfallgehäuse; *i* Brüdenschlot; *k* Dampfzufuhr; *l* Wassertopf; *m* Schlangenrohr; *n* Drucköllumlauf.

zapfen *d* und *e* verschraubt ist. Über den Zahnkranz *f* an der oberen Stirnwand wird der Trockner angetrieben.

Der Heizdampf strömt durch den oberen Tragzapfen in das Standrohr und durch Löcher im Rohrmantel in den Raum zwischen den Rohren *b*. In der Nähe der unteren Stirnwand fließt das Kondensat über Stutzen, die nach außen ragen, in geschlossene Töpfe *l*. Von da heben es die Schlangenrohre *m* zum unteren Hohlzapfen *e*.

Die zum Trocknen nötige Luft tritt oben in den Trockner ein, streicht durch die Röhren und strömt, dem Zug eines Ventilators folgend, mit dem entstandenen Dampf durch das Gehäuse *i* über ein Elektrofilter oder einen anderen Staubabscheider ins Freie.

Das Feuchtgut rieselt von einem Bunker in einen seitlich vor der oberen Stirnwand sitzenden Trichter *g*, der zum Trockner hin offen ist. Dreht sich der Zylinder *a*, so streifen die Mündungen der Rohre *b* von unten nach oben an der Trichterfüllung vorbei und nehmen dabei Gut auf. In dem Trichter befinden sich meistens jalousieartig angeordnete Schurrenbleche, die das Gewicht der Stoffsäule unterteilen und das Gut locker halten, damit es besser in die Röhren rollt.

Für den Gutsdurchsatz maßgebend sind die Füllungs- und die Bewegungsvorgänge am Rohreinlauf [310]. Während die Rohrmündungen am Fülltrichter vorbeirutschen, füllen sie sich voll mit Gut. Aber alsbald fällt ein Teil der Körner zurück; er wird von Hubschaufeln, die innen am Antriebszahnkranz sitzen, in den Fülltrichter zurückgeführt.

In den Rohren bekommt das Gut eine freie Oberfläche, die sowohl in Längswie in Querrichtung zur Horizontalen geneigt ist. Es rutscht und rollt dadurch in Achsrichtung weiter.

Zusammengeballte Kohlekörner können die Rohröffnungen verstopfen. Ein „Hechelwerk" im Füllkasten beseitigt das Hemmnis. Schlecht rieselnde Kohle kann mittels Warmluftstrahlen aus einem Blaskasten weiter in die Röhren geschoben werden, nachdem sie eingerieselt ist.

In den Röhren lagern Wendeleisten das Gut ständig um, damit die Körner möglichst oft zur Rohrwand gelangen. Die Leisten sollen außerdem die Kohle rasch vom Rohranfang wegfördern und im hinteren Rohrteil aufstauen. Dadurch soll der Füllungsgrad der Röhren genügend groß gehalten und die Heizfläche gut genutzt werden. Die Form der Leisten muß dem Umstand Rechnung tragen, daß die Kohle ihr Volumen und ihre Rolligkeit beim Trocknen ändert. Für Kohle, die keine langfaserigen Teilchen enthält, eignen sich „Stegwendeleisten" (Bild 2.235). Benutzt werden ferner Spiralleisten sowie Leistenkombinationen verschiedener Form [311, 312].

Die Röhrentrockner für Braunkohle haben 2,5 bis 5 m Durchmesser, 6 bis 8 m Rohrlänge und bis zu 4000 m² Heizfläche. Der Durchmesser der kohleführenden Rohre beträgt 75 bis 102 mm; bevorzugt werden die engeren Rohre. Die Trockner machen 7 bis 18 Umdr./min, und ihre Längsachse liegt um 6 bis 11° zur Horizontalen geneigt.

Auf die Leistungsfähigkeit eines Kontakt-Drehröhrentrockners haben Einfluß: die geometrischen Gegebenheiten vor und in den Röhren, die Größe der gutsberührten Heizfläche, der Heizdampfdruck, die mittlere Temperatur und der mittlere Dampfgehalt des durch die Röhren ziehenden Luftstromes sowie die Häufigkeit und die Intensität der Gutsdurchmischung (Gl. (2.182) und (2.183)). Die gutsberührte Heizfläche ist aus dem Innendurchmesser d_i, der Länge l, der Anzahl i und dem Querschnittsfüllungsgrad Φ_q der Röhren zu berechnen. Für Φ_q gilt [313]:

$$\Phi_q = 2\frac{l}{d_i}\,\frac{1 + \dfrac{1 - W_1}{1 - W_2}}{\varrho_1}\,\frac{(k_R)_1}{\bar{v}}\,, \tag{2.185}$$

W_1 Anfangswassergehalt der Braunkohle (54 bis 58 %),

W_2 Endwassergehalt der Braunkohle (10 bis 22 %),

ϱ_1 Schüttdichte der einrieselnden Kohle (520 bis 660 kg/m³, Körnung 0 bis 6 mm und 0 bis 8 mm),

$(k_R)_1$ Massenstrom der einrieselnden Kohle/Rohrinnenfläche (10 bis 18 kg/ m²h),

$\bar{v}$ mittlere Wandergeschwindigkeit der Kohle (12 bis 48 m/h), der nötigen Trocknungszeit der Kohle entsprechend zu wählen.

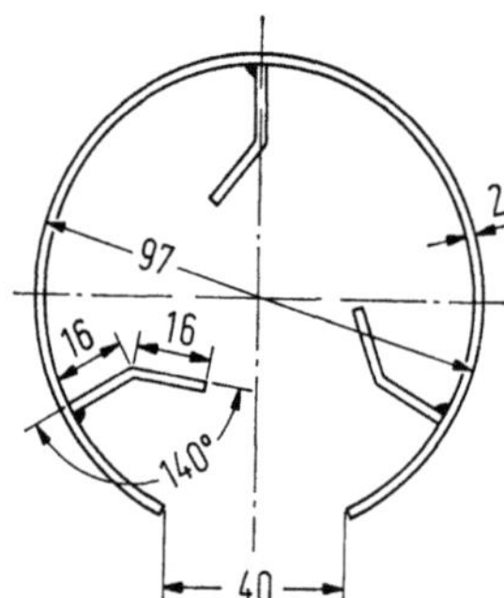

Bild 2.235. Stegwendeleisten in einem Kontakt-Drehröhrentrockner.

Meistens sind 20 bis 25 % der Heizfläche mit Kohle bedeckt, doch erscheint es möglich, mit Hilfe geeigneter Füllvorrichtungen und Wendeleisten 35 bis 40 % Füllungsgrad zu erreichen.

Mit Heizdampf von 3 bis 3,5 bar barometrischen Überdrucks stellen sich in ausgeführten Anlagen Trocknungsgeschwindigkeiten zwischen 5 und 10 kg/m²h ein, bezogen auf die gesamte Rohrinnenfläche.

Neuere Trockner brauchen ungefähr 3000 kJ/kg verdampfenden Wassers. Die Kohle hat am Ende meistens 80 bis 90 °C und die Temperatur der Brüden liegt 10 bis 15 K darüber. In manchen Anlagen müssen die Staubabscheider 10 bis 15 % der getrockneten Kohle aus der Luft abscheiden.

Kontakt-Abriesel-Drehröhrentrockner (N 224.294.4)

Diese Trockner (Bild 2.236) sind vor allem in Amerika verbreitet und haben Manteldurchmesser von 1 bis 3 m, Längen von 4 bis 30 m und Rohrheizflächen von 20 bis 2200 m².

Das Gut wird kontinuierlich eingespeist. Es rieselt beim Durchgang durch die schräg liegende Trommel a) immer wieder über die auf konzentrischen Kreisen angeordneten und mit dem Trommelkörper sich drehenden Röhren b) hinweg und bettet sie kurzzeitig ein. Typische Rohrdurchmesser sind: für die äußeren Rohre 110, für die inneren 75 mm. Innen am Trommelmantel und zwischen den Rohren sind Hubleisten befestigt, die helfen, das Gut wieder anzuheben. Durch die Rohre strömt Dampf oder ein anderes Heizmittel und gibt Wärme nach außen an das Gut' ab. Die verdampfte Gutsfeuchte zieht mit Luft vermischt durch das Trommelinnere. In der Regel arbeiten die Trockner im Gegenstrombetrieb, bei dem die Gutsteile sofort beim Eintritt dem warmen und feuchten Luftstrom begegnen und dadurch schnell und bis ins Innere angewärmt werden. Am Austritt wird das Gut von der Frischluft gekühlt. An den Ausfallschlitzen des Mantels befinden sich oft radial nach innen ragende Staubleche, die für genügende Füllung der Trommel mit Gut und so für eine ausreichende Durchlaufzeit des Gutes sorgen; zum vollständigen Entleeren des Trockners kann man die Bleche entfernen. Die Füllung des Trockners beträgt 5 bis 15 % des Leervolumens.

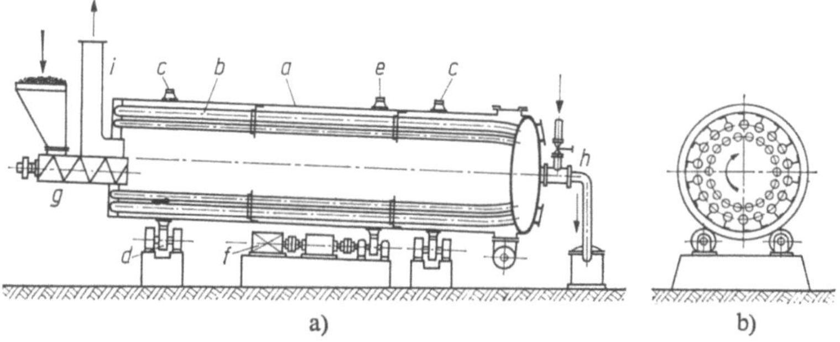

Bild 2.236. Kontakt-Abriesel-Drehröhrentrockner.
a Drehrohrmantel; *b* dampfbeheizte Röhren; *c* Laufringe; *d* Laufrollen; *e* Antriebszahnkranz; *f* Antrieb; *g* Aufgabeschnecke; *h* Dampfzu- und Kondensatabfuhr; *i* Abluftrohr.

Im Trockner nach Bild 2.236 strömt der Heizdampf über eine Verteilkammer am Trocknerende in die haarnadelförmigen Heizrohre und kehrt als Kondensat zur Kammer zurück. Damit die Rohre sich frei dehnen können, sind sie nur an einem Ende fest mit der Verteilkammerwand verbunden; am anderen Ende dient ihnen die vordere Trommelwand als Stütze.

Krusten, die sich auf den Rohren bilden, hemmen den Wärmeübergang an das Gut und verderben evtl. das übrige Material, wenn sie abplatzen. Man stattet Trockner für haftende Stoffe mit ständig wirkenden Abklopfvorrichtungen aus.

Die Trockner sind sparsam im Heizenergieverbrauch, da man sie mit hohem Feuchtegehalt der Abluft betreiben kann. Wenn der Durchsatz oder der anfängliche Feuchtegehalt des Gutes zurückgehen, so wird auch der kondensierende Dampfstrom entsprechend kleiner. Man braucht die Anlagen auch wenig zu überwachen.

Man benutzt die Abriesel-Drehröhrentrockner für zahlreiche, vornehmlich für pulverige und staubende Güter, die heiße Rohre berühren dürfen, z.B. für Pigmente und Füllstoffe für Kautschuk.

2.3.2.3.4. Kontakt-Mengschichttrockner, die das Gut mit mechanischen Mitteln fördern

Kontakt-Schneckentrockner (N 224.353.3)

Im Kontakt-Schneckentrockner (Bild 2.237) schieben geschlossene oder in Schaufeln aufgelöste Schneckengänge das Gut über die Heizfläche. Das Kapselwerk *a* schleust das Gut in den doppelwandigen Trog *b* ein. Dort fördern es die rotierenden Flügel *c*, die auf der gemeinsamen Welle *d* sitzen, allmählich zum Trogende, wo es bei *e* den Trockner verläßt. Die Neigung der Schaufelflächen zur Förderrichtung ist einstellbar. Das Heizmittel — meistens Dampf oder Wasser — fließt, von Leitwänden geführt, durch den Raum *f* zwischen den zwei Trocknerwänden. Bei *g* tritt die Frischluft ein, bei *h* zieht die Brüdenluft ab.

Trockner, die mit Feuerungs- oder Abgasen beheizt werden, erhalten einen geschlossenen Trog, an dem die Gase außen vorbeistreichen. Um den Trog herum ist ein Gehäuse mit wärmedämmenden Wänden gebaut.

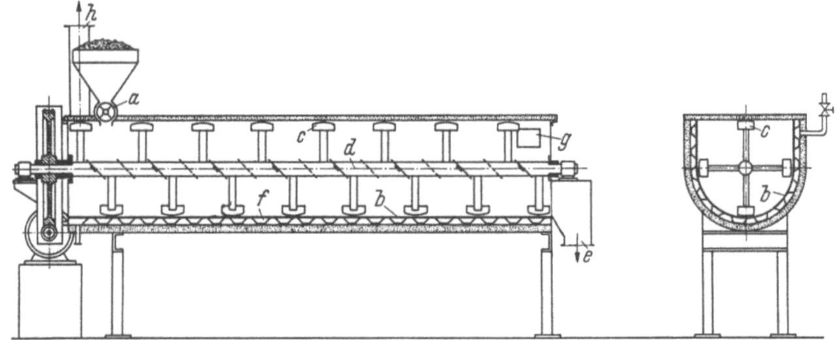

Bild 2.237. Kontakt-Schneckentrockner.
a Kapselwerk; *b* Trog; *c* Flügel; *d* Welle; *e* Ausfallstutzen; *f* Heizraum; *g* Frischlufteintritt; *h* Abluftrohr.

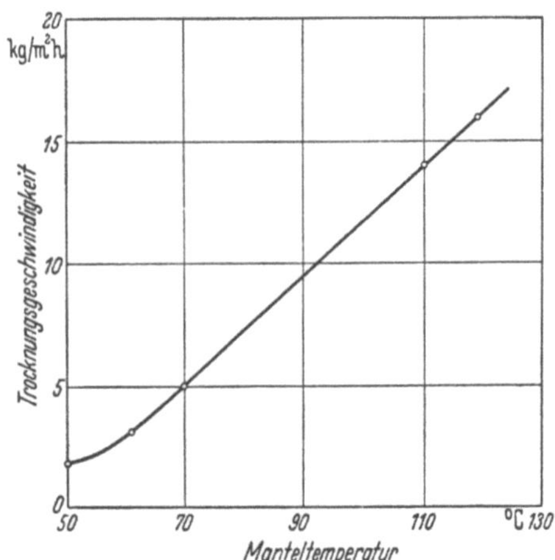

Bild 2.238. Trocknungsgeschwindigkeit in Abhängigkeit von der Manteltemperatur in einem Trog mit Rührwerk (nach Kamei u. Toei [314]).
Trogdurchmesser 20 cm; Länge 30 cm; Rührerdrehzahl 28—30/min.

Möglich ist, mehrere Tröge übereinander und das Gut, nachdem es den einen Trog durchlaufen hat, jeweils in den nächst unteren Trog fallen zu lassen, wo es in entgegengesetzter Richtung wandert. In den Trögen kann das Gut unterschiedlich behandelt und im letzten gekühlt werden.

Die Schneckentrockner haben Trogweiten bis zu etwa 500 mm, ihre Längen kann man beliebig wählen, falls man Lager innerhalb des Troges anordnen darf.

Man baut die einfachen Schneckentrockner für kleine Durchsätze vornehmlich krümeliger, grießiger und staubförmiger Güter (z.B. für Gummifüllstoffe), bei denen der mögliche Kornabrieb keine Rolle spielt. Einen besonderen Vorteil bieten die Trockner, wenn das Gut ohnehin über eine gewisse Wegstrecke bis zur nächsten Verarbeitungsstelle gefördert werden muß [305].

Anhaltswerte für die Trocknungsgeschwindigkeit einer Anzahl von Gütern in einem einfachen Schneckentrockner lieferten Versuche von Kamei und Toei (Bild 2.238) [314].

Der sogenannte AP-Trockner (Allphasentrockner, Bild 2.239) wurde für Stoffe entwickelt, die ihren Zustand während des Feuchteentzuges von flüssig über zäh-pastös bis körnig ändern: für Lösungen, Filterpasten und dgl. Im horizontalen Gehäuse a rotieren die Hauptwelle b und die parallele „Putzwelle" c gegenläufig mit Geschwindigkeiten beispielsweise im Verhältnis 1:6. Dabei greifen die rahmenförmigen Rührelemente e, die an der Putzwelle sitzen, zwischen die Rührscheiben d an der Hauptwelle und reinigen laufend deren Oberflächen. Außen an den Elementen und Scheiben sind die Barren f befestigt, die das Gut wirksam mischen und kneten. Da sie schräg stehen, fördern sie das Gut zugleich in Achsrichtung. Immer wieder kommt anderes Gut an das Gehäuse a und an die Scheiben e und nimmt dort Wärme auf. In Längsrichtung vermischt sich das Gut wenig. Eine (nicht dargestellte) Stauplatte vor dem Auslauf hält den Trocknungsraum zu 60 bis 80 % gefüllt.

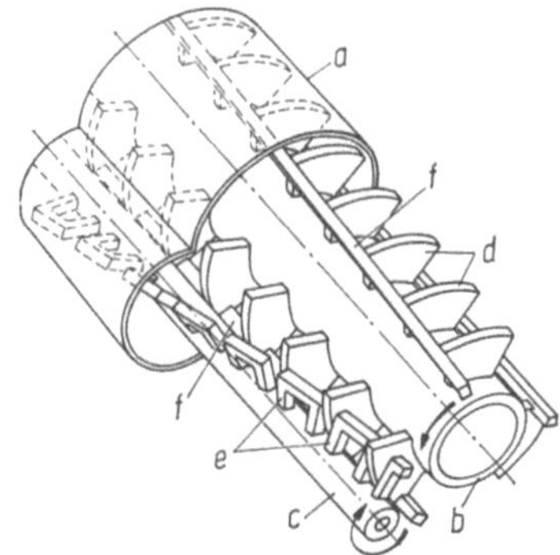

Bild 2.239. Kontakttrockner mit Rühr- und Knetwerk (AP-Trockner des Ingenieurbüros List, Pratteln).
a Doppelwandiges Gehäuse; b Hauptwelle; c Putzwelle; d Rührscheiben; e rahmenförmige Rührelemente; f Knetbarren.

Apparate dieser Art für kontinuierlichen Betrieb werden mit Fassungvermögen bis 2,6 m³ gebaut; für Satzbetrieb gibt es Apparate in etwas anderer Bauart, in Größen bis 6,3 m³ (s. Vakuumtrockner Abschn. 2.5.3). Beheizt werden die Gehäuse und Deckel sowie die hohlen Rührwellen und -scheiben mit Dampf, Heißwasser oder mit Wärmeträgeröl. Je nach der Beschaffenheit des Gutes stellen sich an den

Heizflächen durchschnittliche Wärmeübergangskoeffizienten von 35 bis 230 W/K m^2 ein. Die durchschnittlichen Trocknungsgeschwindigkeiten liegen in der Regel zwischen 4 und 16 kg/m^{2}h, die Durchlaufzeiten der Stoffe können zwischen 10 min und 2 h eingestellt werden. Wenn die Hauptwelle mit 5 bis 20 Umdrehungen/min läuft, so braucht der Trockner 3 bis 30 kW Antriebsleistung/100 l Gutsinhalt [315].

Kontakt-Schaufelmulden- und Schaufelrohrtrockner (N 224.353.3)

Den Schneckentrocknern verwandt sind die kontinuierlich arbeitenden Schaufel-Muldentrockner, deren doppelwandige, beheizte Mulden lichte Durchmesser bis zu 3 m haben können. Sie eignen sich, je nach der Ausführung, für grießige bis fast flüssige Stoffe und sind mit entsprechenden Speise- und Entleerungsvorrichtungen ausgestattet. An Stelle von Schneckengängen kreisen in den trog- oder rohrförmigen Gehäusen Arme, die denen der Schaufeltrog-Trockner (siehe Abschn. 2.3.2.3.2) ähneln. Die Organe durchfurchen und mischen das Gut aber nicht nur, sie fördern es auch — oft im Pilgerschrittverfahren — vom einen zum anderen Ende der Mulde. Am einfachsten sind schräg gestellte Schaufeln, die das Gut in Achsrichtung weiterschieben. Zwischen ihnen können Kratzer und Schlagwerkzeuge angeordnet sein, überhaupt gibt es zahlreiche Modifikationen des Schaufelwerks. Sie alle sollen einen günstigen Wärmeübergang an das Gut sichern und helfen, die Heizflächen frei von dicken Belagschichten zu halten.

Die Mulden können zu 50 % und mehr ihres Volumens mit Gut gefüllt sein. Die Schaufelwerke laufen mit Umfangsgeschwindigkeiten zwischen 0,5 und 15 m/s und in besonderen Fällen noch schneller, wenn das Gut in Turbulenz gehalten und wenn die Agglomerate laufend zerstört werden sollen. Stauvorrichtungen an den Auslaufenden der Mulden gestatten, die Aufenthaltsdauer des Gutes im Trockner zu variieren (siehe auch Vakuum-Schaufeltrockner Abschn. 2.5.3).

Das Bild 2.240 zeigt eine Anlage mit schnell laufendem Vortrockner, mit langsam laufendem Nachtrockner und mit Einrichtungen zum Rückgewinnen der ver-

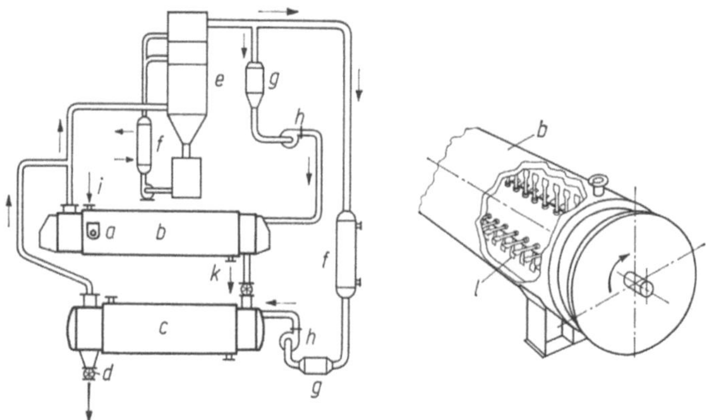

Bild 2.240. Trocknungsanlage mit zwei Kontakt-Schaufelrohrtrocknern und mit Einrichtungen zum Rückgewinnen der verdunstenden Lösungsmittel (Büttner-Schilde-Haas AG, Krefeld).
a Gutsaufgabe; *b* Vortrockner; *c* Fertigtrockner; *d* Gutsentnahme; *e* Kondensator; *f* Kühler; *g* Heizaggregat; *h* Ventilator; *i* Heizmitteleintritt; *k* Heizmittelaustritt; *l* Rührwerk mit Paddeln.

dunsteten Lösungsmittel. Der Vortrockner arbeitet mit geringem Füllungsgrad, mit entsprechend kurzer Durchlaufzeit des Gutes und bringt das Produkt dabei in einen Zustand, daß es der einfachere Fertigtrockner, der ihm längeren Aufenthalt gewährt, ohne Schwierigkeiten auf den gewünschten Endfeuchtegehalt trocknen kann.

Die Heizfläche eines Schaufelrohrtrockners wird am besten ausgenutzt, wenn das Rührwerk das Gut so hochschleudert und im Kreis bewegt, daß die Teilchen auch zu den höchstliegenden Heizflächenstellen gelangen. Dazu muß die Zentrifugalkraft, die auf die Teilchen wirkt, größer als die Gewichtskraft, also die Froude-Zahl

$$Fr \equiv \frac{u_{\mathrm{K}}}{\sqrt{R_{\mathrm{K}}\,g}} \qquad (2.186)$$

größer als 1 sein. Mit u_{K} sind die Geschwindigkeit und mit R_{K} der Bahnradius der Teilchen an der Zylinderinnenfläche bezeichnet; g ist die Fallbeschleunigung.

Der Wärmeübergangskoeffizient α an der Heizfläche ist vorne im Trockner oft viel höher als hinten. Wie aus Abschnitt 2.3.2.3.1 hervorgeht, hängt α vom jeweiligen Feuchtegehalt, von der Kontaktzeit der Gutsteilchen und von anderen Umständen ab. Bei Versuchen von Klocke mit pulverigem Gut in einem Turbulizer (siehe Nebenskizze im Bild 2.240) änderte sich α mit dem Gutsdurchsatz nach dem Diagramm im Bild 2.241 [218]. In schnell laufenden Trocknern kann die Kontaktzeit so kurz sein, daß der Wärmeübergangskoeffizient in die Nähe des Wertes α_{max} nach Gl. (2.177) kommt. Gerührte Suspensionen, Schlämme und Pasten nehmen die Wärme in der Regel schneller auf als Pulver, so daß bei Stoffen, die während des Trocknens mehrere dieser Phasen durchlaufen, der Wärmeübergang an das Pulver weitgehend die Größe der nötigen Heizfläche bestimmt.

Nach dem jeweiligen Feuchtegehalt des Gutes richtet sich auch der nötige Energieaufwand zum Durchmengen und Bewegen der Stoffe in den einzelnen Trocknerzonen. Das geht zum Beispiel aus den Versuchen von Millioud und Rosch mit einem wässerigen Farbstoff-Filterpreßkuchen in einem kleinen diskontinuier-

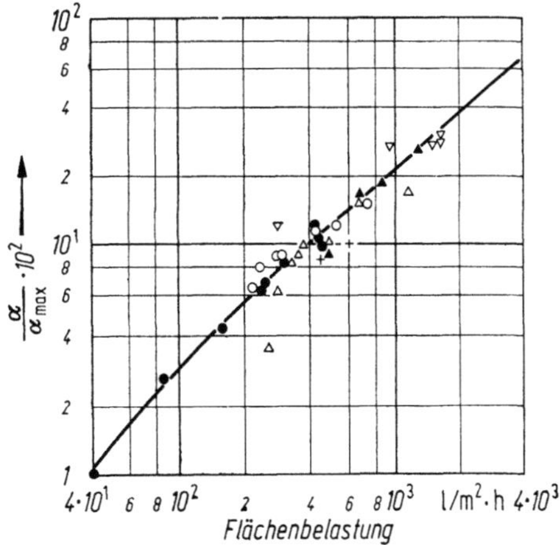

Bild 2.241. Wärmeübergang von der Heizfläche eines Turbulizers an ein pulveriges Gut. Berechnete und gemessene Wärmeübergangskoeffizienten α in Abhängigkeit vom Quotienten aus Volumenstrom des Gutes und Heizfläche (nach Klocke in [218]).
α_{max} höchstmöglicher Wärmeübergangskoeffizient nach Gl. (2.177).

lich betriebenen Schaufelkneter hervor, siehe Bild 2.242 [316]. Das Drehmoment
— und damit bei einer bestimmten Drehzahl die Leistung —, die der Antriebsmotor aufbringen mußte, stieg von einem sehr niedrigen Anfangswert während der
Trocknung des Stoffes auf einen 100- bis 1 000mal größeren Gipfelwert an und fiel
dann wieder ab. Die Gesamtleistung, die der Antrieb eines stetig arbeitenden
Trockners zu erbringen hat, ist der Durchschnittswert des Leistungsbedarfs der
einzelnen Zonen.

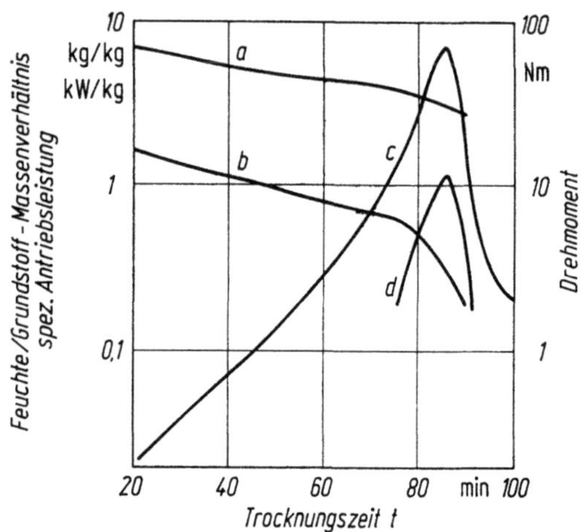

Bild 2.242. Verlauf der Trocknung einer wässerigen Farbstoffpaste in einem Labor-Schaufel-
kneter (nach Millioud und Rosch [316]).
a Gutsmasse; b Feuchte/Grundstoff-Massenverhältnis X; c Drehmoment an der Welle; d An-
triebsleistung/Feuchtgutmasse.

Kontakt-Dünnschicht-Rohrtrockner

Nicht als aufgerührtes Haufwerk, sondern als dünne Schicht wandert das Gut
durch die Dünnschicht-Rohrtrockner. Der sogenannte „Horizontaltrockner" der
Luwa (Bild 2.243) verarbeitet körnige Güter, stichfeste Pasten und Filterkuchen
und auch klebrige (zur Wandhaftung neigende) Stoffe. Er bekommt das Gut nahe
der Stirnplatte des zylindrischen Gehäuses zugeführt, verteilt es mit seinem Rotor
über die Innenfläche des Zylinders und drückt es durch die Zentrifugalkraft gegen
die Wand. Der Rotor ist vorne mit einer Schneckenwendel, dahinter mit schräg

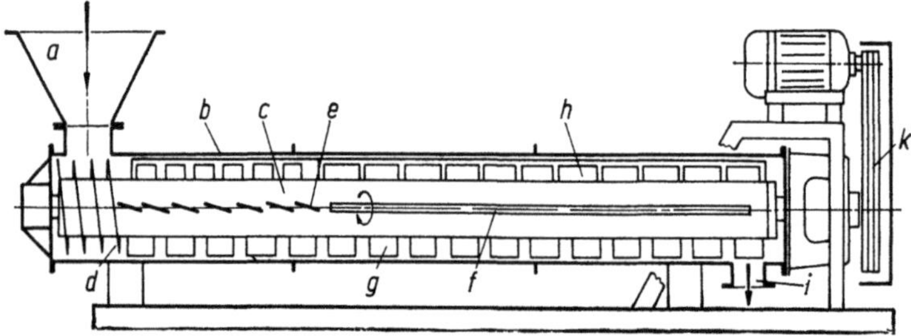

Bild 2.243. Horizontaler Kontakt-Dünnschichttrockner mit Rohrgehäuse (Horizontaltrockner der Luwa-SMS GmbH Verfahrenstechnik, Zürich).
a Gutszufuhr; b beheiztes Gehäuse; c Rotor; d Einführschnecke; e Förderschaufeln; f Schlag-
stange; g Reinigungsblätter; h Umwälzschaufeln; i Gutsaustritt; k Rotorantrieb.

gestellten Schaufeln und des weiteren mit ungefähr axial angeordneten Schlagstangen versehen. Er fördert das Gut auf einer gewundenen Bahn zur Austragöffnung und durchmengt es intensiv. Federnde Blätter aus Hastelloy mit Wandspielen von 0,3 bis 0,5 mm verteilen das Gut und halten die Heizfläche rein. Dem wandernden Gutsfilm entgegen strömt das (Inert-)Gas, das die verdampfte Feuchte mitnimmt. Die Förder- und Verteilelemente des Rotors werden den Eigenschaften und der nötigen Verweilzeit des Gutes entsprechend gestaltet. Bei Umfangsgeschwindigkeiten des Rotors von 5 bis 15 m/s ergeben sich Wärmeübergangskoeffizienten an der Rohrwand von 30 bis 400 W/m² K [317, 318]. Gebaut werden die Trockner mit Durchmessern von etwa 200 bis 1000 mm.

Kontakttrockner mit umlaufenden Tauch-Heizkörpern (N 224.353.3)

Im sogenannten Rotadisc-Trockner (Bild 2.244) wirkt der Rotor mit den umlaufenden doppelwandigen Scheiben als Kontaktheizkörper. Die Scheiben werden von Dampf oder flüssigem Heizmittel durchströmt; auch geht Heizmittel durch den Gehäusemantel. Zwischen die Scheiben sind feststehende Schaber eingebaut, die Gutsansätze von den Scheiben streifen. Verstellbare Schaufeln an den Scheiben wälzen das Gut um und transportieren es in axialer Richtung durch den Ringraum außerhalb des Rotors. Benutzt wird der Trockner insbesondere in der Futtermittelindustrie, auch auf Schiffen für die Fischerei, zum Beispiel für Fischpreßkuchen, Fleisch-, Gemuse-, Obstabfälle, aber auch für andere rieselfähige Güter. Er wird in Größen mit 15 bis 300 m² wirksamer Heizfläche gebaut. Die Trocknungsgeschwindigkeit bei 7 bar Heizdampfdruck liegt im Bereich 4 bis 10 kg/m²h [319].

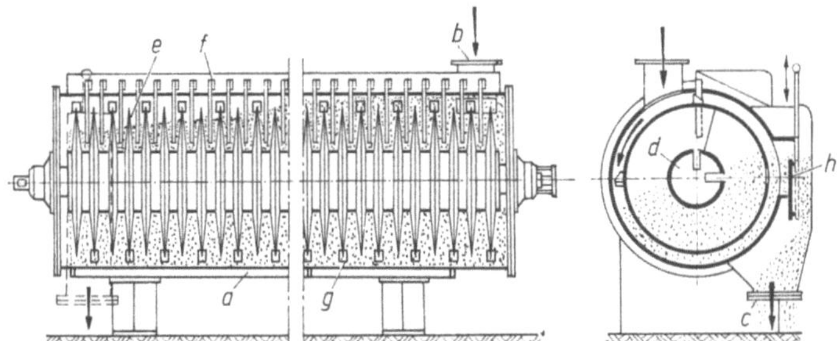

Bild 2.244. Kontakttrockner mit umlaufenden Tauchheizscheiben (Rotadisc-Trockner der Stord Bartz Industri A/S, Bergen)
a Doppelwandiges Gehause; *b* Gutseinfalloffnung; *c* Gutsausfalloffnung; *d* Zentralrohr; *e* doppelwandige rotierende Scheibe; *f* Abstreifer; *g* Transportschaufel; *h* Stauschieber.

Statt rotierender Scheiben hat der Multicoil-Trockner der Myrens Verksted AS in Oslo (Norwegen) konzentrische Rohrringe mit radialen, mit der Rotorwelle verbundenen Rohren, die das Heizmittel zu- und abführen. Schaufeln an den äußeren Rohrringen sorgen auch hier für die Gustbewegung. Im Spirocon-Trockner der Büttner-Schilde-Haas AG in Krefeld dienen an Stelle von Scheiben eine Anzahl spiralig gebogener Rohre als Kontaktheizkörper.

Mehrstufiger Kontakt-Schaufeltellertrockner (N 224.354.2)

Im mehrstufigen, kontinuierlich arbeitenden Tellertrockner (Bild 2.245) sind in einem geschlossenen, mit Turen ausgestatteten Gehäuse mehrere hohle Teller übereinander angeordnet, die abwechselnd verschiedene Durchmesser haben. Bei

größeren Trocknern sind diese Teller in 4 Sektoren unterteilt, die getrennte Heizmittelzu- und -abführung haben. Jeder Teller besteht aus einer schwächeren Unterplatte und einer stärkeren Oberplatte. Die Platten sind durch Stehbolzen miteinander verbunden oder an den Hohlwarzen, die vom unteren Blech nach oben ragen,
miteinander verschweißt. Im Inneren der Hohlbleche befinden sich Leitflächen,
die das Heizmittel zwingen, die Heizflächen möglichst gleichmäßig zu bestreichen.

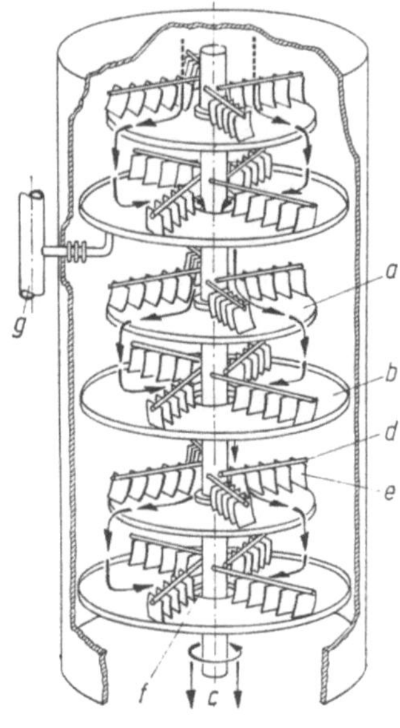

Bild 2.245. Mehrstufiger Kontakt-Schaufeltellertrockner.
a Kleiner Teller; b großer Teller; c Antriebswelle der Rührarme; d Rührarme; e Schaufeln;
f Durchfallöffnung; g Heizmittel-Zuführrohr.

Die Rührarme an der gemeinsamen Welle ziehen pflugscharähnliche, raumbewegliche Schaufeln durch das Gut. Sie fördern es auf den großen Tellern von
außen nach innen, wo es überfällt, auf den kleinen Tellern von innen nach außen
usw. Unterwegs wird das Gut also in kurzen Zeitabständen umgeschaufelt. Die
Schaufeln zweier aufeinanderfolgender Rührarme desselben Tellers sind gegeneinander versetzt, damit das Gut gleichmäßig durchpflügt wird. Für schrumpfendes
Gut stellt man die Schaufeln der unteren Teller schwächer auf Vorschub als die
der oberen, so daß sich auf allen Tellern ungefähr die gleiche Schichthöhe einstellt. Zum Einebnen der Ringhaufen und Furchen, die im Gut durch den Schaufelvorschub entstehen, verwendet man gelegentlich Schleppleisten und zum Auflockern Arme mit schuhförmigen Schaufeln (wie auf Bild 2.231 angedeutet).
Benutzt werden auch Schleppketten, die mit geringem Durchhang hinter den Schaufelarmen hergezogen werden.

Übliche Drehzahlen der Arme sind 3 bis 8 1/min.

In mehrstufigen Schaufeltellertrocknern behandelt man rieselfähige und staubende Güter, deren Teilchen Abrieb erleiden dürfen [307].

Kontakt-Drehröhren-Muldentrockner (N 224.353.9)

In einem Trog mit halbkreisförmigem Querschnitt dreht sich ein Röhrenbündel,
in dessen Rohre von der Stirnseite her über einen Hohlzapfen und einen Verteiler
Dampf (oder Heißwasser) einströmt (Bild 2.246). In der gleichen oder in einer

Kammer am anderen Ende des Röhrenbündels fördert ein Schöpfwerk das Niederschlagwasser in die Kondensatleitung. Mehrere Schaufeln am Unfang des Röhrenbündels streichen an der Trogwand vorbei und heben das Gut immer wieder an, andere fördern es allmählich zum Trocknerende. Von den Schaufeln rieselt das Gut auf die Röhren und von da auf den Muldenboden zurück. Die meisten Förderschaufeln stehen schräg auf Vortransport, einige auf Rücktransport, so daß die Trocknerfüllung gründlich durchmischt wird.

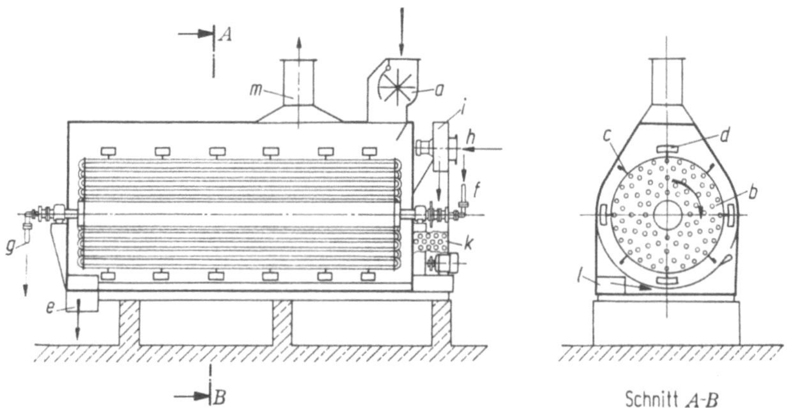

Bild 2.246. Kontakt-Drehröhren-Muldentrockner, mit Heißwasser beheizt (Büttner-Schilde-Haas AG, Krefeld).
a Beschickungsvorrichtung; *b* Röhrenbündel; *c* Hubschaufeln; *d* Förderschaufeln; *e* Ausfallschleuse; *f* Heißwassereintritt; *g* Heißwasseraustritt; *h* Frischlufteintritt; *i* Ventilator; *k* Heizkörper für die Frischluft; *l* Verteilkanal für die Heißluft; *m* Abluftrohr.

Gebaut werden die Muldentrockner mit Durchmessern bis zu 3 m und mit Längen bis zu 8 m und mehr.

Man verwendet die Trockner für rieselfähige Güter, die weder an den Heizflächen anbacken noch zwischen den Rohren hängenbleiben: für Holzspäne, Futtermittel, Fleisch- und Fischabfälle, Trester, Schalen, Ölsaaten, Extraktionsschrot usw.

Für sehr feuchtes Gut teilt man die Trockner in eine vordere Zone, die nur eine Reihe weit auseinander gestellter Rohre hat, und in eine zweite Zone, die mit mehreren Reihen eng gestellter Rohre ausgestattet ist. Auch gibt es Zwillingstrockner, die das Gut in der einen Mulde vortrocknen und in einer zweiten, daneben- oder darunterliegenden Mulde fertigtrocknen.

2.3.2.3.5. Kontakt-Schwingrinnentrockner (N 224.753.2)

Ein beheizter schwingender Boden überträgt im Kontakt-Schwingrinnentrockner die Wärme an rieselfähiges Gut. Er kann langgestreckt oder wendelförmig gebogen sein. Zwei typische Bauformen des Trockners zeigt das Bild 2.247. Von der Neigung und der Stoßrichtung des Bodens gegenüber der Horizontalen sowie von der Frequenz und der Amplitude der Schwingungen hängt es ab, wie schnell die Gutsschicht wandert und durchmischt wird und wie sie trocknet (siehe auch Abschn. 2.3.1.4.7). In den länglichen Trocknern sind manchmal mehrere Böden übereinander angeordnet, auf denen das Gut vor und dann zurückwandert und evtl. unterschiedlichen Temperaturen ausgesetzt ist. Auch können die Rinnen, je nach Erfordernis, für sehr niedrige oder relativ hohe Gutsschichten eingerichtet sein; im zweiten Fall tragen sie oft Längswände, die den Gutsraum in mehrere Kanäle unterteilen.

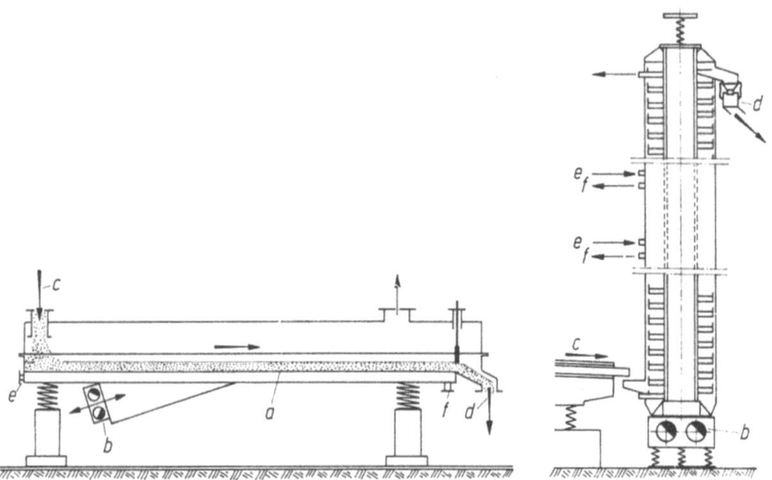

Bild 2.247. Kontakt-Schwingrinnentrockner (schematisch). Links: Trockner mit langgestrecktem Schwingboden; rechts: Trockner mit wendelförmigem Schwingboden.
a Kontaktheizfläche; *b* Schwingungserreger; *c* Gutseinlauf; *d* Gutsauslauf; *e* Dampfeintrittsstutzen; *f* Kondensataustrittsstutzen.

Für den Wärmeübergang zwischen einer schwingenden Heizfläche und einer darauf liegenden losen Kornschüttung gelten die Darlegungen im Abschnitt 2.3.2.3.1 nur zum Teil. Bekommt die Schwingbahn beim Aufwärtsgang zu keinem Zeitpunkt eine vertikale Verzögerung aufgezwungen, die größer als die Fallbeschleunigung der Gutsteilchen ist, so bleibt das Gut stets in Kontakt mit der Heizfläche, und die Teilchen vermischen sich kaum. Dabei nimmt die wandernde Schüttung Wärme in ähnlicher Weise auf wie ein Festbett, das über die Heizfläche gezogen wird [305, 320]. Der Teilchendurchmesser hat merklichen Einfluß auf den Wärmeübergangskoeffizienten, sofern die Teilchen nur kurz im Trockner bleiben.

Anders verhalten sich Kornschüttungen, die auf schwingenden Heizflächen liegen, deren maximale lotrechte Beschleunigung (und entsprechende Verzögerung) a_{max} größer als die Fallbeschleunigung g ist. Sie folgen der Heizflächenbewegung nur zeitweise, vielmehr wandern sie mit vielen kleinen Sprüngen weiter (siehe dazu auch Abschn. 2.3.1.4.7). Dabei entsteht zwischen der Fläche und der Schüttung ein periodisch veränderlicher Luftspalt, der die Wärmeübertragung von der Heizfläche an das Gut um so mehr hemmt, je größer er im zeitlichen Durchschnitt ist; die Spaltweite wächst mit a_{max}/g sowie mit der Schwingungsamplitude. Im Extremfall stößt die Heizfläche die Gutsteilchen nach deren Flug sofort wieder zurück und es entsteht ein Dauerspalt. Die Teilchen können dann keine Wärme durch Kontakt mit der Heizfläche, sondern nur durch Konvektion aus der Luft oder durch Strahlung vom Schwingboden aufnehmen.

Während des Flugs beschreiben die Teilchen ihre eigenen, allerdings von Nachbarteilchen eingeengten und bei ungleicher Beschaffenheit etwas ungleichen Bahnen. Sie stoßen zusammen, prallen immer wieder auf die Heizfläche, und dadurch vermischen sie sich; bei großer Schwingungsamplitude geschieht dies besonders lebhaft. Das hilft bei der Wärmeübertragung.

Gutsteile, die sich in der Nähe von Wänden befinden, sind bei ihren Sprüngen behindert und gelangen daher nicht auf die gleiche Höhe wie andere. So entstehen an der Oberfläche der Schüttung Niveauunterschiede und als Folge Zirkularströme, die z.B. an den Wänden abwärts gehen, zur Behältermitte wandern, dort wieder aufsteigen usw. Der Bahnverlauf hängt von den geometrischen Gegebenheiten des Trocknungsraumes ab. Auch diese Ströme haben Einfluß auf die Wärmeübertragung.

Pulver und staubförmige Schüttgüter lassen sich auf Schwingböden meistens nur in dünnen Schichten oder sehr ungleichmäßig fördern. Durch eine dicke Mehlschicht kann beim Mikrowurf nicht genügend viel Luft in den Raum unterhalb der Schicht eindringen; es entsteht dort ein Unterdruck, so daß die Umgebungsluft das Gut auf den Boden drückt. Selbstverständlich wirkt sich dies ebenfalls auf den Wärmeübergang aus.

Aus dem Erwähnten folgt, daß die Wärmeübertragung an das Gut in Kontakt-Schwingrinnentrocknern lebhaft vor sich geht, wenn die Gutsteilchen keine allzu langen Flugwege und -zeiten aufgezwungen erhalten und sich innig durchmischen können. Die günstigste Kombination von Frequenz und Amplitude der Schwingungen hängt von der Beschaffenheit der Teilchen ab. Gemessene Wärmeübergangskoeffizienten, bezogen auf die Heizfläche, liegen zwischen 50 und 500 W/m²K.

Die meisten Kontakt-Schwingrinnentrockner werden mit Dampf beheizt. Soll in wendelförmigen Schwingrinnen eine Heizflüssigkeit benutzt werden, so darf die Breite der Tröge aus Sicherheitsgründen etwa 200 mm nicht überschreiten. Langgestreckte Rinnen können breiter sein und bis etwa 12 m Länge haben.

Gebaut werden die Schwingrinnentrockner für Gutsdurchsätze bis ungefähr 2000 kg/h. Sie eignen sich für körnige und pulverige Stoffe, die nicht zum Agglomerieren und Ankleben neigen.

2.3.2.3.6. Kontakt-Förderlufttrockner (N 224.853.8)

Der Kontakt-Förderlufttrockner (Bild 2.248), vom Hersteller Drallrohr-Trockner genannt, führt die von einem Ventilator kommende Förderluft mit Hilfe eines rotierenden, beschaufelten Körpers in einem Rohr auf wendelförmiger Bahn kontinuierlich aufwärts. Dabei setzt er die mitbewegten Gutsteilchen der Zentrifugalkraft aus und drängt sie an die beheizte Rohrwand. An ihr streicht das Gut als Schleier entlang und nimmt dabei Wärme durch Kontakt auf. Der Rotor macht 1 bis 4 Umdr./min. Die Gutsteilchen halten sich einige Sekunden lang in Wandnähe auf; hängenbleibende Teilchen werden von den Schaufeln des Rotors abgestreift.

Als Heizmittel dient meistens Dampf, der den Heizraum außen am Rohr sowie den Verdrängerkörper durchströmt. Geeignet ist der Trockner für pulverförmige bis feinkörnige und pneumatisch förderbare Güter, die nicht zum Kleben oder Anbacken neigen [321].

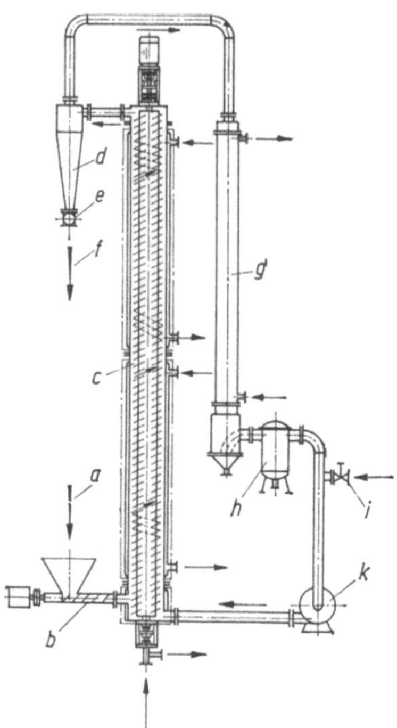

Bild 2.248. Schema eines Kontakt-Flugtrockners (Drallrohrtrockners), mit kreisendem Inertgas als Fördermittel arbeitend und mit Lösungsmittel-Rückgewinnungseinrichtung ausgestattet
(nach [321]).
a Naßgutaufgabe; *b* Aufgabeschnecke; *c* Trocknungsraum; *d* Gutsabscheider; *e* Austragschleuse; *f* Trockengutausfall; *g* Kondensatkühler; *h* Tropfenabscheider; *i* Schutzgaseintritt;
k Ventilator.

2.3.2.4. Kontakt-Sondertrockner

Keramische Formlinge, die ihre Feuchte langsam und gleichmäßig abgeben sollen,
weil sie sonst reißen, können mit Vorteil im Sandbett getrocknet werden. Sie werden dazu in offene Behälter getan, dort in feinen Sand, in Kieselgur, Schamotte-
mehl oder dgl. eingebettet und durch diese Masse hindurch erwärmt. Wenn
nötig, benutzt man Behälter mit abnehmbaren, evtl. dampfdurchlässigen Wänden.
Durch die Kornzwischenräume der Masse wandert die Feuchte vom Gut nach
außen. Die Behälter samt Inhalt bekommen Wärme in Räumen zugeführt, durch
die heiße Gase streichen [322].

2.3.3. Temperatur-Strahlungstrockner

2.3.3.1. Physikalische Grundlagen der Infrarot-Strahlungstrockner

Alle Körper geben ständig Energie in Form von „Strahlung" ab — je wärmer sie
sind, desto mehr —, und sie nehmen ständig Strahlung auf. Ihre Elektronen, Ionen
und Moleküle schwingen fortwährend, wobei elektrische Ladungen beschleunigt

und verzögert und die Strahlungsenergie stoßweise (in Quanten) ausgesandt oder aufgenommen wird. Diese Energie zeigt sich in elektromagnetischen Wellen, in miteinander verknüpften elektrischen und magnetischen Wechselfeldern, die sich von den Körpern aus ohne materielle Träger — also auch im Vakuum — geradlinig mit der Geschwindigkeit

$$\tilde{c} = \tilde{\nu}\tilde{\lambda} \approx 3 \cdot 10^8 \text{ m/s} \tag{2.187}$$

fortpflanzen; $\tilde{\nu}$ bezeichnet die Frequenz, $\tilde{\lambda}$ die Wellenlänge der Strahlung [323].

Treffen die Wellen auf einen materiellen Gegenstand, so werden sie teilweise reflektiert, d.h. in den umgebenden Raum zurückgeworfen, teilweise ungehindert durchgelassen oder aber gezwungen, Energie an die kleinsten Teilchen des Gegenstandes abzugeben. Dabei versetzen sie die Teilchen — im trocknungstechnisch wichtigsten Wellenlängenbereich von 0,5 bis 30 μm — in schnellere, ungeordnete Schwingungen, d.h. sie erwärmen den Gegenstand.

Man bezeichnet als *Emission* das Aussenden der Strahlung und als *Absorption* das Umwandeln in eine andere Energieform beim Eindringen in Materie.

Von den elektromagnetischen Wellenstrahlungen nutzt man in der Trocknungstechnik am meisten die unsichtbare *Infrarotstrahlung* aus, die von den Physikern auch Ultrarotstrahlung genannt wird. In der Trocknungstechnik dienen nur heiße Körper als Strahlungsgeber; man müßte die Trockner deshalb streng genommen „Infrarot-Temperatur-Strahlungstrockner" nennen; sie seien in diesem Abschnitt aber kurz als „Strahlungstrockner" bezeichnet.

Die Infrarotstrahlung unterscheidet sich nur durch die Wellenlänge von den anderen elektromagnetischen Strahlungen, die in Trocknern gelegentlich benutzt werden, von den Licht- und von den Ultraviolettstrahlen (s. Abschn. 2.3.3.6) sowie von den weiter hinten behandelten Schwingungen des Kondensator- und Dipolfeldes (Abschn. 2.3.4). Die Energie all dieser Schwingungen versetzt die Teilchen des Trocknungsgutes in schnellere Schwingungen oder gar in Resonanzbewegungen, wenn sie zu ihnen gelangt.

Im Spektrum der elektromagnetischen Strahlungen liegt die Infrarotstrahlung zwischen dem Bereich der Licht- und dem der Mikrowellen und hat demgemäß
Wellenlängen zwischen 0,75 μm und 1 000 μm,
Frequenzen zwischen $3 \cdot 10^{11}$ Hz und $4 \cdot 10^{14}$ Hz,
Quantenenergien zwischen $1,23 \cdot 10^{-3}$ eV und $1,72$ eV,
Wellenzahlen zwischen 10^3 m^{-1} und $1,3 \cdot 10^6$ m^{-1}.
Als kurzwellig gelten Infrarotstrahlen mit Wellenlängen von 0,75 bis 1,4 μm (nach einer anderen Einteilung bis 1,5 μm), als mittelwellig solche mit Wellen von 1,4 bis 3 μm (1,5 bis 6 μm) Länge, und als langwellig solche mit Wellenlängen über 3 μm (6 μm). Die Wellenlänge der Strahlen in Luft unterscheidet sich nur wenig von derjenigen im Vakuum.

Oft werden die Infrarotstrahlen auch Wärmestrahlen genannt, doch ist das unkorrekt, weil alle genannten Strahlen das Gut „erwärmen" können.

Die Trocknungstechnik benutzt die Infrarotstrahlen meistens als Mittel, mit dem sie Energie bequemer und wirtschaftlicher als mit anderen Mitteln zu einem gewünschten Ort bringen kann.

Die Strahlungsemission der heißen Festkörper ist allein durch die Temperatur und durch die Beschaffenheit der Oberfläche festgelegt. Jeder *Temperaturstrahler*

sendet Wellen sehr unterschiedlicher Längen aus; am stärksten aber emittiert er
in einem bestimmten Wellenlängenbereich, man sagt, in einem bestimmten Spektralgebiet. Ein bestimmter Dunkelstrahler von 1000 K zum Beispiel (Bild 2.249)
sendet nur schwach im Gebiet der Lichtwellen zwischen 0,4 und 0,75 μm Wellenlänge. Am stärksten emittiert er bei etwa 3 μm, wieder schwächer gibt er noch
längere Wellen ab [324].

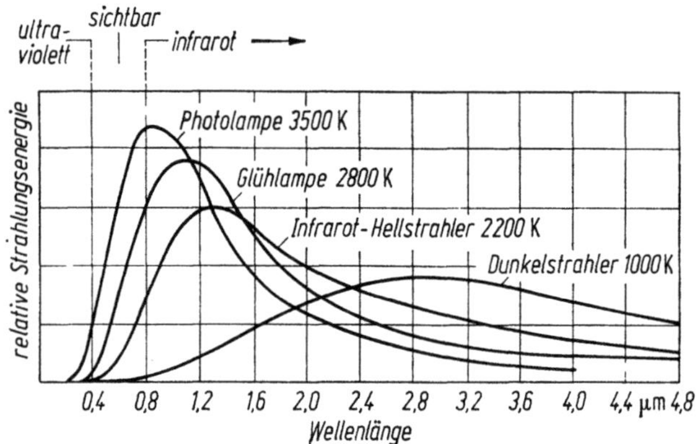

Bild 2.249. Spektrale Verteilung der Energieemission einiger Infrarotstrahler, bezogen auf
gleiche Gesamtemission.

Der Strahler *a* gemäß Bild 2.250 wird durch heiße Gase oder elektrischen
Strom erwärmt. Er sendet Strahlen *d* aus, von denen einige direkt, manche indirekt
auf das Gut *b* treffen; andere Strahlen gehen vorbei. Im Gut wird der Strahl d_1
absorbiert; der Strahl d_2 wird von der Oberfläche reflektiert, und der Strahl d_3
geht durch das Gut hindurch. Nur der Strahl d_1 ist wirksam. Vom Gut gehen die
Strahlen *e* aus, die zum Teil auf den heißen Körper *a* treffen, zum Teil verloren
gehen, wenn sie nicht durch reflektierende Wände *c* zur Rückkehr gezwungen
werden.

Von den Körperoberflächen können die Strahlen spiegelnd oder diffus reflektiert werden, je nachdem, ob die Unebenheiten der Flächen klein oder groß
gegenüber der Wellenlänge der Strahlung sind. Ein spiegelnd reflektierter Strahl
verläßt die Oberfläche wieder als scharf abgegrenzter Strahl unter dem gleichen
Winkel, mit dem er die Oberfläche getroffen hat. Dagegen zerstreut eine diffus
reflektierende Fläche die Strahlung in viele Richtungen.

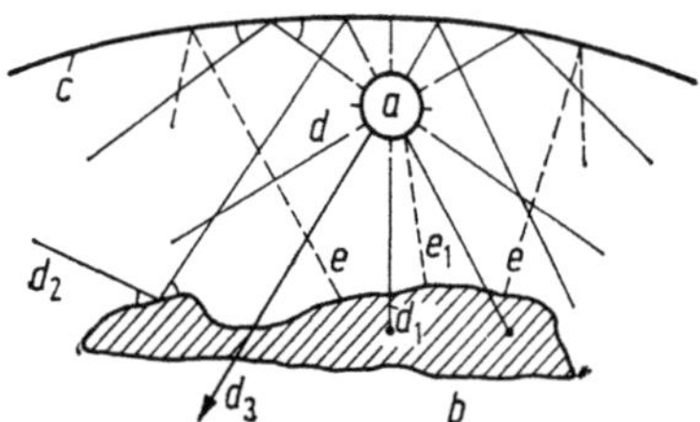

Bild 2.250. Gegenstand im Strahlungsfeld eines heißen Körpers (schematisch).
a Heißer Körper; *b* Gegenstand; *c* reflektierende Wand; *d* vom heißen Körper ausgehende
Strahlung; d_1 absorbierter Strahl; d_2 reflektierter Strahl; d_3 durchgelassener Strahl; *e* vom
Gegenstand ausgehende Strahlung; e_1 auf den heißen Körper treffender Strahl.

Im folgenden sei der Quotient Φ aus der Strahlungsenergie und der Zeit als *Strahlungsfluß* bezeichnet (SI-Einheit: W). Das Verhältnis

$$\tilde{\varrho} = \frac{\Phi_r}{\Phi} \tag{2.188}$$

des von einem Körper reflektierten Strahlungsflusses Φ_r zum einfallenden Strahlungsfluß Φ heißt *Reflexionsgrad.*

Als *Absorptionsgrad* $\tilde{\alpha}$ und als *Transmissionsgrad* $\tilde{\tau}$ sind die Quotienten

$$\tilde{\alpha} = \frac{\Phi_a}{\Phi}, \tag{2.189}$$

$$\tilde{\tau} = \frac{\Phi_{tr}}{\Phi} \tag{2.190}$$

definiert, in denen Φ_a den absorbierten und Φ_{tr} den durchgelassenen Strahlungsfluß bezeichnen. Zwischen den genannten Verhältnisgrößen besteht die Beziehung

$$\tilde{\varrho} + \tilde{\alpha} + \tilde{\tau} = 1. \tag{2.191}$$

An einem Wollgewebe (mit Leinwandbindung, 125 g/m² flächenbezogener Masse, etwa 0,5 mm Dicke) zum Beispiel wurden im Wellenlängenbereich 0,9 bis 2,6 µm folgende Durchschnittswerte gemessen [325]:

$$\tilde{\varrho} = 0{,}36; \quad \tilde{\alpha} = 0{,}22; \quad \tilde{\tau} = 0{,}42.$$

Für 8 Lagen des gleichen Gewebes übereinander wurde gefunden

$$\tilde{\varrho} = 0{,}54; \quad \tilde{\alpha} = 0{,}45; \quad \tilde{\tau} = 0{,}01.$$

Strahlung, die in einen Körper dringt, wird längs des Eindringweges immer schwächer. Es gilt annähernd

$$\Phi_a' = \Phi_a \cdot e^{-\tilde{k}s}, \tag{2.192}$$

Φ_a' Strahlungsfluß in der Tiefe s,

$\tilde{k}$ Absorptionskoeffizient.

Sowohl $\tilde{\varrho}$, $\tilde{\alpha}$, $\tilde{\tau}$ wie auch $\tilde{k}$ hängen von der Wellenlänge der Strahlen und von den Eigenschaften des bestrahlten Objektes ab.

Wasserschichten z.B. absorbieren langwellige Strahlung schon auf 1 mm Weges fast vollständig, kurzwellige Strahlung lassen sie weiter eindringen.

Ein Vergleichsmaß für die Eindringtiefe oder für die Reichweite einer Strahlung in einem Stoff ist der Weg, längs dem der Strahlungsfluß auf den e-ten Teil (e = 2,718) abgeschwächt ist. Die Eindringtiefe ist der reziproke Wert des Absorptionskoeffizienten $\tilde{k}$.

Beim Trocknen sollen die Infrarotstrahlen Schwingungen von Atomen oder von Atomgruppen im Molekülverband der Stoffeher vorrufen, damit ihre Energie absorbiert und in Bewegungsenergie der Moleküle (in innere Energie der Stoffe) umgesetzt wird.

Reine Luft absorbiert praktisch keine Strahlen, sie läßt fast alle durch. Lediglich CO_2 und H_2O, die der Luft beigemengt sind, nehmen Strahlungsenergie auf: CO_2 solche von 4,25 und 15 µm Wellenlänge, H_2O solche von 1,4; 3 und 6 µm. Ins Gewicht fällt dies aber nur, wenn die Strahlen auf viele Moleküle der genannten Gase treffen können, wenn also die Gaskonzentration hoch und der Strahlungsweg lang sind.

Eine Sonderstellung unter den Strahlungsgebern und -empfängern nehmen die Körper ein, die bei einer bestimmten Temperatur die größtmöglichen Energieströme aussenden; man nennt sie „*schwarze Körper*". Ihre Strahlung hat ein kontinuierliches Spektrum und gehorcht dem Planckschen Strahlungsgesetz. Sie absorbieren auch alle auftreffende Strahlung und reflektieren nichts. Die Wellenlänge $\tilde{\lambda}_{max}$, bei der diese Körper den stärksten Strahlungsfluß abgeben, kann ungefähr nach dem *Wienschen Verschiebungsgesetz*

$$\tilde{\lambda}_{max}T = 2896 \ \mu m \ K \qquad (2.193)$$

berechnet werden. Es besagt, daß die Scheitelwellenlänge mit sinkender thermodynamischer Temperatur T der Körper wächst.

Kein Körper kann in irgendeinem Spektralgebiet einen stärkeren Strahlungsfluß aussenden als ein schwarzer Körper gleicher Temperatur. Wohl aber gibt es technisch bedeutsame Körper, die bei allen Wellenlängen nahezu den gleichen Bruchteil $\tilde{\varepsilon}_g$ desjenigen Strahlungsflusses abgeben, den der schwarze Körper emittieren würde; sie heißen *graue Körper*.

Selektiv strahlende Körper senden die Strahlung in einigen Spektralgebieten bevorzugt aus, in anderen Gebieten schwächer, wobei die Gebiete fast unvermittelt nebeneinander liegen können.

Ein beliebiger Temperaturstrahler kann durch den halbräumlichen Emissionsgrad — durch das Verhältnis der von allen seinen Oberflächenelementen in den Halbraum hinausgehenden Strahlung zur Strahlung des schwarzen Körpers — gekennzeichnet werden. Wenn M die *spezifische Ausstrahlung* dieses Strahlers, den Quotienten aus dem abgehenden Strahlungsfluß Φ und der Oberfläche A_1 (SI-Einheit: W/m²) bezeichnet und M_s die spezifische Ausstrahlung des schwarzen Strahlers gleicher Temperatur bedeutet, so gilt für den *halbräumlichen Emissionsgrad*

$$\tilde{\varepsilon} = \frac{M}{M_s}. \qquad (2.194)$$

Nach dem Kirchhoffschen Gesetz ist $\tilde{\varepsilon}$ gleich dem Absorptionsgrad $\tilde{\alpha}$ des Strahlers für gleichartige Strahlung aus der gleichen Richtung.

Über den Zusammenhang zwischen der thermodynamischen Temperatur T eines grauen, strahlungsundurchlässigen Körpers und seiner spezifischen Ausstrahlung, summiert über alle Wellenlängen, gibt das *Gesetz von Stefan-Boltzmann* Auskunft

$$M_g = \tilde{\varepsilon}_g C_s \left(\frac{T}{100}\right)^4 \qquad (2.195)$$

mit $\tilde{\varepsilon}_g$ als dem Emissionsgrad des Körpers und

$$C_s = 5{,}67 \ W/(m^2 \ K^4)$$

als der Strahlungskonstanten des schwarzen Körpers. Hiernach nimmt die Strahlungsemission eines Körpers außerordentlich stark mit der Temperatur zu. Das Gesetz gilt annähernd für alle festen Körper mit Ausnahme der blanken Metalle.

Ein punktförmiger Strahler sende die Energie gleichmäßig verteilt in alle Richtungen des Raumes. Von dem Strahlungsfluß Φ trifft dann ein um so kleinerer Anteil auf die zur Strahlrichtung senkrechte Ansichtsfläche eines kleinen Empfängers, je weiter der Empfänger vom Strahler entfernt ist. Die *Bestrahlungsstärke E* des Empfängers, als das Verhältnis aus dem einfallenden Strahlungsfluß und der bestrahlten Fläche, nimmt in diesem Fall umgekehrt zum Quadrat des Abstandes r vom Sender ab

$$E = \frac{\Phi}{4\pi r^2}.$$ (2.196)

Die Strahlungstrockner sind allerdings nicht mit punktförmigen Strahlensendern, sondern mit solchen von gewisser Ausdehnung bestückt. Ihre Sender schicken die Strahlen gebündelt in bestimmte Richtungen (wenn auch mit einer gewissen Seitenstreuung), oder sie werfen die Strahlen diffus nach allen Richtungen. Oft sind zahlreiche Strahler nebeneinander angeordnet oder größere, plattenförmige Strahler in Gebrauch, von denen jeder als eine Ansammlung vieler kleiner Strahler angesehen werden kann. An den Empfängern — dem Gut — überdecken sich in diesen Fällen Teilstrahlungsflüsse aus mehreren Quellen, und das vorgenannte Gesetz gilt dann nur für die einzelnen Teilbestrahlungen, nicht aber für die Gesamtbestrahlung des Gutes. Oft hängt diese Gesamtbestrahlung nur wenig, im nachher genannten Sonderfall überhaupt nicht von der Entfernung zwischen den Strahlern und dem Gut ab.

Von zwei Körpern unterschiedlicher Temperatur und gewisser Ausdehnung, die beide strahlenundurchlässig seien, habe der wärmere die überall konvexe Oberfläche A_1, die thermodynamische Temperatur T_1 und den Emissionsgrad $\tilde{\varepsilon}_1$. Für den kälteren, überall konkaven Körper seien die entsprechenden Größen A_2, T_2, $\tilde{\varepsilon}_2$. Weiter solle der kältere den wärmeren vollständig umschließen, und zwischen beiden solle sich ein vollkommen strahlungsdurchlässiges Medium, z.B. reine Luft, befinden. Dann trifft die gesamte Strahlung, die der eine Körper abgibt, auf den anderen, wobei allerdings der kältere mehr Energie empfängt als der wärmere, entsprechend dem Unterschied der emittierten Strahlungsflüsse. Für diesen Unterschied ist bei Gültigkeit des Stefan-Boltzmannschen Gesetzes zu schreiben:

$$\Phi_{1,2} = A_1 \left\{ C_{1,2}\, \psi \left[\left(\frac{T_1}{100}\right)^4 - \left(\frac{T_2}{100}\right)^4 \right] \right\}.$$ (2.197)

Der Ausdruck in der geschweiften Klammer kann als die resultierende spezifische Ausstrahlung M_1 des wärmeren Körpers angesehen werden, der die resultierende Bestrahlungsstärke E_2 des kälteren entspricht:

$$\Phi_{1,2} = A_1 M_1 = A_2 E_2.$$ (2.198)

Für die Strahlungsaustauschkonstante $C_{1,2}$ ist zu setzen:

$$C_{1,2} = \frac{1}{\dfrac{1}{\tilde{\varepsilon}_1} + \dfrac{A_1}{A_2}\left(\dfrac{1}{\tilde{\varepsilon}_2} - 1\right)} \cdot C_{\mathrm{s}}.$$ (2.199)

Die „Einstrahlzahl" ψ in der Gl. (2.197) ist das Verhältnis des Unterschiedes zwischen den ausgetauschten Strahlungsflüssen zum gesamten Strom, der von A_1 ausgeht; sie hat im gedachten Fall den Wert 1. Ginge ein Teil der Strahlung des inneren Körpers durch Öffnungen des äußeren verloren, so wäre $\psi < 1$.

Unter den geschilderten Voraussetzungen hat weder die Form der beiden Körper noch die Lage des einen innerhalb des anderen Einfluß auf den resultierenden Strahlungsfluß $\Phi_{1,2}$.

Die Gl. (2.198) kann auch auf den häufig vorkommenden Fall zweier paralleler Platten angewandt werden, für die $A_1 = A_2$ zu setzen ist.

Manchmal wünscht man, den resultierenden Strahlungsfluß $\Phi_{1,2}$ durch eine Gleichung ähnlich der für den konvektiven Wärmeübergang auszudrücken und schreibt dann

$$\Phi_{1,2} = A_1 \alpha_{\text{Str}}(T_1 - T_2). \tag{2.200}$$

Der Faktor α_{Str} hat darin den Charakter eines „Wärmeübergangskoeffizienten für Strahlung". Er ist aus

$$\alpha_{\text{Str}} = \frac{C_{1,2}\,\psi\left[\left(\dfrac{T_1}{100}\right)^4 - \left(\dfrac{T_2}{100}\right)^4\right]}{T_1 - T_2} \tag{2.201}$$

zu berechnen.

2.3.3.2. Die Trocknungsgeschwindigkeit in Strahlungstrocknern

Die Strahlungstrockner schicken die nötige Energie durch Strahlung zum Gut, fördern die verdampfte Feuchte aber meistens mittels Luftströmen fort.

Wir unterstellen zunächst, die Feuchte verdampfe überall an der Oberfläche A_2 des Gutes. Nach einer gewissen Anheizzeit diene der Strahlungsfluß $\Phi_{1,2}$ (Gl. (2.197)) allein zum Verdunsten dieser Feuchte und unvermeidlicherweise zum konvektiven Erwärmen der gutsberührenden Luft an der Fläche A_2. Es dringe keine Strahlung in das Gutsinnere. Der entstehende Dampf brauche nur durch die

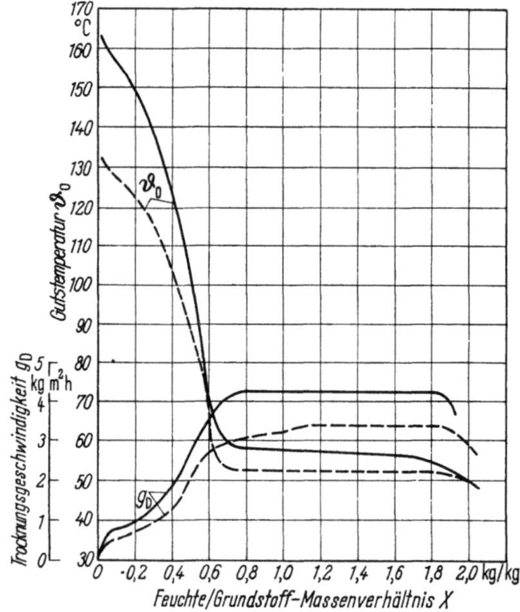

Bild 2.251. Verlauf der Trocknungsgeschwindigkeit g_D und der Gutstemperatur ϑ_O von grauem Wollfilz bei Bestrahlung mit verschiedenen IR-Strahlern unter sonst gleichen Trocknungsbedingungen [326].
Schichtdicke des Gutes 7 mm auf Trolitax-Trocknungsunterlage; Lufttemperatur 35,2 °C; relative Luftfeuchtigkeit 34 %; Luftgeschwindigkeit 1 m/s; Bestrahlungsstärke 450 mW/cm²; ausgezogene Kurven für Backerrohr-Strahler mit Emissionsmaximum bei der Wellenlänge $\tilde{\lambda}_{\text{max}} \approx 3,7\ \mu\text{m}$; gestrichelte Kurven für Glühlampen-Strahler mit Emissionsmaximum bei $\tilde{\lambda}_{\text{max}} \approx 1,3\ \mu\text{m}$.

Luftgrenzschicht am Gut zu wandern, damit er vom Luftstrom mitgenommen Werden kann. Dann gilt für die Trocknungsgeschwindigkeit:

$$g_{\mathrm{D,I}} = \frac{E_2 - \alpha(\vartheta_{\mathrm{O}} - \vartheta_{\mathrm{L}})}{\Delta h'_{\mathrm{V}}} = \frac{\beta}{R_{\mathrm{D}}T}\,\frac{p}{p - p''_{\mathrm{D,O}}}\,(p''_{\mathrm{D,O}} - p_{\mathrm{D}\infty}) \qquad (2.202)$$

mit E_2 als der Bestrahlungsstärke des Gutes gemäß Gl. (2.198) (Bedeutung der übrigen Zeichen s. Abschn. 2.3.1.1.2).

Ist die Lufttemperatur ϑ_{L} niedriger als die Gutsoberflächentemperatur ϑ_{O}, so hält man die Luftgeschwindigkeit in den Strahlungstrocknern niedrig, damit keine unnötigen Energieverluste entstehen.

Solange das Gut so feucht ist, daß alle einfallende Strahlung von der Oberflächenfeuchte absorbiert wird, bleibt ϑ_{O} bei konstantem E_2, ϑ_{L} und $p_{\mathrm{D}\infty}$ gleich, und es stellt sich wie bei der Konvektionstrocknung ein Abschnitt gleichbleibender Trocknungsgeschwindigkeit $g_{\mathrm{D,I}}$ ein (Bild 2.251).

Verwickelter sind die Vorgänge, wenn die Strahlung erst auf dem Wege durch das Gut absorbiert wird. Jede Absorptionsstelle ist eine Wärmequelle, die mit den vielen anderen Quellen zusammen ein Temperaturprofil im Gut hervorbringt, wie das Bild 2.252 für einen Filz zeigt. Deutlich ist ein Temperaturmaximum zu erkennen, das bei wasserfeuchtem Filz und langwelliger Strahlung dicht unter der Oberfläche liegt, bei trockenem Filz und kurzwelliger Strahlung jedoch 1,2 mm Abstand von der Oberfläche hat. Die Lage dieses Maximums hängt vom Absorp-

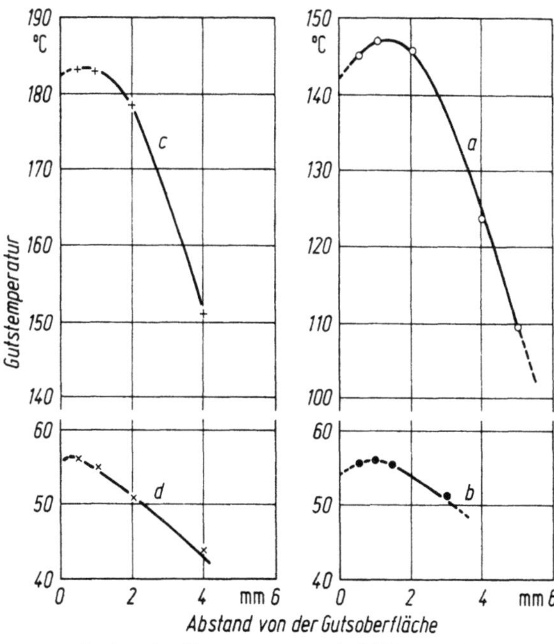

Bild 2.252. Örtlicher Temperaturverlauf in grauem Wollfilz bei einseitiger Bestrahlung [326]. Lufttemperatur $\vartheta_{\mathrm{L}} = 35\,°\mathrm{C}$; relative Luftfeuchte 35,5 %; Luftgeschwindigkeit 1 m/s.
a und b Verlauf bei Bestrahlung mit einem Glühlampen-Strahler (Emissionsmaximum bei $\tilde{\lambda}_{\mathrm{max}} \approx 1{,}3\,\mu\mathrm{m}$; Bestrahlungsstärke $E = 4{,}3\,\mathrm{kW/m^2}$); c und d Verlauf bei Bestrahlung mit einem Backerrohr-Strahler (Emissionsmaximum bei $\tilde{\lambda}_{\mathrm{max}} \approx 3{,}7\,\mu\mathrm{m}$; Bestrahlungsstärke $E = 4{,}5\,\mathrm{kW/m^2}$).

tionsvermögen des Stoffes für die einfallende Strahlung ab. Von den Stellen erhöhter Temperatur muß die Wärme zur Gutsoberfläche wandern, wenn die Feuchte dort verdampft; Gl. (2.202) gilt in diesem Fall nicht.

Fördern die Kapillarkräfte nicht mehr genügend viel Feuchte aus dem Gutsinneren zur Oberfläche, so wandern die Verdunstungsstellen mit fortschreitender Trocknung immer weiter nach innen. Die Strahlung trifft dann unmittelbar auf den Feststoff, erhitzt ihn außen, dringt auch ein und verwandelt sich in Wärme, die zu den Stellen mit tieferer Temperatur und zu den Verdampfungsstellen wandert. Der entstehende Dampf muß dann im Gut zunehmend länger werdende Wege und an der Oberfläche die Luftgrenzschicht durchdringen. Das zusammen bedingt, daß die Trocknungsgeschwindigkeit in diesem *zweiten Trocknungsabschnitt* stetig abnimmt (Bild 2.251) — ganz ähnlich wie bei der Konvektionstrocknung —, und daß die Art des Gutes erheblichen Einfluß darauf hat.

Während das Gut im zweiten Trocknungsabschnitt immer wärmer wird, wächst der konvektive Energieverlust an seiner Oberfläche. Schließlich nimmt seine Temperatur den Höchstwert $\vartheta_{\max}$ an, bei dem die zugestrahlte Energie gänzlich an die vorbeiströmende Luft verloren geht. Es gilt dann

$$\vartheta_{\max} = \vartheta_{\mathrm{L}} + \frac{E_2}{\alpha}. \tag{2.203}$$

2.3.3.3. Die Infrarot-Strahler und ihre Wirkung

2.3.3.3.1. Arten der Infrarotstrahler

Die Strahlungsgeber, die wichtigsten Bauelemente der Strahlungstrockner, kann man einteilen

1. nach der Energieart, die zum Erhitzen der Strahler dient. Vornehmlich sind elektrisch- und gasbeheizte Strahler in Gebrauch.
2. Nach dem Anteil an sichtbarem Licht. Strahler, die neben unsichtbaren Strahlen Licht aussenden, das die Umgebung merklich erleuchtet, heißen Hellstrahler; ausschließlich unsichtbare Strahlen geben die Dunkelstrahler ab. Die Lichtemission beginnt bei Strahlertemperaturen über 500 °C.
3. Nach der Temperatur der Strahler (Tab. 2.16, s.w.h.).
4. Nach der Zusammensetzung der Strahlung. Man unterscheidet die Graustrahler und die Selektivstrahler.
(Über Ultraviolett-Strahler s. Abschn. 2.3.3.6).

Tabelle 2.15 enthält die Kennwerte einiger technischer Strahler, die aus einer Vielzahl herausgegriffen sind. Als Scheitelwellenlänge ist die Wellenlänge bezeichnet, bei der die Strahler die meiste Energie abgeben.

In Spalte 5 der Tabelle 2.15 ist die spezifische Ausstrahlung der abgebenden Oberfläche angeführt. Sie sinkt mit fallender Temperatur stark ab.

In den Trocknern werden meistens mehrere Strahler einer Art zu Gruppen zusammengebaut, so daß ausgedehnte Strahlungsfelder entstehen.

Zum Vergleich der Strahler untereinander wurde eine Temperatur des Empfängers von 100 °C und eine Strahlungsaustauschkonstante von 4,7 W/(m² K⁴) angenommen. Ferner wurde unterstellt, daß die Strahler so dicht wie möglich

Tabelle 2.15. Kennwerte von Infrarot-Strahlern

	1	2	3	4	5	6	7
	Strahler	Oberflächentemperatur des Strahlers		Scheitelwellenlänge der Strahlung, $\tilde{\lambda}_{max}$	Dichte des Strahlungsflusses		Spektrale Eigenschaften
					am Strahler	in der Ebene des Trocknungsgutes	
					spezifische Ausstrahlung, M_1	resultierende Bestrahlungsstärke E_2 im Zusammenbau	
		°C	K	µm	W/m²	W/m²	
1	Sonne		5 720	0,48	75 000 000	1 360 theoret. Solarkonst. 800 geschwächt durch Atmosphäre	Hellstrahler, selektiv infolge Einflusses der Atmosphäre
2	Quarzrohr-Hochtemperaturstrahler mit Wolframdrahtwendel	2 100	2 370	1,2	1 500 000	60 000	Hellstrahler, selektiv
3	Infrarotlampen elektrisch beheizt	1 950	2 220	1,3	1 200 000	14 000	Hellstrahler, selektiv
4	Quarzrohr-Strahler mit Chromnickelwendel	1 100	1 375	2,1	160 000	35 000	Hellstrahler, selektiv
5	Gasbeheizte Flächenstrahler	1 100 bis 350	1 375 bis 625	2,1 bis 4,7	162 000 bis 6 100	100 000 bis 3 700	Glühstrahler, fast grau
6	Elektrische Metallrohr-Strahler	750 bis 400	1 025 bis 675	2,8 bis 4,3	50 000 bis 8 600	25 000 bis 4 300	Glühstrahler, Dunkelstrahler, fast grau
7	Elektrische keramische Flächenstrahler	750 bis 310	1 025 bis 585	2,8 bis 5,0	60 000 bis 5 400	35 000 bis 3 200	Glühstrahler, Dunkelstrahler, fast grau
8	Gasbeheizte Großflächen-Hohlraumstrahler	440 bis 300	715 bis 575	4,1 bis 5,1	11 000 bis 4 100	11 000 bis 4 100	Dunkelstrahler, fast grau
9	Flüssigkeitsbeheizte Plattenstrahler	300 bis 200	575 bis 475	5,1 bis 6,1	4 100 bis 1 400	3 800 bis 1 300	Dunkelstrahler, fast grau
10	Dampfbeheizte Wand aus Stahlblech	150	425	6,8	600	600	Dunkelstrahler, fast grau

Tabelle 2.16. Gruppen der Trockner, die dem Gut Energie
mittels Temperaturstrahlern zuführen

Ordnungs-nummer	Gruppe	Skizze
0 3 0	*Temperatur-Strahlungstrockner* Trockner, die das Gut durch Strahlung von Körpern höherer Temperatur aus mit Energie versorgen	
0 3 1	*Sonnenstrahlungstrockner* Temperatur-Strahlungstrockner, die das Gut von der Sonne anstrahlen lassen	
0 3 2	*Hochtemperatur-Strahlungstrockner* Temperatur-Strahlungstrockner, deren Strahler mehr als 1 700 °C haben (die Energie am stärksten bei Wellenlängen unter 1,5 µm zum Gut strahlen)	
0 3 3	*Mitteltemperatur-Strahlungstrockner* Temperatur-Strahlungstrockner, deren Strahler Temperaturen zwischen 1 700 und 700 °C haben (die Energie am stärksten bei Wellenlängen zwischen 1,5 und 3,0 µm zum Gut strahlen)	
0 3 4	*Niedrigtemperatur-Strahlungstrockner* Temperatur-Strahlungstrockner, deren Strahler weniger als 700 °C haben (die Energie zum stärksten bei Wellenlängen über 3 µm zum Gut strahlen)	
0 3 5	*Strahlungs-Sondertrockner* Temperatur-Strahlungstrockner, die Kombinationen der unter 031 bis 034 genannten Trockner darstellen	

gruppiert sind, daß die Geber und das Gut in parallelen, unendlich ausgedehnten Ebenen einander gegenüberstehen, und daß die gesamte Strahlung der Sender auf das Gut trifft.

Auf dieser Grundlage wurde Spalte 5 der Tabelle 2.15 ermittelt, aus der hervorgeht, daß von den heute in Strahlungstrocknern gebräuchlichen Gebern die Quarzrohr-Hochtemperaturstrahler die höchste spezifische Ausstrahlung haben.

Es wäre ein Irrtum zu meinen, daß infolgedessen das Gut in den damit bestückten Trocknern auch am meisten Energie erhalte. Als strahlende Fläche der Quarzrohr-Hochtemperaturstrahler ist die Oberfläche der Wolframdrahtwendeln im Inneren der Röhren zu betrachten, die sehr klein ist. Von diesen Drähten muß die Strahlung auf die viel größere Oberfläche der empfangenden Umgebung verteilt werden. Infolgedessen gelangen auf 1 m² dieser Umgebung, wie in Spalte 6 der Tabelle angegeben ist, nur etwa 60 000 W.

Spalte 6 der Tabelle enthält noch weitere derartige Werte, die ganz roh geschätzt wurden. Man sieht, den dichtesten Energiestrom vermögen die gasbeheizten Flächenstrahler auf das Gut zu schicken, den schwächsten Energiestrom liefert die dampfbeheizte Ofenwand, die allerdings kaum als Strahlungsquelle dient, sondern nur zum Vergleich mit genannt ist [327].

Elektrische Lampen

Die elektrischen Infrarotlampen strahlen die Energie von wendelförmigen Wolfram-Glühfäden ab, die in einem luftleeren Glaskolben sitzen und 1900 bis 2200 °C annehmen. Innen an der parabolischen Wand trägt der Kolben einen spiegelnden Belag, der die Strahlen bündelt und nach außen wirft (Bild 2.253).

Für die Kolben verwenden einige Hersteller quarzähnliche Gläser, die langwellige Strahlung bis etwa 4 µm besser durchlassen und außerdem fester sind als die sonst benutzten Kalkgläser, die alle Wellen mit Längen über 2,7 µm fast vollständig zurückhalten.

Vornehmlich in Gebrauch sind die 250 W-Lampen mit 125 mm Kolbendurchmesser und 185 mm Länge. Man kann bis zu 56 Stück davon auf 1 m² unterbringen. Es gibt aber auch Lampen für größere Leistungen.

Das Glas wirkt für die absorbierten Spektralbereiche wie ein Filter, so daß die spektrale Energieverteilung der abgehenden Strahlung von der des Glühfadens abweicht. Aus Bild 2.249 erkennt man, wie die Energiekurve eines Lampenstrahlers mit 2200 K Wendeltemperatur bei 0,4 µm Wellenlänge einsetzt, nach längeren Wellen hin zu einem Höchstwert ansteigt, der bei 1,3 µm liegt, dann langsam abfällt und bei 4,8 µm wieder der Abszissenachse nahe ist.

In den Lampen werden knapp 2% der zugeführten elektrischen Leistung in Licht und 65% direkt in Infrarotstrahlung verwandelt; 33% werden im Kolben absorbiert und gehen an vorbeistreichende Luft oder durch Wärmeleitung verloren. Der Kolben nimmt dabei 150 bis 170 °C an und strahlt im Gebiet um 7 µm diffus ab.

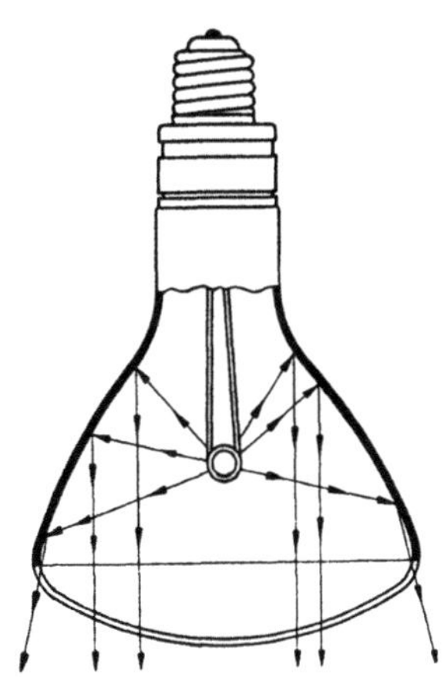

Bild 2.253. Infrarotlampe mit Innenreflektor

Wären die Wendeln der Infrarotlampen punktförmig und säßen sie genau in den Brennpunkten parabolischer Reflektorflächen, so würden die Strahlen genau parallel austreten. Das ist aber weder notwendig noch erwünscht, denn die Stellen des Gutes, die den Lücken zwischen mehreren Lampen gegenüberstehen, würden dann keine direkte Strahlung erhalten und wären benachteiligt. Besser ist es, wenn die Strahlen ein wenig nach außen divergieren. Aber auch dann ist erst in einiger Entfernung von den Lampen ein einigermaßen homogenes Strahlungsfeld vorhanden.

Elektrische Quarzrohrstrahler

Der stabförmige Quarzrohr-Hochtemperaturstrahler, Bild 2.254a, enthält eine elektrisch heizbare Wendel aus Wolframdraht, die von einem Quarzrohr mit 10 mm Außendurchmesser umschlossen ist. Der Strom fließt an den beiden Enden zu und ab und erhitzt die Wendel auf etwa 2100 °C. Ein Reflektor außerhalb der Röhre bündelt die Strahlen. Mit Strahlern dieser Art lassen sich sehr hohe Bestrahlungsstärken erzielen.

In ähnlichen Strahlern, jedoch mit Wendeln aus Chromnickel, nehmen die Glühkörper nur etwa 1100 °C an und brauchen nicht gegen Luftzutritt geschützt zu werden. Weil die Quarzhüllen (etwa 20 mm Durchmesser) fast alle Strahlen mit mehr als etwa 4 μm Wellenlänge, die von den Wendeln ausgehen, absorbieren, so bekommen sie selbst etwa 800 °C und liefern daher eine Emission, die im Gebiet bis etwa 10 μm noch merkliche Beträge hat. Zum Behandlungsgut gelenkt werden die Strahlen durch einen Goldbelag oder durch einen anderen Reflektor an der Rückseite der Quarzröhre.

Das Quarzglas ist wenig empfindlich gegen plötzliche Temperaturänderungen.

Über die Strahlungscharakteristiken von Quarzrohrstrahlern, die mit unterschiedlichen Zylinderspiegeln aus walzblankem Aluminiumblech ausgestattet sind, gibt das Bild 2.255 Auskunft. Die Spiegel mit 50 und 40 mm Radius reflektieren die meiste Strahlung ungefähr in Normalrichtung ($\varphi = 0$). Dagegen erzeugt der Spiegel mit 30 mm Radius zwei Strahlungsmaxima bei $\varphi = 10°$ bzw. $20°$ [328].

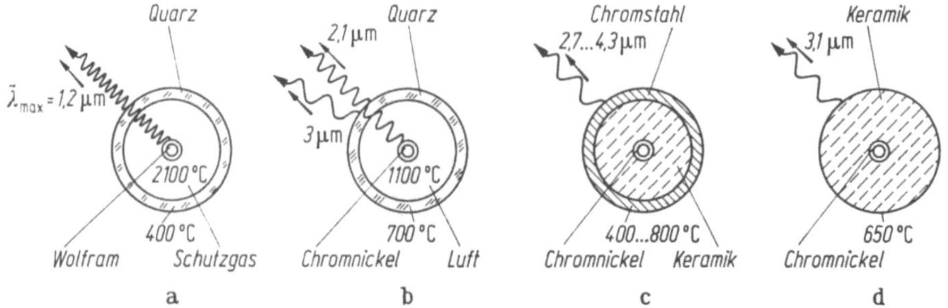

Bild 2.254. Querschnitte durch einige rohrförmige, elektrische Infrarotstrahler (schematisch) (aus [327]).
a) Quarzrohrstrahler mit Glühfaden; b) Quarzrohrstrahler mit Chromnickelwendel; c) Metallrohrstrahler; d) Keramischer Stabstrahler.

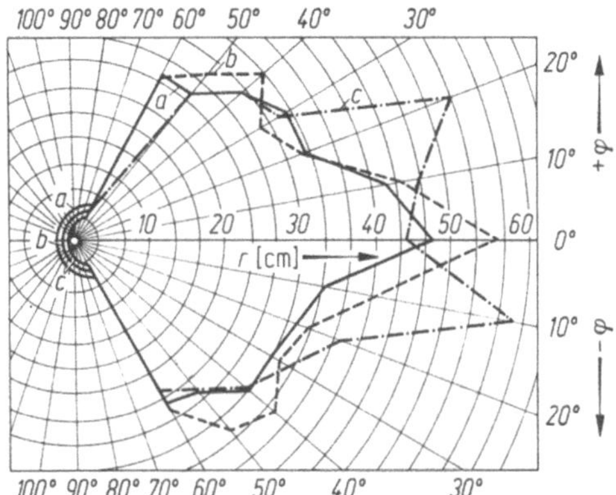

Bild 2.255. Abstrahlungs-Charakteristiken von Quarzrohrstrahlern mit drei verschiedenen Zylinderspiegeln [328].
a Radius des Spiegels $r = 50$ mm; $b\ r = 40$ mm; $c\ r = 30$ mm.

Gasbeheizte Flächenstrahler

An Stelle elektrischen Stromes dient im Flächenstrahler nach Bild 2.256 ein Brenngas als Energiebringer [329]. Der Strahler besteht aus dem Gehäuse a, der Mischkammer b, in der das zuströmende Brenngas mit Luft aus einem Ventilator vermengt wird, der Verteilkammer c sowie der keramischen Platte d mit zahlreichen feinen Löchern, durch die das Gemisch strömt und dabei verbrennt. Unterhalb der kirschrot glühenden Plattenoberfläche entsteht ein hauchdünner Flammenteppich, der dort bleibt. Je nach dem Mischungsverhältnis Gas/Luft nimmt die Plattenoberfläche 400 bis 900 °C an und gibt Strahlung ab. Da die Platte die Wärme schlecht leitet und außerdem vom Gasgemisch gekühlt wird, bleibt ihre Rückseite unterhalb der Zündtemperatur. Die Flamme kann daher nicht zurückschlagen. Als Heizmittel dienen Stadtgas, Ferngas, Erdgas oder Flüssiggas. Die verbrannten Gase strömen von der Oberfläche der Platte in den umgebenden Raum und von da in vielen Fällen zum Gut. Zünd-, Regel- und Sicherheitseinrichtungen ergänzen den Strahler.

Aus Spezialsteinen im Format $230 \times 114 \times 64$ mm (Bild 2.257) werden ganze Strahlwände und -decken von Trocknern gemauert. Erdgas, Flüssiggas oder sonst ein gereinigtes Brenngas und Luft aus einer Mischdüse dringen infolge eines Über-

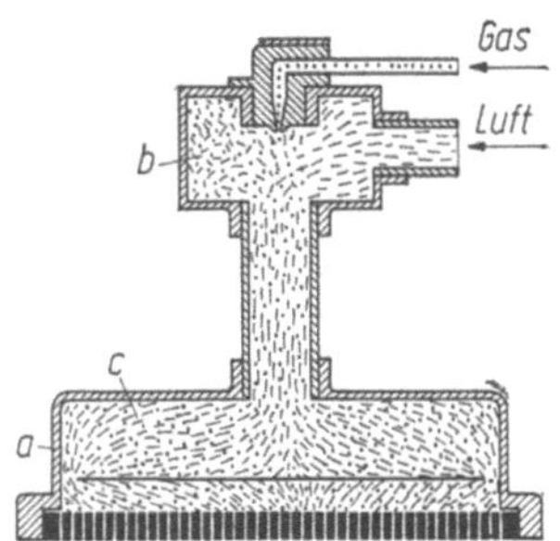

Bild 2.256. Gasbeheizter Flächenstrahler (schematisch).
a Gehäuse; b Mischkammer; c Verteilkammer; d keramische Brennerplatte.

drucks von 10 bis 40 mbar durch die Löcher und die Poren der Steine, verbrennen nahe den Stirnflächen in vielen kleinen Flammen und halten die Wandoberfläche auf Temperaturen bis 1 250 °C [330, 331].

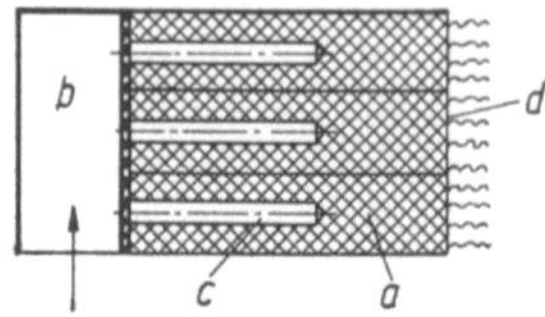

Bild 2.257. Spezialstein für eine gasbeheizte Strahlwand (schematisch) [330].
a Steinmaterial; *b* Gemischkammer; *c* Hilfsbohrung; *d* Abstrahlfläche.

Elektrische Metallrohr-Strahler

Dieser Strahler (Bild 2.258) hat ein Mantelrohr runden oder flachovalen Querschnitts aus Metall, in das eine elektrische Heizwicklung aus Chromnickeldraht, dicht von Magnesiumoxid umgeben, fest eingebettet ist. Die Rohrlänge beträgt bis zu 2 m, der (mittlere) Außendurchmesser etwa 10 mm, die Zahl der Glühdrähte bis 3 und die Heizleistung bis 2 kW. Da die keramische Füllung gut isoliert, ist das Mantelrohr elektrisch berührungssicher. Man kann solche Rohre leicht und mit kleinen Biegehalbmessern zu Schleifen, Mäandern usw. formen und so den unterschiedlichen Ofenformen gut anpassen. Auch können flachovale Stäbe so auf Metallwänden befestigt werden, daß die Wände durch Kontakt miterhitzt werden und selbst als großflächige Strahler wirken. Je cm Länge können die Rohre 6 bis 15 W aufnehmen.

Als Strahlungsgeber wirkt nicht die innere Wendel, sondern allein das Hüllrohr, das die Wärme durch die keramische Füllung zugeleitet erhält. Bis etwa 400 °C Oberflächentemperatur kann man Rohre aus Stahl benutzen (Verzunderungsgrenze); chromnickellegierte Stahlrohre halten bis 750 °C aus. Die Strahler haben eine hohe mechanische und thermische Festigkeit und lange Lebensdauer.

Für die Emission ist die Oxidschicht an der Oberfläche entscheidend, die ein Spektrum ausstrahlt, das nahezu mit dem eines grauen Strahlers übereinstimmt.

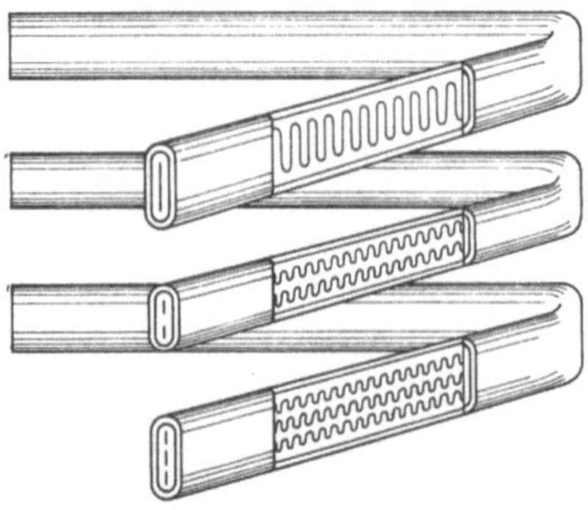

Bild 2.258. Elektrische Metallrohrstrahler mit 1, 2 und 3 Heizleitern.

Elektrische keramische Flächenstrahler

Das Bild 2.259 zeigt als Beispiel einen solchen Strahler. In den weiß glasierten Körper aus Spezialkeramik sind Heizwendeln aus Chromnickelstahl eingebrannt. Die Drähte liegen so, daß zwischen ihnen und der Oberfläche nur ein geringer Temperaturunterschied bestehen kann und das Anheizen nur wenige Minuten dauert. Hergestellt werden Strahler mit und ohne rückwärtige Goldspiegel; von den verspiegelten Typen gehen 90% der Strahlung nach vorne weg. Die Strahler haben 60 mm Breite, 122 oder 245 mm Länge, Leistungen zwischen 125 und 1000 W und nehmen Oberflächentemperaturen zwischen 310 und 750 °C an.

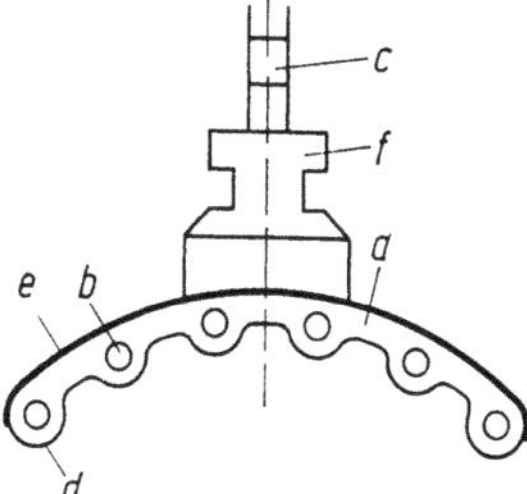

Bild 2.259. Quarzschnitt durch einen elektrischen keramischen Flächenstrahler (Elstein-Werk, Northeim).
a Spezialkeramik; *b* Heizleiter; *c* Stromzuführung; *d* Glasur; *e* Goldspiegel; *f* Befestigungsstutzen.

Man kann die Strahler leicht an Blechwänden befestigen, indem man ihre keramischen Mittelstutzen durch passende Löcher der Wände steckt und mit Blattfedern verriegelt. Die Strahlerplatten lassen sich fast lückenlos aneinanderreihen. Vorgefertigte Bauelemente aus Strahlern und reflektierenden Aluminiumgehäusen gestatten, ganze Anlagen nach dem Baukastenprinzip zusammenzusetzen.

Die Strahler sind gegen die meisten chemischen Angriffe beständig, selbst gegen Kaltwasserspritzer unempfindlich und haben lange Lebensdauer.

Gasbeheizte Großflächen-Hohlraumstrahler

Bei dieser in der Urform von Aktin [332] stammenden Strahlerbauart (Bild 2.260) ist die ganze innere Wand des Trockners als Strahler zu betrachten. Aus einer Feuerung strömen Heißgase, die ein Ventilator bewegt, in den Raum zwischen der Innenwand und der Isolierung und geben dabei den Hauptteil ihrer Enthalpie an das Strahlungsblech ab. Im Inneren dieser Öfen herrscht diffuse Hohlraumstrahlung. Mit Rücksicht auf Verzunderung kann die Temperatur normaler Stahlbleche als Strahler höchstens 440 °C betragen. Unvermeidlich sind bei diesen Trocknern die Temperaturunterschiede der Strahlwand, die von der Temperaturänderung der Rauchgase entlang ihrem Strömungsweg herrühren.

Flüssigkeitsbeheizte Plattenstrahler

Als Strahlungsgeber dienen auch doppelwandige, von einer Heizflüssigkeit durchströmte Stahlplatten (Bild 2.261). Sie sind an einen Flüssigkeitskreislauf angeschlossen, der von einer Pumpe zwischen ihnen und einem Energiespender aufrechterhalten wird (Thermoöle s. Abschn. 1.2.4.3.3).

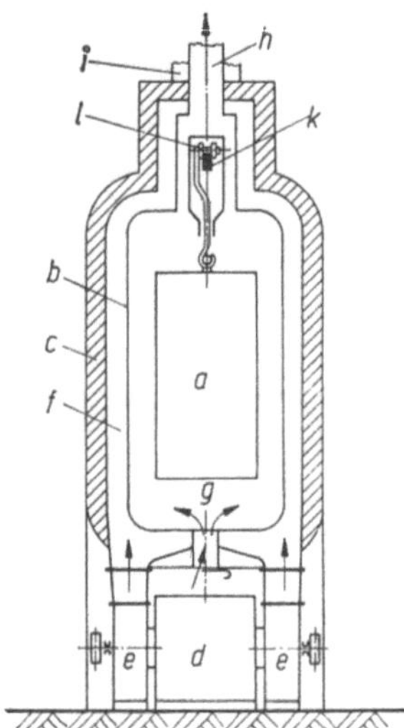

Bild 2.260. Schnitt durch einen gasbeheizten Großflächen-Hohlraumstrahler (schematisch).
a Trocknungsgut; *b* Strahlung abgebende Wand; *c* Isoliermantel; *d* Brennkammer mit Luftzumischraum; *e* Ventilator; *f* Heizraum; *g* Spülluftzufuhr; *h* Abluftleitung; *i* Abgasabzug; *k* Tragschiene; *l* Rollenkette.

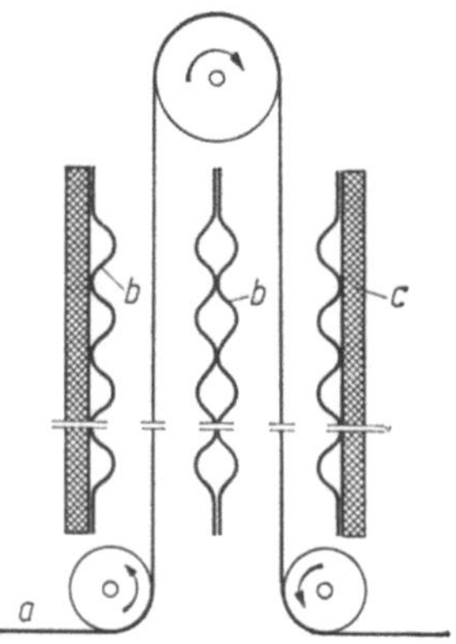

Bild 2.261. Flüssigkeitsbeheizte Plattenstrahler.
a Laufende Gutsbahn; *b* Strahler; *c* Isolierwand.

2.3.3.3.2. Energetischer Vergleich der Energieübertragung durch Strahlung mit der durch Konvektion

Das Folgende soll die Bereiche zeigen, in denen Energie vorteilhafter durch Strahlung als durch Konvektion übertragen wird.

Ein Fluid halte einen Heizkörper auf der Außentemperatur ϑ_R. Der Körper seinerseits gebe Wärme allein durch Konvektion ab und erwärme Luft, die über ein Gut mit der Oberflächentemperatur ϑ_O streiche. Zwischen der Heizfläche und der Luft bestehe der Temperaturunterschied $\Delta\vartheta_H$. Das Gut habe die Form einer ebenen Platte, die Luft ströme mit der Geschwindigkeit w_L darüber, und der Wärmeübergangskoeffizient an der Platte sei α. Für die Dichte q_K des Wärmestromes, der durch Konvektion zur Platte geht, gelte also die Gleichung

$$q_K = \alpha[(\vartheta_R - \Delta\vartheta_H) - \vartheta_0],\qquad(2.204)$$

die für $\Delta\vartheta_H = 15\,\mathrm{K}$ die q_K-Werte nach den gestrichelten Linien auf Bild 2.262 liefert.

In einem zweiten Fall sei der Heizkörper als ebene, grau strahlende und parallel über dem Gut liegende Platte ausgebildet, die nur Strahlungsenergie gemäß Gl. (2.197) abgebe. Die Strahlungsaustauschkonstante sei $C_{1,2} = 4{,}0$ und die damit berechnete resultierende Bestrahlungsstärke E_2 des Gutes sei durch die ausgezogenen Linien im Bild 2.262 wiedergegeben.

Wenn das Gut 40 °C hat und die Luftgeschwindigkeit 4 m/s beträgt, so geht im gedachten Fall bei allen Heizkörpertemperaturen über 210 °C mehr Energie durch Strahlung als durch Konvektion zum Gut. Strömt die Luft mit 8 m/s, dann ist die Strahlung erst im Bereich über 350 °C Heizkörpertemperatur überlegen. Bei 150 °C Gutstemperatur wird durch Strahlung stets mehr Energie übertragen als durch Konvektion, wenn die Luftgeschwindigkeit unter 8 m/s liegt.

Der Bereich 70 bis 180 °C Heizmitteltemperatur ist die Domäne des Wasserdampfes, der Bereich darüber derjenige von Gas und Elektrizität.

Daher folgt aus dem Dargelegten:

a) Erwärmen von Gütern durch Strahlung ist im allgemeinen nicht zweckmäßig, wenn die Strahlungsgeber nur mit Dampf beheizt werden können. Als zusätzliche Energie kann Strahlung dann aber trotzdem nützlich sein.

b) Stehen Heizmittel zur Verfügung, die den Heizkörper über etwa 180 °C erhitzen, so bringt Erwärmen durch Strahlen unter Umständen Vorteile, insbesondere wenn das Gut rasch erwärmt werden soll und wenn es höhere Temperaturen verträgt oder annehmen soll.

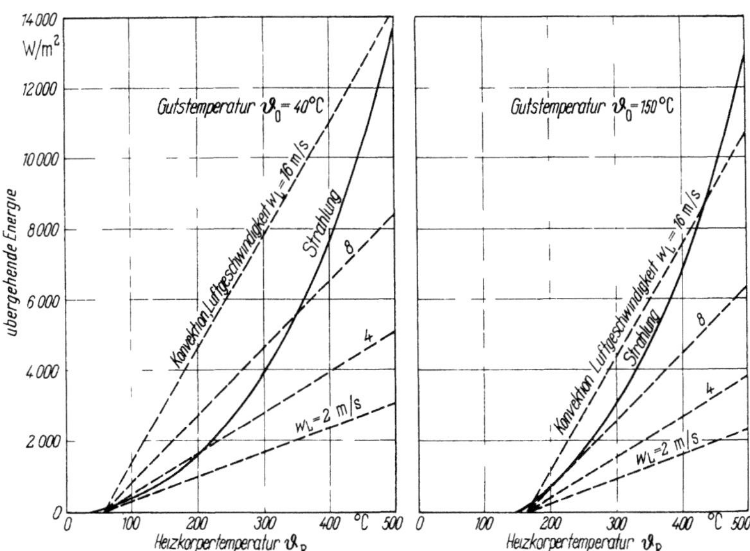

Bild 2.262. Vergleich der Energieübertragung durch Strahlung mit der durch Konvektion an ebenem, plattenförmigem Gut bei 40 bzw. 150 °C Gutstemperatur.

c) Vorteilhaft ist Strahlung weiterhin, wenn man nur geringe Luftgeschwindigkeiten anwenden kann, sei es, das Gut werde sonst aufgewirbelt und mitgerissen, sei es, der Luftstrom könne nur durch umständliche Maßnahmen bewegt und geführt werden.

2.3.3.3.3. Maßnahmen zum Erzielen gleichmäßiger Gutsbestrahlung

Will man vermeiden, daß einzelne Stellen eines Gegenstandes überhitzt und andere unvollständig getrocknet werden, so muß man den Körper gleichmäßig bestrahlen.

Man kann eine gewünschte Bestrahlungsstärke entweder mit einer bestimmten Anzahl von Einzelstrahlern erzielen, deren emittierende Flächen hohe Temperatur, dafür aber geringe Ausdehnung haben (wie die Glühfäden der Infrarotlampen), oder mit Strahlern, die bei niedriger Temperatur aussenden, jedoch eine ausgedehnte Emissionsfläche besitzen (Großflächenstrahler). Die erstgenannten Strahler brauchen Reflektoren, welche die strahlende Fläche sozusagen vergrößern und außerdem oft die Aufgabe haben, die Strahlen zu richten. Man kann die Einzelstrahler nur in gewissen Abständen voneinander anordnen, und das hat zur Folge, daß ein ausgedehnter Gegenstand nur dann ungefähr gleichmäßig bestrahlt wird, wenn er sich in einiger Entfernung von den Emissionsstellen befindet und wenn sich die Strahlungsfelder überdecken. Demgegenüber besteht in Trocknern mit Großflächenstrahlern keine Abstandsempfindlichkeit, wenn man von den Randzonen absieht.

Am einfachsten ist das Bestrahlen ebenflächigen Gutes: man ordnet die Strahler dazu in einer Ebene parallel zur Gutsoberfläche in geeigneten Abständen voneinander und von der Gutsoberfläche an. Den Trocknern für Körper mit gekrümmten Oberflächen gibt man oft Querschnitte, die den Umrissen des Gutes grob angepaßt sind (Bild 2.263), damit die Strahlen überall etwa unter gleichen Winkeln auf die Gegenstände treffen.

Da sich die Infrarotstrahlen geradlinig fortpflanzen, werden Flächen, die von der Strahlungsquelle aus gesehen im Schatten liegen, nicht unmittelbar bestrahlt. Man darf die zu trocknenden Körper also niemals in Strahlenrichtung hintereinander gruppieren, vielmehr muß man sie frei der Strahlung aussetzen.

Aus diesem Grunde kann es schwierig sein, stark profilierte Gebilde gleichmäßig zu trocknen. In der Regel muß man über solche Gegenstände eine gemeinsame Haube legen, von deren Innenflächen die Strahlen nach allen Richtungen gehen, so daß im Trockner vollkommen diffuse Strahlung herrscht. Dazu bildet

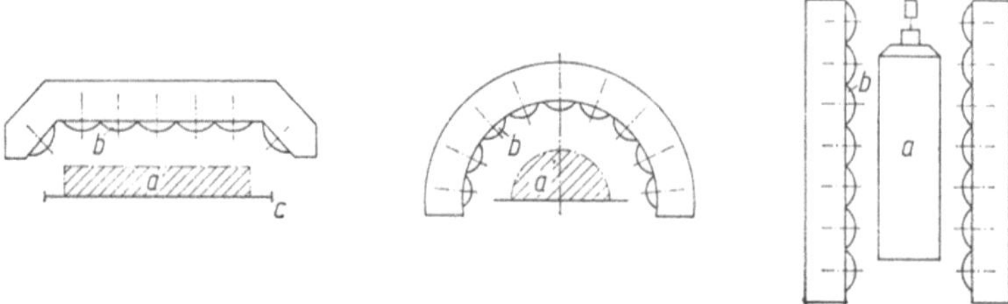

Bild 2.263. Anpassung der Strahlungsfelder an die Gestalt des Gutes.
a Gut; *b* Strahler; *c* Transporteinrichtung.

man die ganze Haube als diffusen Hohlraumstrahler aus, oder man sorgt wenigstens für diffuse Reflexion an den nicht von Strahlern besetzten Wandteilen.

Lackschichten trocknen auf metallischen Gegenständen mit guter Wärmeleitfähigkeit, auch bei etwas ungleichmäßiger Bestrahlung, einigermaßen gleichmäßig. Sehr gleichmäßig müssen aber lackierte Gegenstände aus schlecht leitenden, temperaturempfindlichen Preßstoffen, aus Holz, Pappe oder dgl. bestrahlt werden, da sie Temperaturunterschiede im Inneren kaum auszugleichen vermögen.

Häufig kann man ungefähr gleichmäßige Bestrahlung des Gutes wenigstens im zeitlichen Mittel dadurch erreichen, daß man die Gegenstände so an den Strahlern vorbeibewegt, daß alle Oberflächenstellen in gleicher Weise in Trocknerzonen starker und schwacher Bestrahlung gelangen. Vorteilhaft kann dazu sein, dem Gut nicht nur eine Längs-, sondern auch eine Drehbewegung zu erteilen.

2.3.3.3.4. Aufnahme der Strahlung in einigen Gütern

Von der Infrarotstrahlung sagt man häufig, daß sie das Gut von innen her erwärme und deshalb bei der Trocknung besonders vorteilhaft wirke. Es sei geprüft, wie weit das stimmt.

Auf Bild 2.264 ist das Verhalten der Strahlung im Gutsinneren schematisch dargestellt. Unter Gut sei hier die Lackschicht auf einem Blech, oder ein Stoff verstanden, der in einer Schale ruht. Der Gutsträger sei für die Strahlung undurchlässig.

Von der ankommenden Strahlung a wird der Teil b bereits an der Gutsoberfläche reflektiert. Dieser kann zwar auf Umwegen (und unter Umständen in anderen Wellenlängen) zum Gut zurückkommen, jedoch sei der zurückkehrende Teil hier ebenfalls als neu einfallende Strahlung betrachtet. Von der eindringenden Strahlung absorbiert die Gutsschicht den Teil c, sie verwandelt ihn in innere Energie. Der Rest dringt bis zum Gutsträger durch und wird dort absorbiert oder reflektiert. Der reflektierte Betrag kehrt als Teil d in die Gutsschicht zurück und wird dort ebenfalls absorbiert, oder er verläßt die Schicht als Teil e. Ein kleiner Rest f geht wiederum in die Schicht zurück. Der vom Träger absorbierte Teil g verwandelt sich dort in innere Energie. Die Gutsschicht nimmt also auf zweierlei Weise Energie auf:

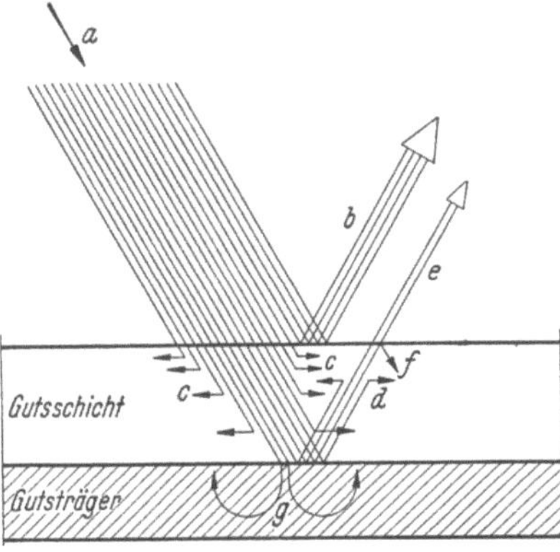

Bild 2.264. Verhalten der Strahlung in einer teilweise durchlässigen Gutsschicht.

a) in ihrem Inneren durch die absorbierte Strahlung,

b) durch Leitung vom Gutsträger her.

Von der freien Oberfläche her aber findet, anders wie bei der Konvektionstrocknung, an sich keine Erwärmung statt.

Im einzelnen Fall hängen die Beträge der absorbierten und der reflektierten Strahlungsanteile vom Absorptions- und Reflexionsvermögen des Gutes und des Gutsträgers sowie von der Verteilung der Strahlung auf die verschiedenen Wellenlängen ab. Stoffe mit gutem Absorptionsvermögen lassen keine Strahlung zum Gutsträger gelangen; sie verwandeln die eindringende Strahlung schon fast an der Gutsoberfläche in innere Energie, und die tieferen Schichten erwärmen sich dann genauso durch Leitung von der Oberfläche her wie bei konvektiver Trocknung. An der angestrahlten Seite wird das Gut dabei beträchtlich heißer als an der Unterseite.

Ist das Gut dagegen einigermaßen durchlässig, so erwärmt die Strahlung unmittelbar auch die inneren Schichten — sie übt Tiefenwirkung aus —, und außerdem erhalten die Schichten Wärme durch Leitung.

Bei sehr guter Durchlässigkeit des Gutes absorbiert hauptsächlich der Gutsträger die Strahlung, sofern er sie nicht reflektiert. Die Wärme geht dann durch Kontakt an das Gut über. Dabei wird das Gut unten heißer als oben und trocknet ähnlich wie in Kontakttrocknern. Wirft der Gutsträger die Strahlung aber zurück und absorbiert das Gut sie nur schwach, so nimmt es nur wenig, wenn auch gleichmäßig, Energie auf. Dabei erwärmt sich das Gut auch nur schwach.

Aus dem Obigen geht auch der unterschiedliche Einfluß des Gutsträgers hervor. Ihm zufolge erwärmt sich z.B. eine strahlungsdurchlässige Lackschicht auf Schwarzblech viel schneller als eine solche auf Aluminiumblech.

Absorbiert der Gutsträger die Strahlung stark und leitet er die Wärme außerdem gut, wie etwa Eisenblech, so erzielt man beim Trocknen durchlässigen Gutes durch Bestrahlen des Trägers von der Rückseite her eine ähnliche Wirkung wie durch Bestrahlen der Schicht selbst (oder durch konvektive Erwärmung der Rückseite). Das ist nach dem eben Gesagten einleuchtend, denn in beiden Fällen nimmt das Gut die Energie indirekt durch Leitung auf.

Ein in das Gut dringender Strahl durchläuft abwechselnd Strecken, die von Feststoff und solche, die von Flüssigkeit oder feuchter Luft erfüllt sind. An den Grenzflächen wird er teilweise reflektiert, dadurch hin- und hergeworfen und zerstreut, bis er schließlich absorbiert ist oder das Gut wieder verläßt.

Weil die Feststoffe und das Wasser sich gegenüber der Infrarotstrahlung unterschiedlich verhalten, so leuchtet ein, daß sich sowohl der Reflexions-, wie der Absorptions- und der Transmissionsgrad von Trocknungsgütern mit dem Feuchtegehalt der Stoffe ändern. Als Beispiel zeigt das Bild 2.265 die Veränderlichkeit von $\bar{\alpha}$ und ϱ bei einigen (dicken) Hölzern [333, 334]. Kurzwellige Strahlung dringt in Hartholz meßbar bis etwa 1 mm ein, in Weichholz, wie Kiefer, Fichte, Tanne, bis etwa 7 mm.

Viele organische Substanzen können ausreichende Absorption schon durch die Grundschwingungen der CH-, OH- und der NH-Gruppen ihrer Moleküle gewährleisten.

Für das Absorptionsvermögen von pflanzlichen Stoffen ist vornehmlich deren wichtigster Bestandteil, die Zellulose, bestimmend. Dieser Stoff läßt kurzwellige

Strahlung (unter etwa 2,5 μm) gut durch, bei größeren Wellenlängen ist sein Spektrum verwickelt und die Durchlässigkeit geringer. Ähnlich verhalten sich die Eiweiße, die einen Hauptteil der tierischen Substanzen bilden.

Bild 2.266 zeigt das Absorptionsvermögen einiger Lacke [335]. Strahlung mit Wellenlängen bis ungefähr 2 μm und zwischen 4 und 5,5 μm wird von den Klarlacken nur schwach absorbiert; sie geht leicht hindurch. Aber Strahlung zwischen 2 und 4 μm und oberhalb 6 μm wird weitgehend in innere Energie verwandelt. Pigmente in den Lacken ändern das Absorptionsspektrum beträchtlich ab, und

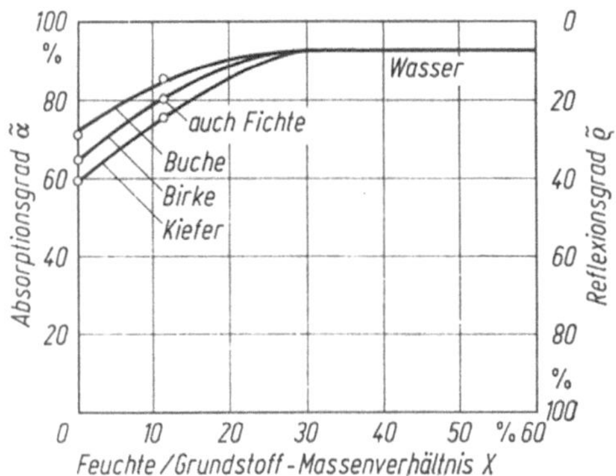

Bild 2.265. Abhängigkeit des Absorptions- und Reflexionsgrades einiger Hölzer vom Feuchte/Grundstoff-Massenverhältnis X [334].

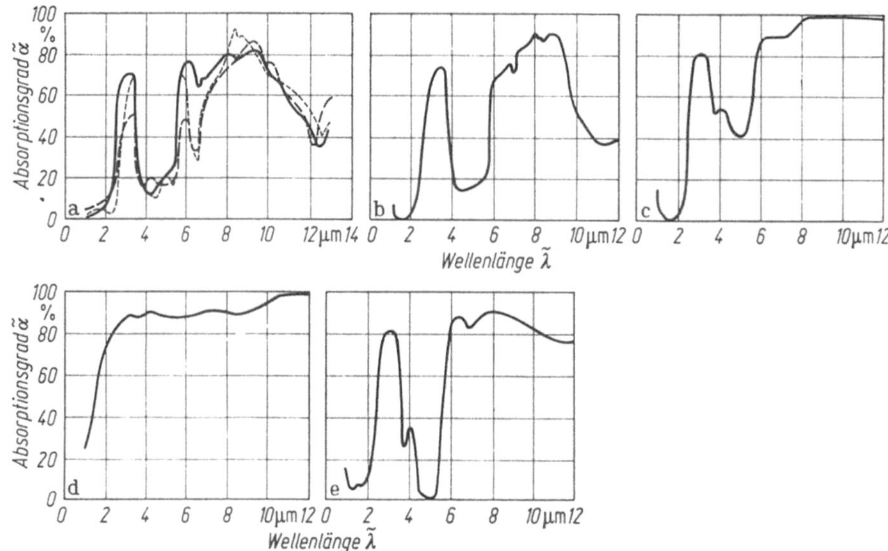

Bild 2.266. Selektives Absorptionsverhalten von Lacken im Infrarotbereich [335].
a) Kopallack ⸻, Alkydharzlack ----, Alkyd-Urethanharzlack – – – –; 20 μm dicke Klarlackschichten auf reflektierendem Untergrund; b) rote Mennige auf Alkydharzbasis; c) weiße Grundiermasse, 35 μm dick; d) Alkyd-Urethanharzlack mit Rutyl-Titanweiß, 25 μm dick, auf absorbierender Unterschicht, e) desgl. auf reflektierender Unterschicht.

absorbierende Unterlagen können schwaches Absorptionsvermögen in bestimmten Spektralbereichen scheinbar aufheben.

Für kurzwellige Strahlung sind die Lacke um so weniger durchlässig, je mehr Pigment sie enthalten. Im übrigen scheint das Absorptionsvermögen vieler Lackaufträge beim Trocknen zunächst abzunehmen und — nachdem der Film durchgetrocknet ist — wieder anzusteigen.

Die pigmentierten Lacke erscheinen farbig, weil die Pigmentteilchen die sichtbare Strahlung selektiv reflektieren. Von den technischen Strahlern geht aber nur wenig oder gar kein Licht aus, und deshalb hat der Farbton eines Lackes an sich nur schwachen und bei Verwendung von Dunkelstrahlern überhaupt keinen Einfluß auf die Trocknung. Entscheidend für das unterschiedliche Verhalten der pigmentierten Lacke ist vielmehr das Reflexionsvermögen der Pigmente in dem Wellenlängenbereich, in dem der Strahler „die meiste" Energie abgibt. Dieses kann gänzlich anders sein als im sichtbaren Gebiet. Wenn dunkle Lacke schneller trocknen als helle und weiße, so rührt dies zum Teil daher, daß die dunklen Lacke besser decken und daher bewußt oder unbewußt dünner aufgetragen werden.

Es wurde schon dargelegt, daß die Vorgänge im Gut und am Gutträger gekoppelt sind. Das gilt auch insofern, als der Gutträger fast stets zusammen mit dem Gut erwärmt werden muß. Bild 2.267 zeigt einige Erwärmungskurven von waagerecht liegenden 1 und 5 mm dicken Eisenblechen, die an der Oberseite mit einem gelben Phenolharz-Grundlack bestrichen waren und von oben mittels elektrischer Lampen bestrahlt wurden [336]. An den Punkten, wo die Erwärmungskurven die oberen flach liegenden Grenzkurven treffen, war die Trocknung jeweils beendet. Man erkennt, daß die im Lackträger „verlorengehende Energie" den Vorgang entscheidend verzögern kann, sofern sie ein erheblicher Teil der zugestrahlten Energie ist.

Die Erfahrung lehrt auch, daß man keine dicken und dünnen, keine schweren und leichten lackierten Metallgegenstände gleichzeitig durch einen Trockner laufen lassen sollte, weil sich diese Gegenstände unterschiedlich erwärmen. Auf unterschiedlichen Gegenständen aus Holz, Pappe und anderen Werkstoffen, die die Wärme nur langsam eindringen lassen, werden die Lackschichten zwar gleichmäßig warm, wenn sie gleichmäßig bestrahlt werden, aber hier wirkt sich ungleiche Bestrahlung erheblich nachteiliger aus.

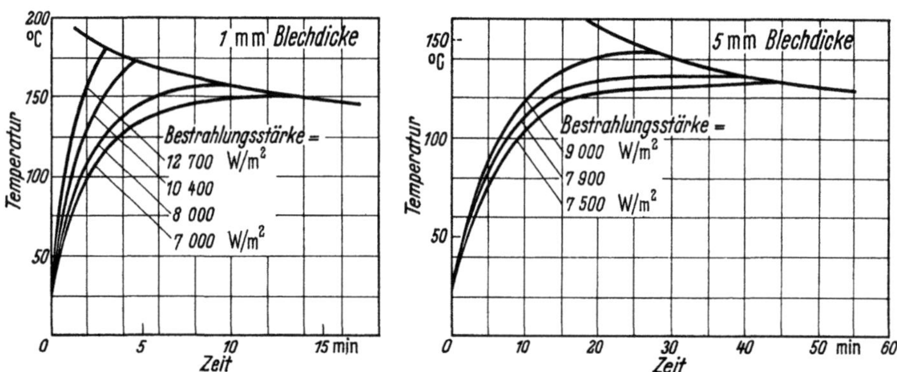

Bild 2.267. Erwärmung von 1 und 5 mm dicken Eisenblechen mit gelbem Grundlackanstrich durch Strahlung.

2.3.3.3.5. Wirkung der Strahlung auf einige Güter

Oben erkannten wir zwei Besonderheiten der Infrarotstrahlung:

a) daß sie unter gewissen Umständen gestattet, mehr Energie in das Gut zu bringen als andere Arten der Energiezufuhr, und daß sie das Gut daher auch schneller erwärmen und trocknen könne;

b) daß sie bei manchen Gütern in das Innere zu dringen vermag.

Koch [326] und Pfennig [337] machten zahlreiche Versuche mit einer Reihe von Stoffen und fanden, daß unter gleichen Bedingungen alle mit Metallrohrstrahlern behandelten Güter ($\tilde{\lambda}_{max} \approx 3,7$ µm) im ersten Trocknungsabschnitt nahezu gleiche Oberflächentemperaturen annahmen und fast mit gleicher Geschwindigkeit $g_{D,I}$ trockneten. Die größten Abweichungen der $g_{D,I}$-Werte vom Durchschnitt betrugen 10%, fast unabhängig vom anfänglichen Wassergehalt der Güter, obgleich die festen Gutsbestandteile sehr verschiedene Absorptions-, Reflexions- und Durchlässigkeitsvermögen hatten. Größere Abweichungen zeigten sich bei Versuchen mit Quarzrohrstrahlern und noch größere bei Lampenstrahlern ($\tilde{\lambda}_{max} \approx 1,3$ µm). Hier betrug die größte Abweichung 36%, und außerdem lag $g_{D,I}$ meistens niedriger (s. auch Bild 2.251). Die langwelligen Strahlen wurden in beträchtlichem Maße vom Wasser an oder nahe bei der Gutsoberfläche absorbiert, wogegen die kurzwelligen Strahlen zwar stärker reflektiert wurden, aber auch zahlreicher zu den festen Gutsbestandteilen hindurchdrangen, so daß sich die unterschiedlichen Eigenschaften dieser Bestandteile mehr geltend machten.

Im zweiten Trocknungsabschnitt treffen die Strahlen unmittelbar auf den Feststoff, so daß sich die unterschiedlichen Strahlungseigenschaften der Güter hier beträchtlich auswirken. Dies, sowie die unterschiedlichen Widerstände, die der entstehende Dampf in den Gütern findet, bringen einen sehr unterschiedlichen Temperatur- und Trocknungsverlauf mit sich.

Bei sehr intensiver Bestrahlung kann die Feuchte aus manchen Gütern nicht schnell genug entweichen. Der Stoff wird dann zunehmend wärmer und verdirbt unter Umständen. In Lackschichten bilden sich möglicherweise Poren, Blasen oder Krater, und das Bindemittel oder die Pigmente zersetzen sich. Gelegentlich tritt auch Schaden infolge einseitiger Erwärmung auf, vornehmlich in dicken Schichten, wenn das Gut die Strahlung schon an der Oberfläche absorbiert und gleichzeitig ein schlechter Wärmeleiter ist.

Im allgemeinen bringt das Bestrahlen vornehmlich da Nutzen, wo dünnschichtiges Gut schnell zu trocknen ist, und für diesen Zweck wendet man es vornehmlich an.

Erfolgreich lassen sich mit Infrarotstrahlen insbesondere Kunstharzlacke trocknen, die schnell erwärmt werden müssen, wenn sie beschleunigt kondensieren oder polymerisieren sollen. Insbesondere bei Lackschichten, welche die Strahlung weitgehend durchlassen, aber auf absorbierenden Trägern sitzen, kann man hohe Energiedichten anwenden und kurze Trocknungszeiten erreichen. Die Lackschichten werden dann sozusagen von unten her getrocknet und behalten ziemlich lange eine Oberfläche, die Lösungsmitteldämpfe leicht durchläßt. Pigmentierte Lacke (Farblacke), welche die Energie mehr an der Oberfläche absorbieren, muß man meistens vorsichtiger behandeln.

Lack auf dünnen Metallfolien braucht oft nur Bruchteile von Minuten, solcher auf dicken Metallgegenständen bis zu 10 Minuten, um durchzutrocknen.

In Strahlungstrocknern liegt die durch Gl. (2.203) gegebene Beharrungstemperatur ϑ_{max}, der die Gegenstände zustreben, oft viel höher, als das Gut verträgt. Der Aufenthalt des Gutes im Trockner muß aber enden, bevor Schaden entsteht. Dazu ist wichtig, die Bestrahlungsdauer richtig vorauszubestimmen und zuverlässig einzuhalten; je empfindlicher das Gut, je verwickelter seine Form ist und je stärker es bestrahlt wird, desto enger ist die ausnutzbare Verweilzeitspanne.

Einen ziemlich weiten Spielraum der Verweilzeit bieten manche Einbrennlacke für Metallgegenstände; sie ertragen außerdem schnellen Temperaturanstieg, ohne daß Blasen entstehen oder daß der Lack sonst verdirbt.

Lackfilme auf Holz trocknen relativ schnell, weil nur wenig Energie in die Lackträger wandert, aber die Gegenstände verziehen sich leicht und bekommen Risse, wenn der Lackträger durch die Bestrahlung gezwungen wird, seine Feuchte ungleichmäßig und schnell abzugeben.

Das Trocknen von Druckfarben, Leim usw. auf Karton und dicken Papieren macht weniger Schwierigkeiten. Bei den neuen Druckverfahren soll die Feuchte durch starke Energiezufuhr in Bruchteilen von Sekunden aus dem Farbauftrag getrieben werden. Während dieser kurzen Zeiten kann der Karton selbst kaum austrocknen, schrumpfen und Passerdifferenzen bekommen. Dünne Papiere bereiten diesbezüglich eher Schwierigkeiten.

Manchmal kann man den sogenannten Schädigungsverzug, d.h. den Umstand nutzen, daß starke Bestrahlung bestimmten Gütern nur schadet, wenn sie zu lange dauert. Zum Beispiel kann man vollständig zusammengebaute Maschinenteile mit Fett und Weichlötstellen im Inneren, sowie reparierte Kraftwagen samt der Innenausstattung mit Einbrennlack versehen. Lange andauernde hohe Temperaturen würden die empfindlichen Einbauteile schädigen, aber kurzdauernde Außenbestrahlung treibt die Innentemperaturen nicht unzulässig hoch.

2.3.3.3.6. Auswahl der Strahler, Abstimmen von Strahler und Empfänger

Für die Auswahl der Strahler sind zahlreiche Gesichtspunkte maßgebend.

Anwendbare Bestrahlungsstärke

Die Intensität, mit der ein Gut zweckmäßigerweise bestrahlt wird, hängt ab von der gewünschten Produktionsgeschwindigkeit, von der zulässigen Trocknungsgeschwindigkeit (die oft nur durch Versuche zu ermitteln ist), von den nutzbaren Energiequellen und von anderen betrieblichen Umständen. Wie die Tabelle 2.15 zeigt, lassen sich mit Infrarotstrahlern sehr große, gewünschtenfalls aber auch kleine Energieströme zum Gut bringen.

Will man zum Beispiel in den rasch laufenden Rotationsdruckmaschinen die auf das Papier gedruckten Farben trocknen, so muß man Strahler für hohe Bestrahlungsstärken anwenden. Das gleiche kann beim Trocknen des Lackes auf dicken Metallgegenständen zweckmäßig sein. Würde man die Körper nur schwach bestrahlen, so würde ihre Rückseite fast ebenso hohe Temperatur annehmen wie die Vorderseite. Starke und kurzdauernde Bestrahlung jedoch kann den Lack genügend trocknen, ohne die ganzen Körper zu erwärmen. Man kann die Bestrahlung in diesem Fall sogar vorzeitig unterbrechen, weil die gespeicherte Energie, die dem Körper nachher innewohnt, das Trocknen vollendet.

Gerichtete oder diffuse Strahlung?

Handelt es sich darum, ein begrenztes Gebiet auf einem größeren Gegenstand zu erwärmen, so wird man einen Strahler mit Reflektor benutzen, der die Strahlen gebündelt zu der Stelle lenkt. Diese Aufgabe liegt z. B. vor, wenn man den Lack an ausgebesserten Stellen von Kraftwagen trocknen will.

Eine ebene Fläche kann man sowohl mit Gebern gerichteter als auch mit solchen diffuser Strahlung gleichmäßig trocknen. Für Körper verwickelter Form aber kommt Parallelstrahlung weniger in Betracht, da die Gefahr besteht, daß sich Schatten bilden. Man benutzt dafür besser diffuse Strahlung, die auch schwer zugängliche Gebiete erreicht (s. z. B. Bild 2.260).

Zwar kann man auch mit Richtstrahlern eine weitgehend sich kreuzende Strahlung erzeugen, indem man die Strahlerachsen schräg stellt oder die Wände der Trockner mit einer unregelmäßig reflektierenden Innenverkleidung versieht, aber diese Verfahren stellen Umwege dar.

Günstige Wellenlänge der anzuwendenden Strahlung

Jede Substanz hat im elektromagnetischen Spektrum mindestens eines, meistens aber mehrere Gebiete, wo ihre Elementarbausteine von auftreffender Strahlung in Schwingungen versetzt werden, d. h. wo die Substanz die Strahlung absorbiert. Die Lage und die Größe dieser Absorptionsgebiete ist sehr verschieden und hängt vom molekularen Aufbau der Substanz ab. Dünne Wasserhäute auf Metallgegenständen z. B. absorbieren langwellige Dunkelstrahlung sehr gut, sie können mit kurzwelliger Strahlung aber nur langsam entfernt werden.

Soll die Strahlung tief in das Gut dringen und es gleichmäßig erwärmen, so muß der Strahler die meiste Energie in solchen Wellenlängenbereichen aussenden, in denen das Gut wenig reflektiert und auf verhältnismäßig langem Wege absorbiert. Wünscht man hingegen, daß sich die Strahlung nahe der Gutsoberfläche in innere Energie des Stoffes verwandelt, so muß man die Wellenlängenbereiche bevorzugen, in denen das Gut die Strahlen auf kurzem Wege absorbiert. Reflektierte Strahlen gehen verloren, wenn man sie nicht zur Umkehr zwingen kann.

Um für ein bestimmtes Gut den vorteilhaftesten Strahler zu finden, muß man also, streng genommen, das Emissionsspektrum aller in Betracht kommenden Strahler sowie den Reflexionsgrad $\tilde{\varrho}$, den Absorptionsgrad $\tilde{\alpha}$ und den Absorptionskoeffizienten $\tilde{k}$ des Gutes für alle Wellenlängen kennen. Wenn darüber Angaben fehlen, so muß man den zweckmäßigen Strahler grob empirisch ermitteln.

Im Bild 2.268 (links) ist für einen als Beispiel genommenen Strahler das Verhältnis der spezifischen Ausstrahlung M zur maximalen spezifischen Ausstrahlung $M_{\max}$ des schwarzen Strahlers gleicher Temperatur als Abhängige der Wellenlänge dargestellt. Der rechte Bildteil zeigt den Absorptionsgrad eines Gutes und denjenigen von Feuchteschichten. Man sieht, daß der Strahler die meiste Energie gerade in dem Wellenlängenbereich zwischen 2,8 und 3,8 µm abgibt, in dem das Gut und die Feuchte am stärksten absorbieren. Die ebenfalls noch kräftige Strahlung zwischen 3,8 und 5,2 µm wird nur schwach absorbiert, dringt also tiefer ein, es sei denn, das Gut enthalte viele Schichten freier oder adsorbierter Feuchte.

Für manche Güter sind selektive Strahler vorteilhaft. Es ist aber nicht möglich, Strahler und Empfänger „in allen Wellenlängenbereichen" vollkommen aufeinander abzustimmen, weil man einerseits das Emissionsspektrum der Strahler nicht beliebig abwandeln kann und andererseits das Absorptionsspektrum der Güter — falls man es im Einzelfall überhaupt kennt — als gegeben hinnehmen muß. Man kann nur Strahler wählen, welche die „meiste" Energie mit den Wellenlängen abgeben, bei denen sich die beste Wirkung im Gut einstellt.

Während das Gut Feuchte abgibt, können sich seine für die Strahlungsaufnahme und Wärmeleitung maßgebenden Eigenschaften ändern. Soll es schnellstens trocknen, so ist es unter Umständen zweckmäßig, die Wellenlänge der Strahlung den Änderungen grob anzupassen, etwa durch Verändern der Strahlertemperatur.

Zahlreiche Körper absorbieren sowohl im kurz- als auch im langwelligen Gebiet genügend stark und haben außerdem ein gutes Wärmeleitvermögen, das auf einen inneren Ausgleich der Temperaturen hin wirkt. Viele Strahler haben andererseits ein recht breites Emissionsspektrum. So ist es nicht verwunderlich, daß man viele Körper sowohl im kurz- wie im langwelligen Strahlungsfeld mit gutem Erfolg trocknen kann.

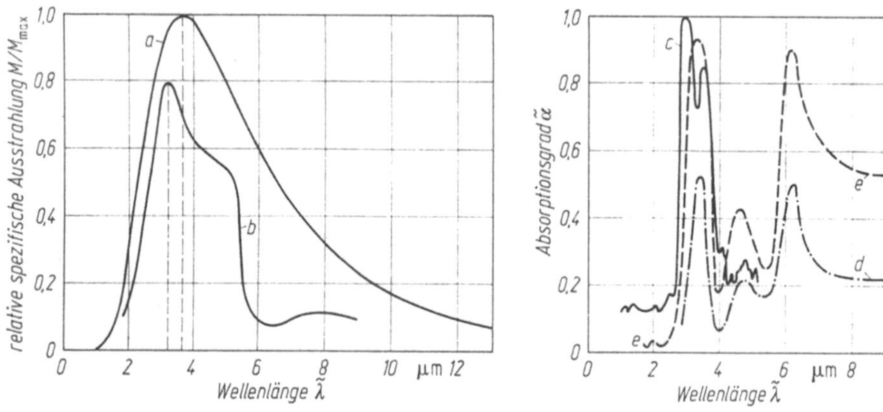

Bild 2.268. Beispiel für die Gegenüberstellung des Absorptionsspektrums eines Trocknungsgutes und des Emissionsspektrums eines Strahlers.
a Schwarzer (idealer) Strahler bei 800 K; *b* realer Strahler bei 800 K; *c* trockenes Gut; *d* Feuchteschicht 1 μm dick; *e* Feuchteschicht 10 μm dick.

Empfindlichkeit der Strahler und Reflektoren gegen äußere Einflüsse

Im Betrieb sind die Strahler manchmal rauher Behandlung, Erschütterungen und Stößen ausgesetzt; Gutteile, Farb- oder Flüssigkeitstropfen können darauffallen. Zweifellos sind die Strahlungslampen mit ihren empfindlichen Glaskolben und Glühdrähten durch solche Einwirkungen am meisten gefährdet. Günstiger verhalten sich die Quarzrohrstrahler, die sehr temperaturwechselbeständig sind. Die keramischen Dunkelstrahler ertragen mechanische Beanspruchungen leidlich und schroffen Temperaturwechsel gut. Am widerstandsfähigsten sind Metallrohr- und Großflächenstrahler, die also vorzuziehen sind, wo Gefahren der erwähnten Art drohen.

Besonders darauf hinzuweisen ist, daß Reflektoren, die der Trocknungsluft ausgesetzt sind, im Laufe der Zeit verschmutzen, weil sich Staub und evtl. Dämpfe darauf niederschlagen. Sie müssen immer wieder sorgfältig gereinigt werden. Im übrigen haben schon dünnste Oxidschichten auf metallischen Reflektoren sowie die Beschaffenheit der Reflektoroberfläche (ob poliert, glatt, rauh) starken Einfluß auf die Reflexionseigenschaften. Chemische Angriffe sowie unsachgemäße Behandlung können den Reflektoren erheblich schaden.

Wärmeträgheit der Strahler

Trockner mit Lampen- und Quarzrohrstrahlern sind jederzeit betriebsbereit und können kurzzeitig stillgelegt werden. Man braucht sie in Arbeitspausen nicht weiterlaufen zu lassen. Da die Energieabgabe der Lampen fast unverzögert dem Ein- und Ausschalten folgt, bieten diese Strahler besondere Vorteile in Durchlauftrocknern für überhitzungsempfindliche oder entzündliche Güter, wo öfters Stillstände vorkommen können oder wo die Strahlung auf bestimmte Stellen des Gutes nur zeitweise wirken soll. Allerdings ändern sie die Energieabgabe auch rasch und beträchtlich, wenn die Spannung im elektrischen Stromnetz schwankt.

Die Heizwirkung anderer Strahler und insbesondere diejenige der Großflächen-Strahler kann man nicht plötzlich unterbrechen, falls dies aus irgendeinem Grunde einmal nötig ist. Vielmehr geben die Heizflächen noch eine Zeitlang Energie ab, nachdem die Energiezufuhr unterbrochen ist. Beim Trocknen von Stoffen, die unter zu lang dauernder Hitze leiden, ergibt sich aus diesem Umstand ein gewisses Schadenrisiko.

2.3.3.4. Bauformen der Infrarot-Strahlungstrockner

2.3.3.4.1. Allgemeines über Infrarot-Strahlungstrockner

Strahlungstrockner baut man sowohl für Einzelladungs- als auch für selbsttätigen Durchlaufbetrieb. Für die vielen Güter, auf die nur während begrenzter Dauer Strahlung einwirken darf, eignet sich im allgemeinen allerdings nur der Durchlaufbetrieb, weil er am einfachsten gestattet, die einmal als zweckmäßig erkannte Durchlaufzeit starr einzuhalten, und weil die Relativbewegung zwischen dem Gut und den Strahlern die Wirkung von Bestrahlungsunterschieden bis zu einem gewissen Grad ausgleicht. Allerdings setzt der Durchlaufbetrieb voraus, daß größere Mengen annähernd gleichartigen Gutes getrocknet werden.

In den meisten Durchlauftrocknern wandert das Gut durch einen tunnelartigen Raum. Manchmal kann es darin nicht so gruppiert werden, daß es den Strahlern eine geschlossene Fläche darbietet; man denke an Fahrradrahmen, Bettgestelle und dgl. Vielmehr geht oft ein großer Teil der Strahlen am Gut vorbei und ist verloren, falls er nach außen gelangt. Außerdem treten, wie wir sahen, Energieverluste dann auf, wenn kalte Luft am Gut und an den Strahlern vorbeistreicht und dabei Wärme aufnimmt und fortträgt (Konvektionsverlust), um so mehr, je wärmer das Gut und je heißer und größer die Strahler sind. Beide Verluste — und außerdem das Entweichen von Lösungsmitteldämpfen in den umgebenden Raum — sind durch Umhüllen des Trocknungsraumes zu mindern.

Den Strahlungsverlust setzt man herab, indem man die Hülle innen aus einem Material fertigt (Aluminiumblech oder -folie oder dgl.), das die Strahlen zur

Umkehr zwingt, so daß alle Energie, wenn auch teils auf Umwegen, zum Gut gelangt. Wenn dies nicht möglich ist, versieht man die Hülle mit einer gut wirkenden Wärmedämmschicht. Zwar wird die Hülle dann heiß, sie kann aber wegen der Isolierung nur wenig Energie nach außen abgeben, sondern ist gezwungen, selbst als Strahler zu wirken.

Damit der Konvektionsverlust gering bleibt, macht man die Trockneröffnungen möglichst eng, oder man verhindert sonst in geeigneter Weise übermäßigen Kaltluftzutritt.

Selbstverständlich soll stets ein — wenn möglich warmer — Luftstrom über das Gut streichen und die entstehenden Dämpfe schnell genug abführen.

In reinen Strahlungstrocknern steigt die Luft infolge thermischen Auftriebs nach oben und erzeugt dadurch Zonen unterschiedlicher Temperatur. Das kann merkliche Unterschiede beim Trocknen zur Folge haben; oben verliert das Gut weniger Energie an die Luft als unten. Das muß evtl. durch stärkere Bestrahlung im unteren Teil des Trockners ausgeglichen werden.

Strahlungstrockner, in denen Lösungsmitteldämpfe frei werden, müssen stets Luftströme vorgeschriebener Stärke zugeführt bekommen, damit die Dampfkonzentration gering bleibt.

Kein technischer Strahler wandelt sämtliche aufgenommene Energie in Strahlungsenergie um: Von Strahlungslampen trägt die Luft 3 bis 10% der hineingesteckten Energie weg, von Großflächenstrahlern 20 bis 40%, und von gasbeheizten Strahlern führen die Abgase einen Teil der Energie fort. Man nutzt diese Energie nach Möglichkeit zum Aufwärmen der Luft oder anderen Gase, die über das Gut streichen. In den kombinierten Konvektions-Strahlungstrocknern strömt die Luft sowieso im Kreislauf zwischen den Wärmegebern und dem Gut.

Trockner für empfindliches Gut teilt man vorteilhafterweise in mehrere Zonen. Man bringt z. B. in der ersten Zone eine große Zahl von Strahlern an, erwärmt das Gut damit schnell und entfernt einen Großteil der Feuchte. In der zweiten Zone mit schwächerer Strahlung hält man nur noch die Temperatur aufrecht, die das Gut in der ersten Zone annahm. Eine dritte Zone, die keine Strahler enthält, verzögert die Wärmeabgabe des Gutes oder dient zum Kühlen.

Viele Trockner für lackierte Gegenstände haben eine Vorverdunstzone, aus der die Lösungsmitteldämpfe getrennt abgeführt werden.

Das Innere der Strahlungstrockner sollte so zugänglich sein, daß man die Strahler leicht auswechseln und reinigen kann.

Im allgemeinen ordnet man bruchempfindliche Strahler oberhalb oder seitlich des Gutes an. Das Anbringen solcher Geber unter dem Gut ist nicht ratsam, wenn Gutteile herunterfallen, sich entzünden und die Strahler schädigen können. Auf abstrahlende, nach unten gekehrte Flächen setzen sich keine Staub-, Flusen- oder andere Partikel ab.

Zum Fördern des Gutes durch die Strahlungstrockner sind Hänge-, Band-, Schaukel-, Schwingrinnen- und andere Förderer in Gebrauch. Man bildet sie meist so aus und ordnet sie so an, daß nur wenig Strahlung auf sie trifft, daß sie nicht verschmutzen und auch keinen Schmutz zum Gut tragen können. Erforderlichenfalls muß man die Vorrichtungen abdecken.

In manchen Anlagen ist nicht zu vermeiden, daß die Fördervorrichtungen gelegentlich still stehen. Wenn das Gut leicht brennt oder verdirbt, muß man dann mit Hilfe einer geeigneten Verriegelung dafür sorgen, daß die Strahlung ohne Verzug und selbsttätig abgeschaltet wird, sobald der Durchlauf stockt. Thermisch träge Strahler müssen mittels kalter Luftströme schnellstens gekühlt, zurückgeklappt oder mit reflektierenden Blenden gehindert werden, weiter auf das Gut zu wirken.

2.3.3.4.2. Beschreibung einiger Infrarot-Strahlungstrockner

In der Tabelle 2.16 sind die Infrarot-Strahlungstrockner nach der Temperatur der Strahlungsgeber in Klassen eingeteilt.

Von der Sonnenstrahlung, die vornehmlich in der Landwirtschaft genutzt wird, war im Kapitel 2.2 die Rede (N 231).

Der gasbeheizte Strahlungstrockner gemäß Bild 2.269 (N 233.515.7) führt Gewebe aus einem (nicht dargestellten) Färbetrog zwischen zwei Reihen Strahlern hindurch nach oben. Zwischen den Strahlern sitzen Düsenrohre, aus denen Warmluftstrahlen gegen das Gut blasen. Bei Stillstand der Ware strömt Kaltluft aus der seitlichen Belüftungsvorrichtung in den Trocknungsraum und verhindert, daß die Ware überhitzt wird [338].

Für lackierte Gegenstände unterschiedlicher Form und Größe eingerichtet ist der Mitteltemperatur-Strahlungstrockner nach Bild 2.270 (N 233.614.7). Die gasbeheizten Flächenstrahler sind so verteilt, daß im Nutzraum ein ungefähr gleichmäßig diffuses Strahlungsfeld entsteht. Die Strahlen, die nicht direkt auf das Gut treffen, werden an den Innenflächen der wärmeisolierten Wände reflektiert und gelangen so auf Umwegen zu den Gegenständen.

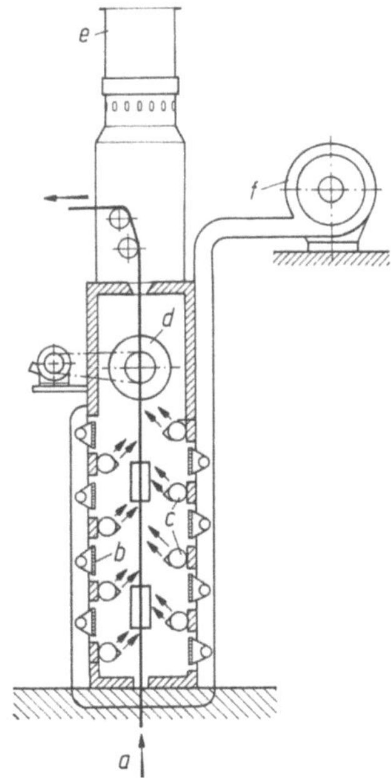

Bild 2.269. Gasbeheizter Mitteltemperatur-Strahlungstrockner, als Vortrockner in einer Thermosolfärbeanlage für Gewebe [338].
a Einlaufendes Gewebe; *b* Strahler; *c* Düsenrohr; *d* Umluftventilator; *e* Abluftrohr; *f* Belüftungseinrichtung zur Kaltluftzufuhr bei Gewebestillstand.

Elektrisch keramische Flächenstrahler trocknen die Gutsbahn über dem Drehzylinder nach Bild 2.271.

Im elektrisch beheizten Mitteltemperatur-Strahlungstrockner nach Bild 2.272 (links) befinden sich zahlreiche Metallrohrstrahler, die vor spiegelnden Wänden aus Aluminiumblech oder dgl. angeordnet sind. Alle Strahlen, die nicht unmittelbar zum Gut gelangen, treffen auf die Spiegelwände und kehren von diesen in das Kanalinnere zurück. In solchen Trocknern herrscht bis nahe an die Wand heran ein diffuses Strahlungsfeld, so daß die hindurchlaufenden Gegentände, die überdies fortlaufend gedreht werden, überall gleich schnell trocknen. Die Energieabgabe in den einzelnen Kanalzonen paßt man durch geeignete Wahl der Rohrabstände den Erfordernissen an (N 233.624.7).

An Stelle der Heizstäbe wirkt im Trockner rechts auf dem Bild 2.272 die Blechwand f als Strahlungsgeber. Ihre diffuse Strahlung ist langwelliger als die der Strahler b (N 234.624.7).

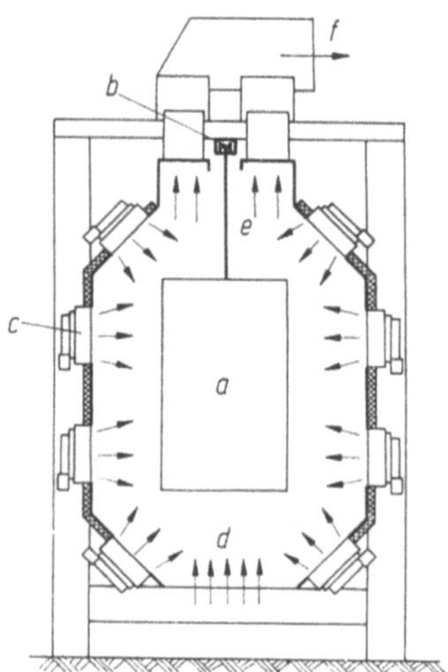

Bild 2.270. Gasbeheizter Mitteltemperatur-Strahlungstrockner für lackierte Gegenstände (Schwank GmbH, Köln).
a Gut; b Hängetransporteur; c Strahler; d Frischluftzutritt; e Austritt der Abluft und Abgase; f Absaugerohr.

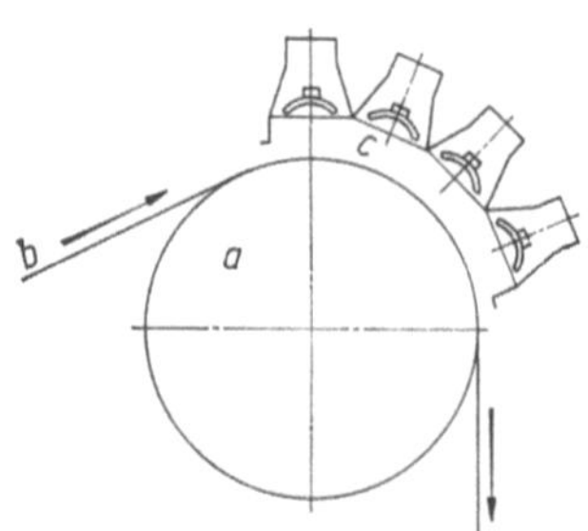

Bild 2.271. Drehzylindertrockner mit elektrisch keramischen Flächenstrahlern (schematisch).
a Drehzylinder; b zulaufende Gutsbahn; c Strahler.

Auch im Trockner nach Bild 2.260 emittiert die Innenwand; sie erhält ihrerseits die Energie von heißen Gasen, die ihre Rückseite bespülen. Diese Gase werden von Ventilatoren im Kreislauf zwischen der Feuerung d und dem Trocknungsraum bewegt; ein Teil von ihnen strömt laufend fort und wird durch Frischgase ersetzt. Nach den deutschen Vorschriften strömen die lösungsmittelhaltige Abluft und die Abgase auch außerhalb des Trockners auf getrennten Wegen. Oft wird das Abluftrohr eine gewisse Strecke weit innerhalb des Abgaskanals geführt, damit die Rohrwand heiß bleibt und keine Lösungsmittel daran kondensieren. Trockner der dargestellten Art bestehen meistens aus mehreren, unter sich gleichen Schüssen, die mit unterschiedlichen Wandtemperaturen betrieben werden können.

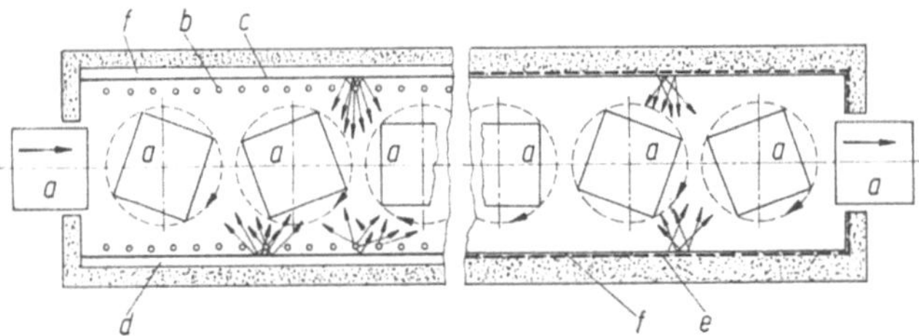

Bild 2.272. Horizontalschnitt durch einen Strahlungstrockner für lackierte Körper (schematisch).
Links: Mitteltemperatur-Strahlungstrockner mit offen liegenden Metallrohrstrahlern; rechts: Niedrigtemperatur-Strahlungstrockner mit verdeckten Heizstaben hinter der Strahlwand.
a Zu trocknende Gegenstände, drehbar aufgehängt; b stabförmige Strahler; c reflektierende Aluminiumwand; d Raum für durchströmende Luft; e Heizstäbe; f strahlende Blechwand.

2.3.3.5. Anwendungen der Infrarot-Strahlungstrockner

Reine Strahlungstrockner dienen vornehmlich zum Trocknen von Gegenständen einfacher Form und geringer Dicke. Für kompliziert geformte Gegenstände eignen sich kombinierte Konvektions-Strahlungstrockner besser (s. Abschn. 2.3.6.3).

Das hauptsächliche Anwendungsgebiet der Strahlungstrockner ist das Trocknen von Lack-, Farb- und anderen dünnen Aufträgen. Die kurzen Trocknungszeiten, die man durch Bestrahlen lackierter Gegenstände erzielt, gestatten es, mit verhältnismäßig kleinen Trocknern große Durchsätze zu erreichen und damit Raum- und Anlagekosten zu sparen.

Weil die Strahlungstrocknung in der Regel den Einsatz verhältnismäßig hochwertiger Energie aus Gas- oder Elektrizität verlangt, kommt sie für den Entzug größerer Wassermengen aus Massengütern selten in Betracht, insbesondere dann nicht, wenn billige Heizmittel, die für Strahlungstrockner ungeeignet sind, zur Verfügung stehen und in anderen Trocknern genutzt werden können. Man muß bedenken, daß schon ein Trockner zum Entfernen von 100 kg/h Wasser etwa 150 kW zum Heizen braucht.

Beim Trocknen lackierter Gegenstände jedoch spielt der Energiebedarf zum Verdunsten der Lösungsmittel selten eine entscheidende Rolle, weil meistens nur verhältnismäßig kleine Lösungsmittelmengen, die zudem niedrige spez. Verdampfungsenthalpien haben, zu entfernen sind.

Das Vorhandensein billigen Dampfes, mit dem Strahlungstrockner nicht zu betreiben sind, ist in Textilfabriken der Grund, weshalb man die Textilgüter nur in beschränktem Umfang durch Bestrahlen trocknet, obwohl es sich um dünne, allerdings meistens sehr feuchte, flächige Gebilde handelt. Unentbehrlich sind Strahler oft zum schnellen Anwärmen und Vortrocknen von Geweben.

Auch in der Papierindustrie kommen Infrarotstrahler fast nur als Zusatzgeräte für dampfbeheizte Anlagen in Betracht. Im Druckereiwesen können sie Vorteile beim Herstellen bedruckter, gestrichener, beleimter und gummierter Papiere, Kartons und Pappen bieten.

Für Leder benutzt man Strahlungstrockner, wenn die geringen Feuchtemengen zu entfernen sind, die beim Aufspritzen von Deckfarben, Lacken und Appreturen auf das Gut gelangen.

Die Schuhindustrie kann gefeuchtete und gefärbte Sohlen, aufgestrichene Klebemassen, Kappeneinlagen, Ausballmassen und anderes durch Bestrahlen trocknen.

Im Bauwesen dienen Infrarotstrahler zum beschleunigten Trocknen von Gebäudeteilen.

2.3.3.6. Ultraviolett-Strahlungstrockner (UV-Trockner)

Einige Lacke aus ungesättigten Polyesterharzen, vornehmlich für Holzwerkstoffe, sowie bestimmte Druckfarben können vorteilhaft mit Ultraviolett-Strahlen gehärtet werden.

Dazu gibt es Trockner mit Quecksilberdampf enthaltenden Röhrenstrahlern, die Energie im UV-Bereich mit Wellenlängen zwischen 240 und 410 nm, besonders stark aber bei 360 nm (Hg-Spektrallinie) abgeben. Diese Strahlen aktivieren die Photokatalysatoren in den Lacken, so daß die Bindemittel in Sekunden bis Minuten polymerisieren. Die Strahlen dringen in Klarlacke bis etwa 70 μm, in Druckfarben etwa 2 μm tief ein.

Als Strahler werden benutzt:

Superaktinische Quecksilberdampf-Niederdrucklampen mit etwa 0,8 W Leistungsaufnahme je cm Rohrlänge und einigen Millibar Innendruck. Ihre Glasröhren mit 35 mm Durchmesser haben innen eine Leuchtstoffschicht, von der ein kontinuierliches Strahlungsspektrum nach außen geht. Die optimale Röhrentemperatur beträgt 35 bis 45 °C. Gezündet und betrieben werden die Lampen meistens mit induktiven Vorschaltgeräten und Glimmstartern. Während der Lebensdauer von etwa 2 000 Stunden nimmt ihre Strahlungsleistung um etwa 35 % ab. Von der aufgenommenen Energie gehen 18 bis 20 % in nutzbare Ultraviolett-Strahlung mit 350 bis 380 nm Wellenlänge über.

Luftgekühlte Quecksilberdampf-Mitteldruckstrahler und -Hochdruckstrahler (Gasdruck 0,2 bis 1 bar). Die Hochdruckstrahler mit etwa 13 mm äußerem Röhrendurchmesser, 80 W/cm Leistungsaufnahme und etwa 1 400 W Brennspannung, können über Vorschaltgeräte an Stromnetze von 220 bzw. 380 V angeschlossen werden und halten durchschnittlich 1 000 Betriebsstunden aus. Am günstigsten arbeiten Hochdruckstrahler bei etwa 700 °C Wandtemperatur; dabei emittieren sie 7 % der zugeführten Energie im UV-Bereich.

Die UV-Trockner für flache Gegenstände sind kanalartige Gebilde, die mit Förderbändern oder Rollengängen für das Gut ausgestattet sind. Über den Transporteinrichtungen hängen an einer mit Löchern versehenen Zwischendecke die Strahler mit Reflektoren — meistens mit der Achse quer zur Transportrichtung

und in 100 bis 200 mm Abstand vom Gut —; darüber befinden sich die Absauge-
räume für die Luft und ihre Beimengungen. Je Meter Kanallänge lassen sich
bis zu 20 Niederdruckstrahler und 6 Hochdruckstrahler unterbringen. An den luft-
gekühlten Strahlern muß ein gleichmäßiger Luftstrom vorüberziehen.

In den Bogenoffset-Druckmaschinen werden die Strahler zwischen den Ketten-
bahnen der Ausleger (Bild 2.273) oder über Trommeln in den Auslegern installiert.

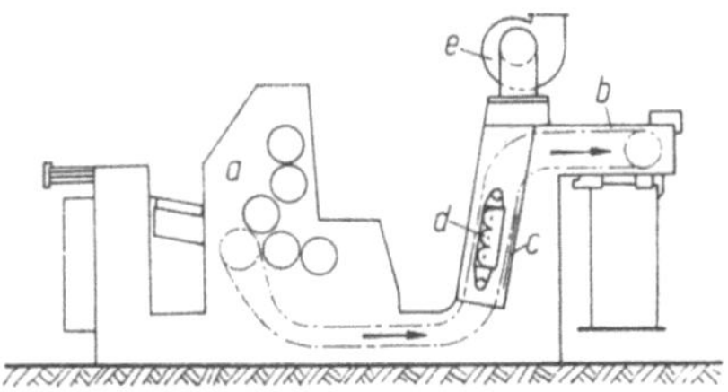

Bild 2.273. Ultraviolett-Strahlungstrockner in einer Bogenoffset-Druckmaschine.
a Druckwerk; b Ausleger; c Papierbogen; d Ultraviolettstrahler; e Absaugeventilator.

Wo hohe elektrische Spannung herscht, ist auf gute Isolierung zu achten.
Schaltgeräte sind aus Sicherheitsgründen in einem besonderen Schrank unterzu-
bringen, der in einem Nebenraum stehen kann. Im durchstrahlten Luftraum erzeugen die UV-Strahlen Ozon und Stickoxid, die abgeführt werden müssen. Zu verhindern ist ferner, daß in die Augen und auf die Haut schädigende UV-Strahlen
aus dem Trockner gelangen.

Zum Vorgelieren von Gießfüller oder Gießlack auf Holzwerkstoffen dienen
Niederdrucklampen, zum Härten von Spachtel oder Gießlack sind vornehmlich
luftgekühlte Hochdruckstrahler in Gebrauch.

2.3.4. Sonderarten elektrischer Trockner

2.3.4.1. Zufuhr der elektrischen Energie zum Gut

Als „Sonderarten" seien hier die elektrischen Trockner bezeichnet, die unmittelbar
in das Gutsinnere geführte Energie nutzen (Tab. 2.17). Ausgenommen seien die
schon behandelten Infrarot- und Ultraviolett-Strahlungstrockner.

Wir betrachten einen elektrischen Stromkreis, bestehend aus einem ohmschen
Widerstand a, einer Spule b und einem Kondensator c (Bild 2.274). In der Spule

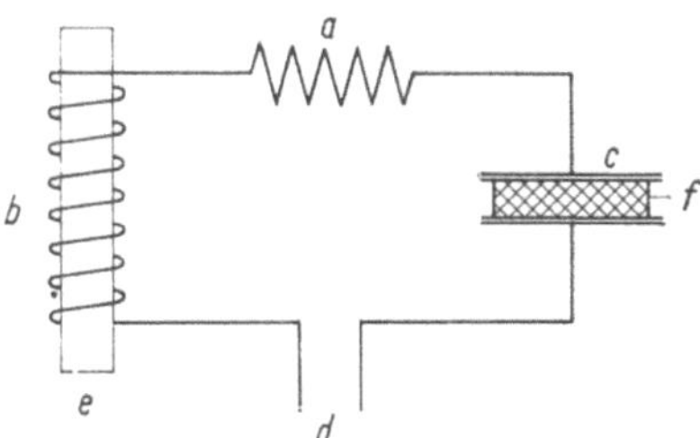

Bild 2.274. Elektrischer Stromkreis zum Veranschaulichen der verschiedenen Arten der elektrischen Erwärmung.
a Ohmscher Widerstand; b Spule; c Kondensator; d Stromquelle; e Eisenkern; f Dielektrikum.

befindet sich ein Eisenkern *e*, im Kondensator ein elektrischer Nichtleiter (Dielektrikum) *f*.

Speist man den Stromkreis mit Wechselstrom, so kann man mit geeigneten Hilfsmitteln in der Spule ein magnetisches und im Kondensator ein elektromagnetisches Wechselfeld beobachten.

Tabelle 2.17. Gruppen der besonderen elektrischen Trockner

Ordnungsnummer	Gruppe	Skizze
0 4 0	**Besondere elektrische Trockner** Trockner, die unmittelbar in das Gutsinnere geführte elektrische Energie nutzen (ausgenommen die elektrischen Strahlungstrockner Nr. 031 bis 035)	
0 4 1	**Elektrische Widerstandstrockner** Besondere elektrische Trockner, die das Gut als Wirkwiderstand im energiezuführenden Stromkreis haben	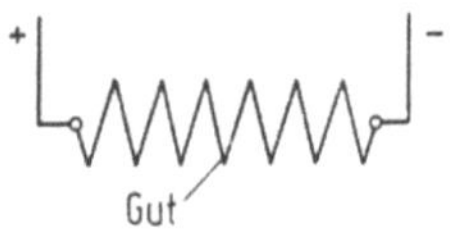
0 4 2	**Induktionstrockner (Spulenfeldtrockner)** Besondere elektrische Trockner, die elektrisch leitendes Gut einem elektromagnetischen Wechselfeld (einem Spulenfeld) aussetzen	
0 4 3	**Dielektrische Wechselfeld-Trockner** Besondere elektrische Trockner, die das Gut als Dielektrikum einem hochfrequenten elektrischen Feld aussetzen	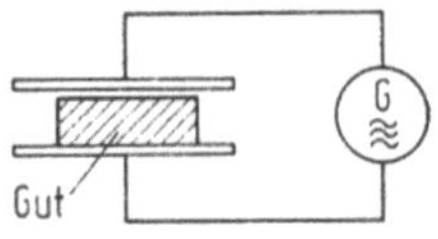
0 4 4	**Elektronenstrahl-Trockner** Besondere elektrische Trockner, die das Gut Elektronenstrahlen aussetzen	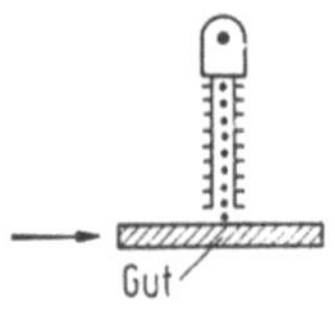
0 4 5	**Elektrische Sondertrockner** Unmittelbar elektrisch wirkende Trockner, die andere als die genannten elektrischen Mittel anwenden oder die Kombinationen der unter 041 bis 043 genannten Trockner darstellen	

Bei allen Frequenzen, so auch bei der in Lichtnetzen üblichen niedrigen Frequenz von 50 Hz, erwärmt sich der Widerstand a (Joulesche Wirkung). Das Dielektrikum f bleibt bei niedrigen Frequenzen kalt, der Eisenkern e wird mäßig warm. Erhöht man die Frequenz bis zu mehreren 1 000 Hz, so wird der Eisenkern je nach der Stärke des magnetischen Feldes mehr oder weniger stark erwärmt (induktive Erwärmung), das Dielektrikum jedoch im allgemeinen nur wenig. Steigert man die Frequenz schließlich bis in die Größenordnung MHz und GHz (10^6 Hz bzw. 10^9 Hz), so werden gewisse Dielektrika stark erhitzt (dielektrische Erwärmung), der Eisenkern dagegen nur noch schwach.

Alle drei Arten der Erwärmung wendet man beim Trocknen von Gütern an. Die Joulesche Wirkung nutzt man in den elektrischen Widerstandstrocknern, z. B. für Metalldrähte.

Die induktive Erwärmung kommt für die Trocknung lackierter Bleche und dgl. in Betracht. Sie rührt von den Wirbelströmen her, die im Blech induziert werden, und die das Material ebenso erwärmen wie unmittelbar durchgeleitete Ströme bei der Widerstandsstrocknung.

Am meisten benutzt man in der Trocknungstechnik für Stoffe mit dielektrischen Eigenschaften die dielektrische Erwärmung. Dabei ist das Gut als Dielektrikum der Wirkung eines hochfrequenten elektrischen Feldes ausgesetzt und nimmt aus diesem Feld Energie auf (Hochfrequenztrocknung, dielektrische Trocknung). Man kann auf diese Weise viele schlecht wärmeleitende Stoffe entweder in einem sogenannten Kondensator- oder in einem Strahlungsfeld trocknen.

Das elektrische Wechselfeld ist stets von einem magnetischen Wechselfeld begleitet. Bei den hohen Frequenzen deutet man die energetischen Vorgänge in solchen Feldern oft mit der Vorstellung von elektromagnetischen Wellen. Von solchen

Tabelle 2.18. Frequenzbereiche und Wellenlängen bei der Energieübertragung in besonderen elektrischen Trocknern und in Strahlungstrocknern

Art der Trocknung	Frequenz Hz	Wellenlänge im Vakuum
Widerstandstrocknung	50	–
Induktionstrocknung		
im Spulenfeld, bei Netzfrequenz	50	–
im Spulenfeld, bei Mittelfrequenz	$5 \cdot 10^2$ bis 10^4	–
Dielektrische Wechselfeldtrocknung		
im Kondensatorfeld, vorzugsweise	$13{,}56 \cdot 10^6$	22 m
oder	$27{,}12 \cdot 10^6$	11 m
oder	$40{,}68 \cdot 10^6$	7,5 m
im Dipol-Strahlungsfeld (Mikrowellenbereich)		
. . . .	$1\,000 \cdot 10^6$	0,3 m
vorzugsweise	$2450 \cdot 10^6$	0,12 m
	$5\,725 \cdot 10^6$	0,025 m
Temperatur-Strahlungstrocknung		
langwellig	$0{,}1 \cdot 10^{14}$ bis $1 \cdot 10^{14}$	30 bis 3,0 µm
mittelwellig	$1 \cdot 10^{14}$ bis $2{,}1 \cdot 10^{14}$	3,0 bis 1,4 µm
kurzwellig	$2{,}1 \cdot 10^{14}$ bis $4 \cdot 10^{14}$	1,4 bis 0,8 µm
Sonnenstrahlungstrocknung	$1 \cdot 10^{14}$ bis $10 \cdot 10^{14}$	3,0 bis 0,3 µm
Licht	$4 \cdot 10^{14}$ bis $7{,}5 \cdot 10^{14}$	0,8 bis 0,4 µm

Wellen war schon im Abschnitt über die Strahlungstrockner die Rede. Gegenüber der Infrarotstrahlung ist die Strahlung in den dielektrischen Wechselfeldtrocknern viel langwelliger (Tab. 2.18).

In manchen Fällen leistet Korpuskularstrahlung gute Dienste. Elektronenstrahlen z. B. werden beim Härten mancher Lacke benutzt.

2.3.4.2. Physikalische Grundlagen der elektrischen Wechselfeldtrocknung

2.3.4.2.1. Energieumwandlung im Kondensator

Ein mit sinusförmigem Wechselstrom gespeister Kondensator mit ideal leitenden Elektroden lädt und entlädt sich in jeder Halbperiode. Sofern Vakuum das Dielektrikum in dem Kondensator bildet, ist jedesmal dann, wenn die Spannung zwischen den Kondensatorplatten auf den Höchstwert gestiegen ist, der zutretende elektrische Strom gleich Null. Ist der Kondensator ungeladen, herrscht zwischen seinen Platten keine Spannung, so ist der Ladestrom dagegen am stärksten. Der Strom eilt der angelegten Spannung in der Phase um 90° voraus. In einem solchen Kondensator treten keine Energieverluste auf, weil die während einer Halbperiode des Wechselstromes im Kondensator aufgespeicherte Energie während der nächsten Halbperiode vollständig zurückgewonnen wird.

In vielen flüssigen oder festen Dielektrika jedoch verliert das Wechselfeld während jeder Halbperiode an elektrischer Energie, es gibt den Molekülen des Stoffes höhere Bewegungsenergie: man sagt, es „erwärme" den Stoff.

Zum Kennzeichnen des Energieverlustes bedient man sich des Verlustwinkels $\tilde{\delta}$[1], d. h. des Komplementärwinkels zum Winkel zwischen Strom und Spannung. Der Verlust setzt sich im allgemeinen aus einem dielektrischen Anteil und einem ohmschen Anteil zusammen. Der erste läßt sich aus Vorgängen innerhalb des Molekülverbandes, der zweite aus dem Wandern von Ladungsträgern im Dielektrikum erklären.

Den phasenverschobenen Wechselstrom im Gut kann man sich in einen Wirk- und in einen Blindanteil zerlegt denken (Bild 2.275). Den Wirkstrom gibt der Generator dauernd ab, den Blindstrom „leiht" er jeweils nur für eine Viertelperiode aus und bekommt er wieder zurück. Man kann diesen Blindstrom auch als

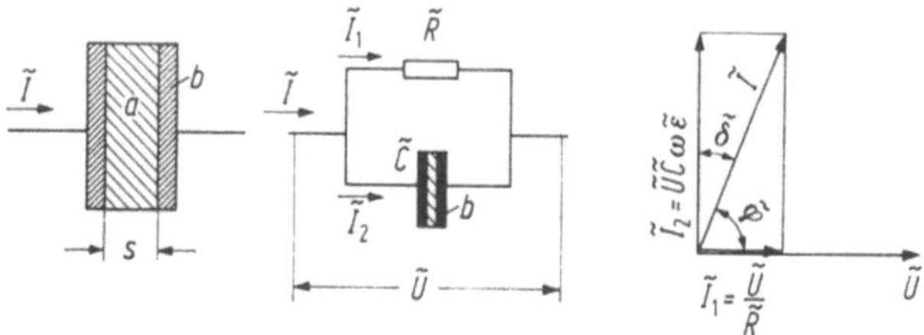

Bild 2.275. Ersatzschaltbild für einen verlustbehafteten elektrischen Kondensator und Zeigerdiagramm der Ströme [344].

a Gut; b Kondensatorplatten; $\tilde{I}$ Gesamtstrom; $\tilde{U}$ Spannung; $\tilde{R}$ Widerstand; $\tilde{C}$ Kapazität.

---

[1] Für elektrische Größen werden hier Formelzeichen mit darübergesetztem $\sim$ benutzt, wenn die Zeichen sonst andere Bedeutung haben.

einen Strom ansehen, der durch den idealen Ersatzkondensator $\tilde{C}$ (Vakuum-kondensator) geht, und den Wirkstrom als Strom in dem parallel geschalteten ohmschen Ersatz-Widerstand $\tilde{R}$. Die Parallelschaltung von Kapazität und Widerstand ist jedoch nicht die einzige denkbare Ersatzschaltung für einen verlustbehafteten Kondensator.

Es sei

$\tilde{I}$ der elektrische Strom in A,

$\tilde{U}$ die Spannung zwischen den Kondensatorplatten in V,

$\tilde{R}$ der ohmsche Widerstand des Dielektrikums in Ω,

$\tilde{C}$ die Kapazität des Dielektrikums im Vakuum in F,

$\tilde{\varepsilon}$ die Dielektrizitätszahl des Dielektrikums,

$\tilde{\nu}$ die Frequenz in Hz,

$\omega = 2\pi\tilde{\nu}$ die Kreisfrequenz in s^{-1},

P_Φ die elektrische Leistung, die in das Innere des Gutes übergeht in W.

Dann kann man für den Wirkstrom, der durch das Dielektrikum fließt und mit der Spannung in Phase ist, schreiben:

$$\tilde{I}_1 = \frac{\tilde{U}}{\tilde{R}} \tag{2.205}$$

und für den um 90° verschobenen Blindstrom (Ladestrom)

$$\tilde{I}_2 = \tilde{U}\tilde{C}\omega\tilde{\varepsilon} = 2\pi\tilde{\nu}\tilde{U}\tilde{C}\tilde{\varepsilon}. \tag{2.206}$$

Aus (2.205) und (2.206) folgt für den sogenannten Verlustfaktor $\tan\tilde{\delta}$

$$\tan\tilde{\delta} = \frac{\tilde{I}_1}{\tilde{I}_2} = \frac{1}{2\pi\tilde{\nu}\tilde{C}\tilde{R}\tilde{\varepsilon}}. \tag{2.207}$$

Der Wert von $\tan\tilde{\delta}$ ist stets größer als Null, bei schlecht leitenden Stoffen stets klein gegenüber 1, bei Trocknungsgütern mitunter von der Größenordnung 1 [1].

Für die elektrische Leistung, die von einem homogenen elektrischen Feld, das gleichmäßig mit Dielektrikum erfüllt ist, an das Dielektrikum übergeht und sich dort in einen Wärmestrom verwandelt, gilt

$$P_\Phi = \tilde{U}\tilde{I}_1 = 2\pi\tilde{\nu}\tilde{U}^2\tilde{C}\tilde{\varepsilon}\tan\tilde{\delta}. \tag{2.208}$$

Ein Kondensator mit zwei Platten der Fläche A, die in so kleinem Abstand s einander gegenüber stehen, daß die am Rande „streuenden" Linien des elektrischen Feldes (Bild 2.278) außer Betracht bleiben können, hat die Vakuumkapazität

$$\tilde{C} = \tilde{\varepsilon}_0 \frac{A}{s}. \tag{2.209}$$

Die elektrische Feldkonstante $\tilde{\varepsilon}_0$ ist $8{,}854 \cdot 10^{-12}$ Fm^{-1}.

Führt man in die Gl. (2.208) statt der Spannung $\tilde{U}$ die Feldstärke $\tilde{E}$ ein, die im homogenen elektrischen Feld eines Plattenkondensators durch

$$\tilde{E} = \frac{\tilde{U}}{s} \tag{2.210}$$

---

[1] An Stelle des $\tan\tilde{\delta}$ führen manche Autoren den $\cos\tilde{\varphi}$ als Verlustfaktor in die Rechnung ein; $\tilde{\varphi}$ ist der Winkel zwischen Strom und Spannung.

gegeben ist, so erhält man die Beziehung

$$P_\Phi = 2\pi \tilde{\nu} \tilde{E}^2 As\, \tilde{\varepsilon}_0 \tilde{\varepsilon} \tan \tilde{\delta}, \qquad (2.211)$$

die besagt, daß sich bei vorgegebener Feldstärke $\tilde{E}$ in dem Kondensator nur dann große Leistungen übertragen lassen, wenn man die Dicke s der Dielektrikumsschicht (der Gutsschicht) groß wählt.

Für die elektrische Leistung, die in der Volumeneinheit des Dielektrikums in kinetische Energie der Moleküle (in einen Wärmestrom) verwandelt wird, folgt aus (2.211):

$$q_E^* = 2\pi \tilde{\nu} \tilde{E}^2 \tilde{\varepsilon}_0 \tilde{\varepsilon} \tan \tilde{\delta}, \qquad \text{W/m}^3. \qquad (2.212)$$

Hiernach bekommt man eine gute Heizwirkung bei Stoffen mit hohem $\tilde{\varepsilon} \cdot \tan \tilde{\delta}$. Wählbar sind jedoch nur die Feldstärke $\tilde{E}$ und die Frequenz $\tilde{\nu}$.

In der Gl. (2.212) tritt die Feldstärke quadratisch auf. Um innerhalb der Grenzen, die dem Dielektrikum zuträglich sind, viel elektrische Leistung in einen Wärmestrom umgewandelt zu bekommen, könnte man daher versucht sein, sehr hohe Feldstärken anzuwenden. Tatsächlich muß man $\tilde{E}$ aber unterhalb der „Durchbruchsfeldstärke" halten, da sonst elektrische Durchbrüche im Gut und Kanäle mit verbrannten Stoffteilchen entstehen. Bei einem Durchschlag können sich außerdem evtl. vorhandene Lösungsmitteldämpfe entzünden. Die Durchbruchsfeldstärke trockener atmosphärischer Luft beträgt $27 \cdot 10^5$ V/m. In porösen Gütern wendet man Feldstärken von höchstens $(0{,}75$ bis $0{,}8)$ 10^5 V/m an, in dichten solche von $2 \cdot 10^5$ V/m.

Erhöhte Gefahr besteht auch, wenn das Gut im Vakuum getrocknet werden soll. Nach dem Gesetz von Paschen hängt die Durchbruchsfeldstärke der Luft vom Produkt aus Luftdruck und Elektrodenabstand ab; ihr Scheitelwert sinkt mit abnehmendem Wert dieses Produktes auf ein Minimum und steigt dann wieder steil an.

Auch der Steigerung der Frequenz sind Grenzen gesetzt. Derzeit stehen Trioden-Senderöhren, mit denen elektromagnetische Schwingungen von etwa 100 MHz erzeugt werden können, für Leistungen bis etwa 750 kW in einer Einheit zur Verfügung. Für Frequenzen über 1 GHz werden vorzugsweise Magnetrons (bei geringeren Leistungen) sowie Klystrons verwendet (s. w. h.).

Sobald ein elektrisches Feld auf ein Gut einwirkt, werden die Kerne der Atome ein wenig in Feldrichtung, die Elektronen entgegengesetzt (zum positiven Pol) verschoben, es fließt ein kurz dauernder Verschiebungsstrom. Ähnlich verlagern sich die Elektronen in den Molekülen, die aus einem positiven und einem negativen Ion bestehen (wie die des Steinsalzes). Die Schwerpunkte der positiven und der negativen Ladungen der Teilchen stimmen dann nicht mehr überein, aus den Teilchen sind kleine Dipole geworden. Wechselt das Feld seine Richtung, so folgen die Ladungen in dem hier interessierenden Frequenzbereich fast unmittelbar, sie schwingen sozusagen elastisch hin und her, wobei sie dem Feld fast keine Energie entziehen.

Anders ist es bei sogenannten polaren Stoffen mit Molekülen, deren Ladungen von vornherein verschiedene Schwerpunkte haben; diese Teilchen stellen permanente Dipole dar, zum Beispiel die des Wassers. Im elektrischen Hochfrequenzfeld werden diese Dipole mit der ganzen Masse der Moleküle im Takt der Richtungswechsel hin- und hergedreht und verzerrt und dabei zu mechanischen Schwingungen angeregt. Dabei stoßen sie mit Nachbarmolekülen zusammen, werden behindert und tauschen Impuls aus. Sie können deshalb den endgültigen Ordnungszustand, der dem angelegten Feld entspricht, nicht erreichen. Auch nehmen die gebremsten Moleküle beim Zurückschwingen in die Mittellage nicht mehr so viel kinetische Energie an, wie sie zum Erreichen der Grenzlage zugeführt erhielten. Die verlorengegangene Energie ist in kinetische Energie, in „ungeordnete" Bewegung der angestoßenen und der anderen Moleküle, in innere Energie des Stoffes (in Wärme) übergegangen.

Damit sich die Dipolmoleküle den Feldlinien entsprechend ordnen können, brauchen sie eine endliche Zeit; es entsteht eine Phasendifferenz zwischen dem angelegten elektrischen Feld und dem Verschiebungsstrom, der durch die Dipolverlagerung gegeben ist. Die Verzögerung drückt sich im Verlustwinkel $\tilde{\delta}$ aus.

Elektrische Nichtleiter ohne Dipolmoleküle lassen sich im elektrischen Wechselfeld nicht trocknen.

Außer Dipolen werden auch freie Ionen, wenn vorhanden, vom elektrischen Feld bewegt. Sie wandern dem Feldwechsel entsprechend hin und her, stoßen mit anderen Teilchen zusammen und tragen so ebenfalls zur Energieumwandlung bei.

Die Dielektrizitätszahl $\tilde{\varepsilon}$ und der Verlustwinkel $\tilde{\delta}$ eines Stoffes ändern sich mit der angewendeten Frequenz, mit dem Feuchtegehalt und mit der Temperatur des

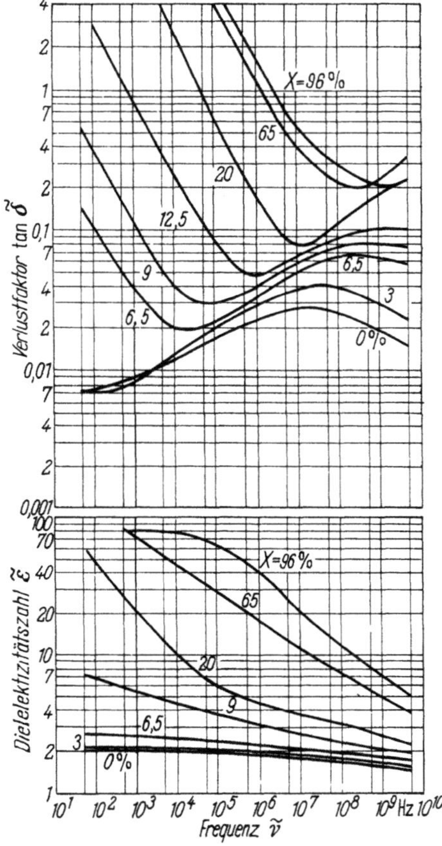

Bild 2.276. Dielektrizitätszahl und Verlustfaktor von Fichtenholz im Radialschnitt, abhängig von der Frequenz und vom Feuchte/Grundstoff-Massenverhältnis X des Gutes. Temperatur 20 °C [339].

Tabelle 2.19. Dielektrizitätszahl $\tilde{\varepsilon}$ und Verlustfaktor $\tan\tilde{\delta}$ einiger Stoffe

Art des Stoffes	Tempe-ratur	$\tilde{\varepsilon}$			$1\,000 \cdot \tan\tilde{\delta}$		
	°C	10^7 Hz	10^8 Hz	$3 \cdot 10^9$ Hz	10^7 Hz	10^8 Hz	$3 \cdot 10^9$ Hz
Vakuum (Luft)	–	1	1	1	0	0	0
Gutta percha	25	2,5	2,47	2,40	80	120	60
Balsa-Holz	26	1,35	1,30	1,22	135	135	100
Mahagoni-Holz	25	2,17	2,07	1,88	310	320	250
Papier (Royal grey)	25	2,86	2,77	2,70	510	660	560
Natriumchlorid	25	5,9			<2		
Porzellan (Naßprozeß)	25	5,82	5,80	5,51	115	135	155
Bakelit BH 120 geformt und gehärtet	25	4,16	3,95	3,68	350	380	410
Gummi (Heavy rubber)	25	2,40	2,40		32	50	
Wasser (leitend)	25	78,2	78,0	76,70	46	50	1 570
	45		70,7				1 060
	65		64,0				765
	85	58,0	58,0	56,5	125	30	547

Stoffes. Da $\tilde{\varepsilon}$ bei Wasser besonders hoch ist, so steigern schon geringe Feuchtegehalte die Dielektrizitätszahl eines Gutes erheblich über die des trockenen Stoffes [339, 340] (Bild 2.276 sowie Tab. 2.19).

Die hohen Werte von $\tan\tilde{\delta}$ bei niedrigen Frequenzen im Bild 2.276 sind durch den geringen ohmschen Widerstand des feuchten Holzes bedingt[1]. Mit steigender Frequenz wird dieser Einfluß geringer. Das Wiederansteigen bei noch höherer Frequenz ist mit den immer zahlreicher werdenden Stößen der Dipole untereinander zu erklären.

Da sich das elektrische Feld nur mit endlicher Geschwindigkeit (im Vakuum mit Lichtgeschwindigkeit) ausbreitet, und weil es dauernd wechselt, so hat der Ausbreitungsvorgang den Charakter einer Wellenbewegung, für den die Gl. (2.187) gilt. Die mit Kondensatorfeldern arbeitenden Trockner werden mit Wellen von 3 bis 30 m Länge betrieben, also mit Wellen, die größer als die geometrischen Abmessungen der meistens vorkommenden Werkstücke sind. Mikrowellen von 0,001 bis 1 m Länge in Strahlungsfeld-Trocknern hingegen sind meistens kleiner als die Werkstückabmessungen; sie können das Gut, wenn es sich um „stehende" Wellen handelt, nicht gleichmäßig erwärmen.

Die Wellen verlieren auf dem Weg durch das Gut (Dielektrikum) in dem Maße an eigener Energie, wie sie die kinetische Energie der Moleküle vermehren. Es gilt auch hier die Gl. (2.192). Der Absorptionskoeffizient wächst mit der Frequenz $\tilde{\nu}$, dem Verlustfaktor $\tan\tilde{\delta}$ und der Dielektrizitätszahl $\tilde{\varepsilon}$. Am stärksten werden Mikrowellen gedämpft, insbesondere in sehr feuchten Stoffen; sie können daher in das Innere dicker Güter evtl. keine genügende Leistung bringen.

In jedem Trocknungsraum müssen die Wände genügend großen Abstand von der Gutsoberfläche haben, damit die verdampfte Feuchte entweichen kann. Im

---

[1] Ein Zusatz von dipol- und ionenbehafteten Stoffen zum Wasser erniedrigt den Widerstand.

Bild 2.277 bedeutet *a* ein homogenes Gut, dessen elektrische Leitfähigkeit Null sei, und *b* einen Luftspalt in einem Kondensatorraum. Wie hier nicht abgeleitet werden soll, gilt in diesem Fall für die Feldstärken im Gut und in der Luft:

$$\tilde{E}_n = \frac{\tilde{U}}{\dfrac{\tilde{\varepsilon}_n}{\tilde{\varepsilon}_L} s_L + s_n}, \quad \tilde{E}_L = \frac{\tilde{U}}{\dfrac{\tilde{\varepsilon}_L}{\tilde{\varepsilon}_n} s_n + s_L}, \tag{2.213}$$

$\tilde{U}$ Spannung zwischen den Kondensatorplatten,

$\tilde{\varepsilon}_n, \tilde{\varepsilon}_L$ Dielektrizitätszahlen des Gutes und der Luft (für Luft ist $\tilde{\varepsilon}_L = 1$),

s_n, s_L Dicken der Gutsschicht und des Luftspaltes.

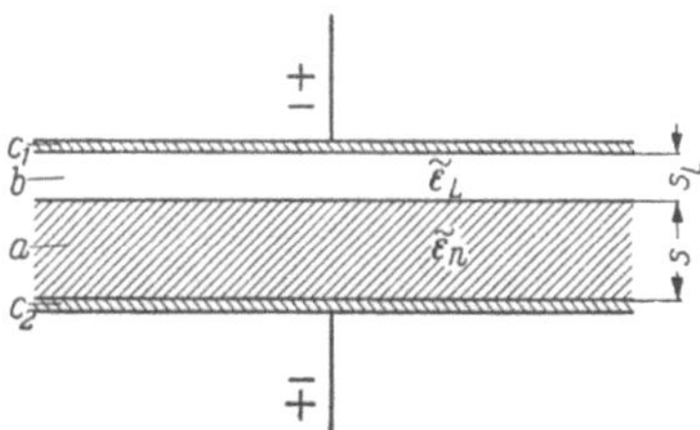

Bild 2.277. Gutsschicht in einem elektrischen Kondensator.
a Gut; *b* Luftspalt; c_1, c_2 Kondensatorplatten.

In der Regel ist $\tilde{\varepsilon}_n$ erheblich größer als $\tilde{\varepsilon}_L$. Dabei stellt sich im Luftspalt erhöhte Feldstärke und damit die Gefahr ein, daß Funken überschlagen. Im Gut ist die Feldstärke dafür geringer, und daher geht dort auch weniger Feldenergie in innere Energie über. Formal drückt sich dies dadurch aus, daß der Spalt die Kapazität $\tilde{C\varepsilon}$ des Kondensators senkt und den Verlustfaktor $\tan \tilde{\delta}$, der in die Gln. (2.208), (2.211) und (2.212) einzuführen ist, gegenüber dem des Gutes vermindert (Gl. (2.207)). Besonders nachteilig wirkt sich ein Luftspalt manchmal beim Trocknen stark wasserhaltigen Gutes aus. Durch Veränderung des Spaltes kann andererseits aber auch die Leistung verändert werden, die das Gut aufnimmt.

In Gütern mit stofflichen Inhomogenitäten[1] wechseln Stellen hoher Dielektrizitätszahl und niedriger Feldstärke mit solchen niedriger $\tilde{\varepsilon}_n$- und hoher $\tilde{E}_n$-Werte ab. Wo übermäßig hohes $\tilde{E}_n$ herrscht, z. B. an Stellen niedrigen Wassergehaltes, können Funken durchschlagen und organische Stoffe verkohlen.

Andererseits ist das Produkt $\tilde{\varepsilon}_n \cdot \tan \tilde{\delta}$ an den Stellen höheren Wassergehaltes meistens größer als an den Stellen geringeren Feuchtegehaltes. Das hat zur Folge, daß feuchte Nester mehr Leistung aufnehmen als andere Gutsteile. Anfängliche Feuchtegehaltsunterschiede, die manchmal im Gut vorhanden sind, gleichen sich dabei schnell aus, was meistens vorteilhaft ist.

In der Mitte eines Plattenkondensators mit ebener Füllung besteht ein homogenes elektrisches Feld, d. h. die Feldlinien verlaufen geradlinig und äquidistant. Am Rande des Kondensators dagegen sind sie gekrümmt, ungleichmäßig verteilt und weniger dicht (Bild 2.278). Läßt man das Gut über die Platten des Kondensa-

---

[1] Ein typisches Beispiel dafür ist Holz. Darin ändern sich die dielektrischen Eigenschaften von Ort zu Ort mit dem Feuchtegehalt, mit der Rohwichte, mit der Richtung der Fasern, mit der Jahrringtiefe und mit der Temperatur [339].

tors überstehen, nimmt es daher an den Außenseiten zu wenig Energie auf. Stehen aber die Kondensatorplatten über das Gut über, so ist das Feld in der Schicht zwar homogen, aber das Volumen des Kondensators wird zu wenig genutzt.

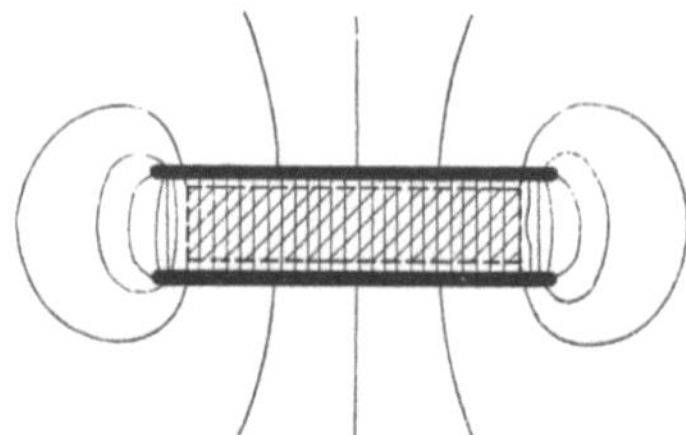

Bild 2.278. Elektrische Feldlinien im ebenen Plattenkondensator (Zerstreuung am Rand, schematisch).

Um Glimmentladungen (Koronaerscheinungen) an Spitzen und an scharfen Kanten zu vermeiden, sollen alle Elektroden abgerundete Kanten haben.

Bisher war unterstellt, daß sich das Gut innerhalb des Kondensatorfeldes nicht bewegt. Manche Trockner aber fördern das Gut zwischen langgestreckten Elektroden entlang. Da sich das Wechselfeld von den Speisepunkten der Elektroden aus nur als gedämpfte Wellen ausbreiten kann, so wandert das Gut in solchen Trocknern durch Gebiete unterschiedlicher Spannung $\tilde{U}$ zwischen den Elektroden und damit auch unterschiedlicher Feldstärke $\tilde{E}$ und Energieaufnahmemöglichkeit q_E^*. Man kann den Verlauf dieser Größen unter vereinfachenden Annahmen berechnen, doch sei hier nicht darauf eingegangen [341].

2.3.4.2.2. Energieumwandlung im Strahlungsfeld

Trockner, die im Mikrowellenbereich arbeiten, haben keine Elektroden in unmittelbarer Nähe des Gutes, sie führen die Hochfrequenzenergie vielmehr durch Hohlleiter vom Erzeuger zum Gut. Dabei kann das Gut im Hohlleiter selbst oder in einem angeschlossenen größeren Raum angeordnet sein. Für die Energieumwandlung in der Volumeneinheit des Gutes gilt (vgl. Gl. (2.212)):

$$q_E^* = 2\pi \tilde{\nu} \tilde{\varepsilon}_0 \tilde{\varepsilon}'' \tilde{E}^2, \tag{2.214}$$

in der $\tilde{\varepsilon}''$ den Imaginärteil der komplexen Dielektrizitätszahl

$$\tilde{\varepsilon} = \tilde{\varepsilon}' + i\tilde{\varepsilon}'' \tag{2.215}$$

bezeichnet (Bild 2.279) [342].

In einem Hohlleiter empfängt dünnschichtiges Gut die Energie bei der Anordnung nach Bild 2.280. Das metallische Rohr a bekommt die Energie aus der Richtung d; in seinem Inneren schwingt das elektrische Feld hin und her und hat in den Ebenen parallel zur Bildebene unterschiedliche und zeitlich wechselnde Stärke, wobei die Stellen hoher und geringer Feldstärke einer fortschreitenden Welle entsprechend wandern. Am stärksten ist das Feld in der waagerechten Symmetrieebene des Rohres, in der sich das Gut bewegt. Durch einen Hohlleiter der dargestellten Art können nur Wellen gehen, deren Längen kleiner als die halbe Breite s des Rohres sind.

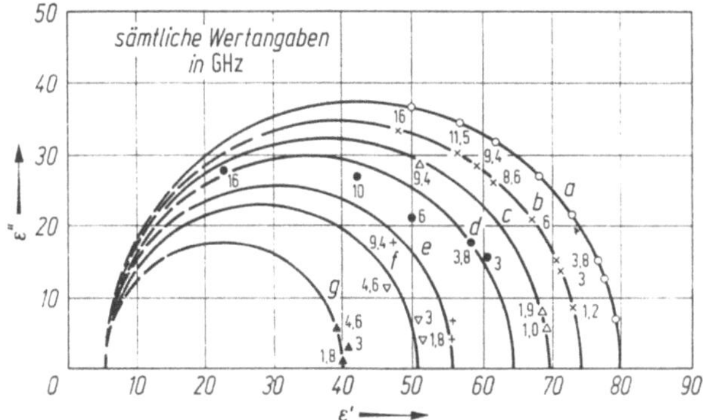

Bild 2.279. Frequenzverhalten der Dielektrizitätszahl von
a Wasser; *b* Agar; *c* Milch; *d* Kartoffel; *e* Blut; *f* Muskel; *g* Haut bei 20 °C [342].

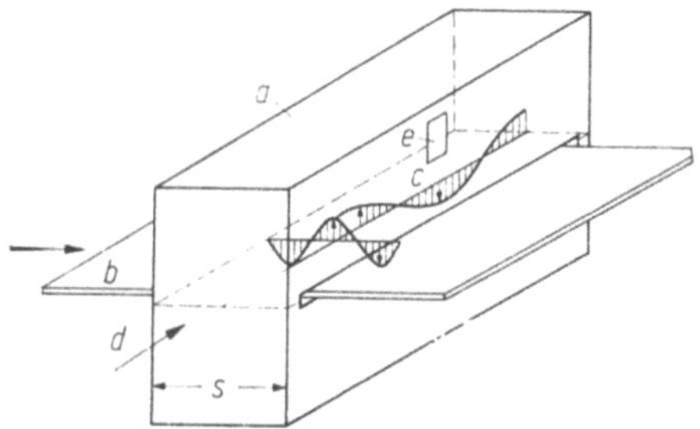

Bild 2.280. Hohlleiter mit Seitenschlitzen, durch den ein bandförmiges Gut wandert (schematisch).
a Hohlleiter mit metallischen Wänden; *b* bewegtes Gut; *c* augenblickliche Richtung des elektrischen Feldes (die senkrechte Schraffur deutet die Stärke des Feldes an); *d* Richtung der fortschreitenden elektromagnetischen Welle; *e* Abluftöffnung.

Soll die laufende Gutsbahn auf großer Fläche Energie aufnehmen und gleichmäßig trocknen, so bildet man den Hohlleiter z. B. mäanderförmig aus (Bild 2.281) [343]. Insgesamt soll der Hohlleiter so lang sein, daß die Wellen Gelegenheit haben, auf dem Weg zum Rohrende ihre Energie vollständig abzugeben. Restliche Energie darf nicht reflektiert werden, da sie das Arbeiten des Generatorsystems stören könnte; sie ist vielmehr in einem nachgeschalteten Absorptionswiderstand zu vernichten. Mikrowellenerzeuger belasten daher das speisende Stromnetz stets mit der Höchstleistung. An den Seitenschlitzen des Hohlleiters treten nur schwache Energieströme aus.

Ein elektrisch (fast) abgeschlossener Raum, der als Resonator wirkt, dient in der Anordnung nach Bild 2.282 als Trocknungsraum [344]. Die Mikrowellen werden oben zugeführt, an den metallischen Wänden wie Licht an Spiegeln reflektiert und dann von allen Seiten auf das Gut geworfen. Teils dringen die Wellenzüge ein, teils werden sie wieder reflektiert. Im Hauptteil des Raumes bilden sich stehende Wellen, die an einigen Stellen Maxima, an anderen Minima haben. Damit die Energie trotzdem einigermaßen gleichmäßig und vollständig zum Gut gelangt, müssen die Raumabmessungen günstig und genügend groß gewählt werden. Ungleichheiten der Feldverteilung lassen sich mildern, indem viele Resonanzen der

Schwingungen erzeugt werden, entweder mit Hilfe von Unebenheiten oder Leitblechen oder mittels „Feldrührern", d. h. mit rotierenden oder pendelnden Reflektoren, die in zeitlicher Abfolge alle durch die Größe, Gestalt und Anordnung
der Gegenstände im Raum möglichen Feldlinienmuster erzeugen. In bewegtem Gut
gleichen sich die Folgen der Feldstärkeunterschiede in der Wanderrichtung sowieso
aus, nicht aber in der Querrichtung.

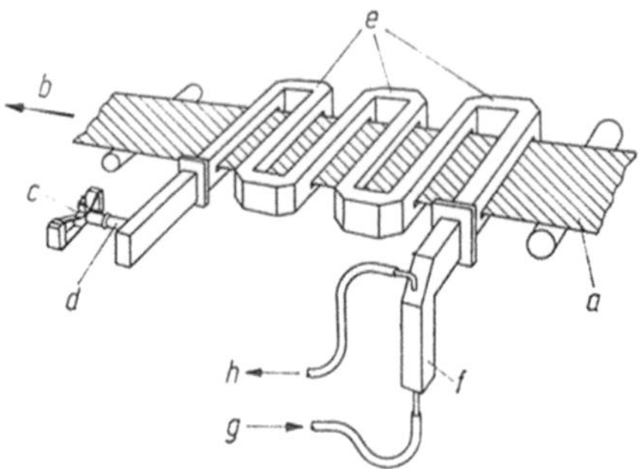

Bild 2.281. Bewegte Gutsbahn in einem mäanderförmigen Hohlleiter (schematisch) [343].
a Gutsbahn; *b* Wanderrichtung der Bahn; *c* Hochfrequenzgenerator (Magnetron); *d* Ankopp-
lung; *e* Hohlleiter; *f* Abschlußwiderstand (Wasserlast); *g, h* Wasserzu- und -ablauf.

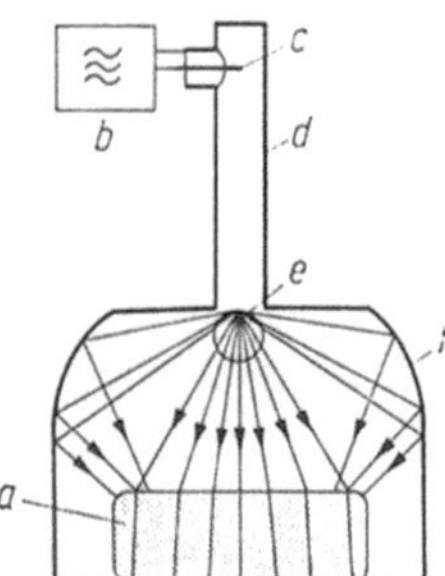

Bild 2.282. Mikrowellentrockner mit kammerartigem Trocknungsraum (schematisch [344]).
a Gut; *b* Mikrowellenröhre; *c* Dipol; *d* Hohlleiter; *e* Strahlungsverteiler; *f* reflektierende
Wände.

2.3.4.3. Der Trocknungsvorgang im elektrischen Wechselfeld

Bei der dielektrischen Trocknung empfangen die Gutsmoleküle die nötige Bewegungsenergie unmittelbar aus dem Hochfrequenzfeld, und die Feuchte verdampft
überall im Gutsinneren. Es braucht keine Wärme durch ein Temperaturgefälle nach
innen gebracht zu werden. Wenn sich das Gut in kälterer Umgebungsluft befindet,
so entsteht vielmehr ein konvektiver Wärmeverlust an der Gutsoberfläche und
dadurch im Inneren ein Temperaturgefälle nach außen.

Ähnlich wie bei der Kontakttrocknung wandert die freie Feuchte dann —
immer wieder verdampfend und kondensierend — schrittweise zur Oberfläche,
um dort endgültig zu verdampfen und konvektiv abgeführt zu werden.

Es sei unterstellt, daß die Trocknung in atmosphärischer Luft stattfindet. Ferner
sei angenommen, daß für Temperaturänderungen des Gutes keine ins Gewicht

fallende Leistung verbraucht wird, und daß die über die Gutsoberfläche streichende Luft kälter als die Oberfläche sei, daß sie also Wärme vom Gut forttrage. Solange freie Feuchte überall an der Gutsoberfläche A verdampft, kann man dann für die Trocknungsgeschwindigkeit g_D die Gleichung anschreiben

$$g_D = \frac{\dfrac{P_\Phi}{A} - \alpha(\vartheta_O - \vartheta_L)}{\Delta h'_V} = \frac{\beta}{R_D T} \frac{p}{p - p''_{D,O}} (p''_{D,O} - p_{D\infty}) \qquad (2.216)$$

(Bedeutung der Zeichen siehe Verzeichnis).

Bleiben die Trocknungsbedingungen, insbesondere auch die in das Gut gelangende elektrische Leistung P_Φ gleich, so sind g_D, ϑ_O und $p''_{D,O}$ konstant. In dem Maße aber, wie das Gut trockener wird, sinkt im allgemeinen $\tilde{\varepsilon} \cdot \tan \tilde{\delta}$ und damit nimmt P_Φ ab (Gl. (2.211)). Dann geht auch g_D zurück.

Über den experimentell ermittelten Gesamttrocknungsverlauf von Sand bei verschiedenen Spannungen zwischen den Elektroden des Arbeitskondensators gibt das Bild 2.283 Auskunft.

Bild 2.284 zeigt, wie eine Gelatineplatte dielektrisch trocknet, wenn die Temperatur durch entsprechendes Steuern der Energiezufuhr auf 35 °C gehalten wird [346]. Zum Vergleich ist der Trocknungsverlauf bei konvektiver Wärmezufuhr durch Luft von 35 °C dargestellt. Solange das Gut sehr feucht ist, trocknet es im Hochfrequenzfeld viel rascher, weil seine Eigentemperatur höher ist, aber bei niedrigen Feuchtegehalten nähern sich die Gutstemperaturen und damit die Trocknungsgeschwindigkeiten bei den beiden Erwärmungsarten einander.

Man kann die Trocknungsgeschwindigkeit g_D steigern, indem man P_Φ oder ϑ_L erhöht. Solange das Gut an den inneren (primären) Verdampfungsstellen freie Feuchte enthält, stellt sich dort, auch bei starker Energiezufuhr, höchstens die zum

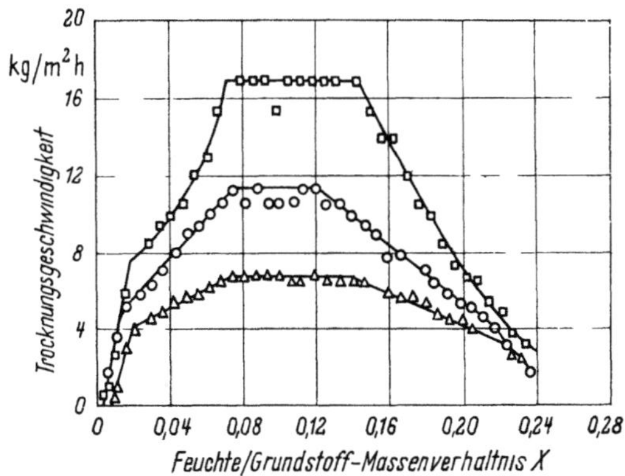

Bild 2.283. Dielektrische Trocknung von Ottava-Sand. Einfluß der Spannung auf die Trocknungsgeschwindigkeit [345].
Frequenz 16,8 MHz

Versuch Nr.		Spannung
43	□	4400 Volt
41	○	3900 Volt
42	△	3300 Volt

Elektrodenplatten senkrecht hängend, natürliche Luftbewegung am Gut, Lufttemperatur etwa 20 °C.

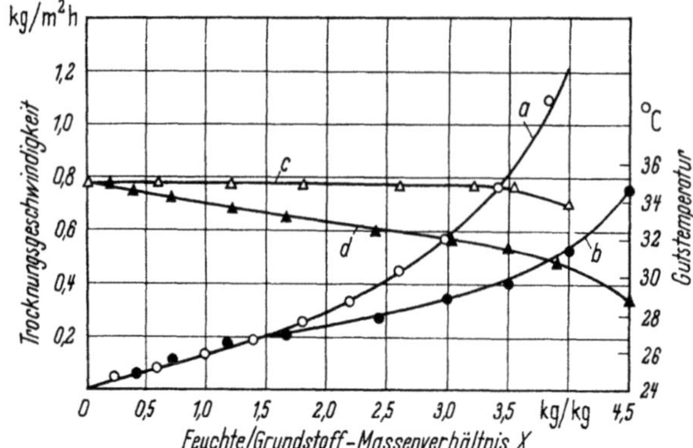

Bild 2.284. Trocknung von Gelatine. Vergleich zwischen dielektrischer Trocknung bei gleichbleibender Gutstemperatur und Konvektionstrocknung bei gleichbleibender Lufttemperatur [346].
Lufttemperatur 35 °C; rel. Luftfeuchtigkeit 28 %; Schichtdicke 5,9 mm.
a Trocknungsgeschwindigkeit bei dielektrischer Trocknung; *b* Trocknungsgeschwindigkeit bei Konvektionstrocknung; *c* Gutstemperatur bei dielektrischer Trocknung; *d* Gutstemperatur bei Konvektionstrocknung.

Atmosphärendruck gehörende Sattdampftemperatur, also in der Regel etwa 100 °C, ein, sofern die Gutsporen der zur Oberfläche wandernden Feuchte nur geringen Widerstand entgegensetzen, wie in Textilien. In engporigen Gütern jedoch (z. B. in Eiche—Kernholz, Buche—Rotkern), denen viel Leistung zugeführt wird, bekommt der Dampf im Gutsinneren Überdruck, und dabei steigt dann die Temperatur über 100 °C. Der Dampf diffundiert dann nicht mehr, sondern strömt durch die Poren. Unter Umständen wird der Überdruck so stark, daß der Gegenstand zerreißt.

Die Trocknungsgeschwindigkeit hängt stark von der Art der Feuchte im Gut ab. Wasser, eine stark polare Flüssigkeit, nimmt bei gegebener Spannung und Frequenz viel Leistung aus dem elektrischen Wechselfeld auf und verdampft daher auch rasch, obgleich es eine hohe spezifische Verdampfungsenthalpie $\Delta h'_v$ hat. Viel langsamer verdampft z. B. Tetrachlorkohlenstoff, der aus nicht polaren Molekülen besteht, und der daher die nötige Energie nur über den Grundstoff erhalten kann.

Die innerste Schicht des Gutes trocknet in der Regel als erste aus. Sobald sie kein freies Wasser mehr enthält, steigt ihre Temperatur bei starker Energiezufuhr über 100 °C.

Auch von außen her trocknet das Gut, falls der Dampfpartialdruck an der Oberfläche höher als der in der Luft ist, doch eilt die Trocknung von innen her meistens vor, so daß der Feuchtegehalt nach einiger Zeit innen durchweg niedriger liegt als am Rande. Dieser letzte Umstand bringt besondere Vorteile. Bei der konvektiven Trocknung treten in Gütern, die stark schwinden, einige Zeit nach Beginn des Feuchtentzuges außen Zugspannungen auf, die leicht zu Rissen führen. Demgegenüber entstehen bei der dielektrischen Trocknung außen Druckspannungen, die viel weniger gefährlich sind. Es gelingt hier viel eher, das Gut rissefrei zu trocknen.

2.3.4.4. Erzeugen der elektrischen Hochfrequenzenergie

Anlagen, die das Gut im Kondensatorfeld trocknen, erzeugen die hochfrequenten Ströme in Schwingkreisen mittels Kondensatoren, Spulen und Trioden (Dreielektrodenröhren). Im Generator c einer solchen Anlage (Bild 2.285) pendelt ein elektrischer Strom zwischen der Spule f und dem Kondensator g hin und her mit der Frequenz

$$\tilde{v} = \frac{1}{2\pi \sqrt{\tilde{L}\tilde{C}}}, \tag{2.217}$$

$\tilde{L}$ Induktivität der Spule in H,
$\tilde{C}$ Kapazität des Kondensators in F.

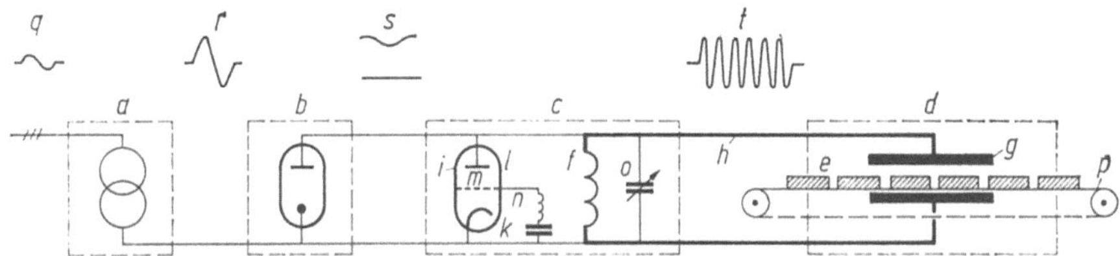

Bild 2.285. Schema des elektrischen Teils einer dielektrischen Wechselfeld-Trocknungsanlage. a Transformator; b Gleichrichter; c Hochfrequenzgenerator; d Trockner; e Gut; f Spule; g Kondensator mit oberer und unterer Elektrode; h Schwingkreis (stark ausgezogen); i Triode; k Kathode; l Anode; m Steuergitter; n Rückkopplung; o Kondensator; p Fördereinrichtung für das Gut; q Wechselspannung mit Netzfrequenz; r hochtransformierte Wechselspannung mit Netzfrequenz; s gleichgerichtete Hochspannung; t Hochfrequenzspannung.

Der Strom wird im Rhythmus der Schwingungen immer wieder von Elektronen angestoßen, die über die Triode i schubweise zugeführt werden. Die Elektronen kommen von der Kathode k und durchfliegen auf dem Weg zur Anode l das Steuergitter m, auf dem wechselnde Spannung liegt. Je nach der augenblicklichen Spannung hemmt das Gitter dabei den Elektronenfluß mehr oder weniger stark und löst so die Elektronenschübe aus. Die Wechselspannung am Gitter wird vom pendelnden Strom selbst mit Hilfe der Rückkopplung n erzeugt. Damit der Strom im Schwingkreis h mit der gewünschten Frequenz pendelt, müssen die Spule und der Kondensator nach Gl. (2.217) entsprechend bemessen sein.

Das Gut befindet sich im einfachsten Fall als Dielektrikum im Kondensator g. Die Energie, die es dort aufnimmt, gelangt vom Versorgungsnetz über den Transformator a, der sie auf 5000 bis 30000 V Spannung bringt, und über den Gleichrichter b zur Triode i des Hochfrequenzerzeugers und von da über den Schwingkreis h zum Gut.

Während das Gut Feuchte abgibt, ändert sich seine Dielektrizitätszahl fortwährend. In satzweise betriebenen Anlagen ändern sich dadurch die Kapazität des Kondensators und damit auch die Frequenz der Schwingungen. Das erfordert, daß die Streustrahlung, die aus dem Kondensator treten könnte, mittels besonderer Vorrichtungen den amtlichen Vorschriften entsprechend zurückgehalten wird. Nur Wellen mit den Längen, die in der Tabell 2.18 genannt sind, dürfen die Anlage verlassen.

Mit dem Feuchteverlust des Gutes ändert sich auch der Verlustwiderstand des Stromkreises, in dem das Gut liegt. Er kann erheblich von dem abweichen, bei dem die Triode am günstigsten belastet ist. Damit die Röhre trotzdem stets mit bestem Wirkungsgrad arbeitet, versieht man den Generator mit einem zusätzlichen Kondensator o, dessen Kapazität einstellbar ist. Eine Automatik sorgt für optimale Anpassung.

In sogenannten Zweikreisanlagen ist an den Primärschwingkreis ein zweiter Schwingkreis angekoppelt, in dessen Kondensator sich das Gut befindet. Solche Generatoren haben in der Regel Organe, welche die Frequenz mit hoher Genauigkeit gleichhalten und die Oberwellen ausfiltern. Elektronische Geräte regeln auch laufend die Energieabgabe nach.

Trioden, die mit den Frequenzen 13,6 und 27 MHz arbeiten, sind für Leistungen bis zu mehreren hundert kW auf dem Markt. Aber je höher die geforderte Frequenz ist, desto niedriger nur kann die Leistung der Trioden sein.

Vollbelastete Hochfrequenzgeneratoren haben durchschnittlich Wirkungsgrade von 50%; große Einheiten (bis etwa 700 kW) erreichen 60% und mehr, kleine Einheiten (herab bis 5 kW) bleiben mit dem Wirkungsgrad unter 50%.

Mitunter treten Überschläge im Arbeitskondensator auf, die durch besondere Schutzschaltungen sofort aufzuheben sind. Nach einigen Sekunden schaltet der Überschlagswächter die Anlage selbsttätig wieder ein.

Generatoren für den Mikrowellenbereich mit Schwingungen über 1 000 MHz — Magnetrons, Klystrons, Amplitrons — brauchen Schwingkreise, in denen der elektrische Strom sehr schnell hin- und her pendelt. Übliche Spulen und Kondensatoren (wie f und g im Bild 2.285) haben dafür zu große Induktivitäten und Kapazitäten (Gl. (2.217)). An ihre Stelle müssen Hohlraumresonatoren treten, in denen kleine Induktivitäten und Kapazitäten und die verbindenden Leitungen sozusagen körperlich vereinigt sind. Es gibt mehrere Bauarten. Für Magnetrons werden Ausgangsleistungen bis 10 kW bei 2 450 MHz genannt, für Klystrons solche bis 500 kW bei der gleichen Frequenz. Die Wirkungsgrade liegen zwischen 40 und 60%; sie sinken mit abnehmender Leistung leicht ab.

2.3.4.5. Bauformen der besonderen elektrischen Trockner

2.3.4.5.1. Elektrische Widerstandstrockner (N 241)

Wenn elektrischer Gleich- oder Wechselstrom durch ein Gut fließt, erzeugt er darin innere Energie und kann das Gut trocknen. Dazu nötig ist, daß der Stoff genügenden, doch nicht zu großen Ohmschen Widerstand bietet, und daß er den Strom einigermaßen gleichmäßig leitet. Der Widerstand feuchter Güter wächst stark, wenn ihr Feuchtegehalt abnimmt, so daß bei einer gegebenen Spannung am Schluß kaum noch Energie umgesetzt wird.

Zuweilen wird die Widerstandstrocknung bei lackierten Metalldrähten und bei Kabeln mit Papierumhüllung angewendet. Die stromdurchflossenen Leiter erwärmen die Hüllen und trocknen sie vom Grunde auf.

2.3.4.5.2. Induktionstrockner (N 242)

Für lackierte Radkappen, Scheinwerfer und andere Metallgegenstände der Massenfabrikation werden vereinzelt Induktionstrockner benutzt. In der Anlage nach

Bild 2.286 hängen über dem Gut zahlreiche, der Gutsform angepaßte Spulen, die mit Mittelfrequenzstrom von 10 kHz gespeist werden. Sie berühren das Gut nicht, induzieren aber durch das magnetische Wechselfeld, das sie erzeugen, in den Metallkörpern Wirbelströme, welche die Gegenstände erwärmen und den Lack dadurch indirekt trocknen. Dazu ist rund 1 min nötig [347].

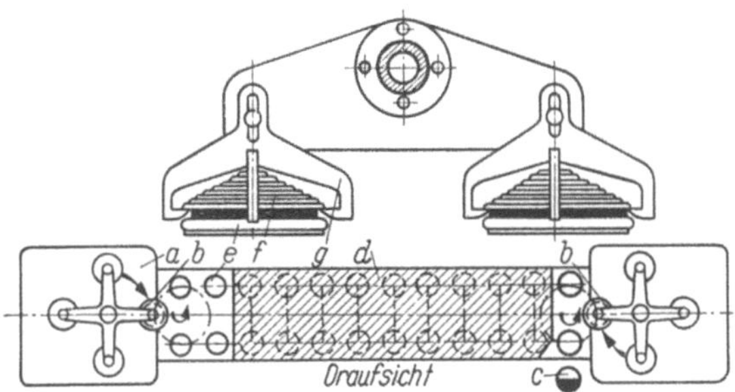

Bild 2.286. Induktionstrockner für lackierte Rad-Zierdeckel [347].
a Spritzautomat (Draufsicht); *b* Spritzpistole; *c* Bedienung; *d* Trocknungszone; *e* Rad-Zierdeckel; *f* Spule; *g* Spulenhalter.

2.3.4.5.3. Dielektrische Wechselfeldtrockner

Die meisten industriell benutzten Wechselfeldtrockner sind als Förderbandtrockner ausgebildet. Bild 2.287 zeigt einen solchen für Buchenholzbohlen, der das Gut *a* im Kondensatorfeld zwischen den Elektroden *c* und *d* mit elektrischer Hochfrequenzenergie versorgt. Auf der Elektrode *c* liegt hohe Spannung, die untere Elektrode *d* ist geerdet. Angewärmte Luft tritt durch die Öffnung *e* in den Trockner, wird durch das Gitter *f* unterhalb des Bandes verteilt und strömt mit der verdampften Feuchte durch die Öffnung *g* ab (N 243.614.51) [348].

Den Blick auf eine ganze Anlage vermittelt das Bild 2.288. Im Gehäuse *a* wird der unter 380 Volt Spannung eingeführte Wechselstrom auf hohe Spannung gebracht, gleichgerichtet und anschließend im Röhrengenerator *b* in hochfrequenten Wechselstrom verwandelt. Über das Steuerglied *c* fließt der auf gleichbleibender Spannung gehaltene Hochfrequenzstrom zu den Elektroden im Trockner. Die Generatorröhren sind luftgekühlt. Der Ventilator *d* saugt den Kühlluftstrom, der an den Röhren etwa 40 % der eingespeisten Energie als Wärme aufgenommen hat, über die Leitung *e* an und drückt sie zur weiteren Nutzung in den Trockner.

Plattenkondensatoren wie auf Bild 2.287 werden für dickschichtige Güter benutzt, die auf fester Bahn durch den Trockner laufen. Als untere Elektrode kann

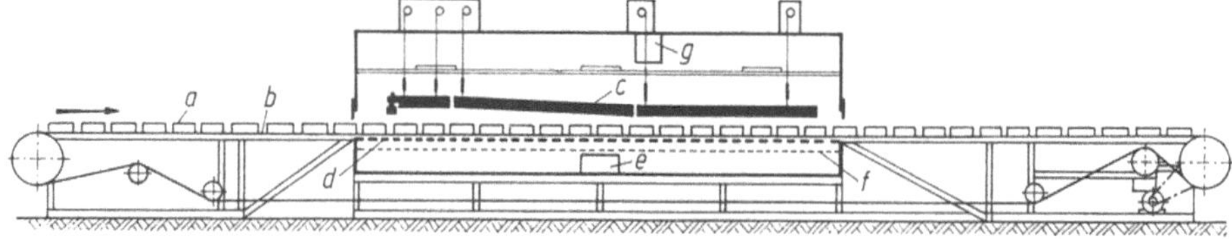

Bild 2.287. Schematischer Längsschnitt durch einen dielektrischen Wechselfeldtrockner (nach Czepek [348]).
a Gut; *b* Förderband; *c* Hochspannungselektrode; *d* geerdete Elektrode; *e* Eintrittsöffnung für Warmluft; *f* Luftverteilgitter; *g* Abluftöffnung.

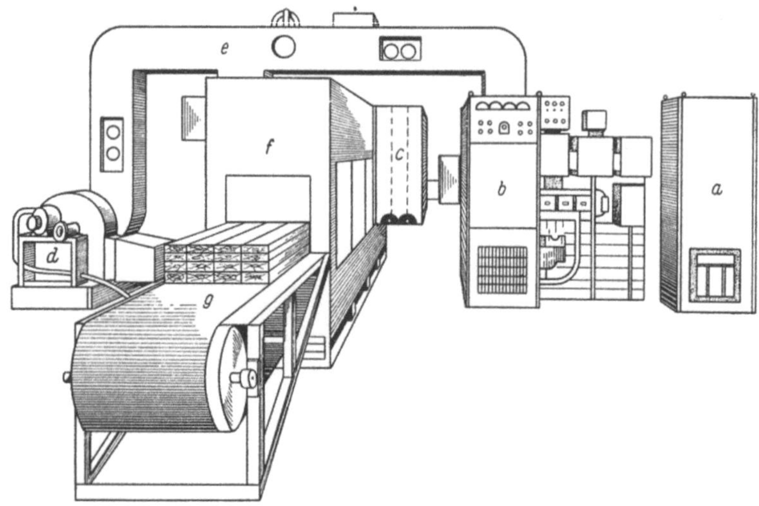

Bild 2.288. Anlage zum dielektrischen Trocknen von Holz.
a Transformator und Gleichrichter; *b* Hochfrequenz-Generator; *c* Steuerglied; *d* Ventilator;
e Luftleitung; *f* Trockner; *g* Förderband.

dabei das geerdete Förderband des Trockners dienen, wenn es aus Metall besteht.
Bei einem ebenflächigen Gut braucht zwischen den oberen Elektroden und dem
Gut nur ein mäßig großer Abstand zu bleiben. Gegenstände unterschiedlicher
Höhe jedoch müssen großen Abstand zu den Elektroden haben, damit das elek-
trische Feld nicht allzu stark verzerrt wird und keine Funken überschlagen. Im
Gut ergibt sich dann aber ein schwächeres Feld (Gl. (2.213)) und eine geringere
Leistungsdichte (Gl. (2.212)). Empfehlenswert ist, den Abstand der oberen Elek-
trode vom Gut längs der Gutsbahn unterschiedlich zu halten, und zwar so, daß
der Arbeitskondensator voll belastet ist und die Temperatur oder der Feuchtegehalt des Gutes sich in gewünschter Weise zeitlich ändern. Auch sollte die obere
Elektrode der Höhe nach von außen einstellbar sein.

Folienartige Gutsbahnen nehmen wegen ihrer geringen Dicke in Plattenkondensatoren nur wenig Energie auf. Wenn sie flattern, wechselt die Aufnahme ebenfalls dauernd. Man benutzt für solche Güter besser stabförmige Elektroden (Bild
2.289), die quer zur Bahn angeordnet und so an den Hochfrequenzgenerator an-

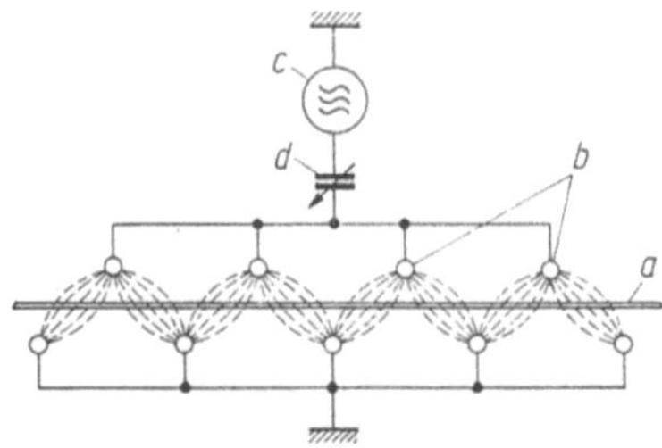

Bild 2.289. Dünne Gutsbahn zwischen Girlandenfeldelektroden.
a Gutsbahn; *b* Elektrodenstäbe; *c* Hochfrequenzgenerator; *d* Regelkondensator.

geschlossen sind, daß je zwei benachbarte Stäbe entgegengesetzte Polarität haben. Das elektrische Feld ist dann nicht senkrecht zur Bahn gerichtet, sondern ungefähr längs dazu.

Für ein Kunststoffgranulat wurde der Drehrohrtrockner nach Bild 2.290 gebaut, der das Gut im dielektrischen Feld von etwa 1,5 % Anfangsfeuchtegehalt auf etwa 0,05 % Endfeuchtegehalt bringt. Das Gut wandert axial durch das ein wenig schräg liegende und innen mit Vierkantleisten versehene Drehrohr aus glasfaserverstärktem Epoxidharz und wird dabei fortlaufend durchmengt. Es nimmt die nötige Energie aus dem elektrischen Feld, das zwischen den seitlichen Elektroden erzeugt wird (N 243.213.3).

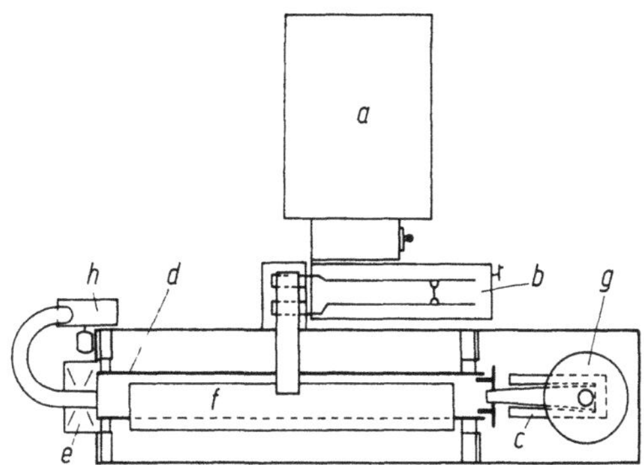

Bild 2.290. Hochfrequenz-Drehrohrtrockner für Kunststoffgranulat [349].
a Hochfrequenzgenerator; *b* Anpaßglied; *c* Beschickungsvorrichtung; *d* Drehrohr; *e* Ausfallöffnung; *f* Elektroden; *g* Drehrohrantrieb; *h* Ventilator.

Da im elektrischen Wechselfeld weder die Luft noch die Elektroden oder Hohlleiter warm werden, kann der Dampf, der aus dem Gut tritt, an kalten Bauteilen kondensieren und dann betriebliche Schwierigkeiten bereiten. Wassertropfen z. B., die von kalten Elektroden herabfallen, können elektrische Überschläge auslösen und das Gut verderben. Vermeiden läßt sich das, indem Warmluft solchen Zustandes durch den Trockner geführt wird, daß der Taupunkt nirgends unterschritten wird.

Dielektrische Wechselfeldtrockner brauchen besondere Schutzverkleidungen [350].

Eine in das Hochfrequenzfeld gebrachte Hand kann binnen kurzer Zeit verkochen, ohne daß die Hautnerven einen Temperaturanstieg melden. Daher müssen die Öffnungen aller Anlagenteile, in denen ein Hochfrequenzfeld auftreten kann,

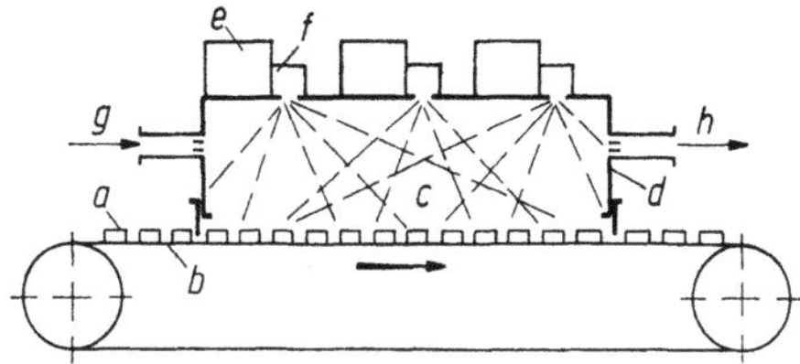

Bild 2.291. Mikrowellen-Förderbandtrockner, im Taktbetrieb arbeitend (schematisch) [351].
a Trocknungsgut; *b* Förderband; *c* Trocknungsraum (Resonanzraum); *d* heb- und senkbare Haube; *e* Speisung; *f* Magnetron; *g, h* Luftzu- und -abfuhr.

sowohl gegen zufälliges Hineingreifen als auch dagegen gesichert sein, daß beim Lösen der Verkleidungen Hochfrequenzenergie austritt. Als Abschirmungen dienen meistens ausreichend lange feldfreie Strecken mit Aluminiumhüllen. Im Mikrowellenbereich verhindern Sperrfilter aus kurzen Hohlleitern den Energieaustritt.

Das Bild 2.291 zeigt einen Mikrowellen-Förderbandtrockner für keramische Gegenstände. Auf seiner Decke sind mehrere Magnetrons angeordnet, von denen die Wellenenergie in den Resonator- und Trocknungsraum strahlt [351].

2.3.4.6. Anwendungen der elektrischen Wechselfeldtrockner

In Hochfrequenzanlagen kann man zahlreiche Güter schnell, mit geringem Ausschuß, und so trocknen, daß im Inneren nur geringe Feuchtegehaltsunterschiede entstehen. Die Trockner sind schnell betriebsbereit und brauchen während der Betriebspausen nicht warm gehalten zu werden; sie sind auch leicht automatisch zu steuern und ihr Platzbedarf ist gering.

Als Nachteile sind die meistens hohen Kosten für die elektrische Energie zu nennen. Wenn man die Kosten für die Röhren, deren Lebensdauer 2 000 bis 6 000 Stunden beträgt, und die Kosten für den Kapitaldienst berücksichtigt, so findet man, daß die Trocknung wasserreicher Güter in Deutschland mit Hochfrequenzenergie meistens viel mehr kostet als die Trocknung mit Dampf oder Brennstoffen. Daher lohnt sich dielektrische Trocknung solcher Güter hier nur, wenn dabei ein Qualitäts- oder anderer Vorteil — zum Beispiel hinsichtlich des Ausschusses oder Abfalles, der Lagerhaltung oder der Dispositionsmöglichkeiten — erzielt wird. Nicht ins Gewicht fallen die erhöhten Trocknungskosten bei hochwertigen Gütern, aus denen nur wenig Feuchte zu entfernen ist. Die Anlagen sollten nach Möglichkeit im Dauerbetrieb genutzt werden.

Obwohl es derzeit keinen Industriezweig gibt, in dem die dielektrische Trocknung zentrale Bedeutung hat, gibt es in den Produktionsbetrieben doch immer wieder trocknungstechnische Aufgaben, die sich mit Hochfrequenzenergie besser lösen lassen als mit anderen Mitteln. Hier seien nur einige genannt.

Hier und da getrocknet werden zugeschnittene oder vorgeformte Holzteile, wie Schuhleisten, Kanteln, Gewehrkolben. Vornehmlich zu empfehlen ist die Hochfrequenztrocknung, wenn Hartholz, das der Dampfbewegung im Inneren nur mäßigen Widerstand entgegensetzt, in Dicken von 45 mm an aufwärts getrocknet werden soll, und wenn das Holz nachher hohe Qualitätsansprüche befriedigen muß [348]. Faservliese können mittels Hochfrequenz gezielt auf einen gleichmäßigen Endfeuchtegehalt getrocknet werden, ohne daß sie, wie sonst, wegen der Feuchtenester zunächst an den anderen Stellen übertrocknet und dann wiederbefeuchtet werden müssen. Viele Chemie-Stapelfasern gehen nach dem Kräuseln und Stauchen durch ein Hochfrequenzfeld und werden darin binnen 30 bis 50 Sekunden getrocknet und fixiert. Schnell und gleichmäßig trocknen im Wechselfeld auch Rayonspinnkuchen und Glasfaserwickel [343].

Hochfrequenzenergie leistet hier und da auch bei der Endtrocknung von Pappe und Papier Dienste. Für beschichtete Papier- und Kunststoffbahnen gibt es Mikrowellengeräte. Gebaut werden ferner HF-Buchrückentrockner.

Mit Mikrowellenenergie sind keramische Teller in 4 bis 12 Minuten, Schüsseln in 6 bis 12 Minuten und elektrische Isolatoren in 3 Stunden zu trocknen [351].

2.3.4.7. Elektronenstrahl-Härter für Lacke

Einige Lacke — vornehmlich solche aus ungesättigten Polyurethanharzen mit polymerisierbaren Monomeren — härten bei Raumtemperatur in Sekundenschnelle, wenn Strahlen beschleunigter Elektronen (auch β-Strahlen genannt) auf sie wirken, dabei in ihrem Molekulargefüge Radikale in hoher Konzentration erzeugen und hierdurch Vernetzungsreaktionen (insbesondere durch Nachbargruppen aktivierte Doppelbindungen) herbeiführen [352].

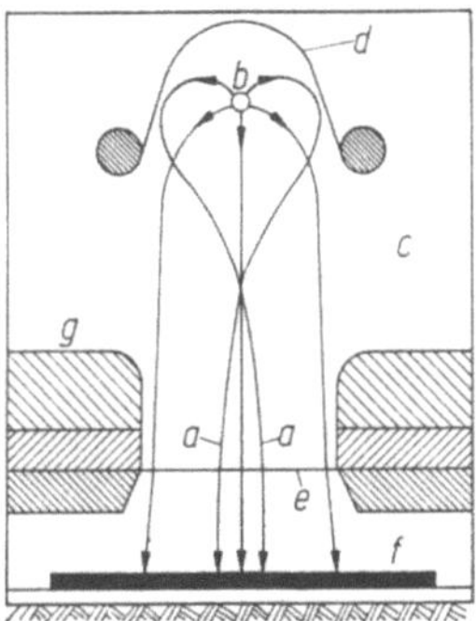

Bild 2.292. Elektronenstrahlgenerator (schematisch) [353].

a Elektronenstrahl; b Glühstab (Kathode); c Vakuumraum; d Fokussier-Elektrode; e Fensterfolie; f lackierte Oberfläche; g Plattenanode.

Im Generator gemäß Bild 2.292 gehen die Elektronen a vom Glühstab b in der Vakuumkammer c aus, werden durch die Fokussierelektrode d annähernd gleichgerichtet, dringen durch das gekühlte Metallfenster e und treffen auf das Gut f. Sie durchlaufen in der Kammer ein gleichgerichtetes elektrisches Hochspannungsfeld, nehmen dabei hohe Geschwindigkeit an und treten als Strom von 10 bis 200 mA/cm Fensterbreite aus der Kammer. Unter dem Fenster läuft das Lackiergut vorbei. Der Behandlungsraum (Bild 2.293) in Anlagen mit 300 kV Betriebsspannung braucht 20 bis 30 mm dicke Bleiwände oder 500 bis 800 mm dicke Betonwände, die die entstehende Röntgenbremsstrahlung vom Außenraum fernhalten. Seine Ein- und Ausfahrtöffnungen sind schleusenartig ausgebildet. Damit der Luftsauerstoff die Härtungsreaktion nicht stört, wird der bestrahlte Gutsbereich erforderlichenfalls unter einer Inertgasdusche gehalten. Das entstehende Ozon und die Lackdünste müssen abgeführt werden [353, 354].

Außerhalb des Generatorfensters werden die Elektronen sowohl in der Luft wie im Gut abgebremst. Sollen 60% von ihnen durch 300 bis 500 µm dicke Lackschichten bis zum Grund dringen, so brauchen sie Geschwindigkeiten, die 200 bis 500 kV Beschleunigungsspannung entsprechen. Für die Härtung sind Energiedosen zwischen $2 \cdot 10^4$ J/kg und $50 \cdot 10^4$ J/kg nötig.

Das Elektronenstrahlverfahren bietet Vorteile, wo große Durchsätze ebenflächigen oder bandförmigen Lackiergutes zu bewältigen sind [355].

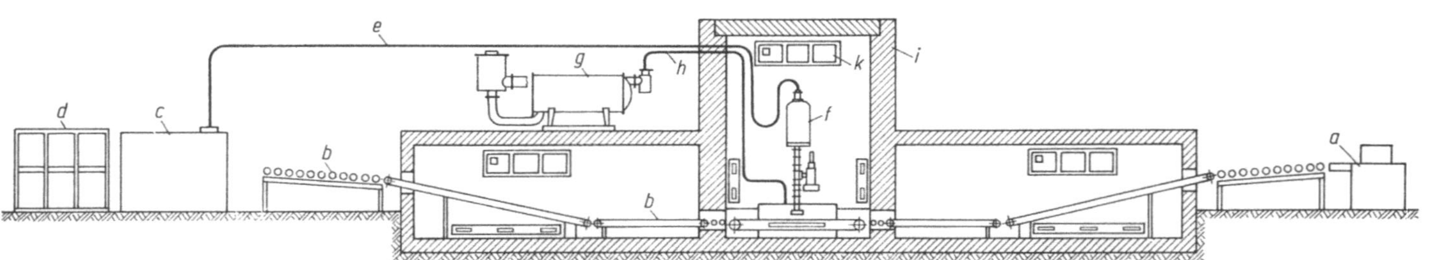

Bild 2.293. Versuchsanlage zum Härten des Lackes auf flächigen Gegenständen mittels Elektronenstrahlen [355].
a Lackgießmaschine; *b* Transporteinrichtung für das Gut; *c* Hochspannungsgenerator; *d* Regel- und Steueranlage; *e* Hochspannungs-kabel; *f* Elektronenstrahlgenerator (Beschleuniger); *g* Inertgasanlage; *h* Inertgaszuleitung; *i* Betonabschirmung; *k* Absauganlage.

2.3.5. Mechanische und Schallenergie nutzende Trockner

Mechanische Energie nutzende Trockner

In fast allen Trocknern geht ein Teil der mechanischen Energie, die zum Fördern der Luft und des Gutes aufgewendet wird, als Wärme direkt oder auf Umwegen in das Gut über und erhöht dadurch die innere Energie des Grundstoffes und der Feuchtigkeit. Gegenüber der Energie, die über die „Heizeinrichtungen" in das Gut gelangt, ist dieser Aufwand allerdings meistens gering.

Eine Ausnahme bilden die Trockner, die das Gut mit mechanischen Einrichtungen sehr kräftig mengen, kneten, zerkleinern.

Bei der *Extrusionstrocknung* hochpolymerer Substanzen, wie Thermoplasten und Elastomeren, werden die Stoffe als heiße, zähflüssige Schmelzen von rotierenden Schneckenwellen in Extrudern laufend umgewälzt, zerteilt und wieder vermischt. Wegen der hohen Temperatur der Schmelzen diffundieren die Moleküle der niedrig siedenden Flüssigkeiten dabei in die gaserfüllten Räume zwischen den Stoffteilen. Dieser Vorgang wird durch das Zerteilen und das Umwälzen, das immer wieder neue Oberflächen schafft, weitgehend unterstützt. Eine Rolle spielen dabei die Temperatur, die Viskosität, die Scherbeanspruchung der Polymerisate, der Feuchtegehalt, die Bindung der Feuchte an die Substanzen und andere Parameter.

Die Extrusionstrockner bringen 70 bis 80 % der nötigen Energie über die Schneckenwellen als „Reibungswärme" in das Gut, den Rest übertragen sie als Wärme von den beheizten Gehäusen her.

Im Bild 2.294 ist der Schnitt durch ein Extrudergehäuse dargestellt. Das Gut wird in der Kompressionszone verdichtet und erhitzt und alsdann durch die Sperrzone in die Entgasungszone gedrückt. Die Sperrzone hat die Aufgabe, den Produktstrom zur anschließenden Entgasungszone zu begrenzen; sie läßt das Gut nur durch einen engen Spalt oder an einem Rückfördergewinde vorbei in die dritte Zone gelangen. Dort sind die Gänge der Schneckenwelle so ausgebildet, daß sie mehr Produkt fördern könnten als angeboten wird. Hierdurch erhält das Gut dauernd neue, freie Oberflächen, und die flüchtigen Bestandteile können schnell entweichen (N 250.374.3) [356, 357].

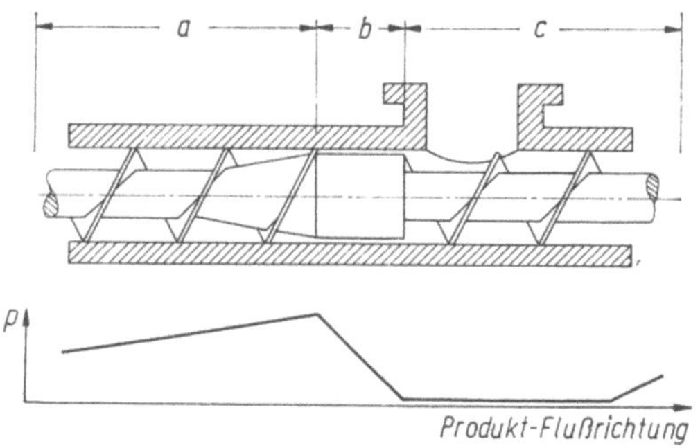

Bild 2.294. Längsschnitt durch einen Extruder sowie Druckverlauf im Inneren über die Länge (schematisch, nach Zitzmann [356]).
a Kompressionszone; *b* Sperrzone; *c* Entgasungszone.

Häufig bildet man die Extrusionstrockner mehrstufig aus. Man entfernt die Hauptmenge der Gutsfeuchte bei Normaldruck und die letzten Feuchtereste im Vakuum.

Bei der sogenannten *Entspannungstrocknung* von Synthesekautschuk dient ein Extruder vornehmlich dazu, das Gut unter Druck zu bringen. Der vorentwässerte Kautschuk, der mit rund 10 % Feuchtegehalt in die Maschine gelangt, wird durch die Arbeit der Schneckenwelle und durch Kontakt mit dem beheizten Gehäuse auf etwa 200 °C erwärmt und unter einen Druck gesetzt, der höher als der Dampfdruck des Wassers bei dieser Temperatur ist. Danach wird das Gut durch eine Düse in einen Entspannungsbehälter entlassen, in dem das Wasser explosionsartig verdampft und den Kautschuk in kleine Stücke zerreißt. Aus den Krümeln entweicht der Dampf sehr schnell. Ein Warmluftstrom, in den der Kautschuk geblasen wird, kann den Vorgang unterstützen [358—360].

Schallenergie nutzende Trockner

Schallwellen sind Längswellen des Stoffes, in dem sie sich ausbreiten. Sie schreiten in Luft mit etwa 330 m/s fort und haben bei der höchsten Frequenz, bei der sie das menschliche Ohr noch wahrnehmen kann, nämlich bei 20 kHz, ungefähr 1,6 cm Länge. Die anderen Schallwellen sind länger, die Ultraschallwellen kürzer. Vom Schallerzeuger gehen Zonen der Materialverdichtung und -verdünnung aus, die sich wechselweise ablösen. Das Medium schwingt hin und zurück.

Die Schallwellen können den Luftgrenzschichten an den Trocknungsgütern zusätzliche Geschwindigkeiten parallel und senkrecht zu den Oberflächen aufzwingen, je nachdem, unter welchen Winkeln sie auftreffen. Dies beeinflußt den Wärme- und Stoffübergang an den Flächen. Durch weite Poren und Kornzwischenräume kann der Luftschall auch in merkliche Tiefen der Stoffe dringen. In engen Kanälen jedoch werden die Wellen auf kurzem Wege abgebremst, und dabei geht die Schwingungsenergie in innere Energie der Stoffe über. Die Wellen, die aus der Luft auf den Feststoff oder auf die Gutsflüssigkeit treffen, werden an den Grenzflächen teils reflektiert, teils in diesen Medien weitergeleitet. Auch dabei wird die eindringende Energie, je nach den Umständen, teils oder ganz absorbiert.

Die Energieströme, die derzeit mittels Schallwellen auf Trocknungsgüter übertragen werden können, sind begrenzt. Sie gestatten nicht, große Gutsströme zu trocknen, sofern nicht noch andere Energie zugeführt wird. Aber die Schallwellen können helfen, die Wärme- und Stoffübertragung zu verbessern und dadurch die Feuchte schneller aus dem Gut zu treiben. Dies gilt vornehmlich in der Periode reiner Oberflächenverdunstung.

Boucher [361, 362] machte Versuche mit rieselfähigen Gütern in einem unbeheizten Drehrohrtrockner (Bild 2.295). Der Schall hatte 8 bis 45 kHz Frequenz und 138 bis 145 dB Druckpegel. Dabei trockneten manche Güter 2- bis 3mal schneller als wenn sie unbeschallt geblieben wären. Am günstigsten verhielten sich Stoffe, die dem Schall große spezifische Oberflächen darboten, krümelige, grobporige und faserige Güter. Beste Ergebnisse lieferte Schall mit etwa 12 kHz und wenigstens 145 dB. Bei Versuchen von Marziniak mit Filzen verschiedener Dicke, deren Oberflächen parallel belüftet, aber senkrecht mit 11,5 kHz und 157 dB beschallt wurden, stellte sich bei 70 mm Schichtdicke die höchste Trocknungsgeschwindigkeit ein. Dickere Filze ließen den Schall gegen Ende der Trocknung nicht mehr bis zur Feuchte tief im Gutsinneren gelangen.

An den Teilchen versprühter Flüssigkeiten, die in einem Luftstrom schweben, kann der Schall besonders günstig wirken. Er erzwingt eine gegenüber der Sinkgeschwindigkeit stark erhöhte, dauernd wechselnde Relativgeschwindigkeit zwischen den Teilchen und der Luft und damit schnelle Trocknung [363].

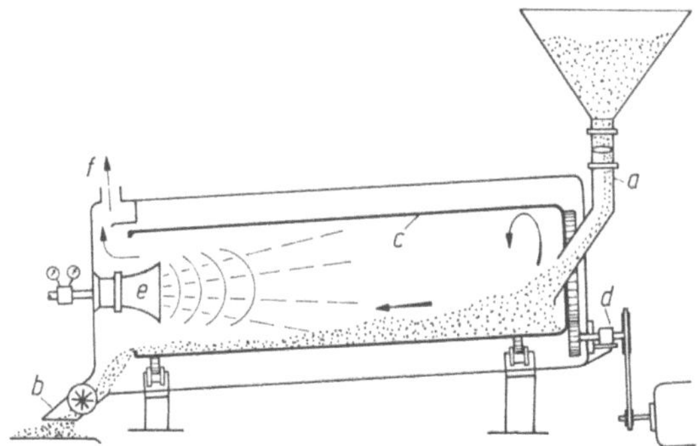

Bild 2 295. Versuchs-Drehrohrtrockner mit Schallerzeuger (nach Boucher [361]).
a Gutseinlauf; *b* Gutsauslauf; *c* Drehrohr; *d* Antrieb; *e* Schallerzeuger (Luftstrahlpfeife); *f* Abluftaustritt.

2.3.6. Trockner mit kombinierter Energienutzung

2.3.6.1. Einleitung

Dieser Abschnitt handelt von Trocknern, die das Gut auf mehreren Wegen mit der nötigen Energie versorgen oder die auch innere Energie des Gutes nutzen. Einen Überblick über diese Trocknergruppe vermittelt Tabelle 2.20. Manche der Trockner nehmen Energie mehrerlei Art auf und leiten sie getrennt zum Gut, andere empfangen nur Energie einer Art, spalten den Energiestrom und führen ihn auf mehreren Wegen zum Gut. Zur zweiten Gruppe gehören insbesondere die Trockner, in denen warme Luft, von einem Heizkörper kommend, ihre Enthalpie teils unmittelbar durch Konvektion, teils auf dem Umweg über Kontakt- und Strahlungsheizflächen an das Gut überträgt.

2.3.6.2. Konvektions-Kontakttrockner

2.3.6.2.1. Theoretische Grundlagen

Trocknen von Ruhigschichten

Die feuchte Platte nach Bild 2.296 liege ruhend auf einer heißen Fläche, werde von warmer Luft überströmt, und bekomme dadurch Wärme zugeführt. Der entstehende Dampf trete nach oben aus. In einer solchen Platte aus Kaolin stellten sich während eines Versuches die Temperaturen und die Feuchtegehalte nach Bild 2.297 ein [364]. Die Gutstemperatur nahm an der Heizflächenseite schnell bis ungefähr zur Heizflächentemperatur zu. An der freien Oberfläche dagegen blieb sie nach kurzer

Tabelle 2.20. Gruppen der Trockner mit kombinierter Energienutzung

Ordnungs-nummer	Gruppe
0 8 0	*Trockner mit kombinierter Energienutzung* Trockner, die das Gut auf mehreren Wegen mit Energie versorgen oder die auch innere Energie des Gutes nutzen
0 8 1	*Konvektions-Kontakttrockner* Trockner, die das Gut mit Hilfe eines Fluids erhöhter Temperatur sowie durch Berührung und Leitung von Flächen höherer Temperatur aus mit Energie versorgen
0 8 2	*Konvektions-Strahlungstrockner* Trockner, die das Gut mit Hilfe eines Fluids erhöhter Temperatur sowie durch Strahlung von Körpern höherer Temperatur aus mit Energie versorgen
0 8 3	*Kontakt-Strahlungstrockner* Trockner, die das Gut durch Berührung und Leitung sowie durch Strahlung von Körpern höherer Temperatur aus mit Energie versorgen
0 8 4	*Mehrerlei Energie nutzende Sondertrockner* Kombinationstrockner der nicht unter 081 bis 083 genannten Art

Zeit zunächst etwa 1,5 Std. lang relativ niedrig und stieg dann langsam bis zur Lufttemperatur an. Der Gehalt an freier Feuchte erreichte an den Oberflächen schon lange vor dem Trocknungsende den Wert Null, er behielt aber im Gutsinneren längere Zeit hohe Werte. Wie bei der reinen Kontakttrocknung wanderte die Gutsfeuchte anscheinend schrittweise von der Heizfläche weg, immer wieder verdampfend und kondensierend. Jedoch verdampfte die Feuchte nur im ersten Trocknungsabschnitt endgültig an der freien Oberfläche. Im zweiten Abschnitt wanderte die Verdunstungsebene allmählich in das Gutsinnere hinein, wie bei der reinen Konvektionstrocknung.

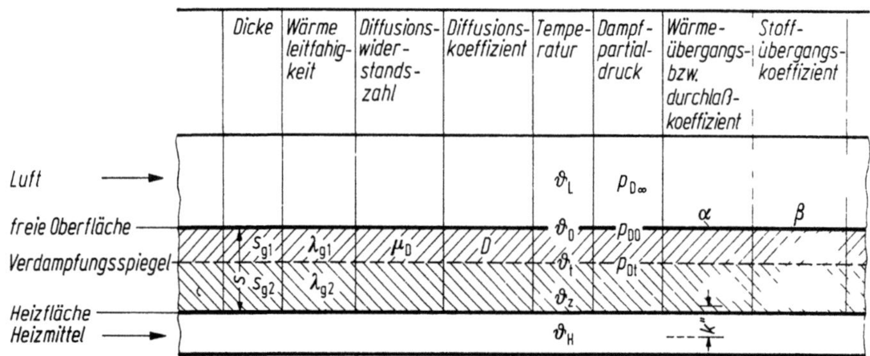

Bild 2.296. Überströmtes Gut auf einer Heizwand.

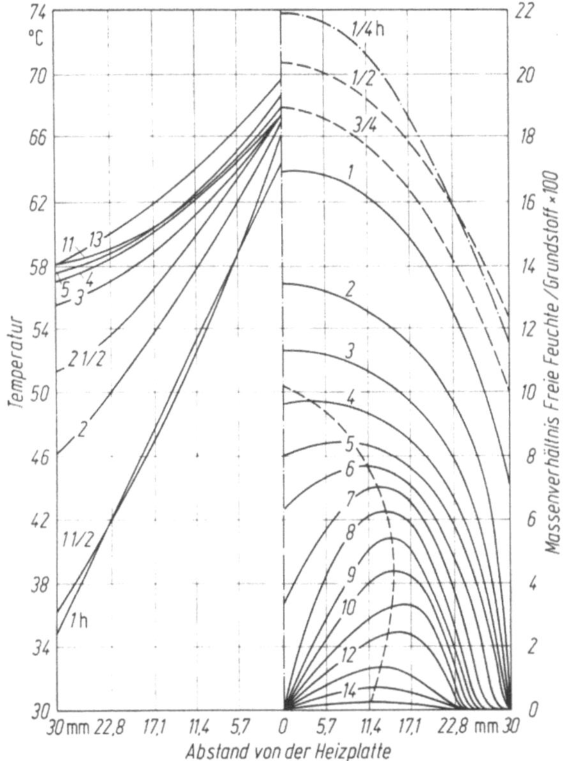

Bild 2.297. Temperatur- und Feuchteverteilung in einer Platte aus Amberger Kaolin zu verschiedenen Zeitpunkten nach Trocknungsbeginn bei kombinierter Konvektions- und Kontakttrocknung.
Lufttemperatur 58 °C; Heizflächentemperatur 68 °C.

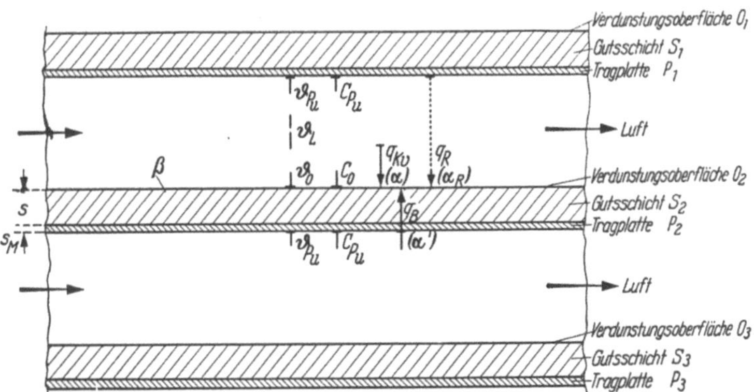

Bild 2.298. Trocknungsgut auf mehreren übereinander liegenden Tragplatten. Gutserwärmung durch Konvektion, Kontakt und Strahlung.

Für eine grobe Überschlagsrechnung sei unterstellt, daß alle in das Gut dringende Wärme nur zum Verdampfen von Feuchte diene, daß die Feuchte wie an einer freien Wasseroberfläche verdunste, und daß am Verdampfungsspiegel im Verhältnis zum Gesamtdruck nur ein niedriger Dampfpartialdruck herrsche. Mit den Bezeichnungen im Bild 2.296 kann man dann die folgende Doppelgleichung anschreiben und daraus die Trocknungsgeschwindigkeit g_D sowie die Temperatur ϑ_t im Verdunstungsspiegel näherungsweise berechnen:

$$g_D = \frac{1}{\Delta h'_V}\left[\frac{\vartheta_H - \vartheta_t}{\dfrac{1}{k''} + \dfrac{s_{G2}}{\lambda_{G2}}} + \frac{\vartheta_L - \vartheta_t}{\dfrac{1}{\alpha} + \dfrac{s_{G1}}{\lambda_{G1}}}\right] = \frac{p_{Dt} - p_{D\infty}}{R_D T \dfrac{p}{p - p_{Dt}}\left(\dfrac{1}{\beta} + \dfrac{\mu_D s_{G1}}{D}\right)}. \tag{2.218}$$

Im ersten Trocknungsabschnitt ist $s_{G1} = 0$, $s_{G2} = s$ und $\vartheta_O = \vartheta_t$, am Ende des zweiten Abschnittes ist (siehe [4])

$$s_{G2} = s - s_{G1}, \tag{2.219}$$

$$s_{G1} \approx \frac{s}{1 + \sqrt{\dfrac{\vartheta_z - \vartheta_t}{\vartheta_O - \vartheta_t}}}, \tag{2.220}$$

$$\vartheta_O = \frac{\alpha\vartheta_L + \dfrac{\lambda_{G1}}{s_{G1}}\vartheta_t}{\alpha + \dfrac{\lambda_{G1}}{s_{G1}}}, \tag{2.221}$$

$$\vartheta_z = \frac{k''\vartheta_H + \dfrac{\lambda_{G2}}{s_{G2}}\vartheta_t}{k'' + \dfrac{\lambda_{G2}}{s_{G2}}}. \tag{2.222}$$

Man schätzt zuerst s_{G1}, s_{G2} und ϑ_t, setzt die Werte in die Gln. (2.221), (2.222), (2.220), (2.219) ein, berechnet so bessere Werte von s_{G1} und s_{G2} und wiederholt die Rechnung, bis die Annahmen und das Ergebnis übereinstimmen. Die Endwerte setzt man in die Gl. (2.218) ein und rechnet auch hier mit verschiedenen Werten von ϑ_t und $p_{Dt} = f(\vartheta_t)$, bis man den Wert kennt, der die Gleichung befriedigt.

Für Papier, das einerseits auf einem heißen Zylinder liegt, andererseits von Heißluftstrahlen getroffen wird (s. z.B. Bild 2.303), ergaben sich in einem angenommenen Beispiel für die Gutstemperatur und die Trocknungsgeschwindigkeit die Werte nach Tabelle 2.21.

Das Bild 2.298 zeigt einen Ausschnitt aus einem anderen Trockner mit kombinierter Energienutzung. Auf parallel übereinander angeordneten Tragplatten liegen Gutsschichten, die so ausgedehnt seien, daß mögliche Randeinflüsse außer Betracht bleiben können. Das Gut sei nicht hygroskopisch und gebe Feuchte nur an den freien Oberflächen ab (erster Trocknungsabschnitt), so daß dort der Sattdampfdruck herrscht, der zur Oberflächentemperatur der Schichten gehört.

Als primäre Wärmespenderin diene hier Luft, die durch die Räume zwischen den Gutsschichten streiche und Energie teils unmittelbar an die freien Gutsoberflächen, teils mittelbar über die Tragplatten an das Gut übertrage. Im Kern des Luftstromes sei die Temperatur überall ϑ_L, der Dampfpartialdruck $p_{D\infty}$, und im übrigen sollen die Bezeichnungen gemäß den Bildern 2.296 und 2.298 gelten.

Tabelle 2.21. Temperaturen und Trocknungsgeschwindigkeiten von Papier in einem Kontakt-Prallstrahltrockner, berechnet[1]

Art der Trocknung	Heiz-mittel-tempe-ratur	Luft-tempe-ratur	Erster Trocknungsabschnitt				Ende des zweiten Trocknungsabschnitts			
			Gutstemperatur an			Trock-nungs-geschw.	Gutstemperatur an			Trock-nungs-geschw.
			Heiz-fläche	Ver-dunst.-Spiegel	Ober-fläche		Heiz-fläche	Ver-dunst.-Spiegel	Ober-fläche	
	°C	°C	°C	°C	°C	kg/m²h	°C	°C	°C	kg/m²h
Kombinierte Trocknung	130	200	74,6	70,9	70,9	59,4	95,5	95,0	104,0	41,6
Konvektionstrocknung allein	—	200		68,9	68,9	38,3		92,0	103,7	28,2
Kontakttrocknung allein	130	—	71,1	67,1	67,1	23,0	75,8	67,1	67,1	21,1

[1] Annahmen: Papierdicke $s = 0,08$ mm; Wärmeleitfähigkeit des Papiers: trocken $\lambda_{G1} = 0,14$ W/K m, feucht $\lambda_{G2} = 0,35$ W/K m; Diffusionswiderstandszahl $\mu_D = 20$; Wärmeübergangskoeffizient $\alpha = 210$ W/K m²; Wärmedurchlaßkoeffizient Heizmittel/Gut $k'' = 280$ W/K m²; Dampfpartialdruck in der Luft 0,246 bar.

Die freie Oberfläche der beliebig herausgegriffenen Schicht s_2 bekommt im gedachten Fall Energieströme der Dichte zugeführt:

$$\text{durch Konvektion} \quad q_K = \alpha(\vartheta_L - \vartheta_O), \qquad (2.223)$$

$$\text{durch Strahlung} \quad q_R = \alpha_R(\vartheta_{Pu} - \vartheta_O), \qquad (2.224)$$

$$\text{durch Leitung} \quad q_B = k'''(\vartheta_{Pu} - \vartheta_O), \qquad (2.225)$$

worin α_R der Wärmeübergangskoeffizient für die Strahlung zwischen der Tragplatte P_1 und der Verdunstungsoberfläche O_2 (s. Formel (2.201)), k''' der Wärmedurchlaßkoeffizient zwischen der Unterseite der Tragplatte P_2 und der Gutsoberfläche O_2 und ϑ_{Pu} die Temperatur der Plattenunterseite bezeichnet.

Die Temperatur ϑ_{Pu} finden wir aus der Energiebilanz für die Unterseite der Tragplatte P_2. Diese Fläche empfängt Energie durch Konvektion (Wärmeübergangskoeffizient α') und gibt Energie ab durch Leitung und Strahlung:

$$\alpha'(\vartheta_L - \vartheta_{Pu}) = k'''(\vartheta_{Pu} - \vartheta_O) + \alpha_R(\vartheta_{Pu} - \vartheta_O), \qquad (2.226)$$

woraus folgt

$$\vartheta_{Pu} = \frac{\alpha'\vartheta_L + (k''' + \alpha_R)\,\vartheta_O}{\alpha' + k''' + \alpha_R}. \qquad (2.227)$$

Mit den Gln. (2.223), (2.224), (2.225) und (2.227) zusammen erhält man für die Trocknungsgeschwindigkeit im gedachten Fall:

$$g_{DI} = \frac{\beta}{R_D T}\,\frac{p}{p - p''_{DO}}\,(p''_{DO} - p_{D\infty}) = \frac{q_K + q_R + q_B}{\Delta h'_V} = \frac{\alpha_\Sigma(\vartheta_L - \vartheta_O)}{\Delta h'_V}, \qquad (2.228)$$

worin α_Σ eine Art Gesamtwärmeübergangskoeffizient ist, der aus

$$\alpha_\Sigma = \alpha\left(1 + \frac{\alpha'}{\alpha}\,\frac{k''' + \alpha_R}{\alpha' + k''' + \alpha_R}\right) \qquad (2.229)$$

zu berechnen ist.

Das Bild 2.299 und die Tabelle 2.22 geben das Ergebnis einer Berechnung mit den obigen Gleichungen wieder. Danach steigt die Trocknungsgeschwindigkeit im

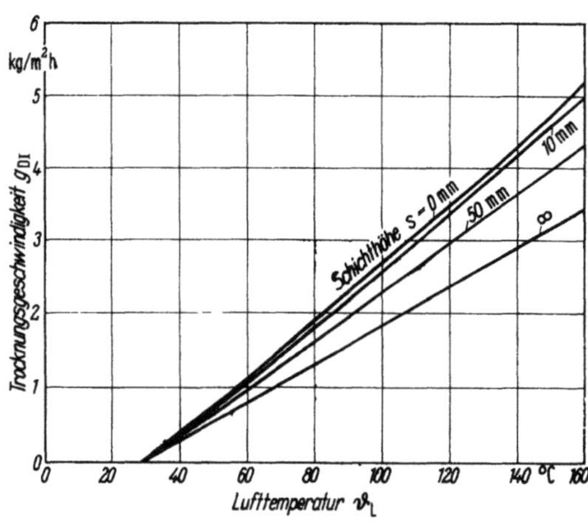

Bild 2.299. Berechnete Trocknungsgeschwindigkeit g_{DI} des Gutes gemäß Abb. 2.298, abhängig von der Lufttemperatur und der Schichthöhe des Gutes.
Der Berechnung nach Gl. (2.228) liegen folgende Annahmen zugrunde:
$\alpha = \alpha' = 18\ \text{W/K m}^2$, $s_M = 1{,}5\ \text{mm}$, $\alpha_R = 6\ \text{W/K m}^2$, $\lambda_M = 65\ \text{W/K m}$, $\lambda_n = 1{,}2\ \text{W/K m}$, $p_{D\infty} = 0{,}04\ \text{bar}$.

ersten Abschnitt mit der Lufttemperatur stark an und hängt im Gegensatz zur reinen Konvektionstrocknung auch etwas von der Schichtdicke des Gutes ab. Rippen an der Tragplatte würden α' und damit g_{DI} steigern.

Tabelle 2.22. Prozentualer Anteil der einzelnen im ersten Trocknungsabschnitt zur Gutsoberfläche gelangenden Energieströme im Trockner auf Bild 2.298 [1]

Schichthöhe mm	s	10	10	10	50	50	50
Lufttemperatur °C	ϑ_L	70	120	160	70	120	160
Kühlgrenztemperatur °C	ϑ_K	36,2	43,0	47,2	36,2	43,0	47,2
Oberflächentemperatur des Gutes °C	ϑ_0	39,8	50,0	57,0	38,5	48,8	54,5
Temperatur der Tragplattenunterseite °C	ϑ_{Pu}	43,7	58,9	69,9	50,3	75,3	93,8
Vom Gesamtenergiestrom gehen über							
a durch Konvektion %	q_K	52,6	52,8	53,3	61,3	61,4	61,5
b durch Berührung %	q_B	45,1	44,8	44,4	30,7	30,6	30,5
c durch Strahlung %	q_R	2,3	2,4	2,3	8,0	8,0	8,0

[1] Der Berechnung liegen die bei Bild 2.299 genannten Annahmen zugrunde.

Vom gesamten Energiestrom, der zur Gutsoberfläche wandert, geht der Hauptteil konvektiv über. In dünnen Schichten wird ein nennenswerter Teilstrom auch von der Unter- zur Oberseite „geleitet". Dagegen fällt der Teilstrom, der durch Strahlung übergeht, wenig ins Gewicht (Tab. 2.22). Der Anteil der einzelnen Ströme wechselt kaum mit der Lufttemperatur.

Trocknen von Umlegeschichten

Manche Trockner mit kombinierter Energienutzung haben Einrichtungen zum periodischen Umlegen des Gutes. Dabei kommen abwechselnd andere Gutsteile an die Auflage- und an die freie Oberfläche der Schicht, und die Teilchen mischen sich.

Die Häufigkeit des Umschüttens und der Grad, bis zu dem das Gut durchmischt wird, hängen von der Art und der Betriebsweise der Wende- und Mischeinrichtungen ab. Wir können drei Grenzfälle unterscheiden:

a) Das Gut wird beim Umlagern weder durchmischt (steife Schicht, grobe Schollen), noch wechselt die Auflage- und die freie Oberfläche.

b) Das Gut wird beim jeweiligen Umlagern so intensiv durchmischt, daß im Schichtinneren nachher keine Temperatur- und Feuchteunterschiede mehr vorhanden sind.

c) Das Gut wird zwar als Ganzes oder in groben Schollen gewendet, aber nicht durchmischt.

Der Fall a, nämlich Trocknen des Gutes in Ruhe, wurde vorne in diesem Abschnitt und der Fall b in den Abschnitten 2.3.1.1.10 und 2.3.2.3.1 behandelt. Hier sei noch der Fall c betrachtet.

Das Gut liege auf einer stoffundurchlässigen heißen Platte und werde jeweils in gleichen Zeitabständen gewendet, so daß die beiden Flachseiten abwechselnd an die Unterlage und an die Luft grenzen. Ferner sei das Gut so feucht, daß an seiner luftberührenden Oberfläche Sattdampfdruck herrscht (Abschnitt reiner Oberflächenverdunstung).

Wenn die Zeitabschnitte genügend lange dauern, so stellt sich im Falle der Gültigkeit der Gl. (2.228) an der freien Gutsoberfläche jeweils die Temperatur ϑ_O, an der Auflagefläche die höhere Temperatur ϑ_Pu (Gl. (2.227)) und im Schichtinneren ungefähr der Temperaturverlauf gemäß Linie AB in Bild 2.300 ein. Unmittelbar nach dem Wenden verläuft die Temperatur im Gut nach Linie CD. An der freien Oberfläche herrscht die hohe Temperatur ϑ_Pu und ein entsprechend hoher Dampfpartialdruck. Daher trocknet das Gut vorübergehend schneller. Der Verlauf CD ist jedoch unbeständig, und über Zwischenzustände (geschwungene Linien im Bild 2.300) stellt sich allmählich wieder der Temperaturverlauf nach Linie AB ein.

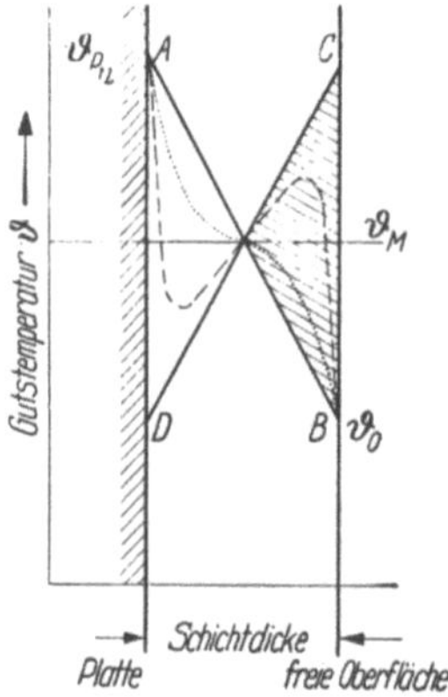

Bild 2.300. Temperaturverlauf in einer steifen Gutsschicht, die periodisch gewendet wird. $A-B$ Temperaturverlauf vor dem Wenden; $C-D$ Temperaturverlauf unmittelbar nach dem Wenden; ⚊·⚊·⚊ Temperaturverlauf zu einem frühen und späteren Zeitpunkt nach dem Wenden.

Jedes Wenden erhöht demnach die Temperatur an der Gutsoberfläche vorübergehend, es bringt zusätzliche innere Energie in Oberflächennähe, die bei genügend lange dauernder Periode dem schraffierten Dreieck in Bild 2.300 verhältnisgleich ist. Mit Hilfe dieser Energie verdunstet eine entsprechend große Feuchtemenge.

Die auf geschilderte Weise „mechanisch" beförderte Energie wächst mit der Zahl der Wendevorgänge/Zeit. Allerdings kann die Temperatur der freien Gutsoberfläche niemals über die Temperatur der Tragplatte steigen. Vielmehr gibt es einen oberen Grenzwert der Trocknungsgeschwindigkeit g_DI, der identisch mit demjenigen Wert ist, den man für eine ruhende Gutsschicht aus den Gln. (2.223), (2.224), (2.229) und (2.228) erhält, wenn man die Wärmeleitfähigkeit der Gutsschicht, die weitgehend k''' bestimmt, gleich unendlich setzt. Der Nutzen, den das Wenden einer steifen Schicht im ersten Trocknungsabschnitt bringt, ist um so größer, je schlechter das Gut die Wärme leitet, denn das schraffiierte Dreieck im Bild 2.300 wird mit abnehmender Wärmeleitfähigkeit des Gutes größer. Bei Stoffen mit hoher Leitfähigkeit bleibt der Gewinn gering.

Mehr Vorteil bringt das Wenden gegen Ende der Trocknung. In einer ruhenden Schicht muß alle Feuchte zu der einen freien Oberfläche wandern, dagegen kann sie in einer Schicht, die ständig gewendet wird, sich nach beiden Seiten bewegen.

Ihr Weg ist kürzer und daher die Trocknungsgeschwindigkeit höher. Auch die Temperaturerhöhung im Gut, die mit dem Wenden verbunden ist, wirkt geschwindigkeitssteigernd, weil mit der Temperatur der Diffusionskoeffizient des Dampfes wächst.

2.3.6.2.2. Kammertrockner mit gutstragenden Schalen (N 281.115.2)

Dieser viel benutzte Trockner ist unentbehrlich, wenn kleinere Chargen, vielleicht sogar verschiedener Stoffe, zu trocknen sind und wenn auf leichte Reinigungsmöglichkeit zu achten ist. Das Gut liegt in Horden auf einem fest eingebauten Gestell oder auf einem Gestellwagen (Bild 2.301). Der Ventilator b treibt warme Luft im Kreislauf durch den Heizkörper c und durch den Hordenstapel. Weit verbreitet in der chemischen Industrie sind Horden mit den Innenmaßen

$$500 \times 800 \times 50 \text{ mm,}$$
$$500 \times 1000 \times 50 \text{ mm.}$$

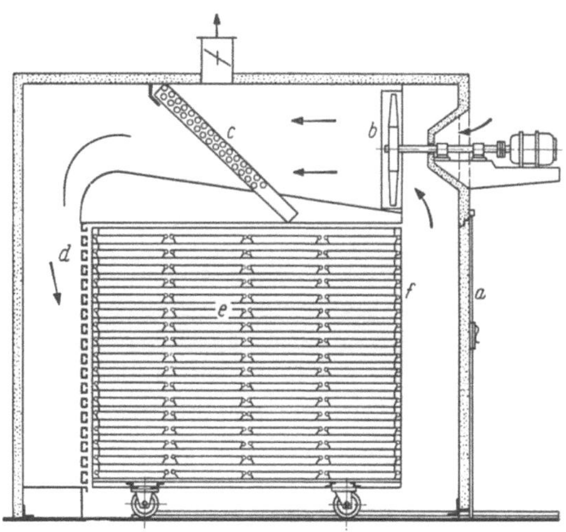

Bild 2.301. Umlufttrocknungskammer mit Horden auf einem Gestellwagen.
a Tür; b Ventilator; c Heizkörper; d Luftverteileinrichtung; e Horden mit Gutsfüllung; f Gestellwagen.

Der Kammertrockner auf Bild 2.301 faßt einen Hordenwagen mit 60 Horden der letztgenannten Art und kann rund 1 m³ Gut aufnehmen, wenn die Horden 30 bis 40 mm hoch beladen werden. Stets sollte man die Horden gleichmäßig, niemals übermäßig beladen, und die Schicht einebnen, weil das Gut sonst unnötig lange trocknen muß. Oft läßt sich die Trocknungszeit erheblich verkürzen, wenn man das Gut während des Trocknens einmal oder mehrmals auflockert und wendet. Voll ausnützen kann man den Trockner aber nur, wenn man wenigstens zwei Wagen mit Horden hat, so daß man den einen Wagen beladen kann, während sich der andere im Trockner befindet.

Wichtig ist, für gute Luftverteilung im Stapel zu sorgen (s. Abschn. 1.1.2.4.5). Meistens strömt die Luft mit 1,5 bis 3 m/s Geschwindigkeit über das Gut.

Die Kosten zum Beladen und Entladen der Horden sind hoch. Nicht verwendbar ist der Trockner für staubförmige und mehlige Güter.

2.3.6.2.3. Wagendurchlauftrockner mit gutstragenden Schalen (N 281.415.2)

Mit kanalartigen Gehäusen ausgestattet sind die Wagendurchlauftrockner
(Bild 2.302). Sie sind den vorher beschriebenen Kammern nahe verwandt, nur
eben für schrittweisen oder kontinuierlichen Gutsdurchlauf eingerichtet. Die
meisten haben mechanisch oder pneumatisch wirkende Vorschubeinrichtungen
für die Wagen.

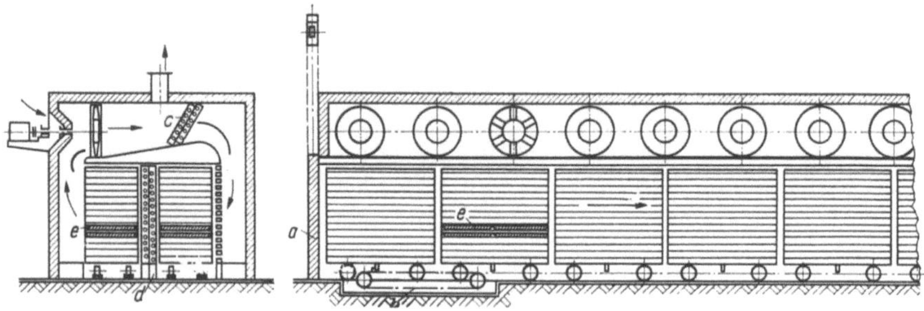

Bild 2.302. Umlufttrocknungskanal für zwei Gestellwagenreihen.
a Einfahrtstor; *b* Wagenvorschub; *c* Heizkörper; *d* Zwischenheizkorper; *e* Horden zur Aufnahme des Gutes.

2.3.6.2.4. Prallstrahlbelüfteter Kontakt-Drehzylindertrockner
       (N 281.515.44 und 281.525.44)

Dieser kombinierte Trockner (Bild 2.303) entfernt in den Papier- und Pappefabri-
ken große Wassermengen aus vorentwässerten Faserbahnen. Das Gut bekommt
die Wärme auf der einen Seite vom beheizten Drehzylinder, auf der anderen von
Luftstrahlen aus einer Blashaube zugeführt. Die Strahlen treten aus Schlitzen von
1,5 bis 5 mm Breite oder aus runden Öffnungen aus. Zwischen den Öffnungen strömt
die Luft wieder ab. Auf ihrem Weg in der Haube, zum Gut und zurück, geht die

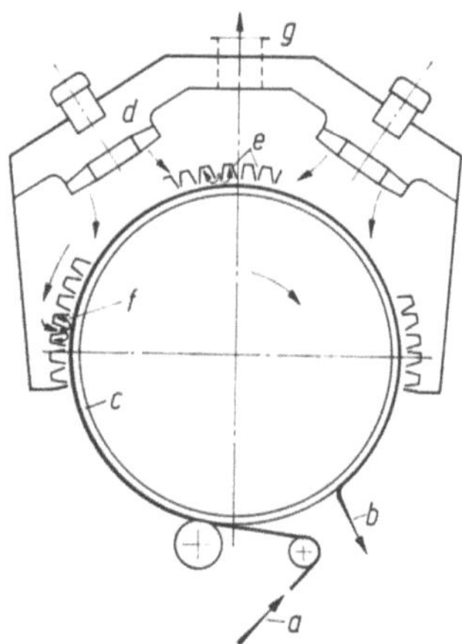

Bild 2.303. Kontakt-Drehzylindertrockner für Papier mit Haube zur Prallstrahlbelüftung
(schematisch).
a Einlaufende Gutsbahn; *b* auslaufende Gutsbahn; *c* Drehzylinder, von innen dampfbeheizt;
d Ventilator; *e* Düsen; *f* auf das Gut prallender Luftstrahl; *g* Abluftrohr (zum Abluftventilator).

Luft durch (nicht dargestellte) Heizkörper, oder sie mischt sich mit heißen Feuergasen [365—367].

Dient Wasserdampf üblichen Druckes als Heizmittel sowohl für den Zylinder wie für die Umluftheizkörper, so ergeben sich Heizflächentemperaturen von höchstens 140 bis 180 °C und Trocknungsgeschwindigkeiten von 20 bis 60 kg/m²h. Packpapier verträgt Luftstrahlen von 200 °C und gibt dann bis zu 80 kg Wasser je Stunde und haubenberührter Zylinderfläche ab. Für das poröse Tissue-Papier wendet man in den Hochleistungshauben Temperaturen bis 450 °C und Strahlgeschwindigkeiten von 50 bis 100 m/s an und kommt dann auf Trocknungsgeschwindigkeiten bis zu 200 kg/m²h. Der Anteil an konvektiv übertragener Wärme kann bei rein dampfbeheizten Anlagen etwa 30 % betragen, bei gasbeheizten 50 % und mehr. Für die Luftbewegung werden in den Maschinen bis zu 10 kW je m² haubenberührter Zylinderfläche aufgewendet.

Einzylinder-Kontakttrockner für einseitig glatte oder für sanitäre Papiere werden heute in jedem Fall mit Hochleistungshauben ausgestattet. In Mehrzylindermaschinen ordnet man Blashauben nur über einzelnen Zylindern an, z. B. über den vorderen, wo viel Feuchte verdampft, oder über den Zylindern hinter Leimpressen oder Streichwerken. Mit besonderen Hauben, die quer zur Gutsbahn in Zellen eingeteilt sind, lassen sich Feuchtegehaltsunterschiede in breiten Bahnen weitgehend ausgleichen. Man führt den Zellen, die überfeuchte Papierstreifen belüften, verstärkte Luftströme zu und regelt deren Stärke automatisch.

Wenn die Luftstrahlen das Gut genügend stark auf die Zylinder drücken, so erübrigen sich die Leitfilze, die sonst den Druck ausüben und das Entstehen von Luftblasen unter der Bahn verhindern. In manchen Fällen ist es jedoch zweckmäßig, den Anliegedruck mittels offenmaschiger Siebe (s. Abschn. 2.3.2.2.3) zu erhöhen.

Der Einbau von Blashauben in Mehrzylindermaschinen gestattet oft, die Zylindertemperatur höher zu halten als sonst und dadurch die Trocknungsgeschwindigkeit zusätzlich zu steigern. Insbesondere lassen sich Papiere mit Rupfneigung, die zum Haftenbleiben an den Zylindern neigen, dadurch schneller trocknen.

Wenn das Papier reißt, muß der Ausschuß schnell entfernt werden können. Dazu haben die Trockner automatische, hydraulisch oder elektromechanisch wirkende Vorrichtungen, die die Hauben oder Teile anheben oder wegfahren.

2.3.6.2.5. Mehrbandtrockner mit stoffundurchlässigen Bändern (N 281.655.2)

Die Mehrbandtrockner lagern das Gut so oft um, wie sie es vom einen zum anderen Band abschütten. In einigen dieser Trockner liegt das Gut auf endlosen, elastischen Stahl- oder Gummibändern, in anderen wandert es, auf Platten oder Schalen ruhend, durch den Trocknungsraum. Meistens streicht die Luft quer, seltener längs über und unter den Bändern hinweg. Man verwendet die Trockner für grobbrockige bis feinkörnige, jedoch nicht für klebrige oder staubende Güter.

2.3.6.2.6. Klebeplatten-Durchlauftrockner (N 281.715.2)

Abgewelkte Fein- und Oberleder werden auf der Narbenseite mit einem Klebstoff versehen, auf Glasplatten oder emaillierte Bleche geklebt und in einem vorbeistreichenden Warmluftstrom getrocknet (Pastingverfahren). Das Gut empfängt dabei Wärme sowohl direkt vom Luftstrom als auch indirekt über die nicht vom Leder bedeckten Stellen der Platten durch Leitung. Allerdings ist der erste Anteil meistens entscheidend.

Im Durchlauftrockner nach Bild 2.304 hat jede Platte aus getempertem Glas $3,4 \times 1,8$ m² nutzbare Fläche und ist so mit Gummileisten in ihrem Rahmen gehalten, daß ihr die Erschütterungen und Stöße des normalen Betriebes nicht schaden. Der Rahmen ist an zwei Laufkatzen befestigt, die an Oberschienen laufen.

Bild 2 304. Trocknungskanal fur aufgeklebte Leder, mit Klebstation und selbsttatiger Waschvorrichtung.

Außerhalb des Trockners hängen die Platten in Schienenlängsrichtung, im Trockner jedoch quer dazu in etwa 100 mm Abstand voneinander, damit sich auf gegebener Länge viele Platten unterbringen lassen. Die kleinsten Trockner haben 2 Abteile mit je 20 Platten, größere Trockner ein Vielfaches. Ein Vorschubmechanismus drückt die Platten gemeinsam durch den Kanal. Von der Längs- in die Querförderrichtung überführt werden die Platten an der Ein- und Auslaufseite des Trockners mittels der Weichen, die von den Laufkatzen selbst gesteuert werden.

Links auf dem Bild 2.304 ist die Ausfahrseite des Trockners zu sehen, wo zwei Frauen die trockenen Leder von den Platten abziehen. Neben dem Trockner steht rechts die Waschvorrichtung, in der die Platten automatisch mit Warmwasser besprüht und mit rotierenden Walzenbürsten von anhaftendem trockenem Klebstoff gereinigt werden. Ein Scheibenwischer streift anhaftende Wassertropfen ab. Hinter dem Wäscher befindet sich die Klebstation, in der die Klebstoffe mittels Plüsch, Bürste oder Sprühpistole — evtl. automatisch — auf die Leder gebracht werden. Von da werden die Platten zur Einfahrseite des Trockners weitergeschoben.

Der Trockner ist durch Wände der Länge nach in mehrere Zonen eingeteilt, in denen Ventilatoren die Luft parallel zu den Tafeln, in der einen Zone von links, in der anderen von rechts her über das Gut blasen. Auch gibt es Trockner, in denen die Luft aus Schlitzdusen zwischen die Platten geschickt wird. In jeder Zone hält ein Temperatur- und Feuchteregler das gewünschte Klima aufrecht.

2.3.6.2.7. Segment-Drehtellertrockner (N 281.955.2)

Der wichtigste Bestandteil dieses Trockners ist das Tellerkarussell, dessen Teller
in Segmente und radiale Durchfallschlitze unterteilt sind (Bild 2.305). Das Gut
gelangt zunächst auf den oberen Teller, wird dort im Kreise getragen und dann
von einem feststehenden Abstreifer auf den nächsten Teller geleitet. Ein Pendel-
bügel hinter dem Abstreifer räumt kleine, vom Abstreifer nicht erfaßte Gutsmengen ab. Auf dem zweiten Teller werden die Gutshaufen wieder glatt gestrichen,
machen einen neuen Rundgang usw., bis sie unten ausfallen. In diesem Trockner
wird das Gut ebenso oft umgelagert, wie Teller vorhanden sind.

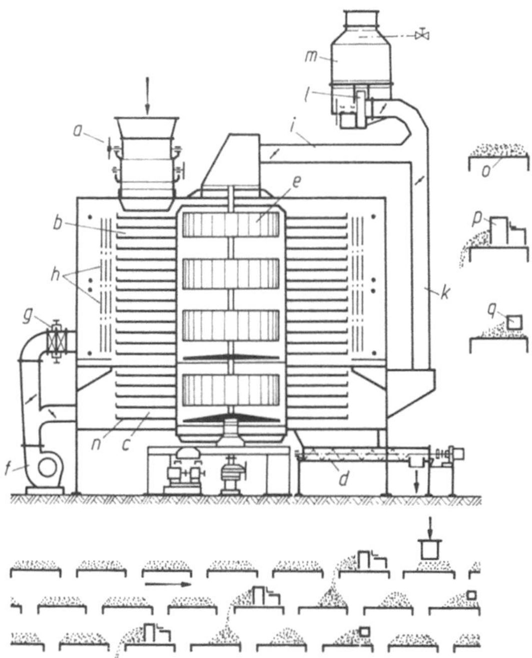

Bild 2.305. Segment-Drehtellertrockner (Büttner-Schilde-Haas AG, Krefeld).
Oben: senkrechter Axialschnitt; unten: Darstellung des Abstreif- und Ausbreitvorgangs.
a Beschickungsvorrichtung; *b* Trocknungszone; *c* Kühlzone; *d* Austragschnecke; *e* Ventilator-
rad; *f* Frischluftventilator; *g, h* Heizkörper; *i* Abluftrohr; *k* Kühlluftabzugsrohr; *l* Naßwäscher; *m* Tropfenfänger; *n* Segmentteller; *o* Segment eines Tellers; *p* Abstreifer; *q* Verteiler.

Die kleinsten Trockner dieser Art haben etwa 1,2 m Tellerdurchmesser und
etwa 8 m² nutzbare Tellerfläche, die größten etwa 10 m Durchmesser und
1500 m². Die Drehzahl des Karussells muß man der nötigen Aufenthaltsdauer des
Gutes und der gewünschten Etagenzahl entsprechend wählen [368].

Im dargestellten Trockner treiben die zentral angeordneten Ventilatoren die
Luft über das Trocknungsgut, zwischen einigen Tellern hin, zwischen anderen
zurück und bei der Umkehr durch die Heizkörper. Der Trockner kann mehrere
Umluftzonen haben, in denen unterschiedliche Temperaturen herrschen. In einer
unteren Zone wird das Gut oft gekühlt.

Man benutzt die Segmenttellertrockner für kristalline, körnige und pastige
Güter.

2.3.6.2.8. Umluft-Schaufeltellertrockner (N 281.955.2)

Nicht nur gelegentlich, sondern ständig umgelagert wird das Gut im Umluft-Schaufeltellertrockner (Bild 2.306). Der Apparat hat feststehende, als Kreisplatten ausgebildete Teller, die das Gut tragen. Über diesen kreisen Arme, die mit Schaufeln zum Wenden und Fördern des Gutes besetzt sind. Im Gegensatz zum Kontakt-Schaufeltellertrockner mit dampfbeheizten Tragflächen überträgt warme Luft die Wärme auf die Teller und das Gut. An den Trocknungsraum ist eine Kammer angebaut, in der sich Ventilatoren zum Fördern und Heizkörper zum Erwärmen der kreisenden Luft befinden.

Man verwendet die Schaufeltellertrockner für rieselfähige, nicht zur Klumpenbildung neigende Güter, die ständig umgeschaufelt werden sollen.

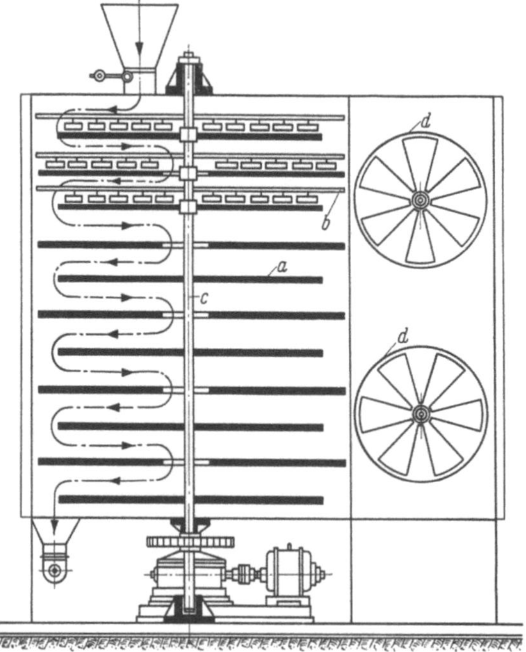

Bild 2.306. Umluft-Schaufeltellertrockner.
a Teller; *b* Streicharme; *c* Antriebswelle der Arme; *d* Umluftventilatoren.

2.3.6.2.9. Riesel-Drehrohrtrockner (N 281.993.2)

Gestalt, Wirkungsweise und Anwendung

Viel in Gebrauch ist der Riesel-Drehrohrtrockner, auch Trommeltrockner genannt, der sich für rieselfähige, aber auch für manche pastige und schlammige Güter eignet. Das Rohr dreht sich um seine Längsachse und ist schwach zur Horizontalen geneigt. Material, das vorne eingeführt wird, wandert daher langsam zum Ausfallende. Unterwegs nimmt es von durchziehenden Gasen Wärme auf und gibt Feuchte ab. Dabei verlieren die Gase an Temperatur.

Außer Drehrohrtrocknern mit stetigem Gutsdurchlauf werden auch solche für Einzelladungsbetrieb gebaut. Die Trockner haben einfachen Aufbau, sind leicht zu bedienen und billig zu unterhalten.

In Drehrohrtrocknern mit Durchlaufbetrieb führt man die Gase und das Gut, je nach den Erfordernissen, entweder in gleicher oder in entgegengesetzter Richtung durch das Rohr. Eine Gleichstromtrommel ist auf Bild 2.307, eine Gegenstromtrommel auf Bild 2.308 dargestellt.

Zum Erzeugen der heißen Gase dient häufig eine Feuerung (Bild 2.307). An ihre Stelle kann ein Dampflufterhitzer (Bild 2.308) oder ein anderer Energiewandler treten.

Eine Zumeßvorrichtung mit angeschlossener schräger Schurre speist das feuchte

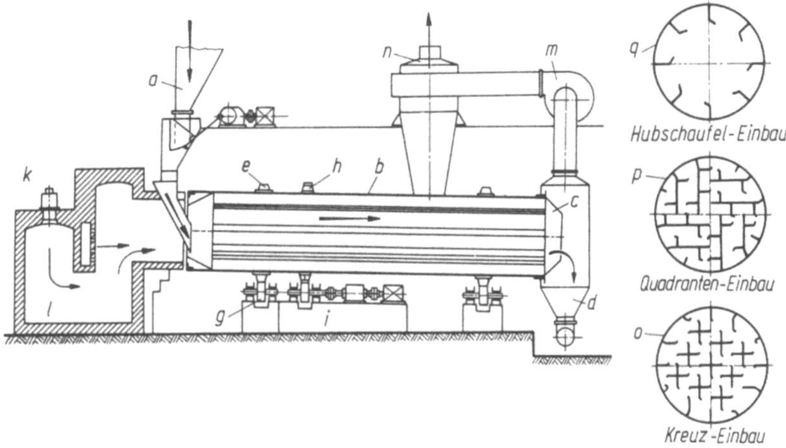

Bild 2.307. Riesel-Drehrohrtrockner, im Gleichstromverfahren arbeitend.
a Beschickungsvorrichtung; *b* Drehrohr; *c* Stauring; *d* Ausfallgehäuse; *e* Laufring; *g* Laufrolle; *h* Zahnkranz; *i* Antrieb; *k* Brenner; *l* Brennkammer; *m* Abgasventilator; *n* Staubabscheider; *o, p, q* Rieseleinbauten.

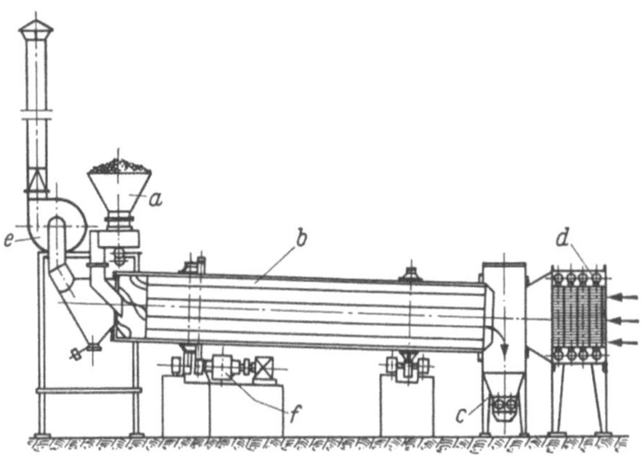

Bild 2.308. Riesel-Drehrohrtrockner, im Gegenstromverfahren arbeitend.
a Aufgabebunker mit Tellerspeiser; *b* Drehrohr mit Rieseleinbau; *c* Ausfallgehäuse; *d* Dampflufterhitzer; *e* Abluftventilator; *f* Antrieb.

Gut in den Trockner. Am Ende des Rohres fällt das Gut in das feststehende Ausfallgehäuse, wo es abgezogen wird.

Um günstigen Wärmeübergang von den Gasen zum Gut zu erhalten, versieht man die Drehrohre meistens mit Einbauten, die das Gut in mehrere Teilhaufen zerlegen, es gleichmäßig im Rohrquerschnitt verteilen, ihm eine große Oberfläche geben und es immer wieder quer durch den Gasstrom hindurchrieseln lassen.

Die kleinsten Riesel-Drehrohrtrockner haben ungefähr 0,3 m lichten Durchmesser und 2 m Länge, die größten 5,5 m Durchmesser und 35 m Länge. Die Rohre geben dem Gut zwischen 10 und 150 min Aufenthaltsdauer.

Das Drehrohr ist von zwei, bei langen und schweren Trocknern von drei und mehr Laufringen umgeben und liegt auf Tragrollen. Sogenannte Führungs- oder Druckrollen seitlich der Laufringe oder die Tragrollen selbst, wenn sie ein wenig schräg gestellt sind, nehmen den Längsschub des Rohres auf [369]. Über ein Getriebe und einen großen Zahnkranz mit Ritzel erhält der Trockner seinen Antrieb. Übliche Drehzahlen sind 1 bis 15/min.

Meistens saugt ein Ventilator die heißen Gase durch das Drehrohr hindurch, so daß im Inneren ein geringer Unterdruck herrscht. An den Stellen, wo die vor und hinter dem Drehrohr stehenden Gehäuse an das Drehrohr anschließen, müssen Abdichtungen verhindern, daß Falschluft eindringt und Gut herausrieselt.

Damit die Energieverluste gering bleiben, versieht man die Drehrohre und die davor sitzenden Rohrstutzen mit Isoliermänteln, sofern sie nicht ohnehin dick ausgemauert sind.

Wenn das Gut zum Anbacken an heißen Wänden neigt, muß man die Einlaufschurre evtl. doppelwandig ausführen und mit Wasser oder Luft kühlen. Das Drehrohr selbst kann Abklopfvorrichtungen tragen, die von außen periodisch gegen das Rohr schlagen.

Weil die Gase, die aus Drehrohrtrocknern abziehen, stets Staub enthalten, müssen sie gereinigt werden. Meistens leitet man sie durch Zentrifugalabscheider, danach in manchen Fällen durch Naßabscheider oder Tuchfilter.

Die Drehrohreinbauten und die evtl. nötige Rohrauskleidung kann man aus den verschiedensten Werkstoffen fertigen. Die Lauf- und Zahnkränze und die Tragrollen stellt man bei kleinen Trommeln oder bei leichten Betriebsbedingungen aus Gußeisen, bei großen Drehrohren in der Regel aus Stahlguß her.

Man benutzt die Riesel-Drehrohrtrockner vornehmlich für grießige, körnige und krümelige Güter. Pastige und schlammige Güter nehmen, wenn sie von heißen Gasen berührt werden, oft schon nach kurzem Weg im Drehrohr krümelige Form an. Manche flüssige und halbflüssige Stoffe kann man durch Vermischen mit bereits trockenem Gut rieselfähig machen.

Nicht verwendbar sind Drehrohrtrockner für mehlige Güter, die der Luftstrom mitreißt, und sie eignen sich auch nicht für Stoffe, deren Teilchen unbedingt ihre Größe und Form behalten sollen. In Trommeln allerdings, in denen das Gut nur kurze Fallwege hat, bleibt der Kornzerfall meistens erträglich.

Als Anhaltswert für den Heizenergiebedarf von Drehrohrtrocknern seien 3800 bis 4 200 kJ/kg verdunstenden Wassers genannt. Sehr feuchte Güter, die hohe Gaseintrittstemperatur vertragen, erfordern gelegentlich einen geringeren Aufwand, temperaturempfindliche Güter mit niedrigem Anfangsfeuchtegehalt meistens einen höheren.

Die Gutsbewegung im Drehrohr

In einem langsam rotierenden, glatten Rohr liegt das Gut als langgestreckter, massiger Haufen, der dem vorbeistreichenden Gas eine relativ kleine Oberfläche darbietet. Die Gewichtskraft und die Zentrifugalkraft drücken den Haufen gegen die Rohrwand und erzeugen Haftreibung, so daß ihn die Wand nach oben trägt (Bild 2.309). Wenn die Reibung zwischen dem Gut und der Rohrwand verhältnismäßig schwach ist, rutscht der Haufen nach Erreichen einer bestimmten Höhe als ganzer zurück. Danach wird das Gut erneut angehoben. Es schwingt bei kleiner Rohrdrehzahl langsam auf und ab, wird aber wenig durchmischt.

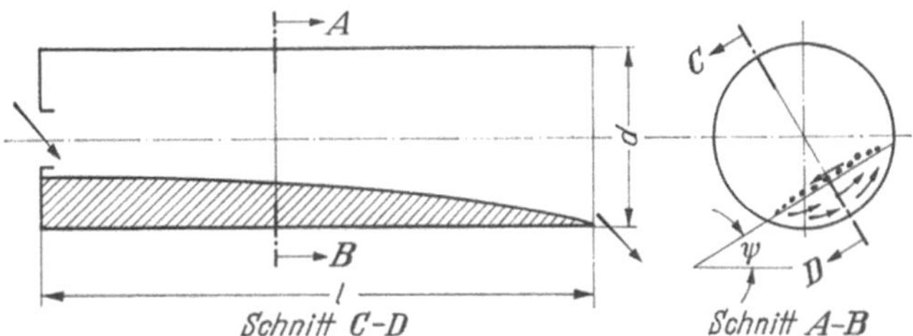

Bild 2.309. Gutsschicht in einer horizontal liegenden einbaulosen Trommel.

Kann die Reibung an der Wand aber den Haufen halten, bis die oberen Teilchen über den höchstmöglichen Böschungswinkel geraten, so rollen und gleiten diese Teilchen auf der Böschung abwärts. Dabei nimmt ihre Geschwindigkeit zu, bis sie durch Unebenheiten abgebremst und wieder in die Kreisbahn umgelenkt werden. Unterwegs mischen sich die Teilchen unter sich und mit Teilchen nahe der Böschung im Haufeninneren, und dabei gelangen im Laufe der Zeit auch Teilchen aus dem Haufenkern zur Böschung. Aber sehr lebhaft ist der Teilchenaustausch auch dabei nicht, und daher geht auch der „mechanische" Wärme- und Feuchtetransport im Haufen nur langsam vor sich. Die groben Teilchen des Haufens, die über die feinen hinwegrollen können, halten sich bevorzugt an der Wand auf, wogegen die feinen im Haufeninneren bleiben [370].

Man verwendet einbaulose Drehrohre heute nur noch für Güter, die man sehr hohen Temperaturen aussetzen muß, etwa zum Entzug von Kristallwasser. In solchen Fällen versieht man das Trommelinnere oft mit einer widerstandsfähigen Ausmauerung.

Die meisten Drehrohrtrockner sind mit Einbauten ausgestattet (Bild 2.307), die den Wärme- und Stoffübergang an der gasberührten Gutsoberfläche und den Wärme- und Feuchtetransport im Inneren der Gutshaufen erheblich verstärken. Sie heben die Haufen immer wieder an, lassen die Teilchen über die Haufenböschungen rieseln und das Gut als Schleier oder Einzelkorn frei durch den Gasstrom fallen. Den lebhaftesten Austausch vermitteln die Einbauten, die das Gut am meisten aufteilen, umlagern, durchmischen und am innigsten mit dem Gasstrom in Berührung bringen.

Leicht rieselndes Gut kann durch Rohre mit engen Einbauten wandern, aber viele andere Güter können sich darin nur während eines Teiles der Durchlaufzeit oder gar nicht bewegen. So müssen Stoffe, die zeitweilig grobbrockig, breiig oder klebrig sind, oft mehrere Schüsse einfacher Hubschaufeln durchlaufen, bevor sie in andere Einbauten weiterrieseln. Auch wenn das Drehrohr oft gereinigt werden muß, oder wenn es innen stark verschleißt, sind einfache Einbauten zweckmäßig. Oft ordnet man vorne im Rohr einen Schuß spiraliger Schaufeln an, die das Gut rasch vom Einfallende wegfördern. Stark schrumpfende Güter läßt man durch Trommeln mit kombinierten Einbauten laufen, die hinten nur verminderte Wandergeschwindigkeit zulassen. Für Güter, die sich weder in Ecken noch sonstwo festsetzen dürfen, gibt es Einbauten mit ausgerundeten und nahtlos verschliffenen Übergängen.

Für Sonderzwecke bildet man die Einbauten doppelwandig aus und führt Heiß- oder Kühlwasser hindurch.

In manchen Trocknern streichen Ketten, die am Mantel oder an den Einbauten hängen, über die Trocknerwände. Die Ketten zerstückeln große Brocken, reinigen die Wände und verbessern so den Wärmeübergang, jedoch verschleißen die Werkstoffe dabei schnell. Am vorteilhaftesten wirken Ketten in einbaulosen Drehrohren.

Wo es angeht, wählt man in Deutschland die Einbauten o oder p nach Bild 2.307. In den USA bevorzugt man den einfachen Hubschaufeleinbau q, entweder mit abgewinkelten Schaufeln für gut rieselnde Stoffe oder mit ebenen Schaufeln für Güter, die zum Haften an Wänden neigen. Die Zahl, Breite und Form der Hubschaufeln kann so gewählt, die Ränder der Schaufeln können so abgewinkelt und sägeähnlich verzahnt und die Einbautenschüsse können am Umfang so gegeneinander versetzt sein, daß sich auch mit Hubschaufeln ein kontinuierlich abrieselnder, das Drehrohr einigermaßen gleichmäßig erfüllender Gutsschleier ausbildet.

Am Zulaufende des Drehrohres verhindert ein Ring, der den Rohrquerschnitt etwas einengt, daß zugeführtes Gut in das Aufgabegehäuse zurückfällt. Ein weiterer Ring ist oft am Auslaufende angebracht. Er soll das Gut zu verlängertem Aufenthalt im Drehrohr zwingen. Der Ring kann in Segmente unterteilt sein, die einzeln wegnehmbar sind und gestatten, die Durchlaufzeit des Gutes in gewissen Grenzen einzustellen. Manche Trommeln weisen auch sonst im Inneren Stauringe auf.

Jedes Drehrohr ist eine Fördervorrichtung, durch dessen Inneres das Gut wandert:

a) wenn sich dort spiralige Förderschaufeln befinden, die das Gut allmählich weiterschieben;

b) wenn das Gut am Einlauf höher liegt als hinten, sei es, daß das Rohr in Längsrichtung geneigt ist, sei es, daß ein Ring, der das Rohr vorne begrenzt, die Bildung von langgestreckten Haufen herbeiführt, deren Höhe von vorne nach hinten abnimmt. Das Gut folgt dann der Gewichtskraft und rutscht oder fällt schrittweise nach hinten.

c) Der Gasstrom, der einzelne Gutsteile aufweht, mitreißt und wieder absetzt, verstärkt oder hemmt diese Wirkungen.

Der Gesamtvorgang ist ziemlich verwickelt, und man hat wiederholt versucht, einfache Formeln zum Berechnen der hauptsächlich interessierenden Größen zu finden, doch liefern alle nur Anhaltswerte für bestimmte Drehrohrausführungen [371—374].

Betrachtet sei ein zylindrisches Drehrohr mit Hubschaufeleinbauten (Bild 2.310) und es sei vorausgesetzt, daß die Zentrifugalkraft, die darin auf die Gutsteilchen wirkt, gegenüber der Gewichtskraft gering sei, auch daß die Rohrfüllung weder am Rohrmantel noch auf den Einbauten rutscht. Ferner sei angenommen, daß die Gutsteilchen jeweils nach Erreichen ihres höchsten Bahnpunktes in vernachlässig-

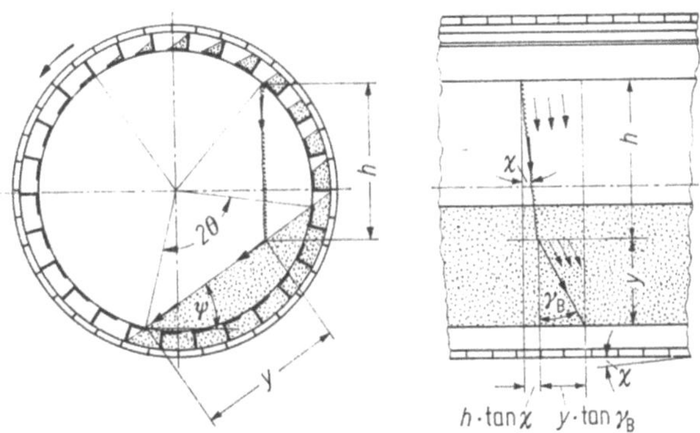

Bild 2.310. Gutsbewegung im geneigten Drehrohr mit Hubschaufeleinbau [372].

bar kurzer Zeit abrieseln oder fallen und daß sie beim Auftreffen unten weder axial weiterspringen noch andere Teilchen fortstoßen oder verdrängen; auch sei unterstellt, daß der Gasstrom, der durch das Rohr zieht, keine Teilchen mitbewegt.

Bezeichnet sei mit

d_i	der Innendurchmesser des Rohres,
d_R	der Durchmesser der Laufringe,
l	die Länge des Rohres,
S_H	die gesamte Querschnittsfläche, die die Gutshaufen einnähmen, wenn alle Einbauten gleichzeitig voll mit Gut belegt wären,
n	die Drehzahl,
$v_\mathrm{u} = \pi\, d_\mathrm{R} n$	die Umfangsgeschwindigkeit der Laufringe,
z_h	die durchschnittliche Hubzahl des Gutes/Umdrehung (in der Regel 1 bis 2),
g	die Fallbeschleunigung,
χ	der Neigungswinkel der Rohrachse gegen die Waagerechte; meistens liegt $\tan\chi$ zwischen 0 und 0,1; bei Gleichstromtrommeln kann χ auch negativ sein,
φ_G	der Neigungswinkel der (ruhend gedachten) Schüttgutoberfläche gegen die Waagerechte,
ψ	der dynamische Schüttwinkel des Gutes,
θ	der halbe Öffnungswinkel des vom Gutsbett eingenommenen Kreisabschnittes im Rohr (der die Bettgröße kennzeichnende Winkel),
γ_B	der Bahnwinkel der auf der Schüttgutoberfläche abwärts rieselnden Gutsteilchen, gemessen gegen eine normal zur Ofenachse liegende Ebene,
m_G	die Schüttgutmasse im Drehrohr (Gutsmasse im Bett, auf den Einbauten und im Fallraum),
$\dot{m}_\mathrm{G}$	der gesamte Gutsmassestrom, der durch das Rohr geht,

$\dot{m}_{\mathrm{L}}$ der Gas-(Luft-)massestrom,

m_{R} die rotierende Masse des Drehrohres mit Lauf- und Zahnkränzen,

ϱ_{Sch} die Schüttdichte des Gutes,

v_{id} die ideelle (unter den vorgenannten Voraussetzungen sich einstellende) axiale Wandergeschwindigkeit des Gutes im Drehrohr,

$$\overline{\dot{m}}_{\mathrm{G}} = \frac{\dot{m}_{\mathrm{G}}}{\varrho_{\mathrm{Sch}}\, d_{\mathrm{l}}^3\, n} \cdot \frac{\sin \varphi_{\mathrm{G}}}{\tan \chi} \tag{2.230}$$

die Durchsatzkenngröße (der dimensionslose Gutsdurchsatz),

$$\overline{v} = \frac{v_{\mathrm{id}}}{d_{\mathrm{l}}\, n} \cdot \frac{\sin \psi}{\tan \chi} \tag{2.231}$$

die Wandergeschwindigkeitskenngröße (die dimensionslose axiale Wandergeschwindigkeit des Gutes).

Dann besteht nach Elgeti und Wohlfarth [372] zwischen $\overline{\dot{m}}_{\mathrm{G}}$ und $\overline{v}$ der theoretisch ermittelte und experimentell geprüfte Zusammenhang nach Bild 2.311. Daraus ergibt sich die „ideelle" Wandergeschwindigkeit des Gutes zu

$$v_{\mathrm{id}} = \overline{v}\, d_{\mathrm{l}}\, n \tan \chi / \sin \psi \tag{2.232}$$

und die zugehörige Aufenthaltsdauer des Gutes im Drehrohr zu

$$t_{\mathrm{id}} = l / v_{\mathrm{id}}. \tag{2.233}$$

In Wirklichkeit braucht das Gut zum Durchgang durch den Trockner die Zeit

$$t' = t_{\mathrm{id}} + t_{\mathrm{r}} - t_{\mathrm{st}} \pm t_{\mathrm{L}}, \tag{2.234}$$

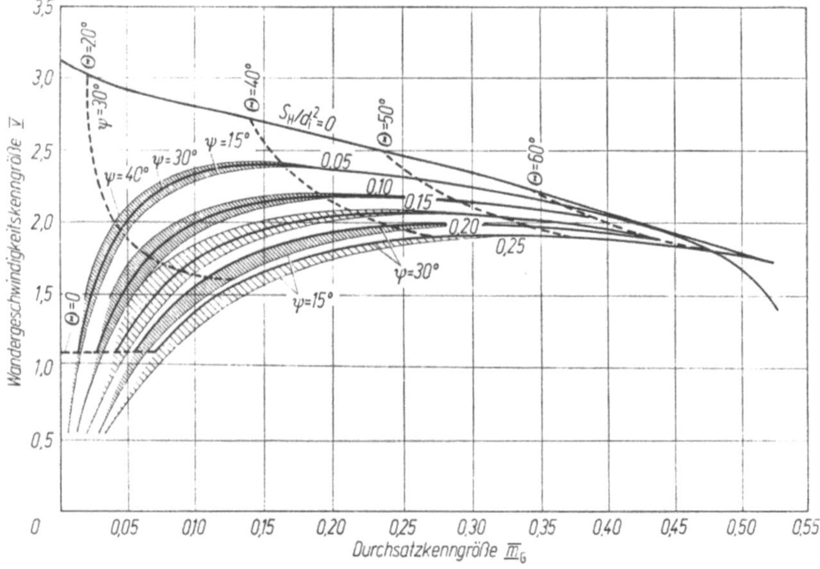

Bild 2.311. Die Wandergeschwindigkeitskenngröße (Gl. (2.231)) als Funktion der Durchsatzkenngröße des Gutes (Gl. (2.230)) [372].
Die stark ausgezogenen Kurven $s_{\mathrm{H}}/d_{\mathrm{l}}^2 = $ const und die Kurven $\Theta = $ const gelten für $\psi = 30°$.
Die Schraffur faßt Kurven mit gleichem Wert $s_{\mathrm{H}}/d_{\mathrm{l}}^2$ und verschiedenem ψ zusammen.

worin t_r die Dauer der erwähnten Abrieselungen, t_{st} den Vorwärtssprung oder -schub der Teilchen beim Zusammenstoß und t_L die Teilchenförderung durch den Luftstrom berücksichtigen. Die Zeit t_r ist meistens relativ kurz, und t_{st} hat nur für manche Güter, z.B. für solche aus elastischen kugeligen Teilchen, Bedeutung. Der Luftstrom verlängert in der Regel die Durchlaufzeit des Gutes bei Gegenstrombetrieb (Pluszeichen vor t_L), und er verkürzt sie bei Gleichstrombetrieb (Minuszeichen vor t_L). In erster Näherung gehorcht t_L der Zahlenwertgleichung [375]

$$t_L = 0{,}6 \frac{l}{\sqrt{d_K}} \frac{\dot{m}_L}{\dot{m}_G}, \tag{2.235}$$

$$t_L \text{ in h}, \quad l, d_K \text{ in m}, \quad \dot{m}_L, \dot{m}_G \text{ in kg/s}.$$

Aus t' und $\dot{m}_G$ folgt für die Schüttgutmasse im Drehrohr

$$m_G = t' \dot{m}_G \tag{2.236}$$

und für den Füllungsgrad des Rohres

$$\varepsilon_S = \frac{4}{\pi} \frac{m_G}{d_i^2 \, l \, \varrho_{Sch}}. \tag{2.237}$$

Bei Trommeln mit Hubschaufeleinbau liegt ε_S meistens unter 0,1. Die Leistung zum Antrieb des Drehrohres (die Reibungsleistung in den Lagern usw. sowie die Hubleistung im Rohr) läßt sich annähernd ermitteln aus

$$P \approx 0{,}045 \, g \, m_R \, v_u + 0{,}72 \, g \, m_G \, d_R \, n \, z_H. \tag{2.238}$$

In der Regel haben die Laufringe Umfangsgeschwindigkeiten zwischen 0,3 und 1 m/s.

Die berechnete Wanderzeit t' ist ein Durchschnittswert. Es gibt Körner, die länger, und solche, die kürzer im Drehrohr bleiben. Bei Versuchen mit Sand von ungefähr 0,5 mm Korndurchmesser in einem kleinen Drehofen mit Hubschaufeleinbau [376] wies die mittlere Relativstreuung der Durchlaufzeiten bei $\varepsilon_S = 7{,}5\%$ Füllungsgrad des Rohres ein Minimum von $\pm 6{,}2\%$ auf. Bei $\varepsilon_S = 5$ und 11% betrug die Streuung $\pm 8{,}5\%$.

Die Streuung der Korndurchlaufzeiten hängt bei inhomogenen Schüttgütern erheblich von der Korngrößenverteilung und von Dichteunterschieden der Teilchen ab. Staublenden im Inneren oder am Ende der Drehrohre können die Durchlaufzeiten der einzelnen Kornfraktionen erheblich und unterschiedlich beeinflussen.

Im Bild 2.311 sind die Rohrneigung und die Drehzahl als gegeben vorausgesetzt. Beim Bemessen eines Trockners muß man diese Größen durch probeweise Annahmen und wiederholte Annahmekorrektur so bestimmen, daß die Wanderzeit t' und die nötige Trocknungszeit t des Gutes übereinstimmen.

Viele Güter ändern beim Durchwandern des Trockners ihre Dichte, Rieselfähigkeit usw. beträchtlich. Das kann erfordern, die Zeiten zum Durchlaufen der einzelnen Zonen getrennt zu ermitteln und alle zu addieren.

In Gleichstrom-Drehrohren trägt der Gasstrom die Gutsteilchen jedesmal, während sie abstürzen, ein Wegstückchen zum Rohrende hin, um so weiter, je feiner sie sind. Die feinen Teilchen bleiben daher kürzer im Drehrohr als die anderen, die langsamer trocknen. So bekommt man ein ziemlich gleichmäßig getrocknetes Endprodukt. Beim Gegenstromverfahren dagegen weht der Gasstrom die feinen Teile der Wanderrichtung der übrigen entgegen, ja manchmal zum

Gutseintritt zurück. Hier halten sich die Teile, die an sich schnell trocknen, länger im Drehrohr auf als die anderen, die langsam trocknen, und so entstehen große Feuchtegehalts- und Temperaturunterschiede zwischen den Kornklassen. Daneben ändert sich der Anteil der Kornklassen am Gesamtgut, wenn der Gasstrom viel Feinkorn aus dem Trockner schleppt.

Über das Maß der Staubmitnahme in einer kleinen Trommel mit Hubschaufeleinbau stellten Friedman und Marshall Versuche an [375]. Der Luftstrom riß, wie zu erwarten war, um so mehr Staub mit, je größer die Luftgeschwindigkeit und der Anteil des Feinen am Durchlaufgut war (Bild 2.312). Das Verhältnis des mitgerissenen Staubstromes zum eingeführten Gutsstrom stieg außerdem mit wachsender Drehzahl des Drehrohres und mit fallender Korndichte; es ging mit wachsendem Gutsdurchsatz zurück und war unabhängig von der Rohrneigung. Damit nur wenig Staub mitgenommen wird, muß jede Verengung des durchströmten Querschnitts am Luftaustritt, etwa durch einen Stauring oder eine Einlaufschurre, auf das Mindestmaß beschränkt werden.

Oft kann man nicht erreichen, daß das Feuchtgut ganz stetig in den Trockner fließt, es gibt kurze Zeiträume, wo zuviel, andere, wo zu wenig eintritt. Wenn die Schwankungen nicht sehr groß sind, wirkt sich dies in einem Gleichstrom-Dreh-

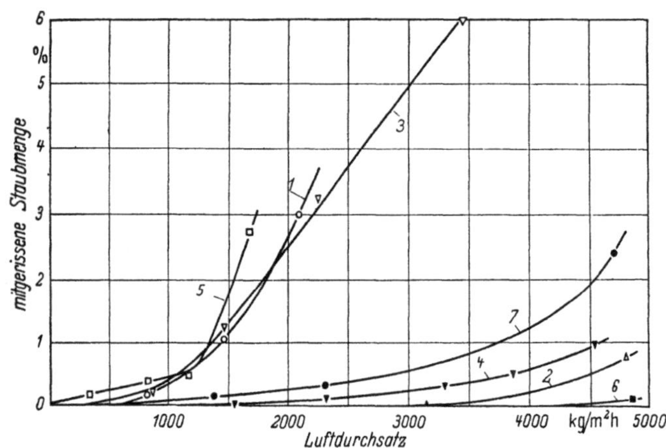

Bild 2.312. Staubmitnahme des Luftstroms in einer Trommel von 305 mm lichtem Durchmesser und 1 830 mm Länge mit Hubschaufeleinbau.

Gutsstrom 1 m³/m²h, Drehzahl 10/min.

Zeichen		Gut	Durchschnittliche Korngröße (bez. a. Gewicht) μm	Richtung	Trommelneigung m/m
1	○	Wagner-Sand	110	Gleichstrom	0,0154
2	△	kugelige plastische Granülen	920	Gleichstrom	0,0074
3	▽	Sandmischung	420	Gleichstrom	0,0310
4	▼	Ilmenit-Sand	150	Gleichstrom	0,0315
5	□	Sägemehl	640	Gegenstrom	0,031
6	■	Ottawa-Sand	510	Gegenstrom	0,0154
7	●	AGS Nr. 1 Sand	215	Gegenstrom	0,031

rohr wenig aus, denn hier verdunstet die meiste Feuchte im vorderen Teil, und Überschußgut kann weiter hinten nachtrocknen. In normal betriebenen Gegenstrom-Drehrohren, wo die meiste Feuchte nahe dem Gasaustritt entzogen wird, fehlt jedoch die Möglichkeit zum Ausgleich, hier wechselt der Zustand des Endproduktes stark mit dem Feuchtgutstrom.

Es folgt daraus, daß man Gegenstrom-Drehrohrtrockner nur verwenden kann, wenn das Gut nicht allzu feinkörnig ist und nicht dadurch minderwertig wird, daß die feinen Teile überhitzt und übertrocknet oder vom Gasstrom ausgesichtet werden.

Bemessen der Riesel-Drehrohrtrockner

In Riesel-Drehrohren ist ein bestimmtes Gutskorn jeweils nur kurzzeitig der Einwirkung des Gasstromes ausgesetzt, nämlich so lange, als es an der Oberfläche eines Gutshaufens liegt oder vom einen zum anderen Haufen abstürzt. Viel länger ist es im Haufeninneren verborgen, wo die Feuchte jeweils vom Inneren her zur Kornoberfläche nachwandert, oder wo es von Nachbarkörnern Feuchte empfängt. Kommt das Korn dann wieder zur Haufenoberfläche, so hat es eine neu befeuchtete Außenschicht. Daher reicht der Abschnitt reiner Oberflächenverdunstung in Drehrohren bis zu niedrigeren Feuchtegehalten des Gutes als sonst. Wenn grobkörnige Stoffe doch in den Zustand kommen, wo die Vorgänge im Korninneren entscheidend werden, so nur am Ende der Trocknung und verhältnismäßig kurzzeitig.

Vergleichsversuche mit Quarzsand in einem kurzen Drehrohrstück, das bei den einen Versuchen mit Hubschaufel-, bei den anderen mit Quadranteneinbau ausgestattet war, ergaben den im Bild 2.313 dargestellten Zusammenhang zwischen

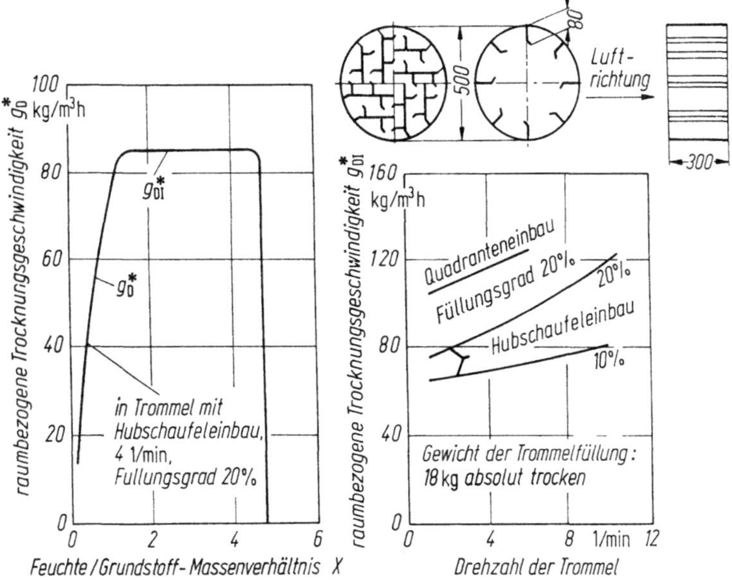

Bild 2.313. Trocknung von Quarzsand im Riesel-Drehrohrtrockner.
Lufttemperatur vor der Trommel: trocken 70 °C, feucht 31 °C; Luftgeschwindigkeit 2 m/s; Korngröße 1–1,5 mm.

der Trommeldrehzahl und der „raumbezogenen" (auf das Rohrvolumen bezogenen) Trocknungsgeschwindigkeit. Soll im Abschnitt gleichbleibender Trocknungsgeschwindigkeit unter den im Bild genannten Bedingungen eine Trocknungsgeschwindigkeit von 120 kg/m³h erzielt werden, so muß das Drehrohr mit Quadranteneinbau 5,5 Umdrehungen, dasjenige mit Hubschaufeleinbau 10 Umdrehungen in der Mitte machen. Die Amerikaner nehmen diese höhere Drehzahl und den höheren Leistungsbedarf für den Antrieb, den sie bedingt, in Kauf. Sie wollen ein ganz einfaches Drehrohr haben, das sich, falls nötig, ganz bequem reinigen läßt. Dabei stört sie auch der stärkere Kornzerfall, der in den Drehrohren mit Hubschaufeleinbauten unvermeidlich ist, in der Regel nicht.

Beim Bemessen eines Riesel-Drehrohrtrockners berechnet man zuerst dessen Leervolumen V_T. Dabei geht man entweder von der (durchschnittlichen) raumbezogenen Trocknungsgeschwindigkeit $\bar{g}_\mathrm{D}^*$ aus, die man bei dem gegebenen anfänglichen Feuchte/Grundstoff-Massenverhältnis X_1 des Gutes und dem gewünschten Endverhältnis X_2 voraussichtlich erzielt, oder (seltener) von der vorausbestimmten Trocknungszeit t. Bezeichnet $\dot{m}_1$ den Feuchtgutmassestrom, $\dot{m}_2$ den Trockengutmassestrom, $\dot{m}_\mathrm{S}$ den Grundstoffmassestrom, $\dot{m}_\mathrm{D}$ den auszutreibenden Feuchtestrom und $\varrho_{\mathrm{Sch},1}$, $\varrho_{\mathrm{Sch},2}$ die Schüttdichte des Gutes am Anfang und am Ende, so ist

$$V_\mathrm{T} = \frac{\dot{m}_\mathrm{D}}{\bar{g}_\mathrm{D}^*} = \frac{\dot{m}_\mathrm{S}(X_1 - X_2)}{\bar{g}_\mathrm{D}^*} \approx \frac{(\dot{m}_1/\varrho_{\mathrm{Sch},1} + \dot{m}_2/\varrho_{\mathrm{Sch},2})\, t}{2\,\varepsilon_\mathrm{S}}. \tag{2.239}$$

$\bar{g}_\mathrm{D}^*$ gewinnt man am zuverlässigsten durch einen Versuch mit dem zu trocknenden Stoff, wobei man den Füllungsgrad ε_S bei Drehrohren mit Hubschaufeleinbauten in der Regel zu $\approx 0{,}1$ und bei solchen mit Kreuz- oder Quadranteneinbauten zu $\approx 0{,}25$ bis $0{,}3$ wählt. Hat man kein Versuchsgut, so muß man $\bar{g}_\mathrm{D}^*$ aus statistischen Unterlagen schätzen oder aus dem (durchschnittlichen) raumbezogenen Wärmeübergangskoeffizienten $\bar{\alpha}^*$ berechnen, falls man dafür zutreffende Werte kennt:

$$\bar{g}_\mathrm{D}^* = \frac{\bar{\alpha}^*(\Delta\vartheta)_\mathrm{m}}{\Delta h_\mathrm{V}'}. \tag{2.240}$$

$(\Delta\vartheta)_\mathrm{m}$ bezeichnet den durchschnittlichen Temperaturunterschied zwischen dem Gas und der Gutsoberfläche, $\Delta h_\mathrm{V}'$ ist die Enthalpiezunahme der Masseneinheit verdampfender Feuchte im Trockner. Beim Trocknen feinkörnigen Gutes stimmt die Oberflächentemperatur der Körner annähernd mit der durchschnittlichen Gutstemperatur überein.

Hat man V_T berechnet, so wählt man den lichten Durchmesser d_i und danach die Länge l des Drehrohres:

$$V_\mathrm{T} = \frac{\pi\, d_\mathrm{i}^2}{4}\, l. \tag{2.241}$$

Meistens macht man $l/d_\mathrm{i} = 4$ bis 8, jedenfalls legt man d_i so fest, daß die Gase mit einer Geschwindigkeit durch das Rohr streichen, bei der die Staubmitnahme erträglich bleibt.

Das Bild 2.314 gibt einige Bemessungsunterlagen für Drehrohre mit Kreuzeinbauten zum Trocknen pflanzlicher Futtermittel [377]. Grünfutter mit 82% Anfangsfeuchtegehalt zum Beispiel läßt sich danach mittels Feuergasen trocknen, die mit 570 °C hinzuströmen und die die raumbezogene Trocknungsgeschwindigkeit $\bar{g}_D^* = 89\ \text{kg/m}^3\text{h}$ zu erzielen gestatten. In einer Trommel mit $d_i = 2{,}1$ m lichtem Durchmesser, $l = 13$ m Länge und $V_T = 45\ \text{m}^3$ Leerraumvolumen können also $\dot{m}_D = \bar{g}_D^* \cdot V_T = 4000\ \text{kg/h}$ Wasser aus dem Gut entfernt werden (was $\dot{m}_1 = 5000\ \text{kg Naßgut/h}$ und $\dot{m}_2 = 1000\ \text{kg/h}$ Trockengutdurchsatz entspricht). Erforderlich ist dazu ein Gasstrom von $\dot{m}_L = 2800\ \text{kg/h}$, der einen Enthalpiestrom von 3750 kJ/kg verdampfenden Wassers in den Trockner trägt.

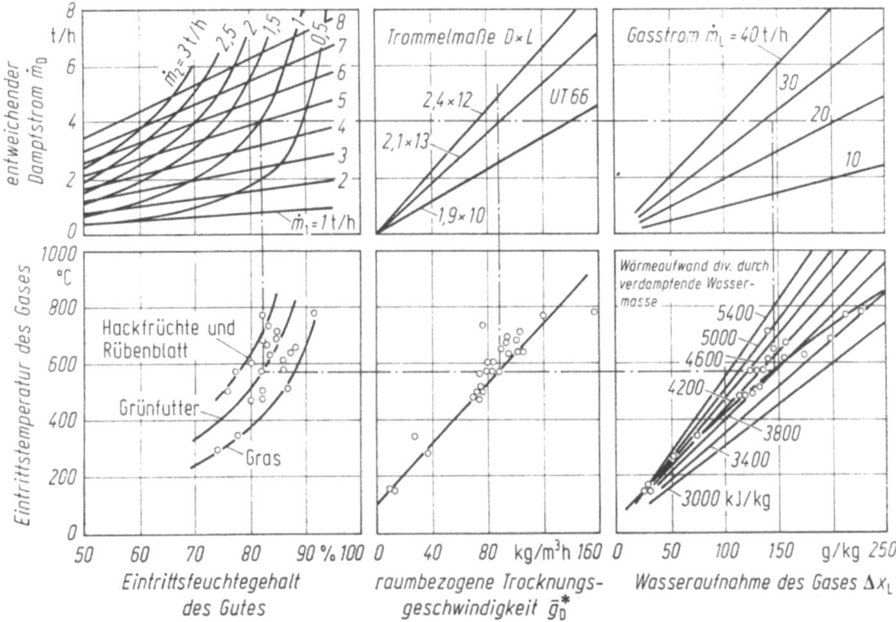

Bild 2.314. Bemessen von Riesel-Drehrohrtrocknern mit Kreuzeinbauten für Futtermittel, nach dem Gleichstromverfahren arbeitend (nach Maltry [377]). Endfeuchtegehalt des Gutes angenommen 10 %.

In Drehrohren, die mit mäßig hohen Gastemperaturen arbeiten, gibt das durchziehende Gas den Hauptteil seiner Enthalpie durch Konvektion ab, und zwar

a) an die Rieselschleier, die von den Einbauten stürzen,

b) an die freien Oberflächen der Gutshaufen, die auf den Einbauten und auf dem Trommelmantel liegen,

c) an die Trommelinnenteile, welche die Energie durch Kontakt an das Gut weitergeben.

Es ist möglich, die Größe der dauernd wechselnden Übergangsflächen abzuschätzen. Auch kann man die Übergangskoeffizienten an den Flächen grob ermitteln und dann den raumbezogenen Wärmeübergangskoeffizienten $\bar{\alpha}^*$ berechnen, der sich im zeitlichen Durchschnitt ergibt [378]. Dabei findet man, daß die drei Teilströme der übergehenden Energie in Trommeln mit Quadranteneinbau oft von gleicher Größenordnung sind. In Drehrohren mit Hubschaufeleinbauten jedoch überwiegt in der Regel der Übergang an die Rieselschleier.

Experimentell haben Friedman und Marshall den raumbezogenen Wärmeübergangskoeffizienten $\bar{\alpha}^*$ in Drehrohren mit Hubschaufeleinbauten bestimmt [375].

Ihr Versuchsrohr hatte 305 mm lichten Durchmesser, 1830 mm Länge und besaß
8 radiale, etwa 34 mm breite Schaufeln, die innen auf 9 mm Breite um 45° ab-
gewinkelt waren. Dabei ergab sich, daß $\bar{\alpha}^*$ mit dem Füllungsgrad ε_S des Drehrohres
ansteigt, aber bei höheren Raumnutzungsgraden eine Grenze erreicht (Bild 2.315).
Das läßt sich leicht erklären. Bei niedrigem ε_S wächst die Oberfläche des Gutes mit
der Trommelfüllung; sobald die Schaufeln aber nicht mehr alles Gut fassen können, verbleibt am Rohrmantel ein Gutshaufen, den die Schaufeln nicht anheben
und durch den Luftstrom rieseln lassen. Der Haufen nimmt als beinahe kompakte
Masse wegen seiner geringen Oberfläche wenig Wärme auf.

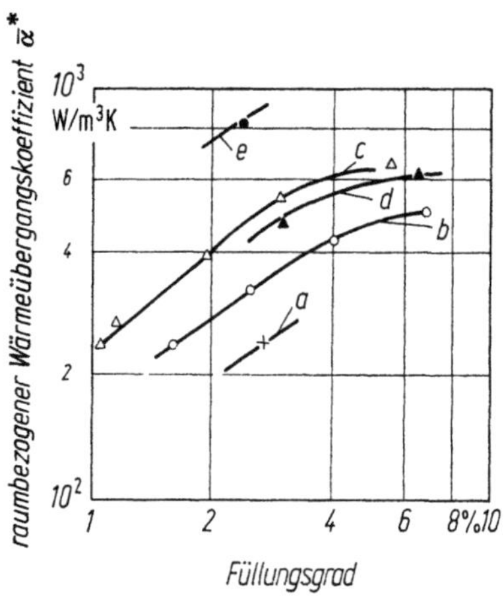

Bild 2.315. Einfluß des Füllungsgrades auf den Wärmeübergang in einem Riesel-Drehrohrtrockner mit Hubschaufeleinbau (nach Friedman u. Marshall [375]).
Gleichstrombetrieb; 8 Hubschaufeln; Drehzahl 10/min; Neigung 0,03 m/m.

Kurve	Gut	Luftstromdichte kg/m² h
a	AGS-Sand Nr. 9	700
b	AGS-Sand Nr. 9	1 560
c	AGS-Sand Nr. 9	3 900
d	Ilmenit-Sand	1 560
e	Ilmenit-Sand	3 900

In einem Drehrohr ohne jegliche Einbauten ist der Wärmeübergang besonders
schlecht (siehe die Werte auf der Ordinatenachse von Bild 2.316). Schon zwei bis
drei Hubschaufeln im Rohr verbessern ihn beträchtlich, aber von einer bestimmten
Schaufelzahl ab wächst $\bar{\alpha}^*$ nur noch wenig.

Unterschiedlich geltend macht sich der Einfluß der Gasgeschwindigkeit w_L
in den Rohren. Der Wärmeübergangskoeffizient an den Haufenoberflächen und
an den Einbauten wächst mit w_L^p, wobei $p = 0,5$ bis $0,7$ beträgt. Für den Wärmeübergang an die fallenden Gutsschleier dagegen wurden Potenzen p bis $1,1$ ermittelt, die dem Umstand Rechnung tragen, daß die Schleier, die am Anfang ihres
Fallweges eine fast geschlossene Oberfläche darbieten, unterwegs um so mehr in
gasumspülte Einzelteilchen zerfallen, je höher w_L ist. Dementsprechend steigt der

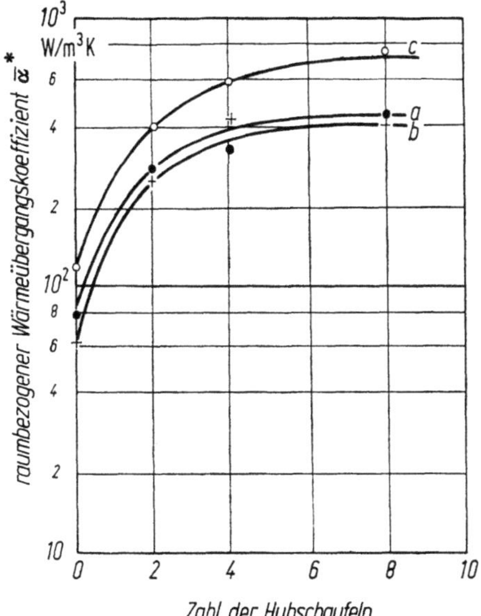

Bild 2.316. Einfluß der **Zahl** der Hubschaufeln auf den Wärmeübergang in einem Riesel-Drehrohrtrockner mit Hubschaufeleinbau (nach Friedman u. Marshall [375]). Gegenstrombetrieb; AGS-Sand Nr. 1; Trommelneigung 0,031 m/m.

Kurve	Gutsdurchsatz kg/h	Luftstromdichte kg/m² h
a	40— 42	750— 830
b	39— 43	1 550—1 660
c	102—110	1 540—1 690

Wärmeübergangskoeffizient in Trocknern, die das Gut nicht oder nur auf kurzem Wege abstürzen lassen, nur mit einer kleinen Potenz von w_L, in Trocknern mit Hubschaufeln mit einer beträchtlich höheren [379, 380].

Über den Einfluß der Rohrdrehzahl/Zeit (n) auf den Wärmeübergangskoeffizienten ist Ähnliches zu sagen. In Drehrohren mit Hubschaufeleinbauten überwiegt der Wärmestrom, der vom Gas an die Rieselschleier übergeht, die Wärmeströme, die zu den freien Haufenoberflächen und zu den Rohreinbauten gelangen. In Rohren mit Quadranteneinbauten jedoch können die drei Ströme ungefähr gleiche Größenordnung haben. Der erste Strom ist um so stärker, je häufiger die Schleier in der Zeiteinheit abrieseln und dabei zur Wärmeaufnahme bereit sind, er wächst also proportional mit n. Der zweite Strom ist unabhängig von n, und der dritte, der über die Einbauten und durch Teilchenumlagerung in das Gut wandert, nimmt äußerstenfalls mit der Wurzel aus n zu. Für den Gesamt-Wärmeübergangskoeffizienten $\bar{\alpha}$* folgt daraus eine zwar merkliche, aber nicht allzu starke Abhängigkeit von n.

Beim Planen von Anlagen sind die Gutseigenschaften oft nicht genau bekannt. Sofern man mit dem Material vorher keine Versuche machen kann, bemißt man die Drehrohre in solchen Fällen überschläglich nach Erfahrungen, die man beim

Trocknen ähnlichen Gutes gewonnen hat. Auf den Bildern 2.317 und 2.318 sind für einen Riesel-Drehrohrtrockner von 0,5 m Durchmesser und 2,5 m Länge mit Quadranteneinbau die raumbezogene Trocknungsgeschwindigkeit $\bar{g}_D^*$ sowie die Gas- und die Gutsaustrittstemperatur als Abhängige der Gaseintrittstemperatur dargestellt. Die Linien ergaben sich auf statistischem Wege aus zahlreichen Versuchen mit verschiedenen Gütern; die Meßpunkte streuen erheblich [378].

Für die Gaseintrittstemperatur $\vartheta_{L,e}$ wählt man meistens den höchstmöglichen Wert, damit der durchschnittliche Temperaturunterschied $(\Delta\vartheta)_m$ zwischen dem Gas und der Gutsoberfläche groß, das Drehrohr klein und der Heizenergiebedarf gering wird. Im Einzelfall ist die obere Grenze von $\vartheta_{L,e}$ gezogen

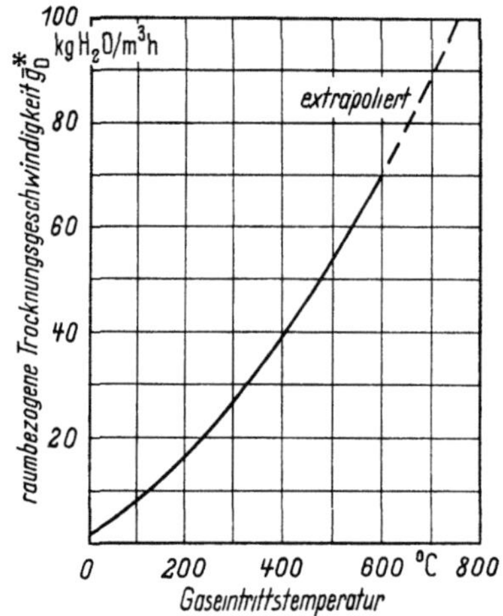

Bild 2.317. Statistischer Zusammenhang zwischen der Gaseintrittstemperatur und der raumbezogenen Trocknungsgeschwindigkeit $\bar{g}_D^*$ bei einem Versuchs-Rieseldrehrohrtrockner von 500 mm lichtem Durchmesser mit Quadranteneinbau.
Voraussetzung: Anfangsfeuchtegehalt der Güter $>30\%$, Endfeuchtegehalt $>5\%$.

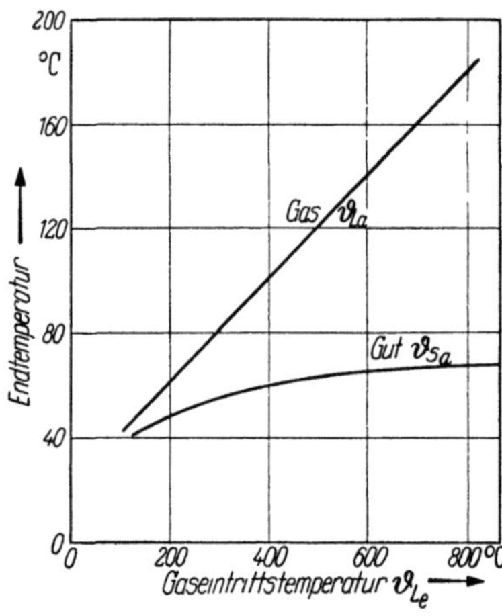

Bild 2.318. Statistischer Zusammenhang zwischen der Gasein- und Austrittstemperatur in einem Versuchs-Rieseldrehrohrtrockner mit Quadranteneinbau bei Gütern mit mehr als 30% Anfangsfeuchtegehalt und zugehörge berechnete Endtemperatur der Güter bei Gleichstrombetrieb, wenn der Knickpunkt der Trocknungsgeschwindigkeit nicht unterschritten wird.

a) durch die Art des Gutes. Sehr feuchte, wenig temperaturempfindliche Stoffe vertragen höhere Gaseintrittstemperaturen als andere. Für Schäden, die am Gut entstehen können, ist aber nicht $\vartheta_{L,e}$, sondern die höchste sich einstellende Eigentemperatur des Stoffes maßgebend, die meistens weit unter $\vartheta_{L,e}$ bleibt;

b) durch die Art des Werkstoffes, aus dem die Drehrohrinnenteile bstehen. Weil feuchtes Gut diese Innenteile wirksam kühlt, kann man, insbesondere in Gleichstromtrommeln, verhältnismäßig hohe Temperaturen anwenden, in Drehrohren aus normalem Stahl 750 °C und mehr. Bei höheren Temperaturen fertigt man den vorderen Rohrteil aus hitzebeständigem Werkstoff;

c) durch die Art des Heizmittels (des Dampfes, des Thermoöles usw.), das den wärmeübertragenden Luft- oder Gasstrom nur auf bestimmte Temperaturen zu bringen gestattet.

Die Temperatur $\vartheta_{L,a}$, mit der das Gas die Trommel verläßt, kann man durch entsprechendes Einstellen des Gasstromes ziemlich beliebig halten. Tatsächlich aber hat man wegen wirtschaftlicher, technologischer und betrieblicher Notwendigkeiten meistens nur geringe Wahl und muß die Gasaustrittstemperatur verhältnismäßig niedrig wählen, nämlich um so geringer, je niedriger die Eintrittstemperatur ist.

Will man in Drehrohren mit verschiedenen Durchmessern, aber mit gleichen Zellenquerschnitten, ein Gut auf gleichen Endfeuchtegehalt trocknen und gleiche Trocknungsgeschwindigkeit erzielen, so muß man bei gleicher Gaseintrittstemperatur die Trommeln gleich lang machen. Nun baut man Drehrohre mit großem Durchmesser aber meistens länger als solche mit kleinem Durchmesser. Infolgedessen wird das Gas in großen Drehrohren stärker abgekühlt und mit Dampf angereichert als in kleinen, und es stellt sich eine kleinere Trocknungsgeschwindigkeit ein. Daran ändert auch der Umstand wenig, daß die Gasgeschwindigkeit in großen Drehrohren meistens größer ist als in kleinen. Man sollte daher bei kleinen Drehrohren das Verhältnis l/d_i größer als bei großen machen.

Kann man den Staub, den die Gase aus Drehrohren mitreißen, leicht zurückgewinnen, so darf die Gasgeschwindigkeit verhältnismäßig hoch sein. Ein Anteil des Staubes am Fertiggut von beispielsweise 5 % schadet dann in der Regel nicht. Niedrige Geschwindigkeit ist nötig, wenn es sich um teuren Staub handelt, der sich in Abscheidern nur unvollständig niederschlagen läßt. Schon ein Verlust von 1 % solchen Gutes kann unerträglich sein.

Sonderbauarten

Für die meisten Güter, die überhaupt in Drehrohren zu trocknen sind, benutzt man die einfachen Gleichstrom-Drehrohre, z.B. gemäß Bild 2.307, daneben Gegenstrom-Drehrohre. In manchen Fällen kommen Sonderbauarten in Betracht.

Im Verbundtrockner gemäß Bild 2.319 treten einige Nachteile des einfachen Gleich- und des einfachen Gegenstromverfahrens nicht auf. Das Gut gelangt durch die Schurre a in das aus 2 Teilen b und c bestehende Drehrohr und verläßt es über das Ausfallgehäuse d. Vom Einfall- und vom Ausfallende her treten Rauchgase ein und werden durch das Luftauslaßgehäuse e abgesaugt. Im ersten Teil des Drehrohres wandert das Gut im Gleich-, im zweiten im Gegenstrom zu den Gasen. Da-

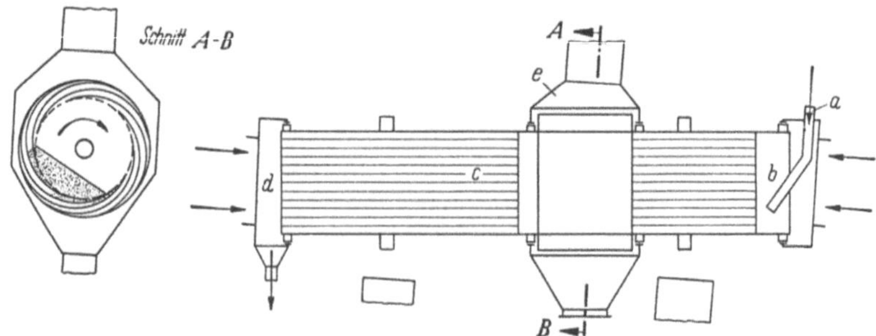

Bild 2.319. Drehrohrtrockner für Gleichstrom-Gegenstrombetrieb.
a Feuchtgutschurre; *b* Gleichstromteil; *c* Gegenstromteil; *d* Ausfallgehäuse; *e* Luftauslaß-gehäuse.

durch stellt sich, im Durchschnitt über die Rohrlänge gesehen, bei gegebenen An-fangs- und Endtemperaturen des Gases ein größerer Temperaturunterschied zwi-schen dem Gas und dem Gut ein und demgemäß wird $\bar{g}_D^*$ größer. Für die Rauch-gase stehen außerdem 2 Rohrquerschnitte zur Verfügung, so daß infolge der ver-minderten Gasgeschwindigkeit weniger Staub mitgenommen wird. Im Gleich-stromteil gibt das Gut bei hoher Gastemperatur und niedriger Eigentemperatur viel Feuchte ab, im Gegenstromteil trocknet es bei passend gewählter Gastem-peratur scharf aus. Statt zum Trocknen benutzt man den Gegenstromteil solcher kombinierten Drehrohre in manchen Fällen zum Kühlen.

Der Triplextrockner nach Bild 2.320 führt die Gase und das Gut im Gleich-strom durch drei ineinander geschachtelte Drehrohre, die starr miteinander verbun-den sind. Im zentralen Rohr mit seinen gewundenen Einbaublechen läuft das Gut

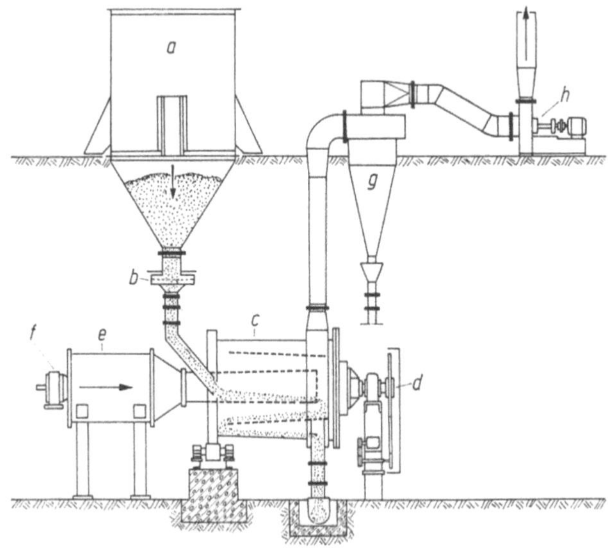

Bild 2.320. Triplex-Drehrohrtrockner [381].
a Feuchtgutbunker; *b* Tellerspeiser; *c* Drehrohr; *d* Antrieb; *e* Brenn- und Mischkammer; *f* Ölbrenner; *g* Staubabscheider; *h* Ventilator.

schnell durch die Zone hoher Gastemperatur. Dann gelangt es im Zickzackweg in die sektorförmigen Zellen des mittleren und des äußeren Rohres, und schließlich fällt es in das Endgehäuse und in den Auslaufstutzen. Dort verhindern zwei Pendelklappen, daß Falschluft eintritt. Die Verbundtrommel liegt am einen Ende auf zwei Laufrollen und am anderen im Lager des Antriebszapfens. Sie wird mit Außendurchmessern von 1250 bis 5000 mm gebaut [381].

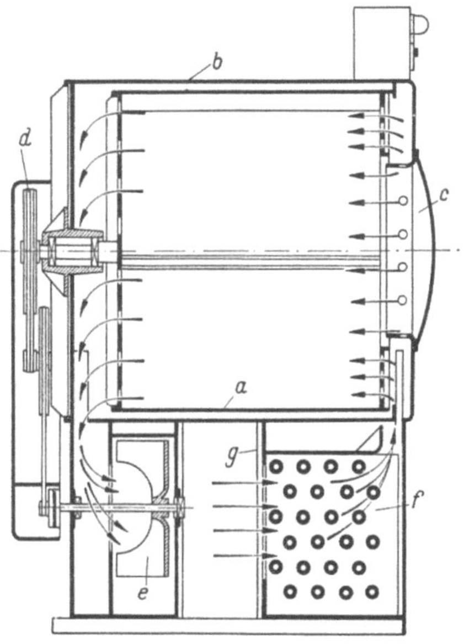

Bild 2.321. Wäschetumbler.
a Trommel; *b* Gehäuse; *c* Einfüllöffnung; *d* Antrieb; *e* Ventilator; *f* Heizkörper; *g* Flusensieb.

Als Vertreter der Riesel-Drehrohrtrockner mit Einzelladungsbetrieb sei der *Wäschetumbler* erwähnt (Bild 2.321). Er hat eine kurze, mit Hubleisten besetzte Trommel, die sich 30- bis 40mal/Minute dreht und die dabei die eingefüllte Wäsche auflockert und dem Warmluftstrom zugänglich macht. Beim Längsstromtumbler strömt die Luft durch eine der gelochten Stirnwände in die Trommel und verläßt sie an der gegenüberliegenden Wand. Die Trommel ist fliegend gelagert, läuft in einem stehenden Gehäuse und hat eine stirnseitige Einfüllöffnung mit durchsichtiger Tür, die gestattet, den Trocknungsvorgang zu beobachten.

In einem gewerblichen Tumbler mit 0,48 m³ Leervolumen z. B. können bei 120 °C Lufteintrittstemperatur 23 kg feuchter Laboratoriumskittel binnen 30 Minuten auf 16 kg Endgewicht getrocknet werden (lufttrocken 15,5 kg).

In Haushalten viel benutzt werden kombinierte Wasch- und Trocknungsmaschinen sowie selbständige Tumbler, die neben oder über den Waschautomaten angeordnet sind und diese ergänzen. Elektrische Heizkörper strahlen darin Energie auf die gelochten Trommeln und erwärmen die kreisende Innenluft. Die Energie gelangt durch Strahlung, Kontakt und Konvektion zum Gut. Da es oft Schwierigkeiten machen würde, feuchte Abluft ins Freie zu führen, baut man die Maschinen in der Regel als „Kondenstrockner" (Bild 2.322). Man stattet sie mit Kühlorganen aus, die die verdampfte Gutsfeuchte aus der Luft niederschlagen und abführen. Als Kühlmittel dient im einfachsten Falle Leitungswasser, das an einer Wand abläuft und (gegebenenfalls mit dem Waschwasser) fortgepumpt wird. Die Trommelfüllung von 2 bis 3 kg trocknet je nach Art der Wäsche binnen 30 bis 150 Minuten. Zum Heizen sind 1500 bis 2200 W und zum Kondensieren des Dampfes etwa 100 l/h Wasser nötig [382—385].

Zum kontinuierlichen Trocknen von textilen Stoffbahnen — von Wirk-, Flor- und Webwaren — während Veredelungsprozessen dient der Tumbler nach Bild 2.323. Das Gut läuft mit 1 bis 10 m/min Geschwindigkeit aus der Vorbehandlungszone durch einen Fallschacht in die reversierende, auf Rollen gelagerte Trommel und wird dort spannungslos einem abwärtsgehenden Warmluftstrom ausgesetzt. Elektronische Geräte steuern die Trommelbewegung. Ehe oder währen die Ware trocknet, wird sie gewünschtenfalls thermofixiert, gekrumpft oder

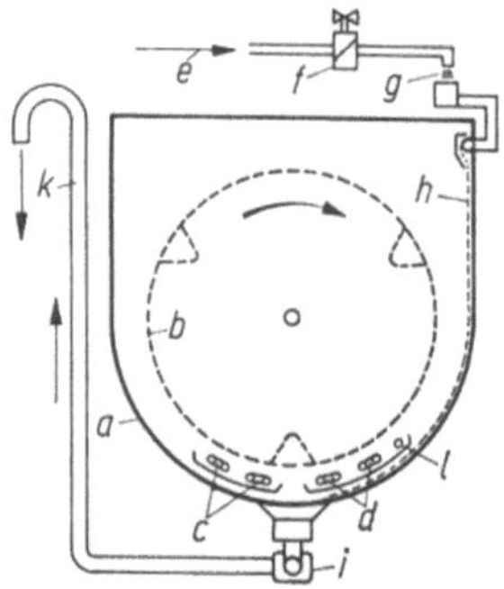

Bild 2.322. Schnitt durch eine Haushalts-Wasch- und Trocknungsmaschine mit Kondensationseinrichtung für die verdampfte Gutsfeuchte (Robert Bosch Hausgeräte GmbH, Giengen).
a Maschinengehäuse; b gelochte Wasch- und Trocknungstrommel; c Heizkörper zum Trocknen; d Heizkörper zum Trocknen u. Waschen; e Wasserzufluß; f Magnetventil; g Wassersprung; h Wasserschleier zum Kühlen und Kondensieren des Dampfes aus der Wäsche; i Pumpe; k Wasserabfluß; l Temperaturfühler.
Richtung des Umluftstromes: senkrecht zur Bildebene.

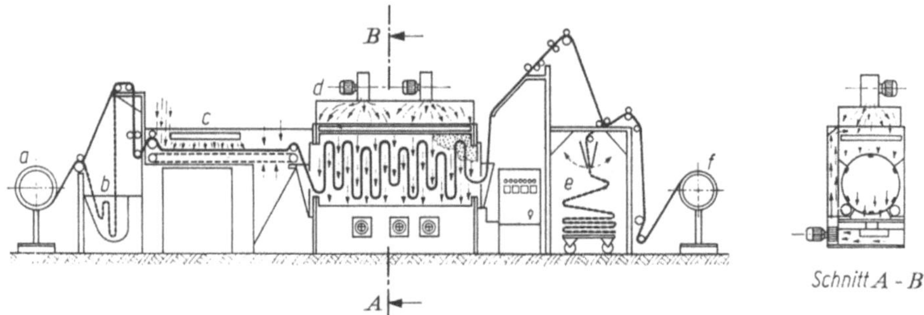

Bild 2.323. Anlage zum Trocknen bahnförmiger (aufgeschnittener) Textilware mit einem Kontinue-Tumbler (nach Magin [386]).
a Abwickelvorrichtung; b Warenspeicher; c Dämpfvorrichtung (Vorbehandlung zum Entspannen der Ware); d Kontinue-Tumbler als Trockner; e Abtafelvorrichtung; f Aufwickelvorrichtung.

gewalkt, wozu in den einzelnen Zonen Heizkörper und Dampfsprüheinrichtungen vorgesehen sind. Breithalter und Kantenausroller sorgen für die geordnete Weiterbewegung der Gutsbahn.

2.3.6.3. Konvektions-Strahlungstrockner (N 282.615.7)

Diese Trockner schicken Energie sowohl durch Konvektion wie durch Strahlung zum Gut und erzielen dadurch stärkere Wirkung. Benutzt werden sie vornehmlich für Gegenstände komplizierter Form, denn sie können so eingerichtet werden, daß heiße Gase auch die Stellen umspülen, die relativ wenig Strahlung bekommen.

Im Trockner nach Bild 2.324 geben die flächigen Brenner Infrarotstrahlen und zugleich heiße Gase ab. Die Gase vereinigen sich mit dem Umluftstrom, der unten eintritt, und liefern mit ihm Energie durch Konvektion zum Gut. Der seitliche Wärmeübertrager hält die Umlufttemperatur auf der gewünschten Höhe.

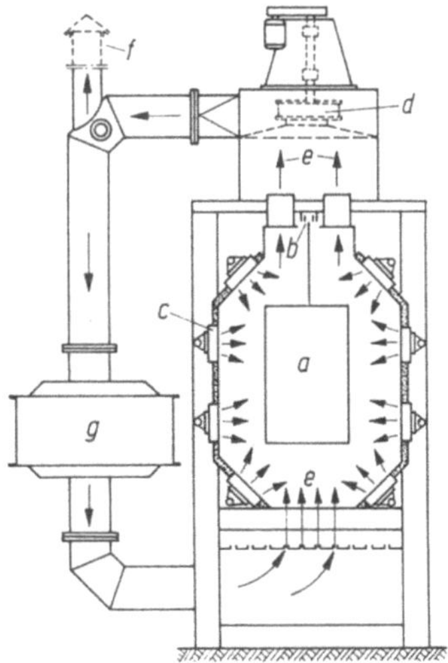

Bild 2.324. Konvektions-Strahlungstrockner (Schwank GmbH, Köln).
a Zu trocknender Gegenstand; b Hängeförderer; c Strahlungsbrenner; d Ventilator; e Umluft-(Umgas-)Strom; f Abluftrohr; g Wärmeübertrager.

2.3.6.4. Kontakt-Strahlungstrockner

Es liegt nahe, bandförmige Güter und feuchte Massen, die sich flach ausbreiten lassen, beim Trocknen an der Auflagefläche durch Kontakt und an der freien Oberfläche durch Strahlung zu erwärmen. Manche Kontakt-Drehzylindertrockner (Bild 2.325) oder Kontakt-Tellertrockner, die mit Strahlungsgebern ausgestattet sind, übertragen die Energie auf diese Weise.

Der Mehretagen-Förderbandtrockner für Leder gemäß Bild 2.326 trägt das Gut a zwischen zwei dampfdurchlässigen Bändern b und c im Trocknungsraum hin und her und aufwärts. Dabei gleitet das jeweils untere Band über die Heizplatten d, empfängt Wärme durch Kontakt und gibt sie an das Gut weiter. Durch beide Bänder dringt Strahlung von den Heizplatten zum Gut. Im zeitlichen Durchschnitt nehmen die Leder an beiden Seiten ungefähr gleichviel Energie auf. Luftströme schleppen die verdampfte Gutsfeuchte von den Bändern fort. Während der Trocknung hindern die Bänder das Gut, wellig zu werden. Sie biegen es auch mehrmals über die Umlenkrollen, damit es seine Steifigkeit verliert (N 283.614.5) [387].

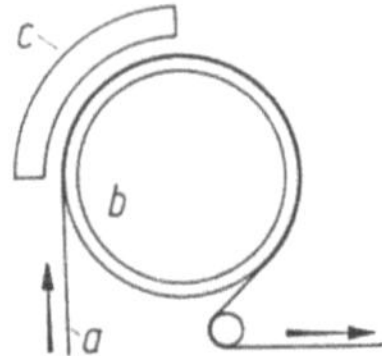

Bild 2.325. Kontakt-Drehzylindertrockner mit Infrarot-Strahlungshaube.
a Bandförmiges Gut; *b* Kontakt-Drehzylinder; *c* Strahlungshaube.

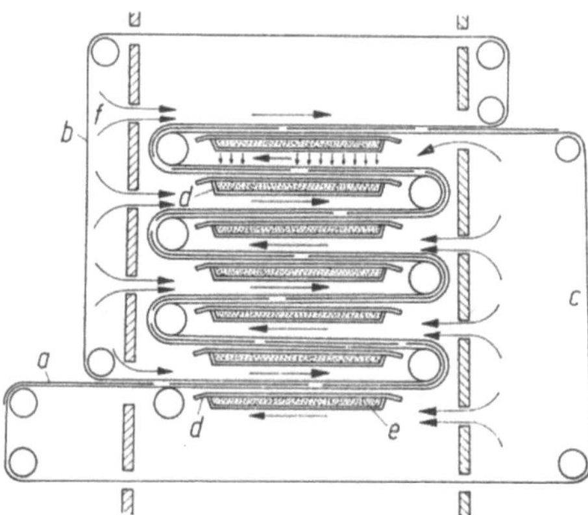

Bild 2.326. Mehretagen-Förderbandtrockner für Leder (Trockentechnik GmbH, Homberg/Niederrhein).
a Leder; *b* oberes Band; *c* unteres Band; *d* Heizplatten; *e* Dampfraum; *f* Luftstrom.

2.3.6.5. Sonstige Trockner mit kombinierter Energienutzung

Ein spezieller Hochfrequenz-Kontakttrockner für Kanteln aus Buchenholz erwärmt das Gut zwischen den beheizten Backen einer Presse (Bild 2.327) und setzt es zugleich den hochfrequenten Schwingungen eines elektrischen Feldes aus. Näheres steht im Abschnitt 2.3.4 (N 284.111) [388].

Mit 4 Kammern ausgestattet ist der kombinierte Hochfrequenz-Konvektionstrockner nach Bild 2.328, durch den Holzbretter auf Fahrgestellen langsam hindurchwandern. Der Generator versorgt die Kammern zyklisch mit Hochfrequenzenergie. Dampfheizkörper erwärmen die kreisende Luft. Die das Gut berührenden Elektroden haben Gewichtsausgleich und werden pneumatisch bewegt. Von einem Schaltpult aus wird der gesamte Vorgang automatisch gesteuert (N 284.415) [389].

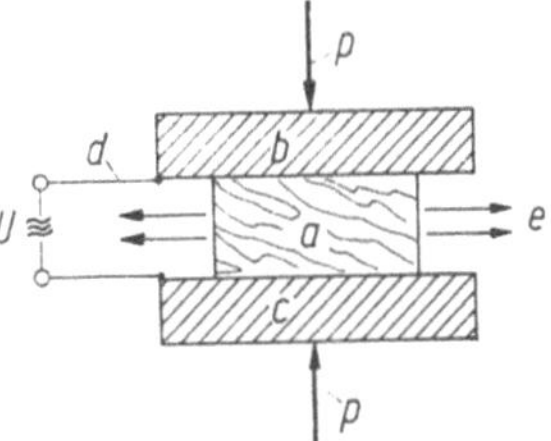

Bild 2.327. Kantel aus Buchenholz in einer Heizpresse für kombinierte Hochfrequenz- und Kontakttrocknung [388].
a Buchenkantel; *b, c* metallische, beheizte Preßbacken; *d* Hochfrequenzanschluß (Spannung *U*); *e* entweichender Dampf; *p* Preßdruck.

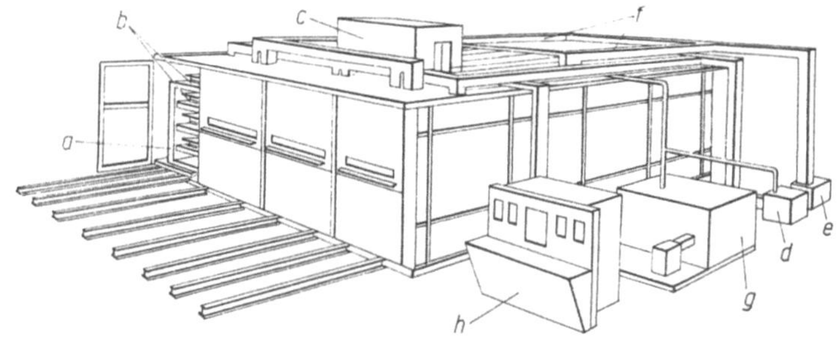

Bild 2.328. Kombinierter Hochfrequenz-Konvektionstrockner für Schnittholz [389].
a Wagen; *b* Fächer für das Trocknungsgut; *c* Hochfrequenzgenerator; *d* Luftheizer; *e* Ventilator; *f* Umluftleitungen; *g* Dampferzeuger; *h* Schaltschrank.

2.4. **Normaldruck-Untertemperaturtrockner**

An freundlichen kalten Tagen trocknet nasse Wäsche, die im Freien hängt, selbst dann, wenn die Feuchte zu Eis gefroren ist. Ebenso geben feuchte Stoffe, die in geschlossenen Räumen bei Atmosphärendruck auf niedriger Temperatur gehalten werden, Feuchte ab, wenn sie Wärme oder Strahlungsenergie aufnehmen können.

Bei den niedrigen Temperaturen entwickelt die Gutsfeuchte nur Dampf geringen (Partial-)Druckes. Deshalb können auch nur geringe Dampfdruckunterschiede zur Gutsumgebung entstehen. Wenn größere Dampfströme aus den Gütern getrieben werden sollen, muß für niedrige Dampfpartialdrücke in den Trocknungsräumen sowie für geringe Bewegungswiderstände gegen die verdampfende Feuchte und gegen die hinzutretende Energie gesorgt werden. Dazu wird das Gut nach Möglichkeit in disperser Form als Teilchenwolke, als durchströmte oder evtl. fluidisierte Teilchenschicht in einem vorentfeuchteten Luftstrom getrocknet. Empfohlen wurde ferner, strömendes Helium statt Luft als wärmeübertragendes Mittel zu verwenden (s. auch Abschn. 1.2.4.4) oder das Gut mit einer körnigen Substanz zu vermengen, die Wärme abgibt. Auch wurde vorgeschlagen, dem Gut ein körniges Adsorptionsmittel beizufügen (z.B. Silikagel), das die verdampfte Gutsfeuchte aufnimmt, oder ihm das Wasser mittels einer organischen Flüssigkeit zu entziehen, die mit dem Wasser ein azeotropes Gemisch bildet. In jedem dieser Fälle muß das Gut nach dem Trocknen vom Hilfsmittel getrennt werden.

Keines der genannten Verfahren hat größere Bedeutung erlangt.

2.5. Vakuum–Übertemperaturtrockner

2.5.1. Physikalische Grundlagen der Vakuumtrocknung

2.5.1.1. Die Druckbereiche

Das Gut befindet sich bei der Vakuumtrocknung in einem Raum, in dem das miteingeschlossene Gas verdünnt ist und daher nur einen geringen Druck auf das Gut und auf die Raumwände ausübt.

Als Einheit des Druckes benutzt man in der Vakuumtechnik das Millibar (mbar):

$$1 \text{ mbar} = 10^{-3} \text{ bar} = 10^2 \text{ N/m}^2 = 10^2 \text{ Pa}$$

$$(= 10{,}197 \text{ kp/m}^2 \approx 1{,}02 \cdot 10^{-3} \text{ at} \approx 0{,}750 \text{ Torr}).$$

Das gesamte Vakuumgebiet läßt sich nach den Drücken in die Bereiche einteilen:

Grobvakuum < 1 bar bis 10^{-3} bar
                  $<10^3$ mbar bis 1 mbar
                  $<10^5$ Pa bis 10^2 Pa
Feinvakuum < 1 mbar bis 10^{-3} mbar
                  $<10^2$ Pa bis 10^{-1} Pa
Hochvakuum $<10^{-3}$ mbar bis 10^{-7} mbar
                  $<10^{-1}$ Pa bis 10^{-5} Pa
                  < 1 μbar bis 10^{-4} μbar
Ultrahochvakuum $<10^{-7}$ mbar
                  $<10^{-5}$ Pa
                  $<10^{-4}$ μbar

Weitaus die meisten Trockner arbeiten im Grobvakuumgebiet, d.h. mit Drücken, die sich mit einfachen Mitteln erzielen und aufrecht erhalten lassen.

Einige hygroskopische Güter vermögen jedoch im Grobvakuum nicht den gewünschten Endfeuchtegehalt anzunehmen. Zum Beispiel kann das Gut, dessen Desorptionsisothermen im Bild 1.59 wiedergegeben sind, in Dampf von 20 mbar ($= 2000$ Pa) bei 40 °C Eigentemperatur nicht unter 5% Feuchte/Grundstoff-Massenverhältnis abtrocknen. Für solche Stoffe, und, wie wir noch sehen werden, für sehr temperaturempfindliche Güter, die vorher eingefroren werden, kommt Trocknen im Fein- oder gar im Hochvakuum in Betracht.

Bei den in der Vakuumtechnik üblichen Drücken nimmt 1 kg des aus dem Gut tretenden Dampfes ein sehr großes Volumen ein, wie das Bild 2.329 zeigt. Wollte man die entstehenden Dampfvolumina allein mit Pumpen aus den Vakuumräumen entfernen, so müßte man überaus große Pumpen verwenden, deren Preis und Energiebedarf kein wirtschaftliches Trocknen zuließe. Man kühlt die Dämpfe daher meistens in einem Kondensator so, daß sie zum größten Teil flüssig oder fest werden, bevor der kleine Rest zur Pumpe gelangt. Das Bild 2.330 zeigt die übliche Schaltung der Vakuumtrocknungsanlagen. Die Vakuumpumpe, eine Art Verdichter, der bei niedrigem Druck arbeitet, dient nur dazu, den Unterdruck erstmals zu erzeugen und dann die Gase und Dämpfe abzusaugen, die sich im Kondensator nicht niederschlagen lassen.

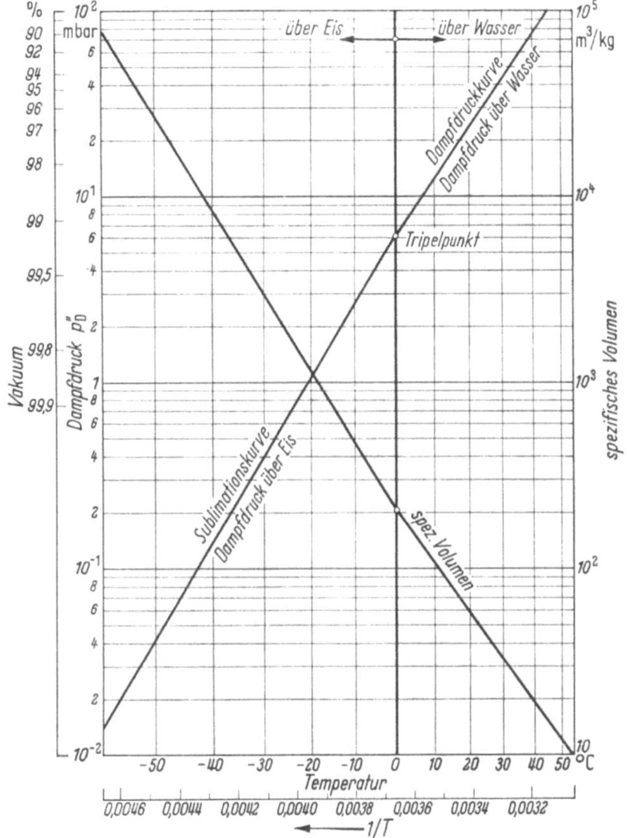

Bild 2.329. Der Druck und das spezifische Volumen des gesättigten Wasserdampfes, dargestellt im log p_D'', 1/T-Diagramm.
Tripelpunkt bei 0,01 °C und 6,11 mbar.

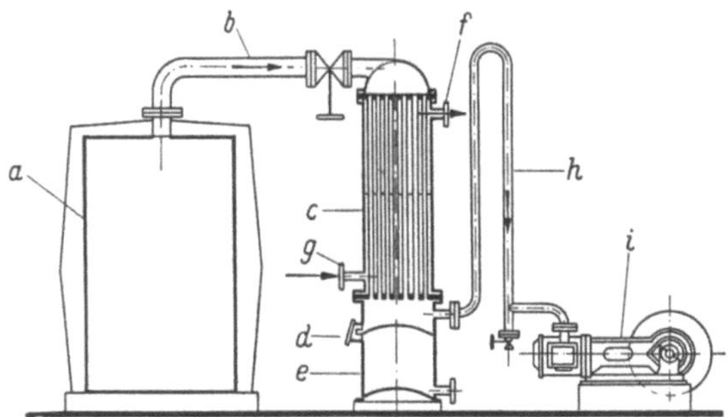

Bild 2.330. Schaltbild einer Vakuum-Trocknungsanlage.
a Trockner; *b* Brüdenrohr; *c* Oberflächenkondensator; *d* Kondensatüberlauf; *e* abschaltbarer Kondensat-Sammelbehälter; *f* Kühlmittel-Austritt; *g* Kühlmittel-Eintritt; *h* Luftabsaugung; *i* Vakuumpumpe.

Im Grobvakuumgebiet bis herab auf etwa 20 mbar ist die Kondensation der
Dämpfe meistens noch mit Kühlwasser oder Kühlluft zu bewältigen. Aber schon
der Zwischenvakuumbereich (≈ 20 bis 1 mbar), noch mehr jedoch der Fein- und
Hochvakuumbereich, erfordern zum Kondensieren besondere Maßnahmen.

2.5.1.2. Trocknungsverlauf und Trocknungsgeschwindigkeit im Grobvakuumbereich

2.5.1.2.1. Die Energie- und Dampfbewegung

Unter gleichbleibenden Bedingungen verläuft die Trocknung vieler Güter auch im
Grobvakuum in einem Abschnitt annähernd gleichbleibender und in einem oder
zwei Abschnitten fallender Trocknungsgeschwindigkeit (Bild 2.331) [390]. Dabei

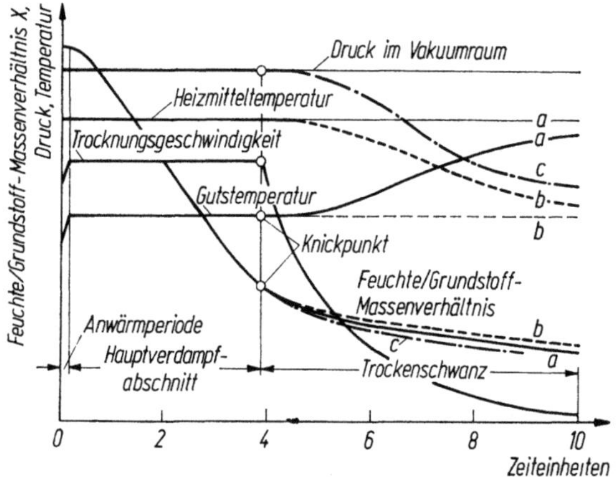

Bild 2.331. Charakteristischer Trocknungsverlauf eines Gutes im Vakuum [390].
a ——— bei gleichbleibender Heizmitteltemperatur; *b* – – – bei gleichbleibender Gutstemperatur; *c* –·–·– bei abnehmendem Druck im Trocknungsraum.

wirken die Energieübertragung, die kapillare Feuchteleitung und die Dampfbewegung ähnlich zusammen wie bei der Trocknung unter Atmosphärendruck [4].
Wie dort nimmt das Gut während des ersten Trocknungsabschnittes eine annähernd gleichbleibende Temperatur an, die von den Bedingungen des Wärme- und
Stoffüberganges abhängt. Bei rein konvektiver Wärmeübertragung durch verdünnte Luft stimmt diese Beharrungstemperatur annähernd mit der Kühlgrenztemperatur überein; diese rückt allerdings mit sinkendem Gesamtdruck tiefer.

In dem Maße, wie bei der Evakuierung das Verhältnis der Dampf- zur Luftmasse, im Trockner — bei gleichbleibender Gemischtemperatur — zunimmt, so
strebt die Gutstemperatur der Siedetemperatur der Gutsflüssigkeit beim jeweiligen Gesamtdruck zu. Ist nur noch reiner Dampf vorhanden, so hängt die Gutstemperatur im ersten Trocknungsabschnitt (nachdem das Gut Beharrungstemperatur angenommen hat) gemäß der Sattdampfkurve allein vom Dampfdruck ab
und ist gleich der Siedetemperatur der Flüssigkeit.

Meistens befindet sich, von der (meistens relativ kurzen) Evakuierungszeit
abgesehen, in den unter Grobvakuum arbeitenden Trocknern tatsächlich fast

reiner Dampf. Trockner dieser Art sind mit heißdampferfüllten atmosphärischen Trocknern zu vergleichen, die auf hohen Bergen stehen. Selbstverständlich läßt sich nicht ganz vermeiden, daß ein wenig Falschluft einfällt. Auch werden in den Trocknern oft nichtkondensierbare Gase frei.

Damit sich der entstehende Dampf von der Gutsoberfläche weg bewegt, muß man im Vakuumraum einen Dampfdruck p_D aufrecht erhalten, der unter dem Dampfdruck an der Oberfläche liegt. Da der Raum aber in der Regel nur geringen Strömungswiderstand bietet, ist der nötige Druckunterschied gering, so daß man den Druck im Vakuumraum gleich dem Druck an der Gutsoberfläche setzen kann.

Am einen Ende einer dampfdurchströmten langen Vakuumleitung oder einer Gutspore mit rundem Querschnitt herrsche der Druck p_1, am anderen Ende der Druck p_2. Die Röhre habe die Länge l, den Durchmesser d und den Querschnitt $S = \pi d^2/4$. Die molare Masse des Dampfes sei M_D, die Dichte ϱ_D und die dynamische Viskosität η_D. R bezeichne die allgemeine Gaskonstante, T die thermodynamische Temperatur und p den durchschnittlichen Druck des Dampfes. Ist der Durchmesser der Leitung groß gegenüber der mittleren freien Weglänge Λ der Moleküle (s. Tab. 2.23), so daß sich der Dampf als Kontinuum laminar durch die Leitung bewegen kann, so findet man den durchgehenden Dampfmassestrom aus dem Gesetz von Hagen-Poiseuille:

$$\dot{m}_{D,Po} = \frac{S}{l} \frac{d^2 \varrho_D}{32 \eta_D}(p_1 - p_2), \tag{2.242}$$

worin

$$\varrho_D = \frac{M_D}{RT} p \tag{2.243}$$

ist.

Tabelle 2.23. Für die Dampfbewegung im Gutsinneren wichtige Abmessungen

Durchmesser des Wasserdampfmoleküls	$0{,}26 \cdot 10^{-3}$	μm
Mittlere freie Weglänge Λ der Wasserdampfmoleküle		
bei 50 °C und 1 bar	$42{,}8$	$\cdot 10^{-3}$ μm
0,1 bar	428	$\cdot 10^{-3}$ μm
0,01 bar	4280	$\cdot 10^{-3}$ μm
Kapillarraum kolloidaler Weite	1 bis 100	$\cdot 10^{-3}$ μm
Kapillarraum mikroskopischer Weite	100 bis $100\,000$	$\cdot 10^{-3}$ μm
Leerraum makroskopischer Weite	$>100\,000$	$\cdot 10^{-3}$ μm

Durch enge Leitungen, deren Durchmesser klein ist gegenüber Λ, wandert der Dampf hingegen nach dem Gesetz der sogenannten (Knudsenschen) Molekularströmung. Sein Massenstrom ist dabei gegeben durch

$$\dot{m}_{D,Kn} = \frac{S}{l} \frac{4}{3} d \sqrt{\frac{M_D}{2\pi RT}}(p_1 - p_2). \tag{2.244}$$

Die Leitungen, die Durchmesser von derselben Größenordnung wie Λ haben, zwingen den Dampf zur sogenannten Gleitströmung, für die der Massenstrom annähernd aus

$$\dot{m}_D \approx \dot{m}_{D,Po} + \dot{m}_{D,Kn} \tag{2.245}$$

zu errechnen ist.

Die Strömung in kurzen Leitungen und Öffnungen folgt etwas anderen Gesetzen als den genannten, doch sei darauf nicht eingegangen. Trockner, die im Inneren Grobvakuum halten, können Energie sowohl durch Kontakt als auch durch Konvektion, Strahlung oder sonstwie auf das Gut übertragen. Im Stoffinneren wandert die Energie fast stets durch Leitung. Dabei macht sich geltend, daß die Wärmeleitfähigkeit der porösen Stoffe mit sinkendem Druck bis auf einen konstanten Mindestwert abnimmt, wenn die freie Weglänge der eingeschlossenen Gase in die Größenordnung der Porendimensionen kommt (s. Bild 2.332). Bei niedrigen Feuchtegehalten ist die Leitfähigkeit des Gutes besonders gering [4].

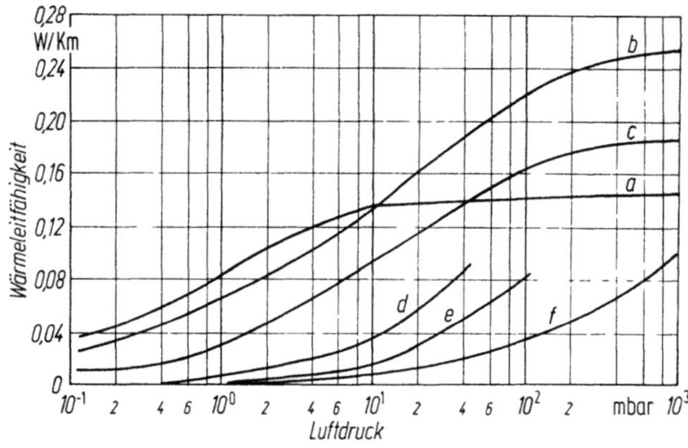

Bild 2.332. Einfluß des Luftdruckes auf die Wärmeleitfähigkeit trockener Schüttungen.

	Messungen von	Schüttungen aus	
b	Prins, Schenk, Schram	Glaskugeln	0,34 mm ⌀
a	Kessler	Glaskugeln	1,88 mm ⌀
c	Kessler	Glaskugeln	0,305 mm ⌀
d	Smoluchowski	Quarzpulver	0,0935 mm ⌀
e	Smoluchowski	Quarzpulver	0,0433 mm ⌀
f	Smoluchowski	Zinkstaub	0,0062 mm ⌀

2.5.1.2.2. Die Trocknungsgeschwindigkeit bei der Vakuum-Kontakttrocknung

In der überwiegenden Zahl der Vakuumtrockner liegt das Gut auf heißen Flächen und empfängt die nötige Energie durch Kontakt. Dabei ruht das Gut oder wird immer wieder umgelagert.

Ruhendes poröses Gut bekomme Wärme von einem fluiden Heizmittel durch eine Wand hindurch zugeführt (Bild 2.333, Nebenskizze). An der freien Oberfläche verliere oder empfange es keine Energie (außer durch den entweichenden Dampf). Dabei verläuft die Trocknung ähnlich wie im Abschnitt 2.3.2.2.1 für die Kontakttrocknung bei Atmosphärendruck geschildert ist, nur mit dem Unterschied, daß der entstehende Dampf nicht durch die Poren diffundiert, sondern „strömt". Er kondensiert auf dem Weg zur freien Oberfläche immer wieder und entsteht von neuem; die Oberfläche bleibt bis zum Schluß am feuchtesten.

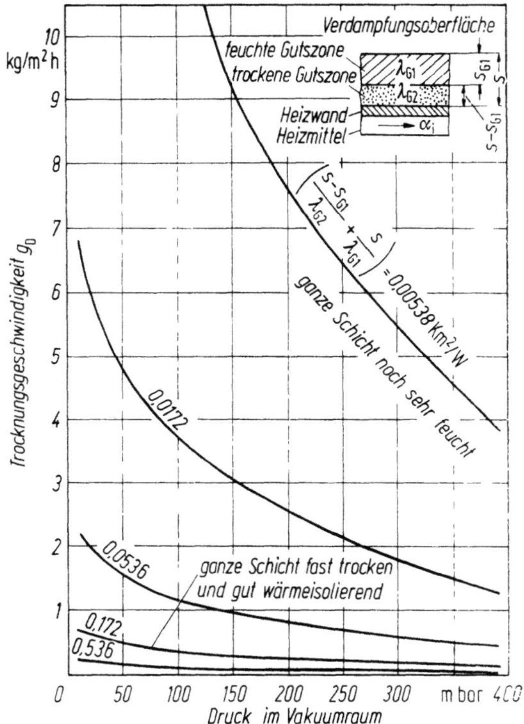

Bild 2.333. Vakuum-Kontakttrocknung grobporigen Gutes.
Einfluß des Druckes p im Vakuumraum und der Wärmeleitfähigkeit λ_{G1} und λ_{G2} des Gutes auf die Trocknungsgeschwindigkeit g_D (berechnet nach Gl. (2.246)).
Angenommen: Heizmitteltemperatur $\vartheta_H = 90\,°C$; Wärmeübergangskoeffizient Heizmittel/ Heizwand $\alpha_i = 2325\ W/Km^2$; Dicke der Heizwand $s_{HW} = 10$ mm; Wärmeleitfähigkeit der Heizwand $\lambda_{HW} = 58\ W/Km^2$.

Im ersten Trocknungsabschnitt enthält das Gut viel Feuchte und hat daher überall hohe Wärmeleitfähigkeit. Allmählich jedoch trocknet die wandnahe Zone aus und leitet die Wärme schlecht; dann verläuft der Vorgang im zweiten Abschnitt. Die wandnahe Zone wird dabei immer dicker, die gut leitende, oberflächennahe Zone immer dünner.

Unterstellt sei, daß alle zum Gut gelangende Wärme allein zum Verdampfen von Feuchte dient und daß keine durch Nahkräfte an das Gut gebundene Feuchte abzugeben sei. Der Feuchtetransport aus dem Gutsinneren gehe ohne merkliche Widerstände vor sich und daher sei die Trocknungsgeschwindigkeit allein durch die Widerstände bestimmt, die der Wärmestrom auf dem Wege vom Heizmittel zur Verdampfungsfläche findet. Es bezeichne (s. Nebenskizze von Bild 2.333):

$\Delta h_V'$ spezifische Verdampfungsenthalpie der Gutsfeuchte,

ϑ_H Temperatur des fluiden Heizmittels,

ϑ_O Temperatur der freien Gutsoberfläche (bei obengenannten Voraussetzungen gleich Sattdampftemperatur beim Druck im Vakuumraum),

α_i Wärmeübergangskoeffizient Heizmittel—Wand,

s_{HW} Dicke der Heizwand,

λ_{HW} Wärmeleitfähigkeit der Heizwand,

s Dicke der Gutsschicht,

s_{G1} Dicke der an die freie Oberfläche grenzenden Gutszone,

λ_{G1} Wärmeleitfähigkeit der an die freie Oberfläche grenzenden Gutszone,

λ_{G2} Wärmeleitfähigkeit der an die Heizfläche grenzenden Gutszone.

Dann gilt für die Trocknungsgeschwindigkeit g_D zu dem Zeitpunkt, an dem die oberflächennahe Gutszone die Dicke s_{G1} hat:

$$g_D = \frac{1}{\Delta h_V'} \frac{\vartheta_H - \vartheta_O}{\dfrac{1}{\alpha_i} + \dfrac{s_{HW}}{\lambda_{HW}} + \left(\dfrac{s - s_{G1}}{\lambda_{G2}} + \dfrac{s_{G1}}{\lambda_{G1}} \right)}. \tag{2.246}$$

(Über die Wärmeleitfähigkeit feuchter Stoffe s. [4], über die Wirkung evtl. vorhandener Zwischenschichten s. Abschn. 2.3.2.2.1.)

Wie die Trocknungsgeschwindigkeit mit fallendem Druck im Vakuumraum ansteigt und mit abnehmender Wärmeleitfähigkeit λ_{G1} und λ_{G2} des Gutes sinkt, zeigt für einen bestimmten Fall das Bild 2.333. Aus der obigen Gleichung geht auch hervor, daß hohe Trocknungsgeschwindigkeiten insbesondere bei niedrigen Schichtdicken des Gutes zu erwarten sind.

Viel schneller als nach Gl. (2.246) verläuft die Vakuumtrocknung, wenn das Gut auf der Heizfläche ständig durchmengt wird. Dann gilt für die Trocknungsgeschwindigkeit

$$g_D = \frac{1}{\Delta h_V'} \frac{\vartheta_H - \vartheta_O}{\dfrac{1}{\alpha_i} + \dfrac{s_{HW}}{\lambda_{HW}} + \dfrac{1}{\alpha_t}}, \tag{2.247}$$

worin α_t aus Formel (2.180) zu ermitteln ist. Besonders die Geschwindigkeit der Schlußtrocknung läßt sich mit Hilfe von Mischorganen oft stark erhöhen. Außerdem bleiben die Temperaturunterschiede in durchmischten Gütern gering.

Sitzt die Feuchte nicht in Poren, sondern in Räumen molekularer Abmessungen, wie z.B. in Polyamidschnitzeln, so ist ihre Bewegung als Platzwechselvorgang im unvollständig besetzten Gitter des Grundstoffes anzusehen. Die Trocknungsgeschwindigkeit richtet sich dann vornehmlich nach den Bewegungsmöglichkeiten der Feuchtemoleküle im Nahfeld der Grundstoffmoleküle und nach der Länge der „Diffusionswege" in den Gutsteilchen. Sie nimmt maximal mit dem Quadrat der Teilchengröße zu. In der Regel wachsen die Bewegungsmöglichkeiten beträchtlich mit steigender Gutstemperatur und werden mit abnehmender Gutsfeuchte geringer (Bild 2.334). Der Druck im Vakuumraum hat beträchtlichen Einfluß auf den erreichbaren Endfeuchtegehalt des Gutes und macht sich auch bei der Wärmeleitung durch das Haufwerk geltend (s. Bild 2.332). Indirekt, nämlich über das Feuchtegefälle, das sich in den Randzonen der Teilchen einstellt, wirkt der Druck auch auf die Diffusionsgeschwindigkeit der Feuchte ein [391, 149].

Beim Trocknen poröser Güter im Vakuum erfordern — wie bei der Trocknung unter Atmosphärendruck — die Abschnitte fallender Trocknungsgeschwindigkeit oft den Hauptteil der Trocknungszeit. Man kann den Trocknungsschwanz erheblich kürzen, indem man die Temperatur des Heizmittels heraufsetzt. Aber dabei kann das Gut unzulässig warm werden. Vorteilhafter ist es meistens, den Druck p im Vakuumraum gegen Ende der Trocknung zu vermindern, so daß die Gutstem-

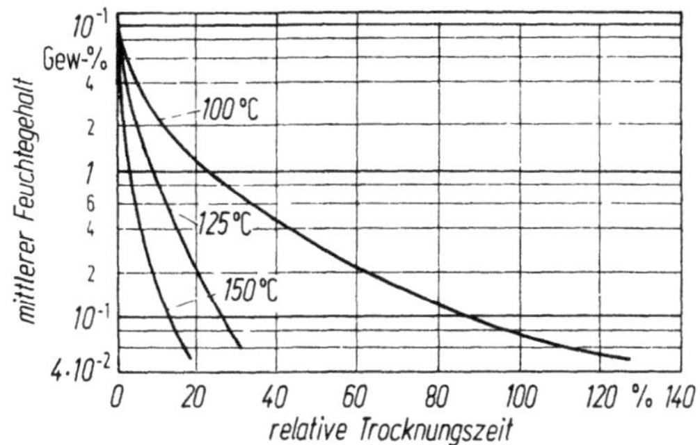

Bild 2.334. Vakuumtrocknung von Perlonschnitzeln. Trocknungsverlauf bei verschiedenen Temperaturen [391].
Äquivalenter Teilchendurchmesser 1,7 mm; Druck im Vakuumraum 0,13 mbar; Schichthöhe 10 mm; Zahl der Umschüttungen 10/h; rel. Trocknungszeit gleich wirkliche Trocknungszeit durch Zeit zum Erreichen von 0,07 % Restfeuchtegehalt bei 100 °C.

peratur zum mindesten nicht steigt (Bild 2.331). Gleichzeitig muß man oft die Heizmittelzufuhr drosseln.

In Trocknern mit absätzigem Betrieb stellt sich ein verminderter Druck gegen Ende des Prozesses von selbst ein, sobald weniger Feuchte verdampft und die Vakuumpumpe im Gebiet verminderten Durchsatzes und Ansaugdruckes arbeitet (Linie c in Bild 2.331). Zusätzlich kann man das Vakuum steigern, indem man den Kondensator bei der Endtrocknung mit erniedrigter Kühlmitteltemperatur betreibt.

Als nützlich erweist es sich in besonderen Fällen, den Druck bei der Endtrocknung so weit zu senken, daß die Gutstemperatur zurückgeht und die thermisch gespeicherte Energie des Stoffes ausreicht, um den Rest der Feuchte zu verdampfen. Vorteile kann es auch bringen, wenn man den Druck wiederholt auf einen tiefen Wert senkt und ansteigen läßt (Vakuumpulsation).

In stetig arbeitenden Trocknern mit nur einem Trocknungsraum herrscht über dem Gut stets der gleiche Druck. Die Trocknung verläuft dann gemäß Linie a im Bild 2.331.

2.5.1.2.3. Die Trocknungsgeschwindigkeit bei der Vakuum-Konvektionstrocknung

In Sonderfällen bekommt das Gut die nötige Energie ganz oder teils durch Gase zugeführt, die im Vakuumraum erwärmt und umgewälzt werden. Für den konvektiven Wärmeübergang an einen Körper gilt dabei annähernd

$$\alpha = 0{,}8 \frac{\lambda_L}{l'} \sqrt{Re'} = 0{,}8 \frac{\lambda_L}{l'} \sqrt{\frac{w_L l' M_L}{\eta_L R T} p}, \tag{2.248}$$

worin

α Wärmeübergangskoeffizient,
l' Überströmlänge des Körpers (bei Platten deren Länge),
Re' Reynolds-Zahl, gebildet mit
w_L Geschwindigkeit
p Druck
λ_L Wärmeleitfähigkeit $\}$ des Gases.
η_L dynamische Viskosität
M_L molare Masse

Unter den meistens in den Grobvakuumtrocknern gegebenen Umständen hat α Werte zwischen 1 und 10 W/K m².

Da α mit dem Druck sinkt, ist konvektive Wärmeübertragung nur sinnvoll, wenn p den Wert 100 bis 200 mbar nicht unterschreitet.

Getrocknet werde ein plattenförmiger Körper, dessen freie Hohlräume mit (fast reinem) Dampf erfüllt seien. Zum Zeitpunkt t entstehe der Dampf in der Tiefe s_{G1} unterhalb der Plattenoberfläche, und er bewege sich nach den Gesetzen der Gleitströmung zur Oberfläche. Dann gilt, wenn der zum Körper gelangende Wärmestrom allein zum Erzeugen des Dampfes dient, für die augenblickliche Trocknungsgeschwindigkeit

$$g_D = \frac{\vartheta_L - \vartheta_t}{\Delta h_V' \left(\dfrac{1}{\alpha} + \dfrac{s_{G1}}{\lambda_{G1}} \right)} = \frac{B}{s_{G1}}(p_{Dt} - p_{Da}) \qquad (2.249)$$

mit

$$B = \varepsilon \left(\frac{d^2 p}{32 \eta_D \mu_{Po}} \frac{M_D}{R T} + \frac{4}{3} \frac{d}{\mu_{Kn}} \sqrt{\frac{1}{2\pi}} \sqrt{\frac{M_D}{R T}} \right), \qquad (2.250)$$

B Bewegungsbeiwert (Stoffleitfähigkeit),

ϑ_L Temperatur des Gases im Vakuumraum,

ϑ_t Temperatur des Gutes am Verdampfungsspiegel,

p_{Dt} Druck des Dampfes am Verdampfungsspiegel (im überhygroskopischen Bereich des Gutes gleich dem Sattdampfdruck p_{Dt}'', der zu ϑ_t gehört),

p_{Da} (Partial-)Druck des Dampfes im Vakuumraum,

ε mit Dampf erfüllter Lückenraumanteil des Gutes,

d (äquivalenter) Durchmesser der Gutsporen,

μ_{Po} Wegfaktor für die laminare Kontinuumsströmung des Dampfes in den Poren (er gibt an, wieviel mal länger der wirkliche gegenüber dem geraden Weg des Dampfes ist),

μ_{Kn} Wegfaktor für die Molekularströmung des Dampfes (s. [4]).

Der erste Summand innerhalb der Klammer der Gl. (2.250) ist für die Dampfgeschwindigkeit bei der Kontinuumsströmung maßgebend. Er wird mit fallendem Druck kleiner. Unabhängig vom Druck ist der zweite Summand — für die Molekularströmung — der bei niedrigen Drücken die Hauptrolle spielt.

Solange die Feuchte an der Gutsoberfläche verdampft (erster Trocknungsabschnitt, $s_{G1} = 0$; $p_{Dt} = p_{Da}$), ist die Trocknungsgeschwindigkeit von den Bedingungen der Dampfbewegung her unbestimmt und hängt nur von der Intensität des Wärmeüberganges ab.

2.5.1.2.4. Die Trocknungsgeschwindigkeit bei der Vakuum-Strahlungstrocknung

Bezeichnet q_O die Dichte des Energiestromes, den das Gut absorbiert, und dient sämtliche absorbierte Strahlung zum Verdampfen von Feuchte, so gilt für die Trocknungsgeschwindigkeit eines porösen Gutes die Näherungsgleichung

$$g_D = \frac{q_O}{\Delta h_V'} = \frac{B}{s_{G1}}(p_{Dt} - p_{Da}). \qquad (2.251)$$

Bezüglich der Gegebenheiten bei der Strahlungstrocknung sei auf den Abschnitt 2.33 verwiesen. Die Temperaturstrahlung spielt fast in jedem Vakuumtrockner eine Rolle, auch wenn die meiste Energie auf andere Weise zum Gut gelangt.

Läßt man die Strahlung nicht dauernd, sondern während kurzer Zeiträume mit kurzen Unterbrechungen auf das Gut wirken, damit sich das Feuchtegefälle im Gut während der Pausen zum Teil ausgleicht, so kann die Trocknung vorteilhafter als bei Dauerbestrahlung ablaufen (Infrarot-Impuls-Vakuumtrocknung [392]).

2.5.2. Allgemeines über Grobvakuumtrockner

2.5.2.1. Anwendung der Grobvakuumtrockner

Weil die Vakuumtrockner es ermöglichen, im Gut niedrige Temperaturen einzustellen, so werden sie hauptsächlich für die temperaturempfindlichen Stoffe der chemischen, pharmazeutischen, Nahrungsmittel- und Kunststoffindustrie benutzt. Im Vakuumraum befindet sich (fast) kein Sauerstoff, und deshalb bieten sich die Trockner auch für oxydationsgefährdete Stoffe an. Die verdünnten Gase im Vakuumraum vermögen Staub weniger aufzuwehen und fortzutragen als Gase normalen Druckes. Mit Vorteil trocknet man in den geschlossenen Anlagen ferner Güter, die wertvolle oder giftige Bestandteile enthalten. Verdampfende Stoffe lassen sich in Oberflächenkondensatoren leicht und wirtschaftlich zurückgewinnen. Gefahrlos niederzuschlagen sind auch brennbare Lösungsmitteldämpfe, da sie — weil Sauerstoff in den Kondensatoren fehlt — nicht in den Explosionsbereich gelangen können.

Viele flüssige, breiige und pastige Güter verlieren im Vakuum weniger an Volumen als beim Trocknen unter Atmosphärendruck. Lockere und voluminöse Produkte entstehen insbesondere, wenn die Stoffe „ruhend" trocknen. Werden die Güter beim Trocknen umgeschaufelt, so ergibt sich eine etwas höhere Rohdichte.

2.5.2.2. Die Hauptorgane der Vakuum-Trocknungsanlagen

2.5.2.2.1. Der Vakuumraum und die Betriebsweise der Trockner

Einige für den atmosphärischen Betrieb bekannte Trockner lassen sich auch als Vakuumtrockner bauen, sofern sie mit vakuumdichten Gehäusen versehen werden können und gestatten, im Vakuumraum genügend viel Energie zum Gut zu bringen. Selbst der Zerstäubungstrockner ist anwendbar, wenn sich im Aufgabegut so viel innere Energie speichern läßt, daß nachher, wenn sich das Gut im Vakuum abkühlt, eine ausreichende Menge Feuchte damit verdampft werden kann. Weil die wesentlichen Merkmale aller dieser Trockner an anderen Stellen behandelt sind, genügt es hier, auf die Besonderheiten einzugehen, die durch den Vakuumbetrieb bedingt sind.

Es gibt Vakuumtrockner für absatzweisen und solche für stetigen Betrieb. *Chargenbetrieb* hat den Nachteil, daß das Vakuum immer wieder unterbrochen wird, daß die Betriebsbedingungen mit jeder Beschickung von neuem den Erfordernissen angepaßt werden müssen, daß die Vakuumpumpe und die Vakuumgeräte stoßweise belastet werden und daß die Kondensationseinrichtung erfahrungsgemäß nicht so wirtschaftlich arbeitet wie sonst. Vorteilhaft ist aber, daß man die Apparate leicht dicht halten kann — was insbesondere bei hohem Vakuum wichtig ist — und daß sich in ihnen eine niedrige Gutsendfeuchte erzielen läßt, weil sich am Ende der Trocknung fast kein Dampf mehr im Vakuumraum befindet.

Der fortlaufende Betrieb erfordert zwar geringere Bedienungskosten, aber er setzt kostspieligere Apparate voraus, die sich erst bei größeren Durchsätzen lohnen. Es kann schwierig sein, das Naßgut aus der Atmosphäre fortlaufend in den Vakuumraum einzuschleusen und das Trockengut stetig und möglichst ohne Vakuumverlust in die Atmosphäre auszutragen.

Hat ein stetig betriebener Trockner nur einen Vakuumraum, so herrscht darin überall der gleiche, verhältnismäßig hohe Druck, den die Pumpe beim gesamten anfallenden Dampfstrom erzeugt. Das Gut trocknet dann manchmal nicht weit genug aus — denn dazu wäre erhöhtes Vakuum nahe der Auslaßstelle nötig — es sei denn, man verwendet eine überaus groß bemessene Kondensations- und Evakuiereinrichtung für den freiwerdenden Dampf, die erhebliche Betriebskosten verursacht.

Soll das Gut kontinuierlich bei niedriger Eigentemperatur schnell und weitgehend trocknen, so führt man es durch mehrere Räume, von denen der erste mäßig stark, der zweite stärker evakuiert wird usw. Der letzte Raum kann als Abfüllbehälter ausgebildet sein. Zwischen den Räumen sind dann Druckschleusen nötig, mit denen die Druckunterschiede (meistens 15 bis 20 mbar) aufrechterhalten werden können. Auch müssen die Räume getrennte Kondensatoren, Pumpen und Staubabscheider erhalten, ferner ist die Heizmitteltemperatur evtl. von Stufe zu Stufe anders einzustellen.

Vakuumpumpen und Kondensatoren für stetigen Betrieb brauchen nur so bemessen zu werden, daß sie das gewünschte Betriebsvakuum aufrecht erhalten können. Für absatzweisen Betrieb aber müssen die Evakuiereinrichtungen 3- bis 4mal so großen Durchsatz bewältigen können, wenn sich der Betriebsdruck in genügend kurzer Zeit einstellen soll.

Der fortlaufende Betrieb setzt voraus, daß stetige Naßgutzufuhr und Trockengutabfuhr sichergestellt ist, so daß die Anlage betrieblich in den Beharrungszustand kommt. Selbstverständlich müssen daher die An- und Ausfahrzeiten einer solchen Anlage in einem vernünftigen Verhältnis zur Gesamtbetriebszeit stehen.

Die Gestalt der Vakuumtrockner ist der Eigenart des Vakuumbetriebes anzupassen. Insbesondere müssen alle zu evakuierenden Räume geschlossen und „vakuumdicht" sein und Wände haben, die gegen den äußeren Überdruck standhalten. Damit die Wände nicht einbeulen können, sind sie kräftig und formsteif auszubilden. Das erfordert oft schwere Bauarten. Die wesentlichen Innenteile der Apparate sollten mittels Durchführorganen von außen bedient werden können. Im übrigen baut man Vakuumtrockner möglichst gedrängt, damit die Pumpen nur unbedingt nötige Räume zu evakuieren brauchen. Ferner beschränkt man die Zahl der abzudichtenden Stellen auf die nötigsten.

Da die das Gut verlassenden Dämpfe nahezu gesättigt sind, kondensieren sie, wenn nicht entgegengewirkt wird, schon bei geringer Abkühlung an den Raumwänden, begünstigen die Korrosion des Gehäusebaustoffes und erschweren das Austrocknen hygroskopischer Güter. Man heizt die Wände daher durch aufgelegte Heizschlangen oder -taschen, oder dadurch, daß man sie von Heizkörpern durch Kontakt oder Strahlung miterwärmen läßt. Solche Wandheizungen sind auch für die dampfführenden Vakuumleitungen nötig.

2.5.2.2.2. Die Vakuumpumpen

Zum Erzeugen und Aufrechterhalten des Grobvakuums sind mechanisch angetriebene Vakuumpumpen und Pumpenkombinationen in Gebrauch: Verdrängerpumpen mit hin- und hergehenden oder mit rotierenden Verdrängern, viele mit Hilfsflüssigkeit arbeitend, ferner Wälzkolbenpumpen (sog. Rootsgebläse), sowie Strömungspumpen, meist als Dampfstrahlpumpen ausgebildet [390, 393, 394].

Bei der Wahl einer Pumpe sind bestimmend:

a) das Saugvermögen, vornehmlich anzugeben als Volumendurchfluß (z.B. in m³/s) gemessen bei einem bestimmten Druck;

b) der Druckbereich, in dem die Pumpe ihr größtes Saugvermögen haben soll (mbar);

c) der Ansaugdruck (das Vorvakuum, mbar). Pumpen, die das angesaugte Gas nicht bis auf Atmosphärendruck verdichten, die es also nicht in die Atmosphäre ausstoßen (z.B. Dampfstrahlpumpen), benötigen ein sog. Vorvakuum, das von einer in Förderrichtung nachgeschalteten Pumpe erzeugt wird;

d) der Enddruck (das Endvakuum, das Grenzvakuum). Das ist der niedrigste Druck, den die Pumpe auf der Saugseite erzeugen kann — bei dem sie kein Gas mehr fördert. Dieser Druck soll erheblich unterhalb des erforderlichen Arbeitsdruckes liegen.

Dampfhaltige Gase lassen sich nur bis zum Sättigungs-(partial-)druck des Dampfes der ihrer Temperatur entspricht, verdichten. Wird dieser Druck überschritten, so bilden sich Flüssigkeitströpfchen, die das ordentliche Arbeiten mancher Pumpen stören.

In den sogenannten Gasballastpumpen besteht keine Kondensationsgefahr; eine solche Pumpe läßt vor und während der Kompression des abgesaugten Gases so viel Luft in den Verdichtungsraum einströmen, daß sich das Auspuffventil öffnet, ehe Sättigung eintritt. Selbstverständlich erfordert das Verdichten der Ballastluft Energieaufwand.

Die (Kondensations-)Naßluftpumpen mit hin- und hergehenden Kolben stellen eine Kombination von Einspritzkondensatoren und Pumpen dar, in die Wasser als Kühlmittel eingespritzt wird. In Pumpen mit rotierenden Verdrängern hält man die als Dichtungs- und Sperrflüssigkeit dienenden Wasserströme so groß, daß sie als Kühlmittel nennenswerte Dampfströme kondensieren. Dabei kann der Dampfanteil der abzusaugenden Gase bis zur Sättigungsgrenze gehen. Die Pumpen fördern dann das Gas-Wasser-Gemisch an die Atmosphäre. Bei Drücken unter etwa 25 mbar werden gerne Ölluftpumpen mit Naßläufer-Vorpumpen benutzt.

Will man für den Trocknungsschwanz ein erhöhtes Vakuum erzeugen, so benutzt man aus wirtschaftlichen Gründen eine Pumpanlage mit zwei Verdichtern, z.B. mit Wälzkolbenpumpe und Flüssigkeitsringpumpe. Als anderes Beispiel zeigt das Bild 2.335 eine Anlage mit Dampfstrahlverdichter, worin Wasserdampf als Treibmittel dient. Im Hauptverdampfabschnitt gelangen die vom Gut kommenden Brüden unmittelbar zur Pumpe, die mit Vorkammer und Kühlwasserbrause zum Kondensieren der Dämpfe versehen ist[1]. Bei der Endtrocknung schließt man das Umgehungsventil und öffnet das Treibdampfventil, worauf der Dampfstrahlverdichter zusammen mit der Pumpe ein erhöhtes Vakuum erzeugt.

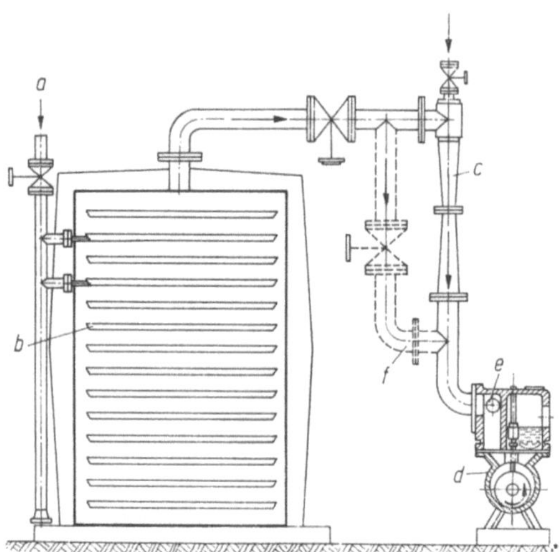

Bild 2.335. Schaltbild einer Vakuum-Trocknungsanlage mit Brüdenverdichter.
a Heizdampf-Eintritt; b Heizteller; c Brüdenverdichter; d Vakuum-Naßluftpumpe; e Kühlwasser-Einspritzung; f Umgehungsleitung.

Die Vakuumpumpen sind nach zwei Gesichtspunkten zu bemessen: Sie sollen erstens den Arbeitsdruck im Trockner und in den anschließenden Leitungen in 5 bis 10 min herstellen (im Feinvakuumbereich binnen 10 bis 20 min). Dieser Gesichtspunkt ist vor allem bei absätzigem Betrieb entscheidend, bei dem sich das Saugvermögen der Pumpe nach dem Volumen des Vakuumraumes zu richten hat. Die Pumpen sollen zweitens laufend die nicht kondensierbaren Gase fortschaffen können, die aus dem Gut kommen sowie durch Undichtigkeiten an Türen, Schleusen, Stopfbüchsen usw. in den Trockner gelangen. Dieses Erfordernis tritt bei stetig arbeitenden Anlagen in den Vordergrund. Undichtigkeiten treten stets und insbesondere nach einiger Betriebszeit auf.

2.5.2.2.3. Die Kondensatoren für die Dämpfe

Aus Vakuumräumen kann man die verdampfte Gutsfeuchte nicht unmittelbar ins Freie entlassen. Man muß vielmehr den absaugenden Pumpen in der Regel Kondensatoren vorschalten, die den Hauptteil der Dämpfe verflüssigen.

Im Grobvakuumgebiet benutzt man zum Kondensieren Vorrichtungen, in denen eine kältere Flüssigkeit die Brüden unmittelbar kühlt (Misch- oder Einspritzkondensatoren mit Druckdüsen, Brausen, Kaskadeneinbauten oder dergl.),

---

[1] Da der Dampfstrahlverdichter, solange er nicht als solcher wirkt, selbst als Leitung dienen kann, so entfällt in vielen Anlagen die Umgehungsleitung mit Ventil.

oder Vorrichtungen, in denen das Kühlmittel den Dämpfen durch Wände hindurch Wärme entzieht (Oberflächenkondensatoren, s. z.B. Bild 2.330). Als Kühlmittel am häufigsten benutzt wird Wasser, das nach Möglichkeit weniger als 15 °C haben und frei von Verunreinigungen sein soll. Manche Kleinanlagen arbeiten auch mit Sole.

Einspritzkondensatoren verwendet man überall dort, wo man keinen Wert darauf legt, das Kondensat unvermischt zu gewinnen.

Die Oberflächenkondensatoren halten das Kondensat vom Kühlmittel getrennt; sie kommen vornehmlich in Betracht, wenn wertvolle Lösungsmittel wiedergewonnen oder wenn das Kühlmittel rein erhalten werden soll. Ferner benutzt man Oberflächenkondensatoren — in Verbindung mit Trockenläuferpumpen — stets dann, wenn man niedrige Enddrücke erreichen will (in Einspritzkondensatoren würde der evakuierte Raum mit dem Kühlmittel laufend gelöste Gase zugeführt bekommen, die das Vakuum verschlechtern und die durch größere Pumpen fortgeschafft werden müßten). Je nach den Bedürfnissen führt man das Kühlmittel um oder durch das Rohrsystem in den Kondensatoren; verdampfende Kühlmittel allerdings leitet man stets durch die Rohre.

In den Kondensatoren kann die Temperatur der niederzuschlagenden Dämpfe äußerstenfalls auf diejenige des Kühlmittels absinken. Dementsprechend kann auch der Dampfdruck im Trockner keinen niedrigeren Betrag annehmen als nach der Sattdampfkurve zur Kühlmitteltemperatur gehört. Beispielsweise kann man mit Wasser von 20 °C den Wasserdampfdruck nur auf 23,3 mbar und den von Benzol auf 100 mbar vermindern. In Wirklichkeit ist zwischen der Sättigungstemperatur des Dampfes und der Kühlmitteltemperatur noch ein Gefälle nötig, das von der Wirksamkeit des Kondensators abhängt und in Einspritzkondensatoren selten weniger als 3 K, in Oberflächenkondensatoren 5 bis 7 K beträgt. Es gestattet nicht, die genannten Drücke ganz zu erreichen.

Im Vakuumgebiet unterhalb etwa 20 mbar genügt Wasser üblicher Temperatur als Kühlmittel oft nicht mehr. Man benutzt dann gekühltes Wasser oder Kühlsole, die man meistens durch röhrenbestückte Oberflächenkondensatoren schickt, sofern die Kondensationstemperatur über dem Gefrierpunkt bleibt. Oft wird hinter dem wassergekühlten ein solegekühlter Kondensator benutzt, oder es wird zwischen dem Trockner und dem Kondensator ein Brüdenverdichter angeordnet.

Da fast alle dem Gut entzogene Feuchte im Kondensator ausfällt, kann man den Trocknungsvorgang bei absätzigem Betrieb mit Oberflächenkondensatoren leicht kontrollieren, indem man durch Schaugläser die Geschwindigkeit des Kondensatanfalles beobachtet (sie geht zum Schluß gegen Null), oder indem man die Zu- und Ablauftemperaturen des Kühlmittels verfolgt, die sich am Ende immer mehr nähern. Man kann ferner beobachten, wie weit die Temperatur der entstehenden Dämpfe von der Heizmitteltemperatur entfernt ist, denn auch diese Temperaturen müssen sich am Schluß angleichen.

2.5.2.2.4. Die Staubabscheider

Reißen die Brüden aus dem Trockner feine Gutsteilchen mit, so muß man sie entstauben, bevor sie in den Kondensator gehen, denn dieser würde sonst verschmutzen. In Gebrauch sind Zentrifugal-Staubabscheider, Naßabscheider, Tuchfilter sowie Kombinationen dieser Abscheider. Sie müssen außer den eigentlichen Brüdenströmen stets auch die beigemischten, oft beträchtlichen Leckluftströme reinigen. Der anfallende Staub oder Schlamm ist abzuführen, ohne den Vakuumbetrieb zu unterbrechen. Die trocken arbeitenden Entstauber muß man an den Wänden heizen, da der Staub sonst durch kondensierenden Dampf feucht wird und die Einrichtungen verstopft. Im übrigen sollte man dafür sorgen, daß an allen Stellen in den Trocknern, an denen viel Staub entsteht, wie z. B. in der Nähe von Schabern und Überleitstellen, nur schwache und wirbelfreie Brüdenströmung herrscht, damit von vornherein wenig Staub mitgerissen wird. In waagerechte Brüdenleitungen sind nötigenfalls rotierende Bandspiralen einzubauen, die ausfallenden Staub wegfördern.

2.5.2.2.5. Die Vakuumleitungen

Die Dämpfe aus dem Gut, die ein großes spezifisches Volumen haben, müssen in weiten, kurzen und wenn möglich geraden Leitungen abgeführt werden, da sonst die Wirtschaftlichkeit und das einwandfreie Arbeiten der Anlagen in Frage gestellt sein können. Wie Vakuumleitungen zu bemessen sind, ist im Schrifttum erläutert [390].

Selbstverständlich müssen die Leitungen auf die Dauer dicht bleiben. Man fertigt sie aus nahtlos gezogenen Metallrohren und stellt feste Verbindungen durch Schweißen (unter Schutzgas) oder durch Hartlöten her. An Flanschverbindungen ist Sorgfalt auf glatte, saubere Dichtflächen und auf einwandfreies elastisches Dichtungsmaterial zu legen. Als Werkstoffe für die in Nuten verlegten Dichtungsringe kommen bei Temperaturen unter 200 °C Naturkautschuk, Neopren, Perbunan u. a. in Betracht, bei Temperaturen über 200 °C weiche Metalle.

Alle Absperrorgane müssen den speziellen Forderungen des Vakuumbetriebes hinsichtlich der Dichtigkeit und der Durchlaßquerschnitte gerecht werden. Für niedrige Drücke wurden besondere Formen entwickelt.

2.5.2.3. Heizungs- und Kühlmittelbedarf der Vakuumtrockner

Da die Gutstemperatur, die sich bei der Vakuumtrocknung einstellt, unter sonst gleichen Bedingungen niedriger liegt als bei atmosphärischer Trocknung, so kann man in Vakuumtrocknern auch mit Heizmitteln niedriger Temperatur noch beträchtliche Temperaturgefälle zwischen den Heizflächen (oder den umgewälzten Gasen) und dem Gut herstellen und ansehnliche Trocknungsgeschwindigkeiten erzielen. Als Heizmittel bevorzugt man Niederdruckdampf, Abdampf, Heißwasser oder Heißöl. Bedeutende Vorteile bietet auch der Vakuumdampf. Man entnimmt ihn entweder einer Kondensationsdampfturbine oder man drosselt Überdruckdampf und hält den Druck mit einer kleinen, wenig Betriebskosten verursachenden Vakuumkondensatpumpe aufrecht, die zugleich das Kondensat wegfördert.

Der Heizenergiebedarf vieler Vakuumtrockner ist erheblich geringer als der anderer Trockner. Das Gut braucht nur wenig aufgewärmt zu werden und Frischlufterwärmung entfällt (der Betrieb ist daher unabhängig vom Außenluftzustand). Außerdem sind wegen der niedrigen Innentemperaturen die Energieverluste an den Trocknerwänden gering. Meistens beträgt der Heizenergiebedarf 2 800 bis 3 400 kJ/kg verdampfenden Wassers bei sehr feuchtem Gut, bei anderen Stoffen mehr.

Beträchtlich ist der Bedarf an Kühlmitteln zum Niederschlagen der Brüden im Kondensator. Er ist aus dem Brüdenstrom und der Temperaturzunahme zu berechnen, die man dem Kühlmittel im Kondensator aufzwingen kann. Da die mögliche Zunahme mit steigendem Vakuum (fallender Kondensationstemperatur der Dämpfe) abnimmt, so wächst der Kühlmittelbedarf mit sinkendem Druck. Zum Beispiel sind bei 160 mbar für 1 kg verdampfenden Wassers 18 kg Kühlwasser von 15 °C nötig, bei 80 mbar 33 kg und bei 40 mbar 100 kg.

Der Kühlmittelbedarf der trocken laufenden Vakuumpumpen beträgt meistens 0,5 bis 1 l/m³ angesaugter Brüden. Dampfstrahlverdichter brauchen Kühlwasser zum Niederschlagen des Treibdampfes.

In manchen Fällen kann man das Kühlwasser im Kreislauf zwischen dem Kondensator und einem Rückkühlwerk führen und dadurch den Wasserverbrauch herabsetzen. Stets sind aber die Kosten zum Fördern des Wassers zu beachten.

Erhöhte Kühlmittelkosten treten auf, wenn Sole oder gekühltes Wasser als Kühlmittel benutzt werden müssen.

2.5.3. Bauarten der Vakuum-Übertemperaturtrockner

Die meisten Bauarten der Vakuumtrockner können sowohl im Grobvakuumbereich als auch im Bereich höherer Vakua betrieben werden. Nur die Weite der Vakuumleitungen, die Kondensatoren, Pumpen und Dichtungselemente sind den Druckbereichen anzupassen. Für die Wahl der Bauart entscheidend sind die Art des Gutes und der Durchsatz.

Vakuum-Kontakt-Schranktrockner (N 421.117.2). Von den absatzweise betriebenen Vakuumtrocknern sind am bekanntesten die Vakuumschränke. Sie werden hauptsächlich für hochwertige temperatur- und sauerstoffempfindliche, schüttfähige Güter benutzt, sowie für (hygroskopische) Stoffe, die weit austrocknen oder die aufschäumen und ein lockeres Produkt ergeben sollen. Ihre Gehäuse bestehen innen meistens aus Stahl, Edelstahl oder aus beschichtetem Stahl. Die größeren Trockner haben Kastenform, die kleineren Kasten- oder Zylinderform mit den Bedienungseinrichtungen meistens an der Vorderfront. Im Inneren sind bis zu 25 Heizplatten übereinander angeordnet, auf die das Gut unmittelbar oder in Schalen aufgelegt wird; die Beschickungsfläche kann bis zu 80 m² betragen. Das Heizmittel strömt durch die Plattenhohlräume, die mit Führungsstegen ausgestattet sind. Sowohl die Platten wie die Schalen — diese meistens aus Aluminium, nichtrostendem Stahl oder aus Kunststoff — sollten möglichst ebene Berührungsflächen haben und frei von Rost, Anbackungen oder dgl. gehalten werden, damit die Wärme ungehindert von den Platten zum Gut gelangen kann.

Das Bild 2.336 zeigt einen Schrank mit geschweißtem Gehäuse und einer Tür; größere Schränke können von zwei Seiten aus gefüllt werden. Nur kleinere Trockner haben um Zapfen drehbare Schwenktüren, die meisten größeren Trockner sind mit einfachen Schwenkkranen ausgestattet, an denen die Türen hängen, und mit denen sie bewegt werden können.

Manche Vakuumschränke haben mehrere Abteile, in die besondere Gutsträger mit Heizböden eingeschoben werden. Die Abteile können einzeln beheizt und eva-

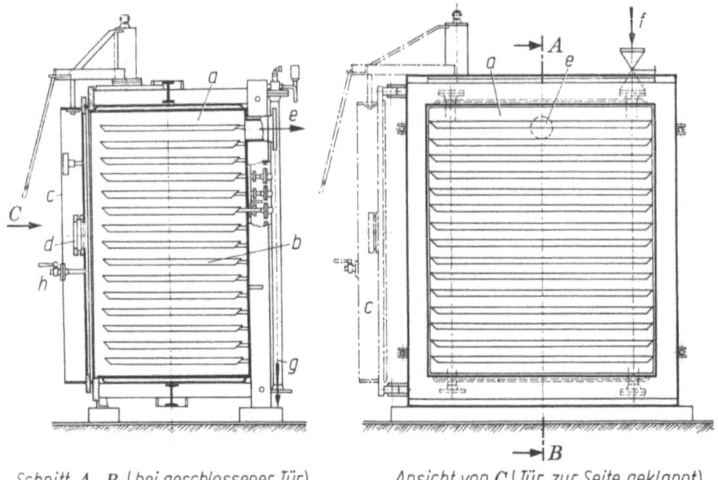

Bild 2.336. Vakuum-Kontakt-Schranktrockner.
a Vakuumraum; *b* Heizplatten; *c* Tür; *d* Schauglas; *e* Brüdenabzug; *f* Heizmitteleintritt;
g Heizmittelaustritt; *h* Belüftungshahn.

kuiert werden und sind durch eigene Verschlüsse zugänglich. Beim Einfahren bekommen die Gutsträger über Rohrstücke automatisch Anschluß an das Heizsystem. Einfache, von Hand oder motorisch betriebene Hebevorrichtungen erleichtern das Beschicken der Abteile [395].

Als Heizaggregate sind in unmittelbarer Nähe der Schränke oft Wärmeübertrager angeordnet, die Wärme von Brenngasen oder von Überdruckdampf an die
durch die Trockner zirkulierenden Heizmittel (Warmwasser oder Vakuumdampf)
weitergeben.

In der Regel belegt man die Horden mit 10 bis 30 kg Naßgut/m² Tragfläche
(durchschnittliche Schichthöhe etwa 25 mm). Die Temperatur der Heizplatten
oder -böden hält man auf 40 bis 70 °C bei Warmwasserheizung und oberhalb
40 °C bei Vakuumdampfheizung. Mit Wärmeträgeröl beheizte Sonderschränke
arbeiten bei Temperaturen bis etwa 400 °C. Den Druck im Vakuumraum stellt
man während des Hauptverdampfabschnitts auf 50 bis 250 mbar ein. Bildet sich
im Gut eine undurchlässige Kruste, so bricht man sie zu günstiger Zeit auseinander.
Unter üblichen Bedingungen braucht die große Mehrzahl der Güter 10 bis 50 Stunden Trocknungszeit.

Vakuumschränke sollte man vor dem Beschicken so weit anwärmen, daß die
Wände überall eine Temperatur annehmen, die über der Temperatur des Dampfes
liegt, der im Hauptverdampfabschnitt aus dem Gut tritt; sonst kondensiert der
Dampf. Ferner sollte man die Schränke schnell beschicken, verschließen und evakuieren, damit das Gut zu Trocknungsbeginn nicht überhitzt wird. Schränke für
stark schäumende Stoffe[1] brauchen so große Pumpen, daß sie das gewünschte
Betriebsvakuum binnen weniger Minuten oder in noch kürzerer Zeit herstellen kön-

---

[1] Die Stoffe schaumen, weil Gase frei werden und Dampfblasen entstehen.

nen, genauer gesagt, bevor die zum Betriebsdruck gehörende Verdampfungs-
temperatur (Siedetemperatur) der Gutsfeuchte erreicht ist.

Vakuum-Kammertrockner für elektrische Spulen, Transformatoren und Motoren.
Die Isolierstoffe der elektrischen Geräte nehmen, während sie lagern und verarbeitet werden, aus der Luft Feuchte auf und verlieren dadurch an Isolierfähigkeit.
Damit die Geräte nach dem Zusammenbau trotzdem die hohen Betriebs- und Sicher-
heitsanforderungen erfüllen können, die an sie gestellt werden, muß die Feuchte
wieder entfernt werden; zugleich ist Sauerstoff auszutreiben. Dazu dienen Va-
kuumkammern (Bild 2.337), welche die nötige Energie durch Strahlung von den

Bild 2.337. Vakuum-Trocknungsanlage für elektrische Transformatoren, mit Thermöl-Um-
laufheizung sowie Aufbereitungs- und Lagereinrichtung für das Transformatorenöl (Hering
AG, Nürnberg).

Wänden her auf die fertigen Gegenstände übertragen. Die Kammern sind außerdem im Inneren mit Heizkörpern und Ventilatoren ausgerüstet, mit deren Hilfe
sich die Gegenstände unter Atmosphärendruck schnell und gleichmäßig anwärmen
lassen. Beschickt werden die großen Kammern mittels Transportwagen, die auf
Schienen laufen; manche kleinere Kammern sind mit Rollbahnen ausgestattet;
Unterflur-Kammern haben aufklappbare Deckel und werden mittels Kränen von
oben beschickt. Die Vakuumpumpsätze sind, je nach den Anforderungen, für
Betriebsvakua von 1 bis 10^{-2} mbar ausgelegt. Mittels Zusatzeinrichtungen können die Transformatoren noch unter Vakuum mit Öl gefüllt und dadurch gehindert werden, nachträglich wieder Luft aufzunehmen. Weitere Einrichtungen ermöglichen es, die Gegenstände nach einem besonderen Verfahren mittels Kerosin-
dampf schnell und wirtschaftlich zu trocknen [396].

Zum Vor- und Fertigtrocknen von Leder dient der *Vakuum-Heizplatten-
Trockner* (Bild 2.338) (N 423.117.2). Das feuchte Leder *a* wird auf dem Heiztisch
b ausgebreitet, evtl. ein wenig ausgereckt, vom haubenförmigen Deckel *c* des
Apparates, der sich auf die Häute legt, festgehalten und unter Vakuum gesetzt,
indem die entstehenden Dämpfe durch die gelochte, unten mit Filz oder Metall-
gitter *d* versehene Andrückplatte *e* hindurch nach oben in den Vakuumraum *f*
gesaugt werden. Der Druck, mit dem der Deckel das Leder flach hält, läßt sich

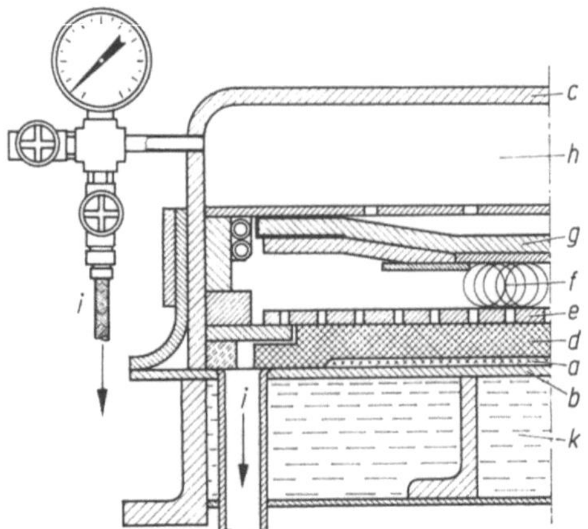

Bild 2.338. Schnitt durch die Heizplatte und den Deckel eines Vakuum-Heizplattentrockners für Leder (Trockentechnik GmbH, Homberg/Niederrhein).
a Leder; *b* Heiztisch; *c* haubenförmiger Deckel; *d* Filz; *e* gelochte Andrückplatte; *f* Vakuumraum zur Trocknung; *g* Gummimembrane; *h* Raum für Gegenvakuum; *i* Vakuumleitungen zur Pumpe; *k* umgepumptes Heißwasser.

mit Hilfe der Gummimembran *g* und des Unterdrucks in der Kammer *h* beliebig einstellen.

In einer abgewandelten Bauart für temperaturempfindliches Leder werden die Häute nicht auf die Heizplatte, sondern außerhalb des Trockners auf eine stählerne Zwischenplatte gelegt und erst erhitzt, nachdem die Zwischenplatte über die Heizplatte gefahren ist und das Gut unter Vakuum liegt [397—399].

Eine dritte Bauart arbeitet mit einem porösen kalten Tisch und einer Heizplatte, die das Leder narbenseitig von oben erwärmt. Die Dämpfe strömen nach unten weg.

Die Vakuum-Heizplattentrockner haben Nutzflächen von $1\,600 \times 1\,900$ bis $2\,250 \times 5\,020$ mm und arbeiten halbautomatisch. Man muß sie jeweils von Hand belegen; danach steuern Schaltorgane, an denen die gewünschte Aufenthaltsdauer der Leder im Vakuum einzustellen ist, alle Bewegungen der pneumatisch oder hydraulisch betätigten Deckel sowie der Arbeitstische und Zwischenplatten. Sicherheitsvorkehrungen verhindern, daß die Maschinenführer durch zuklappende Deckel gefährdet werden.

Für größere Durchsätze kann man mehrere Heizplattentrockner zu einem Vakuum-Förderbandtrockner vereinigen (N 423.617.21). Darin trägt ein Förderband die Leder schrittweise vom einen zum anderen Heiztisch. Sobald die eingestellte Taktzeit abgelaufen ist, heben sich alle Deckel, das Förderband läuft eine Teilung weiter, die Deckel schließen die Kammern wieder, das Vakuum wirkt erneut usw. In den Anlagen können die Einzelkammern mit unterschiedlichen Temperaturen und Drücken arbeiten, und die letzte Kammer kann zum Ausgleichen der Feuchte in den Ledern dienen [397].

Der vertikale *Dünnschicht-Trockner* gemäß Bild 2.339 verteilt das flüssig zulaufende Gut mit den Blättern seines Rotors mechanisch auf die Innenfläche des außenbeheizten zylindrischen Gehäuses und versetzt es in Turbulenz. Auf dem

schraubenlinigen Weg nach unten geht der Stoff über den breiförmigen in den
festen Zustand über und fällt in pulveriger, gegebenenfalls feinkörnig kristalliner
Form aus. Der entstehende Dampf strömt nach oben fort. Obwohl die pendelnden

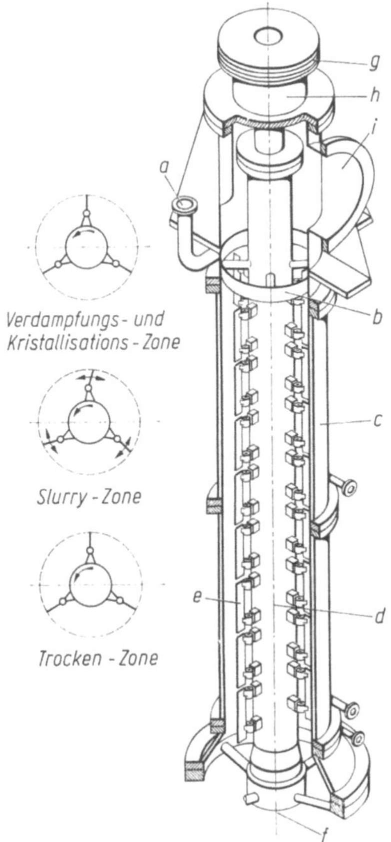

Bild 2.339. Vakuum-Kontakt-Dünnschichttrockner (Vertikaltrockner der Luwa-SMS GmbH
Verfahrenstechnik, Zürich).
a Gutseintritt; *b* Verteiler; *c* Gehäuse mit Heizmantel; *d* Rotor; *e* Pendelblätter; *f* Gutsaustritt;
g Riemenscheibe des Rotorantriebs; *h* Rohrwelle mit Gleitringdichtung; *i* Brüdenstutzen.

Rotorblätter 0,3 bis 0,5 mm Abstand von der Heizwand haben, verhindert der
Rotor doch, daß die Wand verkrustet. Agglomerate zerschlägt er. In der Verdamp-
fungszone oben stellen sich an der Heizwand Wärmeübergangskoeffizienten von
30000 bis 10000 W/m² K ein, in der Slurryzone von 10000 bis 300 W/m² K und
in der Trocknungszone von 300 bis 100 W/m² K [317]. Gefertigt werden die vertikalen Dünnschichttrockner mit Heizflächen von 0,25 bis 20 m² und hauptsächlich eingesetzt in der chemischen Industrie (N 423.257.3).

Vakuum-Kontakt-Zylindertrockner. Größere Durchsätze dünnflüssiger Güter
bewältigt der Einzylindertrockner (Bild 2.340). Der innenbeheizte Zylinder nimmt
aus dem Tauchbecken, das vom Vakuumgehäuse selbst gebildet wird, einen dünnen
Flüssigkeitsfilm mit und trocknet ihn binnen weniger Sekunden. In den Trockner

gelangt die Flüssigkeit durch ein Rohr mit Ventil; sie wird vom Vakuum „eingesaugt" (N 423.517.4).

Erwärmt der Zylinder den Inhalt des Tauchbeckens zu stark, so dickt das Gut ein und kann Schaden leiden. Auch entstehen Dampfblasen, die verhindern, daß sich die Zylinderoberfläche überall mit Flüssigkeit bedeckt. Zu umgehen sind diese Schwierigkeiten, indem die Flüssigkeit im Tauchbecken gekühlt, auf die Zylinder aufgewalzt oder aufgesprüht wird (s. Abschn. 2.3.2.2.4).

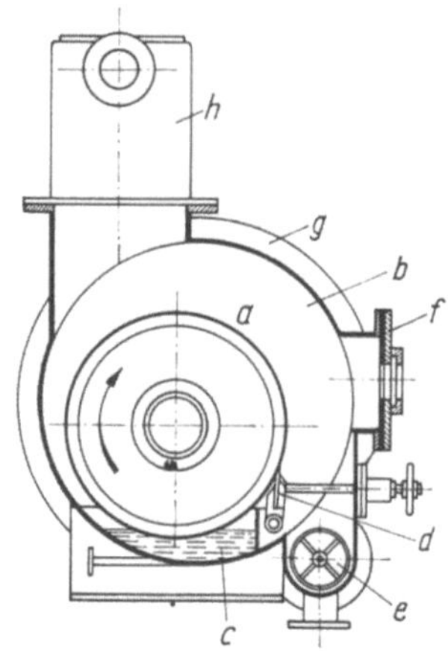

Bild 2.340. Vakuum-Kontakt-Einzylindertrockner (Büttner-Schilde-Haas AG, Krefeld).
a Heizzylinder; *b* Vakuumgehäuse; *c* Tauchmulde; *d* Schaber; *e* Austragschnecke; *f* Tür mit Schauglas; *g* Heizmantel; *h* Brüdendom.

Damit die abziehenden Brüden nicht vorzeitig kondensieren, ist die Gehäusewand mit einem Heizmantel versehen.

Verläßt das Gut den Zylinder in Form einer zusammenhängenden Haut, so leitet man es in einen unter Vakuum stehenden Auffangbehälter, wo es in einen Kastenwagen fällt. Bei Entnahme des Wagens muß man dann allerdings die Naßgutzufuhr vorübergehend unterbrechen und das Vakuum vorübergehend aufheben. Trockengut, das in schaufelbarer Form anfällt, läßt man dagegen durch eine Förderschnecke in wechselweise abschaltbare Sammelbehälter fördern.

Im Trockner gemäß Bild 2.340 kann man neben Salzlösungen zahlreiche kolloidale Lösungen — unmittelbar oder auf etwa 15% Feststoffgehalt voreingedickt —, in ein Gut hoher Löslichkeit überführen. Nach dem Trocknen ist das Gut meistens eine sehr lockere, voluminöse Masse.

Einzylindertrockner haben Heizflächen von 1 bis 12 m².

Vornehmlich für dickflüssige, breiförmige und weichpastöse Güter kommt der *Vakuum-Kontakt-Zweizylindertrockner* in Betracht, bei dem das Naßgut von oben zwischen die Zylinder eingebracht wird (Bild 2.341). Ein Knetverteiler oder mehrere Druckwalzen verteilen das Gut nötigenfalls gleichmäßig über die Zylinderbreite. Der Trockner kann auch steifpastige und bröckelige Naßgüter, die sich durch Kneten und Rühren weichpastig machen lassen, verarbeiten. Zum Einspeisen solcher Güter dienen Preßschnecken, Breipumpen und dgl. In der Regel stellt man den Spalt zwischen den Zylindern auf 0,6 bis 1 mm, selten auf mehr als 2 mm Breite ein, da bei zu dickem Spalt das Gut ungenügend auf den Zylindern haftet.

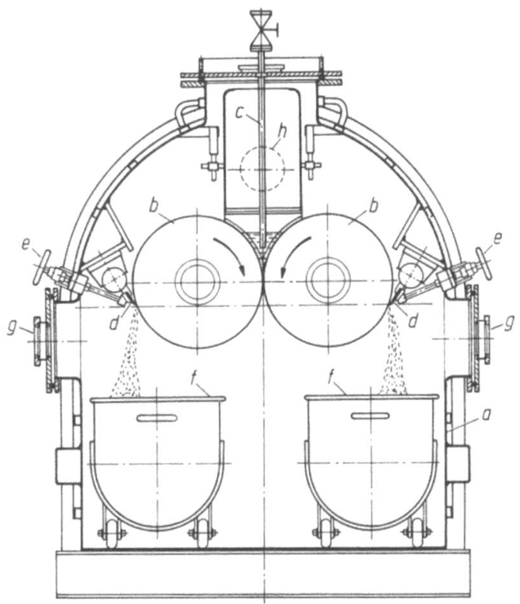

Bild 2.341. Vakuum-Kontakt-Zweizylindertrockner mit untergefahrenen Aufnahmekasten; Schnittbild (Buttner-Schilde-Haas AG, Krefeld).
a Vakuumgehause; *b* Heizzylinder; *c* Gutszufuhrrohr; *d* Schaborgane; *e* Schaberanpressung; *f* Kastenwagen; *g* Turen mit Schauglas; *h* Brudenabzug.

Die Zweizylindertrockner können Heizflächen von 2 bis 20 m² haben.

Für Kunststoffe, Pharmazeutika und Farbstoffe wird oft der *Vakuum-Kontakt-Mischbehältertrockner* verwendet, dessen Gutsbehälter faßförmig oder als Doppelkonus ausgebildet ist (Bild 2.342). Er eignet sich vornehmlich zum Trocknen pulverförmiger und körniger Güter im Satzbetrieb. Der doppelwandige Behälter mit 0,1 bis 35 m³ Inhalt ist an den Wänden beheizt und dreht sich 3- bis 12mal in der Minute um die zwei- oder einseitig gelagerte Achse; gefüllt wird er zu 30 bis 50% und mehr. Die Form des Behälters und die Anordnung der Behälter-Symmetrieachse relativ zur Drehachse sind so gewählt, daß das eingefüllte Gut eine

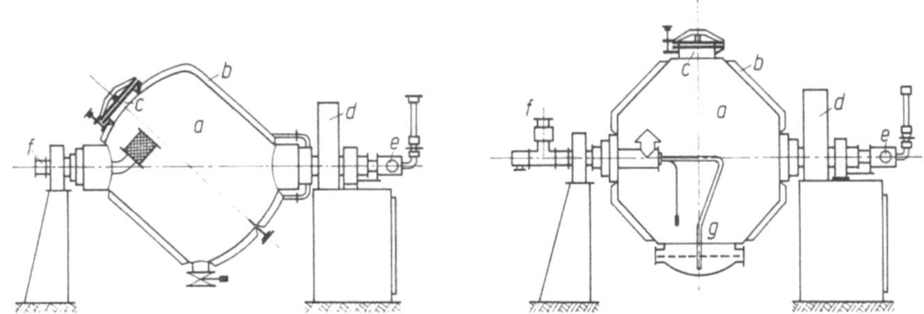

Bild 2.342. Vakuum-Kontakt-Mischbehaltertrockner (Buttner-Schilde-Haas AG, Krefeld).
Links: Vakuum-Taumeltrockner; rechts: Vakuum-Doppelkonustrockner mit Nutsche.
a Behalter zur Aufnahme des Gutes; *b* Heizmantel; *c* Einfullstutzen; *d* Antrieb; *e* Heizmitteleintritt; *f* Brudenaustritt; *g* Nutsche.

große Berührungsfläche mit dem Heizmantel hat und intensiv durchmischt wird. Auch kann der Behälter leicht (evtl. automatisch) gefüllt und entleert werden und ist überdies leicht zu reinigen. Die Brüden ziehen durch die hohle Achse ab und müssen entstaubt werden (N 424.157.3).

Neigt das Gut zur Klumpenbildung oder soll es leicht zerkleinert werden, so kann man ihm Mahlkugeln beigeben, oder man stattet den Trockner mit einer schnellaufenden Schlägerwelle aus. Eine Sonderbauart des Doppelkonustrockners enthält eine Nutsche (Bild 2.342, rechts), mit der Kornsuspensionen vor dem Trocknen filtriert, gewaschen und wieder abgenutscht werden können.

Der *Vakuum-Kontakt-Schaufeltellertrockner* wird einstufig für den Satzbetrieb und mehrstufig für den stetigen Betrieb gebaut. Als einstufiger Apparat — meistens mit einem ebenen oder pfannenförmigen Heizteller — eignet er sich besonders für schaufelbare Güter, die stark zur Staubbildung neigen. Man beschickt ihn absatzweise; mitunter speist man das Naßgut langsam während eines größeren Zeitraumes ein und vermischt es dabei mit vorgetrocknetem Gut, so daß es nicht an der Heizfläche festbackt. Abgesehen von den vakuumdichten Gehäusen, die

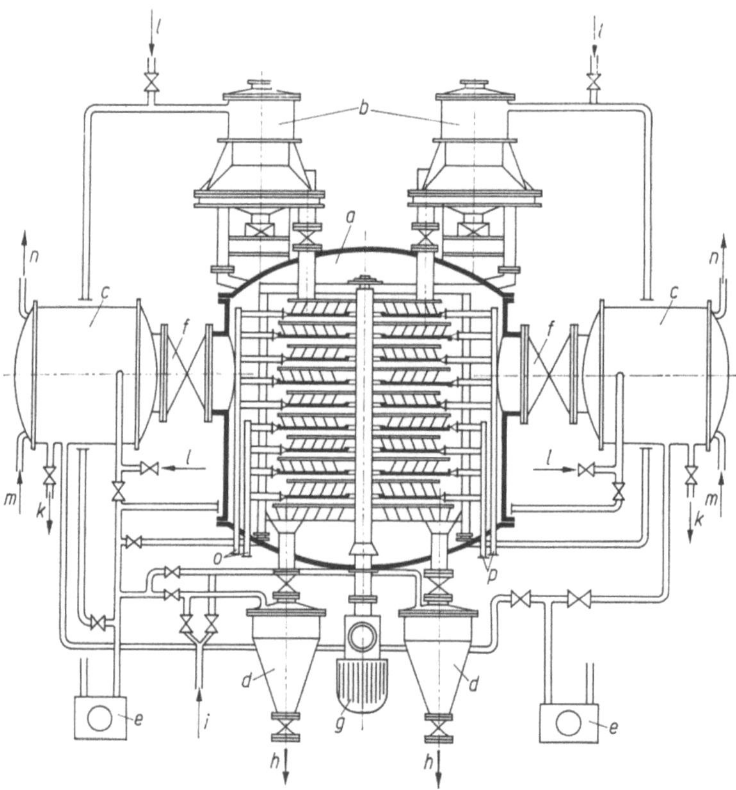

Bild 2.343. Vakuum-Tellertrockner (Krauss-Maffei Imperial, München).
a Trocknungsraum; *b* Gutsaufgabe; *c* Kondensator; *d* Abfüllbehälter; *e* Vakuumpumpe; *f* Absperrklappe; *g* verstellbarer Antrieb; *h* Gutsaustritt; *i* Begasung mit N_2 oder CO_2; *k* Kondensatabfluß; *l* Belüftung; *m* Kältemittelzufluß; *n* Kältemittelabfluß; *o* Heizmitteleintritt; *p* Heizmittelaustritt.

mit heizbaren Deckeln versehen werden, unterscheiden sich die Apparate wenig von den normalen Heiztellertrocknern (s. Abschn. 2.3.2.3.2) (N 424.157.2).

Mehrstufige Vakuum-Tellertrockner — für stetigen Betrieb — setzen ein Naßgut voraus, das von Anfang an gut schaufelbar ist und leicht vom einen zum nächstunteren Teller überführt werden kann (s. auch Abschn. 2.3.2.3.4). Die Trockner (Bild 2.343) kommen vornehmlich für pulverige, körnige und krümelige Stoffe in Betracht und können bis zu 200 m² Heizfläche haben. Durch Abstufen läßt sich die Heizflächentemperatur der zulässigen Gutstemperatur anpassen (N 424.357.2).

Die Anlage nach Bild 2.343 führt das feuchte Gut durch zwei wechselweise betriebene Tellerspeiser kontinuierlich in den Trockner und schüttet es als Trockenprodukt in zwei wechselweise entleerbare Behälter. Doppelt vorhanden sind auch die Kondensatoren und die Vakuumpumpen in der bis zu tiefsten Drücken von etwa 0,1 mbar brauchbaren Anlage [400, 401].

Der *Vakuum-Kontakt-Schaufeltrockner* für Satzbetrieb (N 424.157.3) ist dem Normaldruck-Schaufeltrockner (Abschn. 2.3.2.3.2) nahe verwandt, er wird jedoch besonders für temperaturempfindliche Stoffe benutzt. Vornehmlich eignet sich dieser wichtige Trockner für krümelige Güter, die schaufelbar sind oder werden; anfänglich dürfen diese Stoffe schlammig oder breiig sein. Der Trockner arbeitet geruch- und staubfrei und oft recht wirtschaftlich. Die Betriebsbedingungen lassen sich leicht variieren und den Erfordernissen anpassen. Nicht zu verwenden ist der Apparat für Stoffe, die an den Heizflächen anbacken, oder deren Teilchen keinen Abrieb erleiden sollen.

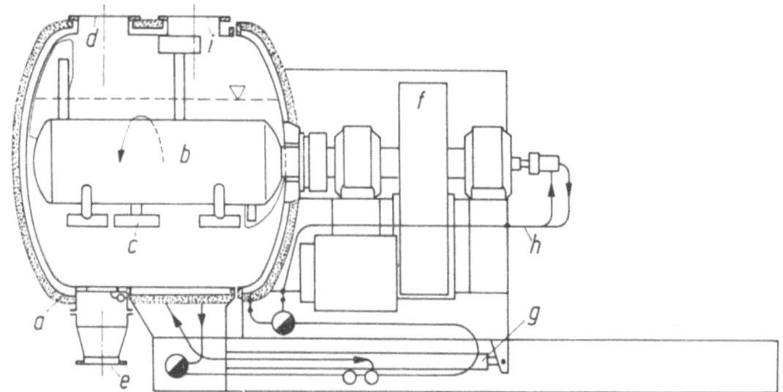

Bild 2.344. Vakuum-Kontakt-Schaufeltrockner (Alpha AG, Nidau).
a Doppelwandiges beheiztes Gehäuse; *b* beheizte Schaufelwelle; *c* Schaufeln; *d* Gutseinfüllöffnung; *e* Gutsentnahmeoffnung; *f* Schaufelantrieb; *g* Verschiebespindel; *h* Heizmittelleitung; *i* Brudenabzug.

Große Schaufeltrockner mit zweiseitig gelagerten Schaufelwellen erfordern allerdings merklichen Bedienungsaufwand. Als ihr Nachteil gilt auch, daß die Stopfbuchspackungen schnell verschleißen und schon nach kurzer Zeit beträchtliche Leckluftströme eintreten lassen. In Trocknern mit nachgiebig befestigten sog. „schwimmenden Stopfbuchsen" jedoch haben die Packungsschnüre angängige Standzeiten [499].

Der Innenraum des kleinen Trockners nach Bild 2.344 läßt sich schnell und leicht reinigen. Die Schaufelwelle mit Lagerung und Antrieb sowie der eine seitliche Gehäusedeckel sind auf einen Wagen gebaut, der mit einer elastisch gelagerten Spindel vom Trocknergehäuse weggefahren werden kann. Die Spindel gestattet andererseits aber auch, den Gehäuse deckel mit konstanter Kraft gegen das Gehäuse zu drücken, so daß sich Verschlußschrauben dort erübrigen.

Das Bild 2.345 gibt den Trocknungsverlauf einer Paste in einem Schaufeltrockner wieder [402]. Während des ersten Trocknungsabschnittes, in dem die Gutstemperatur gleichblieb, nahm der Wärmeübergangskoeffizient α_t ständig ab, weil sich die dafür maßgebenden Gutseigenschaften änderten.

Wie der durchschnittliche Wärmeübergangskoeffizient in einem Schaufeltrockner im ersten Trocknungsabschnitt bei Versuchen mit Filterkuchen verschiedener Farbstoffe vom anfänglichen Feuchte/Grundstoff-Massenverhältnis X_1 abhing, zeigt das Bild 2.346. Die Froude-Zahl (Gl. (2.186)) betrug hierbei 0,2.

Anhaltswerte für den Bedarf der Schaufeltrogtrockner an mechanischer Leistung sind dem Bild 2.347 zu entnehmen [316].

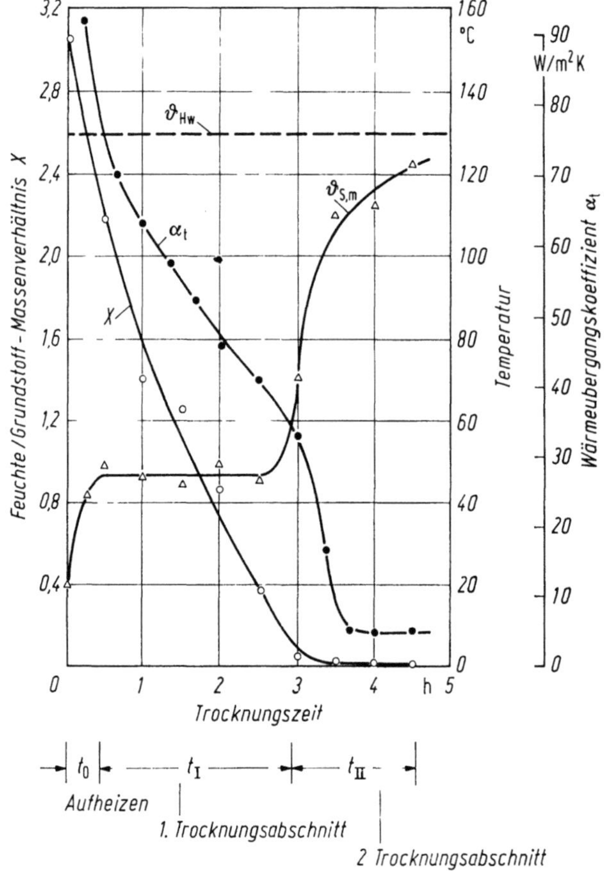

Bild 2.345. Trocknungsverlauf der wässerigen Paste eines Kunststoffpulvers im Vakuum-Kontakt-Schaufeltrogtrockner (nach Klocke [402]).
X Feuchte/Grundstoff-Massenverhältnis; ϑ_{HW} Heizwandtemperatur; $\vartheta_{s,m}$ durchschnittliche Temperatur der Guts-Mengschicht; α_t Wärmeübergangskoeffizient Heizwand-Mengschicht.

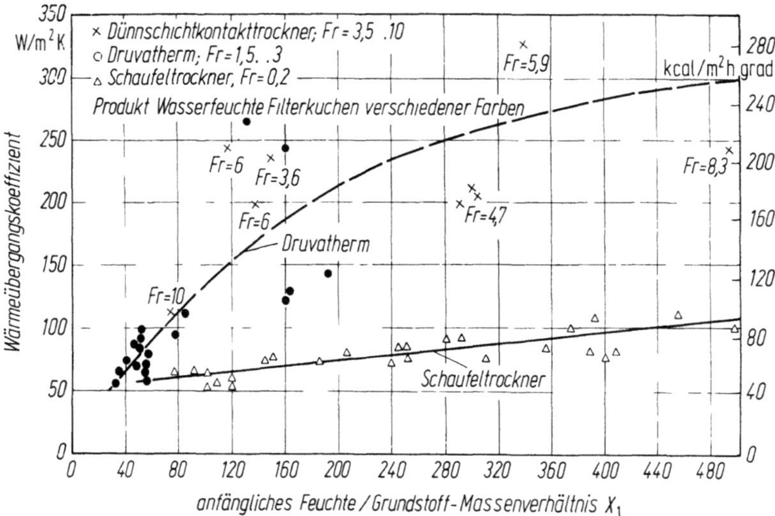

Bild 2.346. Wärmeübergang Heizfläche-Gut beim Trocknen wasserfeuchter Farbstoff-Filterkuchen in drei verschiedenen Vakuum-Kontakt-Mengschichttrocknern (nach Klocke [402]). Durchschnittlicher Wärmeübergangskoeffizient im ersten Trocknungsabschnitt als Funktion des anfänglichen Feuchte/Grundstoff-Massenverhältnisses X_1.

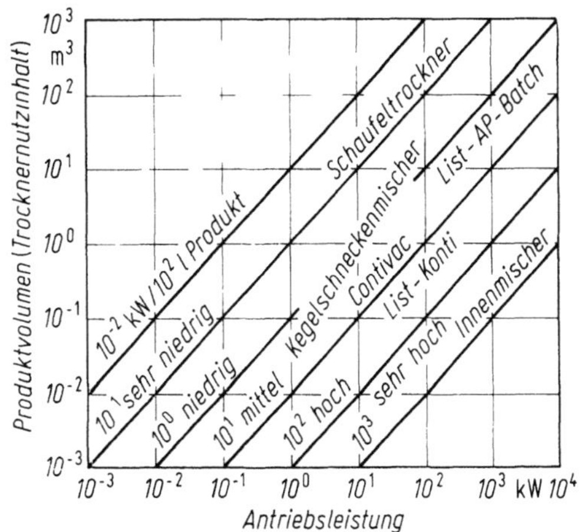

Bild 2.347. Bedarf einiger Mengschichttrockner an mechanischer Leistung, gemessen an der Rotorwelle, abhängig vom Nutzinhalt der Trockner [316].
In dem Diagramm sind die verschiedenen Trockner ungefähr durch die Leistung (kW) charakterisiert, mit der sie 100 l des Gutes mechanisch bearbeiten (durchmengen und kneten).

Die meisten Vakuum-Schaufeltrockner werden bei 30 bis 150 mbar Druck und bei 40 bis 200 °C Heizflächentemperatur betrieben. Beschickt werden die kleinen Apparate meistens durch die Brüdendome, die größeren durch zusätzliche Einfüllstutzen. Aus den Brüdenentstaubern, die über den Trocknergehäusen sitzen, fällt der ausgeschiedene Staub unmittelbar in das Trocknergehäuse zurück. Die Staubfilter können automatische Rückspüleinrichtungen haben, die den Staubbelag der Filtersäcke durch periodische Stöße leicht überhitzter Dampfströme abschütteln.

Lebhafteren Wärmeübergang zum Gut als der normale Schaufeltrockner erzwingt der Druvatherm nach der Beschreibung im Abschnitt 2.3.2.3.2, der auch für den Vakuumbetrieb gebaut wird. Sein schnellaufender Rotor durchmischt und knetet das Gut so intensiv und wirft es so gleichmäßig auf die gesamte Heizfläche, daß sich bei hohen Feuchtegehalten der dreifache Wärmeübergangskoeffizient ergibt (s. Bild 2.346). Allerdings muß diese Wirkung durch hohe Antriebsleistung erkauft werden [402].

Die *Vakuum-Kontakt-Schaufeltrockner* für kontinuierlichen Betrieb bekommen das Gut über Vakuumschleusen (s. w. h.) an der einen Stirnseite zugeführt, an der anderen entnommen und fördern das Gut selbständig durch den Trocknungsraum. Sie gleichen im Inneren weitgehend den Trocknern, die im Abschnitt 2.3.2.3.4 beschrieben sind (N 424.357.3).

Ordnet man mehrere solcher Trockner übereinander an, so kann man die Rührerkonstruktion, die Heizmitteltemperatur und das Vakuum in den einzelnen Stufen weitgehend den Eigenschaftsänderungen des Gutes anpassen.

Schaufeltrockner, die dem Gut verhältnismäßig lange Aufenthaltszeit gewähren, sind oft Vakuum-Zylindertrocknern nachgeschaltet und trocknen Stoffe fertig, die auf den schneller arbeitenden Zylindern den gewünschten Endfeuchtegehalt nicht annehmen können oder sollen (Bild 2.348).

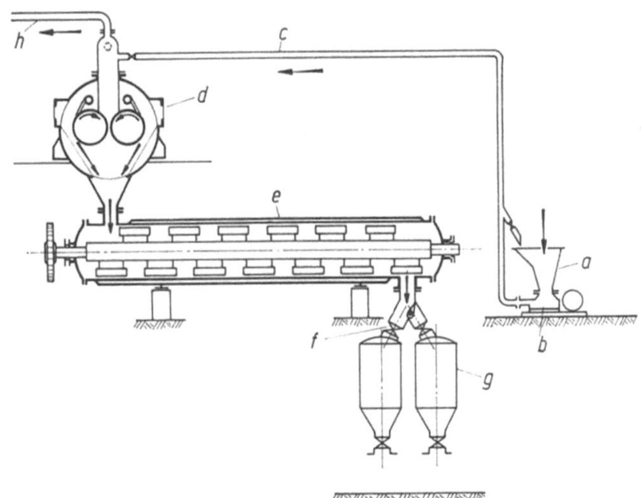

Bild 2.348. Kombination eines Vakuum-Kontakt-Zweizylindertrockners mit einem Schaufeltrockner.
a Rührtrichter; *b* Speisepumpe; *c* Speiseleitung; *d* Zweizylindertrockner; *e* Schaufeltrockner; *f* Zwischenverschluß; *g* Abfüllbehälter; *h* Brüdenabsaugleitung.

Im Satzbetrieb arbeitet der *Vakuum-Kegelschneckentrockner* nach Bild 2.349. Seine beheizte Hohlschnecke mit geneigten Flanken fördert das rieselfähige Gut im mittleren Bereich des Behälters von unten nach oben. Die äußere Wendel bewegt es im Bereich der heißen Trocknerwand nach unten. Sie hält diese Wand auch von Anbackungen frei und erleichtert die Entleerung. An Stelle der Wendel können Abstreifer das Gut abwärtsschieben und es zugleich zerkleinern. Gebaut wird der Trockner für 0,1 bis 2,5 m³ Füllung. Die Hohlschnecke macht 6 bis 10 Umdr./min, solange das Gut trocknet und 60 bis 100 Umdrehungen beim Abschleudern und Entleeren [403].

Vakuum-Knet-Trockner. Schwierig zu trocknen sind viele Güter, die während der Feuchteabgabe den Zustand einer zähen Paste durchlaufen und zur Krustenbildung neigen. Für sie wurden als satzweise arbeitende Maschinen der Druvatherm (Abschn. 2.3.2.3.2) und der AP-Trockner (Alphasentrockner, Bild 2.350)

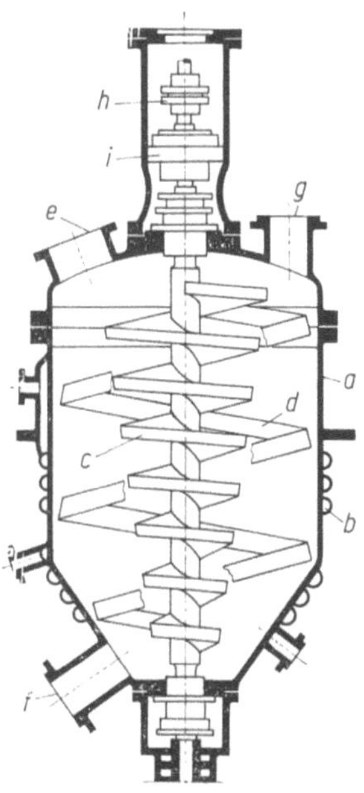

Bild 2.349. Vakuum-Kegelschneckentrockner (B. Thies, Coesfeld/Westf.).
a Mantel; *b* Heizschlange; *c* beheizte Hohlschnecke; *d* Außenspirale; *e* Einfüllstutzen (mit Spezial-Verdrängerventil); *g* Brüdenstutzen; *h* Antrieb; *i* Lagerung.

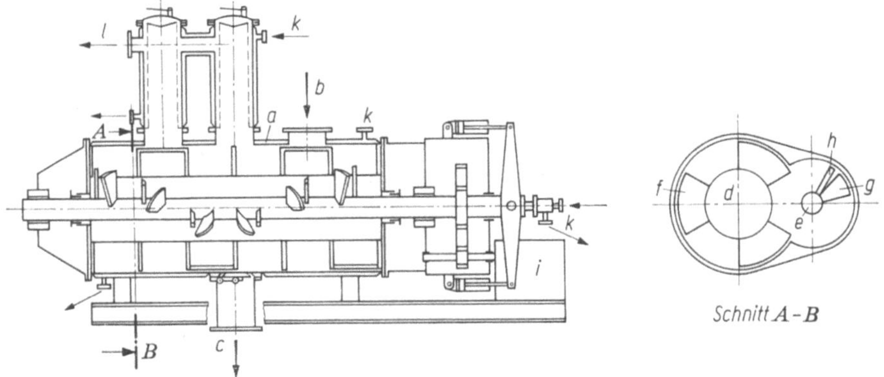

Bild 2.350. Vakuum-Kontakt-Trockner mit Knetwerk (Allphasentrockner, AP-Trockner Batch; H. List, Industrielle Verfahrenstechnik, Pratteln) [316].
a doppelwandiges Gehäuse; *b* Einfüllöffnung; *c* Entnahmeöffnung; *d* Hauptwelle; *e* Putzwelle; *f, g* Schaufeln; *h* Schaber; *i* Antrieb; *k* Heizungsanschlüsse; *l* Brüdenabzug.

entwickelt. Die mechanische Einrichtung des Zweitgenannten, des List-AP-Trockners (Batch) unterscheidet sich nur durch die besondere Ausstattung der Putzwelle von derjenigen des Trockners nach Bild 2.239. Damit das Gut im Trocknergehäuse zirkuliert — im Bereich der Hauptwelle von den Stirnwänden weg zur Mitte und im Bereich der Putzwelle zurück — arbeitet diese Welle mit schräggestellten Schaufeln und mit Schabern. Die Welle rotiert, bewegt sich hin und her, knetet das Gut dabei im Zusammenspiel mit der Hauptwelle und reinigt die gutsberührten Flächen. Der Apparat kann zu 75 % seines Volumens mit Gut gefüllt sein.

Wie eine bestimmte Filterpaste in einem AP-Trockner mit 650 l Nutzvolumen trocknete, zeigt das Bild 2.351. Das Naßgut enthielt 275 kg Wasser und ging während 8,5 Stunden in ein Teilchengemengsel mit 0,2 % Restfeuchte über. Ungefähr 3 Stunden nach Trocknungsbeginn wurde die Paste zäh und setzte der mechanischen Behandlung einen erheblichen Widerstand entgegen, der an der hohen Leistungsaufnahme der Wellen erkennbar war. Nach etwa 4 Stunden zerfiel die Masse in Teile, und der Leistungsaufwand ging wieder zurück [404].

Wie die beschriebenen so brauchen auch andere Misch- und Knettrockner, die Güter mit stark wechselnder Konsistenz verarbeiten, zeitweise große Antriebsleistungen. Ohne die Trocknungszeiten der Chargen stark verlängern zu müssen, kann man die Trockner aber über besondere Organe auch so antreiben, daß das Produkt aus dem nötigen Drehmoment und der Rotordrehzahl, also die Leistung, konstant bleibt [499].

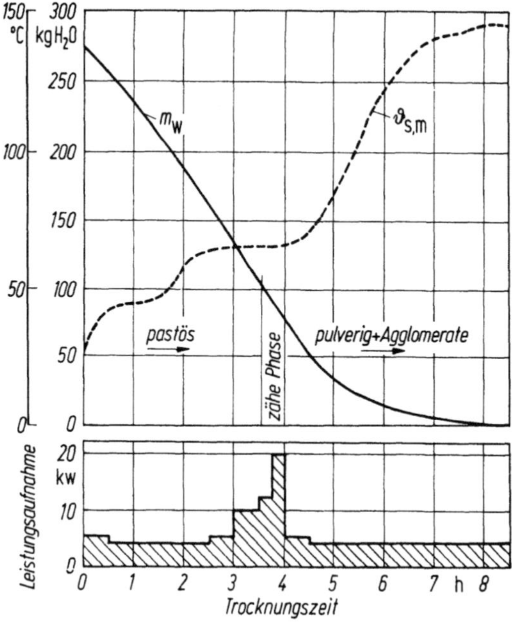

Bild 2.351. Trocknungsverlauf einer Filterpaste (eines optischen Aufhellers) im AP-Trockner (Batch) [404].
m_W Wassermenge im Gut; $\vartheta_{s,m}$ durchschnittliche Temperatur der Guts-Mengschicht.
Feuchtegehalt des Gutes: anfänglich $W_1 = 52\%$, am Schluß $W_2 = 0,2\%$; Heizwandtemperatur $\vartheta_{HW} = 145\,°C$; Druck im Trockner $p = 40$ bis 53 mbar.

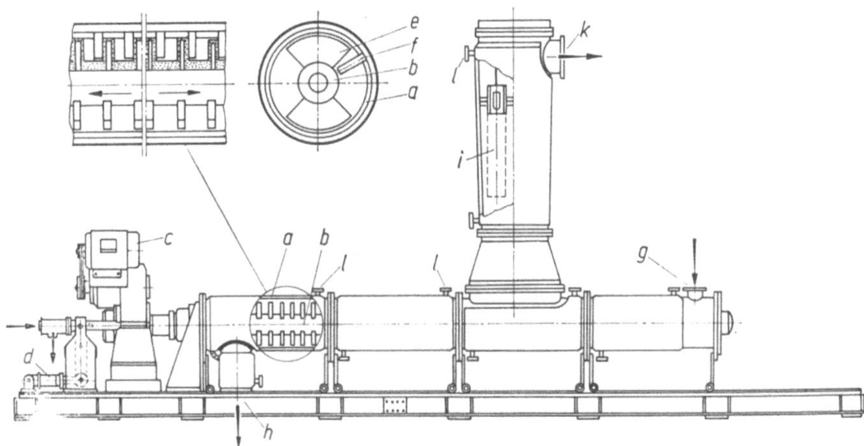

Bild 2.352. Vakuum-Kontakt-Knettrockner für kontinuierlichen Betrieb (Contivac-Trockner der Buss AG, Basel, Pratteln).
a Doppelwandiges Gehäuse; *b* Rührwelle; *c* Antrieb der Rührwelle; *d* pneumatische Schubeinrichtung; *e* Schaufelblätter; *f* Abstreifstift; *g* Eintrittsstutzen für das Gut; *h* Gutsaustritt; *i* Brüdenfilter; *k* Brüdenabzug; *l* Heizungsanschluß.

Wie sich bestimmte langsam- und schnellaufende Vakuum-Schaufeltrockner, Schnecken- und Knettrockner beim chargenweisen Verarbeiten eines chemischen Zwischenproduktes verhielten, beschreibt Stein. Hier kann auf diesen Bericht nur verwiesen werden [500].

Kontinuierlich arbeitet der Buss-Contivac-Trockner (Bild 2.352). Seine heizbare Knetwelle trägt Blätter, die bis nahe zur Gehäusewand reichen, und macht sowohl eine Rotations- wie eine Oszillationsbewegung. Dabei schieben die Blätter das Gut in Achsrichtung weiter und reinigen zugleich das heiße zylindrische Trocknergehäuse. Geknetet wird das Gut zwischen den Blättern und den Stiften, die am Trocknergehäuse sitzen und das anhaftende Gut von den Blättern streifen [316].

Für Saatgetreide und Ölsaaten baut man den *Vakuum-Kontakt-Rieselschachttrockner*. Im Bild 2.353, das eine Anlage für Getreide wiedergibt, bedeuten *e* die Abteile des Trocknungsraumes, die mit Dampfheizkörpern und mit quer dazu angeordneten Absaugedächern bestückt sind. Zwischen den Heizkörpern rieselt das Gut stetig mit einer Geschwindigkeit durch, die man an der Austragvorrichtung einstellen kann. Zunächst läuft das Getreide, in Posten aufgeteilt, aus dem Vorbehälter *a* in die Schleusenkammer *c*, die luftdicht schließende und automatisch gesteuerte Ein- und Auslaßventile b_1, b_2 hat. Dort wird es vorevakuiert und rutscht dann in den Verteilraum *d* und von dort in den Hauptvakuumraum *e*, wo es trocknet. Über den Pufferraum *g* und die Schleusenkammer *h* wandert es schließlich in den mit atosphärischem Innendruck betriebenen und mit dachförmigen Einbauten versehenen Gutskühler *k*, der es mit Kaltluft ungefähr auf Außenraumtemperatur bringt. Anlagen dieser Art werden für 5 bis 20 t/h Gutsdurchsatz gebaut (s. auch Abschn. 2.3.1.4.3) (N 424.257.7) [405].

In der Seifenindustrie sind *Vakuum-Zerstäubungstrockner* in Gebrauch (Bild 2.354), die das flüssig ankommende Gut außerhalb der Vakuumräume auf 150 bis 170 °C erwärmen und dann ins Vakuum versprühen. Bei der genannten

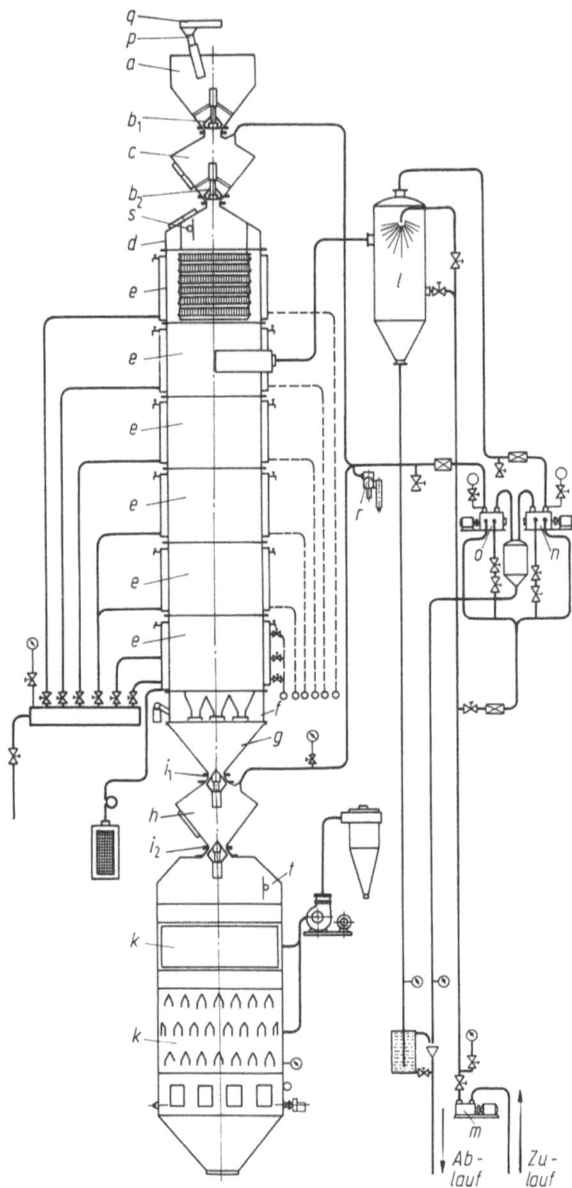

Bild 2.353. Vakuum-Kontakt-Rieselschachttrockner [405].
a Vorbehälter; b_1, b_2 Ventile; *c* obere Schleusenkammer; *d* oberer Verteilraum; *e* Abteile des Hauptvakuumraumes; *f* Austragvorrichtung; *g* Übergangsbehälter; *h* untere Schleusenkammer; i_1, i_2 Ventile; *k* Kühler; *l* Kondensator; *m* Kühlwasserpumpe; *n, o* Vakuumpumpen für die Schleusen und den Trocknungsraum; *p* Teleskoprohr für die Gutszufuhr; *q* Einlaufschieber; *r* Belüftungsventil; *s, t* Pendelklappen als Getreidestandsfühler zum Steuern der Schleusenventile.

Temperatur hat die Seifenfeuchte einen so hohen Sättigungsdruck, daß sie im Vakuum, wo niedriger Druck herrscht, sehr lebhaft verdampft. Die Energie dazu nimmt die Feuchte aus der Seife, die sich dabei abkühlt (N 470.917.9).

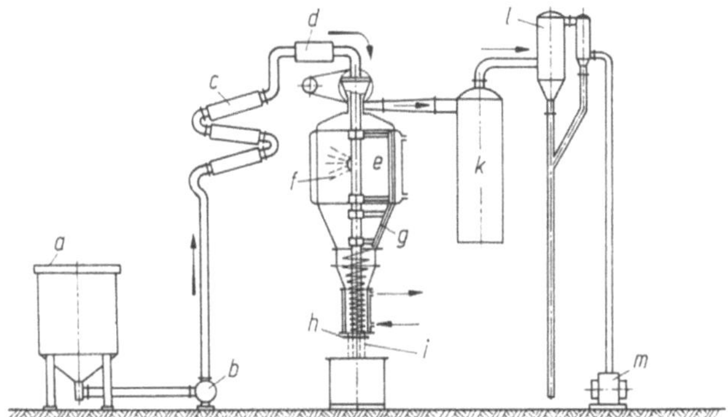

Bild 2.354. Schema des Mazzoni Vakuum-Seifentrockners.
a Vorratsbehälter; *b* Pumpe; *c* Wärmeübertrager; *d* Sieb; *e* Trocknungsraum; *f* Sprühdüse; *g* Schaber; *h* rotierendes Messer; *i* Seifennudeln; *k* Staubabscheider; *l* Kondensator; *m* Vakuumpumpe.

In der dargestellten Anlage saugt die Pumpe die flüssige Seife aus dem Vorratsbehälter und drückt sie durch den Wärmeübertrager zur rotierenden Hohlwelle des Trockners, auf der die Sprühdüse sitzt. Die Seifentropfen treffen auf die — nötigenfalls beheizte — Wand des Trockners und werden von dieser mittels eines rotierenden Schabers abgenommen. In Spanform fällt die Seife dann in den Trichter des Trockners, wird von einer Schnecke durch einen Raum mit Kühlmantel und eine Lochplatte getrieben und zu Nudeln geformt. Ein rotierendes Messer schneidet die Nudeln in Stücke [406].

Vakuum-Kontakt-Schwingfördertrockner (N 424.757.2). In diesen stetig arbeitenden Trocknern für rieselfähige Güter dienen langgestreckte oder wendelförmige schwingende Rinnen mit geheizten Böden als Fördereinrichtungen für die Stoffe (s. die Abschn. 2.3.1.4.7 und 2.3.2.3.5). Der Kaskaden-Schwingrinnentrockner (Bild 2.355) hingegen hat mehrere horizontale Heizteller, die Wärme zum Gut liefern. Sie werden von einem zentral angeordneten Erreger in Drehschwingungen versetzt, wobei die beiden Hälften des Trockners als Masse und Gegenmasse fungieren. Nachdem das Gut auf dem oberen Teller im Kreis gelaufen ist, fällt es durch einen Schacht auf den nächst unteren Teller und so fort. Empfohlen wird dieser Trockner für Kunststoffgranulate und dgl. [391].

Durch Kontakt und hauptsächlich durch Strahlung wird das Gut im *Vakuum-Bandtrockner* (Bild 2.356) mit Energie versorgt. Es gelangt durch die Einspeisevorrichtung auf die Förderbänder und wird zwischen Strahlern (die z. B. als Rohrroste oder Hohlplatten ausgebildet sind) und Kontakt-Heizplatten mehrmals hin- und hertransportiert, bis es in die Austragvorrichtung fällt. Als Heizmittel dienen Wärmeträgeröl und Elektrizität (N 483.657.2).

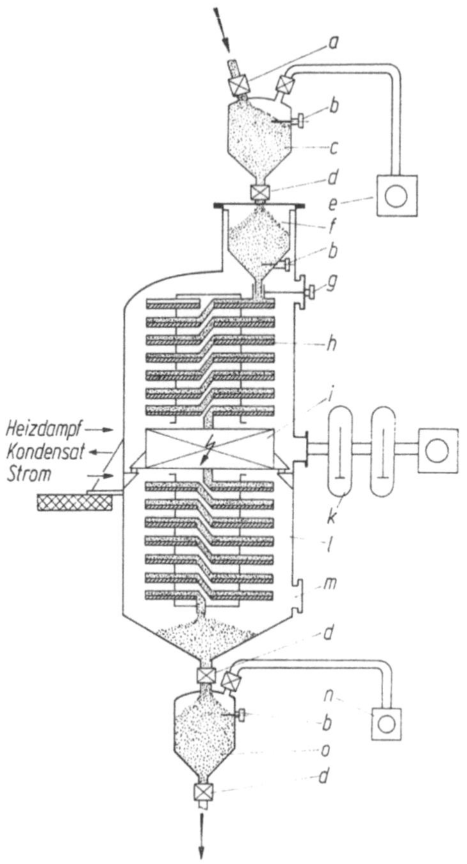

Bild 2.355. Schema des Vakuum-Kaskaden-Schwingfordertrockners [391]
a Einfullventil; *b* Fullstands-Meßsonde; *c* Vorbunker; *d* Vakuumventil, *e* Pumpsatz, *f* Innen-
behalter; *g* Schichtdickenregler; *h* beheizter Teller; *i* Vibrationsantrieb, *k* Vakuumpumpsatz,
l Trocknergehause; *m* Schauglas; *n* Vakuumpumpe; *o* Abfullbunker.

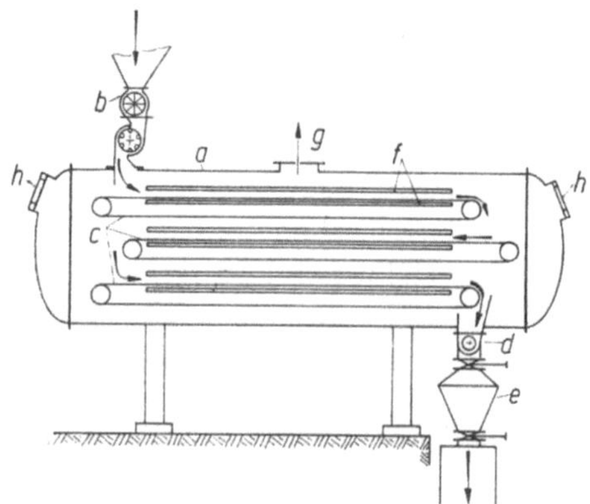

Bild 2 356 Vakuum-Bandtrockner mit Energieubertragung durch Kontakt und Strahlung
von Heizplatten.
a Gehause; *b* Einspeisevorrichtung; *c* Forderband; *d* Austragschnecke; *e* Kammerschleuse;
f Heizplatten; *g* Brudenabzug; *h* Schauglas.

2.5.4. Beschickungs- und Austragvorrichtungen für stetig arbeitende Vakuumtrockner

Die stetig arbeitenden Vakuumtrockner brauchen Vorrichtungen, die gestatten, die Naßgutströme zu dosieren und so in die Trocknungsräume zu bringen, daß dort das Vakuum erhalten bleibt. Maßgebend für die Wahl einer solchen Vorrichtung in einem konkreten Fall ist die Beschaffenheit des Naßgutes [407, 408].

1. Flüssige Stoffe lassen sich durch Rohrleitungen über Dosierventile in den Vakuumraum einsaugen oder durch volumetrische Pumpen mit Regelgetrieben sowie durch Verdrängerpumpen mit Gegendruckregelung hineinfördern.

2. Für schlammige, breiartige und weichpastöse Güter gibt es Pumpen mit schraubenförmigen Spindeln, Preßschnecken in Fülltrichtern mit Lochplattenabschluß, sowie einkammerige Drehzellen.

3. Viele steifpastige thixotrope Güter können durch Rühren, Mischen und Kneten weichpastig oder breiartig gemacht und dann eingespeist werden. Die im Füllraum der Vorrichtung nach Bild 2.357 weichgeknetete Masse wird vom Preßkolben angesaugt und über das Rückschlagventil in die Förderleitung gedrückt, wo sie den Innenraum luftdicht vom Außenraum abschließt. Durch das Überschußventil, mit dem der durchgehende Stoffstrom gesteuert werden kann, fällt fortwährend ein Teil des Gutes zum Füllraum zurück, um erneut geknetet zu werden, so daß eine homogene Masse entsteht. Soll vorübergehend kein Gut in den Trockner laufen, oder soll das Gut überhaupt erst geschmeidig werden, so braucht man nur das Überschußventil zu öffnen, damit der Apparat nur noch knetend wirkt. Die Vorrichtung kann das Gut auch über größere Entfernungen fördern [407].

4. Steifpastige bis klumpige Feuchtgüter (brüchige Filterkuchen) einzuspeisen kann schwierig sein. Nach Möglichkeit betreibt man die Filter, Zentrifugen oder Pressen, die den Trocknern vorgeschaltet sind, so, daß die Stoffe knetbar bleiben

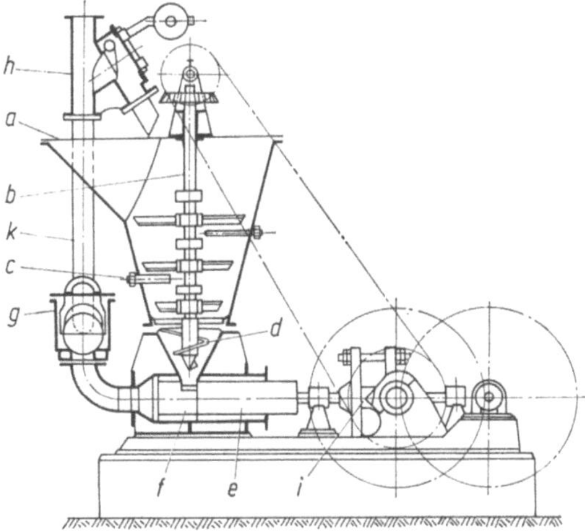

Bild 2.357. Breipumpe zum Einspeisen von pastigen Gütern in Vakuumtrockner [407].
a Fülltrichter; *b* Rührwerk; *c* Gegenhalter; *d* Preßschnecke; *e* Preßkolben; *f* Förderzylinder; *g* Rückschlagventil; *h* Überschußventil; *i* Kurbelantrieb; *k* Förderleitung.

und mit Breipumpen überführt werden können, oder man koppelt die Vorprozesse so mit der Trocknung (z.B. indem man Vakuumzentrifugen verwendet), daß keine Druckunterschiede überbrückt zu werden brauchen.

5. Aus krümeligen oder pulverigen Feuchtgütern mit geringer Thixotropie muß
die Luft der Zwischenräume evakuiert werden, ehe die Stoffe in die Trocknungsräume gelangen. Haften die Stoffe, so kann man sie durch Kammerschleusen
einführen, deren Behälter mit Rührern und mit Auflockerungs- und Dosierspiralen am Boden bestückt sind (Bild 2.358). Die Behälter werden satzweise
aus Einfülltrichtern über Zwischenbehälter mit Schiebern gefüllt [408].

Für krümelige Haufwerke, die ausreichend nachrutschen, kann man Behälter
benutzen, die an den Böden Drehteller mit Abstreifern haben (Bild 2.359).

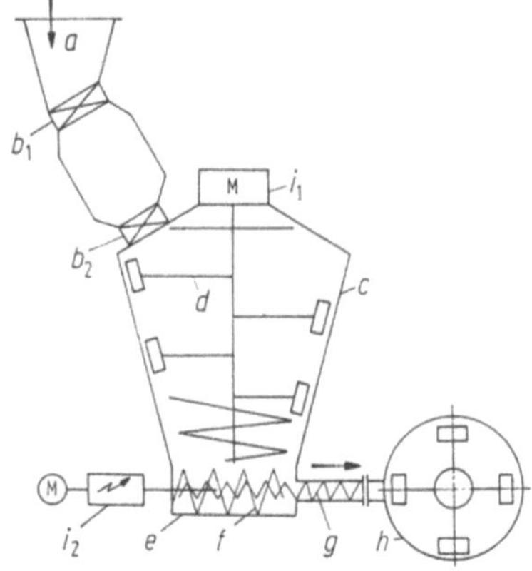

Bild 2.358. Anordnung zum Einspeisen von leicht haftenden, krümeligen oder pulverigen
Stoffen in Vakuumtrockner [408].
a Einfülltrichter; *b₁, b₂* Schieber; *c* Gutsbehälter; *d* Rührwerk; *e* Dosiergerät mit *f* Auflockerungs- und *g* Dosierspirale; *h* Vakuumtrockner; *i₁, i₂* Antriebe.

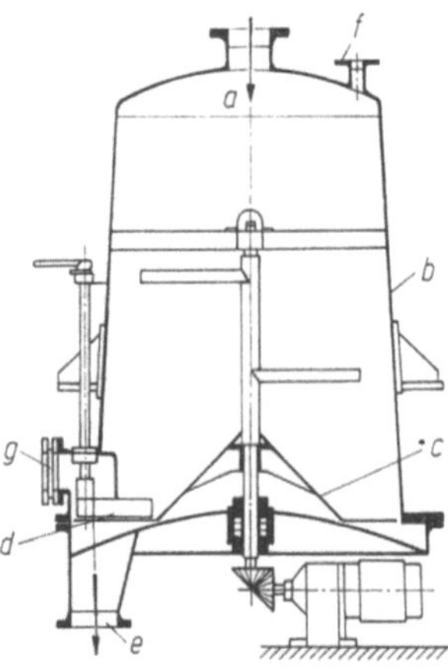

Bild 2.359. Vorrichtung zum Einspeisen von rutschfähigen Haufgütern in Vakuumtrockner
[407].
a Feuchtguteinlauf; *b* Gutsbehälter; *c* Drehteller mit verlängerter Rührwelle; *d* verstellbare r
Abräumarm; *e* Anschlußstutzen zum Trockner; *f* Vakuumanschluß; *g* Schauglas.

Ferner kommen Gefäße mit Rüttelrosten im Auslaufteil in Betracht. Zwei solcher Behälter, die nebeneinander angeordnet und durch Klappverschlüsse gegen den Vakuumraum abschaltbar sind, werden abwechselnd mit Feuchtgut beschickt, vorevakuiert und dann mit dem Trocknungsraum verbunden [407].

6. Eine Vorrichtung zum Einspeisen rieselfähiger Güter wurde im Zusammenhang mit dem Rieselschachttrockner (Abschn. 2.5.3) beschrieben. Viel benutzt werden auch Zellenradschleusen, wie die nach Bild 2.360. Das Gut gelangt über ein Zellenrad in eine Zwischenkammer und fällt von dort in das Schleusenrad, aus dessen Kammern die Luft mittels einer besonderen Pumpe aus Gründen der Wirtschaftlichkeit bei einem höheren Druck als im eigentlichen Trockner abgesaugt wird.

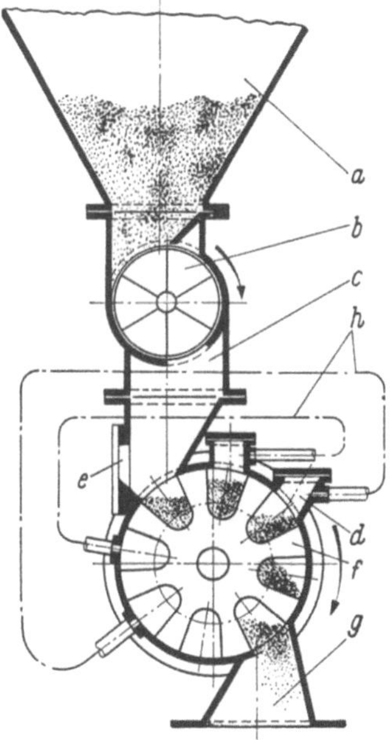

Bild 2.360. Vorrichtung zum Einspeisen rieselfähigen Gutes in Vakuumtrockner, mit mehrkammeriger Drehzelle und stufenweiser Vorevakuierung.
a Fülltrichter; *b* Zellenrad; *c* Zwischenkammer, *d* Vorevakuierungskammer; *e* Schauglas; *f* Zellenrad; *g* Ausfallstutzen; *h* Vakuumausgleichsleitungen mit Pumpenanschluß.

Wie zum Einspeisen, so sind auch zum Austragen der Güter aus den stetig betriebenen Trocknern besondere Vorrichtungen nötig. Die Anordnungen für rieselfähige und schaufelbare Güter arbeiten in der Regel quasikontinuierlich und vollautomatisch.

In Gebrauch z. B. sind mehrkammerige Zellenradschleusen ähnlich derjenigen nach Bild 2.360.

Die Kammerschleuse nach dem Schema Bild 2.361, die selbst bei Drücken um 1 mbar noch einwandfrei arbeitet, läßt das Gut aus dem Trockner in den Behälter *c* laufen, schaltet das Gefäß gegen den Trocknungsraum ab, belüftet, entleert es und setzt es wieder unter Vakuum. Alsdann verbindet sie den Behälterraum erneut mit dem Trocknungsraum, damit das Gefäß eine neue Füllung — das inzwischen

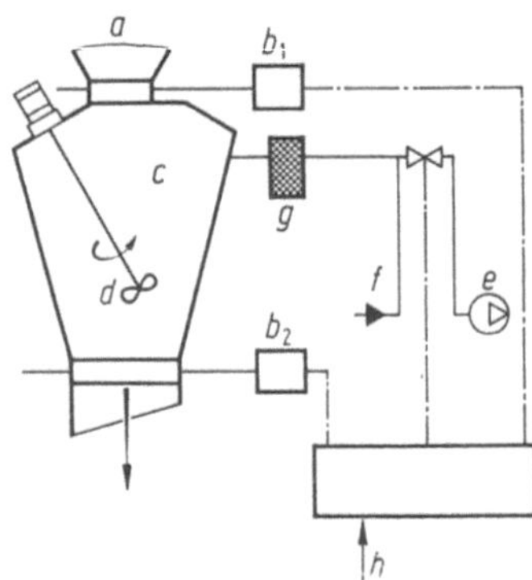

Bild 2.361. Kammerschleuse zum Austragen rieselfähiger Güter aus Vakuumtrocknern, schematisch [408].
a Vakuumtrockner; b_1, b_2 Schieber; c Gutsbehälter; d Rührer (falls nötig); e Vakuumpumpe; f Lufteinlaßventil; g Filter; h Druckluftanschluß.

angestaute Gut — aufnimmt. Darf nicht gestaut werden, so benutzt man mehrere Aufnahmegefäße, die man wechselweise vollaufen läßt. Die automatische Steuerung kann je nach Bedarf auf Arbeitszyklen von Minuten bis zu Stunden Dauer eingestellt werden. Weil die Trockengüter meistens feinen Staub enthalten, der sich auf Dichtungsflächen setzen und dadurch Undichtigkeiten hervorrufen könnte, müssen die Schieber besondere Organe zum Reinhalten der Dichtungen haben. Auch müssen sie in vielen Fällen wärmeisoliert oder heizbar sein, damit innen kein Dampf kondensiert [408].

Güter, die den Trockner fertig verlassen, können unmittelbar in Fässer oder in andere Aufnahmebehälter gefüllt werden. Dafür gibt es besondere Austragvorrichtungen.

2.6. Vakuum-Untertemperaturtrockner

2.6.1. Was ist Vakuum-Sublimationstrocknung, Gefriertrocknung?

Das Trocknen von Gütern unter Vakuum bei erniedrigter Temperatur (Definition s. Abschn. 2.1) unterscheidet sich von der normalen Vakuumtrocknung in so vieler Hinsicht, daß es getrennt dargestellt werden soll.

Ein Verfahren, bei dem die Feuchte eines Gutes zunächst in Eis verwandelt und dann aus dem erstarrten Gut verdampft wird, heißt Gefriertrocknen (auch Eis- oder Tiefkühltrocknen). Zwar kann ein solcher Prozeß bei jedem Druck ablaufen (s. Abschn. 2.4), doch wird er meistens im Vakuum mit Vorteil bei Drücken zwischen 5 und 10^{-2} mbar bewerkstelligt. Die Feuchte geht dabei, ohne flüssig zu werden, unmittelbar vom festen in den dampfförmigen Zustand über — sie sublimiert — und wird als Dampf abgeführt. Man spricht daher auch von Vakuum-Sublimationstrocknung. Weil beim Gefriertrocknen viele Stoffe einen Zustand annehmen, bei dem sie Feuchte nachher begierig wiederaufnehmen, so heißt der Vorgang in Frankreich auch Lyophilisation.

Nicht verwechseln sollte man die Gefriertrocknung mit dem teilweisen Trocknen eines Gutes auf übliche Art, z.B. auf die Hälfte des Gewichts, und dem anschließenden Einfrieren (dehydro-freezing), wodurch die Kosten für das Gefrieren, das Lagern und den Transport im Tiefkühlbehälter — beispielsweise von Lebensmitteln — verringert werden sollen.

Gefriertrocknen (freeze-drying) auf niedrigen Endfeuchtegehalt wendet man bei wertvollen, temperaturempfindlichen Stoffen an, die auf andere Weise nicht die gleiche Endqualität erreichen: vornehmlich bei aroma- und wirkstoffreichen Lebens- und Genußmitteln (z.B. Kaffee-Extrakt), bei medizinischen und biologischen Substanzen (z.B. Blutplasma, Seren und Impfstoffen) sowie bei pharmazeutischen und einigen chemischen Produkten.

Reines Wasser, das mit Sattdampf seiner Art im thermodynamischen Gleichgewicht steht, kann bei Drücken unterhalb 6,11 mbar (Sättigungsdruck des Wasserdampfes bei 0 °C) nur als Eis existieren; es muß gefrieren, wenn es flüssig in den Trockner kommt. Salzlösungen allerdings, die in vielen Stoffen vorkommen, können noch unter 0 °C flüssig sein; sie gefrieren erst bei den Temperaturen, die aus den Erstarrungsdiagrammen abzulesen sind (Bild 2.362 und 2.363) [409].

Beim Gefriertrocknen schwinden die meisten Güter nur wenig. Ihre äußere Form und innere Struktur, die ursprüngliche Verteilung der gelösten Stoffe sowie

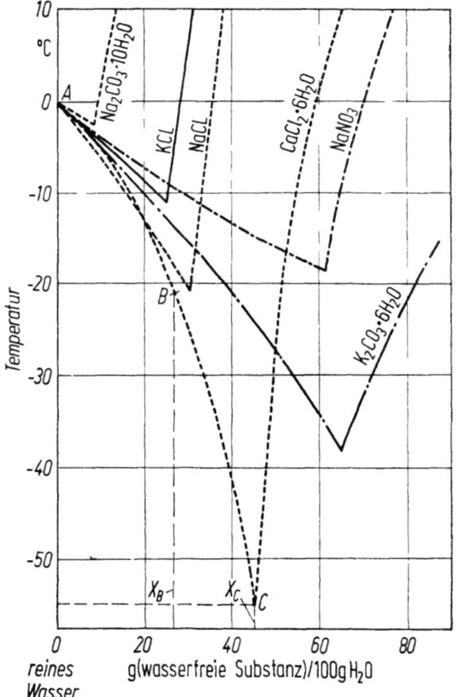

Bild 2.362. Erstarrungsdiagramm einiger wässerigen Salzlösungen.
A Gefrierpunkt des reinen Wassers; *ABC* Eiskurve; *C* eutektischer Punkt.

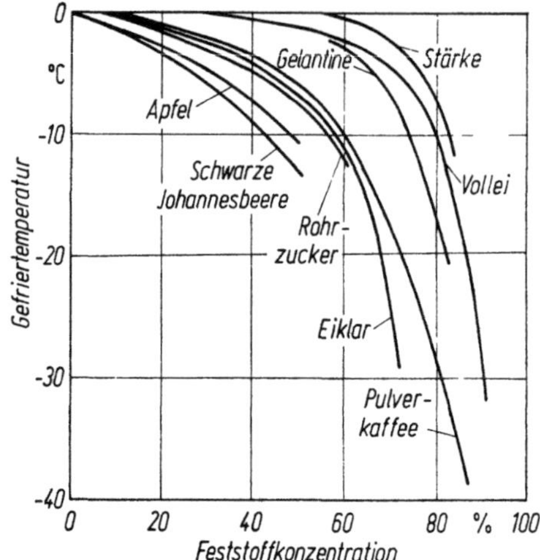

Bild 2.363. Gefrierpunktskurven einiger organischer Stoffe und Lebensmittel nach ([409], Eiklar nach [410]).

flüchtige aromatische Bestandteile bleiben weitgehend erhalten. Es bilden sich keine für Wasserdampf fast undurchlässige Oberflächenschichten und Krusten. Die niedrigen Gutstemperaturen und der Ausschluß der Luft hemmen chemische Veränderungen und hindern, daß Enzyme und Bakterien wirksam werden. Flüssige Stoffe, die vorher eingefroren werden, bilden beim Trocknen weder Schaum noch Blasen. Das schwammartige, poröse Feststoffskelett, das aus ihnen entsteht, hat geringe Dichte, läßt sich leicht zerreiben und wegen seiner großen inneren Oberfläche leicht in Flüssigkeit lösen. Auch Stoffe, die vor dem Trocknen fest waren, nehmen Wasser, das ihnen später vor dem Gebrauch zugegeben wird, begierig in die freigewordenen Poren auf und kehren weitgehend in den Frischzustand zurück.

In erhöhtem Vakuum lassen sich auch hygroskopische Güter stark austrocknen und dadurch sehr lagerungsfähig machen. Als normale Endfeuchtegehalte gelten für fast alle medizinischen Präparate etwa 1%, für Lebensmittel 1 bis 2%. Beim Lagern behalten die Trockenprodukte 1 bis 2 Jahre lang gute Qualität, wenn sie in dichten Behältern zweckmäßig verpackt und normaler Temperatur ausgesetzt sind. Ein ganz langsamer Qualitätsabfall allerdings ist unvermeidlich.

Die trockenen Erzeugnisse — viele sehr porös und spröde — lassen sich raumsparend verpacken und billig transportieren, da sie nur noch einen kleinen Teil ihres ursprünglichen Gewichtes haben.

2.6.2. Vorbehandeln und Einfrieren des Gutes

Viele Güter müssen zum Trocknen vorbehandelt werden. Zwar kann man einige pflanzliche Lebensmittel roh trocknen, aber wenn es angeht, so kocht man sie ganz oder teilweise vor, damit ihr starres Gefüge aufgelockert wird, ihre Proteine koagulieren und dadurch Wasser abgeben. Die Güter trocknen dann in kürzerer Zeit, ihre Enzyme werden inaktiv und die Güter gewinnen an Lagerbeständigkeit. Außerdem sind die vorbehandelten Produkte, sobald ihnen wieder Wasser zugefügt wird, zum Verzehr weitgehend vorbereitet.

Weil die Güter um so schneller trocknen, je mehr Oberfläche sie im Verhältnis zum Volumen haben, so vergrößert man ihre Oberfläche erforderlichenfalls, indem man sie zerkleinert (mit Vorteil oft nach dem Einfrieren). Aus manchen Flüssigkeiten, Schlämmen und Pasten erzeugt man Eisgranulate, die sich leicht handhaben lassen.

Bakterien und Viren durchtränkt man vor dem Einfrieren mit einer Schutzlösung, die man der Art des Gutes entsprechend zu wählen hat. Bewährt haben sich Lösungen, die ein großmolekulares Kolloid — insbesondere Eiweiß — enthalten, wie Serum, Plasma, sterilisierte Magermilch, Nährbouillon, Gelatine. Als Zusätze dienen Dextrose, Glukose und dgl. Die Lösungen dürfen nicht in das Zellinnere eindringen, sie sollen den Zellen nur einen Teil des Wassers schon vor dem Einfrieren durch Osmose entziehen.

Sehr wichtig ist, das Gut richtig einzufrieren. Kühlt man eine wässerige Lösung mit der Ausgangskonzentration X_B (Bild 2.362) langsam unter die Eiskurve ab, so scheidet reines Eis aus: als nadel- und baumförmige Kristalle, die wachsen und immer mehr Raum einnehmen. Dabei entmischt sich die Lösung. Um die Kristalle herum bleibt zunächst Salzlösung, deren Konzentration aber immer mehr steigt, bis beim eutektischen Punkt C auch sie bei vorübergehend gleichbleibender Temperatur als eine sehr innige Mischung aus Eis- und Salzkristallen erstarrt.

Der eutektische Punkt ist in jeder Lösung ein anderer. Wie das Bild 2.362 zeigt, liegt er bei wässerigen Lösungen von

$$Na_2CO_3 \cdot 10H_2O \text{ bei } -2,1\,°C,$$
$$NaCl \qquad\qquad \text{ bei } -21,2\,°C,$$
$$CaCl_2 \cdot 6H_2O \qquad \text{ bei } -54,9\,°C.$$

Da alle tierischen Gewebe Lösungen des letztgenannten Salzes enthalten, so kann die Flüssigkeit in diesen Stoffen also nur dann vollständig gefrieren, wenn ihre Temperatur unter $-54,9\,°C$ gesenkt wird.

In vielen Gütern verzögern Kapillar- oder Oberflächenkräfte das Erstarren; die Stoffe werden dann unterkühlt. Dies ist im allgemeinen bei langsam abkühlenden biologischen Substanzen der Fall, in denen das Wasser sehr fein verteilt ist.

Das unmittelbar an andere Substanzen, z.B. an Eiweiß, sorptiv gebundene Wasser läßt sich nicht kristallin ausfrieren, sondern bleibt an die Substanzen gebunden [410].

Bei zusammengesetzten Lösungen gibt es keine wohldefinierte eutektische Temperatur, sondern nur eine eutektische Zone, die sich je nach der Art des Gutes auf einige Grad beschränken oder über 10 und mehr K erstrecken kann.

In einigen Substanzen, wie Orangensaft, finden überhaupt keine eutektischen Vorgänge statt. Die Flüssigkeiten in den Zwischenräumen kristallisieren nicht aus, ihre Viskosität aber steigt, und sie erhärten bei abnehmender Temperatur schließlich wie Glas. Solche Substanzen sind schwer zu trocknen [411]. Durch Einfrieren mit gesteuerter Eiskristallisation unter bestimmten, genau kontrollierten Bedingungen gelingt es aber doch, auch solchen Substanzen günstige Eigenschaften für das Trocknen zu geben [412].

Wasser und Salz entmischen sich beim Gefrieren in tierischen und pflanzlichen Geweben auch durch die Zellwände hindurch, die für das Salz undurchlässig sind.

Dabei friert die Flüssigkeit zwischen den Zellen zuerst, weil sie ohnehin weniger gelöste Stoffe enthält als der Zellsaft. Dies stört das osmotische Gleichgewicht zwischen innen und außen. Wasser dringt nach außen, wodurch die Kristalle dort wachsen, während die Salzkonzentration im Inneren steigt und die Zellen schrumpfen. Erst zum Schluß gefriert auch der Zellinhalt.

Die erhöhte Salzkonzentration im Zellinneren schädigt manche biologischen Substanzen allmählich. Wo dies belanglos ist, braucht nicht die ganze Gutsfeuchte gefroren zu werden. Manche Substanzen jedoch sollen beim Trocknen keine Flüssigkeit enthalten und müssen daher stark gekühlt werden. Auch viele feststoffhaltige Flüssigkeiten sind ganz zu gefrieren, denn sie würden im erhöhten Vakuum stark schäumen, an der Oberfläche Feststoffe anreichern und dort verkrusten, so daß sie nur schwer fertiggetrocknet und in ein leicht lösliches Produkt verwandelt werden könnten. Meistens kühlt man die Stoffe — sofern dies außerhalb des Vakuumraumes geschieht — um einige Grad unter die höchste Temperatur ab, die während der ersten Phase der Trocknung zulässig ist. Wie hoch diese Temperatur im Einzelfall sein darf, ist durch den Versuch zu ermitteln.

Beim langsamen Gefrieren zu Kristallen dehnt sich Wasser um etwa 9 % seines Volumens aus. Dadurch kann es Gutsteile auseinandersprengen — was manchmal vorteilhaft ist — es kann aber auch Innenwände lebender Substanzen zerreißen.

Je nachdem, welche Bewegungsmöglichkeiten das ungefrorene Wasser im Gut hat und wie schnell es gefriert, entstehen Kristalle unterschiedlicher Form und Größe. Sinkt die Gutstemperatur langsam, sagen wir um 1 K/min, so können große Eiskristalle heranwachsen, die mit bloßem Auge sichtbar sind und deren Spitzen evtl. die Zellwände verletzen. Bei schnellem Einfrieren dagegen, z.B. mit 10 bis 50 K/s, bilden sich viele submikroskopisch kleine Kristalle, die den vorhandenen Raum viel gleichmäßiger ausfüllen und die Wände weniger schädigen. Aus Flüssigkeiten und Pasten strebt man grobkörnige Güter zu erzeugen, aus deren Kornzwischenräumen der Dampf beim Trocknen leichter entweichen kann als aus den Hohlräumen feinkörniger Güter.

Der erwähnte Entmischungseffekt mit Konzentrationserhöhung der Salze im Zellinneren kann bei geringer Durchfriergeschwindigkeit des Gutes ein beträchtliches Ausmaß annehmen.

Hiernach ist verständlich, daß man z.B. kleine Stückchen menschlicher und tierischer Gewebe für histologische Untersuchungen, bei denen die Struktur und chemische Beschaffenheit der Präparate unverändert bleiben soll, äußerst schnell einfrieren muß. Ähnliches gilt für Bakterien und Viren. Dagegen dürfen Zellen und Mikro-Organismen in Schutzlösung langsamer gekühlt werden. Auch die meisten Pharmaka, Antibiotika sowie Serum, Plasma und Eiweißpräparate brauchen keine hohe Kühlgeschwindigkeit. Lebensmittel friert man je nach ihrer Art in der Regel binnen etwa 2 Std. auf Temperaturen unter -15 bis $-30\,°C$ ein.

Manche Güter kann man im Grobvakuum, solange sie noch Flüssigkeit enthalten, vortrocknen und dann erst erhöhtem Vakuum aussetzen. Aber viele Güter, für die Gefriertrocknung in Frage kommt, sind gerade bei hohem Feuchtegehalt sehr temperaturempfindlich, und es ist besser, sie einzufrieren, bevor man sie trocknet. Das jeweils zu wählende Einfrierverfahren richtet sich nach der Art des Gutes, nach der gewünschten Schichtdicke und nach der nötigen Einfriergeschwindigkeit.

Die Kleinanlagen, die hauptsächlich in der pharmazeutischen Industrie und in Laboratorien benutzt werden, gestatten in der Regel Stoffe, die in Schalen oder andere Behälter gefüllt sind, in den Trocknern selbst einzufrieren. Die gutstragenden Platten der Kammern sind dazu außer mit Heizmittel- auch mit Kühlmittelanschlüssen versehen.

Aber auch ohne die Hilfe eines Kühlmittels lassen sich manche Stoffe allein dadurch einfrieren, daß ein Teil der Gutsfeuchte beim Evakuieren der Trockner schnell verdampft und daß die Energie dazu dem Gut selbst entzogen wird. In Betracht kommt das Verfahren für kleinstückige und körnige Güter, die vor dem Erstarren Feuchte abgeben und dabei evtl. schrumpfen dürfen, z. B. für feingehacktes Fleisch. Aber auch Flüssigkeiten, die nicht übermäßig zum Schäumen neigen, kann man in den Trocknern zunächst unter Teilvakuum entgasen und dann unter höherem Vakuum einfrieren. Meistens allerdings benutzt man besondere Einfrierapparate.

1. Einfrieren kleiner Substanzmengen ohne Gefäße: Diese Art des Kühlens ist z. B. für histologische Präparate erforderlich. Man taucht das Gewebe in ein geeignetes Kontaktmittel, z. B. in Isopentan, das mit flüssigem Stickstoff auf rund −180 °C gekühlt wurde, und friert es so während weniger Sekunden ein.

2. Einfrieren von kleinen Flüssigkeitsmengen in ruhenden Gefäßen (Bild 2.364a) kommt in Betracht, wenn der Inhalt der Gefäße langsam frieren darf und höchstens ungefähr 10 mm Schichthöhe ergibt. Man benutzt dazu Tiefkühltruhen oder auch Trocknungskammern (s. o.), wenn man Ampullen oder kleine Fläschchen in größerer Zahl, ohne sie umsetzen zu müssen, behandeln will.

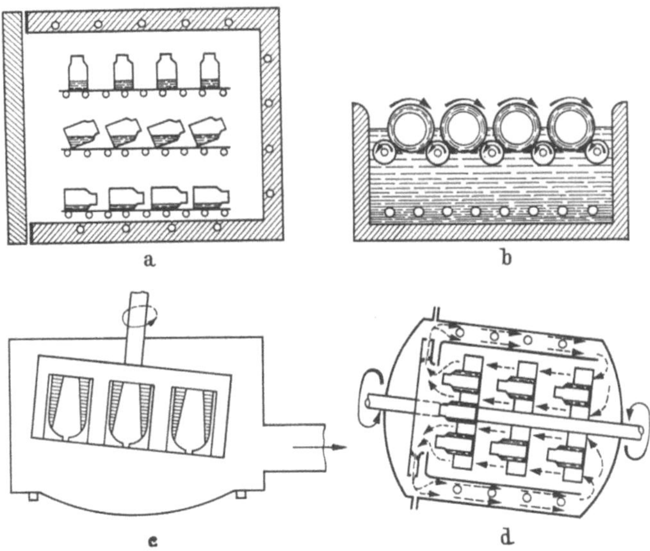

Bild 2.364. Einfriervorrichtung für Flüssigkeiten in Behältern, schematisch (*b, c, d* nach Unterlagen der Leybold Hochvakuum-Anlagen GmbH, Köln-Bayental).
a Einfrieren in ruhenden Gefäßen; *b, c, d* Einfrieren an den Wänden rotierender Gefäße; *b* und *c* im Kühlbad; *d* im Kaltluftstrom.

3. Einfrieren von Flüssigkeiten an den Wänden rotierender Gefäße (Shellfreezing, Bild 2.364b, c): Läßt man die Gefäße mit schwach zur Waagerechten geneigter Achse in einem Kühlmittel langsam rotieren, so friert die Flüssigkeit in wachsender Schicht als Hohlzylinder an der Gefäßinnenwand an und bekommt eine große Oberfläche. Als Kühlmittel benutzt man einen Kaltluftstrom oder — wenn schnell eingefroren werden soll — eine gekühlte Flüssigkeit. Das Verfahren wird z.B. für Plasmaflaschen, aber auch für Ampullen und kleine Fläschchen benutzt. Je nach der Größe der Gefäße und der gewünschten Temperatur dauert das Einfrieren einige Minuten bis zu einigen Stunden. Speziell für Blutplasma und Muttermilch wurde die Vorrichtung nach Bild 2.364c konstruiert, welche die Flaschen in einer durch Sole gekühlten, rotierenden Tommel kühlt (und später mit erwärmter Sole trocknet).

4. In den industriellen Anlagen für größere Durchsätze stückigen, brockigen oder körnigen Gutes sind die Gefriereinrichtungen beispielsweise als Durchlaufkanäle ausgebildet. Mehrere, mit dem Gut beladene Hordenwagen werden an einer Förderkette durch den Tunnel gezogen; in Gegen- oder Querrichtung strömen kalte Gase über das Gut. Statt Wagen können auch umlaufende Bänder, Aufzüge, Schiebemechanismen für Gleitbahnen und andere Fördereinrichtungen das auf Schalen oder auf Gefrierformen liegende Gut durch den Kühlraum fördern.

5. Einfrieren von Erbsen, Bohnen, würfelförmigen Gemüsestückchen und dgl. in der Wirbel-Fließschicht: Die Gutsteilchen werden dabei von einem aufwärtsgehenden Kaltluftstrom in Schwebe gehalten und zugleich gekühlt.

6. Einfrieren des Gutes mittels Stickstoff, zum Beispiel auf einem Förderband, das die Gutsstücke oder -teilchen durch einen Raum trägt, in dem sie zunächst von Stickstoffgas überströmt und danach mit feinen Tröpfchen flüssigen Stickstoffes besprüht werden.

7. Plattenfrierer entziehen dem Gut die Wärme durch den Kontakt mit Kühlplatten, die von Sole durchströmt oder als Verdampferplatten für ein Kältemittel gebaut sind. Hydraulisch betätigte Arbeitszylinder erzeugen den nötigen Anpreßdruck und fahren die Platten zusammen und auseinander.

8. Flüssigkeiten und viskose Stoffe lassen sich auf soledurchströmten Drehzylindern einfrieren oder auf laufenden Stahlbändern, die von unten mit einem Kühlmittel besprüht werden.

9. Manche Flüssigkeiten, z.B. Kaffee-Extrakt, werden nach dem Gefrierkonzentrierverfahren in Gemische aus groben Eiskristallen und Konzentrat verwandelt. Die Kristalle werden mittels Zentrifugen ausgeschieden, die Flüssigkeiten gehen weiter über Kühl- und Kristallisierapparate, gelangen nach dem Erstarren zu Mühlen und Sieben und verlassen die Vorbehandlungsanlagen als schüttfähige Haufwerke.

2.6.3. Wärme- und Dampfbewegung bei der Sublimationstrocknung

Die meisten Gefriertrockner führen die Energie zum Sublimieren des Eises entweder durch Leitung oder durch Temperaturstrahlung oder auf beiden Wegen zum Gut. Im Fall gemäß Bild 2.365 entschwindet das Eis dabei an der freien Ober-

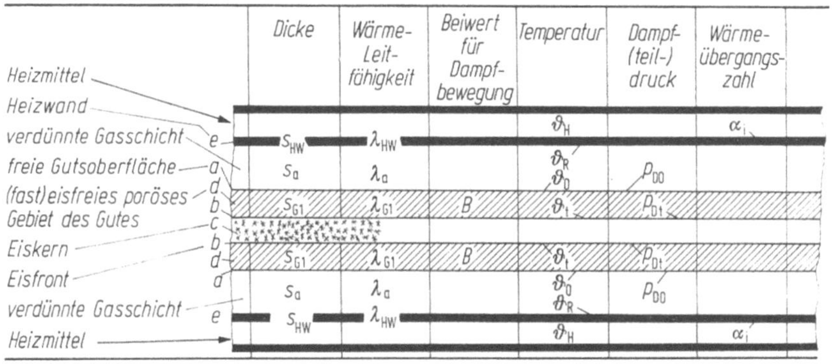

Schicht		Dicke	Wärme-Leit-fähigkeit	Beiwert für Dampf-bewegung	Temperatur	Dampf-(teil-)druck	Wärme-übergangs-zahl
Heizmittel							
Heizwand					ϑ_H		α_i
verdünnte Gasschicht	e	s_{HW}	λ_{HW}				
freie Gutsoberfläche	a	s_a	λ_a		ϑ_R / ϑ_D	p_{DO}	
(fast)eisfreies poröses Gebiet des Gutes	d / b	s_{G1}	λ_{G1}	B	ϑ_1	p_{D1}	
	c						
Eiskern	b / d	s_{G1}	λ_{G1}	B	ϑ_1	p_{D1}	
Eisfront	a	s_a	λ_a		ϑ_D / ϑ_R	p_{DO}	
verdünnte Gasschicht	e	s_{HW}	λ_{HW}		ϑ_H		α_i
Heizmittel							

Bild 2.365. Gut mit Eiskern zwischen zwei Heizplatten, von denen Energie durch Strahlung und Leitung in einem verdünnten Gas zum Gut gelangt.

fläche zuerst. Befindet sich auf dem Gut anfänglich eine reine Eisschicht — was z. B. vorkommt, wenn Tropfwasser von blanchiertem Gemüse miteingefroren wird — so stellt sich, wie bei der Konvektionstrocknung, unter gleichbleibenden Bedingungen zunächst ein kurzer Abschnitt gleichbleibender Trocknungsgeschwindigkeit ein. Aber sobald das Oberflächeneis verschwunden ist, kann weiteres Eis nur noch im Inneren des porös gedachten Gutes sublimieren; der entstehende Dampf muß dann durch eine anwachsende Schicht fast trockenen Gutes hindurch zur Gutsoberfläche dringen, wodurch die Trocknungsgeschwindigkeit absinkt (Bild 2.366) [413]. Die Trocknung verläuft nun im zweiten Abschnitt, wobei sich, anders als sonst beim Trocknen, in den Gutsporen nur Dampf, aber keine Flüssigkeit in Richtung zur Gutsoberfläche a bewegt. Enthält das Gut anfänglich viel kompaktes Eis, und hat es einheitliche Struktur, so stellt sich bei dem Vorgang eine zum Gutsinneren wandernde Grenzfläche b (der Eisspiegel, die Sublimationsfläche, die Eisfront) zwischen dem Eiskern c und der nahezu eisfreien Zone d ein. Schließlich gelangt die Eisfront zur tiefsten Stelle (bei zweiseitiger Trocknung verschwindet sie), dann entsteht im Trocknungsverlauf vieler Güter ein weiterer

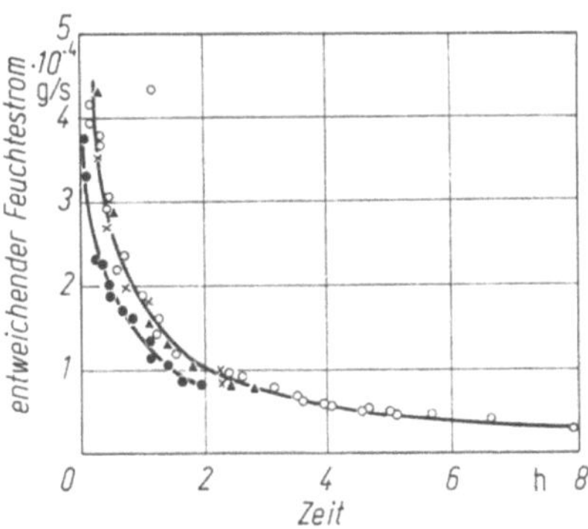

Bild 2.366. Abnahme des entweichenden Feuchtestromes mit der Zeit bei der Sublimationstrocknung von Kieselgurproben bei konstanter Sublimationstemperatur [413]. × Einseitige Strahlung; ▲ zweiseitige Strahlung; ○ einseitige Strahlung und zusätzliche Leitung; ● reine Leitung (Probe angefroren).

Knick, es entschwindet nur noch stärker gebundene Feuchte, und die Trocknungsgeschwindigkeit sinkt in diesem dritten Abschnitt auf Null.

Über den Temperaturverlauf in einer Probe aus Eiweiß, die an der freien Oberfläche mit gleichbleibender Temperatur angestrahlt wurde, gibt das Bild 2.367 Auskunft [414]. Das Gut hatte anfänglich überall die gleiche Temperatur, die sich

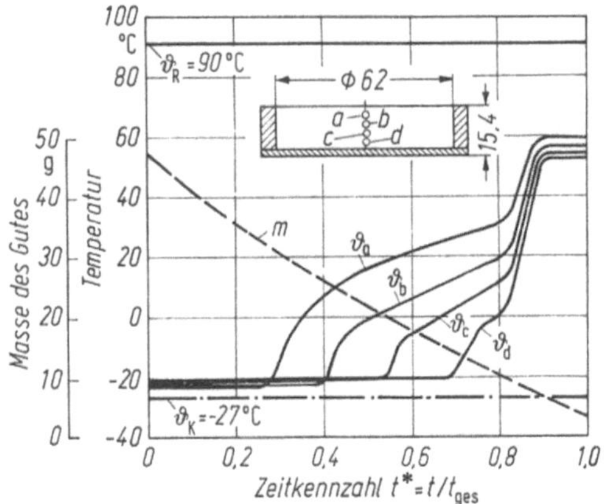

Bild 2.367. Verlauf der Sublimationstrocknung von Eiweiß bei einseitiger Bestrahlung (nach Spieß [414]).
m Masse des Gutes (anfänglich 46,0 g, am Schluß 4,0 g); ϑ_R Temperatur der Strahleroberfläche; ϑ_K Temperatur der Kondensatoroberfläche; ϑ_a bis ϑ_d Temperatur des Gutes an den Meßstellen a bis d; t Zeit; t_{ges} gesamte Trocknungsdauer (14,0 h).

bei den gegebenen Oberflächentemperaturen des Strahlers und des Kondensators (s. w. h.) einstellte. Nachdem der Eisspiegel bis zur Meßstelle a vorgedrungen war, stieg die Temperatur dort an (später auch die an den Stellen b, c und d) und überschritt 0 °C. Am Schluß, nachdem auch sorptiv gebundene Feuchte entwichen war, stellte sich überall eine relativ hohe Endtemperatur ein. Ein geringes Temperaturgefälle im Gut blieb bestehen.

Wir berechnen die Trocknungsgeschwindigkeit des Gutes nach Bild 2.365 während der Periode zurückweichenden Eisspiegels. Es sei

ϑ_R die Oberflächentemperatur des Heizkörpers e,

ϑ_O die Oberflächentemperatur des Gutes a,

T_m die zu ϑ_R und ϑ_O gehörende mittlere thermodynamische Temperatur,

$C_{R,O}$ die Strahlungsaustauschkonstante (s. Kap. 2.3.3.1),

λ_L die Wärmeleitfähigkeit des Gases im Raum zwischen dem Heizkörper und dem Gut,

Λ die freie Weglänge der Gasmoleküle,

$\gamma_A < 1$ der Akkomodationskoeffizient, der die Unvollkommenheit des Energieaustausches zwischen den Gasmolekülen und dem Gut ausdrückt.

Im übrigen seien die Bezeichnungen des Bildes 2.365 benutzt. Das Gut sei plattenförmig, homogen und strahlungsundurchlässig.

Unter diesen Umständen empfängt die Gutsoberfläche auf zwei Wegen Energie:

durch Strahlung einen Strom der Dichte

$$q_R \approx 0{,}04 C_{R,O} \left(\frac{T_m}{100}\right)^3 (\vartheta_R - \vartheta_O), \qquad (2.252)$$

durch Gasleitung (s. [4]) einen Strom der Dichte

$$q_\Lambda = \frac{\lambda_L}{s_a} \frac{1}{1 + \dfrac{2\Lambda}{s_a} \dfrac{2 - \gamma_A}{\gamma_A}} (\vartheta_R - \vartheta_O), \qquad (2.253)$$

insgesamt also einen Energiestrom der Dichte

$$q = \left[0{,}04\, s_a C_{R,O} \left(\frac{T_m}{100}\right)^3 + \frac{\lambda_L}{1 + \dfrac{2\Lambda}{s_a} \dfrac{2 - \gamma_A}{\gamma_A}}\right] \frac{1}{s_a} (\vartheta_R - \vartheta_O) \equiv \frac{\lambda_a}{s_a} (\vartheta_R - \vartheta_O). \qquad (2.254)$$

Die Größe λ_a, also der Ausdruck in eckigen Klammern, ist eine Art „äquivalente Leitfähigkeit" der Gasschicht zwischen dem Heizkörper und dem Gut.

Die allgemeine Trocknungstheorie setzt voraus, daß an der Oberfläche nicht gebundener Feuchtigkeit stets der Sättigungsdruck herrscht, der zur Oberflächentemperatur gehört, unabhängig davon, wie rasch die Feuchte verdampft. Aber wenn eine Flüssigkeit oder ein fester Stoff (z. B. Eis) in einen Raum hinein verdampft, aus dem jedes Dampfmolekül entfernt wird, ehe es zur Verdampfungsoberfläche zurückfliegen kann, so stellt sich im Gasraum nahe der Oberfläche der Dampfpartialdruck Null ein. Für die Verdampfungsgeschwindigkeit gilt dann die Gleichung von Langmuir

$$g_{D,max} = \sqrt{\frac{M_D}{2\pi R T}}\, p_D'', \qquad (2.255)$$

M_D molare Masse des Dampfes,
R allgemeine Gaskonstante,
T thermodynamische Temperatur der Sublimationsstelle,
p_D'' Sättigungsdruck des Dampfes (über Eis) bei der Temperatur T.

In Wirklichkeit wird stets ein Teil der Dampfmoleküle von Wänden oder von anderen Molekülen zur Verdampfungsoberfläche reflektiert, so daß nahe dieser Fläche (im Abstand von der Größenordnung Λ) doch der endlich große Dampfdruck p_{Dt} entsteht, der allerdings kleiner als p_D'' ist. Die Höhe dieses Druckes hängt von der Größe und von der Form des Sublimationsraumes und von der Gesamtzahl der Moleküle in dem Raum ab (also nicht nur von denjenigen des Dampfes). Der Druck p_{Dt} nähert sich immer mehr dem Sättigungsdruck p_D'', je mehr Dampfmoleküle durch die im Sublimationsraum anwesenden Gase oder durch Wände veranlaßt werden, in die Zone nahe der Sublimationsfläche zurückzufliegen. Man setzt formal

$$p_{Dt} = k_K p_{Dt}'', \qquad (2.256)$$

worin k_K den sogenannten Kondensationskoeffizienten bezeichnet, der stets kleiner als 1 und innerhalb poröser Gutsschichten in der Regel ungefähr 1 ist.

An der Eisfront des gedachten Gutes herrsche tatsächlich der Dampfpartialdruck p_{Dt}, und in den Gutsporen befinde sich außer Dampf kein Gas. Der Dampfpartialdruck an der Gutsoberfläche sei $p_{D,O}$. Dann kann man für die Dichte des

Dampfstromes g_D, der aus der Gutsoberfläche tritt, schreiben

$$g_D = \frac{B}{s_{G1}}(p_{Dt} - p_{DO}),\qquad(2.257)$$

worin die Stoffleitfähigkeit B durch die Formel (2.250) gegeben ist, sofern in den Poren Gleitströmung herrscht. Der Grenzfall reiner Molekularströmung ist bei $d/\mu_{Kn}\Lambda < 1$ ungefähr verwirklicht, er entspricht den Drücken, die in den Gefriertrocknern meistens herrschen. Der Fall reiner Laminarströmung ist annähernd bei $d/\mu_{Kn}\Lambda > 100$ gegeben; beide Fälle sind in der Gl. (2.250) mit erfaßt [413]. Die Tabelle 2.24 nennt einige Werte für B und die Tabelle 2.25 solche für den Ausdruck $d/\mu_{Kn}\Lambda$.

Die doppelwandigen Heizplatten in Bild 2.365 bekommen die Heizenergie durch ein Fluid der Temperatur ϑ_H zugeführt und geben sie durch die gutsseitigen Wände hindurch ab. Im Gut bewege sich die Wärme nur durch Leitung fort. Die Trocknungsgeschwindigkeit g_D an jeder Seite des Gutes ist dann, wenn — wie fast immer zulässig — quasistationärer Zustand vorausgesetzt wird, aus der Dichte des Wärmestromes zu berechnen, der zur Eisfront gelangt und dort die Sublimation bewirkt, sowie aus dem Dampfstrom gemäß der Gl. (2.257), der von der Eisfront durch die schon eisfreien Poren des Gutes hindurch entweichen kann, so daß die Doppelgleichung gilt

$$g_D = \frac{1}{(\Delta h_S + \Delta h_V)}\;\frac{\vartheta_H - \vartheta_t}{\dfrac{1}{\alpha_i} + \dfrac{s_{HW}}{\lambda_{HW}} + \dfrac{s_a}{\lambda_a} + \dfrac{s_{G1}}{\lambda_{G1}}} = \frac{B}{s_{G1}}(p_{Dt} - p_{DO}),\quad(2.258)$$

worin $(\Delta h_S + \Delta h_V)$ die spezifische Sublimationsenthalpie der Gutsfeuchte bezeichnet. Für gefrorenes Wasser ist $(\Delta h_S + \Delta h_V) \approx 2850\ \mathrm{kJ/kg}$ (Sublimationsenthalpie gleich Schmelz- plus Verdampfungsenthalpie). Wenn reines Eis sublimiert, sind ϑ_t und $p_{Dt} = k_K p_D''$ durch die Sublimationskurve (Bild 2.329) miteinander verbunden. Hat der Trockner elektrische Heizplatten, so entfällt der Summand $(1/\alpha_i + s_{HW}/\lambda_{HW})$ in der Gl. (2.258), und für ϑ_H ist ϑ_R zu setzen.

Stoffe mit feinen Poren $(d/\mu_{Kn}\Lambda < 1)$ gestatten auch im Vakuum, Wärme verhältnismäßig rasch zur Eisfront zu leiten (mittlerer Teil der Gl. (2.258)), aber sie hemmen die Dampfbewegung in den Poren stark (rechter Teil der Gl. (2.258)). Dagegen lassen grobporige Güter $(d/\mu_{Kn}\Lambda) > 100)$ den Dampf schnell entweichen, aber die Wärme nur langsam zur Eisfront gelangen.

Bei plattenförmigen Gütern und bei der bisher unterstellten Art der Wärme- und Dampfbewegung läuft die Sublimationstrocknung meistens langsam binnen Stunden ab. Folgende Maßnahmen verkürzen die Zeiten:

1. Erhöhen der Heizmitteltemperatur ϑ_H, damit ein stärkerer Wärmestrom zur Eisfront geht. Durch die Maßnahme steigt auch die Temperatur ϑ_O an der Gutsoberfläche und die am Eisspiegel (ϑ_t). Zu achten ist hierbei darauf, daß nirgends im Gut Eis schmilzt: Das könnte zum Umkristallisieren und Entmischen der Bestandteile führen und Strukturzerstörung, Porenverstopfung sowie Aroma- und Wirkstoff-Verluste zur Folge haben. Auch die schon trockenen Gutsteile dürfen thermisch nicht geschädigt werden. Nach Möglichkeit steuert man die genannten Temperaturen an den Schädigungsgrenzen des Gutes entlang.

Tabelle 2.24. Die Wärme und Stoffleitfähigkeit getrockneter Güter
in dem für die Gefriertrocknung üblichen Druckbereich (nach Kessler [409])

Gut	Wärmeleit-fähigleit λ_G W/m K	Stoffleit-fähigkeit B s	Autor
Apfel	0,035 bis 0,11	$25 \cdot 10^{-9}$	Kessler
	0,025 bis 0,035		Greenfield
	0,015 bis 0,04	$45 \cdot 10^{-9}$	Harper
		$31 \cdot 10^{-9}$	Mellor, Grienfield
Avocadopulver	0,055		Fito, Pinaga, Aranda
Banane		$7 \cdot 10^{-9}$	Strasser
Champignon		$10 \cdot 10^{-9}$	Strasser
Fisch		$65 \cdot 10^{-9}$	Mellor, Grienfield
Kaffeepulver	0,033		Fito, Pinaga, Aranda
Karotte		$15 \cdot 10^{-9}$	Meffert
		$42 \cdot 10^{-9}$	Mellor, Grienfield
Kartoffel		$10 \cdot 10^{-9}$	Strasser
Pfirsich	0,015 bis 0,04	$33 \cdot 10^{-9}$	Harper
Rindfleisch	0,04 bis 0,05		Mellor
	0,037 bis 0,05	22 bis $25 \cdot 10^{-9}$	Magnussen
		5 bis $11 \cdot 10^{-9}$	Strasser
	0,04 bis 0,06	$33 \cdot 10^{-9}$	Harper
		$22 \cdot 10^{-9}$	Mellor, Grienfield
Spinatpuree		15 bis $30 \cdot 10^{-9}$	Strasser
Tomatensaft (6° Brix)	0,035 bis 0,05	$78 \cdot 10^{-9}$	Sharon, Berk
Tomatenkonz. (15° Brix)	0,043 bis 0,065	$46 \cdot 10^{-9}$	Sharon, Berk
(22° Brix)	0,08 bis 0,11	$16 \cdot 10^{-9}$	Sharon, Berk
Vollmilch	0,02 bis 0,08	20 bis $40 \cdot 10^{-9}$	Kessler

Tabelle 2.25. Experimentell bestimmte d/μ_{Kn}-Werte (nach Strasser [413])

Versuchsgut	$d/\mu_{Kn} \cdot 10^6$ m	$d/\mu_{Kn} \Lambda$ bei 1,33 mbar und $-20\,°C$ $(\Lambda = 2,5 \cdot 10^{-5}$ m$)$
1 Spinat (breiförmig)	10 bis 20	0,4 bis 0,8
2 Kartoffel	6 bis 7	0,25
3 Champignon (Stengel)	6 bis 7	0,25
4 Banane	4 bis 5	0,2
5 Rindfleisch (senkrecht zur Faserrichtung geschnitten)	7 bis 8	0,3
6 Rindfleisch (senkrecht zur Faserrichtung geschnitten)[1]	3 bis 4	0,15
7 Kieselgur	1,35	0,05
8 Milch	13 bis 30	0,5 bis 1,2
9 Apfel	16	0,6

[1] Die Proben Nr. 1 bis 5 wurden vor der Sublimationstrocknung in einem Luftstrom
von rd. 5 m/s bei $-20\,°C$ eingefroren. Die Probe 6 wurde vor der Sublimationstrocknung
durch Kontakt mit Trockeneis ($-78\,°C$) eingefroren, um den Einfluß der Einfriergeschwindigkeit zu prüfen.

In vielen Gütern darf die Temperatur $-5\,°C$, in anderen soll sie $-60\,°C$ nicht überschreiten. Die meisten Lebensmittel brauchen keine Temperatur unter $-20\,°C$. Im eisfreien Gebiet, genauer gesagt, im Gebiet des adsorptiv und intramolekular gebundenen Wassers, darf die Temperatur meistens viel höher sein. So verträgt z.B. Eialbumin bei etwa 10% Feuchtegehalt mehr als $90\,°C$, bei 3% Feuchtegehalt sogar $120\,°C$, ohne zu denaturieren [410].

Je höher die Temperatur im Eisspiegel sein darf, mit desto höherem Druck wird der Dampf durch die Gutsporen bewegt, desto kleiner ist das spezifische Volumen des Dampfes (Bild 2.329), desto größer ist auch das Druckgefälle von der Gutsoberfläche (p_{DO}) zum Kondensator (p_{DC}), desto schneller trocknet das Gut und desto kleiner wird die nötige Apparatur.

2. Ein Absenken des Dampfdruckes im Vakuumraum, damit die sublimierende Gutsfeuchte schneller durch die Gutsporen strömt, bringt bei vielen Gütern nur geringen Erfolg. Fast in gleichem Maße wie der Dampfdruck p_{DO} an der Gutsoberfläche verringert wird, geht auch der Dampfdruck p_{Dt} an der Eisfront zurück, wodurch das Druckgefälle ($p_{Dt} - p_{DO}$) und damit die Trocknungsgeschwindigkeit kaum zunehmen [409].

3. Gemäß Gl. (2.258) sinkt die Trocknungsgeschwindigkeit eines plattenförmigen Gutes mit zunehmender Dicke s_{Gl} der bereits trockenen Gutsschicht. Je dünner die Platte gemacht werden kann, desto schneller trocknet das Gut also durchschnittlich.

4. Da beim langsamen Einfrieren des Gutes große Eiskristalle entstehen, bilden sich beim Sublimieren auch große Spalträume, durch die der Dampf schnell entweicht. Deshalb sind z.B. die d/μ_{Kn}-Werte von schnell gefrorenem Rindfleisch (senkrecht zur Faserrichtung geschnitten) nur halb so groß wie die von langsam gefrorenem Fleisch [413].

5. Die außerordentlich poröse Struktur, die viele Güter im Laufe der Trocknung annehmen, hindert die Wärmeleitung. Manchmal läßt sich die Leitfähigkeit verbessern:

a) durch Erhöhen des Gesamtdruckes der Gase im Trockner und im Gut, z.B. indem man einen Strom dampffreien und gut wärmeleitenden Gases in den Trockner treten läßt. Das wirkt sich allerdings nur günstig aus, wenn die Trocknungsgeschwindigkeit durch schlechte Wärmeleitung im Gut, nicht aber durch behinderte Dampfbewegung begrenzt wird;

b) durch Verdichten des Gutes während der Trocknung, sofern das den Dampfaustritt und die Endqualität des Gutes nicht beeinträchtigt;

c) Aus zahlreichen Versuchen geht hervor, daß faserige Stoffe (z.B. Fleisch [415]) die Wärme in Faserrichtung viel besser leiten als quer dazu. Gutsteile und Gegenstände mit richtungsabhängiger Leitfähigkeit sollte man nach Möglichkeit so vorbereiten und anordnen, daß die Wärme den bequemsten Weg zu den Sublimationsstellen findet.

d) In manchen Fällen mag es zweckmäßig sein, die Wärme mit Hilfe von Rippen an den Gutsträgern, Dornen, Metallgeflechten o.dgl. in das Gutsinnere zu leiten.

6. Der Spalt s_a zwischen der energiespendenden Heizfläche und der Gutsoberfläche sollte so klein wie möglich gemacht werden, damit der Ausdruck s_a/λ_a in der

Gl. (2.258) klein wird. Selbstverständlich muß aber ein genügend breiter Spalt bleiben, durch den der Dampf entweichen kann (Bild 2.368) [416].
Manchmal kann mit Hilfe von Streckmetall eine wärmeleitende Verbindung zwischen der Heizfläche und dem Gut hergestellt werden, ohne den Dampfweg merklich zu verstellen.

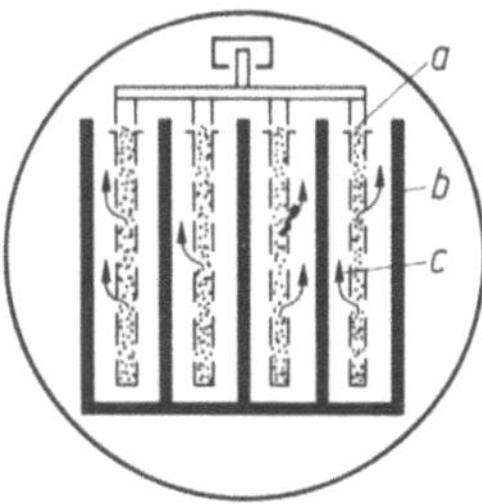

Bild 2.368. Beheizung granulierten Gutes durch Strahlung in einem Sublimationstrockner (schematisch [416]).
a Taschen zur Aufnahme des Gutes; *b* Strahlungsflächen; *c* entweichender Dampf.

Pharmazeutische Betriebe müssen oft flüssigkeitsreiche Stoffe trocknen, die innen an die Wände von Flaschen o. dgl. als dichte Beläge angefroren werden. Obgleich die Wärme in einem solchen Fall von außen durch die Flaschenwand zum Gut gelangt (Kontakttrocknung), entsteht der erste Dampf nicht an der Wand, sondern an der freien Gutsoberfläche. Die Wärme dringt durch den eishaltigen, kompakten und gut wärmeleitenden Belag bis zum Eisspiegel durch, der sich zunächst an der freien Oberfläche befindet und langsam zur Behälterwand hinwandert. Zugleich geht der Dampf durch die poröse Innenschicht weg und verläßt die Flasche. Die Gefäße bekommen die Wärme von den Stellflächen oder von Mänteln her so zugeführt, daß die Wände keine höhere als die für das Gut jeweils zulässige Temperatur annehmen. Locker in die Flaschenhälse eingesetzte, gerillte Stopfen lassen den Dampf entweichen; die Stopfen werden erst später fest in die Hälse gepreßt und verschließen die Flaschen dann (Bild 2.369). In solchen Fällen hängt die Trock-

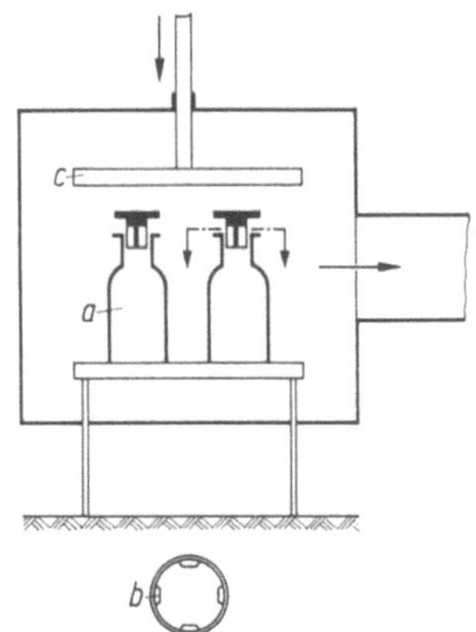

Bild 2.369. Flaschen mit gerillten Gummistopfen in einem Trocknungsraum (schematisch).
a Flaschen; *b* Stopfen mit Rillen; *c* Verschließeinrichtung.

nungsgeschwindigkeit erheblich von der Weite und der Länge der Dampfwege innerhalb und außerhalb des Gutes ab.

Vereinfachend sei unterstellt, die Gutsschicht sei eben und unendlich ausgedehnt, und die Feuchte sublimiere in einer Ebene, die sich im veränderlichen Abstand $(s - s_{G1})$ von der Heizfläche befinde (siehe Bild 2.370). Die Wärme wandere vom Heizmittel durch die Heizwand und durch die kompakte Gutszone zur Eisfront, der entstehende Dampf bewege sich von der Front durch die poröse Gutszone und die Brüdenleitung zum Kondensator. Die Eisoberfläche am Kon-

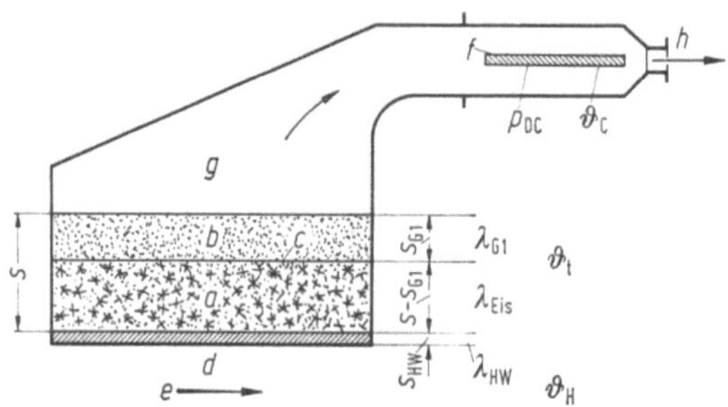

Bild 2.370. Plattenförmiges kapillarporöses Gut auf einer Heizwand bei der Sublimationstrocknung.
a Eishaltige kompakte Zone des Gutes; *b* poröse eisfreie Gutszone; *c* Eisfront; *d* Heizwand; *e* Heizmittel; *f* Eiskondensator; *g* Vakuumraum; *h* Leitung zum Pumpsatz.

densator habe die Temperatur ϑ_C, und es herrsche dort der Dampf-(partial-)Druck p_{DC}. Statt der Gl. (2.258) ist in diesem Fall für die Trocknungsgeschwindigkeit zu schreiben:

$$g_D = \frac{1}{(\Delta h_S + \Delta h_V)} \cdot \frac{(\vartheta_H - \vartheta_t)}{\dfrac{1}{\alpha_i} + \dfrac{s_{HW}}{\lambda_{HW}} + \dfrac{s - s_{G1}}{\lambda_{Eis}}} = \frac{(p_{Dt} - p_{DC})}{\dfrac{s_{G1}}{B} + \sum \dfrac{s_D}{B_D}}. \qquad (2.259)$$

Mit λ_{Eis} ist die Wärmeleitfähigkeit der kompakten eishaltigen Gutszone und mit $\Sigma(s_D/B_D)$ die Summe aller Quotienten (s_D/B_D) bezeichnet; s_D sind die Wegstrecken und B_D die zugehörigen Bewegungsbeiwerte des Dampfes außerhalb des Gutes. Bei reiner Laminarströmung entspricht B_D dem ersten Summanden in der Gl. (2.250).

Wenn, was in der Regel der Fall ist, die Drücke p_{Dt} und p_{DC} mit den Sattdampfdrücken p''_{Dt} und p''_{DC} bei den Temperaturen ϑ_t und ϑ_C übereinstimmen, und wenn sich diese Drücke nicht stark voneinander unterscheiden, so kann in der Gl. (2.259) das Dampfdruckgefälle mittels der Näherungsgleichung

$$(p_{Dt} - p_{DC}) \approx \left(\frac{dp''_D}{d\vartheta}\right)(\vartheta_t - \vartheta_C) \qquad (2.260)$$

durch das Temperaturgefälle $(\vartheta_t - \vartheta_C)$ ersetzt werden. Darin bezeichnet $(dp''_D/d\vartheta)$ die Neigung der Dampfdruckkurve für Eis bei der mittleren Temperatur $(\vartheta_t + \vartheta_C)/2$. Bei konstanten Temperaturen ϑ_H und ϑ_C lassen sich damit aus der Doppelgleichung (2.259) die Temperatur ϑ_t am Eisspiegel und die Trocknungsgeschwindigkeit g_D als Funktion von s_{G1} leicht bestimmen und danach die Trocknungszeit ermitteln [417].

Verhältnismäßig schnell trocknen Stoffe, die zunächst in Granulatform überführt, unmittelbar auf eine Heizfläche gebracht und beim Trocknen fortlaufend
durchmischt werden. Die Wärme wird in diesem Falle schrittweise mechanisch
in das Haufwerk befördert (siehe Theorie der Mengschicht-Kontakttrockner,
Abschn. 2.3.2.3.1), und wegen der guten Wärmeübertragung können dann beträchtliche Temperaturdifferenzen zwischen der Heizfläche und den Sublimationsstellen
im Gut zugelassen werden. Der entstehende Dampf entweicht durch die verhältnismäßig weiten Räume zwischen den Körnern. Die Trocknungszeit der Einzelteilchen bestimmt unter diesen Umständen weitgehend den Durchsatz des Trockners.

Wir betrachten den Fall theoretisch:

Auf einer Heizfläche der Größe A werde ein Haufwerk aus gleichen Kugeln des
Durchmessers d_K zu einer ebenen Schicht der Höhe h und des Kornzwischenraum-
anteils ε_{Sch} ausgebreitet und periodisch durchmischt. Von der Heizfläche gehe der
Wärmestrom

$$\Phi = A \, \alpha_\infty \Delta\vartheta \qquad (2.261)$$

an die Schüttung über und verteile sich dort jedesmal nach dem Durchmischen
gleichmäßig auf die insgesamt $i = A\,h\,(1 - \varepsilon_{Sch})/(\pi\,d_K^3/6)$ Kugeln mit der Oberfläche $A_i = i\pi d_K^2 = A \cdot 6h(1 - \varepsilon_{Sch})/d_K$. Bezogen auf die Gesamtoberfläche ergibt sich dann, rein formal, für den Wärmeübergangskoeffizienten zwischen Heizfläche und Kugeln:

$$\alpha_K = \frac{\Phi}{A_i\,\Delta\vartheta} = \alpha_\infty \frac{d_K}{6\,h\,(1 - \varepsilon_{Sch})}, \qquad (2.262)$$

worin α_∞ den Wärmeübergangskoeffizienten bezeichnet, der auf die Heizfläche
bezogen und durch die Gl. (2.180) gegeben ist; $\Delta\vartheta$ ist der durchschnittliche Temperaturunterschied zwischen der Heizfläche und dem Gut.

Wir nehmen weiter an, die Kugeln seien gleichmäßig porös, enthalten X kg Eis/
kg Grundstoff, und dieses Eis sublimiere an den Oberflächen der kugeligen Eis-
kerne, die zentrisch im Kugelinnneren liegen und den variablen Durchmesser d_t
haben. Wenn ε_E der Raumanteil und ϱ_E die Dichte des Eises in den Kernen und
ϱ_S die Dichte der (nicht schrumpfenden) Kugeln nach vollständigem Trocknen
ist, so gilt für das Feuchte/Grundstoff-Massenverhältnis X der Kugeln zum betrachteten Zeitpunkt, wenn das anfängliche Verhältnis X_1 ist:

$$X = \frac{\varepsilon_E\,\varrho_E}{\varrho_S}\left(\frac{d_t}{d_K}\right)^3 = X_1\left(\frac{d_t}{d_K}\right)^3. \qquad (2.263)$$

Ferner gilt für die Trocknungsgeschwindigkeit, bezogen auf die Kugeloberfläche,
wenn Wärme allein durch die tragende Heizfläche in das Gut gelangt, an Stelle von
(2.258) die Doppelgleichung

$$g_{DK} = \frac{1}{(\Delta h_S + \Delta h_V)}\frac{\vartheta_R - \vartheta_t}{\left[\dfrac{1}{\alpha_K} + \dfrac{1}{\lambda_{GI}}\dfrac{d_K^2}{2}\left(\dfrac{1}{d_t} - \dfrac{1}{d_K}\right)\right]} = \frac{p_{Dt} - p_{DO}}{\dfrac{1}{B}\dfrac{d_K^2}{2}\left(\dfrac{1}{d_t} - \dfrac{1}{d_K}\right)}, \qquad (2.264)$$

woraus sich in bekannter Weise g_{DK}, ϑ_t und $p_{Dt} = f(\vartheta_t)$ bestimmen lassen. Für
die auf die Heizfläche A bezogene Trocknungsgeschwindigkeit g_D folgt

$$g_D = g_{DK} \cdot 6h(1 - \varepsilon_{Sch})/d_K. \qquad (2.265)$$

Bei konstanter Heizflächentemperatur ϑ_R und konstantem Dampfdruck p_{DO}
an der Kugeloberfläche nimmt die Trocknungsgeschwindigkeit im Laufe der

Trocknung (mit abnehmendem d_t) ab, wogegen die Temperatur ϑ_t an der Eisfront ansteigt. Der Anstieg ist um so geringer, je größer das Verhältnis B/λ_{Gl} der Stoffleitfähigkeit zur druckabhängigen Wärmeleitfähigkeit der jeweils schon getrockneten Kugelschale ist. Bei kleinem Verhältnis B/λ_{Gl} besteht für den Eiskern Auftaugefahr [409].

Für eine Überschlagsrechnung sei unterstellt, die Gutsteilchen seien sehr porös und die Eisfronten in ihrem Inneren behalten während der ganzen Trocknung ungefähr die gleiche Temperatur ϑ_t. Dann kann in einem Rechnungsgang ähnlich dem im Abschnitt 2.3.1.7.4 die Trocknungszeit bestimmt werden, die Kugeln aus einem nicht hygroskopischen Stoff brauchen, um vom anfänglichen Feuchte/Grundstoff-Massenverhältnis X_1 (entsprechend $d_t = d_K$) auf $X_2 = 0$ (entsprechend $d_t = 0$) zu gelangen. Es ergibt sich

$$t = \frac{\varepsilon_E \varrho_E (\Delta h_S + \Delta h_V)}{(\vartheta_R - \vartheta_t)} \left[\frac{d_K^2}{24\lambda_{Gl}} + \frac{h(1 - \varepsilon_{Sch})}{\alpha_\infty} \right]. \tag{2.266}$$

Weiterhin liefert eine einfache Rechnung den Zusammenhang zwischen der Eisfront- und der Oberflächentemperatur der Teilchen

$$\vartheta_O = \frac{\vartheta_R + \Gamma_K \vartheta_t}{1 + \Gamma_K} \tag{2.267}$$

mit

$$\Gamma_K = \frac{12\,h\,(1 - \varepsilon_{Sch})\,\lambda_{Gl}}{\alpha_\infty \cdot d_K \left(\sqrt[3]{X_1/X} - 1 \right)}, \tag{2.268}$$

woraus sich ableiten läßt, daß die Oberflächentemperatur ϑ_O kleiner Körner über einen weiten Bereich von X nahezu mit der Eisfronttemperatur ϑ_t übereinstimmt.

Aus Gl. (2.226) ergibt sich ein Mindestwert der Trocknungszeit. Entgegen der Berechnungsannahme steigt die Eisfronttemperatur in großen und in wenig porösen Körnern während der Trocknung doch merklich an, und die Temperaturdifferenz $(\vartheta_R - \vartheta_t)$ wird durchschnittlich kleiner als die vorausgesetzte. Daher sind die wirklichen Trocknungszeiten der Körner oft erheblich länger.

Bei der Trocknung unter erhöhtem Vakuum kann das Verhältnis des Dampfpartialdruckes im Trocknungsraum zum Gesamtdruck — im Gegensatz zur normalen Vakuumtrocknung — beträchtlich kleiner als 1 sein, weil infolge des niedrigen Druckes merkliche Mengen Luft und andere nicht kondensierbare Gase in den Vakuumraum gelangen. Unter diesen Umständen überlagern sich dem Strom des Dampf-Gas-Gemisches, er dem Gesamtdruckgefälle zur Pumpe folgt, ein (meistens gleichgerichteter) Diffusionsstrom des Dampfes, der infolge eines Partialdruckgefälles vom Gut zum Kondensator (und teils manchmal zur Pumpe) zieht. In jedem Fall erniedrigt das Gas, bei einem bestimmten erzielbaren Gesamtdruck, den Partialdruck des Dampfes, was dazu zwingt, die Temperatur der Flächen oder Stoffe, an denen der Dampf niedergeschlagen wird, entsprechend niedrig zu halten. Dadurch wird die Kühlung verteuert. Man sucht deshalb den Partialdruck des Gases gering zu halten, indem man die Trocknergehäuse sorgfältig dicht und die Absaugepumpen genügend groß macht.

Nach Überlegungen von Strasser, Heiß und Görling [413] ist es außerdem bei (fast) unbehinderter Dampfbewegung zwischen Sublimationsspiegel und Kondensator zweckmäßig, die Kondensationsfläche nahe beim Gut anzuordnen und größer als die Sublimationsfläche zu machen. Bei behindertem Dampftransport hingegen, z.B. hervorgerufen durch das Gut selbst, verliert das Verhältnis Kondensations- zu Sublimationsfläche an Bedeutung und kann kleiner als 1 werden. Als günstigster Temperaturunterschied zwischen Eisfront und Kondensationsfläche ergaben sich 24 K $\pm$ 4 K, wenn in den Poren des Gutes Molekularströmung herrscht. Findet Dampf aber wenig Widerstand, so sollte der Temperaturunterschied nur etwa der 12 K betragen.

Sobald das kompakte Eis entschwunden ist, tritt eine dritte Phase der Trocknung auf, in der die adsorbierte Feuchte aus dem Gutsinneren verschwindet, in der ferner die (von eutektischen Gemischen eingeschlossene) nicht eingefrorene Feuchte verdampft und in der evtl. auch Wasser von Hydraten abgeht. Diese Feuchte hat verringerten Dampfdruck, der durch die Desorptionsisothermen gegeben ist. Manchmal nimmt dieser dritte Trocknungsabschnitt ein Drittel oder mehr der gesamten Trocknungszeit in Anspruch. Soll er nur kurz dauern, so muß man den Dampfdruck am Kondensator (p_{DC}) und dadurch denjenigen am Gut (p_{DO}) absenken, oder man muß die Gutstemperatur vorsichtig erhöhen.

Am Ende der Trocknung, wenn keine Feuchte mehr sublimiert, stellt sich über der zurückbleibenden Feuchte des Gutes der gleiche Dampfdruck ein wie an der Eisoberfläche des Kondensators, die Temperatur des beheizten Gutes jedoch bleibt höher als die der Kondensationsfläche. Man muß diesen Temperaturunterschied um so größer halten, auf je niedrigeren Endfeuchtegehalt das Gut gelangen soll und je stärker hygroskopisch es ist. Umgekehrt kann man sagen: die Heizmitteltemperatur im Trockner und die Kühlmitteltemperatur im Kondensator bestimmen, welchen Endfeuchtegehalt ein bestimmtes Gut in einem gegebenen Gefriertrockner erreichen kann.

Mit sinkenden Arbeitsdrücken in den Anlagen wird es immer schwieriger, die Gase zu fördern, da die wirkenden Druckunterschiede immer kleiner, die Volumenströme jedoch immer größer werden. Daher ist es wichtig, die Kanäle zwischen dem Gut und dem Kondensator sowie der Pumpe möglichst kurz und überall sehr weit zu halten. Im Druckgebiet von 0,1 bis 0,001 mbar bewegen sich die Gase meistens nach den Gesetzen für das Übergangsgebiet zwischen laminarer und molekularer Strömung durch die Leitungen; im Hochvakuumgebiet haben die Gasmoleküle mittlere freie Weglängen von der Größenordnung der Leitungsdurchmesser, so daß annähernd Molekularströmung herrscht [504].

Enge Durchgänge im Gasweg, z.B. in Flaschenhälsen, wirken wie Drosselstellen. Die Gasgeschwindigkeit kann darin (unter den für die Gasdynamik gültigen Voraussetzungen) die Schallgeschwindigkeit nicht überschreiten. Wasserdampf erreicht diese Höchstgeschwindigkeit dann, wenn das Verhältnis der Drücke vor und hinter der Drosselstelle über 0,55 liegt.

2.6.4. Einige Bauarten der Vakuum-Sublimationstrockner

Ein Vakuum-Sublimationstrockner besteht in der Regel aus
a) dem Trocknungsraum, in dem das Gut die Energie empfängt, damit das Eis sublimiert,

b) den Vorrichtungen zum Entfernen des entstehenden Dampfes und der nicht kondensierbaren Gase, nämlich dem Kondensator und dem Pumpsatz,

c) den oft nötigen Hilfseinrichtungen, wie Kältemaschine zum Kühlen des Kondensators, Leitungen, Absperrorganen,

d) den Organen zum Einbringen und Entnehmen des Gutes,

e) den Organen zum Tragen und Befördern, evtl. auch zum Umlagern und Mischen des Gutes im Trockner.

Der Labortrockner nach Bild 2.371 trocknet kleine Mengen temperaturempfindlicher Stoffe in Kolben und Ampullen, die außen an einem Rohrrechen hängen. Durch das senkrechte Anschlußrohr werden die Gefäße evakuiert. Das Gut empfängt die nötige Wärme durch die Gefäßwände hindurch von der umgebenden Raumluft. Soll die Trocknungszeit verkürzt werden, so taucht man die Gefäße in ein warmes Flüssigkeitsbad, oder man bläst warme Luft vorbei. Auch Infrarotstrahler können als Energiespender dienen. Beim Trocknen sehr empfindlicher Stoffe muß man die Behälter kühlen. Ampullen mit eingefrorenen Stoffen, die an besonderen Rechen getrocknet werden (Bild 2.372), können später, noch solange das Gut unter Vakuum steht, abgeschmolzen werden.

Bild 2.371. Laborgerät zum Gefriertrocknen von Stoffen in Ampullen, Fläschchen, Kolben und Schalen (Martin Christ, Osterode/Harz).
Links oben: Rohrrechen für 4 Glaskolben; rechts oben: Trocknungskammer mit Plexiglashaube, darin Fläschchen auf Heizteller sowie Verschlußeinrichtung; unten: Gehäuse, darin Eiskondensator und Kalteaggregat; nicht dargestellt: Vakuum-Pumpstand.

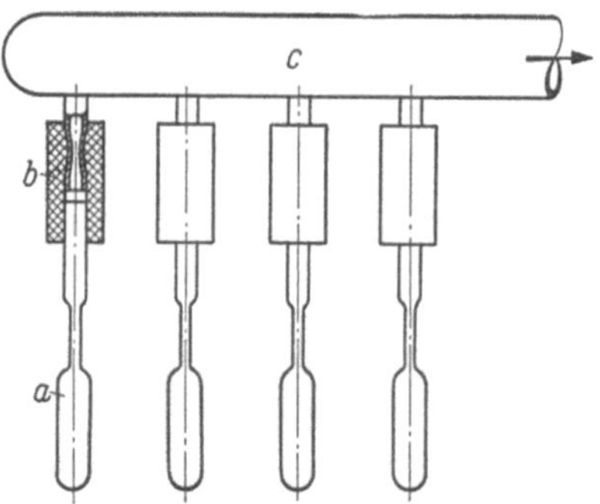

Bild 2.372. Gefriertrocknung kleiner Gutsmengen am Rechen.
a Ampullen mit zu trocknender Substanz; b Gummischlauchstück; c Vakuumleitung.

Für gefüllte Flaschen und Schalen ist eine Trocknungskammer mit Plexiglashaube vorgesehen. Die Gefäße stehen auf Heiztellern und können nach dem Trocknen innerhalb des Vakuumraumes mit einer besonderen Vorrichtung verschlossen werden (N 521.117.21).

In Krankenhäusern sowie Laboratorien der pharmazeutischen, biologischen, chemischen und Nahrungsmittelindustrie leisten Apparate wie der nach Bild 2.373 gute Dienste. In die Kammer kann ein Traggestell mit 8 elektrisch heizbaren Stell-

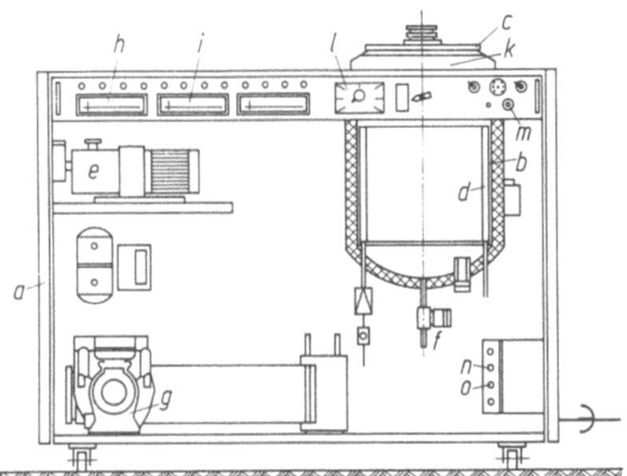

Bild 2.373. Gerät zum Einfrieren kleinerer Gutsmengen und Trocknen durch Sublimation (Martin Christ, Osterode/Harz).

a Fahrbares Gehäuse; b Trocknungskammer; c Deckel zum Aufsetzen von Trocknungsrechen; d Kondensator, in die Kammer eingebaut (Aufnahmefähigkeit 6−9 kg Eis, Temperatur −65 °C); e zweistufige Drehschieber-Gasballast-Vakuumpumpe (Saugvermögen 8 m³/h, Endvakuum 2,7 · 10⁻⁴ mbar); f Ventil zum Ablassen des Abtauwassers (elektrobetätigt); g Kälteaggregat mit Kondensator (Verdampfertemperatur bis etwa −70 °C); h Gerät zum Steuern der Gutstemperatur; i Regler für das Vakuum; k Anschluß für den Produktfühler; l Regler für die elektrische Heizung; m Belüftungsventil mit Anschluß für ein Trockenfilter oder eine Stickstoff-Flasche; n Zulauf für das Kühlwasser; o Kühlwasser-Rücklauf.

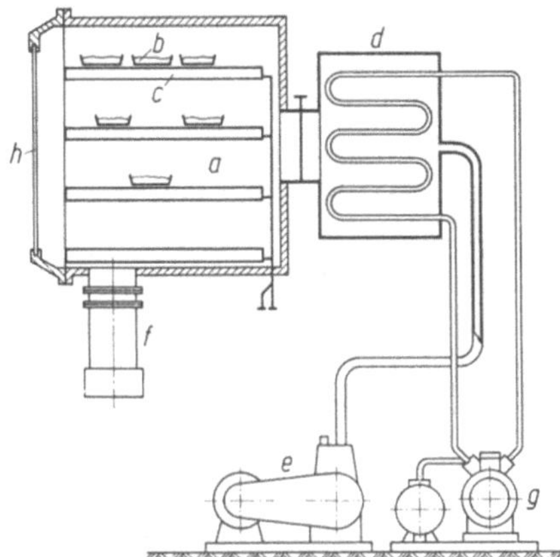

Bild 2.374. Gefrier-Schranktrockner, als Vakuum-Untertemperatur-Kontakttrockner ausgebildet (schematisch).

a Trocknungsraum; b Trocknungsgut; c Heizplatte; d Eiskondensator; e Gasballastpumpe; f Diffusionspumpe (wenn erforderlich); g Kältemaschine; h Tür mit Plexiglasscheibe.

flächen für die Gutsbehälter eingebracht werden (nicht dargestellt); auch ist es möglich, auf den Deckel der Kammer Trockenrechen für Ampullen und Kolben aufzusetzen. Sowohl das Einfrieren des Gutes in den Behältern wie auch das Trocknen werden von einem Temperaturfühler in Gutsnähe überwacht. Ein Hilfsgerät begrenzt die Temperaturen auf voreinstellbare Höchst- und Tiefstwerte, und eine Folgeschaltung bewirkt, daß alle Umschalt- und Abschaltvorgänge automatisch ablaufen. Nach dem Trocknen kann entkeimte trockene Luft oder Inertgas in den Vakuumraum eingelassen werden, und ein Manipulator gestattet, die Gutsbehälter innerhalb des Raumes zu verschließen.

Schranktrockner für gutsgefüllte Ampullen, Kolben oder Flaschen mit Stellflächen bis etwa 4 m² (Bild 2.374) gestatten ebenfalls, das Gut in ein und demselben Raum innerhalb ihres Gehäuses einzufrieren und dann zu trocknen. Dazu wird zunächst kalte, dann warme Flüssigkeit durch die Gutsträger geschickt und dadurch die Plattenoberfläche, je nach Erfordernis, auf -35 bis $+100\,°C$ gebracht. An den Oberflächen der ein- oder angebauten Kondensatoren lassen sich -50 bis $-90\,°C$ erzielen und bei jeder Trocknung 3 bis 50 kg der sublimierten Feuchte als Eis niederschlagen. Die Vakuumpumpen erzeugen binnen 7 bis 25 min Vakua von 15 bis 50 mbar. Mit einem Ventil können der Trocknungs- und Kondensatorraum gegeneinander verschlossen werden. Am Schluß des Trocknungsvorgangs werden die Kammern jeweils mit getrockneter und entkeimter Luft oder mit Schutzgas geflutet. Durchsichtige Türen gestatten, die Trocknungsvorgänge zu überwachen. Meß-, Regel- und Registriergeräte für Vakuum, für Arbeitsplatten-, Guts- und Kondensatortemperatur ergänzen die Apparate. Für eine Vielzahl von Gütern ist mit 4 bis 40 Stunden Trocknungszeit in solchen Schranktrocknern zu rechnen (N 521.117.21).

Mit beweglichen Heizplatten oder mit besonderen Hilfsplatten ausgestattet sind viele Kammern für pharmazeutische Produkte, die gestatten, die gutsgefüllten Flaschen noch unter Vakuum mit gerillten Stopfen zu verschließen (s. Bild 2.369). Die manuell oder hydraulisch bewegten Platten pressen die Stopfen fest in die Flaschen hinein.

Trocknungskammern für Bakterien, Viren und manche andere Stoffe müssen öfters innen sterilisiert werden. Das kann z.B. mit Äthylenoxid-Gas geschehen. Man kann aber auch Überdruckdampf benutzen, wenn die Kammern für Überdruck gebaut und mit einem Dampferzeuger verbunden sind. Erleichtert wird das sterile Arbeiten und Beschicken, wenn man die Kammern in eine Wand einbaut, die den Beschickungs- vom Maschinenraum trennt.

Für größere Produktionsbetriebe gibt es Kammern mit Nutzflächen bis 40 m² und mehr, die mit Horden oder mit anderen Gutsträgern beschickt werden. Oft benutzt werden z.B. Schalen mit eingebauten metallischen Stegen von 30 bis 35 mm Höhe und etwa 20 mm gegenseitigem Abstand, die Wärme von den Schalenböden in die 15 bis 20 mm hohen Gutsschichten leiten. Körniges Gut, das 60 bis 70 mm hoch geschichtet wird, kann den Dampfabzug erheblich hemmen, wenn es viel Feines enthält; man trocknet es deshalb auf Horden mit Stegen aus Metallsieben, die senkrechte Kanäle zwischen sich frei lassen.

Im unterbrochenen Fließbetrieb arbeiten manche tunnelförmigen Trockner (Bild 2.375). Das gefrorene Gut liegt auf Rippenschalen, wird mittels Hängewagen durch einen Mechanismus zwischen die Heizplatten geschoben, auf die Platten gesetzt, nach einiger Zeit wieder abgehoben, weiterbefördert usw. Vor und hinter dem Trocknungsraum befinden sich Schleusenkammern mit Türen und vakuumdichten Schiebern (N 521.417.22). Es gibt auch Tunneltrockner, in denen die Schalen auf Schienen durch die Vakuumräume gleiten und beiderseits von Heizplatten bestrahlt werden.

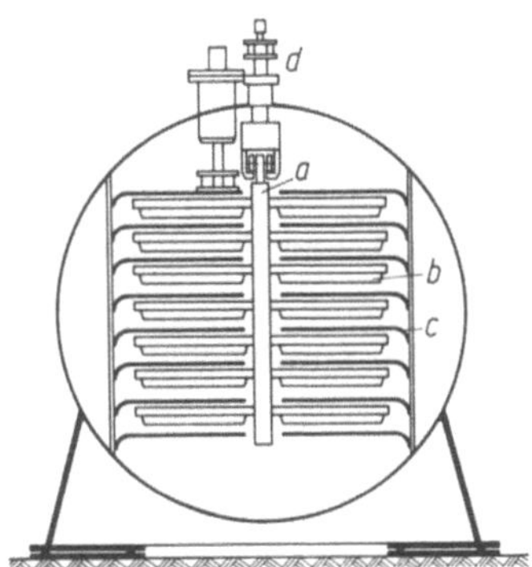

Bild 2.375. Querschnitt durch einen Gefriertrocknungstunnel (Leybold Heraeus GmbH & Co KG).
a Hängewagen; *b* gutstragende Schalen; *c* Heizplatten; *d* Heb- und Senkvorrichtung.

Mancherlei Apparate wurden erdacht, in denen Flüssigkeiten zunächst auf Flächen festgefroren und dann getrocknet werden; ein Beispiel zeigt das Bild 2.376. Zu Beginn des Arbeitszyklus ist der zylindrische Behälter unten mit einer (nicht dargestellten) Wanne versehen. Das vorgekühlte Gut wird eingefüllt und friert an die Rohre an, die im Behälter hängen und zunächst von Kühlmittel durch-

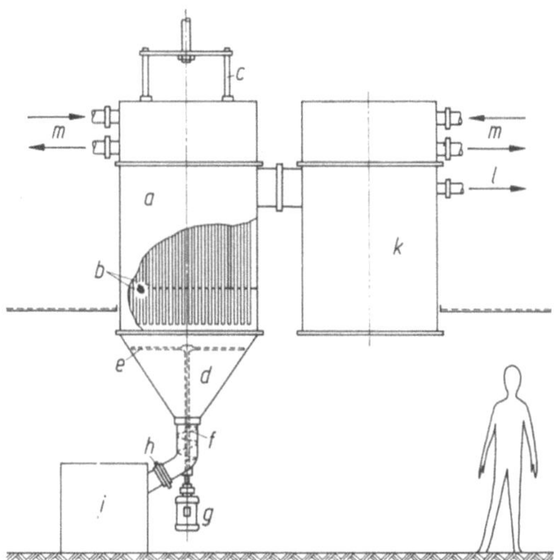

Bild 2.376. Anlage zum Gefrieren und Trocknen flüssiger Stoffe auf Rohren (nach [418]).
a Gefrier- und Trocknungsraum; *b* Rohre mit anhaftendem Gut; *c* Kratzantrieb; *d* Trichter;
e Rührarme; *f* Förderschnecke; *g* Antrieb der Schnecke und Rührarme; *h* Vakuumschleuse;
i Behälter für das getrocknete, pulverige Gut; *k* Eiskondensator; *l* Vakuumpumpenanschluß;
m Kühl- und Heizmittelanschluß.

strömt werden. Sobald die Eisschicht etwa 6 mm dick ist, wird die restliche Flüssigkeit abgelassen, die Mulde entfernt und der im Bild dargestellte Trichter angebracht.
Alsdann wird der Behälter evakuiert und wärmeübertragende Flüssigkeit durch
die Rohre geschickt, damit das Gut trocknet. Eine Kratzvorrichtung, die sich
abwärts bewegt, löst das Gut von den Rohren und wirft es in den Trichter. Dort
streichen Rührflügel durch das Haufwerk, und eine Schnecke fördert es durch eine
Vakuumschleuse in den Trockengutbehälter (N 523.117) [418].

Für stetigen Gutsdurchlauf eingerichtet sind schachtförmige Trockner, in
denen rieselfähige Granulate an beheizten Einbauten entlang abwärts rutschen.
Sie arbeiten als Sublimationstrockner mit Innendrücken von 0,1 bis 1 mbar und
ähneln den Trocknern, die im Abschnitt 2.5.3 beschrieben sind (N 524.257.4).

Oft bewährt für gefrorene Granulate hat sich der Etagen-Tellertrockner
(Beschreibung s. Abschn. 2.5.3). Er durchmengt die Kornschichten auf den Tellern
periodisch, bringt sie dadurch intensiv — doch jedes Korn immer nur kurzzeitig
— mit den Heizflächen in Berührung und trocknet sie binnen weniger Stunden, wie
die Temperaturverlaufskurven im Bild 2.377 erkennen lassen. Bei den Messungen
waren die Stoffe zunächst Heizflächentemperaturen von 85 bis 110 °C ausgesetzt,
und erst gegen Schluß (erkennbar am Abknicken der Kurven) wurden sie bei 50
bis 70 °C behandelt (N 524.357.2) [409]. In Betriebsapparaten werden die Tem-

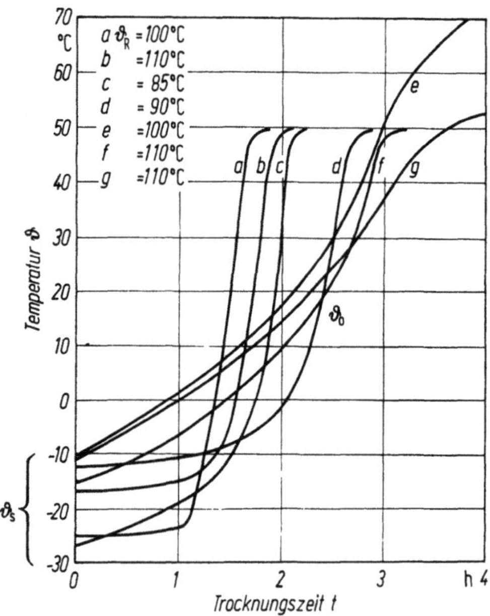

Bild 2.377. Verlauf der Teilchenoberflächentemperatur von Lebensmittelgranulaten bei der
Sublimations-Mengschichttrocknung auf Heizflächen (nach Kessler [409]).
ϑ_R Heizflächentemperatur während der Haupttrocknung, ϑ_O Oberflächentemperatur der Teilchen, ϑ_S Sublimationstemperatur, die zum herrschenden Vakuum gehört, *TS* anfänglicher
Trockenstoffgehalt.
a Kaffee (30 % TS, Granulat 1 bis 3 mm Dmr.); *b* Magermilch (9 % TS, Granulat 1 bis 2 mm
Dmr.); *c* Kondensmilch (33 % TS, Perlen 4 mm Dmr.); *d* Grüne Bohnen (10,5 % TS, blanchiert,
10 Dmr. × 3 bis 4 mm); *e* Erbsen (22 % TS, blanchiert, 6 bis 8 mm Dmr.); *f* Kartoffelwürfel
(14,5 % TS, blanchiert, 6 × 6 × 6 mm); *g* Champignons (7 % TS, gewürfelt 10 × 10 × 10 mm).
Mittlere Produktschichthöhe 15 bis 16 mm.

peraturen auf den letzten Tellern mittels elektrischer, in das Gut tauchender Fühler gemessen. Deren Signale gelangen über Schleifringe und Leitungen nach außen und dienen zum Regeln der Gutstemperaturen; sie veranlassen jeweils die nötige Änderung der Produktdurchlaufzeit [419].

Gleichfalls für gefrorene Schüttgüter benutzt werden Schwingrinnen-Kontakttrockner (s. Abschn. 2.3.2.3.5), die das Material über die vibrierenden Heizflächen fördern und kleine Teilchen (<2 mm) in dünner Schicht während 5 bis 15 Minuten trocknen (N 524.357.2). Einen Etagen-Schwingbodentrockner zeigt das Bild 2.378. Seine Böden machen gemeinsame taumelnde oder kreiselnde Horizontalbewegungen, durch die das Gut in dünner Schicht über die Böden verteilt und gefördert wird und von Stufe zu Stufe fällt [417].

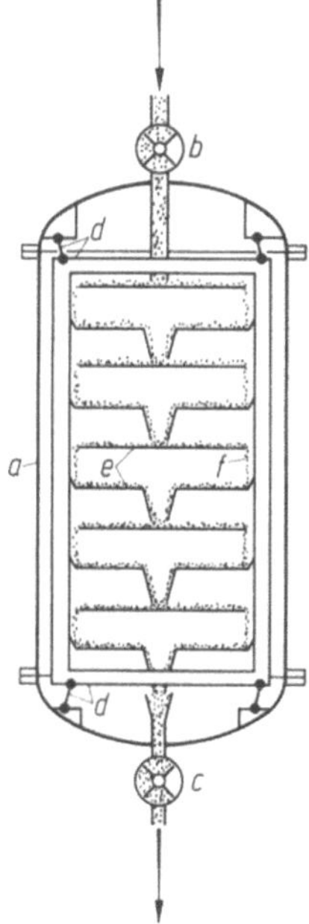

Bild 2.378. Etagen-Schwingbodentrockner zur Sublimationstrocknung schüttfähiger Güter (schematisch, nach Steinbach [417]).
a Gehäuse; *b* Eintragschleuse; *c* Austragschleuse; *d* Schwingsystem; *e* beheizte Böden; *f* abrieselndes Gut.

2.6.5. Betrieb und Hilfsorgane von Vakuum-Sublimationstrocknern

Heizmittel. Fast ausschließlich benutzt werden fluide Heizmittel: umlaufendes Warmwasser, Öl, Vakuumdampf.

Kondensatoren. Wenn 1 kg Eis bei einem Druck von 0,1 mbar sublimiert, so nimmt der entstehende Dampf ungefähr 10000 m³ ein. Ein solches Volumen mit mechanischen Pumpen abzusaugen ist meistens unwirtschaftlich.

Das Bild 2.379 zeigt einige der Wege, die zum Entfernen der Dämpfe und anderen Gase aus dem Vakuumraum beschritten werden können. Im Einzelfall wählt man den Weg nach wirtschaftlichen Gesichtspunkten.

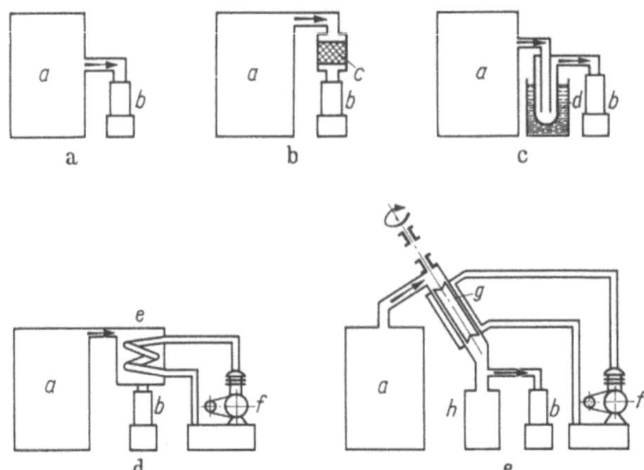

Bild 2.379. Einige Vorrichtungen zum Entfernen der Gase und Dämpfe aus Gefriertrocknern, schematisch.
a Trockner; *b* Vakuumpumpe (meistens mehrstufig); *c* absorbierender Stoff; *d* Kühlfalle; *e* Röhrenkondensator; *f* Kältemaschine; *g* Ausfrierkondensator mit Abkratzer; *h* Eis-Sammelbehälter.

Das direkte Abpumpen (Bild 2.379a) kommt nur für kleine Trockner in Betracht, es sei denn, es steht billiger Dampf zur Verfügung, mit dem mehrstufige Dampfstrahlpumpen betrieben werden können. In größeren Anlagen werden die Dämpfe allenfalls beim Nachtrocknen des Gutes direkt abgepumpt.

Größere Dampfströme werden niedergeschlagen, bevor das abgesaugte Gas zur Vakuumpumpe gelangt. Das kann mit Hilfe dampfadsorbierender oder absorbierender Mittel geschehen (Bild 2.379b).

Die meisten Anlagen jedoch haben Ausfriervorrichtungen (Kondensatoren), die den Wasserdampf an tiefgekühlten Flächen als Eis niederschlagen. Diese Vorrichtungen können in Kleinanlagen als Ausfriertaschen oder Kühlfallen ausgebildet sein und z. B. mit Kohlensäure betrieben werden (Bild 2.379c).

Größere Anlagen (Bild 2.379d) sind mit mechanischen Kühlaggregaten ausgestattet, die flüssige Kühlmittel in Rohrsystemen umwälzen. Meistens dient der Eiskondensator dabei als Verdampfer des Kältemittels. Mit ein- oder zweistufigen Maschinen lassen sich die Kondensatortemperaturen auf -40 bis $-75\,°\mathrm{C}$ senken und die entsprechenden Wasserdampfpartialdrücke an den Kühlflächen auf $1{,}3\cdot10^{-1}$ bis $1{,}2\cdot10^{-3}$ mbar herabsetzen. Stets müssen die Kondensatorflächen tiefer gekühlt sein als der Eiskern im Trocknungsgut, damit der entstehende Dampf an ihnen kondensieren kann.

Wenn die Ausfriervorrichtungen im Satzbetrieb arbeiten, brauchen sie große Kühlflächen, die gleichmäßig vom Dampf bestrichen werden, denn die zunehmend dicker werdenden Eisschichten, die sich während einer Betriebsperiode darauf niederschlagen, hemmen den Wärmefluß zum Kühlmittel beträchtlich. Am Ende jedes Arbeitsganges ist das Eis abzutauen, was in wenigen Minuten geschehen kann, wenn die Vorrichtungen mit Wasser oder Dampf geflutet werden.

Kontinuierlich arbeitende Gefriertrockner haben mindestens zwei satzweise betriebene Kondensatoren, damit das Eis des einen entfernt werden kann, während der andere in Betrieb ist. Der jeweils beladene Kondensator wird automatisch abgeschaltet, abgetaut und wieder zugeschaltet.

Erdacht wurden auch kontinuierlich arbeitende Ausfriervorrichtungen (Bild 2.379e), in deren Innerem Arme rotieren, die den Schnee laufend von den zylindrischen Kühlflächen abkratzen. Das pulverige Eis fällt in einen gekühlten Behälter, aus dem es von Zeit zu Zeit oder kontinuierlich entnommen wird.

In manchen kleinen Trocknern für Chargenbetrieb befinden sich das Gut und der Kondensator in einem gemeinsamen Raum über- oder nebeneinander. Solche Anlagen eignen sich nur für Stoffe, die nicht weiter auszutrocknen brauchen als der Dampfdruck zuläßt, der zur Temperatur der Kühlflächen gehört. Größere Anlagen und solche für Güter, die auf sehr niedrigen Endfeuchtegehalt kommen sollen, haben Kondensatoren, die mittels Ventilen vom Trocknungsraum getrennt werden können. Sobald der Kondensator nicht mehr wirkt, entfernt man den Dampf mittels Pumpen, die hohes Endvakuum herstellen können. Der Kondensator kann dann schon während der Endtrocknung abgetaut werden.

Vakuumpumpen. Zum Erzeugen und Aufrechterhalten der niedrigen Drücke reichen die bei der normalen Vakuumtrocknung gebräuchlichen Vakuumpumpen nicht aus. Anlagen für Satzbetrieb sollen so schnell evakuiert werden können, daß der Gefrierpunkt der Gutsfeuchte in ungefähr 10 Minuten erreicht wird. Die Pumpen sollen weiter die nicht kondensierbaren Gase entfernen, Gase, die durch Undichtigkeiten eindringen, die vorher an das Trocknungsgut gebunden oder die in den Trocknerwänden festgehalten waren, sowie Gase, die vom Treibmittel der Vakuumpumpen oder vom Dichtungsfett der Apparatur herrühren.

Man verwendet im Druckbereich bis herab auf ungefähr 10^{-1} mbar meistens einstufige und bis herab auf 10^{-2} mbar mehrstufige rotierende Ölluftpumpen (oft als Gasballastpumpen ausgebildet, s. Abschn. 2.5.2.2.2), in denen sich Öl als Sperrflüssigkeit befindet. Die niedrigsten Drücke erzielt man mit Diffusionspumpen, die in Kombination mit den vorgenannten Pumpen gelegentlich zum Nachtrocknen benutzt werden. Der Arbeitsbereich dieser Pumpen reicht ungefähr von 10^{-2} bis 10^{-6} mbar.

Im Druckbereich um 10^{-2} mbar, in dem sich die Arbeitsbereiche der rotierenden Ölluftpumpen und der Diffusionspumpen überschneiden, verwendet man, falls große Gasströme zu fördern sind, Rootspumpen, die das abgesaugte Gas ungefähr im Verhältnis 1:10 verdichten und die so den nachgeschalteten Gasballastpumpen verkleinerte Volumina zuliefern.

Es gibt auch Anlagen, die mit vier- oder fünfstufigen Dampfstrahlpumpen ohne Kondensatoren Drücke im Trocknungsraum bis herab auf ungefähr 1 mbar erzeugen. Sie sind billig in der Anschaffung, brauchen aber viel Dampf als Treibmittel und viel Kühlwasser zum Kondensieren des Dampfes.

Steuern des Trocknungsverlaufs. Über das Vakuum im Trockner unterrichtet man sich mittels Meßgeräten, die den Gesamtdruck anzeigen. Im Druckbereich zwischen 10 und 10^{-3} mbar benutzt man vornehmlich Wärmeleitungsmanometer, bei denen die druckabhängige Wärmeleitfähigkeit der Gase eine elektrische Meßgröße für den Druck liefert. Seltener verwendet wird das Alphatron, das mit radioaktiven Präparaten arbeitet. Die Anzeige all dieser Instrumente hängt von der — nicht immer bekannten — Zusammensetzung der Gase ab.

Zum günstigen Steuern des Trocknungsverlaufs braucht man Informationen über
1. die Temperatur im Eiskern des Gutes,
2. die höchste Temperatur im eisfreien Teil des Gutes,
3. das Vorhanden- oder Verschwundensein des Eiskerns,
4. den Feuchtegehalt des Gutes gegen das Ende der Trocknung.
Die erste Information ist in Betriebsanlagen nur schwer durch direkte Messung zu bekommen. Statt der Eistemperatur kann man aber annähernd den Dampfdruck über dem Eis bestimmen, der mit der Eistemperatur über die Sattdampfkurve (Bild 2.329) zusammenhängt (barometrische Temperaturmessung). Nach dem Verfahren von Neumann für absätzig betriebene Anlagen [420] trennt man dazu den Trocknungsraum mit einer schnell schließenden Vorrichtung vorübergehend vom Kondensatorraum ab und mißt den Druck im Trocknungsraum einige Sekunden später, wenn er den Gleichgewichtswert angenommen hat.

Auch statt der zweiten Information genügt oft eine ersetzende Auskunft. Wenn das Gut als Ruheschicht durch Heizplatten erwärmt wird, so begrenzt man die Plattentemperatur ohnehin zweckmäßig auf die höchstzulässige Temperatur der eisfreien Gutsschicht. Man mißt die Plattentemperatur, ersatzweise die Heizmitteltemperatur, und weiß, daß die wirkliche Gutstemperatur nur darunter liegen kann (für Mengschichten ist die Begrenzung im allgemeinen erst bei der Endtrocknung erforderlich).

Die dritte Information ist wieder durch die barometrische Temperaturmessung zu erhalten. Steigt der Druck im Trocknungsraum nach Abtrennen des Kondensatorraumes während der ersten Sekunden nicht an, so ist kein Eiskern mehr vorhanden.

Durch Messen des Gesamtdruckes im abgesperrten Trocknungsraum gewinnt man bei hygroskopischen Gütern auch die vierte Information, sofern sich das Gleichgewicht nicht allzu langsam einstellt und sich in dem Raum annähernd reiner Dampf sammelt. Aus dem Dampfpartialdruck, der dann nur wenig unter dem Gesamtdruck liegt, kann man über die Kurven des hygroskopischen Gleichgewichts einen (angesichts der Meßungenauigkeiten allerdings meistens nur sehr groben) Anhaltswert für den Feuchtegehalt des Gutes bestimmen.

Energiebedarf. Vom rein energetischen Standpunkt aus gesehen bietet die Gefriertrocknung ein ungünstiges Bild.

Beim Abkühlen eines Kilogramms im Gut enthaltenen freien Wassers — von, sagen wir, +20 auf −30 °C — gibt die Flüssigkeit zunächst 84 kJ an fühlbarer und 335 kJ latenter (Erstarrungs-)Enthalpie ab, und danach verliert das Eis noch 63 kJ an fühlbarer Enthalpie; insgesamt werden also 482 kJ frei. Im Trockner entsteht aus dem Eis Dampf, der sich vom Gut trennt, und dabei werden rund 2850 kJ gebunden. Der Dampf verwandelt sich im Kondensator in Eis zurück und gibt wieder rund 2850 kJ frei.

Leider lassen sich in den meisten heutigen Gefriertrocknern die freiwerdenden Energien nicht für die endothermen Vorgänge benutzen, da sie auf zu tiefem Energieniveau sind[1]. Vielmehr muß man sie als Kälteleistung aufbringen. Das verteuert den Betrieb um so mehr, je tiefer die Gutstemperatur liegen muß.

---

[1] Mittels einer Wärmepumpe wird in manchen Fällen die Energie, die im Eiskondensator frei wird, zum Verdampfen der Gutsfeuchte nutzbar gemacht. An sich könnte man Energie auch sparen, indem man dem Eis, das im Kondensator anfällt, Gelegenheit gibt, das Gut vorzukühlen und teilweise einzufrieren oder den Verflüssiger der Kältemaschine zu kühlen.

Tiefe Gutstemperatur erfordert überdies hohes Vakuum und dementsprechend hohen Aufwand für die Vakuumerzeugung nämlich zum Antrieb der mechanischen Pumpen oder zum Heizen und Kühlen der Treibmittelpumpen. Daher steigen die Gesamtkosten mit sinkender Temperatur stark an.

2.7. Überdruck-Trockner

Trockner, die das Gut beträchtlich höherem Druck aussetzen als die irdische Atmosphäre, sind verhältnismäßig wenige in Gebrauch.

Beim Fleißner-Verfahren zum Trocknen lignitischer Braunkohlen wird das Gut in einen druckfesten Behälter eingefüllt, mit Entspannungsdampf aus einem zweiten gleichartigen Behälter vorgewärmt und dann mit Frischdampf von 15 bis 20 bar auf die zu diesem Druck gehörende Sattdampftemperatur gebracht. Der Druck bleibt etwa 75 min lang aufrechterhalten, dann wird der Dampf aus dem ersten Behälter in den mit Kohle gefüllten zweiten Behälter entlassen und die Kohle im ersten Behälter bei Atmosphärendruck 50 bis 60 min lang nachgetrocknet. Bei ungefähr 200 °C in der ersten Periode des Verfahrens gibt die lignitische Kohle als kolloidaler Stoff einen erheblichen Teil ihres Wassers als Flüssigkeit ab, schwindet gleichmäßig, behält ihre stückige Form und erhöht ihre Festigkeit. Beim Herabsetzen des Dampfdruckes in der zweiten Periode verdampft Wasser aus der heißen Kohle nach, wozu die Kohle einen Teil ihrer inneren Energie freigibt; in der dritten Periode muß die Kohle Wärme zugeführt bekommen [421, 422].

Die Tatsache, daß kolloidale feuchte Gele Flüssigkeit abgeben und agglomerieren, wenn sie über eine bestimmte Temperatur erwärmt werden, wird auch beim Entwässern mancher Stoffe durch „Synärese" ausgenützt [423]. Nicht nötig ist dabei allerdings, die Stoffe unter Druck zu setzen; es genügt oft, sie mit warmer Luft hoher relativer Feuchte zu erwärmen.

Im Abschnitt 2.3.5 wurde schon von der Entspannungstrocknung synthetischen Kautschuks berichtet. Das Gut wird zunächst unter Druck gesetzt und dann durch eine Düse gepreßt. Bei der anschließenden Entspannung verdampft die Feuchte explosionsartig und reißt den Kautschuk in Stücke.

Ein ähnliches Verfahren wurde für Lebensmittel entwickelt [424]. Das vorgetrocknete Gut mit etwa 17 % Feuchtegehalt wird in einem druckfesten Rohr so lange überhitztem Dampf ausgesetzt, bis der Dampfdruck 47 bar erreicht hat. Dann wird der Druck schnell abgesenkt. Auch dabei macht sich der eingeschlossene Dampf plötzlich frei und lockert das Gutsgefüge. In einem konventionellen Trockner wird alsdann die Restfeuchte des Gutes entfernt. Es entsteht ein Produkt, das beim Wiederbefeuchten vor dem Verzehr schnell ungefähr wieder die ursprünglichen Eigenschaften annimmt.

Mit erhöhtem Innendruck von 5 bis 8 bar arbeiten die Überdrucktrockner für Textilwickel, die den im Abschnitt 2.3.1.4.2 beschriebenen Durchströmtrocknern verwandt sind (N 613.115.7, Bild 2.380). Die Trockner nutzen den Umstand, daß Druckluft bei einer gegebenen Geschwindigkeit und Temperatur mehr Energie zum Gut bringen kann als Luft von normalem Druck. Die Luft macht einen Kreislauf. Aus dem eigentlichen Trocknungsraum strömt sie in einen Kühler, wo sie Wärme an Kühlwasser abgibt und die kondensierende Feuchte verliert. Daraufhin gelangt sie in ein Gebläse, das sie über einen Lufterhitzer in die Spulen drückt. Durch geeignete Wahl des Kühlwasserstromes läßt sich der Feuchtegehalt der Luft vor dem Gut einstellen und so verhindern, daß die Spulen übertrocknen. Die ausgeschiedene Feuchte sammelt sich unten im Abscheider und wird selbsttätig abgelassen.

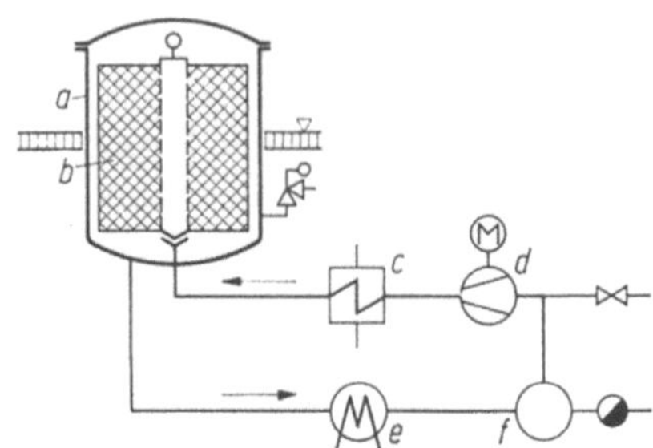

Bild 2.380. Überdruck-Trockner für Textilwickel, schematisch (Drucktrockner der B. Thies, Spezialmaschinenfabrik, Coesfeld i. W.).
a Trocknungskessel; b zu trocknender Wickelkörper; c Heizkörper; d Gebläse; e Kondensator; f Abscheider.

Meistens betragen die Trocknungszeiten zwischen 40 und 80 Minuten. Wenn das Kühlwasser, das den Hauptteil der in den Trockner gehenden Energie aufnimmt und danach 50 bis 60 °C hat, in einen Speicher geführt und dann in der Färberei oder anderswo nutzbringend verwendet wird, so ergibt sich eine merkliche Verringerung des Gesamtenergiebedarfs. Vorteilhaft ist ferner, daß in den Spulen kein Staub hängen bleibt, da keine Außenluft in die Anlagen gelangt, ferner, daß die Trocknung unabhängig vom Zustand der Außenluft verläuft und daß sich der ganze Vorgang nach Programm steuern läßt. Die Trockner fassen 25 bis 750 kg feuchten Fasergutes.

3. Verhalten der Trockner

3.1. Produktionsabhängiger Personalbedarf

Die sehr einfachen oder komplexen Gebilde, die wir Trockner nennen, verhalten sich unterschiedlich: Selbst unter gleichen Bedingungen brauchen sie unterschiedlich viel menschliche Beihilfe, Energie und Hilfsstoffe. Sie verändern möglicherweise die Eigenschaften des Gutes, erzeugen Verluste, reagieren unterschiedlich auf die Anforderungen der betrieblichen Umwelt und wirken selbst auf die Umgebung. Im Folgenden wird ein Überblick über die Verhaltensweise gegeben.

Zunächst wird die nötige menschliche Hilfe betrachtet. Hilfe kann erforderlich sein, erstens als *Muskelarbeit* zum

Bewegen von Energieträgern (z. B. Brennstoff),
Beschicken des Trockners,
Fördern des Gutes im Trockner,
Besondere Behandlung des Gutes in der Anlage,
Entleeren des Trockners.

Als Zweites ist *Aufmerksamkeit* aufzuwenden, vornehmlich dann, wenn die Anlagen „von Hand" gesteuert und überwacht werden. Die Leute müssen dabei den Trockner und das Erzeugnis im Auge behalten und sie müssen Störungen des Arbeitsablaufs ausgleichen.

In dritter Stufe ist *kombinatorische Denkarbeit* zu leisten. Die aus der Anlage und von außen eingehenden Informationen müssen kombiniert werden. Alsdann sind Schlüsse zu ziehen und Entscheidungen über die zweckmäßigen Betriebsbedingungen zu treffen.

Welchen Aufwand an menschlicher Hilfe ein Trockner benötigt hängt vom Grad der Mechanisierung des Prozesses ab. Ganz allgemein strebt die Produktionstechnik danach, die Aufgaben der Bedienungsleute zu verringern und sie selbsttätigen Mechanismen zu übertragen. Sind in einer Maschine mehrere Tätigkeiten auszuüben — z. B. einführen, fördern, formen des Gutes — so können diese Tätigkeiten in verschiedenem Grad mechanisiert sein.

Von Bright [425] stammt ein Versuch, die Mechanisierungsgrade zu definieren (Tab. 3.1). Auf den Stufen 1 und 2 leistet der Mensch selbst die nötige körperliche Arbeit; auf den Stufen darüber nützt er technische (oder auch tierische) Energiequellen. Dabei wird die manuelle Fertigkeit durch die manuelle Geschicklichkeit des Arbeiters beim Bedienen des Werkzeuges ersetzt (Stufen 3 und 4).

Sind die Kontrollen sozusagen in die Arbeitsvorrichtung eingebaut, so braucht der Arbeiter das Arbeitsgeschehen nur wenig zu führen. Wenn der Arbeitsablauf dabei nur längs starren Bahnen vor sich geht, so schwankt das Ergebnis allerdings mit den veränderlichen Eigenschaften des Gutes, das zu behandeln ist (Stufen 5 bis 8).

Tabelle 3.1. Stufen der Mechanisierung[1]

Stufe	Die Energie für die Tätigkeit liefert	Als Organe zum Überwachen der Arbeitsvorgänge dienen	Das tätige Organ reagiert	Die Tätigkeit wird vollbracht
0	Die Natur (Sonne, Wind)	menschliche Sinne	wechselnd	von der Natur (Sonne, Wind)
1	die Hand	menschliche Sinne	wechselnd	vom Bedienungsmann mit der Hand
2	die Hand	menschliche Sinne	wechselnd	mit Handwerkszeug
3	eine technische oder tierische	menschliche Sinne	wechselnd	mit angetriebenem Handwerkszeug
4	Energiequelle	menschliche Sinne	wechselnd	mit maschineller Vorrichtung, deren Tätigkeit der Arbeiter lenkt
5	eine technische Energiequelle	Organe, die vorher festgelegte Bahnen	wie in seinem	durch eine Vorrichtung die nur einen Arbeitsgang ausführt
6	eine technische Energiequelle	des Arbeitsablaufs abtasten	Inneren festgelegt ist	die mehrere Arbeitsgänge nach einem Programm ausführt
7	eine technische Energiequelle			die ferngesteuert wird
8	eine technische Energiequelle			die durch Einführen des zu behandelnden Stoffes in Tätigkeit tritt
9	eine technische Energiequelle	Organe, die wechselnde Einflußgrößen messen	auf Signale (von Meßgeräten)	durch eine Vorrichtung welche die Eigenart der Arbeitsausführung mißt
10	eine technische Energiequelle	Organe, die wechselnde Einflußgrößen messen		die vorher ausgewählte Meßwerte meldet
11	eine technische Energiequelle	Organe, die wechselnde Einflußgrößen messen		welche die Arbeitsausführung aufschreibt
12	eine technische Energiequelle	Organe, die wechselnde Einflußgrößen messen	auf die Arbeitsausführung, wobei es	durch eine Vorrichtung die nach einem Meßsignal den Durchsatz, die Temperatur u. dgl. wechselt

Tabelle 3.1 (Fortsetzung)

Stufe	Die Energie für die Tätigkeit liefert	Als Organe zum Überwachen der Arbeitsvorgänge dienen	Das tätige Organ reagiert	Die Tätigkeit wird volbracht
13	eine technische Energiequelle	Organe, die wechselnde Einflußgrößen messen	auf die Umgebungsbedingungen durch Wahl festgelegter Arbeitsgänge Rücksicht nimmt	durch eine Vorrichtung die an Hand der Meßwerte einen Arbeitsgang auswählt
14	eine technische Energiequelle	Organe, die wechselnde Einflußgrößen messen		die nötige Arbeitsgänge identifiziert und wählt
15	eine technische Energiequelle	Organe, die wechselnde Einflußgrößen messen	auf die Arbeitsausführung, wobei es feinfühlig in weitem Bereich auf die wechselnden Umgebungsbedingungen Rücksicht nimmt	durch eine Vorrichtung welche die Arbeitsausführung nach der Tätigkeit selbst korrigiert
16	eine technische Energiequelle	Organe, die wechselnde Einflußgrößen messen		welche die Arbeitsausführung während der Tätigkeit selbst korrigiert
17	eine technische Energiequelle	Organe, die wechselnde Einflußgrößen messen		welche die nötigen Operationen voraussieht und für entsprechende Ausführung sorgt

[1] Im wesentlichen nach J. R. Bright, Stufe 0 vom Verfasser hinzugefügt.

Meß- und Registriergeräte in den Maschinen gestatten, die einzelnen Faktoren des Prozesses, wie Temperatur, Feuchtegehalt, Durchsatz, zu beobachten und aufzuschreiben. Sie ersetzen die menschlichen Sinne und vermitteln darüber hinaus Informationen, die durch die Sinne nicht zu erhalten sind. Mit ihrer Hilfe kann der Bedienungswart den Prozeßablauf nach seiner Erfahrung steuern, dabei die Energie und die Arbeitskraft besser nützen und einen besseren Endzustand des behandelten Stoffes erzielen als sonst. Er muß aber die Einstellung der Steuervorrichtungen korrigieren, wenn der Stoff mit wechselnden Eigenschaften ankommt (Stufen 9 bis 11).

Geht der Prozeß schnell vor sich, soll er optimal verlaufen, und sind dabei zahlreiche Variable zu beachten, so scheidet der Mensch als Steuerglied aus. An seine Stelle treten Vorrichtungen, die die Signale der Meßgeräte aufnehmen und die dann über Umformer und Stellglieder in den Prozeß eingreifen (Stufen 12 bis 14). Der Eingriff kann in mehreren Arbeitsgängen geschehen und nimmt Rücksicht auf die wechselnden Eigenschaften des ankommenden Stoffes (Automatisierung). Für den Bedienungswart entfällt die körperliche Anstrengung, er hat nur noch die Geräte richtig einzustellen.

Die tätige Vorrichtung kann auch die Fähigkeit haben, sich selbst zu kontrollieren; sie vergleicht dann die Arbeitsausführung (die sich durch eine oder mehrere meßbare physikalische Größen kennzeichnen läßt) laufend mit der gewünschten Ausführung und stellt die Verfahrensbedingungen so ein, daß sich die wirkliche und die gewünschte Ausführung angleichen (selbsttätige Regelung). Der Bedienungswart braucht dann nur noch einmal den Sollwerteinsteller zu betätigen (Stufen 15 bis 17). In der letzten Stufe ist die Notwendigkeit, den Prozeßablauf zu lenken, gänzlich vom Arbeiter weggenommen.

Zwei Beispiele: Ein Außenluft-Überströmtrockner für Schnittholz (Bild 2.2) wird vom Wind mit Energie versorgt; mit einem Gabelstapler bekommt er das Gut zugeführt. Bei ihm hat

die Energiezufuhr die Mechanisierungsstufe 0,
die Gutszufuhr die Mechanisierungsstufe 4,
die Gutsabfuhr die Mechanisierungsstufe 4
und jegliche Bewegung oder Behandlung des Gutes beim Trocknen entfällt.

Hochgezüchtete Trockner, wie viele Kontakt-Drehzylindertrockner für Papier (Abschn. 2.3.2.2.3), sind mit selbsttätigen Reglern ausgestattet, die die Temperatur der Zylinder sowie die Durchlaufgeschwindigkeit, die Flächendichte und den Endfeuchtegehalt des Gutes konstant halten. Ändern sich diese Größen, so wirken die Regler alsbald der Abweichung entgegen. In solchen Trocknern ist die Energiezufuhr, die Gutszufuhr, die Bewegung und die Abfuhr des Papiers bis zur Stufe 16 mechanisiert.

Weitgehende Mechanisierung einer Trocknungsanlage ist im allgemeinen nur möglich, wenn die Gutseigenschaften einigermaßen gleich bleiben. Wechseln die Eigenschaften stark, so besteht die Gefahr, daß spezialisierte Anlageteile den Dienst versagen. Ein Tellerspeiser z.B. kann einem Trockner nur mäßig feuchtes, rieselfähiges Gut zuteilen. Kommt das Gut feuchter, etwa klumpend und haftend an, so bleibt es möglicherweise im Trichter oder an den Abstreifern des Gerätes hängen. Manchmal lassen sich solche Schwierigkeiten vermeiden, indem das Gut zweckentsprechend vorbehandelt wird, sei es in einem besonderen Arbeitsgang, sei es in zweckmäßig gelenkten Prozessen, die der Trocknung ohnehin vorausgehen.

Überhaupt sollte eine Produktionsanlage immer als Ganze so wirtschaftlich wie möglich arbeiten. Ein stark mechanisierter Trockner kann durchaus fehl am Platze sein, wenn sich die Arbeitsweisen der vor- und der nachgeschalteten Apparate mit der eigenen nicht so harmonisieren lassen, daß die Produktion vorteilhafter als mit einem schwach mechanisierten Trockner abläuft.

3.2. Bedarf an Heizenergie

3.2.1. Heizenergiebedarf des wirklichen Trockners

Damit Feuchte aus dem Gut verdampft, muß ihr Energie zugeführt werden. Meistens liegen die Quellen der Energie außerhalb des Gutes, ja außerhalb des Trockners, und dann sind Übertragungshilfen, wie Leitungen und Trägerstoffe, nötig, welche die Energie zum Gut leiten. Fast alle Hilfen wirken unvollkommen, sie lassen Energie verloren gehen.

Wir wollen für einen geplanten, unter Normaldruck arbeitenden Trockner die Energie berechnen, die zum Verdampfen der Gutsfeuchte und zum Decken der vorgenannten Verluste — kurz „zum Heizen" des Trockners — nötig sind.

Dazu denken wir uns das Gut in mehrere Bestandteile zerlegt, deren Enthalpieänderung wir einzeln berechnen. Ferner stellen wir uns vor, daß sämtliche mit einer Stoffumwandlung verbundenen Zustandsänderungen des Gutes, insbesondere auch das Verdampfen der abzutrennenden Feuchte, bereits bei der Eintrittstemperatur stattfinden, und daß die Stoffe dann auf die Endtemperatur gebracht werden. In Wirklichkeit allerdings verläuft die Temperatur meistens anders. Aber obige Annahme ist erlaubt, weil der Energiebedarf zum Überführen der Stoffe in den Endzustand gleich dem Energieunterschied der Stoffe vor und nach dem Trocknen ist, unabhängig davon, auf welchem Wege der Endzustand erreicht wird.

Wir legen weiterhin fest, wo die Grenzen des Trockners sein sollen. Bild 3.1 zeigt das Schema einer Anlage. Die Feuerung macht Energie aus Brennstoff frei und gibt sie an die Feuergase ab. Von diesen geht im Wärmeübertrager ein Teil der Energie als Wärme an Luft über, ein anderer entweicht mit den abgekühlten Gasen ins Freie. Die erwärmte Luft strömt zum Trockner, wo sie als Heiz- und Trocknungsmittel dient; sie gibt dort Wärme an das Gut und damit auch an die Feuchte ab und strömt mit einem anderen Teil ihrer Energie ins Freie. Je nachdem, ob wir uns die Anlage bei $B-B$ oder bei $C-C$ beginnend denken, finden wir einen anderen Energiebedarf. Statt der Feuerung mag gelegentlich ein anderer Energiewandler vorhanden sein. Oft ist die Feuerung, wie im Bild 3.1 dargestellt, mit einem Kessel vereinigt, der die Heizkörper des Trockners mit Dampf oder

Heißwasser speist. Manchmal fehlt jeglicher Wärmeübertrager, und die Feuergase strömen unmittelbar zum Trockner.

Nicht immer sind die Anlageteile getrennt. Sowohl die Feuerung als auch der Wärmeübertrager und auch beide zusammen können innerhalb des Trockners angeordnet sein und mit diesem eine Einheit bilden.

Oft besitzt der Trockner keinen eigenen Energiewandler, sondern bezieht die Energie von einem Kessel, der noch anderen Zwecken dient. Manchmal nützt der Trockner Dampf oder Rauchgase aus, die bereits andere Apparate als Heizmittel speisten.

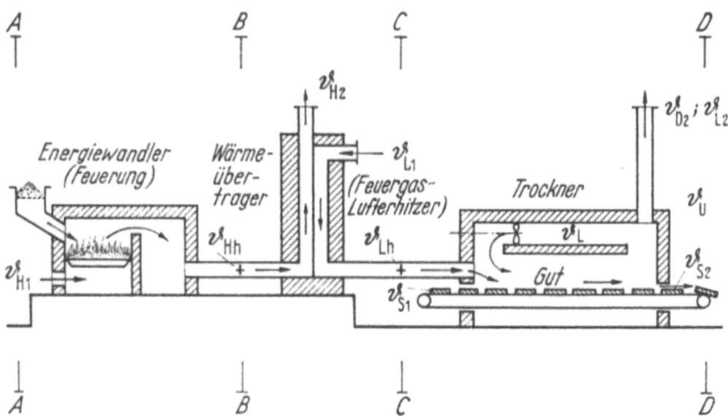

Bild 3.1. Schema einer Trocknungsanlage, Abgrenzung.

Wir berechnen den Energiebedarf zuerst für einen einfachen Fall. In einem fließend betriebenen Konvektionstrockner sollen $\dot{m}_D = 220$ kg/h freien Wassers aus dem Gut verdunsten; $\dot{m}_{W2} = 30$ kg/h freien Wassers sollen im Gut verbleiben und zusammen mit $\dot{m}_S = 120$ kg/h Trockensubstanz aus der Anlage laufen. Das Gut trete mit $\vartheta_{S1} = 15\,°C$ in den Trockner ein und verlasse ihn mit $\vartheta_{S2} = 65\,°C$. Zum Trocknen seien $m_{Le} = 2000$ kg/h Luft nötig, die mit $\vartheta_{L1} = 20\,°C$ in die Anlage einströmen, sich mit dem entstehenden Dampf vermengen und mit $\vartheta_{L2} = 70\,°C$ abziehen. An den Trocknerwandungen gehe der Wärmestrom $\Phi_{TW} = 17{,}4$ kW verloren. Gerechnet sei ferner mit folgenden Zahlenwerten:

Spezifische Verdampfungsenthalpie des Wassers bei 15 °C	$\Delta h_V =$	2466 kJ/kg
spezifische Wärmekapazität des entstehenden Dampfes	$\bar{c}_{pD} =$	1,84 kJ/kg K
spezifische Wärmekapazität der Trockensubstanz	$\bar{c}_S =$	1,26 kJ/kg K
spezifische Wärmekapazität des Restwassers	$\bar{c}_{W2} =$	4,19 kJ/kg K
spezifische Wärmekapazität der Luft	$\bar{c}_{pL} =$	1,00 kJ/kg K

Dann sind nötig zum:

Verdampfen des Wassers	$\dot{m}_D \Delta h_V$	150,7 kW
Erwärmen des Dampfes	$\dot{m}_D \bar{c}_{pD}(\vartheta_{L2} - \vartheta_{S1})$	6,2 kW
Erwärmen der Trockensubstanz	$\dot{m}_S \bar{c}_S(\vartheta_{S2} - \vartheta_{S1})$	2,1 kW
Erwärmen des Restwassers	$\dot{m}_{W2} \bar{c}_{W2}(\vartheta_{S2} - \vartheta_{S1})$	1,7 kW
Erwärmen der Luft	$\dot{m}_{Le} \bar{c}_{pL}(\vartheta_{L2} - \vartheta_{L1})$	27,9 kW
Decken der Energieverluste an den Wänden	Φ_{TW}	17,4 kW

zusammen: 206,0 kW

Umfangreichere Energiebedarfsrechnungen machen wir zweckmäßig an Hand eines Schemas, etwa nach Tabelle 3.2. Bei Anlagen mit Satzbetrieb setzen wir diejenigen Stoffmengen und Energien in die Rechnung ein, die für die einzelne Ladung und für die zugehörige Betriebsdauer gelten; bei Anlagen mit stetigem oder schrittweisem Stoffdurchsatz beziehen wir alle Mengen auf 1 Stunde.

Tabelle 3.2. Vorausberechnen des Heizenergiebedarfs eines Konvektionstrockners

Posten-Nr.	Bedarf zum	kJ
1	Verdampfen der gesamten dampfförmig aus dem Trockner entweichenden Feuchtemasse m_D $Q_v = m_D \Delta h_v$	....
2	Abtrennen der zu entfernenden adsorbierten oder in einer Lösung befindlichen Feuchtemasse m_{Da} $Q_a = m_{Da} \Delta h_{Va}$	....
3	Abspalten der zu entfernenden, in Kristallen oder sonstwie gebundenen Feuchtemasse m_{DKr} $Q_{Kr} = m_{DKr} \Delta h_{VKr}$	....
4	Verändern der chemischen oder kristallinen Beschaffenheit des Gutes	....
5	Erwärmen der sich bildenden Dampfmasse m_D von der Eintrittstemperatur ϑ_{S1} des Gutes auf die Austrittstemperatur ϑ_{D2} $Q_D = m_D \bar{c}_{pD} (\vartheta_{D2} - \vartheta_{S1})$	....
6	Erwärmen der Trockensubstanzmasse m_S von der Eintrittstemperatur ϑ_{S1} auf die Austrittstemperatur ϑ_{S2} $Q_S = m_S \bar{c}_S (\vartheta_{S2} - \vartheta_{S1})$	....
7	Erwärmen der im Gut verbleibenden Massen freier Feuchte m_{Wf}, adsorbierter und im Kristall gebundener Feuchte m_{Wa} und m_{WKr} von ϑ_{S1} auf ϑ_{S2} $Q_r = (m_{Wf} \bar{c}_{Wf} + m_{Wa} \bar{c}_{Wa} + m_{WKr} \bar{c}_{WKr}) \cdot (\vartheta_{S2} - \vartheta_{S1})$	....
8	Erwärmen der flüssig den Trockner verlassenden Feuchtemasse m_{Fl} von der Eintrittstemperatur ϑ_{S1} auf die Austrittstemperatur ϑ_{Fl2} $Q_{Fl} = m_{Fl} \bar{c}_{Fl} (\vartheta_{Fl2} - \vartheta_{S1})$	....
9	Erwärmen des eigentlichen Trockners (zwischen $CC-DD$) samt zugehörigen Wagen, Gestellen usw., ferner der Hilfsstoffe, wie z.B. Kühlwasser und der fremden Stoffe, die den Trockner durchwandern $Q_T = \Sigma m_T \bar{c}_T (\vartheta_{T2} - \vartheta_{T1})$	....
10	Decken der Wärmeverluste an den Wänden des eigentlichen Trockners (zwischen $CC-DD$) $Q_{TW} = \Sigma A_{TW} k (\vartheta_L - \vartheta_U) \cdot t$	....
	1. Zwischensumme, $Q_I =$	....
11	Erwärmen der frisch zuströmenden Luftmasse m_{Le} von der Eintrittstemperatur ϑ_{L1} auf die Austrittstemperatur ϑ_{L2} (Ablufttemperatur) $Q_L = m_{Le} \bar{c}_{pL} (\vartheta_{L2} - \vartheta_{L1})$	....
	2. Zwischensumme, $Q_{II} =$	....

Tabelle 3.2 (Fortsetzung)

Posten-Nr.	Bedarf zum	kJ
12	Erwärmen des Wärmeübertragers samt zugehörigen Rohren und Kanälen (zwischen $BB-CC$) $Q_{\ddot{U}}$	....
13	Decken der Wärmeverluste, die an den Wänden des Wärmeübertragers samt Rohrleitungen und Kanälen auftreten (zwischen $BB-CC$) $Q_{\ddot{U}W}$	....
	3. Zwischensumme, $Q_{III} =$	....
14	Decken des Abgas-Energieverlustes (und anderer Verluste infolge Austrittes von Energieträgern) $Q_H = m_{Hv}\, \bar{c}_{pH} \cdot (\vartheta_{H2} - \vartheta_{H1})$	....
	4. Zwischensumme, $Q_{IV} =$	....
15	Erwärmen des Energiewandlers samt zugehörigen Rohren und Kanälen (zwischen $AA-BB$) Q_{WE}	....
16	Decken der Wärmeverluste, die an den Wänden des Energiewandlers samt zugehörigen Rohren und Kanälen auftreten (zwischen $AA-BB$) Q_{WEW}	....
17	Decken der Verluste durch Flugkoks, Ruß, Asche, Schlacke, Unverbranntes und Rostdurchfall in der Feuerung Q_i	....
	Gesamtaufwand Q_{Σ}	....

Erläuterungen zur Tabelle 3.2:

Zu 1: Δh_V bezeichnet die spez. Verdampfungsenthalpie der Gutsfeuchte bei der anfänglichen Gutstemperatur. Falls die Feuchte anfänglich gefroren ist, muß zu Δh_V die spez. Schmelzenthalpie hinzugezählt werden.

Zu 2: Δh_{Va} ist die integrale Enthalpie, die zum Abtrennen der Masseneinheit der adsorbierten oder als Lösungsflüssigkeit vorliegenden Feuchte nötig ist.

Zu 3: Δh_{VKr} bedeutet die integrale spezifische Dehydratationsenthalpie, die Enthalpie, die zum Abspalten der Masseneinheit Kristallwasser oder sonstwie chemisch gebundener Feuchte erforderlich ist. Falls man Δh_{VKr} aus Handbüchern entnimmt, in denen die Enthalpie auf 1 kmol des Stoffes bezogen ist, so muß man den Wert durch $n \cdot M_D$ teilen, wenn Δh_{VKr} für 1 kg gelten soll ($n =$ Zahl der je Molekül des Stoffes abzuspaltenden Moleküle Kristallwasser, $M_D =$ molare Masse des entstehenden Dampfes).

Zu 4: Der Energieaufwand für solche manchmal nebenher ablaufende Umwandlungen ist nach den Regeln der physikalischen Chemie zu berechnen.

Zu 5: In Trocknern, in denen der entstehende Dampf sich mit Luft mischt, ist ϑ_{D2} gleich der Ablufttemperatur ϑ_{L2} (s. Posten 11). $\bar{c}_{pD}$ bedeutet die mittlere spez. Wärmekapazität des Dampfes zwischen den Temperaturen ϑ_{S1} und ϑ_{D2}.

Zu 6: c_S ist die mittlere spezifische Wärmekapazität des Grundstoffes zwischen der Anfangstemperatur ϑ_{S1} und der Endtemperatur ϑ_{S2}. Meistens tritt das Gut mit 5 bis 15 °C in den Trockner ein. In reinen Konvektionstrocknern, in denen der

Stoff über den thermischen Anlauf hinweggelangt, nimmt er mindestens die Kühl-grenztemperatur und höchstens die Temperatur der umgebenden Luft an. (In Kontakt- und Strahlungstrocknern liegen die Grenztemperaturen meistens höher).

Zu 7: Die mittleren spezifischen Wärmekapazitäten $\bar{c}_{Wa}$ und $\bar{c}_{WKr}$ der adsorbierten und im Kristall gebundenen Feuchte sind kleiner als die spezifische Wärme-kapazität $\bar{c}_{Wf}$ der freien Feuchte.

Zu 8: Von sehr feuchten Gütern läuft manchmal ein Teil der Flüssigkeit weg, ohne zu verdampfen, und in manchen Trocknern kondensiert ein Teil der ver-dampften Feuchte nachträglich, wobei die in diesen Teil gesteckte Verdampfungs- und Überhitzungsenthalpie (Posten 1 und 5) wieder frei wird. In beiden Fällen braucht man für die flüssig aus dem Trockner kommende Feuchtemasse m_{Fl} statt der Posten 1 und 5 nur die Enthalpie Q_{Fl} aufzuwenden.

Zu 9: m_T bedeutet die Masse der zu erwärmenden Anlageteile und Stoffe (den Bauzeichnungen zu entnehmen), $\bar{c}_T$ deren mittlere spezifische Wärmekapazität, ϑ_{T1} die anfängliche und ϑ_{T2} die Endtemperatur. Wenn nach dem Energiebedarf kontinuierlich arbeitender Trockner im Dauerbetrieb gefragt ist, so bleibt der Aufwand für alle nur anfänglich aufzuwärmenden Anlageteile und Stoffe außer Betracht, jedoch muß der Aufwand für die immer wieder einlaufenden Teile, wie Förderbänder, beachtet werden.

Zu 10: Der Wärmeverlust am einzelnen Wandungsteil ist aus der Oberfläche A_{TW} dieses Teiles, der Temperatur ϑ_L der innen vorbeistreichenden Luft, der Temperatur ϑ_U der äußeren Umgebungsluft, dem Wärmedurchgangskoeffizienten k und der Betriebsdauer t zu berechnen. Bei Trocknern, die im Fließbetrieb arbei-ten, ist t gleich der Zeiteinheit (s. auch Kap. 1.2.5.3).

Zu 11: In diesem häufig als Abluft-Enthalpieverlust bezeichneten Posten bedeu-tet m_{Le} die gesamte (auch durch Undichtigkeiten) in die Anlage gelangende Luft-masse (deren Wahl s. w. h.), die sich mit dem entstehenden Dampf mischt, und $\bar{c}_{pL}$ die mittlere spezifische Wärmekapazität dieser Luft zwischen ϑ_{L1} und ϑ_{L2}. Mei-stens kann man die Eintrittstemperatur ϑ_{L1} zu 5 bis 15 °C annehmen. Die Abluft-temperatur ϑ_{L2} hängt von der Temperatur ab, welche die (Um-)Luft über dem Gut haben soll, und von der Temperaturänderung, welche die Luft auf dem Weg durch den Trockner bis zum Abluftstutzen erleidet. In allen Trocknern, in denen die Luft, nachdem sie zuvor aufgewärmt wurde, allein die Energie zum Gut trägt, nimmt ihre Temperatur über dem Gut ab. (In solchen Kontakt- und Strahlungstrocknern dagegen, wo sie nur die Aufgabe hat, Dampf wegzuführen und evtl. kälter ist als das Gut, nimmt ihre Temperatur zu). Befindet sich der Abluftstutzen vor oder hinter dem Gut und liegt die den Trockner durchziehende Luftmasse fest, so läßt sich für Trockner der erstgenannten Art die Temperaturänderung leicht mit Hilfe der Gl. (3.1) bestimmen. In Umlufttrocknern Gl. (3.2) hält·man die Ände-rung durch entsprechende Wahl der Umluftmasse m_{Lu} meistens gering. Eine Grenze für m_{Lu} bietet die Luftgeschwindigkeit, die das Gut verträgt, und der Wunsch, den Leistungsbedarf der Umwälzventilatoren in erträglichen Grenzen zu halten. Für Trockner mit vorgeschalteten Lufterhitzern gelten die weiter oben und hinten dargelegten Gesichtspunkte. Stets soll die Feuchtluft mit solcher Temperatur ϑ_{L2} abziehen, daß ihr Dampf nirgends in den kälteren Abluftleitungen kondensiert.

Zu 12 und 13: Gemeint ist hier der dem eigentlichen Trockner vorgeschaltete Wärmeübertrager. Berechnen dieser Posten wie 9 und 10.

Zu 14: m_{Hv} bezeichnet die Heizmittelmasse (Feuergas-, Dampf-, Kondensatmasse usw.), die endgültig aus der Anlage verschwindet, $\bar{c}_{\mathrm{pH}}$ ist die mittlere spezifische Wärmekapazität dieses Mittels zwischen der Eintrittstemperatur ϑ_{H1} und der Austrittstemperatur ϑ_{H2}. Ist das Heizmittel ein Feuergas, so ist ϑ_{H1} nach der Mischungsregel aus den Massen und Temperaturen des unverbrannten Brennstoffes und der Verbrennungs- und Zumischluft zu bestimmen. Da ebensoviel Feuergas abströmt wie erzeugt wird, ist in diesem Fall $m_{\mathrm{Hv}} = m_{\mathrm{H}}$, Gl. (3.3).

Zu 15 und 16: Die beiden Posten sind wie 9 und 10 zu berechnen.

Zu 17: Die Höhe dieses Postens hängt von der Art des Brennstoffes und der Feuerung ab. Bei gasförmigen Brennstoffen ist Q_{i} meistens Null, bei festen liegt es in der Regel zwischen 1 und 15% des Gesamtaufwandes.

Zu unterscheiden sind hauptsächlich:

a) Indirekt mit Feuergasen beheizte Trockner (Bild 3.1). Bei diesen setzt sich der Energiebedarf aus sämtlichen in der Tabelle genannten Posten zusammen, auch wenn sich die Feuerung und der Wärmeübertrager innerhalb des Trockners befinden.

b) Direkt mit Feuergasen beheizte Trockner. Die Gase ziehen unmittelbar aus der Feuerung oder dem Vorbenutzer in den Trockner und kommen dort zum Gut. Weil das Heizmittel gleichzeitig als Trocknungsmittel dient, entfällt der Posten 11. An seine Stelle tritt der Posten 14. Außerdem verschwinden die Posten 12 und 13, da kein Wärmeübertrager vorhanden ist.

c) Anlagen mit dem Trockner vorgeschalteten Lufterhitzern, die mit Dampf, Heißwasser, Elektrizität usw. als Heizmittel arbeiten. In diesen Anlagen trägt die erhitzte Frischluft allein die Energie zum Trockner. Meistens sieht man die Erzeuger des Dampfes, der Elektrizität usw. als nicht mehr zur Anlage gehörig an; dann verschwinden die Posten 15, 16 und 17.

d) Trockner mit eingebauten Heizkörpern, die mit Dampf, Heißwasser, Elektrizität usw. gespeist werden. Die Luft tritt meistens kalt in die Trockner ein. Dort empfängt das Gut die nötige Energie unmittelbar von den Heizkörpern oder durch Vermittlung umgewälzter Luft. Es entfallen die Posten 12 bis 17.

e) Bei der Anlage nach Bild 3.1 bringt heiße Frischluft die nötige Energie von außen zum Trockner. Aus der Energiebedarfsrechnung ergebe sich, daß sie dort insgesamt die Energie Q_{I} (Posten 1 bis 10) abgeben muß. Zwar kann ein Teil von Q_{I} durch andere Energiequellen, z.B. durch Sprühdampf, der zum Erhöhen der Luftfeuchte dient, oder als Antriebsenergie der Ventilatoren in den Trockner gelangen. Aber dieser Teil ist meistens gering und sei hier außer Betracht gelassen. Dann finden wir die *nötige Heißluftmasse* (samt der sie von Anfang an begleitenden, meistens geringen Dampfmasse) aus:

$$m_{\mathrm{Le}} = \frac{Q_{\mathrm{I}}}{\bar{c}_{\mathrm{pL'}} \cdot (\vartheta_{\mathrm{Lh}} - \vartheta_{\mathrm{L2}})}, \qquad (3.1)$$

ϑ_{Lh} ist die Temperatur und $\bar{c}_{\mathrm{pL}}'$ die spezifische Wärmekapazität der Heißluft zwischen den Temperaturen ϑ_{Lh} und ϑ_{L2}.

Ist die heiße Frischluft nicht alleinige Energiespenderin, so verliert Gl. (3.1) ihre Gültigkeit. Jedoch können wir bei allen Trocknern, in denen umgewälzte Luft allein die Energie zum Gut führt, für die umzuwälzende Luftmasse m_{Lu} die analoge Gleichung benutzen

$$m_{\text{Lu}} = \frac{Q_{\text{I}}}{\bar{c}_{\text{pL'}} \cdot \Delta\vartheta_{\text{L}}}, \qquad (3.2)$$

worin $\Delta\vartheta_{\text{L}}$ die Temperaturänderung ist, welche die Luft bei ihrem Kreislauf erleidet.

Ähnlich finden wir die Heizmittelmasse m_{H} (im dargestellten Beispiel die Feuergasmasse), die in den außerhalb oder im Trockner befindlichen Wärmeübertrager zu führen ist. Bedeutet i_{Hh} die spezifische Enthalpie des eintretenden und i_{H2} die des austretenden Heizmittels, so ist:

$$m_{\text{H}} = \frac{Q_{\text{III}}}{i_{\text{Hh}} - i_{\text{H2}}}. \qquad (3.3)$$

In dampfbeheizten Anlagen, in denen der Dampf kondensiert, fließt das Kondensat meistens mit einer Temperatur weg, die annähernd mit der Sattdampftemperatur beim gegebenen Druck übereinstimmt, so daß man $(i_{\text{Hh}} - i_{\text{H2}})$ gleich der spezifischen Verdampfungsenthalpie bei diesem Druck setzen kann. Ist das Heizmittel dagegen ein permanentes Gas (z.B. ein Verbrennungsgas) oder eine Flüssigkeit, so schreibt man meistens

$$m_{\text{H}} = \frac{Q_{\text{III}}}{\bar{c}_{\text{pH}}(\vartheta_{\text{Hh}} - \vartheta_{\text{H2}})}, \qquad (3.4)$$

worin ϑ_{Hh} die Temperatur des heiß ankommenden und $\bar{c}_{\text{pH}}$ die mittlere spezifische Wärmekapazität des Heizmittels zwischen der Eintrittstemperatur ϑ_{Hh} und der Austrittstemperatur ϑ_{H2} bezeichnet.

Die Heizmittel- und die Lufttemperatur dürfen selbstverständlich nirgends die den Anlageteilen zuträgliche Höhe überschreiten. Feuergase hoher Temperatur muß man durch Beimischen von Luft kühlen; im übrigen aber sucht man sie mit der höchstmöglichen Temperatur ϑ_{Hh} in die Erhitzer oder Trockner zu schicken und sie bis zur niedrigsten Temperatur ϑ_{H2} abzukühlen, bei der noch ein genügender Zug im Kamin entsteht und sich noch kein Kondensat und Teer aus den Abgasen abscheidet (150 bis 200 °C). '

Wenn die gesamte auf Bild 3.1 dargestellte Anlage den Energiebedarf Q_{Σ} hat und mit einem Brennstoff vom spezifischen Heizwert H_{U} beheizt wird, so beläuft sich ihr Brennstoffbedarf auf

$$m_{\text{B}} = \frac{Q_{\Sigma}}{H_{\text{U}}}. \qquad (3.5)$$

Elektrisch beheizte Anlagen, in denen der Wärmeübertrager zugleich Energiewandler ist, brauchen an Heizenergie

$$Q_{\text{el}} = Q_{\text{III}}. \qquad (3.6)$$

Damit der Energiebedarf möglichst gering bleibt, sollte man die im Posten 11 der Energiebedarfsrechnung vorkommende Masse m_{Le} des frischen Trocknungsmittels so klein wie möglich halten. In den Fällen, wo Gl. (3.1) gilt, erreicht man dies, indem man den Temperaturunterschied $(\vartheta_{\text{Lh}} - \vartheta_{\text{L2}})$ groß macht. Allerdings ist ϑ_{Lh} oft von vornherein gegeben, wie bei abgasbeheizten Trocknern, häufig ist ϑ_{LH} nach oben durch die Temperatur begrenzt, die das vorhandene Heizmittel zu erreichen gestattet. Ganz allgemein nützt man die mit dem Dampf/Luft-Massenverhältnis x_1 zutretende Luft dann vorteilhaft aus, wenn man ihr im Trockner möglichst viel verdampfte Feuchte mitgibt, so daß ihr Dampf/Luft-Massenverhältnis x_2 am Ende hoch liegt. Ist insgesamt die Feuchtemasse m_D zu entfernen und bedeutet m'_Le die nötige Masse reiner Frischluft, so gilt für m_Le die zweite Bedingung:

$$m_\mathrm{Le} = m'_\mathrm{Le}(1 + x_1) = m_\mathrm{D} \cdot \frac{1 + x_1}{x_2 - x_1}. \tag{3.7}$$

Selbstverständlich darf man x_2 nie so hoch wählen, daß die Abluft gesättigt ist. Meistens hält man die relative Endfeuchte φ Gl. (0.4) unter 80%, schon um zu vermeiden, daß der Dampf der Abluft in den kälteren Abluftleitungen kondensiert. Je höher x_2 und damit der Dampfpartialdruck in der Abluft ist, desto höher liegt überdies bei gegebenem Frischluftzustand der durchschnittliche Dampfpartialdruck über dem Gut und desto geringer ist die Trocknungsgeschwindigkeit. Man muß also den Wunsch, einen möglichst kleinen und billigen Trockner zu bekommen, sorgfältig gegenüber der Forderung nach geringem Energiebedarf abwägen.

3.2.2. Heizenergiebedarf des idealisierten Trockners

Im weiteren sei der Einfachheit halber ein idealisierter Konvektionstrockner betrachtet, in dem nur freie Feuchte verdunste. Das Gut trete bereits mit seiner endgültigen Temperatur ein, die Trocknerwände sollen weder Energie speichern noch durchlassen. Dann setzt sich der Energiebedarf dieses Trockners aus den Beträgen zusammen, die zum Verdampfen der Gutsfeuchte, zum Erwärmen des Dampfes und zum Erwärmen von so viel Frischluft nötig sind, daß die Abluft die gewünschte relative Feuchte annimmt (Posten 1, 5, 11 der Energiebedarfsrechnung). Dieser Bedarf ist, wie sich aus dem früher Gesagten leicht herleiten läßt, gegeben durch

$$Q'_\mathrm{II} = m_\mathrm{D} \cdot \left(\Delta h'_\mathrm{v} + \frac{(\bar{c}_\mathrm{pL} + x_1 \bar{c}_\mathrm{pD})\,(\vartheta_\mathrm{L2} - \vartheta_\mathrm{L1})}{x_2 - x_1} \right), \tag{3.8}$$

worin $\Delta h'_\mathrm{v}$ die spezifische Verdampfungsenthalpie der Feuchte samt der Energie zum Überhitzen des Dampfes auf die Endtemperatur ϑ_L2 bedeutet.

Das Bild 3.2 gibt den so berechneten Energiebedarf/kg verdampfender Feuchte in Abhängigkeit von der Temperatur und der relativen Feuchte der Abluft wieder. Abgesehen vom Bereich in unmittelbarer Nähe der angenommenen Frischlufttemperatur ϑ_L1 fällt „bei gleicher relativer Feuchte" die zum Trocknen nötige Heizenergie um so geringer aus, je höher die Ablufttemperatur sein darf. Wenn das Gut nicht temperaturempfindlich ist, sollte man demnach die Luft mit möglichst hoher Endtemperatur entlassen. Besonders wirtschaftlich geht das Trocknen in reinem, überhitztem Dampf vor sich, weil dabei überhaupt keine von außen kommende Luft angewärmt zu werden braucht.

In den Fällen, wo die Frischluftmasse m_Le [Gln. (3.1) und (3.7)] alle im Trockner nötige Heizenergie selbst dorthin tragen muß (unter den erwähnten Voraussetzungen nämlich $m_\mathrm{D} \cdot \Delta h'_\mathrm{v}$) führt sie als Abluft die Enthalpie

$$Q'_\mathrm{L} = m_\mathrm{D} \cdot \Delta h'_\mathrm{v} \frac{\bar{c}_\mathrm{pL}\,(\vartheta_\mathrm{L2} - \vartheta_\mathrm{L1})}{\bar{c}'_\mathrm{pL}\,(\vartheta_\mathrm{Lh} - \vartheta_\mathrm{L2})} \tag{3.9}$$

nach außen, so daß wir in dem Bereich, wo annähernd $\bar{c}_{\mathrm{pL}} = \bar{c}_{\mathrm{pL'}}$ gesetzt werden darf, für die insgesamt nötige Energie schreiben können

$$Q'_{\mathrm{II}} = m_{\mathrm{D}}\,\Delta h'_{\mathrm{v}} + Q'_{\mathrm{L}} = m_{\mathrm{D}}\,\Delta h'_{\mathrm{v}} \cdot \left(1 + \frac{\vartheta_{\mathrm{L2}} - \vartheta_{\mathrm{L1}}}{\vartheta_{\mathrm{Lh}} - \vartheta_{\mathrm{L2}}}\right). \tag{3.10}$$

Daraus finden wir die Linien gleicher Heißlufttemperatur ϑ_{Lh}, die auf Bild 3.2 gestrichelt dargestellt sind. Wir sehen: Im gedachten idealisierten Trockner sind zum Entfernen von 1 kg freien Wassers mit Luft, die beim Eintritt $\vartheta_{\mathrm{Lh}} = 200\,°\mathrm{C}$ hat und sich im Trockner auf 50 °C abkühlt, rund 3 000 kJ nötig. Die Luft verläßt den Trockner mit etwa 80 % relativer Feuchte.

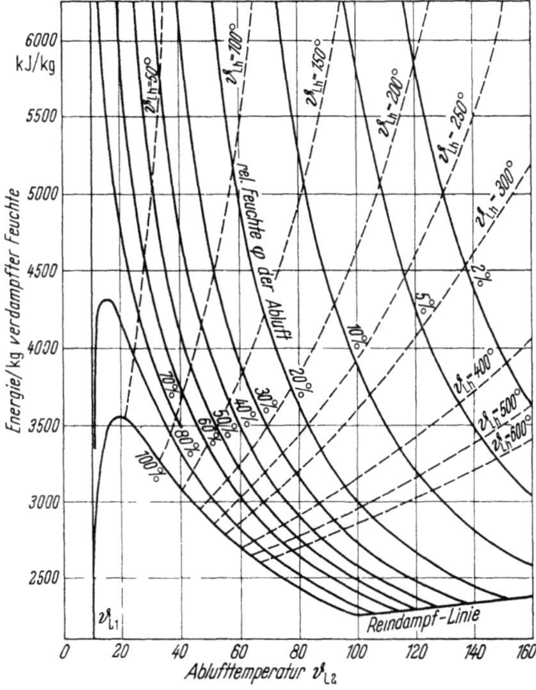

Bild 3.2. Energiebedarf zum Entfernen von 1 kg freien Wassers in einem idealisierten Konvektionstrockner (kein Energieverlust an den Wänden, kein Energieaufwand zum Erhöhen der Gutstemperatur) abhängig von der Temperatur und der rel. Feuchte der Abluft. Berechnungsannahmen: Eintrittstemperatur der Frischluft $\vartheta_{\mathrm{L1}} = 10\,°\mathrm{C}$; rel. Feuchte der Frischluft 80 %; Gesamtdruck 1 bar.

3.2.3. Thermodynamische Bewertungsgrößen

Im Schrifttum wird gelegentlich das Verhältnis zweier an der Trocknung beteiligter Energiebeträge als Wirkungsgrad bezeichnet und zu Vergleichen benutzt.

An sich ist ein Trockner nicht allein nach energetischen Gesichtspunkten, sondern nach dem wirtschaftlichen und sozialen Gesamtnutzen zu beurteilen, den er bringt. Er überführt das Gut in einen neuen Zustand — er gibt ihm einen neuen Wert —, und der Aufwand dafür setzt sich sowohl aus Energien wie aus anderen Einsätzen zusammen.

Als energetischen Wirkungsgrad einer Maschine bezeichnen wir im allgemeinen das Verhältnis der Energie gewollter Art, die von der Maschine erzeugt wird (den energetischen Nutzen), zur aufgewendeten Energie (zum energetischen Aufwand). Betrachten wir einen Trockner lediglich als Energiewandler — und nicht zugleich als Stoffveränderer — so stoßen wir auf Schwierigkeiten, wenn wir obige Definition anwenden. Beim Trocknen soll Feuchte aus dem Gut getrieben und auf bestimmtem Wege entfernt werden; gewollt ist also nur, daß die Feuchte vom Gut gelöst und an eine andere Stelle gebracht, d.h., daß ihre potentielle Energie (nicht aber unbedingt ihr Aggregatzustand) geändert wird. Aber der Energiebetrag, der sich dabei wandelt, ist meistens nur klein gegenüber dem gesamten Energieaufwand und oft nicht eindeutig bestimmbar.

Manche betrachten als „Ertrag" beim Trocknen die Energie $m_\mathrm{D} \cdot \Delta h_\mathrm{v}$, die die Gutsfeuchte beim Übergang in Dampf aufnimmt, und bezeichnen das Verhältnis $m_\mathrm{D} \cdot \Delta h_\mathrm{v}$ zum gesamten, nach Tabelle 3.2 berechneten Energieaufwand als Wirkungsgrad des Trockners,

$$\eta_\mathrm{D} = \frac{m_\mathrm{D} \cdot \Delta h_\mathrm{v}}{Q_\Sigma}. \tag{3.11}$$

Manche nehmen als gewollt noch die Enthalpiezunahme des Gutes hinzu. Bei vielen Trocknern besteht der Aufwand Q_Σ hauptsächlich aus der Energie zum Verdampfen der Feuchte und zum Erwärmen der Frischluft (Posten 1 und 11 der Bedarfsrechnung). Da der Posten 11 von den jeweils gewählten Betriebsbedingungen abhängt, so richtet sich auch η_D nach diesen Bedingungen.

Das Verdampfen ist zwar ein notwendiger Schritt, aber nicht der Zweck des Trocknens, und manche Trockner liefern die Feuchte nicht dampfförmig, sondern in einem Kühler als Flüssigkeit oder als Eis ab. Der Kühler gewinnt die Verdampfungsenthalpie ganz oder teils zurück. In einem solchen Trockner kann Q_Σ kleiner als $m_\mathrm{D} \cdot \Delta h_\mathrm{v}$ und damit $\eta_\mathrm{D} > 1$ werden, ein Umstand, der den hergebrachten Forderungen an den Begriff „Wirkungsgrad" widerspricht.

An Stelle eines energetischen können wir auch einen exergetischen Beurteilungsquotienten benutzen, zum Beispiel das Verhältnis der den Trockner verlassenden Exergien (umwandelbaren Energien) zu den eintretenden Exergien. Je mehr Energie im Trockner umwandelbar bleibt — je weniger Anergie entsteht —, desto näher liegt das genannte Verhältnis bei 1, desto günstiger arbeitet der Trockner in thermodynamischer Hinsicht. Der „exergetische Wirkungsgrad" der meisten Trockner ist klein, z.B. der des Trockners nach Bild 1.62 nur etwa 0,05, sofern als eingebracht die Exergie des Niederdruckdampfes und die Antriebsleistung der Motoren betrachtet wird, als abgehend die Exergie des austretenden Gutes und der Abluft.

Da es keine allgemeine Übereinkunft über die Grenzen einer Trocknungsanlage gibt, sind Angaben über thermodynamische Bewertungsgrößen nicht frei von Willkür. Je nach der Art und dem Feuchtegehalt des Naßgutes sowie den gewünschten Eigenschaften des Trockengutes und je nach dem benutzten Heizmittel ergeben sich für ein und denselben Trockner unterschiedliche Zahlenwerte der Größen. Daher kann man nicht schlechthin vom Wirkungsgrad eines Trockners sprechen; man kann den Begriff auch nicht ohne Bedenken zum Vergleich von Trocknern heranziehen. Aus diesem Grund ist er in diesem Buch nicht verwendet.

Unter dem „*spezifischen Heizenergiebedarf*" eines Trockners versteht man die Heizenergie, die man in den Trockner stecken muß, dividiert durch die Masse der

auszutreibenden Feuchte (manchmal durch die Masse des Naß- oder Trockengutes). Der spezifische Heizenergiebedarf der meisten Trockner für wasserhaltige
Güter liegt zwischen 3000 und 5000 kJ/kg zu entfernenden Wassers. Werte unter
3 000 kJ gelten als niedrig, solche über 5000 als hoch, doch sagen auch hohe Werte
nicht immer, daß ein Trockner ungünstig arbeitet.

Bei dampfbeheizten Trocknern spricht man vom *spezifischen Dampfbedarf*,
d.h. von der Dampfmasse, die man in den Trockner schicken muß, dividiert
durch die Masse der auszutreibenden Feuchte. Meistens hat diese Größe den
Wert 1,5 bis 2,5 kg/kg, aber der Wert hängt außer von den Faktoren, die den spezifischen Heizenergiebedarf bestimmen, noch vom Druck des benutzten Dampfes ab.
Die Kondensationsenthalpie des Dampfes fällt mit steigendem Druck, und daher
entspricht höherer Druck einem größeren Dampfbedarf.

3.3. Leistungsbedarf für die mechanischen Antriebe

Anzutreiben sind in den Trocknern

a) die Organe zum Bewegen der trocknenden Güter, der Heizmittel, der Trocknungsmittel (häufig Luft), der entstehenden Dämpfe und der Hilfsmittel (Kühlwasser, Schmieröl) im Trockner selbst,
b) die Organe zum Beschicken und Entleeren der Trockner,
c) die besonderen Organe, die das Gut je nach Erfordernis mengen, strecken,
pressen, formen, zerteilen oder sonstwie behandeln.

Die Energie dafür wird meistens den elektrischen Stromnetzen entnommen, durch
Elektromotore in mechanische Energie verwandelt und über Getriebe zu den
Bedarfsstellen geleitet. Ein Teil der Energie geht unterwegs verloren.

In Konvektionstrocknern verzehren die Ventilatoren zum Fördern der gutsberührenden Luft meistens den Hauptteil der nötigen Antriebsleistung. Dieser Teil
hängt von der Stärke und der Geschwindigkeit der Luftströme und davon ab,
durch (oder über) welche Gutsschichten, Kanäle, Heizkörper, Reinigungs- und
andere Einrichtungen die Luft geführt wird. Für diesbezügliche Berechnungen gibt
der Abschn. 1.1.2 Hinweise.

Über die Möglichkeiten, den Leistungsbedarf von Fördergeräten für Feststoffe
und Flüssigkeiten zu schätzen, erteilt das spezielle Schrifttum Auskunft. Einige
Anhaltswerte für den Bedarf in Trocknern enthalten die Abschn. 2.3.1.2 bis 2.6.5.

Als spezifischen Antriebsleistungsbedarf eines Trockners bezeichnet man die
Leistung, die man den Antriebsorganen des Trockners zuführen muß, geteilt
durch die Masse der auszutreibenden Feuchte (oder der Masse des Naß- oder Trok-
kengutes). In Trocknern, die mit hohen Luftgeschwindigkeiten arbeiten (wie
prallstrahlbelüftete Drehzylindertrockner), oder die das Gut intensiv mengen und
kneten (wie einige Mengschichttrockner, siehe dazu Bild 2.347), kann der Antriebsleistungsbedarf erheblich sein. Da die Kosten für 1 kW Antriebsleistung in
der Regel viel höher sind als die für 1 kW Heizleistung, so machen die Antriebskosten in Sonderfällen einen beträchtlichen Teil der gesamten Energiekosten aus.

3.4. Sonstige Erfordernisse und Verluste

Bedarf an Hilfsmitteln

Elektrische Energie ist oft nötig, um Bedienungsorgane von Trocknern zu betätigen, Steuer- und Regelorgane zu speisen und Staub in den Elektrofiltern niederzuschlagen.

Ebenso dient oft Druckluft als Bedienungs- und Steuerhilfsmittel.

Wasser wird benutzt, um Luft zu reinigen, zu entfeuchten, um Dämpfe niederzuschlagen und Kühlvorrichtungen zu betreiben.

Mit Wasserdampf muß in manchen Trocknern, z. B. in solchen für Schnittholz, ein bestimmtes Klima aufrechterhalten werden.

Manche Güter fordern, die Trockner mit besonderen Gasen, zum Beispiel mit Stickstoff statt mit Luft, zu betreiben.

Zum Entfeuchten von Luft können Adsorptions- oder Absorptionsmittel nötig sein.

Flüssige Kühlmittel werden in manchen Kühl- und Entfeuchtungseinrichtungen gebraucht.

Erfordernisse beim Bewegen und Lagern des Gutes

Das Gut muß zum Trockner gebracht und es muß weggeführt werden; in manchen Anlagen muß es auch längere Zeit lagern. Beides erfordert Personal- und Energieaufwand und legt sachliche und finanzielle Mittel fest.

Manche Trockner müssen das Gut an einer hochgelegenen Stelle aufnehmen und an einer tiefer gelegenen abnehmen oder umgekehrt; sie brauchen dazu Hebegeräte, die es zu den gewünschten Stellen bringen. Andere Trockner müssen das Gut mit Wagen, Förderbändern oder dgl., zugeführt erhalten.

Oft sind Bunker oder Speicher nötig, in denen das Gut bleibt, bis es entnommen werden kann. Auch Vorrichtungen zum Absacken und Wiegen des Gutes gehören zu manchen Anlagen.

Einige Trockner für landwirtschaftliche Güter dienen gleichzeitig als Lagerraum (s. Abschn. 2.3.1.4.2). Sie müssen genügend groß und zweckdienlich ausgestattet sein.

Stoff- und Wertverluste

Beim Trocknen können Teile des Gutes mechanisch oder thermisch geschädigt sowie verunreinigt werden oder verlorengehen.

Gras z.B., das auf dem Boden im Freien trocknet, verliert oft mehr als 30% der verdaulichen Rohstoffe, Grünfutter, das durch Heißlufttrockner geht, nur 5 bis 8%. Beim natürlichen Trocknen von Holz kann bis zu 8%, beim technischen Trocknen 2 bis 3% Ausschuß entstehen. Aus manchen Anlagen für disperse Stoffe entweichen bis zu 5% feiner Gutteile mit der Abluft, aus anderen Trocknern treten Lösungsmitteldämpfe aus. Ungeeignete Baustoffe des Trockners, Schmiermittel, eindringender Staub verunreinigen gelegentlich die Ware.

Wertminderung oder Verlust an teuren Stoffen können die Rentabilität einer Anlage sehr beeinträchtigen.

Aufwand für den Unterhalt

Dieser Aufwand hängt stark von der Wirkungsweise und von den baulichen Einzelheiten des Trockners sowie von der Art des Gutes ab. Er ist erforderlich

a) für die Schmierung von Motoren, Getrieben, Lagern, Ketten, Gleitbahnen usw.
b) für die Reinigung der Trag- und Förderorgane, Heizkörper und Kanäle des Trockners. Durch geschickte Anordnung der Türen, der Einstieg- und der Reinigungsöffnungen sowie der verschmutzenden Bauteile ist dieser Aufwand gering zu halten. Filterplatten, Flusenfangsiebe u. dgl. sollten mühelos herausgenommen werden können.
c) Für abgenutzte Bauteile. Korrodierte, verschlissene oder sonstwie beschädigte Bauteile müssen repariert oder ersetzt werden. Der Aufwand dafür ist sehr verschieden, je nach der Art der Teile und dem Aufwand, der zum Auswechseln oder Instandsetzen nötig ist.

Möglichkeit jährlicher Nutzung

Für die jährliche Nutzungsdauer eines Trockners ist die Organisation des gesamten Fabrikationsbetriebes entscheidend (s. auch Kap. 4). Daneben spielen die Eigenschaften des Trockners eine Rolle. Lange Nutzungsdauer wird erreicht

a) wenn der Trockner sich schnell anfahren und abstellen läßt,
b) wenn er zuverlässig arbeitet und wenig Betriebsschwierigkeiten macht,
c) wenn er gestattet, die Betriebsbedingungen wechselnden Erfordernissen leicht anzupassen.

Störwirkungen auf die Umgebung

Fast unvermeidlich ist, daß Ventilatoren, Pumpen, Triebwerksteile und sonstige Organe der Trockner Schall abstrahlen. Liegen diese Schallquellen im Trocknerinneren, so schlucken die Apparatwände meistens den Hauptteil der Schallenergie, und dann wird außen in der Regel kein höherer Lärm wahrgenommen als in Fabrikbetrieben ohnehin meistens geduldet wird. Eine Ausnahme machen Trockner mit Mahlorganen oder mit rasch laufenden, außenliegenden Ventilatoren, die evtl. besondere Maßnahmen zur Schalldämpfung nötig machen.

Manche Trockner erzeugen Schwingungen, die auf die Gebäude und nahestehende Apparate übergehen.

Aus Öffnungen mancher Trockner tritt Warmluft aus; auch können unangenehme und gesundheitsschädliche Dämpfe und Stäube entweichen und das Bedienungspersonal belästigen. Hiergegen sind unbedingt Vorkehrungen zu treffen.

Ebenso kann Wärme, die von schlecht isolierten Trocknerwänden ausgeht, lästig wirken.

Die Abluft vieler Trockner trägt Staub fort. Üblich ist, solche Luft durch Abscheider zu leiten und dort zu reinigen. Manchmal jedoch läßt sich der Austritt schwacher Staubströme nicht vermeiden (Abhilfen s. Abschn. 1.1.3.3).

Unangenehm riechende Gase — Abgase — sind in besonderen Anlagen geruchsfrei zu machen (Abhilfen s. Abschn. 1.1.3.3) [507].

3.5. Regelungstechnisches Verhalten der Trockner

Soll das Gut beim Trocknen stets ungefähr gleiche Eigenschaften bekommen, und soll der Aufwand zum Erreichen dieses Zieles angemessen bleiben, so muß der Trockner automatisch gesteuert oder geregelt werden. Das kann unterschiedlich schwierig sein, je nachdem

> wie das Gut beschaffen ist, wie der Trockner wirkt und wie er gestaltet ist,
> welche physikalischen Größen des Gutes ihren Wert behalten sollen (z. B. der Endfeuchtegehalt, die Oberflächenbeschaffenheit, die Teilchengröße, die Schüttdichte, die Festigkeit des Gutes),
> welche „Störgrößen" auftreten können und wie stark sie sind, wie sie verlaufen und wo sie angreifen,
> wie „gut" die Regelung sein soll.

Das Lenken eines Vorganges setzt voraus, daß sowohl die einflußnehmenden wie die resultierenden Größen beobachtet werden. Auf den Endfeuchtegehalt des Gutes z. B. üben Einfluß aus: Der Gutsdurchsatz, der anfängliche Feuchtegehalt und die Beschaffenheit des Gutes, der Massenstrom und die Temperatur des Heizmittels sowie der gutsberührenden Luft, außerdem manchmal die Kräfte, die auf das Gut wirken. Meistens reichen die menschlichen Organe zum sicheren und schnellen Beobachten dieser Größen und zum Handeln danach nicht aus, es sind besondere Geräte nötig. Diese Organe erfassen (fühlen, messen) die zu beobachtenden Größen, geben ein Signal an einen oft nötigen Verstärker und leiten von dort eine Information an das Anzeige- oder Registrierorgan oder an einen Mechanismus, der in das Geschehen im Trockner so eingreift, daß das Gut (unter Umständen das Heizmittel, die Luft) dem gewünschten Endzustand zustrebt.

Auf die Meß-, Warn-, Steuer- und Regeleinrichtungen, die allgemein in der Verfahrenstechnik benutzt werden, sei hier nicht eingegangen. Nur einige *kontinuierliche Meß- und Regelverfahren* für die Gutsfeuchte seien kurz behandelt (Tab. 3.3).

3.5.1. Verfahren zum kontinuierlichen Messen der Gutsfeuchte

Die diskontinuierlichen und halbstetigen Verfahren zum Messen der Gutsfeuchte — die Trockenschrank-Differenzgewichts-Methode, die Absorptions-, Destillations-, Karl-Fischer- und die Calciumkarbid-Methode — sind verhältnismäßig umständlich, liefern das Ergebnis erst geraume Zeit nach der Probenahme und können nicht zur laufenden Kontrolle der Feuchte und zur Automatisierung der Produktion dienen [426]. Zum automatischen Steuern und Regeln braucht man Verfahren, die den Feuchtegehalt des Gutes sofort, ausreichend genau und betriebssicher festzustellen gestatten [427]. Als brauchbar haben sich insbesondere einige indirekte Verfahren erwiesen: Methoden, die statt des Feuchtegehaltes andersartige Größen erfassen, von denen über physikalische Zusammenhänge auf den Feuchtegehalt geschlossen werden kann. Da die meisten dieser Hilfsgrößen sich aber nicht nur mit dem Feuchtegehalt, sondern auch mit der sonstigen Beschaffenheit des Gutes ändern, so müssen die Meßgeräte, strenggenommen, um so öfter kalibriert und justiert werden, je häufiger und stärker die anderen Änderungen sind. Aus dem gleichen Grund kann z. B. der Feuchtegehalt einer laufenden, homogenen und gleichmäßig dicken Bahn leichter und genauer gemessen werden als der eines ungleichmäßigen Schüttgutstromes aus ungleichen Teilen wechselnder Beschaffenheit.

3.5.1.1. Messen der Gutsfeuchte durch Bestimmen der elektrischen Leitfähigkeit

Das Bild 3.3 zeigt das Prinzip dieses Meßverfahrens am Beispiel einer ebenen Gutsbahn. Genutzt wird der Umstand, daß die elektrische Leitfähigkeit des feuchten Gutes mit wachsendem Feuchtegehalt steil ansteigt (wenn das feuchtelose Material ein Nichtleiter ist). Der Anstieg umfaßt im hygroskopischen Bereich mehrere Zehnerpotenzen, bei höheren Feuchtegehalten allerdings weniger. Von der Quelle b geht ein Strom über die Elektroden c durch das Gut zum Varistor e und zur Quelle zurück. Ein Teilstrom geht durch eine Nebenleitung zum Voltmeter d. Aus der Spannung an diesem Gerät, die ein Maß für die Leitfähigkeit des Gutes ist, wird an Hand einer Eichkurve auf die Leitfähigkeit geschlossen.

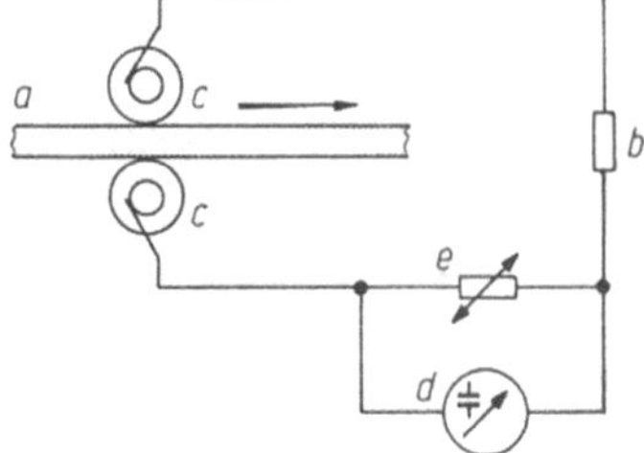

Bild 3.3. Anordnung zum Messen des Feuchtegehaltes einer laufenden Gutsbahn nach der elektrischen Leitfähigkeitsmethode (schematisch).
a Gutsbahn; b Meßspannungsquelle; c Rollenelektroden; d elektrostatisches Voltmeter; e Varistor (zum Linearisieren der Spannung bei d).

Das Meßverfahren läßt sich bei Textilien zum Beispiel im Bereich zwischen 4 und 30% Feuchtegehalt anwenden, bei Holz zwischen 5 und 45%, bei Getreide zwischen 8 und 30%.

Außer dem Feuchtegehalt gehen, wenn auch weniger stark, noch die in der Tabelle 3.3 genannten Größen in das Meßergebnis ein. In Produktionsbetrieben ist eine völlige Konstanz dieser Einflüsse nicht zu verwirklichen; Schwankungen derselben machen sich als scheinbare Schwankungen der Gutsfeuchte bemerkbar.

Die starke Abhängigkeit der Leitfähigkeit des Gutes vom Feuchtegehalt ist an sich vorteilhaft, doch ergibt sich daraus zugleich eine Schwierigkeit für die Messung. Liegt der Feuchtegehalt an der Gutsoberfläche tiefer als im Kern, so macht sich der feuchtere Gutsteil nicht seiner Masse entsprechend bemerkbar, und das Meßergebnis weicht vom durchschnittlichen Feuchtegehalt ab. Nur bei dünnen Gutsschichten (Gewebe, Papier) bleibt der Meßfehler klein.

Bei Messungen über eine breite Gutsbahn mittels einer breiten Rolle würde das Meßwerk stets den Feuchtegehalt des feuchtesten unter der Elektrode laufenden Streifens erfassen, weil bei parallelen elektrischen Widerständen vornehmlich der kleinste Widerstand den durchfließenden Strom bestimmt. Wenn das Gut nach der feuchtesten Stelle beurteilt werden soll, so ist das im Sinne des Meßzieles. Das Ver-

Tabelle 3.3. Verfahren zum stetigen und halbstetigen Messen der Gutsfeuchte, Überblick[1]

Meßverfahren	Messung erfolgt über	Meßbereich (Feuchtegehaltsspanne) %	Ungefähre Meßunsicherheit bei homogenem Material,[2] Feuchte-%
Thermogravimetrische Methode (automatisierte Darrmethode)	Gewichtsverlust von Gutsproben in einem Hilfstrockner	0 bis 100	±(0,1 bis 2)
	oder Feuchtegehalt des Gasstromes, der aus einem Hilfstrockner abzieht	0 bis 100	
Kondensationsmethode	Volumen der Gutsfeuchte, die in einem Hilfstrockner verdampft und in einem Kondensator niedergeschlagen wird	0 bis 100	±(0,2 bis 2)
Elektrolysemethode	Hilfstrockner, von dem ein Spülgas die verdampfte Feuchte zu einem aufnehmenden Hilfsstoff in einer Elektrolysezelle trägt. Gemessen wird der elektrolytische Zersetzungsstrom	0 bis 100	±(0,2 bis 2)
Karl-Fischer-Methode (Titrationsmethode)	Verbrauch an Karl-Fischer-Lösung beim chemischen Umsatz der Lösung mit dem Wasser des Meßgutes	0 bis 100	±(0,05 bis 0,3)
Methode der Farbänderung eines Hilfsstoffes	Farbänderung einer Lösung von Kobaltchlorid in einem Probegutstrom	5 bis 20	
Feuchtegleichgewichtsmethode	Luftfeuchte direkt am Gut (Halbleiterfühler in der Luft)	hygroskop. Bereich des Gutes	±(1 bis 4)
Temperaturanstiegsmethode (Knickpunktsmethode)	Temperaturunterschied Gut/Trocknungsluft oder Gut/Heizfläche	Bereich unterhalb der Knickpunktsfeuchte	
Wärmeleitmethode	Temperaturgefälle in einer Wärmeableitstrecke des Gutsstromes	0 bis 30	±((0,5 bis 2))
Elektrische Leitfähigkeitsmethode (Widerstandsmethode)	Elektrische Leitfähigkeit des Gutes	Hygroskopischer Bereich des Gutes oberhalb etwa 3%	±((0,3 bis 2))
Dielektrische Methode	Dielektrizitätszahl oder dielektrischer Verlustfaktor	2 bis 25 bis 70	±((0,2 bis 0,6)) ((bis 2))

Ist die Methode selektiv für Wasser?	Störend wirken Schwankungen folgender Einflußgrößen	Muß die Meßeinrichtung das Gut berühren?	Verzugszeit der Anzeige	Anwendungsbeispiele
nein	flüchtige Gutsbestandteile, Luftzustand im Hilfstrockner, Teilchengröße	ja	oft mehrere Stunden	Schüttgüter aller Art
nein	wie oben	ja	oft mehrere Stunden	gesinterte Erze
nein	wie oben	ja	oft mehrere Stunden	Flüssigkeiten
ja	Gehalt des Gutes an Stoffen, die oxydierend oder reduzierend oder mit der Karl-Fischer-Lösung wasserbildend wirken	ja	$\cdots$ min bis $\cdots$ h	Flüssigkeiten, zerteilte Stoffe
ja		ja	$\cdots$ min	frei fließende Pulver
ja	Art, Sorte, Vorbehandlung, Temperatur des Gutes	beinahe	$\cdots$ min bis $\cdots$ h	Papierbahnen, Textilbahnen, Mehl, Kaffee, Stärke
nein	Luftzustand, Flächendichte, spez. Wärmekapazität, Wärme- und Feuchtleitfähigkeit des Gutes	ja/nein je nach Temp.-Meßgerät	$\cdots$ s bis $\cdots$ min	Chemikalien, Baustoffe
nein	Beschaffenheit, Schüttdichte des Gutsstromes	ja	$\cdots$ s bis $\cdots$ min	Erzsinter-Mischungen, gemahlener Torf
nein	Innere und äußere Beschaffenheit, Elektrolytgehalt, elektrostat. Aufladung, Temperatur des Gutes, Anpreßdruck der Elektroden, Meßgeometrie	..... ja	≈ 0	Textilbahnen, Kunststoffbahnen, Holz, Getreide
nein	Stoffliche Zusammensetzung, Dichte, elektr. Leitfähigkeit, Temperatur des Gutes, Meßgeometrie	nein	≈ 0	Papierbahnen, Kunststoffbahnen, fließfähige Schüttgüter

Tabelle 3.3 (Fortsetzung)

Meßverfahren	Messung erfolgt über	Meßbereich (Feuchtegehaltsspanne) %	Ungefähre Meßunsicherheit bei homogenem Material,[2] Feuchte-%
Mikrowellenmethode	Absorption, Reflexion von elektromagnetischen Mikrowellen im und am Gut	2 bis 30 bis 70	$\pm((0{,}2 \text{ bis } 0{,}5))$
Infrarot-Methode	Reflexion, Absorption von Infrarotstrahlern am und im Gut	0 bis 80	$\pm((0{,}1 \text{ bis } 1{,}5))$
Neutronen-Streuverfahren	Massenkonzentration (Zahl) der Neutronen, die im Gut auf „thermische" Geschwindigkeit abgebremst werden	2 bis 90	$\pm((0{,}1 \text{ bis } 2))$
Kerninduktions-Methode (NMR = nuclear magnetic resonance Methode)	Energieverlust eines magnetischen Hochfrequenzfeldes	5 bis 9	$\pm((0{,}1 \text{ bis}))$

---

[1] Die Zahlenangaben können nur zur Orientierung dienen. Eine absolut „richtige" Feuchtebestimmung ist unmöglich, vielmehr hängt das Meßergebnis bei jeder Methode von der Eigenart des Meßgutes, vom Typ des benutzten Gerätes und von den Meßbedingungen ab.

fahren birgt aber die Gefahr in sich, daß fast die ganze Bahn übertrocknet wird. Außerdem drücken zu breite Walzen ungleichmäßig auf die Bahn. Dagegen läßt sich mit mehreren schmalen Rollen und einem Rechner der Durchschnitt der Meßwerte ermitteln.

3.5.1.2. Dielektrisches Messen der Gutsfeuchte

Das Verfahren beruht auf der Tatsache, daß die Dielektrizitätszahl $\tilde{\varepsilon}$ und der dielektrische Verlustfaktor $\tan \tilde{\delta}$ eines Gutes erheblich mit dem Feuchtegehalt W des Stoffes wachsen. Die meisten trockenen und elektrisch nicht leitenden Substanzen haben Dielektrizitätszahlen zwischen 1,1 und 8; das Wasser jedoch hat $\tilde{\varepsilon} \approx 80$. Für Papiere aus Halbstoffen verschiedener Art zeigt das Bild 3.4 den Zusammenhang zwischen W und $\tilde{\varepsilon}$ [428].

Im Meßgerät nach Bild 3.5 fließt der vom Hochfrequenzoszillator d kommende Wechselstrom einerseits über den Meßzweig b, a, c, e_1 und andererseits über den Vergleichszweig e_2, f der Meßbrücke. Das Gut a bildet das Dielektrikum im Streufeldkondensator b, c. Solange die Zweige richtig aufeinander abgestimmt sind, bleibt die Diagonale g stromlos. Strom fließt aber durch, sobald sich die Gutsfeuchte und damit die Kapazität des Kondensators ändern. Dann verstellt ein (nicht gezeichneter) Mechanismus das Gerät f und gleicht erneut ab. Durch den Ausschlag des Gerätes wird die Feuchteänderung angezeigt.

Ist die Methode selektiv für Wasser?	Störend wirken Schwankungen folgender Einflußgrößen	Muß die Meßeinrichtung das Gut berühren?	Verzugszeit der Anzeige	Anwendungsbeispiele
ja	(Beschaffenheit) Dichte des Gutes, Meßgeometrie	nein	≈ 0	Warenbahnen, Kokskohle, Düngemittel
ja	(Gutsbeschaffenheit) Wasserverteilung im Gut	nein	$0\approx$	Papierbahnen, Kunststoffbahnen
nein	Gehalt des Gutes an nicht zum Wasser gehörenden, leichten Atomkernen, Gutsdichte, Meßgeometrie	nein	einige min	Erzsinter, Koks, Baustoffe, Sand, Düngemittel
nein	Gehalt des Gutes an nicht zum Wasser gehörenden H-Kernen, Gasdichte, Meßgeometrie	nein	$\cdots$ einige s	Zellstoff

[2] Die in Doppelklammern stehenden Zahlenwerte (aus Zeitschriften- und anderen Veröffentlichungen) erscheinen zu niedrig gegenüber den Meßunsicherheiten, die bei der konventionellen Trockenschrank-Gewichtsverlustmethode oder bei der Karl-Fischer-Methode beobachtet werden.

Außer Meßanordnungen nach der dargestellten Grundschaltung gibt es solche mit Schwingkreis- und anderen Schaltungen, die je nach den Meßerfordernissen zu wählen sind.

Da die Kapazität des Meßkondensators außer von der Dielektrizitätszahl auch von der Dicke (von der Flächendichte) der Gutsbahn abhängt, so muß der Dickeneinfluß eliminiert werden, wenn bei schwankender Dicke auf den Feuchtegehalt des Gutes geschlossen werden soll. Das kann mittels einer besonderen Dickenmeßeinrichtung und einer Korrekturvorrichtung am Feuchtemeßgerät geschehen.

Manchmal machen auch Temperaturschwankungen des Gutes Meßwertkorrekturen nötig. Für gleichbleibende Größe und Leerkapazität des Kondensators bei wechselnder Elektrodentemperatur ist durch konstruktive Maßnahmen zu sorgen.

Die Frequenz des Meßstromes muß um so größer sein, je feuchter das Meßgut ist und je mehr Elektrolyte es enthält. Angewendet werden Frequenzen ungefähr zwischen 50 Hz und 100 MHz.

Die dielektrische Messung gestattet eine gute Mittelwertbildung des Feuchtegehaltes über den Gutsquerschnitt bei ungleicher Feuchteverteilung. Sie erlaubt bei vielen Gütern, Feuchtegehalte von etwa 4 bis 60% und mehr zu erfassen. Die Meßunsicherheit steigt mit abnehmender Dichte des Gutes und mit sinkender Füllung des Kondensatorfeldes. Bei fertigen Papieren zum Beispiel liegt sie meistens bei 0,25 bis 0,5 Feuchteprozenten, bei Weizen und Roggen (mit 12 bis 21% Wasser) bei 0,3 bis 0,5 Feuchteprozenten.

Für die verschiedenen Güter gibt es besondere Meßkondensatoren. Geräte für laufende Bahnen zum Beispiel können als Streufeldkondensatoren ausgebildet sein, deren Elektrodenlänge der Bahnbreite entspricht (Bild 3.5), oder sie können aus

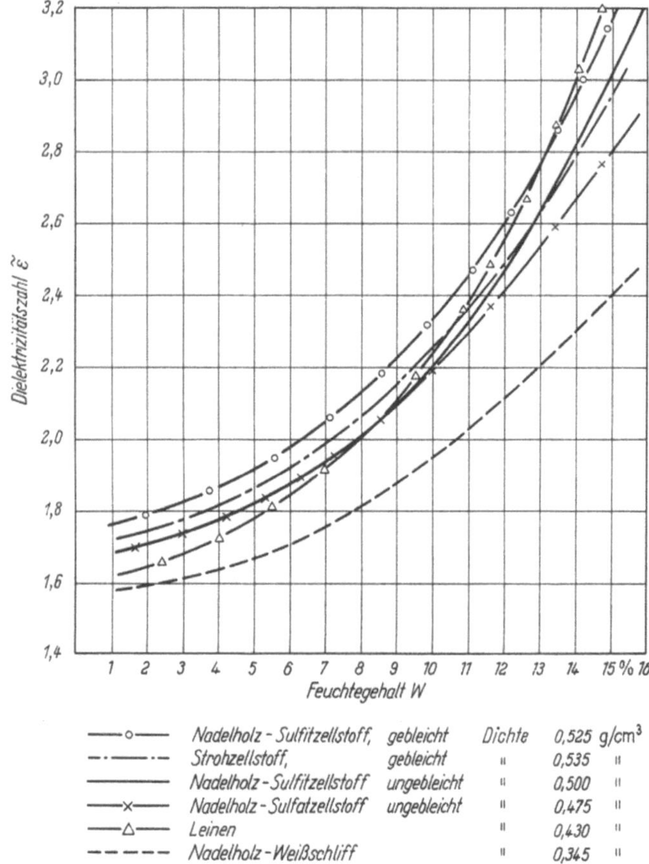

Bild 3.4. Die Dielektrizitätszahl von wasserfeuchten Papieren aus Halbstoffen verschiedener Art (nach Brecht und Körner [428]).

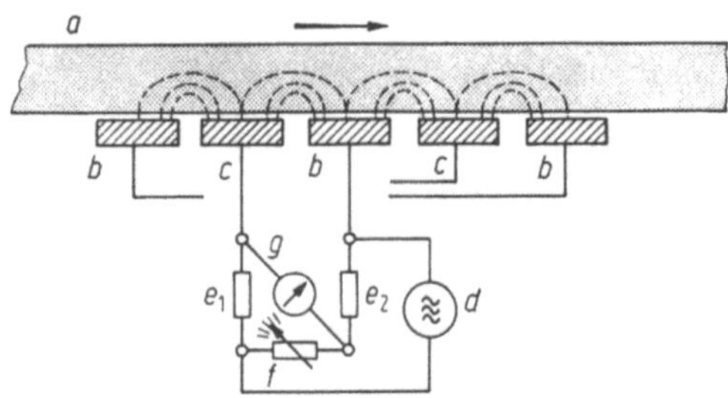

Bild 3.5. Dielektrisches Messen des Feuchtegehaltes einer laufenden Gutsbahn, Anordnung: Brückenschaltung (schematisch).
a Gutsbahn; b, c Streufeldkondensator; d Hochfrequenzoszillator; e_1, e_2 Widerstände (Kondensatoren); f Meßgerät; g Diagonale der Meßbrücke.

zahlreichen, über die Bahnbreite verteilten, kurzen Elektroden bestehen, die auf einem gemeinsamen Träger sitzen. Mit solchen kleineren Fühlern läßt sich ein „Feuchtegehalts-Querprofil" der Bahn gewinnen, wenn sie schnell nacheinander umgeschaltet und wenn die Meßwerte von einem gemeinsamen Schreiber aufgezeichnet oder in einem Computer gespeichert werden. Durch Parallelschalten der Fühler dagegen ist ein Durchschnittswert der Feuchte zu erhalten. Für breite Bahnen sind Geräte in Gebrauch, deren Meßkopf sich über der Bahn hin und her bewegt. Wenn das im Verhältnis zur Bahngeschwindigkeit schnell genug geschieht, so zeichnet ein Meßwertschreiber auch dabei fast ein echtes Querprofil [429].

Schüttgutströme sollten die Kondensatorfelder stets mit gleich viel Material in gleicher Verteilung erfüllen. Je nachdem, ob es sich um Pulver, Brocken, Schuppen oder Fasern handelt und ob das Gut frei fließt, klebt oder backt, müssen die Geräte anders ausgebildet werden. Wenn möglich ist beim Messen jeweils der Gesamtstrom zu erfassen; hilfsweise ist ein repräsentativer Teilstrom des Gutes zum Gerät zu führen (Bild 3.6).

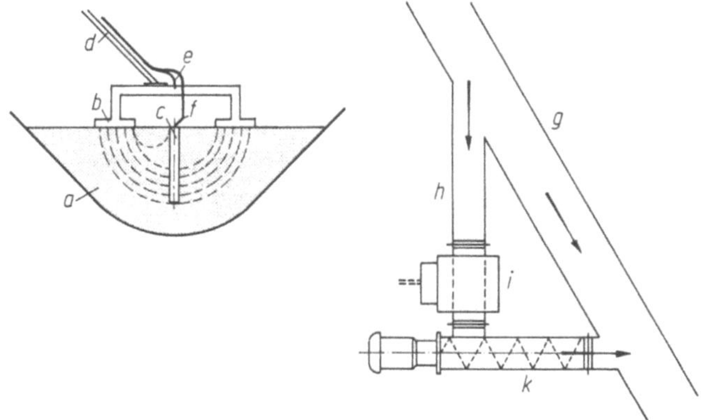

Bild 3.6. Vorrichtungen zum kontinuierlichen dielektrischen Messen der Feuchte von Schüttgutströmen.
Links: Messen an einem Gesamtstrom.
a Förderrinne; *b* Auflageelektrode, höhenverstellbar; *c* kielförmige Tauchelektrode (Gegenelektrode zu *b* und mechanisch damit verbunden); *d* Tragarm; *e, f* Hochfrequenzanschlüsse.
Rechts: Messen an einem Teilstrom.
g Rutsche; *h* Entnahmestutzen für den Teilstrom; *i* Meßkondensator; *k* Förderschnecke.

3.5.1.3. Messen der Gutsfeuchte mittels Mikrowellen

Elektromagnetische Wellen, die nur wenige Zentimeter lang sind — sogenannte Mikrowellen — werden (wie die langen Wellen beim vorhin beschriebenen Meßverfahren) vom Wasser im Gut viel stärker absorbiert als vom Grundstoff. Die Schwächung (Gl. (2.192)) in einem Volumenelement des Gutes ist (ungefähr) proportional der Feuchtemasse in dem Element. Von der auftreffenden Strahlung verschwindet jedoch meistens nur ein Teil im Gut, ein anderer wird reflektiert und ein dritter geht hindurch. Ermittelt wird der Feuchtegehalt des Gutes aus dem Verhältnis des durchgehenden oder des reflektierten zum auftreffenden Energiestrom. Bei einem Gut, das auf einem elektrisch leitenden Träger liegt, liefert auch die

Schwächung einer Oberflächenwelle einen Hinweis auf die Gutsfeuchte. In jedem Fall haben Unterschiede des Feststoffes nur geringen Einfluß auf den Meßwert.

In einer der bekannten Meßanordnungen sendet ein Oszillator (z. B. ein Klystron) die Strahlung durch einen Hohlleiter senkrecht durch das Gut. Als Empfänger dient ein Hohlleiter mit anschließendem Detektor und Anzeigeverstärker.

3.5.1.4. Messen der Gutsfeuchte mittels Infrarotstrahlen

Infrarot-Strahlung von 1,93 μm Wellenlänge, die auf ein feuchtes Gut trifft, wird von Wasser stark absorbiert und dementsprechend nur schwach zurückgestrahlt oder durchgelassen. Strahlung von 1,7 μm Wellenlänge dagegen wird nur wenig absobiert, aber stark remittiert oder durchgelassen. Mißt man an einem für beide Strahlungen undurchlässigen Gut die remittierten Strahlungsflüsse und setzt sie ins Verhältnis zueinander, so kann man aus dem Quotienten auf den Feuchtegehalt des Gutes schließen. Ähnlich ist der Feuchtegehalt eines teildurchlässigen Gutes (z. B. der von dünnem Papier oder von Kunststoffolien) aus dem auftreffenden und dem durchgehenden Strahlungsfluß zu ermitteln [430].

Der Meßbereich der Infrarotstrahlung reicht von 0 bis etwa 400 g Wasser/m^2 bestrahlter Fläche.

Das Meßgerät Bild 3.7 für undurchlässiges Gut lenkt die Strahlung einer Glühlampe zu einem Rad, das mit Interferenzfiltern besetzt ist. Die Filter lassen nur die Meßstrahlung (1,93 μm) und die Vergleichsstrahlung (1,7 μm) durchdringen. Von ihnen gelangt die Strahlung stoßweise zum Gut, wird dort teilweise remittiert und sodann über einen Hohlspiegel zu einer Bleisulfid-Photozelle geleitet. Von dort gehen elektrische Stromimpulse über einen Verstärker und Wandler zu einem Quotientenmeßwerk.

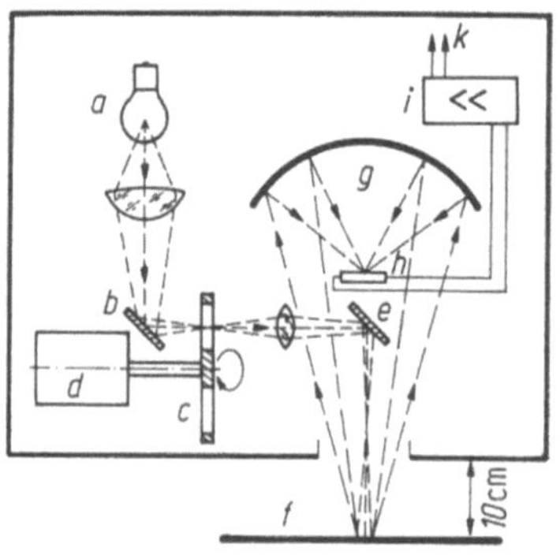
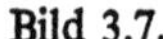
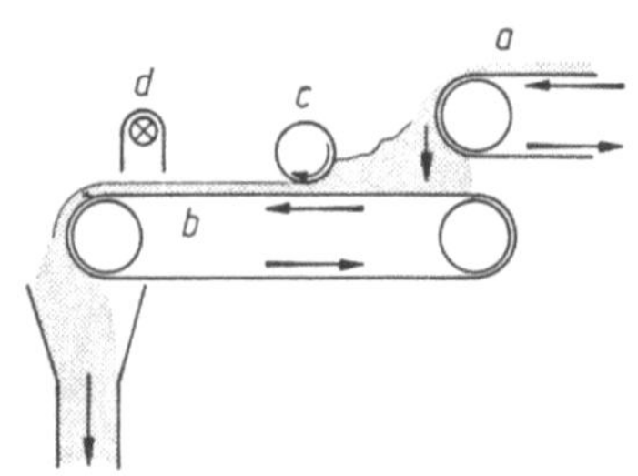

Bild 3.7.   **Bild 3.8.**

Bild 3.7. Anordnung zum Messen der Gutsfeuchte mittels Infrarotstrahlen (Reflexionsverfahren nach Hoffmann).
a Lampe; *b, e* Spiegel; *c* Filterrad (50 Umdr./min); *d* Synchronantriebsmotor; *f* feuchtes Gut; *g* Hohlspiegel; *h* Photoempfänger; *i* Vorverstärker; *k* zum Meßverstärker und Meßwerk.

Bild 3.8. Anordnung zum photometrischen Messen der Feuchte schuppigen Materials auf einem Förderband [431].
a feuchte Schuppen; *b* Förderband; *c* Walze; *d* Photometer.

Das Rückstrahlverfahren ist am empfindlichsten bei geringer Gutsfeuchte und gestattet, Feuchtegehalte der oberflächennahen Gutszonen (innerhalb der Strahleneindringtiefe) bis etwa 15 % zu messen. Für dünnschichtige Güter mit Feuchtegehalten bis etwa 80 % eignet sich besser das Durchstrahlverfahren.

In der Meßvorrichtung Bild 3.8 läuft lockeres schuppiges Schüttgut auf das Förderband, wird dort glattgewalzt und zum Photometer gebracht. Unter der Walze entsteht eine Schicht, die der Strahlung an der Oberfläche und im Inneren fast gleichmäßige Bedingungen bietet [431].

3.5.1.5. Messen der Gutsfeuchte nach dem Neutronen-Streuverfahren

Ein Neutronenstrahl, der in ein Gut dringt, wird dort von leichten Atomkernen, am wirkungsvollsten von Wasserstoffkernen, zerstreut und zu einer Wolke langsamer Neutronen abgebremst, die schließlich die Geschwindigkeit der wirren thermischen Bewegung annehmen. Diese Teilchen reichern sich im Gut um so stärker an, je zahlreicher die leichten Atomkerne sind. Enthält das feuchte Gut nur H-Kerne von Wasser, so stellt sich darin sowie in der Umgebung eine Massenkonzentration langsamer Neutronen ein, die dem Quotienten aus Wassermasse und Volumen proportional ist. Unter Wasser ist hierbei alles physikalisch und chemisch an den Grundstoff gebundene H_2O zu verstehen. Ein Empfänger in der Nähe des Gutes, der nur langsame Neutronen aufnimmt, gestattet, deren Stöße zu zählen und daraus auf den Feuchtegehalt des Gutes zu schließen.

Die schnellen Neutronen dringen tief in das Gut ein, weshalb das Meßverfahren Feuchtemittelwerte über verhältnismäßig große Räume liefert. Günstig ist die Methode für Güter, die vorwiegend aus Elementen großer Atommasse bestehen, und zwar auch für elektrisch leitende Stoffe. Für organische Stoffe kommt sie nur in Betracht, wenn der H-Kernanteil der Grundmassen konstant bleibt. Dichteschwankungen des Gutes müssen eliminiert werden, indem die Dichte laufend gemessen und im Meßergebnis berücksichtigt wird.

Als Neutronenquelle dient meistens Radium-Beryllium. In dem Präparat löst die α-Strahlung des Radiums die Neutronenstrahlung des Berylliums aus. Die Konzentration der abgebremsten Neutronen wird mit einem Zählrohr gemessen, in das Bortrifluorid-Gas eingeschlossen ist, oder sie wird mit einem Bor-Kunststoff-Scintillations-Zähler ermittelt. Vom Zähler gehen Impulse über einen Verstärker zu einem Anzeigegerät.

Die Meßeinrichtung nach Bild 3.9 ermittelt neben der Feuchte die Gutsdichte, diese mittels γ-Strahlen, die von einer Cs-Quelle ausgehen und vom Gut

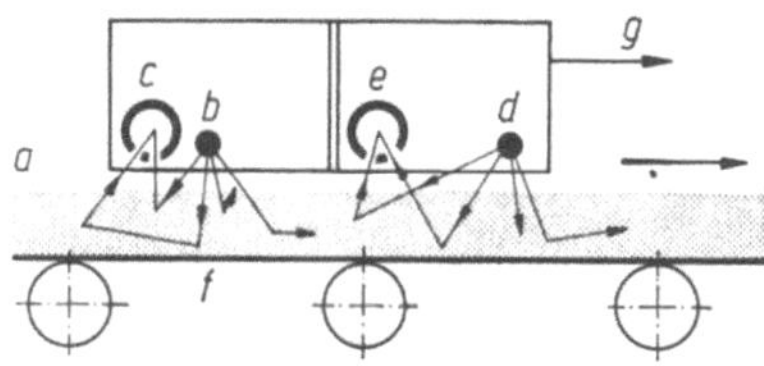

Bild 3.9. Anordnung zum Messen der Feuchte eines Schüttgutes mittels Neutronen und der Dichte mittels γ-Strahlen; Rückstrahlverfahren [432].
a feuchtes Gut; b Quelle schneller Neutronen; c Zählrohr für abgebremste Neutronen; d γ-Strahlenquelle; e γ-Strahlenzähler; f Förderband; g zum Verstärker.

zum Teil zurückgestreut werden. Die Meßwerte gelangen zu einem Verhältnisrechner, der den Feuchtegehalt des Gutes ausgibt. Das Gerät ist für bewegtes Schüttgut auf Förderbändern geeignet. Die Breite der Gutsschicht sollte mindestens etwa 400 mm und die Dicke etwa 50 mm betragen [432].

3.5.1.6. Messen der Gutsfeuchte nach dem Kerninduktionsverfahren

Wasserstoffkerne haben Masse und elektrische Ladung und außerdem Spin, d.h. einen Eigendrehimpuls, der ihnen ein magnetisches Moment verleiht. In einem starken Magnetfeld richten sich diese „Teilchenmagnete" aus und machen eine Präzessionsbewegung mit der sogenannten Larmorfrequenz. Überlagert man diesem Feld ein senkrecht dazu gerichtetes magnetisches Hochfrequenzfeld, so kann man durch Abstimmen der Frequenzen die Larmorbewegung phasengleich ausrichten. Durch die Richtungsänderung der Teilchen verliert das Hochfrequenzfeld an Energie, um so mehr, je mehr Wasserstoffkerne sich darin befinden. Sind die Kerne allein Bestandteile des Wassers im Meßgut, so ist dieser Verlust proportional der Wassermasse und gestattet also den Feuchtegehalt des Gutes zu bestimmen.

3.5.2. Grundbegriffe und Wesen der Steuerung und Regelung

Moderne Trockner sind mit Steuer- und Regeleinrichtungen ausgestattet, die dem Bedienungspersonal helfen, die Anlagen zu lenken, oder die ihm diese Tätigkeit ganz abnehmen. Hier sei hauptsächlich die Regelung stetig arbeitender Trockner behandelt.

3.5.2.1. Regeln des Gutsendfeuchtegehaltes

Das Bild 3.10 zeigt einen Förderbandtrockner mit einer Vorrichtung, die das Feuchte/ Grundstoff-Massenverhältnis X des Gutes gleich halten soll. Der Motor k treibt über den Drehzahlvariator l das Förderband d an. Am Austragende c des Trockners ermittelt der Fühler i fortlaufend oder in kurzen Zeitabständen den Wert von X (weiterhin kurz Feuchte genannt). In der Regelungstechnik heißt die Größe, die auf einem bestimmten Betrag gehalten werden soll — in unserem Fall X — die *Regelgröße*. Der Fühler gibt Nachricht an den Regler m, der den Unterschied zwischen dem *Istwert* und dem *Sollwert* (der Führungsgröße) erfaßt, und der das Stellgerät f (eine Drosselklappe, ein Ventil, ein Schaltschütz o. dgl.) veranlaßt, so auf den zutretenden Energiestrom zu wirken, daß der Istwert der Feuchte zum Sollwert hingeführt wird. Die Abweichung der Regelgröße von der Führungsgröße, die *Regelabweichung*, ist das Eingangssignal des Reglers. Dessen Ausgangssignal gelangt zum Stellglied als Eingangssignal, wird dort zu einem Signal für den Heizkörper verarbeitet usw. Anstatt des Energiestromes könnte der Regler — falls zweckmäßig — mit Hilfe des Stellgerätes e auch den Gutsstrom verändern. Dabei würde er die Bandgeschwindigkeit erhöhen, wenn X sinkt, und er würde sie verringern, wenn X steigt. Man nennt die Größe, die der Regler mit dem Stellgerät

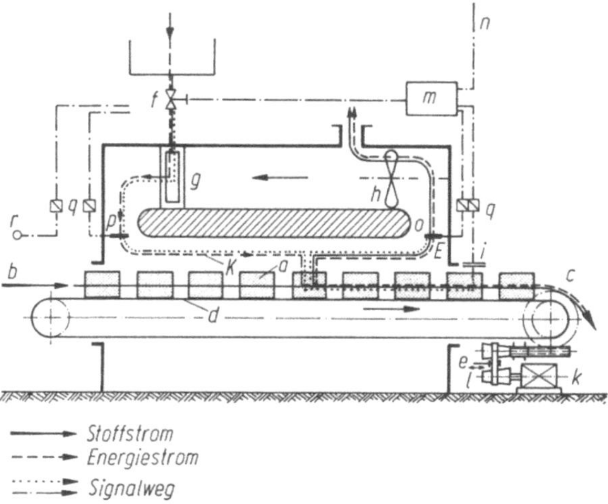

Bild 3.10. Guts-, Energie- und Signalweg in einem Konvektionstrockner für Fließbetrieb (schematisch).
a Gut; *b* Aufgabestelle; *c* Abnahmestelle; *d* Förderband; *e* Stellgerät für den Gutsstrom (für die Förderbandgeschwindigkeit); *f* Stellgerät für den Energiestrom; *g* Heizkörper; *h* Umluftventilator; *i* Feuchtefühler; *k* Motor; *l* Drehzahlvariator; *m* Regler; *n* Eingabe der Führungsgröße (des Sollwertes); *o, p* Temperaturfühler im Luftstrom; *q* Wandler; *r* Meßfühler im vorgeschalteten Apparat.

verstellt, die *Stellgröße*. Die Veränderung des Energie- oder Gutsstromes bewirkt, daß nach einiger Zeit wieder Gut den Trockner verläßt, das die Sollfeuchte hat.

Der Regelungsvorgang, der in der geschilderten Weise abläuft, wird durch Veränderungen der Regelgröße ausgelöst. Jede solche Änderung ruft eine Änderung der Stellgröße hervor, diese wieder eine Änderung der Regelgröße usw. Dabei vollzieht sich der Wirkungsablauf in bestimmter Richtung in einem geschlossenen Kreis. Die Regelungstechniker nennen das Ganze einen *Regelkreis* und den Trockner (zwischen Stellort und Meßort) die *Regelstrecke* (Bild 3.11) [433—438].

Blieben alle Bedingungen, unter denen ein Trockner arbeitet, nach dem ersten Einstellen der Anlage von allein gleich, so wäre keine Regelung nötig. Tatsächlich aber wirken auf jeden Trockner eine Reihe von *Störgrößen* ein, die eine Änderung der Regelgröße hervorzurufen suchen. Der einlaufende Gutsstrom kann sich ändern, das Frischgut kann mit unterschiedlicher Feuchte und Struktur, mit wechselnder Oberflächenbeschaffenheit, Teilchengröße und Form eintreten, der Zustand des Heizmittels und der zuströmenden Frischluft können variieren, die Spannung des elektrischen Netzes kann schwanken usw. All dies wirkt sich auf die Endfeuchte des Gutes aus.

Der Zweck jeder Regelung ist es, die Regelgröße trotz aller Störungen auf den von der sogenannten *Führungsgröße* vorbestimmten Sollwert zu bringen. Diese Führungsgröße kann — wie bisher angenommen — einen festen Wert haben (Festwertregelung); sie kann aber auch einem Programm gemäß gesteuert werden (Zeitplanregelung, z. B. die Klimaregelung in einem Schnittholztrockner), oder sie

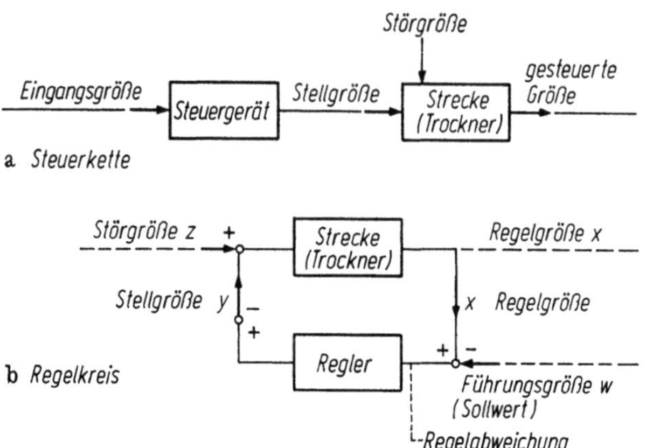

Bild 3.11. Schematische Darstellung von Steuerkette und Regelkreis.
a) Steuerkette; b) Regelkreis.

kann von einer Prozeßgröße abhängen (Folgeregelung, z. B. die Gas-Luft-Gemischregelung für einen Brenner). Vorübergehende Abweichungen der Regelgröße vom jeweiligen Sollwert sind allerdings unvermeidlich.

Wenn alle Vorgänge in einer Anlage, die zusammenwirken müssen, damit die Regelgröße sich in der gewünschten Weise verhält, ohne Zutun eines Menschen innerhalb eines geschlossenen Wirkungsablaufs stattfinden, so spricht man von (selbsttätiger) *Regelung* und von einem selbsteinstellenden System. Greift aber an irgend einer Stelle ein Gerät ein, das zwar eine bestimmte Änderung hervorbringt, auf das die Änderung aber nicht zurückwirkt (offener Wirkungsablauf), so spricht man von *Steuerung*. Eine Steueranlage kann nur die Auswirkung derjenigen Störgröße bekämpfen, die der Fühler des Steuergerätes mißt. Eine Regelungsanlage wehrt den Einfluß aller Störgrößen im Regelkreis ab. Bei der Automatisierung von Trocknern macht man oft von beiden Arten des Prozeßeingriffs Gebrauch und nennt kombinierte Eingriffe ebenfalls Regelung.

In der Anlage nach Bild 3.10 wird die Feuchteänderung des eintretenden Gutsstromes erst nach der Zeit t_t — die ein wenig länger als die Durchlaufzeit des Gutes ist — vom Feuchtefühler i bemerkt. Mit dem weiteren Zeitverlust t_b läuft dann die Meldung zum Regler, wird dort verarbeitet und löst einen Befehl aus, den im gedachten Fall das Stellgerät e ausführen möge. Bis sich der Eingriff am Meßort auswirkt, vergeht wieder mindestens die Zeit t_t, so daß insgesamt die Zeit $(2t_t + t_b)$ verfließt, bis am Fühler die Wirkung des Befehls erkennbar wird.

In einem zweiten Fall gehe der Signalfluß über das Stellglied f. Die Energie fließt durch eine Leitung zum Heizkörper g, wandert durch die Heizkörperwände, gelangt mit der Umluft zum Gut und dringt schließlich durch die äußere Gutsschicht zu den Verdampfungsstellen der Feuchte. Steigt auf Befehl des Reglers der Energiestrom plötzlich an, so wird ein Teil der Energie zunächst in den Heizkörperwänden, ein anderer in der äußeren Gutsschicht gespeichert, und der verstärkte Strom gelangt erst allmählich zu den Verdampfungsstellen. Dies dauert um so länger, je dicker die Heizkörperwände und die Gutsschicht und je geringer ihre Temperaturleitfähigkeiten sind.

Selbstverständlich empfiehlt es sich, die Endfeuchte X des Gutes auf demjenigen der geschilderten Wege zu regeln, auf dem sich die geringsten Verzögerungen ergeben.

Wir betrachten zunächst einen Trockner *im stationären Betrieb*. Darin trage ein Umluftstrom Wärme von einem Heizkörper zum Gut. Es bezeichne A_R die Oberfläche, ϑ_R die Temperatur der Heizfläche und α_R den Wärmeübergangskoeffizienten an der Fläche. Die entsprechenden Größen am Gut seien A_O, ϑ_O, α_O. Ferner bedeute $\dot m_{Le}$ den eintretenden Frischluft-Massenstrom, ϑ_{Le} die Temperatur und c_{pLe} die spezifische Wärmekapazität dieser Luft. Im Umluftstrom mit der Temperatur ϑ_L befinde sich Dampf vom Partialdruck $p_{D\infty}$. Das Gut trockne im Abschnitt reiner Oberflächenverdunstung und es gebe den Dampfstrom $\dot m_D$ ab. Die Verdampfungsenthalpie der Gutsfeuchte sei $\Delta h_v'$, der Dampfübergangskoeffizient β_O, die spezifische Gaskonstante des Dampfes R_D und die thermodynamische Temperatur der Luftgrenzschicht am Gut T. An den Trocknerwänden gehe keine Wärme verloren. Solange die Temperaturen ϑ_R und ϑ_{Le} gleichbleiben und im Gut keine Temperaturunterschiede entstehen, dient im gedachten Fall alle Wärme, die der Heizkörper abgibt, allein zum Verdampfen der Gutsfeuchte und zum Erwärmen der Frischluft, und es gelten die Gleichungen:

$$\alpha_R A_R(\vartheta_R - \vartheta_L) = \dot m_D \, \Delta h_v' + \dot m_{Le} \, c_{pLe}(\vartheta_L - \vartheta_{Le}), \tag{3.12}$$

$$\dot m_D = \frac{\alpha_O A_O}{\Delta h_v'}(\vartheta_L - \vartheta_O) = \frac{\beta_O A_O}{R_D T}(p_{DO}'' - p_{D\infty}). \tag{3.13}$$

Darin ist der Dampfpartialdruck p_{DO}'' an der Gutsoberfläche durch die Sättigungskurve mit der Temperatur der Gutsfeuchte verbunden. In den engen Temperaturbereichen von ϑ_O, in denen sich Regelungsvorgänge meistens abspielen (Temperaturänderungen des Gutes von ± 3 K sind selten) kann die Sättigungskurve durch die Tangente ersetzt werden, für die gilt

$$p_{DO}'' = (\vartheta_O - \vartheta_D^*)\left(\frac{\mathrm{d}p_{DO}''}{\mathrm{d}\vartheta_O}\right). \tag{3.14}$$

ϑ_D^* ist die Strecke im linearen Sattdampfdiagramm, die zwischen dem Nullpunkt und dem Schnittpunkt der Temperaturachse mit der Tangente liegt. Die Werte von ϑ_D^* sowie die Neigung der Tangente $(\mathrm{d}p_{DO}''/\mathrm{d}\vartheta_O)$ bei Wasserdampf sind in der Tabelle 3.4 genannt.

Aus den Gln. (3.12) bis (3.14) folgt für die Oberflächentemperatur des Gutes

Tabelle 3.4. Werte von ϑ_O, ϑ_D^*, p_D'' und $\mathrm{d}p_D''/\mathrm{d}\vartheta$ für Wasserdampf

ϑ (ϑ_O)	p_D'' (p_{DO})	ϑ_D^*	$\mathrm{d}p_D''/\mathrm{d}\vartheta$ $(\mathrm{d}p_{DO}/\mathrm{d}\vartheta_O)$
20 °C	2337 Pa	3,87 °C	144,9 Pa/K
30	4241	12,6	243,7
40	7375	21,3	393,5
50	12335	29,9	612,7
60	19917	38,4	922,8
70	31156	46,9	1351
80	47356	55,3	1920

während des stationären Betriebes des Trockners:

$$\vartheta_O = \frac{\dfrac{\alpha_O}{\Delta h_v'}\vartheta_L + \dfrac{\beta_O}{R_D T}\left[p_{D\infty} + \left(\dfrac{dp_{DO}''}{d\vartheta_O}\right)\vartheta_D^*\right]}{\dfrac{\alpha_O}{\Delta h_v'} + \dfrac{\beta_O}{R_D T}\left(\dfrac{dp_{DO}''}{d\vartheta_O}\right)} \qquad (3.15)$$

und für die Temperatur des Umluftstromes

$$\vartheta_L = \frac{\alpha_R A_R \vartheta_R + \dot{m}_{Le}c_{pLe}\vartheta_{Le} + p_{D\infty}\,\Delta h_v'\,\dfrac{\beta_O A_O}{R_D T}\,G_1 G_2}{\alpha_R A_R + \dot{m}_{Le}c_{pLe} + \alpha_O A_O(1 - G_1)} \qquad (3.16)$$

mit

$$G_1 = \frac{\alpha_O/\Delta h_v'}{\dfrac{\alpha_O}{\Delta h_v'} + \dfrac{\beta_O}{R_D T}\left(\dfrac{dp_{DO}''}{d\vartheta_O}\right)} \quad \text{und} \quad G_2 = \left[1 + \left(\dfrac{dp_{DO}''}{d\vartheta_O}\right)\dfrac{\vartheta_D^*}{p_{D\infty}}\right]. \qquad (3.17)$$

Wir können die Luft- und die Gutstemperaturen ϑ_L und ϑ_O, die sich hiernach ergeben, als die Antworten des Trockners auf verschiedene Heizkörpertemperaturen ϑ_R ansehen für den Fall, daß sich Änderungen von ϑ_R voll auf die Luft und das Gut auswirken können. ϑ_L und ϑ_O sind im gedachten Fall linear mit ϑ_R verbunden.

Wir betrachten noch ein zweites Beispiel. Einem unendlich lang gedachten Gleichstromtrockner werde der Gutsstrom $\dot{m}_G$ mit dem Feuchte/Grundstoff-Massenverhältnis $X_1 = \dot{m}_W/\dot{m}_S$ zugeführt. Er trete im Trockner in Wechselwirkung mit dem Luftstrom $\dot{m}_L$, der anfänglich die Temperatur ϑ_{L1} habe. An den Trocknerwänden gehe keine Wärme verloren. Gefragt sei nach der Temperatur ϑ_{L2} des Luftstroms am Ende des Trockners, wo die beiden Ströme im thermodynamischen Gleichgewicht miteinander stehen. Die Antwort gibt das Bild 3.12, das

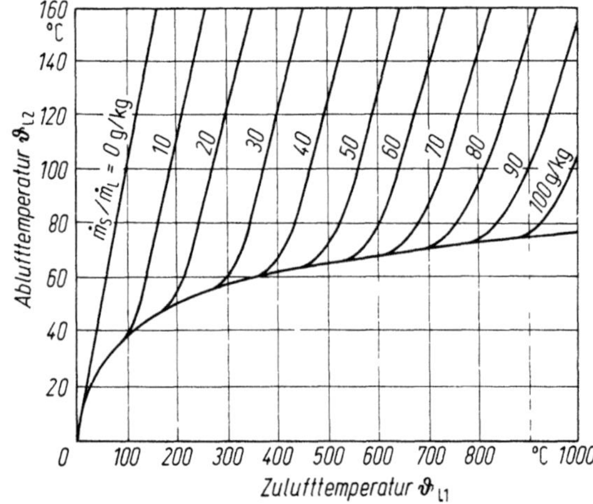

Bild 3.12. Die Ablufttemperatur ϑ_{L2} eines unendlich lang gedachten Gleichstromtrockners für Grünfutter als Abhängige der Zulufttemperatur ϑ_{L1} und des Massenstromverhältnisses $\dot{m}_S/\dot{m}_L$ bei stationärem Betrieb. Anfängliches Feuchte/Grundstoff-Massenverhältnis des Gutes $X_1 = 4$ (nach Maltry [439, 440]).

Maltry speziell für Grünfutter mit der Feuchte $X_2 = 4$ entwarf. Man sieht, der Trockner antwortet auf eine Änderung von ϑ_{L1} mit einer deutlichen Änderung von ϑ_{L2}. Bei einem bestimmten Massenstromverhältnis $\dot{m}_S/\dot{m}_L$ besteht ein fast linearer Zusammenhang zwischen ϑ_{L1} und ϑ_{L2}, und nur im Bereich nahe der Sättigungslinie sind die $\dot{m}_S/\dot{m}_L$-Linien stark gekrümmt [439, 440].

Wir verfolgen das erste Beispiel weiter. Sobald der Heizkörper aus irgendeinem Grund seine Temperatur ändert, zum Beispiel weil kältere Frischluft in den Trockner gelangt, nehmen auch die abströmende Luft und das Gut andere Temperaturen an, allerdings nicht sofort diejenigen nach den Gln. (3.15) und (3.16). Der Heizkörper, die abströmende Luft und das Gut brauchen zur vollen Temperaturänderung eine gewisse Zeit. Wir wollen das *Übergangsverhalten* dieser drei Regelstreckenglieder und ihrer Kombination kennen lernen.

Sehr vereinfachend sei vorausgesetzt, der Heizkörper leite die Wärme ideal; er habe die Masse m_R, die spezifische Wärmekapazität c_R, ursprünglich die Temperatur ϑ_{R1}, und er gebe dabei an den Umluftstrom, dessen Temperatur ϑ_{L1} sei, den Wärmestrom

$$\Phi_1 = \alpha_R A_R (\vartheta_{R1} - \vartheta_{L1}) \tag{3.18}$$

ab. Zum Zeitpunkt $t = 0$ nehme die Luft sprunghaft die Temperatur ϑ_{L2} an (Eingangssignal) und behalte sie. Dadurch ändere der Heizkörper zur Zeit $t > 0$ während der kurzen Zeitspanne dt seine Temperatur um $d\vartheta_R$ (Ausgangssignal des Heizkörpers) und seine innere Energie um dQ. Diese Energie werde der Luft nach dem Newtonschen Abkühlungsgesetz als Wärme übertragen:

$$dQ = -m_R c_R \, d\vartheta_R = \alpha_R A_R (\vartheta_R - \vartheta_{L2}) \, dt, \tag{3.19}$$

so daß der Vorgang der linearen Differentialgleichung erster Ordnung

$$\frac{d\vartheta_R}{dt} + \frac{\alpha_R A_R}{m_R c_R} \vartheta_R = \frac{\alpha_R A_R}{m_R c_R} \vartheta_{L2} \tag{3.20}$$

folgt, deren Lösung durch

$$\vartheta_R = \vartheta_{L2} + (\vartheta_{L1} - \vartheta_{L2}) \, e^{-t/t_R} \tag{3.21}$$

gegeben ist. Mit

$$t_R = \frac{m_R c_R}{\alpha_R A_R} \tag{3.22}$$

ist die sogenannte *Zeitkonstante* oder *Übergangszeit* der Heizkörpertemperatur bezeichnet.

Die Beziehung (3.21) heißt die *Übergangsfunktion*. Sie läßt sich durch eine Linie vom Typ *a* (Bild 3.13) darstellen.

Die Luft, die vom Heizkörper wegströmt, trägt das Signal „Temperaturänderung am Heizkörper" mit der Geschwindigkeit w_L über den Weg s_L zum Trocknungsgut (das in Stromrichtung nur geringe Ausdehnung habe) und braucht dazu die „Laufzeit"

$$t_L = \frac{s_L}{w_L}. \tag{3.23}$$

Sodann ändert auch das Gut seine Temperatur. Sofern es die Wärme ebenfalls ideal leitet und während der Übergangszeit keine merkliche Feuchtemenge abgibt, gilt für seine Temperaturänderung eine zu Gl. (3.20) analoge Differentialgleichung, in der jedoch statt t_R die Zeitkonstante

$$t_G = \frac{m_G c_G}{\alpha_O A_O} \tag{3.24}$$

auftritt; m_G bezeichnet die Masse und c_G die spezifische Wärmekapazität des homogen gedachten Gutes. Allerdings ist die Übergangsfunktion der Gutstemperatur erheblich verwickelter als die der Heizkörpertemperatur, weil dem Gut ein komplizierteres Eingangssignal zugeht.

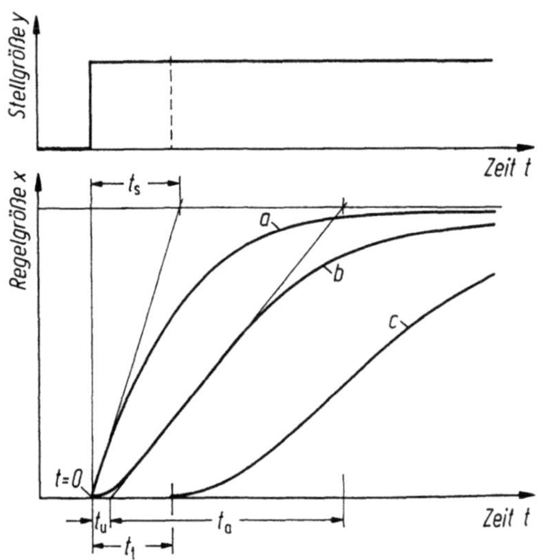

Bild 3.13. Drei typische Sprungantworten von Regelstrecken.
a Regelstrecke erster Ordnung (die Regelgröße verläuft zeitlich nach einer Exponentialfunktion und hat die Übergangszeit oder Zeitkonstante t_s); b Regelstrecke zweiter Ordnung (die Regelgröße verläuft zeitlich nach einer Funktion mit Wendetangente und hat die Verzugszeit t_u und die Ausgleichszeit t_a); c Regelstrecke höherer Ordnung mit Totzeitglied (Totzeit der Regelgröße: t_t).

Verhältnismäßig einfach läßt sich das Zeitverhalten der Regelstrecken und ihrer Glieder nach der sogenannten Frequenzgangmethode und durch Ortskurven darstellen [434, 436, 437]. Man denkt sich, die Eingangsgröße x_e jedes Übertragungsgliedes verlaufe zeitlich als sinusförmige Dauerschwingung

$$x_e = \hat{x}_e \cdot \sin \omega t, \tag{3.25}$$

und das Glied verarbeite sie stets zu einer Ausgangsgröße proportionalen Betrages; $\hat{x}_e$ bezeichnet die Amplitude der Schwingungen und ω die Kreisfrequenz. Einige Zeit nach Beginn der Eingangsschwingungen macht bei einem solchen Übertrager auch die Ausgangsgröße Sinusschwingungen der Frequenz ω, aber diese Schwingungen verlaufen später als die von x_e und sie haben andere Amplituden; sie sind um den Winkel φ (gemessen in rad) gegen jene verschoben und folgen der Gleichung

$$x_a = \hat{x}_a \cdot \sin(\omega t + \varphi). \tag{3.26}$$

Sowohl $\hat{x}_a$ wie φ hängen von der Eigenart des Übertragers und von der Frequenz ω ab.

Als *Frequenzgang* des Übertragers bezeichnet man die Funktion, die beschreibt, wie sich das Amplitudenverhältnis $\hat{x}_a/\hat{x}_e$ und die Phasenverschiebung φ mit der Kreisfrequenz ω ändern. Der Verlauf dieser Funktion in der komplexen Zahlenebene heißt *Ortskurve*.

Wie die Schwingungslehre zeigt, gelten unter den vorgenannten Annahmen für den Frequenzgang des Heizkörpers ($\mathscr{F}_R$), des Luftstromes ($\mathscr{F}_L$) und des Gutes ($\mathscr{F}_G$) die Gleichungen

$$\mathscr{F}_R = \frac{1}{1 + t_R j\omega}; \quad \mathscr{F}_L = \exp\left(-j\omega t_L\right); \quad \mathscr{F}_G = \frac{1}{1 + t_G j\omega}. \tag{3.27}$$

Für den Frequenzgang der drei hintereinander geschalteten Regelstreckenglieder ist zu schreiben

$$\mathscr{F}_{RLG} = \mathscr{F}_R \cdot \mathscr{F}_L \cdot \mathscr{F}_G = \frac{\exp\left(-j\omega t_L\right)}{(1 + t_R j\omega)\,(1 + t_G j\omega)}, \tag{3.28}$$

worin j die imaginäre Einheit $\sqrt{-1}$ bedeutet. Wird die rechte Seite dieser Gleichung in den Real- und in den Imaginärteil gespalten, so entsteht

$$\mathscr{F}_{RLG} = \frac{Z_1}{N} + j\frac{Z_2}{N} \tag{3.29}$$

mit Z_1, Z_2 und N als Funktionen von t_R, t_L, t_G und ω.

Aus einem Berechnungsbeispiel ergab sich die Ortskurve Bild 3.14. Als Abszisse ist Z_1/N und als Ordinate der Imaginärteil Z_2/N aufgetragen. Der rotierend gedachte Zeiger $O-A$ mit der Länge 1 stellt die Amplitude der Eingangsschwingung, also die Lufttemperaturschwingung vor dem Heizkörper, dar. Läuft dieser Zeiger dem Uhrzeigersinn entgegen mit der Winkelgechwindigkeit ω um — eine Zwischenstellung $O-A_1$ ist angedeutet — so schwingt die Projektion seiner Spitze auf der Ordinatenachse gemäß der Gl. (3.25). Das Verhalten der Ausgangsgröße, der Gutstemperatur, symbolisiert bei der Kreisfrequenz ω_1 der ebenfalls rotierend gedachte Zeiger $O-B$. Er ist kürzer als OA und läuft im Winkelabstand φ_1 hinter dem Eingangszeiger her. Die Gutstemperatur schwingt also schwächer als die Lufttemperatur vor dem Heizkörper und ihre Schwingungen sind um die Zeitspanne $t_\varphi = \varphi_1/\omega_1$ verschoben. Bei der relativ hohen Frequenz ω_{10} reagiert das Gut fast nicht mehr auf die Schwingungen der Lufttemperatur.

In das Bild eingezeichnet sind auch die Ortskurven der Einzelglieder der Regelkette. Die Temperaturschwingungen des Gutes ändern sich mit ω gemäß der halbkreisförmigen Kurve $\mathscr{F}_G$. Die gleiche Kurve gilt für den Heizkörper, nur mit einer anderen ω-Skala. Nach dem nur angedeuteten Kreis $\mathscr{F}_L$ um den Ursprung 0 richten sich die Temperaturschwingungen des Luftstromes zwischen Heizkörper und Gut. Da die Kurve $\mathscr{F}_{RLG}$ der Gesamtstrecke bei fast allen Kreisfrequenzen nahe bei der Kurve $\mathscr{F}_G$ verläuft, so ist zu schließen, daß das Trocknungsgut mit seiner relativ langen Übergangzeit weitgehend die Amplitude und die Phasenverschiebung der Ausgangsschwingungen des ganzen Systems bestimmt. Unbedeutend ist der Einfluß der relativ kurzen Laufzeit des Luftstromes.

Die meisten Regelstrecken in Trocknern haben mehr als drei Glieder, zu jeder Strecke gehört mindestens noch ein Stellgerät und ein Meßorgan. Auch ist das Geschehen in den Gliedern meistens verwickelter als oben angenommen wurde. So wirkt die Masse eines Heizkörpers und des durchströmenden Heizmittels nicht nur als Wärmespeicher, sondern auch als Wärmedurchlaßwiderstand, der den Abfluß der Wärme hemmt. Das Gut ist nicht nur Wärme- und Feuchtespeicher, es hemmt auch die Wärme-, die Flüssigkeits- und die Dampfbewegung in seinem Inneren, und zwar in verschiedenen Schichten unterschiedlich.

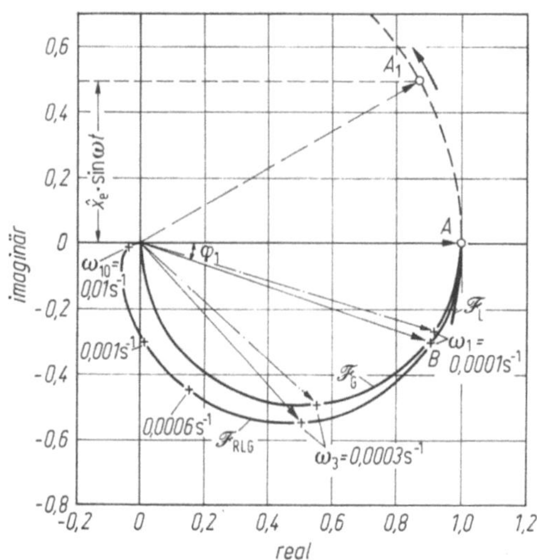

Bild 3.14. Berechnete Ortskurve einer Regelstrecke aus Heizkörper, Luftstrom und Trocknungsgut.

Berechnungsannahmen

	Heizkörper	Luftstrom	Gut
Masse	$m_R = 15{,}6\,\text{kg}$		$m_G = 27{,}0\,\text{kg}$
Oberfläche	$A_R = 1\,\text{m}^2$		$A_O = 1{,}5\,\text{m}^2$
spez. Wärmekapazität	$c_R = 0{,}46\,\dfrac{\text{kJ}}{\text{kg K}}$		$c_G = 3{,}0\,\dfrac{\text{kJ}}{\text{kg K}}$
Wärmeübergangskoeffizient	$\alpha_R = 25\,\dfrac{\text{W}}{\text{m}^2\text{K}}$		$\alpha_O = 18\,\dfrac{\text{W}}{\text{m}^2\text{K}}$
Luftgeschwindigkeit		$w_L = 3\,\dfrac{\text{m}}{\text{s}}$	
Luftweg		$s_L = 6\,\text{m}$	
Übergangszeit	$t_R = 287\,\text{s}$	$t_L = 2\,\text{s}$	$t_G = 3000\,\text{s}$

In vielen Trocknern ist das Gut, entgegen unserer bisherigen Annahme, auf große Flächen oder Räume verteilt, und seine Teile werden von den Signalen in ungleicher Stärke und zu verschiedenen Zeitpunkten erreicht. Als Beispiele seien die langgestreckten Gleichstromtrockner genannt, in denen die strömende, unterwegs sich abkühlende Luft dem Gut sowohl die nötige Wärme wie auch die Regelungssignale zuführt. In solchen Fällen läßt sich das Zeitverhalten des Regelgliedes

„Gut" meistens nur grob schätzen. Bei einem Gleichstromtrockner z.B. geht man dazu vom stationären Trocknungsverlauf des Gutes aus, den man kennt (oder ermitteln kann, s. Abschn. 1.2.5.2 und 2.3.1.1.5), und denkt sich die Trocknerfüllung in mehrere hintereinander geschaltete Regelglieder unterteilt, deren Verhalten man ungefähr beurteilen kann. Solange das Gut sehr feucht ist, hat es große spezifische Wärmekapazität und verhält sich, während es Feuchte abgibt, thermisch sehr träge. Von der Stelle an, wo der Knickpunkt im Trocknungsverlauf unterschritten wird, sinkt seine thermische Trägheit jedoch meistens erheblich. Die Lage des Knickpunktes im Trockner hängt vom anfänglichen Feuchtegehalt des Gutes und vom Gutsdurchsatz ab.

Nie gibt der augenblicklich aus einem bestimmten Gutsteil tretende Feuchtestrom $\dot{m}_D$ einen direkten Hinweis auf das Feuchte/Grundstoff-Massenverhältnis X dieses Teiles. X ist vielmehr, mathematisch ausgedrückt, eine Funktion der anfänglichen Feuchte X_1 sowie des Feuchteverlustes Δm, den der Gutsteil bis zum jeweiligen Zeitpunkt erlitt. Δm wiederum ist eine Funktion sowohl der Stoffeigenschaften wie auch der Bedingungen, denen der Gutsteil ausgesetzt war. Es kann schwierig sein, dies alles rechnerisch korrekt zu erfassen, wenn das Zeitverhalten einer geplanten Regelanlage für die Gutsendfeuchte ermittelt werden soll.

An einer ausgeführten Anlage kann man das Zeitverhalten experimentell feststellen. Man mißt den Verlauf der Ausgangsgröße (Regelgröße) bei einem sinnvoll gewählten Verlauf der Eingangsgrößen (Stell- und Störgrößen) und analysiert den Befund mit dem Ziel, die Daten zu finden, die den Ablauf des Regelprozesses maßgeblich bestimmen. Das Ergebnis drückt man quantitativ in mathematischer Form aus: man erstellt ein sogenanntes empirisches Modell, das die Verknüpfung der Eingangs- und der Ausgangsgrößen durch eine Differentialgleichung beschreibt. Dafür gibt es eine Reihe von Verfahren, die das Schrifttum angibt [441, 442].

Zum Bestimmen der Sprungantwort zum Beispiel geht man vom stationären Zustand aus, bei dem sich die Regelgröße x auf gleichbleibende Höhe eingespielt hat (Bild 3.13). Man bringt das Stellglied bei abgeschaltetem Regler sprunghaft in eine andere Lage, läßt es dort und zeichnet vom Zeitpunkt des Verstellens an graphisch auf, wie sich x mit der Zeit ändert.

Im Beispiel nach Kurve b beginnt die Regelgröße x erst nach der Verzugszeit t_u der Stellgröße y zu folgen. Auch danach ändert sich x nur zögernd, die Strecke hat auch eine erhebliche Ausgleichszeit t_a; es ist $t_u/t_a = 0{,}075$. Noch ungünstiger verläuft der Übergang nach Kurve c, der einer Differentialgleichung mit einem Differentialquotienten der dritten Ordnung entspricht (s. auch w.h.). In dieser „Strecke dritter Ordnung" mit der Übergangskurve c ist $t_u/t_a = 0{,}19$. Übergangsfunktionen höherer als dritter Ordnung ergeben sich bei Strecken mit vielen Speichern, d.h. mit Verzögerungsgliedern, die im Signalweg hintereinander liegen. Heizkörperwände oder Gutsschichten, die den Wärme- oder Feuchtedurchgang hemmen, sind — streng mathematisch gesehen — als Systeme mit unendlich vielen gleichen, aber sehr kleinen Speichern anzusehen (t_u/t_a maximal $\approx 0{,}55$). Häufig in Trocknern anzutreffen sind auch Regelstrecken mit Totzeiten t_t (Kurve c); darin werden die Signale längs bestimmter Wegstücke mechanisch (z.B. durch ein Förderband), pneumatisch (durch einen Luftstrom) oder hydraulisch weiterbefördert.

Außer bei einem Sprung der Stellgröße möchte man die Antwort der Regelstrecke oft auch bei Sprüngen bestimmter Störgrößen kennenlernen. An einem gasbeheizten Gegenstrom-Drehrohrtrockner, ähnlich dem nach Bild 2.308, wurden zu diesem Zweck die Kurven gemäß Bild 3.15 für die Endtemperatur des Gutes aufgenommen. Kurve *b* entstand, als dem Trockner plötzlich ein verringerter Naßgutstrom zugeführt wurde, Kurve *c* ergab sich, als plötzlich der Feuchtegehalt des Naßgutes anstieg [443].

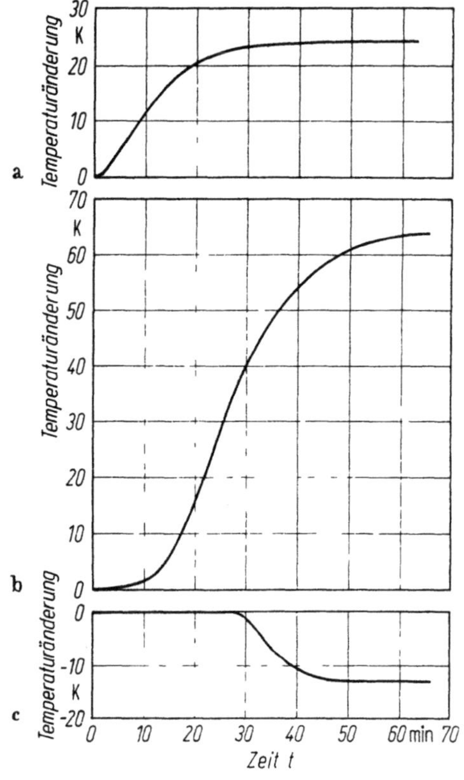

Bild 3.15. Sprungantworten der Gutstemperatur am Ende eines gasbeheizten Gegenstrom-Drehrohrtrockner für Kalksteinsplitt [443] bei:
a Änderung der Stellgröße Heizgasstrom (Gichtgas) um $+135\,\text{m}^3/\text{h}$;
b Wirken der Störgröße Naßgutstrom bei Änderung um $-5250\,\text{kg/h}$;
c Wirken der Störgröße Naßgutfeuchte bei Änderung des Gutsfeuchtegehalts um $+0{,}86\%$.

(Normaler Naßgutdurchsatz $\approx 20000\,\text{kg/h}$, Anfangsfeuchtegehalt des Gutes $1{,}5-4{,}7\%$, Endfeuchtegehalt $<0{,}5\%$, Endtemperatur des Gutes $>150\,°\text{C}$).

Wie schon erwähnt wurde, ist es die *Aufgabe des Reglers* in einer Trocknungsanlage, die Regelgröße immer wieder dem Sollwert anzugleichen, sobald Störungen auftreten. Er bewerkstelligt das mit Übertragungsgliedern bestimmten Zeitverhaltens, die als Glieder des Regelkreises wirken. Die Glieder sollen ihn befähigen, die unvermeidlichen Schwankungen der Regelgröße während des Regelvorganges innerhalb bestimmter Schranken zu halten, den Vorgang bald zu beenden und die Regelgröße beim Erreichen des Beharrungszustandes möglichst genau wieder auf den Sollwert einzustellen. Gute Regelung ist nur möglich, wenn der Regler mindestens ebenso schnell und kräftig eingreifen kann wie jede mögliche Störgröße.

Welche spezielle Art von Gliedern ein Regler für eine bestimmte Regelstrecke haben sollte, hängt vom Zeitverhalten der Strecke und von der gewünschten Güte der Regelung ab. In einem sogenannten *P*-Regler hält ein Übertragungsglied die Ausgangsgröße proportional der Eingangsgröße. Ein solches Gerät kann seine Ausgangsgröße nicht ganz auf den Sollwert zurückholen, solange eine Störgröße in der Strecke die Eingangsgröße verändert hält (bleibende Regelabweichung).

Ein sogenanntes *D*-Glied (Differential-Glied) in einem Regler verstellt die Ausgangsgröße proportional zur Änderungsgeschwindigkeit der Eingangsgröße, und ein *I*-Glied (Integral-Glied) richtet die Änderungsgeschwindigkeit der Ausgangsgröße nach der jeweiligen Abweichung der Eingangsgröße vom Sollwert. Ein *PID*-Regler enthält Glieder jeder dieser Wirkungsweisen und gestattet, die Einflüsse, die er auf die Regelstrecke ausübt, durch zweckmäßige Wahl

des sog. Proportionalbereiches x_p bei den *P*-Gliedern,

der sog. Vorhaltezeit t_v bei den *D*-Gliedern,

der sog. Nachstellzeit t_n bei den I-Gliedern

auf das Zeitverhalten der Regelstrecke abzustimmen.

Das Bild 3.16 zeigt den Einschwingvorgang einer Regelstrecke dritter Ordnung bei Verwendung eines Reglers, der nach den Angaben von Ziegler-Nichols optimal eingestellt ist [444]. Tritt am Eingang dieser Strecke plötzlich eine sprung-

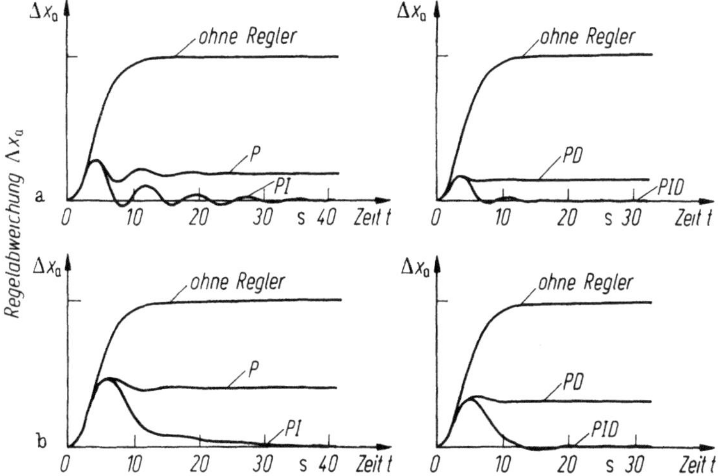

Bild 3.16. Einschwingvorgang eines Regelkreises nach Aufschalten einer Störung (nach [444]). a) Regler nach Ziegler-Nichols optimal eingestellt; b) Regler auf aperiodischen Verlauf des Vorgangs eingestellt.
P, PI, PD, PID bedeutet Art des Reglers.

hafte Störung auf, so erleidet die Ausgangsgröße x_a danach die zeitlichen Änderungen Δx_a gemäß den Linien in den oberen Diagrammen. Ein *P*-Regler läßt x_a einige Schwingungen machen und hält die Größe dann oberhalb des Sollwertes (Linie *P*). Mit einem *PD*-Regler beruhigt sich die Strecke schneller; durch einen *PID*-Regler wird die Regelabweichung nach wenigen Schwingungen auf den Wert Null gesenkt.

Sollen die Schwingungen der Regelgröße stark gedämpft, z.B. aperiodisch verlaufen, so muß der Verstärkungsfaktor V_R (das Verhältnis der Ausgangs- zur Eingangsgröße) im Proportionalglied des Reglers vergrößert werden. Dann folgt Δx_a den Linien in den unteren Diagrammen des Bildes 3.16, und es ergibt sich ein größerer anfänglicher Regelausschlag.

Erheblich ungünstiger als nach dem Bild 3.16 verläuft die Regelung, wenn sich die Eingangsgröße der Strecke nicht sprunghaft, sondern in kurzen Stößen ändert.

Die Theorie der Regelung sowie Versuche zeigen, wie die Einstellparameter eines Reglers für eine bestimmte Strecke zu wählen sind, wenn die Schwingungen der Regelgröße in gewünschter Weise abklingen sollen [436, 437]. Nur zur Orientierung sei erwähnt: Eine Regelstrecke erster oder zweiter Ordnung ohne Totzeit, die mit einem *P*- oder *PD*-Regler gekoppelt ist, zeigt immer *stabiles Verhalten*; sie läßt bei einer Störung nur abklingende Schwingungen entstehen, und deren Dämpfung ist um so stärker, je größer die bleibende Regelabweichung sein darf. Aber bereits in einer Strecke erster Ordnung mit Totzeit kann ein *P*-Regler anwachsende Schwingungen entfachen, sofern das Verhältnis t_t/t_s der Tot- zur Übergangzeit der Strecke sowie der Verstärkungsfaktor V_R des Reglers groß sind. Für Strecken höherer Ordnung und vor allem dann, wenn keine Regelabweichung verbleiben darf, müssen günstig eingestellte *PI*-Regler oder *PID*-Regler benutzt werden, und im Falle eines großen Verhältnisses $(t_u + t_t)/t_a$ versagen auch die besten dieser Regler, wenn sie keine geeigneten Hilfen bekommen.

Wir blicken nun auf das Bild 3.10 zurück, in dem drei Wege der Endfeuchteregelung des Gutes bei einem Bandtrockner angedeutet sind. In einem gedachten Fall sollen die Glieder der drei Regelkreise die Verzugs-, Tot- und Ausgleichszeiten nach der Tabelle 3.5 haben, und es soll geklärt werden, ob die Verfahren zur Abwehr der Folgen ungleicher Gutszufuhr brauchbar sind.

Bei den Verfahren *a* und *b* bestimmt die lange Laufzeit des Gutes fast vollständig das Verhalten der Regelstrecken. Macht sich an der Einlaufstelle des Gutes eine Störung bemerkbar, so wirkt sich diese schon lange aus, bevor der Regler

Tabelle 3.5. Angenommene Verzugs-, Tot- und Ausgleichszeiten bei drei Verfahren zum Regeln der Gutsendfeuchte in einem Gleichstrom-Förderbandtrockner

Glied im Regelkreis	Verfahren *a*: Der Endfeuchtefühler *i* des Gutes dirigiert den Gutstrom		Verfahren *b*: Der Endfeuchtefühler *i* des Gutes dirigiert den Energiestrom		Verfahren *c*: Der Temperaturfühler *o* im Abluftstrom dirigiert den Energiestrom	
Elektrischer Feuchtefühler für das Gut mit Signalleitung zum Regler	$t_t \approx$	0 s	$t_t \approx$	0 s		
Umhüllter Temperaturfühler für die Abluft mit Signalleitung zum Regler	—		—		$t_u =$ $t_a =$	5 s 60 s
Regler	$\times$		$\times$		$\times$	
Elektrische Signalleitung zum Stellgerät	$t_t \approx$	0 s	$t_t \approx$	0 s	$t_t \approx$	0 s
Stellgerät	$t_t =$	40 s	$t_t =$	30 s	$t_t =$	30 s
Energieleitung zum Heizkörper	—		$t_t =$	0,5 s	$t_t =$	0,5 s
Heizkörper	—		$\begin{cases} t_u = \\ t_a = \end{cases}$	42 s 200 s	$\begin{cases} t_u = \\ t_a = \end{cases}$	42 s 200 s
Umluftstrom zum Trocknungsgut	—		$t_t =$	3 s	$t_t =$	3 s
Trocknungsgut	$\begin{cases} (t_u = \\ (t_a = \end{cases}$	440 s) 2000 s)	$\begin{cases} (t_u = \\ (t_a = \end{cases}$	440 s) 2000 s)	$\begin{cases} (t_u = \\ (t_a = \end{cases}$	440 s) 2000 s)
Förderband	$t_t =$ 4000 s		$t_t =$ 4000 s		—	
Umluftstrom vom Gut zum Temperaturfühler	—		—		$t_t =$	4 s

dagegen wirken kann. Nach der versäumten Zeit entdeckt er, daß sich die Endfeuchte des Gutes ändert. Er greift dann ein, aber der Fühler meldet erst wieder einige Zeit später, wie der Stellbefehl gewirkt hat. Bis dahin läßt der Regler das Stellglied weitergehen, es kommt eine Überregelung zustande, die je nach der Einstellung des Reglers bis zur *Instabilität des Regelvorganges* führen kann.

Treten die Störungen bei den Verfahren *a* und *b* völlig unregelmäßig und teils in Zeitabständen auf, die kürzer als die Durchlaufzeit des Gutes sind, so können überhaupt nur sehr langwellige Abweichungen Δx_a bis zum Ende der Strecke ausgeglichen werden. Die schnellen Schwankungen bleiben genauso am Ausgang der Strecke, wie wenn der Regler gar nicht vorhanden wäre (über Verfahren 3 siehe „Verwendung einer Hilfsregelgröße", w. u.).

Es gibt einige Mittel zum *Verbessern der Regelgüte.* Man beseitigt oder schwächt die störenden Einflüsse, bevor sie auf die Anlage wirken, oder man verkürzt die Laufzeiten der Signale zwischen den Stellen, wo die Störgrößen eindringen und wo sie bekämpft werden können. Das erfordert meistens, die Anlage durch eine Steuerkette oder durch einen zweiten Regelkreis oder durch mehrere solcher Hilfen zu ergänzen und also *vermaschte Regelkreise* vorzusehen.

Als erstes Beispiel dafür sei die *Störgrößen-Aufschaltung* erwähnt, eine Kombination von Steuerung und Regelung, die anwendbar ist, wenn in einer Anlage mit wenigen Einflußgrößen eine davon, z. B. der Anfangsfeuchtegehalt des Gutes, besonders stark schwankt und gemessen werden kann. Außer dem Fühler für die Regelgröße — es sei die Endfeuchte — wird ein zweiter für die Anfangsfeuchte benutzt, der über ein Hilfssteuergerät rechtzeitig auf das Stellglied des Regelkreises wirkt. Ist die Steuerung richtig abgeglichen, so belasten die Feuchteschwankungen des einlaufenden Gutes den Regelkreis alsdann nicht mehr. Der Regler braucht nur noch die schwächeren Störungen der anderen Einflußgrößen abzuwehren. Unvermeidlich ist allerdings, daß die Gutsteile, die vor dem Eingreifen des Hilfsgerätes noch im Trockner sind, während ihrer restlichen Laufzeit über- oder untertrocknet werden.

Ist der Energiestrom, der zu einem Trockner geht, sowohl meß- wie beeinflußbar — was meistens der Fall ist —, so kann man in seine Leitung einen Fühler und ein Stellglied einbauen und die beiden über einen Regler zu einem Hilfsregelkreis zusammenschließen.

Je nach seiner Bauart befreit der Hilfsregler dann den Energiestrom von den groben und evtl. auch feineren Schwankungen, so daß höchstens noch schwache Störungen in die Hauptregelstrecke gelangen. Dieses Verfahren heißt *Vorregelung der Einflußgröße.* Es ist auch auf mehrere Einflußgrößen anwendbar, so daß der Hauptregler, falls alle Nebenstörungen ausgeschaltet werden, nur noch die Störungen des Produktfeuchtestromes zu tilgen braucht. Jeder Vorregelkreis ist unabhängig vom anderen einstellbar.

Verwendung einer Hilfsregelgröße

Beim Trocknen eines sehr feuchten Gutes in einem Gleich- oder Gegenstromtrockner bekommt das Gut nach kurzer Anwärmzeit eine fast gleichbleibende Temperatur ϑ_{SK} und behält sie, bis die Verdampfung der Feuchte an der Oberfläche aufhört und die zudringende Wärme nicht mehr allein zum Verdampfen von Feuchte, sondern auch zum Erwärmen des Gutes dient (s. dazu Abschn. 2.3.1.1.7). Bis zu diesem Knickpunkt im Trocknungsverlauf gehört zu ϑ_{SK} also keine bestimmte Gutsfeuchte und Lufttemperatur. Hinter der Knickstelle jedoch, im Trockner nach Bild 3.10 am Ort K, ändert sich die Gutstemperatur mit abnehmender Gutsfeuchte bis zur Endtemperatur ϑ_{S2}. An jeder Stelle längs der Trocknerachse sind hier die Guts- und die Lufttemperatur sowie die Gutsfeuchte eindeutig einander zugeordnet, solange betrieblicher Beharrungszustand herrscht. Man kann deshalb auch die Endtemperaturen ϑ_{S2} und ϑ_{L2} des Gutes und der Luft als Funktionen der Endfeuchte X_2 des Gutes ansehen. Das wiederum ermöglicht ϑ_{L2} oder ϑ_{S2} als Hilfsregelgrößen für X_2 zu benutzen. Man ordnet dazu an der Stelle E (Bild 3.10) oder an einer Stelle zwischen E und K einen Temperaturfühler an, der sozusagen als Beobachter auf erhöhtem und vorgeschobenem Posten dient (wie bei Verfahrensbeispiel c, Tabelle 3.5 unterstellt). Den Fühler verbindet man mit einem in der Abbildung nicht angedeuteten Hilfsregler, dessen Ausgang auf das Stellgerät wirkt. Der Hauptregler hat dann nur noch den Sollwert des Hilfsreglers zu verstellen.

Bei der Anordnung nach Bild 3.10 nimmt der Hilfsfühler O die Temperaturänderungen im schnellen Luftstrom viel früher wahr als der Feuchtefühler i die Feuchteänderungen im langsamen Gutsstrom. Daher kann der Hilfsregler Störungen auch früher abwehren. Bei diesem als *Kaskadenregelung* bezeichneten Verfahren gelangt eine Störgröße, die vorne eintritt, nur noch stark geschwächt bis zum Fühler i und wird zusammen mit anderen Störungen vom Hauptregler noch weiter bekämpft. Der Erfolg ist um so besser, je früher der Hilfsregler arbeitet, d.h. je weiter vorne die Hilfsregelgröße entnommen werden kann. Trockner für sehr feuchte Güter, die auf relativ langem Wege eine konstante Temperatur haben, lassen sich nach dem Verfahren allerdings nicht regeln, wohl aber solche für Güter mit niedrigem Anfangsfeuchtegehalt.

Man kann die Hilfsregelgröße auch auf den Hauptregler schalten, wenn dieser ein I-Glied hat. Statt des Temperaturfühlers O und des Hilfsreglers benutzt man dann ein sogenanntes Tendenzthermometer. Es besteht aus zwei gegeneinander geschalteten Thermoelementen, von denen das eine sehr träge und das andere sehr flink ist, so daß bei einer Temperaturänderung des Luftstromes ein Spannungsunterschied entsteht, der allmählich wieder verschwindet. Dabei bekommt der Regler die Hilfsregelgröße also nur vorübergehend aufgeschaltet, so daß er die Regelabweichung wieder zu Null machen kann.

Benutzen einer Ersatzregelgröße

Oft ist es zu schwierig oder aufwendig, die Endfeuchte X_2 des Gutes zu messen. Man muß dann X_2 über eine stellvertretende Größe regeln. Dafür kommt in Fluidat-, Sprüh-, Rieseldrehrohr- und in anderen Trocknern unter den vorne genannten Voraussetzungen die Ablufttemperatur in Betracht. In Kontakttrocknern dient manchmal die Gutsendtemperatur als Behelf.

In Kontakt-Mehrzylindertrocknern für Papier (s. Kap. 2.3.2.2.3) kann der Dampfstrom, der einen „Leitzylinder" heizt, als grobes Maß für die Feuchte der Gutsbahn an dem Zylinder dienen. Der Leitzylinder liegt innerhalb der Zylinderreihe an einer Stelle, an der sich die Trocknungsgeschwindigkeit der Papierbahn und damit der kondensierende Heizdampfstrom stark ändert, wenn die Feuchte schwankt. Gemessen wird entweder der Strom des eintretenden Dampfes oder der

Kondensatstrom, und ihm entsprechend beeinflußt die Regeleinrichtung die Heizdampfströme, die in die übrigen Zylinder gehen (Stammregelung). In jedem Fall allerdings erhält man den Meßwert nur über die große Wärmeträgheit des Leitzylinders, und es dauert mehrere Minuten, bis länger dauernde grobe Schwankungen der Endfeuchte des Gutes ausgeglichen sind.

Die Signale, die den Regler unseres Trockners auf Bild 3.10 zum Eingreifen veranlassen, können nicht in der ursprünglichen Form von ihm benutzt werden, sie müssen unterwegs brauchbar gemacht werden. Als Geräte dazu dienen, je nach den Erfordernissen des Einzelfalles:

a) sogenannte Meßumformer und Wandler, die ankommende Signale unverzüglich in standardisierte pneumatische oder elektrische Signale umbilden,

b) Hilfszeitglieder (z.B. Signalspeicher), die den Weiterlauf der Signale zeitlich dirigieren,

c) Rechner, die aus vorgegebenen und gemessenen Daten andere Daten errechnen und diese als Signale zu Steuergeräten schicken oder z.B. als Führungsgrößen zu Reglern leiten. Die Rechner wirken dann als übergeordnete Steuergeräte auf die Regelkreise; man hat eine *rechnergestützte Regelung.*

Der Gedanke liegt nahe, die Störungen, die durch den Guts- und den Energiestrom in den Trocknern gelangen, nicht erst dort nach Stärke und Zeitverlauf meßtechnisch zu erfassen, sondern bereits am Ort der Entstehung — z.B. in einem produktionstechnisch vorgeschalteten Apparat — oder auf dem Weg zum Trockner. Gelingt das, so kann ein Rechner bei einer vorkommenden Störung ermitteln, wie die Trocknungsgeschwindigkeit des Gutes verändert werden muß, damit die Endfeuchte des Gutes gleich bleibt. Der Rechner veranlaßt dann durch entsprechende Signale, daß das Stellgerät am Trockner rechtzeitig im rechten Maße betätigt wird. Auf diese Weise können Veränderungen der Endfeuchte merklich verringert und jedenfalls die Schwankungen der Endfeuchte frühzeitig beendet werden. Voraussetzung ist allerdings, daß der Zusammenhang zwischen den Ausgangsgrößen und den Eingangsgrößen sowie den Betriebsbedingungen des Trockners in Form mathematischer Gleichungen hinreichend genau bekannt ist. Nach Möglichkeit sollten diese „Prozeßgleichungen" das physikalische Geschehen im Trockner (innerhalb des meistens nur engen Bereiches der vorkommenden Ein- und Ausgangsgrößen) wenigstens in den Hauptzügen richtig widerspiegeln.

Lassen sich die Störungen, die der Naßgutstrom bringt, nicht rechtzeitig erfassen, so verhindert keine der vorgenannten Maßnahmen gänzlich, daß der betrachtete Förderbandtrockner das Gut mit gewissen Feuchtegehaltsunterschieden entläßt. Günstiger arbeitet ein Trockner, der das Gut in Signalrichtung auf kürzerer Strecke verteilt hält. In Sonderfällen können ein ungeregelter Haupttrockner und ein geregelter Nachtrockner Vorteile bieten. Der Haupttrockner bringt das Gut nicht ganz auf die gewünschte Endfeuchte. Dies besorgt vielmehr der kleinere Nachtrockner, der als Regelstrecke nur kurze Totzeiten hat und zu diesem Zweck zum Beispiel als Strahlungstrockner ausgebildet sein kann.

In vielen Trocknern sollen die Güter durch Zonen unterschiedlicher Temperatur laufen. Bild 3.17 zeigt die Temperaturkurve eines Papiers, das in einem Kontakt-Drehzylindertrockner über viele Zylinder geht [445]. Um die gewünschten Tem-

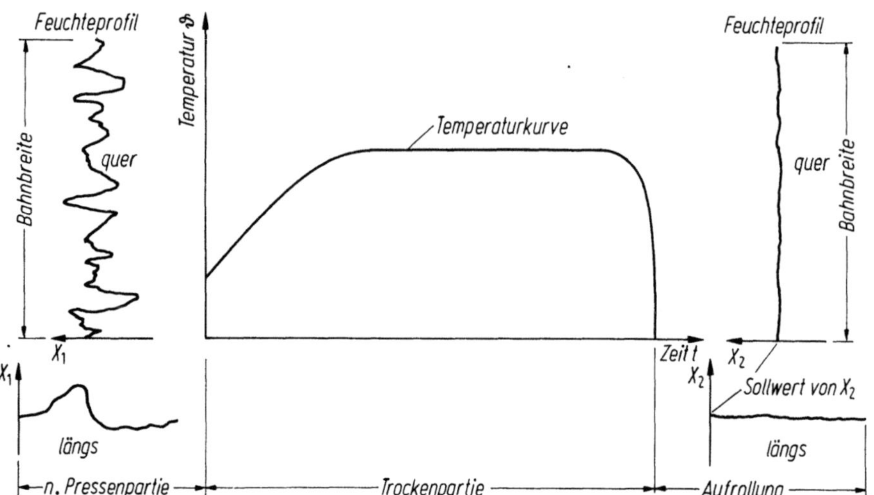

Bild 3.17. Schematische Darstellung der Regelungsaufgaben an einem Kontakt-Drehzylinder-trockner für Papier (nach [445]).

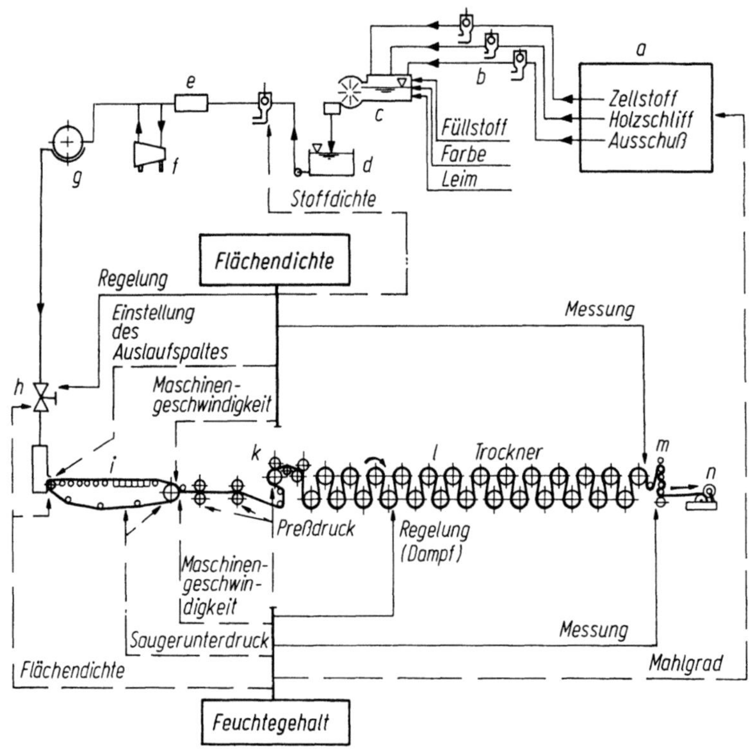

Bild 3.18. Regelung des Feuchtegehaltes und der Flächendichte des Gutes in einer Papier-maschine (nach [446]).
a Stoffaufbereitung; *b* Stoffdichteregelung; *c* Mischzentrale; *d* Bütte; *e* Überlaufkasten; *f* Jordan; *g* Knotenfänger; *h* Stoffzulaufventil; *i* endlos umlaufendes Sieb; *k* Naßpressen; *l* Kontakt-Drehzylindertrockner; *m* Glättwerk; *n* Rollenapparat. → Pfeil weist auf Meß- oder Stellglied hin; —··→ Pfeil weist auf Anlagenteile hin, von denen Einflüsse auf das Quadrat-metergewicht und den Feuchtegehalt des Papiers ausgehen können.

peraturen zu erreichen, unterteilt man die Zylinderreihe in mehrere Gruppen und versorgt diese mit Dampf unterschiedlichen Druckes (unterschiedlicher Kondensationstemperatur). Dafür hat sich z. B. das Heiz- und Regelsystem bewährt, das auf Bild 2.214 dargestellt ist. Die Drücke können über Prozeßrechner oder über zentrale Betriebswertversteller geregelt werden.

Die Papiermaschine nach Bild 3.18 soll einen Papierstoff-Massenstrom

$$\dot{m}_\mathrm{s} = b\,v\,m_\mathrm{A} \tag{3.30}$$

liefern, dessen Endfeuchte und auch Breite b, Geschwindigkeit v sowie Flächendichte m_A

$$m_\mathrm{A} = \frac{m_\mathrm{A2}}{1 + X_2} \tag{3.31}$$

konstant bleiben. Mit m_A2 ist die Flächendichte und mit X_2 das Feuchte/Papierstoff-Massenverhältnis des Papiers am Meßpunkt bezeichnet. Der Stoffstrom ist beim Eintritt in den Trockner mit dem Feuchtestrom $X_1 \cdot \dot{m}_\mathrm{s}$ und am Austritt mit dem Feuchtestrom $X_2 \cdot \dot{m}_\mathrm{s}$ verschwistert. Bei wechselnder Anfangsfeuchte X_1 muß der Trockner also den wechselnden Feuchtestrom $\dot{m}_\mathrm{D} = \dot{m}_\mathrm{s} \cdot (X_1 - X_2)$ als Dampf abführen. Dazu braucht er einen ebenfalls wechselnden Energiestrom [446].

Wird in der Anlage der Stoffschieber h verstellt, so ändert sich sowohl m_A2 wie X_2. Auch Stelleingriffe an den Dampfventilen der Zylinder wirken sich zugleich auf die beiden Größen aus, die durch den Herstellprozeß des Papiers miteinander verbunden sind. Die Papiermaschine ist ein sogenanntes *Mehrfachsystem*, das m_A und X_2 mit zwei Regelkreisen auf den Sollwerten zu halten hat. Jede Änderung im einen Kreis macht sich auch im anderen bemerkbar. Zum Beherrschen der Papiergeschwindigkeit v ist ein drittes Regelsystem erforderlich (s. w. h.).

Die wechselseitige Abhängigkeit ist unerwünscht; man sucht sie mit Hilfe von Rechnern aufzuheben. Werden zu einem bestimmten Zeitpunkt am Ende des Trockners die Flächendichte m_A2' und die Feuchte X_2' gemessen, so beträgt die augenblickliche Papierstoff-Flächendichte an dieser Stelle $m_\mathrm{A}' = m_\mathrm{A2}'/(1 + X_2')$.

Finden nun ein Rechner und ein Regler, daß dieses m_A' vom Sollwert m_A abweicht, so können sie durch einen der Differenz $(m_\mathrm{A}' - m_\mathrm{A})$ entsprechenden Stellbefehl an den Stoffregulierschieber dafür sorgen, daß alsbald wieder Übereinstimmung herrscht. Gleichzeitig kann ein Rechner ermitteln, wie und wann die Dampfdruckregelungen an den Zylindergruppen zu verstellen sind, damit X_2' trotz des Eingriffs am Stoffregulierschieber unverändert bleibt; er gibt alsdann das entsprechende Stellsignal. Hatte auch X_2' zum Meßzeitpunkt nicht den Sollwert, so hat dies der Rechner mit zu berücksichtigen. Die Koppelung der Feuchteregelung an die Flächendichteregelung wird aufgehoben, indem das Stellsignal für den Stoffregulierschieber bei der Feuchteregelung mitverarbeitet wird [447, 448].

Da der Feuchtefühler hinter dem Trockner sitzt, so kann der Feuchteregler bei Störungen immer nur „nachträglich" eingreifen — selbst eine schnellaufende Papiermaschine liefert ihm die Signale mit etwa 2 Minuten Zeitverlust. Infolgedessen kann er auch nur Störungen ausgleichen, die in mehr als etwa 10 Minuten Zeitabstand aufeinander folgen. Die höherfrequenten Störungen entstehen meistens in der Naßpartie der Anlage durch zufällige Veränderungen des Mahlgrades

des Papierstoffes, des pH-Wertes oder der Konsistenz der Fasersuspension, oder sie rühren von Pulsationen im Stoffauflaufsystem oder im Vakuumsystem der Saugkästen unter den Sieben her; sie müssen durch besondere Maßnahmen bekämpft werden. Sofern die Störgrößen meßbar sind, lassen sie sich ausregeln, bevor sie in das Hauptregelsystem gelangen (s. w. v.).

Außer den Feuchteschwankungen im Längsprofil der Papierbahn sind diejenigen im Querprofil auszubügeln. Schon die Regelungsmaßnahmen für das Längsprofil sind nur sinnvoll, wenn sie von Durchschnittswerten der Gutsfeuchte in Querrichtung ausgehen können. Die Querunterschiede werden durch ein Meßgerät erfaßt, das ständig über der Gutsbahn hin- und hergeht und Meßwerte liest; ein Rechner bildet aus diesen Werten den Durchschnitt. Zum Korrigieren des Querprofils kann z.B. eine Vorrichtung an der Auslaufdüse des Stoffauflaufes dienen, die eine biegsame Lippe am Düsenmund nach den Erfordernissen einstellt. Ferner gibt es Anordnungen, die gestatten, die Längsstreifen der Bahn unterschiedlich schnell zu trocknen. Zum Beispiel dienen quer unterteilte Blashauben und Filzblaswalzen diesem Zweck (siehe die Abschn. 2.3.2.2.3 und 2.3.6.2.4). Benutzt werden ferner elektrisch beheizte Trocknungszylinder, deren Oberflächentemperaturen in Querrichtung der Bahn durch ein Steuergerät oder einen Computer variiert werden können.

3.5.2.2. Zugspannungs- und Gleichlaufregelung

In vielen Anlagen der Textil-, Zellstoff- und Papier-Industrie sind mehrere Maschinen zu Fertigungsstraßen vereinigt und fördern das Gut als endloses Band oder als Fadenschar gemeinsam über zahlreiche Walzen. Dabei kann die Gutsbahn nur selten wie ein Riemen größere Kräfte übertragen, ohne Schaden zu leiden. Vielmehr darf sie nirgends zwischen den Walzen unzulässig gestreckt werden oder durchhängen. Das macht es nötig, die Antriebsdrehzahlen der Walzen — und damit die Umfangsgeschwindigkeiten — aufeinander abzustimmen.

Verkürzt oder längt sich die Bahn beim Laufen durch die Anlage nicht, so können alle Walzen gleiche Umfangsgeschwindigkeit haben. Hingegen sind unterschiedliche, aber stets im gleichen Verhältnis zueinander stehende Umfangsgeschwindigkeiten der Walzen zu wählen, wenn die Bahn ihre Länge zwischen bestimmten Walzen immer um den gleichen Prozentsatz ändert. Viele Bahnen jedoch gelangen mit wechselnden Eigenschaften zum Trockner, und für sie müssen die Umfangsgeschwindigkeiten der Walzen evtl. automatisch immer von neuem gegeneinander verstellt werden. Nur sehr langsam laufende Maschinen, z.B. solche für dicke Zellstoff- oder Holzschliffbahnen, und Maschinen für feste Bahnen, lassen evtl. Handsteuerung zu.

Eine zweite Forderung kann sein, die absolute Laufgeschwindigkeit der Bahn an einer bestimmten Stelle stets gleich zu halten, in Papiermaschinen z.B. meistens auf $\pm 0{,}2\%$ des Sollwertes.

Die Zugkräfte, die durch ungünstig laufende Walzen auf die Gutsbahn ausgeübt werden, und die Dehnungen, die sie bewirken, verschlechtern die Eigenschaften des Gutes unter Umständen beträchtlich. Die Zugfestigkeit und die Bruchdehnung des Fertiggutes können leiden, überstreckte Webketten, die aus Schlichtmaschinen laufen (Abschn. 2.3.2.2.3) verschulden in den Webstühlen Fadenbrüche, in Papiermaschinen steigern die Zugkräfte die Anisotropie des

Gutes, und wenn das Papier infolge übermäßigen Zuges öfter reißt, so mindert das die Produktion der Anlagen beträchtlich.

Nötig ist, die zulässige Beanspruchung des Gutes an den verschiedenen Stellen der Maschine zu kennen und zu wissen, wie sich die wirklichen Beanspruchungen auf die Qualität des fertigen Gutes auswirken. In Papiermaschinen z.B. hat das feuchte Gut besonders wenig Festigkeit, und es kann da, wo es am stärksten schrumpfen möchte, durch übermäßigen Zug erheblich geschädigt werden. Man hält die Zugkräfte längs dieser Strecken daher möglichst schwach, was erfordert, daß die Drehzahl-Differenzen benachbarter Walzen in schnellaufenden Papiermaschinen z.B. auf $\pm 0{,}1\,\%$ genau eingestellt werden müssen [449].

Bestimmen die Dehnungen, die das Gut erleidet, seine Endqualität, so ist es zweckmäßig, sie zu messen und als Regelgröße zum Einstellen der Walzendrehzahlen zu benutzen. Tatsächlich sind manche Anlagen mit Dehnungsmeßgeräten ausgestattet, die meisten aber stimmen den Walzenlauf über Hilfsgrößen, die dem regeltechnischen Zugriff besser zugänglich sind, aufeinander ab.

An Hand des Bildes 3.19 sei die regeltechnische Aufgabe in ihrer einfachsten Form betrachtet. Von den oft zahlreichen hintereinander geschalteten Walzen (in Wirklichkeit oft Walzengruppen) sollen die beiden dargestellten das Gut weiterfördern, ohne es zu dehnen oder durchhängen zu lassen. Die Umfangsgeschwindigkeit der Walze a ist die Führungsgröße, diejenige der Walze b die Regelgröße. Zum Antreiben der Walzen dienen Gleichstrom-Nebenschlußmotore. Ein nicht gezeichneter Regler korrigiert mittels des elektrischen Widerstandes g das Feld der Nebenschlußwicklung f des Motors d und damit die Drehzahl dieses Motors, sobald das Verhältnis der Umfangsgeschwindigkeiten der Walzen a und b vom gewünschten abweicht. Die Walze b kann ihrerseits als Sollwertgeberin für eine dritte wirken.

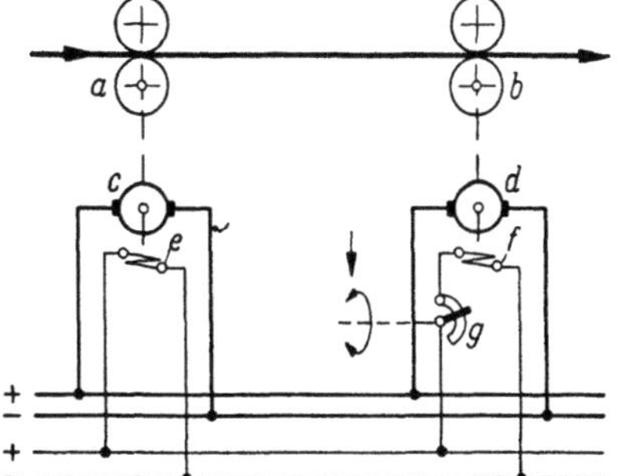

Bild 3.19. Schema einer Zugspannungs- oder Gleichlaufregelung.
a, b hintereinander angeordnete Walzen;
c, d Gleichstromnebenschlußmotore, Läufer;
e, f Nebenschlußwicklungen der Motore;
g Regulierwiderstand.

Einige Regeleinrichtungen der Textilindustrie sind auf Bild 3.20 schematisch dargestellt; sie überwachen sowohl die Drehzahlen der Walzen wie die Zugkräfte im Gut.

Im „Kompensator" (Skizze a) wird eine gewisse Menge des Gutes zwischen den ortsfesten Umlenkrollen c und d gespeichert; es bildet eine Schleife, in der die Tänzerwalze e liegt. Diese ist seitlich geführt, kann sich aber in vertikaler Richtung frei bewegen. Weicht die Umfangsgeschwindigkeit der Walze a von derjenigen der Walze b ab, so bewegt sich die Tänzerwalze e nach oben oder unten und verdreht mit Hilfe eines Kettentriebes f die Verstellspindel des Getriebes, das der

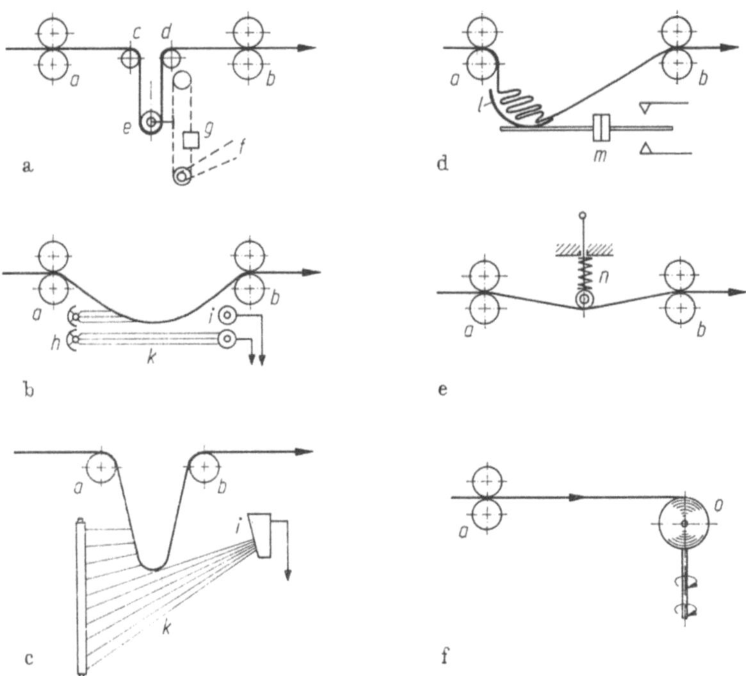

Bild 3.20. Gleichlauf-Regelanordnungen der Textilindustrie.
a) Abtasten des Durchhangs der Bahn mit einer Tänzerwalze; b) Abtasten des Durchhangs mit
Lichtschranken; c) Abtasten des Durchhangs mit einem Lichtstrom; d) Ermitteln des Guts-
gewichts in einem Zwische nspeicher; e) Ermitteln der Zugkraft in der Gutsbahn mittels Fühlwalze; f) Ermitteln des Drehmomentes am Wickler.
a, b hintereinander angeordnete Förderwalzen; c, d Umlenkrollen; e Tänzerwalze; f Ketten-
trieb; g Gegengewicht; h Lichtquelle; i Photozelle; k Lichtstrahl; l Rutsche; m Waage;
n federbelastete Fühlwalze; o Gutswickel.

Walze b die Drehbewegung erteilt. Die Tänzerwalze korrigiert damit die Geschwindigkeit der Walze b. Ein Gegengewicht g, das die Tänzerwalze fast in Schwebe hält,
mindert die Belastung der Ware; es verstärkt allerdings auch die Kraft, die bei
einer Änderung der Geschwindigkeit infolge der Massenträgheit der Walze auf
das Gut wirkt.

Darf die Ware nur äußerst geringen Zug erfahren (ein Gewirke z. B.), oder
darf sie ihrer Eigenart wegen nur an der einen Seite berührt werden (Wachstuch,
beschichtete Stoffbahn), so kommt die photoelektrische Durchhangregelung in
Betracht (Skizze b). Das Fühlorgan reagiert dabei nur auf Licht und Schatten.
Wenn der Durchhang des Gutes zwischen zwei Grenzlagen schwanken darf, dann
genügt hierbei die einfache Zweipunktregelung. Es gibt aber auch stetige, nicht
pendelnde Regelungen, die einen breiten, beispielsweise von einer Leuchtstoff-
röhre ausgehenden Lichtstrom benutzen, der auf dem Weg zur Photozelle um so
mehr geschwächt wird, je weiter die Gutsschleife den Strom verdeckt (Skizze c).

In der Einrichtung nach Skizze d läuft das Gut durch einen Zwischenspeicher
und drückt dabei mit wechselnder Gewichtskraft auf eine Waage, wenn die Umfangsgeschwindigkeiten der Rollen a und b nicht mehr in Einklang miteinander

sind. Manchmal kann die Gleichlaufregelung von der Zugkraft in der Warenbahn hergeleitet werden (Skizze e) oder von dem Drehmoment und dem Wickelradius an einer Aufwickelvorrichtung (Skizze f).

Gutsbahnen, die genügend fest sind, werden in manchen Trocknern über Rollen mit nachgiebigen Antriebsorganen geführt. Bekannt sind einstellbare Rutschkupplungen zwischen den treibenden Organen und den Rollen, die verhindern, daß die Bahn unzulässig gespannt wird. Trockner mit Relaxantrieb haben Rillenscheiben auf den Rollenzapfen und treiben die Rollen über endlos umlaufende Spiralfedern und Gegenscheiben an. Das ziehende Trum der Federn dehnt sich jeweils, das zurücklaufende entspannt sich. Dabei legen sich die Spiralgänge auf die eine Rolle dichter als auf die Gegenrolle, und dadurch laufen die Rollen unterschiedlich schnell. Der Drehzahlunterschied richtet sich nach der Kraft, mit der die Gutsbahn am Rollenumfang zieht.

In Papiermaschinen lassen sich Tänzerwalzen oder dgl. nicht verwenden. Gemessen und geregelt werden hier nur die Drehzahlen der Motore zum Antrieb der Zylinder-Arbeitsgruppen, wie in der Anlage nach Bild 3.21. Die Gleichstrommotore b, deren Anker von einem gemeinsamen Leonard-Generator gespeist werden, treiben die Zylinder c an; ihre Drehzahl wird von den Reglern d überwacht. Als Sollwertgeberin für die Drehzahl dient im dargestellten Fall die mechanische Welle f, die der Leitmotor e antreibt. Solange die abzweigende Welle g und der Motor b gleiche Drehzahlen haben, bleibt die Welle i des Differentials k in Ruhe. Beim geringsten Unterschied der Drehzahlen jedoch dreht sich die Welle i in der einen oder anderen Richtung und veranlaßt eine entsprechende Änderung der Umfangsgeschwindigkeit des Zylinders c. Mittels der Sollwertsteller l lassen sich die Umfangsgeschwindigkeiten der Zylinder in ein konstantes Verhältnis bringen, bei dem die Zugkraft in der Papierbahn den gewünschten Betrag hat.

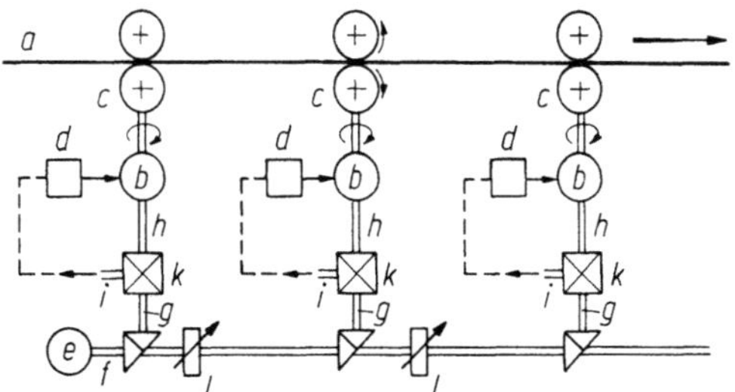

Bild 3.21. Gleichlaufregelung der Zylinder einer Papiermaschine bei integraler Meßwerterfassung (schematisch).
a Papierbahn; b Motor; c Zylinder; d Regler; e Leitmotor; f Leitwelle; g, h, i Wellen; k Differential; l Sollwertsteller.

Außer mechanischen Differentialen gibt es elektrisch-mechanische verschiedener Art; sie alle vergleichen, streng genommen, kreisförmige Wege eingebauter Maschinenteile miteinander und stellen in bezug auf die Geschwindigkeiten integral wirkende Meßsysteme dar. Sie veranlassen über den Regler, daß Wegunterschiede, selbst solche, die von kleinsten Geschwindigkeitsunterschieden herrühren, nach einiger Zeit wieder verschwinden. Für schnellaufende Maschinen mit großen unter schiedlichen Schwungmassen benachbarter Arbeitsgruppen ist die integrale Meßwerterfassung allein jedoch ungeeignet.

Als proportional wirkende Meßwerte sind Tachometergeneratoren in Gebrauch, die je nach den Winkelgeschwindigkeiten der Wellen, mit denen sie verbunden sind, unterschiedlich hohe elektrische Gleichspannungen erzeugen. Über den Spannungsunterschied, den ein solcher Generator gegenüber einer Sollspannung hervorbringt, läßt sich die Drehzahl eines Antriebsmotors durch Feldschwächung sehr schnell regeln, wobei allerdings eine gewisse Regelabweichung verbleiben muß (s. Abschn. 3.5.2.1).

In Anlagen mit kombinierten Meßwerken sind die Vorteile der proportionalen und der integralen Meßwerterfassung vereinigt.

3.6. Störende Nebenerscheinungen in Troknern

3.6.1. Ansätze auf Bauteilen

Auf den Gutsträgern, Heizkörpern und in den Luftkanälen mancher Trockner bilden sich Stoffansätze, die in den Anlagen leistungsmindernd wirken, die oft auch den Betrieb stören und die Gutsqualität verringern. Es kann sich um Staubschichten, weiche Schmutzschichten oder um feste Krusten handeln. Insbesondere feuchte und pulverige Stoffe haben die Neigung, sich auf Bauteilen anzusetzen.

Beläge entstehen, wenn Teilchen haftfähiger Stoffe durch die Gewichts- oder Zentrifugalkraft, durch Prall, Druck oder auf sonstige Weise an eine Berandung geraten, dort festgehalten und evtl. so verformt werden, daß eine Fläche innigen Kontaktes entsteht. Die danach wirkenden Haft- oder Bindekräfte hängen von der Art, dem Zustand und der Oberflächenbeschaffenheit der Haftpartner ab.

Feuchtes Gut kann in einer Horde so festbacken, daß es nur durch erhebliche Kräfte abzulösen ist, ja manchmal muß es nach dem Trocknen von der Unterlage weggescharrt werden.

In der Vielzahl der zum Ansatz neigenden Stoffe lassen sich folgende Gruppen unterscheiden [450]:

Gruppe A: Stoffe mit niedrigem Schmelz- oder Erweichungspunkt: manche Thermoplaste, organische Farbstoffe, Insektizide, Traubenzucker. Sie schmelzen an der Oberfläche schon, wenn sie nur wenig erwärmt werden und verschweißen dann mit der Wand. Durch Niedrighalten der Guts- oder Wandtemperatur kann man solche Ansätze verhindern.

Gruppe B: Stoffe mit einem flüssigen oder schmelzenden Bestandteil, der beim Erwärmen austritt, z.B. ölhaltige Pflanzenteile. Hier besorgt der austretende fließfähige Anteil die Bindung, ähnlich wie bei den Stoffen der Gruppe A.

Gruppe C: Stoffe, die aus sehr kleinen Primärteilchen bestehen (unter 1 µm), wie Ruß, Mennige und dgl. Sie haben eine relativ große Oberfläche und haften infolge der Wechselwirkungen zwischen den Molekülen des Stoffes und denen der Oberfläche (van-der-Waals-Kräfte).

Gruppe D: Feuchte Stoffe, deren Anhaften durch eine äußere, oft nur sehr dünne Wasserhaut vermittelt wird. Ein Teil des Wassers bildet in den Zwickeln zwischen den Teilchen und der Wand eine Brücke und verbindet die Haftpartner durch Kapillarkräfte. Erhöhte Temperatur schwächt diese Bindung. Verdampft der Wasserfilm, so trennen sich die Stoffe, es sei denn, daß gelöste Stoffe auskristallisieren und Salzbrücken bilden oder daß die Haftpartner auf andere Art verbunden bleiben.

Gruppe E: Stoffe mit Neigung zu elektrischer Aufladung (s. Abschn. 3.6.2) [451].

Gruppe F: Aus faserigen, blättchenförmigen und sperrigen Teilchen bestehende Stoffe. Die Teilchen haken sich infolge ihrer Form an den Bauteilen der Trockner fest.

Bei den Stoffen A bis E nimmt die Ansatzneigung mit der Kornfeinheit zu. Oft sind die feinen Teilchen unter 5 μm überhaupt für die Ansatzbildung, z.B. in durchströmten Kanälen, verantwortlich.

Krusten. Aus flüssiger Phase entstehen Krusten, wenn gelöste Stoffe auskristallisieren, wenn Flüssigkeit erstarrt oder chemisch mit der Wand reagiert.

Gelöste Stoffe kristallisieren aus, wenn die Lösung die Sättigungsgrenze überschreitet, sei es, weil Flüssigkeit verdampft, sei es, weil sich die Temperatur ändert. Als treibende Kraft wirkt die Übersättigung. Zu starken Verkrustungen geben insbesondere Stoffe Anlaß, deren Löslichkeit mit steigender Temperatur abnimmt, wie $CaCO_3$, $CaSO_4$ und Na_2SO_4. Als Startpunkte der Kristallisation wirken energetisch bevorzugte Stellen — z.B. Kanten und Spitzen der begrenzenden Wand —. Daher entstehen an polierten Oberflächen weniger Krusten als an rauhen und unbearbeiteten; am saubersten bleiben elektrolytisch polierte Flächen. Angehäuft zu finden sind aktive Stellen an Schweißnähten und Riefen sowie an Korrosionsstellen. Auch Verdampfungsoberflächen verkrusten leicht. Indirekten Einfluß auf das Verkrusten hat ferner die Strömungsgeschwindigkeit der Lösung, da sie den Wärmeübergang an der Wand und die Wandtemperatur sowie das Haften der Kristalle mitbestimmt [452, 453].

Staubansätze. Solche entstehen oft in Kanälen, durch die staubhaltige Luft strömt. Ein wandberührendes Staubteilchen ist dort einerseits den van-der-Waals-Kräften und evtl. der Bindung durch elektrostatische Überschußladungen und Wasserbrücken ausgesetzt, andererseits suchen aerodynamische Kräfte es fortzuschleppen. Die Haftkräfte hängen vom Material der Haftpartner, von der Oberflächenbeschaffenheit der Wand, von der Form und Größe der Staubteilchen sowie vom Feuchtegehalt der Teilchen und der Luft ab.

Unmittelbar an der Wand ruht die Luft und gibt den feinsten Staubteilchen Gelegenheit, eine Grundschicht zu bilden. Auf dieser Schicht bleiben auch größere Teilchen haften, wodurch die Schichtdicke anwächst. Aber je größer ein Teilchen ist und je weiter es in die Strömungsgrenzschicht oder gar in den Kern der Strömung hineinragt, desto stärker sucht die Luft es mitzureißen.

Die Dicke der Strömungsgrenzschicht nimmt mit steigender Durchschnittsgeschwindigkeit w_L der Luft ab; dagegen wachsen die Grenzschichtgeschwindigkeit und die Schleppkraft der Luft mit w_L an. Deshalb bilden sich in schnell durchströmten Kanälen nur dünne Staubschichten. Überschreitet w_L einen „kritischen" Wert, so reißt die Luft sogar alle Teilchen, auch die feinsten, von der Wand weg.

Aus dem Gesagten erhellt, daß Staubansätze vornehmlich an Stellen geringer Luftgeschwindigkeit und in „Totgebieten" von Kanalerweiterungen und Umlenkungen entstehen. Sie erfüllen nicht selten die Gebiete ungesunder Strömung vollkommen. Besonders ansatzgefährdet sind auch horizontale oder schwach geneigte Kanalböden. Von senkrechten oder überhängenden Wänden fällt der Belag nach Erreichen einer gewissen Dicke oft ab.

Zu verhüten sind Staubansätze, indem die Wände glatt gehalten, Toträume und scharfe Umlenkungen vermieden und elektrostatische Aufladungen verringert werden (s.w.h.).

3.6.2. Elektrostatische Aufladung

Jeder elektrisch neutrale Körper enthält bewegliche positive und ebenso viele negative Ladungsträger, die in seinem Volumen verteilt sind und die ihn als Ganzen elektrisch ungeladen erscheinen lassen. Berührt ein solcher Körper einen gleichfalls neutralen, jedoch anders beschaffenen, so gehen Elektronen über, wobei der eine Körper an Elektronen reicher und der andere ärmer wird, so daß die Körper nach schnellem Trennen unterschiedliche Ladungen tragen. In der Regel bekommt der Körper mit der niedrigen Dielektrizitätszahl die negative Ladung. Die Höhe des Ladungsüberschusses hängt von den DK-Zahlen der beiden Stoffe ab; am stärksten laden sich Stoffe mit niedriger DK-Zahl auf. Mitbestimmend für den Überschuß sind aber: die Oberflächenbeschaffenheit der Körper, die Luftschicht, die an der Oberfläche adsorbiert ist, sowie die eventuell anhängende Flüssigkeits- oder Feststoffschicht sowie die Intensität und die Dauer des Kontaktes. Reibung der Körper aneinander verbessert den Kontakt.

Man beobachtet „elektrostatische Aufladung" z.B., wenn Textil-, Gummi- oder Kunststoffbahnen von Walzen ablaufen, wenn Papierbogen vom Stapel abgehoben werden, wenn rieselnde Gutsteilchen aneinander reiben, wenn fliegende Teilchen gegeneinander oder gegen Wände prallen und zurückfliegen, wenn Stoffe gemahlen oder zerstäubt werden.

In einem Förderluftstrom, in dem Feststoffteilchen nur untereinander Kontakt bekommen, entstehen beim Trennen sowohl positive wie negative Überschußladungen (bipolare Aufladung). An elektrisch leitenden Wänden dagegen können in den Teilchen nur Ladungen einerlei Art erregt werden (unipolare Aufladung). Beim Verarbeiten feinteiliger organischer Stoffe nimmt die Aufladung in der Reihenfolge Sieben, Schütten, Mahlen, Mikronisieren zu. Sobald sich leitfähige Körper von anderen trennen, verschwinden ihre Ladungen sofort, wogegen die Ladungen von Nichtleitern (wie die bestimmter Kunststoffe) nur langsam entweichen, es sei denn, die Körper seien an der Oberfläche feucht oder leitend gemacht. Voraussetzung für das Abfließen der Ladungen ist aber in jedem Fall, daß die Körper geerdet oder von ionisierter Luft umgeben sind. Die größte Aufladung, die ein ungeerdeter Gegenstand erreichen kann, wird von der sog. Durchbruchsfeldstärke der umgebenden Luft begrenzt.

In den Bereichen der Trocknungsanlagen, in denen sich (fast) trockenes Gut oder Staub befinden, wirken die elektrostatischen Aufladungen oft störend oder bringen Gefahren. Durch sie können Oberflächen verstauben, Feinteilchen agglomerieren, Förderleitungen und Behälteraulässe verstopfen, elektrische Funken erzeugt werden.

Gefahren bergen insbesondere die elektrostatischen Aufladungen an bewegten Anlageteilen (an Stoffbahnen, und Riemen, die von Rollen ablaufen), in deren Nähe sich brennbare disperse Stoffe befinden. Sie können Entladungsfunken erzeugen und die Stoffe entzünden. Erhöhte Zündgefahr droht in Gemischströmen aus brennbaren Gasen und Stäuben. Funken können ferner an isolierten Metall gegenständen entstehen, die von bewegten Staubteilchen durch Kontakt oder Influenz aufgeladen werden.

Schäden durch elektrostatische Aufladungen lassen sich durch folgende Maßnahmen verhindern [454, 455]:

Geladene metallische Bauteile werden sicher und dauerhaft geerdet.

Von nichtleitenden Gutsbahnen werden die elektrischen Ladungen mit Hilfe geerdeter Spitzenkämme entfernt und zur Erde geleitet.

Oft allerdings genügt Erdung allein nicht. Wo es angeht, befeuchtet man das Gut in solchen Fällen ein wenig mit Wasser oder man versieht es mit einem flüssigen Antistatikum, das seine Oberfläche leitend macht. In Gebrauch sind auch Antistatika, die den Stoffen von vornherein beigemischt werden und die sowohl die Polarisierbarkeit der Stoffe verringern wie die Leitfähigkeit erhöhen [456, 457].

In Luft mit mehr als 65% relativer Feuchte entstehen meistens nur schwache Aufladungen. Mit Luft-Ionisiereinrichtungen (Induktions-, Hochspannungs- oder radioaktive Stoffe verwendenden Systemen) läßt sich die Luft leitfähiger machen, so daß bipolar geladene Körper ihre Ladungen durch sie hindurch ausgleichen.

3.6.3. Entzündungen, Brände, Explosionen

3.6.3.1. Ursachen und Begriffe

In Trocknern können Gefahren entstehen, wenn brennbare Stoffe getrocknet oder zum Heizen benutzt werden.

Brände. Ein Stoff brennt, wenn er mit Sauerstoff einigermaßen schnell reagiert, wobei Wärme frei wird. Aus vielen Stoffen entstehen dabei gasförmige Zwischenprodukte, die sich erst ihrerseits mit dem Sauerstoff verbinden.

Hier sei allein von Bränden des Trocknungsgutes und von Lösungsmitteldämpfen mit dem Sauerstoff der Luft die Rede.

Zündung ist der Punkt im Ablauf der Oxydation eines Stoffes, an dem erstmalig Glut oder eine Flamme zu erkennen ist [454]. Damit sich der Stoff entzündet, muß er Energie von außen zugeführt bekommen — Fremdzündung —, oder er muß mit dem Sauerstoff zusammen Energie frei machen — Selbstzündung. Als Energiequellen für die Fremdzündung können wirken:

Flammen   z.B. von Zündhölzern und offenen Feuerungen,
heiße Gase   z.B. von Feuerungen oder Verbrennungskraftmaschinen,
heiße Körper   z.B. Heizkörper, Schweißperlen, glimmender Tabak,

Funken   z.B. Reib-, Schleif- und Schlagfunken, elektrische Schalt-
                            funken und Funken aus elektrostatischen Aufladun-
                            gen,
Strahlung   z.B. elektromagnetische Strahlung, insbesondere Tem-
                            peraturstrahlung,
selbstentzündliche Stoffe z.B. solche, die infolge chemischer Veränderung oder
                            durch Tätigkeit von Bakterien Wärme abgeben.

Die Zündquelle muß dem Stoff die sog. *Mindestzündenergie* liefern; einmalige,
auch sehr heiße Funken z.B. genügen nicht, wenn sie energiearm sind. Für Gas-
Luft-Gemische sind Zündenergien in der Größenordnung von 0,01 bis 0,3 mJ,
für Staub-Luft-Gemische solche von 10 bis 100 mJ nötig.

Allgemein hängt die Entzünd- und Brennbarkeit eines Stoffes außer von seiner
Art erheblich davon ab, wie stark er aufgeteilt ist, genauer gesagt, wieviel äußere
und innere Oberfläche/Masse seine Teilchen haben und wie leicht der Sauerstoff
zu den Reaktionsstellen gelangen kann.

Holzbohlen zum Beispiel sind schwierig zu entzünden und brennen langsam,
Stücke von Anmachholz lassen sich leichter entzünden und brennen schneller,
feines Holzmehl ist sehr leicht zu entzünden und brennt verpuffungsartig. Stark
zerteilt sind die staubförmigen Stoffe, die Nebel und die Gase; sie lassen die Verbrennung sich schnell ausbreiten.

Allerdings kann ein ausgedehnter Brand nur entstehen, wenn die entzündeten
Teilchen so viel Energie an die Nachbarteilchen abgeben, daß auch diese sich entzünden. In einem homogenen Gemisch aus Brenngas oder Staub und Luft ist das
der Fall, wenn das Massenverhältnis der beiden Stoffe innerhalb gewisser Grenzen
liegt; außerhalb der Grenzen brennen nur die Teilchen ab, die sich im Bereich der
Zündquelle befinden.

Als untere *Zündgrenze* eines Gemisches aus entzündlichem Stoff und aus Luft
gilt diejenige Gemischzusammensetzung (bei Stäuben in g/m^3, bez. auf 0°C und
1 bar, bei Gasen in mol/mol), bei der das Brennbare des Gemisches den kleinsten
Anteil hat, der noch fortschreitende Zündung gestattet (Grenze zum Brennstoff-
mangel). An der oberen Zündgrenze hingegen hat das Brennbare den größten
Anteil, der noch Weiterzünden ermöglicht (Grenze zum Sauerstoffmangel).

Ein Staub-Luftgemisch ist selten homogen oder gleicht in jeder Hinsicht einem
anderen. Daher streuen die Angaben über die Zündgrenzen der Staub-Luft-
Gemische erheblich [458].

Pyrophore Stoffe brennen mit Luft auch ohne die Hilfe einer fremden Zündquelle schon bei Raumtemperatur; die anderen Stoffe brauchen erhöhte Temperatur.

Unter der *Zündtemperatur* eines dispersen Stoffes versteht man die niedrigste
Temperatur einer heißen Fläche, an welcher der Stoff, bei günstigstem Massenverhältnis zur Luft, sich noch entzündet. Die Zündtemperatur ist keine Stoffkon-
stante, sondern eine Größe, deren Wert von den Umständen der Energieübertragung abhängt.

Ruhend lagernder Staub, der auf einer heißen Fläche erhitzt wird, beginnt
von einer bestimmten Temperatur an langsam und meist ohne Flamme wie ein
poröser Festkörper zu brennen, d. h. zu glimmen. Als *Glimmtemperatur* solchen
Staubes gilt die niedrigste Temperatur einer frei angeordneten Fläche, bei der

eine auf der Fläche liegende Schicht von 5 mm Dicke gerade noch glimmen kann. Dickere Schichten entzünden sich schon bei niedrigeren Temperaturen [459].

Wird die Wärme allseitig zugeführt, so geraten viele Staubsorten als Ablagerungen schon bei 160 bis 200 °C, manche noch darunter, in Brand.

Feuchtigkeit hat keinen Einfluß auf die Glimmtemperatur, weil das Wasser verdampft, bevor der Staub brennt.

Oft wirken Glimmbrände als Zündquellen für Staub, der ungewollt aufgewirbelt oder absichtlich bewegt wird, wenn er zum Beispiel abrutscht oder fällt.

Eine *Explosion* ist eine so schnell ablaufende Verbrennung, daß die thermisch bedingte Ausdehnung der beteiligten Gase eine merk- oder meßbare Druckzunahme bewirkt.

Nach der Drucksteigerung erlahmt die Reaktion aus Mangel an Reaktionspartnern oder durch ein Zuviel an hemmenden Verbrennungsprodukten. Brenngase und Luft reagieren am stärksten, wenn sie ungefähr in stöchiometrischem Verhältnis miteinander gemischt sind. Bei Staub-Luft-Gemischen tritt die stärkste Wirkung bei zwei- bis dreimal so großem Verhältnis der Staub- zur Luftmasse auf. Der Staub verbrennt meistens nicht gänzlich, sondern hinterläßt Rückstände von gröberen Teilchen. Stäube, die keine Teilchen unter 10 µm enthalten, sind in der Regel nicht explosionsgefährlich.

Unter *Verpuffung* versteht man eine schwache Explosion.

Die Reaktionsprodukte von Gasen oder Stäuben und Luft, die anfänglich Atmosphärendruck haben, erreichen bei Explosionen in geschlossenen Räumen Druckzunahmen von max. 1 bis 12 bar. Allerdings halten die Wände und Decken der meisten „Normaldruck-Trockner" schon inneren Überdrücken, die weit geringer sind, nicht stand.

Der *Explosionsdruck* ist ein Maß für die freigesetzte Energie. Für die Reaktionsgeschwindigkeit kennzeichnend ist die „*maximale Druckanstiegsgeschwindigkeit*". Sie hängt von der Art und Zusammensetzung des explosiblen Gemisches, von der konstruktiven Beschaffenheit des Explosionsraumes, sowie von der Art der Zündquelle ab [460—462]. In betriebsgroßen Apparaten hat sie bei Brenngas-Luft-Gemischen meistens die Größenordnung 100 bis 600 bar/s, bei Staub-Luft-Gemischen Beträge zwischen 20 und 400 bar/s.

3.6.3.2. Sicherheitsmaßnahmen gegen Explosionen

Nach dem Gesagten kann eine Explosion nur zustande kommen, wenn zur gleichen Zeit am gleichen Ort
  eine genügende Menge dispersen brennbaren Stoffes,
  genügend viel Luft (Sauerstoff),
  eine genügend starke Zündquelle
vorhanden sind. Alle Maßnahmen zum Verhüten von Explosionen zielen darauf ab, wenigstens eine dieser Voraussetzungen zu beseitigen. Allerdings gelingt das nicht überall mit letzter Sicherheit, und deshalb ist oft eine Reihe von Sicherheitsmaßnahmen zu treffen [505, 506].

Die erste Voraussetzung ist gegeben, wo sich Gase, Dämpfe, Nebel oder Stäube, die mit Luft explosible Gemische bilden, in gefahrdrohender Menge ansammeln können.

In Trocknungsanlagen hauptsächlich gefährdet sind
 die Räume, in die brennbares, disperses Gut oder brennbare Dämpfe aus ihm
 gelangen, sei es erwünscht oder nicht,
 die Räume, die von Heizmittel-Luft-Gemischen erfüllt sind.

Die zweite Voraussetzung ist fast überall gegeben, wo Luftströme disperses Gut
berühren, tragen oder fördern, zum Beispiel in Fluidat-, Förderluft- und Sprühtrocknern.

Mit Zündquellen — der dritten Voraussetzung — ist stets zu rechnen. Es reicht
nicht aus, alle „erkennbaren" Zündquellen auszuschließen. Durch Mangel an
Information und menschlicher Voraussicht, durch Unachtsamkeiten und Versagen
bleiben andere Zündquellen unbeachtet, und durch Vorkommnisse der verschiedensten Art können zusätzliche Zündquellen entstehen.

Über die Sicherheitsmaßnahmen, die in einzelnen Industriezweigen von Behörden, Berufsgenossenschaften und anderen kompetenten Stellen vorgeschrieben
sind, unterrichtet das Sonderschrifttum [463—466]. Allgemeine Anleitungen gibt
die VDI-Richtlinie 2263 [454].

Man kann die Sicherheitsmaßnahmen in planerisch-konstruktive und in be-
riebliche einteilen [467].

3.6.3.2.1. Planerisch-konstruktive Maßnahmen

Das gesamte Herstellungsverfahren einschließlich der Trocknung wird so gewählt
und die Gesamtanlage sowie ihre Teile werden so gestaltet, daß die Gefahren auf
das unvermeidliche Maß beschränkt bleiben.

Von vornherein wählt man für staubförmiges oder für staubentwickelndes,
zündbares Gut kein Trocknungsverfahren, bei dem sehr heiße Feuergase oder gar
glühende Teilchen aus Feuerungen den getrockneten Staub berühren. Deshalb
müssen zum Beispiel feuergasbeheizte Gegenstrom-Drehrohrtrockner (Abschn.
2.3.6.2.9) in der Regel ausscheiden. Statt Brennstoffen benutzt man für die Trockner oft ungefährlichere Heizmittel: umlaufende Flüssigkeiten oder Niederdruckdampf.

Wo brennbarer Staub waagerechte oder bis zu 60° geneigte heiße Flächen
berührt, sollen die Temperaturen der unbeladen gedachten Flächen

a) bei Stäuben, deren Ablagerungen glimmen, mindestens 75 °C niedriger sein
   als die Glimmtemperatur der Stäube,
b) bei Stäuben, deren Ablagerungen (infolge Schmelzens, Verkrustens, Verkoh-
   lens) nicht glimmen, gleich oder niedriger als 2/3 der Zündtemperatur des
   jeweiligen Staub-Luft-Gemisches in °C sein.

An Flächen von mehr als 60° Neigung gegen die Waagerechte sowie an Flächen
mit geringerer Neigung, die wirksam von Staub freigehalten werden, darf die
Temperatur im Dauerbetrieb höchstens 2/3 der Zündtemperatur (°C) des Staub-
Luft-Gemisches betragen.

Anlagenteile mit höheren als den genannten Oberflächentemperaturen müssen
vor dem Hinzutreten brennbaren Staubes durch Kapselung, Abdecken, Fremd-
belüftung o.ä. geschützt werden.

Gefahren bringen ferner sogenannte Toträume, in denen sich Stäube ablagern
und erhitzen oder unverbrannte Gase sammeln können. In günstig gestalteten

Anlagen fehlen solche Räume oder werden automatisch entleert; solche Anlagen lassen sich auch leicht reinigen und an Gefahrenstellen überwachen.

Besondere Aufmerksamkeit ist Heizkörpern und Strahlern zu widmen, auf denen sich brennbare Stoffe absetzen können, ebenso den Stellen, wo Staub zwischen reibende oder sich drehende Flächen gelangen kann.

Anzuraten ist, die Temperatur an Gefahrenstellen mittels Meß-, Schreib- und Alarmgeräten laufend zu kontrollieren.

Wichtig ist ferner, das Entweichen brennbarer Stoffe in den Arbeitsraum zu verhindern, denn sie belästigen das Personal und bringen eine ständige Brand- und Explosionsgefahr. Deshalb sollten die Anlagen dicht gehalten werden. An gekapselten Apparaturen lassen sich die austretenden Stoffe wirksam erfassen. Abfüllstellen, an denen viel Staub aufgewirbelt wird, sind mit Absaugevorrichtungen zu versehen.

Kann eine Apparatur nicht luft- oder zumindest staubdicht gebaut werden, so betreibt man sie an den Öffnungen mit leichtem innerem Unterdruck, damit einströmende Luft den Austritt von Staub und Dämpfen verhindert. Das ist allerdings nicht statthaft, wenn der Prozeß im Inneren unter Schutzgas verlaufen muß (s.w.h.).

Druckstoßfeste Bauweise. Als radikale Sicherheitsmaßnahme ist das Ausstatten des Trockners mit einem „druckstoßfesten" Gehäuse anzusehen, d. h. mit einem Gehäuse, das einen Druckstoß in der vollen Stärke des maximalen Explosionsdruckes aushält, ohne aufzureißen [468]. Die Maßnahme ist technisch sehr aufwendig und in großen Anlagen, die stetig beschickt und entleert werden müssen, meistens nicht zu verwirklichen.

Druckentlastungseinrichtungen. Für versteifte Behälter geeignet erscheinen sogenannte „Druckentlastungsöffnungen", die die gefährliche Wirkung von Explosionen so begrenzen, daß in den Apparaten und in ihrer Umgebung kein verheerender Schaden entsteht. Man bildet die ohnehin nötigen Türen, Decken, Einfüllstutzen oder aber besondere Entlastungseinrichtungen so aus, daß sie in wenigen Millisekunden eine Öffnung nach außen freigeben, sobald der innere Überdruck eine gewisse Höhe — den innerhalb gewisser Grenzen wählbaren „Ansprechdruck" — überschreitet. Die Öffnungen sind ausreichend zu dimensionieren, damit die Verbrennungsprodukte früh und schnell entweichen können. Für die nötige Öffnungsgröße gibt es Berechnungsmöglichkeiten, die das Behältervolumen, den (durch die Entlastung reduzierten) maximalen Explosionsdruck und die Druckanstiegsgeschwindigkeit sowie den Ansprechdruck der Abschlußorgane berücksichtigen [461, 462, 469, 470]. Als besondere Abschlußorgane sind z. B. Berstscheiben (Reißscheiben, Platzmembranen) und Explosionsklappen geringer Masse in Gebrauch [571]. Die Entlastungsöffnungen sind nahe an den voraussichtlichen Explosionsstellen und so anzuordnen, daß die Druckwelle in eine Richtung entweicht, in der Personen und Gegenstände nicht gefährdet werden. Fangvorrichtungen verhindern das Wegfliegen der Abschlußorgane. Sicherzustellen ist auch, daß die austretenden Gase, Dämpfe und Stäube gefahrlos abziehen können (siehe Bild 2.118).

Außer den eigentlichen Trocknern sind die zugehörigen Rohrleitungen, Staubabscheider, Abfüllvorrichtungen und Fördergeräte mit Sicherheitseinrichtungen auszustatten.

Rohrleitungen sollten nach Möglichkeit gerade verlaufen und in unvermeidlichen Krümmern so ausgebildet sein, daß kein Staub liegenbleiben kann. Luft, die verhältnismäßig leichte (z.B. organische) Stäube mitschleppt, sollte mit etwa 20 m/s Geschwindigkeit durchströmen, schwere (z.B. Metall-)Stäube brauchen 25 bis 30 m/s Geschwindigkeit.

In Zentrifugalabscheidern für zündbare Stäube ist stets mit gefährlichen Staubkonzentrationen zu rechnen; sie brauchen daher Druckentlastungsflächen. Den Innenraum der noch mehr gefährdeten Taschenfilter sollte man durch Blechwände in kleinere Räume unterteilen [472]. Die Ventilatoren zum Bewegen der Luftströme ordnet man bevorzugt auf der Reinluftseite an; wenn das nicht möglich ist, sind die Ventilatorflügel und die Ansaugringe aus nicht funkenreißendem Material zu fertigen.

Besonders groß ist die Gefahr, daß in den Staubsammelbehältern zündbare Staub-Luft-Gemische sowie Zündnester entstehen. Hier sind geeignete Löscheinrichtungen vorzusehen (s.w.h.).

Viele Schadensfälle entstehen beim Anfahren von Anlagen dadurch, daß Lösungsmitteldämpfe oder aufgewirbelter Staub zufällig gezündet werden. Durch geeignete Verriegelungen ist zu erzwingen, daß beim Anfahren zuerst die Abluftventilatoren oder die Absaugeanlagen und erst dann, wenn diese voll in Betrieb sind, die Maschinen eingeschaltet werden. Beim Abschalten dürfen die Ventilatoren erst einige Zeit nach den Maschinen stillgesetzt werden.

Schutzgasabdeckung. Jede Explosion braucht Sauerstoff in unmittelbarer Nähe der brennbaren Stoffteilchen. Hält man den Sauerstoff fern, indem man die Luft aus dem Trocknungsraum entfernt oder durch inertes Gas ersetzt, so verschwindet die Explosionsgefahr. Bei der sogenannten „Schutzgasabdeckung" braucht man den Sauerstoff meistens nicht ganz fortzuschaffen, sondern nur mit dem „Schutzgas" zu verdünnen. Mit abnehmendem Sauerstoffgehalt der Mischung wächst die nötige Zündenergie, die Höchsttemperatur und der maximale Explosionsdruck sinken, und die Fortpflanzungsgeschwindigkeit der Flammen nimmt ab. Die phlegmatisierende Wirkung des Schutzgases macht sich in Staub-Luft-Gemischen bis herab zum „Grenzgehalt" an Sauerstoff immer stärker bemerkbar und hemmt die Fortzündung schließlich ganz.

Als Schutzgase benutzt man vor allem Stickstoff oder (das meistens wirksamere) Kohlendioxid sowie technisch anfallende Gemische, z.B. Verbrennungsgase, die evtl. auch Wasserdampf enthalten. Mit CO_2 als Schutzgas braucht der O_2-Gehalt des ganzen Gemisches, je nach Staubsorte, nur auf 8 bis 15 Vol.-% verringert zu werden; N_2 als Schutzgas erfordert, den O_2-Gehalt auf unter 6 bis 13% zu drücken.

Schutzgase muß man aus wirtschaftlichen Gründen im Kreislauf führen und mit den übrigen Gasen in den Trocknern gleichmäßig vermischen. Man kann sie also nur in geschlossenen Apparaturen anwenden. Die Dichtheit der Apparaturen muß außerdem überwacht und die Gaszusammensetzung kontrolliert werden, auch sind automatische Verriegelungen vorzusehen, die die Anlagen stillsetzen, wenn die Schutzgaszufuhr stockt.

In der Anlage nach Bild 3.22 dienen Verbrennungsgase sowohl als Energieträger, wie als Fördermittel und Explosionsschutz. Sie entstehen in der Brennkammer *a* als sauerstoffarmes Kohlendioxid/Stickstoff/Wasserdampf-Gemisch, durchziehen mit gekühlten rückkehrenden Gasen vermischt den Sprühtrockner *b*, den Zentrifugal-Gutsabscheider *c* und den Naßwäscher *d.* Dann werden sie vom Ventilator *e* angesaugt und teils in die Rückführleitung *f,* teils durch das Abgasrohr geblasen [468].

Verdünnung von Lösungsmitteldämpfen. Den Lösungsmitteldämpfen, die von lackierten Gegenständen entweichen, muß mindestens so viel Luft beigemischt werden, daß ihr Volumenanteil im Gemisch unter 0,8% bleibt.

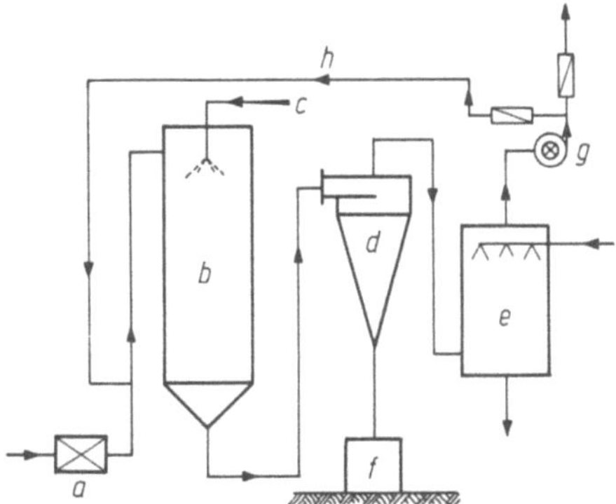

Bild 3.22. Mit sauerstoffarmen Verbrennungsgasen arbeitende Sprühtrocknungsanlage [568]. *a* Brennkammer; *b* Sprühtrockner; *c* Gutszufuhr; *d* Gutsabscheider (Zyklon); *e* Naßwäscher; *f* Trockengutbehälter; *g* Ventilator; *h* Gasrückführleitung.

Schutz vor Zündung durch elektrische Betriebsmittel. Elektrische Betriebsmittel können durch Funken hinreichender Energie (z.B. in Starkstromschaltern) sowohl Lösungsmitteldampf-Luft-Gemische wie Staub-Luft-Gemische und Staubablagerungen entzünden. Gefahren gehen außerdem von den heißen Oberflächen elektrischer Heizkörper und Strahler aus. Deshalb sind in den Anlagen nur explosionsgeschützte elektrische Betriebsmittel zugelassen, die in der Bundesrepublik Deutschland sowohl hinsichtlich der Ausführung wie des Unterbringungsortes die Vorschriften VDE 0165 erfüllen müssen [473, 474].

Brand- und Explosionsunterdrückung. Wenn trotz aller Sicherheitsmaßnahmen Zündgefahren nicht auszuschließen sind, so kann doch in vielen Fällen der Wirkungsbereich der Flammen und der Druckanstieg der Gase mittels Löscheinrichtungen eingeschränkt werden.

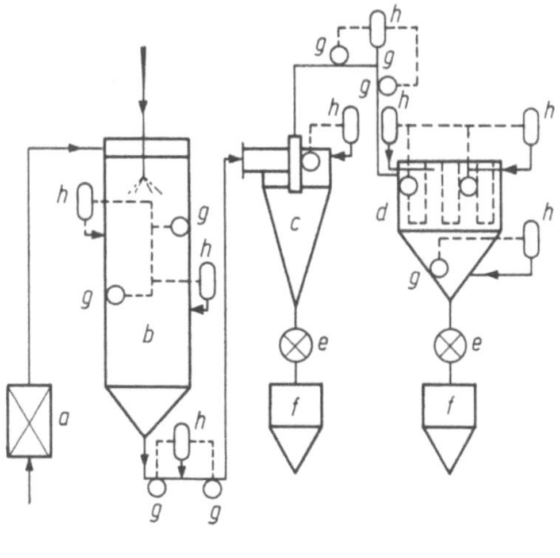

Bild 3.23. Schutzeinrichtungen zum Unterdrücken einer Explosion in einer Sprühtrocknungsanlage [468].
a Brennkammer; *b* Sprühtrockner; *c* Gutsabscheider (Zyklon); *d* Taschenfilter; *e* Zellenradschleuse; *f* Trockengutbehälter; *g* Detektor; *h* Löschflasche.

Ein ausgedehnter Brand in einer geschlossenen Apparatur läßt sich mit Schutzgas löschen. In offenen Anlagen kommen Schaum, Wasserschleier und feiner Sprühregen als Löschmittel in Betracht. Die Verteileinrichtungen für die Mittel können durch Temperatur- oder Rauchgasfühler automatisch in Betrieb gesetzt werden.

Entwickelt wurde auch ein Detektor, der schnellstens auf eine Druckwelle anspricht. Er veranlaßt über eine Sprengkapsel, daß ein Löschmittel unter Druck aus seinem Behälter tritt und sich im Explosionsraum verteilt. Als Löschmittel dienen flüssige oder pulverige Stoffe, die nach der Art des Trocknungsgutes zu wählen sind. Die Detektoren und die Löschmittelverteiler werden an den Stellen angeordnet, wo Explosionen am wahrscheinlichsten entstehen (Bild 3.23) [460—468].

3.6.3.2.2. Betriebliche Maßnahmen

Betriebe, die staubförmige, staubhaltige oder staubgebende Güter verarbeiten, sollten den ungewollten Staubanfall so klein wie möglich halten.

Wenn ein Betrieb dank sorgfältiger Planung so eingerichtet ist, daß die Gefahren auf das unvermeidliche Maß beschränkt sind, so bleiben der Betriebsführung noch die Sorge für das Dichthalten der Apparate, für das Reinhalten der Arbeitsräume und für das Verhüten von Staubablagerung und Zündung. Sie hat ferner geeignete Löschmittel bereitzustellen. Alle Sicherheitsmaßnahmen sind durch regelmäßige Kontrollen zu überwachen und eine durchdachte Betriebsanweisung hat das Personal zum richtigen Verhalten im Hinblick auf die Sicherheit anzuleiten.

4. Kosten der Trocknung

Trockner sind Teile von Produktionsanlagen, die wirtschaftlich vorteilhaft arbeiten sollen: sie sollen, im Verbund mit den übrigen Maschinen, Apparaten und Geräten der Gesamtanlagen, nur Kosten verursachen, die beim Verkauf der Produkte mit Gewinn wieder hereingeholt werden können. Im Einzelfall hängen die Kosten von der Art, der Menge und der Beschaffenheit der Ausgangsstoffe und des gewünschten Endproduktes, vom Preis- und Lohnniveau und von anderen Gegebenheiten ab. Da diese Faktoren örtlich verschieden und veränderlich sind, können hier keine festen Kostenangaben gemacht werden, vielmehr sollen die folgenden Hinweise den Anlageplanern nur helfen, die Kosten zu überschlagen und die Realisierungswürdigkeit und -möglichkeit der Investitionsvorhaben abzuschätzen.

Ausgangspunkt aller Kostenberechnungen ist die Leistungsfähigkeit und der apparative Umfang der geplanten Anlage. Die Leistungsfähigkeit wird meistens angegeben in kg/h zu entfernender Feuchte oder in kg Trockengut/h oder in Anzahl Gegenstände/h.

Zur Hauptausstattung einer trocknungstechnischen Anlage können gehören:

Trockner	Luft-Ent- und -Befeuchter
Beschickungsvorrichtung	Abluftreinigungsvorrichtung
Entnahmevorrichtung	Lösungsmittel- und Energie-
mechanische und pneumatische	Rückgewinnungseinrichtung
Fördergeräte	Ventilatoren und Pumpen.
Heizeinrichtung	

Die gewünschte Leistungsfähigkeit bestimmt die „Größe" einer Anlage. Diese ihrerseits ist durch Analogieüberlegungen beim Betrachten gleichartiger Anlagen, aus experimentellen Unterlagen oder auf theoretisch-rechnerischem Wege zu ermitteln (s. Abschn. 1.25). Als kennzeichnende Größen dienen die Fläche A_T, auf der das Gut beim Trocknen liegt, (Bezugsfläche) oder der Raum V_T, in dem es verteilt ist (Bezugsraum).

Nach den Bezugsgrößen richten sich die Hauptabmessungen des Trockners.

Von der gewünschten Leistungsfähigkeit hängen auch der Heiz- und der Antriebsenergiebedarf des Trockners (s. Abschn. 3.2 u. 3.3) sowie die „Größe" der nötigen Zusatzmaschinen und -geräte ab. Für den Personalbedarf ist hauptsächlich der Mechanisierungsgrad der Anlage (s. Abschn. 3.1) bestimmend.

4.1. Die Investitionskosten

Als Bezugspunkt der Kostenermittlung wird die apparative Hauptausrüstung der Anlage verwendet (Tab. 4.1) [475, 476]. Das setzt voraus, daß für die hauptsächlichen Maschinen informative Angebote, gültige Preislisten o.dgl. vorliegen, oder daß die Preise aus einer Datensammlung — erforderlichenfalls nach Umrechnen auf den akuten Fall — ermittelt werden können. Zum Umrechnen von einer auf eine andere Trocknergröße kann zum Beispiel ein doppeltlogarithmisches Diagramm dienen, das die Kosten in Abhängigkeit von der kennzeichnenden Größe darstellt (Bilder 4.1 und 4.2). Je kleiner ein Trockner ist, desto höher ist sein flächen- oder raumbezogener Preis (P_T/A_T bzw. P_T/V_T). Der bezogene Preis mancher Trocknerarten fällt stark, derjenige anderer nur schwach mit wachsendem A_T oder V_T. Verhältnismäßig billig sind die Trockner, in denen der Quotient „Energie- und Stoffübergangsfläche am Gut/umbauter Raum des Trockners" groß ist; vergleichsweise teuer sind die Trockner, die in relativ großem umbautem Raum nur wenig Gut (mit relativ kleiner Übertragungsfläche) behandeln können.

Trockner, deren Innenteile aus korrosionsbeständigen Stählen oder aus anderen teuren Werkstoffen bestehen, können bis zum Drei- und Mehrfachen der aus C-Stählen gebauten Trockner kosten.

Zum Vergleich von Preisen aus verschiedenen Jahren können Kostenindices dienen [477, 478], zum Beispiel solche des statistischen Bundesamtes.

Tabelle 4.1. Schätzen der Anlagekosten

Benennung	Zeichen	
Apparative Hauptausrüstung (unverpackt)	P_1	100 % von P_1
Verpackung, Fracht, Versicherung (dt. Inland)	P_2	2 bis 5 % von P_1
Seefracht, Zoll	P_2'	fallweise zu ermitteln
Montage der Apparate	P_3	4 bis 15 % von P_1
Dampf-, Kondensat-, Gas-, Abluftleitungen	P_4	3 bis 10 % von P_1
Montage der Leitungen	P_5	50 bis 150 % von P_4
Anstrich (Isolierung, soweit nicht unter P_1)	P_6	4 bis 8 % von P_1
Elektrotechnisches Material	P_7	8 bis 20 % von P_1
Montage der elektrischen Einrichtung	P_8	50 bis 60 % von P_7
Meß- und Regelgeräte	P_9	5 bis 20 % von P_1
Montagematerial für die vorgenannten Geräte	P_{10}	$\approx 20\%$ von P_9
Montage der vorgenannten Geräte	P_{11}	$\approx 45\%$ von P_9
Gebäude, Apparategerüste	P_{12}	30 bis 100 % von P_1
Baunebenkosten (Fundamente, Raumheizung, Be- und Entlüftung, sanitäre Installation und Ähnliches, jedoch nicht Geländekosten und Geländeerschließung)	P_{13}	5 bis 15 % von P_1
Direkte Anlagekosten	P_{14}	Summe P_1 bis P_{13}
Planung, Abwicklung	P_{15}	10 bis 20 % von P_{14}
Unvorhergesehenes	P_{16}	10 bis 15 % von P_{14}
Gesamte Anlagekosten	K_A	Summe P_{14} bis P_{16}

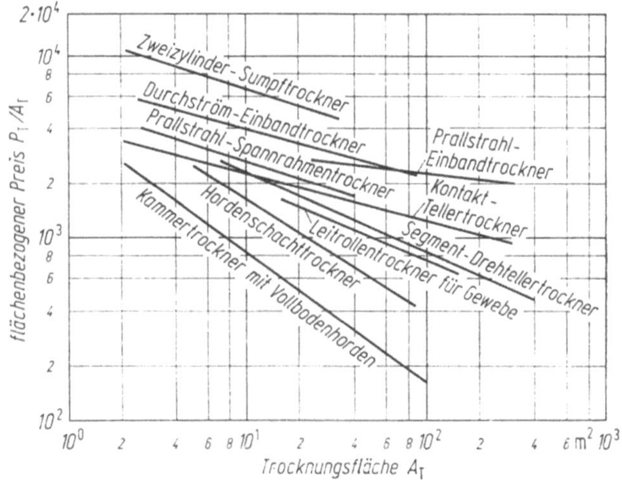

Bild 4.1. Flächenbezogene Preise einiger Trockner.

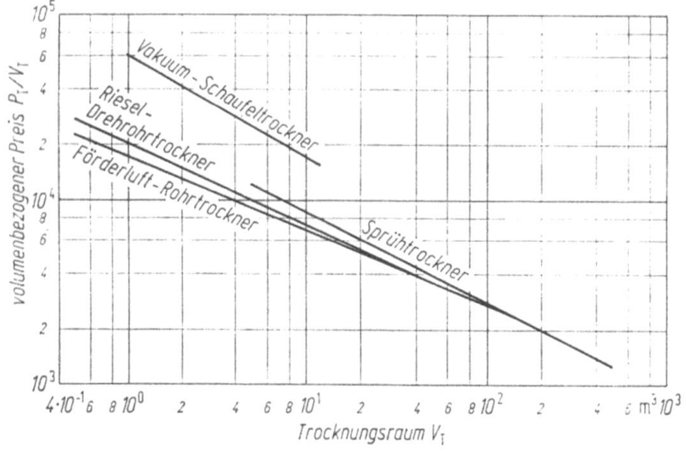

Bild 4.2. Volumenbezogene Preise einiger Trockner.

Die Hersteller von Maschinen geben die Preise in der Regel für „Lieferung unverpackt ab Werk" an. Die Verpackung für den Landtransport eines Trockners kann 1 bis 3 %, für den Seetransport 5 bis 7 % des Trocknerpreises kosten. Landfracht wird nach der Länge des Transportweges und dem Gewicht, Seefracht nach dem Weg und dem Volumen der verpackten Maschinen oder Teile berechnet.

Die Gesamtkosten einer Anlage betragen das 2- bis 4fache der Kosten der Hauptausrüstung, je nachdem, von welcher Art und Beschaffenheit im einzelnen die Anlage ist. Auch spielen örtliche Gegebenheiten eine Rolle.

4.2. Die laufenden Kosten

Diese setzen sich aus den sogenannten festen Kosten zusammen, die fortwährend entstehen, auch wenn die Anlage nicht produziert, und aus den beweglichen Kosten, die nur erwachsen, solange die Anlage in Betrieb ist.

1. Die Tabelle 4.2 nennt als ersten Posten die *Verzinsung des Kapitals*, das zum Beschaffen und Errichten der Anlage nötig ist. Für das Anschaffungskapital sind je nach den wirtschaftlichen und konjunkturellen Gegebenheiten in einem Land, je nach der Bonität des investierenden Unternehmens und je nach den staatlichen und anderen Beihilfen, die hier und da gewährt werden, jährlich 5 bis 10% Zins zu zahlen, in Sonderfällen auch mehr oder weniger.

2. Der Zeitraum zum Rückzahlen des geliehenen Kapitals wird in der Regel nach der wirtschaftlich günstigsten Nutzungsdauer der Produktionsanlage gewählt. Diese ist um so kürzer, je stärker die Anlage genutzt wird und je höher die

Tabelle 4.2. Laufende Kosten einer Trocknungsanlage, Berechnungsbeispiel

Benennung	Berechnungs-formel	Betrag DM/a im Beispiel
Feste Kosten		
Verzinsung des geliehenen Kapitals	$\dot{Z}i = K_A z_f/100$	68 600
Tilgung der Anschaffungskosten	$\dot{T}i = K_a r_t/100$	122 500
Vom Gebrauch der Anlage unabhängige Personal- und Verwaltungskosten		70 000
Vom Gebrauch der Anlage unabhängige Unterhaltungskosten		4 000
(Anteilige) Raumkosten		47 000
Summe der festen Kosten	$\dot{K}_f =$	312 100
Bewegliche Kosten		
Produktionsabhängige Personalkosten	$\dot{K}_P = n_P \dot{P}_P v_P$	192 000
Ausgaben für Heizenergie	$\dot{K}_H = m_H t_H P_H$	145 800
Ausgaben für Antriebsenergie	$\dot{K}_E = N_E t_E P_E$	44 500
Ausgaben für Hilfsmittel		900
Ausgaben für Bewegung und Lagerung des Gutes		—
Kosten durch Stoffverluste		—
Gebrauchsabhängige Unterhaltungskosten		20 000
Summe der beweglichen Kosten	$\dot{K}_b =$	403 200
Gesamtsumme	$\dot{K}_{f,b} =$	715 350

Berechnungsannahmen: In einem Prallstrahl-Spannkettentrockner mit 3,2 m Breite und 16,0 m Nutzlänge für Wirkwaren sollen stündlich 1 230 kg Wasser aus dem Gut entfernt werden. Es sei: $P_1 = 470\,000$ DM, $K_A = 980\,000$ DM, $z_f = 7\%$, $r_t = 12,5\%$, $n_P = 6$ Personen (3-Schichtbetrieb), $\dot{P}_P = 32\,000$ DM/(Person · a), $v_P = 1$, $t_H = t_E = 2700$ h/a, $\dot{m}_H = 2700$ kg Dampf/h, $N_E = 90$ kW, $P_H = 0,015$ DM/kg, $P_E = 0,11$ DM/kWh.

mit den Gebrauchsjahren wachsenden Instandhaltungskosten sind. Als günstig sieht man im allgemeinen die Dauer an, bei der die Summe der durchschnittlichen jährlichen Ausgaben für Zins, Rückzahlung und Instandhaltung der Anlage einen Tiefstwert erreicht. Aber der technische Fortschritt, der Wandel des Absatzmarktes und andere Umstände können es ratsam erscheinen lassen, eine Anlage schon vor dem Ende dieser Zeitspanne durch eine neue zu ersetzen.

Werden die Anschaffungskosten in gleichen Raten getilgt, so betragen *die jährlichen Tilgungsraten*

$$r_\mathrm{T} = 20\% \quad \text{bei} \quad 5\text{jähriger Nutzungsdauer,}$$
$$12{,}5\% \quad \text{bei} \quad 8\text{jähriger Nutzungsdauer,}$$
$$10\% \quad \text{bei} \quad 10\text{jähriger Nutzungsdauer.}$$

3. *Vom Gebrauch der Anlage unabhängige Personal- und Verwaltungskosten.* Hierunter fallen Löhne und Gehälter für Aufsichtspersonal und anteilige Kosten für die allgemeine Verwaltung der Fabrik.

4. *Vom Gebrauch der Anlage unabhängige Instandhaltungskosten.* Jede Produktionsanlage bedarf auch dann, wenn sie nicht in Betrieb ist, einer gewissen Wartung und Pflege, da ihr Gebrauchswert durch Rost oder andere Einflüsse sonst leidet.

5. *(Anteilige) Raumkosten.* Dazu gehören die Instandhaltungskosten für Gebäude und Lagerplätze, die anteiligen Kosten für Fabrikbewachung, Raumheizung, Beleuchtung und Reinigung, die Unterhaltungskosten für Wege, Aufzüge, Leitungen und Kanäle.

6. *Produktionsabhängige Personalkosten.* Wenn die Anlage von n_P Leuten mit dem Jahreseinkommen $\dot{P}_\mathrm{P}$ [DM/Person] beaufsichtigt, bedient und gewartet werden muß, und wenn die Leute dazu den Anteil v_P ihrer Arbeitszeit verwenden, so ist an Löhnen jährlich auszugeben

$$\dot{K}_\mathrm{P} = n_\mathrm{P} \cdot \dot{P}_\mathrm{P} \cdot v_\mathrm{P}. \tag{4.1}$$

In $\dot{P}_\mathrm{P}$ sind die gesetzlichen, tariflichen und freiwilligen Sozialkosten sowie andere personalabhängige Gemeinkosten, z.B. für Aufsichtspersonal, miterfaßt. Sie können bis zu 100% des Nominaleinkommens der Bedienungsleute und mehr ausmachen.

7. *Ausgaben für Heizenergie.* Darunter seien die Ausgaben für Brennstoffe, Heizdampf, Heizstrom u. dgl. verstanden.

Der Heizmittel- und Heizenergiebedarf der Trocknungsanlage ist nach den Angaben im Abschnitt 3.21 zu finden.

Muß der Anlage während t_H Stunden im Jahr der Heizmittelstrom $\dot{m}_\mathrm{H}$ [bei Dampf in kg/h, bei elektrischem Strom in kW] zugeführt werden und kostet das Heizmittel P_H [DM/kg bzw. DM/kWh], so entstehen jährlich die Heizmittelkosten

$$\dot{K}_\mathrm{H} = \dot{m}_\mathrm{H} \cdot t_\mathrm{H} \cdot P_\mathrm{H}. \tag{4.2}$$

8. *Ausgaben für Antriebsenergie.* Entnehmen die Motore der Anlage dem elektrischen Stromnetz während t_E Stunden im Jahr die Leistung N_E [kW] und kostet der Strom P_E [DM/kWh], so sind für die Antriebe die Kosten

$$\dot{K}_\mathrm{E} = N_\mathrm{E} \cdot t_\mathrm{E} \cdot P_\mathrm{E} \tag{4.3}$$

aufzuwenden. Den Hauptanteil hieran haben meistens die Ventilatoren oder Vakuumpumpen.

    9. *Ausgaben für Hilfsmittel.* Gemeint sind Mittel zum:
        Bedienen, Steuern und Regeln des Trockners,
        Reinigen, Be- und Entfeuchten eintretender Luft,
        Niederschlagen von Dämpfen (Kühlwasser, Kältemittel),
        Reinigen von Abluft,
        besonderen Behandeln (z. B. Kühlen) des Gutes.
Die Kosten für diese Mittel sind in vielen Fällen unbedeutend, in manchen beträchtlich.

    10. *Ausgaben für Bewegung und Lagerung des Gutes.* Zum Bewegen des Gutes im Bereich der Trocknungsanlage, zum An- und Abtransport des Materials sind oft besondere Geräte nötig, die Betriebskosten verursachen.

    Lagert das Gut mehrere Wochen oder Monate im Trockner, wie Holz- und Ziegeleiware in Freiluftanlagen, so müssen für das darin festgelegte Kapital möglicherweise beträchtliche Zinsen bezahlt werden.

    11. *Kosten durch Stoffverluste.* Sehr ins Gewicht fallen können Kosten, die entstehen, wenn wertvolles Gut — z.B. als Staub — verloren geht, wenn Lösungsmittel entweichen, oder wenn ein Teil der Ware minderwertig wird oder verdirbt.

    12. *Gebrauchsabhängige Unterhaltungskosten.* Dazu gehören die Kosten für Schmierung und Reinigung, für Instandsetzung, Überholung und Ersatzteile.

    Jede Produktionsanlage wird im Laufe der Zeit abgenützt. Soll sie ihren Gebrauchswert behalten, so müssen um so höhere Unterhaltungskosten aufgewendet werden, je stärker belastet die Anlage wird und je störanfälliger und älter sie ist.

4.3. Die Kosten der Erzeugniseinheit

Es empfiehlt sich, die entstehenden jährlichen Kosten auf die Zahl n_j der jährlich produzierten Erzeugnisse, — ausgedrückt z.B. in kg/a oder in Stück/a getrockneten Gutes — zu beziehen. Die jährlich entstehenden festen Kosten $\dot{K}_f$ hängen nicht, die beweglichen Kosten $\dot{K}_b$ jedoch hauptsächlich davon ab, wie stark die Anlage genutzt wird. Manche landwirtschaftlichen Trockner sind nur 500 bis 1 000 Stunden, gut genützte industrielle Anlagen 7 200 Stunden jährlich in Betrieb. Bei insgesamt 8 760 Jahresstunden werden solche landwirtschaftlichen Trockner also nur zu 5,7 bis 11,4% und industrielle Trockner zu 82% genutzt.

    Die Kosten je Erzeugniseinheit sind um so höher, je weniger Stunden jährlich die Anlage in Betrieb ist. Dürfen auf die Erzeugniseinheit nur geringe Kosten K_1

$$K_1 = \frac{\dot{K}_f + \dot{K}_b}{n_j} \tag{4.4}$$

entfallen, und kann der Trockner jährlich nur kurz in Betrieb sein, so bringt nur eine Anlage mit niedrigen Anschaffungskosten und dementsprechend niedrigen festen Kosten $\dot{K}_f$ wirtschaftlichen Gewinn. Stark genutzte Anlagen jedoch brauchen nicht unbedingt billig in der Anschaffung zu sein, sie sollen aber geringen Energie- und Personalbedarf haben.

4.4. Optimieren von Troknungsanlagen und -prozessen.

Allgemein bezeichnet man als *Optimieren* das Suchen und Verwirklichen der besten von vielen möglichen Lösungen konstruktiver, produktionstechnischer, betriebswirtschaftlicher oder anderer Aufgaben. Gesucht können z.B. sein:

die günstigste Länge eines Trockners; man sagt dann, die Optimierung habe die Trocknerlänge als *Zielgröße*,

die geringste chemische Veränderung eines Gutes beim Trocknen; die Zielgröße ist der Anteil einer bestimmten Substanz am getrockneten Gut,

die höchste Rendite der eingesetzten Mittel, d.h. der höchste Ertrag (z.B. gemessen in Währungseinheiten) im Verhältnis zu den investierten Mitteln; Zielgröße: Ertrag/eingesetzte Mittel.

Einfluß auf die Lage des Optimums haben im Einzelfalle: fest vorgegebene Bedingungen, wie die Beschaffenheit des Naßgutes, die Art des Heizmittels, die Größe der vorhandenen Räumlichkeiten, ferner vorgeschriebene Bedingungen, z.B. die geforderte Produktqualität, die Sicherheitsvorschriften und die Forderungen der Umwelt. Zu finden ist das Optimum durch zweckmäßige Wahl der „Variablen". Dies sind beim Planen der Anlagen insbesondere die „frei" wählbaren Abmessungen der Bauteile und beim Betreiben der Anlagen die einstellbaren Betriebsbedingungen. Dabei ist auf eingrenzende Bedingungen zu achten. Oft können nur gewisse größte oder kleinste Abmessungen der Bauteile verwirklicht oder gewisse höchste oder tiefste Temperaturen der Luft oder Fördergeschwindigkeiten des Gutes eingestellt werden. Die günstigste Kombination der Variablen ist zu ermitteln.

In einer vorhandenen Anlage, also bei gegebener Geometrie der Bauteile, ergeben sich, je nachdem, ob z.B. die günstigste Qualität des Produktes oder der größte Gutsdurchsatz angestrebt werden, verschiedene optimale Betriebsbedingungen. Diese „technischen" Optima weichen aber vom „wirtschaftlichen" Optimum, bei dem die höchste Rendite der eingesetzten Mittel erreicht wird, häufig stark ab [495].

Mathematisch ausgedrückt ist die Zielgröße eine Funktion der Planungs- und Betriebsgrößen. Diese bestimmen das physikalische und das chemische Geschehen im Trockner; ihre Einflüsse wirken zusammen in einer Weise, die durch das sogenannte *mathematische Modell* des Vorganges mehr oder weniger gut wiedergegeben wird. Dieses Modell besteht in theoretisch oder experimentell gewonnenen Gleichungen, die als Nebenbedingungen in die Optimierungsrechnung eingehen.

Im einfachsten Falle ist die Zielgröße z nur eine Funktion einer einzigen Veränderlichen y. Man findet den Optimalwert von z (der je nach dem Einzelfall ein Maximal- oder Minimalwert sein kann) dann in bekannter Weise durch differenzieren der *Zielfunktion* $z = f(y)$ nach y und Nullsetzen des Differentialquotienten $\mathrm{d}f(y)/\mathrm{d}y$. Spielen mehrere Veränderliche eine Rolle, so sind kompliziertere, im Schrifttum geschilderte Methoden zum Auffinden der größten oder kleinsten z-Werte anzuwenden [479, 480].

Am Beispiel des einfachen Durchström-Förderbandtrockners nach Bild 4.3, das Bolvary-Zahn [481, 482] untersuchte, sei das Vorgehen beim Optimieren er-

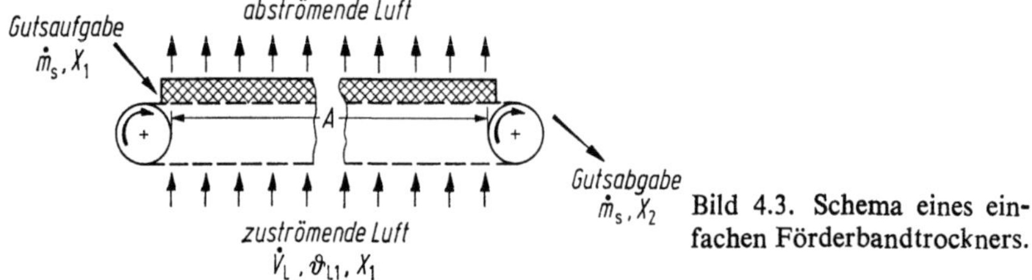

Bild 4.3. Schema eines einfachen Förderbandtrockners.

läutert. Der Trockner habe den Gutsstrom (Grundstoff-Massenstrom) $\dot{m}_s$ durchzusetzen und trockne das körnige Gut vom Feuchte/Grundstoff-Massenverhältnis X_1 auf das Massenverhältnis X_2. Dazu fördere er es als gleichmäßige luftdurchlässige Schicht von der Dicke s und der Schüttdichte ϱ_{Sch} durch den Trocknungsraum und setze es einem Luftstrom aus, der mit der Temperatur ϑ_U in den Raum trete, dort auf ϑ_{L1} erwärmt werde, dann durch die Kornschicht dringe, Wärme an die Teilchen abgebe und sodann fortgehe. Die Gutsschicht nehme auf dem Förderband die Fläche A ein; die Luft habe die Dichte ϱ_L und die spezifische Wärmekapazität c_{pL}. Als variierbar angesehen seien die Betriebsgrößen: Schichtdicke s, Lufttemperatur ϑ_{L1} und Luftgeschwindigkeit w_L im leer gedachten Querschnitt der Schicht. Gesucht sei diejenige Kombination dieser Größen, bei der die laufenden jährlichen Trocknungskosten $\dot{K}_{f,b}$ (Zielgröße) am geringsten sind.

Wir berechnen zunächst die beweglichen Kosten: Zum Erwärmen der Luft ist im gedachten Fall der Heizenergiestrom

$$\Phi = A\, w_L \varrho_L\, c_{pL}(\vartheta_{L1} - \vartheta_U) \qquad [W] \qquad (4.5)$$

nötig. Wenn die Heizenergie P_H [DM/(Ws)] kostet und wenn die Heizeinrichtung jährlich die Zeit t_j [s] in Betrieb ist, so entstehen dabei die Heizkosten

$$\dot{K}_H = \Phi P_H t_j \qquad [DM/a]. \qquad (4.6)$$

Der Luftvolumenstrom $\dot{V}_L = A w_L$ erleidet in der Gutsschicht den Druckverlust

$$\Delta p_t = \zeta_{Sch}\, s\, w_L^2\, \varrho_L/2; \qquad (4.7)$$

sein sonstiger Druckverlust sei gering. Dann braucht der Ventilator, der die Luft fördert und mit dem Wirkungsgrad η_v arbeitet, zum Antrieb die Leistung (s. auch Abschn. 1.1.2)

$$N_E = \Delta p_t\, \dot{V}_L/\eta_v = \zeta_{Sch}\varrho_L A\, s\, w_L^3/\eta_v. \qquad (4.8)$$

Mit ζ_{Sch} ist die Widerstandszahl der Gutsschicht bezeichnet. Für das Förderband ist eine weitere, nicht sehr ins Gewicht fallende Antriebsleistung nötig. Bei einem Energiepreis von P_E [DM/(Ws)] belaufen sich die Antriebskosten demnach ungefähr auf

$$\dot{K}_E = N_E P_E t_j \qquad [DM/a]. \qquad (4.9)$$

Feste Kosten entstehen hauptsächlich aus der Pflicht, das im Trockner investierte geliehene Kapital zu verzinsen und rückzuzahlen. Der Anschaffungspreis des Trockners samt Montage wächst mit der nutzbaren Bandfläche A ungefähr nach der Formel

$$P_T = k_1 + k_2 A \qquad [DM] \qquad (4.10)$$

und für diesen Betrag sind an Zins und Tilgung aufzubringen

$$\dot{K}_K = (z_f + r_t)\, P_T/100 \qquad [DM/a]. \qquad (4.11)$$

Weitere Kosten seien hier der Einfachheit halber als Festkosten $\dot{K}_a$ gebucht. Insgesamt belaufen sich die Kosten also auf

$$\dot{K}_{\mathrm{f,b}} = \dot{K}_{\mathrm{H}} + \dot{K}_{\mathrm{E}} + \dot{K}_{\mathrm{K}} + \dot{K}_{\mathrm{a}} \qquad [\mathrm{DM/a}]. \qquad (4.12)$$

Sie sind, wie dargelegt, von den Trocknungsbedingungen (s, ϑ_{L1}, w_{L}) und von der nutzbaren Fläche A abhängig. A ist den Trocknungsbedingungen sowie den Gutseigenschaften entsprechend zu wählen. $K_{\mathrm{f,b}}$ ist in unserem Falle die Zielfunktion. Die Fläche A muß um so größer sein, je längere Zeit t das Gut zum Trocknen braucht. Gewährt der Bandvorschub dem Gut gerade diese Zeit als Aufenthaltsdauer, so hat das Gut die Auflagefläche

$$A = \frac{\dot{m}_{\mathrm{s}}}{s\,\varrho_{\mathrm{sch}}}\,t \qquad (4.13)$$

nötig. Die Trocknungszeit t ermittelte Bolvary-Zahn auf empirischem Wege. Er fand für Kaolinwürstchen die Gleichung

$$t = \frac{1}{6}\left[\frac{(f_1 w_{\mathrm{L}}^2 + f_2 w_{\mathrm{L}} + f_3)\,(100\,s)^u}{\vartheta_{\mathrm{L1}}}\right]^v, \qquad (4.14)$$

in der f_1, f_2, f_3 Funktionen des Teilchendurchmessers d_{K} und die Exponenten u und v Funktionen von d_{K} und w_{L} sind. Man nennt die Gl. (4.14) das mathematische Modell des untersuchten Trocknungsvorgangs.

Alle obengenannten Gleichungen zusammen gestatteten, die Trocknungskosten zu ermitteln. Die Summe $\dot{K}_{\mathrm{f,b}}$ dieser Kosten nahm mit steigender Schichtdicke ab und mit wachsendem Teilchendurchmesser zu (Bild 4.4). Die Luftgeschwindigkeit und -temperatur hatten geringeren Einfluß. Am geringsten waren die Kosten, nämlich 32 DM/h, bei $s = 60$ mm, $d_{\mathrm{K}} = 2$ mm, $\vartheta_{\mathrm{L1}} = 60\,^{\circ}\mathrm{C}$ und $w_{\mathrm{L}} = 0{,}6$ m/s (Optimum). Durch ungünstige Wahl der Betriebsgrößen konnten Kosten bis zu 150 DM/h und mehr entstehen.

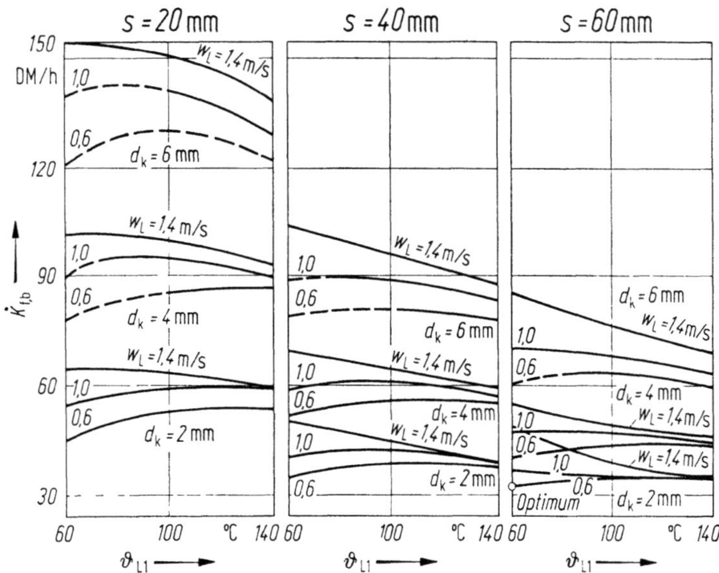

Bild 4.4. Kosten der Trocknung von Kaolin-Würstchen in einem Durchström-Förderbandtrockner. Ermitteln des Minimums (nach Bolvary-Zahn [481]).
Vorgegeben: $\dot{m}_{\mathrm{s}} = 3\,000$ kg/h; $X_1 = 0{,}36$ kg/kg; $X_2 = 0{,}005$ kg/kg; variabel: s, d_{K}, w_{L}, ϑ_{L1}; abhängige Variable: A.

Literaturverzeichnis

1 Hirsch, M.: Die Trockentechnik. 2. Aufl. Berlin 1932.

2 Keey, R. B.: Drying. Principles and Practice. Oxford, New York, Toronto, Sidney, Braunschweig 1972.

3 Kneule, F.: Das Trocknen. 3. Aufl. Aarau, Frankfurt 1975.

4 Krischer, O.; Kröll, K.: Trocknungstechnik, Bd. 1: Krischer, O.: Die wissenschaftlichen Grundlagen der Trocknungstechnik. 2. Aufl. Berlin, Göttingen, Heidelberg 1963.

5 Lykow, A. W.: Experimentelle und theoretische Grundlagen der Trocknung. Berlin 1955.

6 Nonhebel, G.; Moss, A. A. H.: Drying of Solids in the Chemical Industry. London 1971.

7 Razous, P.: Théorie et Pratique du Séchage Industriel. 6. Aufl. Paris 1955.

8 Williams-Gardner, A.: Industrial Drying. London 1971.

9 Filonenko, G. K.; Lebedew, P. D.: Einführung in die Trockentechnik (aus dem Russischen übersetzt). Leipzig 1960.

10 Kröll, K.: Einige Entwicklungslinien der Trocknungstechnik. Verfahrenstechnik 5 (1971) 279−288.

11 Kröll, K.: Klassifizierung der Trockner. Aufbereitungs-Techn. 5 (1964) 287−295.

12 Cordier, O.: Ähnlichkeitsbedingungen für Strömungsmaschinen. Brennstoff − Wärme − Kraft 5 (1953) 337−340.

13 Marcinowski, H.: Optimalprobleme bei Axialventilatoren. Heiz.- Lüft.- Haustechn. 8 (1957) 273−285.

14 Broecker, E.: Optimalprobleme bei Radialventilatoren. Heiz.- Lüft.- Haustechn. 10 (1959) 155−161.

15 Mulsow, R.: Auswahl der Ventilatortypen. Heiz.- Lüft.- Haustechn. 10 (1959) 273−275.

16 Bommes, L.: Anwendung des Ähnlichkeitsgrundsatzes im Ventilatorenbau. Heiz.- Lüft.- Haustechn. 20 (1969) 47−55, 113−117.

17 Hausenblas, H.: Zur optimalen Auslegung von einstufigen Axialgebläsen. Konstruktion 23 (1971) 143−145.

18 Eck, B.: Ventilatoren. 5. Aufl. Berlin, Heidelberg, New York 1972.

19 Mode, F.: Ventilatoranlagen. 4. Aufl. Berlin 1972.

20 Hilgeroth, E.: Einfluß der Strömungsverhältnisse vor und hinter Axialventilatoren auf den Kennlinienverlauf. Heiz.- Lüft.- Haustechn. 23 (1972) 40−43.

21 Bouwman, H. B.: Der Einfluß von Saugtaschen und druckseitigen Krümmern bei Radialventilatoren. Heiz.- Lüft.- Haustechn. 11 (1960) 170−172.

22 VDI-Wärmeatlas. Düsseldorf 1974.

23 Eck, B.: Technische Strömungslehre. 7. Aufl. Berlin, Göttingen, Heidelberg 1966.

24 Sprenger, H.: Druckverluste in 90°-Krümmern für Rechteckrohre. Schweizerische Bauzeitung 87 (1969) 223−231.

25 Nippert, H.: Über den Strömungsverlust in gekrümmten Kanälen. VDI-Forschungsheft 320. Berlin 1929.

26 Spalding, W.: Versuche über den Strömungsverlust in gekrümmten Leitungen. VDI-Z. 77 (1933) 143−148.

27 Lee, Ch. S.: Strömungswiderstände in 90°-Krümmern. Gesundheits-Ing. 89 (1968) 341−344, 367−376; 90 (1969) 20−27.

28 Müller, W.; Stratmann, H.: Druckverluste in Abzweigrohren und Verteilleitungen. Sulzer techn. Rdsch. 53 (1971) 280—298.

29 Graß, G.; Lüth, E.: Strömungswiderstand von Abzweigstücken. Allgem. Wärmetechnik 8 (1958) 185—189.

30 Mühle, J.: Berechnung des trockenen Druckverlustes von Lochböden. Chemie-Ing.-Techn. 44 (1972) 72—79.

31 Kneule, F.; Zelfel, E.: Der Druckverlust von Siebböden beim Betrieb ohne Flüssigkeit. Chemie- Ing.- Techn. 38 (1966) 260—264.

32 Huesmann, K.: Druckverlust und Durchflußkoeffizienten von senkrecht angeströmten perforierten Platten. Chemie-Ing.-Techn. 38 (1966) 877—879.

33 Bressler, R.: Versuche über den Druckabfall in quer angeströmten Rohrbündeln. Kältetechn. 10 (1958) 365—368.

34 Brauer, H.: Wärme- und strömungstechnische Untersuchungen an quer angeströmten Rippenrohrbündeln. Chemie-Ing.-Techn. 33 (1961) 327—335, 431—438.

35 Hansen, M.: Mengenregelung mit Strömungsdrosseln. Arch. Eisenhüttenwes. 27 (1956) 367—373.

36 Jung, R.: Strömungstechnische Eigenschaften ebener Drehklappen in Rechteckkanälen und Kreisrohren. Brennst. — Wärme — Kraft 20 (1968) 478—484.

37 Piwinger, F.; Münz, G.: Strömungstechnische Eigenschaften von Stellklappen. Regelungstechn. u. Prozeß-Datenverarbeitung 18 (1970) 216—220.

38 Powell, R. W.: Further Experiments on the Evaporation of Water from Saturated Surfaces. Trans. Inst. Chem. Engrs. 18 (1940) 36—50.

39 Feil, O. G.: Ebene Diffusoren für Unterschallströmung von Luft mit Leitblechen bei großen Erweiterungswinkeln. Ref. in: Konstruktion 17 (1965) 334—335.

40 Tajeldin Dia.: Experimentelle Untersuchungen zur Dimensionierung der Zu- und Abflußhauben von Wärmeaustauschern. Diss. TH Aachen 1958.

41 Wille, R.; Hase, D.: Strömungsverluste in 90°-Knien von rechteckigem Querschnitt. Allg. Wärmetechn. 4 (1953) 1—6.

42 Haase, D.: 90°-Knie mit geringem Strömungsverlust. Allg. Wärmetechn. 4 (1953) 233—236.

43 Barth, W.; Kredel, H.; Laforsch, E.: Modellversuche zur Entwicklung neuer Abgaskrümmer für Hochofen-Winderhitzer mit geringem Druckverlust. Stahl u. Eisen 72 (1952) 617—620.

44 Frey, K.: Verminderung des Strömungsverlustes in Kanälen durch Leitflächen. Forsch. Ing.-Wes. 5 (1934) 105—117.

45 Kröber, G.: Schaufelgitter zur Umlenkung von Flüssigkeitsströmungen mit geringem Energieverlust. Ing.-Arch. 3 (1932) 516—541.

46 Mitteilungen des hydraulischen Instituts der Technischen Hochschule München. Heft 1 (1926), Heft 2 (1928), Heft 3 (1929), Heft 4 (1931), München.

47 Reichardt, H.; Tollmien, W.: Die Verteilung der Durchflußmenge in einem ebenen Verzweigungssystem. Mitteilungen aus dem Max-Planck-Institut für Strömungsforschung, Nr. 7, Göttingen 1952.

48 Über Vielfachverzweigungen für bestimmte Verteilungen der Durchflußmenge. Mitteilungen aus dem Max-Planck-Institut für Strömungsforschung u. d. Aerodynamischen Versuchsanstalt, Nr. 17, Göttingen 1957.

49 Regenscheit, B.: Ausblase- und Absaugekanäle lufttechnischer Anlagen. VDI-Bericht 34 (1959) 1—14.

50 Schattulat, S.: Ausblasen von Luft aus einem längs zur Verteilkanalachse angeordneten Schlitz. Heiz. — Lüft. — Haustechn. 9 (1958) 151—161, 269—275.

51 Edler von Bohl, J. G.: Das Verhalten paralleler Luftstrahlen. Ing.-Arch. 11 (1940) 295—314.

52 Recknagel-Sprenger: Taschenbuch für Heizung, Lüftung und Klimatechnik. 57. Aufl. München, Wien 1972.

53 Colley, C. R.: Adsorbent Selection for Gas Drying. Brit. Chem. Eng. and Proc. Tech. 17 (1972) 229—233.

54 Kast, W.; Jokisch, F.: Überlegungen zum Verlauf von Sorptionsisothermen und zur Sorptionskinetik an porösen Feststoffen. Chemie-Ing.-Techn. 44 (1972) 556—563.

55 Dengler, W.; Krückels, W.: Untersuchung über die Kinetik der Adsorption von Wasserdampf an Einzelkörnern technischer Adsorbentien. Chemie-Ing.-Techn. 43 (1971) 269–271.

56 Dengler, W.; Krückels, W.: Diffusion von Wasserdampf in Einzelkörnern technischer Adsorbentien. Chemie-Ing.-Techn. 42 (1970) 1258–1266.

57 Dengler, W.; Krückels, W.: Vereinfachte Berechnung der nichtisothermen Adsorption von Wasserdampf am Einzelkorn. Chemie-Ing.-Techn. 42 (1970) 1332–1336.

58 Fleming, J. B.; Getty, R. J.; Townsend, F. M.: Drying with Fixed-Bed Dessiccants. Chem. Engineering 71 (1964) 69–76.

59 Barry, H. M.: Tour of Adsorption Fundamentals. Chem. Engineering 67 (1960) 107–115.

60 Streeb, R.: Rückgewinnung organischer Lösungsmittel. Wasser, Luft u. Betrieb 16 (1972) 33–39.

61 Gesetz zur Änderung der Gewerbeordnung und Ergänzung des bürgerlichen Gesetzbuches. Vom 22. Dezember 1959. Bundesgesetzblatt I (1959) 781–783.

62 Verordnung über genehmigungsbedürftige Anlagen nach § 16 der Gewerbeordnung in der Fassung vom 7. Juli 1971. Bundesgesetzblatt I (1971) 889–891.

63 Allgemeine Verwaltungsvorschriften über genehmigungsbedürftige Anlagen nach § 16 der Gewerbeordnung (Technische Anleitung zur Reinhaltung der Luft). Vom 8. 9. 1964. Hrsg.: Bundesministerium des Inneren. Gemeins. Min.-Bl. d. Bundesreg. 15 (1964) 433–448.

64 Siebente Verordnung zur Druchführung des Immissionsschutzgesetzes (Auswurfbegrenzung bei Trockenöfen) vom 1. 10. 1968. Gesetz- und Verordnungsblatt für das Land Nordrhein-Westfalen A, 22 (1968) 320–321.

65 VDI-Handbuch Reinhaltung der Luft (laufend ergänzte Ringmappen). Berlin, Köln ab 1958.

66 Knop, W.; Heller, A.; Lahmann, E.: Technik der Luftreinhaltung. 2. Aufl. Mainz 1972.

67 Engels, L.-H.: Entstaubungstechnik Verfahren – Leistung – Aufwand. TÜ 14 (1973) 224–229.

68 Engels, L.-H.: Aufwand und Leistung verschiedener Entstaubungsverfahren – Eine Kostenbetrachtung. Staub-Reinhalt. Luft 30 (1970) 116–120.

69 Dreißigacker, H. L.; Surendorf, F.; Weber, E.: Technische Anleitung zur Reinhaltung der Luft. Köln 1974.

70 Batel, W.: Entstaubungstechnik. Grundlagen, Verfahren, Meßwesen. Berlin, Heidelberg, New York 1972.

71 Muschelknautz, E.: Die Berechnung von Zyklonabscheidern für Gase. Chemie-Ing.-Techn. 44 (1972) 63–71.

72 Muschelknautz, E.: vt-Hochschulkurs II: Mechanische Verfahrenstechnik. Beilage zu: Verfahrenstechnik 6 (1972) 3, I–IV; 5, I–IV; 9, I–IV; 10, I–IV; 12, I–IV; 7 (1973).

73 Engels, L.-H.: Naßarbeitende Entstauber – Ein Überblick über den derzeitigen Stand der Technik. Keramische Zeitschrift 22 (1970) 465–469.

74 Weike, M.: Aufbau, Leistung und Betriebsverhalten von Naßentstaubern. Fortschrittber. VDI-Z., Reihe 3, Nr. 33 (1971).

75 Schlegel, H.: Staubabscheidung mit Tuchfiltern. Keramische Zeitschrift 23 (1971) 399–401.

76 Kohn, H.: Planung, Betrieb und Wartung von Gewebefiltern. Aufbereitungstechnik 7 (1966) 257–264.

77 Eckstein, W.: Schwebstoffilter und Gasfilter für die Feinstreinigung von Luft und anderen Gasen. CZ-Chemie-Technik 1 (1972) 235–238.

78 Der Bundesminister für Arbeit und Sozialordnung (Hrsg.): MAK-Werte 1972. Maximale Arbeitsplatzkonzentration gesundheitsschädlicher Stoffe. Dortmund-Marten.

79 VDI-Dokumentation, Reinhaltung der Luft – Selecta. Düsseldorf 1971.

80 Vick, E.: Umweltschutz bei Lackieranlagen und Vorbehandlungen. Industrie-Lackier-Betrieb 39 (1971) 97–104.

81 Yocom, J. E.; Duffee, R. A.: Controlling Industrial Odors. Chemical Engineering 77 (1970) 160–168.

82 VDI-Berichte Nr. 124. Gerüche und ihre Beseitigung – Ein Beitrag zur Reinhaltung der Luft. Düsseldorf 1968.

83 VDI-Richtlinien 2280. Auswurfbegrenzung organischer Verbindungen, insbesondere Lösemittel. In: VDI-Handbuch „Kunststofftechnik", Köln, Berlin 1977.

84 Ernst, Th.: Geruchsbeseitigung von Zu- und Abluft. Schweizerische Blätter für Heizung und Lüftung 39 (1972) 43−49.

85 Fischer, F.; Pfefferle, K.-H.: Verfahren zur Abluftreinigung. CZ-Chemie-Technik 1 (1972) 215−219.

86 Ruhl, E.: Thermische und katalytische Abgasreinigung. CZ-Chemie-Technik 1 (1972) 219−225.

87 Zenkner, K.: Überlegungen zur Auslegung thermischer Nachverbrennungsanlagen. Staub-Reinhalt. Luft 31 (1971) 415−418.

88 Falkenhain, G.; Riedel, P.; Benka, U.; Wiebe, H.: Vernichtung von organischen Lösungsmitteldämpfen zum Zwecke der Luftreinhaltung. Staub-Reinhalt. Luft 32 (1972) 212−216.

89 Wiebe, H.: Gausepohl, W.: Thermische Abluftreinigung, Brennstoff − Wärme − Kraft 23 (1971) 98−102.

90 VDI 2442 Entwurf. Abgasreinigung durch thermische Verbrennung. Berlin, Köln (in Vorbereitung).

91 VDI 2441 Entwurf. Abgasreinigung durch katalytische Verbrennung. Berlin, Köln 1969.

92 von und zur Mühlen, N.: Abluft in der Automobilindustrie. Staub-Reinhalt. Luft 31 (1971) 411−414.

93 Krill, H.: Aktivkohle in der Abluftreinigung. CZ-Chemie-Technik 1 (1972) 239−243.

94 Rietschel; Raiß: Heiz- und Klimatechnik, Bd. I: Grundlagen, Systeme, Ausführung. 15. Aufl. Berlin, Heidelberg, New York 1968. Bd. II: Verfahren und Unterlagen zur Berechnung. 15. Aufl. Berlin, Heidelberg, New York 1970.

95 Wärmeübertragungsanlagen mit anderen flüssigen Wärmeträgern als Wasser. Sicherheitstechnische Anforderungen. DIN 4754, Entwurf April 1972.

96 Verein Deutscher Ingenieure: Aufbau, Betrieb und Instandhaltung von Wärmeübertragungsanlagen mit organischen und anorganischen Wärmeträgern. VDI 3033, September 1970. Berlin, Köln.

97 Gumz, W.: Kurzes Handbuch der Brennstoff- und Feuerungstechnik. 3. Aufl. Berlin, Göttingen, Heidelberg 1962.

98 Roeder, H.: Auslegung konvektiver Trockner mit Inertgaskreislauf zur Trocknung lösungsmittelfeuchter Produkte. Chemie-Ing.-Techn. 45 (1973) 295−299.

99 Baehr, H. D.: Definition und Berechnung von Exergie und Anergie. Brennst. − Wärme − Kraft 17 (1965) 1−6.

100 Holik, H.: Rückgewinnung der Abwärme aus dem Papiertrocknungsprozeß, insbesondere bei Düsenhauben. Wochenbl. für Papierfabrikation 100 (1972) 267−271.

101 van Meel, D. A.: Adiabatic Convection Batsch Drying with Recirculation of Air. Chem. Engng. Sci. 9 (1958) 36−44.

102 Schlünder, E. U.: Fortschritte und Entwicklungstendenzen bei der Auslegung von Trocknern für vorgeformte Trocknungsgüter. Chem.-Ing.-Techn. 48 (1976) 190−198.

103 Jaeschke, L.: Über den Wärme- und Stoffaustausch und das Trocknungsverhalten ruhender, luftdurchströmter Haufwerke aus Körpern verschiedener geometrischer Form in geordneter und ungeordneter Verteilung. Diss. TH Darmstadt 1960, D 17.

104 Cammerer, J. S.: Der Wärme- und Kälteschutz in der Industrie. 4. Aufl. Berlin, Göttingen, Heidelberg 1962.

105 Landsberg, H. E.; Lippmann, H.; Paffen, K. H.; Troll, C.: Weltkarten zur Klimakunde. 3. Aufl. Berlin, Heidelberg, New York 1966.

106 Pöpel, F.; Vater, W.; Jäger, B.: Die Verfahren zur Aufbereitung von städtischem Klärschlamm. München 1958.

107 Kollmann, F.: Freilufttrocknung von Schnittholz. Holz-Zentralblatt 99 (1973) 1309−1310, 1657−1658, 1667.

108 Janik, W.: Handbuch der Holztrocknung. Leipzig 1960.

109 Schneider, A.: Vergleichende Untersuchungen über die natürliche Freilufttrocknung und die beschleunigte Freilufttrocknung mit Gebläsen von Schnittholz unter mitteleuropäischen Wetterverhältnissen. Köln, Opladen 1966.

110 Egner, K.; Sinn, H.: Über die Holztrocknung mit Großschaukeln. Holz als Roh- u. Werkstoff 4 (1941) 386—399.

111 Kollmann, F.; Schneider, A.: Freilufttrocknung und beschleunigte Freilufttrocknung. In: Holztrocknung, Holzwirtschaftliches Jahrbuch Nr. 15, Stuttgart 1965.

112 Schlünder, E. U.: vt-Hochschulkurs I: Thermische Verfahrenstechnik. Verfahrenstechnik 6 (1972) Heft 8 und 11.

113 Kast, W.: Zur Frage der Analogie zwischen Wärme- und Stoffaustausch. Wärme- und Stoffübertragung 5 (1972) 15—21.

114 Gröber, H.; Erk, S.; Grigull, U.: Die Grundgesetze der Wärmeübertragung. 3. Aufl. Berlin, Göttingen, Heidelberg 1963.

115 Eckert, E. R. G.: Einführung in den Wärme- und Stoffaustausch. 3. Aufl. Berlin, Heidelberg, New York 1966.

116 Schack, A.: Der industrielle Wärmeübergang. 7. Aufl. Düsseldorf 1969.

117 VDI-Wärmeatlas. Düsseldorf 1974.

118 Stelzer, F.: Wärmeübertragung und Strömung. München 1971.

119 Schlünder, E. U.: Einführung in die Wärme- und Stoffübertragung. Braunschweig 1972.

120 Brauer, H.; Mewes, D.: Stoffaustausch einschließlich chemischer Reaktionen. Aarau, Frankfurt 1971.

121 Forschungsgesellschaft Verfahrenstechnik e. V.: Handbuch zum Hochschulkurs Trocknungstechnik. Düsseldorf 1973.

122 Powell, R. W.; Griffiths, E.: The Evaporation of Water from Plane and Cylindrical Surfaces. Trans. Inst. chem. Engrs., Chem. Engr. 13 (1935) 175—198.

123 Nummer, W.: Wärmeübertragung und Druckabfall in rauhen Rohren. VDI-Forschungsheft 455. Düsseldorf 1956.

124 Brun, E. A.; Brunelle, G.; Vernotte, M.: Etude expérimentale de la convection forcée de la chaleur à partir de cylindres à surface rugueuse. Publications Scientifiques et Techniques du Ministère de l'Air, 1956.

125 Glaser, H.: Untersuchungen an Schlitz- und Mehrdüsenanordnungen bei der Trocknung feuchter Oberflächen durch Warmluftstrahlen. Chem.-Ing.-Techn. 34 (1962) 200—207.

126 Feurstein, G.; Rampf, H.: Einfluß rechteckiger Rauhigkeiten auf den Wärmeübergang und den Druckabfall in turbulenter Ringspaltströmung. Wärme- und Stoffübertragung 2 (1969) 19—23.

127 Burk, E.: Der Einfluß der Prantdlzahl auf den Wärmeübergang und Druckverlust künstlich aufgerauhter Strömungskanäle. Wärme- und Stoffübertragung 2 (1969) 87—98.

128 Maisel, D. S.; Sherwood, T. K.: Effect of Air Turbulence on Rate of Evaporation of Water. Chem. Engng. Progr. 46 (1950) 172—175.

129 Schnautz, J. A.: Der Einfluß der Turbulenzintensität auf den Stoffübergang an Platten, Zylindern und Kugeln. Dechema Monographien 32 (1959) 451—476, 107—115.

130 Thomas, D. G.: Forced Convection Mass Transfer: Part I: Effect of Turbulence on Mass Transfer through Boundary Layers with a Small Favorable Pressure Gradient. A. I. Ch. E. Journal 11 (1965) 520—525.

131 Lemlich, R.: Vibration and Pulsation Boost Heat Transfer. Chem. Engng. 68 (1961) 171—174, 176.

132 Franke, G.: Wärmeübergang und Geschwindigkeitsverlauf bei pulsierender Rohrströmung. Allg. Wärmetechn. 10 (1961) 36—40.

133 Scanlan, J. A.: Effects of Normal Surface Vibration on Laminar Forced Convective Heat Transfer. Ind. Engng. Chem. 50 (1958) 1565—1568.

134 Miller, J. A.: Heat Transfer in the Oscillating Turbulent Boundary Layer. Trans. Amer. Soc. Mech. Engrs. (ASME), J. Engng. for Power 91 (1969) 239—244.

135 Mabuchi, I.; Tanaka, T.: Experimental Study on Effect of Vibration on Natural Convective Heat Transfer from a Horizontal Fine Wire. Bull. JSME 10 (1967) 808—816.

136 Schytil, F.: Wirbelschichttechnik. Berlin, Göttingen, Heidelberg 1961.

137 Gelperin, N. I.; Einstein, V. G.: Heat Transfer in Fluidized Beds. Kapitel 10 in: Davidson, J. F.; Harrison, D.: Fluidization. London, New York 1971.

138 Schlichting, H.: Grenzschicht-Theorie. 5. Aufl. Karlsruhe 1965.

139 Walz, A.: Strömungs- und Temperaturgrenzschichten. Karlsruhe 1966.

140 Schmidt, E.; Wenner, K.: Wärmeabgabe über den Umfang eines angeblasenen geheizten Zylinders. Forsch. Ing.-Wes. 12 (1941) 65–73.

141 Glietenberg, H.; Blenke, H.: Messungen lokaler Stoffübergangszahlen an umströmten Körpern mit Hilfe von Radioisotropen. Chemie.-Ing.-Techn. 44 (1972) 319–325.

142 Krückels, W.: Photometrische Messung des örtlichen Stoffübergangs an quer angeströmten Kreiszylindern. Chemie-Ing.-Techn. 41 (1969) 1068–1076.

143 Mayinger, F.; Schad, O.: Örtliche Wärmeübergangszahlen in quer angeströmten Stabbündeln. Wärme- und Stoffübertragung 1 (1968) 43–51.

144 Sherwood, T. K.: Ind. Engng. Chem. 21 (1929) 12–16, 976–980; 22 (1930) 132–136; 24 (1932) 307–312; 25 (1933) 311 und 1134; 26 (1934) 1096.

145 Kamei, S.: Untersuchung über die Trocknung fester Stoffe. Memoirs of the College of Engineering, Kyoto Imperial University, VIII (1934) 42–64; IX (1935) 83–116; X (1937) 65–115.

146 Kollmann, F.; Schneider, A.: Der Einfluß der Strömungsgeschwindigkeit auf die Heißdampftrocknung von Schnittholz. Holz als Roh- und Werkstoff 19 (1961) 461–478.

147 Kollmann, F.; Schneider, A.: Der Einfluß der Belüftungsgeschwindigkeit auf die Trocknung von Schnittholz mit Heißluft-Dampf-Gemischen. Holz als Roh- u. Werkstoff 18 (1960) 81–94.

148 Görling, P.: Untersuchungen zur Aufklärung des Trocknungsverhaltens pflanzlicher Stoffe. VDI-Forschungsheft 458. Düsseldorf 1956.

149 Meier, E.: Einfluß konzentrations- und temperaturabhängiger Diffusionskoeffizienten auf die Trocknung hygroskopischer Kunststoffe. Chem.-Ing.-Techn. 41 (1969) 472–478.

150 Meier, E.: Dimensionslose Darstellung von Trocknungsvorgängen in hygroskopischen Kunststoffen mit feuchteabhängigen Diffusionskoeffizienten. Chemie-Ing.-Techn. 42 (1970) 20–25.

151 Stockburger, D.; Faulhaber, F. R.: Trocknungsverhalten von Kunststoffen. Chemie-Ing.-Techn. 41 (1969) 456–461.

152 Pilhofer, Th.: Simulation der Verdunstung einer Flüssigkeit in ein Gas. Verfahrenstechnik 6 (1972) 182–188.

153 Jaeschke, L.: Feuchtigkeitsverteilung in technischen Trocknern bei Gleich- und Gegenstrom. Chemie-Ing.-Techn. 35 (1963) 44–47.

154 Krause, E.: Technologie der Grobkeramik. Bd, 3: Trocknungstechnische Anlagen. 2. Aufl. Berlin 1968.

155 Conference on "Developments in Drying Techniques" held by International Mechanical Engineers in 18th January 1972 in London.

156 Deutsche Patentauslegeschrift 1 121 551 vom 4. 1. 1962.

157 Neuer Drehstab-Trockner. Melliand-Textilber. 44 (1963) 740–741.

158 Stranggarn-Trockner. Melliand-Textilber. 45 (1964) 428.

159 Schrader, H.: Trocknung feuchter Oberflächen mittels Warmluftstrahlen. Strömungsvorgänge und Stoffübertragung. VDI-Forschungsheft 484. Düsseldorf 1961.

160 Glaser, H.: Untersuchungen an Schlitz- und Mehrdüsenanordnungen bei der Trocknung feuchter Oberflächen durch Warmluftstrahlen. Chemie-Ing.-Techn. 34 (1962) 200–207.

161 Schlünder, E. U.; Gnielinski, V.: Wärme- und Stoffübertragung zwischen Gut und aufprallenden Düsenstrahlen. Chemie-Ing.-Techn. 39 (1967) 578–584.

162 Petzold, K.: Experimentelle Untersuchung zum örtlichen Wärmeübergang an der senkrecht angeströmten Platte. Luft- u. Kältetechnik 5 (1969) 175–180, 256–260.

163 Brauer, H.; Mewes, D.: Gesetze für den Stoff- und Wärmeübergang an senkrecht angeströmten Platten. Chemie-Ing.-Techn. 44 (1972) 741–744.

164 Krötsch, P.: Wärme- und Stoffübergang bei Prallströmung aus Düsen- und Blendenfeldern. Chemie-Ing.-Techn. 40 (1968) 339–344.

165 Martin, H.; Schlünder, E. U.: Optimierung von Schlitzdüsentrocknern auf Grund neuer Versuchsergebnisse über den Wärme- und Stoffübergang in solchen Apparaten. Chemie-Ing.-Techn. 45 (1973) 290–294.

166 Krötsch, P.: Über die Optimierung von Runddüsentrocknern. Verfahrenstechnik 4 (1970) 292–294.

167 Schlünder, E. U.; Krötsch, P.; Hennecke, Fr.-W.: Gesetzmäßigkeiten der Wärme- und

Stoffübertragung bei der Prallströmung aus Rund- und Schlitzdüsen. Chemie-Ing.-Techn. 42 (1970) 333—338.

168 Korger, M.; Krizek, F.: Die Stoffübergangszahlen beim Aufprall schräger Flachstrahlen auf eine Platte. Verfahrenstechnik 6 (1972) 223—228.

169 Martin, H.: Berechnung der Schlitzweite eines Schlitzdüsenfeldes unter der Bedingung konstanten Wärme- und Stoffüberganges in Abströmrichtung. Chemie-Ing.-Techn. 43 (1971) 516—519.

170 Meier, R.; Kunze, W.: Die Vergleichmäßigung der Trocknung ebenflächiger Güter im Prallstrahltrockner. Luft- und Kältetechnik 8 (1972) 323—328.

171 Brauer, H.: Eigenschaften der Zweiphasenströmung bei der Rektifikation in Füllkörpersäulen. Dechema-Monographie Nr. 576, Bd. 37, 7—78. Weinheim 1960.

172 Rumpf, H.; Gupte, A. R.: Einflüsse der Porosität und Korngrößenverteilung im Widerstandsgesetz der Porenströmung. Chemie-Ing.-Techn. 43 (1971) 367—375.

173 Holze, H.: Untersuchungen über den Strömungswiderstand landwirtschaftlicher Halmgüter. VDI-Forschungsheft 545. Düsseldorf 1971.

174 Matthies, H. J.: Der Strömungswiderstand beim Belüften landwirtschaftlicher Erntegüter. VDI-Forschungsheft 454. Düsseldorf 1956.

175 Doering, E.: Der Druckverlust bei der Durchströmung von Schüttschichten. Allg. Wärmetechnik 6 (1955) 82—89.

176 Mach, E.: Druckverluste und Belastungsgrenzen von Füllkörpersäulen. Forschungsheft 375. Berlin 1935.

177 Luther, H.; Abel, O.; Rittner, K.; Gieseler, M.; Schulz, H.-J.: Über den Einfluß von Formkörpern unterschiedlicher Stückgröße und Gestalt auf den Strömungswiderstand von Schüttungen. Chemie-Ing.-Techn. 43 (1971) 658—666.

178 Schickedanz, W.: Vergleich des Trocknungsverhaltens von Schüttungen verschiedener kapillarporöser Materialien mit Hilfe einer kontinuierlich arbeitenden Meßmethode. Diss. Techn. Univ. München 1971.

179 Krischer, O.; Jaeschke, L.: Trocknungsverlauf in durchströmten Haufwerken bei geordneter und ungeordneter Verteilung. Chemie-Ing.-Techn. 33 (1961) 592—598.

180 Kröll, K.: Trocknung luftdurchströmter Streichholzschüttungen. Chemie-Ing.-Techn. 27 (1955) 527—534.

181 Klapp, E.: Mathematische Behandlung gekoppelter Wärme- und Stoffaustauschvorgänge in durchströmten Schüttgütern. Ing.-Arch. 32 (1963) 360—372.

182 Nordon, P.: A Model of Mass Transfer in Beds of Wool Fibres. Int. J. Heat Mass Transfer 7 (1964) 639—651.

183 Schneider, A.: Untersuchungen über das charakteristische Trocknungsverhalten von Luzerne und Zuckerrübenblatt in Einzelschichten und durchströmten Schüttungen. Diss. Techn. Hochschule München 1954.

184 Maltry, W.; Pötke, E.: Landwirtschaftliche Trocknungstechnik. Berlin 1962.

185 Küchler, W.: Praktische Ergebnisse aus einem neuen Mälzungssystem. Brauer u. Mälzer 57 (1972) 229—234.

186 Borkenhagen, E.: Zur Technisierung im Hopfenbau. Die erste fahrbare Pflückmaschine — Neue Trocknungsanlagen. Tageszeitung für Brauerei 59 (1963) 125—126, 842—844.

187 Gehle, H. H.: Der neue Diagonalstrom-Trockner. Die Mühle 99 (1962) 159—162.

188 Bowmer, G. C.: Rotary Louvre Dryers. Chem. and Process Engng. 50 (1969) 77—80.

189 Martin, P. D.; Corte, H.: Durchströmungstrocknung von Papierbahnen. verfahrenstechnik 6 (1972) 178—181.

190 Holik, H.: Zur Durchströmtrocknung von Papier. Das Papier 26 (1972) 153—161.

191 Judt, M.: Sonderverfahren der Papiertrocknung. Wochenblatt für Papierfabrikation 102 (1974) 77—82.

192 Koch, H.: Siebtrommeltrockner für loses Material. Melliand Textilberichte 43 (1962) 186—188.

193 Kleiner, F.: Sinus-Trockner, ein neuer Begriff in der Trocknung von Textilien. Melliand Textilberichte 44 (1963) 404—408.

194 Sernetz, H.: Schwingmaschinen zum Fördern von Schüttgütern. In Salzer, G.: Stetigförderer, Teil 1. Mainz 1964.

195 Backhaus, H. G.: Schwingförderrinnen. VDI-Berichte Nr. 169, S. 61−65. Düsseldorf 1971.

196 Wehmeier, K.-H.: Gegenwärtiger Stand der Schwingfördertechnik. VDI-Z. 108 (1966) 1118−1123.

197 Choc, M.: Vibrationstrocknung von körnigen Stoffen. ingenieur digest 2 (1963) 22−25.

198 Sättler, H.: Thermische Behandlung von Schüttgütern auf Schwingmaschinen. CZ-Chemie-Technik 2 (1973) 415−418.

199 van Arsdel, W. B.; Copley, M. J.: Food Dehydration, Vol. II. Westport, Conn. 1964.

200 Davidson, J. F.; Harrison, D.: Fluidization. London, New York 1971.

201 Kunii, D.; Levenspiel, O.: Fluidization Engineering. New York, London, Sydney, Toronto 1969.

202 Brauer, H.: Grundlagen der Einphasen- und Mehrphasenströmungen. Aarau, Frankfurt 1971.

203 Molerus, O.: Hydrodynamische Stabilität des Fließbetts. Chemie-Ing.-Techn. 39 (1967) 341−348.

204 Molerus, O.: Die Strömungsmechanik des blasenbildenden Fließbetts. Chemie-Ing.-Techn. 42 (1970) 488−493.

205 Reh, L.: Strömungs- und Austauschverhalten von Wirbelschichten. Chemie-Ing.-Techn. 46 (1974) 180−188.

206 Todes, in: Zabrodsky, S. S.: Hydrodynamics and Heat Transfer in Fluidized Beds. M. I. T. Press 1966.

207 Reh, L.: Das Wirbeln von körnigem Gut im schlanken Diffusor als Grenzzustand zwischen Wirbelschicht und pneumatischer Förderung. Diss. TH Karlsruhe 1961.

208 Keuneke, K.: Fluidisierung und Fließbettförderung von Schüttgütern kleiner Teilchengröße. VDI-Forschungsheft 509. Düsseldorf 1965.

209 Hanesian, D.; Rankell, A.: Elutriation From A Multisize Particle Fluidized Bed. Ind. Engng. Chem. Fundamentals 7 (1968) 452−458.

210 Cheremisinoff, P.; Rao, B.: Fluid Bed Tree Board Design. Process Technology International 18 (1973) 121−124.

211 Schlünder, E. U.: Handbuch zum Hochschulkursus Trocknungstechnik. Karlsruhe 1973.

212 Vaněček, V.; Markvart, M.; Drbohlav, R.: Fluidized Bed Drying. London 1966.

213 Lehmann, W.; Schramm, W.: Zur Auslegung von Gas-Feststoff-Wirbelschichtapparaten speziell in Rinnenform. Chem. Techn. 22 (1970) 287−291.

214 Roeder, H.; Skerhut, R.: Verweilzeitspektren von Feststoffen in kontinuierlichen Fließbett-Trocknern. Chemie-Ing.-Techn. 45 (1973) 1321.

215 Hiby, J. W.: Untersuchungen über den Mindestdruckverlust des Anströmbodens bei Fluidalbetten (Fließbetten). Chemie-Ing.-Techn. 36 (1964) 228−229.

216 Wormald, D.; Burnell, E. M. W.: Design of Fluidised Bed Driers and Coolers for the Chemical Industry. British Chemical Engineering 16 (1971) 376−380.

217 Quinn, M. F.: Fluidized Bed Dryers. Ind. Engng. Chem. 55 (1963) 18−24.

218 Stockburger, D.: Fortschritte und Entwicklungstendenzen in der Trocknungstechnik bei der Trocknung formloser Güter. Chem.-Ing.-Techn. 48 (1976) 199−205.

219 van Riesenbeck, G.: Jetstream: ein lufttechnisches Verfahren zur Förderung und Materialbehandlung. Chemiker-Ztg. 95 (1971) T 102−T 104.

220 New Slurry Dryer Spawns Cost and Space Savings. Chemical Engineering (1973) 78.

221 British Chemical Engineering 6 (1961) 514.

222 Brauer, H.: Grundlagen der Einphasen- und Mehrphasenströmungen. Aarau, Frankfurt 1971.

223 Muschelknautz, E.; Wojahn, H.: Auslegung pneumatischer Förderanlagen. Chemie-Ing.-Techn. 46 (1974) 223−235.

224 Flatow, J.: Untersuchungen über die pneumatische Flugförderung in lotrechten Leitungen. VDI-Forschungsheft 555. Düsseldorf 1973.

225 Selig, H.-J.: Technik der pneumatischen Förder- und Mischverfahren. Mainz 1972.

226 Bohnet, M.: Experimentelle und theoretische Untersuchungen über das Absetzen, das Aufwirbeln und den Transport feiner Staubteilchen in pneumatischen Förderleitungen. VDI-Forschungsheft 507. Düsseldorf 1965.

227 Piplies, L.: Feststoffgeschwindigkeit bei Gas-Feststoff-Strömungen in vertikalen Rohren. Chemie-Ing.-Techn. 44 (1972) 394–399.

228 Krötsch, P.: Druckverlust und mittlere Partikelgeschwindigkeit bei stationärer Gas/Feststoff-Strömung im senkrechten Rohr. Chemie-Ing.-Techn. 44 (1972) 1354–1360.

229 Vollheim, R.: Die Förderung von Festkörper-Luft-Gemischen in Rohren. Maschinenbautechnik 14 (1965) 455–460.

230 Vollheim, R.: Beitrag zur Theorie des pneumatischen Transportes. Maschinenbautechnik 21 (1972) 219–223.

231 Zenker, P.: Untersuchungen über die Staubverteilung turbulent strömender Staub-Luft-Gemische in Rohrleitungen. Staub-Reinhalt. Luft 32 (1972) 1–9.

232 Nakamura, K.; Capes, C. E.: Vertical Pneumatic Conveying: A Theoretical Study of Uniform and Annular Particle Flow Models. Canad. J. chem. Engng. 51 (1973) 39–46.

233 Weidner, G.: Grundsätzliche Untersuchungen über den pneumatischen Fördervorgang, insbesondere über die Verhältnisse bei Beschleunigung und Umlenkung. Forsch.-Ing.-Wes. 21 (1955) 145–153.

234 Siegel, W.: Experimentelle Untersuchungen zur pneumatischen Förderung körniger Stoffe in waagerechten Rohren und Überprüfung der Ähnlichkeitsgesetze. VDI-Forschungsheft 538. Düsseldorf 1970.

235 Welschof, G.: Pneumatische Förderung bei großen Fördergutkonzentrationen. VDI-Forschungsheft 492. Düsseldorf 1962.

236 Stockburger, D.: Der Wärmeaustausch zwischen einer Rohrwand und einem turbulent strömenden Gas-Feststoff-Gemisch (Flugstaub). VDI-Forschungsheft 518. Düsseldorf 1966.

237 Froessling, N.: Über die Verdunstung fallender Tropfen. Gerlands Beiträge zur Geophysik 52 (1938) 170–216.

238 Jonstone, H. F.; Pigford, R. L.; Chapin, J. H.: Heat Transfer to Clouds of Falling Particles. Trans. Amer. Inst. Chem. Engrs. 37 (1941) 95–103.

239 Chudjakoff, G. N.: Nachr. Akad. Wiss. UdSSR, Abt. techn. Wiss. (1953) 265–277; Referat in: Chemie-Ing.-Techn. 25 (1953) 756.

240 Tschuchanoff, S. F.: Nachr. Akad. Wiss. UdSSR, Abt. techn. Wiss. (1947) Nr. 10.

241 Ihme, F.; Schmidt-Traub, H.; Brauer, H.: Theoretische Untersuchung über die Umströmung und den Stoffübergang an Kugeln. Chemie-Ing.-Techn. 44 (1972) 306–313.

242 Rühle, W.: Der Wärme- und Stoffübergang im Stromtrockner. Dr.-Ing.-Diss. TH München 1958.

243 Kamei, S.; Toei, R.: Neue Versuche an Trockenapparaten. Chemie-Ing.-Techn. 26 (1954) 1–9.

244 Stein, W. A.: Berechnung der Trocknung feuchter Produkte im Stromtrockner. Chemie-Ing.-Techn. 45 (1973) 1032–1039.

245 Pehrson, R.: Zur Theorie der Stromtrockner. VDI-Z. 108 (1966) 817–820.

246 Bornkessel, K.: Die Trocknung von Kaliumsulfat und Bittersalz mit Stromtrocknern. Freiberger Forschungshefte, A 291 (1963), Leipzig.

247 Becker, H.; Tamm, H.-F.: Grundlagen und Anwendung der Stromtrocknung. Konstruktion, Elemente, Methoden 5 (1968) 14–22; 6 (1969) 14–19.

248 Pneumatic Dryers Survey. Brit. Chem. Engineering 14 (1969) 1225–1228.

249 Neuer Sprudelzyklontrockner. Verfahrenstechnik 1 (1967) 61.

250 Klamroth, K.; Hackel, J.: Trocknungsanlagen für die Spanplattenindustrie. Holz als Roh- u. Werkstoff 29 (1971) 449–455.

251 Haag, K.: Weiterentwicklung der pneumatischen Mehltrocknung. MIAG-Nachrichten Nr. 161, 10/11.

252 Koller, H.: Zwei neue kontinuierlich arbeitende Konvektionstrockner für flüssige, pastöse und sandige Produkte. Aufbereitungs-Technik 12 (1971) 599–609.

253 Masters, K.: Spray Drying. An Introduction to Principles, Operational Practice and Applications. London 1972.

254 Schubert, M.; Viehweg, H.: Sprühturmtechnik. Leipzig 1969.

255 Troesch, H. A.: Die Zerstäubung von Flüssigkeiten. Chemie-Ing.-Techn. 26 (1954) 311–320.

256 Tate, R. W.; Marshall, W. R.: Atomization by Centrifugal Pressure Nozzles. Chem. Engng. Progr. 49 (1953) 169−174; 226−234.

257 Turner, G. M.; Moulton, R. W.: Drop-Size Distributions From Spray Nozzles. Chem. Engng. Progr. 49 (1953) 185−190.

258 Doumas, M.; Laster, R.: Liquid-Film Properties from Centrifugal Spray Nozzles. Chem. Engng. Progr. 49 (1953) 518−526.

259 Gebhardt, H.: Zerstäubung mit Dralldüsen. Wiss. Z. TH Dresden 7 (1957/1958) 249−273.

260 Nukiyama, S.; Tanasawa, Y.: Trans. Soc. Mech. Engrs. Japan 4 (1938) 86, 138; 5 (1939) 63, 68; 6 (1940) II-7, II-8.

261 Gretzinger, J.; Marshall, W. R.: Characteristics of Pneumatic Atomisation Amer. Inst. Chem. Eng. J. 7 (1961) 312−318.

262 Lehmann, G.: Beitrag zum Einsatz von Druckdüsen und Zweistoffdüsen in der Verfahrenstechnik. Diss. TU Dresden 1969.

263 Rinkes, H.; Fahrni, F.: Tropfengrößenverteilungen beim Zerstäuben. verfahrenstechnik 1 (1967) 346−356.

264 Kim, K. Y.; Marshall, W. R.: Drop-Size Distributions from Pneumatic Atomizers. Amer. Inst. chem. Eng. J. 17 (1971) 575−584.

265 Mehnhardt, E.: Die Zerstäubung von Flüssigkeiten mit rotierenden Scheiben. Chemie-Ing.-Techn. 45 (1973) 401−402.

266 Brauer, H.; Krüger, R.: Untersuchungen zur Flüssigkeitszerstäubung und Tropfenbewegung in Zerstäubungstrocknern. verfahrenstechnik 3 (1969) 107−116.

267 Hege, H.: Die Auflösung von Flüssigkeiten in Tropfen. Aufbereitungs-Technik 10 (1969) 142−147.

268 Masters, K.; Mohtadi, M. F.: A Study of Centrifugal Atomisation and Spray Drying. Brit. Chem. Engng. 12 (1967) 1890−1892.

269 Bär, P.: Über die physikalischen Grundlagen der Zerstäubungstrocknung. Dr.-Ing.-Diss. TH Karlsruhe 1935.

270 Herring, W. M.; Marshall, W. R.: Performance of Vaned-Disk Atomizers. Amer. Inst. Chem. Eng. J. 1 (1955) 200−209.

271 Fraser, R. P.; Eisenklam, P.; Dombrowski, R.: Rotary Atomizers. Brit. Chem. Eng. 2 (1957) 496−501.

272 Scott, M. N.; Robinson, M. J.; Pauls, J. F.; Lantz, R. J.: Spray Congealing: Particle Size Relationships Using a Centrifugal Wheel Atomizer. Journal of Pharmaceutical Science 53 (1964) 670−675.

273 Friedman, S. J.; Gluckert, F. A.; Marshall, W. R.: Centrifugal Disk Atomization. Chem. Eng. Progr. 48 (1952) 181−191.

274 Kusnezow, T. E.; Ganz, S. N.: J. angew. Chemie (russ.) 35 (1962) 8.

275 Kessler, H. G.: Probleme bei der industriellen Anwendung der Zerstäubungstrocknung. Chemie-Ing.-Techn. 39 (1967) 259−264.

276 Edeling, C.: Untersuchungen zur Zerstäubungstrocknung. Beiheft Nr. 57 zu „Angewandte Chemie" und „Chemie-Ingenieur-Technik", Weinheim 1949.

277 Stein, W. A.: Berechnung des Wärmeübergangs im Sprühturm. Chemie-Ing.-Techn. 43 (1971) 1153−1157.

278 Stein, W. A.: Berechnung der Trocknung wasserfeuchter Produkte im Sprühturm. Chemie-Ing.-Techn. 44 (1972) 1241−1246.

279 Hortig, P.: Zur Auslegung von Sprühtürmen. Chemie-Ing.-Techn. 42 (1970) 390−396.

280 Mühle, J.: Untersuchung von Partikelbahnen in Drehströmungen. Teil I: Über den Einfluß der wichtigsten Kennzahlen. Chemie-Ing.-Techn. 43 (1971) 1158−1167. Teil II: Numersche Ergebnisse für technisch bedeutsame Strömungsformen. Chemie-Ing.-Techn. 44 (1972) 889−898.

281 Reinhart, A.: Das Verhalten fallender Tropfen. Chemie-Ing.-Techn. 36 (1964) 740−746.

282 Ihme, F.; Schmidt-Traub, H.; Brauer, H.: Theoretische Untersuchung über die Umströmung und den Stoffübergang an Kugeln. Chemie-Ing.-Techn. 44 (1972) 306−313.

283 Brauer, H.: Impuls-, Stoff- und Wärmetransport durch die Grenzfläche kugelförmiger Partikeln. Chemie-Ing.-Techn. 45 (1973) 1099−1103.

284 Schlünder, E. U.: Über die Trocknung ruhender Einzeltropfen und fallender Sprühnebel. Dr.-Ing.-Diss. TH Darmstadt 1962.

285 Kessler, H. G.: Zur Dimensionierung von Zerstäubungstrocknertürmen. Chemie-Ing.-Techn. 39 (1967) 601−606.

286 Wahl, B.: Über den Trocknungsverlauf frei fallender, feststoffhaltiger Tropfen. Chemie-Ing.-Techn. 46 (1974) 351.

287 Deutsche Patent Auslegeschrift 1098447 vom 26. 1. 1961. Anmeldetag 12. 5. 1958.

288 Siegert, H.: Mahltrocknungsanlagen im Einsatz für die Herstellung feinkörniger Produkte mit doppelrotorigen Hammermühlen. Aufbereitungs-Techn. 12 (1971) 622−626.

289 Schüler, U.: Auswirkungen verschiedener Betriebsbedingungen auf die Zerkleinerung, die Durchsatzleistung und das Fördervolumen von Schlagmühlen für die Mahltrocknung. Energie und Technik 17 (1965) 451−455.

290 Neuroth, K.: Die Prallmahlung von Braunkohle und ihr Zusammenhang mit der Trocknung. Dr.-Ing.-Diss. TH Karlsruhe 1963.

291 Deckers, M.: Über die Mahltrocknung mit Abwärmeverwertung speziell in Rohrmühlen. Verfahrenstechnik 1 (1967) 109−111.

292 Témoin, A.: Neuere Entwicklungen bei der Mahltrocknung von Erzen und Mineralien. Aufbereitungs-Techn. 14 (1973) 648−654.

293 Redfern, A. P.: Wärmeleiteigenschaften bei der Papiertrocknung. The Paper Maker 145 (1963) 57−60.

294 Barnscheidt, W.; Schädler, M.: Untersuchungen zur Ermittlung der im Hinblick auf Wärmeübergang und Kraftbedarf optimalen Entwässerungsmethoden für Trockenzylinder. Papier 14 (1960) 600−608.

295 Staud, A.: Erkenntnisse bei der Kondensatabfuhr aus raschlaufenden Trockenzylindern. Voith Forsch. Konstruktion (1964) 4,1−4,9.

296 Rissel, W.; Rosenfeld, K.: Studie über die Entwässerung von Trockenzylindern mittels feststehender Syphons. Papier 18 (1964) 207−213.

297 Pothmann, D.: Trocknungsvorgänge am Glättzylinder. Wochenblatt für Papierfabrikation 102 (1974).

298 Schönemann, K. F.: Die Papier- und die Kartonmaschine und ihre Weiterentwicklung. In: Jahrbuch der Papier- und Zellstoffindustrie 1970/71.

299 Meinecke, A.: Die Papiertrocknung mit Trockenzylindern. Wochenbl. f. Papierfabr. 102 (1974) 41−52.

300 Volk, W.: Grundlagen der Papiertrocknung. In: APV-Jahrestreffen 1973, Vortragsreihe „Trocknung von Papier". Biberach 1974.

301 Marx, H.: Optimierung der Verdampfungsleistung (Trocknungsleistung) durch die Trocknungspartiebespannung bei verschiedenen Papierqualitäten. Das Papier 28 (1974) 9−14.

302 Schiller, F.: Elektrische Antriebe in der Zellstoff- und Papierindustrie. Berlin, Göttingen, Heidelberg 1964.

303 Knittweis, H.-J.: Überlegungen zur Regelung von Trockenpartien. Wochenbl. f. Papierfabrik. 102 (1974) 89−92.

304 Schmidt, K.: Anwendung der Gesetze der Trocknung und Belüftung auf die Gestaltung und Betriebsführung von Zellstoff- und Papiertrockenmaschinen. Papier 3 (1949) 73−82, 118−131, 159−169.

305 Nonhebel, G.; Moss, A. A. H.: Drying of Solids in the Chemical Industry. London 1971.

306 Wunschmann, J.; Schlünder, E. U.: Experimentelle Ergebnisse über den Wärmeübergang von beheizten Flächen an gerührte Kugelschüttungen bei verschiedenen Drücken. Chemie-Ing.-Techn. 45 (1973) 1320.

307 Keßler, H. G.: Die Kontakttrocknung rieselfähiger Güter bei Normaldruck und bei Vakuum. Chemie-Ing.-Techn. 41 (1969) 463−472.

308 Uhl, V. W.; Root, W. L.: Indirect Drying in Agitated Units. Chem. Engng. Progress 58 (1962) 37−44.

309 Lücke, R.; Schwarz, M.; Lipp, E.: Aufbereitung von Preßmassen mit hohen Faseranteilen. Aufbereitungs-Technik 15 (1974) 291−296.

310 Jenich, G.: Praktische Erfahrungen mit Stegwendeleisten in Röhrentrocknern mit engen Rohren und deren Einfluß auf die Fabrikleistung. Bergbautechnik 15 (1965) 138−144.

311 Metzner, H.: Maßnahmen zur Steigerung der Leistung von Röhrentrocknern. Bergbautechnik 15 (1965) 144−150.

312 Weber, M.: Optimierung der technologischen und konstruktiven Bedingungen des Röh-

rentrockners unter besonderer Berücksichtigung der Kohlebewegung im Trocknerrohr. Diss. Bergakad. Freiburg 1968.

313 Rammler, R.; Weber, M.: Nomogramm für die Größe „Füllungsgrad" bei Röhrentrocknern. Neue Bergbautechnik 1 (1971) 524—528.

314 Kamei, S.; Toei, R.: Neue Versuche an Trockenapparaten. Chemie-Ing.-Techn. 26 (1954) 1—9.

315 List, H.; Schwenk, W.: Der A-P-Trockner-Reaktor — ein neues Arbeitsprinzip für thermische Prozesse in flüssiger, viskoser und trockener Phase. CZ-Chemie-Technik 2 (1973) 419—423.

316 Millioud, A.; Rosch, M.: Zur Problematik der kontinuierlichen Vakuumtrocknung. Chemie-Ing.-Techn. 45 (1973) 369—374.

317 Widmer, F.: Zum Einsatz von Dünnschichtapparaten bei hochviskosen Medien und bei der Erzeugung von Trockenprodukten. Chemiker-Zeitung 95 (1971) 772—780.

318 Bachmann, R.: Kontakttrocknung in der horizontalen, mechanisch beeinflußten dünnen Schicht. Verfahrenstechnik 6 (1972) 269—274.

319 Berge, O.: Ein norwegischer Beitrag zur Trocknungstechnik, der Rotadisc-Trockner. CAV 1971, Juli.

320 Choc, M.: Vibrationstrocknung von körnigen Stoffen. Ingenieur digest 2 (1963) 22—25.

321 Küchenthal, G.; Langenbacher, H.: Drallrohr-Trockner System Ruhrchemie für pulverförmige bis feinkörnige Stoffe. Chem. Ind. XVI (1964) 619—622.

322 Dettmer, F.: Trocknung im Sandbett durch Wärme oder Elektroendosmose. Keramische Zeitschrift 17 (1965) 147—148.

323 Kruse, P. W.; McGlauchlin, L. D.; McQuistan, R. B.: Grundlagen der Infrarottechnik. Stuttgart 1971.

324 Borchert, R.; Jubitz, W.: Infrarottechnik, 3. Aufl. Berlin 1958.

325 Heidemann, G.; Stillig, H.: Grundlagen der Strahlungswärmebehandlung und -Trocknung im nahen Infrarot. Melliand Textilberichte 52 (1971) 730—738.

326 Koch, W.: Experimentelle Untersuchungen über die Trocknung mit infraroten Strahlen im nichthygroskopischen Bereich. VDI-Forschungsheft 465. Düsseldorf 1958.

327 Bommer, P.: Heizung und Trocknung mit Infrarotstrahlen. Elektrizitätsverwertung 41 (1966) 143—158.

328 Dvořák, L.; Kegel, K.: Wärmespiegel für Infrarot-Quarzstrahler, ihre Formen und Eigenschaften. Elektrowärme international 27 (1969) 68—73, 228—233.

329 Freisenhausen, D.: Einsatz von Gasheizstrahlern in Heizungs- und Trocknungsanlagen. Gas wärme international 22 (1973) 258—263.

330 Pohl, K. M.; Teichner, K.: Die technische Anwendung der gasbeheizten Strahlwand. Gas wärme international 20 (1971) 255—259.

331 Sinnig, B.: Grundlagen und Anwendung der Gasstrahlwand. Gas wärme international 23 (1974) 179—184.

332 Atkin, F. L.: Infrared-Drying. Gas Times (1944) Sept. 16, Supplement I.

333 Kollmann, G.; Malmquist, L.: Untersuchungen über das Strahlungsverhalten trocknender Hölzer. Holz als Roh- und Werkstoff 13 (1955) 249—258.

334 Kollmann, F.; Schneider, A.; Böhner, G.: Untersuchungen über die Erwärmung und Trocknung des Holzes mit Infrarotstrahlen. Forschungsberichte des Landes Nordrhein-Westfalen Nr. 1689. Köln, Opladen 1966.

335 Lauster, F.: Elektrowärmetechnik. Stuttgart 1963.

336 Saatmann, C.: Physikalische Vorgänge bei der Trocknung von kondensierenden Kunstharzlacken durch Bestrahlung und ihre Auswertung für die Praxis. Korrosion u. Metallschutz 19 (1943) 19—27.

337 Pfennig, H.: Zur Trocknung mit infraroten Strahlen. Verfahrenstechnik 1 (1967) 306—319.

338 Böttger, F.: Strahlungstrockner. Melliand Textilberichte 52 (1971) 588—590.

339 Trapp, W.; Pungs, L.: Einfluß von Temperatur und Feuchte auf das dielektrische Verhalten von Naturholz im großen Frequenzbereich. Holzforschung 10 (1956) 144—150.

340 Püschner, H.: Wärme durch Mikrowellen. Eindhoven 1964.

341 Popert, F.: Grundzüge einer Theorie der stationären Durchlauftrocknung. Elektrowärme international 30 (1972) B 311—B 320.

342 Püschner, H. A.: Stand der Mikrowellen Wärmetechnik in Europa. ETZ Elektrotechnische Zeitschrift 20 (1968) 133—137.

343 Grassmann, H. Ch.: Dielektrische Verfahren. Elektrowärme international 27 (1969) 175—182.

344 Lauster, F.: Elektrowärmetechnik. Stuttgart 1963.

345 Mann, C. A.; Ceagliske, N. H.; Olson, A. C.: Mechanism of Dielectric Drying. Ind. Engng. Chem. 41 (1949) 1686—1694.

346 Besser, E. D.; Piret, E. L.: Controlled Temperature Dielectric Drying. Chem. Engng. Progr. 51 (1955) 405—410.

347 Gengenbach, O.: Fortschritte in der Lackiertechnik, Voraussetzungen der Wirtschaftlichkeit. Mitt. Forschungsges. Blechverarbeitung (1957) 278—279.

348 Czepek, E.; Sporckmann, H.: Hochfrequenztrocknung von Buchenholz in einem süddeutschen Holzwerk. Elektrowärme international 26 (1968) 440—447.

349 Illing, G.: Trocknen, härten und schäumen mit Hochfrequenzenergie. Kunststofftechnik 7 (1968) 440—443.

350 Beintker, W.: Hochfrequenztrocknung in der holzverarbeitenden Industrie. Techn. Überwach. 5 (1964) 444—446.

351 Blin, C.; Guerga, M.: Trocknen von Keramikerzeugnissen durch dielektrische Verluste. Ein industrieller Mikrowellen-Trockner. Keramische Zeitschrift 21 (1969) 157—159.

352 Ottmann, G.: Elektronenstrahltrocknung — heute und morgen. Farbe u. Lack 79 (1973) 633—638.

353 Davison, W. H. P.: Das Schnelltrocknen von Lacküberzügen nach dem Elektronenstrahlverfahren. Industrie-Lackier-Betrieb 37 (1969) 3—8.

354 Antonetty, G.: Lackhärtung mit Elektronenstrahlen. Industrie-Lackier-Betrieb 37 (1969) 143—147.

355 Lanius, E. H.: Elektronenstrahlen härten Lacke. Lacktrocknen im kontinuierlichen Prozeß. VDI-Nachrichten 25 (1971) 1 u. 4.

356 Zitzmann, B.: Extrusionstrocknung. Chemie-Ing.-Techn. 42 (1970) 41—44.

357 Erdmenger, R.: Zur Entwicklung von Schneckenverdampfern. Chemie-Ing.-Techn. 34 (1962) 751—754.

358 For High-Quality Rubber, Squeeze Dry. Chem. Engng. 67 (1960) 63—64.

359 Kuchinski, F. L.; Muraski, F. T.: Pilot plant preparation of stereospecific rubbers. Chem. Engng. Progr. 57 (1961) 62—66.

360 Dunning, J. W.; Baer, Sh.: Dewatering and Drying Synthetic Rubber. Chem. Engng. Progr. 57 (1961) 53—54.

361 Boucher, R. M. G.: Ultrasonics Boosts Heatless Drying. Chem. Engineering 66 (1959) 151—154.

362 Boucher, R. M. G.: Ultrasonics in Processing. Chem. Engineering 68 (1961) 83—100.

363 Marziniak, R.: Untersuchungen über die Wirkungsweise und Anwendungsmöglichkeiten akustischer Trocknungsprozesse. Forschungsberichte des Laboratoriums für Ultraschall RWTH Aachen, Hrsg.: R. Pohlmann, 1972.

364 Engelberger, A.: Die innere Temperatur- und Feuchtigkeitsverteilung bei der Konvektions- und Kontakttrocknung eines kapillarporösen Körpers. Chemie-Ing.-Techn. 37 (1965) 1235—1245.

365 Pothmann, D.: Trocknungsvorgänge am Glättzylinder. APV-Jahrestreffen 1973, Vortragsreihe „Trocknung von Papier", Sonderdruck aus „Wochenbl. f. Papierfabrikation" 102 (1974) 65—74.

366 Hirsch, R.: Untersuchung über die Papiertrocknung mit Hochleistungshauben. Dr.-Ing. Diss. Univ. Stuttgart 1970.

367 Andersson, C.-H.; Sundel, R.: Neuentwickelte Hochleistungshaube mit eingebauten Gasbrennern. Papier 24 (1970) 802—813.

368 Kunze, W.: Trockenversuche auf dem Segmenttellertrockner. Wissenschaftl. Zeitschrift der Techn. Hochschule Karl-Marx-Stadt 6 (1964) 19—24.

369 Počun, A.: Einstellen von Drehofen-Laufrollen. Zement-Kalk-Gips 18 (1965) 589—592.

370 Müller, F.: Vermischung und Entmischung trockener, körniger Massen durch Eigenbewegung im Drehrohr und durch rotierende Mischwerkzeuge. München Techn. Hochsch., Dr.-Ing.-Diss. 1965.

371 Jinescu, V. V.; Jinescu, J.: Verfahrenstechnische Berechnungsgrundlagen für Drehtrommelanlagen. Aufbereitungs-Techn. 13 (1972) 573−579.

372 Elgeti, K.; Wohlfahrt, A.: Materialtransport in Drehrohröfen mit taschenförmigen Einbauten. Aufbereitungs-Techn. 10 (1969) 477−485.

373 Vogel, R.: Bewegung und Verweilzeit von Schüttgut in einem Drehrohr. Maschinenbautechn. 14 (1965) 461−464.

374 Wahlster, M.; Jost, H. G.; Sorbent, H.; Meyer, G.: Untersuchungen über die Materialbewegung im Drehrohrofen. Tech. Mitt. Krupp. Forsch.-Ber. 21 (1963) 5−14.

375 Friedman, S. J.; Marshall, W. R.: Studies in Rotary Drying. Chem. Engng. Progr. 45 (1949) 482−493, 573−588.

376 Miskell, F.; Marshall, W. R.: A Study of Retention Time on a Rotary Dryer. Chem. Engng. Progr. 52 (1956) 35−38 J.

377 Maltry, W.: Untersuchungen an Trommeltrocknern mit Kreuzeinbauten. Deutsche Agrartechnik 19 (1969) 45−46.

378 Kröll, K.: Die Vorgänge in Trocknungs- und Erwärmungstrommeln für rieselfähige Güter. Berlin, Göttingen, Heidelberg 1950.

379 Myklestad, O.: Heat and Mass Transfer in Rotary Dryers. Chem. Engng. Progr. Sympos. Ser. 59 (1963) 129−137.

380 Myklestad, O.: Moisture Control in Rotary Dryers. Chem. Engng. Progr. Sympos. Ser. 59 (1963) 138−144.

381 Nenstiel, W.: Neuer Trockner für rieselfähige Güter. Keramische Zeitschrift 16 (1964) 146 u. 149.

382 Jlg, J.: Maschinelles Wäschetrocknen im Haushalt. H u E Zeitschrift für Hausrat, Eisenwaren, Elektrogeräte (1969) 4.

383 Schmidt, H.: Wäschetrockner im Haushalt. Hauswirtsch. u. Wiss. 18 (1970) 22−26.

384 Schmidt, H.: Untersuchungen über das maschinelle Wäschetrocknen im Warmlufttrockner (Tumbler). Forschungsberichte des Landes Nordrhein-Westfalen. Opladen 1972.

385 Kionka, U.; Timmermann, T.: Wäschetrockner − heute und in Zukunft. Elektrowärme international 31 (1973) 126−129.

386 Magin, B.: Der Tumbler in seiner universellen Anwendbarkeit. Melliand Textilberichte 55 (1974) 285−291.

387 Arntz, W.: Der Durchlauftrockner „Meatherm". Das Leder, 22 (1971) 283−286.

388 Gefahrt, J.: Holztrocknung durch kombinierte Hochfrequenz- und Kontakterwärmung. Holz als Roh- und Werkstoff 28 (1970) 53−58.

389 Kombiniertes Trocknungsverfahren mit Hochfrequenz- und Konvektionstrocknung. Holz als Roh- u. Werkstoff 25 (1967) 400−401.

390 Holland-Merten, E. L.: Tabellenbuch der Vakuumverfahrenstechnik in der Grundstoffindustrie. Leipzig 1964.

391 Oetjen, G.-W.; Bettermann, D.: Eilenberg, H.: Kontinuierliche Kurzzeittrocknung rieselfähiger Kunststoffe unter Vakuum. Chemie-Ing.-Techn. 44 (1972) 592−596.

392 Kolbe, E.; Tredup, D.: Infrarot-Impuls-Vakuumtrocknung. Elektrowärme 20 (1962) 58−67.

393 Holland-Merten, E. L.: Die Vakuumtrocknung in den verschiedenen Druckbereichen. Chem. Techn. 15 (1963) 15−24.

394 Pupp, W.: Vakuumtechnik, München 1962.

395 Nonhebel, G.; Moss, A. A. H.: Drying of Solids in the Chemical Industry. London 1971.

396 Nabholz, H.; Thalmann, C.: Die Kerosindampf-Trocknung von Transformatoren. Micafil-Nachr. 1 (1968) 1−7.

397 Zapp, G.: Trocknung bei der Lederherstellung. Entwicklung, heutiger Stand. Informationsschrift der Firma Trockentechnik, Homberg 1971.

398 Pierson, F.: Bemerkungen zur Technik der Vakuumtrocknung von Boxcalfleder. Das Leder 17 (1966) 49−55.

399 Bocciardo, P.: Über die Vakuumtrocknung von Leder. Das Leder 17 (1966) 76−79.

400 Kessler, H. G.: Überlegungen zur Auswahl trenntechnischer Verfahren bzw. Apparate. Aufbereitungs-Technik 10 (1969) 629−634.

401 Kessler, H. G.: Die Kontakttrocknung rieselfähiger Güter bei Normaldruck und bei Vakuum. Chemie-Ing.-Techn. 41 (1969) 463−472.

402 Klocke, H. J.: Kombinationsmöglichkeiten der positiven Eigenschaften von Dünnschichtkontakt- und Vakuumschaufeltrocknern. Verfahrenstechnik 8 (1974) 356—360.

403 Thies, B.: Kegelschneckentrockner. Verfahrenstechnik 5 (1971) 177.

404 List, H.; Schwenk, W.: Das AP-Prinzip und seine Anwendung. Chemische Rundschau 26 (1973) 7—9.

405 Rüsch, F.: Kennzeichen: geringer Wärmebedarf. Vakuum-Rieseltrocknungsanlagen — Aufbau und Wirkungsweise. MM-Industriejournal, Würzburg 77 (1971) 787—789.

406 Seifen, Kühlung, Trocknung und Weiterverarbeitung. Fette, Seifen, Anstrichmittel 67 (1965) 861—862.

407 Holland-Merten, E. L.: Die kontinuierliche Trocknung unter Vakuum. Chem. Techn. 15 (1963) 71—82.

408 Fischer, R.; Frei, A.: Einspeis- und Austragssysteme für kontinuierlich arbeitende Vakuumtrockner. Chemische Rundschau 26 (1973) 1—5.

409 Kessler, H. G.: Gefriertrocknung mit Produktumlagerung. Verfahrenstechnik 8 (1974) 348—355.

410 Nemitz, G.: Über die Wasserbindung durch Eiweißstoffe und deren Verhalten während der Trocknung. Dr.-Ing.-Diss. TH Karlsruhe 1961.

411 Spieß, W. E. L.; Wolf, W.; Buttmi, W.; Jung, G.: Gefrierkonzentrierung von Pasten und hochviskosen Flüssigkeiten im Hinblick auf eine wirtschaftlichere Gestaltung des Gefriertrocknungsverfahrens. Chemie-Ing.-Techn. 45 (1973) 498—501.

412 Saint-Hilaire, P.; Solms, J.: Über die Gefriertrocknung von Organensaft. I: Der Einfluß der chemischen Zusammensetzung auf die Sublimationstemperatur. Lebensm.-Wiss. u. Technol. 6 (1973) 170—173; II: Der Einfluß der Einfriermethode auf die Gefriertrocknung 6 (1973) 174—178.

413 Strasser, J.; Heiß, R.; Görling, P.: Der Wasserdampf- und Wärmetransport bei der Vakuum-Sublimationstrocknung im Hinblick auf einen technisch günstigen Ablauf des Prozesses. Kältetechnik—Klimatisierung 18 (1966) 286—293.

414 Spieß, W. E. L.: Über den Transport des Wasserdampfes bei der Gefriertrocknung von Lebensmitteln. Dr.-Ing.-Diss. TU Karlsruhe 1969.

415 Triebes, Th., A.; King, C. J.: Factors Influencing the Rate of Heat Conduction in Freeze-Drying. Ind. Engng. Chem. Process Design and Development 5 (1966) 430—436.

416 Pyle, H. A. A.; Eilenberg, H. Y.: Continuous Freeze Drying. Vacuum Sci. Technol. 21 (1971) 103—114.

417 Steinbach, G.: Fortschritte in der Gefriertrocknung durch kontinuierliche Verfahren. CZ-Chemie-Technik 2 (1973) 323—327.

418 Mason, P. B.: Improvements in Freeze Drying, with Special Reference to Liquids. International Food Industries Congress 1964, sponsored by Food Manufacture, Session 2, Paper 2.

419 Kessler, H. G.: Die Sublimationstrocknung rieselfähiger Güter bei Produktumlagerung. Vakuum Techn. 18 (1969) 89—94.

420 Neumann, K. H.: Automatisierung und Regelung bei Gefriertrocknungsverfahren. In: 6. Gefriertrocknungstagung. Köln 1965.

421 Rosin, P.: Die Fleißner-Trocknung lignitischer Braunkohle. Braunkohle 28 (1929) 649—658.

422 Rammler, E.; Baunack, F.: Einige Untersuchungen über Druckdämpfung von Weichbraunkohle und deren Auswirkung auf Trockenguteigenschaften und Brikettierverhalten. Freiberger Forschungshefte, Reihe A (1952) 27—48.

423 Lindstedt, P. M.; Gunnerson, H. L.: Dewatering of Thermoplastic Resins by Syneresis. Ind. Engng. Chem. 49 (1957) 1823—1827.

424 Spiess, W. E.: Neue Entwicklungen auf dem Gebiet der Lebensmitteltrocknung im Westen der vereinigten Staaten von Nordamerika. Die industrielle Obst -und Gemüseverwertung 57 (1952) 289—294.

425 Bright, J. R.: Does Automation Raise Skill Requirements. Harward Business Review (1958) 85—98.

426 Schauss, H.: Problematik der Wassergehaltsbestimmung von Feststoffen. Vergleichende Untersuchungen nach thermischen und chemischen Meßmethoden. Chemie-Ing.-Techn. 36 (1964) 469—479.

427 Lück, W.: Feuchtigkeit. Grundlagen, Messen, Regeln. München, Wien 1964.

428 Brecht, W.; Körner, L.: Laboratoriumsuntersuchungen über die Eignung einiger Geräte zur Schnellmessung des Papierfeuchtigkeitsgehaltes. Papier (1954) Heft 13, 14; 19, 20.

429 von Tolkacy, M.: Feuchtigkeitsmessung an Papier- und Kartonbahnen als Funktion der Dielektrizitätskonstanten. Wochenbl. für Papierfabrikation 97 (1969) 111−118.

430 Schentzinger, Th.: Infrarotmeßtechnik-Einsatzmöglichkeiten in der Papierindustrie. Papier 25 (1971) 237−240.

431 Kosbahn, R.: Probleme der Feuchtemessung von Schüttgütern im Betrieb. Regelungstechn. Praxis u. Prozeß-Rechentechnik (1970) 23−26.

432 Roth, M.: How to Measure Moisture in Solids. Chem. Engng. 73 (1966) 83−88.

433 Hengstenberg, J.; Sturm, B.; Winkler, O. (Hrsg.): Messen und Regeln in der chemischen Technik. Berlin, Göttingen, Heidelberg 1964.

434 Oppelt, W.: Kleines Handbuch technischer Regelvorgänge. Weinheim 1964

435 Piwinger, F.: Regelungstechnik für Praktiker. Düsseldorf 1965.

436 Pressler, G.: Regelungstechnik, 1. Bd: Grundelemente. Mannheim 1967.

437 Schäfer, O.: Grundlagen der selbsttätigen Regelung. Gräfelfing b. München 1965.

438 DIN 19226. Regelungstechnik und Steuerungstechnik, Begriffe und Benennungen. 1968.

439 Maltry, W.: Beitrag zur Automatisierung der Heißlufttrocknung. Z. Dt. Agrartechnik 20 (1970) 489−491.

440 Maltry, W.: Beitrag zur Thermostatik, Thermodynamik und Regelungstechnik von Trocknungsprozessen, insbesondere des landwirtschaftlichen Heißlufttrocknungsprozesses, mit einem Anhang: Tafeln der Zustandsgrößen und Zustandsdiagramme feuchter Luft im Bereich 0 bis 700°C und 0 bis 500 g/kg Wassergehalt. Diss. BTU Dresden 1971.

441 Kramer, H.: Einführung in die Praxis des Analogrechners. In: Lehrgangshandbuch Regelung in der Verfahrenstechnik. VDI-Bildungswerk, Düsseldorf 1969.

442 Peinke, W.: Rechenmaschinen in der Verfahrenstechnik. In: Lehrgangshandbuch Regelung in der Verfahrenstechnik. VDI-Bildungswerk, Düsseldorf 1969.

443 Naumann, K.: Über die selbsttätige Temperaturregelung einer mit Gichtgas im Gegenstrom beheizten Trockentrommel für Kalksteinsplitt. Dr.-Ing.Diss. TH Braunschweig 1963.

444 Rosenberg, W.: Nachbildung von Regelkreisgliedern mit einem elektronischen Simulator. In: Lehrgangshandbuch Regelung in der Verfahrenstechnik. VDI-Bildungswerk, Düsseldorf 1969.

445 Knittweis, H.-J.: Überlegungen zur Regelung von Trockenpartien. In: APV-Jahrestreffen 1973, Vortragsreihe „Trocknung von Papier", 61−64. Biberach 1974.

446 Wultsch, F.; Werner, D.: Untersuchungen und kritische Betrachtungen der Regelprobleme an modernen Papiermaschinen. Wochenbl. für Papierfabrikation 86 (1958) 310−322, 497−511.

447 Wick, H.-J.: Prozeßrechner für Flächengewichts- und Feuchteregelung. Wochenbl. für Papierfabrikation 99 (1971) 991−994.

448 Rüssmann, G.: Rechnergeführte Flächengewichts- und Feuchteregelung. Wochenbl. für Papierfabrikation 99 (1971) 987−990.

449 Schiller, F.: Elektrische Antriebe in der Zellstoff- und Papierindustrie. Berlin 1964.

450 Rumpf, H.: Über das Ansetzen fein verteilter Stoffe an den Wänden von Strömungskanälen. Chemie-Ing.-Techn. 25 (1953) 318−327.

451 Borho, K.: Agglomeration und Wandansatz bei Gas/Feststoff-Strömungen aufgrund elektrostatischer Aufladungen. Chemie-Ing.-Techn. 45 (1973) 387−391.

452 Junghahn, L.: Ursachen der Krustenbildung. Werkstoffe und Korrosion (1962) 143−150.

453 Junghahn, L.: Methoden zum Herabsetzen oder Verhindern der Krustenbildung. Chemie-Ing.-Techn. 36 (1964) 60−67.

454 VDI 2263, Verhütung von Staubbränden und Staubexplosionen. Düsseldorf 1969.

455 Beach, R.: Preventing Static-Electricity Fires. Chem. Engineering. 71 (1964) 73−78; 72 (1965) 63−66.

456 Riethmayer, S.: Antistatika. Gummi − Asbest − Kunststoffe (1973) 76−80, 88, 182−184, 298−308.

457 Teege, G.: Elektrostatische Aufladung als Ursache für die Verstaubung von Kunststoffoberflächen − Mittel und Wege zu ihrer Verhinderung. Staub-Reinhalt. Luft 28 (1968) 489−492.

458 Freytag, H. H. (Hrsg.): Handbuch der Raumexplosionen. Weinheim/Bergstr. 1965.

459 Kühnen, G.: Beurteilung der Explosionsgefahr bei brennbarem Staub. Staub-Reinhalt. Luft 27 (1967) 530−534.

460 Bartknecht, W.: Explosionsunterdrückung von Staubexplosionen in Behältern. Staub-Reinhalt. Luft 31 (1971) 113−121.

461 Heinrich, H. J.; Kowall, R.: Ergebnisse neuerer Untersuchungen zur Druckentlastung bei Staubexplosionen. Staub-Reinhalt. Luft 31 (1971) 149−153.

462 Heinrich, H.-J.; Kowall, R.: Beitrag zur Kenntnis des Ablaufs druckentlasteter Staubexplosionen bei Zündung durch turbulente Flammen. Staub-Reinhalt. Luft 32 (1972) 293−297.

463 Unfallverhütungsvorschriften der gewerblichen Berufsgenossenschaften VBG 1: Allgemeine Vorschriften.

464 VDI 2262. Technische Staubbekämpfung am Arbeitsplatz. Ausg. Mai 1966.

465 VDI 2264. Betrieb und Wartung von Entstaubungsanlagen. Ausg. Mai 1966.

466 Richtlinien zur Verhütung von Gefahren infolge elektrostatischer Aufladungen. Hauptverband der gewerblichen Berufsgenossenschaften. Zentralstelle für Unfallverhütung. Weinheim 1967.

467 Zehr, J.: Verhütung von Staubexplosionen beim Trocknen, Fördern, Mischen und Bunkern. Staub-Reinhalt. Luft 27 (1967) 96−97.

468 Ritter, K.: Betriebliche Maßnahmen zur Verhütung von Staubbränden und Staubexplosionen. Staub-Reinhalt. Luft 31 (1971) 108−112.

469 Donat, C.: Auswahl und Bemessung von Druckentlastungseinrichtungen für Staubexplosionen. Staub-Reinhalt. Luft 31 (1971) 154−160.

470 Witthaus, P.-O.: Druckentlastungsflächen − Lösungen aus der Praxis. Staub-Reinhalt. Luft 31 (1971) 166−169.

471 Donat, C.: Einsatz von Berstsicherungen bei langsamem und schnellem Druckanstieg. Chemie-Ing.-Techn. 45 (1973) 790−796.

472 Heinrich, B.; Stockburger, D.; Thoma, P.: Untersuchungen zur Eindämmung von Staubexplosionen in Filtern. Chemie-Ing.-Techn. 45 (1973) 946−950.

473 VDE 0165/4.66, Bestimmungen für die Errichtung elektrischer Anlagen in explosionsgefährdeten Betriebsstätten. Berlin 1966.

474 Richtlinien für elektrische Anlagen in explosionsgefährdeten Betriebsstätten. Hauptverband der gewerblichen Berufsgenossenschaften, Zentralstelle für Unfallverhütung. Köln 1966.

475 Helfrich, F.; Schubert, W.: Ermittlung von Investitionskosten, Einfluß auf die Wirtschaftlichkeit. Chemie-Ing.-Techn. 45 (1973) 891−897.

476 Kammann, O.; Erb, R.: Kalkulationssystem für den Anlagenbau in der chemischen Industrie. Chemie-Ing.-Techn. 46 (1974) 215.

477 Kölbel, H.; Schulze, J.: Projektierung und Vorkalkulation in der chemischen Industrie. Berlin, Göttingen, Heidelberg 1960.

478 Kölbel, H.; Schulze, J.: Chem. Ind. 19 (1967) 340 u. 701.

479 Boas, A. H.: Modern Mathematical Tools for Optimization. Chem. Engng. (1962), (1963).

480 Hooke, R.; Jeeves, T. A.: "Direct Search" Solution of Numerical and Statistical Problems. J. A. C. M. (1961) 212−229.

481 Bolvary-Zahn, W.-D.: Optimierung von Bandtrocknern. Chemie-Ing.-Techn. 39 (1967) 254−259.

482 Pommer, D.: Berechnung und Optimierung eines Vierbandtrockners mit Hilfe eines mathematischen Modells. Dr.-Ing.-Diss. TH München 1970.

483 Mathur, K. B.; Epstein, N.: Spouted Beds. New York, San Francisco, London 1975.

484 Brauer, H.; Sucker, D.: Umströmung von Platten, Zylindern und Kugeln. Chemie-Ing.-Techn. 48 (1976) 665−671.

485 Löffler, F.: Möglichkeiten und Grenzen der Feinstaubabscheidung. Chemie-Ing.-Techn. 48 (1976) 26−34.

486 Germerdonk, R.: Adsorption von Geruchs- und anderen problematischen Stoffen. Staub-Reinhalt. Luft 36 (1976) 306−311.

487 Wirth, H.: Eigenschaften und Auswahlkriterien für Adsorptionsmittel. Staub-Reinhalt. Luft 36 (1976) 288—292.

488 Edye, E.: Solar-Energie. Grundlagen und Aussichten für eine technische Nutzung. Chemie-Ing.-Techn. 47 (1975) 873—879.

489 Geiger, A.: Die Bahnführung in Schwebetrocknern. Holz als Roh- und Werkstoff 34 (1976) 275—279.

490 Gardiner, F. J.; Dietl, R.: Fortschritte in der Durchströmungstrocknung. Papier 30 (1976) V118—V127.

491 Vosteen, B.: Trockner. Chemie-Ing.-Techn. 48 (1976) 941—949.

492 Rosch, M.; Probst, R.: Granulation in der Wirbelschicht. Verfahrenstechnik 9 (1975) 59—64.

493 Cannon, M. W.: Food Trade Rev. 45 (1975) 9—12.

494 Hilgraf, P.: Berechnung der Trocknung von Feststoffen im Stromtrockner. Aufber.-Technik 17 (1976) 288—294.

495 Hinger, K. J.; Blenke, H.: Analyse des wirtschaftlichen Optimums eines Chemiereaktors. Chemie-Ing.-Techn. 47 (1975) 976—981.

496 Schlünder, E. U.: Die Berechnung von Beharrungstemperaturen bei Trocknungsvorgängen. vt-Hochschulkurs I: Thermische Verfahrenstechnik I—VII. Beilage der Zeitschrift „Verfahrenstechnik" 12 (1975).

497 Simon, E. J.: Agglomeration in der Wirbelschicht — ein vielseitiges Verfahren für die Strukturierung von Feststoffgemischen. Verfahrenstechnik 10 (1976) 758—763.

498 Bartknecht, W.: Explosionsschutz-Maßnahmen an Sprühgranulatoren und Wirbelschicht-Trockenanlagen. Maschinenmarkt 82 (1976) 826—829.

499 Klocke, H. J.: Konstruktive und wirtschaftliche Gesichtspunkte bei diskontinuierlichen Vakuumkontakttrocknern mit horizontalem Rotor. Vortrag in der internen Arbeitssitzung des Fachausschusses „Trocknungstechnik" der VDI-Gesellschaft Verfahrenstechnik und Chemieingenieurwesen am 24./25. 3. 1977 in Freiburg.

500 Stein, W. A.: Chargenweise Trocknung mit unterschiedlichen Vakuum-Kontakttrocknern. Verfahrenstechnik 10 (1976) 769—774; 11 (1977) 108—111.

501 Gummel, P.; Zabeschek, G.; Schlünder, E. U.: Experimentelle Bestimmung der Trocknungsgeschwindigkeit von durchströmten Haufwerken durch die kontinuierliche Messung der Abluftfeuchte. Verfahrenstechnik 10 (1976) 766—769.

502 Hoiß, J.: Untersuchungen zum Trocknungsverhalten von Zweikornschüttungen kugelförmiger poröser Teilchen. Chemie-Ing.-Techn. 46 (1974) 995.

503 Lücke, R.: Örtliche Wärmeübergangskoeffizienten in einem Pflugscharschaufeltrockner. Verfahrenstechnik 10 (1976) 774—777.

504 Rautenbach, R.; Hoek, H.; Beer, W.; Eilenberg, H.: Kurzweg-Gefriertrockner mit integrierter Wärmepumpe. Chemie-Ing.-Techn. 49 (1977) 177.

505 Nabert, K.; Schön, G.: Sicherheitstechnische Kennzahlen brennbarer Gase und Dämpfe. Berlin 1968.

506 Palmer, K. N.: Dust Explosions and Fires. London 1973.

507 Wiethaup, H.: Schutz vor Luftverunreinigungen, Geräuschen und Erschütterungen. Herne 1970.

Springer-Verlag und Umwelt

Als internationaler wissenschaftlicher Verlag sind wir uns unserer besonderen Verpflichtung der Umwelt gegenüber bewußt und beziehen umweltorientierte Grundsätze in Unternehmensentscheidungen mit ein.

Von unseren Geschäftspartnern (Druckereien, Papierfabriken, Verpackungsherstellern usw.) verlangen wir, daß sie sowohl beim Herstellungsprozeß selbst als auch beim Einsatz der zur Verwendung kommenden Materialien ökologische Gesichtspunkte berücksichtigen.

Das für dieses Buch verwendete Papier ist aus chlorfrei bzw. chlorarm hergestelltem Zellstoff gefertigt und im pH-Wert neutral.

 MIX
Papier aus verantwortungsvollen Quellen
Paper from responsible sources
FSC® C105338

If you have any concerns about our products,
you can contact us on
ProductSafety@springernature.com

In case Publisher is established outside the EU,
the EU authorized representative is:
**Springer Nature Customer Service Center GmbH
Europaplatz 3, 69115 Heidelberg, Germany**

Printed by Libri Plureos GmbH
in Hamburg, Germany